DIN-Taschenbuch 202

Für das Fachgebiet Einheiten und Formelgrößen bestehen folgende DIN-Taschenbücher:

DIN-Taschenbuch 22
Einheiten und Begriffe für physikalische Größen
Normen
(AEF-Taschenbuch 1)

DIN-Taschenbuch 202
Formelzeichen, Formelsatz, Mathematische Zeichen und Begriffe
Normen
(AEF-Taschenbuch 2)

DIN

DIN-Taschenbuch 202

Formelzeichen
Formelsatz
Mathematische Zeichen und Begriffe

Normen
(AEF-Taschenbuch 2)

~~[illegible]~~
~~Bad Kreuznach~~
~~November 1999~~

2. Auflage
Stand der abgedruckten Normen: April 1994

Herausgeber: DIN Deutsches Institut für Normung e.V.

Beuth
Beuth Verlag GmbH · Berlin · Wien · Zürich

Die Deutsche Bibliothek – CIP-Einheitsaufnahme

Deutsches Institut für Normung/Normenausschuß Einheiten und Formelgrößen: AEF-Taschenbuch

Hrsg.: DIN, Deutsches Institut für Normung e.V.

Berlin; Wien; Zürich: Beuth

(DIN-Taschenbuch; ...)

NE: HST

2. Formelzeichen, Formelsatz, mathematische Zeichen und Begriffe

2. Aufl., Stand der abgedr. Normen: April 1994

1994

Formelzeichen, Formelsatz, mathematische Zeichen und Begriffe: Normen

Hrsg.: DIN, Deutsches Institut für Normung e.V.

2. Aufl., Stand der abgedr. Normen: April 1994

Berlin; Wien; Zürich: Beuth

1994

(AEF-Taschenbuch; 2)

(DIN-Taschenbuch; 202)

ISBN 3-410-12954-5

NE: Deutsches Institut für Normung: DIN-Taschenbuch

Titelaufnahme nach RAK entspricht DIN 1505.

ISBN nach DIN 1462. Schriftspiegel nach DIN 1504.

Übernahme der CIP-Einheitsaufnahme auf Schrifttumskarten durch Kopieren oder Nachdrucken frei.

496 Seiten A5, brosch.

ISSN 0342-801X

(ISBN 3-410-11729-6 1. Aufl. Beuth Verlag)

Printed in Germany. Druck: PDC Paderborner Druck Centrum GmbH

Inhalt

	Seite
Die deutsche Normung	VI
Vorwort	VII
Hinweise für das Anwenden des DIN-Taschenbuches	VIII
Hinweise für den Anwender von DIN-Normen	VIII
Einführung	IX
DIN-Nummernverzeichnis	X
Verzeichnis abgedruckter Normen (nach Sachgebieten geordnet)	XI
Abgedruckte Normen (nach steigenden DIN-Nummern geordnet)	1
Verzeichnis der im DIN-Taschenbuch 22 (7. Aufl., 1990) abgedruckten Normen und Norm-Entwürfe (nach Sachgebieten geordnet)	431
Stichwortverzeichnis	434

Die in den Verzeichnissen in Verbindung mit einer DIN-Nummer verwendeten Abkürzungen bedeuten:

Bbl	Beiblatt
IEC	Deutsche Norm, in die eine Norm der IEC unverändert übernommen wurde
T	Teil
V	Vornorm

Maßgebend für das Anwenden jeder in diesem DIN-Taschenbuch abgedruckten Norm ist deren Fassung mit dem neuesten Ausgabedatum.

Vergewissern Sie sich bitte im aktuellen DIN-Katalog mit neuestem Ergänzungsheft oder fragen Sie: (0 30) 26 01 - 22 60

Die deutsche Normung

Grundsätze und Organisation

Normung ist das Ordnungsinstrument des gesamten technisch-wissenschaftlichen und persönlichen Lebens. Sie ist integrierender Bestandteil der bestehenden Wirtschafts-, Sozial- und Rechtsordnungen.

Normung als satzungsgemäße Aufgabe des DIN Deutsches Institut für Normung e.V.*) ist die planmäßige, durch die interessierten Kreise gemeinschaftlich durchgeführte Vereinheitlichung von materiellen und immateriellen Gegenständen zum Nutzen der Allgemeinheit. Sie fordert die Rationalisierung und Qualitätssicherung in Wirtschaft, Technik, Wissenschaft und Verwaltung. Normung dient der Sicherheit von Menschen und Sachen, der Qualitätsverbesserung in allen Lebensbereichen sowie einer sinnvollen Ordnung und der Information auf dem jeweiligen Normungsgebiet. Die Normungsarbeit wird auf nationaler, regionaler und internationaler Ebene durchgeführt.

Träger der Normungsarbeit ist das DIN, das als gemeinnütziger Verein Deutsche Normen (DIN-Normen) erarbeitet. Sie werden unter dem Verbandszeichen

DIN

vom DIN herausgegeben.

Das DIN ist eine Institution der Selbstverwaltung der an der Normung interessierten Kreise und als die zuständige Normenorganisation für das Bundesgebiet durch einen Vertrag mit der Bundesrepublik Deutschland anerkannt.

Information

Über alle bestehenden DIN-Normen und Norm-Entwürfe informieren der jährlich neu herausgegebene DIN-Katalog für technische Regeln und die dazu monatlich erscheinenden kumulierten Ergänzungshefte.

Die Zeitschrift DIN-MITTEILUNGEN + elektronorm – Zentralorgan der deutschen Normung – berichtet über die Normungsarbeit im In- und Ausland. Deren ständige Beilage „DIN-Anzeiger für technische Regeln“ gibt sowohl die Veränderungen der technischen Regeln sowie die neu in das Arbeitsprogramm aufgenommenen Regelungsvorhaben als auch die Ergebnisse der regionalen und internationalen Normung wieder.

Auskünfte über den jeweiligen Stand der Normungsarbeit im nationalen Bereich sowie in den europäisch-regionalen und internationalen Normenorganisationen vermittelt: Deutsches Informationszentrum für technische Regeln (DITR) im DIN, Postanschrift: 10772 Berlin. Hausanschrift: Burggrafenstraße 6, 10787 Berlin; Telefon (0 30) 26 01 - 26 00, Telefax: 26 28 125.

Bezug der Normen und Normungsliteratur

Sämtliche Deutsche Normen und Norm-Entwürfe, Europäische Normen, Internationale Normen sowie alles weitere Normen-Schrifttum sind beziehbar durch den organschaftlich mit dem DIN verbundenen Beuth Verlag GmbH, Postanschrift: 10772 Berlin. Hausanschrift: Burggrafenstraße 6, 10787 Berlin; Telefon: (0 30) 26 01 - 22 60, Telex: 184 273 din d, Telefax: (0 30) 26 01 - 12 60.

DIN-Taschenbücher

In DIN-Taschenbüchern sind die für einen Fach- oder Anwendungsbereich wichtigen DIN-Normen, auf Format A5 verkleinert, zusammengestellt. Die DIN-Taschenbücher haben in der Regel eine Laufzeit von drei Jahren, bevor eine Neuauflage erscheint. In der Zwischenzeit kann ein Teil der abgedruckten DIN-Normen überholt sein: Maßgebend für das Anwenden jeder Norm ist jeweils deren Fassung mit dem neuesten Ausgabedatum.

---

*) Im folgenden in der Kurzform DIN verwendet

Vorwort

Der Normenausschuß Einheiten und Formelgrößen (AEF) im DIN Deutsches Institut für Normung e. V. erarbeitet Normen über einheitliche Begriffsbestimmungen, Benennungen und Formelzeichen für physikalische Größen, über Einheiten und Einheitenzeichen sowie über mathematische Zeichen und Begriffe.

Die vom AEF bearbeiteten Normen sind mit den internationalen Festlegungen der Organe der Meterkonvention, der International Organization for Standardization (ISO), der International Electrotechnical Commission (IEC), der International Union of Pure and Applied Physics (UPAP) und der International Union of Pure and Applied Chemistry (UPAC) abgestimmt.

Dieses DIN-Taschenbuch 202 soll es einem weiten Benutzerkreis und insbesondere den Verfassern von Veröffentlichungen und den Bearbeitern anderer Normen erleichtern, sich der vom AEF ausgearbeiteten Normen über Formelzeichen und Formelsatz, über mathematische Zeichen und Begriffe sowie über graphische Darstellungen zu bedienen und damit die einheitliche und unmißverständliche Anwendung der Formelsprache in der Mathematik, in den Naturwissenschaften und in der Technik fördern.

Das vorliegende DIN-Taschenbuch wird ergänzt durch die 7. Auflage des DIN-Taschenbuches 22 „Einheiten und Begriffe für physikalische Größen", das die vom AEF ausgearbeiteten Normen über Einheiten sowie über Begriffsbestimmungen und Benennungen für physikalische Größen enthält. Der Umfang der vom AEF bearbeiteten Normen hat es notwendig gemacht, diese Aufteilung in zwei Bände vorzunehmen.

In die hiermit vorgelegte 2. Auflage des DIN-Taschenbuches 202 sind unter der Überschrift „Einführung" einige allgemeine Empfehlungen des AEF für die Abfassung technisch-wissenschaftlicher Veröffentlichungen im Hinblick auf Formelzeichen und Formelsatz sowie auf Mathematik und Zahlenangaben aufgenommen worden.

In dieser 2. Auflage sind fast sämtliche vom AEF als Haupt- oder Mitträger bearbeiteten Normen wiedergegeben, die sich mit Formelzeichen und Formelsatz, mit mathematischen Zeichen und Begriffen sowie mit graphischen Darstellungen befassen und die bis April 1994 erschienen sind. Die Normen sind in aufsteigender Folge der DIN-Nummern abgedruckt.

Nicht in dieses Buch aufgenommen wurden einige Normen, die sehr spezielle Gebiete behandeln oder lediglich Übersichten enthalten. Ferner sind die vom AEF als Haupt- oder Mitträger bearbeiteten Normen über Einheiten und über Begriffsbestimmungen und Benennungen für physikalische Größen nicht hier, sondern in der 7. Auflage des DIN-Taschenbuches 22 abgedruckt. Verzeichnisse der in den beiden DIN-Taschenbüchern abgedruckten Normen (nach Sachgebieten geordnet) sind auf den Seiten XI und XII bzw. 431 bis 433 abgedruckt.

Ein umfassendes Stichwortverzeichnis soll dem Anwender das Auffinden bestimmter Festlegungen in abgedruckten Normen erleichtern.

Allen Mitarbeitern des AEF, insbesondere den Mitgliedern des Beirates und den Obleuten der Arbeitsausschüsse, sei für ihre Arbeit gedankt, durch die die 2. Auflage dieses Taschenbuches zustandegekommen ist.

Berlin, im Juni 1994

Der Vorsitzende des AEF
G. Garlichs

Der Geschäftsführer des AEF
B. Brinkmann

Hinweise für das Anwenden des DIN-Taschenbuches

Eine **Norm** ist das herausgegebene Ergebnis der Normungsarbeit.

Deutsche Normen (DIN-Normen) sind vom DIN Deutsches Institut für Normung e.V. unter dem Zeichen DIN herausgegebene Normen.

Sie bilden das Deutsche Normenwerk.

Eine **Vornorm** war bis etwa März 1985 eine Norm, zu der noch Vorbehalte hinsichtlich der Anwendung bestanden und nach der versuchsweise gearbeitet werden konnte. Ab April 1985 wird eine Vornorm nicht mehr als Norm herausgegeben. Damit können auch Arbeitsergebnisse, zu deren Inhalt noch Vorbehalte bestehen oder deren Aufstellungsverfahren gegenüber dem einer Norm abweicht, als Vornorm herausgegeben werden (Einzelheiten siehe DIN 820 Teil 4).

Eine **Auswahlnorm** ist eine Norm, die für ein bestimmtes Fachgebiet einen Auszug aus einer anderen Norm enthält, jedoch ohne sachliche Veränderungen oder Zusätze.

Eine **Übersichtsnorm** ist eine Norm, die eine Zusammenstellung aus Festlegungen mehrerer Normen enthält, jedoch ohne sachliche Veränderungen oder Zusätze.

Teil (früher Blatt genannt) kennzeichnet eine Norm, die den Zusammenhang zu anderen Festlegungen – in anderen Teilen – dadurch zum Ausdruck bringt, daß sich die DIN-Nummer nur in der Zählnummer hinter dem Wort Teil unterscheidet. In den Verzeichnissen dieses DIN-Taschenbuches ist deshalb bei DIN-Nummern generell die Abkürzung „T" für die Benennung „Teil" angegeben; sie steht zutreffendenfalls auch synonym für „Blatt".

Ein **Kreuz** hinter dem Ausgabedatum kennzeichnet, daß gegenüber der Norm mit gleichem Ausgabedatum, jedoch ohne Kreuz, eine unwesentliche Änderung vorgenommen wurde. Seit 1969 werden keine neuen Kreuzausgaben mehr herausgegeben.

Ein **Beiblatt** enthält Informationen zu einer Norm, jedoch keine zusätzlichen genormten Festlegungen.

Ein **Norm-Entwurf** ist das vorläufig abgeschlossene Ergebnis einer Normungsarbeit, das in der Fassung der vorgesehenen Norm der Öffentlichkeit zur Stellungnahme vorgelegt wird.

Die Gültigkeit von Normen beginnt mit dem Zeitpunkt des Erscheinens (Einzelheiten siehe DIN 820 Teil 4). Das Erscheinen wird im DIN-Anzeiger angezeigt.

Hinweise für den Anwender von DIN-Normen

Die Normen des Deutschen Normenwerkes stehen jedermann zur Anwendung frei.

Festlegungen in Normen sind aufgrund ihres Zustandekommens nach hierfür geltenden Grundsätzen und Regeln fachgerecht. Sie sollen sich als „anerkannte Regeln der Technik" einführen. Bei sicherheitstechnischen Festlegungen in DIN-Normen besteht überdies eine tatsächliche Vermutung dafür, daß sie „anerkannte Regeln der Technik" sind. Die Normen bilden einen Maßstab für einwandfreies technisches Verhalten; dieser Maßstab ist auch im Rahmen der Rechtsordnung von Bedeutung. Eine Anwendungspflicht kann sich aufgrund von Rechts- oder Verwaltungsvorschriften, Verträgen oder sonstigen Rechtsgründen ergeben. DIN-Normen sind nicht die einzige, sondern eine Erkenntnisquelle für technisch ordnungsgemäßes Verhalten im Regelfall. Es ist auch zu berücksichtigen, daß DIN-Normen nur den zum Zeitpunkt der jeweiligen Ausgabe herrschenden Stand der Technik berücksichtigen können. Durch das Anwenden von Normen entzieht sich niemand der Verantwortung für eigenes Handeln. Jeder handelt insoweit auf eigene Gefahr.

Jeder, der beim Anwenden einer DIN-Norm auf eine Unrichtigkeit oder eine Möglichkeit einer unrichtigen Auslegung stößt, wird gebeten, dies dem DIN unverzüglich mitzuteilen, damit etwaige Mängel beseitigt werden können.

Einführung

1 Formelzeichen

Die wichtigsten vom AEF empfohlenen Formelzeichen sind in DIN 1304 Teil 1 enthalten. Darüber hinaus befinden sich Formelzeichen für spezielle Gebiete in anderen Normen der Reihe DIN 1304.

In vielen Fällen hat es sich als notwendig erwiesen, für eine physikalische Größe mehrere Formelzeichen zur Wahl zu stellen. In den abgedruckten Normen sind alle für eine Größe empfohlenen Formelzeichen unmittelbar hintereinandergesetzt. Das an erster Stelle angegebene, das Vorzugszeichen, ist das bevorzugt empfohlene und meist das mit den internationalen Festlegungen übereinstimmende Zeichen. Es sollte deshalb bevorzugt benutzt und auf die anderen Zeichen, die Ausweichzeichen, nur in begründeten Fällen zurückgegriffen werden, z. B. wenn das an erster Stelle genannte Zeichen bereits für eine andere Größe benutzt werden muß. Letzteres läßt sich, da es nur insgesamt 86 als Formelzeichen geeignete lateinische und griechische Groß- und Kleinbuchstaben gibt, auch bei sorgfältiger Zuordnung der Formelzeichen nie ganz vermeiden.

Beim Einführen neuer Formelzeichen beachte man das Folgende: Formelzeichen sollen aus nur einem Buchstaben bestehen, weil bei Benutzung mehrerer Buchstaben die Gefahr besteht, daß das Zeichen in Gleichungen als Produkt mehrerer Größen mißdeutet wird. Aus demselben Grund sollten als Formelzeichen von Größen auch keine aus mehreren Buchstaben bestehenden Abkürzungen von Namen verwendet werden; eine Ausnahme wird lediglich bei verschiedenen Kenngrößen (z. B. der Wärmeübertragung, der Stoffübertragung und der Strömungslehre) gemacht.

Soll eine spezielle, nur unter bestimmten Bedingungen gültige Bedeutung eines Formelzeichens gekennzeichnet werden, so kann das allgemeine Formelzeichen Buchstaben oder Zahlen als Indizes erhalten (z. B. V Volumen, V_n Normvolumen).

Bei der Erklärung von Formelzeichen oder von Abkürzungen handelt es sich nicht um Gleichungen; man sollte deshalb Gleichheitszeichen nicht benutzen. Sehr einfach und zweckmäßig ist und wird deshalb empfohlen, das zu erklärende Zeichen und die Erklärung ohne jedes zusätzliche Zeichen (also ohne Doppelpunkt oder Bindestrich oder gar Entspricht-Zeichen) nebeneinander zu schreiben mit einem Abstand, der etwas größer ist als der sonst im Text zwischen zwei Worten benutzte. Beispiel: ω Winkelgeschwindigkeit.

2 Mathematische Zeichen und Begriffe

Mathematische Zeichen sind zur formalisierten Darstellung von mathematischen Aussagen konzipiert. Für sie gelten festgelegte Bedeutungen und Anwendungsregeln. Sie sind nicht für die Benutzung im laufenden Text gedacht. Meist können sie dort nicht korrekt angewendet werden und führen so auch zu Mißverständnissen, Unklarheiten und Widersprüchen sowie zu einem unruhigen Schriftbild. Mathematische Zeichen sollen deshalb im laufenden Text nicht benutzt werden.

3 Zahlenangaben

Die Festlegungen zur Angabe von Zahlen sind jetzt zusammengefaßt in DIN 1333 enthalten. Diese Norm behandelt neben der Dezimalschreibweise auch Zahlenangaben mit beliebigen Basen (z. B. 2). Sie enthält Rundungsregeln auch unter Berücksichtigung der Unsicherheit bei ermittelten Werten und legt fest, daß vorgegebene Werte grundsätzlich als genaue Werte ohne Unsicherheit zu behandeln sind.

DIN-Nummernverzeichnis

Hierin bedeuten:

● Neu aufgenommen gegenüber der 1. Auflage des DIN-Taschenbuches 202

□ Geändert gegenüber der 1. Auflage des DIN-Taschenbuches 202

○ Zur abgedruckten Norm besteht ein Norm-Entwurf

DIN	Seite	DIN	Seite	DIN	Seite
323 T 1 ●	1	1338	174	13 302	273
461	5	1338 Bbl 1	180	13 303 T 1	302
1302 □	11	1338 Bbl 2	182	13 303 T 2	326
1303 □	32	4890 ●	183	13 304	336
1304 T 1 □	59	4895 T 1	184	13 312 ●	339
1304 T 2 ●	82	4895 T 2	188	13 322 T 1 ●	378
1304 T 3 ●	100	4896	192	13 322 T 2 ●	384
1304 T 5 ●	105	5473 □	195	13 345	393
1304 T 6 ●	109	5477	224	19 221 □	397
1304 T 7 ●	130	5478	227	55 350 T 21 ●	401
1304 T 8 ●	139	5483 T 2	231	55 350 T 22 ●	409
1312	142	5487 □	236	55 350 T 23 ●	416
1332	150	5489 ●	242	55 350 T 24 ●	425
1333 □	155	13 301 ●	249		

Gegenüber der letzten Auflage nicht mehr abgedruckte Normen

DIN	DIN
1304 [1]	1358 [5]
1304 Bbl 1 [2]	4897 [6]
1326 T 3 [2]	5474 [7]
1333 T 1 [3]	5486 [8]
1333 T 2 [3]	5492 [9]
1338 Bbl 3 [2]	5497 [2]
1344 [4]	40 121 [10]
1345	V IEC 50 T 101

1) Ersetzt durch DIN 1304 T 1

2) Zurückgezogen ohne Ersatz

3) Ersetzt durch DIN 1333

4) Ersetzt durch DIN 1304 T 6

5) Ersetzt durch DIN 1304 T 2

6) Ersetzt durch DIN 1304 T 3

7) Ersetzt durch DIN 5473

8) Ersetzt durch DIN 1303

9) Ersetzt durch DIN 1304 T 5

10) Ersetzt durch DIN 1304 T 7

Verzeichnis abgedruckter Normen
(nach Sachgebieten geordnet)

DIN	Ausg.	Titel	Seite
		Formelzeichen	
1304 T 1	03.94	Formelzeichen; Allgemeine Formelzeichen	59
1304 T 2	09.89	Formelzeichen; Formelzeichen für Meteorologie und Geophysik	82
1304 T 3	03.89	Formelzeichen; Formelzeichen für elektrische Energieversorgung	100
1304 T 5	09.89	Formelzeichen; Formelzeichen für die Strömungsmechanik	105
1304 T 6	05.92	Formelzeichen; Formelzeichen für die elektrische Nachrichtentechnik	109
1304 T 7	01.91	Formelzeichen; Formelzeichen für elektrische Maschinen	130
1304 T 8	02.94	Formelzeichen; Formelzeichen für Stromrichter mit Halbleiterbauelementen	139
1332	10.69	Akustik; Formelzeichen	150
4896	09.73	Einfache Elektrolytlösungen; Formelzeichen	192
5483 T 2	09.82	Zeitabhängige Größen; Formelzeichen	231
13 304	03.82	Darstellung von Formelzeichen auf Einzeilendruckern und Datensichtgeräten	236
13 345	08.78	Thermodynamik und Kinetik chemischer Reaktionen; Formelzeichen, Einheiten	393
19 221	05.93	Leittechnik; Regelungstechnik und Steuerungstechnik; Formelzeichen	397
		Formelsatz	
1338	07.77	Formelschreibweise und Formelsatz	174
1338 Bbl 1	05.80	Formelschreibweise und Formelsatz; Form der Schriftzeichen	180
1338 Bbl 2	12.83	Formelschreibweise und Formelsatz; Ausschluß in Formeln	182
		Mathematische Zeichen und Begriffe	
1302	04.94	Allgemeine mathematische Zeichen und Begriffe	11
1303	03.87	Vektoren, Matrizen, Tensoren; Zeichen und Begriffe	32
5473	07.92	Logik und Mengenlehre; Zeichen und Begriffe	195
5487	07.88	Fourier-, Laplace- und Z-Transformation; Zeichen und Begriffe	236
13 301	01.93	Spezielle Funktionen der mathematischen Physik; Zeichen und Begriffe	249
13 302	06.78	Mathematische Strukturen; Zeichen und Begriffe	273
		Graphische Darstellungen	
461	03.73	Graphische Darstellung in Koordinatensystemen	5
1312	03.72	Geometrische Orientierung	142
4895 T 1	11.77	Orthogonale Koordinatensysteme; Allgemeine Begriffe	184
4895 T 2	11.77	Orthogonale Koordinatensysteme; Differentialoperatoren der Vektoranalysis	188
5478	10.73	Maßstäbe in graphischen Darstellungen	227

DIN	Ausg.	Titel	Seite
		Zahlenangaben	
1333	02.92	Zahlenangaben	155
5477	02.83	Prozent, Promille; Begriffe, Anwendung	224
		Normzahlen und Umrechnungsfaktoren	
323 T 1	08.74	Normzahlen und Normzahlreihen; Hauptwerte, Genauwerte, Rundwerte	1
4890	02.75	Inch – Millimeter; Grundlagen für die Umrechnung	183
		Statistik	
13 303 T 1	05.82	Stochastik; Wahrscheinlichkeitstheorie, Gemeinsame Grundbegriffe der mathematischen und der beschreibenden Statistik; Begriffe und Zeichen	302
13 303 T 2	11.82	Stochastik; Mathematische Statistik; Begriffe und Zeichen	326
55 350 T 21	05.82	Begriffe der Qualitätssicherung und Statistik; Begriffe der Statistik; Zufallsgrößen und Wahrscheinlichkeitsverteilungen	401
55 350 T 22	02.87	Begriffe der Qualitätssicherung und Statistik; Begriffe der Statistik; Spezielle Wahrscheinlichkeitsverteilungen	409
55 350 T 23	04.83	Begriffe der Qualitätssicherung und Statistik; Begriffe der Statistik; Beschreibende Statistik	416
55 350 T 24	11.82	Begriffe der Qualitätssicherung und Statistik; Begriffe der Statistik; Schließende Statistik	425
		Navigation	
13 312	03.94	Navigation; Begriffe, Abkürzungen, Formelzeichen, graphische Symbole	339
		Elektrische Netze	
5489	09.90	Richtungssinn und Vorzeichen in der Elektrotechnik; Regeln für elektrische und magnetische Kreise, Ersatzschaltbilder	242
13 322 T 1	04.88	Elektrische Netze; Begriffe für die Topologie elektrischer Netze und Graphentheorie	378
13 322 T 2	04.88	Elektrische Netze; Algebrasierung der Topologie und Grundlagen der Berechnung elektrischer Netze	384

DK 389.171 August 1974

Normzahlen und Normzahlreihen

Hauptwerte Genauwerte Rundwerte

DIN 323 Blatt 1

Preferred numbers and series of preferred numbers;
basic values, calculated values, rounded values

Nombres normaux et séries de nombres normaux;
nombres de base, valeurs calculées, valeurs arrondies

Zugleich Ersatz für DIN 3

Zusammenhang mit den von der International Organization for Standardization (ISO) herausgegebenen Normen ISO 3 — 1973, ISO 17 — 1973 und ISO 497 — 1973 siehe Erläuterungen.

Tabelle 1. **Grundreihen**

Hauptwerte Grundreihen R 5	R 10	R 20	R 40	Ordnungsnummern *N*	Mantissen	Genauwerte	Abweichung der Hauptwerte von den Genauwerten %
1,00	1,00	1,00	1,00	0	000	1,0000	0
			1,06	1	025	1,0593	+ 0,07
		1,12	1,12	2	050	1,1220	− 0,18
			1,18	3	075	1,1885	− 0,71
	1,25	1,25	1,25	4	100	1,2589	− 0,71
			1,32	5	125	1,3353	− 1,01
		1,40	1,40	6	150	1,4125	− 0,88
			1,50	7	175	1,4962	+ 0,25
1,60	1,60	1,60	1,60	8	200	1,5849	+ 0,95
			1,70	9	225	1,6788	+ 1,26
		1,80	1,80	10	250	1,7783	+ 1,22
			1,90	11	275	1,8836	+ 0,87
	2,00	2,00	2,00	12	300	1,9953	+ 0,24
			2,12	13	325	2,1135	+ 0,31
		2,24	2,24	14	350	2,2387	+ 0,06
			2,36	15	375	2,3714	− 0,48
2,50	2,50	2,50	2,50	16	400	2,5119	− 0,47
			2,65	17	425	2,6607	− 0,40
		2,80	2,80	18	450	2,8184	− 0,65
			3,00	19	475	2,9854	+ 0,49
	3,15	3,15	3,15	20	500	3,1623	− 0,39
			3,35	21	525	3,3497	+ 0,01
		3,55	3,55	22	550	3,5481	+ 0,05
			3,75	23	575	3,7584	− 0,22
4,00	4,00	4,00	4,00	24	600	3,9811	+ 0,47
			4,25	25	625	4,2170	+ 0,78
		4,50	4,50	26	650	4,4668	+ 0,74
			4,75	27	675	4,7315	+ 0,39
	5,00	5,00	5,00	28	700	5,0119	− 0,24
			5,30	29	725	5,3088	− 0,17
		5,60	5,60	30	750	5,6234	− 0,42
			6,00	31	775	5,9566	+ 0,73
6,30	6,30	6,30	6,30	32	800	6,3096	− 0,15
			6,70	33	825	6,6834	+ 0,25
		7,10	7,10	34	850	7,0795	+ 0,29
			7,50	35	875	7,4989	+ 0,01
	8,00	8,00	8,00	36	900	7,9433	+ 0,71
			8,50	37	925	8,4140	+ 1,02
		9,00	9,00	38	950	8,9125	+ 0,98
			9,50	39	975	9,4406	+ 0,63
10,00	10,00	10,00	10,00	40	000	10,0000	0

Die Schreibweise der Normzahlen ohne Endnullen ist international ebenfalls gebräuchlich.

Fortsetzung Seite 2 bis 4
Erläuterungen Seite 4

Ausschuß Normzahlen im Deutschen Normenausschuß (DNA)

1. Grundreihen

Normzahlen (abgekürzt NZ) sind Vorzugszahlen für die Wahl beliebiger Größen, auch außerhalb der Normung. Sie sind durch die internationalen Normen ISO 3 – 1973, ISO 17 – 1973 und ISO 497 – 1973 festgelegt, siehe auch Erläuterungen.

NZ sind gerundete Glieder geometrischer Reihen, die die ganzzahligen Potenzen von 10 enthalten, also die Zahlen 1, 10, 100; 0,1 usw. Die Reihen werden mit dem Buchstaben R (nach dem Erfinder der NZ Renard) und nachfolgenden Ziffern bezeichnet, die die Anzahl der Stufen je Dezimalbereich angeben. Das Verhältnis eines Gliedes zum vorhergehenden heißt Stufensprung. Stufensprünge sind bei

R 5: $q_5 = \sqrt[5]{10} \approx 1{,}6$ R 10: $q_{10} = \sqrt[10]{10} \approx 1{,}25$ R 20: $q_{20} = \sqrt[20]{10} \approx 1{,}12$ R 40: $q_{40} = \sqrt[40]{10} \approx 1{,}06$

In der Regel werden nur die so definierten Hauptwerte (die eigentlichen NZ) nach Tabelle 1 und die aus ihnen bestehenden Grundreihen verwendet. Gröbere Reihen haben Vorrang vor feineren Reihen, also R 5 vor R 10, R 10 vor R 20, R 20 vor R 40.

Die NZ-Reihen sind als unendliche Reihen in beiden Richtungen unbegrenzt. Praktisch werden jedoch nur begrenzte Abschnitte, also endliche Reihen, verwendet. Tabelle 1 enthält die NZ nur für den Dezimalbereich von 1 bis 10. Kleinere und größere Werte ergeben sich durch Verschieben des Kommas und gegebenenfalls durch Anhängen von Nullen.

Einzelheiten über Wesen und Anwendung der NZ und NZ-Reihen sowie über Geschichte, Terminologie und Schrifttum siehe DIN 323 Blatt 2 (Folgeausgabe z. Z. noch Entwurf).

2. Ausnahmereihe R 80

Die besonders fein gestufte Ausnahmereihe R 80, bei der die Anzahl der Glieder gegenüber R 40 verdoppelt ist, sollte nur in Sonderfällen verwendet werden.. Der Stufensprung ist

$$q_{80} = \sqrt[80]{10} \approx 1{,}03$$

Tabelle 2. **Ausnahmereihe R 80**

R 40	R 80	R 40	R 80	R 40	R 80	R 40	R 80	R 40	R 80
1,00	1,00	1,60	1,60	2,50	2,50	4,00	4,00	6,30	6,30
	1,03		1,65		2,58		4,12		6,50
1,06	1,06	1,70	1,70	2,65	2,65	4,25	4,25	6,70	6,70
	1,09		1,75		2,72		4,37		6,90
1,12	1,12	1,80	1,80	2,80	2,80	4,50	4,50	7,10	7,10
	1,15		1,85		2,90		4,62		7,30
1,18	1,18	1,90	1,90	3,00	3,00	4,75	4,75	7,50	7,50
	1,22		1,95		3,07		4,87		7,75
1,25	1,25	2,00	2,00	3,15	3,15	5,00	5,00	8,00	8,00
	1,28		2,06		3,25		5,15		8,25
1,32	1,32	2,12	2,12	3,35	3,35	5,30	5,30	8,50	8,50
	1,36		2,18		3,45		5,45		8,75
1,40	1,40	2,24	2,24	3,55	3,55	5,60	5,60	9,00	9,00
	1,45		2,30		3,65		5,80		9,25
1,50	1,50	2,36	2,36	3,75	3,75	6,00	6,00	9,50	9,50
	1,55		2,43		3,87		6,15		9,75

3. Rundwertreihen

Rundwertreihen, siehe Tabelle 3, enthalten neben Hauptwerten auch Rundwerte. Man unterscheidet Reihen mit schwächer gerundeten Werten (R′ 10, R′ 20 und R′ 40) und Reihen mit stärker gerundeten Werten (R″ 5, R″ 10 und R″ 20).

Rundwerte sind ungenau, Rundwertreihen deshalb unregelmäßig gestuft. Wegen dieser Nachteile sind Rundwerte und Rundwertreihen nur in zwingenden Fällen anzuwenden, siehe DIN 323 Blatt 2 (Folgeausgabe z. Z. noch Entwurf).

Ist ein Ausweichen darauf unvermeidlich, dann sind die schwächer gerundeten Werte zu bevorzugen. Die Rangfolge für die Benutzung der Werte und der Reihen wird in der Tabelle 3 durch Strichart und -breite für die „Gleise“ und „Weichen“ und durch verschieden fetten Druck zum Ausdruck gebracht.

Tabelle 3. **Rundwertreihen**

R 5	R'' 5	R 10	R' 10	R'' 10	R 20	R' 20	R'' 20	R 40	R' 40	Genauwerte	Abweichung der Rundwerte (und der Hauptwerte) von den Genauwerten in %: R 5 bis R 40	R' 10 bis R' 40	R'' 5 bis R'' 20
1		**1**			**1,0**			**1,0**		1,0000	0		
								1,06	1,05	1,0593	+ 0,07	- 0,88	
					1,12	1,1		**1,12**	1,1	1,1220	- 0,18	- 1,96	- 1,96
								1,18	1,2	1,1885	- 0,71	+ 0,97	
		1,25		(1,2)	**1,25**		(1,2)	**1,25**		1,2589	- 0,71		- 4,68
								1,32	1,3	1,3335	- 1,01	- 2,51	
					1,4			**1,4**		1,4125	- 0,88		
								1,5		1,4962	+ 0,25		
1,6	(1,5)	**1,6**		(1,5)	**1,6**			**1,6**		1,5849	+ 0,95		- 5,36
								1,7		1,6788	+ 1,26		
					1,8			**1,8**		1,7783	+ 1,22		
								1,9		1,8836	+ 0,87		
		2			**2,0**			**2,0**		1,9953	+ 0,24		
								2,12	2,1	2,1135	+ 0,31	- 0,64	
					2,24	2,2		**2,24**	2,2	2,2387	+ 0,06	- 1,73	- 1,73
								2,36	2,4	2,3714	- 0,48	+ 1,21	
2,5		**2,5**			**2,5**			**2,5**		2,5119	- 0,47		
								2,65	2,6	2,6607	- 0,40	- 2,28	
					2,8			**2,8**		2,8184	- 0,65		
								3,0		2,9854	+ 0,49		
		3,15	3,2	(3)	**3,15**	3,2	(3,0)	**3,15**	3,2	3,1623	- 0,39	+ 1,19	- 5,13
								3,35	3,4	3,3497	+ 0,01	+ 1,50	
					3,55	3,6	(3,5)	**3,55**	3,6	3,5481	+ 0,05	+ 1,46	- 1,38
								3,75	3,8	3,7584	- 0,22	+ 1,11	
4		**4**			**4,0**			**4,0**		3,9811	+ 0,47		
								4,25	4,2	4,2170	+ 0,78	- 0,40	
					4,5			**4,5**		4,4668	+ 0,74		
								4,75	4,8	4,7315	+ 0,39	+ 1,45	
		5			**5,0**			**5,0**		5,0119	- 0,24		
								5,3		5,3088	- 0,17		
					5,6		(5,5)	**5,6**		5,6234	- 0,42		- 2,19
								6,0		5,9566	+ 0,73		
6,3	(6)	**6,3**		(6)	**6,3**		(6,0)	**6,3**		6,3096	- 0,15		- 4,90
								6,7		6,6834	+ 0,25		
					7,1		(7,0)	**7,1**		7,0795	+ 0,29		- 1,11
								7,5		7,4989	+ 0,01		
		8			**8,0**			**8,0**		7,9433	+ 0,71		
								8,5		8,4140	+ 1,02		
					9,0			**9,0**		8,9125	+ 0,98		
								9,5		9,4405	+ 0,63		
10		**10**			**10,0**			**10,0**		10,0000	0		
Größte Abweichung des Stufensprunges vom theoretischen Wert in %:													
+ 1,42	- 5,37	+ 1,66	+ 1,66	- 5,61	- 1,83	- 1,97	- 4,48	+ 1,15	+ 2,94				

Die in Klammern ( ) gesetzten Werte der Rundwertreihen R'' 5, R'' 10 und R'' 20, insbesondere der Wert 1,5, sollten möglichst vermieden werden. Es bedeuten:

- + 1,26 Größte Abweichung der Hauptwerte vom Genauwert (R 5 bis R 40)
- - 2,51 Größte Abweichung der schwächer gerundeten Werte vom Genauwert (R' 10, R' 20 und R' 40)
- - 5,36 Größte Abweichung der stärker gerundeten Werte vom Genauwert in den Reihen R'' 5 und R'' 10
- - 5,13 Größte Abweichung der stärker gerundeten Werte vom Genauwert in der Reihe R'' 20

Hinweise auf weitere Normen

DIN 323 Blatt 2 Normzahlen und Normzahlreihen; Einführung (Folgeausgabe z. Z. noch Entwurf)

Erläuterungen

Die vorliegende Norm stimmt sachlich überein mit den beiden, von der International Organization for Standardization (ISO) herausgegebenen Normen

ISO 3 – 1973

E: Preferred numbers-Series of preferred numbers.

F: Nombres normaux-Séries de nombres normaux.

D: Normzahlen – Normzahlreihen

ISO 497 – 1973

E: Guide to the choise of series of preferred numbers and of series containing more rounded values of preferred numbers.

F: Guide pour le choix des séries de nombres normaux et des séries comportant des valeurs plus arrondies de nombres normaux.

D: Anleitung für die Wahl von Normzahlreihen und von Reihen mit stärker gerundeten Normzahlen.

In der vorliegenden Neuausgabe von DIN 323 Blatt 1, die auch redaktionell überarbeitet wurde, sind die Werte der Ausnahmereihe R 80 aus ISO 3 – 1973 aufgenommen und die Rundwertreihen nach ISO 497 – 1973 hinzugefügt worden. In ISO 497 ist das Problem der stärkeren Rundung von Normzahlen, wie es im besonderen bei Längenmaßen auftritt, generell für alle Arten von Maßen behandelt.

In Anlehnung an die Verfahrensweise der ISO werden nunmehr Normzahlen und gerundete Normzahlen in derselben Norm behandelt.

Durch die Tabelle 3 wird die bisherige Norm DIN 3, Normmaße ersetzt. Damit wird der jahrzehntelang bestehende Dualismus zwischen DIN 323, in der die Anwendung der Hauptwerte der Normzahlen empfohlen wurde und DIN 3, in der für einige Größen stärker gerundete Werte vorgesehen waren, beseitigt.

In der vorliegenden Neuausgabe von DIN 323 Blatt 1 ist die Terminologie an ISO 3 angeglichen worden. Eine ausführliche Einführung in das Wesen und die Anwendung sowie in die Terminologie und Geschichte der Normzahlen enthält die in Kürze veröffentlichte Neuausgabe von DIN 323 Blatt 2, Normzahlen und Normzahlreihen; Einführung. Diese Neuausgabe enthält auch den wesentlichen Inhalt von

ISO 17 – 1973

E: Guide to the use of preferred numbers and of series of preferred numbers

F: Guide pour l'emploi des nombres normaux et des séries de nombres normaux

D: Richtlinien für den Gebrauch von Normzahlen und Normzahlreihen

Graphische Darstellung in Koordinatensystemen

DIN 461

Graphic representation in systems of coordinates

1. Zweck und Geltungsbereich

Diese Norm enthält Festlegungen zur einheitlichen, unmißverständlichen und übersichtlichen graphischen Darstellung funktioneller Zusammenhänge zwischen kontinuierlichen Veränderlichen, z. B. für Veröffentlichungen aus Naturwissenschaft und Technik. Sie kann aber auch sinngemäß auf Diapositive und Darstellungen auf handelsüblichen Koordinatenpapieren angewendet werden. Je nachdem, ob aus der graphischen Darstellung Zahlenwerte abgelesen werden sollen oder nicht, unterscheidet man quantitative und qualitative Darstellungen. Graphische Darstellungen in Koordinatensystemen werden im folgenden auch kurz Diagramme genannt. Diese Norm gilt sinngemäß auch für Funktionsskalen, Netztafeln, Fluchtlinientafeln und andere Nomogramme.

2. Allgemeines

2.1. Koordinatenachsen

Im ebenen rechtwinkligen kartesischen Koordinatensystem werden zunehmende Werte der Veränderlichen vom Schnittpunkt der beiden Achsen aus vorzugsweise nach rechts und nach oben, abnehmende nach links und nach unten eingetragen. Je eine Pfeilspitze am Ende der Abszissenachse (waagrechten Achse) und der Ordinatenachse (senkrechten Achse) zeigt an, in welcher Richtung die Koordinate wächst. Die (schräg zu schreibenden) Formelzeichen der Größen stehen in diesem Fall unter der waagrechten Pfeilspitze und links neben der senkrechten Pfeilspitze (siehe Bild 1a).

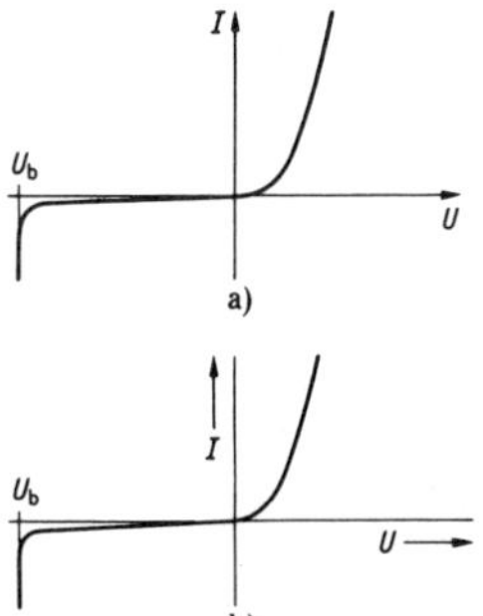

b)

Bild 1.

Die Pfeile dürfen auch, soweit Platz vorhanden, parallel zu den Achsen angebracht werden (siehe Bild 1b). Formelzeichen oder Benennungen stehen dabei an der Wurzel der Pfeile.

Das Formelzeichen für die in Ordinatenrichtung aufgetragene Größe soll ohne Drehen des Bildes lesbar sein. Können lange Formeln oder ausgeschriebene Wörter an der senkrechten Achse nicht vermieden werden, so soll die Schrift von rechts lesbar sein (siehe Bilder 3, 13); sie können aber auch rechts neben der Pfeilspitze der Ordinatenachse waagrecht stehen (z. B. bei Dias, siehe DIN 108).

Im Polarkoordinatensystem wird meist die waagrechte Achse dem Winkel Null zugeordnet. Positive Winkel werden entgegen dem Uhrzeigersinn, negative Winkel im Uhrzeigersinn angetragen (siehe DIN 1312). Der Durchlaufsinn des Radius ist meist der vom Nullpunkt (Pol) nach außen (siehe Bilder 2a und 2b).

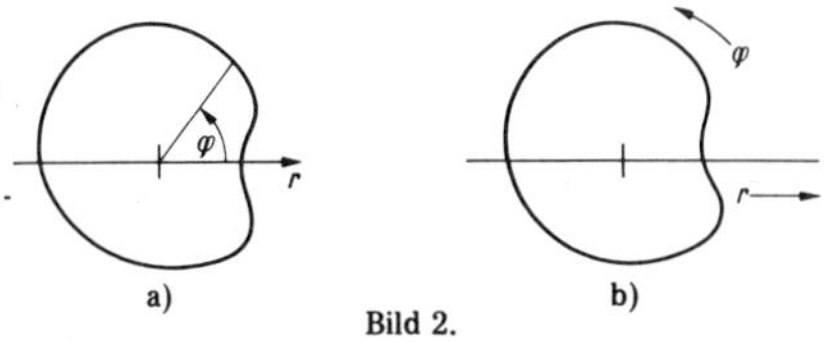

Bild 2.

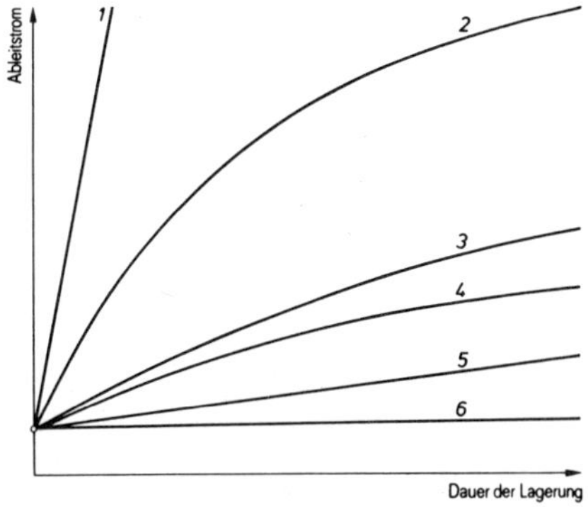

Bild 3.

Fortsetzung Seite 2 bis 6

Ausschuß für Einheiten und Formelgrößen (AEF) im Deutschen Normenausschuß (DNA)
Ausschuß Zeichnungen im DNA

2.2. Kurvenschar

Enthält das Diagramm nicht nur eine Kurve, sondern mehrere Kurven, so wird an jede Kurve (Kennlinie) der Schar ihr Parameter angeschrieben, oder die einzelnen Kurven werden mit schrägen Hinweisziffern (siehe Bild 3) oder mit senkrechten Hinweisbuchstaben (siehe Bild 6) versehen, deren Bedeutung zu erläutern ist, am besten in der Bildunterschrift.

2.3. Mehrere abhängige Veränderliche

Werden über derselben unabhängigen Veränderlichen mehrere abhängige Veränderliche aufgetragen, so kann — wenn die Übersichtlichkeit es zuläßt — bei allen Kurven die gleiche Linienart angewendet werden (siehe Bild 4). Erforderlichenfalls sollten unterschiedliche Linienarten (Strichlinien, Strich-Punkt-Linien usw.) gewählt werden (siehe Bild 14).

Auch verschiedene Farben können benutzt werden, sollten aber nicht einziges Unterscheidungsmerkmal sein. Bei gleicher Linienart werden die verschiedenen Kurven durch die dargestellten Veränderlichen, durch deren Formelzeichen (siehe Bild 4) oder durch Hinweisziffern (siehe Bild 3) oder Buchstaben (siehe Bild 6) gekennzeichnet. Bei verschiedenen Linienarten ist die Bedeutung zu erläutern, am besten in der Bildunterschrift.

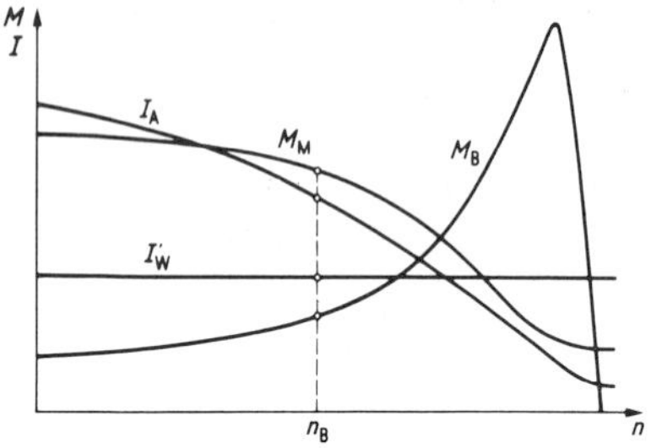

Bild 4.

2.4. Räumliche Koordinaten

In räumlichen rechtwinkligen kartesischen Koordinatensystemen können Funktionen von zwei Veränderlichen durch „Funktionsgebirge" dargestellt werden. Die dreiachsigen Koordinatensysteme werden in axonometrischer Projektion nach DIN 5 gezeichnet (siehe Bild 5).

3. Qualitative Darstellung

Bei qualitativer Darstellung — in Form eines Übersichtsdiagramms — kommt es lediglich auf den charakteristischen Verlauf der voneinander abhängigen Größen an, deren Zusammenhang in Kurvenform dargestellt ist.

Entsprechend dem Sinn der qualitativen Darstellung hat das Koordinatensystem keine Teilung. Es dürfen jedoch Koordinaten markanter Punkte angegeben werden, z. B. ausgezeichnete Größen durch Formelzeichen (wie U_b in den Bildern 1a und 1b), Kennzeichnung durch Kreise (in den Bildern 3, 4 und 11) oder Beziffern.

Bei der qualitativen Darstellung werden stets auf beiden Achsen lineare Teilungen vorausgesetzt. An jeder Achse kann die Veränderliche auch als Funktion einer anderen Veränderlichen angeschrieben werden, z. B. $1/x$ (siehe Bild 6), $\log (f/f_0)$ (siehe Bild 11) oder z^2. In diesen Fällen ist bei der Angabe ausgezeichneter Punkte auf deren Kennzeichnung zu achten (siehe z. B. den Unterschied in der Kennzeichnung der Höchstwerte der Kennlinien *2* zwischen Bild 10 und Bild 11).

4. Quantitative Darstellung

4.1. Diagrammfläche

Bei dieser Darstellung sollen an den Kurven die zu den Größen gehörigen Zahlenwerte abgelesen werden, dazu muß man auf der Abszissen- und auf der Ordinatenachse je eine bezifferte Teilung (Skale) auftragen. Es ist häufig zweckmäßig, diese Teilungen zu einem K o o r d i n a t e n n e t z zu ergänzen. Dabei sollen — von handelsüblichen Koordinatenpapieren abgesehen — die einzelnen Netzlinien nicht über die das Netz begrenzenden Randlinien hinausgehen (siehe Bild 7). Die Kennzeichnung markanter Punkte entsprechend Abschnitt 3 darf auch außerhalb der Diagrammfläche stehen (siehe Bild 10). Entsprechendes gilt für Polarkoordinatennetze.

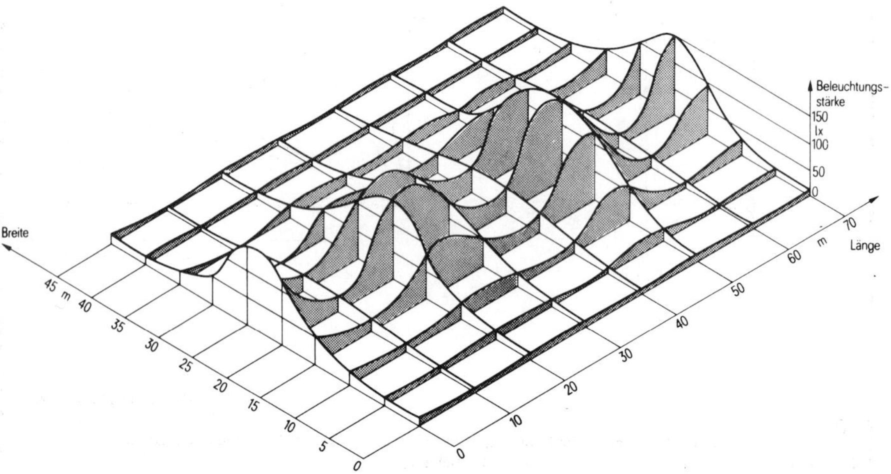

Bild 5.

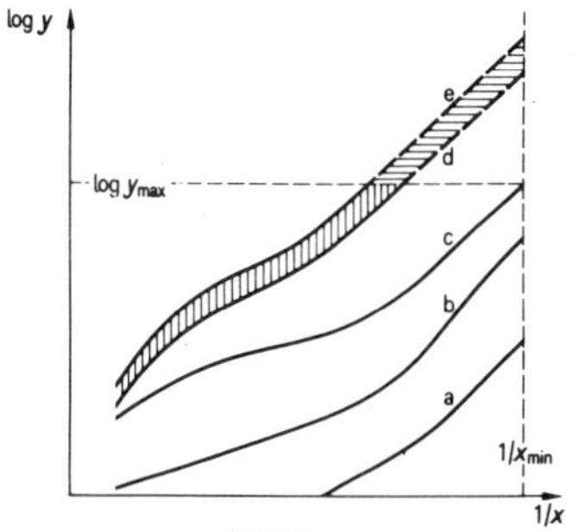

Bild 6.

4.2. Skale

Die Teilung der Abszissen- und der Ordinatenachse wird mit Zahlenwerten beziffert, die ohne Drehen des Bildes lesbar sein sollen. Bei positiven Zahlenwerten ist im allgemeinen ein Pluszeichen (+) nicht erforderlich; dagegen sind s ä m t l i c h e negativen Zahlenwerte mit einem Minuszeichen (-) zu versehen. Die Nullpunkte der Abszissen- und Ordinatenachse werden durch je eine Null bezeichnet, auch wenn beide Nullpunkte zusammenfallen. Nicht alle Teilstriche müssen beziffert sein, jedenfalls aber die ersten und die letzten.

Ist die Teilung zu einem Koordinatennetz ergänzt, dann werden die Zahlen vorzugsweise an den linken und den unteren Rand außerhalb des Netzes gesetzt, auch wenn das Achsenkreuz — beim Auftragen von positiven u n d negativen Werten — im Inneren des Netzes liegt (siehe Bild 7).

Bei großen, häufig zum Ablesen benutzten Diagrammen kann die Bezifferung am oberen und am rechten Rand wiederholt werden.

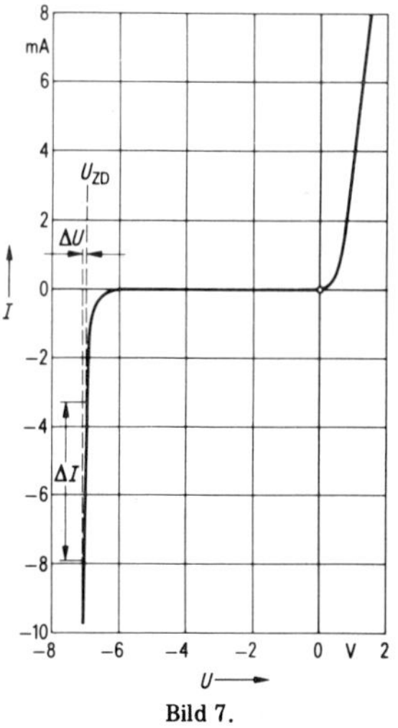

Bild 7.

4.2.1. Die zu den Zahlenwerten gehörenden, senkrecht zu schreibenden Einheitenzeichen stehen am rechten Ende der Abszissenachse und am oberen Ende der Ordinatenachse zwischen den letzten beiden Zahlen der Skalen. Bei Platzmangel kann die vorletzte (eventuell auch die drittletzte) Zahl weggelassen werden (siehe Bild 8), sofern diese nicht den Nullpunkt bezeichnen (siehe Bild 7). Die Einheit darf keinesfalls in Klammern gesetzt werden (siehe DIN 1313).

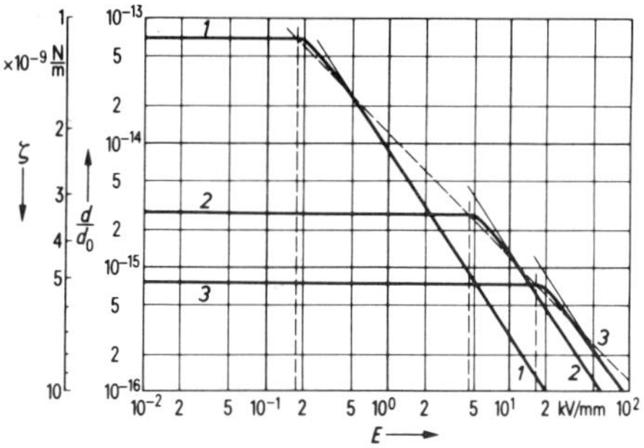

Bild 8.

4.2.2. Sind Größen mit s e h r g r o ß e n oder mit s e h r k l e i n e n Zahlenwerten mit gemeinsamer Zehnerpotenz aufzutragen, so empfiehlt es sich, zur Verbesserung der Übersichtlichkeit diese Zehnerpotenz nur einmal am Ende der Skale zwischen die letzten beiden Skalenwerte zu schreiben (siehe Bild 8, Skale links außen). Dies gilt auch für die Angaben %, ‰ und ppm.

4.2.3. Bei W i n k e l a n g a b e n stehen die Zeichen für Winkelgrad (°), Winkelminute (′) und Winkelsekunde (″) an jedem Zahlenwert der Skale (siehe Bild 9).

4.2.4. Bei Zeitangaben sind nach DIN 1301 Zeit s p a n n e n und Zeit p u n k t e zu unterscheiden. Für Zeitpunkte gilt entsprechendes wie für Winkelangaben (siehe Bild 9): Jeder Zahlenwert der Skale trägt das hochgestellte Einheitenzeichen h, min oder s der Zeiteinheit.

Bei Zeitspannen wird die Einheit (z. B. s, min, h, d oder a) nur einmal entsprechend Abschnitt 4.2.1 angegeben.

4.3. Größenangaben

Bei Diagrammen mit Koordinatennetz oder mit Teilungen der Achsen stehen die Formelzeichen oder die ausgeschriebenen Namen der Größen außerhalb der Diagrammfläche. Sie werden an die Wurzel eines Pfeils — der anzeigt, in welcher Richtung die Größe wächst — neben die Skale gesetzt. Dieser Pfeil darf auch unmittelbar an der Achse stehen, die Stellung der Formelzeichen der Größen richtet sich nach Abschnitt 2.1.

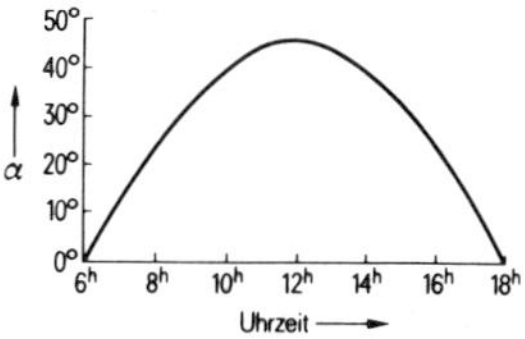

Bild 9.

4.4. Zahlenwertangaben

Die Schreibweise für Größen und Einheiten in Bruchform z. B. f/Hz – ist auch möglich, der funktionelle Zusammenhang bezieht sich dann nicht mehr auf Größen, sondern auf Zahlen (siehe Bild 10). Über die Anordnung solcher Quotienten gilt sinngemäß das in Abschnitt 2.1 Gesagte.

Ferner kann die Einheit mit dem Wort „in" an den Größennamen oder das Formelzeichen angeschlossen werden, z. B. U in kV, Lufttemperatur in °C.

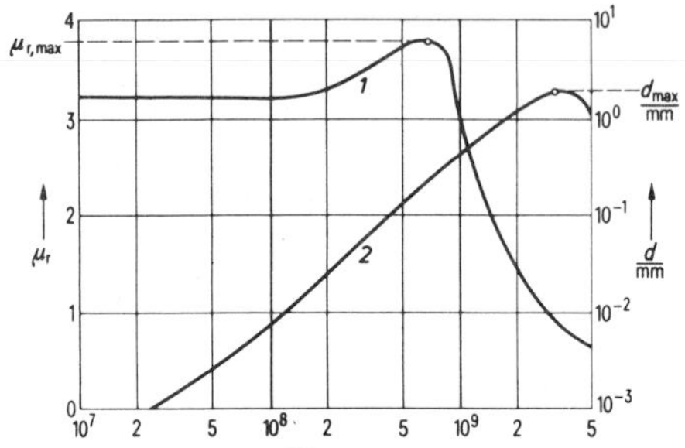

Bild 10.

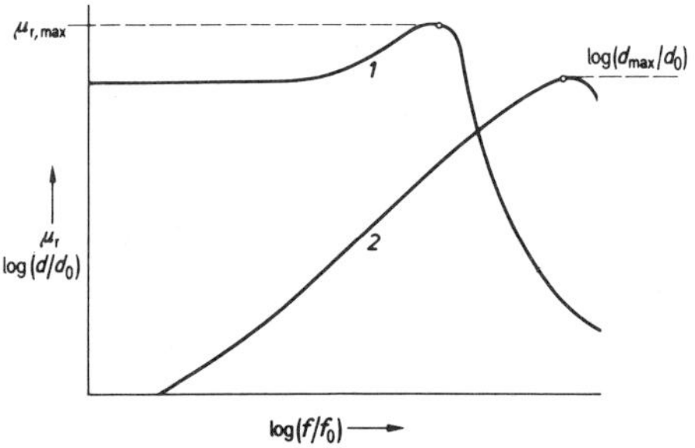

Bild 11.

4.5. Lineare Teilungen der Achsen

Lineare Teilungen werden dem Dezimalsystem dadurch angepaßt, daß Teilstriche und Bezifferung in Schritten von $1 \cdot 10^n$, $2 \cdot 10^n$ oder $5 \cdot 10^n$ ($n = 0, \pm 1, \pm 2, \ldots$) fortschreiten. Der Abstand der Teilstriche richtet sich nach dem Verwendungszweck des Diagramms. Dabei ist zu unterscheiden zwischen solchen Diagrammen, die zum Ablesen von Werten mit zum Weiterrechnen ausreichender Stellenzahl benutzt werden (Arbeitsdiagramme), und den übrigen (z. B. für die Herstellung von Diapositiven).

4.5.1. Bei Diagrammen mit Netz, die als Arbeitsdiagramm dienen, sollte das Netz so fein unterteilt werden, wie es die Berechnung zuläßt und die Ablesesicherheit erfordert. Zu kleine Abstände (unter 1 mm) verwirren beim Ablesen, zu große Abstände erschweren das Interpolieren nach Augenmaß.

4.5.2. Bei Diagrammen, aus denen keine Werte mit zum Weiterrechnen ausreichender Stellenzahl abgelesen werden, sollen die Netzlinien nach dem Verkleinern keinen kleineren Abstand als 5 mm haben (siehe Bild 7).

4.6. Logarithmische und andere nichtlineare Teilungen der Achsen

Bei logarithmischer Teilung können die Zahlen an der Abszissen- und Ordinatenachse entweder ohne oder mit Zehnerpotenzen angegeben werden. Die Schreibweise mit Zehnerpotenzen ist häufig übersichtlicher und dann zu bevorzugen. Bei den zwischen den Zehnerpotenzen liegenden Zahlenwerten genügt eine abgekürzte Bezifferung, z. B. 2 und 5 (siehe Bilder 8 und 10).

Für den Abstand der Netzlinien gilt sinngemäß das in den Abschnitten 4.5.1 und 4.5.2 Gesagte. Bei den in Abschnitt 4.5.1 genannten Diagrammen soll der kleinste Netzlinienabstand größer als 1 mm, bei den in Abschnitt 4.5.2 genannten der kleinste Abstand größer als 0,5 mm, der größte Abstand größer als 5 mm sein.

4.7. Unterschiedliche Teilung der Achsen

Bei Darstellungen, bei denen die Abszissen- und die Ordinatenachse verschieden geteilt sind – z. B. die eine Teilung linear, die andere logarithmisch, projektiv oder als Häufigkeitsteilung –, ist sinngemäß nach den Abschnitten 4.5 und 4.6 zu verfahren (siehe Bild 10).

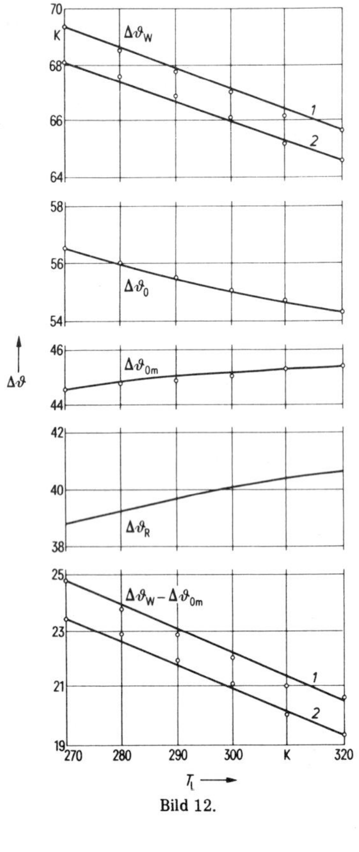

Bild 12.

4.8. Mehrere Skalen

Wird in einem Diagramm der Verlauf mehrerer verschiedenartiger Größen (z. B. Leistung, Drehzahl, Temperatur) dargestellt, so empfiehlt es sich, für die Zahlenwerte jeder dieser Größen eine besondere Skale vorzusehen. Sind mehrere Skalen erforderlich, so werden sie angeordnet, wie es der Übersichtlichkeit am besten dient (siehe Bilder 8 und 10).

4.9. Unterdrückter Nullpunkt

Es ist zulässig, den Nullpunkt und den Diagrammbereich zwischen dem Nullpunkt und den Kurvenzügen wegzulassen, wenn es auf diesen Bereich nicht ankommt (siehe Bild 12).

4.10. Unterbrochene Teilung

Bei der Darstellung von Kurven, deren Neigung gegenüber der einen Achse gering ist und deren Abstand zur nächsten Kurve im gewählten Teilungsschritt groß ist, empfiehlt es sich, das Netz zu unterbrechen und einen Teil des Netzes wegzulassen. Die Stellen, an denen die Achsen unterbrochen sind, können besonders gekennzeichnet werden (siehe Bild 12).

4.11. Meßpunkte

Sollen bei zwei oder mehr Kurven, die aus Meßwerten gewonnen wurden, die Meßpunkte eingetragen werden, so benutzt man bei stark streuenden Meßwerten für jede Kurve oder Meßreihe ein besonderes Zeichen (siehe Bild 13), z. B. ○ ● + × △ ▲ ▽ ▼ □ ■.

Der Meßwert wird durch den Mittelpunkt der Figur dieses Zeichens festgelegt.

5. Zeichentechnische Hinweise

5.1. Linienbreite

Die Linienbreiten werden aus DIN 15 Blatt 1, Reihe 1 (0,18; 0,25; 0,35; 0,5; 0,7; 1; 1,4; . . . mm) gewählt, und zwar etwa im Verhältnis:

Netz zu Achsen zu Kurven
1 zu 2 zu 4

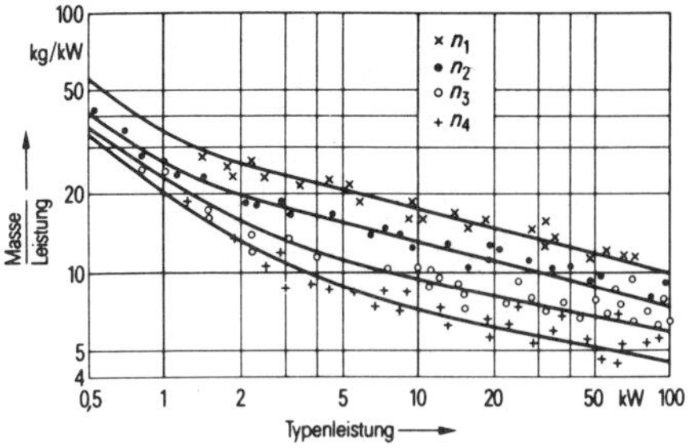

Bild 13.

Bei Arbeitsdiagrammen soll die Kurvenlinienbreite wegen der höheren Ablesesicherheit so klein wie möglich gewählt werden.

Für Schraffuren und Bezugsstriche und ähnliche Hilfslinien empfiehlt sich die gleiche Breite wie für Netzlinien. Im übrigen gelten die Angaben von DIN 474, Zeichnungen (Bilder) für Druckzwecke.

Bei logarithmisch geteilten Netzen kann man die Übersichtlichkeit erhöhen, wenn man — wie bei handelsüblichem Koordinatenpapier — für die Netzlinien der Zehnerpotenzen eine größere Breite als für die übrigen Netzlinien wählt (siehe Bilder 8 und 13). Im gedruckten Diagramm sollte die Netzlinienbreite nicht kleiner als etwa 0,1 mm sein.

5.2. Beschriftung

Innerhalb der Diagrammfläche ist mit Rücksicht auf eine übersichtliche, klare Darstellung jede nicht zum Verständnis notwendige Beschriftung zu vermeiden. Bei der Beschriftung der Achsen sollte man vorzugsweise die Formelzeichen der Größen benutzen (siehe Bilder 7, 8 und 10). Dies hat den Vorteil, daß die Diagramme beim Einfügen in fremdsprachige Texte ohne Änderung benutzt werden können und daß man das Blatt auch beim Ablesen an der Ordinatenachse nicht zu drehen braucht.

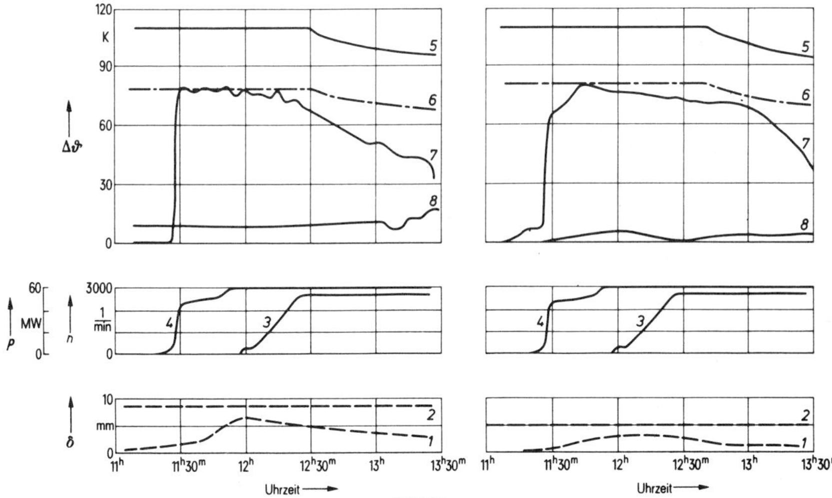

Bild 14.

5.2.1. Bei mehreren Kurven ist nach Abschnitt 2.2 zu verfahren. Die Kennzeichnung (Formelzeichen, Buchstaben, Ziffern) kann, wenn nötig, durch einen Bezugsstrich mit der Kurve verbunden werden.

5.2.2. Werden mehrere zusammenhängende Diagramme mit gleichen Abszissen- oder Ordinatenskalen übereinander oder nebeneinander angeordnet, so darf die zwischen den einzelnen Bildern stehende Achsenbeschriftung wegfallen, sofern sie mit der links oder unten stehenden übereinstimmt (siehe Bild 14).

5.2.3. Es werden Schriften nach DIN 16, DIN 17 und DIN 30 640 angewendet. Für Indizes und Exponenten wird die gegenüber ihrem Trägerbuchstaben nächstkleinere Schriftgröße benutzt.

5.2.4. Bei gedruckten Diagrammen werden die Schriftgrößen nach DIN 474 gewählt. Mit Rücksicht auf die Lesbarkeit soll die kleinste Schriftgröße 2 mm (für Indizes und Exponenten 1,6 mm) sein.

5.3. Senkrechte und schräge Schrift

Die Anwendung von senkrechter und schräger Schrift richtet sich auch bei der Bildbeschriftung nach DIN 1338. Mit Ausnahme der Fälle, für die in DIN 1338 kursive Schreibweise gefordert wird, ist senkrechte Schrift anzuwenden.

Diese Regelung gilt in erster Linie für Diagramme in Veröffentlichungen. In Zeichnungen für andere Verwendungszwecke kann, wenn keine Mißverständnisse möglich sind, alles senkrecht oder alles schräg geschrieben werden.

Hinweise auf weitere Normen

DIN 5	Blatt 1 Zeichnungen; Axonometrische Projektionen, Isometrische Projektion
	Blatt 2 Zeichnungen; Axonometrische Projektionen, Dimetrische Projektion
DIN 15	Blatt 1 Linien in Zeichnungen; Linienarten, Linienbreiten, Anwendung
	Blatt 2 Linien in Zeichnungen; Anwendungsbeispiele
DIN 16	Blatt 1 Schräge Normschrift für Zeichnungen; Allgemeines, Schriftgrößen
	Blatt 2 Schräge Normschrift für Zeichnungen; Mittelschrift
	Blatt 3 Schräge Normschrift für Zeichnungen; Engschrift
DIN 17	Blatt 1 Senkrechte Normschrift für Zeichnungen; Allgemeines, Schriftgrößen
	Blatt 2 Senkrechte Normschrift für Zeichnungen; Mittelschrift
	Blatt 3 Senkrechte Normschrift für Zeichnungen; Engschrift
DIN 108	Blatt 2 Diaprojektion; Technische Dias, Vorlagen, Ausführung, Prüfung, Vorführbedingungen
DIN 323	Blatt 2 Normzahlen; Dezimalgeometrische Vorzugszahlen; Erläuterungen, Richtlinien für die Anwendung, Rechnen mit Normzahlen
DIN 474	Zeichnungen (Bilder) für Druckzwecke, Zeichnungen zur Herstellung von Druckplatten und Druckstöcken
DIN 1301	Einheiten; Einheitennamen, Einheitenzeichen
DIN 1302	Mathematische Zeichen
DIN 1304	Allgemeine Formelzeichen
DIN 1312	Geometrische Orientierung
DIN 1313	Schreibweise physikalischer Gleichungen in Naturwissenschaft und Technik
DIN 1315	Winkeleinheiten, Winkelteilungen
DIN 1338	Buchstaben, Ziffern und Zeichen im Formelsatz
DIN 1453	Blatt 1 Griechische Schrift; Form der Handschrift für Formelzeichen auf Zeichnungen für Druckstöcke und Diapositive
	Blatt 2 Griechische Schrift; Form der Handschrift für Konstruktionszeichnungen und Signaturen
DIN 5478	Maßstäbe in graphischen Darstellungen (z. Z. noch Entwurf)
DIN 5483	Formelzeichen für zeitabhängige Größen
DIN 5493	Logarithmierte Größenverhältnisse
DIN 6774	Technische Zeichnungen; Ausführungsrichtlinien
DIN 30 640	Blatt 1 bis Blatt 6 Schriften für die Beschriftung technischer Erzeugnisse
DIN 43 655	Doppel-Logarithmenpapiere mit Achsenteilung 2 : 1
DIN 45 408	Logarithmen-Papier für Frequenzkurven im Hörbereich
DIN 45 409	Akustik; Polarkoordinatenpapiere

April 1994

Allgemeine mathematische Zeichen und Begriffe

DIN 1302

ICS 07.020; 01.040.07

General mathematical symbols and concepts

Ersatz für Ausgabe 08.80

Inhalt

		Seite
1	Pragmatische Zeichen	2
2	Allgemeine arithmetische Relationen und Verknüpfungen	3
3	Besondere Zahlen und Verknüpfungen	4
4	Komplexe Zahlen	6
5	Zahlenmengen	7
6	Elementare Zahlentheorie	8
7	Kombinatorik	9
8	Elementare Geometrie	10
9	Grenzwerte, Stetigkeit	12
10	Differentiation	13
11	Integration	15
12	Exponentialfunktion und Logarithmus	16
13	Trigonometrische Funktionen und Hyperbelfunktionen sowie deren Umkehrungen	16

In dieser Norm werden mathematische Zeichen und Begriffe behandelt, sofern sie nicht in Normen speziellen Inhalts vorkommen. Aus systematischen Gründen und wegen der besseren Lesbarkeit sind jedoch manche Zeichen und Begriffe mehrfach besprochen.

Auf die folgenden anderen Normen wird insbesondere verwiesen:

DIN 1303 Vektoren, Matrizen, Tensoren; Zeichen und Begriffe

DIN 1312 Geometrische Orientierung

DIN 1315 Winkel; Begriffe, Einheiten

DIN 1333 Zahlenangaben

Normen der Reihe

DIN 4895 Orthogonale Koordinatensysteme

DIN 5473 Logik und Mengenlehre; Zeichen und Begriffe

DIN 5487 Fourier-, Laplace- und Z-Transformation; Zeichen und Begriffe

DIN 13301 Spezielle Funktionen der mathematischen Physik; Zeichen und Begriffe

DIN 13302 Mathematische Strukturen; Zeichen und Begriffe

Für die typographische Gestaltung mathematischer Texte wird ferner verwiesen auf

DIN 461 Graphische Darstellung in Koordinatensystemen

DIN 1338 Formelschreibweise und Formelsatz

Die vorliegende Norm ist in der Form einer Tabelle gegeben, die (mit Ausnahme von Abschnitt 7) folgendermaßen aufgebaut ist:

Spalte 2 zeigt die in dieser Norm empfohlenen Zeichen, Spalte 3 zeigt ihre typische Verwendung in einem zusammengesetzten Ausdruck. Spalte 4 gibt eine mögliche Sprechweise an, die aber nicht in jedem Fall wörtlich einzuhalten ist; ähnliche Ausdrucksweisen können ebenfalls annehmbar sein. Spalte 5 enthält die Definition für die formalen Ausdrücke in Spalte 3 oder in Spalte 2. Die Spalten 2 und 3 sind bisweilen leer, wenn für einen Begriff keine formale Bezeichnung eingeführt, sondern nur eine umgangssprachliche Formulierung des Begriffes in Spalte 4 gegeben wird, die dann in Spalte 5 definiert wird. Spalte 6 enthält Hinweise, Zusätze oder Beispiele. Sofern diese umfangreicher sind, erscheinen sie in den Anmerkungen.

Wenn Zeichen verwendet werden, die in dieser Norm nicht erklärt sind, so erfolgt jeweils ein Hinweis. Ohne besonderen Hinweis werden die folgenden Zeichen, die in DIN 5473, Ausgabe Juli 1992 unter der jeweils angegebenen Nummer genormt sind, benutzt:

$\in$ (ist Element von, Nr 4.1), $\subseteq$ (ist Teilmenge von, Nr 4.7), $\cap$ (Durchschnitt, Nr 4.9), $\cup$ (Vereinigung, Nr 4.10), $\{\,|\,\}$ (Mengenbildungsoperator, Nr 4.3), $\rightarrow$ (Funktionsbildungsoperator, Nr 7.12), sowie die Schreibweisen $f(x), f(x_1, \ldots, x_n)$ für den Funktionswert (Nr 7.4).

Fortsetzung Seite 2 bis 21

Normenausschuß Einheiten und Formelgrößen (AEF) im DIN Deutsches Institut für Normung e.V.

1 Pragmatische Zeichen

Bei den pragmatischen Zeichen handelt es sich nicht um mathematische Zeichen im eigentlichen Sinne. Ihre Bedeutung wird erst durch den Benutzer und eine Anwendungssituation von Fall zu Fall präzisiert.

1	2	3	4	5	6
Nr	Zeichen	Verwendung	Sprechweise	Definition	Bemerkungen
1.1	$\approx$	$x \approx y$	x ist ungefähr gleich y	x und y stimmen mit einer für den Benutzer ausreichenden Genauigkeit überein	
1.2	$\ll$	$x \ll y$	x ist klein gegen y	x kann gegenüber y für die Zwecke des Benutzers vernachlässigt werden	
1.3	$\gg$	$x \gg y$	x ist groß gegen y	$y \ll x$	
1.4	$\triangleq$	$x \triangleq y$	x entspricht y	in einer modellmäßigen Darstellung wird y durch x dargestellt; x wird durch y interpretiert	Beispiel: In einer Zeichnung sollen Geschwindigkeiten dargestellt werden. Die Angabe 1 cm $\triangleq$ 5 m/s gibt dann an, wie Geschwindigkeiten durch Längen dargestellt werden.
1.5	$\ldots$		und so weiter bis, und so weiter (unbegrenzt), Punkt, Punkt, Punkt	Bestandteil von Ausdrücken, der eine Auslassung kennzeichnet, die in bestimmter Weise ergänzt werden muß	Verwendung u. a. zur Angabe endlicher oder unendlicher Folgen: $a_1, \ldots, a_n$ $a_0, a_1, \ldots$ von iterierten Verknüpfungen: $a_1 \cdot a_2 \cdot \ldots \cdot a_n$ $a_0 + a_1 + \ldots$ von unendlichen Dezimalbrüchen durch Anfangsstücke, z. B. $\sqrt{2} = 1{,}4142\ldots$, wobei jeweils das Bildungsgesetz ersichtlich sein muß. Verwendung auch für Bereichsangaben (Laufvorschriften) von Indizes: $i = 1, \ldots, n$ $k = 0, 1, 2, \ldots$

2 Allgemeine arithmetische Relationen und Verknüpfungen

In diesem Abschnitt werden Gleichheit und Ungleichheit, Vergleichsrelationen sowie Addition und Multiplikation und deren Umkehrungen behandelt. Diese Begriffe sind nicht nur für Zahlen, sondern auch in geeigneten anderen mathematischen Strukturen (siehe DIN 13 302) sinnvoll. Dementsprechend sind in diesem Abschnitt x, y, z Zahlen oder Elemente einer geeigneten Struktur, für Nr 2.1 bis Nr 2.3 können x, y auch beliebige Objekte sein, da die Gleichheit als logischer Grundbegriff für beliebige Objekte erklärt ist. Die arithmetischen Relations- und Verknüpfungszeichen haben die übliche arithmetische Bedeutung oder eine besondere Bedeutung in der betreffenden Struktur. Hier werden $<$, $+$, $\cdot$ als arithmetische Grundbegriffe betrachtet und die anderen Begriffe aus diesen definiert.

1	2	3	4	5	6
Nr	Zeichen	Verwendung	Sprechweise	Definition	Bemerkungen
2.1	$=$	$x = y$	x gleich y	Grundbegriff	Siehe Anmerkungen.
2.2	$\neq$	$x \neq y$	x ungleich y	es ist nicht der Fall, daß $x = y$	Wenn es aus satztechnischen Gründen erforderlich ist, kann auch $\neq$ geschrieben werden.
2.3	$=_{\text{def}}$	$x =_{\text{def}} y$	x ist definitionsgemäß gleich y	$x = y$	Das Zeichen $=_{\text{def}}$ wird verwendet, wenn x (das Definiendum) als gleichbedeutend mit y (dem Definiens) eingeführt wird. Es sind auch die Zeichen $\underset{\text{def}}{=}$ und $:=$ gebräuchlich.
2.4	$<$	$x < y$	x kleiner als y	Grundbegriff	Siehe Anmerkungen.
2.5	$\leq$	$x \leq y$	x kleiner oder gleich y, x höchstens gleich y	$x < y$ oder $x = y$	Wenn es aus satztechnischen Gründen erforderlich ist, kann auch $\leqslant$ oder $\leqq$ geschrieben werden.
2.6	$>$	$x > y$	x größer als y	$y < x$	
2.7	$\geq$	$x \geq y$	x größer oder gleich y, x mindestens gleich y	$y \leq x$	Wenn es aus satztechnischen Gründen erforderlich ist, kann auch $\geqslant$ oder $\geqq$ geschrieben werden.
2.8	$+$	$x + y$	x plus y, Summe von x und y	Grundbegriff	Siehe Anmerkungen.
2.9	$-$	$x - y$	x minus y, Differenz von x und y	das (eindeutig bestimmte) z mit $y + z = x$	Das Minuszeichen wird auch als einstelliges Verknüpfungszeichen gebraucht: $-x =_{\text{def}} 0 - x$, wobei 0 das neutrale Element der Addition ist (siehe Nr 3.1).
2.10		$x \cdot y$ oder xy	x mal y, Produkt von x und y	Grundbegriff	Siehe Anmerkungen.
2.11	— oder /	$\frac{x}{y}$ oder x/y	x durch y, Quotient von x und y	das (eindeutig bestimmte) z mit $yz = x$, wobei $y \neq 0$ sei	Siehe Anmerkungen.

(fortgesetzt)

Tabelle (abgeschlossen)

1	2	3	4	5	6
Nr	Zeichen	Verwendung	Sprechweise	Definition	Bemerkungen
2.12	$\sum$	$\sum_{i=1}^{n} x_i$	Summe über x_i von i gleich 1 bis n	rekursive Definition: $\sum_{i=1}^{1} x_i =_{\text{def}} x_1$ $\sum_{i=1}^{n+1} x_i =_{\text{def}} \left(\sum_{i=1}^{n} x_i\right) + x_{n+1}$	Es ist $\sum_{i=1}^{n} x_i = x_1 + x_2 + \ldots + x_n$ Für $n = 0$ setzt man $\sum_{i=1}^{0} x_i =_{\text{def}} 0$ (leere Summe). Siehe Anmerkungen.
2.13	$\prod$	$\prod_{i=1}^{n} x_i$	Produkt über x_i von i gleich 1 bis n	rekursive Definition: $\prod_{i=1}^{1} x_i =_{\text{def}} x_1$ $\prod_{i=1}^{n+1} x_i =_{\text{def}} \left(\prod_{i=1}^{n} x_i\right) x_{n+1}$	Es ist $\prod_{i=1}^{n} x_i = x_1 x_2 \ldots x_n$ Für $n = 0$ setzt man $\prod_{i=1}^{0} x_i =_{\text{def}} 1$ (leeres Produkt). Siehe Anmerkungen.
2.14	$\sim$	$f \sim g$	f ist proportional zu g	es gibt eine Konstante $c \neq 0$, so daß für alle x gilt: $f(x) = c g(x)$	Hierbei sind f, g Funktionen.

3 Besondere Zahlen und Verknüpfungen

Die in diesem Abschnitt behandelten Begriffe beziehen sich auf reelle Zahlen, obwohl manche Begriffe auch in anderen Kontexten sinnvoll sind. Es seien x, y reelle Zahlen und n, m, s ganze Zahlen, wobei n, m oft und s stets als nicht negativ vorausgesetzt werden.

1	2	3	4	5	6
Nr	Zeichen	Verwendung	Sprechweise	Definition	Bemerkungen
3.1	0		Null	das (eindeutig bestimmte) y mit der Eigenschaft, daß für alle x gilt: $x + y = x$	0 ist neutrales Element bezüglich der Addition; es gilt für alle x: $0 + x = x = x + 0$ Siehe Anmerkungen.
3.2	1		Eins	das (eindeutig bestimmte) y mit der Eigenschaft, daß für alle x gilt: $yx = x = xy$	1 ist neutrales Element bezüglich der Multiplikation; es gilt für alle x: $1 \cdot x = x = x \cdot 1$ Siehe Anmerkungen.
3.3	π		pi	die kleinste positive Nullstelle der Funktion sin	Zur Sinusfunktion siehe auch Nr 13.1. π ist gleich dem Verhältnis von Kreisumfang zum Durchmesser, $\pi = 3{,}141\,59\ldots$

(fortgesetzt)

Tabelle (fortgesetzt)

1	2	3	4	5	6
Nr	Zeichen	Verwendung	Sprechweise	Definition	Bemerkungen
3.4	e			exp (1)	Zur Exponentialfunktion siehe auch Nr 12.1. e ist die Basis der natürlichen Logarithmen; e = 2,718 28 . . .
3.5		x^n	x hoch n, n-te Potenz von x	rekursive Definition für $n \geq 0$: $x^0 =_{\text{def}} 1$ $x^{n+1} =_{\text{def}} x^n x$, für $n < 0$ ist $-n > 0$ und $x^n =_{\text{def}} 1/x^{-n}$	Genauso lassen sich auch Potenzen komplexer Zahlen mit ganzzahligen Exponenten definieren. Zu Potenzen positiver reeller Zahlen mit nicht ganzzahligen Exponenten siehe Nr 12.3.
3.6	$\sqrt{}$	$\sqrt{x}$	Wurzel (Quadratwurzel) aus x	das (eindeutig bestimmte) y mit $y \geq 0$ und $y^2 = x$	Es ist $x \in \mathbb{R}$ und $0 \leq x$ vorausgesetzt. Man beachte, daß $\sqrt{x}$ ebenfalls nicht negativ ist, ferner $\sqrt{x^2} = \|x\|$. $-\sqrt{x}$ ist die negative der beiden Zahlen, deren Quadrat x ist. Man beachte $\sqrt{x} = x^{1/2}$ (zur Potenz siehe Nr 12.3).
3.7	$\sqrt[n]{}$	$\sqrt[n]{x}$	n-te Wurzel aus x	das (eindeutig bestimmte) y mit $y \geq 0$ und $y^n = x$	Es ist $x \in \mathbb{R}$ und $0 \leq x$ und $0 < n$ vorausgesetzt. Man beachte $\sqrt[n]{x} = x^{1/n}$ und $\sqrt[n]{x^m} = x^{m/n}$ (zur Potenz siehe Nr 12.3). Für ungerades n setzt man auch $\sqrt[n]{-x} =_{\text{def}} -\sqrt[n]{x}$.
3.8	!	$n!$	n Fakultät	rekursive Definition für $n \geq 0$: $0! =_{\text{def}} 1$ $(n+1)! =_{\text{def}} n!\,(n+1)$	$n! = \prod_{i=1}^{n} i = 1 \cdot 2 \cdot 3 \cdot \ldots \cdot n$
3.9		$(x)_s$	s unter x	rekursive Definition: $(x)_0 =_{\text{def}} 1$ $(x)_{s+1} =_{\text{def}} (x)_s(x-s)$	$(x)_s$ wird auch als fallende Fakultät von x mit s Faktoren bezeichnet. Es ist $(x)_s = \prod_{i=1}^{s} (x+1-i)$ $= x(x-1) \cdot \ldots \cdot (x+1-s)$ und $(n)_n = n!$ für $n \geq 0$. Dieses Symbol kollidiert mit dem Symbol $(a)_n$ nach DIN 13 301/01.93 Nr 1.5, welches dort durch $a\,(a+1)\,(a+2) \cdot \ldots \cdot (a+n-1)$ erklärt ist. Für $a\,(a-1)\,(a-2) \cdot \ldots \cdot (a-n+1)$ wird dort in Nr 1.6 das Symbol $a^{(n)}$ verwendet.

(fortgesetzt)

Tabelle (abgeschlossen)

1	2	3	4	5	6
Nr	Zeichen	Verwendung	Sprechweise	Definition	Bemerkungen
3.10		$\binom{x}{s}$	x über s	$\frac{(x)_s}{s!}$	$\binom{x}{s}$ ist der Binomialkoeffizient von x und s. Es ist $\binom{x}{s} = \prod_{i=1}^{s} \frac{x+1-i}{i}$ $= \frac{x(x-1) \cdot \ldots \cdot (x+1-s)}{1 \cdot 2 \cdot \ldots \cdot s}$
3.11	sgn	sgn x	Signum von x	sgn $x =_{\text{def}} \begin{cases} 1, \text{ wenn } x > 0 \\ 0, \text{ wenn } x = 0 \\ -1, \text{ wenn } x < 0 \end{cases}$	
3.12	| |	$\|x\|$	Betrag von x	$\|x\| =_{\text{def}} \begin{cases} x, \text{ wenn } x \geq 0 \\ -x, \text{ wenn } x < 0 \end{cases}$	
3.13	[ ]	$[x]$	größte ganze Zahl kleiner oder gleich x	das (eindeutig bestimmte) $y \in \mathbb{Z}$ mit $y \leq x < y+1$	Es wird auch die Bezeichnung ent (x) gebraucht. Beispiele: $[\pi] = 3$, $[-\pi] = -4$
3.14	$\longrightarrow$	$x \xrightarrow{f} y$	x geht durch f in y über	$f(x) = y$	Das Symbol wird in iterierter Weise zur Darstellung von Kettenrechnungen im Schulunterricht benutzt. Es wird ferner, wobei auch Pfeile in umgekehrter und vertikaler Richtung vorkommen können, zur Bildung von Diagrammen verwendet. Zur Angabe der Funktionen im Schulunterricht siehe Anmerkungen.
3.15	∞		unendlich	Diese Schreibfigur bezeichnet keine Zahl, sie tritt in verschiedenen zusammengesetzten Ausdrücken auf, die jeweils für sich definiert werden müssen.	Siehe Anmerkungen.

4 Komplexe Zahlen

In diesem Abschnitt sei z eine komplexe Zahl, und x, y seien reelle Zahlen.

1	2	3	4	5	6
Nr	Zeichen	Verwendung	Sprechweise	Definition	Bemerkungen
4.1	i oder j			imaginäre Einheit, sie genügt der Bedingung $i^2 = -1$	In der Mathematik ist die Schreibweise i üblich, in der Elektrotechnik die Schreibweise j. Siehe Anmerkungen.

(fortgesetzt)

Tabelle (abgeschlossen)

1	2	3	4	5	6
Nr	Zeichen	Verwendung	Sprechweise	Definition	Bemerkungen
4.2	Re	Re z	Realteil von z	das (eindeutig bestimmte) $x \in \mathbb{R}$, zu dem es ein $y \in \mathbb{R}$ gibt mit $z = x + \mathrm{i}\,y$	Es gilt: $z = \mathrm{Re}\,z + \mathrm{i}\,\mathrm{Im}\,z$ mit $\mathrm{Re}\,z \in \mathbb{R}$ und $\mathrm{Im}\,z \in \mathbb{R}$ sowie $\mathrm{Re}\,z = \frac{1}{2}(z + \bar{z})$ $\mathrm{Im}\,z = \frac{1}{2\mathrm{i}}(z - \bar{z})$
4.3	Im	Im z	Imaginärteil von z	das (eindeutig bestimmte) $y \in \mathbb{R}$, zu dem es ein $x \in \mathbb{R}$ gibt mit $z = x + \mathrm{i}\,y$	
4.4		$\bar{z}$ oder z^*	konjugiert-komplexe Zahl von z	$\mathrm{Re}\,z - \mathrm{i}\,\mathrm{Im}\,z$	In der Mathematik ist die Schreibweise $\bar{z}$ üblich, in der Elektrotechnik die Schreibweise z^*.
4.5	| |	$\|z\|$	Betrag von z	$\sqrt{z\,\bar{z}}$	Es ist stets $\|z\| \in \mathbb{R}$ und $\|z\| \geq 0$. Für reelle z stimmt dieser Begriff mit dem in Nr 3.12 überein.
4.6	Arc	Arc z	Arcus von z	das (eindeutig bestimmte) x mit $0 \leq x < 2\pi$ und $z = \|z\| \exp(\mathrm{i}\,x)$	Der Arcus ist nur für $z \neq 0$ definiert. Siehe Anmerkungen.

5 Zahlenmengen

In diesem Abschnitt werden Bezeichnungen für Standardmengen von Zahlen und für Intervalle von reellen Zahlen angegeben, dabei seien a, b, x reelle Zahlen.

1	2	3	4	5	6
Nr	Zeichen	Verwendung	Sprechweise	Definition	Bemerkungen
5.1	$\mathbb{N}$ oder **N**		Doppelstrich-N	Menge der nichtnegativen ganzen Zahlen, Menge der natürlichen Zahlen	$\mathbb{N}$ enthält die Zahl 0. Es wird nicht empfohlen, die Menge der positiven ganzen Zahlen mit $\mathbb{N}$ zu bezeichnen und dann mit $\mathbb{N}_0$ die Menge der nichtnegativen ganzen Zahlen. Zu Nr 5.1 bis Nr 5.5 siehe Anmerkungen.
5.2	$\mathbb{Z}$ oder **Z**		Doppelstrich-Z	Menge der ganzen Zahlen	Hier handelt es sich genauer gesagt um ganz-rationale Zahlen. In der Zahlentheorie definiert man auch ganzalgebraische Zahlen (siehe Nr 6.1).
5.3	$\mathbb{Q}$ oder **Q**		Doppelstrich-Q	Menge der rationalen Zahlen	
5.4	$\mathbb{R}$ oder **R**		Doppelstrich-R	Menge der reellen Zahlen	
5.5	$\mathbb{C}$ oder **C**		Doppelstrich-C	Menge der komplexen Zahlen	

(fortgesetzt)

Tabelle (abgeschlossen)

1	2	3	4	5	6
Nr	Zeichen	Verwendung	Sprechweise	Definition	Bemerkungen
5.6		(a, b)	offenes Intervall von a bis b	$\{x \mid a < x < b\}$	Zu Nr 5.6 bis Nr 5.10 siehe Anmerkungen.
5.7		(a, ∞)	offenes unbeschränktes Intervall ab a	$\{x \mid a < x\}$	Das Intervall $(-\infty, b)$ ist analog definiert.
5.8		$[a, b]$	abgeschlossenes Intervall von a bis b	$\{x \mid a \leq x \leq b\}$	
5.9		$[a, b)$	linksseitig abgeschlossenes und rechtsseitig offenes Intervall von a bis b	$\{x \mid a \leq x < b\}$	Das Intervall $(a, b]$ ist analog definiert.
5.10		$[a, \infty)$	abgeschlossenes unbeschränktes Intervall ab a	$\{x \mid a \leq x\}$	Das Intervall $(-\infty, b]$ ist analog definiert.

6 Elementare Zahlentheorie

In diesem Abschnitt seien x, y komplexe Zahlen, und es sei m eine positive ganze Zahl.

1	2	3	4	5	6
Nr	Zeichen	Verwendung	Sprechweise	Definition	Bemerkungen
6.1			x ist ganzalgebraisch, x ist ganze algebraische Zahl	x ist Nullstelle eines Polynoms mit Koeffizienten aus $\mathbb{Z}$ und höchstem Koeffizienten 1	Es gibt dann also Zahlen $a_1, a_2, \ldots, a_n$ aus $\mathbb{Z}$ $(n > 0)$ mit $x^n + a_1 x^{n-1} + \ldots + a_{n-1} x + a_n = 0$. Siehe Anmerkungen.
6.2			x ist Einheit	x und x^{-1} sind ganzalgebraisch	Die einzigen rationalen Einheiten sind 1 und −1. Siehe Anmerkungen. Der zahlentheoretische Begriff der Einheit stimmt nicht mit dem physikalischen Begriff der Einheit in einem Größensystem überein.
6.3			x, y sind assoziiert	es gibt eine Einheit ε mit $x = \varepsilon y$	Die Assoziiertheitsrelation ist eine Äquivalenzrelation. In $\mathbb{Q}$ sind zu x nur x und $-x$ assoziiert.
6.4	$\mid$	$x \mid y$	x teilt y	es gibt eine ganze algebraische Zahl z mit $xz = y$	
6.5	$\nmid$	$x \nmid y$	x teilt nicht y	es ist nicht der Fall, daß $x \mid y$	

(fortgesetzt)

Tabelle (abgeschlossen)

1	2	3	4	5	6
Nr	Zeichen	Verwendung	Sprechweise	Definition	Bemerkungen
6.6	$\equiv$	$x \equiv y \bmod m$ oder $x \equiv y\ (m)$	x kongruent y modulo m	$m \mid (x - y)$	Die Kongruenzrelation modulo m ist eine Äquivalenzrelation, die mit Addition und Multiplikation verträglich ist, es ist eine Kongruenzrelation im Sinne von DIN 13 302, Ausgabe Juni 1978, Nr 2.11.

7 Kombinatorik

Zu den Grundaufgaben der Kombinatorik gehört die Bestimmung der Anzahlen von gewissen Zusammenstellungen, Auswahlen oder anderweitig spezifizierten Kombinationen von Elementen endlicher Mengen. In der folgenden Tabelle kommt in Spalte 2 eine bezüglich der Interpretation neutrale Benennung und in Spalte 3 die zugehörige Anzahl vor. In den weiteren Spalten werden einige Interpretationen der kombinatorischen Begriffe gegeben. Dabei sei stets eine Menge G mit n Elementen vorgegeben und s eine positive ganze Zahl. In Anwendungen kann statt der interpretationsunabhängigen Benennung auch eine zum jeweiligen Modell passende Benennung verwendet werden. Siehe auch Anmerkungen zu diesem Abschnitt.

Beim mengentheoretischen Modell wird der Begriff der s-Auswahl aus G mit Vielfachheit gebraucht. Das sei eine Abbildung k von G in nichtnegative ganze Zahlen (die Vielfachheiten) mit $\sum_{x \in G} k(x) = s$. Wenn nur die Vielfachheiten 0 und 1 zugelassen sind, so liegt eine s-Auswahl aus G vor, diese entspricht einer s-elementigen Teilmenge von G. Mit s-Tupeln sind stets s-Tupel von Elementen von G gemeint. Für Nr 7.5 wird angenommen, daß die Elemente von G mit einer Numerierung versehen sind.

Beim Wortmodell wird angenommen, daß G ein Alphabet der Länge n ist. Das ist eine Menge aus n Elementen, die mit einer Ordnung (alphabetische Ordnung) versehen ist. Die Elemente heißen Zeichen (Symbole), ein Wort der Länge s ist eine endliche Folge $\sigma_1 \sigma_2 \dots \sigma_s$ von Zeichen. Ein Wort ohne Wiederholungen besteht aus lauter verschiedenen Zeichen, in einem (alphabetisch) geordneten Wort folgt auf kein Zeichen ein alphabetisch früheres Zeichen.

Beim Verteilungsmodell wird G als eine Menge von Fächern oder Plätzen angenommen, in die man Kugeln legen kann. Ein Fach kann mehrere Kugeln und ein Platz höchstens eine Kugel enthalten. Die Kugeln können für die kombinatorische Zählung unterscheidbar oder auch nicht unterscheidbar sein.

Beim Urnenmodell wird G als eine Urne mit n numerierten Kugeln vorgestellt, aus der nacheinander Kugeln gezogen werden, wobei u. U. die gezogene Kugel wieder zurückgelegt wird. Es wird notiert, wie oft jede Kugel gezogen wird, u. U. auch in welcher Reihenfolge die Kugeln gezogen werden.

1	2	3	4	5	6	7
Nr	interpretationsunabhängige Benennung	Anzahl	mengentheoretisches Modell	Wortmodell	Verteilungsmodell	Urnenmodell
7.1	s-Kombination mit Wiederholungen oder s-Repetition	$\binom{n+s-1}{s}$	s-Auswahl mit Vielfachheit	geordnetes Wort der Länge s	Verteilung von s nicht unterscheidbaren Kugeln auf n Fächer	Ziehung von s Kugeln mit Rücklegen ohne Notieren der Reihenfolge
7.2	s-Kombination ohne Wiederholungen oder s-Kombination	$\binom{n}{s}$ Dabei ist $1 \leq s \leq n$	s-Auswahl s-elementige Teilmenge	geordnetes Wort der Länge s ohne Wiederholungen	Verteilung von s nicht unterscheidbaren Kugeln auf n Plätze	Ziehung von s Kugeln ohne Rücklegen und ohne Notieren der Reihenfolge
7.3	s-Variation mit Wiederholungen oder s-Variation	n^s	s-Tupel	Wort der Länge s	Verteilung von s unterscheidbaren Kugeln auf n Fächer	Ziehung von s Kugeln mit Rücklegen und Notieren der Reihenfolge

(fortgesetzt)

Tabelle (abgeschlossen)

1	2	3	4	5	6	7
Nr	interpretationsunabhängige Benennung	Anzahl	mengentheoretisches Modell	Wortmodell	Verteilungsmodell	Urnenmodell
7.4	s-Variation ohne Wiederholungen oder s-Permutation	$(n)_s$ Dabei ist $1 \leq s \leq n$	s-Tupel verschiedener Elemente	Wort der Länge s ohne Wiederholungen	Verteilung von s unterscheidbaren Kugeln auf n Plätze	Ziehung von s Kugeln ohne Rücklegen mit Notieren der Reihenfolge
7.5	s-Permutation mit Vielfachheiten $k_1, \ldots, k_n$	$\frac{s!}{k_1! \ldots k_n!}$ Dabei ist $s = k_1 + \ldots + k_n$	s-Tupel, in dem das i-te Element von G k_i-mal vorkommt (für $1 \leq i \leq n$)	Wort der Länge s, in dem das i-te Zeichen k_i-mal vorkommt (für $1 \leq i \leq n$)	Verteilung von s unterscheidbaren Kugeln auf n numerierte Fächer, so daß das i-te Fach k_i Kugeln enthält (für $1 \leq i \leq n$)	Ziehung von s Kugeln mit Rücklegen und mit Notieren der Reihenfolge, wobei die i-te Kugel k_i-mal gezogen wurde (für $1 \leq i \leq n$)
7.6	Permutation	$n!$	n-Tupel verschiedener Elemente	Wort der Länge n ohne Wiederholungen	Verteilung von n unterscheidbaren Kugeln auf n Plätze	Ziehung aller n Kugeln ohne Rücklegen mit Notieren der Reihenfolge

8 Elementare Geometrie

In diesem Abschnitt wird ein endlichdimensionaler euklidischer Raum zugrunde gelegt, d. h. ein affiner Raum mit zugehörigem Vektorraum, der ein endlichdimensionaler Vektorraum mit innerem Produkt über $\mathbb{R}$ ist. Punkte werden mit P, Q, R bezeichnet, Vektoren mit $\boldsymbol{x}$, $\boldsymbol{y}$, der Verbindungsvektor von P und Q sei $\overrightarrow{PQ}$, der Punkt, der durch Abtragen von $\boldsymbol{x}$ in P entsteht, sei $P + \boldsymbol{x}$, die Länge des Vektors $\boldsymbol{x}$ ist $|\boldsymbol{x}|$, das innere Produkt von $\boldsymbol{x}$ und $\boldsymbol{y}$ ist $\boldsymbol{x} \cdot \boldsymbol{y}$. (Zu diesen Begriffen siehe DIN 13 302, Ausgabe Juni 1978, Abschnitte 7 und 8, zum Begriff der Orientierung auch DIN 1312.) Die Buchstaben g, h werden zur Bezeichnung von Geraden, von orientierten Geraden und von Strahlen benutzt.

1	2	3	4	5	6
Nr	Zeichen	Verwendung	Sprechweise	Definition	Bemerkungen
8.1			Gerade	Punktmenge der Art $\{P + \lambda \overrightarrow{PQ} \mid \lambda \in \mathbb{R}\}$ für $P \neq Q$	
8.2			Trägervektor einer Geraden g	Vektor $\overrightarrow{PQ}$ für Punkte $P, Q \in g$ mit $P \neq Q$	In Nr 8.2 bis Nr 8.4 sind g, h Geraden.
8.3	$\perp$	$g \perp h$	g ist orthogonal zu h	es gibt Trägervektoren $\boldsymbol{x}$ von g und $\boldsymbol{y}$ von h mit $\boldsymbol{x} \cdot \boldsymbol{y} = 0$	Es ist dann für alle Trägervektoren $\boldsymbol{x}$ von g und $\boldsymbol{y}$ von h $\boldsymbol{x} \cdot \boldsymbol{y} = 0$.
8.4	$\parallel$	$g \parallel h$	g ist parallel zu h	g und h haben die gleichen Trägervektoren	
8.5			orientierte Gerade	Gerade zusammen mit einer Orientierung	Siehe Anmerkungen.

(fortgesetzt)

Tabelle (fortgesetzt)

1	2	3	4	5	6
Nr	Zeichen	Verwendung	Sprechweise	Definition	Bemerkungen
8.6			Trägervektor einer orientierten Geraden	Trägervektor der Geraden, der die gegebene Orientierung bestimmt	Siehe Anmerkungen.
8.7	$\uparrow\uparrow$	$g \uparrow\uparrow h$	g und h sind gleichsinnig parallel	g und h haben gleiche Trägervektoren	In Nr 8.7 und Nr 8.8 sind g, h orientierte Geraden.
8.8	$\uparrow\downarrow$	$g \uparrow\downarrow h$	g und h sind gegensinnig parallel	g und h haben entgegengesetzt gleiche Trägervektoren	Wenn $\boldsymbol{x}$ ein Trägervektor von g ist, so ist $-\boldsymbol{x}$ ein Trägervektor von h und umgekehrt.
8.9			Strahl, Halbgerade	Punktmenge der Art $\{P + \lambda \overrightarrow{PQ} \mid \lambda \geq 0\}$ für $P \neq Q$	Der Punkt P ist der Anfangspunkt des Strahls. Er ist eindeutig bestimmt.
8.10			Trägervektor eines Strahls g	Vektor $\overrightarrow{PQ}$ für den Anfangspunkt P des Strahls und einen davon verschiedenen Punkt Q des Strahls	Jeder Strahl bestimmt eine orientierte Gerade, die die Punkte des Strahles enthält und dieselben Trägervektoren hat. Die Begriffe $\perp$, $\parallel$, $\uparrow\uparrow$, $\uparrow\downarrow$ werden auch auf Strahlen übertragen.
8.11	$\sphericalangle$	$\sphericalangle(g, h)$	(nicht orientierter) Winkel zwischen g und h	$\operatorname{Arccos} \frac{\boldsymbol{x} \cdot \boldsymbol{y}}{\lvert\boldsymbol{x}\rvert\ \lvert\boldsymbol{y}\rvert}$, wobei $\boldsymbol{x}$, $\boldsymbol{y}$ Trägervektoren der Strahlen g, h sind	In Nr 8.11 bis Nr 8.13 sind g, h Strahlen mit demselben Anfangspunkt P. Es gilt: $\sphericalangle(g, h) = \sphericalangle(h, g)$ und $0 \leq \sphericalangle(g, h) \leq \pi$. Siehe Anmerkungen.
8.12	$\measuredangle$	$\measuredangle(g, h)$	orientierter Winkel von g nach h	$\sphericalangle(g, h)$, wenn $g = h$ oder wenn Trägervektoren von g, h die gegebene Orientierung der Ebene (im Sinne von DIN 1312, Ausgabe März 1972, Abschnitt 2.2) bestimmen, andernfalls $2\pi - \sphericalangle(g, h)$	Für Nr 8.12 und Nr 8.13 ist der Raum zweidimensional und orientiert vorausgesetzt. Siehe Anmerkungen.
8.13			Winkelfeld von g nach h	wenn $0 \leq \measuredangle(g, h) < \pi$, die Punktmenge $\{P + \lambda\boldsymbol{x} + \mu\boldsymbol{y} \mid \lambda, \mu \geq 0\}$, wobei $\boldsymbol{x}$, $\boldsymbol{y}$ Trägervektoren von g, h sind; wenn $\pi < \measuredangle(g, h) < 2\pi$, die abgeschlossene Hülle des Komplements des Winkelfeldes von h nach g; wenn $\measuredangle(g, h) = \pi$, die linke Halbebene (Halbebene 1 im Sinne von DIN 1312, Ausgabe März 1972, Abschnitt 2.3) der orientierten Geraden zu g	

(fortgesetzt)

Tabelle (abgeschlossen)

1	2	3	4	5	6
Nr	Zeichen	Verwendung	Sprechweise	Definition	Bemerkungen
8.14		PQ	Gerade P, Q; Verbindungsgerade von P und Q	die eindeutig bestimmte Gerade, auf der P und Q liegen	Hierbei ist $P \neq Q$ vorausgesetzt.
8.15		$g h$	Punkt g, h; Schnittpunkt von g und h	der eindeutig bestimmte Punkt, der auf g und h liegt	Die Geraden g, h sind hierbei als nicht parallel vorausgesetzt.
8.16	$\overline{\quad}$	$\overline{PQ}$	Strecke von P nach Q	$\{P + \lambda \overrightarrow{PQ} \mid 0 \leq \lambda \leq 1\}$	Es ist stets $\overline{PQ} = \overline{QP}$.
8.17	d	$d\,(P, Q)$	Abstand (Distanz) von P und Q	$\lvert\overrightarrow{PQ}\rvert$	Es ist auch $\lvert\overline{PQ}\rvert$ gebräuchlich.
8.18	$\triangle$	$\triangle\,(PQR)$	Dreieck PQR	$\overline{PQ} \cup \overline{QR} \cup \overline{RP}$	Siehe Anmerkungen.
8.19	$\odot$	$\odot\,(P, r)$	Kreis um P mit Radius r	$\{Q \mid d\,(P, Q) = r\}$	Der Raum wird hier als zweidimensional vorausgesetzt, $r > 0$. Siehe Anmerkungen.
8.20	$\cong$	$M \cong N$	M ist kongruent zu N	es gibt eine Kongruenzabbildung, die M in N überführt	M, N sind hierbei Punktmengen. Zum Begriff der Kongruenzabbildung siehe DIN 13 302, Ausgabe Juni 1978, Nr 8.17.

9 Grenzwerte, Stetigkeit

Für die Abschnitt 9 bis 11 sei zu Zeichen und Begriffen, die Funktionen in allgemeiner Weise betreffen, auf DIN 5473, Ausgabe Juli 1992, Abschnitt 7, verwiesen. Insbesondere wird für den Funktionswert von f an der Stelle x bzw. $\langle x_1, \ldots, x_n \rangle$ hier $f(x)$ bzw. $f\,(x_1, \ldots, x_n)$ geschrieben. Der Definitionsbereich der Funktion f wird mit $D(f)$ bezeichnet.

1	2	3	4	5	6
Nr	Zeichen	Verwendung	Sprechweise	Definition	Bemerkungen
9.1	lim	$a = \lim\limits_{n \to \infty} a_n$	a ist Limes (Grenzwert) der Folge (a_n), die Folge (a_n) konvergiert gegen a	zu jedem $\varepsilon > 0$ gibt es ein n_0, so daß für alle $n > n_0$ gilt: $\lvert a - a_n \rvert < \varepsilon$	In Nr 9.1 und Nr 9.2 ist (a_n) (ausführlicher geschrieben $(a_n)_{n \in \mathbb{N}}$, d. i. die Funktion $n \to a$) eine Folge von Zahlen und a eine Zahl. Siehe Anmerkungen.
9.2	$\sum\limits_{n=0}^{\infty}$	$\sum\limits_{n=0}^{\infty} a_n$	Summe der Reihe $\sum\limits_{n=0} a_n$	$\lim\limits_{m \to \infty} \left(\sum\limits_{n=0}^{m} a_n \right)$	Die Reihe ist die Folge $\left(\sum\limits_{n=0}^{m} a_n \right)_{m \in \mathbb{N}}$ der Partialsummen, sie wird mit $\sum\limits_{n=0} a_n$ abgekürzt. Die Summe der Reihe ist ihr Limes. Siehe Anmerkungen.

(fortgesetzt)

Tabelle (abgechlossen)

1	2	3	4	5	6
Nr	Zeichen	Verwendung	Sprechweise	Definition	Bemerkungen
9.3	lim	$a = \lim\limits_{x \to x_0} f(x)$	a ist Limes von $f(x)$ für x gegen x_0	zu jedem $\varepsilon > 0$ gibt es ein $\delta > 0$, so daß für alle $x \in D(f)$ mit $0 < \|x - x_0\| < \delta$ gilt: $\|f(x) - f(x_0)\| < \varepsilon$	Im folgenden ist f eine reelle Funktion mit dem Definitionsbereich $D(f) \subseteq \mathbb{R}$. Für Nr 9.3 wird vorausgesetzt, daß x_0 ein Häufungspunkt von $D(f)$ ist, für Nr 9.4 und Nr 9.5, daß $x_0 \in D(f)$ ist. Siehe Anmerkungen.
9.4			f ist in x_0 stetig	zu jedem $\varepsilon > 0$ gibt es ein $\delta > 0$, so daß für alle $x \in D(f)$ mit $\|x - x_0\| < \delta$ gilt: $\|f(x) - f(x_0)\| < \varepsilon$	Gleichwertige Definition, falls x_0 Häufungspunkt von $D(f)$ ist: $f(x_0) = \lim\limits_{x \to x_0} f(x)$ Siehe Anmerkungen.
9.5			f ist stetig	f ist in jedem Punkt von $D(f)$ stetig	Diese Definition stimmt mit der topologischen Stetigkeitsdefinition (siehe DIN 13 302, Ausgabe Juni 1978, Nr 9.17) überein. Siehe Anmerkungen.
9.6	o	$f(x) = o(g(x))$	$f(x)$ ist klein o von $g(x)$	$\lim\limits_{x \to a} \frac{f(x)}{g(x)} = 0$	Die Funktion g muß in einer Umgebung von a überall von 0 verschieden sein. Mit o in Nr 9.6 und O in Nr 9.7 ist der Anfangsbuchstabe des Wortes Ordnung gemeint. Siehe Anmerkungen
9.7	O	$f(x) = O(g(x))$	$f(x)$ ist groß O von $g(x)$	es gibt ein $\delta > 0$ und ein $K > 0$, so daß für alle $x \in D(f)$ mit $\|x - a\| < \delta$ gilt: $\left\| \frac{f(x)}{g(x)} \right\| < K$	
9.8	$\simeq$	$f \simeq g$	f ist asymptotisch gleich g	$\lim\limits_{x \to \infty} \frac{f(x)}{g(x)} = 1$	

10 Differentiation

1	2	3	4	5	6
Nr	Zeichen	Verwendung	Sprechweise	Definition	Bemerkungen
10.1			f ist in x_0 differenzierbar	es gibt eine in x_0 stetige Funktion ω, so daß für alle $x \in D(f)$ gilt: $f(x) = f(x_0) + (x - x_0)\, \omega(x)$	In Nr 10.1 bis Nr 10.5 ist f eine reelle Funktion mit $D(f) \subseteq \mathbb{R}$. In Nr 10.1 und Nr 10.2 ist x_0 ein Häufungspunkt von $D(f)$.
10.2		$f'(x_0)$ $\left.\frac{\mathrm{d}f(x)}{\mathrm{d}x}\right\|_{x_0}$	f Strich von x_0, $\mathrm{d}f(x)$ nach $\mathrm{d}x$ an der Stelle x_0, Ableitung von f an der Stelle x_0	$\omega(x_0)$ für die eindeutig bestimmte Funktion ω aus Nr 10.1	Die Ableitung ist der Limes des Differenzenquotienten: $f'(x_0) = \lim\limits_{x \to x_0} \frac{f(x) - f(x_0)}{x - x_0}$

(fortgesetzt)

Tabelle (abgeschlossen)

1	2	3	4	5	6
Nr	Zeichen	Verwendung	Sprechweise	Definition	Bemerkungen
10.3		f' $\dfrac{\mathrm{d}f(x)}{\mathrm{d}x}$	f Strich, $\mathrm{d}f(x)$ nach $\mathrm{d}x$, Ableitung von f	$x \mapsto f'(x)$	Die Ableitung von f ist dort definiert, wo f differenzierbar ist. Siehe Anmerkungen.
10.4		$\dot{f}$	f Punkt	f'	Man schreibt $\dot{f}$ für die Ableitung von f vornehmlich dann, wenn das Argument von f ein Kurvenparameter in der Differentialgeometrie oder die Zeit in einer physikalischen Anwendung ist.
10.5		$f'', f''', \ldots, f^{(n)}$ $\dfrac{\mathrm{d}^n f(x)}{\mathrm{d}x^n}$	f zwei Strich, f drei Strich, . . ., f n-Strich, n-te Ableitung, Ableitung n-ter Ordnung	rekursive Definition: f' siehe Nr 10.3 $f^{(n+1)} =_{\mathrm{def}} (f^{(n)})'$	Im Falle von Nr 10.4 kann man auch $\ddot{f}, \dddot{f}, \ldots$ schreiben.
10.6			f ist in $\boldsymbol{x}_0$ differenzierbar	es gibt in $\boldsymbol{x}_0$ stetige Funktionen $\omega_1, \ldots, \omega_n$, so daß für alle $\boldsymbol{x} \in D(f)$ gilt: $f(\boldsymbol{x}) = f(\boldsymbol{x}_0) + \sum_{k=1}^{n} (x_k - x_k^{(0)})\, \omega_k(\boldsymbol{x})$	In Nr 10.6 bis Nr 10.10 ist f eine reelle Funktion mit $D(f) \subseteq \mathbb{R}^n$. Es ist $\boldsymbol{x} = \langle x_1, \ldots, x_n \rangle$ und $\boldsymbol{x}_0 = \langle x_1^{(0)}, \ldots, x_n^{(0)} \rangle$. Ferner sei $\boldsymbol{x}_0$ ein innerer Punkt von $D(f)$. (Etwas allgemeinere Voraussetzungen sind möglich.)
10.7		$f_{,k}(\boldsymbol{x}_0)$ $\left.\dfrac{\partial f(\boldsymbol{x})}{\partial x_k}\right\vert_{\boldsymbol{x}_0}$	f partiell nach dem k-ten Argument in $\boldsymbol{x}_0$, d partiell $f(\boldsymbol{x})$ nach $\mathrm{d}x_k$ in $\boldsymbol{x}_0$	die eindeutig bestimmte Zahl $\omega_k(\boldsymbol{x}_0)$ für eine Funktion ω_k gemäß Nr 10.6	Wenn g_k die Funktion f bei festgehaltenen $x_1^{(0)}, \ldots, x_{k-1}^{(0)}, x_{k+1}^{(0)}, \ldots, x_n^{(0)}$ ist, d. h. $g_k = x_k \mapsto f(x_1^{(0)}, \ldots, x_{k-1}^{(0)}, x_k, x_{k+1}^{(0)}, \ldots, x_n^{(0)})$, so ist $f_{,k}(\boldsymbol{x}_0) = g'_k(x_k^{(0)})$. Siehe Anmerkungen.
10.8		$f_{,k}$ $\dfrac{\partial f(\boldsymbol{x})}{\partial x_k}$	f partiell nach dem k-ten Argument d partiell $f(\boldsymbol{x})$ nach $\mathrm{d}x_k$	$\boldsymbol{x} \mapsto f_{,k}(\boldsymbol{x})$	Gebräuchlich sind $f_k, f'_k, f_{x_k}, f'_{x_k}$. Siehe Anmerkungen.
10.9		$f_{,k_1 \ldots k_r}$ $\dfrac{\partial^r f(\boldsymbol{x})}{\partial x_{k_1} \ldots \partial x_{k_r}}$	r-te partielle Ableitungen mit Lesarten analog zu Nr 10.8	rekursive Definition: $f_{,k_1}$ siehe Nr 10.8 $f_{,k_1 \ldots k_{r+1}} =_{\mathrm{def}} (f_{,k_1 \ldots k_r})_{,k_{r+1}}$	Gebräuchlich sind $f_{k_1 \ldots k_r}, f'_{k_1 \ldots k_r}$, $f_{x_{k_1} \ldots x_{k_r}}, f'_{x_{k_1} \ldots x_{k_r}}$.
10.10	Δ	Δx oder Δf	Delta x oder Delta f	Differenz zweier Werte, die dem Kontext zu entnehmen sind	Wenn in dem Kontext x_1, x_2 vorkommen, so ist $\Delta x = x_2 - x_1$, $\Delta f = f(x_2) - f(x_1)$.

11 Integration

Für das Folgende ist f eine reelle Funktion, deren Definitionsbereich das Intervall $I = [a, b]$ umfaßt (dabei sei $a < b$).

1	2	3	4	5	6
Nr	Zeichen	Verwendung	Sprechweise	Definition	Bemerkungen
11.1			Zerlegung von I	endliche Folge $a_0, a_1, \ldots, a_{n+1}$ mit $a = a_0 < a_1 < \ldots < a_n < a_{n+1} = b$	Für Nr 11.2 und Nr 11.3 sei $\mathscr{Z}$ eine Zerlegung $a_0, a_1, \ldots, a_{n+1}$ von I.
11.2	$\bar{S}$	$\bar{S}(f, \mathscr{Z})$	Obersumme von f bezüglich $\mathscr{Z}$	$\sum\limits_{i=0}^{n} \sup \{f(x) \mid a_i \leq x \leq a_{i+1}\} \cdot (a_{i+1} - a_i)$	Zum Begriff des Supremums siehe DIN 13 302, Ausgabe Juni 1978, Nr 6.17.
11.3	$\underline{S}$	$\underline{S}(f, \mathscr{Z})$	Untersumme von f bezüglich $\mathscr{Z}$	$\sum\limits_{i=0}^{n} \inf \{f(x) \mid a_i \leq x \leq a_{i+1}\} \cdot (a_{i+1} - a_i)$	Zum Begriff des Infimums siehe DIN 13 302, Ausgabe Juni 1978, Nr. 6.18.
11.4			f ist über I im Riemannschen Sinne integrierbar	das Supremum aller Untersummen $\underline{S}(f, \mathscr{Z})$ ist gleich dem Infimum aller Obersummen $\bar{S}(f, \mathscr{Z})$	Siehe Anmerkungen.
11.5	$\int$	$\int\limits_a^b f(x)\,\mathrm{d}x$ $\int\limits_a^b f$	Integral über $f(x)\,\mathrm{d}x$ von a bis b, Integral über f von a bis b	der gemeinsame Wert, der zugleich Supremum der Untersummen und Infimum der Obersummen ist	Hierbei ist f als im Riemannschen Sinne integrierbar über I vorausgesetzt. Siehe Anmerkungen.
11.6	$\oint$		Randintegral, Hüllenintegral	besonderes Integralzeichen, das bei Kurven- und Flächenintegralen auch anstelle von $\int$ benutzt wird, wenn der Integrationsbereich eine geschlossene Kurve oder Fläche ist	Siehe Anmerkung zu Nr 11.5.
11.7			F ist eine Stammfunktion von f	$F' = f$	In Nr 11.7 bis Nr 11.9 sind f, F auf demselben Intervall I definierte reelle Funktionen.
11.8		$F(x)\Big\|_{x=a}^{x=b}$ $F\Big\|_a^b$	$F(x)$ zwischen den Grenzen für x von a bis b, F zwischen den Grenzen a und b	$F(b) - F(a)$	Wenn die Grenzen a, b ersichtlich sind, kann man auch ΔF schreiben.
11.9			F ist ein unbestimmtes Integral von f	für alle $x_1, x_2 \in I$ mit $x_1 < x_2$ gilt: $\int\limits_{x_1}^{x_2} f(x)\,\mathrm{d}x = F\Big\|_{x_1}^{x_2}$	Wenn f stetig ist, so stimmen Stammfunktionen und unbestimmte Integrale überein. Siehe Anmerkungen.

12 Exponentialfunktion und Logarithmus

In diesem Abschnitt sei z eine komplexe Zahl und x, y seien positive reelle Zahlen.

1	2	3	4	5	6
Nr	Zeichen	Verwendung	Sprechweise	Definition	Bemerkungen
12.1	exp	$\exp z$ oder e^z	Exponentialfunktion von z, e hoch z	$\sum_{k=0}^{\infty} \frac{z^k}{k!}$	exp hat den Definitionsbereich $\mathbb{C}$ und ist auf $\mathbb{R}$ positiv. Zur Schreibweise e^z siehe Nr 12.3.
12.2	ln	$\ln x$	natürlicher Logarithmus von x	ln ist die Umkehrfunktion der Einschränkung von exp auf $\mathbb{R}$	Siehe Anmerkungen.
12.3		x^z	x hoch z	$\exp(z \ln x)$	Man beachte $e^z = \exp z$. Siehe Anmerkungen.
12.4	log	$\log_y x$	Logarithmus von x zur Basis y	$\frac{\ln x}{\ln y}$	Man beachte $\log_e x = \ln x$. Siehe Anmerkungen.
12.5	lg	$\lg x$	dekadischer Logarithmus von x	$\log_{10} x$	
12.6	lb	$\mathrm{lb}\, x$	binärer Logarithmus von x	$\log_2 x$	

13 Trigonometrische Funktionen und Hyperbelfunktionen sowie deren Umkehrungen

In diesem Abschnitt sei z eine komplexe und x eine reelle Zahl.

1	2	3	4	5	6
Nr	Zeichen	Verwendung	Sprechweise	Definition	Bemerkungen
13.1	sin	$\sin z$	Sinus von z	$\sum_{k=0}^{\infty} (-1)^k \frac{z^{2k+1}}{(2k+1)!}$	$\sin z = \frac{1}{2i}(\exp(iz) - \exp(-iz))$
13.2	cos	$\cos z$	Cosinus von z	$\sum_{k=0}^{\infty} (-1)^k \frac{z^{2k}}{(2k)!}$	$\cos z = \frac{1}{2}(\exp(iz) + \exp(-iz))$
13.3	tan	$\tan z$	Tangens von z	$\frac{\sin z}{\cos z}$	
13.4	cot	$\cot z$	Cotangens von z	$\frac{\cos z}{\sin z}$	

(fortgesetzt)

Tabelle (abgeschlossen)

1	2	3	4	5	6
Nr	Zeichen	Verwendung	Sprechweise	Definition	Bemerkungen
13.5	sinh	sinh z	Hyperbelsinus von z	$\sum_{k=0}^{\infty} \frac{z^{2k+1}}{(2k+1)!}$	$\sinh z = \frac{1}{2}(\exp z - \exp(-z))$
13.6	cosh	cosh z	Hyperbelcosinus von z	$\sum_{k=0}^{\infty} \frac{z^{2k}}{(2k)!}$	$\cosh z = \frac{1}{2}(\exp z + \exp(-z))$
13.7	tanh	tanh z	Hyperbeltangens von z	$\frac{\sinh z}{\cosh z}$	
13.8	coth	coth z	Hyperbelcotangens von z	$\frac{\cosh z}{\sinh z}$	
13.9	Arcsin	Arcsin x	Arcussinus von x	Arcsin ist die Umkehrfunktion der Einschränkung von sin auf $\left[-\frac{\pi}{2}, \frac{\pi}{2}\right]$	Der Definitionsbereich von Arcsin ist das Intervall $[-1,1]$, der Wertebereich ist das Intervall $\left[-\frac{\pi}{2}, \frac{\pi}{2}\right]$. Zu den Umkehrrelationen arcsin, arccos, ... von sin, cos, ... und den Nebenwerten $\mathrm{arc}_k\mathrm{sin}$, $\mathrm{arc}_k\mathrm{cos}$, ... von Arcsin, Arccos, ... siehe Anmerkungen zu Nr 13.9 bis Nr 13.12.
13.10	Arccos	Arccos x	Arcuscosinus von x	Arccos ist die Umkehrfunktion der Einschränkung von cos auf $[0, \pi]$	Der Definitionsbereich von Arccos ist $[-1,1]$, der Wertebereich ist $[0, \pi]$.
13.11	Arctan	Arctan x	Arcustangens von x	Arctan ist die Umkehrfunktion der Einschränkung von tan auf $\left(-\frac{\pi}{2}, \frac{\pi}{2}\right)$	Der Definitionsbereich von Arctan ist $\mathbb{R}$, der Wertebereich ist $\left(-\frac{\pi}{2}, \frac{\pi}{2}\right)$.
13.12	Arccot	Arccot x	Arcuscotangens von x	Arccot ist die Umkehrfunktion der Einschränkung von cot auf $(0, \pi)$	Der Definitionsbereich von Arccot ist $\mathbb{R}$, der Wertebereich ist $(0, \pi)$.
13.13	Arsinh	Arsinh x	Areahyperbelsinus von x	Arsinh ist die Umkehrfunktion der Einschränkung von sinh auf $\mathbb{R}$	Definitionsbereich und Wertebereich von Arsinh ist $\mathbb{R}$.
13.14	Arcosh	Arcosh x	Areahyperbelcosinus von x	Arcosh ist die Umkehrfunktion der Einschränkung von cosh auf $[0, \infty)$	Der Definitionsbereich von Arcosh ist $[1, \infty)$, der Wertebereich ist $[0, \infty)$.
13.15	Artanh	Artanh x	Areahyperbeltangens von x	Artanh ist die Umkehrfunktion der Einschränkung von tanh auf $\mathbb{R}$	Der Definitionsbereich von Artanh ist $(-1,1)$, der Wertebereich ist $\mathbb{R}$.
13.16	Arcoth	Arcoth x	Areahyperbelcotangens von x	Arcoth ist die Umkehrfunktion der Einschränkung von coth auf $\mathbb{R}^*$.	Der Definitionsbereich von Arcoth ist $(-\infty, -1) \cup (1, \infty)$, der Wertebereich ist $\mathbb{R}^*$.

Anmerkungen

Zu 2.1

Gleichheit wird im Sinne der Identität, d. h. des Übereinstimmens in allen Eigenschaften verstanden. Eine Gleichung sagt aus, daß die rechts und links vom Gleichheitszeichen stehenden Ausdrücke dasselbe Objekt bezeichnen. Die Ausdrücke (Schreibfiguren) rechts und links vom Gleichheitszeichen können natürlich verschieden sein. Der Begriff Objekt ist dabei so allgemein zu verstehen, daß auch Zahlen, Größen, Mengen, Relationen und Funktionen darunterfallen.

Ein besonderes Identitätszeichen ist nicht erforderlich, weil das Gleichheitszeichen bereits diese Bedeutung hat.

Früher wurde das Zeichen $\equiv$ auch benutzt, um die Generalisierung einer Gleichung über gewisse Variablen, die dem Kontext zu entnehmen sind, anzugeben. Wenn z. B. $f(x)$, $g(x)$ Terme sind, in denen x als freie Variable hervorgehoben ist, so stand $f(x) \equiv g(x)$ für den Ausdruck: für alle x gilt $f(x) = g(x)$.

Das Zeichen $\equiv$ wird in der Zahlentheorie als Kongruenzzeichen benutzt (siehe Nr 6.6).

Zu 2.4

Wenn es sich um Elemente einer Struktur mit der Trägermenge A handelt, so ist $<$ gewöhnlich eine strikte Halbordnungsrelation auf A (siehe DIN 13302, Ausgabe Juni 1978, Nr 6.3).

Zu 2.8

Wenn es sich um Elemente einer Struktur mit der Trägermenge A handelt, so ist $+$ gewöhnlich eine Verknüpfung, bezüglich deren A eine abelsche Gruppe (siehe DIN 13302, Ausgabe Juni 1978, Nr 3.4) ist.

In Abschnitt 8 wird das Zeichen $+$ auch noch in einer anderen Weise als externes Verknüpfungszeichen verwendet (Abtragen eines Vektors von einem Punkt).

Bei dem in Spalte 3 stehenden Summenterm sind Außenklammern zu setzen, wenn er als Bestandteil längerer Ausdrücke auftritt, sofern nicht Verabredungen das Einsparen von Klammern gestatten. Zur Klammerung von Ausdrücken vgl. auch DIN 13302, Ausgabe Juni 1978, Abschnitt 1, und DIN 1338, Ausgabe Juli 1977, Abschnitt 4.

Es wird empfohlen, zur Gliederung nur runde Klammern zu verwenden, die man auch in iterierter Weise verschachteln kann, ohne daß Mehrdeutigkeiten entstehen. Andere Klammerarten haben oft eine besondere Bedeutung, z. B. geschweifte Klammern als Mengenklammern, spitze Klammern als Paarklammern.

Es wird bisweilen die Summe als „lineare Summe“ bezeichnet und die Wurzel aus der Summe der Quadrate als „quadratische Summe“. Dieser Sprachgebrauch wird nicht empfohlen.

Zu 2.10

Wenn es sich um Elemente einer Struktur mit der Trägermenge A handelt, so ist $\cdot$ gewöhnlich eine assoziative Verknüpfung (siehe DIN 13302, Ausgabe Juni 1978, Nr 1.6) auf A, für Nr 2.11 bis Nr 2.13 auch mit weiteren Eigenschaften. Bezüglich des Weglassens des Malpunktes siehe auch DIN 1338, Ausgabe Juli 1977, Abschnitt 3. Für die Klammerung gelten dieselben Bemerkungen wie zu Nr 2.8. Auf Rechenmaschinen werden auch die Zeichen $\times$ oder $*$ verwendet, die aber in mathematischen Formeln nicht gebraucht werden sollen. Zum Multiplikationskreuz siehe auch DIN 1338, Ausgabe Juli 1977, Abschnitt 3.2.

Zu 2.11

Die Quotientenschreibweise ist nicht zu verwenden, wenn bei einer algebraischen Interpretation die Multiplikation nicht kommutativ ist; dann schreibe man $x \cdot y^{-1}$ bzw. $y^{-1} \cdot x$. Zur Verwendung des schrägen Bruchstriches siehe DIN 1338, Ausgabe Juli 1977, Abschnitt 4.1. Auf Rechenmaschinen wird auch das Zeichen $\div$ verwendet, das aber in mathematischen Formeln nicht gebraucht werden soll.

Im Unterricht des Zahlenrechnens, im bürgerlichen Rechnen und zum Schreiben von Proportionen wird auch der Doppelpunkt : verwendet.

Dabei ist $a : b : c = x : y : z$ gleichbedeutend mit $a/b = x/y$ und $b/c = y/z$.

Der Doppelpunkt wird ferner für die Schreibweise des Divisionsalgorithmus in der Form

$$m : n = q \text{ Rest } r$$

verwendet, wobei m, n, q, r nichtnegative ganze Zahlen seien, $n \neq 0$.

Diese Schreibweise wird nicht empfohlen, da die Interpretation dieses Ausdrucks als Gleichung nicht mit der Auffassung des Doppelpunktes als einem Zeichen für die Quotientenbildung verträglich ist. Stattdessen wird für die schriftliche Division mit Rest die Zerlegungsschreibweise

$$m = nq + r$$

empfohlen. Durch diese Zerlegungsgleichung zusammen mit der Restabschätzung

$$0 \leq r < n$$

sind q und r als Funktionen von m und n eindeutig festgelegt.

Für die beiden Verknüpfungen, die aus m, n den ganzzahligen Anteil q des Quotienten und den Rest r liefern, sind keine besonderen Verknüpfungszeichen allgemein üblich.

Zu 2.12 und 2.13

Es handelt sich um iterierte Verknüpfungen im Sinne von DIN 13302, Ausgabe Juni 1978, Nr 1.14. Die Vorschrift für den Laufindex kann u. U. auch anders lauten, etwa „$i \in I$“, wobei I endlich ist (und Kommutativität und Assoziativität von Summe und Produkt benutzt werden):

$$\sum_{i \in I} x_i,$$

sie kann aus satztechnischen Gründen rechts oben und unten an Summen und Produktzeichen angehängt oder in Klammern hinter den Ausdruck geschrieben werden,

$$\textstyle\sum_{i=1}^{n} x_i, \quad \prod x_i (i = 1, \ldots, n),$$

oder durch einen Index am Verknüpfungszeichen bloß angedeutet erscheinen:

$$\textstyle\sum_i x_i, \quad \prod_j x_j.$$

Unendliche Summen und Produkte bedürfen einer eigenen Definition.

Zu 3.1

Werden in algebraischen Interpretationen verschiedene Nullelemente in verschiedenen Strukturen $\mathscr{A}, \mathscr{B}$ nebeneinander verwendet, so kann man zur Unterscheidung Indizes anfügen, etwa $0_{\mathscr{A}}$, $0_{\mathscr{B}}$.

Zu 3.2

In algebraischen Strukturen schreibt man auch e (Einselement). Diese Bezeichnung sollte nur in Strukturen verwendet werden, deren Elemente nicht Zahlen sind.

Werden verschiedene Einselemente in verschiedenen Strukturen $\mathscr{A}$, $\mathscr{B}$ nebeneinander verwendet, so kann man zur Unterscheidung Indizes anfügen, etwa $e_{\mathscr{A}}$, $e_{\mathscr{B}}$.

Zu 3.14

An den Pfeil können auch Angaben geschrieben werden, die die gemeinte Funktion erkennen lassen, z. B. $+a$ für $x \mapsto x+a$, $-a$ für $x \mapsto x-a$, $\cdot a$ für $x \mapsto xa$, $/a$ oder $:a$ für $x \mapsto x/a$.

Im letzten Beispiel achte man darauf, daß der Rest 0 ist und die Division aufgeht.

Zu 3.15

In einem topologischen Sinne kann ∞ interpretiert werden als ein Punkt, der den Raum der reellen bzw. komplexen Zahlen zu einem kompakten Raum ergänzt (Zahlenkreis bzw. Zahlenkugel). Im Fall der reellen Zahlen spielt auch eine Kompaktifizierung durch zwei Punkte $+\infty$, $-\infty$ eine Rolle.

Zu 4.1

1, i bilden, wenn man $\mathbb{C}$ als Vektorraum über $\mathbb{R}$ auffaßt, eine Basis. Bei Veranschaulichung in der Zeichenebene wird diese Basis als Rechtssystem dargestellt.

Zu 4.6

Der Arcus ist nur für $z \neq 0$ definiert. Wenn man zur Arc z ein ganzzahliges Vielfaches von $2\,\pi$ addiert, so bezeichnet man die entstehenden Werte ebenfalls als Arcus von z (Nebenwerte); und zwar kann man $\mathrm{arc}_n\, z = \mathrm{Arc}\, z + n \cdot 2\,\pi$ setzen.

Zu 5.1 bis 5.5

Die in Nr 5.1 bis Nr 5.5 eingeführten Zeichen haben eine Standardbedeutung. Sie sollen nicht zur Bezeichnung anderer Mengen oder als Variablen verwendet werden.

Die Herausnahme der Null aus einer dieser Mengen wird durch das Hochzeichen * gekennzeichnet. So ist z. B. $\mathbb{N}^*$ die Menge der natürlichen Zahlen ausschließlich 0. Einschränkung auf die positiven Zahlen der Menge wird durch das Hochzeichen $^+$ gekennzeichnet. So ist z. B. $\mathbb{Q}^+$ die Menge der positiven rationalen Zahlen.

Zu 5.6 bis 5.10

Die Intervallklammern (,) die ein offenes Intervallende andeuten, werden oft auch durch] , [ersetzt, für die Schreibfigur $-\infty$ wird $\leftarrow$ und für ∞ wird $\rightarrow$ geschrieben. In dieser Terminologie werden die Intervalle in Nr 5.6 bis Nr 5.10 folgendermaßen notiert: $]a, b[$; $]a, \rightarrow[$; $[a, b]$; $[a, b[$; $[a, \rightarrow[$.

Zu 6.1

Die ganzen algebraischen Zahlen, die zugleich rational sind, sind genau die Zahlen aus $\mathbb{Z}$. In zahlentheoretischen Kontexten sollte man die Zahlen aus $\mathbb{Z}$ deshalb genauer als ganze rationale Zahlen bezeichnen.

Zu 6.2

Allgemein bezeichnet man in jedem Ring die invertierbaren Elemente als die Einheiten des Ringes. Hier handelt es sich um die Einheiten des Integritätsbereiches der ganzalgebraischen Zahlen.

Zu 7

Wenn in diesem Abschnitt der Ausdruck „mit Wiederholungen" vorkommt, so ist er so zu verstehen, daß Wiederholungen möglich sind, aber nicht in jedem Einzelfall vorkommen müssen.

Die Benennungen „s-Repetition" und „s-Permutation" werden vorgeschlagen, um auch in den Fällen in Nr 7.1 und Nr 7.4 interpretationsunabhängige Benennungen zur Verfügung zu haben, die ohne die Zusätze „mit Wiederholungen" und „ohne Wiederholungen" auskommen.

Die Benennung „s-Permutation" erinnert daran, daß dieser Begriff im Grenzfall (für $s = n$) in den gewöhnlichen Permutationsbegriff in Nr 7.6 übergeht. Dasselbe ist der Fall bei den s-Permutationen mit Vielfachheiten (für $s = n$ und $k_1 = \ldots = k_n = 1$).

Die Permutationen entsprechen den bijektiven Abbildungen von G auf sich. Deshalb wird auch eine bijektive Abbildung einer beliebigen Menge auf sich als Permutation dieser Menge bezeichnet.

Die Anordnung der kombinatorischen Begriffe ist in folgender Weise vorgenommen worden:

In Nr 7.1 und Nr 7.2 stehen Begriffe, die man durch das Stichwort „ohne Reihenfolge" kennzeichnen kann, in Nr 7.3 und Nr 7.4 Begriffe, für die das Stichwort „mit Reihenfolge" kennzeichnend ist. In ähnlicher Weise trifft auf die Begriffe in Nr 7.1 und Nr 7.3 die Kennzeichnung „mit Wiederholungen" und auf die in Nr 7.2 und Nr 7.4 die Kennzeichnung „ohne Wiederholungen" zu. Aus diesen Begriffen in Nr 7.3 und Nr 7.4 gehen die in Nr 7.5 und Nr 7.6 dadurch hervor, daß man auch die Vielfachheiten, mit denen wiederholt wird, vorschreibt, wobei im Fall der Permutation keine Angabe nötig ist, da dort alle Vielfachheiten 1 sind.

In Kurzform kann das in der folgenden Tabelle dargestellt werden:

	mit Wiederholungen	ohne Wiederholungen
ohne Reihenfolge	7.1	7.2
mit Reihenfolge	7.3	7.4
mit Reihenfolge und vorgeschriebenen Vielfachheiten	7.5	7.6

Zu 8.5

Wenn eine mengentheoretische Definition gewünscht wird, so kann man eine orientierte Gerade als ein Paar aus einer Geraden und einer Orientierung auffassen, wobei eine Orientierung als maximale Klasse von Paaren verschiedener Punkte der Geraden genommen werden kann, deren Verbindungsvektoren durch positive Faktoren ineinander übergehen (siehe DIN 1312). Die Punkte der zugrunde liegenden Geraden bezeichnet man auch als Punkte der orientierten Geraden und schreibt $P \in g$, wenn P ein Punkt der orientierten Geraden ist.

Zu 8.6

Die Begriffe orthogonal und parallel werden auch auf orientierte Geraden übertragen, wobei orientierte Geraden parallel sind, wenn sie gleiche oder entgegengesetzt gleiche Trägervektoren haben.

Zu 8.11

Wenn Q ein von P verschiedener Punkt von g und R ein von P verschiedener Punkt von h ist, so setzt man auch $\sphericalangle(QPR) = \sphericalangle(g, h)$.

Winkel werden gewöhnlich mit kleinen griechischen Buchstaben bezeichnet, z. B. α, β, γ.

Der Winkel ist die Größe, die einer Figur beigelegt wird, die aus zwei Strahlen g, h (den Schenkeln) mit einem gemeinsamen Anfangspunkt P (dem Scheitel) gebildet wird. Die

Figur ist nicht der Winkel, es ist aber einwandfrei zu sagen, sie bilde den Winkel. Die Ausdrücke Winkelmaß oder Winkelgröße werden nicht empfohlen.

Winkel werden in der SI-Einheit Radiant angegeben, die hier mit 1 gleichgesetzt ist. Doch sind auch andere Einheiten möglich (siehe DIN 1315).

Zu 8.12

Es gilt $0 \leq \sphericalangle(g, h) < 2\pi$ und $\sphericalangle(g, h) = 2\pi - \sphericalangle(h, g)$, sofern $\sphericalangle(g, h) \neq 0$. Bisweilen zieht man von den Winkeln, die größer als π sind, den Wert 2π ab und bezeichnet die entstehenden negativen Werte ebenfalls als orientierte Winkel. Man beachte, daß beim orientierten Winkel ein Bezug auf die gewählte Orientierung der Ebene vorliegt, der in dem Symbol nicht zum Ausdruck kommt. Die gemeinte Orientierung muß bei Verwendung des Zeichens $\sphericalangle$ ersichtlich sein.

Wenn Q ein von P verschiedener Punkt von g und R ein von P verschiedener Punkt von h ist, so setzt man auch $\sphericalangle(QPR) = \sphericalangle(g, h)$.

Der orientierte Winkel ist die Größe, die einem Paar von Strahlen g, h (dem ersten und zweiten Schenkel) mit einem gemeinsamen Anfangspunkt P in einer orientierten Ebene beigelegt wird. Der orientierte Winkel läßt sich ferner dem zugehörigen Winkelfeld (das eine Punktmenge ist) zuordnen. Orientierte Winkel werden ferner Drehungen und Drehvorgängen zugeordnet.

Zu 8.18

Das Wort Dreieck wird also hier zur Bezeichnung der Dreieckslinie empfohlen. Die Punktmenge

$\{P + \lambda\overrightarrow{PQ} + \mu\overrightarrow{PR} \mid \lambda, \mu > 0, \lambda + \mu < 1\}$ kann man als offene Dreiecksfläche, die Punktmenge

$\{P + \lambda\overrightarrow{PQ} + \mu\overrightarrow{PR} \mid \lambda, \mu \geq 0, \lambda + \mu \leq 1\}$ als abgeschlossene Dreiecksfläche bezeichnen.

Zu 8.19

Das Wort Kreis wird also hier zur Bezeichnung der Kreislinie empfohlen. Die Punktmenge $\{Q \mid d(P, Q) < r\}$ kann man als offene Kreisfläche, die Punktmenge $\{Q \mid d(P, Q) \leq r\}$ als abgeschlossene Kreisfläche bezeichnen. Bei der Dimension 3 erhält man mit denselben Definitionen Kugel sowie offene und abgeschlossene Vollkugel.

Man beachte, daß die in Nr 8.18 und Nr 8.19 eingeführten Symbole Punktmengen bezeichnen, während die Symbole in Nr 8.11 und Nr 8.12 Zahlen bezeichnen.

Zu 9.1

Die Limesvorschrift kann aus satztechnischen Gründen auch an das Limeszeichen rechts unten angehängt werden: $\lim_{n \to \infty} a_n$, oder in Klammern hinter den Ausdruck gesetzt werden: $\lim a_n \; (n \to \infty)$.

Zu 9.2

Die Summationsvorschrift kann aus satztechnischen Gründen auch rechts an das Summenzeichen angehängt werden: $\sum_{n=0}^{\infty} a_n$, oder in Klammern hinter den Ausdruck gesetzt werden: $\sum a_n \; (n = 0, \ldots, \infty)$.

Die Reihe wird oft genauso bezeichnet wie ihre Summe. Um diese Mehrdeutigkeit zu vermeiden, wird hier für die Reihe die Bezeichnung $\sum\limits_{n=0} a_n$ vorgeschlagen.

Zu 9.3

Für x_0 bzw. a sind auch die uneigentlichen Stellen ∞, $+\infty$, $-\infty$ zugelassen, wobei die Definition entsprechend abzuändern ist. Für ∞ ist $|x - x_0| < \delta$ bzw. $|f(x) - a| < \varepsilon$ durch $|x| > \delta$ bzw. $|f(x)| > \varepsilon$ zu ersetzen, für $+\infty$ ist dafür $x > \delta$ bzw. $f(x) > \varepsilon$ zu setzen und für $-\infty$ ist dafür $x < -\delta$ bzw. $f(x) < -\varepsilon$ zu setzen.

Es werden auch rechtsseitige und linksseitige Limites eingeführt. Für rechtsseitige Limites schreibt man $a = \lim\limits_{x \to x_0 + 0} f(x)$ oder $a = \lim\limits_{x \downarrow x_0} f(x)$ und hat in die Definition den Zusatz $x > x_0$ aufzunehmen. Für linksseitige Limites schreibt man $a = \lim\limits_{x \to x_0 - 0} f(x)$ oder $a = \lim\limits_{x \uparrow x_0} f(x)$ und hat in die Definition den Zusatz $x < x_0$ aufzunehmen.

Zu 9.4

Wenn in der Definition $|f(x) - f(x_0)| < \varepsilon$ durch $f(x) < f(x_0) + \varepsilon$ bzw. durch $f(x) > f(x_0) - \varepsilon$ ersetzt wird, so sagt man, f sei in x_0 nach oben bzw. unten halbstetig.

Zu 9.5

f ist nach oben bzw. nach unten halbstetig, wenn es in jedem Punkt von $D(f)$ der Fall ist.

Zu 9.6 und 9.7

Die Stelle a geht aus der Bezeichnung nicht hervor und muß dem Kontext entnommen werden. Für a sind (bei entsprechend geänderten Definitionen) auch ∞, $+\infty$, $-\infty$ zugelassen. Es wird ferner darauf hingewiesen, daß es sich nicht um Gleichungen im üblichen Sinne handelt. Die Ausdrücke $o(g(x))$, $O(g(x))$ haben für sich allein keine Bedeutung, sondern nur im Kontext von Spalte 3.

Zu 10.2 und 10.3

Wenn der Ausdruck $f(x)$ sehr lang ist, kann in Nr 10.3 auch $\frac{\mathrm{d}}{\mathrm{d}x} f(x)$ geschrieben werden, entsprechend in Nr 10.2.

In dem Ausdruck $\left.\frac{\mathrm{d}f(x)}{\mathrm{d}x}\right|_{x_0}$ ist die Variable x gebunden und die Variable x_0 frei (zum Begriff der freien und gebundenen Variablen siehe auch DIN 5473, Ausgabe Juli 1992, Abschnitt 2.5). In dem Ausdruck $\frac{\mathrm{d}f(x)}{\mathrm{d}x}$ sollte deshalb auch x als gebunden angesehen werden; denn er bezeichnet eine Funktion, nämlich f'. Für diese Auffassung spricht auch, daß zwar $f'(5)$, aber nicht $\frac{\mathrm{d}f(5)}{\mathrm{d}5}$ korrekt ist. Allerdings wird häufig auch $\frac{\mathrm{d}f(x)}{\mathrm{d}x}$ mit $f'(x)$ gleichgesetzt, es sollte dann aber eher als Abkürzung für $\left.\frac{\mathrm{d}f(x)}{\mathrm{d}x}\right|_{x}$ angesehen werden. Der Ausdruck $f(x)'$ wird sowohl im Sinne von $f'(x)$ als auch im Sinne von f', d. h. von $x \mapsto f(x)'$ verwendet. Die historisch entstandenen Bezeichnungen bilden kein kohärentes und konsequentes System, das den Unterschied von Funktion und Funktionswert respektiert. Ein Grund liegt darin, daß in der Analysis für die meisten Funktionen ein eigenes Funktionszeichen fehlt und deshalb gewöhnlich der Rechenausdruck zur Bezeichnung der Funktionen genommen wird. Die darin liegende Vermengung von $f(x)$ und $x \mapsto f(x)$ führt aber erfahrungsgemäß nicht zu mathematischen Fehlern.

Zu 10.7

Hier ist f in $\boldsymbol{x}_0$ als differenzierbar vorausgesetzt. Die $g'_k(x_k^{(0)})$, die partiellen Ableitungen von f in $\boldsymbol{x}_0$, können auch existieren, ohne daß f in $\boldsymbol{x}_0$ differenzierbar ist.

Zu 10.8

Die Schreibweise in Spalte 3 ist in jedem Kontext eindeutig erkennbar, während die mehr üblichen Schreibweisen in Spalte 6 Nachteile aufweisen. Bei f_{x_k}, f'_{x_k} ist zu sagen, daß es bei der partiellen Ableitung auf die Nummer des Argumentes ankommt und nicht auf den Buchstaben, den man für das Argument verwendet. Die Buchstaben sind grundsätzlich freigestellt, wenn es auch üblich ist, das erste Argument mit x oder x_1, das zweite mit y oder x_2 usw. zu bezeichnen.

Bei f_k ist u. U. der Ableitungscharakter nicht erkennbar. f'_k könnte als Ableitung einer Funktion f_k verstanden werden. Es wird empfohlen, die Bezeichnungen so zu wählen, daß Mißverständnisse vermieden werden.

Zu 11.4

Jede stetige Funktion ist im Riemannschen Sinne integrierbar. Es gibt allgemeinere Integrierbarkeitsbegriffe, nach denen mehr Funktionen integrierbar sind, insbesondere den Begriff der Lebesgue-Integrierbarkeit oder L-Integrierbarkeit. Jede im Riemannschen Sinne integrierbare Funktion ist jedoch auch L-integrierbar mit demselben Integral. Die Definition der L-Integrierbarkeit soll hier nicht gegeben werden, ebenso werden mehrdimensionale Integrale und Kurvenintegrale nicht betrachtet.

Zu 11.5

Man schreibt auch $\int_I f(x)\,\mathrm{d}x$ *und* $\int_I f$.

Die Schreibweise mit dem Namen des Integrationsbereiches unter dem Integralzeichen wird auch im Falle mehrdimensionaler Integrationsbereiche und bei Kurvenintegralen benutzt.

Mehrfache Integralzeichen, z. B. Doppelintegralzeichen $\iint$, sollten bei mehrdimensionalen Integrationsbereichen nicht als Integralzeichen verwendet werden.

Zu 11.8

Unbestimmte Integrale werden auch als $\int f(x)\,\mathrm{d}x$ geschrieben. Bei dieser Bezeichnung ist zu beachten, daß unbestimmte Integrale nicht eindeutig bestimmt sind, vielmehr kann eine beliebige Konstante additiv hinzugefügt werden. Es ist ferner zu beachten, daß die Variable x in dem Ausdruck als gebundene Variable zu betrachten ist. Wenn er dennoch, wie es in Formeln oft geschieht, als Ausdruck mit freier Variablen x benutzt wird, so ist er eher als Abkürzung für den Ausdruck $\int_y^x f(x)\,\mathrm{d}x$ anzusehen, in dem die untere Grenze y nicht festgelegt ist und x als obere Grenze frei vorkommt.

Zu 12.2

ln ist für alle positiven reellen Zahlen definiert und nimmt alle reellen Zahlen als Werte an. Man kann ln auch als Funktion im Komplexen betrachten, wenn man als Definitionsbereich eine geeignete Riemannsche Fläche wählt oder wenn man verschiedene „Zweige" der Funktion unterscheidet, die geeignete Mengen von komplexen Zahlen als Definitionsbereiche haben.

Zu 12.3

Für die allgemeine Potenz wird hier $x \in \mathbb{R}$, $x > 0$ vorausgesetzt. Für andere x ist das Zeichen x^z nicht eindeutig. Für die Fortsetzung ins Komplexe gelten analoge Bemerkungen wie für ln.

Die Funktionen $x \mapsto z^z$ werden als Potenzfunktionen (mit dem Exponenten z) und die Funktionen $z \mapsto x^z$ als allgemeine Exponentialfunktionen (mit der Basis x) bezeichnet.

Zu 12.4

Die Funktion $x \mapsto \log_y x$ ist die Umkehrfunktion von $x \mapsto y^x$.

In der Mathematik wird auch $\log x$ (ohne die Angabe einer Basis) geschrieben, wobei als Basis e oder 10 vereinbart sein kann. Die in dieser Norm empfohlenen Zeichen ln (Nr 12.2) und lg (Nr 12.5) erfordern dagegen keine besondere Vereinbarung.

Zu 13.9

Die Umkehrrelation der Funktion sin, für die die Bezeichnung arc sin (mit kleinem Anfangsbuchstaben) vorgeschlagen wird, ist keine Funktion mit einer Menge von komplexen Zahlen als Definitionsbereich, läßt sich aber als Funktion auf einer geeigneten Riemannschen Fläche auffassen. Es lassen sich dann verschiedene „Zweige" davon als Funktionen mit einer Menge von komplexen Zahlen als Definitionsbereich auffassen. Die hier eingeführte Funktion Arcsin ist der sogenannte Hauptzweig oder Hauptwert, beschränkt auf das Reelle. Entsprechende Bemerkungen treffen auf die anderen Umkehrfunktionen zu, von denen hier jeweils die Hauptwerte im Reellen gegeben sind.

Als Bezeichnung für die Nebenwerte wird $\mathrm{arc}_k\sin$ für die Umkehrfunktion der Einschränkung von sin auf $\left[\left(k-\frac{1}{2}\right)\pi, \left(k+\frac{1}{2}\right)\pi\right]$ vorgeschlagen ($k \in \mathbb{Z}$).

Es ist dann $\mathrm{arc}_0\sin = \mathrm{Arcsin}$.

Zu 13.10

Als Bezeichnung für die Nebenwerte wird $\mathrm{arc}_k\cos$ für die Umkehrfunktion der Einschränkung von cos auf $[k\pi, (k+1)\pi]$ vorgeschlagen ($k \in \mathbb{Z}$).

Zu 13.11

Als Bezeichnung für die Nebenwerte wird $\mathrm{arc}_k\tan$ für die Umkehrfunktion der Einschränkung von tan auf $\left(\left(k-\frac{1}{2}\right)\pi, \left(k+\frac{1}{2}\right)\pi\right)$ vorgeschlagen ($k \in \mathbb{Z}$).

Zu 13.12

Als Bezeichnung für die Nebenwerte wird $\mathrm{arc}_k\cot$ für die Umkehrfunktion der Einschränkung von cot auf $(k\pi, (k+1)\pi)$ vorgeschlagen ($k \in \mathbb{Z}$).

Frühere Ausgaben

DIN 1302: 10.23, 12.33, 09.39, 11.54, 02.61, 02.68, 08.80

Änderungen

Gegenüber der Ausgabe August 1980 wurden folgende Änderungen vorgenommen:

a) Druckfehler wurden berichtigt.

b) Anpassungen an DIN 5473 wurden vorgenommen.

c) Ein Hinweis auf eine Kollision mit dem Pochhammer-Symbol nach DIN 13 301/01.93 wurde in Nr 3.9 aufgenommen.

d) Zitate wurden aktualisiert.

DK 512.64 : 514.742/.743 : 003.62 : 001.4 März 1987

	Vektoren, Matrizen, Tensoren Zeichen und Begriffe	DIN 1303

Vectors, matrices, tensors; symbols and concepts

Ersatz für Ausgabe 08.59x
und DIN 5486/12.62

In der vorliegenden Norm werden Zeichen und Begriffe behandelt, die Vektoren, Matrizen und Tensoren betreffen. Dabei wird nur die algebraische Struktur dargestellt. Zu den Operatoren der Vektoranalysis vergleiche man DIN 4895 Teil 1 und Teil 2 über orthogonale Koordinatensysteme. Es wird ferner auf die folgenden weiteren Normen verwiesen, in denen auch geometrische Begriffe behandelt werden: DIN 1302 „Allgemeine mathematische Zeichen und Begriffe", DIN 1312 „Geometrische Orientierung", DIN 13302 „Mathematische Strukturen; Zeichen und Begriffe".

Die vorliegende Norm ist in der Form einer Tabelle gegeben, die (mit Ausnahme der Abschnitte 3 und 9) folgendermaßen aufgebaut ist:

Spalte 2 zeigt die in dieser Norm empfohlenen Zeichen und formalen Schreibweisen, Spalte 3 gibt eine sprachliche Formulierung, die als Sprechweise aber nicht in jedem Fall wörtlich eingehalten zu werden braucht. Spalte 4 enthält die Definition für die formalen Ausdrücke in Spalte 2. Die Spalte 2 ist bisweilen leer, wenn für einen Begriff keine formale Bezeichnung eingeführt wird, sondern nur eine umgangssprachliche Formulierung des Begriffes in Spalte 3 gegeben wird, die dann in Spalte 4 definiert wird. Spalte 5 enthält Hinweise, Zusätze oder Beispiele. Sofern diese umfangreicher sind, erscheinen sie in den Anmerkungen.

An einigen Stellen in der Norm werden die Symbole

$$\delta^{i_1 \ldots i_m}_{k_1 \ldots k_m}, \quad \delta^i_k, \quad \delta_{ik}, \qquad \operatorname{sgn}(\sigma)$$

verwendet, die in Abschnitt 10 erklärt sind. Für das Konjugiert-Komplexe wird nur eine Bezeichnung, nämlich die durch Überstreichen, verwendet.

Inhalt

		Seite
1	Vektoren	2
2	Basen und Koordinaten für Vektoren	6
3	Darstellung der Vektoroperationen in Koordinaten	9
4	Matrizen	10
5	Lineare und multilineare Abbildungen	15
6	Tensoren	16
7	Multivektoren	18
8	Basen und Koordinaten für Tensoren	21
9	Darstellung der Tensoroperationen in Koordinaten	23
10	Permutationssymbole	25

Fortsetzung Seite 2 bis 27

Normenausschuß Einheiten und Formelgrößen (AEF) im DIN Deutsches Institut für Normung e.V.

1 Vektoren

Vektoren sind in der Physik Größen, die durch einen Betrag und eine Richtung gekennzeichnet werden. Man kann Vektoren zueinander addieren und sie mit skalaren Werten multiplizieren (vervielfachen). Diese beiden Operationen (siehe Nr 1.5 und Nr 1.6) sind konstituierend für den Begriff des Vektorraumes oder des linearen Raumes (siehe Nr 1.1). Zu diesen linearen Grundbegriffen tritt als metrischer Grundbegriff der des Skalarproduktes (siehe Nr 1.10 und Nr 1.18) mit der Möglichkeit, Beträge von Vektoren zu definieren (siehe Nr 1.11).

1	2	3	4	5
Nr	Zeichen	Sprechweise, Begriff	Definition	Bemerkungen
1.1		Vektorraum, linearer Raum	Eine Struktur, die gegeben ist durch eine Menge V, deren Elemente Vektoren, und eine Menge K, deren Elemente Skalare heißen, sowie folgende Verknüpfungen: Eine Addition von Vektoren mit den Eigenschaften von Nr 1.5 und eine Multiplikation von Skalaren und Vektoren mit den Eigenschaften von Nr 1.6. Ferner kann man Skalare addieren und multiplizieren, so daß K ein Körper im Sinne der Algebra ist.	Man sagt auch, daß V ein Vektorraum über K ist. V ist ein reeller bzw. komplexer Vektorraum, wenn der Skalarbereich K der Körper $\mathbb{R}$ der reellen Zahlen bzw. der Körper $\mathbb{C}$ der komplexen Zahlen ist. Andere Fälle werden in dieser Norm nicht betrachtet. In den Anwendungen treten auch reelle bzw. komplexe Größenwerte als Skalare auf. Beispiel 1: Der Raum der Verschiebungsvektoren oder Verbindungsvektoren besteht aus den Vektoren, die von einem Anfangspunkt zu einem Endpunkt führen. Zwei solche Verbindungsvektoren sind genau dann gleich, wenn dieselbe Parallelverschiebung jeweils die Anfangspunkte in die Endpunkte überführt. Beispiel 2: Die möglichen Werte der elektrischen Feldstärke in einem Punkt bilden einen Vektorraum. Beispiel 3: Die Menge aller (n, m)-Matrizen reeller Zahlen bildet einen linearen Raum. Siehe Anmerkungen.
1.2	$\boldsymbol{a}, \boldsymbol{b}, \boldsymbol{c}, \ldots, \boldsymbol{x}, \boldsymbol{y}, \boldsymbol{z}, \ldots$ oder $\vec{a}, \vec{b}, \vec{c}, \ldots, \vec{x}, \vec{y}, \vec{z}, \ldots$		Zeichen für Vektoren	In dieser Norm wird die erste Darstellung benutzt. Oft rechnet man direkt mit Koordinaten und benutzt dann keine Zeichen für die Vektoren selbst. Für die Koordinaten benutzt man magere Buchstaben mit oberen oder unteren Indizes (siehe Nr 2.7, Nr 2.8 und Abschnitt 3). Siehe Anmerkungen.
1.3	$a, b, c, \ldots, x, y, z, \ldots$		Zeichen für Skalare	Siehe Anmerkungen.
1.4	$\boldsymbol{o}$ oder $\vec{o}$	Nullvektor	neutrales Element bezüglich der Vektoraddition (siehe Nr 1.5)	Es gilt: $\boldsymbol{a} + \boldsymbol{o} = \boldsymbol{o} + \boldsymbol{a} = \boldsymbol{a}$

Fortsetzung

1	2	3	4	5
Nr	Zeichen	Sprechweise, Begriff	Definition	Bemerkungen
1.5	$\boldsymbol{a}+\boldsymbol{b}$	$\boldsymbol{a}$ plus $\boldsymbol{b}$, Summe von $\boldsymbol{a}$ und $\boldsymbol{b}$	Grundbegriff im Vektorraum. Es gilt für alle $\boldsymbol{a}$, $\boldsymbol{b}$, $\boldsymbol{c}$: $\boldsymbol{a}+\boldsymbol{b}$ ist ein Vektor, $\boldsymbol{a}+(\boldsymbol{b}+\boldsymbol{c})=(\boldsymbol{a}+\boldsymbol{b})+\boldsymbol{c}$, $\boldsymbol{a}+\boldsymbol{b}=\boldsymbol{b}+\boldsymbol{a}$, es gibt ein $\boldsymbol{x}$ mit $\boldsymbol{a}+\boldsymbol{x}=\boldsymbol{b}$	Die Lösung $\boldsymbol{x}$ der Gleichung $\boldsymbol{a}+\boldsymbol{x}=\boldsymbol{b}$ ist eindeutig durch $\boldsymbol{a}$, $\boldsymbol{b}$ bestimmt. Sie wird mit $\boldsymbol{b}-\boldsymbol{a}$ bezeichnet. $\boldsymbol{o}$ ist die Lösung von $\boldsymbol{a}+\boldsymbol{x}=\boldsymbol{a}$, $-\boldsymbol{a}$ ist die Lösung von $\boldsymbol{a}+\boldsymbol{x}=\boldsymbol{o}$.
1.6	$x\,\boldsymbol{a}$	x mal $\boldsymbol{a}$, x-faches von $\boldsymbol{a}$	Grundbegriff im Vektorraum. Es gilt für alle $\boldsymbol{a}$, $\boldsymbol{b}$, x, y: $x\,\boldsymbol{a}$ ist ein Vektor, $x(\boldsymbol{a}+\boldsymbol{b})=x\,\boldsymbol{a}+x\,\boldsymbol{b}$, $(x+y)\,\boldsymbol{a}=x\,\boldsymbol{a}+y\,\boldsymbol{a}$, $x(y\,\boldsymbol{a})=(x\,y)\,\boldsymbol{a}$, $1\,\boldsymbol{a}=\boldsymbol{a}$	Man setzt auch: $\boldsymbol{a}\,x =_{\text{def}} x\,\boldsymbol{a}$ Der Vektorraum wird dadurch zu einem zweiseitigen Vektorraum im Sinne von DIN 13 302, Ausgabe Juni 1978, Nr 7.3. Der Skalarbereich, der im allgemeinen auch ein nicht kommutativer Körper sein darf, muß dann kommutativ sein.
1.7		$\boldsymbol{a}_1, \ldots, \boldsymbol{a}_n$ sind linear unabhängig	es gilt: $\boldsymbol{o}=x_1\boldsymbol{a}_1+\ldots+x_n\boldsymbol{a}_n$ nur für $x_1=\ldots=x_n=0$	Wenn $\boldsymbol{a}_1, \ldots, \boldsymbol{a}_n$ nicht linear unabhängig sind, so sind sie linear abhängig (auch kollinear für $n=2$, komplanar für $n=3$).
1.8		V ist n-dimensional	es gibt n linear unabhängige Vektoren $\boldsymbol{a}_1, \ldots, \boldsymbol{a}_n$, so daß jeder Vektor $\boldsymbol{a}$ sich als Linearkombination $\boldsymbol{a}=x_1\boldsymbol{a}_1+\ldots+x_n\boldsymbol{a}_n$ dieser Vektoren darstellen läßt.	Die Zahl n ist eindeutig durch V bestimmt. Die Definition erfaßt nur den Fall endlich-dimensionaler Vektorräume. Im folgenden seien alle auftretenden Vektorräume endlich-dimensional. Siehe Anmerkungen.
1.9		euklidischer Vektorraum	reeller Vektorraum mit einem Skalarprodukt nach Nr 1.10.	
1.10	$\boldsymbol{a}\cdot\boldsymbol{b}$	$\boldsymbol{a}$ mal $\boldsymbol{b}$, inneres Produkt von $\boldsymbol{a}$ und $\boldsymbol{b}$, Skalarprodukt von $\boldsymbol{a}$ und $\boldsymbol{b}$	Grundbegriff in euklidischen Vektorräumen. Es gilt für alle $\boldsymbol{a}$, $\boldsymbol{b}$, $\boldsymbol{c}$, x: $\boldsymbol{a}\cdot\boldsymbol{b}$ ist ein (reeller) Skalar, $(\boldsymbol{a}+\boldsymbol{b})\cdot\boldsymbol{c}=\boldsymbol{a}\cdot\boldsymbol{c}+\boldsymbol{b}\cdot\boldsymbol{c}$, $(x\,\boldsymbol{a})\cdot\boldsymbol{b}=x(\boldsymbol{a}\cdot\boldsymbol{b})$, $\boldsymbol{a}\cdot\boldsymbol{b}=\boldsymbol{b}\cdot\boldsymbol{a}$, $\boldsymbol{a}\cdot\boldsymbol{a}\geq 0$, $\boldsymbol{a}\cdot\boldsymbol{a}=0$ nur für $\boldsymbol{a}=\boldsymbol{o}$	Das Skalarprodukt ist auch im zweiten Faktor linear. Es gilt: $\boldsymbol{a}\cdot(x\,\boldsymbol{b})=x(\boldsymbol{a}\cdot\boldsymbol{b})$ Wenn künftig das innere Produkt oder darauf aufbauende Begriffe benutzt werden, so soll der zugrunde gelegte Vektorraum euklidisch sein. Wie bei anderen Produkten wird der Punkt als Multiplikationszeichen oft weggelassen. Doch vermeide man Verwechslungen mit anderen Verknüpfungen, z. B. dem dyadischen Produkt (siehe Nr 6.10, Spalte 5). Unter Benutzung von Betrag (siehe Nr 1.11) und Winkel (siehe Nr 1.13) läßt sich das Skalarprodukt auch so ausdrücken: $\boldsymbol{a}\cdot\boldsymbol{b}=\lvert\boldsymbol{a}\rvert\,\lvert\boldsymbol{b}\rvert\cos\sphericalangle(\boldsymbol{a},\boldsymbol{b})$

Fortsetzung

1	2	3	4	5
Nr	Zeichen	Sprechweise, Begriff	Definition	Bemerkungen
1.11	$\lvert\boldsymbol{a}\rvert$	Betrag von $\boldsymbol{a}$	$\sqrt{\boldsymbol{a}\cdot\boldsymbol{a}}$	Es gilt $\lvert\boldsymbol{a}\rvert \geq 0$ und $\lvert\boldsymbol{a}\rvert = 0$ nur für $\boldsymbol{a} = \boldsymbol{o}$. Es wird auch $\lVert\boldsymbol{a}\rVert$ verwendet. Es wird empfohlen, Vektor und Betrag durch entsprechende halbfette und magere Buchstaben zu bezeichnen, z. B. $\lvert\boldsymbol{a}\rvert = a$.
1.12	$\boldsymbol{e}_a$	Einheitsvektor in Richtung von $\boldsymbol{a}$	$\frac{1}{\lvert\boldsymbol{a}\rvert}\boldsymbol{a}$	Dabei muß $\boldsymbol{a} \neq \boldsymbol{o}$ vorausgesetzt werden. $\boldsymbol{e}_a$ hat den Betrag 1. Jeder Vektor vom Betrag 1 wird als Einheitsvektor oder normierter Vektor bezeichnet.
1.13	$\sphericalangle(\boldsymbol{a}, \boldsymbol{b})$	Winkel zwischen $\boldsymbol{a}$ und $\boldsymbol{b}$	$\text{Arccos}\,\frac{\boldsymbol{a}\cdot\boldsymbol{b}}{\lvert\boldsymbol{a}\rvert\,\lvert\boldsymbol{b}\rvert}$	Es muß $\boldsymbol{a} \neq \boldsymbol{o} \neq \boldsymbol{b}$ vorausgesetzt werden. Es gilt: $0 \leq \sphericalangle(\boldsymbol{a}, \boldsymbol{b}) \leq \pi$
1.14	$\boldsymbol{a} \perp \boldsymbol{b}$	$\boldsymbol{a}$ ist orthogonal zu $\boldsymbol{b}$	$\boldsymbol{a}\cdot\boldsymbol{b} = 0$	
1.15	$\boldsymbol{a} \times \boldsymbol{b}$	$\boldsymbol{a}$ kreuz $\boldsymbol{b}$, Vektorprodukt von $\boldsymbol{a}$ und $\boldsymbol{b}$	$\boldsymbol{a} \times \boldsymbol{b}$ ist durch die folgenden Bedingungen eindeutig festgelegt: $\lvert\boldsymbol{a} \times \boldsymbol{b}\rvert = \lvert\boldsymbol{a}\rvert\,\lvert\boldsymbol{b}\rvert \sin \sphericalangle(\boldsymbol{a}, \boldsymbol{b})$, $\boldsymbol{a} \times \boldsymbol{b} \perp \boldsymbol{a}$, $\boldsymbol{a} \times \boldsymbol{b} \perp \boldsymbol{b}$, wenn $\boldsymbol{a}$, $\boldsymbol{b}$ nicht kollinear sind, so ist $(\boldsymbol{a}, \boldsymbol{b}, \boldsymbol{a} \times \boldsymbol{b})$ ein Rechtssystem	Es wird hierbei vorausgesetzt, daß der Vektorraum dreidimensional ist und der Rechtsschraubsinn als Orientierung ausgezeichnet ist. Ein Rechtssystem ist dann ein Tripel nicht komplanarer Vektoren, das diese Orientierung bestimmt. Zum Begriff der Orientierung siehe DIN 1312. Beachte: $\boldsymbol{a} \times \boldsymbol{b} = -\boldsymbol{b} \times \boldsymbol{a}$
1.16	$[\boldsymbol{a}, \boldsymbol{b}, \boldsymbol{c}]$	Spatprodukt von $\boldsymbol{a}$, $\boldsymbol{b}$, $\boldsymbol{c}$	$(\boldsymbol{a} \times \boldsymbol{b}) \cdot \boldsymbol{c}$	Es gilt: $[\boldsymbol{a}, \boldsymbol{b}, \boldsymbol{c}] = [\boldsymbol{b}, \boldsymbol{c}, \boldsymbol{a}]$, $[\boldsymbol{a}, \boldsymbol{b}, \boldsymbol{c}] = -[\boldsymbol{b}, \boldsymbol{a}, \boldsymbol{c}]$
1.17		unitärer Vektorraum	komplexer Vektorraum mit einem (Hermiteschen) Skalarprodukt nach Nr 1.18	
1.18	$(\boldsymbol{a}, \boldsymbol{b})$	$\boldsymbol{a}$ mal $\boldsymbol{b}$, (Hermitesches) inneres Produkt von $\boldsymbol{a}$ und $\boldsymbol{b}$, (Hermitesches) Skalarprodukt von $\boldsymbol{a}$ und $\boldsymbol{b}$	Grundbegriff in unitären Vektorräumen. Es gilt für alle $\boldsymbol{a}$, $\boldsymbol{b}$, $\boldsymbol{c}$, x: $(\boldsymbol{a}, \boldsymbol{b})$ ist ein (komplexer) Skalar, $(\boldsymbol{a} + \boldsymbol{b}, \boldsymbol{c}) = (\boldsymbol{a}, \boldsymbol{c}) + (\boldsymbol{b}, \boldsymbol{c})$, $(x\boldsymbol{a}, \boldsymbol{b}) = x(\boldsymbol{a}, \boldsymbol{b})$, $(\boldsymbol{a}, \boldsymbol{b}) = \overline{(\boldsymbol{b}, \boldsymbol{a})}$, $(\boldsymbol{a}, \boldsymbol{a})$ ist reell und nicht negativ, $(\boldsymbol{a}, \boldsymbol{a}) = 0$ nur für $\boldsymbol{a} = \boldsymbol{o}$	Man beachte, daß das Hermitesche Skalarprodukt im zweiten Faktor nicht linear ist. Es gilt vielmehr: $(\boldsymbol{a}, x\boldsymbol{b}) = \bar{x}(\boldsymbol{a}, \boldsymbol{b})$ Beträge von Vektoren und der Begriff der Orthogonalität werden wie in Nr 1.11 und Nr 1.14 mit Hilfe des Hermiteschen Skalarprodukts eingeführt.
1.19		Vektorraum mit Konjugierung	unitärer Vektorraum mit einer Konjugierung nach Nr 1.20	

Fortsetzung

1	2	3	4	5
Nr	Zeichen	Sprechweise, Begriff	Definition	Bemerkungen
1.20	$\bar{\boldsymbol{a}}$ oder $\boldsymbol{a}^*$	konjugiert-komplexer Vektor von $\boldsymbol{a}$	Grundbegriff in Vektorräumen mit Konjugierung. Es gilt für alle $\boldsymbol{a}$, $\boldsymbol{b}$, x: $\overline{\boldsymbol{a}+\boldsymbol{b}} = \bar{\boldsymbol{a}} + \bar{\boldsymbol{b}}$, $\overline{x\,\boldsymbol{a}} = \bar{x}\,\bar{\boldsymbol{a}}$, $\bar{\bar{\boldsymbol{a}}} = \boldsymbol{a}$, $\overline{(\boldsymbol{a}, \boldsymbol{b})} = (\bar{\boldsymbol{a}}, \bar{\boldsymbol{b}})$	In Nr 1.21 und Nr 1.22 sei ein Vektorraum mit Konjugierung zugrunde gelegt.
1.21		$\boldsymbol{a}$ ist reell	$\boldsymbol{a} = \bar{\boldsymbol{a}}$	Die reellen Vektoren bilden einen euklidischen Vektorraum derselben Dimensionszahl.
1.22	$\boldsymbol{a} \cdot \boldsymbol{b}$	bilineares Produkt von $\boldsymbol{a}$ und $\boldsymbol{b}$	$(\boldsymbol{a}, \bar{\boldsymbol{b}})$	Dieses Produkt ist kommutativ und in beiden Faktoren linear. Es stimmt für reelle Vektoren mit dem Skalarprodukt überein. Das Hermitesche Skalarprodukt läßt sich dann schreiben als: $(\boldsymbol{a}, \boldsymbol{b}) = \boldsymbol{a} \cdot \bar{\boldsymbol{b}}$
1.23		Kovektor von V	Abbildung $\boldsymbol{u}$ von V in den Skalarbereich K, so daß für alle $\boldsymbol{a}$, $\boldsymbol{b}$, x gilt: $\boldsymbol{u}(\boldsymbol{a}+\boldsymbol{b}) = \boldsymbol{u}(\boldsymbol{a}) + \boldsymbol{u}(\boldsymbol{b})$, $\boldsymbol{u}(x\,\boldsymbol{a}) \quad = x\,\boldsymbol{u}(\boldsymbol{a})$	Ein Kovektor von V ist dasselbe wie eine Linearform auf V, d. h. eine lineare Abbildung von V in den Skalarbereich K. Ein Kovektor kann also auf einen Vektor angewendet werden (wobei diese Funktionsanwendung als Produkt aufgefaßt wird), so daß sich als Wert ein Skalar ergibt.
1.24	V^*	Dualraum von V	die Menge der Kovektoren von V zusammen mit den Verknüpfungen, die definiert sind durch: $(\boldsymbol{u}+\boldsymbol{v})(\boldsymbol{a}) = \boldsymbol{u}(\boldsymbol{a}) + \boldsymbol{v}(\boldsymbol{a})$, $(x\,\boldsymbol{u})(\boldsymbol{a}) \quad = x\,(\boldsymbol{u}(\boldsymbol{a}))$	Der Dualraum von V ist ein Vektorraum über K. Es ist der Raum der linearen Abbildungen von V in K im Sinne von Nr 5.6.
1.25		kanonische Identifizierung von V mit V^{**}	die Zuordnung, die jedem $\boldsymbol{a} \in V$ den Kovektor $\langle \boldsymbol{u} \mapsto \boldsymbol{u}(\boldsymbol{a}) \rangle$ von V^* zuordnet	Es handelt sich um einen Isomorphismus von V auf den Dualraum V^{**} von V^*, den man zur Identifizierung benutzt. Siehe Anmerkungen.
1.26	$\langle \boldsymbol{u} \vert \boldsymbol{a} \rangle$	natürliche Bilinearform, angewendet auf $\boldsymbol{u}$, $\boldsymbol{a}$, Produkt von $\boldsymbol{u}$, $\boldsymbol{a}$	$\boldsymbol{u}(\boldsymbol{a})$	Hierbei sei $\boldsymbol{u} \in V^*$, $\boldsymbol{a} \in V$. Die Funktionsanwendung wird als Produkt (zwischen Funktion und Argument) aufgefaßt. Im Sinne der Identifizierung nach Nr 1.25 kann man auch $\langle \boldsymbol{a} \vert \boldsymbol{u} \rangle$ bilden, und es bedeutet dasselbe. Das Produkt ist also kommutativ, es ist in beiden Faktoren linear.

Fortsetzung

1	2	3	4	5
Nr	Zeichen	Sprechweise, Begriff	Definition	Bemerkungen
1.27		kanonische Identifizierung von V mit V^* in euklidischen Vektorräumen bzw. in Vektorräumen mit Konjugierung	die Zuordnung, die jedem $\boldsymbol{a} \in V$ den Kovektor $\langle \boldsymbol{b} \mapsto \boldsymbol{a} \cdot \boldsymbol{b} \rangle$ von V zuordnet	Es handelt sich um einen Isomorphismus von V auf V^*, den man zur Identifizierung benutzt. Im Sinne dieser Identifizierung kann man auf die Betrachtung von Kovektoren verzichten und z. B. Kraft, Feldstärke als Vektoren von V auffassen. Ferner gilt dann: $\langle \boldsymbol{a} \vert \boldsymbol{b} \rangle = \boldsymbol{a} \cdot \boldsymbol{b}$ In euklidischen Vektorräumen kann deshalb $\langle \boldsymbol{a} \vert \boldsymbol{b} \rangle$ auch als Skalarprodukt bezeichnet werden. Siehe Anmerkungen.

2 Basen und Koordinaten für Vektoren

In diesem und in den folgenden Abschnitten sei V ein n-dimensionaler und W ein m-dimensionaler Vektorraum.

1	2	3	4	5
Nr	Zeichen	Sprechweise, Begriff	Definition	Bemerkungen
2.1		Basis	ein n-Tupel linear unabhängiger Vektoren	Jeder Vektor läßt sich eindeutig als Linearkombination von Basisvektoren darstellen. Jede Basis enthält so viele Vektoren, wie die Dimensionszahl des Raumes beträgt.
2.2		Orthogonalbasis	Basis aus Vektoren, die paarweise zueinander orthogonal sind	
2.3		Orthonormalbasis	Orthogonalbasis aus normierten Vektoren	
2.4	$(\boldsymbol{e}_1, \ldots, \boldsymbol{e}_n)$		Bezeichnung für die Vektoren einer Basis	Eine solche Basis sei im folgenden fixiert. Im dreidimensionalen Fall benutzt man auch $(\boldsymbol{i}, \boldsymbol{j}, \boldsymbol{k})$ für $(\boldsymbol{e}_1, \boldsymbol{e}_2, \boldsymbol{e}_3)$, vorzugsweise, wenn es sich um eine Orthonormalbasis handelt, die ein Rechtssystem bildet. Es gilt dann: $\boldsymbol{i} \cdot \boldsymbol{i} = \boldsymbol{j} \cdot \boldsymbol{j} = \boldsymbol{k} \cdot \boldsymbol{k} = 1$ $\boldsymbol{i} \cdot \boldsymbol{j} = \boldsymbol{j} \cdot \boldsymbol{k} = \boldsymbol{k} \cdot \boldsymbol{i} = 0$ $\boldsymbol{i} \times \boldsymbol{j} = \boldsymbol{k},\ \boldsymbol{j} \times \boldsymbol{k} = \boldsymbol{i},\ \boldsymbol{k} \times \boldsymbol{i} = \boldsymbol{j}$

Fortsetzung

1	2	3	4	5
Nr	Zeichen	Sprechweise, Begriff	Definition	Bemerkungen
2.5	$(\boldsymbol{e}^1, \ldots, \boldsymbol{e}^n)$	duale Basis zu $(\boldsymbol{e}_1, \ldots, \boldsymbol{e}_n)$	$\boldsymbol{e}^i$ ist derjenige Kovektor auf V mit $\langle \boldsymbol{e}^i \mid \boldsymbol{e}_k \rangle = \delta^i_k$	$(\boldsymbol{e}^1, \ldots, \boldsymbol{e}^n)$ bilden eine Basis im Dualraum V^* von V. Die duale Basis von $(\boldsymbol{e}^1, \ldots, \boldsymbol{e}^n)$ ist $(\boldsymbol{e}_1, \ldots, \boldsymbol{e}_n)$. In euklidischen Vektorräumen ist eine Basis genau dann Orthonormalbasis, wenn sie gleich ihrer Dualbasis ist, d. h. wenn $\boldsymbol{e}^i = \boldsymbol{e}_i$ $(i = 1, \ldots, n)$ gilt. Es gilt dann: $\boldsymbol{e}_i \cdot \boldsymbol{e}_k = \delta_{ik}$ Siehe Anmerkungen.
2.6		Koordinaten eines Vektors	die (eindeutig bestimmten) Skalare in einer Darstellung des Vektors als Linearkombination der Basisvektoren	Es liegt ein Bezug auf eine Basis vor, der bei der Verwendung von Koordinaten aus dem Kontext ersichtlich sein muß. Siehe Anmerkungen.
2.7	$a^1, \ldots, a^n$		Bezeichnung für die Koordinaten eines Vektors $\boldsymbol{a}$ von V, d. h. es gilt: $\boldsymbol{a} = a^1 \boldsymbol{e}_1 + \ldots + a^n \boldsymbol{e}_n$	Man beachte: $a^i = \langle \boldsymbol{a} \mid \boldsymbol{e}^i \rangle$ Die oberen Indizes sind keine Exponenten. Man nennt die Skalare a^i auch kontravariante Koordinaten von $\boldsymbol{a}$, um sie von den Skalaren nach Nr 2.8 (in euklidischen Vektorräumen) zu unterscheiden.
2.8	$u_1, \ldots, u_n$		Bezeichnung für die Koordinaten eines Kovektors $\boldsymbol{u}$ auf V bezüglich der Dualbasis, d. h. es gilt: $\boldsymbol{u} = u_1 \boldsymbol{e}^1 + \ldots + u_n \boldsymbol{e}^n$	Man beachte: $u_i = \langle \boldsymbol{u} \mid \boldsymbol{e}_i \rangle$ Wenn man in einem euklidischen Vektorraum den Kovektor $\boldsymbol{u}$ (sowie $\boldsymbol{e}^1, \ldots, \boldsymbol{e}^n$) im Sinne von Nr 1.27 auch als Vektoren von V auffaßt, so nennt man $u_1, \ldots, u_n$ die kovarianten Koordinaten von $\boldsymbol{u}$. Entsprechendes gilt in unitären Vektorräumen mit Konjugierung. Für eine Orthonormalbasis stimmen kontravariante und kovariante Koordinaten überein. Die Unterscheidung von hochgestellten und tiefgestellten Indizes verliert dann ihre Bedeutung. Dann werden die Indizes tiefgestellt: $\boldsymbol{a} = a_1 \boldsymbol{e}_1 + \ldots + a_n \boldsymbol{e}_n$
2.9		Koordinatentransformation	Wechsel in den Koordinaten, der sich durch Übergang zu einer anderen Basis ergibt	Neben der Basis $(\boldsymbol{e}_1, \ldots, \boldsymbol{e}_n)$ sei jetzt eine Basis $(\boldsymbol{e}'_1, \ldots, \boldsymbol{e}'_n)$ von V gegeben. Kovektoren werden jeweils auf die dualen Basen bezogen.

Fortsetzung

1	2	3	4	5
Nr	Zeichen	Sprechweise, Begriff	Definition	Bemerkungen
2.10		Transformation der Basen	Die neue Basis $(\boldsymbol{e}'_1, \ldots, \boldsymbol{e}'_n)$ drücke sich in folgender Weise durch die alte Basis $(\boldsymbol{e}_1, \ldots, \boldsymbol{e}_n)$ aus: $\boldsymbol{e}'_i = \sum_k a_i^k \boldsymbol{e}_k \ (i = 1, \ldots, n)$ Umgekehrt sei $\boldsymbol{e}_k = \sum_l b_k^l \boldsymbol{e}'_l \ (k = 1, \ldots, n)$	Die Skalare $a_i^k \ (i, k = 1, \ldots, n)$ und $b_k^l \ (l, k = 1, \ldots, n)$ bilden quadratische Matrizen, die Übergangsmatrizen, die folgendermaßen zusammenhängen: $\sum_k a_i^k b_k^l = \delta_i^l, \ \sum_l b_k^l a_l^i = \delta_k^i$ Die Übergangsmatrizen sind invers zueinander (vgl. Nr 4.18). Bei Verwendung von Orthonormalbasen werden die Indizes tiefgestellt, also: a_{ik} und b_{kl} statt a_i^k bzw. b_k^l Siehe Anmerkungen.
2.11		Transformation der Koordinaten eines Vektors	Die neuen Koordinaten und die alten Koordinaten drücken sich in folgender Weise durch einander aus: $a^k = \sum_i a_i^k a'^i$ $a'^l = \sum_k b_k^l a^k$	Man sagt, daß sich die Koordinaten eines Vektors kontragredient zur Basis transformieren. Das Transformationsverhalten ist kontravariant.
2.12		Transformation der Koordinaten eines Kovektors	Die neuen Koordinaten und die alten Koordinaten drücken sich in folgender Weise durch einander aus: $u'_i = \sum_k a_i^k u_k$ $u_k = \sum_l b_k^l u'_l$	Man sagt, daß sich die Koordinaten eines Kovektors kogredient zur Basis transformieren. Das Transformationsverhalten ist kovariant.
2.13	g_{ik}	kovariante Koordinaten des Maßtensors (Metriktensors)	$\boldsymbol{e}_i \cdot \boldsymbol{e}_k$	Die g_{ik} sind die kovarianten Koordinaten eines Tensors 2. Stufe, seine kontravarianten Koordinaten sind die g^{ik} aus Nr 2.14, seine gemischten Koordinaten sind die δ_k^i. Die kovarianten Koordinaten eines Vektors von V errechnen sich aus den kontravarianten folgendermaßen: $a_i = \sum_k g_{ik} a^k$
2.14	g^{ik}	kontravariante Koordinaten des Maßtensors (Metriktensors)	$\boldsymbol{e}^i \cdot \boldsymbol{e}^k$	Die Matrix aus den g^{ik} ist die Inverse der Matrix aus den g_{ik}. Die kontravarianten Koordinaten eines Vektors von V errechnen sich aus den kovarianten folgendermaßen: $a^k = \sum_i g^{ik} a_i$ Wenn eine Orthonormalbasis zugrunde gelegt ist, so gilt: $g_{ik} = g^{ik} = \delta_{ik}$

3 Darstellung der Vektoroperationen in Koordinaten

1	2	3	4	5	6
Nr	Operation	Operanden	Koordinaten	Koordinaten des Ergebnisses	Bemerkungen
3.1	$\boldsymbol{a} + \boldsymbol{b}$	$\boldsymbol{a}, \boldsymbol{b}$	a^i, b^i $(i = 1, \ldots, n)$	$a^i + b^i \ (i = 1, \ldots, n)$	
3.2	$x\,\boldsymbol{a}$	$x, \boldsymbol{a}$	a^i $(i = 1, \ldots, n)$	$x\,a^i \quad (i = 1, \ldots, n)$	
3.3	$\boldsymbol{a} \cdot \boldsymbol{b}$	$\boldsymbol{a}, \boldsymbol{b}$	a^i, b_i $(i = 1, \ldots, n)$	$\sum_i a^i b_i$	Hierbei sind a^i die kontravarianten und b_i die kovarianten Koordinaten von $\boldsymbol{a}$ bzw. $\boldsymbol{b}$. Unter Benutzung nur kontravarianter Koordinaten erhielte man: $\sum_{i,k} g_{ik}\, a^i b^k$
3.4	$\boldsymbol{a} \times \boldsymbol{b}$	$\boldsymbol{a}, \boldsymbol{b}$	a^i, b^i $(i = 1, 2, 3)$	Die drei kovarianten Koordinaten des Vektorproduktes sind: $[\boldsymbol{e}_1, \boldsymbol{e}_2, \boldsymbol{e}_3] \begin{vmatrix} a^2 & a^3 \\ b^2 & b^3 \end{vmatrix}$, $[\boldsymbol{e}_1, \boldsymbol{e}_2, \boldsymbol{e}_3] \begin{vmatrix} a^3 & a^1 \\ b^3 & b^1 \end{vmatrix}$, $[\boldsymbol{e}_1, \boldsymbol{e}_2, \boldsymbol{e}_3] \begin{vmatrix} a^1 & a^2 \\ b^1 & b^2 \end{vmatrix}$	Die kontravarianten Koordinaten errechnen sich daraus nach Nr 2.14 mit den g^{ik}. Eine Merkregel für die Koordinaten ist in Determinantenform: $[\boldsymbol{e}_1, \boldsymbol{e}_2, \boldsymbol{e}_3] \begin{vmatrix} \boldsymbol{e}_1 & \boldsymbol{e}_2 & \boldsymbol{e}_3 \\ a^1 & a^2 & a^3 \\ b^1 & b^2 & b^3 \end{vmatrix}$
3.5	$[\boldsymbol{a}, \boldsymbol{b}, \boldsymbol{c}]$	$\boldsymbol{a}, \boldsymbol{b}, \boldsymbol{c}$	a^i, b^i, c^i $(i = 1, 2, 3)$	$[\boldsymbol{e}_1, \boldsymbol{e}_2, \boldsymbol{e}_3] \begin{vmatrix} a^1 & a^2 & a^3 \\ b^1 & b^2 & b^3 \\ c^1 & c^2 & c^3 \end{vmatrix}$	Der Faktor $[\boldsymbol{e}_1, \boldsymbol{e}_2, \boldsymbol{e}_3]$ in Nr 3.4 und Nr 3.5 ist insbesondere dann 1, wenn die Basisvektoren $\boldsymbol{e}_1, \boldsymbol{e}_2, \boldsymbol{e}_3$ ein orthonormiertes Rechtssystem bilden. Es gilt: $[\boldsymbol{i}, \boldsymbol{j}, \boldsymbol{k}] = 1$
3.6	$(\boldsymbol{a}, \boldsymbol{b})$	$\boldsymbol{a}, \boldsymbol{b}$	a^i, b_i $(i = 1, \ldots, n)$	$\sum_i a^i \bar{b}_i$	Hierbei sei ein unitärer Vektorraum mit Konjugierung vorausgesetzt. Die a^i sind die kontravarianten und die b_i die kovarianten Koordinaten von $\boldsymbol{a}$ bzw. $\boldsymbol{b}$ bezüglich einer reellen Basis.
3.7	$\langle \boldsymbol{u} \vert \boldsymbol{a} \rangle$	$\boldsymbol{u}, \boldsymbol{a}$	u_i, a^i	$\sum_i u_i a^i$	Mit der Identifizierung nach Nr 1.27 in euklidischen Vektorräumen geht Nr 3.7 in Nr 3.3 über.

4 Matrizen

1	2	3	4	5
Nr	Zeichen	Sprechweise, Begriff	Definition	Bemerkungen
4.1		Matrix	Es seien zwei Mengen I, K gegeben, die als Indexmengen bezeichnet seien. Eine (I, K)-Matrix ist eine Zuordnung, die jedem Paar (i, k) von Indizes $(i \in I,\ k \in K)$ ein Objekt zuordnet.	Die den Paaren zugeordneten Objekte heißen Elemente der Matrix, und zwar ist das dem Paar (i, k) zugeordnete Objekt das Element der Matrix in der i-ten Zeile und k-ten Spalte; i heißt Zeilenindex und k Spaltenindex. Siehe Anmerkungen.
4.2		(m, n)-Matrix	eine (I, K)-Matrix mit einer m-elementigen Indexmenge I und einer n-elementigen Indexmenge K	Wir nehmen künftig an, daß $I = \{1, \ldots, m\},\quad K = \{1, \ldots, n\}$. Eine (n, n)-Matrix wird auch als quadratische n-reihige Matrix bezeichnet, eine $(m, 1)$-Matrix als Spaltenvektor oder Spaltenmatrix, eine $(1, n)$-Matrix als Zeilenvektor oder Zeilenmatrix.
4.3	$\boldsymbol{A}, \boldsymbol{B}, \ldots$		Zeichen für Matrizen	
4.4	$\begin{pmatrix} a_{11} & \ldots & a_{1n} \\ \vdots & & \vdots \\ a_{m1} & \ldots & a_{mn} \end{pmatrix}$ auch (a_{ik})	Matrix a_{ik}	die (m, n)-Matrix, die in der i-ten Zeile und k-ten Spalte das Element a_{ik} hat (für $i = 1, \ldots, m;\ k = 1, \ldots, n$)	Bei der Kurzform (a_{ik}) der Angabe einer Matrix mit Hilfe ihrer Elemente muß die Zeilenzahl und Spaltenzahl ersichtlich sein. Sonst schreibe man: $(a_{ik})_{m,n}$ oder noch genauer: $(a_{ik})_{i=1,\ldots,m;\ k=1,\ldots,n}$ Die Indizes können auch hochgestellt sein: (a_k^i) bzw. (a^{ik})
4.5	$\begin{pmatrix} a_1 \\ \vdots \\ a_m \end{pmatrix}$	Spaltenvektor $a_1, \ldots, a_m$	der Spaltenvektor, der in der i-ten Zeile das Element a_i hat (für $i = 1, \ldots, m$)	Der in diesem Fall überflüssige Spaltenindex wird unterdrückt.
4.6	$(a_1, \ldots, a_n)$	Zeilenvektor $a_1, \ldots, a_n$	der Zeilenvektor, der in der k-ten Spalte das Element a_k hat (für $k = 1, \ldots, n$)	Der in diesem Fall überflüssige Zeilenindex wird unterdrückt.
4.7	$\boldsymbol{A}^{\mathrm{T}}$	transponierte (gestürzte) Matrix von $\boldsymbol{A}$	wenn $\boldsymbol{A}$ eine (I, K)-Matrix ist, diejenige (K, I)-Matrix, die in der k-ten Zeile und i-ten Spalte das Element hat, das $\boldsymbol{A}$ in der i-ten Zeile und k-ten Spalte hat (für alle $i \in I,\ k \in K$)	Die Transponierte einer (m, n)-Matrix ist eine (n, m)-Matrix. Ein Spaltenvektor geht durch Transposition in einen Zeilenvektor über und umgekehrt. Man schreibt auch $\boldsymbol{A}'$.

Fortsetzung

1	2	3	4	5
Nr	Zeichen	Sprechweise, Begriff	Definition	Bemerkungen
4.8	$\boldsymbol{O}$	Nullmatrix	Matrix, deren Elemente sämtlich Null sind	Um Zeilen- und Spaltenzahl zu kennzeichnen, kann man $\boldsymbol{O}_{m,n}$ schreiben.
4.9		Diagonalmatrix	quadratische Matrix derart, daß stets für $i \neq k$ das Element in der i-ten Zeile und k-ten Spalte Null ist	Die Elemente, für die Zeilenindex und Spaltenindex gleich sind, bilden die Hauptdiagonale der Matrix. Eine Diagonalmatrix hat außerhalb der Hauptdiagonalen nur Elemente, die Null sind.
4.10	diag $\boldsymbol{a}$	Diagonalisierung von $\boldsymbol{a}$	die Diagonalmatrix $\begin{pmatrix} a_1 & & & \\ & a_2 & & 0 \\ & & \ddots & \\ 0 & & & a_n \end{pmatrix}$, wenn $\boldsymbol{a}$ der Zeilenvektor $(a_1, \ldots, a_n)$ oder der Spaltenvektor $\begin{pmatrix} a_1 \\ \vdots \\ a_n \end{pmatrix}$ ist	
4.11	$\boldsymbol{E}$	Einheitsmatrix	Diagonalmatrix, die in der Hauptdiagonalen nur das Element 1 hat	Um die Zeilen- und Spaltenzahl zu kennzeichnen, kann man $\boldsymbol{E}_n$ schreiben. Es sind auch $\boldsymbol{U}$, $\boldsymbol{I}$ oder **1** gebräuchlich.
4.12	$\boldsymbol{A} + \boldsymbol{B}$	$\boldsymbol{A}$ plus $\boldsymbol{B}$, Summe von $\boldsymbol{A}$ und $\boldsymbol{B}$	wenn $\boldsymbol{A} = (a_{ik})$, $\boldsymbol{B} = (b_{ik})$, so ist $\boldsymbol{A} + \boldsymbol{B} = (a_{ik} + b_{ik})$	$\boldsymbol{A}$ und $\boldsymbol{B}$ seien (m,n)-Matrizen, $\boldsymbol{A} + \boldsymbol{B}$ ist dann auch (m,n)-Matrix.
4.13	$x\boldsymbol{A}$	x mal $\boldsymbol{A}$, x-faches von $\boldsymbol{A}$	wenn $\boldsymbol{A} = (a_{ik})$, so ist $x\boldsymbol{A} = (x\,a_{ik})$	$\boldsymbol{A}$ sei (m,n)-Matrix, $x\boldsymbol{A}$ ist dann auch (m,n)-Matrix. Die (m,n)-Matrizen bilden einen linearen Raum mit den Verknüpfungen Nr 4.12 und Nr 4.13. Seine Dimensionszahl ist $m \cdot n$.
4.14	$\boldsymbol{A}\boldsymbol{B}$	$\boldsymbol{A}$ mal $\boldsymbol{B}$, Produkt von $\boldsymbol{A}$ und $\boldsymbol{B}$	wenn $\boldsymbol{A} = (a_{ij})$, $\boldsymbol{B} = (b_{jk})$, so ist $\boldsymbol{A}\boldsymbol{B} = \left(\sum_{j=1}^{l} a_{ij}\, b_{jk} \right)$	$\boldsymbol{A}$ sei (m,l)-Matrix und $\boldsymbol{B}$ sei (l,n)-Matrix, d. h. $\boldsymbol{A}$ habe so viele Spalten wie $\boldsymbol{B}$ Zeilen hat. Dann ist $\boldsymbol{A}\boldsymbol{B}$ eine (m,n)-Matrix, d. h. $\boldsymbol{A}\boldsymbol{B}$ hat so viele Zeilen wie $\boldsymbol{A}$ und so viele Spalten wie $\boldsymbol{B}$. Für n-reihige quadratische Matrizen kann man Potenzen definieren durch: $\boldsymbol{A}^0 =_{\text{def}} \boldsymbol{E}$, $\boldsymbol{A}^{k+1} =_{\text{def}} \boldsymbol{A}^k \boldsymbol{A}$

Fortsetzung

1	2	3	4	5
Nr	Zeichen	Sprechweise, Begriff	Definition	Bemerkungen
4.15	det $\boldsymbol{A}$ $\begin{vmatrix} a_{11} & \dots & a_{1n} \\ \vdots & & \vdots \\ a_{n1} & \dots & a_{nn} \end{vmatrix}$	Determinante von $\boldsymbol{A}$, Determinante von $\begin{pmatrix} a_{11} & \dots & a_{1n} \\ \vdots & & \vdots \\ a_{n1} & \dots & a_{nn} \end{pmatrix}$	$\sum_{\sigma} \operatorname{sgn}(\sigma)\, a_{1\sigma(1)} \dots a_{n\sigma(n)}$	Hierbei sei $\boldsymbol{A} = \begin{pmatrix} a_{11} & \dots & a_{1n} \\ \vdots & & \vdots \\ a_{n1} & \dots & a_{nn} \end{pmatrix}$ eine quadratische Matrix. Die Summe erstreckt sich über alle Permutationen σ der Zahlen von 1 bis n. Zum Symbol sgn siehe Nr 10.3. Für n-reihige quadratische Matrizen $\boldsymbol{A}$, $\boldsymbol{B}$ gilt: $\det(\boldsymbol{AB}) = \det \boldsymbol{A} \cdot \det \boldsymbol{B}$
4.16		reguläre Matrix	quadratische Matrix, deren Determinante von 0 verschieden ist	Die n-reihigen regulären Matrizen bilden bezüglich der Matrizenmultiplikation eine Gruppe mit der Einheitsmatrix als neutralem Element. Eine quadratische Matrix, die nicht regulär ist, wird singulär genannt.
4.17	$\operatorname{cof}_{ik} \boldsymbol{A}$	algebraisches Komplement oder Kofaktor von $\boldsymbol{A}$ bezüglich der i-ten Zeile und k-ten Spalte	$(-1)^{i+k} \det \boldsymbol{B}$, wobei $\boldsymbol{B}$ aus $\boldsymbol{A}$ dadurch entsteht, daß die i-te Zeile und k-te Spalte gestrichen werden	Dabei sei $\boldsymbol{A} = \begin{pmatrix} a_{11} & \dots & a_{1n} \\ \vdots & & \vdots \\ a_{n1} & \dots & a_{nn} \end{pmatrix}$ Es gilt: $\operatorname{cof}_{ik} \boldsymbol{A} = (-1)^{i+k} \begin{vmatrix} a_{11} & \dots & a_{1,k-1} & a_{1,k+1} & \dots & a_{1n} \\ \vdots & & \vdots & \vdots & & \vdots \\ a_{i-1,1} & & \dots & \dots & & a_{i-1,n} \\ a_{i+1,1} & & \dots & \dots & & a_{i+1,n} \\ \vdots & & \vdots & \vdots & & \vdots \\ a_{n,1} & \dots & a_{n,k-1} & a_{n,k+1} & \dots & a_{nn} \end{vmatrix}$ Man findet auch die Bezeichnung Adjunkte. Die Bezeichnung Unterdeterminante oder Minor sollte man auf $\det \boldsymbol{B}$ von Spalte 4 (ohne den Vorzeichenfaktor $(-1)^{i+k}$) beziehen.

Fortsetzung

1	2	3	4	5
Nr	Zeichen	Sprechweise, Begriff	Definition	Bemerkungen
4.18	$\boldsymbol{A}^{-1}$	inverse Matrix von $\boldsymbol{A}$	diejenige Matrix mit $\boldsymbol{A}^{-1}\boldsymbol{A} = \boldsymbol{A}\boldsymbol{A}^{-1} = \boldsymbol{E}$	Im folgenden sei $\boldsymbol{A}$ eine quadratische Matrix. Die inverse Matrix existiert genau dann, wenn $\det \boldsymbol{A} \neq 0$. Sie ist dann gleich der transponierten Matrix aus den Kofaktoren von $\boldsymbol{A}$, multipliziert mit $1/\det \boldsymbol{A}$. Es gilt: $\boldsymbol{A}^{-1} = \frac{1}{\det \boldsymbol{A}} \begin{pmatrix} \mathrm{cof}_{11}\,\boldsymbol{A} & \dots & \mathrm{cof}_{n1}\,\boldsymbol{A} \\ \vdots & & \vdots \\ \mathrm{cof}_{1n}\,\boldsymbol{A} & \dots & \mathrm{cof}_{nn}\,\boldsymbol{A} \end{pmatrix}$ Siehe Anmerkungen.
4.19		kontragrediente Matrix von $\boldsymbol{A}$	$(\boldsymbol{A}^{-1})^{\mathrm{T}}$	Es gilt: $(\boldsymbol{A}^{-1})^{\mathrm{T}} = (\boldsymbol{A}^{\mathrm{T}})^{-1}$
4.20		$\boldsymbol{A}$ ist symmetrisch	$\boldsymbol{A}^{\mathrm{T}} = \boldsymbol{A}$	
4.21		$\boldsymbol{A}$ ist schiefsymmetrisch	$\boldsymbol{A}^{\mathrm{T}} = -\boldsymbol{A}$	
4.22		$\boldsymbol{A}$ ist orthogonal	$\boldsymbol{A}^{\mathrm{T}} = \boldsymbol{A}^{-1}$	
4.23	$\bar{\boldsymbol{A}}$	konjugierte Matrix von $\boldsymbol{A}$	$\bar{\boldsymbol{A}}$ wird aus $\boldsymbol{A}$ erhalten, indem jedes Element durch das konjugiert-komplexe ersetzt wird.	Hier könnte die Verwendung des Sternes zu Mißverständnissen führen, siehe Nr 4.24, Spalte 5. In Nr 4.23 bis Nr 4.27 sei $\boldsymbol{A}$ eine quadratische Matrix mit komplexen Elementen.
4.24	$\boldsymbol{A}^{\mathrm{H}}$	transjugierte Matrix von $\boldsymbol{A}$	$\bar{\boldsymbol{A}}^{\mathrm{T}}$	Man findet auch das Zeichen $\boldsymbol{A}^*$ und die Benennung „adjungierte Matrix". Siehe Anmerkungen.
4.25		$\boldsymbol{A}$ ist hermitesch	$\boldsymbol{A}^{\mathrm{H}} = \boldsymbol{A}$	auch „selbstadjungiert"
4.26		$\boldsymbol{A}$ ist schiefhermitesch	$\boldsymbol{A}^{\mathrm{H}} = -\boldsymbol{A}$	
4.27		$\boldsymbol{A}$ ist unitär	$\boldsymbol{A}^{\mathrm{H}} = \boldsymbol{A}^{-1}$	
4.28		verallgemeinerte Inverse von $\boldsymbol{A}$	eine Matrix $\boldsymbol{X}$ mit $\boldsymbol{A}\boldsymbol{X}\boldsymbol{A} = \boldsymbol{A}$	Hierbei und in Nr 4.29 sei $\boldsymbol{A}$ eine (m, n)-Matrix und $\boldsymbol{X}$ eine (n, m)-Matrix. Für jede verallgemeinerte Inverse $\boldsymbol{X}$ von $\boldsymbol{A}$ ist $\boldsymbol{x} = \boldsymbol{X}\boldsymbol{b}$ eine Lösung von $\boldsymbol{A}\boldsymbol{x} = \boldsymbol{b}$, wenn dieses Gleichungssystem lösbar ist.

Fortsetzung

1	2	3	4	5
Nr	Zeichen	Sprechweise, Begriff	Definition	Bemerkungen
4.29	$\boldsymbol{A}^{+}$	Moore-Penrose-Inverse von $\boldsymbol{A}$	die eindeutig bestimmte Matrix $\boldsymbol{X}$ mit $\boldsymbol{AXA} = \boldsymbol{A}$ $\boldsymbol{XAX} = \boldsymbol{X}$ $(\boldsymbol{AX})^{\mathrm{H}} = \boldsymbol{AX}$ $(\boldsymbol{XA})^{\mathrm{H}} = \boldsymbol{XA}$	Als Bezeichnung findet man auch $\boldsymbol{A}^{\mathrm{g}}$.
4.30		$\boldsymbol{A}$ ist positiv definit	für jeden Spaltenvektor $\boldsymbol{x}$ gilt $\boldsymbol{x}^{\mathrm{T}}\boldsymbol{A}\boldsymbol{x} \geq 0$, und es gibt keinen Spaltenvektor $\boldsymbol{x} \neq \boldsymbol{o}$ mit $\boldsymbol{x}^{\mathrm{T}}\boldsymbol{A}\boldsymbol{x} = 0$	Dabei ist $\boldsymbol{A}$ eine reelle symmetrische Matrix. Wenn die erste Bedingung erfüllt ist und es doch einen Spaltenvektor $\boldsymbol{x} \neq \boldsymbol{o}$ mit $\boldsymbol{x}^{\mathrm{T}}\boldsymbol{A}\boldsymbol{x} = 0$ gibt, so ist $\boldsymbol{A}$ positiv semidefinit. Ist die erste Bedingung erfüllt, so ist $\boldsymbol{A}$ nichtnegativ definit. Siehe Anmerkungen.
4.31		$\boldsymbol{A}$ und $\boldsymbol{B}$ sind äquivalent	es gibt reguläre Matrizen $\boldsymbol{S}, \boldsymbol{T}$ mit $\boldsymbol{B} = \boldsymbol{SAT}$	Dabei seien $\boldsymbol{A}$ und $\boldsymbol{B}$ (m, n)-Matrizen. Die quadratischen Matrizen $\boldsymbol{S}$ und $\boldsymbol{T}$ sind m-reihig bzw. n-reihig.
4.32		$\boldsymbol{A}$ und $\boldsymbol{B}$ sind kongruent	es gibt eine reguläre Matrix $\boldsymbol{S}$ mit $\boldsymbol{B} = \boldsymbol{S}^{\mathrm{T}}\boldsymbol{AS}$	In Nr 4.32, Nr 4.33, Nr 4.35 bis Nr 4.37 seien die auftretenden Matrizen quadratisch.
4.33		$\boldsymbol{A}$ und $\boldsymbol{B}$ sind ähnlich	es gibt eine reguläre Matrix $\boldsymbol{S}$ mit $\boldsymbol{B} = \boldsymbol{S}^{-1}\boldsymbol{AS}$	
4.34	$\mathrm{r}(\boldsymbol{A})$	Rang von $\boldsymbol{A}$	die größte Zahl k, zu der es k Zeilenindizes und k Spaltenindizes gibt, so daß diejenige Matrix, die aus den Elementen von $\boldsymbol{A}$ mit genau diesen Zeilen- und Spaltenindizes gebildet ist, eine von 0 verschiedene Determinante hat	Bei einer (m, n)-Matrix gilt für den Rang: $\mathrm{r}(\boldsymbol{A}) \leq \min(m, n)$. Wird der Maximalrang erreicht, so nennt man die Matrix zeilenregulär, wenn $\mathrm{r}(\boldsymbol{A}) = m$, und spaltenregulär, wenn $\mathrm{r}(\boldsymbol{A}) = n$ ist. Eine quadratische Matrix hat genau dann den maximalen Rang, wenn sie regulär ist.
4.35	$\mathrm{tr}\,\boldsymbol{A}$ oder $\mathrm{sp}\,\boldsymbol{A}$	Spur von $\boldsymbol{A}$	$\sum_{i} a_{ii}$	Die Spur ist die Summe der Diagonalelemente.
4.36	$\mathrm{N}(\boldsymbol{A})$ oder $\Vert\boldsymbol{A}\Vert$	Norm von $\boldsymbol{A}$	$\sqrt{\sum_{i,k} \lvert a_{ik}\rvert^{2}}$	Man kann für Matrizen auch andere Normen definieren. Die hier eingeführte Norm heißt dann euklidische bzw. unitäre Norm.

Fortsetzung

1	2	3	4	5
Nr	Zeichen	Sprechweise, Begriff	Definition	Bemerkungen
4.37		charakteristische Gleichung von $\boldsymbol{A}$	$\det(\lambda \boldsymbol{E} - \boldsymbol{A}) = 0$	Die linke Seite der charakteristischen Gleichung ist ein Polynom in λ vom höchstens n-ten Grade. Es wird charakteristisches Polynom der Matrix $\boldsymbol{A}$ genannt. Seine Nullstellen sind die Eigenwerte der Matrix $\boldsymbol{A}$. Die Koeffizienten dieses Polynoms bestimmen in der Form $\sum_{k=0}^{n} (-1)^k I_k \lambda^{n-k}$ die Invarianten I_k von $\boldsymbol{A}$. Dabei ist $I_0 = 1$, $I_1 = \operatorname{tr} \boldsymbol{A}$ und $I_n = \det \boldsymbol{A}$.

5 Lineare und multilineare Abbildungen

1	2	3	4	5
Nr	Zeichen	Sprechweise, Begriff	Definition	Bemerkungen
5.1		lineare Abbildung	Funktion $\boldsymbol{f}$ von einem Vektorraum V über K in einen Vektorraum W über K, so daß für alle $\boldsymbol{a}$, $\boldsymbol{b}$, x gilt: $\boldsymbol{f}(\boldsymbol{a}+\boldsymbol{b}) = \boldsymbol{f}(\boldsymbol{a}) + \boldsymbol{f}(\boldsymbol{b})$ $\boldsymbol{f}(x\,\boldsymbol{a}) = x\,\boldsymbol{f}(\boldsymbol{a})$	Man redet auch von Vektorraumhomomorphismen (siehe DIN 13 302, Ausgabe Juni 1978, Nr 7.7).
5.2		Matrix der linearen Abbildung $\boldsymbol{f}$	die Matrix $\begin{pmatrix} b_1^1 & \dots & b_n^1 \\ \vdots & & \vdots \\ b_1^m & \dots & b_n^m \end{pmatrix}$ mit $\boldsymbol{f}(\boldsymbol{e}_k) = \sum_l b_k^l\, \boldsymbol{e}'_l,$ wobei in V die Basis $(\boldsymbol{e}_1, \dots, \boldsymbol{e}_n)$ und in W die Basis $(\boldsymbol{e}'_1, \dots, \boldsymbol{e}'_m)$ zugrundegelegt sei	Wenn a^k $(k = 1, \dots, n)$ bzw. a'^l $(l = 1, \dots, m)$ die Koordinaten von $\boldsymbol{a}$ bzw. $\boldsymbol{f}(\boldsymbol{a})$ (bezüglich der zugrundegelegten Basen) sind, so gilt: $a'^l = \sum_k b_k^l\, a^k.$ Man beachte, daß ein Bezug auf Basen vorliegt, der aus dem Kontext ersichtlich sein muß. Bei Verwendung von Orthonormalbasen schreibt man die Indizes nach unten, also a'_l, b_{lk}, a_k statt a'^l, b_k^l, a^k.
5.3		p-lineare Abbildung von $V_1, \dots, V_p$ in W	Abbildung $\boldsymbol{f}$ von $V_1 \times \dots \times V_p$ in W, so daß für alle $k = 1, \dots, p$ und festgehaltene $p-1$ Argumente $\boldsymbol{x}_i \in V_i$ $(i \neq k)$ die Abbildung $\langle \boldsymbol{x}_k \in V_k \mapsto \boldsymbol{f}(\boldsymbol{x}_1, \dots, \boldsymbol{x}_p) \rangle$ lineare Abbildung von V_k in W ist	Eine 2-lineare Abbildung wird als bilineare Abbildung bezeichnet. Eine 1-lineare Abbildung ist eine lineare Abbildung im Sinne von Nr 5.1.

Fortsetzung

1	2	3	4	5
Nr	Zeichen	Sprechweise, Begriff	Definition	Bemerkungen
5.4	$\boldsymbol{f}+\boldsymbol{g}$	$\boldsymbol{f}$ plus $\boldsymbol{g}$, Summe von $\boldsymbol{f}$ und $\boldsymbol{g}$	die p-lineare Abbildung von $V_1, \ldots, V_p$ in W, so daß für alle $\boldsymbol{x}_i \in V_i$ $(i=1, \ldots, p)$ gilt: $(\boldsymbol{f}+\boldsymbol{g})(\boldsymbol{x}_1, \ldots, \boldsymbol{x}_p)=\boldsymbol{f}(\boldsymbol{x}_1, \ldots, \boldsymbol{x}_p)+\boldsymbol{g}(\boldsymbol{x}_1, \ldots, \boldsymbol{x}_p)$	Hierbei seien $\boldsymbol{f}$ und $\boldsymbol{g}$ p-lineare Abbildungen von $V_1, \ldots, V_p$ in W.
5.5	$x\boldsymbol{f}$	x mal $\boldsymbol{f}$ x-faches von $\boldsymbol{f}$	die p-lineare Abbildung von $V_1, \ldots, V_p$ in W, so daß für alle $\boldsymbol{x}_i \in V_i$ $(i=1, \ldots, p)$ gilt: $(x\boldsymbol{f})(\boldsymbol{x}_1, \ldots, \boldsymbol{x}_p)=x(\boldsymbol{f}(\boldsymbol{x}_1, \ldots, \boldsymbol{x}_p))$	Hierbei sei $\boldsymbol{f}$ eine p-lineare Abbildung von $V_1, \ldots, V_p$ in W.
5.6		Raum der p-linearen Abbildungen von $V_1, \ldots, V_p$ in W	die Menge der p-linearen Abbildungen von $V_1, \ldots, V_p$ in W mit den Verknüpfungen nach Nr 5.4 und Nr 5.5	Es handelt sich auch um einen linearen Raum über K. Wenn $V_1, \ldots, V_p$, W die Dimensionszahlen $n_1, \ldots, n_p$, m haben, so ist seine Dimensionszahl $n_1 \cdot \ldots \cdot n_p \cdot m$.
5.7		p-Linearform auf $V_1, \ldots, V_p$	p-lineare Abbildung von $V_1, \ldots, V_p$ in K	K ist eindimensionaler Raum über sich selbst. Der Raum der p-Linearformen hat also die Dimensionszahl $n_1 \cdot \ldots \cdot n_p$.
5.8		p-Linearform auf V	p-Linearform auf $V_1, \ldots, V_p$, wobei stets $V_i=V$ $(i=1, \ldots, p)$ ist	Eine 2-Linearform wird als Bilinearform bezeichnet, eine 1-Linearform als Linearform. Das ist dasselbe wie ein Kovektor. Der Raum der 1-Linearformen im Sinne von Nr 5.6 ist dasselbe wie der Dualraum.
5.9		alternierende p-Linearform auf V	p-Linearform auf V, deren Wert bei Vertauschen zweier Argumente sein Vorzeichen ändert	Es gilt dann für jede Permutation σ der Zahlen von 1 bis p: $\boldsymbol{f}(\boldsymbol{x}_{\sigma(1)}, \ldots, \boldsymbol{x}_{\sigma(p)})=\operatorname{sgn}(\sigma)\,\boldsymbol{f}(\boldsymbol{x}_1, \ldots, \boldsymbol{x}_p)$

6 Tensoren

Tensoren sind Verallgemeinerungen von Vektoren oder Kovektoren. In einfachen Fällen sind sie durch Beträge in drei linear unabhängigen Richtungen gekennzeichnet, wie es bei dem Spannungstensor der Fall ist, von dem die Benennung Tensor abgeleitet ist. Allgemein lassen sie sich dadurch charakterisieren, daß sie mit Vektoren oder Kovektoren verknüpft Skalare ergeben. Das führt zu der Definition von Tensoren als Multilinearformen.

1	2	3	4	5
Nr	Zeichen	Sprechweise, Begriff	Definition	Bemerkungen
6.1		Tensor p-ter Stufe von V	p-Linearform auf $V_1, \ldots, V_p$, wobei für jedes k $(k=1, \ldots, p)$ V_k gleich V^* oder gleich V ist	Wenn $V_k=V^*$ ist, so ist der Tensor bezüglich der k-ten Stelle kontravariant; wenn $V_k=V$ ist, so ist er bezüglich der k-ten Stelle kovariant. Siehe Anmerkungen.
6.2		gleichartige Tensoren	Tensoren von V, die von derselben Stufe und bezüglich jeder Stelle in gleicher Weise kontravariant bzw. kovariant sind	Die Identifizierung nach Nr 1.27 in euklidischen Vektorräumen induziert auch eine Identifizierung nicht gleichartiger Tensoren. Siehe Anmerkungen.

Fortsetzung

1	2	3	4	5
Nr	Zeichen	Sprechweise, Begriff	Definition	Bemerkungen
6.3		(rein)kontravarianter Tensor p-ter Stufe	Tensor p-ter Stufe von V, der bezüglich aller Stellen kontravariant ist (also auf V^* operiert)	Für $p=1$ handelt es sich um die Vektoren von V, die man in diesem Zusammenhang auch als kontravariante Vektoren von V bezeichnet.
6.4		(rein)kovarianter Tensor p-ter Stufe	Tensor p-ter Stufe von V, der bezüglich aller Stellen kovariant ist (also auf V operiert)	Für $p=1$ handelt es sich um die Linearformen auf V, die man in diesem Zusammenhang auch als kovariante Vektoren von V und deshalb auch als Kovektoren bezeichnet.
6.5		gemischter Tensor p-ter Stufe	Tensor p-ter Stufe von V, der weder rein kontravariant noch rein kovariant ist	Wenn der Tensor bezüglich r Stellen kontravariant und bezüglich s Stellen kovariant ist, wobei natürlich $r+s=p$ ist, so heißt er r-stufig kontravariant und s-stufig kovariant.
6.6	$\boldsymbol{T}, \boldsymbol{U}, \dots$		Zeichen für Tensoren von V	Oft rechnet man direkt mit Koordinaten und benutzt dann keine Zeichen für die Tensoren selbst. Für die Koordinaten benutzt man magere Buchstaben mit Indizes (siehe Nr 8.3, Nr 8.4, Nr 8.6 und Abschnitt 9). Siehe Anmerkungen.
6.7	$\boldsymbol{T}+\boldsymbol{U}$	$\boldsymbol{T}$ plus $\boldsymbol{U}$, Summe von $\boldsymbol{T}$ und $\boldsymbol{U}$	die Summe der Tensoren als p-Linearformen im Sinne von Nr 5.4	Hierbei seien $\boldsymbol{T}$ und $\boldsymbol{U}$ gleichartige Tensoren von V.
6.8	$x\boldsymbol{T}$	x mal $\boldsymbol{T}$, x-faches von $\boldsymbol{T}$	das x-fache von $\boldsymbol{T}$ als p-Linearform im Sinne von Nr 5.5	Die Tensoren p-ter Stufe von V, die bezüglich derselben Stellen kontravariant bzw. kovariant sind, die also gleichartig sind, bilden mit den Verknüpfungen Nr 6.7 und Nr 6.8 einen Vektorraum, den man als einen Tensorraum über V bezeichnet. Seine Dimensionszahl ist n^p.
6.9	$\boldsymbol{T}\otimes\boldsymbol{U}$	Tensorprodukt der Tensoren $\boldsymbol{T}$ und $\boldsymbol{U}$	der Tensor, so daß für alle $\boldsymbol{x}_i \in V_i$ und $\boldsymbol{y}_k \in W_k$: $(\boldsymbol{T}\otimes\boldsymbol{U})\,(\boldsymbol{x}_1, \dots, \boldsymbol{x}_p, \boldsymbol{y}_1, \dots, \boldsymbol{y}_q)$ $= \boldsymbol{T}(\boldsymbol{x}_1, \dots, \boldsymbol{x}_p)\,\boldsymbol{U}(\boldsymbol{y}_1, \dots, \boldsymbol{y}_q)$	Hierbei sei $\boldsymbol{T}$ auf $V_1 \times \dots \times V_p$ und $\boldsymbol{U}$ auf $W_1 \times \dots \times W_q$ definiert. Das Tensorprodukt eines Tensors p-ter Stufe mit einem Tensor q-ter Stufe ist ein Tensor $(p+q)$-ter Stufe. Das Tensorprodukt ist assoziativ. Siehe Anmerkungen.
6.10	$\boldsymbol{a}\otimes\boldsymbol{b}$	Tensorprodukt der Vektoren $\boldsymbol{a}$, $\boldsymbol{b}$	diejenige Bilinearform, die für Kovektoren $\boldsymbol{u}, \boldsymbol{v}$ den Wert $\boldsymbol{u}(\boldsymbol{a})\,\boldsymbol{v}(\boldsymbol{b})$ hat	Es handelt sich um den Spezialfall von Nr 6.9, in dem beide Faktoren rein kontravariante Tensoren erster Stufe, also Vektoren, sind. Das Tensorprodukt zweier Vektoren $\boldsymbol{a}, \boldsymbol{b}$ wird auch als dyadisches Produkt bezeichnet. Man schreibt dann $\boldsymbol{a}\,\boldsymbol{b}$ statt $\boldsymbol{a}\otimes\boldsymbol{b}$.

Fortsetzung

1	2	3	4	5
Nr	Zeichen	Sprechweise, Begriff	Definition	Bemerkungen
6.11		zerfallender Tensor p-ter Stufe	Tensor, der sich als Tensorprodukt von p Tensoren erster Stufe von V $\boldsymbol{a}_1 \otimes \ldots \otimes \boldsymbol{a}_p$ darstellen läßt	Jeder Tensor ist Summe zerfallender Tensoren.
6.12		Verjüngung bezüglich der Stellen k, i	Einstellige Operation auf einem Tensorprodukt über V, dessen Tensoren bezüglich der k-ten Stelle und der i-ten Stelle von unterschiedlicher Varianz sind. Für zerfallende Tensoren $\boldsymbol{x}_1 \otimes \ldots \otimes \boldsymbol{x}_p$ liefert die Verjüngung das Tensorprodukt der (von $\boldsymbol{x}_i$, $\boldsymbol{x}_k$ verschiedenen) verbleibenden $p-2$ Faktoren, multipliziert mit dem Skalarfaktor $\langle \boldsymbol{x}_k \mid \boldsymbol{x}_i \rangle$. Von den zerfallenden Tensoren aus wird die Operation linear auf alle Tensoren fortgesetzt, d. h. die Verjüngung einer Summe ist die Summe der Verjüngungen, die Verjüngung eines Vielfachen ist das Vielfache der Verjüngung.	Die Verjüngung eines Tensors p-ter Stufe von V, der bezüglich der k-ten Stelle kontravariant und der i-ten Stelle kovariant ist, oder der bezüglich der k-ten Stelle kovariant und der i-ten Stelle kontravariant ist, ist ein Tensor $(p-2)$-ter Stufe von V. Ein besonderes Zeichen für die Verjüngungsoperation ist nicht allgemein gebräuchlich.
6.13		Überschiebung	Bildung eines Tensorproduktes mit anschließender Verjüngung	Zu Beispielen für Überschiebung siehe Nr 9.6.

7 Multivektoren

1	2	3	4	5
Nr	Zeichen	Sprechweise, Begriff	Definition	Bemerkungen
7.1		p-Vektor von V	rein kontravarianter Tensor p-ter Stufe von V, der als p-Linearform im Sinne von Nr 5.9 alternierend ist	Die Menge der p-Vektoren von V ist ein Unterraum des Raumes der kontravarianten Tensoren p-ter Stufe von V. Seine Dimensionszahl ist $\binom{n}{p}$. Siehe Anmerkungen.
7.2	$\boldsymbol{a}_1 \wedge \ldots \wedge \boldsymbol{a}_p$	äußeres Produkt von $\boldsymbol{a}_1, \ldots, \boldsymbol{a}_p$	$\sum_{\sigma} \operatorname{sgn}(\sigma)\, \boldsymbol{a}_{\sigma(1)} \otimes \ldots \otimes \boldsymbol{a}_{\sigma(p)}$	Hierbei seien $\boldsymbol{a}_1, \ldots, \boldsymbol{a}_p \in V$. Das äußere Produkt dieser Vektoren ist ein p-Vektor von V. Die Summe erstreckt sich über alle Permutationen σ der Zahlen von 1 bis p. Bei Vertauschen zweier Argumente ändert sich das Vorzeichen. Insbesondere gilt: $\boldsymbol{a} \wedge \boldsymbol{b} = -\boldsymbol{b} \wedge \boldsymbol{a}$

Fortsetzung

1	2	3	4	5
Nr	Zeichen	Sprechweise, Begriff	Definition	Bemerkungen
7.3		zerfallender p-Vektor	p-Vektor, der sich als äußeres Produkt von Vektoren von V darstellen läßt	Jeder p-Vektor ist Summe zerfallender p-Vektoren. Alle $(n-1)$-Vektoren zerfallen.
7.4	$\boldsymbol{T} \wedge \boldsymbol{U}$	äußeres Produkt der Multivektoren $\boldsymbol{T}$ und $\boldsymbol{U}$	Für zerfallende Multivektoren $\boldsymbol{a}_1 \wedge \ldots \wedge \boldsymbol{a}_p$ und $\boldsymbol{b}_1 \wedge \ldots \wedge \boldsymbol{b}_q$ sei das Produkt $\boldsymbol{a}_1 \wedge \ldots \wedge \boldsymbol{a}_p \wedge \boldsymbol{b}_1 \wedge \ldots \wedge \boldsymbol{b}_q$. Auf andere Multivektoren wird das äußere Produkt linear fortgesetzt, d. h. es gilt: $(x\boldsymbol{T} + x'\boldsymbol{T}') \wedge (y\boldsymbol{U} + y'\boldsymbol{U}')$ $= xy(\boldsymbol{T} \wedge \boldsymbol{U}) + xy'(\boldsymbol{T} \wedge \boldsymbol{U}')$ $+ x'y(\boldsymbol{T}' \wedge \boldsymbol{U}) + x'y'(\boldsymbol{T}' \wedge \boldsymbol{U}')$	Dabei sei $\boldsymbol{T}$ ein p-Vektor und $\boldsymbol{U}$ ein q-Vektor von V. Dann ist $\boldsymbol{T} \wedge \boldsymbol{U}$ ein $(p+q)$-Vektor von V. Das äußere Produkt ist assoziativ, und es gilt folgendes Vertauschungsgesetz: $\boldsymbol{T} \wedge \boldsymbol{U} = (-1)^{pq}\, \boldsymbol{U} \wedge \boldsymbol{T}$
7.5		p-Kovektor von V	rein kovarianter Tensor p-ter Stufe von V, der als p-Linearform im Sinne von Nr 5.9 alternierend ist	Man sagt auch kovarianter p-Vektor und bezeichnet dann die p-Vektoren nach Nr 7.1 als kontravariante p-Vektoren.
7.6	$\boldsymbol{T} \wedge \boldsymbol{U}$	äußeres Produkt der Multi-Kovektoren $\boldsymbol{T}$ und $\boldsymbol{U}$	äußeres Produkt von $\boldsymbol{T}, \boldsymbol{U}$ im Sinne von Nr 7.4 als Multivektoren von V^*	Man beachte hierbei, daß ein p-Kovektor von V zugleich auch ein p-Vektor von V^* ist.
7.7		Monovektor	in diesem Kontext nur eine andere Bezeichnung für Vektoren, die dasselbe wie 1-Vektoren im Sinne von Nr 7.1 sind	In Nr 7.7 bis Nr 7.13 sei der zugrundegelegte Raum V als dreidimensional vorausgesetzt. Die Nummern dienen der Veranschaulichung der Begriffe und der Angabe von Beispielen. Das Standardbeispiel eines Vektors ist eine orientierte Strecke: 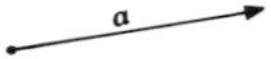
7.8		Bivektor	2-Vektor, äußeres Produkt $\boldsymbol{a} \wedge \boldsymbol{b}$ zweier Vektoren $\boldsymbol{a}, \boldsymbol{b}$	Veranschaulichung durch das von $\boldsymbol{a}, \boldsymbol{b}$ aufgespannte orientierte Flächenstück (Parallelogramm): 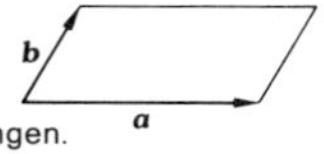 Siehe Anmerkungen.
7.9		Trivektor	3-Vektor, äußeres Produkt $\boldsymbol{a} \wedge \boldsymbol{b} \wedge \boldsymbol{c}$ dreier Vektoren $\boldsymbol{a}, \boldsymbol{b}, \boldsymbol{c}$	Veranschaulichung durch das von $\boldsymbol{a}, \boldsymbol{b}, \boldsymbol{c}$ aufgespannte orientierte Volumen (Spat): 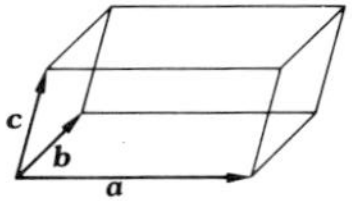 Siehe Anmerkungen.

Fortsetzung

1	2	3	4	5
Nr	Zeichen	Sprechweise, Begriff	Definition	Bemerkungen
7.10		Mono-Kovektor	in diesem Kontext nur eine andere Bezeichnung für Kovektoren, die dasselbe wie 1-Kovektoren im Sinne von Nr 7.5 sind	Ein Kovektor ist etwas, das mit einem Vektor überschoben einen Skalar ergibt. Beispiele: Kraft (mal Wegvektor ergibt den Skalar Arbeit), elektrische Feldstärke (mal Wegvektor ergibt den Skalar Spannung). Siehe Anmerkungen.
7.11		Bi-Kovektor	2-Kovektor	Ein Bi-Kovektor ist etwas, das mit einem Bivektor überschoben einen Skalar ergibt. Beispiel: Stromdichte (mal Bivektor ergibt die Stromstärke durch das betreffende Flächenstück). Siehe Anmerkungen.
7.12		Tri-Kovektor	3-Kovektor	Ein Tri-Kovektor ist etwas, das mit einem Trivektor überschoben einen Skalar ergibt. Beispiel: Raumladungsdichte (mal Trivektor ergibt die Ladung in dem betreffenden Raumstück). Siehe Anmerkungen.
7.13		Ergänzung eines Bivektors $\boldsymbol{a} \wedge \boldsymbol{b}$	der eindeutig bestimmte Vektor, der auf $\boldsymbol{a}$ und $\boldsymbol{b}$ orthogonal ist, dessen Betrag die Größe des Flächenstücks ist und der, sofern $\boldsymbol{a}, \boldsymbol{b}$ linear unabhängig sind, mit $\boldsymbol{a}, \boldsymbol{b}$ ein Rechtssystem bildet	Der dreidimensionale Raum V wird hierbei als euklidisch und durch den Rechtsschraubsinn orientiert vorausgesetzt. Veranschaulichung: 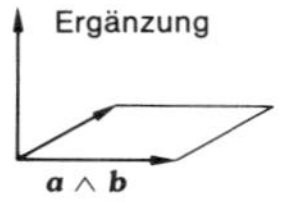 Beachte: Das Vektorprodukt $\boldsymbol{a} \times \boldsymbol{b}$ ist die Ergänzung von $\boldsymbol{a} \wedge \boldsymbol{b}$ (siehe Nr 1.15). Der Übergang zur Ergänzung ist ein Isomorphismus des Raumes der Bivektoren von V auf den Raum V. Man beachte, daß dieser Isomorphismus von der Metrik und einer Orientierung abhängt. Wenn man eine physikalische Größe, die ein Bivektor ist, im Sinne dieses Isomorphismus durch einen Vektor darstellt, so geht eine Orientierung in die Formulierung physikalischer Gesetze ein.

8 Basen und Koordinaten für Tensoren

1	2	3	4	5
Nr	Zeichen	Sprechweise, Begriff	Definition	Bemerkungen
8.1		induzierte Basis in einem Tensorraum	diese Basis besteht aus allen Tensorprodukten von Vektoren der Basis bzw. der Dualbasis, wobei der k-te Faktor aus der Basis bzw. der Dualbasis ist, je nachdem, ob die Tensoren bezüglich der k-ten Stelle kontravariant oder kovariant sind	In diesem Abschnitt sei eine Basis von V nach Nr 2.4 und die zugehörige Dualbasis in V^* nach Nr 2.5 gegeben. Z. B. besteht für den Raum der Tensoren, die bezüglich der ersten r Stellen kontravariant und bezüglich der restlichen s Stellen kovariant sind, diese Basis aus den Tensoren: $\boldsymbol{e}_{i_1} \otimes \ldots \otimes \boldsymbol{e}_{i_r} \otimes \boldsymbol{e}^{k_1} \otimes \ldots \otimes \boldsymbol{e}^{k_s}$ $(1 \leq i_1, \ldots, i_r, k_1, \ldots, k_s \leq n)$
8.2		induzierte Basis im Raum der p-Vektoren	die induzierte Basis besteht aus: $\boldsymbol{e}_{i_1} \wedge \ldots \wedge \boldsymbol{e}_{i_p}$ mit $1 \leq i_1 < \ldots < i_p \leq n$	Man wählt oft auch andere Basen aus, z. B. für $n = 3$ im Raum der Bivektoren: $\boldsymbol{e}_1 \wedge \boldsymbol{e}_2, \boldsymbol{e}_2 \wedge \boldsymbol{e}_3, \boldsymbol{e}_3 \wedge \boldsymbol{e}_1$
8.3		induzierte Basis im Raum der p-Kovektoren	die induzierte Basis besteht aus: $\boldsymbol{e}^{i_1} \wedge \ldots \wedge \boldsymbol{e}^{i_p}$ mit $1 \leq i_1 < \ldots < i_p \leq n$	Man wählt oft auch andere Basen aus, z. B. für $n = 3$ im Raum der Bi-Kovektoren: $\boldsymbol{e}^1 \wedge \boldsymbol{e}^2, \boldsymbol{e}^2 \wedge \boldsymbol{e}^3, \boldsymbol{e}^3 \wedge \boldsymbol{e}^1$
8.4		Koordinaten eines Tensors	seine Koordinaten (als Vektor, im Sinne von Nr 2.6) bezüglich der induzierten Basis	Die Koordinaten werden durch entsprechende Buchstaben mit hoch- und tiefgestellten Indizes bezeichnet, wobei ein hochgestellter Index für eine kontravariante und ein tiefgestellter Index für eine kovariante Stelle steht. Wenn z. B. $\boldsymbol{T}$ ein Tensor ist, der bezüglich der ersten r Stellen kontravariant und bezüglich der letzten s Stellen kovariant ist, so bezeichnet man seine Koordinaten mit: $T^{i_1 \ldots i_r}{}_{k_1 \ldots k_s}$ Es gilt dann: $\boldsymbol{T} = \sum_{i_1, \ldots, k_s} T^{i_1 \ldots i_r}{}_{k_1 \ldots k_s} \boldsymbol{e}_{i_1} \otimes \ldots \otimes \boldsymbol{e}^{k_s}$ Siehe Anmerkungen.
8.5		Koordinaten eines p-Vektors	seine Koordinaten (als Vektor, im Sinne von Nr 2.6) bezüglich der induzierten Basis	Die Koordinaten eines p-Vektors $\boldsymbol{T}$ im Sinne von Nr 8.4 (als Tensor) sind alternierend, sie wechseln ihr Vorzeichen bei Vertauschen zweier Indizes. Sie sind also schon durch die Koordinaten $T^{i_1 \ldots i_p}$ mit $1 \leq i_1 < \ldots < i_p \leq n$ bestimmt. Diese heißen wesentliche Koordinaten und sind die Koordinaten von $\boldsymbol{T}$ im Sinne von Nr 8.5 (als p-Vektor).

Fortsetzung

1	2	3	4	5
Nr	Zeichen	Sprechweise, Begriff	Definition	Bemerkungen
8.5	(Fortsetzung)			Es gilt: $$\boldsymbol{T} = \sum_{i_1<\ldots<i_p} T^{i_1\ldots i_p}\, \boldsymbol{e}_{i_1} \wedge \ldots \wedge \boldsymbol{e}_{i_p} = \sum_{i_1,\ldots,i_p} T^{i_1\ldots i_p}\, \boldsymbol{e}_{i_1} \otimes \ldots \otimes \boldsymbol{e}_{i_p}$$ Siehe Anmerkungen.
8.6		Koordinaten eines p-Kovektors	seine Koordinaten (als Vektor im Sinne von Nr 2.6) bezüglich der induzierten Basis	Es gilt Entsprechendes wie für p-Vektoren. Für die Tensorkoordinaten (im Sinne von Nr 8.4) und Koordinaten im Sinne von Nr 8.6 (wesentliche Koordinaten) gilt: $$\boldsymbol{T} = \sum_{i_1<\ldots<i_p} T_{i_1\ldots i_p}\, \boldsymbol{e}^{i_1} \wedge \ldots \wedge \boldsymbol{e}^{i_p} = \sum_{i_1,\ldots,i_p} T_{i_1\ldots i_p}\, \boldsymbol{e}^{i_1} \otimes \ldots \otimes \boldsymbol{e}^{i_p}$$
8.7		Transformation der Koordinaten eines Tensors p-ter Stufe	man multipliziert alle Koordinaten mit allen Produkten aus p Elementen der Matrix (b_k^l) bzw. (a_i^k) aus Nr 2.10 und summiert für jede kontravariante Stelle analog zu Nr 2.11 und für jede kovariante Stelle analog zu Nr 2.12	Beim Übergang zu einer anderen Basis von V nach Nr 2.10 erhält man andere induzierte Basen. In Nr 8.7 bis Nr 8.9 wird die entstehende Transformation der Koordinaten beschrieben. Wenn z. B. $T^{i_1\ldots i_r}{}_{k_1\ldots k_s}$ die Koordinaten eines Tensors sind, der bezüglich der ersten r Stellen kontravariant und bezüglich der letzten s Stellen kovariant ist, so stellen sich die neuen Koordinaten folgendermaßen dar: $$T'^{j_1\ldots j_r}{}_{l_1\ldots l_s} = \sum_{i_1,\ldots,k_s} b_{i_1}^{j_1} \ldots b_{i_r}^{j_r}\, a_{l_1}^{k_1} \ldots a_{l_s}^{k_s}\, T^{i_1\ldots i_r}{}_{k_1\ldots k_s}$$
8.8		Transformation der Koordinaten eines p-Vektors	die neuen Koordinaten $T'^{j_1\ldots j_p}$ $(1 \leq j_1 < \ldots < j_p \leq n)$ drücken sich durch die alten folgendermaßen aus: $$T'^{j_1\ldots j_p} = \sum_{i_1<\ldots<i_p} \begin{vmatrix} b_{i_1}^{j_1} & \ldots & b_{i_1}^{j_p} \\ \vdots & & \vdots \\ b_{i_p}^{j_1} & \ldots & b_{i_p}^{j_p} \end{vmatrix} T^{i_1\ldots i_p}$$	Insbesondere ist für $p = n$, wenn die einzige wesentliche Koordinate mit T bzw. T' bezeichnet wird: $$T' = \begin{vmatrix} b_1^1 & \ldots & b_1^n \\ \vdots & & \vdots \\ b_n^1 & \ldots & b_n^n \end{vmatrix} T,$$ d. h. die neue Koordinate entsteht aus der alten durch Multiplikation mit der Determinante der Übergangsmatrix (b_k^l).

Fortsetzung

1	2	3	4	5
Nr	Zeichen	Sprechweise, Begriff	Definition	Bemerkungen
8.9		Transformation der Koordinaten eines p-Kovektors von V	die neuen Koordinaten $T'_{l_1 \ldots l_p}$ $(1 \leq l_1 < \ldots < l_p \leq n)$ drücken sich durch die alten folgendermaßen aus: $T'_{l_1 \ldots l_p} = \sum_{k_1 < \ldots < k_p} \begin{vmatrix} a_{l_1}^{k_1} & \ldots & a_{l_1}^{k_p} \\ \vdots & & \vdots \\ a_{l_p}^{k_1} & \ldots & a_{l_p}^{k_p} \end{vmatrix} T_{k_1 \ldots k_p}$	Insbesondere für $p = n$, wenn die einzige wesentliche Koordinate mit T bzw. T' bezeichnet wird: $T' = \begin{vmatrix} a_1^1 & \ldots & a_1^n \\ \vdots & & \vdots \\ a_n^1 & \ldots & a_n^n \end{vmatrix} T,$ d. h. die neue Koordinate entsteht aus der alten durch Multiplikation mit der Determinante der Übergangsmatrix (a_i^k).
8.10		Umwandlung einer kontravarianten Stelle eines Tensors in eine kovariante Stelle bzw. umgekehrt	Wenn $T_{\cdots\cdots}^{\cdots i \cdots}$ die bezüglich einer Stelle kontravarianten Koordinaten eines Tensors sind, so ist es der Übergang zu den Koordinaten $T_{\cdots k \cdots}^{\cdots\cdots} = \sum_i g_{ik} T_{\cdots\cdots}^{\cdots i \cdots},$ die bezüglich dieser Stelle kovariant sind. Wenn $T_{\cdots k \cdots}^{\cdots\cdots}$ die bezüglich einer Stelle kovarianten Koordinaten eines Tensors sind, so ist es der Übergang zu den Koordinaten $T_{\cdots\cdots}^{\cdots i \cdots} = \sum_k g^{ik} T_{\cdots k \cdots}^{\cdots\cdots},$ die bezüglich dieser Stelle kontravariant sind.	Man nennt diese Operation auch das Herunterziehen bzw. Heraufziehen von Indizes. Es entstehen jeweils andersartige Koordinaten desselben Tensors auf dem euklidischen Vektorraum V. Insbesondere kann man alle Indizes herunterziehen bzw. heraufziehen und somit für jeden Tensor eine rein kovariante bzw. eine rein kontravariante Darstellung geben.

9 Darstellung der Tensoroperationen in Koordinaten

1	2	3	4	5	6
Nr	Operation	Operanden	Koordinaten	Koordinaten des Ergebnisses	Bemerkungen
9.1	$\boldsymbol{T} + \boldsymbol{U}$	$\boldsymbol{T}, \boldsymbol{U}$	$T_{j_1 \ldots j_s}^{i_1 \ldots i_r}$, $U_{j_1 \ldots j_s}^{i_1 \ldots i_r}$ $(1 \leq i_1, \ldots, j_s \leq n)$	$T_{j_1 \ldots j_s}^{i_1 \ldots i_r} + U_{j_1 \ldots j_s}^{i_1 \ldots i_r}$ $(1 \leq i_1, \ldots, j_s \leq n)$	Hierbei seien $\boldsymbol{T}$ und $\boldsymbol{U}$ gleichartige Tensoren p-ter Stufe $(p = r + s)$ von V.
9.2	$x\boldsymbol{T}$	$x, \boldsymbol{T}$	$T_{j_1 \ldots j_s}^{i_1 \ldots i_r}$ $(1 \leq i_1, \ldots, j_s \leq n)$	$x T_{j_1 \ldots j_s}^{i_1 \ldots i_r}$ $(1 \leq i_1, \ldots, j_s \leq n)$	$\boldsymbol{T}$ sei ein Tensor p-ter Stufe $(p = r + s)$ von V.

Fortsetzung

1	2	3	4	5	6
Nr	Operation	Operanden	Koordinaten	Koordinaten des Ergebnisses	Bemerkungen
9.3	$\boldsymbol{T} \otimes \boldsymbol{U}$	$\boldsymbol{T}, \boldsymbol{U}$	$T^{i_1 \ldots i_r}_{j_1 \ldots j_s}$ $(1 \leq i_1, \ldots, j_s \leq n)$ $U^{k_1 \ldots k_t}_{l_1 \ldots l_u}$ $(1 \leq k_1, \ldots, l_u \leq n)$	$T^{i_1 \ldots i_r}_{j_1 \ldots j_s}\ U^{k_1 \ldots k_t}_{l_1 \ldots l_u}$ $(1 \leq i_1, \ldots, k_1, \ldots, j_1, \ldots, l_1, \ldots \leq n)$	$\boldsymbol{T}$ sei Tensor p-ter Stufe $(p = r + s)$ und $\boldsymbol{U}$ sei Tensor q-ter Stufe $(q = t + u)$ von V.
9.4	$\boldsymbol{a} \otimes \boldsymbol{b}$	$\boldsymbol{a}, \boldsymbol{b}$	a^i, b^k $(1 \leq i, k \leq n)$	$a^i\, b^k$	Es handelt sich um den Spezialfall von Nr 9.3, in dem beide Faktoren rein kontravariante Tensoren erster Stufe, also Vektoren sind.
9.5	Verjüngung bezüglich der hervorgehobenen Stellen	$\boldsymbol{T}$	$T^{\ldots i \ldots}_{\ldots \ldots k \ldots}$	$\sum_i T^{\ldots i \ldots}_{\ldots \ldots i \ldots}$	Die Punkte sollen Indizes andeuten, die nicht durch die Operation berührt werden.
9.6	$\boldsymbol{T} \cdot \boldsymbol{U}$ $\boldsymbol{T} : \boldsymbol{U}$ $\boldsymbol{T} \cdot \boldsymbol{a}$	$\boldsymbol{T}, \boldsymbol{U}, \boldsymbol{a}$	T_{ij}, U^{kl}, a^k	$\sum_k T_{ik}\, U^{kl}$ $\sum_{ik} T_{ik}\, U^{ki}$ $\sum_k T_{ik} \cdot a^k$	Es handelt sich um Beispiele für Überschiebung.
9.7	$\boldsymbol{T} \wedge \boldsymbol{U}$	$\boldsymbol{T}, \boldsymbol{U}$	$T^{i_1 \ldots i_p}$ $(1 \leq i_1 < \ldots < i_p \leq n)$ $U^{j_1 \ldots j_q}$ $(1 \leq j_1 < \ldots < j_q \leq n)$	$\sum_{\substack{i_1 < \ldots < i_p \\ j_1 < \ldots < j_q}} \delta^{k_1 \ldots \ldots k_{p+q}}_{i_1 \ldots i_p j_1 \ldots j_q}\, T^{i_1 \ldots i_p}\, U^{j_1 \ldots j_q}$ $(1 \leq k_1 < \ldots < k_{p+q} \leq n)$	Es sei $\boldsymbol{T}$ ein p-Vektor und $\boldsymbol{U}$ ein q-Vektor von V.
9.8	$\boldsymbol{T} \wedge \boldsymbol{U}$	$\boldsymbol{T}, \boldsymbol{U}$	$T_{i_1 \ldots i_p}$ $(1 \leq i_1 < \ldots < i_p \leq n)$ $U_{j_1 \ldots j_q}$ $(1 \leq j_1 < \ldots < j_q \leq n)$	$\sum_{\substack{i_1 < \ldots < i_p \\ j_1 < \ldots < j_q}} \delta^{i_1 \ldots i_p j_1 \ldots j_q}_{k_1 \ldots \ldots k_{p+q}}\, T_{i_1 \ldots i_p}\, U_{j_1 \ldots j_q}$ $(1 \leq k_1 < \ldots < k_{p+q} \leq n)$	Es sei $\boldsymbol{T}$ ein p-Kovektor und $\boldsymbol{U}$ ein q-Kovektor von V.
9.9	$\boldsymbol{a} \wedge \boldsymbol{b}$	$\boldsymbol{a}, \boldsymbol{b}$	a^i, b^i $(i = 1, 2, 3)$	$\begin{vmatrix} a^1 & a^2 \\ b^1 & b^2 \end{vmatrix}, \begin{vmatrix} a^1 & a^3 \\ b^1 & b^3 \end{vmatrix}, \begin{vmatrix} a^2 & a^3 \\ b^2 & b^3 \end{vmatrix}$	In Nr 9.9 und Nr 9.10 ist der Raum V als dreidimensional vorausgesetzt. Es handelt sich um spezielle Fälle des äußeren Produktes.
9.10	$\boldsymbol{a} \wedge \boldsymbol{b} \wedge \boldsymbol{c}$	$\boldsymbol{a}, \boldsymbol{b}, \boldsymbol{c}$	a^i, b^i, c^i $(i = 1, 2, 3)$	$\begin{vmatrix} a^1 & a^2 & a^3 \\ b^1 & b^2 & b^3 \\ c^1 & c^2 & c^3 \end{vmatrix}$	

10 Permutationssymbole

Die folgenden Symbole werden an einigen Stellen in dieser Norm gebraucht und hier zusammengestellt.

1	2	3	4	5
Nr	Zeichen	Sprechweise, Begriff	Definition	Bemerkungen
10.1	$\delta_{k_1 \ldots k_m}^{i_1 \ldots i_m}$	verallgemeinertes Kronecker-Symbol	1, wenn $(k_1 \ldots k_m)$ durch eine gerade Zahl von Vertauschungen je zweier Zahlen aus $(i_1 \ldots i_m)$ hervorgeht, −1, wenn $(k_1 \ldots k_m)$ durch eine ungerade Zahl von Vertauschungen je zweier Zahlen aus $(i_1 \ldots i_m)$ hervorgeht, 0, wenn $(k_1 \ldots k_m)$ nicht durch Vertauschungen aus $(i_1 \ldots i_m)$ hervorgeht, also wenn $\{k_1, \ldots, k_m\} \neq \{i_1, \ldots, i_m\}$	Es gilt: $\delta_{k_1 \ldots k_m}^{i_1 \ldots i_m} = \begin{vmatrix} \delta_{k_1}^{i_1} & \ldots & \delta_{k_1}^{i_m} \\ \vdots & & \vdots \\ \delta_{k_m}^{i_1} & \ldots & \delta_{k_m}^{i_m} \end{vmatrix}$ Man setzt auch: $\varepsilon_{ijk} = \delta_{ijk}^{123}$
10.2	δ_k^i, auch δ_{ik}	Kronecker-Symbol	Spezialfall von Nr 10.1 für $m = 1$	Es gilt $\delta_k^i = \begin{cases} 1, \text{ wenn } i = k \\ 0, \text{ wenn } i \neq k \end{cases}$
10.3	$\operatorname{sgn}(\sigma)$	Vorzeichen von σ	$\delta_{\sigma(1) \ldots \sigma(n)}^{1 \ldots \ldots n}$	Es sei σ eine Permutation der Zahlen von 1 bis n. Dabei wird die Zahl k $(1 \leq k \leq n)$ in die Zahl $\sigma(k)$ permutiert.

Anmerkungen

Zu Nr 1.1

Zum Begriff des Körpers, des Vektorraumes und des Punktraumes siehe auch DIN 13 302, Ausgabe Juni 1978, Nr 4.6, Nr 7.6, Nr 8.1. Unter den Begriff des Vektorraumes fallen auch Strukturen, deren Elemente man im physikalischen Sinne gar nicht als Vektoren bezeichnen würde. So bilden auch Matrizen, Tensoren oder gewisse Funktionenmengen Vektorräume. Natürlich braucht man die Elemente nicht „Vektoren" zu nennen, wenn man andere Benennungen für sie hat, und man kann den Ausdruck „Linearer Raum" verwenden, wenn man „Vektorraum" vermeiden will. Die große Spannweite des Vektorraumbegriffs ist jedoch kein Nachteil. Eher ist es ein Vorteil, daß viele Begriffe, wie z. B. die der linearen Unabhängigkeit, Basis, Dimensionszahl, Koordinaten u. ä. nur einmal eingeführt zu werden brauchen und dann in allen linearen Räumen wohldefiniert sind und zur Verfügung stehen.

Das Wort „Skalar" bedeutet in dieser Norm soviel wie reelle bzw. komplexe Zahl, auch Größenwert. Bisweilen bezeichnet man damit auch kurz ein Skalarfeld, d. h. eine Funktion, die jedem Punkt eines gewissen Raumgebietes (in einer von Koordinatensystemen unabhängigen Weise) einen Skalar zuordnet. Diese Verkürzung kann mißverständlich sein, denn z. B. sind Koordinaten Zahlen, aber sie bilden keine Skalarfelder.

Zu Nr 1.2

Zur Darstellung von Vektoren werden halbfette kursive Buchstaben oder Buchstaben mit einem darübergesetzten Pfeil empfohlen.

Haben die Vektoren von den Anwendungen her schon eine eingeführte Bezeichnung, so ist diese erlaubt und empfehlenswert. Die Verwendung von Frakturbuchstaben wird nicht mehr empfohlen, da sie sich international nicht eingebürgert hat.

Alle benutzten Zeichen können mit Unterscheidungsindizes versehen werden, doch vermeide man Verwechslungen mit den hochgestellten und tiefgestellten Indizes, die bei Koordinaten die Stelle und das Varianzverhalten angeben.

Zu Nr 1.3

Zur Darstellung von Skalaren werden gewöhnliche Buchstaben empfohlen. Im übrigen gilt die Anmerkung zu Nr 1.2 entsprechend.

Zu Nr 1.8

In der Mathematik wird das Wort „Dimension" zur Bezeichnung einer Zahl (Anzahl der Basiselemente) verwendet. Um Verwechslungen mit der physikalischen Bedeutung (Dimension in einem Größensystem) auszuschließen, wird hier nur das Adjektiv „n-dimensional" verwendet und von der „Dimensionszahl" geredet.

Zu Nr 1.25

Die Identifizierung von V mit V^{**} ist nur für endlich-dimensionale Vektorräume möglich. In dieser Norm werden aber keine anderen Räume betrachtet.

Die Identifizierung bedeutet, daß man keine Ko-Kovektoren von V einführt, sondern statt dessen die Vektoren von V nimmt und für einen Vektor $\boldsymbol{a}$ von V die „Anwendung" auf einen Kovektor $\boldsymbol{u}$ von V als $\boldsymbol{u}(\boldsymbol{a})$ erklärt. In diesem Sinne werden die Vektoren von V als Kovektoren von V^* aufgefaßt.

Zu Nr 1.27

Die Identifizierung bedeutet, daß man auf Kovektoren als eigenständige Objekte verzichtet und Vektoren statt dessen nimmt. Sie spielen dieselbe Rolle wie Kovektoren, wenn man das Skalarprodukt von Nr 1.10 bzw. das Produkt von Nr 1.22 als „Anwendung" eines Vektors (als Kovektor) auf einen Vektor nimmt.

Zu Nr 2.5

Man bezeichnet die Dualbasis (mit der Identifizierung von Nr 1.27 im euklidischen Vektorraum) auch als reziproke Basis.

Zu Nr 2.6

Die Wörter „Koordinaten" und „Komponenten" werden in dieser Norm so verwendet, daß Koordinaten eines Vektors Zahlen (oder Größenwerte) sind, während Komponenten auch Vektoren sind, aus denen sich ein Vektor additiv zusammensetzt. Koordinate mal Basisvektor ergibt also eine Komponente in einer Zerlegung des Vektors in eine Summe.

Zu Nr 2.10

Es versteht sich hier und im folgenden, daß die Indizes, über die summiert wird, von 1 bis zur Dimensionszahl n laufen. Diese Grenzen sind nicht notiert, da sie sich aus der Dimensionszahl des Grundraumes ergeben. Es wird oft in der Tensorrechnung ein noch weitergehendes Summationsübereinkommen (nach Einstein) befolgt, daß über einen gleichlautenden oberen und unteren Index in einem Ausdruck automatisch, auch ohne hingeschriebenes Summenzeichen, von 1 bis zur Dimensionszahl n zu summieren ist. Bei kartesischen Koordinaten und nur unten notierten Indizes erstreckt sich das Übereinkommen auf irgendzwei gleichlautende Indizes. Wenn dieses Summationsübereinkommen in einem Text befolgt wird, so muß es explizit mitgeteilt werden.

Zu Nr 4.1

Die Elemente einer Matrix können Zahlen, Größen, Mengen, Funktionen, Tensoren und sogar selbst Matrizen oder beliebige andere Objekte sein. Wenn im folgenden Elemente von Matrizen addiert und multipliziert werden, so sei vorausgesetzt, daß solche Operationen für die Elemente erklärt sind. Für den Vektor- und Tensorkalkül ist der Fall wichtig, daß die Elemente der Matrizen Skalare sind. Eine Matrix mit reellen Elementen heißt reelle Matrix, eine mit komplexen Elementen komplexe Matrix.

Zu Nr 4.18

Die Formel in Spalte 5 liefert kein gutes Verfahren zur Berechnung der Inversen. Es ist günstiger, die Matrixgleichung $\boldsymbol{A}\,\boldsymbol{Q} = \boldsymbol{E}$ für die gesuchte Inverse $\boldsymbol{Q}$ in n lineare Gleichungssysteme $\boldsymbol{A}\,\boldsymbol{Q}_k = \boldsymbol{E}_k$ $(k = 1, \ldots, n)$ zu zerlegen, wobei $\boldsymbol{Q}_k$ die k-te Spalte der gesuchten Lösung und $\boldsymbol{E}_k$ die k-te Spalte der Einheitsmatrix ist. Die Gleichungssysteme lassen sich z. B. mit dem Eliminationsverfahren von Gauß lösen.

Zu Nr 4.24

Man findet auch die weiteren Benennungen „transponiert-konjugierte Matrix", „assoziierte Matrix", „Hermitesch konjugierte Matrix".

Man vermeide die Verwechslung mit dem Zeichen für die konjugierte Matrix (siehe Nr 4.23).

Zu Nr 4.30

Man beachte, daß der hier eingeführte Begriff „nichtnegativ definit" (wobei „nichtnegativ" ein Wort ist) nicht die Negierung von „negativ definit" bedeutet.

Zu Nr 5.9

Die angegebene Definition liefert nicht das Gewünschte, wenn der Skalarbereich ein Körper der Charakteristik 2 ist. Solche kommen in dieser Norm aber nicht vor.

Zu Nr 6.1

Tensoren p-ter Stufe werden oft über ihr Transformationsverhalten eingeführt, d. h. als Objekte, die nach Wahl einer

Basis in V durch n^p Koordinaten festgelegt sind, die sich bei Wechsel der Basis in charakteristischer Weise transformieren. Objekte dieser Art sind gerade die p-Linearformen (siehe Nr 5.7).

Zu Nr 6.1 und Nr 6.2

Durch die Identifizierung von V mit V^* nach Nr 1.27 läßt sich eine Multilinearform, deren k-te Argumentstelle sich z. B. auf V bezieht, auch als eine Multilinearform, deren k-te Argumentstelle sich auf V^* bezieht, auffassen und umgekehrt. Somit werden auch ungleichartige Tensoren derselben Stufe identifiziert. Die verschiedenen Auffassungen eines Tensors eines euklidischen Raumes, z. B. als rein kontravarianter oder rein kovarianter Tensor, führen dann zu verschiedenen Koordinatendarstellungen desselben Tensors.

Zu Nr 6.6

Zur Darstellung von Tensoren werden große halbfette kursive Buchstaben empfohlen. Für Vektoren werden, wenn auch zugleich Tensoren auftreten, kleine Buchstaben empfohlen. Benutzt man große Buchstaben auch für Vektoren, so sollte man für Vektoren Buchstaben mit Serifen, z. B. $\boldsymbol{A}$, $\boldsymbol{B}$, für Tensoren Buchstaben ohne Serifen, z. B. ***A***, ***B***, verwenden. Über die Wahl anderer Buchstaben gilt natürlich die Anmerkung zu Nr 1.2 entsprechend.

Zu Nr 6.9

Die Assoziativität beruht darauf, daß wir nur Tensoren eines Grundraumes V betrachten. Bei Tensoren aus Produkten beliebiger Räume liegt nur Assoziativität „bis auf Isomorphie" vor.

Zu Nr 7.1

Der Raum der p-Vektoren ist von derselben Dimensionszahl wie der Raum der $(n-p)$-Vektoren. Insbesondere ist der Raum der 1-Vektoren ebenso wie der Raum der $(n-1)$-Vektoren n-dimensional. Ferner ist der Raum der n-Vektoren ebenso wie der Skalarbereich (den man als Raum der 0-Vektoren auffassen kann) eindimensional. Für $p>n$ ist der Raum der p-Vektoren nulldimensional, d. h. es gibt dann nur den p-Nullvektor.

Zu Nr 7.8

Zwei solche orientierte Flächenstücke stellen denselben Bivektor dar, wenn sie gleich orientiert sind (d. h. die dadurch bestimmten Ebenen samt Orientierung durch eine Parallelverschiebung des Raumes ineinander übergehen) und den gleichen Flächeninhalt haben.

Zu Nr 7.9

Zwei solche orientierten Volumina stellen denselben Trivektor dar, wenn sie dieselbe Orientierung des Raumes bestimmen und denselben Rauminhalt haben.

Zu Nr 7.10

Die Überschiebung ist in diesem Fall Funktionsanwendung einer Linearform, d. h. das Produkt aus Nr 1.26.

In der Physik lassen sich auf orientierte Längen bezogene Skalare gewöhnlich als Kovektoren auffassen.

Zu Nr 7.11

Die Überschiebung ist in diesem Fall Funktionsanwendung einer 2-Linearform auf zwei Vektoren, die den betreffenden Bivektor bestimmen.

In der Physik lassen sich auf orientierte Flächen bezogene Skalare gewöhnlich als Bi-Kovektoren auffassen.

Zu Nr 7.12

Die Überschiebung ist in diesem Fall Funktionsanwendung einer 3-Linearform auf drei Vektoren, die den betreffenden Trivektor bestimmen.

In der Physik lassen sich auf orientierte Volumina bezogene Skalare gewöhnlich als Tri-Kovektoren auffassen.

Zu Nr 8.4

Wenn z. B. $\boldsymbol{T}$ bezüglich der ersten r Stellen kontravariant und bezüglich der letzten s Stellen kovariant ist, so ist die zum Basiselement $\boldsymbol{e}_{i_1} \otimes \ldots \otimes \boldsymbol{e}_{i_r} \times \boldsymbol{e}^{k_1} \otimes \ldots \otimes \boldsymbol{e}^{k_s}$ gehörige Koordinate $T^{i_1 \ldots i_r}{}_{k_1 \ldots k_s}$ gleich dem Wert von $\boldsymbol{T}$ (als p-Linearform) für das Argumentetupel $(\boldsymbol{e}^{i_1}, \ldots, \boldsymbol{e}^{i_r}, \boldsymbol{e}_{k_1}, \ldots, \boldsymbol{e}_{k_s})$.

Siehe auch Nr 2.7 und Nr 2.8 im Falle von Tensoren 1. Stufe (d. h. von Vektoren bzw. Kovektoren).

Zu Nr 8.5

In der Summationsvorschrift der ersten Summe sind die Grenzen 1 und n weggelassen, da sie sich aus der Dimension des Grundraumes ergeben. Die Angabe „$i_1 < \ldots < i_p$" bedeutet also „$1 \leq i_1 < \ldots < i_p \leq n$".

Ein Bivektor $\boldsymbol{T}$ eines dreidimensionalen Raumes hat drei wesentliche Koordinaten: T^{12}, T^{13}, T^{23} bzw. bei anderer Basiswahl T^{12}, T^{23}, T^{31}. Das ermöglicht seine Identifizierung mit einem Vektor (siehe Nr 7.13).

Zitierte Normen

DIN	1302	Allgemeine mathematische Zeichen und Begriffe
DIN	1312	Geometrische Orientierung
DIN	4895 Teil 1	Orthogonale Koordinatensysteme; Allgemeine Begriffe
DIN	4895 Teil 2	Orthogonale Koordinatensysteme; Differentialoperatoren der Vektoranalysis
DIN	13 302	Mathematische Strukturen; Zeichen und Begriffe

Frühere Ausgaben

DIN 1303: 04.26, 07.46, 08.59x
DIN 5486: 12.62

Änderungen

Gegenüber Ausgabe August 1959 und DIN 5486, Ausgabe Dezember 1962, wurden folgende Änderungen vorgenommen: DIN 1303 mit DIN 5486 zusammengefaßt. Vollständig überarbeitet.

Internationale Patentklassifikation

G 06 F 15/347

DK 001.6(08) : 003.62 März 1994

Formelzeichen
Allgemeine Formelzeichen

DIN 1304 Teil 1

Letter symbols for physical quantities; symbols for general use

Ersatz für Ausgabe 03.89

Zusammenhang mit den von der International Organization for Standardization (ISO) herausgegebenen Internationalen Normen ISO 31-1 bis 31-10 und der von der International Electrotechnical Commission (IEC) herausgegebenen Internationalen Norm IEC 27-1 : 1992 siehe Erläuterungen.

Inhalt

	Seite
1 **Anwendungsbereich und Zweck**	1
2 **Formelzeichen und ihre Darstellung**	1
3 **Tabellen mit Formelzeichen und Indizes**	2
3.1 Formelzeichen für Länge und ihre Potenzen	2
3.2 Formelzeichen für Raum und Zeit	3
3.3 Formelzeichen für Mechanik	4
3.4 Formelzeichen für Elektrizität und Magnetismus	7
3.5 Formelzeichen für Thermodynamik und Wärmeübertragung	10
3.6 Formelzeichen für Physikalische Chemie und Molekularphysik	12
3.7 Formelzeichen für Licht und verwandte elektromagnetische Strahlungen	13
3.8 Formelzeichen für Atom- und Kernphysik	14
3.9 Formelzeichen für Akustik	16
3.10 Indizes	17
4 **Kennzeichnung bezogener Größen**	21
Zitierte Normen und andere Unterlagen	22
Weitere Normen	23
Frühere Ausgaben	23
Änderungen	23
Erläuterungen	23
Stichwortverzeichnis	24

1 Anwendungsbereich und Zweck

In dieser Norm werden Formelzeichen für physikalische Größen (siehe DIN 1313) festgelegt. Die in der Spalte „Bedeutung" der Tabellen 1 bis 9 angeführten Benennungen der Größen sollen hier nicht genormt werden, sondern dienen nur zur Identifizierung der Größen.

In dieser Norm sind „Allgemeine Formelzeichen" aufgeführt, die in Physik und Technik in mehreren Fachbereichen angewendet werden. „Zusätzliche Formelzeichen", die in begrenzten Fachbereichen angewendet werden, sind – nach Fachgebieten zusammengefaßt – in Folgeteilen zu dieser Norm aufgeführt, mit der sie zusammen benutzt werden sollen.

2 Formelzeichen und ihre Darstellung

Formelzeichen bestehen aus dem **Grundzeichen** und den im Bedarfsfalle dem Grundzeichen beigegebenen **Nebenzeichen**. Nebenzeichen haben die Aufgabe, über die Größe nähere Angaben zu machen; sie verändern im Regelfall nicht die Größenart. Ausnahmen sind Nr 2.28, Nr 3.2, Nr 3.3, Nr 3.7, Nr 10.30 (Index rel), Nr 10.47 sowie andere in Abschnitt 4 aufgeführte Nebenzeichen. Auch mathematische Zeichen (siehe DIN 1302), die dem Grundzeichen angefügt werden, können die Größenart verändern, wie z. B. Potenzzeichen.

Grundzeichen sind lateinische und griechische Groß- und Kleinbuchstaben.

Nebenzeichen sind Buchstaben, Ziffern oder Sonderzeichen, wie z. B. Strich, Kreuz – auch liegend –, Stern, Tilde, Dach, Winkel, Häkchen, Unendlich-Zeichen ∞, die rechts oder links vom Grundzeichen hoch oder tief, ferner über oder unter dem Grundzeichen stehen können, siehe Bild 1.

$$\overset{5}{\underset{6}{{}^{1}_{2}G^{4}_{3}}}$$

G Grundzeichen
1 Hochzeichen links vom Grundzeichen
2 Tiefzeichen links vom Grundzeichen
3 Tiefzeichen rechts vom Grundzeichen
4 Hochzeichen rechts vom Grundzeichen
5 Überzeichen über dem Grundzeichen
6 Unterzeichen unter dem Grundzeichen

Bild 1: Stellung von Nebenzeichen

Beispiele für die Anwendung von Nebenzeichen:

Für **Unter-** oder **Überzeichen** werden im Regelfall nur Sonderzeichen angewendet. Besonders häufig werden Tiefzeichen rechts vom Grundzeichen angewendet. Sie heißen **Indizes** (Einzahl: Index) und bieten viele Möglichkeiten, nähere Angaben zur betrachteten Größe zu machen (siehe Tabelle 10).

Ein **Hochzeichen links vom Grundzeichen** bedeutet bei chemischen Elementen die Nukleonenzahl (früher auch Massenzahl), Summe aus Protonen- und Neutronenzahl, und ein **Tiefzeichen links vom Grundzeichen** die Protonenzahl (Ordnungszahl), z. B. bedeutet ${}^{14}_{6}C$ ein Kohlenstoffnuklid mit 6 Protonen und 8 Neutronen (siehe DIN 32 640).

Ein waagerechter Strich als **Unterzeichen unter dem Grundzeichen** bedeutet, daß das Formelzeichen eine komplexe Größe darstellt, z. B.: $\underline{a}$ (siehe DIN 5483 Teil 3).

Ein waagerechter Strich als **Überzeichen über dem Grundzeichen** kennzeichnet das Formelzeichen als arithmeti-

Stichwortverzeichnis und Internationale Patentklassifikation siehe Originalfassung der Norm

Fortsetzung Seite 2 bis 23

Normenausschuß Einheiten und Formelgrößen (AEF) im DIN Deutsches Institut für Normung e.V.
Deutsche Elektrotechnische Kommission im DIN und VDE (DKE)

schen Mittelwert von Größenwerten, z. B. $\bar{u}$ (gesprochen u-quer), siehe DIN 5483 Teil 2/09.82, Tabelle 1, Nr 8.

Als **Hochzeichen rechts vom Grundzeichen** findet man an komplexen Größen einen Stern. Dieser kennzeichnet einen konjugiert-komplexen Ausdruck, z. B.: $\underline{a}^*$ (siehe DIN 5483 Teil 3). In der Mathematik wird anstelle dieses Sterns vorwiegend ein waagerechter Strich als Überzeichen über dem Grundzeichen verwendet, z. B. $\bar{\underline{z}}$, siehe DIN 1302. Ein zugleich auftretender Mittelwert ist dann anders zu bezeichnen.

3 Tabellen mit Formelzeichen und Indizes

Anwendungsregeln:

a) Alle Grundzeichen der Formelzeichen sind im Druck **kursiv** (schräg), alle Einheitenzeichen **senkrecht** (steil) zu setzen (siehe DIN 1338).

b) Sind für eine Größe mehrere Formelzeichen angeführt, dann sollte das an erster Stelle stehende Zeichen – das **Vorzugszeichen** – gewählt werden. Die anderen Zeichen – die **Ausweichzeichen** – stehen zur Wahl, wenn das Vorzugszeichen bereits in anderer Bedeutung angewendet wird.

c) Ist für zwei Größen verschiedener Art der gleiche Buchstabe festgelegt und kein Ausweichzeichen vorhanden, dann kann auf eine andere Schrift oder von Großbuchstaben auf Kleinbuchstaben – oder umgekehrt – ausgewichen werden, wenn keine Mißverständnisse zu befürchten sind.

d) Formelzeichen vektorieller Größen werden in der Spalte „Formelzeichen" ohne die entsprechende Kennzeichnung dargestellt.

e) Formelzeichen komplexer Größen werden in der Spalte „Formelzeichen" nur dann als solche gekennzeichnet, wenn sie so benannt sind.

f) Indizes (siehe Tabelle 10) werden in einer kleineren Type gedruckt als das Grundzeichen, siehe DIN 1338.

g) Formelzeichen, die aus mehreren Buchstaben bestehen, sind nicht zugelassen, da sie als Produkte mehrerer Größen mißdeutet werden können. Ausnahmen sind die Kenngrößen, z. B.: *Re, Nu, Pe, Pr* (DIN 1341, DIN 5491, DIN 1304 Teil 5).

h) Anstelle der Einheiten, die in der Spalte „SI-Einheit" der Tabellen 1 bis 9 angeführt sind, dürfen auch andere in DIN 1301 Teil 1 und Teil 2 festgelegte Einheiten benutzt werden. Die angeführten SI-Einheiten dienen nur der Veranschaulichung der zugehörigen Größen.

i) Das Internationale Komitee für Maß und Gewicht (CIPM) hat im Jahre 1980 klargestellt, daß die „ergänzenden Einheiten" Radiant und Steradiant abgeleitete Einheiten der Dimension 1 sind. Sie können verwendet werden, um die Unterscheidung zwischen Größen verschiedener Art, aber gleicher Dimension zu erleichtern. Die Generalkonferenz für Maß und Gewicht (CGPM) hat bisher nicht entschieden, ob in den Ausdrücken für abgeleitete Einheiten des SI ergänzende Einheiten eingeführt werden sollen oder nicht.

k) Bei Verwendung von Einzeilendruckern oder Datensichtgeräten mit beschränktem Schriftzeichenvorrat gilt für die Darstellung von Formelzeichen DIN 13 304 und für die Darstellung von Einheitenzeichen DIN 66 030.

l) Für Bücher und umfangreiche Fachaufsätze wird empfohlen, die benutzten Formelzeichen und ihre Bedeutung in einer Liste zusammenzustellen.

3.1 Formelzeichen für Länge und ihre Potenzen

Tabelle 1

Nr	Formelzeichen	Bedeutung	SI-Einheit	Bemerkung
1.1	x, y, z x_1, x_2, x_3	kartesische (orthonormierte) Koordinaten	m	siehe DIN 4895 Teil 1 und Teil 2
1.2	ϱ, φ, z	Kreiszylinder-Koordinaten	m, rad, m	siehe DIN 4895 Teil 1 und Teil 2
1.3	r, ϑ, φ	Kugel-Koordinaten	m, rad, rad	siehe DIN 4895 Teil 1 und Teil 2
1.4	$\alpha, \beta, \gamma, \vartheta, \varphi$	ebener Winkel, Drehwinkel (bei Drehbewegungen)	rad	Anwendungsregel b) gilt hier nicht. α nicht gleichzeitig mit Nr 2.16 anwenden. rad = m/m = 1
1.5	Ω, ω	Raumwinkel	sr	sr = m^2/m^2 = 1
1.6	l	Länge	m	
1.7	b	Breite	m	
1.8	h	Höhe, Tiefe	m	
1.9	H	Höhe über dem Meeresspiegel, Höhe über Normal-Null	m	
1.10	δ, d	Dicke, Schichtdicke	m	
1.11	r	Radius, Halbmesser, Abstand	m	
1.12	$\delta_x, \delta_y, \delta_z$ ξ, η, ζ	Auslenkung, Ausschlag, Verschiebung	m	Anwendungsregel b) gilt hier nicht.
1.13	f	Durchbiegung, Durchhang	m	

(fortgesetzt)

Tabelle 1 (abgeschlossen)

Nr	Formelzeichen	Bedeutung	SI-Einheit	Bemerkung
1.14	d, D	Durchmesser	m	
1.15	s	Weglänge, Kurvenlänge	m	
1.16	A, S	Flächeninhalt, Fläche, Oberfläche	m^2	
1.17	S, q	Querschnittsfläche, Querschnitt	m^2	
1.18	V	Volumen, Rauminhalt	m^3	

3.2 Formelzeichen für Raum und Zeit

Tabelle 2

Nr	Formelzeichen	Bedeutung	SI-Einheit	Bemerkung
2.1	t	Zeit, Zeitspanne, Dauer	s	
2.2	T	Periodendauer, Schwingungsdauer	s	
2.3	τ, T	Zeitkonstante	s	auch Abklingzeit
2.4	f, ν	Frequenz, Periodenfrequenz	Hz	$f = 1/T$, T nach Nr 2.2
2.5	f_0	Kennfrequenz, Eigenfrequenz im ungedämpften Zustand	Hz	
2.6	f_d	Eigenfrequenz bei Dämpfung	Hz	
2.7	ω	Kreisfrequenz, Pulsatanz (Winkelfrequenz)	s^{-1}	$\omega = 2\,\pi f$, Einheit auch rad/s f nach Nr 2.4
2.8	ω_0	Kennkreisfrequenz	s^{-1}	$\omega_0 = 2\pi f_0$, Einheit auch rad/s f_0 nach Nr 2.5
2.9	ω_d	Eigenkreisfrequenz bei Dämpfung	s^{-1}	$\omega_d = \sqrt{\omega_0^2 - \delta^2}$, Einheit auch rad/s $\omega_d = 2\,\pi f_d$ ω_0 nach Nr 2.8, δ nach Nr 2.10, f_d nach Nr 2.6
2.10	δ	Abklingkoeffizient	s^{-1}	
2.11	σ	Anklingkoeffizient, Wuchskoeffizient	s^{-1}	$\sigma = -\delta$ δ nach Nr 2.10
2.12	$\underline{p}, \underline{s}$	komplexer Anklingkoeffizient	s^{-1}	$\underline{p} = \sigma + \mathrm{j}\omega$, siehe DIN 5483 Teil 3 σ nach Nr 2.11, ω nach Nr 2.7
2.13	ϑ	Dämpfungsgrad	1	$\vartheta = \delta/\omega_0$, siehe DIN 1311 Teil 2 δ nach Nr 2.10, ω_0 nach Nr 2.8
2.14	n, f_r	Umdrehungsfrequenz (Drehzahl)	s^{-1}	Kehrwert der Dauer einer Umdrehung
2.15	ω, Ω	Winkelgeschwindigkeit, Drehgeschwindigkeit	rad/s	
2.16	α	Winkelbeschleunigung, Drehbeschleunigung	rad/s^2	
2.17	λ	Wellenlänge	m	
2.18	σ	Repetenz (Wellenzahl)	m^{-1}	$\sigma = 1/\lambda$ λ nach Nr 2.17
2.19	k	Kreisrepetenz (Kreiswellenzahl)	m^{-1}	$k = 2\,\pi/\lambda = 2\,\pi\,\sigma$, Einheit auch rad/m λ nach Nr 2.17, σ nach Nr 2.11

(fortgesetzt)

Tabelle 2 (abgeschlossen)

Nr	Formelzeichen	Bedeutung	SI-Einheit	Bemerkung
2.20	α	Dämpfungskoeffizient, Dämpfungsbelag	m^{-1}	siehe DIN 1304 Teil 6
2.21	β	Phasenkoeffizient, Phasenbelag	m^{-1}	Einheit auch rad/m
2.22	γ	Ausbreitungskoeffizient	m^{-1}	$\underline{\gamma} = \alpha + j\beta$, siehe DIN 5483 Teil 3 α nach Nr 2.20, β nach Nr 2.21
2.23	v, u, w, c	Geschwindigkeit	m/s	
2.24	c	Ausbreitungsgeschwindigkeit einer Welle	m/s	im leeren Raum: c_0 siehe auch Nr 7.19
2.25	a	Beschleunigung	m/s^2	
2.26	g	örtliche Fallbeschleunigung	m/s^2	g_n Normfallbeschleunigung $g_n = 9{,}806\,65\ m/s^2$
2.27	r, h	Ruck	m/s^3	
2.28	$q_V, \dot{V}$	Volumenstrom, Volumendurchfluß	m^3/s	

3.3 Formelzeichen für Mechanik

Tabelle 3

Nr	Formelzeichen	Bedeutung	SI-Einheit	Bemerkung
3.1	m	Masse, Gewicht als Wägeergebnis	kg	siehe DIN 1305
3.2	m'	längenbezogene Masse, Massenbelag, Massenbehang	kg/m	$m' = m/l$ — m nach Nr 3.1, l nach Nr 1.6
3.3	m''	flächenbezogene Masse, Massenbedeckung	kg/m^2	$m'' = m/A$ — m nach Nr 3.1, A nach Nr 1.16
3.4	ϱ, ϱ_m	Dichte, Massendichte, volumenbezogene Masse	kg/m^3	$\varrho = m/V$, siehe DIN 1306 m nach Nr 3.1, V nach Nr 1.18 ϱ_m, wenn gleichzeitig Nr 4.4 oder Nr 4.38 angewendet wird
3.5	d	relative Dichte	1	siehe DIN 1306
3.6	v	spezifisches Volumen, massenbezogenes Volumen	m^3/kg	$v = V/m$ — V nach Nr 1.18, m nach Nr 3.1
3.7	$q_m, \dot{m}$	Massenstrom, Massendurchsatz	kg/s	
3.8	I	Massenstromdichte	$kg/(m^2 \cdot s)$	$I = \frac{\dot{m}}{S} = \varrho \cdot v$, siehe DIN 5491 S nach Nr 1.17 ϱ nach Nr 3.4 v nach Nr 2.23
3.9	J	Trägheitsmoment, Massenmoment 2. Grades	$kg \cdot m^2$	früher: Massenträgheitsmoment
3.10	i, r_i	Trägheitsradius	m	
3.11	F	Kraft	N	
3.12	F_G, G	Gewichtskraft	N	siehe DIN 1305

(fortgesetzt)

Tabelle 3 (fortgesetzt)

Nr	Formelzeichen	Bedeutung	SI-Einheit	Bemerkung
3.13	G, f	Gravitationskonstante	$N \cdot m^2/kg^2$	$F = G \frac{m_1 \cdot m_2}{r^2}$ mit $G = 6{,}672\,59 \cdot 10^{-11}\ m^3\ kg^{-1}\ s^{-2}$ 1) 85 r nach Nr 1.11 m nach Nr 3.1 F hier Gravitationskraft
3.14	M	Kraftmoment, Drehmoment	$N \cdot m$	in ISO 31-3 : 1992 auch T
3.15	M_T, T	Torsionsmoment, Drillmoment	$N \cdot m$	
3.16	M_b	Biegemoment	$N \cdot m$	
3.17	p	Bewegungsgröße, Impuls 2)	$kg \cdot m/s$	$\boldsymbol{p} = \int \boldsymbol{v}\, dm$ $\boldsymbol{v}$ nach Nr 2.23
3.18	I	Kraftstoß 2)	$N \cdot s = kg \cdot m/s$	$\boldsymbol{I} = \Delta \boldsymbol{p} = \int \boldsymbol{F} dt = \boldsymbol{p}(t_2) - \boldsymbol{p}(t_1)$ $\boldsymbol{p}$ nach Nr 3.17 $\boldsymbol{F}$ nach Nr 3.11 t nach Nr 2.1
3.19	L	Drall, Drehimpuls 2)	$kg \cdot m^2/s$	$\boldsymbol{L} = \int \omega\, dJ$ ω nach Nr 2.7 J nach Nr 3.9
3.20	H	Drehstoß 2)	$N \cdot m \cdot s = kg \cdot m^2/s$	$\boldsymbol{H} = \Delta \boldsymbol{L} = \int \boldsymbol{M}\, dt = \boldsymbol{L}(t_2) - \boldsymbol{L}(t_1)$ t nach Nr 2.1 $\boldsymbol{L}$ nach Nr 3.19 $\boldsymbol{M}$ nach Nr 3.14
3.21	p	Druck	Pa	siehe DIN 1314
3.22	p_{abs}	absoluter Druck	Pa	siehe DIN 1314
3.23	p_{amb}	umgebender Atmosphärendruck	Pa	siehe DIN 1314
3.24	p_e	atmosphärische Druckdifferenz, Überdruck	Pa	$p_e = p_{abs} - p_{amb}$, siehe DIN 1314 p_{abs} nach Nr 3.22, p_{amb} nach Nr 3.23
3.25	σ	Normalspannung, Zug- oder Druckspannung	N/m^2	siehe DIN 13 316
3.26	τ	Schubspannung	N/m^2	siehe DIN 13 316
3.27	ε	Dehnung, relative Längenänderung	1	$\varepsilon = \Delta l / l$ l nach Nr 1.6
3.28	ε_q	Querdehnung	1	$\varepsilon_q = \frac{\Delta d}{d}$ bei Kreisquerschnitt d nach Nr 1.14
3.29	μ, ν	Poisson-Zahl	1	$\mu = -\varepsilon_q / \varepsilon$ ε_q nach Nr 3.28 ε nach Nr 3.27
3.30	ϑ, e	relative Volumenänderung, Volumendilatation	1	$\vartheta = \Delta V / V$
3.31	γ	Schiebung, Scherung	1	siehe DIN 13 316
3.32	$\Theta, \varkappa$	Drillung, Verwindung	rad/m	$\Theta = \varphi / l$ φ Torsionswinkel l nach Nr 1.6

1) Dieser Wert ist im Codata-Bulletin Nr 63 (1986) veröffentlicht. Die unter den letzten Ziffern angegebene Unsicherheit bedeutet die einfache Standardabweichung.

2) Nach ISO 31-3 : 1992 bedeutet Nr 3.17 „momentum", Nr 3.18 „impulse", Nr 3.19 „moment of momentum, angular momentum" und Nr 3.20 „angular impulse".

(fortgesetzt)

Tabelle 3 (abgeschlossen)

Nr	Formelzeichen	Bedeutung	SI-Einheit	Bemerkung
3.33	D	Direktionsmoment, winkelbezogenes Rückstellmoment	N · m/rad	$D = M_T/\varphi$ M_T nach Nr 3.15 φ Torsionswinkel
3.34	E	Elastizitätsmodul	N/m²	$E = \sigma/\varepsilon$ σ nach Nr 3.25, ε nach Nr 3.27
3.35	G	Schubmodul	N/m²	$G = \tau/\gamma$ τ nach Nr 3.26, γ nach Nr 3.31
3.36	K	Kompressionsmodul	N/m²	$K = -p/\vartheta = \sigma/\vartheta$, p nach Nr 3.21, ϑ nach Nr 3.30, σ nach Nr 3.25
3.37	χ_T, $\varkappa$	isothermische Kompressibilität	Pa⁻¹	$\chi_T = -\frac{1}{V}\left(\frac{\partial V}{\partial p}\right)_T$ V nach Nr 1.18 T nach Nr 5.1 p nach Nr 3.21
3.38	χ_S, $\varkappa$	isentropische Kompressibilität	Pa⁻¹	$\chi_S = -\frac{1}{V}\left(\frac{\partial U}{\partial p}\right)_S$ p nach Nr 3.21 U nach Nr 5.28 S nach Nr 5.24
3.39	μ, f	Reibungszahl	1	$\mu = F_R/F_N$ F_R Reibungskraft, F_N Normalkraft siehe DIN 50 281 und DIN 13 317
3.40	η	dynamische Viskosität	Pa · s	siehe DIN 1342 Teil 2
3.41	ν	kinematische Viskosität	m²/s	$\nu = \eta/\varrho$ ϱ nach Nr 3.4, η nach Nr 3.40 siehe DIN 1342 Teil 2
3.42	σ, γ	Grenzflächenspannung, Oberflächenspannung	N/m	
3.43	H	Flächenmoment 1. Grades	m³	
3.44	W	Widerstandsmoment	m³	
3.45	I	Flächenmoment 2. Grades	m⁴	früher: Flächenträgheitsmoment
3.46	W, A	Arbeit	J	
3.47	E, W	Energie	J	
3.48	E_p, W_p	potentielle Energie	J	
3.49	E_k, W_k	kinetische Energie	J	
3.50	w	Energiedichte, volumenbezogene Energie	J/m³	
3.51	Y	spezifische Arbeit, massenbezogene Arbeit	J/kg	
3.52	P	Leistung	W	
3.53	φ	Leistungsdichte, volumenbezogene Leistung	W/m³	$\varphi = w/t$ w nach Nr 3.50 t nach Nr 2.1
3.54	η	Wirkungsgrad	1	Leistungsverhältnis
3.55	ζ	Arbeitsgrad, Nutzungsgrad	1	Arbeitsverhältnis, Energieverhältnis

3.4 Formelzeichen für Elektrizität und Magnetismus

Tabelle 4

Nr	Formelzeichen	Bedeutung	SI-Einheit	Bemerkung
4.1	Q	elektrische Ladung	C	siehe DIN 1324 Teil 1
4.2	e	Elementarladung	C	Ladung eines Protons $e = 1{,}602\,177\,33 \cdot 10^{-19}$ C [1]) 49
4.3	σ	Flächenladungsdichte, Ladungsbedeckung	C/m²	siehe DIN 1324 Teil 1
4.4	ϱ, ϱ_e, η	Raumladungsdichte, Ladungsdichte, volumenbezogene Ladung	C/m³	ϱ_e, wenn gleichzeitig Nr 3.4 oder Nr 4.38 verwendet wird siehe DIN 1324 Teil 1
4.5	Ψ, Ψ_e	elektrischer Fluß	C	siehe DIN 1324 Teil 1
4.6	D	elektrische Flußdichte	C/m²	siehe DIN 1324 Teil 1
4.7	P	elektrische Polarisation	C/m²	$P = D - \varepsilon_0 \cdot E = \chi_e \cdot \varepsilon_0 \cdot E$ siehe DIN 1324 Teil 1 D nach Nr 4.6 ε_0 nach Nr 4.14 E nach Nr 4.11 χ_e nach Nr 4.16
4.8	p, p_e	elektrisches Dipolmoment	C · m	$p = \int P \, \mathrm{d}V$, siehe DIN 1324 Teil 1 P nach Nr 4.7 V nach Nr 1.18
4.9	φ, φ_e	elektrisches Potential	V	siehe DIN 1324 Teil 1 In ISO 31-5 : 1992 und IEC 27-1 : 1992 ist V als Vorzugszeichen und φ als Ausweichzeichen angegeben.
4.10	U	elektrische Spannung, elektrische Potentialdifferenz	V	siehe DIN 5483 Teil 2 Nach ISO 31-5 : 1992 und IEC 27-1 : 1992 ist auch V zulässig.
4.11	E	elektrische Feldstärke	V/m	siehe DIN 1324 Teil 1
4.12	C	elektrische Kapazität	F	$C = Q/U$ Q nach Nr 4.1, U nach Nr 4.10
4.13	ε	Permittivität	F/m	$\varepsilon = D/E$ D nach Nr 4.6, E nach Nr 4.11 siehe DIN 1324 Teil 2 (früher: Dielektrizitätskonstante)
4.14	ε_0	elektrische Feldkonstante	F/m	Permittivität des leeren Raumes $\varepsilon_0 = 1/(\mu_0 \cdot c_0^2)$ $= 8{,}854\,187\,817\ldots$ pF/m μ_0 nach Nr 4.28, c_0 nach Nr 7.19 siehe DIN 1324 Teil 1 [1])
4.15	ε_r	Permittivitätszahl, relative Permittivität	1	$\varepsilon_r = \varepsilon/\varepsilon_0$, siehe DIN 1324 Teil 2 (früher: Dielektrizitätszahl) ε nach Nr 4.13, ε_0 nach Nr 4.14
4.16	χ_e, χ	elektrische Suszeptibilität	1	$\chi_e = \frac{\varepsilon - \varepsilon_0}{\varepsilon_0} = \varepsilon_r - 1$ ε nach Nr 4.13 ε_0 nach Nr 4.14 ε_r nach Nr 4.15 siehe DIN 1324 Teil 2

[1]) Siehe Seite 5

(fortgesetzt)

Tabelle 4 (fortgesetzt)

Nr	Formelzeichen	Bedeutung	SI-Einheit	Bemerkung
4.17	I	elektrische Stromstärke	A	siehe DIN 5483 Teil 2
4.18	J	elektrische Stromdichte	A/m^2	$J = I/S$, S nach Nr 1.17, I nach Nr 4.17
4.19	Θ	elektrische Durchflutung	A	siehe DIN 1324 Teil 1
4.20	V, V_m	magnetische Spannung	A	siehe DIN 1324 Teil 2 nach ISO 31-5 : 1992 und IEC 27-1 : 1992 U_m
4.21	H	magnetische Feldstärke	A/m	siehe DIN 1324 Teil 1
4.22	Φ	magnetischer Fluß	Wb	siehe DIN 1324 Teil 1
4.23	B	magnetische Flußdichte	T	$B = \Phi/S$, S nach Nr 1.17, Φ nach Nr 4.22 siehe DIN 1324 Teil 1
4.24	A, A_m	magnetisches Vektorpotential	Wb/m	siehe DIN 1324 Teil 1
4.25	L	Induktivität, Selbstinduktivität	H	
4.26	L_{mn}	gegenseitige Induktivität	H	In ISO 31-5 : 1992 und IEC 27-1 : 1992 ist M als Vorzugszeichen und L_{mn} als Ausweichzeichen angegeben.
4.27	μ	Permeabilität	H/m	$\mu = B/H$, siehe DIN 1324 Teil 2 B nach Nr 4.23 H nach Nr 4.21
4.28	μ_0	magnetische Feldkonstante	H/m	Permeabilität des leeren Raumes $\mu_0 = 4\,\pi\,10^{-7}$ H/m $= 1{,}256\,637\,061\,4\ldots\,\mu$H/m siehe DIN 1324 Teil 1 [1])
4.29	μ_r	Permeabilitätszahl, relative Permeabilität	1	$\mu_r = \mu/\mu_0$, siehe DIN 1324 Teil 2 μ nach Nr 4.27, μ_0 nach Nr 4.28
4.30	χ_m, $\varkappa$	magnetische Suszeptibilität	1	$\chi_m = \frac{\mu - \mu_0}{\mu_0} = \mu_r - 1$ μ nach Nr 4.27, μ_0 nach Nr 4.28, μ_r nach Nr 4.29 siehe DIN 1324 Teil 2
4.31	H_i, M	Magnetisierung	A/m	$H_i = B/\mu_0 - H = \chi_m H$ siehe DIN 1324 Teil 1 B nach Nr 4.23 μ_0 nach Nr 4.28 H nach Nr 4.21 χ_m nach Nr 4.30
4.32	B_i, J	magnetische Polarisation	T	$J = B - \mu_0 \cdot H = \mu_0 \cdot H_i$ siehe DIN 1324 Teil 1 B nach Nr 4.23 μ_0 nach Nr 4.28 H nach Nr 4.21 H_i nach Nr 4.31
4.33	m	elektromagnetisches Moment, magnetisches Flächenmoment	$A \cdot m^2$	$m = \frac{M}{B}$ M nach Nr 3.14, B nach Nr 4.23 siehe DIN 1324 Teil 1
4.34	R_m	magnetischer Widerstand, Reluktanz	H^{-1}	
4.35	Λ	magnetischer Leitwert, Permeanz	H	

[1]) Siehe Seite 5

(fortgesetzt)

Tabelle 4 (fortgesetzt)

Nr	Formelzeichen	Bedeutung	SI-Einheit	Bemerkung
4.36	R	elektrischer Widerstand, Wirkwiderstand, Resistanz	Ω	
4.37	G	elektrischer Leitwert, Wirkleitwert, Konduktanz	S	
4.38	ϱ	spezifischer elektrischer Widerstand, Resistivität	Ω · m	$1\,\Omega\cdot\text{m} = 1\,\Omega\cdot\text{m}^2/\text{m}$ $= 10^6\,\Omega\cdot\text{mm}^2/\text{m}$
4.39	$\gamma, \sigma, \varkappa$	elektrische Leitfähigkeit, Konduktivität	S/m	$\gamma = 1/\varrho$, ϱ nach Nr 4.38 $1\,\text{S/m} = 1\,\text{S}\cdot\text{m/m}^2 = 10^{-6}\,\text{S}\cdot\text{m/mm}^2$
4.40	X	Blindwiderstand, Reaktanz	Ω	
4.41	B	Blindleitwert, Suszeptanz	S	
4.42	$\underline{Z}$	Impedanz (komplexe Impedanz)	Ω	$\underline{Z} = R + \mathrm{j}X$ 3) R nach Nr 4.36, X nach Nr 4.40
4.43	$Z, \lvert\underline{Z}\rvert$	Scheinwiderstand, Betrag der Impedanz	Ω	$Z = \sqrt{R^2 + X^2}$ 3) R nach Nr 4.36, X nach Nr 4.40
4.44	$\underline{Y}$	Admittanz (komplexe Admittanz)	S	$\underline{Y} = 1/\underline{Z} = G + \mathrm{j}B$ 3) B nach Nr 4.41, G nach Nr 4.37, $\underline{Z}$ nach Nr 4.42
4.45	$Y, \lvert\underline{Y}\rvert$	Scheinleitwert, Betrag der Admittanz	S	$Y = \sqrt{G^2 + B^2}$ 3) B nach Nr 4.41, G nach Nr 4.37
4.46	Z_w, Γ	Wellenwiderstand	Ω	
4.47	Z_0, Γ_0	Wellenwiderstand des leeren Raumes	Ω	$Z_0 = \sqrt{\mu_0/\varepsilon_0} = \mu_0 \cdot c_0 = \frac{1}{\varepsilon_0 \cdot c_0}$ $\approx 376{,}730\,313\ldots\,\Omega$ μ_0 nach Nr 4.28, c_0 nach Nr 7.19 ε_0 nach Nr 4.14
4.48	W	Energie, Arbeit	J	
4.49	P, P_p	Wirkleistung	W	siehe DIN 40 110
4.50	Q, P_q	Blindleistung	W	siehe DIN 40 110 Einheit auch var
4.51	S, P_s	Scheinleistung	W	siehe DIN 40 110 Einheit auch VA Wie bei der Impedanz ist auch hier zwischen der komplexen Scheinleistung und ihrem Betrag zu unterscheiden (siehe Nr 4.42 und Nr 4.43).
4.52	S	elektromagnetische Energiestromdichte, elektromagnetische Leistungsdichte, Poynting-Vektor	W/m²	$\boldsymbol{S} = \boldsymbol{E} \times \boldsymbol{H}$ E nach Nr 4.11, H nach Nr 4.21
4.53	$\varphi(t)$	Phasenwinkel 3)	rad	siehe DIN 1311 Teil 1, t nach Nr 2.1
4.54	φ	Phasenverschiebungswinkel 3)	rad	auch Winkel der Impedanz $\underline{Z} = Z \cdot \mathrm{e}^{\mathrm{j}\varphi}$, $\underline{Z}$ nach Nr 4.42, Z nach Nr 4.43 siehe DIN 40 110 Teil 1
4.55	δ_ε	Permittivitäts-Verlustwinkel	rad	

3) Gilt nur bei sinusförmigem Strom- und Spannungsverlauf.

(fortgesetzt)

Tabelle 4 (abgeschlossen)

Nr	Formelzeichen	Bedeutung	SI-Einheit	Bemerkung
4.56	δ_μ	Permeabilitäts-Verlustwinkel	rad	
4.57	λ	Leistungsfaktor	1	$\lambda = P/S$ P nach Nr 4.49, S nach Nr 4.51, $\lambda = \cos\varphi$ [3]), φ nach Nr 4.54 siehe DIN 40 110 Teil 1
4.58	d	Verlustfaktor	1	$d = P/\|Q\|$ P nach Nr 4.49, Q nach Nr 4.50, $d = \tan\delta$ [3]), δ nach Nr 4.55 oder Nr 4.56 siehe DIN 40 110 Teil 1
4.59	δ	Eindringtiefe, äquivalente Leitschichtdicke	m	siehe Nr 1.10
4.60	g	Grundschwingungsgehalt	1	siehe DIN 40 110 Teil 1
4.61	k	Oberschwingungsgehalt, Klirrfaktor	1	siehe DIN 40 110 Teil 1
4.62	F	Formfaktor	1	siehe DIN 40 110 Teil 1
4.63	m	Anzahl der Phasen, Anzahl der Stränge	1	siehe DIN 40 110 Teil 1 siehe DIN 40 108
4.64	N	Windungszahl	1	
4.65	k	Kopplungsgrad	1	$k = L_{12}/\sqrt{L_1 \cdot L_2}$ L nach Nr 4.25, L_{12} nach Nr 4.26

[3]) Siehe Seite 9

3.5 Formelzeichen für Thermodynamik und Wärmeübertragung

(Stoffmengenbezogene (molare) Größen siehe Abschnitt 3.6)

Tabelle 5

Nr	Formelzeichen	Bedeutung	SI-Einheit	Bemerkung
5.1	T, Θ	Temperatur, thermodynamische Temperatur	K	
5.2	ΔT, Δt, $\Delta\vartheta$	Temperaturdifferenz	K	siehe DIN 1345
5.3	t, ϑ	Celsius-Temperatur	°C	$t = T - T_0$, siehe DIN 1345 T nach Nr 5.1 $T_0 = 273{,}15$ K
5.4	α_l	(thermischer) Längenausdehnungskoeffizient	K^{-1}	$\alpha_l = \frac{1}{l} \cdot \frac{dl}{dT}$, l nach Nr 1.6 T nach Nr 5.1
5.5	α_V, γ	(thermischer) Volumenausdehnungskoeffizient	K^{-1}	$\alpha_V = \frac{1}{V} \cdot \frac{dV}{dT}$, V nach Nr 1.18 T nach Nr 5.1
5.6	α_p	(thermischer) Spannungskoeffizient	K^{-1}	$\alpha_p = \frac{1}{p} \cdot \frac{dp}{dT}$, p nach Nr 3.21 T nach Nr 5.1
5.7	Q	Wärme, Wärmemenge	J	
5.8	w_{th}	Wärmedichte, volumenbezogene Wärme	J/m^3	siehe Nr 3.50
5.9	Φ_{th}, Φ, $\dot{Q}$	Wärmestrom	W	

(fortgesetzt)

Tabelle 5 (abgeschlossen)

Nr	Formelzeichen	Bedeutung	SI-Einheit	Bemerkung
5.10	q_{th}, q	Wärmestromdichte	W/m^2	
5.11	R_{th}	thermischer Widerstand, Wärmewiderstand	K/W	$R_{th} = \frac{\Delta T}{\Phi_{th}}$, ΔT nach Nr 5.2 Φ_{th} nach Nr 5.9
5.12	G_{th}	thermischer Leitwert, Wärmeleitwert	W/K	$G_{th} = \frac{1}{R_{th}}$, R_{th} nach Nr 5.11
5.13	ϱ_{th}	spezifischer Wärmewiderstand	K · m/W	$\varrho_{th} = \frac{1}{\lambda}$, λ nach Nr 5.14
5.14	λ	Wärmeleitfähigkeit	W/(m · K)	siehe DIN 1341
5.15	α, h	Wärmeübergangskoeffizient	W/(m^2 · K)	siehe DIN 1341
5.16	k	Wärmedurchgangskoeffizient	W/(m^2 · K)	siehe DIN 1341
5.17	a	Temperaturleitfähigkeit	m^2/s	siehe DIN 1341
5.18	C_{th}	Wärmekapazität	J/K	
5.19	c	spezifische Wärmekapazität, massenbezogene Wärmekapazität	J/(kg · K)	$c = C_{th}/m$ C_{th} nach Nr 5.18, m nach Nr 3.1
5.20	c_p	spezifische Wärmekapazität bei konstantem Druck	J/(kg · K)	
5.21	c_V	spezifische Wärmekapazität bei konstantem Volumen	J/(kg · K)	
5.22	γ	Verhältnis der spezifischen Wärmekapazitäten	1	$\gamma = c_p/c_V$ c_p nach Nr 5.20 c_V nach Nr 5.21
5.23	$\varkappa$	Isentropenexponent	1	$\varkappa = -\frac{V}{p}\left(\frac{\partial p}{\partial V}\right)_S$ V nach Nr 1.18 S nach Nr 5.24 p nach Nr 3.21 Für ideale Gase ist $\varkappa = \gamma$, γ nach Nr 5.22.
5.24	S	Entropie	J/K	
5.25	s	spezifische Entropie, massenbezogene Entropie	J/(kg · K)	
5.26	H	Enthalpie	J	
5.27	h	spezifische Enthalpie, massenbezogene Enthalpie	J/kg	
5.28	U	innere Energie	J	
5.29	u	spezifische innere Energie, massenbezogene innere Energie	J/kg	
5.30	H_o	spezifischer Brennwert, massenbezogener Brennwert	J/kg	früher: oberer Heizwert siehe DIN 5499
5.31	H_u	spezifischer Heizwert, massenbezogener Heizwert	J/kg	früher: unterer Heizwert siehe DIN 5499
5.32	R_B	individuelle (spezielle) Gaskonstante des Stoffes B	J/(kg · K)	$R_B = R/M_B$ R nach Nr 6.14, M_B nach Nr 6.8

3.6 Formelzeichen für Physikalische Chemie und Molekularphysik

Tabelle 6

Nr	Formelzeichen	Bedeutung	SI-Einheit	Bemerkung
6.1	A_r	relative Atommasse eines Nuklids oder eines Elementes [4])	1	
6.2	M_r	relative Molekülmasse eines Stoffes [4])	1	
6.3	N	Anzahl der Teilchen, Teilchenzahl	1	
6.4	z_B	Ladungszahl eines Ions, Wertigkeit eines Stoffes B	1	siehe DIN 4896
6.5	n, ν	Stoffmenge	mol	ν, wenn gleichzeitig Nr 8.20 angewendet wird
6.6	$\dot{n}$	Stoffmengenstrom	mol/s	siehe DIN 5491
6.7	c_B	Stoffmengenkonzentration eines Stoffes B	mol/m³	$c_B = n_B/V$ n_B Stoffmenge eines Stoffes B V nach Nr 1.18 siehe DIN 4896, siehe auch DIN 32 625 früher: Molarität
6.8	M_B	stoffmengenbezogene (molare) Masse eines Stoffes B	kg/mol	siehe auch DIN 32 625
6.9	A	Affinität einer chemischen Reaktion	J/mol	siehe DIN 13 345
6.10	μ_B	chemisches Potential eines Stoffes B	J/mol	siehe DIN 13 345
6.11	ν_B	stöchiometrische Zahl eines Stoffes B in einer chemischen Reaktion	1	siehe DIN 13 345
6.12	N_A, L	Avogadro-Konstante	mol^{-1}	$N_A = N/n = 6{,}022\,136\,7 \cdot 10^{23}\ mol^{-1}$ [1]) 36 N nach Nr 6.3, n nach Nr 6.5
6.13	F	Faraday-Konstante	C/mol	$F = N_A \cdot e$, e nach Nr 4.2 N_A nach Nr 6.12 $F = 96\,485{,}309$ C/mol [1]) 29
6.14	R	(universelle) Gaskonstante	J/(mol · K)	$R = 8{,}314\,510$ J/(mol · K) [1]) 70
6.15	k	Boltzmann-Konstante	J/K	$k = R/N_A = 1{,}380\,658 \cdot 10^{-23}$ J/K [1]) 12 R nach Nr 6.14, N_A nach Nr 6.12
6.16	b_B, m_B	Molalität einer Komponente B	mol/kg	siehe DIN 4896 siehe auch DIN 32 625

[1]) Siehe Seite 5

[4]) Die Zahlenwerte von A_r und M_r sind gleich den Zahlenwerten für die Atommasse und die Molekülmasse, gemessen in der atomaren Masseneinheit u (siehe DIN 1301 Teil 1) und gleich dem Zahlenwert der stoffmengenbezogenen Masse M in g/mol.

3.7 Formelzeichen für Licht und verwandte elektromagnetische Strahlungen

Tabelle 7

Nr	Formelzeichen 5)	Bedeutung	SI-Einheit	Bemerkung
7.1	Q_e, W	Strahlungsenergie, Strahlungsmenge	J	siehe DIN 5496, DIN 5031 Teil 1
7.2	w, u	Strahlungsenergiedichte, volumenbezogene Strahlungsenergie	J/m^3	siehe DIN 5496
7.3	Φ_e, P	Strahlungsleistung, Strahlungsfluß	W	siehe DIN 5496, DIN 5031 Teil 1
7.4	E_{e0}, ψ	Strahlungsflußdichte, Raumbestrahlungsstärke	W/m^2	siehe DIN 5031 Teil 1, DIN 6814 Teil 2
7.5	I_e	Strahlstärke	W/sr	siehe DIN 5496, DIN 5031 Teil 1
7.6	L_e	Strahldichte	$W/(sr \cdot m^2)$	siehe DIN 5496, DIN 5031 Teil 1
7.7	M_e	spezifische Ausstrahlung	W/m^2	siehe DIN 5031 Teil 1
7.8	E_e	Bestrahlungsstärke	W/m^2	siehe DIN 5031 Teil 1
7.9	H_e	Bestrahlung	J/m^2	$H_e = E_e \cdot t$, E_e nach Nr 7.8 t nach Nr 2.1 siehe DIN 5031 Teil 1
7.10	I_v	Lichtstärke	cd	siehe DIN 5031 Teil 3
7.11	Φ_v	Lichtstrom	lm	siehe DIN 5031 Teil 3
7.12	Q_v	Lichtmenge	$lm \cdot s$	siehe DIN 5031 Teil 3
7.13	L_v	Leuchtdichte	cd/m^2	siehe DIN 5031 Teil 3
7.14	M_v	spezifische Lichtausstrahlung	lm/m^2	siehe DIN 5031 Teil 3
7.15	E_v	Beleuchtungsstärke	lx	siehe DIN 5031 Teil 3
7.16	H_v	Belichtung	$lx \cdot s$	$H_v = E_v \cdot t$, E_v nach Nr 7.15 t nach Nr 2.1 siehe DIN 5031 Teil 3
7.17	η	Lichtausbeute	lm/W	$\eta = \Phi_v/P$, Φ_v nach Nr 7.11 P nach Nr 4.49 siehe DIN 5031 Teil 4
7.18	K	photometrisches Strahlungsäquivalent	lm/W	$K = \Phi_v/\Phi_e$, Φ_v nach Nr 7.11, Φ_e nach Nr 7.3 siehe DIN 5031 Teil 4
7.19	c_0	Lichtgeschwindigkeit im leeren Raum	m/s	$c_0 = 2{,}997\,924\,58 \cdot 10^8$ m/s 1)
7.20	f	Brennweite	m	
7.21	n	Brechzahl	1	$n = c_0/c$, c nach Nr 2.24, c_0 nach Nr 7.19
7.22	D	Brechwert von Linsen	m^{-1}	$D = n/f$ in einem Medium mit der Brechzahl n nach Nr 7.21, f nach Nr 7.20

1) Siehe Seite 5

5) Die Größen der Energiestrahlung erhalten den Index e (für energetisch) zur Unterscheidung von den Größen der photometrisch bewerteten Strahlung, die mit dem Index v (für visuell) gekennzeichnet werden. Diese Indizes können weggelassen werden, wenn keine Verwechslungsgefahr besteht.

(fortgesetzt)

Tabelle 7 (abgeschlosssen)

Nr	Formelzeichen [5]	Bedeutung	SI-Einheit	Bemerkung
7.23	σ	Stefan-Boltzmann-Konstante	$W/(m^2 \cdot K^4)$	$\sigma = M_e / T^4$ $= 5{,}670\,51 \cdot 10^{-8}\ W/(m^2 \cdot K^4)$ [1] 19 M_e nach Nr 7.7, T nach Nr 5.1 siehe DIN 5031 Teil 8
7.24	c_1	erste Plancksche Strahlungskonstante	$W \cdot m^2$	$c_1 = 2\pi \cdot h \cdot c_0^2$ $= 3{,}741\,774\,9 \cdot 10^{-16}\ W \cdot m^2$ [1] 2 2 h nach Nr 8.6, c_0 nach Nr 7.19 siehe DIN 5031 Teil 8, DIN 5496
7.25	c_2	zweite Plancksche Strahlungskonstante	$K \cdot m$	$c_2 = c_0 \cdot h/k = 0{,}014\,387\,69\ m \cdot K$ [1] 12 c_0 nach Nr 7.19, h nach Nr 8.6, k nach Nr 6.15 siehe DIN 5031 Teil 8, DIN 5496
7.26	ε	Emissionsgrad	1	$\varepsilon = M_e / M_s$, M_e nach Nr 7.7 M_s spezifische Ausstrahlung eines schwarzen Strahlers siehe DIN 5031 Teil 8, DIN 5496
7.27	ϱ	Reflexionsgrad	1	siehe DIN 5496, DIN 5036 Teil 1
7.28	α	Absorptionsgrad	1	siehe DIN 5496, DIN 5036 Teil 1
7.29	τ	Transmissionsgrad	1	siehe DIN 5496, DIN 5036 Teil 1

[1] Siehe Seite 5
[5] Siehe Seite 13

3.8 Formelzeichen für Atom- und Kernphysik

Tabelle 8

Nr	Formelzeichen	Bedeutung	SI-Einheit	Bemerkung
8.1	Z	Protonenzahl (Kernladungszahl, Ordnungszahl eines Elementes)	1	siehe DIN 32 640
8.2	N	Neutronenzahl	1	
8.3	A	Nukleonenzahl (Massenzahl)	1	$A = Z + N$, siehe DIN 32 640 Z nach Nr 8.1, N nach Nr 8.2
8.4	m_a	Atommasse	kg	
8.5	m_e	Ruhemasse des Elektrons	kg	$m_e = 9{,}109\,389\,7 \cdot 10^{-31}\ kg$ [1] 5 4
8.6	h	Planck-Konstante, Plancksches Wirkungsquantum	$J \cdot s$	$h = 6{,}626\,075\,5 \cdot 10^{-34}\ J \cdot s$ [1] 4 0
8.7	a_0	Bohr-Radius	m	$a_0 = \frac{\alpha}{4\pi R_\infty} = 0{,}529\,177\,249 \cdot 10^{-10}\ m$ [1] 24 α nach Nr 8.11, R_∞ nach Nr 8.8

[1] Siehe Seite 5

(fortgesetzt)

Tabelle 8 (fortgesetzt)

Nr	Formelzeichen	Bedeutung	SI-Einheit	Bemerkung
8.8	R_∞	Rydberg-Konstante	m^{-1}	$R_\infty = \mu_0^2 \cdot m_e \cdot e^4 \cdot c_0^3 / 8\,h^3$ $= 10\,973\,731{,}534\ m^{-1}$ [1] 13 μ_0 nach Nr 4.28, m_e nach Nr 8.5, e nach Nr 4.2, c_0 nach Nr 7.19, h nach Nr 8.6
8.9	μ	magnetisches (Flächen-)Moment eines Teilchens	$A \cdot m^2$	
8.10	γ	gyromagnetischer Koeffizient	$A \cdot m^2/(J \cdot s)$	
8.11	α	Sommerfeld-Feinstruktur-Konstante	1	$\alpha = \mu_0 \cdot c_0 \cdot e^2 / 2\,h$ $= 7{,}297\,353\,08 \cdot 10^{-3}$ [1] 33 μ_0 nach Nr 4.27, c_0 nach Nr 7.19, e nach Nr 4.2, h nach Nr 8.6
8.12	τ	mittlere Lebensdauer	s	siehe DIN 25 404
8.13	Γ	Niveaubreite, Halbwertsbreite	J	siehe DIN 25 404, $\Gamma = h/\tau$, h nach Nr 8.6, τ nach Nr 8.12
8.14	λ	Zerfallskonstante	s^{-1}	$\lambda = 1/\tau$, τ nach Nr 8.12 siehe DIN 25 404
8.15	$T_{1/2}$	Halbwertszeit	s	$T_{1/2} = \tau \cdot \ln 2$, τ nach Nr 8.12 siehe DIN 25 404
8.16	A	Aktivität einer radioaktiven Substanz	Bq	siehe DIN 6814 Teil 4
8.17	a	spezifische (massenbezogene) Aktivität einer radioaktiven Substanz	Bq/kg	siehe DIN 6814 Teil 4
8.18	Q	Reaktionsenergie	J	siehe DIN 25 404
8.19	E_r	Resonanzenergie	J	siehe DIN 25 404
8.20	n	Teilchenzahldichte, Neutronenzahldichte	m^{-3}	siehe DIN 25 404
8.21	σ	Wirkungsquerschnitt	m^2	siehe DIN 25 404
8.22	Σ	Wirkungsquerschnittsdichte	m^{-1}	$\Sigma = \sigma \cdot n$, siehe DIN 25 404 n nach Nr 8.20, σ nach Nr 8.21
8.23	Φ	Fluenz, Teilchenfluenz	m^{-2}	siehe DIN 6814 Teil 2, DIN 25 404
8.24	φ	Flußdichte, Teilchenflußdichte	$m^{-2} \cdot s^{-1}$	$\varphi = \dot{\Phi}$, siehe DIN 6814 Teil 2, DIN 25 404 Φ nach Nr 8.23
8.25	Ψ	Energiefluenz	J/m^2	siehe DIN 6814 Teil 2, DIN 25 404
8.26	ψ	Energieflußdichte	W/m^2	$\psi = \dot{\Psi}$, siehe DIN 6814 Teil 2, DIN 25 404 Ψ nach Nr 8.25
8.27	I	Teilchenstrom	s^{-1}	siehe DIN 6814 Teil 2
8.28	j	Teilchenstromdichte	$m^{-2} \cdot s^{-1}$	siehe DIN 6814 Teil 2, DIN 25 404
8.29	μ	Schwächungskoeffizient	m^{-1}	siehe DIN 6814 Teil 2, DIN 25 404

[1]) Siehe Seite 5

(fortgesetzt)

Tabelle 8 (abgeschlossen)

Nr	Formelzeichen	Bedeutung	SI-Einheit	Bemerkung
8.30	D	Energiedosis	Gy	siehe DIN 6814 Teil 3
8.31	$\dot{D}$	Energiedosisrate, Energiedosisleistung	Gy/s	siehe DIN 6814 Teil 3
8.32	L	lineares Energieübertragungsvermögen	J/m	siehe DIN 6814 Teil 2, DIN 25 404
8.33	q	Bewertungsfaktor	Sv/Gy	$q = H/D$, siehe DIN 6814 Teil 3, DIN 25 404 H nach Nr 8.34 D nach Nr 8.30
8.34	H	Äquivalentdosis	Sv	$H = D \cdot q$, siehe DIN 6814 Teil 3, DIN 25 404 D nach Nr 8.30 q nach Nr 8.33
8.35	$\dot{H}$	Äquivalentdosisrate, Äquivalentdosisleistung	Sv/s	$\dot{H} = \dot{D} \cdot q$ q nach Nr 8.33 $\dot{D}$ nach Nr 8.31
8.36	K	Kerma	Gy	kinetic energy released in material siehe DIN 6814 Teil 3, DIN 25 404
8.37	$\dot{K}$	Kermarate, Kermaleistung	Gy/s	siehe DIN 6814 Teil 3, DIN 25 404
8.38	J	Ionendosis	C/kg	siehe DIN 6814 Teil 3
8.39	$\dot{J}$	Ionendosisrate, Ionendosisleistung	A/kg	siehe DIN 6814 Teil 3

3.9 Formelzeichen für Akustik

Tabelle 9

Nr	Formelzeichen	Bedeutung	SI-Einheit	Bemerkung
9.1	p	Schalldruck	Pa	siehe DIN 1304 Teil 4 (z. Z. Entwurf)
9.2	c, c_a	Schallgeschwindigkeit	m/s	siehe DIN 1304 Teil 4 (z. Z. Entwurf)
9.3	P, P_a	Schalleistung	W	siehe DIN 1304 Teil 4 (z. Z. Entwurf)
9.4	I, J	Schallintensität	W/m²	siehe DIN 1304 Teil 4 (z. Z. Entwurf)
9.5	L_p, L	Schalldruckpegel		wird in dB angegeben siehe DIN 1304 Teil 4 (z. Z. Entwurf)
9.6	L_W, L_P	Schalleistungspegel		wird in dB angegeben siehe DIN 1304 Teil 4 (z. Z. Entwurf)
9.7	L_N	Pegellautstärke		wird in phon angegeben siehe DIN 1304 Teil 4 (z. Z. Entwurf)
9.8	N	Lautheit		wird in sone angegeben siehe DIN 1304 Teil 4 (z. Z. Entwurf)

3.10 Indizes

Indizes, die aus mehreren Buchstaben bestehen, können durch deren Anfangsbuchstaben ersetzt werden, wenn keine Mißverständnisse zu befürchten sind.

Tabelle 10

Nr	Index	Bedeutung	Beispiele	
10.1	0	null	X_0	Nullreaktanz
		leerer Raum	c_0	Lichtgeschwindigkeit im leeren Raum
		ohne Dämpfung	f_0	Kennfrequenz
		Leerlauf	n_0	Leerlaufdrehzahl
		fester Bezugswert	l_0	Bezugslänge
10.2	1	eins	ω_1	Kreisfrequenz der Grundschwingung
		primär	U_1	Primärspannung
		Eingang	P_1	Eingangsleistung
		mitdrehend	X_1	Mitreaktanz
		Anfangszustand	ϑ_1	Anfangstemperatur
10.3	2	zwei	ω_2	Kreisfrequenz der zweiten Teilschwingung
		sekundär	U_2	Sekundärspannung
		Ausgang	P_2	Ausgangsleistung
		gegendrehend, invers	X_2	Gegenreaktanz, Inversreaktanz
		Endzustand	ϑ_2	Endtemperatur
10.4	3	drei	ω_3	Kreisfrequenz der dritten Teilschwingung
		tertiär	U_3	Tertiärspannung
10.5	∞	unendlich	R_∞	Rydberg-Konstante (Wellenzahl für unendlich große Kernmasse)
10.6	a	außen	d_a	Außendurchmesser
	abs	absolut	μ_abs	absolute Permeabilität
	abt	absorbiert	Φ_abt	absorbierter Strahlungsfluß
	ac	akustisch, Schall-	Z_ac	akustische Impedanz
	ad	additiv	R_ad	Zusatzwiderstand
	alt	wahlweise, alternativ		
		wechselnd, alternierend	p_alt	wechselnder Druck
	amb	umgebend, ambient	p_amb	Umgebungsdruck
	amp	Amplitude	μ_amp	Amplituden-Permeabilität
	an	anodisch	U_an	Anodenspannung
	as	asynchron	n_as	asynchrone Umdrehungsfrequenz
	at	atomar	μ_at	atomarer Schwächungskoeffizient
	ax	axial	I_ax	axiales Flächenmoment 2. Grades
10.7	A	Anlauf	I_A	Anlaufstromstärke
		Anzug	M_A	Anzugsmoment
		Bewertungskurve A	L_A	A-bewerteter Schallpegel
10.8	b	Basis	h_b	Höhe einer Meßbasis
		Biegung	M_b	Biegemoment
		Blind-	I_b	Blindkomponente eines Wechselstromes
10.9	B	Bezugsstoff	M_B	molare Masse eines Stoffes B
10.10	c			
	calc	berechnet, kalkuliert	W_calc	Arbeit, berechnet
	char	charakteristisch	ϱ_char	charakteristische Dichte
	chem	chemisch	E_chem	chemische Energie
	coe	koerzitiv	H_coe	magnetische Koerzitiv-Feldstärke
	con	Mitführung, Konvektion	Q_con	Wärmeabgabe durch Konvektion
	cor	Korrektur, korrigiert		
	crit	kritisch	v_crit	kritische Geschwindigkeit

(fortgesetzt)

Tabelle 10 (fortgesetzt)

Nr	Index	Bedeutung	Beispiele
10.11	d		
	dam	Dämpfung	f_{dam} Eigenfrequenz bei Dämpfung
	dem	demoduliert	f_{dem} Demodulationsfrequenz
	dev	Abweichung, Deviation	α_{dev} Winkelabweichung
	dfu	diffus	p_{dfu} Diffusfeld-Schalldruck
	dif	differentiell	ε_{dif} differentielle Permittivität
	dir	längs-, direkt	X_{dir} Längsfeldreaktanz
	diss	Zerstreuung (dissipatio)	L_{diss} Leuchtdichte einer gestreuten Strahlung
	dist	Verdrehung, Verzerrung (distortio)	P_{dist} Verzerrungsleistung
	dyn	dynamisch	p_{dyn} dynamischer Druck
10.12	e	überschreitend (excedens)	p_{e} Überdruck
	eff	Effektivwert	B_{eff} Effektivwert der magnetischen Flußdichte
	el	elektrisch	W_{el} elektrische Arbeit
	ela	elastisch	ε_{ela} elastische Dehnung
	en	energetisch	L_{en} Strahldichte
	eq	äquivalent	n_{eq} äquivalente Stoffmenge
	er	Irrtum (error)	
	exi	Ausgang (exitus)	P_{exi} Ausgangsleistung
	ext	außen, extern	d_{ext} Außendurchmesser
10.13	E	Erde, Erdschluß	I_{E} Erdstromstärke
10.14	f	Feld, Erregung	I_{f} Erregerstromstärke
	fin	Ende (finis)	α_{fin} Endausschlag
	fle	Biegung (flexio)	σ_{fle} Biegespannung
10.15	g	Gravitation	F_{g} Gravitationskraft
	ga	gasförmig	v_{ga} spezifisches Volumen im gasförmigen Zustand
	gr	Gitter	U_{gr} Gitterspannung
10.16	G	Generator	P_{G} Generatorleistung
		Gewicht	F_{G} Gewichtskraft
10.17	h	Haupt-	Φ_{h} magnetischer Hauptfluß
	hyd	hydraulisch	p_{hyd} hydraulischer Druck
	hyg	feucht, hygroskopisch	t_{hyg} Temperatur am feuchten Thermometer
	hsph	hemisphärisch	Φ_{hsph} hemisphärischer Lichtstrom
10.18	H	Hysterese	P_{H} Hystereseverluste
10.19	i		
	id	ideell	δ_{id} ideeller Luftspalt
	indi	indirekt	E_{indi} Beleuchtungsstärke bei indirekter Beleuchtung
	indu	induziert	U_{indu} induzierte Spannung
	inf	unten, niedrig (inferior)	h_{inf} Höhe einer Unterkante
	ing	Eingang (ingressus)	P_{ing} Eingangsleistung
	ini	Anfangswert (initial)	μ_{ini} Anfangspermeabilität
	inst	augenblicklich (instans)	v_{inst} Augenblickswert der Geschwindigkeit
	int	innen (intus)	d_{int} Innendurchmesser
	is	isoliert	d_{is} Durchmesser eines isolierten Leiters
10.20	k	Kurzschluß	I_{k} Kurzschlußstromstärke
	kat	kathodisch	I_{kat} Kathodenstromstärke
	kin	kinetisch	E_{kin} kinetische Energie

(fortgesetzt)

Tabelle 10 (fortgesetzt)

Nr	Index	Bedeutung	Beispiele	
10.21	K	Kommutator	d_K	Kommutatordurchmesser
10.22	l	längs-	E_l	elektrische Längsfeldstärke
	lam	glatt, laminar	v_lam	Geschwindigkeit bei laminarer Strömung
	le	leitend		
	li	unterer Grenzwert (limes inferior)	U_li	unterer Grenzwert der Spannung
	lim	Grenzwert (limes)	ϑ_lim	Grenztemperatur
	lin	linear	L_lin	unbewerteter Schallpegel
	liq	flüssig (liquidus)	ϱ_liq	Dichte im flüssigen Zustand
	loc	örtlich, lokal	g_loc	örtliche Fallbeschleunigung
	long	longitudinal	ξ_long	Longitudinalausschlag
	ls	oberer Grenzwert (limes superior)	U_ls	oberer Grenzwert der Spannung
10.23	L			
	Lo	Last (load)	t_Lo	Belastungsdauer
	Lu	Luft	ϱ_Lu	Dichte der Luft
10.24	m	stoffmengenbezogen, molar	V_m	stoffmengenbezogenes (molares) Volumen
	mad	triefend naß (madidus)	m_mad	Masse (Gewicht) im nassen Zustand
	mag	magnetisch	W_mag	magnetische Energie
	mas	die Masse betreffend	q_mas	Massenstrom
	max	maximal	δ_max	Maximalausschlag
	mec	mechanisch	E_mec	mechanische Energie
	med	mittel, medial	v_med	mittlere Geschwindigkeit
	mes	gemessen	v_mes	gemessene Geschwindigkeit
	min	minimal	α_min	Minimalausschlag
	mod	moduliert	f_mod	Modulationsfrequenz
10.25	n	allgemeine Zahl	ω_n	Kreisfrequenz der n-ten Teilschwingung
		Normzustand nach DIN 1343	p_n	Normdruck
	nom	Nennwert (nominal)	U_nom	Nennspannung
10.26	N	normal (⊥)	F_N	Normalkraft
10.27	o			
	ob	oberer, oben		
	oct	Oktave	L_oct	Oktavpegel
	opt	optisch	η_opt	optischer Wirkungsgrad
	or	Ursprung, Anfang (origo)	U_or	Urspannung
10.28	p	konstanter Druck, isobar	c_p	spezifische Wärmekapazität bei konstantem Druck
		Wirk- (bei elektrischen Leistungen)	P_p	Wirkleistung
	par	parallel	R_par	Parallelwiderstand, Shunt
	ph	Phase	c_ph	Phasengeschwindigkeit
	pls	plastisch	ε_pls	plastische Dehnung
	pol	polar	J_pol	polares Trägheitsmoment
	pot	potentiell	E_pot	potentielle Energie
	pre	Druck (pressus)	F_pre	Druckkraft
	pul	Puls	f_pul	Pulsfrequenz
10.29	q	quer	F_q	Querkraft
		Blind- (bei elektrischen Leistungen)	P_q	Blindleistung
	qu	Ruhe, Pause (quies)	t_qu	Pausendauer

(fortgesetzt)

Tabelle 10 (fortgesetzt)

Nr	Index	Bedeutung	Beispiele	
10.30	r	Reflexion	Φ_r	reflektierter Strahlungsfluß
	rad	radial	F_{rad}	Radialkraft
	rat	Bemessungswert (rated)	U_{rat}	Bemessungsspannung
		Beurteilung (rating)	L_{rat}	Beurteilungspegel
	rcf	Gleichrichtwert	i_{rcf}	Gleichrichtwert eines elektrischen Stromes
	rd	Strahlung	Φ_{rd}	Fluenz einer Strahlung
	rec	Empfang (recipere)	P_{rec}	Empfangsleistung
	red	reduziert	p_{red}	reduzierter Luftdruck
	ref	Referenz	T_{ref}	Referenztemperatur
	rel	relativ	μ_{rel}	Permeabilitätszahl, relative Permeabilität
	rem	Remanenz	B_{rem}	Remanenz-Flußdichte
	rev	reversibel, umkehrbar	μ_{rev}	reversible Permeabilität
	rot	Läufer, Rotor, Rotation	d_{rot}	Läuferdurchmesser
	rsd	Rest (residuus)	U_{rsd}	Restspannung
	rsl	resultierend	P_{rsl}	resultierender Druck
	rsn	Resonanz	E_{rsn}	Resonanzenergie
10.31	R	Reibung	F_R	Reibungskraft
		ohmscher Widerstand	U_R	elektrische Spannung am Widerstand
10.32	s	Schein- (bei elektrischen Leistungen)	P_s	Scheinleistung
	sat	Sättigung (satietas)	M_{sat}	Sättigungsmagnetisierung
	ser	Reihe, Serie	R_{ser}	Reihenschlußwiderstand
	sic	trocken (siccus)	t_{sic}	Temperatur des trockenen Thermometers
	sig	Zeichen, Signal	P_{sig}	Signalleistung
	sim	gleichzeitig, simultan		
	sin	sinusförmig	U_{sin}	sinusförmige Spannung
	sph	sphärisch	Φ_{sph}	sphärischer Lichtstrom
	sol	fest (solidus)	ϱ_{sol}	Dichte im festen Zustand
	stat	stationär, statisch	t_{stat}	Endtemperatur, stationäre Temperatur
	std	genormt, standardisiert	U_{std}	Normspannung
	str	Ständer (Stator)	d_{str}	Ständerdurchmesser
	sup	oben (superior)	h_{sup}	Höhe einer Oberkante
	syn	synchron	n_{syn}	synchrone Umdrehungsfrequenz
	sys	System-	a_{sys}	Systemdämpfungsmaß
10.33	t	Augenblickswert, Zeitabhängigkeit	P_t	Augenblickswert der Leistung
	tan	tangential	F_{tan}	Tangentialkraft
	terz	Terz	L_{terz}	Terzpegel
	th	Wärme, thermisch	R_{th}	Wärmewiderstand
	tor	Torsion	G_{tor}	Torsionsmodul
	tot	total	μ_{tot}	totale Permeabilität
	tra	Durchgang, Transmission	Φ_{tra}	durchgelassener Strahlungsfluß
		Sendung (transmittere)	P_{tra}	Sendeleistung
	trc	Zug (tractus)	F_{trc}	Zugkraft
	trt	vorübergehend, transient	I_{trt}	vorübergehende (transiente) Stromstärke
	trv	quer, transversal	ξ_{trv}	Transversalausschlag
	tur	wirbelnd, turbulent	Q_{tur}	Wärmeabgabe bei turbulenter Strömung
10.34	u			
	un	unterer, unten		
	us	gebräuchlich (usual)		
10.35	v	Verlust	P_v	Verlustleistung
	var	veränderlich, variabel	U_{var}	variable Spannung
	vir	virtuell	W_{vir}	virtuelle Arbeit
	vis	sichtbar, visuell	L_{vis}	Leuchtdichte
	vt	Lüftung, Ventilation	P_{vt}	Ventilationsleistung

(fortgesetzt)

Tabelle 10 (abgeschlossen)

Nr	Index	Bedeutung	Beispiele	
10.36	V	konstantes Volumen, isochor	c_V	spezifische Wärmekapazität bei konstantem Volumen
10.37	w	Wirbel Wasser, feucht Wirk-	P_w t_w I_w	Wirbelstromverluste Temperatur eines feuchten Thermometers Wirkkomponente eines Wechselstromes
10.38	x xer	trocken (xeros)	m_{xer}	Trockenmasse, Trockengewicht
10.39	X	induktiver Widerstand, Blindwiderstand	U_X	Blindkomponente einer Wechselspannung
10.40	z zul	zulässig	v_{zul}	zulässige Geschwindigkeit
10.41	Z	Zusatz	P_Z	Zusatzverluste
10.42	δ	Luftspalt	B_δ	Luftspaltinduktion
10.43	σ	Streuung	Φ_σ	magnetischer Streufluß
10.44	Δ	Differenz	p_Δ	Differenzdruck
10.45	Π	Produkt	T_Π	Produkt der Verstärkungsfaktoren
10.46	Σ	Summe	F_Σ	Summenkraft
10.47	*	bezogen	U_*	auf den Nennwert bezogene Spannung

4 Kennzeichnung bezogener Größen

4.1 Grundsätze

a) Bezogene Größen, bei denen die Zählergröße Z und die Nennergröße N verschiedener Art sind (siehe DIN 5485), sind von den Zählergrößen eindeutig zu unterscheiden. Der hier stellvertretend benutzte Buchstabe Z ist durch das Formelzeichen der Zählergröße zu ersetzen.

b) Wird eine Größe als Quotient definiert, dann ist es oft möglich, für diese ein eigenes Wort und ein eigenes Formelzeichen anzugeben. Andernfalls ist eine Wortverbindung aus der Benennung der Nennergröße mit dem Wortteil „bezogen" zu bilden, z. B. ist ein „zeitbezogener Weg" eine „Geschwindigkeit".

4.2 Bezug auf Länge, Fläche oder Volumen

Tabelle 11

	Formelzeichen	Benennung
längenbezogene Größe	$Z/l, Z'$	-belag, -behang
flächenbezogene Größe	$Z/A, Z''$	-bedeckung
volumenbezogene Größe	$Z/V, Z'''$	-dichte

BEISPIEL:

Längenbezogener Widerstand (Widerstandsbelag) $R/l = R'$

4.3 Bezug auf die Zeit

Benennungen für zeitbezogene Größen können durch Anhängen von Wörtern wie -frequenz, -rate, -geschwindigkeit, -strom, -leistung an die Größenbenennung der Zählergröße gebildet werden.

BEISPIEL:

Impulsrate ist Impulszahl durch Zeit.

Der Differentialquotient einer Größe nach der Zeit kann durch einen Punkt über dem Formelzeichen dieser Größe ausgedrückt werden.

BEISPIEL:

Volumenstrom $\mathrm{d}V/\mathrm{d}t = \dot{V}$

4.4 Bezug auf die Masse

Massenbezogene Größen können – wenn für sie kein eigenes Formelzeichen festgelegt ist – oft durch den entsprechenden Kleinbuchstaben dargestellt werden, wenn die Zählergröße durch einen Großbuchstaben gekennzeichnet wird. Ein Massenbezug wird durch das vorgesetzte Eigenschaftswort „spezifisch" ausgedrückt (siehe DIN 5485).

BEISPIELE:

Massenbezogenes Volumen (spezifisches Volumen) $V/m = v$,

massenbezogene Wärmekapazität (spezifische Wärmekapazität) $C/m = c$,

massenbezogene Entropie (spezifische Entropie) $D/m = s$.

4.5 Relative Größen

Relative Größen sind Verhältnisse zweier Größen gleicher Dimension, wobei die Nennergröße (Bezugsgröße) ein festgelegter Wert – z. B. ein Nennwert – ist (siehe DIN 5485). Relative Größen können wie folgt gekennzeichnet werden, wobei wieder Z für das Formelzeichen der Zählergröße steht:

Z_{rel}, Z_*

Zitierte Normen und andere Unterlagen

DIN 1301 Teil 1	Einheiten; Einheitennamen, Einheitenzeichen
DIN 1301 Teil 2	Einheiten; Allgemein angewendete Teile und Vielfache
DIN 1302	Allgemeine mathematische Zeichen und Begriffe
DIN 1304 Teil 4	(z. Z. Entwurf) Formelzeichen; Zusätzliche Formelzeichen für Akustik
DIN 1304 Teil 5	Formelzeichen; Formelzeichen für die Strömungsmechanik
DIN 1304 Teil 6	Formelzeichen; Formelzeichen für die elektrische Nachrichtentechnik
DIN 1305	Masse, Wägewert, Kraft, Gewichtskraft, Gewicht, Last; Begriffe
DIN 1306	Dichte; Begriffe, Angaben
DIN 1311 Teil 1	Schwingungslehre; Kinematische Begriffe
DIN 1311 Teil 2	Schwingungslehre; Einfache Schwinger
DIN 1313	Physikalische Größen und Gleichungen; Begriffe, Schreibweisen
DIN 1314	Druck; Grundbegriffe, Einheiten
DIN 1324 Teil 1	Elektromagnetisches Feld; Zustandsgrößen
DIN 1324 Teil 2	Elektromagnetisches Feld; Materialgrößen
DIN 1338	Formelschreibweise und Formelsatz
DIN 1341	Wärmeübertragung; Begriffe, Kenngrößen
DIN 1342 Teil 2	Viskosität; Newtonsche Flüssigkeiten
DIN 1343	Referenzzustand, Normzustand, Normvolumen; Begriffe und Werte
DIN 1345	Thermodynamik; Grundbegriffe
DIN 4895 Teil 1	Orthogonale Koordinatensysteme; Allgemeine Begriffe
DIN 4895 Teil 2	Orthogonale Koordinatensysteme; Differentialoperatoren der Vektoranalysis
DIN 4896	Einfache Elektrolytlösungen; Formelzeichen
DIN 5031 Teil 1	Strahlungsphysik im optischen Bereich und Lichttechnik; Größen, Formelzeichen und Einheiten der Strahlungsphysik
DIN 5031 Teil 3	Strahlungsphysik im optischen Bereich und Lichttechnik; Größen, Formelzeichen und Einheiten der Lichttechnik
DIN 5031 Teil 4	Strahlungsphysik im optischen Bereich und Lichttechnik; Wirkungsgrade
DIN 5031 Teil 8	Strahlungsphysik im optischen Bereich und Lichttechnik; Strahlungsphysikalische Begriffe und Konstanten
DIN 5036 Teil 1	Strahlungsphysikalische und lichttechnische Eigenschaften von Materialien; Begriffe, Kennzahlen
DIN 5483 Teil 2	Zeitabhängige Größen; Formelzeichen
DIN 5483 Teil 3	Zeitabhängige Größen; Komplexe Darstellung sinusförmig zeitabhängiger Größen
DIN 5485	Benennungsgrundsätze für physikalische Größen; Wortzusammensetzungen mit Eigenschafts- und Grundwörtern
DIN 5491	Stoffübertragung; Diffusion und Stoffübergang; Grundbegriffe, Größen, Formelzeichen, Kenngrößen
DIN 5496	Temperaturstrahlung von Volumenstrahlern
DIN 5499	Brennwert und Heizwert; Begriffe
DIN 6814 Teil 2	Begriffe und Benennungen in der radiologischen Technik; Strahlenphysik
DIN 6814 Teil 3	Begriffe und Benennungen in der radiologischen Technik; Dosisgrößen und Dosiseinheiten
DIN 6814 Teil 4	Begriffe und Benennungen in der radiologischen Technik; Radioaktivität
DIN 13 304	Darstellung von Formelzeichen auf Einzeilendruckern und Datensichtgeräten
DIN 13 316	Mechanik ideal elastischer Körper; Begriffe, Größen, Formelzeichen
DIN 13 317	Mechanik starrer Körper; Begriffe, Größen, Formelzeichen
DIN 13 345	Thermodynamik und Kinetik chemischer Reaktionen; Formelzeichen, Einheiten
DIN 25 404	Kerntechnik; Formelzeichen
DIN 32 625	Größen und Einheiten in der Chemie; Stoffmenge und davon abgeleitete Größen; Begriffe und Definitionen
DIN 32 640	Chemische Elemente und einfache anorganische Verbindungen; Namen und Symbole
DIN 40 108	Elektrische Energietechnik; Stromsysteme; Begriffe, Größen, Formelzeichen
DIN 40 110 Teil 1	Wechselstromgrößen; Zweileiter-Stromkreise
DIN 50 281	Reibung in Lagerungen; Begriffe, Arten, Zustände, physikalische Größen
DIN 66 030	Informationsverarbeitung; Darstellung von Einheitennamen in Systemen mit beschränktem Schriftzeichenvorrat
ISO 31-3 : 1992	Quantities and units – Part 3: Mechanics
ISO 31-5 : 1992	Quantities and units – Part 5: Electricity and magnetism
IEC 27-1 : 1992	Letter symbols to be used in electrical technology; Part 1: General

Codata Bulletin Nr 63, November 1986, Pergamon Press, Pergamon Journals Ltd, Headington Hill Hall, Oxford OX3 OBW, UK

Weitere Normen

DIN 1303	Vektoren, Matrizen, Tensoren; Zeichen und Begriffe
DIN 1304 Teil 2	Formelzeichen; Formelzeichen für Meteorologie und Geophysik
DIN 1304 Teil 3	Formelzeichen; Formelzeichen für elektrische Energieversorgung
DIN 1304 Teil 7	Formelzeichen; Formelzeichen für elektrische Maschinen
DIN 1304 Teil 8	(z. Z. Entwurf) Formelzeichen; Formelzeichen für Stromrichter mit Halbleiterbauelementen
DIN 1324 Teil 3	Elektromagnetisches Feld; Elektromagnetische Wellen

Frühere Ausgaben

DIN 1339: 07.46, 04.58, 09.68, 11.71; DIN 1357: 04.58x, 08.66, 12.67, 11.71
DIN 1304: 07.25, 07.26, 03.33, 02.55, 09.65, 03.68, 11.71, 02.78; DIN 5497: 12.68
DIN 1304 Teil 1: 03.89

Änderungen

Gegenüber der Ausgabe März 1989 wurden folgende Änderungen vorgenommen:

a) Druckfehler wurden korrigiert.

b) Zitate wurden aktualisiert.

Erläuterungen

Die vorliegende Ausgabe dieser Norm hat den Zweck, Doppel- und Mehrfachnormung viel gebrauchter Formelzeichen einzuengen (viele Normen, in denen Formelzeichen festgelegt werden, beginnen z. Z. noch mit den Formelzeichen für Länge, Breite, Höhe usw.). Die in mehreren Fachgebieten benutzten Formelzeichen sind in der vorliegenden Norm DIN 1304 Teil 1, die den Grundstock aller benötigten Formelzeichen bilden soll, zusammengefaßt. Weitere Folgeteile zu dieser Norm mit Formelzeichen für spezielle Fachgebiete sind bereits erschienen oder in Vorbereitung; sie ersetzen entsprechende Normen über Formelzeichen mit anderen DIN-Nummern. Durch diese Zusammenfassung unter der DIN-Hauptnummer DIN 1304 werden die Formelzeichen leichter auffindbar. Die bisher genormten Formelzeichen selbst werden durch diese Ausgabe nicht wesentlich geändert.

Die Festlegung von Formelzeichen bereitet stets dadurch Schwierigkeiten, daß es viel mehr Größen gibt – im vorliegenden allgemeinen Teil allein etwa 280 – als Buchstaben zu ihrer Kennzeichnung zur Verfügung stehen, nämlich nur 86. Somit ist fast jeder Buchstabe mehrfach besetzt. Genormte Ausweichzeichen geben für begrenzte Fachbereiche die Möglichkeit, eine Doppelverwendung einzelner Buchstaben für verschiedenartige Größen zu vermeiden. Wenn z. B. die Formelzeichen für Zeit (Nr 2.1) und für Celsius-Temperatur (Nr 5.3) zusammentreffen, dann steht für die Celsius-Temperatur deren Ausweichzeichen ϑ zur Verfügung. Steht kein genormtes Ausweichzeichen zur Verfügung, dann kann nach Abschnitt 3, Anwendungsregel c), verfahren werden.

Bei der Auswahl der Formelzeichen für begrenzte Fachbereiche sollte zunächst versucht werden, mit den Vorzugszeichen auszukommen. Ist dies nicht möglich, dann sind die Ausweichzeichen heranzuziehen. Dabei ist jene Lösung anzustreben, die mit den geringsten Abweichungen von den Zeichen dieser Norm gefunden werden kann. Besonderer Wert ist dabei auf den Erhalt jener wichtigen Zeichen zu legen, die in gleicher Weise auch in vielen anderen Fachgebieten verwendet werden können, z. B. für Zeit, Masse, Druck, Arbeit, Temperatur.

Als Doppelnormung gegenüber DIN 1304 Teil 1 wird in den Folgeteilen zu dieser Norm nicht angesehen, wenn

a) von den Vorzugs- und Ausweichzeichen in DIN 1304 Teil 1 nur eines im betreffenden Fachgebiet verwendet werden soll, um Kollisionen zu vermeiden;

b) der Bedeutungsumfang eines in DIN 1304 Teil 1 erwähnten Zeichens in besonderer Weise eingeschränkt werden soll;

c) ein in DIN 1304 Teil 1 angeführtes Zeichen Indizes erhält, die im betreffenden Fachbereich eine besondere Bedeutung haben.

Dieses Auswahlverfahren für begrenzte Fachbereiche führt dazu, daß man bei jedem Fachgebiet zu einer Lösung gelangen kann, die für dieses Fachgebiet besonders günstig ist, sich von den Festlegungen anderer Fachgebiete nur wenig unterscheidet. Eine völlige Übereinstimmung der Normen mit Formelzeichen für verschiedene Fachbereiche ist somit nicht immer erreichbar, aber stets anzustreben.

Die in den Tabellen 1 bis 9 angeführten Formelzeichen stimmen weitgehend überein mit den Festlegungen der Internationalen Normen

ISO 31-1 : 1992	Quantities and units – Part 1: Space and time
ISO 31-2 : 1992	Quantities and units – Part 2: Periodic and related phenomena
ISO 31-3 : 1992	Quantities and units – Part 3: Mechanics
ISO 31-4 : 1992	Quantities and units – Part 4: Heat
ISO 31-5 : 1992	Quantities and units – Part 5: Electricity and magnetism
ISO 31-6 : 1992	Quantities and units – Part 6: Light and related electromagnetic radiations
ISO 31-7 : 1992	Quantities and units – Part 7: Acoustics
ISO 31-8 : 1992	Quantities and units – Part 8: Physical chemistry and molecular physics
ISO 31-9 : 1992	Quantities and units – Part 9: Atomic and nuclear physics
ISO 31-10 : 1992	Quantities and units – Part 10: Nuclear reactions and ionizing radiations

sowie der

IEC 27-1 : 1992	Letter symbols to be used in electrical technology – Part 1: General

Viele der in Tabelle 10 angeführten Indizes sind einer Aufstellung in der IEC 27-1 : 1992 entnommen, um eine internationale Verständlichkeit zu ermöglichen. Von der Internationalen Organisation für Normung (ISO) wurde bisher noch keine ähnliche Zusammenstellung von Indizes als Internationale Norm herausgegeben.

Formelzeichen

Formelzeichen für Meteorologie und Geophysik

DIN 1304 Teil 2

Letter symbols for physical quantities; symbols to be used in meteorology and geophysics

Ersatz für DIN 1358/07.71

Inhalt

	Seite
1 Anwendungsbereich und Zweck	1
2 Formelzeichen	2
2.1 Formelzeichen für allgemeine Meteorologie	2
2.2 Formelzeichen für Thermodynamik, Feuchte und Wolkenphysik	5
2.3 Formelzeichen für Strahlung	8
2.4 Formelzeichen für atmosphärische Elektrizität	11
2.5 Formelzeichen für Mechanik und Seismik	11
2.6 Formelzeichen für Form und Schwerefeld der Erde	12
2.7 Formelzeichen für Erdmagnetismus	15
Zitierte Normen und andere Unterlagen	18
Weitere Normen und andere Unterlagen	18
Frühere Ausgaben	18
Änderungen	18
Stichwortverzeichnis	19

1 Anwendungsbereich und Zweck

Diese Norm legt zusätzlich zu DIN 1304 Teil 1 Formelzeichen fest für im Bereich der Meteorologie und Geophysik verwendete Größen. Sie ergänzt für dieses Fachgebiet die Norm DIN 1304 Teil 1 über allgemeine Formelzeichen und soll zusammen mit dieser benutzt werden.

Formelzeichen, die bereits in DIN 1304 Teil 1 festgelegt sind, werden in dieser Norm nur dann wiederholt, wenn die Bedeutung der Formelzeichen geändert oder eingeschränkt wird.

Anstelle der Einheiten, die in der Spalte „SI-Einheit" der Tabellen 1 bis 7 angeführt sind, dürfen auch andere in DIN 1301 Teil 1 und Teil 2 festgelegte Einheiten benutzt werden. Die angeführten SI-Einheiten dienen nur der Veranschaulichung der zugehörigen Größen.

Stichwortverzeichnis und Internationale Patentklassifikation siehe Originalfassung der Norm

Fortsetzung Seite 2 bis 18

Normenausschuß Einheiten und Formelgrößen (AEF) im DIN Deutsches Institut für Normung e.V.
Normenausschuß Bauwesen (NABau) im DIN

2 Formelzeichen

Es gelten die in DIN 1304 Teil 1, Ausgabe 03.89, Abschnitt 3, angegebenen Anwendungsregeln.

2.1 Formelzeichen für allgemeine Meteorologie

Tabelle 1.

Nr	Formelzeichen	Bedeutung	SI-Einheit	Bemerkung
1.1	A_T	Temperaturadvektion	K/s	allgemein ist die Advektion A_G einer skalaren Größe G: $A_G = -\boldsymbol{v} \cdot \nabla G$ $\boldsymbol{v}$ nach Nr 1.23, siehe auch Nr 1.41
1.2	A_ζ	Vorticityadvektion	s^{-2}	
1.3	W_{ap}	verfügbarer Anteil der spezifischen potentiellen Energie	J/kg	
1.4	q_B	Bodenwärmestromdichte	W/m^2	Wärmestromdichte im Erdboden (positiv in Richtung zur Erdoberfläche)
1.5	q_s	fühlbare Wärmestromdichte	W/m^2	Dichte des Wärmestroms, der durch Wärmeleitung und Konvektion in der Atmosphäre verursacht wird
1.6	q_l	latente Wärmestromdichte	W/m^2	Dichte des Wärmestroms durch Übertragung latenter Wärme
1.7	Bo	Bowenverhältnis	1	Verhältnis zwischen der Stromdichte fühlbarer und der Stromdichte latenter Wärme
1.8	f	Coriolisparameter	rad/s	$f = 2\omega \sin \varphi$ ω nach Nr 6.42 φ geographische Breite
1.9	β	Rossbyparameter	rad/(m · s)	$\beta = \frac{\partial f}{\partial y}$, Gradient des Coriolisparameters y nach Norden gerichtete Ortskoordinate
1.10	c_{Ro}	Rossbygeschwindigkeit	m/s	Phasengeschwindigkeit der Rossbywellen: $c_{Ro} = \bar{u} - \beta \left(\frac{\lambda}{2\pi}\right)^2$ λ Wellenlänge [1]) der Rossbywellen $\bar{u}$ nach Nr 1.24
1.11	λ_c [1])	kritische Wellenlänge	m	
1.12	λ_S [1])	Wellenlänge von Stromlinien	m	gemittelt über die geographische Breite φ
1.13	λ_T [1])	Wellenlänge von Trajektorien	m	
1.14	λ_s [1])	stationäre Wellenlänge	m	
1.15	B	Halbbreite	m	seitliche Entfernung vom Maximum der Strömungsgeschwindigkeit bis zu dem Punkt, wo die Geschwindigkeit auf den halben Wert zurückgegangen ist
1.16	p	Luftdruck	Pa	1 mbar = 1 hPa (hPa Hektopascal)
1.17	ϱ	Dichte der Luft	kg/m^3	
1.18	r_S	Radius der Stromlinie am Aufpunkt	m	
1.19	r_T	Radius der Trajektorie am Aufpunkt	m	

[1]) Die Wellenlänge wird in der Meteorologie häufig mit L bezeichnet.

Tabelle 1. (Fortsetzung)

Nr	Formelzeichen	Bedeutung	SI-Einheit	Bemerkung
1.20	r_n	orthogonaler Radius	m	
1.21	$\boldsymbol{t}$	Einsvektor tangential in Richtung der Stromlinie	1	($\boldsymbol{t}$, $\boldsymbol{n}$) bilden ein Rechtssystem, siehe DIN 1312
1.22	$\boldsymbol{n}$	Einsvektor normal zur Stromlinie	1	
1.23	v	Windgeschwindigkeit	m/s	
1.24	$\bar{u}$	mittlere Westkomponente der Windgeschwindigkeit auf einem Breitenparallel [2])	m/s	nach Osten gerichtet
1.25	v_G	Geschwindigkeit des Gradientwindes	m/s	in Richtung $\boldsymbol{v}_g$, siehe Nr 1.26 antizyklonal: $\mid \boldsymbol{v}_G \mid = -\frac{f \cdot r_T}{2} + \sqrt{\left(\frac{f \cdot r_T}{2}\right)^2 - \frac{r_T}{\varrho} \cdot \frac{\partial p}{\partial n}}$ zyklonal: $\mid \boldsymbol{v}_G \mid = -\frac{f \cdot r_T}{2} - \sqrt{\left(\frac{f \cdot r_T}{2}\right)^2 - \frac{r_T}{\varrho} \cdot \frac{\partial p}{\partial n}}$ r_T nach Nr 1.19 ϱ nach Nr 1.17
1.26	v_g	Geschwindigkeit des geostrophischen Windes	m/s	Gradientwind bei geradlinigem Isobarenverlauf: $\boldsymbol{v}_g = -\frac{1}{\varrho f} \nabla_H p \times \boldsymbol{k}$ bei konstanter Höhe H; ϱ nach Nr 1.17 $\boldsymbol{k}$ siehe Fußnote 3
1.27	v_z	Geschwindigkeit des zyklostrophischen Windes	m/s	Gradientwind bei verschwindender Coriolisbeschleunigung
1.28	v_{th}	Geschwindigkeit des thermischen Windes	m/s	vektorielle Windgeschwindigkeitsdifferenz des geostrophischen Windes auf den Geopotentialflächen W_2 und W_1: $\boldsymbol{v}_{th} = \frac{1}{f} \boldsymbol{k} \times \nabla_p (W_2 - W_1)$ bei konstantem Druck p $\boldsymbol{k}$ siehe Fußnote 3
1.29	v_{is}	Geschwindigkeit des isallobarischen Windes	m/s	durch Druckänderungen hervorgerufener Wind: $\boldsymbol{v}_{is} = \boldsymbol{k} \times \frac{1}{f} \cdot \frac{\partial \boldsymbol{v}_g}{\partial t} = -\frac{\alpha}{f^2} \nabla_H \frac{\partial p}{\partial t}$ $\alpha = \frac{1}{\varrho}$ ϱ nach Nr 1.17 $\boldsymbol{k}$ siehe Fußnote 3
1.30	v_{ag}	Geschwindigkeit des ageostrophischen Windes	m/s	$\boldsymbol{v}_{ag} = \boldsymbol{v} - \boldsymbol{v}_g$
1.31	v_F	Frontgeschwindigkeit	m/s	Geschwindigkeit einer Warm- oder Kaltfront

2) In der Meteorologie häufig als Zonalgeschwindigkeit bezeichnet.
3) $\boldsymbol{k}$ ist der vertikale Einsvektor, siehe DIN 1303.

Tabelle 1. (Fortsetzung)

Nr	Formelzeichen	Bedeutung	SI-Einheit	Bemerkung
1.32	C_D	Schubspannungsbeiwert	1	$C_D = \frac{\tau}{\varrho \cdot v_h^2}$, en: drag coefficient τ Schubspannung v_h horizontale Windgeschwindigkeit ϱ nach Nr 1.17
1.33	u_*	Schubspannungsgeschwindigkeit	m/s	$u_* = \sqrt{\frac{\tau}{\varrho}}$ ϱ nach Nr 1.17
1.34	z	Höhe über Grund	m	
1.35	z_*	Mischungshöhe	m	siehe Nr 1.50
1.36	z_0	Rauhigkeitshöhe	m	$z_0 = z \exp\left[-\frac{v_h \cdot Ka}{u_*}\right]$ v_h siehe Nr 1.32, Ka nach Nr 1.50
1.37	β_M	Monin-Obuchow-Länge	m	Stabilitätslänge
1.38	Φ	Geschwindigkeitspotential	m^2/s	$\boldsymbol{v} = \nabla \Phi$, siehe DIN 5492
1.39	Ψ_M	Montgomery-Stromfunktion	J/kg	$\Psi_M = g \cdot z + c_p \cdot T$
1.40	v_C	Zirkulationsgeschwindigkeit	m/s	
1.41	ζ	Vorticity (Wirbelgröße)	s^{-1}	$\zeta = \boldsymbol{k} \cdot \nabla \times \boldsymbol{v}$ $\boldsymbol{k}$ siehe Fußnote 3
1.42	η	absolute Vorticity	s^{-1}	$\eta = \zeta + f$
1.43	ζ_p	potentielle Vorticity	s^{-1}	$\zeta_p = \eta_\Theta \frac{\partial \Theta}{\partial p}$ Θ nach Nr 2.3
1.44	χ	geopotentielle Tendenz	J/(kg · s)	$\chi = \frac{\partial W}{\partial t}$ W nach Nr 6.35
1.45	E_ζ	Enstrophie	s^{-2}	$E_\zeta = \frac{1}{2}\overline{\zeta^2}$
1.46	h^*	Höhe des divergenzfreien Niveaus	m	Für diese Höhe wird das barotrope Modell berechnet.
1.47	H_0	Höhe der homogenen Atmosphäre	m	Höhe einer hypothetischen Atmosphäre konstanter Dichte im Normzustand (siehe DIN 1343)
1.48	σ	Stabilitätsparameter	J/s	
1.49	ω_p	individuelle zeitbezogene Druckänderung	Pa/s	$\omega_p = \frac{dp}{dt}$ sogenannte generalisierte Vertikalgeschwindigkeit im x, y, p-System

[3]) Siehe Seite 3

Tabelle 1. (Fortsetzung)

Nr	Formelzeichen	Bedeutung	SI-Einheit	Bemerkung
1.50	Ka	Kármán-Zahl	1	$Ka = \frac{z_*}{z}$ z nach Nr 1.34 z_* nach Nr 1.35
1.51	Ri	Richardson-Zahl	1	$Ri = \frac{\frac{g}{\Theta} \cdot \frac{\partial \Theta}{\partial z}}{\left(\frac{\partial \bar{v}_t}{\partial z}\right)^2}$ Verhältnis von statischer Stabilität zur vertikalen Windscherung der mittleren Windgeschwindigkeit in Strömungsrichtung Θ nach Nr 2.3
1.52	Re	Reynolds-Zahl	1	$Re = \frac{l \cdot v}{\nu}$, siehe DIN 5491 l charakteristische Länge ν kinematische Viskosität v charakteristische Geschwindigkeit
1.53	Fr	Froude-Zahl	1	$Fr = \frac{v^2}{lg}$, siehe DIN 5492 l, v siehe Nr 1.52
1.54	D, D_{turb}	turbulenter Diffusionskoeffizient	m^2/s	siehe DIN 5491
1.55	A	Austauschkoeffizient	kg/(m · s)	$A = \varrho D$ ϱ nach Nr 1.17 D nach Nr 1.54

2.2 Formelzeichen für Thermodynamik, Feuchte und Wolkenphysik

Tabelle 2.

Nr	Formelzeichen	Bedeutung	SI-Einheit	Bemerkung
2.1	T_v [4])	virtuelle Temperatur	K	Die virtuelle Temperatur ist die Temperatur, die trockene Luft haben muß, damit sie unter demselben Druck dieselbe Dichte hat wie feuchte Luft mit der spezifischen Feuchtigkeit s: $T_v = T\,(1 + 0{,}608\,s)$ s nach Nr 2.16
2.2	T_e [4])	Äquivalenttemperatur	K	Die Äquivalenttemperatur einer feuchten Luftmenge ist die Temperatur, welche die Luftmenge annimmt, nachdem ihr die Kondensationswärme des gesamten darin vorhandenen Wasserdampfes isobar zugeführt worden ist: $T_e = T + m \frac{L}{c_p}$ L latente Verdampfungswärme des Wassers, siehe auch Nr 2.21 c_p spezifische Wärmekapazität trockener Luft bei konstantem Druck m nach Nr 2.17

[4]) Die angegebene Temperatur ist die thermodynamische Temperatur. Die entsprechende Celsius-Temperatur wird durch den Kleinbuchstaben t bzw. ϑ bezeichnet.

Tabelle 2. (Fortsetzung)

Nr	Formelzeichen	Bedeutung	SI-Einheit	Bemerkung
2.3	Θ 4)	potentielle Temperatur	K	Die potentielle Temperatur einer Luftmenge ist die Temperatur, welche diese Luftmenge annimmt, nachdem sie trockenadiabatisch auf einen Druck von $p_0 = 10^5$ Pa $= 10^3$ mbar gebracht wurde: $$\Theta = T \left(\frac{p_0}{p}\right)^{R_L/c_p}$$ p nach Nr 1.16 R_L individuelle Gaskonstante der Luft c_p siehe Nr 2.2
2.4	Θ_e 4)	potentielle Äquivalenttemperatur	K	Die potentielle Äquivalenttemperatur einer feuchten Luftmenge ist die Temperatur, welche diese Luftmenge annimmt, nachdem sie zuerst isobar durch Zufuhr von Kondensationswärme des gesamten darin enthaltenen Wasserdampfes erwärmt und dann trockenadiabatisch auf einen Druck von $p_0 = 10^5$ Pa $= 10^3$ mbar gebracht wurde.
2.5	Θ_f 4)	feuchtpotentielle Temperatur	K	Die feuchtpotentielle Temperatur einer Luftmenge ist die Temperatur, welche diese Luftmenge annimmt, nachdem sie, ausgehend von der Feuchttemperatur, feuchtadiabatisch auf einen Druck von $p_0 = 10^5$ Pa $= 10^3$ mbar gebracht wurde.
2.6	T_p 4)	pseudopotentielle Temperatur	K	Die pseudopotentielle Temperatur einer Luftmenge ist die Temperatur, die diese Luftmenge annimmt, nachdem sie – trockenadiabatisch bis zum Kondensationsniveau gehoben wurde, danach – vom Hebungskondensationsniveau feuchtadiabatisch weiter gehoben wurde, bis der gesamte in ihr enthaltene Wasserdampf kondensiert und ausgefallen ist, und sie schließlich wieder – trockenadiabatisch auf einen Druck von $p_0 = 10^5$ Pa $= 10^3$ mbar gebracht wurde.
2.7	T_d 4)	Taupunkttemperatur	K	
2.8	T 4)	Temperatur des trockenen Thermometers	K	Lufttemperatur, gemessen mit dem trockenen Thermometer, siehe DIN 19 685
2.9	T_f 4)	Temperatur des feuchten Thermometers	K	siehe DIN 58 660
2.10	T_g 4)	Erdbodentemperatur	K	Temperatur im Erdboden; im allgemeinen in den Tiefen 2, 5, 10, 20, 50 und 100 cm gemessen
2.11	e	Partialdruck des Wasserdampfes	Pa	
2.12	E_w, e_w	Sättigungsdampfdruck des Wasserdampfes über Wasser	Pa	
2.13	E_i, e_i	Sättigungsdampfdruck des Wasserdampfes über Eis	Pa	
2.14	ϱ_w	absolute Feuchte	kg/m^3	Massenkonzentration des Wasserdampfes
2.15	f, U	relative Feuchte	1	$f = \frac{e}{E_w}$

4) Siehe Seite 5

Tabelle 2. (Fortsetzung)

Nr	Formelzeichen	Bedeutung	SI-Einheit	Bemerkung
2.16	s	spezifische Feuchte	kg/kg	Die spezifische Feuchte ist das Verhältnis der Masse des Wasserdampfes zur Masse der feuchten Luft im selben Volumen: $s = \frac{\varrho_w}{\varrho_w + \varrho_d}$ ϱ_w nach Nr 2.14, ϱ_d nach Nr 2.19
2.17	m	Mischungsverhältnis (der feuchten Luft)	kg/kg	Das Mischungsverhältnis ist das Verhältnis der Masse des Wasserdampfes zur Masse der trockenen Luft im selben Volumen: $m = \frac{\varrho_w}{\varrho_d}$
2.18	s_S	spezifische Feuchte bei Sättigung	kg/kg	
2.19	ϱ_d	Dichte trockener Luft	kg/m^3	
2.20	C_{Ps}	Psychrometerkoeffizient	K^{-1}	$C_{Ps} = \frac{e - e_w}{p(T - T_f)}$
2.21	L_v	spezifische Verdampfungswärme des Wassers	J/kg	
2.22	L_s	spezifische Sublimationswärme des Eises	J/kg	
2.23	h_0	Höhe der 0-°C-Isothermenfläche	m	sogenannte Nullgradgrenze
2.24	E	Entrainmentkoeffizient	m^{-1}	relative Änderung des Massenflusses M in Strömungsrichtung z $E = \frac{1}{M} \cdot \frac{\partial M}{\partial z}$
2.25	T_a 4)	Aktivierungstemperatur	K	
2.26	T_A 4)	Auslösetemperatur	K	
2.27	t_N	Niederschlagsdauer	s	
2.28	h_H	Hebungskondensationsniveau	m	
2.29	h_C	Cumuluskondensationsniveau	m	
2.30	h_N	Niederschlagshöhe	m	siehe DIN 4049 Teil 1
2.31	i_N	Niederschlagsintensität	m/s	siehe DIN 4049 Teil 1 übliche Einheit: mm/min
2.32	V_0	Verdunstungsrate	m/s	
2.33	V_p	potentielle Verdunstungsrate	m/s	Verdunstung bei unbegrenzter Wasserzuführung (nicht nachschubbegrenzte Verdunstung), siehe auch DIN 4049 Teil 1

4) Siehe Seite 5

Tabelle 2. (Fortsetzung)

Nr	Formelzeichen	Bedeutung	SI-Einheit	Bemerkung
2.34	V_a	aktuelle Verdunstungsrate	m/s	Verdunstung, bei der der Verdunstungsanspruch der Atmosphäre wegen Wassermangels des verdunstenden Mediums nicht erfüllt werden kann (nachschubbegrenzte Verdunstung), siehe auch DIN 4049 Teil 1
2.35	E_p 5)	potentielle Evapotranspiration	m/s	Gesamtverdunstung aus Pflanze und Boden bei unbegrenztem Wassernachschub
2.36	E_a 6)	aktuelle Evapotranspiration	m/s	nachschubbegrenzte Gesamtverdunstung aus Pflanze und Boden
2.37	v_A	Abflußgeschwindigkeit	m/s	
2.38	h_S	Schneehöhe	m	
2.39	ϱ_S	Schneedichte	kg/m^3	siehe DIN 4049 Teil 1

5) In der Agrarmeteorologie häufig mit ETP bezeichnet
6) In der Agrarmeteorologie häufig mit ETA bezeichnet

2.3 Formelzeichen für Strahlung 7)

Tabelle 3.

Nr	Formelzeichen	Bedeutung	SI-Einheit	Bemerkung
3.1	**Bestrahlungsstärke 8)**			
3.1.1	E_I, I	Bestrahlungsstärke durch die direkte Sonnenstrahlung auf die zur Einfallsrichtung senkrechte Ebene	W/m^2	
3.1.2	E_0, I_0	Bestrahlungsstärke durch die extraterrestrische Sonnenstrahlung bei aktuellem Sonnenabstand R auf die zur Einfallsrichtung senkrechte Ebene	W/m^2	
3.1.3	$\bar{E}_0$, $\bar{I}_0$	Bestrahlungsstärke durch die extraterrestrische Sonnenstrahlung bei mittlerem Sonnenabstand $\bar{R}$ auf die zur Einfallsrichtung senkrechte Ebene („Solarkonstante")	W/m^2	$\bar{E}_0 = E_0\,(R/\bar{R})^2$
3.1.4	E_D, D	Bestrahlungsstärke durch die diffuse Sonnenstrahlung („Himmelsstrahlung") auf die horizontale Ebene	W/m^2	
3.1.5	E_G, G	Bestrahlungsstärke durch die globale Sonnenstrahlung („Globalstrahlung") auf die horizontale Ebene	W/m^2	$E_G = E_I \sin\gamma + E_D$ γ siehe Nr 3.4.4
3.2	**Spezifische Ausstrahlung 8)**			
3.2.1	M_R, R	spezifische Ausstrahlung durch die von der Erdoberfläche reflektierte Sonnenstrahlung („Reflexstrahlung")	W/m^2	

7) Die Hauptzeichen in den Abschnitten 3.1, 3.2 und 3.3 werden vornehmlich in der Lichttechnik benutzt, um den Unterschied in der Dimension von Bestrahlungsstärke E und Bestrahlung H zu betonen. In der angewandten Meteorologie werden die Ausweichzeichen bevorzugt, um die Herkunft der verschiedenen gleichzeitig auftretenden Strahlungsflüsse zu kennzeichnen.

8) Entsprechende Formelzeichen gelten für die Bestrahlung (Einheit J/m^2) (siehe DIN 1304 Teil 1, Ausgabe 03.89, Nr 7.9, und DIN 5031 Teil 1), d. h. für das Integral der Bestrahlungsstärke bzw. der spezifischen Ausstrahlung über einen definierten Zeitraum (z. B. 1 Stunde, 1 Tag, 1 Monat, 1 Jahr). Beim Hauptzeichen wird H statt E geschrieben, z. B. H_G statt E_G. Beim Ausweichzeichen wird der betreffende Zeitraum durch einen entsprechenden Index gekennzeichnet, z. B. G_h für die Bestrahlung durch die globale Sonnenstrahlung über 1 Stunde (1 h), auch Stundensumme der Globalstrahlung genannt.

Tabelle 3. (Fortsetzung)

Nr	Formelzeichen	Bedeutung	SI-Einheit	Bemerkung
3.2.2	M_A, A	spezifische Ausstrahlung durch die Wärmestrahlung (Temperaturstrahlung) der Atmosphäre („Gegenstrahlung")	W/m²	
3.2.3	M_E, E	spezifische Ausstrahlung durch die Wärmestrahlung (Temperaturstrahlung) der Erdoberfläche („Ausstrahlung")	W/m²	
3.3	**Strahlungsbilanzen** [8]			
3.3.1	E_{abs}, Q_s	Kurzwellige (solare) Strahlungsbilanz	W/m²	$E_{abs} = E_G - M_R$ (Flußdichte der von der Erdoberfläche absorbierten Sonnenstrahlung)
3.3.2	M_{net}, $-Q_t$	effektive oder Nettoausstrahlung	W/m²	$M_{net} = M_E - M_A$ Der negative Wert $-M_{net} = Q_t$ heißt langwellige (terrestrische) Strahlungsbilanz.
3.3.3	E_{ges}, Q	(Gesamt-)Strahlungsbilanz	W/m²	$E_{ges} = E_{abs} - M_{net}$
3.4	**Winkelgrößen der Sonne**			
3.4.1	ω	Stundenwinkel	rad	nach WMO Techn. Note No. 172, in DIN 13312, Ausgabe Dezember 1983, Nr 10.1.3.4 t: Ortsstundenwinkel
3.4.2	δ	Deklination	rad	nach DIN 13312, Ausgabe Dezember 1983, Nr 10.1.3.3
3.4.3	α	Azimut	rad	siehe Nr 6.22 und DIN 13312, Ausgabe Dezember 1983, Nr 10.1.3.2 (α_{Az})
3.4.4	γ	Höhenwinkel	rad	nach WMO Techn. Note No. 172, in DIN 13312, Ausgabe Dezember 1983, Nr 10.1.3.1 h: wahre Höhe
3.4.5	ζ	Zenitwinkel	rad	nach WMO Techn. Note No. 172, $\zeta = (\pi/2) - \gamma$, siehe Nr 6.24 siehe DIN 18709 Teil 1, Ausgabe August 1982, Nr 5.4.1 (z), siehe DIN 13312, Ausgabe Dezember 1983, Nr 10.1.3.10 z: Zenitdistanz
3.5	**Sonnenscheindauer**			
3.5.1	S	tatsächliche Sonnenscheindauer	s	
3.5.2	S_0	astronomische Sonnenscheindauer	s	
3.5.3	S_0'	mögliche Sonnenscheindauer	s	astronomische Sonnenscheindauer unter Berücksichtigung von Horizonteinschränkungen
3.5.4	S_{rel}	relative Sonnenscheindauer, bezogen auf S_0	1	$S_{rel} = S/S_0$
3.5.5	S_{rel}'	relative Sonnenscheindauer, bezogen auf S_0'	1	$S_{rel}' = S/S_0'$
3.6	**Trübungsmaße**			
3.6.1	σ_s, s	Streukoeffizient	m^{-1}	
3.6.2	σ_a, a	Absorptionskoeffizient	m^{-1}	

[8]) Siehe Seite 8

Tabelle 3. (Fortsetzung)

Nr	Formelzeichen	Bedeutung	SI-Einheit	Bemerkung
3.6.3	σ_e, μ	Extinktionskoeffizient (Schwächungskoeffizient)	m^{-1}	$\sigma_e = \sigma_s + \sigma_a$
3.6.4	$\delta(s)$	Schwächungsmaß (einer Schicht entlang der Strecke s)	1	$\delta(s) = \int_{s'=0}^{s} \sigma_s(s')\,ds'$ (meist optische Dicke oder Tiefe genannt)
3.6.5	δ_R	Schwächungsmaß der Atmosphäre bezüglich Rayleigh-Streuung (Molekül-Streuung)	1	
3.6.6	δ_D	Schwächungsmaß der Atmosphäre bezüglich Dunstextinktion (Aerosolextinktion)	1	
3.6.7	δ_W	Schwächungsmaß der Atmosphäre bezüglich Wasserdampfabsorption	1	
3.6.8	δ_Z	Schwächungsmaß der Atmosphäre bezüglich Ozonabsorption	1	
3.6.9	δ, δ_{ges}	Schwächungsmaß der Atmosphäre bezüglich Gesamtextinktion	1	$\delta = \delta_R + \delta_D + \delta_W + \delta_Z$
3.6.10	T_L	Trübungsfaktor nach Linke	1	$T_L = \delta/\delta_R$
3.6.11	β_A	Trübungskoeffizient nach Ångström	1	$\delta_D(\lambda) = \beta_A \cdot (\lambda/1\,\mu m)^{-\alpha_A}$ λ Wellenlänge α_A Ångströmscher Wellenlängenexponent
3.6.12	β_S	Trübungskoeffizient nach Schüepp	1	$\delta_D(\lambda) = \beta_S \cdot (\lambda/0{,}5\,\mu m)^{-\alpha_A} \cdot \ln 10$
3.6.13	$\delta(\zeta)$	Schwächungsmaß der Atmosphäre bei schrägem Strahlungsdurchgang (unter dem Zenitwinkel ζ)	1	sogenannte schräge optische Dicke
3.6.14	$m(\zeta)$	relatives Schwächungsmaß der Atmosphäre bei schrägem Strahlungsdurchgang	1	$m(\zeta) = \delta(\zeta)/\delta(0)$ sogenannte relative optische Luftmasse
3.7 Sichtweite				
3.7.1	V_N	Normsichtweite	m	Sichtweite am Tage, bezogen auf einen Schwellenkontrast des Auges von 0,02: $V_N = 3{,}91/\sigma_e$ σ_e nach Nr 3.6.3 (Schwellenkontrast siehe DIN 5037 Teil 2)
3.7.2	V_M	Meteorologische Sichtweite	m	Sichtweite am Tage, bezogen auf einen Schwellenkontrast des Auges von 0,05: $V_M = 3{,}00/\sigma_e$ σ_e nach Nr 3.6.3 (Schwellenkontrast siehe DIN 5037 Teil 2)
3.7.3	V_F	Feuersichtweite, Nachtsichtweite	m	Sichtweite bei Nacht, ermittelt aus der Tragweite bekannter Lichtquellen (Tragweite siehe DIN 5037 Teil 2)
3.8 Weitere Kennzahlen				
3.8.1	τ	Transmissionsgrad der Atmosphäre	1	$\tau = e^{-\delta}$; δ nach Nr 3.6.9
3.8.2	ϱ_s	kurzwelliger (solarer) Reflexionsgrad der Erdoberfläche („Albedo“)	1	$\varrho_s = M_R/E_G$

Tabelle 3. (Fortsetzung)

Nr	Formelzeichen	Bedeutung	SI-Einheit	Bemerkung
3.8.3	α_s	kurzwelliger (solarer) Absorptionsgrad der Erdoberfläche	1	$\alpha_s = 1 - \varrho_s$
3.8.4	ϱ_t, ϱ_h	langwelliger (terrestrischer) Reflexionsgrad der Erdoberfläche	1	
3.8.5	α_t, α_h	langwelliger (terrestrischer) Absorptionsgrad der Erdoberfläche	1	$\alpha_t = 1 - \varrho_t$
3.8.6	ε	halbräumlicher Emissionsgrad der Erdoberfläche	1	$\varepsilon = \alpha_t$, siehe DIN 5031 Teil 8

2.4 Formelzeichen für atmosphärische Elektrizität

Tabelle 4.

Nr	Formelzeichen	Bedeutung	SI-Einheit	Bemerkung
4.1	E_P	Potentialgradient	V/m	$\boldsymbol{E}_P = -\boldsymbol{E} = \nabla \varphi$ E elektrische Feldstärke φ elektrisches Potential
4.2	J, j	elektrische Stromdichte	A/m^2	
4.3	n	Anzahldichte der Kleinionen	m^{-3}	n_+ für positive und n_- für negative Kleinionen
4.4	N, n_I	Anzahldichte der Großionen, d. h. der geladenen Aerosolteilchen	m^{-3}	N_+ und N_- entsprechend Nr 4.3
4.5	N_0, n_0	Anzahldichte ungeladener Aerosolteilchen	m^{-3}	
4.6	Z, N_{tot}	Anzahldichte aller Aerosolteilchen	m^{-3}	$Z = N_0 + N_+ + N_-$
4.7	q	Ionisierungsrate	m^{-3}/s	
4.8	b, k	Ionenbeweglichkeit	$m^2/(s \cdot V)$	b_+ für positive und b_- für negative Ionen
4.9	γ [9]	elektrische Luftleitfähigkeit	S/m	$\gamma_{tot} = \gamma_+ + \gamma_- = e\,(n_+ b_+ + n_- b_-)$ Elementarladung e nach DIN 1304 Teil 1, Ausgabe 03.89, Nr 4.2
4.10	R_S, R_C	Säulenwiderstand	$\Omega \cdot m^2$	$R_S = \int_{z_1}^{z_2} \frac{dz}{\gamma_{tot}(z)}$, $(z_2 - z_1)$ Höhe der Luftsäule
4.11	α	Wiedervereinigungs- (Rekombinations-) koeffizient	m^3/s	Rekombination von Kleinionen, im stationären Gleichgewicht $\alpha\, n_+ n_- = q$
4.12	β	Anlagerungskoeffizient	m^3/s	Verschwinden von Kleinionen durch Anlagerung an Aerosolteilchen, z. B. für positive Kleinionen $\partial n_+/\partial t = -\beta_0 n_+ N_0 - \beta_+ n_+ N_+ - \beta_- n_+ N_-$

[9]) Weitere Formelzeichen siehe DIN 1304 Teil 1, Ausgabe 03.89, Nr 4.39

2.5 Formelzeichen für Mechanik und Seismik

Tabelle 5.

Nr	Formelzeichen	Bedeutung	SI-Einheit	Bemerkung
5.1	u	elastische Verschiebung	m	
5.2	λ, μ	Lamésche Konstanten	Pa	
5.3	v	Signalgeschwindigkeit	m/s	

Tabelle 5. (Fortsetzung)

Nr	Formelzeichen	Bedeutung	SI-Einheit	Bemerkung
5.4	u, U	Gruppengeschwindigkeit	m/s	
5.5	c, C	Phasengeschwindigkeit	m/s	
5.6	a, v_p	Geschwindigkeit der Kompressionswellen	m/s	
5.7	β, v_s	Geschwindigkeit der Scherungswellen	m/s	
5.8	h	Herdtiefe	m	
5.9.1	Δ	Epizentralwinkel (Epizentralentfernung)	rad	sonstige Winkeleinheiten siehe DIN 1315
5.9.2	Δ_s	Epizentralentfernung	m	$\Delta_s = \Delta \cdot R$, R nach Nr 6.1
5.10	i	Einfallswinkel (gegen die Flächennormale)	rad	sonstige Winkeleinheiten siehe DIN 1315
5.11	Q	elastische Güte	1	$Q = \frac{2\pi w}{\Delta w}$ w nach DIN 1304 Teil 1, Ausgabe 03.89, Nr 3.50 Q ist das mit 2π multiplizierte Verhältnis der maximalen kinetischen Energiedichte w zur Abnahme Δw derselben Größe beim Fortschreiten der Welle um eine Wellenlänge. Der Kehrwert $1/Q$ wird auch als Anelastizitätsgrad bezeichnet.

2.6 Formelzeichen für Form und Schwerefeld der Erde

Tabelle 6.

Nr	Formelzeichen	Bedeutung	SI-Einheit	Bemerkung
6.1	R	mittlerer Erdradius	m	Radius der Erdkugel (siehe DIN 18 709 Teil 1)
6.2	a	Äquatorradius des Erdellipsoides, große Halbachse der Meridianellipse	m	Erdellipsoid als Rotationsellipsoid aufgefaßt
6.3	b	kleine Halbachse der Meridianellipse, kleine Halbachse des Rotationsellipsoides	m	
6.4	c	Polkrümmungsradius des Rotationsellipsoides	m	$c = a^2/b$
6.5	f, α	geometrische Abplattung		$f = \frac{a-b}{a}$ a nach Nr 6.2, b nach Nr 6.3
6.6	H_O	orthometrische Höhe	m	Bogenlänge längs der Lotlinie vom Geländepunkt bis zum Geoid (siehe Bemerkung zu Nr 6.35). H_O ist positiv, wenn sich der Geländepunkt über dem Geoid befindet. Anmerkung: Die normal-orthometrischen Höhen (H), siehe DIN 18 709 Teil 1, sind Annäherungen an die orthometrischen Höhen H_O.
6.7	H_E, h	ellipsoidische Höhe	m	Abstand eines Geländepunktes vom Bezugsellipsoid längs der Ellipsoidnormalen (siehe Bemerkung zu Nr 6.36). H_E ist positiv, wenn sich der Geländepunkt über dem Bezugsellipsoid befindet.

Tabelle 6. (Fortsetzung)

Nr	Formelzeichen	Bedeutung	SI-Einheit	Bemerkung
6.8	H_N	Normalhöhe (nach Molodensky)	m	$H_N = \frac{W_0 - W}{\gamma_m}$ W_0 Schwerepotential im Höhennullpunkt (siehe Nr 6.35) γ_m näherungsweise gleich der Normalschwere in halber Normalhöhe (siehe Nr 6.30)
6.9	d	Abstand eines Geländepunktes von der momentanen Erdrotationsachse	m	
6.10	r	Abstand eines Geländepunktes vom Erdschwerpunkt	m	
6.11	l, s	Abstand Quellpunkt-Aufpunkt	m	
6.12	x [10]	Koordinate in Nordrichtung [11]	m	örtliches, kartesisches Koordinatensystem Anmerkung: Die Koordinaten können sowohl im geodätischen als auch im astronomischen System definiert sein (siehe DIN 18709 Teil 1).
6.13	y [10]	Koordinate in Ostrichtung [11]	m	
6.14	z [10]	Koordinate in Nadirrichtung [11], [12]	m	
6.15	φ_a, Φ	astronomische Breite	rad [13]	Richtungsparameter der physikalischen Lotrichtung im Geländepunkt (siehe DIN 18709 Teil 1) sonstige Winkeleinheiten siehe DIN 1315
6.16	λ_a, Λ	astronomische Länge	rad [13]	
6.17	φ, B	geodätische Breite	rad [13]	Richtungsparameter der Ellipsoidnormalen durch den Geländepunkt nach DIN 18709 Teil 1 sonstige Winkeleinheiten siehe DIN 1315
6.18	λ, L	geodätische Länge	rad [13]	
6.19	Θ	Lotabweichung	rad [13]	Winkel zwischen der astronomischen und ellipsoidischen Zenitrichtung sonstige Winkeleinheiten siehe DIN 1315
6.20	ξ	Lotabweichungskomponente in Nordrichtung	rad [13]	$\xi = \varphi_a - \varphi$ φ_a nach Nr 6.15 φ nach Nr 6.17 sonstige Winkeleinheiten siehe DIN 1315
6.21	η	Lotabweichungskomponente in Ostrichtung	rad [13]	$\eta = (\lambda_a - \lambda) \cos \varphi$ λ_a nach Nr 6.16 λ nach Nr 6.18 φ nach Nr 6.17 sonstige Winkeleinheiten siehe DIN 1315
6.22	α_v	astronomisches Azimut	rad [13]	Horizontalwinkel im topozentrischen astronomischen Horizontsystem: Winkel am Zenit zwischen dem Nordmeridian und dem Vertikalkreis eines Zielpunktes, ausgehend von Nord über Ost (siehe DIN 18709 Teil 1)
6.23	A	geodätisches Azimut	rad [13]	Horizontalwinkel im topozentrischen geodätischen Horizontsystem: Winkel am Zenit zwischen dem Nordmeridian und dem Vertikalkreis eines Zielpunktes, ausgehend von Nord über Ost (siehe DIN 18709 Teil 1)

[10] Die Achsen werden mit N, E und N' bezeichnet.
[11] In der Meteorologie: x in Ostrichtung positiv, y in Nordrichtung positiv, z in Zenitrichtung positiv.
[12] In der Geodäsie: z in Zenitrichtung positiv.
[13] In der Geodäsie ist die Verwendung der Einheiten (°, ′, ″) üblich.

Tabelle 6. (Fortsetzung)

Nr	Formelzeichen	Bedeutung	SI-Einheit	Bemerkung
6.24	z	astronomische Zenitdistanz	rad [13]	Vertikalwinkel im topozentrischen astronomischen Horizontsystem: Winkel zwischen der Lotrichtung und der Richtung zu einem Zielpunkt, ausgehend vom Zenit (siehe DIN 18709 Teil 1)
6.25	ζ	geodätische Zenitdistanz	rad [13]	Vertikalwinkel im topozentrischen geodätischen Horizontsystem: Winkel zwischen der Ellipsoidnormalen und der Richtung zu einem Zielpunkt, ausgehend vom Zenit (siehe DIN 18709 Teil 1)
6.26	M	Gesamtmasse der Erde, einschließlich der Masse der Erdatmosphäre	kg	
6.27	M_a	Masse der Erdatmosphäre	kg	
6.28	A, B, C	Hauptträgheitsmomente	$kg \cdot m^2$	$A < B < C, A \approx B$ auch: J_1, J_2, J_3 (siehe DIN 13317)
6.29	g	Schwere (auch Betrag der Schwerefeldstärke)	m/s^2 [14]	siehe DIN 1304 Teil 1 und DIN 18709 Teil 1
6.30	γ	Normalschwere (auch Betrag der normalen Schwerefeldstärke)	m/s^2 [14]	siehe Nr 6.36 und DIN 18709 Teil 1
6.31	γ_0	Normalschwere auf dem Niveauellipsoid	m/s^2 [14]	siehe Nr 6.36 und DIN 18709 Teil 1
6.32	γ_e	Normalschwere auf dem Niveauellipsoid am Äquator	m/s^2 [14]	
6.33	γ_p	Normalschwere auf dem Niveauellipsoid am Pol	m/s^2 [14]	
6.34	β	Schwereabplattung		$\beta = \frac{\gamma_p - \gamma_e}{\gamma_e}$ siehe Nr 6.32 und Nr 6.33
6.35	W	Schwerepotential (Geopotential)	J/kg	Potential der Schwerefeldstärke. Die im mittleren Meeresniveau verlaufende Niveaufläche $W_0 =$ konst. wird Geoid genannt.
6.36	U	Normalschwerepotential	J/kg	Potential der normalen Schwerefeldstärke. Die Niveaufläche $U_0 =$ konst., die ein dem Geoid gleiches Volumen umschließt, ist ein Niveauellipsoid.
6.37	V	Potential der Massenanziehung	J/kg	$1 J/kg = 1 m^2/s^2$
6.38	Z	Potential der Zentrifugalbeschleunigung	J/kg	$Z = W - V$
6.39	C	geopotentielle Kote	J/kg	$C = W_0 - W$, siehe Nr 6.35
6.40	G	Gravitationskonstante	$N \cdot m^2/kg^2$	nach DIN 1304 Teil 1

[13] Siehe Seite 13
[14] Das Gal (1 Gal = 10 mm/s²) ist im amtlichen und geschäftlichen Verkehr gesetzlich nicht mehr zugelassen.

Tabelle 6. (Fortsetzung)

Nr	Formelzeichen	Bedeutung	SI-Einheit	Bemerkung
6.41	μ	geozentrische Gravitationskonstante (terrestrische Gravitationskonstante)	m^3/s^2	$\mu = G \cdot M$ M nach Nr 6.26 G nach Nr 6.40
6.42	ω	mittlere Winkelgeschwindigkeit der Erdrotation	rad/s	für ein bestimmtes Normalschweresystem vereinbarter Wert
6.43	T	Störpotential	J/kg	$T = W - U$, siehe Nr 6.35 und Nr 6.36
6.44	δg	Schwerestörung	m/s^2	$\delta g_P = g_P - \gamma_P$ g nach Nr 6.29 γ nach Nr 6.30 beobachtete minus Normalschwere im Beobachtungspunkt P, d. h. die radiale Ableitung des Störpotentials
6.45	ζ	Höhenanomalie, Quasigeoidundulation	m	$\zeta = H_E - H_N$ H_E nach Nr 6.7 H_N nach Nr 6.8 (siehe DIN 18709 Teil 1)
6.46	N	Geoidhöhe, Geoidundulation	m	$N = H_E - H_O$ H_E nach Nr 6.7 H_O nach Nr 6.6 (siehe DIN 18709 Teil 1)
6.47	Δg_s	Schwereanomalie	m/s^2	beobachtete minus Normalschwere im Telluroidbildpunkt (auf der Äquipotentialfläche $U = W_P$, siehe Nr 6.35 und Nr 6.36) [15] $\Delta g_s = \delta g - \frac{T}{\gamma} \cdot \frac{\partial \gamma}{\partial n}$ n hat die Richtung der inneren Normalen (in der Geodäsie: n äußere Normale)
6.48	Δg_F	Freiluftanomalie	m/s^2 [14]	
6.49	Δg_B	Bouguer-Anomalie	m/s^2 [14]	
6.50	Δg_I	topographisch isostatische Anomalie	m/s^2 [14]	

[14]) Siehe Seite 14

[15]) Näherungsweise: die mittels einer Schwerereduktion auf das Geoid reduzierte Schwere minus der Normalschwere γ_0 (siehe Nr 6.31)

2.7 Formelzeichen für Erdmagnetismus (siehe auch DIN 1304 Teil 1 und DIN 1324 Teil 1 und Teil 2)

Tabelle 7.

Nr	Formelzeichen	Bedeutung	SI-Einheit	Bemerkung
7.1	**Gesteinsmagnetismus**			
7.1.1	J_r, J_{rem}	remanente (magnetische) Polarisation	T	siehe DIN 1304 Teil 1, Ausgabe 03.89, Nr 4.32
7.1.2	J_i, J_{ind}	induzierte (magnetische) Polarisation	T	siehe DIN 1304 Teil 1, Ausgabe 03.89, Nr 4.32
7.1.3	J_{nat}	natürliche (magnetische) Polarisation	T	siehe DIN 1304 Teil 1, Ausgabe 03.89, Nr 4.32

Tabelle 7. (Fortsetzung)

Nr	Formelzeichen	Bedeutung	SI-Einheit	Bemerkung
7.1.4	M_r, M_{rem}	remanente Magnetisierung	A/m	siehe DIN 1304 Teil 1, Ausgabe 03.89, Nr 4.31
7.1.5	M_i, M_{ind}	induzierte Magnetisierung	A/m	siehe DIN 1304 Teil 1, Ausgabe 03.89, Nr 4.31
7.1.6	M_{nat}	natürliche Magnetisierung	A/m	siehe DIN 1304 Teil 1, Ausgabe 03.89, Nr 4.31
7.1.7	δ	Deklination der natürlichen (oder der remanenten) magnetischen Polarisation bzw. der entsprechenden Magnetisierung	rad	siehe Nr 7.2.6 sonstige Winkeleinheiten siehe DIN 1315
7.1.8	i	Inklination der natürlichen (oder der remanenten) magnetischen Polarisation bzw. der entsprechenden Magnetisierung	rad	siehe Nr 7.2.7 sonstige Winkeleinheiten siehe DIN 1315
7.2	**Erdmagnetisches Feld**			
7.2.1	B, F	gesamte Flußdichte, Totalintensität	T	
7.2.2	B_x, X	Nordkomponente der Flußdichte	T	
7.2.3	B_y, Y	Ostkomponente der Flußdichte	T	
7.2.4	B_z, Z	Vertikalkomponente der Flußdichte, positiv in Nadirrichtung	T	
7.2.5	B_{xy}, H	Horizontalkomponente der Flußdichte, Horizontalintensität	T	$\boldsymbol{B}_{xy} = \boldsymbol{B}_x + \boldsymbol{B}_y$
7.2.6	D	Deklination	rad	Winkel zwischen der astronomischen Meridianebene als Bezugsebene und der Vertikalebene durch den magnetischen Feldvektor (magnetische Meridianebene), positiv nach Osten sonstige Winkeleinheiten siehe DIN 1315
7.2.7	I	Inklination	rad	Winkel zwischen der Horizontalebene als Bezugsebene und der Richtung des magnetischen Feldvektors, positiv nach unten sonstige Winkeleinheiten siehe DIN 1315
7.3	**Geomagnetische Koordinaten** [16]			
7.3.1	Φ	geomagnetische Breite [16]	rad	Winkel am Erdmittelpunkt zwischen der Ebene des geomagnetischen Äquators und dem Erdradius des betrachteten Ortes, positiv nach Norden sonstige Winkeleinheiten siehe DIN 1315

[16] Das erdmagnetische Feld läßt sich in erster Näherung durch das Feld eines geozentrischen Dipols darstellen. Solchen Beschreibungen wird als nördlicher Durchstoßpunkt der Achse dieses Dipols der Ort $\varphi = 78{,}5\,°\text{N}$ und $\lambda = 69{,}0\,°\text{W}$ zugrunde gelegt. Die sich auf dieses Dipolfeld beziehenden Begriffe sind durch das Eigenschaftswort „geomagnetisch" gekennzeichnet. In allen anderen Fällen ist das natürliche erdmagnetische Feld gemeint.

Beispiele: Geomagnetische Deklination – (magnetische) Deklination,
Geomagnetische Pole – magnetische Pole

$\left(\Phi = \pm \frac{\pi}{2}\right)$ $\left(B_{xy} = 0;\ I = \pm \frac{\pi}{2}\right)$

Tabelle 7. (Fortsetzung)

Nr	Formelzeichen	Bedeutung	SI-Einheit	Bemerkung
7.3.2	Λ	geomagnetische Länge [16])	rad	sphärischer Winkel an den geomagnetischen Polen zwischen dem dortigen geographischen Meridian als Bezugsmeridian und dem geomagnetischen Meridian durch den betrachteten Ort, positiv nach Osten sonstige Winkeleinheiten siehe DIN 1315
7.3.3	Ψ	geomagnetische Deklination [16])	rad	sphärischer Winkel zwischen dem geographischen Meridian als Bezugsmeridian und dem geomagnetischen Meridian an dem betrachteten Ort, positiv nach Osten sonstige Winkeleinheiten siehe DIN 1315

[16]) Siehe Seite 16

Zitierte Normen und andere Unterlagen

DIN 1301 Teil 1	Einheiten; Einheitennamen, Einheitenzeichen
DIN 1301 Teil 2	Einheiten; Allgemein angewendete Teile und Vielfache
DIN 1303	Vektoren, Matrizen, Tensoren; Zeichen und Begriffe
DIN 1304 Teil 1	Formelzeichen; Allgemeine Formelzeichen
DIN 1312	Geometrische Orientierung
DIN 1315	Winkel; Begriffe, Einheiten
DIN 1324 Teil 1	Elektromagnetisches Feld; Zustandsgrößen
DIN 1324 Teil 2	Elektromagnetisches Feld; Materialgrößen
DIN 1343	Referenzzustand, Normzustand, Normvolumen; Begriffe und Werte
DIN 4049 Teil 1	Hydrologie; Begriffe, quantitativ
DIN 5031 Teil 1	Strahlungsphysik im optischen Bereich und Lichttechnik; Größen, Formelzeichen und Einheiten der Strahlungsphysik
DIN 5031 Teil 8	Strahlungsphysik im optischen Bereich und Lichttechnik; Strahlungsphysikalische Begriffe und Konstanten
DIN 5037 Teil 2	Lichttechnische Bewertung von Scheinwerfern; Signalscheinwerfer – Signalleuchten
DIN 5491	Stoffübertragung; Diffusion und Stoffübergang, Grundbegriffe, Größen, Formelzeichen, Kenngrößen
DIN 5492	Formelzeichen der Strömungsmechanik
DIN 13312	Navigation; Benennungen, Abkürzungen, Formelzeichen, graphische Symbole
DIN 13317	Mechanik starrer Körper; Begriffe, Größen, Formelzeichen
DIN 18709 Teil 1	Begriffe, Kurzzeichen und Formelzeichen im Vermessungswesen; Allgemeines
DIN 19685	Klimatologische Standortuntersuchung im Landwirtschaftlichen Wasserbau; Ermittlung der meteorologischen Größen
DIN 58660	Meteorologische Geräte; Thermometer 370 für Psychrometer
WMO Techn. Note No. 172	Meteorological aspects of the utilization of solar energy as an energy source. WMO-No. 557, Genf (1981) Annex I: Terminology, definitions, units and symbols *) Vgl. hierzu auch R. Dogniaux et al.: Solar Meteorology (units and symbols), Recommendations by the solar energy R&D programme of the European Community. Int. J. Solar Energy 2, 249–255 (1984)

Weitere Normen und andere Unterlagen

DIN 1305	Masse, Wägewert, Kraft, Gewichtskraft, Gewicht, Last; Begriffe
IUGG (1983)	XVIIIth General Assembly of the International Union of Geodesy and Geophysics (Hamburg, 1983) **)

Frühere Ausgaben

DIN 1358: 12.55, 07.71

Änderungen

Gegenüber DIN 1358/07.71 wurden folgende Änderungen vorgenommen:

a) Die Norm-Nr wurde in DIN 1304 Teil 2 geändert.

b) Die bereits in DIN 1304 Teil 1 enthaltenen Formelzeichen wurden in der vorliegenden Norm gestrichen, insbesondere entfiel der frühere Abschnitt 1 Raum und Zeit.

c) Formelzeichen für die allgemeine Meteorologie wurden eingefügt.

d) Der übrige Inhalt wurde vollständig durchgesehen, überarbeitet und neu gegliedert.

---

*) Zu beziehen durch:
World Meteorological Organization, 41, av. Giuseppe Motta, CH-1211 Genève 20

**) Zu beziehen durch:
IUGG publication office, 140, rue de Grenelle, F-75700 Paris

DK 001.6(08) : 003.62 : 621.316 März 1989

Formelzeichen

Formelzeichen für elektrische Energieversorgung

DIN 1304 Teil 3

Letter symbols for physical quantities; symbols to be used for electric power systems

Ersatz für DIN 4897/12.73

Inhalt

	Seite
1 Anwendungsbereich und Zweck	1
2 Formelzeichen	2
2.1 Formelzeichen für Länge und ihre Potenzen	2
2.2 Formelzeichen für Wechselstromgrößen und Netzgrößen	2
2.3 Formelzeichen für Zahlen und Größenverhältnisse	3
3 Nebenzeichen	4
3.1 Hochzeichen	4
3.2 Indizes für Betriebsmittel, Geräte und Bauelemente	4
3.3 Indizes für Standorte von Anlagen und Betriebsmitteln; Bezugsstellen; Fehlerstellen	4
3.4 Indizes für Betriebszustände	5
3.5 Mehrfachindizes	5

1 Anwendungsbereich und Zweck

Diese Norm legt zusätzlich zu DIN 1304 Teil 1 Formelzeichen fest für im Bereich der elektrischen Energieversorgung (Erzeugung, Übertragung und Verteilung) verwendete Größen. Sie ergänzt für diesen Bereich die Norm DIN 1304 Teil 1 über allgemeine Formelzeichen und soll zusammen mit dieser benutzt werden.

Formelzeichen, die bereits in DIN 1304 Teil 1 festgelegt sind, werden in dieser Norm nur dann wiederholt, wenn die Bedeutung der Formelzeichen geändert oder eingeschränkt wird.

Für die Komponenten in Drehstromnetzen gelten Formelzeichen und Indizes nach DIN 13 321. Formelzeichen für zeitabhängige Größen und komplexe Darstellung sinusförmig zeitabhängiger Größen siehe DIN 5483 Teil 2 und Teil 3.

Frühere Ausgaben, Änderungen, Stichwortverzeichnis und Internationale Patentklassifikation siehe Originalfassung der Norm

Fortsetzung Seite 2 bis 5

Normenausschuß Einheiten und Formelgrößen (AEF) im DIN Deutsches Institut für Normung e.V.
Deutsche Elektrotechnische Kommission im DIN und VDE (DKE)

2 Formelzeichen

Es gelten die Anwendungsregeln nach DIN 1304 Teil 1, Ausgabe März 1989, Abschnitt 3.

2.1 Formelzeichen für Länge und ihre Potenzen

Tabelle 1.

Nr	Formelzeichen	Bedeutung	SI-Einheit	Bemerkung
1.1	a	Abstand, Leiterabstand	m	
1.2	g	Mittlerer geometrischer Abstand	m	
1.3	h	Leiterhöhe über der Erdoberfläche	m	
1.4	h_{Mast}	Aufhängehöhe des Leiters am Mast	m	
1.5	$\bar{h}$	Mittlere Höhe über der Erdoberfläche für einen Leiter im horizontalen Spannfeld einer Freileitung	m	$\bar{h} = h_{\text{Mast}} - \bar{f}$
1.6	f	Durchhang eines Leiters	m	
1.7	$\bar{f}$	Mittlerer Durchhang eines Leiters	m	
1.8	$\delta_{\text{E}}, d_{\text{E}}$	Erdstromtiefe	m	Bei unendlich langem Leiter $\delta_{\text{E}} \approx 1{,}85 \sqrt{\frac{\varrho_{\text{E}}}{\omega \mu_0}}$ hierin bedeuten: ϱ_{E} den spezifischen Erdwiderstand, $\omega = 2\pi f$ die Kreisfrequenz, $\mu_0 = 4\pi \cdot 10^{-7} \frac{\text{H}}{\text{m}}$ die magnetische Feldkonstante
1.9	r	Radius eines Einzelleiters oder Teilleiters	m	In der Praxis meist in mm
1.10	r_{B}	Fiktiver Radius eines Bündelleiters	m	
1.11	q	Querschnitt (Querschnittsfläche) von Leitern	m^2	In der Praxis meist in mm^2

2.2 Formelzeichen für Wechselstromgrößen und Netzgrößen

Tabelle 2.

Nr	Formelzeichen	Bedeutung	SI-Einheit	Bemerkung
2.1	I_C	Kapazitiver Ladestrom	A	
2.2	I_{Ce}	Kapazitiver Erdschlußstrom	A	
2.3	U_{m}	Höchste (maximale) Spannung zwischen den Leitern im Drehstromnetz	V	Siehe DIN 40 200, in der Praxis meist in kV
2.4	U_{n}	Nennspannung zwischen den Leitern im Drehstromnetz	V	Siehe DIN 40 200, in der Praxis meist in kV
2.5	X_C	Kapazitiver Blindwiderstand	Ω	
2.6	X_L	Induktiver Blindwiderstand	Ω	
2.7	P	Wirkleistung	W	In der Praxis meist in kW oder MW
2.8	P_{nat}	Natürliche Leistung	W	Bei angepaßtem Leitungsabschluß; in der Praxis meist in kW oder MW; $P_{\text{nat}} = U^2/Z_{\text{W}}$ Z_{W} nach DIN 1304 Teil 1/03.89 Nr 4.46
2.9	Q	Blindleistung	W	In der Praxis meist in var, kvar, Mvar, siehe DIN 1301 Teil 2
2.10	Q_C	Kapazitive Blindleistung	W	In der Praxis meist in var, kvar, Mvar
2.11	Q_L	Induktive Blindleistung	W	In der Praxis meist in var, kvar, Mvar
2.12	S	Scheinleistung	W	In der Praxis meist in VA, kVA oder MVA, siehe DIN 1301 Teil 2

Tabelle 2. (Fortsetzung)

Nr	Formelzeichen	Bedeutung	SI-Einheit	Bemerkung
2.13	K	Leistungskoeffizient eines Netzes	$\frac{\text{W}}{\text{Hz}}$	In der Praxis meist in MW/Hz; bisher oft Leistungszahl genannt
2.14	γ	Impedanzwinkel	rad	$\gamma = \text{Arctan}\,\frac{X}{R}$ Anwendung für Längsimpedanzen elektrischer Betriebsmittel
2.15	ϑ, δ	Polradwinkel	rad	Winkel zwischen zwei Spannungszeigern; δ vorwiegend bei Einbeziehung äußerer Impedanzen
2.16	ϑ_L	Leitungswinkel	rad	Winkel zwischen zwei Spannungszeigern

2.3 Formelzeichen für Zahlen und Größenverhältnisse

Tabelle 3.

Nr	Formelzeichen	Bedeutung	SI-Einheit	Bemerkung
3.1	b	Transmissionsgrad, Brechungsgrad	1	Bei einer Wanderwelle unterscheidet man zwischen den Transmissionsgraden für Spannung oder Strom.
3.2	k	Überspannungsfaktor	1	Z. B. im Drehstromnetz $k = \frac{u_{\ddot{u}}}{\sqrt{2} \cdot \frac{U_b}{\sqrt{3}}}$ $u_{\ddot{u}}$ siehe Nr 7.20, U_b siehe Nr 7.5 statt U_b teilweise auch U_m (siehe Nr 2.3)
3.3	p, r	Reduktionsgrad	1	Siehe DIN VDE 0102 Teil 1, dort nur p (Reduktionsfaktor) und DIN VDE 0228 Teil 1, dort nur r (Reduktionsfaktor)
3.4	r	Reflexionsgrad	1	Z. B. bei Wanderwellen, gegebenenfalls Unterscheidung für Spannung oder Strom
3.5	n, q	Windungszahlverhältnis	1	$n \geq 1$, z. B. $n_{ab} = N_a/N_b$ N nach DIN 1304 Teil 1/03.89 Nr 4.64
3.6	t, $\ddot{u}$	Übersetzung bei Transformatoren	1	$t \geq 1$, z. B. $t_r = \frac{U_{rOS}}{U_{rUS}}$ Index r (rated) für Bemessungswert, siehe Nr 6.7 und 6.8, siehe DIN 5479
3.7	v	Verstimmungsgrad	1	bei Kompensation des Erdschlußstromes: $v = \frac{I_{Ce} - I_D}{I_{Ce}}$ I_{Ce} siehe Nr 2.2, I_D Drosselspulenstrom siehe Nr 5.3
3.8	δ	Erdfehlerfaktor	1	Siehe DIN VDE 0111 Teil 1 und Teil 3
3.9	$\varkappa$	Faktor zur Berechnung des Stoßkurzschlußstromes	1	Siehe DIN VDE 0102 Teil 1

3 Nebenzeichen

3.1 Hochzeichen

Tabelle 4.

Nr	Zeichen	Bedeutung	Bemerkung, Beispiel
4.1	x'	-belag	Impedanzbelag Z' siehe DIN 1304 Teil 1/03.89, Abschnitt 4.2
4.2	x'	Transiente Größe, Übergangsgröße	Transiente Zeitkonstante T'
4.3	x''	Subtransiente Größe, Anfangsgröße	Subtransiente Querreaktanz X''_{q}
4.4	x^{v}	Vorherige Größe	$I^{\mathrm{v}}_{\mathrm{G}}$ Generatorstrom vor Lastabwurf
4.5	x^{n}	Nachherige Größe	

3.2 Indizes für Betriebsmittel, Geräte und Bauelemente

Tabelle 5.

Nr	Index	Bedeutung	Bemerkung, Beispiel
5.1	AM	Asynchronmotor	
5.2	AMA	Asynchronmaschine	
5.3	D	Drosselspule	In DIN 40 719 Teil 2: L
5.4	G	Generator	
5.5	G –	Gleichstromgenerator	
5.6	G ~	Wechselstromgenerator	
5.7	G3 ~	Drehstromgenerator	
5.8	L	Leitung, Freileitung, Kabel, Leiter	In DIN 40 719 Teil 2: W
5.9	L1, L2, L3	Leiter (Außenleiter) in einem Drehstromnetz	Zulässig auch R, S, T; siehe DIN 40 108 und DIN 42 400
5.10	M	Mittelleiter im Gleichstrom-Dreileiternetz	Siehe DIN 40 108/05.78, Abschnitt 9, Tabelle 1, und DIN 42 400
5.11	M	Motor	
5.12	M –	Gleichstrommotor	
5.13	M ~	Wechselstrommotor	
5.14	M3 ~	Drehstrommotor	
5.15	MA	Maschine	
5.16	N	Netz, Netzwerk	
5.17	N	Neutralleiter, z. B. im Drehstromnetz	Siehe DIN 42 400
5.18	PE	Schutzleiter	Siehe DIN 42 400
5.19	PEN	Neutralleiter mit Schutzfunktion (PEN-Leiter)	Siehe DIN VDE 0100 Teil 200 und DIN 42 400
5.20	SG	Synchrongenerator	
5.21	SM	Synchronmotor	
5.22	SMA	Synchronmaschine	
5.23	T	Transformator	

3.3 Indizes für Standorte von Anlagen und Betriebsmitteln; Bezugsstellen; Fehlerstellen

Tabelle 6.

Nr	Index	Bedeutung	Bemerkung, Beispiel
6.1	A bis Z	Standorte von Anlagen und Anlageteilen	
6.2	BE	Bezugserde	
6.3	E	Erde	Siehe DIN 42 400
6.4	F	Fehlerstelle, Kurzschlußstelle	
6.5	K	Klemme	
6.6	N	Sternpunkt, z. B. im Drehstromnetz	Siehe DIN VDE 0111 Teil 1
6.7	OS, HV	Oberspannungsseite	HV „high voltage“
6.8	US, LV	Unterspannungsseite	LV „low voltage“
6.9	U, V, W	Außenpunkte von Betriebsmitteln im Drehstromnetz	Siehe DIN 40 108/05.78, Abschnitt 9, Tabelle 1

3.4 Indizes für Betriebszustände

Tabelle 7.

Nr	Index	Bedeutung	Bemerkung, Beispiel
7.1	a bis z	Betriebszustände, allgemein	
7.2	a	Ansprechwert	
7.3	a	Ausschalt-, Ausschaltwert	Ausschaltwechselstrom I_a
7.4	an	Anlauf-, Anzug-	
7.5	b	Betrieb, ungestörter Betrieb	Betriebsspannung U_b
7.6	b, q	Blindkomponente	Blindkomponente I_b eines Wechselstroms, siehe auch Nr 7.21
7.7	d, st	Dauer-, Dauerwert	
7.8	e	Einschalt-, Einschaltwert	
7.9	e	Erdschluß	Kapazitiver Erdschlußstrom I_{Ce} siehe Nr 2.2
7.10	ist	Istwert	
7.11	k	Kurzschluß	Bei dreipoligem Kurzschluß auch k3, z. B. I''_{k3}
7.12	k1	einpoliger Kurzschluß	
7.13	k2	zweipoliger Kurzschluß	
7.14	k2E	zweipoliger Kurzschluß mit Erdberührung	
7.15	kEE	Doppelerdkurzschluß	
7.16	l, 0	Leerlauf-	Leerlaufspannung U_l
7.17	p	Stoß-	Stoßkurzschlußstrom i_p
7.18	t	transformiert	
7.19	u	Unterbrechung	
7.20	ü	Über-	Überspannung $u_ü$
7.21	w, p	Wirkkomponente	Wirkkomponente I_w eines Wechselstroms

3.5 Mehrfachindizes

Sind aus Gründen deutlicher Kennzeichnung mehrere Indizes erforderlich, so empfiehlt sich die nachstehende Reihenfolge der einzelnen Indizes. Die einzelnen Indizes können zwecks besserer Unterscheidbarkeit durch Zwischenraum voneinander getrennt werden.

Reihenfolge der Indizes:	Beispiel:
a) Komponente	Mitkomponente 1 siehe DIN 13 321/09.80, Abschnitt 8
b) Betriebszustand	zweipoliger Kurzschluß k2 siehe Nr 7.13
c) Betriebsmittel	Transformator T siehe Nr 5.23
d) Ordnungszahl	Nummer 7
e) Bezugsstelle	Oberspannungsseite OS siehe Nr 6.7

Hierdurch wird z. B. die Spannung U der Mitkomponente 1 an der Oberspannungsseite OS des Transformators T mit der Nummer 7 bei zweipoligem Kurzschluß k2 gekennzeichnet durch $U_{1\ \mathrm{k2\ T7\ OS}}$.

Zitierte Normen

DIN 1301 Teil 2	Einheiten; Allgemein angewendete Teile und Vielfache
DIN 1304 Teil 1	Formelzeichen; Allgemeine Formelzeichen
DIN 5483 Teil 2	Zeitabhängige Größen; Formelzeichen
DIN 5483 Teil 3	Zeitabhängige Größen; Komplexe Darstellung sinusförmig zeitabhängiger Größen
DIN 13 321	Elektrische Energietechnik; Komponenten in Drehstromnetzen; Begriffe, Größen, Formelzeichen
DIN 40 108	Elektrische Energietechnik; Stromsysteme; Begriffe, Größen, Formelzeichen
DIN 40 719 Teil 2	Schaltungsunterlagen; Kennzeichnung von elektrischen Betriebsmitteln
DIN 40 200	Nennwert, Grenzwert, Bemessungswert, Bemessungsdaten; Begriffe
DIN 42 400	Kennzeichnung der Anschlüsse elektrischer Betriebsmittel; Regeln, alphanumerisches System
DIN VDE 0100 Teil 200	Errichten von Starkstromanlagen mit Nennspannungen bis 1000 V; Allgemeingültige Begriffe
DIN VDE 0102 Teil 1	Leitsätze für die Berechnung der Kurzschlußströme; Teil 1: Drehstromanlagen mit Nennspannungen über 1 kV
DIN VDE 0111 Teil 1	Isolationskoordination für Betriebsmittel in Drehstromnetzen über 1 kV; Isolation Leiter gegen Erde
DIN VDE 0111 Teil 3	Isolationskoordination für Betriebsmittel in Drehstromnetzen über 1 kV; Anwendungsrichtlinie
DIN VDE 0228 Teil 1	Maßnahmen bei Beeinflussung von Fernmeldeanlagen durch Starkstromanlagen; Allgemeine Grundlagen

DK 001.6(08):003.62:532.5 September 1989

Formelzeichen
Formelzeichen für die Strömungsmechanik

DIN 1304 Teil 5

Letter symbols for physical quantities; symbols to be used for fluid mechanics

Ersatz für DIN 5492/11.65

Inhalt

	Seite
1 Anwendungsbereich und Zweck	1
2 Formelzeichen	1
2.1 Formelzeichen für geometrische Größen	1
2.2 Formelzeichen für kinematische Größen	1
2.3 Formelzeichen für dynamische Größen	2
2.4 Formelzeichen für Beiwerte und Kennzahlen	3
2.5 Indizes und Hochzeichen	4
Zitierte Normen	4
Weitere Normen	4
Frühere Ausgaben	4
Änderungen	5
Stichwortverzeichnis	5

1 Anwendungsbereich und Zweck

Diese Norm legt zusätzlich zu DIN 1304 Teil 1 Formelzeichen fest für im Bereich der Strömungsmechanik verwendete Größen. Sie ergänzt für dieses Fachgebiet die Norm DIN 1304 Teil 1 über allgemeine Formelzeichen und soll zusammen mit dieser benutzt werden. Die in DIN 1304 Teil 1/03.89, Abschnitt 3, gegebenen Anwendungsregeln gelten auch hier.

Formelzeichen, die bereits in DIN 1304 Teil 1 festgelegt sind, werden hier nur wiederholt, wenn die Bedeutung geändert oder eingeschränkt wird.

2 Formelzeichen

2.1 Formelzeichen für geometrische Größen

Tabelle 1.

Nr	Formelzeichen	Bedeutung	SI-Einheit	Bemerkung
1.1	r, φ, z	Zylinderkoordinaten	m, rad, m	z bei Rohrströmungen in Hauptströmungsrichtung
1.2	d_h	hydraulischer Durchmesser	m	$d_h = 4\ A/U$. Hierbei ist A der durchströmte Querschnitt und U der benetzte Umfang.
1.3	k	äquivalente Rohrrauheit	m	Korndurchmesser des passenden Sandrauheits-Vergleichsmusters
1.4	$\boldsymbol{n}$	Einsvektor in Richtung der Flächennormalen	1	bei geschlossener Fläche: in Richtung der äußeren Flächennormalen

2.2 Formelzeichen für kinematische Größen

Tabelle 2.

Nr	Formelzeichen	Bedeutung	SI-Einheit	Bemerkung
2.1	$\boldsymbol{v}$	Strömungsgeschwindigkeit	m/s	
2.2	u, v, w	kartesische Koordinaten der Strömungsgeschwindigkeit	m/s	
2.3	$\overline{\boldsymbol{v}}$	mittlere Strömungsgeschwindigkeit	m/s	Zeit- oder Flächenmittelwert; Formelzeichen der Koordinaten nach Nr 2.2
2.4	$\boldsymbol{V}$	turbulente Hauptstromgeschwindigkeit	m/s	Formelzeichen der Koordinaten nach Nr 2.2
2.5	$\boldsymbol{v}'$	turbulente Schwankungsgeschwindigkeit	m/s	Formelzeichen der Koordinaten nach Nr 2.2
2.6	v_L	Laval-Geschwindigkeit	m/s	örtliche Strömungsgeschwindigkeit, deren Betrag gleich der örtlichen Schallgeschwindigkeit ist
2.7	$\dot{\gamma}, D$	Schergeschwindigkeit, Geschwindigkeitsgefälle	s^{-1}	siehe DIN 1342 Teil 2
2.8	$\boldsymbol{\omega}$	Wirbelvektor	s^{-1}	$\boldsymbol{\omega} = (\text{rot}\ \boldsymbol{v})/2$

Änderungen, Stichwortverzeichnis und Internationale Patentklassifikation siehe Originalfassung der Norm

Fortsetzung Seite 2 bis 4

Normenausschuß Einheiten und Formelgrößen (AEF) im DIN Deutsches Institut für Normung e.V.

Tabelle 2. (Fortsetzung)

Nr	Formelzeichen	Bedeutung	SI-Einheit	Bemerkung
2.9	$\boldsymbol{D}$	Deformationsgeschwindigkeitstensor	s^{-1}	$\boldsymbol{D} = (\text{grad } \boldsymbol{v} + (\text{grad } \boldsymbol{v})^T)/2$ T bedeutet „transponiert“, siehe DIN 1303/03.87, Nr 4.7
2.10	D_{ij}	Koordinaten von $\boldsymbol{D}$	s^{-1}	$\boldsymbol{D}$ ist symmetrisch: $D_{ij} = D_{ji}$; $i, j = 1$ bis 3
2.11	$\boldsymbol{\Omega}$	Rotationsgeschwindigkeitstensor	s^{-1}	$\boldsymbol{\Omega} = (\text{grad } \boldsymbol{v} - (\text{grad } \boldsymbol{v})^T)/2$
2.12	Ω_{ij}	Koordinaten von $\boldsymbol{\Omega}$	s^{-1}	$\boldsymbol{\Omega}$ ist antisymmetrisch: $\Omega_{ij} = -\Omega_{ji}$; $i, j = 1$ bis 3
2.13	Φ	Geschwindigkeitspotential	m^2/s	ist rot $\boldsymbol{v} = 0$, so kann $\boldsymbol{v}$ dargestellt werden als: $\boldsymbol{v} = \text{grad } \Phi$
2.14	Ψ	Stromfunktion (für ebene Strömung)	m^2/s	ist div $\boldsymbol{v} = 0$, so können z. B. die kartesischen Koordinaten von $\boldsymbol{v}$ dargestellt werden in der Form: $u = \partial\Psi/\partial y$, $v = -\partial\Psi/\partial x$, $w = 0$
2.15	$\underline{X}$	komplexes Geschwindigkeitspotential	m^2/s	$\underline{X} = \Phi + i\Psi$
2.16	Γ	Zirkulation	m^2/s	$\Gamma = \oint_C \boldsymbol{v} \cdot \mathbf{d}\boldsymbol{s}$ $\mathbf{d}\boldsymbol{s}$ ist das Linienelement der geschlossenen Kurve C
2.17	q_V, $\dot{V}$	Volumenstrom(-stärke)	m^3/s	$q_V = \int_A \boldsymbol{v} \cdot \boldsymbol{n} \, dA$ q_V ist das zeitbezogene Volumen, das in Richtung der Flächennormalen $\boldsymbol{n}$ durch die Fläche A strömt

2.3 Formelzeichen für dynamische Größen

Tabelle 3.

Nr	Formelzeichen	Bedeutung	SI-Einheit	Bemerkung
3.1	F_A	statische Auftriebskraft	N	statische Kraft, die in der Vertikalen entgegen der Schwerkraft wirkt und gleich der Gewichtskraft des verdrängten Fluids ist
3.2	F_Q	Querkraft	N	durch die Strömung hervorgerufene Kraft quer zur Strömungsrichtung
3.3	$\boldsymbol{f}$	Kraftdichte	N/m^3	$\boldsymbol{f} = d\boldsymbol{F}/dV$, mit $\boldsymbol{F}$ als zugehöriger Kraft
3.4	Π	Druckgefälle in Hauptströmungsrichtung	Pa/m	$\Pi = -\partial p/\partial x$, vorwiegend für $\Pi = \text{const.}$
3.5	p_k	kinetischer Druck, Staudruck	Pa	$p_k = \varrho v_\infty^2/2$, mit v_∞ nach Nr 5.2
3.6	$\boldsymbol{S}$	Spannungstensor	N/m^2	
3.7	S_{ij}	Koordinaten von $\boldsymbol{S}$	N/m^2	der erste Index gibt die Fläche, der zweite die Richtung an, in der die Spannung wirkt, $i, j = 1$ bis 3
3.8	$\boldsymbol{s}$	Spannungsvektor	N/m^2	$\boldsymbol{s} = \boldsymbol{n} \cdot \boldsymbol{S}$ beschreibt den Spannungszustand in der Fläche mit der Flächennormalen $\boldsymbol{n}$
3.9	$\boldsymbol{T}$	Tensor der Reibungsspannungen	N/m^2	Beziehung zwischen $\boldsymbol{T}$ und $\boldsymbol{S}$ siehe Nr 3.10
3.10	T_{ij}	Koordinaten von $\boldsymbol{T}$	N/m^2	$T_{ij} = S_{ij} + p\delta_{ij}$, $i, j = 1$ bis 3
3.11	$\boldsymbol{t}$	Vektor der Reibungsspannungen	N/m^2	$\boldsymbol{t} = \boldsymbol{n} \cdot \boldsymbol{T}$, siehe Nr 3.8
3.12	q_m, $\dot{m}$	Massenstrom(-stärke)	kg/s	$q_m = \int_A \varrho (\boldsymbol{v} \cdot \boldsymbol{n}) \, dA$, siehe Nr 2.17
3.13	$\boldsymbol{I}$	Impuls	kg · m/s	$\boldsymbol{I} = \int_V \varrho \, \boldsymbol{v} \, dV$
3.14	$\boldsymbol{q}_I$, $\dot{\boldsymbol{I}}$	Impulsstrom(-stärke)	N	$\boldsymbol{q}_I = \int_A \varrho \, \boldsymbol{v} (\boldsymbol{v} \cdot \boldsymbol{n}) \, dA$, siehe Nr 2.17
3.15	q_E, $\dot{E}$	Energiestrom(-stärke)	W	z. B.: $\dot{E}_{kin} = \int_A (\varrho v^2/2)(\boldsymbol{v} \cdot \boldsymbol{n}) \, dA$, siehe Nr 2.17

2.4 Formelzeichen für Beiwerte und Kennzahlen

Tabelle 4.

Nr	Formelzeichen	Bedeutung	SI-Einheit	Bemerkung
4.1	c_Q, c_A	Quertriebsbeiwert, Auftriebsbeiwert	1	$c_Q = \frac{F_Q}{p_k \cdot A}$ F_Q Betrag von F_Q nach Nr 3.2 p_k nach Nr 3.5 A Projektion der „tragenden" Fläche, z. B. Breite mal Länge eines Tragflügels
4.2	c_W	Widerstandsbeiwert	1	$c_W = \frac{F_W}{p_k \cdot S}$ F_W Widerstandskraft S Schattenfläche in Anströmrichtung, beim Tragflügel jedoch A nach Nr 4.1 anstatt S
4.3	c_M	Momentenbeiwert	1	$c_M = \frac{M}{l \cdot p_k \cdot A}$ M Betrag des Momentes von F_Q nach Nr 3.2 um die Vorderkante des angeströmten Profils l Länge des Profils A nach Nr 4.1
4.4	ε	Gleitzahl	1	$\varepsilon = F_W/F_Q = c_W/c_Q$ siehe Nr 4.1 und 4.2
4.5	λ	Rohrwiderstandszahl	1	$\lambda = \left(-\frac{\partial p}{\partial z}\right)_v \cdot \frac{2\,d_h}{\varrho \cdot \bar{v}^2}$
4.6	ζ	Druckverlustzahl	1	$\zeta = \frac{2\,(\Delta p)_v}{\varrho \cdot \bar{v}^2}$ $\left(-\frac{\partial p}{\partial z}\right)_v$ rohrlängenbezogener Druckverlust $(\Delta p)_v$ Druckverlust bei linearem Druckverlauf d_h nach Nr 1.2 $\bar{v}$ Flächenmittelwert nach Nr 2.3 z Koordinate in Hauptströmungsrichtung
4.7	Ma	Mach-Zahl	1	$Ma = v/c$ v Betrag der örtlichen Strömungsgeschwindigkeit c örtliche Schallgeschwindigkeit
4.8	Eu	Euler-Zahl	1	$Eu = p/(\varrho \cdot v^2)$
4.9	Fr	Froude-Zahl	1	$Fr = v^2/(g \cdot l)$ in ISO 31 – 12 : 1981: $Fr = v/\sqrt{l \cdot g}$
4.10	Re	Reynolds-Zahl	1	$Re = v \cdot l/\nu$
4.11	Sr	Strouhal-Zahl	1	$Sr = l/(v \cdot t)$
4.12	We	Weber-Zahl	1	$We = \varrho \cdot v^2 \cdot l/\sigma$ g örtliche Fallbeschleunigung l charakteristische Länge p charakteristischer Druck oder Druckunterschied t charakteristische Zeit v charakteristische Geschwindigkeit ν kinematische Viskosität σ Grenzflächenspannung

2.5 Indizes und Hochzeichen

Tabelle 5.

Nr	Zeichen	Bedeutung	Beispiel	
5.1	0	Ruhezustand fester Bezugswert	p_0 ϱ_0	Druck in ruhender Luft Dichte der Luft am Erdboden
5.2	∞	in großem Abstand von einer Wand oder einem Hindernis ungestörter Zustand bei Anströmgrößen	p_∞ v_∞	Umgebungsdruck Anströmgeschwindigkeit
5.3	*, crit	kritisch	Re^*	kritische Reynoldszahl
5.4	A	Auftrieb	F_A	Auftriebskraft
5.5	D	Diffusion Dehnung	v_D η_D	Diffusionsgeschwindigkeit Dehnviskosität
5.6	fl	Fluid	ϱ_fl	Fluiddichte
5.7	id	ideal, reibungsfrei	Δp_id	Druckdifferenz bei idealer (reibungsfreier) Flüssigkeit
5.8	K	Körper, Festkörper	ϱ_K	Festkörperdichte
5.9	L	Laval	v_L	Lavalgeschwindigkeit
5.10	M	Moment	c_M	Momentenbeiwert
5.11	Q	Queranteil	F_Q	Querkraft
5.12	S	Lösemittel Scherung	η_S η_S	Lösemittelviskosität Scherviskosität
5.13	v	Verlust	$(\Delta p)_v$	Druckverlust
5.14	V	Volumen	F_V	Volumenkraft
5.15	w	Wand Wasser	τ_w ϱ_w	Wandschubspannung Dichte von Wasser
5.16	W	Widerstand	F_W	Widerstandskraft
5.17	x, y, z	kartesische Koordinaten einer vektoriellen oder tensoriellen Größe	v_x	x-Koordinate von v
5.18	r, φ, z	Zylinderkoordinaten einer vektoriellen oder tensoriellen Größe	v_r	r-Koordinate von v
5.19	r, ϑ, φ	Kugelkoordinaten einer vektoriellen oder tensoriellen Größe	siehe DIN 4895 Teil 1 v_ϑ $\tau_{r\varphi}$	 ϑ-Koordinate von v φ-Koordinate der Schubspannung in der Fläche mit der Flächennormalen in r-Richtung, siehe Nr 3.7

Zitierte Normen

DIN 1303 Vektoren, Matrizen, Tensoren; Zeichen und Begriffe
DIN 1304 Teil 1 Formelzeichen; Allgemeine Formelzeichen
DIN 1342 Teil 2 Viskosität; Newtonsche Flüssigkeiten
DIN 4895 Teil 1 Orthogonale Koordinatensysteme; Allgemeine Begriffe
ISO 31 – 12 : 1981 Dimensionless parameters

Weitere Normen

DIN 1304 Teil 2 Formelzeichen; Formelzeichen für Meteorologie und Geophysik
DIN 1304 Teil 3 Formelzeichen; Formelzeichen für elektrische Energieversorgung
DIN 1304 Teil 4 (z. Z. Entwurf) Formelzeichen; Zusätzliche Formelzeichen für Akustik
DIN 1304 Teil 7 (z. Z. Entwurf) Formelzeichen; Formelzeichen für den Elektromaschinenbau

Frühere Ausgaben

DIN 5492: 11.65

DK 001.6 : 08 : 003.62 : 621.39 Mai 1992

Formelzeichen

Formelzeichen für die elektrische Nachrichtentechnik

DIN 1304 Teil 6

Letter symbols for physical quantities;
symbols to be used in
electrical communication technology

Ersatz für DIN 1344/12.73

Vorwort

Diese Norm wurde unter Mitarbeit der für die jeweiligen Teilgebiete zuständigen Fachausschüsse der Informationstechnischen Gesellschaft (ITG) im VDE erstellt. Ein wesentlicher Anlaß für die Bearbeitung war die Berücksichtigung der von CENELEC zum Harmonisierungsdokument HD 245.2 erhobenen Internationalen Normen IEC 27-2:1972, IEC 27-2A:1975 und IEC 27-2B :1980, so weit diese die Formelzeichen der elektrischen Nachrichtentechnik betreffen.

Inhalt

Seite

1 Anwendungsbereich und Zweck ... 1
2 Tabellen mit Formelzeichen und Indizes ... 2
2.1 Allgemeine Formelzeichen ... 2
2.2 Formelzeichen für lineare Zweitore ... 4
2.3 Formelzeichen für lineare n-Tore ... 7
2.4 Formelzeichen für die Übertragung von Signalen über Leitungen ... 10
2.5 Formelzeichen für die Ausbreitung längs Wellenleitern ... 10
2.6 Formelzeichen für Antennen ... 13
2.7 Formelzeichen für die Funkwellenausbreitung ... 14
2.8 Formelzeichen für die optische Nachrichtentechnik ... 16
2.9 Formelzeichen für die Digital-Übertragungstechnik ... 17
2.10 Formelzeichen für die Fernsehtechnik ... 18
2.11 Formelzeichen für die Informationstheorie ... 19
2.12 Formelzeichen für die Nachrichtenverkehrstheorie ... 19
2.13 Indizes ... 20
Zitierte Normen und andere Unterlagen ... 20
Weitere Normen ... 21
Frühere Ausgaben ... 21
Änderungen ... 21
Stichwortverzeichnis ... 21

1 Anwendungsbereich und Zweck

Diese Norm legt zusätzlich zu DIN 1304 Teil 1 Formelzeichen fest für im Bereich der elektrischen Nachrichtentechnik verwendete Größen. Sie ergänzt für diesen Bereich die Norm DIN 1304 Teil 1 über allgemeine Formelzeichen und soll zusammen mit dieser benutzt werden. Formelzeichen, die bereits in DIN 1304 Teil 1 festgelegt sind, werden in dieser Norm nur dann wiederholt, wenn die Bedeutung der Formelzeichen geändert oder eingeschränkt wird.

In der Spalte „Formelzeichen" sind jeweils an erster Stelle die Vorzugszeichen angegeben, dahinter gegebenenfalls Ausweichzeichen, die zur Wahl stehen, wenn das Vorzugszeichen bereits in anderer Bedeutung angewendet wird. Die in Klammern angegebenen Ersatzzeichen sind IEC 27-2:1972, IEC 27-2A:1975 und IEC 27-2B:1980 entnommen.

Besondere Eigenschaften bestimmter Größen (z.B. komplex, Vektor) werden an den Formelzeichen in dieser Norm im allgemeinen nicht gekennzeichnet. Falls erforderlich, wird die Vektoreigenschaft nach DIN 1303 durch Halbfett-Druck oder einen waagerechten Pfeil über dem Formelzeichen der Größe beschrieben (z.B. $\boldsymbol{v}$ bzw. $\vec{v}$). Komplexe Größen können nach DIN 5483 Teil 3 durch Unterstreichung gekennzeichnet werden.

Stichwortverzeichnis siehe Originalfassung der Norm

Fortsetzung Seite 2 bis 21

Normenausschuß Einheiten und Formelgrößen (AEF) im DIN Deutsches Institut für Normung e.V.
Deutsche Elektrotechnische Kommission im DIN und VDE (DKE)

Im übrigen gilt auch für diese Norm das in den Abschnitten 2 (Formelzeichen und ihre Darstellung), 3 (Tabellen mit Formelzeichen und Indizes) und 4 (Kennzeichnung bezogener Größen) von DIN 1304 Teil 1, Ausgabe 03.89, Gesagte.

2 Tabellen mit Formelzeichen und Indizes

2.1 Allgemeine Formelzeichen

Tabelle 1.

Nr	Formelzeichen	Bedeutung	SI-Einheit	Bemerkungen
1.1	S, s [2])	Signal	[1])	S bezieht sich auf allgemeine physikalische Größen wie Stromstärke, Spannung, Druck usw. In dieser Norm werden S_1 und S_2 für Eingangs- bzw. Ausgangssignale verwendet. Wenn die Art der Signalgröße bekannt ist, ist das entsprechende Formelzeichen zu verwenden.
1.2	P_s	Signalleistung	W	
1.3	L, (L_s)	(Signal-)Pegel		$L = k \log \frac{S}{S_{ref}}$, wird in dB oder Np angegeben; siehe DIN 5493.
1.4	N, n, (S_n, s_n) [2])	Geräusch, Rauschen (Störsignal)	[1])	N bezieht sich auf allgemeine physikalische Größen wie Stromstärke, Spannung, Druck usw. Wenn die Art dieser Größe bekannt ist, ist das entsprechende Formelzeichen (z. B. I, i) mit n als Index zu verwenden.
1.5	N_0	Rauschleistungsdichte	W/Hz	
1.6	P_n	Rauschleistung, Störleistung	W	
1.7	F, (F_n)	Rauschzahl	1	Diese Größe ist ein Verhältnis zweier Leistungen und gilt für eine Referenztemperatur T_{ref}. [3])
1.8	T_n	Rauschtemperatur	K	$T_n = T_{ref}(F-1)$
1.9	H, (T)	Übertragungsfunktion	[4])	$H = S_2/S_1$; in dieser Gleichung sind S_1 und S_2 die komplexen Amplituden der Signale. [5])
1.10	D	Dämpfungsfaktor	1	$D = S_1/S_2$, wobei S_1 und S_2 gleichartig sind; siehe auch DIN 40 148 Teil 1.
1.11	G	Verstärkungsmaß		$G = k \log (P_2/P_1)$, wird in dB oder Np angegeben; siehe DIN 5493. [6])
1.12	Γ	Ausbreitungsmaß, komplexes Dämpfungsmaß	[7])	$\Gamma = A + \mathrm{j}B$; wenn H von der Dimension 1 ist, gilt $H = \exp(-\Gamma)$. $-\Gamma$ heißt Übertragungsmaß.
1.13	A	Dämpfungsmaß		Wird in dB oder Np angegeben.
1.14	B	Phasenmaß	rad	
1.15	γ	Ausbreitungskoeffizient	[7])	$\gamma = \alpha + \mathrm{j}\beta = \Gamma/l$; l = Länge

[1]) Die Einheit hängt von der das Signal bildenden Größe ab (Stromstärke, Spannung, Druck usw.).

[2]) Bezüglich der Verwendung von Klein- und Großbuchstaben siehe DIN 5483 Teil 2.

[3]) Das gleiche Formelzeichen wird auch für den Logarithmus dieses Verhältnisses verwendet. Die Größe heißt dann Rauschmaß.

[4]) Die Einheit von H ergibt sich als Quotient der Einheit von S_2 durch die Einheit von S_1.

[5]) Wenn S_1 und S_2 gleichartig sind, wird diese Größe auch Übertragungsfaktor oder Verstärkungsfaktor genannt.

[6]) G wird manchmal auch für das Verhältnis selbst verwendet.

[7]) Im allgemeinen werden Einheiten nur getrennt für A und B bzw. α und β verwendet. Beim Einsetzen der Gleichung für Γ wird bei A Np = 1 bzw. dB = 0,115, für B wird rad = 1 gesetzt. Entsprechendes gilt für γ.

Tabelle 1. (Fortsetzung)

Nr	Formelzeichen	Bedeutung	SI-Einheit	Bemerkungen
1.16	α	Dämpfungskoeffizient		Wird in dB/m oder Np/m angegeben.
1.17	β	Phasenkoeffizient	rad/m	
1.18	t_φ, (τ_φ)	Phasenlaufzeit	s	
1.19	t_g, (τ_g)	Gruppenlaufzeit	s	
1.20	c_φ, v_φ	Phasen-geschwindigkeit	m/s	[8]
1.21	c_g, v_g	Gruppen-geschwindigkeit	m/s	[8]
1.22	s	Welligkeitsfaktor, Stehwellenverhältnis	1	$s = S_{max}/S_{min} = \dfrac{1+\|r\|}{1-\|r\|}$
1.23	r, ϱ	Reflexionsfaktor (Reflektanz)	1	Betrag wird auch in % angegeben.
1.24	τ	Transmissionsfaktor	1	Betrag wird auch in % angegeben.
1.25	s, p	komplexe Kreisfrequenz, komplexer Anklingkoeffizient	s^{-1}	$s = \sigma + j\omega = -\delta + j\omega$
1.26	σ	Anklingkoeffizient, Wuchskoeffizient	s^{-1}	Beispiel: $u(t) = \hat{u} \exp(\sigma t) \cos \omega t$
1.27	δ	Abklingkoeffizient	s^{-1}	$\delta = -\sigma$
1.28	f_0, (f_{ref})	Referenzfrequenz	Hz	
1.29	f_r, f_{rsn}	Resonanzfrequenz	Hz	
1.30	f_c	Grenzfrequenz	Hz	c = cut-off
1.31	B, f_B	Bandbreite	Hz	
1.32	m	Modulationsgrad (bei Amplitudenmodulation)	1	Beispiel: $u(t) = \hat{u}(1 + m \sin \omega t) \sin \Omega t$ Wird auch in % angegeben. [9]
1.33	δ, (η)	Modulationsindex (bei Frequenzmodulation)	rad	Beispiel: $u(t) = \hat{u} \sin(\Omega t + \delta \sin \omega t)$ [9]
1.34	$\widehat{\Delta f}$, (f_d) [10]	Frequenzhub	Hz	$\widehat{\Delta f} = \omega\delta/2\pi$
1.35	Δf	momentane Frequenzabweichung	Hz	$\Delta f = \widehat{\Delta f} \cos \omega t$
1.36	$\widehat{\Delta\varphi}$, (φ_d) [10]	Phasenhub	rad	$\widehat{\Delta\varphi} = \delta$ bei Sinusmodulation
1.37	$\Delta\varphi$	momentane Phasenabweichung	rad	$\Delta\varphi = \widehat{\Delta\varphi} \sin \omega t$
1.38	d, (k)	Klirrfaktor	1	Wird auch in % angegeben. [11]

[8]) Wenn zugleich die Geschwindigkeiten elektromagnetischer Wellen und von Partikeln vorkommen, ist c für die ersteren und v für die letzteren zu verwenden.

[9]) Ω ist die Kreisfrequenz der Trägerschwingung; ω ist die Kreisfrequenz der modulierenden Schwingung; siehe DIN 5483 Teil 1.

[10]) Wenn keine Verwechslung möglich ist, kann das Zeichen ^ weggelassen werden.

[11]) Die angegebenen Formelzeichen werden empfohlen für Größen, die Verzerrungen im allgemeinen ohne Berücksichtigung von Ursache oder Art der betrachteten Verzerrung charakterisieren (Klirrfaktoren). In speziellen Fällen ist ausdrücklich anzugeben, welche Art von Verzerrung gemeint ist, indem die angegebenen Formelzeichen bei Bedarf mit geeigneten Indizes versehen werden. Beispiel: Harmonischer Klirrfaktor d_h oder k_h.

2.2 Formelzeichen für lineare Zweitore[12])

Siehe auch DIN 4899 und DIN 40148 Teil 2

Tabelle 2.

Nr	Formelzeichen	Bedeutung	SI-Einheit	Bemerkungen
2.1	Z_1	Eingangsimpedanz (allgemein)	Ω	[13]), [14])
2.2	Z_2	Ausgangsimpedanz (allgemein)	Ω	[13]), [14])
2.3	Z_c, Z_0, (Z_{ch})	Wellenimpedanz	Ω	[13])
2.4	Z_i, (Z_{im})	Transimpedanz	Ω	[13])
2.5	Z_k, Z_{it}	Kettenimpedanz	Ω	[13])
2.6	$\boldsymbol{Z}$, $\boldsymbol{z}$ [15])	Impedanzmatrix	[16])	$\begin{pmatrix} U_1 \\ U_2 \end{pmatrix} = \boldsymbol{Z} \begin{pmatrix} I_1 \\ I_2 \end{pmatrix} = \begin{pmatrix} Z_{11} & Z_{12} \\ Z_{21} & Z_{22} \end{pmatrix} \begin{pmatrix} I_1 \\ I_2 \end{pmatrix}$
2.6.1	Z_{11}, z_{11} [17])	Leerlaufimpedanz am Tor 1	Ω	$\left.\frac{U_1}{I_1}\right\vert_{I_2 = 0}$
2.6.2	Z_{12}, z_{12}	Leerlauf-Transimpedanz rückwärts	Ω	$\left.\frac{U_1}{I_2}\right\vert_{I_1 = 0}$
2.6.3	Z_{21}, z_{21}	Leerlauf-Transimpedanz vorwärts	Ω	$\left.\frac{U_2}{I_1}\right\vert_{I_2 = 0}$
2.6.4	Z_{22}, z_{22} [17])	Leerlaufimpedanz am Tor 2	Ω	$\left.\frac{U_2}{I_2}\right\vert_{I_1 = 0}$
2.7	$\boldsymbol{Y}$, $\boldsymbol{y}$ [15])	Admittanzmatrix	[16])	$\begin{pmatrix} I_1 \\ I_2 \end{pmatrix} = \boldsymbol{Y} \begin{pmatrix} U_1 \\ U_2 \end{pmatrix} = \begin{pmatrix} Y_{11} & Y_{12} \\ Y_{21} & Y_{22} \end{pmatrix} \begin{pmatrix} U_1 \\ U_2 \end{pmatrix}$ $\boldsymbol{Y} = \boldsymbol{Z}^{-1}$
2.7.1	Y_{11}, y_{11} [17])	Kurzschlußadmittanz am Tor 1	S	$\left.\frac{I_1}{U_1}\right\vert_{U_2 = 0}$
2.7.2	Y_{12}, y_{12}	Kurzschluß-Transadmittanz rückwärts (Remittanz)	S	$\left.\frac{I_1}{U_2}\right\vert_{U_1 = 0}$

[12]) Zur Vorzeichenfestlegung bei den Matrixelementen gelten die im Bild 1 angegebenen Vereinbarungen.

[13]) Das Formelzeichen für die entsprechende Admittanz hat den gleichen Index.

[14]) Z_1 ist die Eingangsimpedanz am Tor 1; Z_2 ist die Eingangsimpedanz am Tor 2. Wenn 1 und 2 nicht die passenden Indizes für Eingang bzw. Ausgang sind, siehe IEC 27-1 : 1971, Tabelle IV.

[15]) Um zu kennzeichnen, daß eine Größe eine Matrix ist, wird die Verwendung schräg und fett gesetzter Buchstaben empfohlen, z. B. $\boldsymbol{Z}$. Sind derartige Typen nicht verfügbar, kann der Buchstabe in Klammern gesetzt werden, z. B. (Z). Im allgemeinen werden für die Kennzeichnung von Zweitormatrizen Großbuchstaben bevorzugt. Enthält ein Zweitor interne Zweitore (wie z. B. elektronische Bauelemente), werden Kleinbuchstaben zur Kennzeichnung des inneren Zweitors bevorzugt (siehe auch IEC 148 : 1969, Kapitel 4.1).

[16]) Einheiten können nicht für die Matrizen, sondern nur für deren Elemente angegeben werden.

[17]) Für einige Matrixelemente können andere Formelzeichen genommen werden, wenn für Leerlauf und Kurzschluß passende Indizes verwendet werden, wie sie in IEC-27-1 : 1971, Tabelle IV angegeben sind.

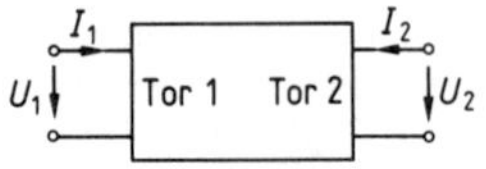

Bild 1. Elektrisches Zweitor: symmetrische Bezugspfeile

Tabelle 2. (Fortsetzung)

Nr	Formelzeichen	Bedeutung	SI-Einheit	Bemerkungen
2.7.3	Y_{21}, y_{21}	Kurzschluß-Transadmittanz rückwärts (Transmittanz)	S	$\left.\frac{I_2}{U_1}\right\rvert\ U_2 = 0$
2.7.4	Y_{22}, y_{22} [17])	Kurzschlußadmittanz am Tor 2	S	$\left.\frac{I_2}{U_2}\right\rvert\ U_1 = 0$
2.8	$\boldsymbol{H}$, $\boldsymbol{h}$ [15])	Reihen-Parallel-Matrix, Hybridmatrix	[16])	$\begin{pmatrix} U_1 \\ I_2 \end{pmatrix} = \boldsymbol{H} \begin{pmatrix} I_1 \\ U_2 \end{pmatrix} = \begin{pmatrix} H_{11} & H_{12} \\ H_{21} & H_{22} \end{pmatrix} \begin{pmatrix} I_1 \\ U_2 \end{pmatrix}$
2.8.1	H_{11}, h_{11} [17])	Kurzschlußimpedanz am Tor 1	Ω	$\left.\frac{U_1}{I_1}\right\rvert\ U_2 = 0$
2.8.2	H_{12}, h_{12}	Leerlauf-Spannungsübersetzung rückwärts	1	$\left.\frac{U_1}{U_2}\right\rvert\ I_1 = 0$
2.8.3	H_{21}, h_{21}	Kurzschluß-Stromübersetzung vorwärts	1	$\left.\frac{I_2}{I_1}\right\rvert\ U_2 = 0$
2.8.4	H_{22}, h_{22} [17])	Leerlaufadmittanz am Tor 2	S	$\left.\frac{I_2}{U_2}\right\rvert\ I_1 = 0$
2.9	$\boldsymbol{K}$, $\boldsymbol{k}$ [15])	Parallel-Reihen-Matrix	[16])	$\begin{pmatrix} I_1 \\ U_2 \end{pmatrix} = \boldsymbol{K} \begin{pmatrix} U_1 \\ I_2 \end{pmatrix} = \begin{pmatrix} K_{11} & K_{12} \\ K_{21} & K_{22} \end{pmatrix} \begin{pmatrix} U_1 \\ I_2 \end{pmatrix}$ $\boldsymbol{K} = \boldsymbol{H}^{-1}$
2.9.1	K_{11}, k_{11} [17])	Leerlaufadmittanz am Tor 1	S	$\left.\frac{I_1}{U_1}\right\rvert\ I_2 = 0$
2.9.2	K_{12}, k_{12}	Kurzschluß-Stromübersetzung rückwärts	1	$\left.\frac{I_1}{I_2}\right\rvert\ U_1 = 0$
2.9.3	K_{21}, k_{21}	Leerlauf-Spannungsübersetzung vorwärts	1	$\left.\frac{U_2}{U_1}\right\rvert\ I_2 = 0$
2.9.4	K_{22}, k_{22} [17])	Kurzschlußimpedanz am Tor 2	Ω	$\left.\frac{U_2}{I_2}\right\rvert\ U_1 = 0$
2.10	$\boldsymbol{A}$, $\boldsymbol{a}$ [15])	Kettenmatrix	[16])	$\begin{pmatrix} U_1 \\ I_1 \end{pmatrix} = \boldsymbol{A} \begin{pmatrix} U_2 \\ -I_2 \end{pmatrix} = \begin{pmatrix} A_{11} & A_{12} \\ A_{21} & A_{22} \end{pmatrix} \begin{pmatrix} U_2 \\ -I_2 \end{pmatrix}$ [18])
2.10.1	A_{11}, a_{11} [19])	Kehrwert der Leerlauf-Spannungsübersetzung vorwärts	1	$\left.\frac{U_1}{U_2}\right\rvert\ I_2 = 0$
2.10.2	A_{12}, a_{12} [19])	negativer Kehrwert der Kurzschluß-Transadmittanz vorwärts	Ω	$\left.\frac{U_1}{-I_2}\right\rvert\ U_2 = 0$ [18])
2.10.3	A_{21}, a_{21} [19])	Kehrwert der Leerlauf-Transimpedanz vorwärts	S	$\left.\frac{I_1}{U_2}\right\rvert\ I_2 = 0$

[15]), [16]) und [17]) siehe Seite 4

[18]) Die Gleichungen gelten für symmetrische Bepfeilung. Werden Kettenbezugspfeile benutzt, dann entfallen die Minuszeichen bei den Strömen.

[19]) Statt A_{11}, A_{12}, A_{21} und A_{22} werden manchmal auch entsprechend A, B, C und D verwendet.

Tabelle 2. (Fortsetzung)

Nr	Formelzeichen	Bedeutung	SI-Einheit	Bemerkungen
2.10.4	A_{22}, a_{22} [19]	negativer Kehrwert der Kurzschluß-Stromübersetzung vorwärts	1	$\left.\frac{I_1}{-I_2}\right\vert U_2 = 0$ [18]
2.11	$\boldsymbol{B}$, $\boldsymbol{b}$ [15]	inverse Kettenmatrix	[16]	$\begin{pmatrix} U_2 \\ -I_2 \end{pmatrix} = \boldsymbol{B} \begin{pmatrix} U_1 \\ I_1 \end{pmatrix} = \begin{pmatrix} B_{11} & B_{12} \\ B_{21} & B_{22} \end{pmatrix} \begin{pmatrix} U_1 \\ I_1 \end{pmatrix}$ [18], [20] $\boldsymbol{B} = \boldsymbol{A}^{-1}$
2.11.1	B_{11}, b_{11}	Kehrwert der Leerlauf-Spannungsübersetzung rückwärts	1	$\left.\frac{U_2}{U_1}\right\vert I_1 = 0$
2.11.2	B_{12}, b_{12}	Kehrwert der Kurzschluß-Transadmittanz rückwärts	Ω	$\left.\frac{U_2}{I_1}\right\vert U_1 = 0$
2.11.3	B_{21}, b_{21}	negativer Kehrwert der Leerlauf-Transimpedanz rückwärts	S	$\left.\frac{-I_2}{U_1}\right\vert I_1 = 0$ [18]
2.11.4	B_{22}, b_{22}	negativer Kehrwert der Kurzschluß-Stromübersetzung rückwärts	1	$\left.\frac{-I_2}{I_1}\right\vert U_1 = 0$ [18]
2.12	$\boldsymbol{S}$, $\boldsymbol{s}$	Streumatrix	[16]	$\begin{pmatrix} N_1 \\ N_2 \end{pmatrix} = \boldsymbol{S} \begin{pmatrix} M_1 \\ M_2 \end{pmatrix} = \begin{pmatrix} S_{11} & S_{12} \\ S_{21} & S_{22} \end{pmatrix} \begin{pmatrix} M_1 \\ M_2 \end{pmatrix}$ [21]
2.12.1	S_{11}, s_{11}	Reflexionsfaktor (Reflektanz) am Tor 1 bei Abschluß mit der Bezugsimpedanz	1	$\left.\frac{N_1}{M_1}\right\vert M_2 = 0$
2.12.2	S_{12}, s_{12}	Übertragungsfaktor rückwärts vom Tor 2 zum Tor 1	1	$\left.\frac{N_1}{M_2}\right\vert M_1 = 0$
2.12.3	S_{21}, s_{21}	Übertragungsfaktor vorwärts vom Tor 1 zum Tor 2	1	$\left.\frac{N_2}{M_1}\right\vert M_2 = 0$
2.12.4	S_{22}, s_{22}	Reflexionsfaktor (Reflektanz) am Tor 2 bei Abschluß mit der Bezugsimpedanz	1	$\left.\frac{N_2}{M_2}\right\vert M_1 = 0$
2.13	$\boldsymbol{T}$, $\boldsymbol{t}$	Betriebskettenmatrix	[16]	$\begin{pmatrix} N_1 \\ M_1 \end{pmatrix} = \boldsymbol{T} \begin{pmatrix} M_2 \\ N_2 \end{pmatrix} = \begin{pmatrix} T_{11} & T_{12} \\ T_{21} & T_{22} \end{pmatrix} \begin{pmatrix} M_2 \\ N_2 \end{pmatrix}$ [21]
2.13.1	T_{11}, t_{11}	[22]	1	$\left.\frac{N_1}{M_2}\right\vert N_2 = 0$

[15]) bis [17]) siehe Seite 4

[18]) und [19]) siehe Seite 5

[20]) Die Vorzeichen für die Ströme sind geändert gegenüber IEC 27-2:1972 Nr 211; nur dann ist die Bezeichnung „inverse Kettenmatrix" gerechtfertigt. Werden die Vorzeichen von IEC 27-2:1972 beibehalten ($-I_1$, I_2), wird die Matrix „Rückwärts-Kettenmatrix" genannt.

[21]) M_1 und M_2 sind die Streuvariablen (Wellengrößen) der in Tor 1 bzw. Tor 2 einfallenden Wellen, N_1 und N_2 sind die Streuvariablen (Wellengrößen) der aus Tor 1 bzw. Tor 2 austretenden Wellen. Die Streuvariablen werden auch durch a für M und b für N dargestellt (siehe auch DIN 4899). Sie beziehen sich auf festgelegte Bezugsimpedanzen an jedem Tor (siehe auch Fußnote 25).

[22]) Die englisch- oder französischsprachigen Benennungen in IEC 27-2:1972 sind, ins Deutsche übersetzt, nicht gebräuchlich; auch gibt es keine anderen Bezeichnungen dafür.

Tabelle 2. (Fortsetzung)

Nr	Formelzeichen	Bedeutung	SI-Einheit	Bemerkungen
2.13.2	T_{12}, t_{12}	[22]	1	$\left.\frac{N_1}{N_2}\right\vert\ M_2 = 0$
2.13.3	T_{21}, t_{21}	[22]	1	$\left.\frac{M_1}{M_2}\right\vert\ N_2 = 0$
2.13.4	T_{22}, t_{22}	[22]	1	$\left.\frac{M_1}{N_2}\right\vert\ M_2 = 0$

[22] Siehe Seite 6

2.3 Formelzeichen für lineare n-Tore[23]

Tabelle 3.

Nr	Formelzeichen	Bedeutung	SI-Einheit	Bemerkungen
3.1	$\boldsymbol{Z}, \boldsymbol{z}$	Impedanzmatrix bei Mehrtoren	[16]	$\begin{pmatrix} U_1 \\ U_2 \\ \cdots \\ U_n \end{pmatrix} = \boldsymbol{Z} \begin{pmatrix} I_1 \\ I_2 \\ \cdots \\ I_n \end{pmatrix} = \begin{pmatrix} Z_{11} & Z_{12} & \cdots & Z_{1n} \\ Z_{21} & Z_{22} & \cdots & Z_{2n} \\ \cdots & \cdots & \cdots & \cdots \\ Z_{n1} & Z_{n2} & \cdots & Z_{nn} \end{pmatrix} \begin{pmatrix} I_1 \\ I_2 \\ \cdots \\ I_n \end{pmatrix}$
3.1.1	Z_{ij}, z_{ij}	Transimpedanz von Tor j nach Tor i	Ω	Für $i \neq j$ ist Leerlauf an allen Toren mit Ausnahme des Tores j. Wenn $Z_{ij} = Z_{ji}$ für alle $i, j = 1$ bis n ist, ist das Mehrtor reziprok (übertragungssymmetrisch).
3.1.2	Z_{ii}, z_{ii}	Leerlaufimpedanz am Tor i	Ω	Leerlauf an allen anderen Toren.

[16] Siehe Seite 4

[23] Zur Vorzeichenfestlegung bei den Matrixelementen gelten die in Bild 2 angegebenen Vereinbarungen (siehe auch IEC-375 : 1972). Weitere hier nicht behandelte Mehrtor-Matrizen siehe DIN 4899.

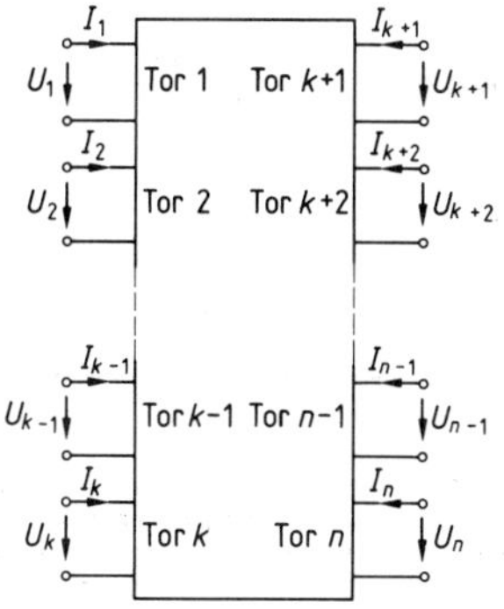

Bild 2. Elektrisches n-Tor: symmetrische Bezugspfeile

Tabelle 3. (Fortsetzung)

Nr	Formelzeichen	Bedeutung	SI-Einheit	Bemerkungen
3.2	***Y***, ***y***	Admittanzmatrix bei Mehrtoren	[16]	$\begin{pmatrix} I_1 \\ I_2 \\ \dots \\ I_n \end{pmatrix} = \boldsymbol{Y} \begin{pmatrix} U_1 \\ U_2 \\ \dots \\ U_n \end{pmatrix} = \begin{pmatrix} Y_{11} & Y_{12} \dots Y_{1n} \\ Y_{21} & Y_{22} \dots Y_{2n} \\ \dots & \dots \dots \\ Y_{n1} & Y_{n2} \dots Y_{nn} \end{pmatrix} \begin{pmatrix} U_1 \\ U_2 \\ \dots \\ U_n \end{pmatrix}$ $\boldsymbol{Y} = \boldsymbol{Z}^{-1}$
3.2.1	Y_{ij}, y_{ij}	Transadmittanz von Tor j nach Tor i	S	Für $i \neq j$ sind alle Tore außer Tor j kurzgeschlossen. Wenn $Y_{ij} = Y_{ji}$ für alle $i, j = 1$ bis n ist, ist das Mehrtor reziprok (übertragungssymmetrisch).
3.2.2	Y_{ii}, y_{ii}	Kurzschlußadmittanz am Tor i	S	Kurzschluß an allen anderen Toren.
3.3	***A***, ***a***	Kettenmatrix bei Mehrtoren mit Torzahlsymmetrie	[16]	nur definiert für n gradzahlig, $k = n/2$ $\begin{pmatrix} U_1 \\ U_2 \\ \dots \\ U_k \\ I_1 \\ I_2 \\ \dots \\ I_k \end{pmatrix} = \boldsymbol{A} \begin{pmatrix} U_{k+1} \\ U_{k+2} \\ \dots \\ U_n \\ -I_{k+1} \\ -I_{k+2} \\ \dots \\ -I_n \end{pmatrix}$ [18], [24] $= \begin{pmatrix} A_{11} & \dots A_{1k} & A_{1(k+1)} & \dots A_{1n} \\ A_{21} & \dots A_{2k} & A_{2(k+1)} & \dots A_{2n} \\ \dots & \dots & \dots & \dots \\ A_{k1} & \dots A_{kk} & A_{k(k+1)} & \dots A_{kn} \\ A_{(k+1)1} & \dots A_{(k+1)k} & A_{(k+1)(k+1)} & \dots A_{(k+1)n} \\ A_{(k+2)1} & \dots A_{(k+2)k} & A_{(k+2)(k+1)} & \dots A_{(k+2)n} \\ \dots & \dots & \dots & \dots \\ A_{n1} & \dots A_{nk} & A_{n(k+1)} & \dots A_{nn} \end{pmatrix} \begin{pmatrix} U_{k+1} \\ U_{k+2} \\ \dots \\ U_n \\ -I_{k+1} \\ -I_{k+2} \\ \dots \\ -I_n \end{pmatrix}$
3.3.1	A_{ij}	Kehrwert der Spannungsübersetzung vorwärts	1	$i = 1 \dots k$ $j = 1 \dots k$
3.3.2	A_{ij}	negativer Kehrwert der Transadmittanz vorwärts	Ω	$i = 1 \dots k$ $j = (k+1) \dots n$
3.3.3	A_{ij}	Kehrwert der Transimpedanz vorwärts	S	$i = (k+1) \dots n$ $j = 1 \dots k$
3.3.4	A_{ij}	negativer Kehrwert der Stromübersetzung vorwärts	1	$i = (k+1) \dots n$ $j = (k+1) \dots n$
3.4	***S***, ***s***	Streumatrix bei Mehrtoren	[16]	$\begin{pmatrix} N_1 \\ N_2 \\ \dots \\ N_n \end{pmatrix} = \boldsymbol{S} \begin{pmatrix} M_1 \\ M_2 \\ \dots \\ M_n \end{pmatrix} = \begin{pmatrix} S_{11} & S_{12} \dots S_{1n} \\ S_{21} & S_{22} \dots S_{2n} \\ \dots & \dots \dots \\ S_{n1} & S_{n2} \dots S_{nn} \end{pmatrix} \begin{pmatrix} M_1 \\ M_2 \\ \dots \\ M_n \end{pmatrix}$

[16]) Siehe Seite 4

[18]) Siehe Seite 5

[24]) Die Kettenmatrix eines n-Tores mit k Eingangstoren führt nur für $k = n/2$ auf ein lösbares Gleichungssystem. In davon abweichenden Fällen ist das Gleichungssystem entweder unter- oder überbestimmt. Sinnvoll ist daher die Kettenmatrix nur für Torzahlsymmetrie mit $k = n/2$ Eingangstoren $(1 \dots k)$ und $k = n/2$ Ausgangstoren $[(k+1) \dots n]$.

Tabelle 3. (Fortsetzung)

Nr	Formelzeichen	Bedeutung	SI-Einheit	Bemerkungen
3.4.1	M_i N_i	Streuvariable (Wellengrößen)	$W^{1/2}$	[25])
3.4.2	S_{ii}, s_{ii}	Reflexionsfaktor (Reflektanz) am Tor i bei Abschluß aller anderen Tore mit ihren Bezugsimpedanzen	1	$S_{ii} = \left.\frac{N_i}{M_i}\right\vert_{M_j = 0;\, j \neq i}$
3.4.3	S_{ij}, s_{ij}	Übertragungsfaktor vom Tor j zum Tor i bei Abschluß aller Tore $i \neq j$ mit der jeweiligen Bezugsimpedanz Z_{Bi}	1	Wenn $S_{ij} = S_{ji}$ für alle i, j = 1 bis n ist, dann ist das Mehrtor reziprok (übertragungssymmetrisch). $S_{ij} = \left.\frac{N_i}{M_j}\right\vert_{M_i = 0;\, i \neq j}$
3.5	$\boldsymbol{T}$, $\boldsymbol{t}$	Betriebskettenmatrix bei Mehrtoren mit Torzahlsymmetrie	[16])	nur definiert für n gradzahlig, $k = n/2$ Eingangstore $(1 \ldots k)$ und $k = n/2$ Ausgangstore $[(k+1) \ldots n]$ $\begin{pmatrix} N_1 \\ \ldots \\ N_k \\ M_1 \\ \ldots \\ M_k \end{pmatrix} = \boldsymbol{T} \begin{pmatrix} M_{k+1} \\ \ldots \\ M_n \\ N_{k+1} \\ \ldots \\ N_n \end{pmatrix}$ $= \begin{pmatrix} T_{11} & \ldots T_{1k} & T_{1(k+1)} & \ldots T_{1n} \\ \ldots & \ldots & \ldots & \ldots \\ T_{k1} & \ldots T_{kk} & T_{k(k+1)} & \ldots T_{kn} \\ T_{(k+1)1} & \ldots T_{(k+1)k} & T_{(k+1)(k+1)} & \ldots T_{(k+1)n} \\ \ldots & \ldots & \ldots & \ldots \\ T_{n1} & \ldots T_{nk} & T_{n(k+1)} & \ldots T_{nn} \end{pmatrix} \begin{pmatrix} M_{k+1} \\ \ldots \\ M_n \\ N_{k+1} \\ \ldots \\ N_n \end{pmatrix}$

[16]) Siehe Seite 4

[25]) Die Streuvariablen M_i und N_i am Tor i werden als Linearkombinationen der komplexen Effektivwerte der Torspannung U_i und des Torstroms I_i gebildet. Es gibt beliebig viele solcher Linearkombinationen. Unter ihnen sind zwei Paare besonders zweckmäßig. Unter der Voraussetzung symmetrischer Bepfeilung wird bei ihnen

entweder $M_i = \dfrac{U_i + Z_{Bi} I_i}{2\sqrt{Z_{Bi}}}$ und $N_i = \dfrac{U_i - Z_{Bi} I_i}{2\sqrt{Z_{Bi}}}$ (Form 1)

oder $M_i = \dfrac{U_i + Z_{Bi}^* I_i}{2\sqrt{\mathrm{Re}\{Z_{Bi}\}}}$ und $N_i = \dfrac{U_i - Z_{Bi}^* I_i}{2\sqrt{\mathrm{Re}\{Z_{Bi}\}}}$ (Form 2)

gesetzt. Z_{Bi} ist eine im allgemeinen komplexe und grundsätzlich frei wählbare Bezugsimpedanz.

Es ist für

Form 1		Form 2
$M_i^2 - N_i^2 = U_i I_i = S_{i\sim}$		$\vert M_i \vert^2 - \vert N_i \vert^2 = \mathrm{Re}\{U_i I_i^*\} = P$
	die vom Tor aufgenommene	
komplexe Wechselleistung		Wirkleistung.

Sind die Bezugsimpedanzen reell, so gehen beide Formen ineinander über.

Die Streuvariablen sind auch für allgemeine Wellenmehrtore wohl definiert, wenn unter den Spannungen und Strömen nicht nur linienintegrale, sondern auch querschnittsintegrale Zustandsgrößen verstanden werden.

2.4 Formelzeichen für die Übertragung von Signalen über Leitungen

Tabelle 4.

Nr	Formelzeichen	Bedeutung	SI-Einheit	Bemerkungen
4.1	Z', z	(Längs-)Impedanzbelag	Ω/m	
4.2	Y', y	(Quer-)Admittanzbelag	S/m	
4.3	R', r	(Längs-)Widerstandsbelag	Ω/m	
4.4	L', l	(Längs-)Induktivitätsbelag	H/m	
4.5	G', g	(Quer-)Leitwertsbelag	S/m	
4.6	C', c	(Quer-)Kapazitätsbelag	F/m	
4.7	q_Z	Impedanz-Übersetzungsverhältnis	1	
4.8	q_Y	Admittanz-Übersetzungsverhältnis	1	
4.9	$A_e, (A_q)$	Betriebsdämpfungsmaß		Wird in dB oder Np angegeben. e = equivalent
4.10	A_Z	Echodämpfungsmaß; Rückflußdämpfungsmaß		Wird in dB oder Np angegeben; siehe auch DIN 40148 Teil 3
4.11	A_X	Nebensprechdämpfungsmaß		Wird in dB oder Np angegeben; siehe auch DIN 40148 Teil 3
4.12	$A_{X0}, (A_{d0})$	Grundwert des Nebensprechdämpfungsmaßes		Wird in dB oder Np angegeben; siehe auch DIN 40148 Teil 3

2.5 Formelzeichen für Ausbreitung längs Wellenleitern

Tabelle 5.

Nr	Formelzeichen	Bedeutung	SI-Einheit	Bemerkungen
5.1	**Frequenz, Wellenlänge, Ausbreitungsgrößen**			
5.1.1	$f_c, (f_{crit}, f_k)$	Grenzfrequenz eines Mode	Hz	c = cut-off [26])
5.1.2	$\lambda_c, (\lambda_{crit}, \lambda_k)$	Grenzwellenlänge eines Mode	m	c = cut-off [26])
5.1.3	λ_g	Wellenlänge für einen bestimmten Mode	m	g = guide [26])
5.1.4	$\lambda_r, (\nu, \lambda_*)$	normierte Wellenlänge	1	r = relativ $\lambda_r = \lambda_g / \lambda_c$
5.1.5	γ_g	Ausbreitungskoeffizient für einen bestimmten Mode	[7])	g = guide $\gamma_g = \alpha_g + j\beta_g$ [26])

[7]) Siehe Seite 2

[26]) Diese Größen betreffen einen bestimmten Schwingungsmode. Die Bezeichnung des betreffenden Mode sollte als Index hinzugefügt werden. Die Abkürzungen für die verschiedenen Moden sind im IEV, Kapitel 726 (IEC 50(726):1982) angegeben.

Tabelle 5. (Fortsetzung)

Nr	Formelzeichen	Bedeutung	SI-Einheit	Bemerkungen
5.1.6	α_g	Dämpfungskoeffizient für einen bestimmten Mode		g = guide [26] Wird in dB/m oder Np/m angegeben.
5.1.7	β_g	Phasenkoeffizient für einen bestimmten Mode	rad/m	g = guide [26]
5.2	**Leitungsimpedanzen und -admittanzen** Leitungsimpedanzen sind als Spannungs-Strom-Verhältnisse linien- oder querschnittsintegral bestimmter Spannungen und Ströme definiert.			
5.2.1	$Z_c, (Z_{ch})$	Leitungswellen-impedanz	Ω	c = characteristic [27] $Z_c = U_i/I_i = -U_r/I_r$ i = incident, r = reflected
5.2.2	$Y_c, (Y_{ch})$	Leitungswellen-admittanz	S	c = characteristic [27]
5.2.3	$Z_t, (Z_{tot})$	Leitungsimpedanz	Ω	t = total $Z_t = \frac{U_i + U_r}{I_i + I_r}$ i = incident, r = reflected
5.2.4	$Y_t, (Y_{tot})$	Leitungsadmittanz	S	t = total
5.2.5	$z, (Z_r, Z_*)$	normierte Leitungsimpedanz	1	$z = Z_t/Z_c$
5.2.6	$y, (Y_r, Y_*)$	normierte Leitungsadmittanz	1	$y = Y_t/Y_c$
5.3	**Feldimpedanzen und -admittanzen im unbegrenzten Stoff**			
5.3.1	$Z_s, \eta, (Z_{cs})$	Feldwellenimpedanz	Ω	s = substance $Z_s = \sqrt{\mu/\varepsilon}$
5.3.2	$Y_s, (Y_{cs})$	Feldwellenadmittanz	S	s = substance $Y_s = \sqrt{\varepsilon/\mu}$
5.3.3	Z_{st}, ζ	Feldimpedanz	Ω	st = substance total
5.3.4	Y_{st}	Feldadmittanz	S	st = substance total
5.3.5	$z_s, (Z_{sr}, Z_{s*})$	normierte Feldimpedanz	1	s = substance $z_s = Z_{st}/Z_s$
5.3.6	$y_s, (Y_{sr}, Y_{s*})$	normierte Feldadmittanz	1	s = substance $y_s = Y_{st}/Y_s$
5.4	**Feldimpedanzen und -admittanzen im unbegrenzten leeren Raum**			
5.4.1	$Z_0, \eta_0, (Z_{c0}, \Gamma_0)$	Feldwellenwiderstand des leeren Raumes	Ω	0 = leerer Raum $Z_0 = \eta_0 = \sqrt{\mu_0/\varepsilon_0} = 376{,}73 \ldots \Omega$
5.4.2	Y_0	Feldwellenleitwert des leeren Raumes	S	0 = leerer Raum $Y_0 = \sqrt{\varepsilon_0/\mu_0} = 2{,}66 \ldots$ mS
5.4.3	Z_{0t}, ζ_0	Feldimpedanz im leeren Raum	Ω	0t= leerer Raum total

[26]) Siehe Seite 10

[27]) Der Index 0 wurde für den „leeren Raum" verwendet und ist deshalb hier für „Wellen-" nicht verfügbar.

Tabelle 5. (Fortsetzung)

Nr	Formelzeichen	Bedeutung	SI-Einheit	Bemerkungen
5.4.4	Y_{0t}	Feldadmittanz im leeren Raum	S	0t = leerer Raum total
5.4.5	$z_0, (Z_{0r}, Z_{0*})$	normierte Feldimpedanz im leeren Raum	1	0 = leerer Raum $z_0 = Z_{0t}/Z_0$
5.4.6	$y_0, (Y_{0r}, Y_{0*})$	normierte Feldadmittanz im leeren Raum	1	0 = leerer Raum $y_0 = Y_{0t}/Y_0$
5.5	**Feldimpedanzen und -admittanzen für einen Wellenleiter**			
5.5.1	$Z_g, \eta_g, (Z_{cg})$	Wellenleiter-Feldwellenimpedanz	Ω	g = guide $Z_g = Z_s (1-\lambda_r^2)^{\pm 1/2}$ [28]) + für TM-Moden − für TE-Moden λ_r nach Nr 5.1.4
5.5.2	$Y_g, (Y_{cg})$	Wellenleiter-Feldwellenadmittanz	S	g = guide $Y_g = Y_s (1-\lambda_r^2)^{\pm 1/2}$ [28]) + für TE-Moden − für TM-Moden λ_r nach Nr 5.1.4
5.5.3	Z_{gt}, ζ_g	Wellenleiter-Feldimpedanz	Ω	gt = guide total
5.5.4	Y_{gt}	Wellenleiter-Feldadmittanz	S	gt = guide total
5.5.5	$z_g, (Z_{gr}, Z_{g*})$	normierte Wellenleiter-Feldimpedanz	1	g = guide $z_g = Z_{gt}/Z_g$
5.5.6	$y_g, (Y_{gr}, Y_{g*})$	normierte Wellenleiter-Feldadmittanz	1	g = guide $y_g = Y_{gt}/Y_g$
5.5.7	Z_w	Wandimpedanz	Ω	w = wall
5.5.8	Y_w	Wandadmittanz	S	w = wall
5.5.9	$R_\square$	Flächenwiderstand	Ω	$R_\square = 1/(\kappa \cdot d)$ d = wirksame Leiterdicke = Eindringtiefe δ bei ausgeprägter Stromverdrängung
5.5.10	$G_\square$	Flächenleitwert	S	$G_\square = 1/R_\square$

[28]) Diese Beziehung ist nur im Fall des verlustlosen querhomogenen Wellenleiters anwendbar.

2.6 Formelzeichen für Antennen

Tabelle 6.

Nr	Formelzeichen	Bedeutung	SI-Einheit	Bemerkungen
6.1	P_Ω	Strahlstärke; Quotient abgestrahlte Leistung durch Raumwinkel in einer gegebenen Richtung	W/sr	$P_\Omega = \mathrm{d}P_t/\mathrm{d}\,\Omega$
6.2	$P_{\Omega i}$	mittlere Strahlstärke	W/sr	$P_{\Omega i} = P_t/4\pi$ i = isotrop

Tabelle 6. (Fortsetzung)

Nr	Formelzeichen	Bedeutung	SI-Einheit	Bemerkungen
6.3	P_r, P_{in}	Empfangsleistung	W	r = received (empfangen)
6.4	P_t, P_{ex}	Strahlungsleistung	W	t = transmitted (gesendet)
6.5	P_{t0}	Eingangsleistung	W	Im Sendefall von einer Antenne an ihrem Eingang aufgenommene Wirkleistung
6.6	P_l	Verlustleistung	W	l = loss (Verlust) ohmsche, dielektrische und magnetische Verluste
6.7	R_r, R_{rd}	Strahlungswiderstand	Ω	r = radiation
6.8	R_l	Verlustwiderstand	Ω	l = loss (Verlust)
6.9	η_t	Strahlungswirkungsgrad	1	$\eta_t = \frac{P_t}{P_{t0}} = \frac{R_r}{R_r + R_l}$ R_r und R_l sind für dieselbe Bezugsstromstärke zu bestimmen.
6.10	P_{ei}	äquivalente isotrope Strahlungsleistung	W	e = equivalent i = isotrop $P_{ei} = P_{t0} \cdot G_j = P_t \cdot D_i$ G_i nach Nr 6.17, D_i nach Nr 6.14
6.11	P_{ed}	äquivalente Strahlungsleistung bezogen auf den Halbwellendipol	W	e = equivalent d = Dipol $P_{ed} = P_{t0} \cdot G_d = P_t \cdot D_d$ G_d nach Nr 6.18, D_d nach Nr 6.15
6.12	Z_a	Antennen-Eingangsimpedanz	Ω	
6.13	D	Richtfaktor	1	Verhältnis zweier Strahlstärken [29]
6.14	D_i	Richtfaktor bezogen auf isotropen Strahler	1	$D_i = \left. \frac{P_{\Omega max}}{P_{\Omega i}} \right\vert P_t = \text{const.}$ [29]
6.15	D_d	Richtfaktor bezogen auf Halbwellendipol	1	$D_d \approx \frac{D_i}{1{,}643}$ [29]
6.16	G	Antennengewinn	1	Verhältnis zweier Leistungen [30]
6.17	G_i, G_{is}	Antennengewinn bezogen auf isotropen Strahler	1	$G_i = \eta_t \cdot D_i$ [30]
6.18	G_d	Antennengewinn bezogen auf Halbwellendipol	1	$G_d = \eta_t \cdot D_d$ [30]
6.19	A_0	theoretische Wirkfläche	m^2	$A_0 = \frac{\lambda^2}{4\pi} \cdot D_i$
6.20	A_e, A_{ef}	Wirkfläche, effektive Antennenfläche	m^2	$A_e = \eta_t \cdot A_0$
6.21	q	Flächenwirkungsgrad	1	$q = A_0/A$ A = geometrische Fläche

[29]) Bei übertragungssymmetrischen Medien sind die Richtfaktoren im Sende- und Empfangsfall gleich.

[30]) Der Logarithmus des Antennengewinns wird mit Antennengewinnmaß bezeichnet; neben dem Formelzeichen G wird hierfür auch g verwendet.

Tabelle 6. (Fortsetzung)

Nr	Formelzeichen	Bedeutung	SI-Einheit	Bemerkungen
6.22	$\vec{\underline{C}}\ (\vartheta, \varphi)$	komplexe Richtcharakteristik	1	komplexer elektrischer oder magnetischer Feldstärkevektor als Funktion der Kugelkoordinaten ϑ, φ bei konstantem Abstand, bezogen auf den jeweiligen Maximalbetrag, z. B. $\vec{\underline{C}}\ (\vartheta, \varphi) = \vec{\underline{E}}\ (\vartheta, \varphi)/E_{max}$ [31])
6.23	$C\ (\vartheta, \varphi)$	Richtcharakteristik	1	Betrag der komplexen Richtcharakteristik für eine Feldkomponente, die nach Art und Richtung mit Indizes zu C gekennzeichnet werden sollte. [31])
6.24	φ_{3dB}, ϑ_{3dB}	Halbwertsbreite	rad	ein das Maximum der Strahlstärke umfassender Winkelbereich, in dem sie um nicht mehr als die Hälfte absinkt. Die halbe Halbwertsbreite wird Halbwertswinkel genannt.
6.25	h_e, h_{ef}	wirksame Antennenhöhe	m	ef = effektiv
6.26	h, h_a	Höhe der Antenne über Erde	m	
6.27	k, k_{ap}	Vor-Rück-Verhältnis	1	a = anterior p = posterior [32])
6.28	T_a	Antennenrausch-temperatur	K	

[31]) Bei übertragungssymmetrischen Medien sind die Richtcharakteristiken im Sende- und Empfangsfall gleich.
[32]) Die Benennung Vor-Rück-Verhältnis wird oft auch für das logarithmierte Verhältnis verwendet.

2.7 Formelzeichen für Funkwellenausbreitung

Tabelle 7.

Nr	Formelzeichen	Bedeutung	SI-Einheit	Bemerkungen
7.1	**Ausbreitung von Bodenwellen**			
7.1.1	L_E, F	Feldstärkepegel		$L_E = 20 \lg \frac{E}{E_{ref}}$ dB E = elektr. Feldstärke E_{ref} = Bezugsfeldstärke
7.1.2	E_0	Freiraumfeldstärke	V/m	
7.1.3	L_{E0}, F_0	Freiraumfeldstärke-pegel		$L_{E0} = 20 \lg \frac{E_0}{E_{ref}}$ dB
7.1.4	l, (d)	Abstand, Entfernung	m	d wird häufig für die Entfernung zwischen Sender und Empfänger benutzt, um Verwechslungen mit anderen Verwendungen von l zu vermeiden.
7.1.5	ψ, (ϑ)	Erhebungswinkel	rad	Komplementärwinkel zum Einfallswinkel
7.1.6	σ, σ_t	Erdleitfähigkeit	S/m	t = terra
7.1.7	a, r_t	(tatsächlicher) Erdradius	m	t = terra
7.1.8	k	Krümmungsfaktor, Verhältnis des effektiven Erdradius zum tatsächlichen Erdradius	1	für die Standard-Funkatmosphäre gilt $k = 4/3$

Tabelle 7. (Fortsetzung)

Nr	Formelzeichen	Bedeutung	SI-Einheit	Bemerkungen
7.1.9	a_{ef}	effektiver Erdradius	m	$a_{ef} = k \cdot a$ k nach Nr 7.1.8, a nach Nr 7.1.7
7.1.10	D	Defokussierungsfaktor, Divergenzfaktor	1	
7.2 Troposphärische Ausbreitung				
7.2.1	N	Brechwert	1	$N = (n - 1) \cdot 10^6$ n = Brechzahl
7.2.2	n'	modifizierte Brechzahl	1	$n' = n + \frac{h}{a}$, h = Höhe der Antenne über Erde, a nach Nr 7.1.7
7.2.3	$M, (M_r)$	modifizierter Brechwert	1	$M = (n' - 1) \cdot 10^6$ $= N + \left(\frac{h}{a} \cdot 10^6\right)$, a und h nach Nr 7.2.2, N nach Nr 7.2.1
7.3 Ionosphärische Ausbreitung				
7.3.1	$n, n_i, (N)$ [33]	Ionendichte	m^{-3}	
7.3.2	$n, n_e, (N)$ [33]	Elektronendichte	m^{-3}	
7.3.3	ν, ν_c	Stoßfrequenz	s^{-1}	
7.3.4	α	Rekombinationskoeffizient	m^3/s	
7.3.5	$f_{cr}, f_o, (f_{crit})$	kritische Frequenz; (Senkrecht-)Grenzfrequenz	Hz	Wenn es notwendig ist, zwischen ordentlichen und außerordentlichen Wellen zu unterscheiden, können die Indizes o und x verwendet werden.
7.4 Richtfunkverbindungen				
7.4.1	A_s [34]	Systemdämpfungsmaß		$A_s = 10 \lg \frac{P_t}{P_r}$ dB s = system t = transmitted r = received
7.4.2	A_p [34]	Funkfelddämpfungsmaß		Wird in dB angegeben. p = path
7.4.3	A_b [34]	ideales Funkfelddämpfungsmaß		Wird in dB angegeben. b = basic path
7.4.4	A_0 [34]	Freiraumdämpfungsmaß		$A_0 = 20 \lg \frac{4\pi l}{\lambda}$ dB l nach Nr 7.1.4 λ = Wellenlänge

[33]) N wird in ISO 31-8 : 1980 nicht angegeben, wird aber häufig benutzt, weil Brechzahl und Ionendichte häufig in ein und derselben Gleichung vorkommen.

[34]) Für A wurde bisher oft das Formelzeichen L mit Indizes verwendet. Da dessen Verwendung zu Verwechslungen mit dem Formelzeichen L für Pegel führt, wird L hier nicht empfohlen.

2.8 Formelzeichen für die optische Nachrichtentechnik

Tabelle 8.

Nr	Formelzeichen	Bedeutung	SI-Einheit	Bemerkungen
8.1	λ	Lichtwellenlänge im leeren Raum	m	Einheit meist nm oder µm
8.2	λ_n	Lichtwellenlänge im Medium mit der Brechzahl n	m	
8.3	c_n	Lichtgeschwindigkeit im Medium mit der Brechzahl n	m/s	$c_n = c_0/n$ c_n ist stets kleiner als c_0 c_0 nach DIN 1304 T 1/03.89 Nr 7.19
8.4	ν	Optische Frequenz	Hz	$\nu = c_0/\lambda$
8.5	k_n	Kreiswellenzahl im Medium mit der Brechzahl n	m^{-1}	Wird auch in rad/m angegeben. $k_n = 2\pi n/\lambda$
8.6	n_g	Gruppenbrechzahl eines optischen Mediums	1	$n_g = n - \lambda \cdot dn/d\lambda$ n = Brechzahl
8.7	c_g	Gruppengeschwindigkeit im optischen Medium	m/s	$c_g = c_0/n_g$ n_g nach Nr 8.6
8.8	t_g	Gruppenlaufzeit im optischen Medium	s	$t_g = s/c_g = s \cdot n_g/c_0$ c_g nach Nr 8.7, n_g nach Nr 8.6 c_0 nach DIN 1304 T1/03.89 Nr 7.19 s = Weglänge
8.9	L_e, N	Strahldichte einer Lichtquelle	$W/(sr \cdot m^2)$	Einheit meist $W/(sr \cdot cm^2)$
8.10	A	strahlende Fläche einer Lichtquelle	m^2	Einheit meist μm^2
8.11	L	Länge eines Lichtwellenleiters	m	
8.12	a	Kernradius eines Lichtwellenleiters	m	Einheit meist µm
8.13	A_N	numerische Apertur eines Lichtwellenleiters	1	Die Schreibweisen *N.A.* oder *NA* sollten vermieden werden.
8.14	V, v	charakteristischer Parameter eines Lichtwellenleiters	1	$V = \frac{2\pi}{\lambda} \cdot a \cdot A_N$ λ nach Nr 8.1 a nach Nr 8.12 A_N nach Nr 8.13
8.15	w_0	Feldradius (Fleckradius) bei einmodigen Wellenleitern	m	Einheit meist µm
8.16	λ_c	Grenzwellenlänge bei einmodigen Lichtwellenleitern	m	Ein Lichtwellenleiter ist nur bei $\lambda > \lambda_c$ einmodig.
8.17	λ_0	Wellenlänge bei minimaler Gruppengeschwindigkeit	m	

Tabelle 8. (Fortsetzung)

Nr	Formelzeichen	Bedeutung	SI-Einheit	Bemerkungen
8.18	S_0	Steilheit der Dispersionskurve eines Lichtwellenleiters bei λ_0	$\mathrm{s/m^3}$	$S_0 = \frac{1}{c} \frac{\mathrm{d}^2 n_g}{\mathrm{d}\lambda^2} \Big\vert_{\lambda = \lambda_0}$ Einheit meist $\mathrm{ns/(nm^2 \cdot km)}$
8.19	f	Signalfrequenz im Basisband	Hz	$f \ll \nu$ ν nach Nr 8.4
8.20	ω	Signal-Kreisfrequenz im Basisband	$\mathrm{s^{-1}}$	$\omega = 2\pi f$, f nach Nr 8.19, wird auch in rad/s angegeben.
8.21	$H(f)$	Basisband-Übertragungsfunktion eines Lichtwellenleiters	1	
8.22	g	Profilparameter (bei Potenzprofilen)	1	
8.23	Θ	Akzeptanzwinkel	rad	
8.24	M	Materialdispersionsparameter	$\mathrm{s/m^2}$	Einheit meist $\mathrm{ps/(nm \cdot km)}$
8.25	Δ	relative Brechzahldifferenz	1	$\Delta = \frac{n_1^2 - n_2^2}{2 n_1^2}$ n_1 = größte Brechzahl des Kernmaterials n_2 = Brechzahl des Mantelmaterials

2.9 Formelzeichen für die Digital-Übertragungstechnik

Tabelle 9.

Nr	Formelzeichen	Bedeutung	SI-Einheit	Bemerkungen
9.1	T_b	Bitperiode	s	zeitlicher Abstand aufeinanderfolgender Bits
9.2	r_b	Bitrate	$\mathrm{s^{-1}}$	$r_b = 1/T_b$, Einheit auch bit/s
9.3	T_d	Digitperiode	s	zeitlicher Abstand aufeinanderfolgender Digits
9.4	r_d	Digitrate	$\mathrm{s^{-1}}$	$r_d = 1/T_d$, Einheit auch digit/s
9.5	r_{ld}	Leitungsdigitrate	$\mathrm{s^{-1}}$	in der Telegrafie auch Schrittgeschwindigkeit, Einheit auch Baud, siehe auch DIN 44 302
9.6	P_Q	Leistung der Quantisierungsverzerrung	W	
9.7	P_C, C	Trägerleistung	W	$P_C = E_b\, r_b$ bei binären Signalen E_b nach Nr 9.8 r_b nach Nr 9.2
9.8	E_b	Signalenergie je Bit	W · s	
9.9	P_b	Bitfehlerwahrscheinlichkeit	1	[35])
9.10	P_B	Blockfehlerwahrscheinlichkeit	1	[35])
9.11	d_H	Hamming-Distanz	1	Abstand der Codeelemente
9.12	f_t	Taktfrequenz	Hz	

[35]) Die gemessenen Werte werden mit „-häufigkeit“ oder „-quote“ bezeichnet; die im Englischen übliche Bezeichnung „-rate“ wird nicht empfohlen, da es sich hier um keine zeitbezogenen Größen handelt (siehe DIN 5485).

2.10 Formelzeichen für die Fernsehtechnik

Tabelle 10.

Nr	Formelzeichen	Bedeutung	SI-Einheit	Bemerkungen
10.1	A	Austastsignal	[1])	
10.2	B	Farbwertsignal Blau	[1])	
10.3	C	Chrominanzsignal	[1])	
10.4	C_B	Farbdifferenzsignal proportional $B - Y$ bei digitaler Codierung [36])	[1])	nach CCIR 601
10.5	C_R	Farbdifferenzsignal proportional $R - Y$ bei digitaler Codierung [36])	[1])	nach CCIR 601
10.6	G	Farbwertsignal Grün	[1])	
10.7	I	Farbdifferenzsignal (breitbandig) bei analoger NTSC-Codierung [36])	[1])	
10.8	Q	Farbdifferenzsignal (schmalbandig) bei analoger NTSC-Codierung [36])	[1])	
10.9	R	Farbwertsignal Rot	[1])	
10.10	S	Synchronsignal	[1])	
10.11	T_{B}	Vollbilddauer, Vollbildperiode	s	B = Bild
10.12	T_{H}	Zeilendauer, Zeilenperiode	s	H = Horizontal
10.13	T_{V}	Teilbilddauer, Teilbildperiode	s	V = Vertikal
10.14	U	Farbdifferenzsignal proportional $B - Y$ bei analoger PAL-Codierung [36])	[1])	
10.15	V	Farbdifferenzsignal proportional $R - Y$ bei analoger PAL-Codierung [36])	[1])	
10.16	Y	Luminanzsignal	[1])	
10.17	f_{B}	Vollbildfrequenz	Hz	$f_{\mathrm{B}} = 1/T_{\mathrm{B}}$ T_{B} nach Nr 10.11
10.18	f_{H}	Horizontalfrequenz, Zeilenfrequenz	Hz	$f_{\mathrm{H}} = 1/T_{\mathrm{H}}$ T_{H} nach Nr 10.12
10.19	f_{V}	Vertikalfrequenz, Teilbildfrequenz	Hz	$f_{\mathrm{V}} = 1/T_{\mathrm{V}}$ T_{V} nach Nr 10.13
10.20	f_{sc}	Farbträgerfrequenz	Hz	sc = subcarrier
10.21	γ	Exponent der Gradationskennlinie	1	
10.22	k	Kellfaktor	1	

[1]) Siehe Seite 2

[36]) Im Sinne von DIN 44 300 Teil 2 ist die Benennung „Codierung" nicht korrekt; besser müßte es „Verfahren" oder „Umsetzung" heißen.

2.11 Formelzeichen für die Informationstheorie

Siehe auch DIN 44 301/11.84 und ISO 2382-16: 1978

Tabelle 11.

Nr	Formelzeichen	Bedeutung	SI-Einheit	Bemerkungen
11.1	H_0	Entscheidungsgehalt	1	Einheit auch Sh [37]
11.2	H	Entropie	1	Einheit auch Sh [37]
11.3	I	Informationsgehalt	1	Einheit auch Sh [37]
11.4	R	Redundanz	1	Einheit auch Sh [37] $R = H_0 - H$ H_0 nach Nr 11.1 H nach Nr 11.2
11.5	r	relative Redundanz	1	$r = R/H_0$ R nach Nr 11.4 H_0 nach Nr 11.1
11.6	T	mittlerer Trans-informationsgehalt (Synentropie)	1	Einheit auch Sh [37]
11.7	H'	mittlerer Informations-belag	1	Einheit auch Sh/Symbol [37]
11.8	H^*	mittlerer Informations-fluß	s^{-1}	Einheit auch Sh/s [37]
11.9	T'	mittlerer Trans-informationsbelag	1	Einheit auch Sh/Symbol [37]
11.10	T^*	mittlerer Trans-informationsfluß	s^{-1}	Einheit auch Sh/s [37]
11.11	C^*	Kanalkapazität	s^{-1}	Einheit auch Sh/s [37]

[37]) In DIN 44 301/11.84 wird statt Sh (Shannon) noch bit (Bit) benutzt.

2.12 Formelzeichen für die Nachrichtenverkehrstheorie

Tabelle 12.

Nr	Formelzeichen	Bedeutung	SI-Einheit	Bemerkungen
12.1	A	Verkehrsangebot	1	Einheit meist E (Erlang)
12.2	Y	Verkehrsbelastung	1	Einheit meist E (Erlang)
12.3	$L, (\Omega)$	mittlere Warte-schlangenlänge	1	
12.4	B	Verlustwahrschein-lichkeit	1	
12.5	W	Wartewahrschein-lichkeit	1	
12.6	λ	Anrufrate	s^{-1}	
12.7	μ	Enderate	s^{-1}	

2.13 Indizes

Die Mehrzahl der in dieser Norm verwendeten Indizes ist bereits bei ihrer Anwendung erklärt. Die folgende Zusatztabelle ist aus IEC 27-2 : 1972 übernommen.

Tabelle 13.

Nr	Index	Bedeutung
13.1	0, (c, ch)	charakteristisch, Wellen-
13.2	i, (im)	image (keine Entsprechung im Deutschen)
13.3	k, (it)	iterativ, Ketten-
13.4	p, ps [38])	psophometrisch
13.5	in, (ins)	Einfügungs-
13.6	cp, (m)	zusammengesetzt
13.7	x, (d)	Nebensprech-, Übersprech-
13.8	xn, (dp)	Nahnebensprech-
13.9	xt, (dt)	Fernnebensprech-
13.10	t	Übertragungs-
13.11	r	Reflexions-
13.12	rr	Wechselwirkungs-

[38]) „p" wird verwendet, um psophometrisch gewichtete Größen im Zusammenhang mit Fernsprecheinrichtungen zu bezeichnen; „ps" wird verwendet, um psophometrisch gewichtete Größen im Zusammenhang mit Tonübertragungen, üblicherweise für Rundfunkeinrichtungen, zu bezeichnen (CCITT).

Zitierte Normen und andere Unterlagen

DIN 1303	Vektoren, Matrizen, Tensoren; Zeichen und Begriffe
DIN 1304 Teil 1	Formelzeichen; Allgemeine Formelzeichen
DIN 4899	Lineare elektrische Mehrtore
DIN 5483 Teil 1	Zeitabhängige Größen; Benennungen der Zeitabhängigkeit
DIN 5483 Teil 2	Zeitabhängige Größen; Formelzeichen
DIN 5483 Teil 3	Zeitabhängige Größen; Komplexe Darstellung sinusförmig zeitabhängiger Größen
DIN 5485	Benennungsgrundsätze für physikalische Größen; Wortzusammensetzungen mit Eigenschafts- und Grundwörtern
DIN 5489	Richtungssinn und Vorzeichen in der Elektrotechnik; Regeln für elektrische und magnetische Kreise, Ersatzschaltbilder
DIN 5493	Logarithmierte Größenverhältnisse; Maße, Pegel in Neper und Dezibel
DIN 40 148 Teil 1	Übertragungssysteme und Zweitore; Begriffe und Größen
DIN 40 148 Teil 2	Übertragungssysteme und Zweitore; Symmetrieeigenschaften von linearen Zweitoren
DIN 40 148 Teil 3	Übertragungssysteme und Vierpole; Spezielle Dämpfungsmaße
DIN 44 300 Teil 2	Informationsverarbeitung; Begriffe; Informationsdarstellung
DIN 44 300 Teil 5	Informationsverarbeitung; Begriffe; Aufbau digitaler Rechensysteme
DIN 44 301	Informationstheorie; Begriffe
DIN 44 302	Informationsverarbeitung; Datenübertragung, Datenübermittlung; Begriffe
ISO 31-8 : 1980	Quantities and units of physical chemistry and molecular physics
ISO 31-10 : 1980	Quantities and units of nuclear reactions and ionizing radiations
ISO 2382-16 : 1978	Data processing; Vocabulary; Section 16: Information theory
IEC 27-1 : 1971	Letter symbols to be used in electrical technology; Part 1: General
IEC 27-2 : 1972	Letter symbols to be used in electrical technology; Part 2: Telecommunications and electronics
IEC 27-2A : 1975	First supplement to Publication 27-2 (1972); Letter symbols to be used in electrical technology; Part 2: Telecommunications and electronics

IEC 27-2B : 1980	Second supplement to Publication 27-2 (1972); Letter symbols to be used in electrical technology; Part 2: Telecommunications and electronics
IEC 50(726) : 1982	International Electrotechnical Vocabulary; Chapter 726: Transmission lines and waveguides
IEC 148 : 1969	Letter symbols for semiconductor devices and integrated microcircuits
IEC 375 : 1972	Conventions concerning electric and magnetic circuits

XVIth Plenary Assembly of the CCIR, Dubrovnik, 1986, Vol. XI.1: Broadcasting service (television), Rec. 601-1: Encoding parameters of digital television for studios[39])

Weitere Normen

DIN 1301 Teil 1	Einheiten; Einheitennamen, Einheitenzeichen
Beiblatt 1 zu DIN 1301 Teil 1	Einheitenähnliche Namen und Zeichen
DIN 1304 Teil 2	Formelzeichen; Formelzeichen für Meteorologie und Geophysik
DIN 1304 Teil 3	Formelzeichen; Formelzeichen für elektrische Energieversorgung
DIN 1304 Teil 4	(z. Z. Entwurf) Formelzeichen; Zusätzliche Formelzeichen für Akustik
DIN 1304 Teil 5	Formelzeichen; Formelzeichen für die Strömungsmechanik
DIN 1304 Teil 7	Formelzeichen; Formelzeichen für elektrische Maschinen
DIN 40 146 Teil 1	Begriffe der Nachrichtenübertragung; Grundbegriffe
DIN 40 146 Teil 2	Begriffe der Nachrichtenübertragung; Nutzpegel, Störpegel, Dynamik, Signal-Stör- Pegelabstand
DIN 40 146 Teil 3	Begriffe der Nachrichtenübertragung; Meß- und Prüfsignale
ISO 31-5 : 1979	Quantities and units of electricity and magnetism
IEC 27-3 : 1989	Letter symbols to be used in electrical technology; Part 3: Logarithmic quantities and units
IEC 27-4 : 1985	Letter symbols to be used in electrical technology; Part 4: Symbols for quantities to be used for rotating electrical machines

Frühere Ausgaben

DIN 1344: 06.59, 12.73

Änderungen

Gegenüber DIN 1344/12.73 wurden folgende Änderungen vorgenommen:

a) Änderung der Norm-Nummer in DIN 1304 Teil 6.

b) Inhalt unter Berücksichtigung von IEC 27-2 : 1972, IEC 27-2A : 1975 und IEC 27-2B : 1980 vollständig überarbeitet.

DK 001.6 : 08 : 003.62 : 621.313 Januar 1991

Formelzeichen

Formelzeichen für elektrische Maschinen

DIN 1304 Teil 7

Letter symbols for physical quantities; symbols to be used for electrical machines

Ersatz für DIN 40121/12.75

Es besteht weitgehende Übereinstimmung mit der von der International Electrotechnical Commission (IEC) herausgegebenen Internationalen Norm IEC 27-4 : 1985.

Inhalt

		Seite
1	**Anwendungsbereich und Zweck**	1
2	**Formelzeichen und Indizes**	2
2.1	Formelzeichen für geometrische Größen	2
2.2	Formelzeichen für kinematische Größen	3
2.3	Formelzeichen für dynamische Größen	4
2.4	Formelzeichen für Verluste und Wärmetransport	4
2.5	Formelzeichen für elektrische und magnetische Größen	5
2.6	Formelzeichen für Anzahlen und Größenverhältnisse	6
2.7	Indizes	7
	Zitierte Normen	9
	Weitere Normen	9
	Änderungen	9
	Stichwortverzeichnis	10

1 Anwendungsbereich und Zweck

Diese Norm legt zusätzlich zu DIN 1304 Teil 1 Formelzeichen fest für im Bereich des Elektromaschinenbaus verwendete Größen. Sie ergänzt für dieses Fachgebiet die Norm DIN 1304 Teil 1 über allgemeine Formelzeichen und soll zusammen mit dieser benutzt werden. Die in DIN 1304 Teil 1/03.89, Abschnitt 3, gegebenen Anwendungsregeln gelten auch hier.

Formelzeichen, die bereits in DIN 1304 Teil 1 festgelegt sind, werden hier nur wiederholt, wenn die Bedeutung geändert oder eingeschränkt wird.

Stichwortverzeichnis und Internationale Patentklassifikation siehe Originalfassung der Norm

Fortsetzung Seite 2 bis 9

Normenausschuß Einheiten und Formelgrößen (AEF) im DIN Deutsches Institut für Normung e. V.
Deutsche Elektrotechnische Kommission (DKE) im DIN und VDE

2 Formelzeichen und Indizes

2.1 Formelzeichen für geometrische Größen

Tabelle 1.

Nr	Formelzeichen	Bedeutung	SI-Einheit	Bemerkung
1.1	l	Länge des gesamten Blechpakets	m	
1.2	l_{Fe}	Eisenlänge	m	$l_{Fe} = l - n_v \cdot l_v$, l nach Nr 1.1, n_v nach Nr 6.11, l_v nach Nr 1.4
1.3	l_u	reine Eisenlänge	m	$l_u = k_{Fe} \cdot l_{Fe}$, k_{Fe} nach Nr 6.29, l_{Fe} nach Nr 1.2
1.4	l_v	Länge eines Kühlschlitzes	m	
1.5	l_{av}	mittlere halbe Windungslänge	m	
1.6	l_b	mittlere Wickelkopflänge	m	$l_b = l_{av} - l$, l_{av} nach Nr 1.5, l nach Nr 1.1
1.7	l_e	äquivalente Eisenlänge	m	siehe Bild 1, auch gleichwertige Eisenlänge
1.8	d	Durchmesser des Ankers	m	
1.9	d_{se}	Außendurchmesser des Stators	m	auch ... des Ständers
1.10	d_s, d_{si}	Innendurchmesser des Stators	m	auch ... des Ständers
1.11	d_r, d_{re}	Außendurchmesser des Rotors	m	auch ... des Läufers
1.12	d_{ri}	Innendurchmesser des Rotors	m	auch ... des Läufers
1.13	d_c	Kommutatordurchmesser	m	
1.14	h_p	Polhöhe	m	
1.15	h_{p1}	Polschuhhöhe	m	
1.16	h_{p2}	Polschafthöhe	m	
1.17	h_{ys}	Statorjochhöhe	m	
1.18	h_{yr}	Rotorjochhöhe	m	
1.19	h_s	Statornuttiefe	m	[1]
1.20	h_r	Rotornuttiefe	m	[1]
1.21	r, h_b	Bürstenhöhe	m	
1.22	δ, g	Luftspalt (Luftspaltlänge)	m	
1.23	δ_0	Luftspalt an der engsten Stelle	m	siehe Bild 3
1.24	δ_e	äquivalenter Luftspalt (mit Berücksichtigung der Nutung)	m	$\delta_e = \delta \cdot k_{Cs} \cdot k_{Cr}$, δ nach Nr 1.22, k_{Cs} nach Nr 6.30, k_{Cr} nach Nr 6.31
1.25	δ_{ef}	effektiver Luftspalt mit Berücksichtigung der Nutung der Eisensättigung	m	$\delta_{ef} = \delta_e\ (1 + V_{Fe}/V_\delta)$ δ_e nach Nr 1.24, V nach DIN 1304 T 1/03.89 Nr 4.20, δ nach Nr 1.22, Fe nach Nr 7.26
1.26	h_{ds}	Statorzahnhöhe	m	$h_{ds} = h_s$ [1]), h_s nach Nr 1.19
1.27	h_{dr}	Rotorzahnhöhe	m	$h_{dr} = h_r$ [1]), h_r nach Nr 1.20
1.28	H	Achshöhe der Maschine	m	siehe IEC 72 : 1971
1.29	b_p, b_{p1}	Polschuhbreite	m	
1.30	b_{p2}	Polschaftbreite	m	
1.31	b_{pe}	äquivalenter Polbogen	m	[2]) siehe Bild 3
1.32	b_s	Statornutbreite	m	[3]
1.33	b_r	Rotornutbreite	m	[3]

[1]) Anteile der Nuttiefe werden ausgehend vom Luftspalt benummert: 1, 2, 3, ... (siehe Bild 4). Der Index s oder r darf entfallen, wenn eine Verwechslung ausgeschlossen ist.

[2]) Bogenlängen am Ankerumfang

[3]) Unterschiedliche Breiten werden ausgehend vom Luftspalt benummert: 1, 2, 3, ... (siehe Bild 4). Der Index s oder r darf entfallen, wenn eine Verwechslung ausgeschlossen ist.

Tabelle 1. (Fortsetzung)

Nr	Formelzeichen	Bedeutung	SI-Einheit	Bemerkung
1.34	b_{ds}	Statorzahnbreite	m	[3]
1.35	b_{dr}	Rotorzahnbreite	m	[3]
1.36	b_t, t	tangentiale Bürstenbreite	m	
1.37	b_a, a	axiale Bürstenbreite	m	a wenn keine Verwechslung zu befürchten ist
1.38	b_{te}	äquivalente Bürstenbreite	m	
1.39	b_{cI}, b_{cIs}	Dicke der Isolation zwischen nebeneinanderliegenden Kommutatorsegmenten	m	
1.40	τ, t	Teilung, als Bogenlänge gemessen	m	
1.41	τ_p, t_p	Polteilung	m	
1.42	τ_s, t_s	Statornutteilung	m	
1.43	τ_r, t_r	Rotornutteilung	m	
1.44	τ_c, t_c	Kommutator-Segmentteilung	m	

[3]) siehe Seite 2

2.2 Formelzeichen für kinematische Größen

Tabelle 2.

Nr	Formelzeichen	Bedeutung	SI-Einheit	Bemerkung
2.1	T	Zeitkonstante	s	$\tau = \omega_0 \cdot T$ [4])
2.2	ω_0	Bezugs-Kreisfrequenz	s^{-1}	Einheit auch rad/s
2.3	ω_s	Stator-Kreisfrequenz	s^{-1}	Einheit auch rad/s [5])
2.4	ω_r	Rotor-Kreisfrequenz	s^{-1}	Einheit auch rad/s [6])
2.5	Ω_m	mechanische Winkelgeschwindigkeit	rad/s	$\Omega_m = 2\pi \cdot n$, n nach DIN 1304 T1/03.89 Nr 2.14
2.6	s	Schlupf	1	$s = \frac{\omega_s/p - \Omega_m}{\omega_s/p}$, p nach Nr 6.1 ω_s nach Nr 2.3 Ω_m nach Nr 2.5

[4]) Das Formelzeichen T sollte für Zeitkonstanten in Sekunden verwendet werden. Werden Zeitkonstanten als bezogene synchrone Winkel der Dimension 1 ausgedrückt, so ist das Formelzeichen $\tau = \omega_0 \cdot T$ zu bevorzugen.

[5]) Bei Wechselstrommaschinen ist ω_s/p die synchrone Winkelgeschwindigkeit.

[6]) Im Rotorbezugssystem

2.3 Formelzeichen für dynamische Größen

Tabelle 3.

Nr	Formelzeichen	Bedeutung	SI-Einheit	Bemerkung
3.1	T_J	Nenn-Anlaufdauer	s	$T_J = J \cdot \Omega_{mN}^2 / P_N$ [7] J nach DIN 1304 T1/03.89 Nr 3.9 411-18-16 [10]
3.2	H	Trägheitskonstante eines Maschinensatzes (kinetische Energie durch Scheinleistung)	s	$H = \frac{1}{2} J \cdot \Omega_{mN}^2 / S_N$ [7] 411-18-14 [10]
3.3	M_e, T_e	elektromagnetisches Drehmoment (Luftspaltmoment)	N · m	[8] [9]
3.4	M_s, T_s	Kupplungsmoment	N · m	[8] [9]
3.5	M_d, T_d	mechanisches Rotorverlustmoment	N · m	[8] [9]
3.6	M_1, T_1	Drehmoment bei festgebremstem Rotor	N · m	411-18-02 [8] [10] 2.13 [11]
3.7	M_u, T_u	Sattelmoment	N · m	411-18-07 [8] [10] 2.15 [11]
3.8	M_b, T_b	Kippmoment	N · m	411-18-10 [8] [10] 2.17 [11]
3.9	M_{pi}, T_{pi}	Intrittfallmoment (synchrones)	N · m	411-18-08 [8] [10]
3.10	M_{p0}, T_{p0}	Synchron-Kippmoment	N · m	411-18-11 [8] [10] 2.17 [11]

[7]) Ω_{mN}, P_N und S_N sind Bemessungswerte (siehe DIN 40 200). Gelegentlich wird H (nach Multiplikation mit $\Omega_0 = \omega_s / p$) als bezogene Größe verwendet.

[8]) Nach IEC 27-1 : 1971 und IEC 27-4 : 1985 wird mit T nicht nur die Periodendauer (IEC 27-1, Nr 14), die Zeitkonstante (IEC 27-4, Nr 47) und die Anlaufdauer (IEC 27-4, Nr 57) sondern auch das Drehmoment (IEC 27-4, Nr 59 bis 66) bezeichnet. Dies führt oft zu Schwierigkeiten, da Drehmoment und Zeitgrößen in derselben Gleichung vorkommen können. Deshalb wurde hier gegenüber IEC 27-4 : 1985 beim Drehmoment Vorzugszeichen und Ausweichzeichen miteinander vertauscht.

[9]) M_d entspricht den mechanischen Rotorverlusten, ausgedrückt als Drehmoment bei der Winkelgeschwindigkeit Ω_m. Im Motorbezugssystem lautet die Bewegungsgleichung

$$M_e = J \frac{d\Omega_m}{dt} + M_d + M_s \qquad J \text{ nach DIN 1304 T1/03.89 Nr 3.9}$$

[10]) Angegeben sind die Nummern der Begriffe nach IEC 50 (411) : 1973

[11]) Angegeben sind die Abschnittsnummern nach IEC 34-1 : 1983

2.4 Formelzeichen für Verluste und Wärmetransport

Tabelle 4.

Nr	Formelzeichen	Bedeutung	SI-Einheit	Bemerkung
4.1	P_d	in Wärmestrom umgewandelter Leistungsanteil, Verlustleistung	W	
4.2	Φ_{th}	Wärmestrom	W	
4.3	$\Delta\vartheta$	Übertemperatur	K	
4.4	ϑ_a	Umgebungstemperatur	°C	
4.5	ϑ_c	Kühlmitteltemperatur	°C	
4.6	α	Wärmeübergangskoeffizient	$W/(m^2 \cdot K)$	International auch K
4.7	λ	Wärmeleitfähigkeit	$W/(m \cdot K)$	International auch k
4.8	q_V	Volumenstrom	m^3/s	[12]
4.9	Δp	Druckdifferenz	Pa	
4.10	R_h	Strömungswiderstand	$Pa \cdot s/m^3$	$R_h = \Delta p / q_V$ Δp nach Nr 4.9 q_V nach Nr 4.8

[12]) Falls keine Verwechslungsgefahr besteht, darf q ohne Index verwendet werden.

2.5 Formelzeichen für elektrische und magnetische Größen

Tabelle 5.

Nr	Formelzeichen	Bedeutung	SI-Einheit	Bemerkung [13]
5.1	Ψ	verketteter Fluß	Wb	$\Psi = N \cdot \Phi$ N nach Nr 6.3, Φ nach DIN 1304 Teil 1/03.89 Nr 4.22
5.2	A, α	Strombelag	A/m	411-16-03 [10] α, wenn A für die Fläche benötigt wird
5.3	P_δ	Luftspaltleistung	W	
5.4	I_k	Dauerkurzschlußstrom	A	411-18-22 [10]
5.5	I_{k0}	Anfangs-Kurzschluß-wechselstrom	A	411-18-23 [10]
5.6	$\hat{I}_k$	Stoßkurzschlußstrom	A	411-18-25 [10]
5.7	I'_k	transienter Kurzschlußstrom	A	411-18-26 [10]
5.8	I''_k	subtransienter Kurzschluß-strom	A	411-18-27 [10]
5.9	T_a	Anker-Zeitkonstante	s	34-4, 20 [14]
5.10	T'_{d0}	Transient-Leerlauf-Zeitkonstante der Längsachse	s	411-18-29 [10]
5.11	T'_d	Transient-Kurzschluß-Zeitkonstante der Längsachse	s	411-18-30 [10]
5.12	T''_{d0}	Subtransient-Leerlauf-Zeitkonstante der Längsachse	s	411-18-31 [10]
5.13	T''_d	Subtransient-Kurzschluß-Zeitkonstante der Längsachse	s	411-18-32 [10]
5.14	T'_{q0}	Transient-Leerlauf-Zeitkonstante der Querachse	s	411-18-34 [10]
5.15	T'_q	Transient-Kurzschluß-Zeitkonstante der Querachse	s	411-18-35 [10]
5.16	T''_{q0}	Subtransient-Leerlauf-Zeitkonstante der Querachse	s	411-18-36 [10]
5.17	T''_q	Subtransient-Kurzschluß-Zeitkonstante der Querachse	s	411-18-37 [10]
5.18	U_{Ep}	Nenndeckenspannung der Erregerstromquelle	V	411-18-41 [10]
5.19	X_d	Synchron-Längsreaktanz	Ω	411-20-07 [10]
5.20	X'_d	Transient-Längsreaktanz	Ω	411-20-09 [10]
5.21	X''_d	Subtransient-Längsreaktanz	Ω	411-20-11 [10]
5.22	X_q	Synchron-Querreaktanz	Ω	411-20-08 [10]
5.23	X'_q	Transient-Querreaktanz	Ω	411-20-10 [10]
5.24	X''_q	Subtransient-Querreaktanz	Ω	411-20-12 [10]
5.25	X_1, X_p	Mitreaktanz	Ω	411-20-14 [10]
5.26	X_2, X_n	Inversreaktanz	Ω	411-20-15 [10]
5.27	X_0, X_n	Nullreaktanz	Ω	411-20-16 [10]
5.28	R_1, R_p	Mitwiderstand	Ω	411-20-18 [10]
5.29	R_2, R_n	Inverswiderstand	Ω	411-20-19 [10]
5.30	R_0, R_h	Nullwiderstand	Ω	411-20-20 [10]
5.31	k_k	Leerlauf-Kurzschluß-Verhältnis	1	411-20-21 [10]
5.32	P, P_{out}	Ausgangsleistung	W	411-21-04 [10]
5.33	P_{in}	Eingangsleistung	W	411-21-06 [10]

[10] Siehe Seite 4

[13] Von den Nummern 5.10 bis 5.33 beziehen sich die meisten auf Wechselstrommaschinen und teilweise lediglich auf Synchronmaschinen.

[14] Angegeben ist die Abschnittsnummer nach IEC 34-4 : 1985

2.6 Formelzeichen für Anzahlen und Größenverhältnisse

Tabelle 6.

Nr	Formelzeichen	Bedeutung	SI-Einheit	Bemerkung
6.1	p	Polpaarzahl	1	
6.2	a	Anzahl der parallelen Zweige – bei Wicklungen ohne Kommutator je Strang – bei Kommutatorwicklungen je Ankerhälfte	1	
6.3	N	Windungszahl in Reihe	1	
6.4	Q	Nutenzahl	1	
6.5	K	Anzahl der Kommutatorsegmente	1	
6.6	u	Anzahl der Spulenseiten je Nut und Schicht	1	$u = K/Q$ K nach Nr 6.5, Q nach Nr 6.4
6.7	z	Gesamtzahl der Leiter	1	
6.8	z_Q	Leiterzahl je Nut	1	
6.9	N_c	Windungszahl je Spule in Reihe	1	
6.10	q	Anzahl der Nuten je Pol und Strang	1	
6.11	n_v	Anzahl der Kühlschlitze	1	
6.12	Y_Q	Wicklungsschritt (Spulenweite in Nutenschritten)	1	411-08-19 [10]
6.13	Y_c	Kommutatorschritt	1	411-08-27 [10]
6.14	σ	Gesamtstreufaktor	1	[15]
6.15	σ_s	Stator-Streufaktor	1	[15]
6.16	σ_r	Rotor-Streufaktor	1	[15]
6.17	k_w	Wicklungsfaktor	1	411-08-31 [10] [15]
6.18	k_d	Zonenfaktor	1	411-08-29 [10] [15]
6.19	k_p	Sehnungsfaktor	1	411-08-30 [10] [15]
6.20	k_{sq}	Schrägungsfaktor	1	
6.21	n_{sr}	Übersetzungsverhältnis	1	$n_{sr} = k_{ws} \cdot N_s/(k_{wr} \cdot N_r)$ k_{ws} nach Nr 6.17 und 7.18 k_{wr} nach Nr 6.17 und 7.16 N_s nach Nr 6.3 und 7.18 N_r nach Nr 6.3 und 7.16
6.22	α_e, a_e	äquivalente Polbedeckung	1	$\alpha_e = b_{pe}/\tau_p$ b_{pe} nach Nr 1.31, τ_p nach Nr 1.41
6.23	β	Bürstenüberdeckung	1	$\beta = b_{te}/\tau_c$ b_{te} nach Nr 1.38, τ_c nach Nr 1.44
6.24	φ	Phasenverschiebungswinkel, Verschiebungswinkel der Spannung gegenüber dem Strom	rad	
6.25	ϑ	Drehwinkel (Rotor-Stellungswinkel)	rad	
6.26	ϑ_L, δ	Polradwinkel einer Synchronmaschine bei Belastung (Lastwinkel)	rad	
6.27	ν	Ordnungszahl einer Harmonischen	1	

[10]) Siehe Seite 4

[15]) Bedeutung des Grundwortes Faktor siehe DIN 5485

Tabelle 6. (Fortsetzung)

Nr	Formelzeichen	Bedeutung	SI-Einheit	Bemerkung
6.28	k_Q	Nutfüllfaktor	1	
6.29	k_{Fe}	Eisenfüllfaktor (Stapelfaktor)	1	
6.30	k_{Cs}	Carter-Faktor der Statornutung	1	
6.31	k_{Cr}	Carter-Faktor der Rotornutung	1	
6.32	k_C	Carter-Faktor	1	$k_C = k_{Cs} \cdot k_{Cr}$ k_{Cs} nach Nr 6.30, k_{Cr} nach Nr 6.31
6.33	k_R	Widerstandsfaktor bei Stromverdrängung	1	
6.34	k_L	Induktivitätsfaktor bei Stromverdrängung	1	
6.35	s_1	relative Scheinleistung bei festgebremstem Rotor	1	$s_1 = S_1/P_N$ [16] P_N nach Nr 7.14 und DIN 1304 T1/03.89 Nr 4.49, S nach DIN 1304 T1/03.89 Nr 4.51
6.36	i_1	relativer Strom bei festgebremstem Rotor	1	$i_1 = I_1/I_N$ I_N nach Nr 7.14 und DIN 1304 T1/03.89 Nr 4.17

[16]) Diese Formel gilt für einen Motor. Für einen Generator gilt $s_1 = S_1/S_N$. Der Index 1 bedeutet: primärseitig.

2.7 Indizes

Tabelle 7.

Nr	Index lang	Index kurz	Bedeutung	Bemerkung
7.1		a	Anker	
7.2		f	Feld, Erregung	
7.3		E	Erregersystem	
7.4		d	Längsachse	
7.5		q	Querachse	
7.6		~, a	Wechselgröße	
7.7		–, d, 0	Gleichwert, Gleichanteil	0307 [17]) In IEC 27-4 : 1985 ist –, d angegeben
7.8		$\eqsim$	Mischgröße	International auch u
7.9		Hy	Hysterese	
7.10		Ft	Wirbelstrom	
7.11	Is	I	Isolation	
7.12		av	(arithmetischer) Mittelwert	
7.13	eq	e	äquivalent, ideell	
7.14	rat	N	Bemessungswert	Begriff siehe DIN 40 200 Index N nach IEC 27-1 Amendment 1 : 1974 Nr 602 b
7.15	nom	n	Nennwert	
7.16		r	Rotor	
7.17		Q	Nut	
7.18		s	Stator	
7.19		b	Wickelkopf	
7.20		d	Verlust	

[17]) Angegeben ist die Nummer nach IEC 27-1 : 1971

Tabelle 7. (Fortsetzung)

Nr	Index lang	Index kurz	Bedeutung	Bemerkung
7.21		ser	in Reihe (in Serie) geschaltet	
7.22		par	parallel geschaltet (Shunt)	
7.23		ef	effektiv, wirksam	
7.24		Cu	Kupfer	
7.25		Al	Aluminium	
7.26		Fe	Eisen	
7.27		U	Öl	
7.28		v	Ventilation	
7.29		W	Wasser	
7.30		A	Luft	
7.31		H	Wasserstoff	

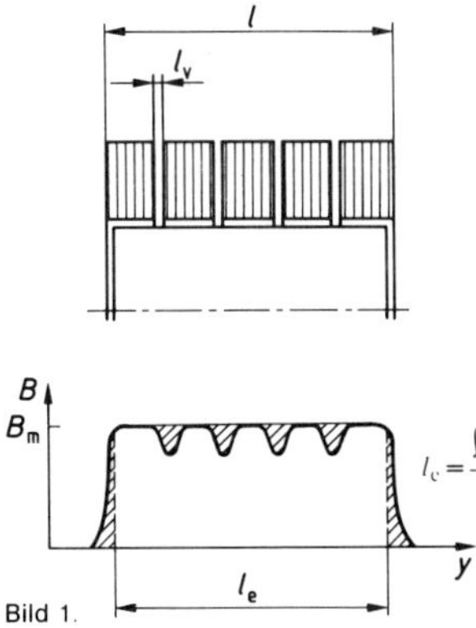

$$l_e = \frac{\int B(v)\,dy}{B_m}$$

Bild 1.

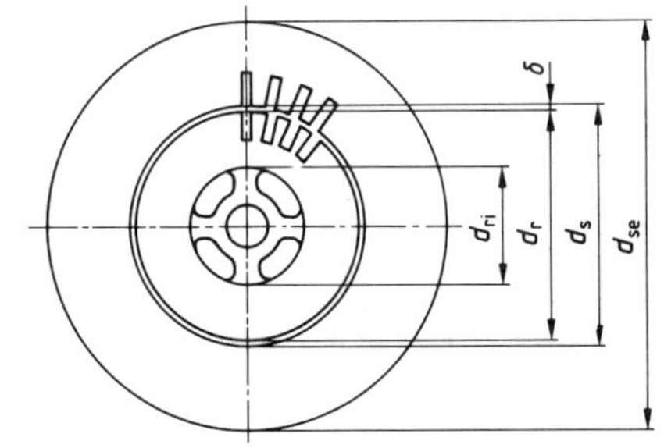

Bild 2.

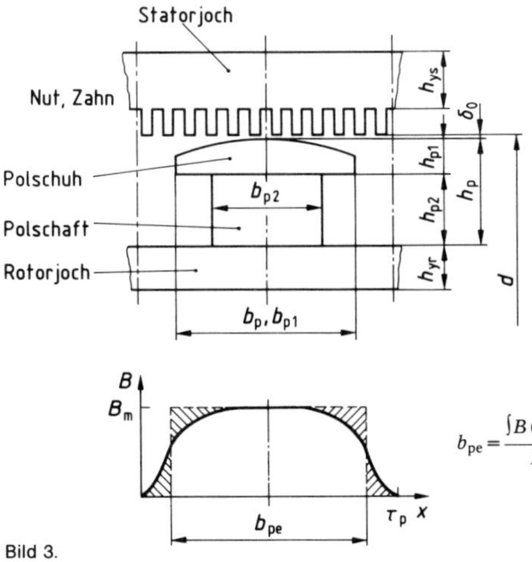

$$b_{pe} = \frac{\int B(x)\,dx}{B_m}$$

Bild 3.

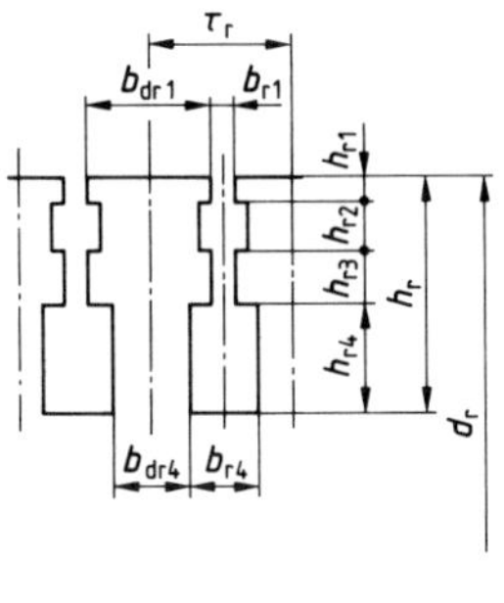

Bild 4.

Anmerkung: Die Bilder 3 und 4 stellen Abwicklungen dar. Breitenmaße beziehen sich daher auf den Durchmesser, für den sie definiert sind.

Zitierte Normen

DIN 1304 Teil 1	Formelzeichen; Allgemeine Formelzeichen
DIN 5485	Benennungsgrundsätze für physikalische Größen; Wortzusammensetzungen mit Eigenschafts- und Grundwörtern
DIN 40 200	Nennwert, Grenzwert, Bemessungswert, Bemessungsdaten; Begriffe
IEC 27-1 : 1971	Letter symbols to be used in electrical technology; Part 1: General
IEC 27-1 Amendment 1 : 1974	Letter symbols to be used in electrical technology; Part 1: General
IEC 27-4 : 1985	Letter symbols to be used in electrical technology; Part 4: Symbols for quantities to be used for rotating electrical machines
IEC 34-1 : 1983	Rotating electrical machines; Part 1: Rating and performance
IEC 34-4 : 1985	Rotating electrical machines; Part 4: Methods for determining synchronous machine quantities from tests
IEC 50 (411) : 1973	International Electrotechnical Vocabulary; Chapter 411: Rotating machines
IEC 72 : 1971	Dimensions and output ratings for rotating electrical machines – Frame numbers 56 to 400 and flange numbers F55 to F1080

Weitere Normen

DIN 1304 Teil 2	Formelzeichen; Formelzeichen für Meteorologie und Geophysik
DIN 1304 Teil 3	Formelzeichen; Formelzeichen für elektrische Energieversorgung
DIN 1304 Teil 4	(Z. Z. Entwurf) Formelzeichen; Zusätzliche Formelzeichen für Akustik
DIN 1304 Teil 5	Formelzeichen; Formelzeichen für die Strömungsmechanik

Frühere Ausgaben

DIN VDE 121 = DIN 40121: 07.39, 11.58, 04.65, 12.75

Änderungen

Gegenüber DIN 40121/12.75 wurden folgende Änderungen vorgenommen:

a) Norm-Nummer in DIN 1304 Teil 7 geändert.

b) Fortfall aller Formelzeichen, die bereits in DIN 1304 Teil 1 enthalten sind.

c) Inhalt vollständig überarbeitet.

Formelzeichen

Formelzeichen für Stromrichter mit Halbleiterbauelementen

DIN 1304 Teil 8

Letter symbols for physical quantities; symbols for use in the field of static converters using semiconductor devices

Zusammenhang mit der von der International Electrotechnical Commission (IEC) herausgegebenen Internationalen Norm IEC 27-2A : 1975 siehe Erläuterungen.

Inhalt

	Seite
1 Anwendungsbereich und Zweck	1
2 Formelzeichen und Indizes	2
2.1 Formelzeichen	2
2.2 Indizes	3
Zitierte Normen	4
Weitere Normen	4
Erläuterungen	4
Stichwortverzeichnis	4

1 Anwendungsbereich und Zweck

Diese Norm legt zusätzlich zu DIN 1304 Teil 1 Formelzeichen fest für im Bereich der Stromrichter mit Halbleiterbauelementen verwendete Größen. Sie ergänzt für diesen Bereich die Norm DIN 1304 Teil 1 über allgemeine Formelzeichen und soll mit dieser zusammen benutzt werden. Die in DIN 1304 Teil 1/03.89, Abschnitt 3, gegebenen Anwendungsregeln gelten auch hier.

Formelzeichen, die bereits in DIN 1304 Teil 1 festgelegt sind, werden hier nur wiederholt, wenn die Bedeutung geändert oder eingeschränkt wird.

Zitierte Normen, Weitere Normen, Erläuterungen, Stichwortverzeichnis und Internationale Patentklassifikation siehe Originalfassung der Norm

Fortsetzung Seite 2 und 3

Normenausschuß Einheiten und Formelgrößen (AEF) im DIN Deutsches Institut für Normung e.V.
Deutsche Elektrotechnische Kommission im DIN und VDE (DKE)

2 Formelzeichen und Indizes

2.1 Formelzeichen

Tabelle 1

Nr	Formelzeichen	Bedeutung	SI-Einheit	Bemerkung
1.1	U_d, U_-	unterbrechungsfreie (nicht lückende) Spannung	V	[1])
1.2	U_{di0}	unterbrechungsfreie (Gleich-)Spannung, Idealwert bei Leerlauf und bei null Grad Verzögerungswinkel	V	[1])
1.3	$U_{di\alpha}$	unterbrechungsfreie (Gleich-)Spannung, Idealwert bei Leerlauf und bei einem Verzögerungswinkel α	V	[1])
1.4	U_{TO}	Schleusenspannung	V	[1])
1.5	U_F	Mittelwert der Vorwärtsspannung (Kenngröße des Stromkreises)	V	[1])
1.6	U_F, U_{FAV}	Mittelwert der Vorwärtsspannung (Kenngröße des Geräts)	V	[1])
1.7	I_F	Mittelwert des Vorwärtsstroms (Kenngröße des Stromkreises)	A	
1.8	I_{FAV}	Mittelwert des Vorwärtsstroms (Kenngröße des Geräts)	A	
1.9	I_d, I_-	kontinuierlicher (Gleich-)Strom	A	
1.10	I_L, I_l	Strom auf der Netzseite des Transformators	A	[6])
1.11	I_v	Strom auf der Ventilseite des Transformators	A	
1.12	I_p	Primärstrom des Transformators	A	
1.13	I_s	Sekundärstrom des Transformators	A	
1.14	m	Anzahl der Phasen	1	
1.15	q	Kommutierungszahl	1	
1.16	p	Impulszahl	1	
1.17	r_f	differentieller Widerstand in Vorwärtsrichtung	Ω	
1.18	r_T	Ersatzwiderstand	Ω	
1.19	U_L, U_l	verkettete Spannung auf der Netzseite des Transformators	V	[1]), [6])
1.20	U_v	Spannung auf der Ventilseite des Transformators	V	[1])
1.21	$\hat{U}_{RW}$	Spitzen-Arbeits-Rückwärtsspannung (Kenngröße des Stromkreises)	V	[1])
1.22	$\hat{U}_{RWM}$	Spitzen-Arbeits-Rückwärtsspannung (Kenngröße des Geräts)	V	[1])
1.23	$\hat{U}_{RR}$	periodische Spitzensperrspannung in Sperrichtung (Kenngröße des Stromkreises)	V	[1])
1.24	$\hat{U}_{RRM}$	periodische Spitzensperrspannung in Sperrichtung (Kenngröße des Geräts)	V	[1])
1.25	$\hat{U}_{RS}$	Stoßspitzenspannung (Kenngröße des Stromkreises)	V	[1]), [2])
1.26	$\hat{U}_{RSM}$	Stoßspitzenspannung (Kenngröße des Geräts)	V	[1]), [2])
1.27	U_p	Primärspannung am Transformator	V	[1])
1.28	U_s	Sekundärspannung am Transformator	V	[1])

[1]) und [2]) siehe Seite 3

[6]) Der Index des Ausweichzeichens ist der Kleinbuchstabe l, nicht die Zahl Eins.

(fortgesetzt)

Tabelle 1 (abgeschlossen)

Nr	Formelzeichen	Bedeutung	SI-Einheit	Bemerkung
1.29	d_r, U_{*r}	gesamte relative ohmsche Gleichspannungsänderung (bezogen auf U_{di0})	1	3)
1.30	d_x, U_{*x}	gesamte relative induktive Gleichspannungsänderung (bezogen auf U_{di0})	1	3)
1.31	λ	Gesamtleistungsfaktor	1	
1.32	$\hat{U}_{DW}$	Spitzen-Arbeits-Sperrspannung (Kenngröße des Stromkreises)	V	1), 4)
1.33	$\hat{U}_{DWM}$	Spitzen-Arbeits-Sperrspannung (Kenngröße des Geräts)	V	1), 4)
1.34	$\hat{U}_{DR}$	periodische Spitzensperrspannung in Durchlaßrichtung (Kenngröße des Stromkreises)	V	1), 4)
1.35	$\hat{U}_{DRM}$	periodische Spitzensperrspannung in Durchlaßrichtung (Kenngröße des Geräts)	V	1), 4)
1.36	$\hat{U}_{DS}$	Stoß-Spitzensperrspannung (Kenngröße des Stromkreises)	V	1), 2), 4)
1.37	$\hat{U}_{DSM}$	Stoß-Spitzensperrspannung (Kenngröße des Geräts)	V	1), 2), 4)
1.38	U_T	Durchlaßspannung	V	1), 5)
1.39	I_T	Durchlaßstrom	A	5)
1.40	α	Stromverzögerungswinkel	rad	
1.41	β	Voreilwinkel	rad	
1.42	γ, δ	Löschwinkel	rad	

1) Nach IEC 27-2A : 1975 ist statt U auch das Formelzeichen V zulässig.
2) S ist von dem englischen Wort „surge" oder dem französischen Wort „surcharge" abgeleitet.
3) Kann auch in % angegeben werden.
4) D ist von dem englischen Wort „disconnected" oder dem französischen Wort „désamorcé" abgeleitet.
5) T ist von dem englischen Wort „triggered" oder dem französischen Wort „travail" abgeleitet.

2.2 Indizes

Tabelle 2

Nr	Index	Bedeutung	Bemerkung
2.1	0, o, oc	Leerlauf-	
2.2	d, -	Gleich-	
2.3	0	Gleichanteil	Verwendung bei der Fourier-Analyse
2.4	a, A	Anoden-	7)
2.5	k, K	Kathoden-	7)
2.6	g, G	Gitter-	7)
2.7	i, id	ideal	
2.8	L, l	Netz	6)
2.9	v	Ventilseite	
2.10	m, max, M	maximal	
2.11	n, (n)	Ordnungszahl einer Teilschwingung	
2.12	σ	Welligkeit	
2.13	av, AV	Mittelwert, arithmetisches Mittel	

6) Siehe Seite 2 7) Bei Röhrengleichrichtern

Geometrische Orientierung

DIN 1312

Geometrical orientation

Diese Norm behandelt die Orientierung von Geraden, von Ebenen und des Raumes, die Begriffe Durchlauf-, Dreh- und Schraubsinn sowie die Anwendung dieser Begriffe auf Koordinatensysteme und physikalische Größen.

1. Orientierung

1.1. Orientierte Gerade

Wird auf einer Gerade ein Durchlaufsinn ausgezeichnet, so nennt man die Gerade orientiert. Der Durchlaufsinn wird z. B. durch einen Pfeil (siehe Bild 1) oder durch ein geordnetes Punktepaar[1]) kenntlich gemacht.

Bild 1.

So wie die Geraden lassen sich auch Strecken und Streckenzüge und die meisten in den Anwendungen auftretenden Kurven orientieren.

Der Durchlaufsinn einer geschlossenen, nicht sich selbst schneidenden Kurve wird auch Umlaufsinn genannt.

1.2. Orientierte Ebene

Wird in einer Ebene ein Drehsinn ausgezeichnet, so nennt man die Ebene orientiert. Der Drehsinn wird z. B. durch eine Kreislinie mit Durchlaufsinn kenntlich gemacht (siehe Bild 2).

Bild 2.

So wie Ebenen lassen sich auch die meisten in den Anwendungen auftretenden Flächen orientieren.

1.3. Orientierter Raum

Wird im Raum ein Schraubsinn ausgezeichnet, so heißt der Raum orientiert. Der Schraubsinn wird z. B. durch eine orientierte Ebene und eine dazu senkrechte, orientierte Gerade (siehe Bild 3) oder durch eine Schraubenlinie (siehe Bild 4) kenntlich gemacht.

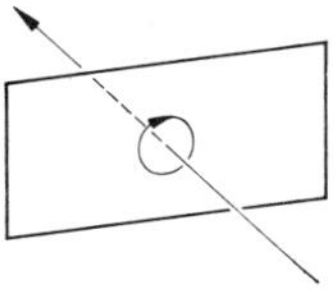

Bild 3.

Bild 4.

Festsetzung: Der in Bild 3 und 4 dargestellte Schraubsinn heißt Rechts-Schraubsinn; der in Bild 5 und 6 dargestellte Schraubsinn heißt Links-Schraubsinn.

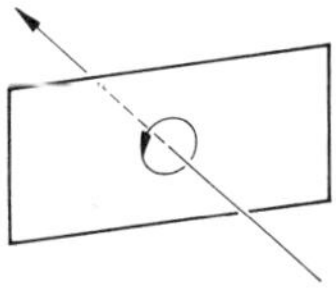

Bild 5.

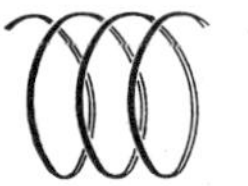

Bild 6.

[1]) Eine endliche Menge heißt „geordnet", wenn feststeht, welches ihrer Elemente als das erste, welches als das zweite usw. angesehen werden soll. Statt „geordnete Menge aus n Elementen" sagt man kürzer „n-Tupel"; statt „2-Tupel" sagt man „Paar", statt „3-Tupel" sagt man auch „Tripel", statt „4-Tupel" auch „Quadrupel". Unter „Paar" versteht man in der Mathematik stets „geordnetes Paar".

Fortsetzung Seite 2 bis 5
Anmerkungen Seite 6 bis 8

Ausschuß für Einheiten und Formelgrößen (AEF) im Deutschen Normenausschuß (DNA)

2. Drehsinn und Schraubsinn geometrischer Gebilde

	Drehsinn Den nachfolgenden ebenen Figuren ist ein Drehsinn zugeordnet:	Schraubsinn Den nachfolgenden räumlichen Figuren ist ein Schraubsinn zugeordnet:
2.1.	a) Ein geordnetes Paar[1]) sich schneidender, orientierter Geraden g_1 und g_2. 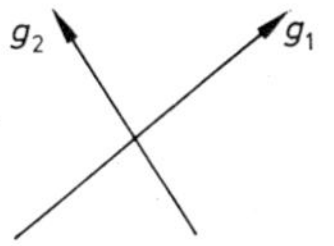 Bild 7. Festsetzung: Der gemeinte Drehsinn ergibt sich aus der kleinsten Drehung, welche g_1 in g_2 überführt. Die ebene Figur Bild 7 bestimmt somit den gleichen Drehsinn wie die Figur Bild 2.	b) Eine geordnete Menge[1]) aus drei orientierten Geraden g_1, g_2, g_3, die sich in einem Punkt schneiden und nicht in einer Ebene liegen. 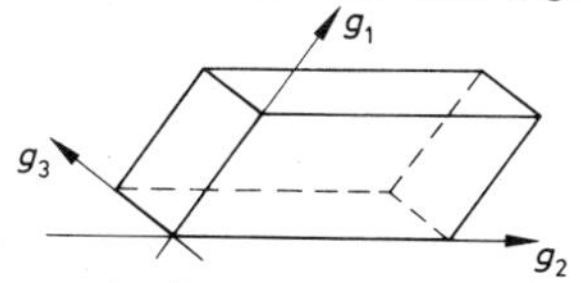 Bild 8. Festsetzung: Der gemeinte Schraubsinn ergibt sich aus der kleinsten Drehung, welche g_1 in g_2 überführt, überlagert von einer Bewegung im Durchlaufsinn von g_3. — Die in Bild 8 dargestellte räumliche Figur bestimmt somit den gleichen Schraubsinn wie die Figur in Bild 3.
2.2.	a) Ein geordnetes Paar linear unabhängiger Vektoren[2]) $\boldsymbol{v}_1$ und $\boldsymbol{v}_2$. 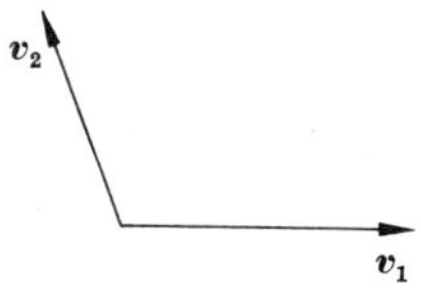 Bild 9. Festsetzung: Der gemeinte Drehsinn ergibt sich aus dem Umlauf $\boldsymbol{v}_1$; $\boldsymbol{v}_2$; $-(\boldsymbol{v}_1 + \boldsymbol{v}_2)$; er ergibt sich auch nach Abschnitt 2.1a. Die ebene Figur Bild 9 bestimmt somit den gleichen Drehsinn wie die Figur Bild 2.	b) Eine geordnete Menge aus drei linear unabhängigen Vektoren[2]) $\boldsymbol{v}_1$, $\boldsymbol{v}_2$, $\boldsymbol{v}_3$ (d. h. aus drei paarweise nicht parallelen und nicht in eine einzige Ebene fallenden Vektoren). 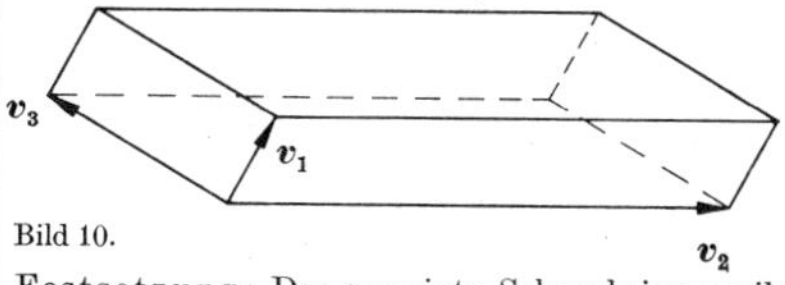 Bild 10. Festsetzung: Der gemeinte Schraubsinn ergibt sich entsprechend wie in Abschnitt 2.1b. Die in Bild 10 dargestellte räumliche Figur bestimmt somit den gleichen Schraubsinn wie die Figur in Bild 3.
2.3.	a) Ein geordnetes Paar von Halbebenen, die durch eine orientierte Gerade getrennt werden. 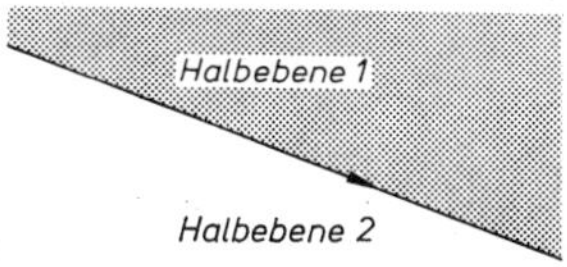 Bild 11. Festsetzung: Der gemeinte Drehsinn ergibt sich aus der kleinsten Drehung, welche eine orientierte, aus der Halbebene 1 in die Halbebene 2 führende Gerade in die gegebene orientierte Gerade überführt. Die Übereinstimmung mit Abschnitt 2.1a ergibt sich, wenn man die orientierte Grenzgerade mit g_2 bezeichnet. Derselbe Drehsinn ergibt sich auch durch einen Kreis, der von der Halbebene 1 aus die Gerade berührt und im Berührungspunkt den Durchlaufsinn der Gerade aufgeprägt erhält — siehe weiter Abschnitt 2.5a. Die Figur Bild 11 bestimmt somit den gleichen Drehsinn wie die Figur Bild 2.	b) Ein geordnetes Paar von Halbräumen, die durch eine orientierte Ebene getrennt werden. 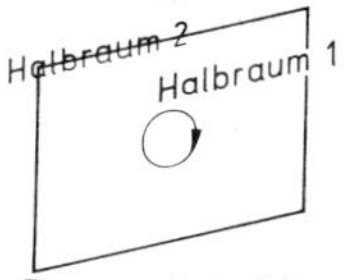 Bild 12. Festsetzung: Der gemeinte Schraubsinn ergibt sich, wenn man eine nicht in die orientierte Ebene fallende Gerade so orientiert, daß sie aus dem Halbraum 1 in den Halbraum 2 führt. Der Zusammenhang mit Abschnitt 2.1b ergibt sich, wenn man sich die orientierte Grenzebene durch g_2 und g_3 aufgespannt denkt. Derselbe Schraubsinn ergibt sich auch durch eine Kugel, die vom Halbraum 1 aus die Ebene berührt und im Berührungspunkt den Drehsinn der Ebene aufgeprägt erhält — siehe weiter Abschnitt 2.5b. Die in Bild 12 dargestellte räumliche Figur bestimmt somit den gleichen Schraubsinn wie die Figur in Bild 3. Die beiden Halbräume nennt man auch die beiden „Seiten" der Ebene.

Fußnoten siehe Seite 3

	Drehsinn Den nachfolgenden ebenen Figuren ist ein Drehsinn zugeordnet:	Schraubsinn Den nachfolgenden räumlichen Figuren ist ein Schraubsinn zugeordnet:
2.4.	a) Eine geordnete Menge (Tripel) aus drei nicht in einer Gerade liegenden Punkten P_1, P_2, P_3. 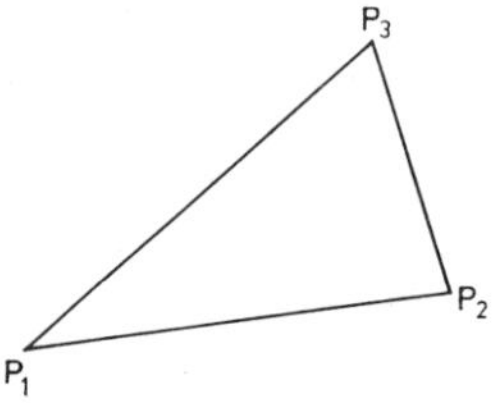 Bild 13. Festsetzung: Der gemeinte Drehsinn ergibt sich aus dem Umlauf P_1; P_2; P_3; P_1. Derselbe Drehsinn ergibt sich auch aus der Vorstellung, daß der Punkt P_1 die erste Halbebene der orientierten Gerade P_2P_3 bezeichnet; siehe weiter Abschnitt 2.3a. Derselbe Drehsinn ergibt sich auch aus dem Vektorpaar $(\overrightarrow{P_1P_2}, \overrightarrow{P_1P_3})$ und ebenso aus dem Vektorpaar $(\overrightarrow{P_1P_2}, \overrightarrow{P_2P_3})$; siehe weiter Abschnitt 2.2a. Die Figur Bild 13 bestimmt somit den gleichen Drehsinn wie die Figur Bild 2.	b) Eine geordnete Menge aus vier nicht in einer Ebene liegenden Punkten P_1, P_2, P_3, P_4. 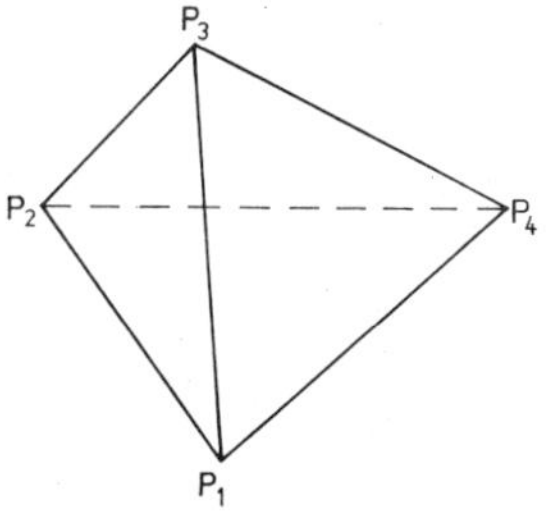 Bild 14. Festsetzung: Der gemeinte Schraubsinn ergibt sich aus der Vorstellung, daß der Punkt P_1 den ersten Halbraum der orientierten Ebene $P_2P_3P_4$ bezeichnet, siehe weiter Abschnitt 2.3b. Derselbe Schraubsinn ergibt sich auch aus dem Vektortripel $(\overrightarrow{P_1P_2}, \overrightarrow{P_1P_3}, \overrightarrow{P_1P_4})$ und ebenso aus dem Vektortripel $(\overrightarrow{P_1P_2}, \overrightarrow{P_2P_3}, \overrightarrow{P_3P_4})$; siehe weiter Abschnitt 2.2b. Die in Bild 14 dargestellte räumliche Figur bestimmt somit den gleichen Schraubsinn wie die Figur in Bild 3.
2.5.	a) Eine orientierte Kreislinie (oder eine andere damit topologisch verwandte Kurve). 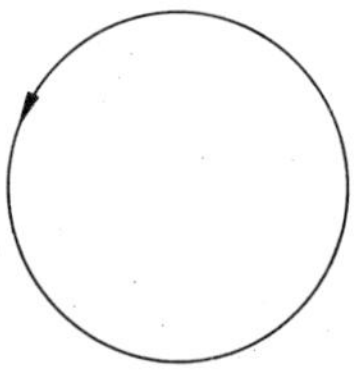 Bild 15. Diese Figur ist bereits im Abschnitt 1.2 zur Beschreibung des Drehsinnes benutzt worden. Der Zusammenhang mit Abschnitt 2.1a ergibt sich, wenn man bezeichnet: mit g_2 eine Tangente, der man den Durchlaufsinn der Kreislinie aufprägt, und mit g_1 die im Berührpunkt von innen nach außen führende Normale.	b) Eine orientierte Kugelfläche (oder eine andere damit topologisch verwandte Fläche). 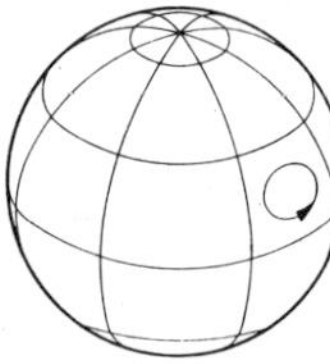 Bild 16. Festsetzung: Der gemeinte Schraubsinn ergibt sich, wenn man an die Kugelfläche eine Tangentialebene legt, ihr den Drehsinn der Kugelfläche aufprägt und die Normale so orientiert, daß sie im Berührpunkt von innen nach außen führt. Es entsteht die Figur von Bild 3.

[1]) Siehe Seite 1.

[2]) Eine Menge von Vektoren $\boldsymbol{v}_1, \ldots, \boldsymbol{v}_n$ eines Vektorraumes heißt linear unabhängig, wenn die Gleichung

$$k_1 \cdot \boldsymbol{v}_1 + \cdots + k_n \cdot \boldsymbol{v}_n = \text{Nullvektor}$$

nur die Lösung $k_1 = \cdots = k_n = 0$ hat. Zwei Vektoren sind linear unabhängig also genau dann, wenn keiner von ihnen der Nullvektor ist und sie zueinander nicht parallel sind.

3. Festsetzung des Durchlaufsinnes von Normalen

3.1. In einer orientierten Ebene erhält die Normale n in einem Punkt einer orientierten Kurve (mit Bahntangente t) denjenigen Durchlaufsinn, der dazu führt, daß das Paar (n, t) orientierter Geraden nach Abschnitt 2.1a den Drehsinn der Ebene bestimmt; siehe auch Abschnitt 2.3a.

3.2. Im orientierten Raum erhält die Normale in einem Punkt einer orientierten Fläche denjenigen Durchlaufsinn, der zusammen mit dem Drehsinn der orientierten Fläche nach Abschnitt 1.3 den Schraubsinn des Raumes bestimmt.

4. Festsetzungen in der Vektorrechnung

4.1. Vektorprodukt

Der Vektor $\boldsymbol{A} \times \boldsymbol{B}$ ist so gerichtet, daß die drei Vektoren $\boldsymbol{A}$, $\boldsymbol{B}$, $\boldsymbol{A} \times \boldsymbol{B}$ (in dieser Reihenfolge) sowohl in Rechts- als auch in Linkssystemen (siehe Abschnitt 5.1) den Rechts-Schraubsinn bestimmen.

4.2. Spatprodukt

Das Spatprodukt $\boldsymbol{ABC}$ der drei Vektoren $\boldsymbol{A}$, $\boldsymbol{B}$, $\boldsymbol{C}$ ist nach Abschnitt 4.1 sowohl in Rechts- als auch in Linkssystemen genau dann positiv, wenn $\boldsymbol{A}$, $\boldsymbol{B}$, $\boldsymbol{C}$ (in dieser Reihenfolge) den Rechts-Schraubsinn bestimmen.

4.3. Rotor

Der Rotor $\boldsymbol{R}$ eines Vektorfeldes ist so gerichtet, daß der Drehsinn des Vektorfeldes zusammen mit dem Rotor sowohl in Rechts- als auch in Linkssystemen den Rechts-Schraubsinn bestimmt.

5. Koordinatensysteme

5.1. Nach Abschnitt 2.1b ist jedem räumlichen kartesischen Koordinatensystem ein Schraubsinn zugeordnet. Ist der Rechts-Schraubsinn zugeordnet, so heißt das System ein Rechtssystem, im anderen Falle ein Linkssystem.

Der Schraubsinn eines krummlinigen räumlichen Koordinatensystems ist der Schraubsinn der drei Tangentialvektoren, die sich in irgendeinem Punkt an die Gitterlinien des Koordinatensystems legen lassen.

5.2. Empfehlungen

a) Als räumliche (dreidimensionale) Koordinatensysteme sollen — sofern es freisteht — Rechtssysteme gewählt werden.

b) Als zweidimensionale Koordinatensysteme sollen — sofern es freisteht — solche Systeme gewählt werden, die zusammen mit einer dritten, auf den Betrachter zuführenden Koordinatenachse ein Rechtssystem bilden.

6. Bezeichnung des Drehsinnes einer Drehbewegung

Der Drehsinn einer Drehbewegung kann

a) durch Vorführen,

b) durch Beschreiben

angegeben werden; die Beschreibung ist nur demjenigen verständlich, der den Schraubsinn, auf den die Beschreibung Bezug nimmt, und den Durchlaufsinn der Drehachse kennt (siehe Bild 3 und 5).

6.1. Bezug auf einen Schraubsinn

Eine Drehbewegung heißt

positiv (eine positive Drehung),

wenn der Drehsinn zusammen mit dem Durchlaufsinn der Drehachse den im Raum ausgezeichneten Schraubsinn bestimmt; die Auszeichnung des Schraubsinnes wird in der Regel durch ein Koordinatensystem (siehe Abschnitt 5) angegeben.

Eine Drehbewegung heißt

nach rechts (eine Rechtsdrehung),

wenn der Drehsinn zusammen mit dem Durchlaufsinn der Drehachse den Rechts-Schraubsinn bestimmt (siehe Abschnitt 1.3).

„Drehen im Uhrzeigersinn" bedeutet dasselbe wie „Rechtsdrehen".

6.2. Festsetzung des Durchlaufsinnes der Drehachse

Ist auf der Drehachse kein Durchlaufsinn ausgezeichnet, so wird als Durchlaufsinn angenommen entweder der Durchlaufsinn der mit ihr zusammenfallenden Koordinatenachse oder der Durchlaufsinn der mit ihr zusammenfallenden Blickrichtung.

Welche dieser beiden Möglichkeiten gewählt ist, zeigt die Anwendung der Worte „positive Drehung/negative Drehung" oder „Rechtsdrehung/Linksdrehung" an:

Bei Anwendung der Worte „positiv", „negativ" gilt: Die Drehachse hat den Durchlaufsinn der mit ihr zusammenfallenden Koordinatenachse. (Das Vorhandensein eines Beobachters wird hier also nicht vorausgesetzt.)

Bei Anwendung der Worte „rechts", „links" gilt: Die Drehachse hat den Durchlaufsinn der mit ihr zusammenfallenden Blickrichtung. (Es wird also das Vorhandensein eines Beobachters unterstellt.)

6.3. Festsetzung der Blickrichtung

6.3.1. Kann die Drehbewegung nur aus einem der beiden Halbräume betrachtet werden, so ist die Blickrichtung außer Zweifel. Dieser Fall liegt immer vor, wenn die Oberfläche undurchsichtiger Körper (die Oberfläche einer Tafel, ein Papierblatt) betrachtet werden.

6.3.2. Kann die Drehbewegung aus beiden Halbräumen betrachtet werden, so muß die Blickrichtung festgesetzt werden, nötigenfalls durch besondere Normen, die sich die einzelnen Fachgebiete geben. (Für Verbrennungsmotoren siehe DIN 6265; für elektrische Maschinen in Kraftfahrzeugen siehe DIN 72 256.)

6.3.3. Treffen die Begriffe „Koordinatenachse" und „Blickrichtung" zusammen, so ist festgesetzt: Die Richtung der Koordinatenachse ist der Blickrichtung entgegengesetzt.

Eine Rechtsdrehung ist in einem Raum mit Rechts-Schraubsinn also in jedem Fall eine negative Drehung.

Diese Festsetzung ist gleichwertig mit der folgenden Festsetzung:

Bei Anwendung der Worte

„positive Drehung, negative Drehung"

gilt der Halbraum, in dem sich der Beobachter befindet (siehe Abschnitt 2.3b), als der Halbraum 2.

Bei Anwendung der Worte

„Rechtsdrehung, Linksdrehung"

gilt der Halbraum, in dem sich der Beobachter befindet (siehe Abschnitt 2.3b), als der Halbraum 1.

6.3.4. Drehbewegungen in einer horizontalen Ebene werden — wenn es auf den Bezug zur Erdoberfläche ankommt — unter der Annahme beschrieben, daß der Beobachter von oben her auf sie blickt. (Die vertikale Koordinatenachse führt also in Übereinstimmung mit Abschnitt 2.5b von unten nach oben.)

Das Fahren in einer Kurve nach rechts, das Schwenken eines Kranes nach rechts sind aufgrund dieser Festsetzung Rechtsdrehungen.

Ausnahmen: Die in der Flugmechanik (Normblatt LN 9300) verwendeten Koordinatensysteme (geodätisches oder erdlotfestes Koordinatensystem; körperfestes Koordinatensystem; aerodynamisches oder flugwindfestes Koordinatensystem; Bahnkoordinatensystem; u. a.) führen auf der vertikalen Koordinatenachse von oben nach unten.

7. Die Abhängigkeit des Vorzeichens physikalischer Größen von der Orientierung

7.1. Vom Durchlaufsinn abhängige Vorzeichen

7.1.1. Wegintegrale

Bei skalaren Größen, die sich als Wegintegral darstellen lassen, gehört es zur Definition der Größe, anzugeben, in welchem Sinn der Weg zu durchlaufen ist.

Beispiele:

Arbeit A_{12} bei Bewegung von Punkt 1 nach Punkt 2

$$A_{12} = \int_1^2 \boldsymbol{F} \cdot \mathrm{d}\boldsymbol{s}; \qquad A_{12} = -A_{21} \,.$$

Elektrische Spannung U_{12} von Punkt 1 nach Punkt 2

$$U_{12} = \int_1^2 \boldsymbol{E} \cdot \mathrm{d}\boldsymbol{s}; \qquad U_{12} = -U_{21} \,.$$

Die Spannung von Punkt 1 nach Punkt 2 eines Leiters ist somit u. a. dann positiv, wenn der Vektor der elektrischen Feldstärke im Leiter von 1 nach 2 führt (siehe DIN 5489).

7.1.2. Flächenintegrale

Bei skalaren Größen, die sich als Flächenintegral darstellen lassen, hängt das Vorzeichen vom Durchlaufsinn der Flächennormale ab. In der Benennung dieser Größen kommt der (willkürlich) gewählte Durchlaufsinn im allgemeinen nicht zum Ausdruck; der Durchlaufsinn muß also gesondert angegeben werden.

Beispiel:

Stromstärke $I = \int_A \boldsymbol{S} \cdot \mathrm{d}\boldsymbol{A}$ ($\boldsymbol{S}$ Stromdichte)

Die Stromstärke in einem Leiter ist somit positiv, wenn die positiven Ladungsträger den Leiter in dem willkürlich festgesetzten Durchlaufsinn, die negativen Ladungsträger dazu entgegengesetzt, durchströmen.

7.1.3. Koordinaten eines Vektors

Der einem Vektor $\boldsymbol{X}$ entgegengerichtete, betragsgleiche Vektor wird mit $-\boldsymbol{X}$ bezeichnet. Die Multiplikation des Vektors $\boldsymbol{X}$ mit einer negativen reellen Zahl $-k$ wird zurückgeführt auf die Multiplikation des Vektors $-\boldsymbol{X}$ mit der positiven reellen Zahl k:

$$-k \cdot \boldsymbol{X} = k \cdot (-\boldsymbol{X}) \,.$$

Betrag und Vorzeichen der Koordinaten c_x, c_y, c_z des Vektors $\boldsymbol{C} = c_x \cdot \boldsymbol{X} + c_y \cdot \boldsymbol{Y} + c_z \cdot \boldsymbol{Z}$ hängen von der willkürlichen Wahl der Basisvektoren $\boldsymbol{X}$, $\boldsymbol{Y}$, $\boldsymbol{Z}$ ab.

7.2. Vom Drehsinn abhängige Vorzeichen

7.2.1. Flächeninhalt

Der Flächeninhalt eines in einer orientierten Ebene liegenden Flächenstückes mit orientierter Randlinie wird positiv gerechnet, wenn der Drehsinn der orientierten Randlinie gleich ist dem in der Ebene ausgezeichneten Drehsinn.

$$\text{Flächeninhalt } A = \tfrac{1}{2} \oint \boldsymbol{r} \cdot \mathrm{d}\boldsymbol{n}$$

($\mathrm{d}\boldsymbol{n}$ ist der zum Kurvenelement gehörende Normalenvektor gemäß Abschnitt 3.1 mit dem Betrag des Wegelementes $\mathrm{d}\boldsymbol{s}$).

Die Orientierung der Randlinie kann beispielsweise zustande kommen durch eine Umfahrung des Flächenstückes.

7.2.2. Drehwinkel

Der Winkel einer positiven Drehbewegung (siehe Abschnitt 6.1) wird positiv gerechnet. Siehe Anmerkung.

7.2.3. Geometrischer Winkel

7.2.3.1. Winkel zweier Geraden: Unter dem Winkel α eines geordneten Paares[1]) von Geraden g_1 und g_2 in der orientierten Ebene versteht man den kleinsten nichtnegativen Drehwinkel, der g_1 in g_2 überführt.

a) Sind die Geraden g_1 und g_2 orientiert, so ist der Winkel beschränkt auf $0 \leqq \alpha < 2\pi$ ($= 360°$), siehe Bilder 17 und 18.
   Es ist $\sphericalangle(g_1, g_2) = 2\pi - \sphericalangle(g_2, g_1)$, falls $g_1 \neq g_2$.

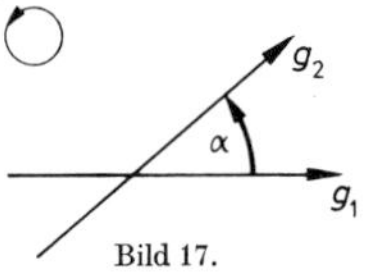

Bild 17.

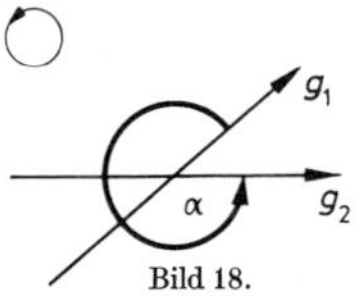

Bild 18.

b) Sind die Geraden g_1 und g_2 nichtorientiert, so ist der Winkel α beschränkt auf $0 \leqq \alpha < \pi$ ($= 180°$), siehe Bilder 19 und 20.
   Es ist $\sphericalangle(g_1, g_2) = \pi - \sphericalangle(g_2, g_1)$, falls $g_1 \neq g_2$.

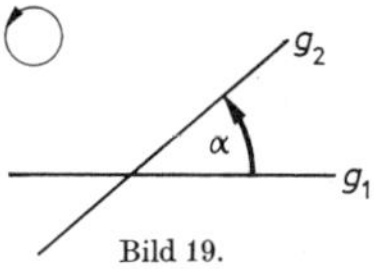

Bild 19.

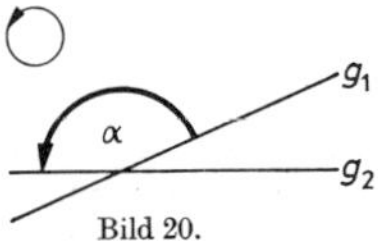

Bild 20.

7.2.3.2. Winkel zwischen Gerade und Ebene: Unter dem Winkel α zwischen einer orientierten Gerade g und einer orientierten Ebene E versteht man den Winkel

$$\alpha = \pi - \sphericalangle(g, n).$$

Dabei ist n eine nach Abschnitt 3 orientierte Normale der Ebene E. Der Winkel α ist beschränkt auf

$$-\pi \leqq \alpha \leqq +\pi.$$

7.3. Vom Schraubsinn abhängige Vorzeichen

7.3.1. Rauminhalt

Der Rauminhalt eines im orientierten Raum befindlichen Körpers mit orientierter Oberfläche wird positiv gerechnet, wenn der nach Abschnitt 2.5b dem Körper zugeordnete Schraubsinn gleich ist dem im Raum ausgezeichneten Schraubsinn.

$$\text{Rauminhalt } V = \tfrac{1}{3} \oint \boldsymbol{r} \cdot \mathrm{d}\boldsymbol{A}$$

($\mathrm{d}\boldsymbol{A}$ ist der zum Flächenelement gehörende Normalenvektor gemäß Abschnitt 3.2 mit dem Betrag des Flächenelements $\mathrm{d}A$).

7.3.2. Raumwinkel

Ein Raumwinkel wird positiv gerechnet, wenn der den Raumwinkel beschreibende Kugelausschnitt nach Abschnitt 7.3.1 positiven Rauminhalt hat.

[1]) Siehe Seite 1.

Anmerkungen

Der Begriff der Orientierung in der Mathematik

Anstelle der Worte „Durchlaufsinn", „Drehsinn", „Schraubsinn" ist in der Mathematik das Wort „Orientierung" gebräuchlich. Vielfach wird dann die ausgezeichnete Orientierung die „positive Orientierung", die entgegengesetzte die „negative Orientierung" genannt.

Für (mathematische) Räume beliebiger Dimension gilt (in Verallgemeinerung von Abschnitt 2.4a und b): Orientiert heißt ein affiner Raum, wenn in ihm eine geordnete Menge aus $n + 1$ Punkten, die nicht alle in einem Unterraum der Dimension $n - 1$ liegen, ausgezeichnet ist. Eine solche Menge heißt ein n-Simplex. Zwei verschiedene n-Simplexe heißen orientierungsgleich, wenn es eine affine Abbildung des n-dimensionalen Raumes mit positiver Determinante (also eine affine Abbildung, die sich stetig in die identische Abbildung überführen läßt) gibt, die das eine Simplex in das andere überführt. Die Äquivalenzrelation „orientierungsgleich" zerlegt die Menge aller Simplexe eines gegebenen Raumes in zwei Äquivalenzklassen. Werden in einem Simplex zwei Punkte miteinander vertauscht, so geht es in ein Simplex der anderen Äquivalenzklasse über.

Jede Teilmenge aus $n - 1$ Punkten des n-Simplex heißt ein Rand des n-Simplex. Die Orientierung des Randes ergibt sich aus der Orientierung des Simplex nach folgender Vereinbarung: Unter den n Punkten des Simplex werden so lange je zwei in der Reihenfolge benachbarte Punkte miteinander vertauscht, bis nach einer g e r a d e n Zahl solcher paarweisen Vertauschungen der nicht zum betrachteten Rand gehörende Punkt des Simplex an erster Stelle steht; läßt man ihn dann fort, so stehen die Punkte des übrigbleibenden Randes in der für sie gültigen Orientierungsreihenfolge. Beispiel (Bild 14): Die den Tetraeder $P_1P_2P_3P_4$ begrenzenden Ebenen haben eine in folgender Weise bestimmte Orientierung: $P_1P_2P_4$; $P_1P_3P_2$; $P_1P_4P_3$; $P_2P_3P_4$. Diese Festsetzung erspart beim Gaußschen Integralsatz (als Sonderfall des allgemeinen Stokes-Satzes, mittels alternierender Differentialformen formuliert) einen Vorzeichenfaktor. Weiter ist auf diese Festsetzung der Randorientierung die algebraische Topologie aufgebaut.

Änderung der Orientierung durch Änderung eines Durchlaufsinnes

Die in Abschnitt 2.1a betrachtete Figur heißt Zweibein, die in Abschnitt 2.1b betrachtete Figur heißt Dreibein. Die Orientierung eines n-Beins (also der Drehsinn eines Zweibeins, der Schraubsinn eines Dreibeins) ändert sich, wenn man den Durchlaufsinn einer der Geraden umkehrt.

Die Änderung des Durchlaufsinnes einer Schraubenlinie dagegen e r h ä l t den Schraubsinn, denn es ändert sich dann sowohl der Umlaufsinn als auch der Durchlaufsinn der Drehachse (die „Gangrichtung" der Schraube). Zwei bis auf den Durchlaufsinn gleiche Schraubenlinien lassen sich folglich durch eine Bewegung auch hinsichtlich ihres Durchlaufsinnes miteinander zur Deckung bringen.

Änderung der Orientierung durch Vertauschung von Elementen (oder Änderung der Reihenfolge)

Die Orientierung eines n-Simplex oder eines n-Beines ändert sich, wenn zwei in der Reihenfolge benachbarte Punkte bzw. Geraden miteinander vertauscht werden.

Eine zyklische Vertauschung (z. B. Übergang von $P_1P_2P_3P_4$ auf $P_2P_3P_4P_1$) entsteht

bei 2 Elementen aus 1 paarweisen Vertauschung
bei 3 Elementen aus 2 paarweisen Vertauschungen
bei 4 Elementen aus 3 paarweisen Vertauschungen

benachbarter Elemente. Daher gilt: Eine zyklische Vertauschung

der Geraden g_1, g_2 ä n d e r t den Drehsinn
der Punkte P_1, P_2, P_3 e r h ä l t den Drehsinn
der Geraden g_1, g_2, g_3 e r h ä l t den Schraubsinn
der Punkte P_1, P_2, P_3, P_4 ä n d e r t den Schraubsinn.

Beispiel: Die drei in Bild 21 dargestellten orthogonalen Dreibeine gehen auseinander durch zyklische Vertauschung der Geraden g_1, g_2, g_3 hervor. Sie haben somit den gleichen Schraubsinn und lassen sich demnach durch eine Bewegung miteinander zur Deckung bringen.

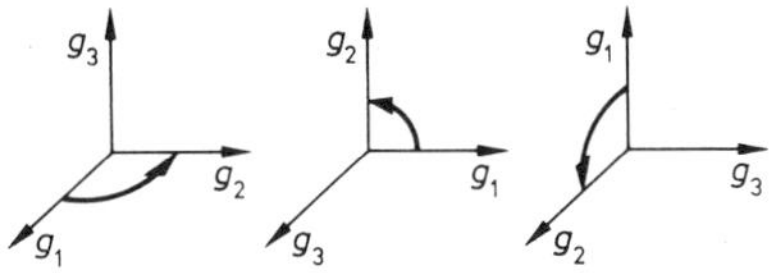

Bild 21. Dreibeine mit gleichem Schraubsinn

Änderung der Orientierung durch Spiegelung

Der Drehsinn einer ebenen Figur wird durch die Spiegelung an einem Punkt nicht geändert, durch die Spiegelung an einer Gerade geändert. Die an einer Gerade gespiegelte ebene Figur heißt das Spiegelbild der gegebenen ebenen Figur.

Der Schraubsinn einer räumlichen Figur wird durch die Spiegelung an einer Gerade nicht geändert, durch die Spiegelung an einem Punkt oder an einer Ebene geändert. Die an einem Punkt oder einer Ebene gespiegelte Raumfigur heißt das Spiegelbild der gegebenen Raumfigur.

Zu Abschnitt 1.1.

Als von vornherein orientiert läßt sich auffassen jeder Strahl, jede Halbgerade, jeder Schenkel.

Unter der „R i c h t u n g e i n e r n i c h t o r i e n t i e r t e n G e r a d e" versteht man diejenige Eigenschaft dieser Gerade, die sie mit allen zu ihr parallelen Geraden gemeinsam hat und in der sie sich von allen anderen Geraden unterscheidet.

Unter der „R i c h t u n g e i n e r o r i e n t i e r t e n G e r a d e" oder kurz unter „R i c h t u n g" versteht man diejenige Eigenschaft dieser Gerade, die sie mit allen orientierten und zu ihr gleichsinnig parallelen Geraden gemeinsam hat und in der sie sich von allen anderen orientierten Geraden unterscheidet.

Statt „Durchlaufsinn" sagt man bei einer Gerade auch „Richtungssinn", bei elektrischen Netzen auch „Bezugssinn". Der Pfeil, mit dem man einen Leiterkreis zu dem Zweck orientiert, das Vorzeichen der Stromstärke bestimmen zu können, heißt in der Elektrotechnik „Strom-Bezugspfeil". Im Gegensatz zum Strom-Bezugspfeil sagt der „Spannungs-Bezugspfeil" nichts aus über die Orientierung des Leiterkreises; er zeigt vielmehr Anfangs- und Endpunkt des Weges an, über den sich die gemeinte Spannung als Wegintegral der Feldstärke ergibt, nicht aber den Weg.

Zu Abschnitt 1.2.

Hat eine Fläche die Eigenschaft, daß eine in ihr liegende geschlossene Kurve durch eine Verschiebung in der Fläche (bei der die Figur die Fläche also nicht verläßt) zur Deckung gebracht werden kann mit einer gleichen Kurve entgegengesetzten Umlaufsinnes, so heißt die Fläche nichtorientierbar. Beispiele für nichtorientierbare Flächen sind das Möbiussche Band (siehe Bild 22), der Kleinsche Schlauch (siehe Bild 23) und die projektive Ebene.

Bild 22. Möbiussches Band

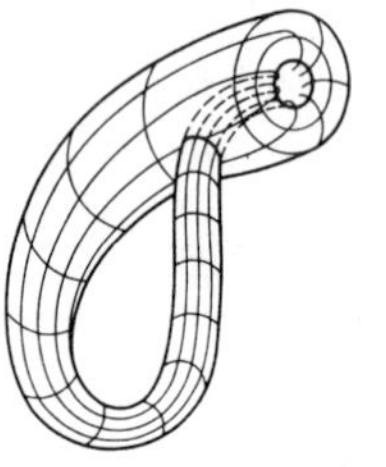

Bild 23. Kleinscher Schlauch

Zu Abschnitt 2

Die Aussage, daß zwei ebene Figuren gleichen Drehsinn haben, hat nur Sinn, solange beide Figuren in derselben Ebene liegen. (Wird die Figur aus der Ebene herausgenommen, umgewendet und dann wieder in die Ebene zurückgelegt, so hat sie in bezug auf die in der Ebene verbliebene andere Figur jetzt den entgegengesetzten Drehsinn.)

Im Gegensatz zum Drehsinn einer ebenen Figur ist der Schraubsinn einer Raumfigur ein physikalisches Merkmal, das der Raumfigur, solange sie nicht deformiert wird, unveräußerlich anhaftet.

Eine Verständigung darüber, ob ein räumliches Gebilde den Rechts- oder den Links-Schraubsinn hat, setzt voraus, daß jeder Partner über einen Prototyp für den Rechts- oder den Links-Schraubsinn verfügt. Ein solcher Prototyp ist u. a. jeder handelsübliche Korkzieher und die menschliche rechte Hand, wenn man die gekrümmten Finger die Drehrichtung und den abgespreizten Daumen die Richtung der Drehachse anzeigen läßt (siehe Bild 3). Weiter bilden am menschlichen Körper die drei orientierten Geraden g_1, g_2, g_3 ein Rechtssystem (siehe Bild 8), wenn man folgende Zuordnung trifft:

g_1	g_2	g_3
die Richtung von den Füßen zum Kopf	der seitlich ausgestreckte rechte Arm	die Blickrichtung
an der rechten Hand: der abgespreizte Daumen	der gestreckte Zeigefinger	der einwärts gestreckte große Finger
an der rechten Hand: Richtung von der Hand-Innenseite zur Hand-Außenseite	Richtung der gestreckten Finger	Richtung des abgespreizten Daumens

Zu Abschnitt 2.3.

Aus Abschnitt 2.3a folgt: Eine Ebene ist genau dann orientiert, wenn für jede ihr angehörende orientierte Gerade feststeht, welche der beiden durch sie erzeugten Halbräume der Halbraum 1 ist.

Aus Abschnitt 2.3b folgt: Ein Raum ist genau dann orientiert, wenn für jede orientierte Ebene feststeht, welche der beiden durch sie erzeugten Halbräume der Halbraum 1 ist.

Vielfach wird der Halbraum 2 als der positive, der Halbraum 1 als der negative Halbraum (gleichbedeutend: als die „negative Seite" der Ebene) bezeichnet. Man muß dann aber beachten, daß bei Übertragung auf die Kugel das Kugeläußere als positiv, das Kugelinnere als negativ gilt und daß nach Abschnitt 7.3.1 eine Kugel trotz negativem Innern positiven Inhalt haben kann und umgekehrt. Das Entsprechende gilt für die Bezeichnung „positive (negative) Halbebene".

Zu Abschnitt 2.4b

Man beachte, daß die Orientierung der Tetraederoberfläche nicht die Orientierung der Tetraederkanten zur Folge hat, sowenig, wie die Orientierung der Kugelfläche die Orientierung der Kugelgroßkreise zur Folge hat.

Zu Abschnitt 2.5.

Weitere ebene Figuren, denen ein Drehsinn zugeordnet werden kann, sind unter anderem:	Weitere räumliche Figuren, denen ein Schraubsinn zugeordnet werden kann, sind unter anderem:
aa) Ein nichtgeordnetes Paar entgegengesetzt orientierter Geraden. (Der zugeordnete Drehsinn ergibt sich, wenn man aus dem Zwischenraum an eine der Geraden eine Kreislinie legt und ihr im Berührpunkt den Durchlaufsinn der Gerade aufprägt.)	ba) Ein nichtgeordnetes Paar entgegengesetzt orientierter Ebenen. (Der zugeordnete Schraubsinn ergibt sich, wenn man aus dem Zwischenraum an eine der Ebenen eine Kugelfläche legt und ihr im Berührpunkt den Drehsinn der Ebene aufprägt.)
ab) Ein geordnetes Paar nichtorientierter Geraden g_1 und g_2, die weder parallel noch senkrecht sind. (Der zugeordnete Drehsinn ergibt sich aus der kleinsten Drehung, die g_1 in g_2 überführt.)	bb) Ein nichtgeordnetes Paar nichtorientierter Geraden, die windschief und nicht zueinander senkrecht sind. (Der zugeordnete Schraubsinn ergibt sich aus jeder Schraubung, welche die Geraden ineinander überführt und einen Winkel kleiner als 90° hat. Den dazu entgegengesetzten Schraubsinn hat die Schraubung, welche die eine Gerade zur Achse und die andere zur Bahntangente hat.)

Der Drehsinn der unter ab) genannten ebenen Figur und der Schraubsinn der unter bb) genannten räumlichen Figur ist im Gegensatz zu den anderen in dieser Norm genannten Figuren nicht invariant gegenüber affinen Abbildungen mit positiver Determinante.

Zu Abschnitt 4

In Koordinatendarstellung (siehe auch DIN 1303, Ausgabe August 1959×, Abschnitt 2.2.1) ist

$\boldsymbol{C} = \boldsymbol{A} \times \boldsymbol{B}$; $\qquad C_i = \varepsilon_{ijk} A_j B_k$

$V = \boldsymbol{A}\boldsymbol{B}\boldsymbol{C} = (\boldsymbol{A} \times \boldsymbol{B})\boldsymbol{C}$; $\qquad V = \varepsilon_{ijk} A_i B_j C_k$

$\boldsymbol{R} = \operatorname{rot} \boldsymbol{A}$; $\qquad R_i = \varepsilon_{ijk} \dfrac{\partial A_k}{\partial x_j}$

Dabei ist $\varepsilon_{ijk} =$

in jedem Rechts-system	in jedem Links-system	
0	0	wenn zwei Indizes gleich sind
+1	−1	wenn i, j, k eine gerade Permutation von 1, 2, 3 ist
−1	+1	wenn i, j, k eine ungerade Permutation von 1, 2, 3 ist

Diese Festsetzungen bewirken, daß in die Definitionen physikalischer Größen, in die ein Schraubsinn eingeht (z. B. Winkelgeschwindigkeit, Drehmoment, magnetische Feldstärke), stets der Rechts-Schraubsinn eingeht, unabhängig davon, ob das zugrundegelegte Koordinatensystem ein Rechts- oder ein Linkssystem ist.
Sollen die Gesetze der Dynamik und der Elektrodynamik spiegelungsinvariant geschrieben werden, so muß anstelle des Vektorproduktes C_i der Vektoren A_j und B_k

$$C_i = \varepsilon_{ijk} A_j B_k$$

mit dem schiefsymmetrischen Tensor C_{jk}

$$C_{jk} = A_j B_k - A_k B_j$$

gearbeitet werden. Die schiefsymmetrischen Tensoren C_{jk} lassen sich nur im dreidimensionalen Raum den Vektoren C_i eindeutig und linear zuordnen.

Zu Abschnitt 5.2.

Linkssysteme sind in der Astronomie

a) das Horizontsystem (Radius r, Azimut a, Höhe h);
b) das Äquatorsystem (Radius r, Stundenwinkel t, Deklination δ);
c) das System aus Radius r, Sternwinkel σ, Deklination δ;
d) das geographische Koordinatensystem der Erde (Länge λ; Breite φ). (Nach Beschluß der Internationalen Astronomischen Union (IAU) von 1958 werden westliche Längen λ und nördliche Breiten φ durch positive Werte, östliche Längen und südliche Breiten durch negative Werte angegeben.)

Linkssysteme wurden hier gewählt, damit der Stundenwinkel t gleichsinnig mit der Zeit zunimmt.
Rechtssysteme sind in der Astronomie

a) das System aus Radius r, Rektaszension α, Deklination δ;
b) das Koordinatensystem der Ekliptik;
c) das galaktische Koordinatensystem.

Zu Abschnitt 6.

Statt „Drehsinn" sagt man in manchen Anwendungsfällen auch „Wicklungssinn".
Statt „Schraubsinn" sagt man in manchen Anwendungsfällen auch „Windungssinn". Ausnahme: In der Botanik bezeichnet man Pflanzen, deren Triebe sich so winden, daß die von vorn betrachtete Triebspitze sich beim Wachsen nach rechts dreht, als „rechtswindend". Eine „rechtswindende Pflanze" im Sinne der Botanik ist also eine Pflanze, deren Triebe Linksschrauben bilden.
Als den Drehsinn einer (ebenen) Spirale bezeichnet man den Drehsinn, mit dem man die Spirale von innen nach außen durchläuft. Wird eine Spirale stets von derselben Seite aus betrachtet (Schneckenhäuser z. B. stets von oben), so hat es Sinn, aufgrund von Abschnitt 6.3.1 von einer Rechts- bzw. Links-Spirale zu sprechen.

Zu Abschnitt 6.3.3.

Man könnte die Festsetzungen so wünschen, daß in Rechtssystemen unter einer positiven Drehung eine Rechtsdrehung verstanden wird.
Da die Festsetzung in Abschnitt 2.1a wegen ihres Zusammenhanges mit den Festsetzungen in den Abschnitten 2.2a bis 2.5a nicht geändert werden kann, bliebe nur, die ebenen Koordinatensysteme

nicht so — sondern z. B. so — oder so

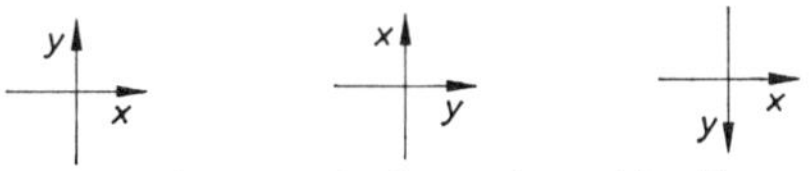

anzulegen. Dazu ist aber heute niemand bereit.

Zu Abschnitt 7.1.3.

Man beachte: Die Koordinaten eines Vektors sind Skalare und können auch negativ sein. Die Komponenten eines Vektors sind dagegen Vektoren.

Zu Abschnitt 7.2.2.

Die Größe „Drehwinkel" beschreibt eine Eigenschaft von Drehbewegungen. Es ist Drehwinkel $\alpha = \dfrac{s}{r}$

(s Länge des Weges, den ein beliebiger, nicht auf der Drehachse liegender Punkt P infolge der Drehbewegung zurücklegt
r Abstand des Punktes P von der Drehachse).

Zu Abschnitt 7.2.3.

Im Sprachgebrauch der Mathematik versteht man unter „Drehung" nicht einen Drehvorgang, sondern eine durch einen Drehvorgang erzeugte Abbildung der Ebene auf sich. Unter dem Winkel einer Drehung (in Sinn von Abbildung), welche die orientierte Gerade g_1 in die orientierte Bildgerade g_2 überführt, versteht man den Winkel des Paares (g_1, g_2), also gemäß Abschnitt 7.2.3.1a stets einen nichtnegativen Winkel kleiner 2π.

Zu Abschnitt 7.2.3.1.

Unter dem Winkel α eines geordneten oder nichtgeordneten Paares von Geraden g und h in der nichtorientierten Ebene („euklidischer Winkel") und unter dem Winkel α eines nichtgeordneten Paares von Geraden g und h in der orientierten Ebene („Winkel ohne Drehsinn") versteht man den kleineren der beiden geometrischen Winkel, die das geordnete Paar g, h und das geordnete Paar h, g in der beliebig orientierten Ebene bilden. Sind die Geraden g und h orientiert, so ist $0 \leqq \alpha \leqq \pi$, sind sie nichtorientiert, so ist $0 \leqq \alpha \leqq \pi/2$.

DK 534 : 003.62 Oktober 1969

Akustik
Formelzeichen

DIN 1332

Acoustics; symbols

Zusammenhang mit internationalen Vereinbarungen siehe Erläuterungen.

1. Mechanische Größen

Nr	Größe	Formelzeichen	SI-Einheit[1]) (siehe DIN 1301)	Bemerkungen
1.1.	Ortskoordinaten	x, y, z r φ, ϑ	m m rad	
1.2.	Ausschlag	ξ, η, ζ s s_x, s_y, s_z	m	
1.3.	Geschwindigkeit, Schnelle	v v_x, v_y, v_z u, v, w	$\frac{m}{s}$	
1.4.	Beschleunigung	a	$\frac{m}{s^2}$	
1.5.	Fläche	A, S	m^2	In der Akustik wird S für die Fläche und A für die äquivalente Absorptionsfläche (siehe Nr 2.34) bevorzugt.
1.6.	Volumen	V	m^3	
1.7.	Zeit	t	s	
1.8.	Periodendauer	T	s	
1.9.	Frequenz	f, ν	Hz	
1.10.	Kreisfrequenz	ω	$\frac{rad}{s}$	
1.11.	Winkelgeschwindigkeit	ω, w	$\frac{rad}{s}$	
1.12.	Kraft	F	N	
1.13.	Normalspannung	σ	$\frac{N}{m^2}$	
1.14.	Schubspannung	τ	$\frac{N}{m^2}$	
1.15.	Dehnung	ε		

[1]) einschließlich phon und sone sowie Np und dB zur Kennzeichnung von logarithmierten Verhältnisgrößen, wobei die Beziehung

$$1\ \mathrm{dB} = \frac{\ln 10}{20}\ \mathrm{Np} = \frac{1}{8{,}686}\ \mathrm{Np} \text{ gilt (vgl. DIN 5493).}$$

Weitere Umrechnungsbeziehungen zwischen in der Akustik noch gebräuchlichen Einheiten zu den entsprechenden SI-Einheiten sind

1 dyn $= 10^{-5}$ N
1 erg $= 10^{-7}$ J $= 10^{-7}$ N m
1 erg/s $= 10^{-7}$ W $= 10^{-7}$ N m/s
1 µbar $= 10^{-1}$ N/m²
1 (µbar·s)/cm $= 10$ Ns/m³

Fortsetzung Seite 2 bis 5

Hinweise auf Weitere Normen und Erläuterungen siehe Originalfassung der Norm

Fachnormenausschuß Akustik und Schwingungstechnik im Deutschen Normenausschuß (DNA)
Ausschuß für Einheiten und Formelgrößen im DNA

Nr	Größe	Formelzeichen	SI-Einheit[1]) (siehe DIN 1301)	Bemerkungen
1.16.	Verlustfaktor	d, η		
1.17.	Elastizitätsmodul	E	$\frac{N}{m^2}$	
1.18.	Schubmodul	G	$\frac{N}{m^2}$	
1.19.	Kompressionsmodul	K	$\frac{N}{m^2}$	
1.20.	Poisson-Zahl	μ, ν		
1.21.	Masse	m	kg	
1.22.	Dichte	ϱ	$\frac{kg}{m^3}$	
1.23.	Steifigkeit, Steife	s	$\frac{N}{m}$	
1.24.	Nachgiebigkeit	n	$\frac{m}{N}$	$n = \frac{1}{s}$
1.25.	Mechanische Resistanz[2])	r	$\frac{Ns}{m}$	
1.26.	Mechanische Impedanz[2])	z, Z_m	$\frac{Ns}{m}$	
1.27.	Abklingkoeffizient	δ	$\frac{Np}{s}$	Zeitliche Abnahme des Ausschlages $\xi = \xi_0 e^{-\delta t} = \xi_0 e^{-t/\tau}$
1.28.	Abklingzeit, Relaxationszeit	τ	$\frac{s}{Np}$	$\tau = \frac{1}{\delta}$
1.29.	Logarithmisches Dekrement	Λ	Np	Natürlicher Logarithmus des Verhältnisses zweier um eine Schwingungsdauer auseinanderliegender Ausschläge $\Lambda = \ln(\xi_n/\xi_{n+1})$; $\Lambda = \delta \cdot T$
1.30.	Dämpfungsgrad	ϑ		Es ist $\vartheta = \delta/\omega_0$; ω_0 Kennkreisfrequenz siehe DIN 1311 Blatt 2. Ferner ist $\vartheta = \Lambda/\sqrt{1 + \Lambda^2}$
1.31.	Resonanzüberhöhung, Güte	Q		Für große Resonanzüberhöhungen (d. h. kleine Dämpfungen) gilt $Q = \frac{\omega_0}{2\delta} \approx \frac{\omega}{2\delta} = \frac{\pi}{\Lambda}$
1.32.	Kinetische Energie	W_k	J	
1.33.	Potentielle Energie	W_p	J	
1.34.	Flächenträgheitsmoment	I	m^4	
1.35.	Massenträgheitsmoment	J, Θ	$kg\,m^2$	
1.36.	Moment einer Kraft, Moment eines Kräftepaares	M	N m	
1.37.	Drehsteife, Direktionsmoment	D	$\frac{Nm}{rad}$	

[1]) siehe Seite 1 [2]) Begriff siehe DIN 1320

Nr	Größe	Formelzeichen	SI-Einheit[1]) (siehe DIN 1301)	Bemerkungen
1.38.	Verhältnis der spezifischen Wärmekapazitäten c_p und c_v	$\varkappa$		$\varkappa = c_p/c_v$
1.39.	Mechanische Leistung	P_m	W	

2. Schallfeld-Größen[3])

Nr	Größe	Formelzeichen	SI-Einheit[1]) (siehe DIN 1301)	Bemerkungen
2.1.	Schalldruck	p	$\frac{N}{m^2}$	
2.2.	Statischer Druck	p_s	$\frac{N}{m^2}$	
2.3.	Schallstrahlungsdruck	Π	$\frac{N}{m^2}$	
2.4.	Schallschnelle	v u, v, w	$\frac{m}{s}$	
2.5.	Schallfluß	q	$\frac{m^3}{s}$	
2.6.	Verschiebungsvolumen	ΔV	m^3	
2.7.	Potential der Schallschnelle (Schnellepotential)	Φ	$\frac{m^2}{s}$	$v = +\,\mathrm{grad}\,\Phi$; $p = -\varrho\,\mathrm{d}\Phi/\mathrm{d}t$
2.8.	Schallgeschwindigkeit	c	$\frac{m}{s}$	
2.9.	Schalleistung	P_a	W	
2.10.	Schallintensität	J	$\frac{W}{m^2}$	
2.11.	Schallenergiedichte	w, E	$\frac{J}{m^3}$	
2.12.	Ausbreitungskoeffizient (Ausbreitungskonstante)	γ	$\frac{1}{m}$	Schallwelle, die in Richtung einer positiven Ortskoordinate x fortschreitet: $e^{-\gamma x} = e^{-\alpha x} e^{-j\beta x}$, also $\gamma = \alpha + j\beta$
2.13.	Dämpfungskoeffizient (Dämpfungskonstante)	α	$\frac{1}{m}, \frac{Np}{m}, \frac{dB}{m}$	
2.14.	Phasenkoeffizient (Phasenkonstante)	β	$\frac{1}{m}, \frac{rad}{m}$	$\beta = \frac{2\pi}{\lambda}$
2.15.	Ausbreitungsmaß	g		$g = a + jb$
2.16.	Dämpfungsmaß	a	Np, dB	
2.17.	Phasenmaß (Phasenwinkel)	b	rad	
2.18.	Kreiswellenzahl	k	$\frac{rad}{m}$	k ist der Grenzfall für den Phasenkoeffizienten mit verschwindender Dämpfung
2.19.	Wellenlänge	λ	m	
2.20.	Spezifische Schallimpedanz, Feldimpedanz	Z, Z_s	$\frac{N\,s}{m^3}$	

[1]) siehe Seite 1

[3]) Die meisten Begriffe sind in DIN 1320 definiert

Nr	Größe[1])	Formel-zeichen	SI-Einheit[1]) (siehe DIN 1301)	Bemerkungen
2.21.	Längenspezifischer Strömungswiderstand	Ξ	$\frac{\text{N s}}{\text{m}^4}$	
2.22.	Porosität	σ		
2.23.	Akustische Impedanz, Flußimpedanz	$\mathfrak{Z}$, Z_a	$\frac{\text{N s}}{\text{m}^5}$	
2.24.	Mechanische Schallstrahlungsimpedanz	z_r	$\frac{\text{N s}}{\text{m}}$	
2.25.	Richtungsfaktor	Γ		Kugelförmige Richtcharakteristik $\Gamma = 1$ Achtförmige Richtcharakteristik $\Gamma = \cos\vartheta$ Kardioidförmige Richtcharakteristik $\Gamma = (1 + \cos\vartheta)/2$
2.26.	Richtungsmaß	D	dB	$D = 20 \lg \Gamma$ dB
2.27.	Bündelungsgrad	γ		$\gamma = \frac{S}{\int \Gamma^2 \, \mathrm{d}S}$ (Kugelförmige Richtcharakteristik $\gamma = 1$) (Achtförmige und kardioidförmige Richtcharakteristik $\gamma = 3$)
2.28.	Schallreflexionsfaktor	r		
2.29.	Schallreflexionsgrad	ϱ		Von der auf eine Wand auftreffenden Schalleistung 1 wird der Anteil ϱ reflektiert, der Anteil δ geht in der Wand verloren und der Anteil τ wird in den angrenzenden Raum übertragen; $\varrho + \delta + \tau = 1$. Von der Wandoberfläche, als Trennfläche betrachtet, wird der nichtreflektierte Anteil $\alpha = \delta + \tau = 1 - \varrho$ als „absorbiert" angesehen. In anderen Gebieten der Physik wird oft nur der dissipierte Anteil als „absorbierter Anteil" bezeichnet.
2.30.	Schallabsorptionsgrad	α		
2.31.	Schalldissipationsgrad	δ		
2.32.	Schalltransmissionsgrad	τ		
2.33.	Schalldämm-Maß	R	dB	$R = 10 \lg \left(\frac{1}{\tau}\right)$ dB
2.34.	Äquivalente Absorptionsfläche	A, A_α	m²	
2.35.	Nachhallzeit	T	s	
2.36.	Schallpegel	L	dB	Die Art des Pegels (Schalldruckpegel, mit Filter A bewerteter Schalldruckpegel, Schallschnellepegel, Schalleistungspegel) wird durch Indizes gekennzeichnet (siehe DIN 45630 Blatt 1 und DIN 45633 Blatt 1).
2.37.	Lautstärkepegel	L_S, L_N	phon	In DIN 45630 Blatt 1 und in ISO/R 131 steht L_S, in ISO/R 31 Part VII, 1965, steht L_N.
2.38.	Lautheit	S, N	sone	In DIN 45630 Blatt 1 und in ISO/R 532—1966 steht S, in ISO/R 31 Part VII, 1965, steht N.

[1]) siehe Seite 1

3. Elektroakustische Größen[3])

Nr	Größe	Formelzeichen	SI-Einheit[1]) (siehe DIN 1301)	Bemerkungen
3.1.	Elektroakustischer Übertragungsfaktor	T_{yx}		Allgemein T_{yx}; y Ausgangsgröße x Eingangsgröße
	eines Schallstrahlers, z. B. Lautsprechers	T_{pU}, B_S	$\frac{\text{N}}{\text{m}^2\,\text{V}}$	Meßabstand, wenn nicht anders angegeben, 1 m. In DIN 45570 und DIN 45590 werden der Übertragungsfaktor eines Schallstrahlers und der eines Schallaufnehmers mit B (Index E für Schallaufnehmer, Index S für Schallstrahler) bezeichnet. Nach DIN 40148 Blatt 1 ist A das Formelzeichen für den Übertragungsfaktor.
	eines Schallaufnehmers z. B. Mikrophons	T_{Up}, B_E	$\frac{\text{V}\,\text{m}^2}{\text{N}}$	
3.2.	Elektroakustischer Leistungsübertragungsfaktor (früher Empfindlichkeit)			
	eines Schallstrahlers, z. B. Lautsprechers	T_{pP}, E_S	$\frac{\text{N}}{\text{m}^2\sqrt{\text{W}}}$	Meßabstand, wenn nicht anders angegeben, 1 m. In DIN 45570 und DIN 45590 steht das Formelzeichen E. Zur Schreibweise von T_{Pp}: Da bei dem Leistungsübertragungsfaktor auf die Wurzel aus der Leistung bezogen wird, müßte der zugehörige Index $P^{1/2}$ heißen. Aus Gründen leichterer Schreibbarkeit wird die Potenz jedoch weggelassen.
	eines Schallaufnehmers, z. B. Mikrophons	T_{Pp}, E_E	$\frac{\sqrt{\text{W}}\,\text{m}^2}{\text{N}}$	
3.3.	Elektroakustisches Übertragungsmaß	G_{yx}	dB	$G = 20\lg(T/T_0)$ dB; T_0 Bezugsübertragungsfaktor
3.4.	Wandlerkoeffizient	τ_{yx}		Allgemein τ_{yx}; y Ausgangsgröße x Eingangsgröße
	Kraft-Strom-Wandlerkoeffizient	τ_{FI}, M	$\frac{\text{N}}{\text{A}}, \frac{\text{V s}}{\text{m}}$	Bei magnetischen Wandlern ist der Kraft-Strom-Wandlerkoeffizient τ_{FI} reell und frequenzunabhängig und wird in diesem Fall mit einem eigenen Namen und dem Formelzeichen M gekennzeichnet. Wird τ_{FI} bei elektrischen Wandlern verwendet, darf auch der Buchstabe M, aber nur in komplexer Kennzeichnung, benutzt werden.
	Magnetischer Wandlerkoeffizient	M	$\frac{\text{N}}{\text{A}}, \frac{\text{V s}}{\text{m}}$	
	Kraft-Spannungs-Wandlerkoeffizient	τ_{FU}, N	$\frac{\text{N}}{\text{V}}, \frac{\text{A s}}{\text{m}}$	Bei elektrischen Wandlern ist der Kraft-Spannungs-Wandlerkoeffizient τ_{FU} reell und frequenzunabhängig und wird in diesem Fall mit einem eigenen Namen und dem Formelzeichen N gekennzeichnet. Wird τ_{FU} bei magnetischen Wandlern verwendet, darf auch der Buchstabe N, aber nur in komplexer Kennzeichnung, benutzt werden.
	Elektrischer Wandlerkoeffizient	N	$\frac{\text{N}}{\text{V}}, \frac{\text{A s}}{\text{m}}$	
3.5.	Elektrische Impedanz	Z, Z_e	$\frac{\text{V}}{\text{A}}$	
3.6.	Elektrische Leistung	P_e	W	
3.7.	Wirkungsgrad	η		

[1]) siehe Seite 1 [3]) siehe Seite 3

DK 511.135 : 003.62 Februar 1992

Zahlenangaben

DIN 1333

Presentation of numerical data

Ersatz für DIN 1333 T 1/02.72
und DIN 1333 T 2/02.72

Inhalt

Seite
1 Anwendungsbereich und Zweck ... 1
2 Übersicht über die Schreibweisen und Begriffe ... 2
2.1 Verschiedene Zahlenschreibweisen im Zehnersystem ... 2
2.2 Besondere Zahlenschreibweisen ... 3
2.3 Zahlen aus nichtdezimalen Stellenwertsystemen ... 3
2.4 Zahlen aus gemischten Systemen ... 3
3 Arten von Zahlenschreibweisen im Zehnersystem ... 4
3.1 Positive Zahlen ... 4
3.2 Negative Zahlen ... 7
3.3 Doppelzeichen zur Angabe von Paaren von Zahlen und Termen ... 7
4 Runden ... 8
4.1 Rundeverfahren ... 8
4.2 Festlegen der Rundestelle ... 8
4.3 Kommastellung ... 8
4.4 Auswahl der Runderegeln ... 8
4.5 Runderegeln ... 8
5 Vorgabewerte (Sollwerte, Grenzwerte, Toleranzen) ... 9
5.1 Allgemeines ... 9
5.2 Sollwerte ... 9
5.3 Schreibweisen mit Angabe der Grenzabweichungen ... 9
5.4 Schreibweisen mit Angabe der relativen Grenzabweichungen ... 9
6 Ergebniswerte mit Unsicherheit ... 10
6.1 Ermittlung der Rundestelle in der Ergebniszahl bei bekannter Unsicherheit u ... 10
6.2 Schreibweisen mit Angabe der Unsicherheit u ... 10
6.3 Schreibweisen ohne Angabe der Unsicherheit ... 10
7 Konventionell richtiger Wert ... 11
8 Namen und Ziffern für Zahlenschreibweisen zur Basis b ... 11
9 Zahlenschreibweise zur Basis b mit Ziffern ... 12
9.1 Vollständige Angabe ... 12
9.2 Angabe der dienlichen Ziffern ... 13
10 Mathematische Definitionen ... 13
10.1 Allgemeine Stellenwertdarstellungen zur Basis b ... 13
10.2 Begriffe zu gerundeten Zahlen und vorgegebenen Formaten ... 16
Anmerkungen ... 18
Zitierte Normen und andere Unterlagen ... 19
Frühere Ausgaben ... 19
Änderungen ... 19
Stichwortverzeichnis ... 20

1 Anwendungsbereich und Zweck

In dieser Norm wird festgelegt, wie Zahlen im täglichen Leben, in Wirtschaft, Technik und Wissenschaft geschrieben werden sollen. Dabei werden auch über die näherungsweise Angabe von Zahlen Festlegungen getroffen, wie sie beim Runden und Messen erforderlich sind. Ferner wird die Art der Angabe von Toleranzen festgelegt.

Schreibweisen im Zehnersystem, die in fast allen Bereichen die üblichen und einzig auftretenden Darstellungen sind und die nicht besonders (als „zum Zehnersystem gehörig") gekennzeichnet werden, werden in den Abschnitten 3 bis 7 behandelt. Andere Darstellungssysteme (mit den Basen 2, 8 bzw. 16) spielen in der Informatik eine Rolle. Beliebige Basen werden in der Mathematik zur Gewinnung allgemeiner Einsichten betrachtet. Die Schreibweisen zur Basis b werden systematisch mit dem Präfix b\$ gekennzeichnet und in den Abschnitten 8 und 9 behandelt.

Begriffliche Festlegungen zu den Zahlendarstellungen enthält der Abschnitt 10.

Diese Norm gilt nicht für die interne Zahlendarstellung von Computern.

Stichwortverzeichnis und Internationale Patentklassifikation siehe Originalfassung der Norm

Fortsetzung Seite 2 bis 19

Normenausschuß Einheiten und Formelgrößen (AEF) im DIN Deutsches Institut für Normung e.V.
Normenausschuß Qualitätssicherung und angewandte Statistik (AQS) im DIN

2 Übersicht über die Schreibweisen und Begriffe

Tabelle 1.

Beispiel	Stichwort	siehe
2.1 Verschiedene Zahlenschreibweisen im Zehnersystem		
−26 468,369 45	ganzzahliger Teil	Nr 10.1.11
	gebrochener Teil	Nr 10.1.12
	Vorzeichen	Nr 3.2.1, 10.1.6, 10.1.8, 10.1.9
	Ziffern(folge)	Nr 10.1.8, 10.1.9
	Komma	Abschnitt 3, Nr 10.1.8
	Dezimalschreibweise	Nr 3.1.1, 3.2.1, 10.1.10
	Schreibstellen	Nr 10.1.15
	Stellen	Nr 10.1.16
	Gliederung	Abschnitt 3, Nr 3.1.1
3,250	nur bei Festkommaschreibweise und gerundeten Zahlen	Nr 10.1.9, 10.2.4, Abschnitt 4.5
±6,28	Plus-Minus-Zeichen	
	als Kurzschreibweise für +6,28 und −6,28	Nr 3.3.1
	— bei der Angabe von Ergebniswerten	Abschnitte 6.2.1, 6.2.3
	— bei der Angabe von Vorgabewerten	Abschnitte 5.3, 5.4
***5.633,40**DM	nur bei Geldbeträgen	Nr 3.1.2
	mit Gliederungszeichen	Nr 3.1.2
	mit Füllzeichen	Nr 3.1.2
$-2{,}684 \cdot 10^{-3}$	1. Faktor, auch Mantisse	Nr 3.1.3, 10.2.5
	Zehnerpotenz, auch Basispotenz	Nr 3.1.3, 10.1.13
	Zehnerexponent	Nr 3.1.3, 10.2.5
	Produkt mit Zehnerpotenz	Nr 3.1.3, 10.1.13
	Basis	Nr 10.1.3, 10.1.13
	Multiplikationszeichen	DIN 1302
$-2{,}680 \cdot 10^{-3}$	nur bei Gleitkommaschreibweise (und gerundetem Produkt mit Zehnerpotenz)	Nr 3.1.3, 10.2.5
6,28 Mrd.	Produkt mit Zahlwort	Nr 3.1.4
	Zahlwortabkürzung	Nr 3.1.4
4,5 % 4,5 ‰	Produkt mit den Zahlenfaktoren % und ‰	Nr 3.1.5
5,3 km	Produkt mit physikalischen Einheiten	DIN 1313
$3{,}8\overline{45\,23}$	Kennzeichnung der Periode	
	periodischer Dezimalbruch	Nr 3.1.6, 9.1.4
	Ziffern der Periode	

Tabelle 1. (Fortsetzung)

Beispiel	und Stichwort	siehe
3,1415...	Kennzeichnung einer Kürzung auf	Nr 3.1.7, 9.2.1
	voraussichtlich dienliche Ziffern	Nr 3.1.7, 9.2.1
2.2 Besondere Zahlenschreibweisen		
$\frac{3}{19}$ ³/₁₀ 3/19	Quotienten, Bruchschreibweise mit Bruchstrich, mit Schrägstrich	Nr 3.1.9
$5+\frac{1}{4}$ $5\frac{1}{4}$ 5 + ¹/₄		
5 ¹/₄ 5 + 1/4	„gemischte Brüche"	Nr 3.1.10
5 1/4		
10^2	Potenz	DIN 1302
$23{,}2_4$ oder 23,24	Nur bei Zahlen mit Unsicherheit: Kennzeichnung einer Rundstelle	Abschnitt 6.3.1
25,**4** $25{,}\underline{4}$	Kennzeichnung als genaue Zahl	Abschnitt 7
15^{-1}_{-3}	bei der Angabe von Vorgabewerten	Abschnitt 5.3
9 cm × 12 cm	nur bei (Flächen-)Formaten Produkt mit liegendem Kreuz	DIN 1338
2.3 Zahlen aus nichtdezimalen Stellenwertsystemen		
2$ 110 1011	Ziffern des Zweiersystems	Abschnitt 8
	Dualschreibweise, Zahlenschreibweise zur Basis 2	Abschnitte 8, 9, Nr 10.1.8, 10.1.9
	Systemkennzeichen	Nr 10.1.8
	Basis	Nr 10.1.3, 10.1.8
2.4 Zahlen aus gemischten Systemen		
03.04.1988	Datumangabe Ziffern mit führenden Nullen	DIN 5008/11.86, Tabelle 3, Fußnote 2
1988-04-03	Datumangabe	ISO 8601 : 1988
3 h 02 min	Zeitspanne	DIN 1301
08.15.07	Uhrzeitangabe	DIN 1355 Teil 1
15° 06′ 30″	Winkelangabe	DIN 1315

3 Arten von Zahlenschreibweisen im Zehnersystem

Das Komma ist das Trennzeichen zwischen dem ganzzahligen und gebrochenen Teil bei der Dezimalschreibweise. In Tabellen und Formularen kann es auch durch eine geeignete Beschriftung oder einen senkrechten Tabellenstrich ersetzt werden. Untereinander stehende Zahlenangaben gleicher Art sollen stellengerecht untereinander geschrieben werden (siehe Bemerkung zu Nr 10.2.4). Es ist zu beachten, daß im Amerikanischen der Punkt als Trennzeichen benutzt wird.

Bei Dezimalbrüchen mit einem Betrag zwischen Null und Eins steht eine Null vor dem Komma.

Zur Gliederung längerer Ziffernfolgen in Dreierblöcke (Blöcke zu je drei Ziffern) vom Komma aus, bei natürlichen Zahlen von rechts, können Zwischenräume verwendet werden, siehe Nr 3.1.1. Die Verwendung von Punkten zur Gliederung ist wegen der verschiedenen Verwendung von Komma und Punkt im europäischen bzw. amerikanischen Bereich als Gliederungszeichen nicht zulässig. Ausnahme: Aus Sicherheitsgründen können insbesondere bei Geldbeträgen Leerstellen und Zwischenräume, die aus technischen Gründen so breit wie wenigstens eine der Ziffern gewählt werden müßten, mit Füllzeichen oder Trennzeichen ausgefüllt werden, siehe Nr 3.1.2. Aus typografischen Gründen dürfen in Tabellen auch andere Blöcke zur Gliederung verwendet werden.

Zur Sprechweise der Dezimalschreibweise siehe Tabelle 2 Fußnote 1.

Tabelle 2.

Nr	Art der Schreibweise	Anwendung	Beispiel Schreibweise	Sprechweise[1])	Bemerkungen
3.1	**Positive Zahlen**				
3.1.1	Dezimalschreibweise a) abbrechender Dezimalbruch — ohne Dreierblockgliederung — mit Dreierblockgliederung b) natürliche Zahl		2091,0625 ferner 0,12 11 412,434 7 2091	Zweitausendeinundneunzig Komma Null Sechs Zwei Fünf Null Komma Eins Zwei Elftausendvierhundertzwölf Komma Vier Drei Vier Sieben Zweitausendeinundneunzig	Siehe Nr 9.1.2 und Nr 9.1.3 sowie Nr 10.1.10. Vor dem Komma steht mindestens eine Ziffer. Zur Dreierblockgliederung siehe auch den Text vor dieser Tabelle.
3.1.2	abbrechender Dezimalbruch mit Füllzeichen oder Trennzeichen zur Dreierblockgliederung	Aus Sicherheitsgründen können insbesondere bei Geldbeträgen auf Zahlungsbelegen Leerstellen mit Füllzeichen oder einem Trennzeichen zwischen Dreierblöcken aufgefüllt werden.	`****11.412,43 DM`	Elftausendvierhundertzwölf D-Mark (plus) Dreiundvierzig (Pfennige)	Das Füllzeichen sollte vom Minuszeichen verschieden sein. Als Trennzeichen kann in diesem Fall auch der Punkt verwendet werden.

[1]) Die Dezimalschreibweise wird wie folgt gelesen:
- der ganzzahlige Teil (siehe Nr 10.1.11) mit seinem deutschen Namen nach Duden Band 4;
- gegebenenfalls
  - das Komma mit „Komma“ vor Beginn des gebrochenen Teils (siehe Nr 10.1.12),
  - die Ziffern des gebrochenen Teils mit ihren deutschen Namen von links nach rechts,
  - die Periode vor ihrem Beginn mit „Periode“ und
  - die drei Punkte nach den dienlichen Ziffern mit „usw.“.

Beispiele:

3,25 Drei Komma Zwei Fünf, nicht: Drei Komma Fünfundzwanzig

$4,3\overline{17}$ Vier Komma Drei Periode Eins Sieben, nicht: Vier Komma Drei Periode Siebzehn

3,141 . . . Drei Komma Eins Vier Eins usw., nicht: Drei Komma Einhunderteinundvierzig

Tabelle 2. (Fortsetzung)

Nr	Art der Schreibweise	Anwendung	Beispiel Schreibweise	Sprechweise[1])	Bemerkungen
3.1.3	Produkt mit Zehnerpotenz, auch teilweise normalisierte Gleitkommaschreibweise (im Tausendersystem)	Es sollten durch 3 teilbare Exponenten der Zehnerpotenz verwendet werden. Der erste Faktor soll zwischen 0,1 und 999,9 ... liegen. Bei gerundeten Zahlen ist die letzte angegebene Ziffer des ersten Faktors die Rundstelle. Der erste Faktor kann dann auch eine der Zahlen 0; 0,0; 0,00; 0,01; 0,02; . . . .; 0,09 sein.	$100{,}78 \cdot 10^9$ oder $0{,}100\,78 \cdot 10^{12}$ ferner entweder $80 \cdot 10^6$ oder $0{,}08 \cdot 10^9$ auch $100{,}7\ldots \cdot 10^9$ oder $0{,}100\,7\ldots \cdot 10^{12}$	Einhundert Komma Sieben Acht mal Zehn hoch Neun Null Komma Eins Null Null Sieben Acht mal Zehn hoch Zwölf Achtzig mal Zehn hoch Sechs Null Komma Null Acht mal Zehn hoch Neun Einhundert Komma Sieben usw. mal Zehn hoch Neun Null Komma Eins Null Null Sieben usw. mal Zehn hoch Zwölf	Siehe DIN 1302. Für die Angabe gerundeter Zahlen geeignet, siehe Abschnitt 4. Ob eine gerundete Zahl vorliegt, muß aus dem Zusammenhang eindeutig hervorgehen. Diese Beispiele unterscheiden sich durch die Lage der Rundestelle an der 7-ten bzw. 8-ten Stelle vor dem Komma. Geeignet für den Fall, daß voraussichtlich nur die ersten vier Ziffern von 100 780 000 000 dienlich sind, siehe Nr 3.1.7.
3.1.4	**Mit Zahlwort**	Nur in Texten zulässig, in denen die Schreibweise als Produkt mit einer Zehnerpotenz unzumutbar ist	100,78 Mrd.	Einhundert Komma Sieben Acht Milliarden	Wegen der Verwechslungsgefahr zwischen den deutschen (europäischen) und amerikanischen Namen für große Zahlen sind nur die drei angegebenen Abkürzungen zulässig: Deutsch: Zahl / Name / Abk. — Amerikanisch: Name 10^3 / Tausend / Tsd. / thousand 10^6 / Million / Mio. / million 10^9 / Milliarde / Mrd. / billion 10^{12} / Billion / — / trillion 10^{15} / Billiarde / — / quadrillion 10^{18} / Trillion / — / quintillion
3.1.5	Mit den Zahlenfaktoren Prozent und Promille	Nach DIN 5477 nur zulässig bei der Angabe von Verhältnissen (d. h. Quotienten aus zwei Größen gleicher Dimension im Sinne von DIN 1313 einschließlich des Geldes)	9,25 % oder 92,5 ‰	Neun Komma Zwei Fünf Prozent (Hundertstel, nicht: vom oder von Hundert) Zweiundneunzig Komma Fünf Promille (Tausendstel, nicht: vom oder von Tausend)	Außer % und ‰ wird auch ppm (parts per million für 10^{-6}) verwendet. Wegen des mißverständlichen ppb (parts per billion) sollte auch ppm nicht angewendet werden. Siehe Bemerkung zu Nr 3.1.4.

[1]) Siehe Seite 4

Tabelle 2. (Fortsetzung)

Nr	Art der Schreibweise	Anwendung	Beispiel Schreibweise	Sprechweise[1])	Bemerkungen
3.1.6	Periodischer Dezimalbruch — ohne Dreierblock-gliederung — mit Dreierblock-gliederung		$0{,}1\overline{216}$ $8{,}6\overline{42\ 857\ 1}$ oder z. B. $8{,}642\ \overline{857\ 142}$	Null Komma Eins Periode Zwei Eins Sechs Acht Komma Sechs Periode Vier Zwei Acht Fünf Sieben Eins	Siehe Nr 9.1.4 und Bemerkung zu Nr 10.1.9. Beachte: $0{,}1\overline{216} = 9/74$. Auch $8{,}6\overline{42\ 8}\ldots$, wenn voraussichtlich nur die ersten 4 Ziffern nach dem Komma dienlich sind.
3.1.7	Dezimalbruch mit den voraussichtlich dienlichen Ziffern mit oder ohne Dreierblock-gliederung	Für alle abbrechenden oder nicht periodischen unendlichen Dezimalbrüche, von denen nicht alle Ziffern nach dem Komma angegeben werden können oder sollen	3,141 5 . . .	Drei Komma Eins Vier Eins Fünf usw.	Siehe Nr 9.2.1 Das Ersetzen von Stellen durch drei Punkte am Ende einer Zahl ist nach Weglassen von Ziffern, nicht nach vollzogener Rundung anwendbar. Beachte: $3{,}1415 \leq 3{,}1415\ldots < 3{,}1416$
3.1.8	Mit spezieller Konstante	Zulässig, wenn informativer als eine der Schreibweisen nach Nr 3.1.1 bis 3.1.7	2π e	Zwei Pi e	Siehe DIN 1302. In der Gleichung $l = 2\pi r$ ist die Angabe 2π informativer als 6,28 . . . .
3.1.9	Quotient	Zulässig, wenn kürzer oder genauer als eine der Schreibweisen in Nr 3.1.1 bis 3.1.7	3/19, $^{3}/_{19}$ $\frac{3}{19}$	Drei Neunzehntel	Siehe DIN 1302. Der Schrägstrich „/" sollte nicht zur Gliederung mehrerer Zahlen- oder Größenangaben verwendet werden. Welche der drei Schreibweisen zu bevorzugen ist, hängt vom Kontext ab: Die erste ist z. B. für Einzeilendrucker, die letzte für Formeln geeignet.
3.1.10	Summe des ganzzahligen Teils und des gebrochenen Teils als Quotient	Zulässig wie in Nr 3.1.9, wenn der positive ganzzahlige Teil hervorgehoben werden soll.	8 + 3/19	Acht plus Drei Neunzehntel	Siehe DIN 1302. Nicht: $8\frac{3}{19}$, da $a\frac{b}{c} = \frac{a \cdot b}{c}$ „Gemischte Brüche" sollten nur dann ohne Pluszeichen geschrieben werden, wenn keine Mißverständnisse zu befürchten sind, weil „3 1/4 l Wein" 3,25 l oder 0,75 l Wein bedeuten können oder bei zu kleinem Zwischenraum als 31/4 l = 7,75 l gelesen werden kann.

[1]) Siehe Seite 4

Tabelle 2. (Fortsetzung)

Nr	Art der Schreibweise	Anwendung	Beispiel Schreibweise	Sprechweise[1])	Bemerkungen
3.2	**Negative Zahlen**				
3.2.1	Mit Minuszeichen als Vorzeichen vor dem Betrag der negativen Zahl, im Fall von Nr 3.1.10 mit Klammern		-2091 ferner $-80 \cdot 10^{-9}$ aber $-(8 + 3/19)$	Minus Zweitausendeinundneunzig Minus Achtzig mal Zehn hoch minus Neun Minus Klammer auf Acht plus Drei Neunzehntel Klammer zu	Siehe DIN 1302. Positive Zahlen können von negativen Zahlen durch das Pluszeichen als Vorzeichen unterschieden werden: +2091. In Tabellen kann das Vorzeichen auch in einer Spalte geschrieben werden. Das Vorzeichen sollte nur in Ausnahmefällen hinter den Betrag gesetzt werden. Es sollten nicht Zeichen wie CR anstelle des Minuszeichens verwendet werden. Siehe Bemerkung zu Nr 10.2.4.
3.3	**Doppelzeichen zur Angabe von Zahlen und Termen**				
3.3.1	Zahl mit Plus-Minus-Vorzeichen	Z. B. zur Angabe der Lösungen von quadratischen Gleichungen	± 12	Plus minus Zwölf	Treten mehrere Plus-Minus- oder Minus-Plus-Zeichen in einem Term oder in einer Gleichung auf, so gehören alle oberen Zeichen zusammen und alle unteren. Z. B. $9 - (5 \pm 2) = 4 \mp 2$, also ist der zu den oberen Zeichen gehörende Wert jeder der beiden Seiten gleich 2 und der zu den unteren gehörende 6.
3.3.2	Plus-Minus-Summe		15 ± 3	Fünfzehn plus minus Drei	
3.3.3			15^{-1}_{-3}	Fünfzehn oben minus Eins unten minus Drei	Siehe Abschnitt 5

[1]) Siehe Seite 4

4 Runden

4.1 Rundeverfahren

Die hier beschriebenen Rundeverfahren bestehen aus drei Schritten:

- Festlegen der Rundestelle (siehe Abschnitt 4.2),
- Kommastellung (siehe Abschnitt 4.3), falls notwendig,
- Anwenden einer Runderegel (siehe Abschnitt 4.5),
  - Runden (zur nächsten gerundeten Zahl, siehe Abschnitt 4.5.1),
  - Abrunden (Runden in Richtung $-\infty$, siehe Abschnitt 4.5.2),
  - Aufrunden (Runden in Richtung ∞, siehe Abschnitt 4.5.3),
  - Runden zur Null hin (Abrunden des Betrages, siehe 4.5.4) und
  - Runden von der Null weg (Aufrunden des Betrages, siehe 4.5.5).

4.2 Festlegen der Rundestelle

Die Rundestelle kann fest vereinbart werden (z.B. die dritte Stelle von links, Pfennig- oder D-Mark-Betrag bei Geldbeträgen), sich aus technischen Gründen ergeben (letzte Stelle der Ergebnisablage im Speicher einer Datenverarbeitungsanlage), oder es kann ein Verfahren zur Bestimmung der Rundestelle angewendet werden.

Für die Mitteilung von Meßergebnissen sollte ein Verfahren zur Berechnung der Rundestelle mit Hilfe der Unsicherheit nach Abschnitt 6 angewendet werden.

4.3 Kommastellung

Für Mitteilungen von Meß- und Rechenergebnissen in Wissenschaft und Technik, aber nicht für Versuchsprotokolle, Auswertungen und Berechnungen gilt folgende Regel:

Die nach Anwendung einer der Rundungsregeln wegzulassenden Ziffern sollen nicht durch Nullen (oder andere Ziffern) ersetzt werden. Deshalb darf das Komma nicht weiter rechts als unmittelbar rechts neben der Rundestelle stehen. Dazu ist nötigenfalls vor dem Runden das Komma um hinreichend viele Stellen nach links zu verschieben unter gleichzeitigem Multiplizieren mit der Zehnerpotenz, deren Exponent gleich der Anzahl der Verschiebestellen ist.

Beispiel:

zu rundende Zahl	857 941,3	
Rundstelle	|	
Kommaverschiebung	8 579,413	$\cdot 10^2$
oder	0,857 941 3	$\cdot 10^6$
oder	857,941 3	$\cdot 10^3$
gerundete Zahl	8 579	$\cdot 10^2$
oder	0,857 9	$\cdot 10^6$
oder	857,9	$\cdot 10^3$

4.4 Auswahl der Runderegeln

Als Runderegeln sollte angewendet werden:

- Runden nach Abschnitt 4.5.1, wenn positive und negative Rundeabweichungen zulässig sind,
- Abrunden nach Abschnitt 4.5.2, wenn positive Rundeabweichungen unzulässig sind und
- Aufrunden nach Abschnitt 4.5.3, wenn negative Rundeabweichungen unzulässig sind.

Für Geldwert- und Kostenangaben sollte mit einer entsprechenden Fallunterscheidung eine Auswahl aus den 5 in Abschnitt 4.5 angegebenen Runderegeln vereinbart werden.

4.5 Runderegeln

4.5.1 Runden

Eine positive Zahl wird wie folgt gerundet: Zu ihr wird der halbe Stellenwert der Rundestelle addiert, und in dem Ergebnis werden die Ziffern hinter der Rundestelle weggelassen (siehe Anmerkung zu Abschnitt 4.5.1).

Eine negative Zahl wird wie folgt gerundet: Ihr Betrag wird gerundet, und vor den gerundeten Betrag wird das Minuszeichen gesetzt.

Beispiele:

zu rundender Betrag	8,579 413	8,579 613
Rundestelle	|	|
halber Rundestellenwert	0,000 5	0,000 5
Summe	8,579 913	8,580 113
gerundeter Betrag	8,579	8,580
zu rundender Betrag	1,15	1,25
Rundestelle	|	|
halber Rundestellenwert	0,05	0,05
Summe	1,20	1,30
gerundeter Betrag	1,2	1,3

Durch Runden wird daher

- die positive Zahl 8,579 413 zu 8,579 abgerundet,
- die negative Zahl −8,579 413 zu −8,579 aufgerundet,
- die positive Zahl 8,579 613 zu 8,580 aufgerundet,
- die negative Zahl −8,579 613 zu −8,580 abgerundet.

4.5.2 Abrunden

Eine positive Zahl wird wie folgt abgerundet: Die Ziffern hinter der Rundestelle werden ohne jegliche vorherige Addition weggelassen.

Eine negative Zahl mit von Null verschiedenen Ziffern hinter der Rundestelle wird wie folgt abgerundet: Zu ihrem Betrag wird der Stellenwert der Rundestelle addiert, und in dem Ergebnis werden die Ziffern hinter der Rundestelle weggelassen; vor den so gerundeten Betrag wird das Minuszeichen gesetzt. Andernfalls werden nur die Nullen hinter der Rundestelle weggelassen.

4.5.3 Aufrunden

Eine positive Zahl mit von Null verschiedenen Ziffern hinter der Rundestelle wird wie folgt aufgerundet: Zu ihr wird der Stellenwert der Rundestelle addiert, und in dem Ergebnis werden die Ziffern hinter der Rundestelle weggelassen. Andernfalls werden nur die Nullen hinter der Rundestelle weggelassen.

Eine negative Zahl wird wie folgt aufgerundet: Die Ziffern hinter der Rundestelle werden ohne jegliche vorherige Addition weggelassen.

4.5.4 Runden zur Null hin

Eine Zahl wird wie folgt zur Null hin gerundet: Die Ziffern hinter der Rundestelle werden weggelassen.

4.5.5 Runden von der Null weg

Eine Zahl mit von Null verschiedenen Ziffern hinter der Rundestelle wird wie folgt von der Null weg gerundet: Zu ihrem Betrag wird der Stellenwert der Rundestelle addiert, und in dem Ergebnis werden die Ziffern hinter der Rundestelle weggelassen. Andernfalls werden nur die Nullen hinter der Rundestelle weggelassen. Im Fall einer negativen Zahl wird dann vor dem so gerundeten Betrag das Minuszeichen gesetzt.

5 Vorgabewerte (z. B. vorgegebene Merkmalswerte; Sollwerte, Grenzwerte, Toleranzen)

Die Angabe von Vorgaben (insbesondere von Sollwerten) ist nur vollständig mit Angaben zum Toleranzbereich.

5.1 Allgemeines

Vorgabewerte sind allgemein als genaue Werte, d. h. als richtige und präzise Werte, als Werte ohne Unsicherheit, aufzufassen.

Werden Vorgabewerte, insbesondere Grenzwerte und Toleranzen, willkürlich verändert, z. B. durch Runden nach Umrechnung, so dürfen diese Änderungen jeweils nur in solcher Richtung und mit solchen Beträgen vorgenommen werden, daß der durch die Vorgabe beabsichtigte Zweck nicht beeinträchtigt wird. So geänderte Vorgabewerte sind bei der weiteren Anwendung wieder als genaue Werte aufzufassen.

5.2 Sollwerte

Bei Sollwerten (zur Definition siehe DIN 55350 Teil 12) darf aus der geschriebenen Stellenzahl alleine nicht auf die Grenzabweichungen (zulässigen Abweichungen) geschlossen werden. Die Angabe von Sollwerten ist nur vollständig mit Angaben über die Grenzabweichungen (siehe Abschnitte 5.3 und 5.4) oder anderen Angaben über einzuhaltende Grenzwerte.

5.3 Schreibweisen mit Angabe der Grenzabweichungen

Aus der Angabe eines Bezugswertes (Sollwert, Nennwert (zur Definition siehe DIN 55350 Teil 12)) mit gleichzeitiger Angabe der Grenzabweichungen lassen sich die Grenzwerte bzw. der Toleranzbereich errechnen.

Die Grenzwerte sind der Höchstwert (höchstzulässiger Wert, oberer Grenzwert, Höchstmaß) und der Mindestwert (mindestzulässiger Wert, unterer Grenzwert, Mindestmaß). Sie geben die Grenzen des Toleranzbereiches an.

Der Toleranzbereich (Toleranzfeld) umfaßt als abgeschlossenes Intervall den Bereich aller zulässigen Istwerte.

Die Grenzabweichungen sind die obere Grenzabweichung und die untere Grenzabweichung, jeweils berechnet aus Grenzwert minus Bezugswert.

5.3.1 Beispiele ohne Einheiten

Beispiel für Beträge beider Grenzabweichungen (obere und untere) gleich (symmetrischer Toleranzbereich):

Angabe: $20 \pm 0{,}2$

Bedeutung:

Bezugswert $b = 20$
Obere Grenzabweichung $o = 0{,}2$
Untere Grenzabweichung $u = -0{,}2$
Höchstwert $h = b + o = 20{,}2$
Mindestwert $m = b + u = 19{,}8$
Toleranz $t = h - m = o - u = 0{,}4$
Toleranzbereich von 19,8 bis 20,2

Beispiel für Beträge beider Grenzabweichungen (obere und untere) ungleich (unsymmetrischer Toleranzbereich):

Angabe: $22^{+0{,}2}_{-0{,}3}$

Bedeutung:

Bezugswert $b = 22$
Obere Grenzabweichung $o = 0{,}2$
Untere Grenzabweichung $u = -0{,}3$
Höchstwert $h = b + o = 22{,}2$
Mindestwert $m = b + u = 21{,}7$
Toleranz $t = h - m = o - u = 0{,}5$
Toleranzbereich von 21,7 bis 22,2

Sonderfall 1 zum vorangehenden Beispiel: Eine der beiden Grenzabweichungen gleich Null (einseitig anliegender Toleranzbereich)

Angabe: $18^{+0{,}3}_{0}$

Bedeutung:

Bezugswert $b = 18$
Obere Grenzabweichung $o = 0{,}3$
Untere Grenzabweichung $u = 0$
Höchstwert $h = b + o = 18{,}3$
Mindestwert $m = b + u = 18$
Toleranz $t = h - m = o - u = 0{,}3$
Toleranzbereich von 18 bis 18,3

Sonderfall 2 zum vorangehenden Beispiel: Beide Grenzabweichungen haben gleiche Vorzeichen (einseitig abliegender Toleranzbereich)

Angabe: $24^{+0{,}5}_{+0{,}2}$

Bedeutung:

Bezugswert $b = 24$
Obere Grenzabweichung $o = 0{,}5$
Untere Grenzabweichung $u = 0{,}2$
Höchstwert $h = b + o = 24{,}5$
Mindestwert $m = b + u = 24{,}2$
Toleranz $t = h - m = o - u = 0{,}3$
Toleranzbereich von 24,2 bis 24,5

5.3.2 Beispiele für richtige und falsche Schreibweisen bei Größenwerten (mit Einheiten)

Schreibweise	Bewertung	Bemerkung
$(24 \pm 0{,}3)$mm	richtig	Toleranzbereich von 23,7 mm bis 24,3 mm
$16\ g^{+0{,}2}_{-0{,}1}\ g$	richtig	Toleranzbereich von 15,9 g bis 16,2 g
$500\ g^{+100}_{0}$mg	richtig	Toleranzbereich von 500 g bis 500,1 g
17 kg $\pm 0{,}05$	falsch	Einheit für die Grenzabweichungen fehlt
$19 \pm 0{,}1$ mm	falsch	Einheit für den Bezugswert fehlt

5.4 Schreibweisen mit Angabe der relativen Grenzabweichungen

Relative Grenzabweichungen sind auf den Bezugswert (Sollwert, Nennwert) bezogene Grenzabweichungen, sie werden häufig in Prozent oder Promille angegeben.

Beispiel für Angabe der Einheit beim Bezugswert

Angabe: $220\ V \cdot (1^{+10}_{-15}\,\%)$

Bezugswert (Sollwert, Nennwert) $b = 220$ V
Höchstwert $h = 220\ V \cdot (1 + 10/100) = 242$ V
Mindestwert $m = 220\ V \cdot (1 - 15/100) = 187$ V
Toleranzbereich von 187 V bis 242 V

Beispiel für Angabe der Einheit bei der Grenzabweichung

Angabe: $15 \cdot (1 \pm 2\,\%)$ mm

Bedeutung:

Bezugswert $b = 15$ mm
Höchstwert $h = 15\ mm \cdot (1 + 2/100) = 15{,}3$ mm
Mindestwert $m = 15\ mm \cdot (1 - 2/100) = 14{,}7$ mm
Toleranzbereich von 14,7 mm bis 15,3 mm

Beispiel für Angabe ohne „Addition zu 1"

Angabe: $380\ V \pm 10\,\%$

Beabsichtigte Bedeutung:

Toleranzbereich von 342 V bis 418 V

Diese Art der Angabe ist üblich, aber mathematisch nicht korrekt. Eine Addition (Subtraktion) von 10% (nach DIN 5477 gleichzusetzen mit 0,1) zu dem mit der Einheit V behafteten Wert führt zu keinem sinnvollen Ergebnis. Da diese Schreibweise aber kürzer und kaum mißverständlich ist, kann sie meist toleriert werden.

6 Ergebniswerte mit Unsicherheit

Die Angabe von Ergebnissen (insbesondere Meßergebnissen) ist nur vollständig mit Angaben zur Ergebnisunsicherheit u (siehe DIN 55 350 Teil 13), im folgenden kurz Unsicherheit genannt.

Die Unsicherheit u ist immer ein Abweichungsbetrag vom Bezugswert aus, er ist kein Abweichungsbereich beiderseits des Bezugswertes.

Diese Unsicherheit wird aus einer kritischen Untersuchung ihrer Ursachen quantitativ geschätzt. Im Falle von Messungen physikalischer Größen wird hinsichtlich dieser Schätzung auf DIN 1319 Teil 3 und Teil 4 verwiesen.

Die Unsicherheit u bestimmt diejenige Stelle einer als dezimal vielziffrig gewonnenen Ergebniszahl, an der diese gerundet werden muß, um nicht eine kleinere Unsicherheit als die wirklich vorhandene vorzutäuschen.

Nach dem Verwendungszweck der Ergebniszahl wird anschließend darüber entschieden, ob die Zahl u (gegebenenfalls mit dem ihrer Berechnung zugrunde gelegten Vertrauensniveau) zusätzlich explizit angegeben wird, oder ob dies als nicht nötig erachtet wird. Die entsprechenden Schreibweisen werden in den Abschnitten 6.2 und 6.3 geregelt.

6.1 Ermittlung der Rundestelle in der Ergebniszahl bei bekannter Unsicherheit u

Es sollte die Ergebniszahl nach Abschnitt 4.5.1 gerundet und die bekannte Unsicherheit u nach Abschnitt 4.5.3 aufgerundet werden, und zwar beide an der Stelle, die sich nach folgender Regel ergibt:

Von links beginnend ist zunächst die Stelle der ersten von 0 verschiedenen Ziffer der Unsicherheit u zu wählen, wenn diese eine der Ziffern 3 bis 9 ist (linkes Beispiel unten), und sonst, wenn diese die Ziffer 1 oder 2 ist, die Stelle rechts daneben (rechtes Beispiel unten). Zur Kontrolle ist zu beachten, daß der Stellenwert (siehe Nr. 10.1.5) dieser so ermittelten Stelle größer als $u/30$ ist, aber nicht größer als $u/3$ (Begründung siehe Anmerkung zu Abschnitt 6.1).

Soll die Ergebniszahl zusammen mit der Unsicherheit angegeben werden (siehe Abschnitt 6.2), so ist als Rundestelle die vorläufig gewählte Stelle zu nehmen oder für Angaben mit geringerer Unsicherheit die Stelle rechts daneben. Soll oder kann die Ergebniszahl ohne Angabe der Unsicherheit mitgeteilt werden (siehe Abschnitt 6.3), so ist als Rundestelle eine der Stellen links neben der vorläufig gewählten Stelle festzulegen. Hierdurch wird die Unsicherheit vergrößert (siehe Anmerkung zu Abschnitt 6.3).

Nach erfolgter Festlegung der Rundestelle hat weder die Unsicherheit u, noch das gegebenenfalls zugehörige Vertrauensniveau (siehe DIN 1319 Teil 3) einen weiteren Einfluß auf das danach durchzuführende Runden bzw. Aufrunden.

Beispiel:

gewonnene Ergebniszahl	8,579 617	8,579 617
Unsicherheit u	0,003 83	0,001 632
Stellenwert $\leq u/3$, $>u/30$	0,001	0,000 1
Rundestelle	|	|
gerundete Ergebniszahl	8,580	8,579 6
aufgerundete Unsicherheit	0,004	0,001 7

für Angaben mit geringerer Unsicherheit:

Rundestelle	|	|
gerundete Ergebniszahl	8,579 6	8,579 62
aufgerundete Unsicherheit	0,003 9	0,001 64

6.2 Schreibweisen mit Angabe der Unsicherheit u

Um die gewonnene Information umfassend mitzuteilen, ist zusätzlich zur Ergebniszahl auch ihre Unsicherheit u anzugeben. Wurde die Unsicherheit zu einem vorgegebenen Vertrauensniveau ermittelt, so ist auch dieses mitzuteilen (siehe DIN 1319 Teil 3).

6.2.1 Üblicherweise werden die gerundete Ergebniszahl und ihre aufgerundete Unsicherheit unmittelbar hintereinander geschrieben mit nur dem Zeichen ± dazwischen. Demnach sind in den Beispielen von Abschnitt 6.1 die Ergebnisse zu schreiben:

8,580 ± 0,004   8,5796 ± 0,0017

für Angaben mit geringerer Unsicherheit:

8,5796 ± 0,0039   8,579 62 ± 0,001 64

Das Ergebnis 8,5796 ± 0,0039 kann insbesondere in Tabellen auch folgendermaßen angegeben werden: 8,5796(39).

6.2.2 Bei tabellarischer Angabe mehrerer Ergebniszahlen mit derselben Unsicherheit u genügt die einmalige Angabe dieser Unsicherheit u, z.B. bei der Angabe der Ergebniszahlen in einer Tabellenspalte oder -zeile die einmalige Angabe von u in derselben Spalte bzw. Zeile.

6.2.3 Statt der Unsicherheit u kann auch die relative Unsicherheit u_r angegeben werden; das ist das Verhältnis Unsicherheit u durch Ergebniszahl. u_r ist wie u aufzurunden an der ersten von 0 verschiedenen Ziffer, falls diese eine der Ziffern 3 bis 9 ist, anderenfalls an der Stelle rechts daneben.

Statt ± u nach Abschnitt 6.2.1 kann also hinter die Ergebniszahl auch der Faktor (1 ± u_r) geschrieben werden, also in den Beispielen des Abschnittes 6.2.1

statt	8,580 ± 0,004	8,5796 ± 0,0017
mit	u_r = 0,0005	u_r = 0,000 20
auch	8,580 (1 ± 0,0005)	8,5796 (1 ± 0,000 20)
oder	8,580 (1 ± 0,5 ‰)	8,5796 (1 ± 0,20 ‰)

Die Klammersetzung ist unerläßlich zur Unterscheidung beider Schreibweisen.

6.3 Schreibweisen ohne Angabe der Unsicherheit

6.3.1 Wird die Ergebniszahl um nur eine Stelle weiter links als nach Abschnitt 6.1 gerundet, also an derjenigen Stelle, deren Stellenwert größer als $u/3$, aber nicht größer als 10 $u/3$ ist, so wird hierdurch die Unsicherheit vergrößert auf ungefähr den 3fachen Rundestellenwert. Hierauf ist aufmerksam zu machen, indem die letzte Ziffer der Ergebniszahl tief gestellt oder in kleinerem Schriftgrad gedruck wird. Vorher ist nötigenfalls das Komma so weit nach links zu verschieben (siehe Abschnitt 4.3), daß die Rundestelle zur mindestens zweiten Stelle hinter dem Komma wird. In dieser Schreibweise lauten die Ergebnisse der Beispiele des Abschnittes 6.1:

$8{,}5_8$ $8{,}58_0$

oder

$8{,}5{\scriptstyle 8}$ $8{,}58{\scriptstyle 0}$

6.3.2 Wird noch weiter links als nach Abschnitt 6.3.1 gerundet, also an einer Stelle, deren Stellenwert größer als 10 $u/3$ ist, so wird die Unsicherheit noch weiter vergrößert auf mehr als die Hälfte, aber weniger als das 0,6fache des Stellenwertes der nun gewählten Rundestelle (siehe Anmerkung zu Abschnitt 6.3). In dieser Schreibweise lauten die Ergebnisse der Beispiele des Abschnittes 6.1:

8,6   8,58

6.3.3 Zahlenangaben zu Ergebnissen ohne Angabe der Unsicherheit u sind also unsicher um den 3fachen Stellenwert ihrer letzten Ziffer, falls diese tief gesetzt oder klein geschrieben ist; sie sind unsicher um den 0,6fachen Stellenwert ihrer letzten Ziffer, falls diese normal geschrieben ist.

7 Konventionell richtiger Wert

Zur Definition des (konventionell) richtigen Wertes siehe DIN 55 350 Teil 13.

Soll die Zahlenangabe eines Wertes mit endlich vielen Stellen als genau gekennzeichnet werden, so wird ihre letzte Ziffer halbfett gedruckt oder, in Hand- oder Maschinenschrift, unterstrichen. Diese Kennzeichnung sollte besonders für konventionell festgelegte Werte mit mehr als einer Stelle angewendet werden.

Beispiele:

Temperatur des Tripelpunktes des Wassers:
273,1**6** K = 273,1$\underline{6}$ K

Lichtgeschwindigkeit:
299,792 45**8** $\cdot 10^6$ m/s = 299,792 45$\underline{8}$ $\cdot 10^6$ m/s

Seemeile: 1 sm = 1,85**2** km = 1,85$\underline{2}$ km

8 Namen und Ziffern für Zahlenschreibweisen zur Basis *b*

Neben dem in den vorigen Abschnitten verwendeten Zehnersystem gibt es noch andere Stellenwertsysteme zur Darstellung von Zahlen, von denen einige auch praktische Bedeutung (z.B. in der Informatik und Numerik) haben. An die Stelle der Basiszahl 10 tritt dann als Basis eine andere natürliche Zahl *b*, die größer als 1 sein muß. In diesem Abschnitt werden Symbole für die jeweils benötigten Ziffern festgelegt. Die Zahlenschreibweise ist wieder eine Folge dieser Ziffern (siehe Abschnitte 9 und 10), wobei das Komma den ganzzahligen Teil vom gebrochenen Teil trennt. Zur Markierung der Basis *b* steht *b*$ am Anfang der Zahlenschreibweise.

Die Ziffern 0 und 1 sollen sich vom Großbuchstaben O bzw. Kleinbuchstaben l deutlich unterscheiden.

Tabelle 3.

Nr	Basis	Name des Zahlsystems[1])	Name der Zahlen-schreibweise	Ziffern[2])	Bemerkungen
8.1	10	Zehnersystem, Dezimalsystem, decimal system	Dezimal-schreibweise	0 1 2 3 4 5 6 7 8 9	siehe Nr 10.1.10
8.2	2	Zweiersystem, Dualsystem, dual system	Dual-schreibweise	0 1	Früher auch Großbuchstaben O und L. Das Dualsystem ist ein spezielles Binärsystem, binary system. Nach DIN 44 300 Teil 2/11.88 Nr 2.1.2 bezeichnet „binär“ die Eigenschaft, jeweils einen von zwei Werten oder Zuständen annehmen zu können.
8.3	8	Achtersystem, Oktalsystem, octal system	Oktal-schreibweise	0 1 2 3 4 5 6 7	Entsprechend für alle Basen *b* mit $2 < b < 10$
8.4	16	Sechzehnersystem, Sedezimalsystem, sedecimalsystem	Sedezimal-schreibweise	0 1 2 3 4 5 6 7 8 9 A B C D E F	Entsprechend für alle Basen *b* mit $10 < b < 16$. Der Name Hexadezimalsystem, hexadecimal system, sollte nicht verwendet werden.
8.5	60	Sechzigersystem, Sexagesimalsystem	Sexagesimal-schreibweise	00 01 . . . 09 10 11 . . . 19 . . . 50 51 59	Beispiel: 60$ 10 03 = 603. Es werden auch die Ziffern in Dezimalschreibweise geschrieben und durch Trennzeichen, z.B. Klammern, voneinander getrennt, z.B. 60$ (10) (03) = 603.
8.6	1000	Tausendersystem		000 001 . . . 009 010 011 . . . 019 . . . 990 991 999	

[1]) Die Namen beziehen sich nicht nur auf die Zahlenschreibweisen zur Basis *b*, sondern auf jede Darstellung von Zahlen, für die die Basis *b* wesentlich ist, also insbesondere auf alle in der Bemerkung zu Nr 10.1.6 genannten Stellenwertdarstellungen und im Falle des Zehnersystems auch auf die Sprechweise unserer Zahlen (wenn von elf und zwölf abgesehen wird und der Tatsache, daß die Zahlworte in den europäischen Sprachen als Zahlworte eines Tausendersystems interpretiert werden können).

[2]) Die mehrstelligen Ziffern z.B. des Sechziger- und des Tausendersystems werden mit führenden Nullen geschrieben, damit jede Ziffer die gleiche Anzahl von Schreibstellen einnimmt.

9 Zahlenschreibweisen zur Basis b mit Ziffern

Zur Schreibweise der Ziffern $c_i \in \{0, 1, \ldots, b-1\}$ siehe Abschnitt 8. Das Präfix $b\$$ wird beim Zehnersystem weggelassen.

Vom Präfix $b\$$ kann b weggelassen werden, wenn nur eine Basis $b \neq 10$ verwendet wird und diese aus dem Zusammenhang bekannt ist. In der Literatur wird $\$$ anstelle von 16$ zur Kennzeichnung des Sechzehnersystems benutzt.

Bei negativen Zahlen wird vor die hier angegebene Schreibweise des Betrages das Minuszeichen gesetzt, z.B. -(16$ 82B) = -2091.

Die Zahlenschreibweise im b-System für $b \neq 10$ wird wie folgt gelesen:

— zu Beginn oder am Ende der Name des b-Systems,
— die Ziffern von links nach rechts mit ihren deutschen Ziffern-, Buchstaben- oder Zahlennamen,
— gegebenenfalls wie im Zehnersystem das Komma, die Periode vor ihrem Beginn mit „Periode" und die drei Punkte nach den dienlichen Ziffern mit „usw".

Beispiele:

16$ 5A	im Sechzehnersystem Fünf A
60$ 34 51,03 45	im Sechzigersystem Vierunddreißig Einundfünfzig Komma Drei Fünfundvierzig

Tabelle 4.

Nr	Zeichen	Art der Zahl	Bedingungen	Wert	Beispiel[1])
9.1	**Vollständige Angabe**				
9.1.1	c_0	einziffrig		c_0	2$ 1100 = 8$ 14 = C = 16$ C = 12 = 60$ 12 = 12
9.1.2	$b\$c_n \ldots c_0$	natürlich	$c_n > 0,\ n > 0$	$c_n b^n + c_{n-1} b^{n-1} + \ldots + c_0$	2$ 100 000 101 011 = 8$ 4053 = 16$ 82B = 60$ 34 51 = 2091
9.1.3	$b\$c_n \ldots c_0, c_{-1} \ldots c_{-k}$	abbrechend	$c_n > 0$, wenn $n > 0$	$c_n b^n + \ldots + c_0 +$ $c_{-1} b^{-1} + \ldots + c_{-k} b^{-k}$	2$ 1000 0010 1011,0001 = 8$ 4053,04 = 16$ 82B,1 = 60$ 34 51,03 45 = 2091,0625
9.1.4	$b\$c_n \ldots c_0, c_{-1} \ldots c_{-m}\overline{c_{-m-1} \ldots c_{-k}}$	periodisch	$c_n > 0$, wenn $n > 0$, $c_{-m} \neq c_{-k}$ Das „Wort" $c_{-m-1} \ldots c_{-k}$ (Periode genannt) läßt sich nicht in zwei oder mehrere gleiche „Teilworte" zerlegen; das „Wort" $c_{-1} \ldots c_{-m}$ kann leer sein (rein periodischer Fall im Gegensatz zum gemischtperiodischen).	$b\$c_n \ldots c_0, c_{-1} \ldots c_{-m} +$ $b\$c_{-m-1} \ldots c_{-k} \cdot b^{-m} /$ $(b^{k-m}-1)$	$2\$\ 11{,}0\overline{000\ 1001\ 1101\ 1}$ $=\ 8\$\ 3{,}0\overline{23\ 54}$ $=\ 16\$\ 3{,}0\overline{9D8}$ $=\ 60\$\ 03{,}02\ \overline{18\ 27\ 41\ 32}$ $=\ 3{,}0\overline{384615} = 79/26$ $2\$\ 0{,}\overline{00011}$ $=\ 8\$\ 0{,}\overline{1463}$ $=\ 16\$\ 0{,}\overline{3}$ = 60$ 00,12 = 0,2

1) Siehe auch Beispiele am Ende von Abschnitt 10.

Tabelle 4. (Fortsetzung)

Nr	Zeichen	Art der Zahl	Bedingungen	Wert	Beispiel[1])
9.2	**Angabe der dienlichen Ziffern**				
9.2.1	$b\$c_n \ldots c_0, c_{-1} \ldots$	positiv reell, aber nicht natürlich	$c_n > 0$, wenn $n > 0$	$\sum_{i=-\infty}^{n} c_i b^i$	$\pi =$ 2\$ 11,0010 0100 . . . = 8\$ 3,110 . . . = 16\$ 3,24 . . . = 60\$ 03,08 29 . . . = 3,141 5 . . .
9.2.2	$b\$c_n \ldots c_0, c_{-1} \ldots c_{-m}\overline{c_{-m-1}c_{-m-2}\ldots}$	periodisch	siehe Nr 9.1.4		2\$ $11{,}0\overline{000\,1\ldots}$ = 8\$ $3{,}0\overline{23\ldots}$ = 16\$ $3{,}0\overline{9\mathrm{D}\ldots}$ = 60\$ $03{,}02\,\overline{18\,27\ldots}$ = $3{,}0\overline{38\,4\ldots}$

1) Siehe auch Beispiele am Ende von Abschnitt 10.

10 Mathematische Definitionen

Tabelle 5.

Nr	Benennung	Definition	Bemerkungen
10.1	**Allgemeine Stellenwertdarstellungen zur Basis b**		
10.1.1	Zahlsymbol	Eine Anordnung von Zeichen zur Darstellung einer Zahl.	Ein und dieselbe Zahl kann durch verschiedene Zahlsymbole dargestellt werden. Die Zahl, die „Elf" genannt wird, kann dargestellt werden z. B. durch die Zahlsymbole 11, 2\$ 1011, B, elf. Ein Zahlsymbol kann aus einem einzigen Zeichen bestehen.
10.1.2	Zahlenwert (eines Zahlsymbols)	Die durch das Zahlsymbol dargestellte Zahl.	
10.1.3	Basis, auch: Grundzahl	In dieser Norm speziell: Diejenige natürliche Zahl b mit $b > 1$, deren Potenzen als Stellenwerte der Zahlenschreibweise zur Basis b benutzt werden.	Allgemein: Nach DIN 1302/08.80, Anmerkung zu Nr 12.3 wird von der Basis x der Potenzfunktion $z \longmapsto x^z$ gesprochen.
10.1.4	Ziffern des b-Systems	Zeichen für die Zahlen 0, 1, . . . , $b - 1$.	Für die Ziffern siehe Abschnitt 8.
10.1.5	Stellenwerte (des b-Systems)	Die wie folgt angeordneten Potenzen der Basis b: . . . , $b^4, b^3, b^2, b^1, b^0, b^{-1}, b^{-2}, \ldots$	Andere Angaben der Stellenwerte des Zehnersystems: . . . ; 10 000; 1000; 100; 10; 1; 0,1; 0,01; . . . . . . , ZT, T, H, Z, E, z, h, ... mit großen Anfangsbuchstaben für die Zahlwörter der natürlichen Zahlen und mit kleinen für die der Brüche.

Tabelle 5. (Fortsetzung)

Nr	Benennung	Definition	Bemerkungen
10.1.6	Stellenwertdarstellung zur Basis b	Eine Darstellung der Zahl $v \cdot (c_n b^n + c_{n-1} b^{n-1} + \ldots)$, aus der die folgenden drei Daten ersichtlich sind: v gibt das Vorzeichen an und hat die Werte −1 oder +1. n ist eine ganze Zahl, die die Stellung des Kommas zur Ziffer c_n angibt, siehe Nr 10.1.8. $(c_n, c_{n-1}, \ldots)$ ist eine endliche oder unendliche mit fallenden Indizes indizierte Folge von Ziffernwerten c_i mit $c_i \in \{0, 1, \ldots, b-1\}$	Bei Verwendung einer Stellentafel besteht die Stellenwertdarstellung bei gegebenem v, d.h. bei gegebenem Vorzeichen, aus den Einträgen $c_n, c_{n-1}, \ldots$ in der Stellentafel (hier $n > 0$): $b^{n+1}\ b^n \ldots b^0 \mid b^{-1} \ldots$ $c_n \ldots c_0 \mid c_{-1} \ldots$ Stellenwertdarstellungen durch Zahlsymbole siehe Beispiele unten. Name — Nr Zahlenschreibweise zur Basis b — 10.1.8 Dezimalschreibweise — 10.1.10 Produkt mit Basispotenz — 10.1.13 Produkt mit Zehnerpotenz — 10.1.13 Festkommaschreibweise — 10.2.4 Gleitkommaschreibweise — 10.2.5 Für die interne Zahlendarstellung in Computern siehe z. B. DIN 44 300 Teil 2.
10.1.7	Stellenwertsystem zur Basis b	Die Zuordnung, die den drei Daten aus Nr 10.1.6 die reelle Zahl $v \cdot (c_n b^n + c_{n-1} b^{n-1} + \ldots)$ zuordnet.	
10.1.8	Zahlenschreibweise zur Basis b	Stellenwertdarstellung einer reellen Zahl zur Basis b mit $n \geq 0$ und mit der folgenden Schreibweise: — Die Ziffernfolge $(c_n, c_{n-1}, \ldots)$ wird mit Ziffern des b-Systems von links nach rechts geschrieben. — Die Anzahl n der Stellen vor dem Komma werden mit Hilfe des Kommas nach der den ganzzahligen Teil beschreibenden Teilfolge $(c_n, \ldots, c_0)$ angegeben, falls noch weitere Ziffern $c_{-1}, \ldots$ folgen, und sonst nicht. — Der Faktor v wird im Fall $v = -1$ mit Hilfe des Minuszeichens am Anfang des Zahlsymbols und im Fall $v = +1$ entweder nicht oder ebenso mit Hilfe des Pluszeichens dargestellt. Im Fall $b \neq 10$ — steht vor der Ziffernfolge die im Dezimalsystem geschriebene Basis, die von der Ziffernfolge durch das Dollarzeichen $ getrennt wird und — sind bei Angabe eines Vorzeichens runde Klammern um den Teil des Zahlsymbols gesetzt, der aus der Basis b, dem Dollarzeichen $ und der Ziffernfolge mit oder ohne Komma besteht.	Hierunter fallen u. a.: Die eindeutige Zahlenschreibweise in Nr 10.1.9, die Schreibweise gerundeter Zahlen in Abschnitt 4, die Festkommaschreibweise in Nr 10.2.4, gelegentlich benutzte Schreibweisen wie $0{,}2\overline{9} = 0{,}299\,99 \ldots$ und $0{,}3\overline{0} = 0{,}300\,00 \ldots$ anstelle von 0,3. $c_i b^i$ ist der Wert der „Ziffer" c_i, die an — der $(i+1)$ten Stelle vor dem Komma steht, wenn $i \geq 0$, und — der $(-i)$ten Stelle nach dem Komma steht, wenn $i < 0$.

Tabelle 5. (Fortsetzung)

Nr	Benennung	Definition	Bemerkungen
10.1.9	eindeutige Zahlenschreibweise zur Basis b	Zahlenschreibweise zur Basis b mit folgenden Eigenschaften: a) $c_n > 0$ für $n > 0$, d. h. die erste hingeschriebene Ziffer ist von 0 verschieden, wenn der ganzzahlige Teil mehr als eine Stelle besitzt. b) Wenn die Ziffernfolge endlich ist und k Stellen nach dem Komma hat, $k > 0$, so ist $c_{-k} > 0$, d. h. die letzte hingeschriebene Ziffer hinter dem Komma ist von 0 verschieden. c) Wenn die Ziffernfolge unendlich ist, so gibt es zu jedem i ein $j \geq i$ mit $c_j < b-1$ und ein $l \geq i$ mit $c_l > 0$. d) Im Fall $v = +1$ wird kein Vorzeichen gesetzt.	Für eine systematische Zusammenstellung der Schreibweisen verschiedener Zahlenarten siehe Abschnitte 3 und 9. Auch die Angabe periodischer b-Systembrüche nach Nr 9.1.4 gehört zur Zahlenschreibweise zur Basis b: Es wird lediglich durch die Angabe der Periode eine unendliche Folge von Ziffern mit endlich vielen Ziffern geschrieben. Im Gegensatz zu Bedingung $n > 0$ wird in der amerikanischen Literatur auch .5 anstelle von 0,5 verwendet. Die zulässige Festkommaschreibweise 0,30 ist keine empfohlene Dezimalschreibweise für $3/10 = 0{,}3$ auf Grund von Bedingung b), ferner werden die Schreibweisen $0{,}2\overline{9}$ und $0{,}3\overline{0}$ durch die Bedingung c) ausgeschlossen.
10.1.10	Dezimalschreibweise	Zahlenschreibweise zur Basis 10.	Für eine systematische Zusammenstellung der Schreibweisen verschiedener Zahlenarten siehe Abschnitt 3. Auch die Angabe periodischer Dezimalbrüche nach Nr 3.1.6 gehört zur Dezimalschreibweise. Unter der Dezimalschreibweise wird oft auch die eindeutige Zahlenschreibweise zur Basis 10 verstanden.
10.1.11	ganzzahliger Teil (einer Zahl)	An der Einerstelle zur Null hin gerundete Zahl.	Zum Runden zur Null hin siehe Abschnitt 4.5.4. Der ganzzahlige Teil eines Zahlsymbols der eindeutigen Zahlenschreibweise zur Basis b besteht im wesentlichen aus dem Vorzeichen und den Ziffern vor dem Komma, der gebrochene Teil aus dem Vorzeichen und den Ziffern nach dem Komma.
10.1.12	gebrochener Teil (einer Zahl)	Zahl minus ganzzahliger Teil.	
10.1.13	Produkt mit Basispotenz	Stellenwertdarstellung zur Basis b einer reellen Zahl als Produkt $x \cdot b^y$, wobei x die Zahlenschreibweise zur Basis b der reellen Zahl mal b^{-y} ist und y eine ganze Zahl bedeutet.	Für $b = 10$ nach Nr 3.1.3 Produkt mit Zehnerpotenz genannt.
10.1.14	Stelle	In einer Anordnung von Zeichen der Platz, den ein Zeichen einnimmt oder einnehmen soll.	Anordnungen von Zeichen können eindimensional (Folgen von Zeichen), aber auch mehrdimensional sein. Bei Folgen von Zeichen ist insbesondere die Stelle einer Ziffer für die Zahlendarstellung von Bedeutung. (aus: DIN 44300 T2/11.88 Nr 2.1.22)
10.1.15	Schreibstelle	Stelle, an der ein Schriftzeichen steht oder stehen soll.	Oft auch nur Stelle. Bei Zahlenschreibweisen kommen als Schriftzeichen u. a. in Frage: die Ziffern 0 bis 9, die Vorzeichen, das Komma, das Leerzeichen als Gliederungszwischenraum usw.

Tabelle 5. (Fortsetzung)

Nr	Benennung	Definition	Bemerkungen
10.1.16	Dezimalstelle, Dualstelle	Stelle an der eine Ziffer des Zehner-(Zweier-) systems steht oder stehen soll mit Ausnahme der etwaigen Angabe der Basis.	Oft auch nur Stelle. Zur Feststellung der Lage von mit Ziffern besetzten Stellen von Stellenwertdarstellungen zur Basis b sollen folgende Schreibstellen nicht mitgezählt werden: Zwischenräume, Sonderzeichen (insbesondere das Komma) und die Stellen, die der zweite Faktor bei der Schreibweise als Produkt mit einer Basispotenz nach Nr 10.1.13 und Nr 3.1.3 einnimmt und die die etwaige Angabe einer Basis b benötigt. Die Lage einer Stelle kann u. a. beschrieben werden — beim ganzzahligen Teil z. B. durch — die dritte Stelle vor dem Komma oder bei ganzen Zahlen durch die dritte Stelle von hinten, — die Stelle mit dem Stellenwert 100, — die Hunderterstelle, — beim gebrochenen Teil z. B durch — die dritte Stelle nach dem Komma, — die Stelle mit dem Stellenwert 0,001, — die Tausendstelstelle und — allgemein z. B. durch — die dritte signifikante Stelle von vorn. Nicht anwendbar ist der Begriff der Dezimalstelle auf die Zahlenangaben in Nr 3.1.9 und Nr 3.1.10, bei denen das Zehnersystem nur teilweise benutzt wird. Die Ziffern des Sechzigersystems nehmen zwei Schreibstellen ein, gegebenenfalls zuzüglich einer Schreibstelle für das Leerzeichen, das als Gliederungszwischenraum benutzt wird, und die Ziffern des Tausendersystems entsprechend drei bzw. vier Schreibstellen.
10.2	**Begriffe zu gerundeten Zahlen und vorgegebenen Formaten**		
10.2.1	Rundestelle	Die Stelle eines Zahlsymbols des Zehner-(b-)Systems, an der nach dem Runden die letzte Ziffer stehen soll.	Bei Mitteilungen von Meß- und Rechenergebnissen sollen bei Zahlenangaben gerundeter Zahlen hinter der Rundestelle keine Nullen stehen. Der Stellenwert der Rundestelle heißt Rundestellenwert.
10.2.2	signifikante Stellen	Für gerundete oder zu rundende Zahlen: Alle Stellen eines Zahlsymbols des Zehner-(b-)Systems von der ersten von Null verschiedenen Stelle von vorn bis zur Rundestelle	Früher: informationshaltige Stellen (siehe Anmerkung zu Abschnitt 6.1)
10.2.3	Rundeabweichung	Gerundete Zahl minus zu rundende Zahl	Die Rundeabweichung kann positiv oder Null oder negativ sein. Ihr Betrag ist beim Runden nach Abschnitt 4.5.1 kleiner als 5/9 des Stellenwertes der Rundestelle. Siehe Anmerkung 4 zu Abschnitt 4.5.1. Früher Rundefehler.

Tabelle 5. (Fortsetzung)

Nr	Benennung	Definition	Bemerkungen
10.2.4	Festkommaschreibweise (mit k Stellen nach dem Komma und mindestens m Stellen vor dem Komma, $m > 0$ und $k \geq 0$)	Folgende Schreibweise einer dazu an der k-ten Stelle nach dem Komma zu rundenden reellen Zahl: Wenn die Dezimalschreibweise weniger als m Ziffern vor dem Komma hat: Die Dezimalschreibweise mit so vielen zusätzlichen Leerzeichen unmittelbar vor den Ziffern, daß insgesamt m Ziffern und Leerzeichen vor dem Komma erscheinen (wobei durch Leerzeichen dargestellte Zwischenräume nicht mitgezählt werden), andernfalls die unveränderte Dezimalschreibweise.	Diese Definition gibt das hier Wesentliche der „Festpunkt-Darstellung" der Programmiersprache Pascal wieder, siehe DIN 66 256. Für m = 1 ist die Festkommaschreibweise mit der Dezimalschreibweise von an der Stelle k nach dem Komma gerundeten Zahlen identisch. Die Festkommaschreibweise zur Basis b ist entsprechend definiert. Die Festkommaschreibweise kann auch zum Auffüllen mit Nullen führen. Zur Gestaltung von Tabellen siehe DIN 55 301. zu rundende reelle Zahl / Festkommaschreibweise empfohlen[1]) / zulässig 867 365,483 / +867 365,48 / 867 365,48 + 20 000 / + 20 000,00 / 20 000,00 + −6,937 / − 6,94 / 6,94 − 1 234,5 / + 1 234,50 / 1 234,50 + π / + 3,14 / 3,14 + 4π / + 12,57 / 12,57 +
10.2.5	(normalisierte) Gleitkommaschreibweise zur Basis b	Produkt mit Basispotenz einer dazu auf k + 1 signifikante Stellen zu rundenden reellen Zahl als Zahlenpaar $(x; y)$: $x \cdot b^y$ ist die gerundete reelle Zahl, x ist eine Festkommaschreibweise zur Basis b mit genau einer Stelle vor dem Komma und k Stellen nach dem Komma. y ist eine ganze Zahl.	Diese Definition gibt das Wesentliche wieder von — der Definition der „Gleitpunkt-Darstellung" im Zehnersystem der Programmiersprache Pascal, siehe DIN 66 256, (Fall b = 10) und — dem Begriff „Duale Gleitpunkt-Zahl" in IEC 559 : 1989 für den Fall b = 2, wobei im Mikroprozessor-System besser von „Darstellung" anstelle von „Schreibweise" gesprochen wird. In der Informatik wird x die Mantisse (jetzt in en: significand, siehe IEC 559 : 1989) und y der Exponent der Gleitkommaschreibweise genannt.

[1]) Die Pluszeichen dienen hier zur Verdeutlichung der Leerzeichen unmittelbar vor den Ziffern.

Die folgenden Beispiele dienen u. a. zur Erläuterung der Zeichen und Begriffe

Zahlenschreibweise zur Basis b in Nr 10.1.8,
Stellentafel in Nr 10.1.6,
Produkt mit Basispotenz in Nr 10.1.13,
Festkommaschreibweise zur Basis b in Nr 10.2.4,
Gleitkommaschreibweise zur Basis b in Nr 10.2.5 und
drei Daten in Nr 10.1.6

Für die verwendeten Zahlenbeispiele gilt:

−2 091,062 5 = −(16$ 82B,1)
= −(16$ 0,82B1) · 16³
= −(16$ 82B,100)
> −(16$ 8,3) · 16².

Beispiel: Eindeutige Zahlenschreibweise zur Basis 16 (Sedezimalschreibweise nach Nr 8.4)
−(16$ 82B,1)
mit den drei Daten
$v = -1$,
$n = 2$ und
(8, 2, 11, 1) mit $k = 1$ und
der zugeordneten reellen Zahl:
$-(8 \cdot 16^2 + 2 \cdot 16 + 11 + 1/16) = -2\,091{,}0625$

Beispiel: Stellentafel beim gegebenen Vorzeichen (mit Ziffern des Sechzehnersystems nach Nr 8.4)

16^3	16^2	16	1	16^{-1}	16^{-2}
	8	2	B	1	

Beispiel: Produkt mit Basispotenz
−(16$ 0,82B1) · 16³
mit den drei Daten
$v = -1$,
$n = 0$ und
(0, 8, 2, 11, 1).

Beispiel: Festkommaschreibweise zur Basis 16 mit mindestens m = 6 Stellen vor dem Komma und k = 3 Stellen nach dem Komma
−(16$ 82B,100)
mit den drei Daten
$v = -1$,
$n = 5$ und
(0, 0, 0, 8, 2, 11, 1, 0, 0) mit $k = 3$.

Beispiel: Gleitkommaschreibweise zur Basis 16 mit 2 signifikanten Stellen
−(16$ 8,3) · 16²
mit den drei Daten
$v = -1$,
$n = 2$ und
(8, 3).

Anmerkungen

Zu Abschnitt 4.5.1

Anmerkung 1: Derselbe gerundete Betrag ergibt sich, falls rechts neben der Rundestelle eine der Ziffern 0 bis 4 steht, durch Abrunden wird nach Abschnitt 4.5.2, falls dagegen dort eine der Ziffern 5 bis 9 steht, durch Aufrunden nach Abschnitt 4.5.3.

Beispiele:

zu rundender Betrag	8,579 413	8,579 613
Rundestelle	|	|
Rundeverfahren	Abrunden	Aufrunden
gerundeter Betrag	8,579	8,580

Dieses Verfahren kann nicht auf Zahlenschreibweisen zur Basis b mit nicht durch 2 teilbaren b verallgemeinert werden, während das in Abschnitt 4.5.1 angegebene Verfahren basisunabhängig ist. Ein weiterer Nachteil des vorstehenden Verfahrens ist, eine Untersuchung zu erfordern, welche Ziffer hinter der Rundestelle steht, weil erst sie das anzuwendende Verfahren (nach Abschnitt 4.5.2 oder nach Abschnitt 4.5.3) bestimmt. Trotzdem wird es im handschriftlichen Rechnen vielfach bevorzugt, weil dabei sein Nachteil weniger als im maschinellen Rechnen fühlbar ist und weil es früher als einziges auf den Schulen gelehrt wurde.

Anmerkung 2: Nicht mehr verwendet werden sollte die Abwandlung des vorstehenden Verfahrens durch die sogenannte Gerade-Zahl-Regel, weil sie nur in seltenen Fällen einen Nutzen bringt. Sie betrifft nur solche zu rundenden Zahlen, in denen rechts neben der Rundestelle eine genaue 5 steht (das ist nur eine 5 oder eine 5 mit nur Nullen dahinter). Die Gerade-Zahl-Regel verlangt, daß solche Zahlen teils abgerundet (nach Abschnitt 4.5.2), teils aufgerundet (nach Abschnitt 4.5.3) werden sollen, derart, daß die letzte Ziffer der gerundeten Zahl eine gerade (0 oder 2 oder 4 oder 6 oder 8) wird.

Als Nutzen der Gerade-Zahl-Regel ist angesehen worden, daß sie gleichhäufiges Ab- wie Aufrunden bewirke. Hiergegen ist einzuwenden:

a) Die erstrebte Gleichhäufigkeit wird nur dann erreicht, wenn die statistische Verteilung der zu rundenden Zahlen gleichmäßig oder mindestens symmetrisch zur genauen 5 ist.

b) Die also nur bedingt erreichbare Gleichhäufigkeit hat einen Nutzen lediglich dann, wenn viele gerundete Zahlen summiert werden. Vor einer beabsichtigten Summierung zu runden, ist aber meistens vermeidbar. Wo es doch unvermeidbar ist, kann die Summe aus den ohne Anwendung der Gerade-Zahl-Regel gerundeten Zahlen korrigiert werden durch einen Subtrahenden, der unter der unter a) genannten Bedingung berechenbar ist.

Anmerkung 3: DIN IEC 559 legt jedoch fest, duale Gleitkommazahlen, die nicht in die Ergebnisablage eines Computers passen, im Sinne der obigen Gerade-Zahl-Regel zu runden, d.h. zur Endziffer 0.

Anmerkung 4: Nach einmaligem Runden ist der Betrag der Rundeabweichung höchstens gleich dem halben Rundestellenwert. Wird aber eine Zahl mehrmals gerundet mit schrittweise nach links schreitenden Rundestellen, so kann die gesamte Rundeabweichung (das ist die Differenz: gerundete Zahl nach dem letzten Runden minus zu rundende Zahl vor dem ersten Runden) etwas größer sein.

Beispiel:

zu rundende Zahl	3,45
Rundestelle	|
gerundete Zahl	3,5
neue Rundestelle	|
nochmals gerundete Zahl	4
gesamte Rundeabweichung	0,55 ≈ 5/9

Zu Abschnitt 6

Der Ergebniszahl m mit der Unsicherheit u wird ein Intervall $[m - u, m + u]$ zugeordnet. Der üblichen Angabe 8,580 ± 0,004 (Beispiel im Abschnitt 6.1) entspricht die mathematische Formulierung $8{,}576 \leq x \leq 8{,}584$ oder $x \in [8{,}576; 8{,}584]$, wobei gegebenenfalls das zur Bestimmung von u gewählte Vertrauensniveau hinzuzufügen ist.

Zu Abschnitt 6.1

Durch die Regel zum Bestimmen der Rundestelle unsicherer Ergebniszahlen sollen zwei Forderungen erfüllt werden: weder signifikante Stellen durch Runden merklich zu fälschen oder sogar zu verlieren, noch fast informationsleere, sogenannte nichtsignifikante Stellen anzugeben.

Um nachzuweisen, daß die im Abschnitt 6.1 festgelegte Regel das leistet, sei bezeichnet: mit m die Ergebniszahl vor dem Runden, mit u ihre Unsicherheit, mit k eine durch die Regel festzulegende, kriteriumbildende Zahl, mit s der Stellenwert der Rundestelle, mit m_r die gerundete Ergebniszahl, mit r der Betrag der Rundeabweichung $|m_r - m|$. Es ist nach einmaligem Runden stets $r \leq s/2$ (siehe Anmerkung 4 zu Abschnitt 4.5.1).

Es sollte die Rundestelle der Ergebniszahl aus der Unsicherheit u bestimmt werden. Daß zu jedem Wert u sich genau eine Rundestelle ergibt, wird am einfachsten dadurch erreicht, daß dem Stellenwert s der Rundestelle eine Ungleichung der Form $u/(10k) < s \leq u/k$ vorgeschrieben wird. Hierdurch wird die Rundeabweichung $r \leq u/(2k)$.

Würde für k eine kleinere Zahl als 1 festgelegt, so könnte es wegen $u/k > u$ vorkommen, daß auch $s > u$, $r > u/2$ wäre und folglich die gerundete Zahl m_r nahe an einer der Grenzen oder sogar außerhalb des Unsicherheitsbereiches $m \pm u$ läge. Um das zu vermeiden, muß $k > 1$ festgelegt werden

Damit ist auch die oft gestellte Forderung $u < s/2$ ausgeschlossen, da sie den viel zu kleinen Wert $k = 1/20$ bedingen würde. Welchen Informationsverlust die Anwendung dieser Regel, die fordert, der halbe Stellenwert der Rundestelle dürfe nicht kleiner sein als die Unsicherheit u, bewirken würde, zeigt folgendes Beispiel: Der Zeiger eines Meßinstrumentes steht wenig unter der Mitte zwischen den Skalenstrichen 22 und 23. Hieraus ist ersichtlich, daß der Zahlenwert m der Meßgröße zwischen 22,3 und 22,5 liegt. Nach der genannten Regel darf dieses Meßergebnis nicht mit $m = 22{,}4$ mitgeteilt werden, da darin die Unsicherheit $u = 0{,}1$ größer ist als der halbe Stellenwert der Rundestelle ($s/2 = 0{,}05$); es muß also $m = 22$ geschrieben werden. Diese Schreibweise aber teilt dem Leser nur mit, daß m zwischen 21,5 und 22,5 liegt und verschweigt die Information $m \geq 22{,}3$.

Wird andererseits für k eine größere Zahl als 5 festgelegt, so kann es wegen $u/(10k) < u/50$ vorkommen, daß auch $s < u/50$ und somit die Rundestelle fast informationsleer wäre; denn wenn in diesem Falle um eine Stelle weiter links gerundet würde, so wäre die hierdurch vergrößerte Rundeabweichung trotz seiner Vergrößerung noch kleiner als $5s < u/10 << u$.

Aus den beiden vorstehenden Absätzen folgt, daß, um gegen keine der beiden am Anfang dieser Anmerkung aufgestellten Forderungen zu verstoßen, für k eine Zahl zwischen 1 und 5 festgelegt werden muß. Zwecks bequemer Anwendung ist eine ganze Zahl vorteilhaft, also 2 oder 3 oder 4.

Von diesen drei Zahlen ist die mittlere, die 3, als die beste erachtet und deshalb im Abschnitt 6.1 für k festgelegt worden. Dadurch wird die Rundeabweichung auf $r \leq u/6$ beschränkt.

Zu den Abschnitten 6.2.1 und 6.2.3

Auf die Unsicherheit ist nicht Abschnitt 4.5.1 (Runden), sondern Abschnitt 4.5.3 (Aufrunden) anzuwenden, weil eine negative Rundeabweichung eine kleinere Unsicherheit als die wirklich erreichte vortäuschen würde.

Zu Abschnitt 6.3

Die vergrößerte Unsicherheit setzt sich aus zwei verschiedenen Beiträgen zusammen. Infolge der Ungleichung $s > u/30$ kann die Unsicherheit u einer nach Abschnitt 6.1 gerundeten Ergebniszahl das nahezu 30fache des Stellenwertes derer letzter Stelle sein. Dieser obere Grenzwert muß statt des Wertes u eingesetzt werden, wenn dieser, entgegen der Festlegung nach Abschnitt 6.2 nicht mitgeteilt wird. Er ist gleich dem 3fachen Stellenwert der vorletzten, dem 0,3fachen Stellwert der drittletzten Stelle usw. Eine dieser Stellen wird beim Verfahren nach Abschnitt 6.3.1 oder Abschnitt 6.3.2 zur Rundestelle. Der zweite Beitrag zur vergrößerten Unsicherheit ist der Höchstwert der Rundeabweichung, also der halbe Rundestellenwert. Die aus beiden Beiträgen resultierende Unsicherheit kann nach dem Fehlerfortpflanzungsgesetz berechnet werden. Sie ist gleich dem 3,04... fachen Rundestellenwert für eine nach Abschnitt 6.3.1 gerundete Ergebniszahl, gleich dem 0,58... fachen Rundestellenwert für eine um eine Stelle weiter nach links gerundete Ergebniszahl, gleich dem 0,50... fachen Rundestellenwert für eine noch weiter links gerundete Ergebniszahl.

Infolgedessen bedeutet:

die Angabe „$x = 8{,}5_8$“
die Ungleichung $8{,}55 \leq x \leq 8{,}61$ und

die Angabe „$x = 8{,}6$“
die Ungleichung $8{,}54 \leq x \leq 8{,}66$.

Zitierte Normen und andere Unterlagen

DIN 1301 Teil 2	Einheiten; Allgemein angewendete Teile und Vielfache
DIN 1302	Allgemeine mathematische Zeichen und Begriffe
DIN 1313	Physikalische Größen und Gleichungen; Begriffe, Schreibweisen
DIN 1315	Winkel; Begriffe, Einheiten
DIN 1319 Teil 3	Grundbegriffe der Meßtechnik; Begriffe für die Meßunsicherheit und für die Beurteilung von Meßgeräten und Meßeinrichtungen
DIN 1319 Teil 4	Grundbegriffe der Meßtechnik; Behandlung von Unsicherheiten bei der Auswertung von Messungen
DIN 1338	Formelschreibweise und Formelsatz
DIN 1355 Teil 1	Zeit; Kalender, Wochennumerierung, Tagesdatum, Uhrzeit
DIN 5008	Regeln für Maschinenschreiben
DIN 5477	Prozent, Promille; Begriffe, Anwendung
DIN 44300 Teil 2	Informationsverarbeitung; Begriffe; Informationsdarstellung
DIN 55301	Gestaltung statistischer Tabellen
DIN 55350 Teil 12	Begriffe der Qualitätssicherung und Statistik; Merkmalsbezogene Begriffe
DIN 55350 Teil 13	Begriffe der Qualitätssicherung und Statistik; Begriffe zur Genauigkeit von Ermittlungsverfahren und Ermittlungergebnissen
DIN 66256	Informationsverarbeitung; Programmiersprache Pascal
DIN IEC 559	Binäre Gleitpunkt-Arithmetik für Mikroprozessor-Systeme; (IEC 559 : 1989), Deutsche Fassung HD 592 S1 : 1991
IEC 559 : 1989	Binary floating-point arithmetic for microprocessor systems
ISO 31/0 : 1981	General principles concerning quantities, units and symbols
ISO 8601 : 1988	Data elements and interchange formats – Information interchange – Representation of dates and times

Däßler, K. und Sommer, M.: Pascal; Einführung in die Sprache. DIN-Norm 66256. Erläuterungen. Springer: Berlin, Heidelberg, New York, Tokyo, 2. Auflage 1985

ANSI/IEEE Standard 754-1985 for Binary Floating Point Arithmetic. IEEE Computer Society. Los Alamito. CA 1985

Oechsle, D.: Toleranzangaben — Aufnahme in DIN 1333 – DIN-Mitteilungen 65 (1986) 363–367

Frühere Ausgaben

DIN 1333: 12.54, 05.58

DIN 1333 Teil 1: 02.72

DIN 1333 Teil 2: 02.72

Änderungen

Gegenüber DIN 1333 T 1/02.72 und DIN 1333 T 2/02.72 wurden folgende Änderungen vorgenommen:

a) Zusammenlegung von DIN 1333 Teil 1 und Teil 2.
b) Erweiterung des Anwendungsbereichs auf alle Bereiche mit Ausnahme der internen Zahlendarstellung von Computern.
c) Aufnahme von Festlegungen über Vorgabewerte.
d) Aufnahme der Dualschreibweise usw.
e) Aufnahme von Begriffsdefinitionen.
f) Inhalt redaktionell überarbeitet.

DK 003.3 : 001.816 (083.3) : 655.2 Juli 1977

Formelschreibweise und Formelsatz

DIN 1338

Writing and typesetting of formulae

Inhalt

	Seite
1 Senkrechte und kursive Schrift für Zeichen	1
Tabelle 1: Verwendung senkrechter und kursiver Zeichen	2
2 Zwischenräume (Ausschluß)	3
2.1 Gliederung durch den Ausschluß	3
2.2 Ausschluß innerhalb von Zahlen	3
2.3 Ausschluß bei Einheitenprodukten und Vorsätzen	3
3 Multiplikationszeichen	3
3.1 Multiplikationspunkt	3
3.2 Liegendes Kreuz	3
4 Setzen von Klammern	3
4.1 Formeln mit schrägem Bruchstrich oder mit Funktions-(Operator-)zeichen	4
4.2 Formeln mit Summen und Differenzen	4
5 Brechen (Teilen) von Formeln	4
6 Formeln im Textzusammenhang	5
6.1 Formeln in der Zeile	5
6.2 Freistehende Formeln	5
6.3 Verbindung von Zeichen mit Wörtern	5
7 Integralzeichen	5
7.1 Zeichengröße	5
7.2 Anordnung der Grenzen	5
8 Indizes	5
8.1 Senkrechte und kursive Indizes	5
8.2 Stellung der Indizes	6
9 Atomphysikalische und chemische Angaben an den Symbolen der Elemente	6
10 Beschriftung von Bildern	6
Erläuterungen	7

Die vorliegende Norm soll Verfassern, Schriftleitern, Lektoren, Korrektoren und Setzern dazu dienen, einen guten Formelsatz zu verwirklichen, der folgende Forderungen erfüllt:

1. Die Gliederung von Formeln soll schon in ihrem typographischen Bild augenfällig hervortreten.
2. Formelzeichen sollen sich bei unterschiedlicher Bedeutung durch verschiedene Buchstaben, wenn dies nicht möglich ist, durch Schriftart, durch Indizes oder dergleichen unterscheiden, soweit dies allgemeinen Vereinbarungen entspricht.
3. Alle Zeichen sollen in Form und Größe aufeinander abgestimmt sein und sich – auch wenn sie einzeln stehen – leicht und eindeutig lesen lassen.

Das Manuskript für den Formelsatz soll gemäß den vorliegenden Empfehlungen so setzgerecht wie möglich vorbereitet werden, damit auch setztechnisch komplizierte Formeln übersichtlich und ohne Mißverständnisse gesetzt werden können.

Anmerkung: Die in dieser Norm ausgesprochenen Empfehlungen beziehen sich auf Bleisatz und Fotosatz.

Viele Veröffentlichungen, die in nur kleiner Auflage hergestellt werden, z. B. Dissertationen, Forschungsberichte (Reports) und Tagungsberichte, werden nach einer mit der Schreibmaschine geschriebenen Vorlage vervielfältigt. Es ist geplant, Hinweise für die Darstellung von Formeln, Größen und Einheiten in solchen Veröffentlichungen in ein Beiblatt zu dieser Norm aufzunehmen.

1 Senkrechte und kursive Schrift für Zeichen

Als Zeichen für Größen, Einheiten, Funktionen, Operatoren und chemische Elemente werden im technischen und mathematisch-naturwissenschaftlichen Schrifttum fast ausschließlich Buchstaben verwendet. Da die wenigen Buchstaben nur einer Schriftart zur Unterscheidung der vielen hundert Zeichen nicht ausreichen, benutzt man mehrere sich in ihren Grundzügen stark unterscheidende Schriftarten. Insbesondere druckt man eine große Gruppe von Zeichen in senkrechter und eine andere in kursiver Schrift. Diese Gruppen sind in Tabelle 1 aufgeführt.

Fortsetzung Seite 2 bis 6

Erläuterungen siehe Originalfassung der Norm

Normenausschuß Einheiten und Formelgrößen (AEF) im DIN Deutsches Institut für Normung e.V.
Normenausschuß Druck- und Reproduktionstechnik (NDR) im DIN

Tabelle 1. **Verwendung senkrechter und kursiver Zeichen**

Diese Festlegungen gelten auch innerhalb eines kursiv gesetzten Textes.
Mathematische Zeichen siehe DIN 1302, DIN 5473, DIN 5474.

Nr	Gegenstand	Schriftart	Beispiele	Hinweise
1	**Zahlen**			
1.1	in Ziffern geschrieben	senkrecht	$\mathrm{1{,}32 \cdot 10^6}$; $\mathrm{\frac{2}{3}}$; ¾; $\mathrm{6}r^\mathrm{2}$ k_0; a_{23}; 625fach	Ziffern zum Bezeichnen von Bildeinzelheiten vorzugsweise kursiv. Beispiel: *1* Ölsonde B 6 *2* Ölpumpe *3* 500 $\mathrm{m^2}$ große Ölschlammfläche
1.2	durch Buchstaben dargestellt (allgemein)	kursiv	$\sqrt[n]{3}$; (a_{ik}); n-fach $\sum_{i=1}^{m} k_{ih}$ für $h = 1, 2, \ldots, n$	
1.3	durch Buchstaben dargestellt (nur die angegebenen Beispiele)	senkrecht	$\mathrm{\pi} = 3{,}14159\ldots$ $\mathrm{e} = 2{,}71828\ldots$ (Basis der natürlichen Logarithmen) $\mathrm{i} = \mathrm{j} = \sqrt{-1}$	*Anmerkung: In mathematischer Literatur werden π, e und i vielfach kursiv gesetzt.*
2	**Formelzeichen physikalischer Größen**	kursiv	m (Masse), C (Kapazität), F (Kraft), μ (Permeabilität) – vgl. die ersten vier Zeichen in Nr 4 γ (Isentropenexponent, siehe DIN 1345) Re (Reynolds-Zahl)	Wegen der etwa nötigen drucktechnischen Kennzeichnung von Vektoren, Tensoren und komplexen Größen (Zeigern) siehe DIN 1303 und DIN 5483.
3	**Funktions- und Operatorzeichen**			
3.1	Zeichen, deren Bedeutung frei gewählt werden kann (freie Zeichen)	kursiv	$f(x)$; $g(x)$; $\varphi(x)$; $u(x)$ $L(y) = y'' + f_1 y' + f_0 y$	
3.2	Zeichen mit feststehender Bedeutung (konventionelle Zeichen)	senkrecht	d; ∂; Δ; $\int$; $\sum$; $\prod$; div; lim; Re (Realteil) sin; lg; Γ (Gammafunktion)	*Anmerkung: In mathematischer Literatur werden die nur aus einem Buchstaben bestehenden Funktions- und Operationszeichen vielfach kursiv gesetzt.*
4	**Zeichen für Einheiten und ihre Vorsätze**	senkrecht	m (Meter), C (Coulomb), F (Farad), µ ($\mathrm{10^{-6}}$) – vgl. die ersten vier Zeichen in Nr 2 kHz; µF; mol DM (Deutsche Mark)	Siehe DIN 1301
5	**Symbole chemischer Elemente**	senkrecht	Fe; $\mathrm{H_2SO_4}$	Atomphysikalische und chemische Angaben an den Symbolen der Elemente siehe Abschnitt 9.

2 Zwischenräume (Ausschluß)

2.1 Gliederung durch den Ausschluß

In einem guten Formelsatz tritt die Gliederung der Formeln auch in ihrem typographischen Bild augenfällig hervor. Die Formel ist dann durch mehr oder weniger große Abstände zwischen den Formelteilen (d. h. durch das Setzen von Ausschluß) sinnvoll gegliedert, ohne daß sie zu viel Raum einnimmt. Je enger die rechnerische Bindung der Formelteile ist, desto näher beieinander müssen sie stehen. Infolgedessen stehen beispielsweise die Glieder von Produkten näher beieinander als die Glieder von Summen ($7 \cdot 6 + 4 \cdot 5$), da man ja die Produkte erst ausrechnen muß, ehe man sie addieren kann.

Die Größe des jeweiligen Ausschlusses unterliegt nicht starren Regeln, vielmehr ist die W i r k u n g a u f d a s A u g e maßgebend. Diese hängt von der Größe und dem Aufbau der mathematischen Ausdrücke und Zeichen ab. Weiterhin wirkt sich auf den Ausschluß noch der Raumbedarf der Formel und die Breite des Satzspiegels aus[1]).

2.2 Ausschluß innerhalb von Zahlen

Vielstellige Dezimalzahlen kann man – zur besseren Übersicht – vom Dezimalkomma nach links und nach rechts in Gruppen zu je drei Ziffern zerlegen. Die Gruppen werden voneinander durch Zwischenräume von 0,25 mm bis 0,75 mm Ausschluß getrennt (nicht durch Punkt oder Komma!).

Einzelne Tausender und einzelne Zehntausendstel trennt man nur ab, wenn in Kolonnen gesetzt wird.

B e i s p i e l f ü r K o l o n n e n s a t z:

9 086,653 5
37 103,473 47
1 000,000 1

2.3 Ausschluß bei Einheitenprodukten und Vorsätzen

In Einheitenprodukten werden die Faktoren durch 0,25 mm Ausschluß getrennt; eine Ausnahme bildet VA (für die Scheinleistung), das ohne Ausschluß gesetzt wird. Anstelle des Ausschlusses kann auch ein Multiplikationspunkt gesetzt werden; dies empfiehlt sich insbesondere dann, wenn eine Einheit auch als Vorsatz gelesen werden könnte (z. B. m als Milli statt als Meter), also m · s (Meter mal Sekunde) im Gegensatz zu ms (Millisekunde).

Zwischen Zahl und Einheitenzeichen oder %-Zeichen wird ein Ausschluß wie zwischen zwei Wörtern gesetzt.

Ein Vorsatz wird vor das Zeichen für eine Einheit stets ohne Ausschluß gesetzt.

3 Multiplikationszeichen

Regel 3a

> Produkte werden durch Nebeneinanderschreiben der Faktoren dargestellt.

In bestimmten Fällen setzt man zwischen die Faktoren Multiplikationspunkte (siehe Abschnitt 3.1).

Die Multiplikationszeichen in Produkten aus Vektoren sind in DIN 1303 „Schreibweise von Tensoren (Vektoren)" angegeben.

3.1 Multiplikationspunkt

Will man Gruppen von Faktoren bilden oder führt einfaches Nebeneinanderschreiben der Faktoren zu Irrtümern (z. B. bei in Ziffern geschriebenen Zahlen!), dann setzt man zwischen die Faktoren einen Multiplikationspunkt. Der Punkt steht auf gleicher Höhe wie die Zeichen + und – (siehe DIN 1302).

B e i s p i e l e:

$n! = 1 \cdot 2 \cdot 3 \ldots n$; $2 \cdot 16 a^2 b$;

$x_1\, y^2 \cdot y_1\, x^2$; $\mathrm{j}\omega \cdot 10{,}8\ \mathrm{mH}$;

Bei der erwähnten Verwendung des Multiplikationspunktes zum Trennen von Gruppen ist jedoch Vorsicht geboten, denn es können dadurch Doppeldeutigkeiten entstehen (vergleiche Abschnitt 4.1).

Man kann Multiplikationspunkte auch zwischen Brüche setzen, damit deren Bruchstriche nicht als ein einziger gelesen werden können.

B e i s p i e l: $\frac{A}{B} \cdot \frac{C + D}{E + F}$

In anderen Fällen als in den genannten kommt man o h n e Multiplikationspunkt im allgemeinen zu übersichtlicheren und kürzeren Formelbildern.

B e i s p i e l:

übersichtlich, kurz: $a\,b - a\,c(x + c) + c\,d$

unübersichtlich, lang: $a \cdot b - a \cdot c \cdot (x + c) + c \cdot d$

Es folgt daher:

Regel 3b

> Multiplikationspunkte stehen innerhalb eines Produktes im allgemeinen nur vor (in Ziffern geschriebenen) Zahlen oder dienen zum Gliedern des Produktes.

3.2 Liegendes Kreuz

Regel 3c

> Das liegende Kreuz wird in den Zahlenangaben für Flächenformate und für räumliche Abmessungen verwendet. Es steht jeweils zwischen zwei Längen (nicht nur zwischen deren Zahlenwerten).

B e i s p i e l e:

9 cm × 12 cm (Plattenformat)

2 mm × 3 mm × 80 mm (Vierkantstab).

4 Setzen von Klammern

Im allgemeinen ist es bei Formeln mit mehreren nebeneinanderstehenden Rechenoperationen notwendig, die Reihenfolge der Operationen anzugeben; dies geschieht durch Setzen von Klammern. Die Klammern können nur dann weggelassen werden, wenn (durch Konvention) feststeht, in welcher Reihenfolge die Operationen auszuführen sind, oder wenn das assoziative Gesetz gilt.

Durch Konvention ist festgelegt, daß die Glieder einer Potenz enger miteinander verbunden sind als die eines Produktes (Quotienten), die Glieder eines Produktes (Quotienten) enger zusammengehören als die Glieder einer Summe (Differenz).

B e i s p i e l e:

Assoziatives Gesetz erfüllt, Klammern unnötig:

$a(b\,c) = (a\,b)\,c = a\,b\,c$;

$a + (b + c) = (a + b) + c = a + b + c$.

Klammern auf Grund von Konvention unnötig:

$a^2 - 2\,a\,b + b^2$; $½ + ⅓ + ¼$;

$\ln x + 1 = 1 + \ln x$; $1 + 3\,\mathrm{e}^x \cos x$.

Aus den Fällen, in denen Klammern gesetzt werden müssen, werden im folgenden einige besonders wichtige herausgegriffen und gesondert formuliert.

---

[1]) Siehe DIN 1338 Beiblatt 2.

4.1 Formeln mit schrägem Bruchstrich oder mit Funktions-(Operator-)zeichen

Der einem schrägen Bruchstrich folgende Formelteil kann leicht doppeldeutig sein, wie die Beispiele Nr 1 bis Nr 4 und Nr 9 zeigen. Ähnliche Unklarheiten können auch bei den Argumenten[2]) von Funktionen und Operatoren auftreten (Beispiele Nr 5 bis Nr 8). Ebenso kann die Verwendung von Einheiten in solchen Ausdrücken zu Unklarheiten führen (Beispiel Nr 9).

Tabelle 2. **Beispiele für doppeldeutige Schreibweise**

Nr	Doppeldeutige Schreibweise	könnte gelesen werden entweder als	oder als
1	$a/b \cdot c$	$a/(b \cdot c) = a/bc = \frac{a}{bc}$	$(a/b)c = \frac{a}{b}c$
2	$r/2 \cdot 10^5$	$r/(2 \cdot 10^5) = 5 \cdot 10^{-6}\,r$	$(r/2) \cdot 10^5 = 5 \cdot 10^4\,r$
3	$t/t_1\,(1 - ht)$	$t/[t_1\,(1 - ht)]$	$(t/t_1)\,(1 - ht)$
4	$\pi/2 \sin x$	$\pi/(2 \sin x)$	$(\pi/2) \sin x$
5	$\tan p \cdot k$	$\tan (p \cdot k) = \tan pk$	$(\tan p)\,k = k \tan p$
6	$\sin \varphi \sqrt{1 - n^2}$	$\sin\left(\varphi \sqrt{1 - n^2}\right)$	$(\sin \varphi) \sqrt{1 - n^2}$
7	$\ln x/3$	$\ln (x/3)$	$(\ln x)/3$
8	$\ln x \frac{d_1}{d_2}$	$\ln \left(x \frac{d_1}{d_2}\right)$	$(\ln x) \frac{d_1}{d_2}$
9	1/7 s	1/(7 s)	(1/7) s

Die Unklarheiten entstehen also meist dann, wenn dem schrägen Bruchstrich oder dem Funktions-(Operator-) zeichen Formelteile folgen, die mathematische Zeichen (siehe DIN 1302) enthalten. Es gilt somit:

Regel 4a

> Da oft unklar ist, ob ein Nenner (oder ein Argument) weiter als bis zum nächsten mathematischen Zeichen reicht, ist – je nach der Bedeutung des Ausdrucks – entweder der ganze Bruch (die ganze Funktion) oder der Nenner (das Argument) einzuklammern.
>
> Ebenso ist zu verfahren, wenn einem schrägen Bruchstrich eine Zahl und eine Einheit folgen.

[2]) Unter einem Argument sollen hier diejenigen Teile einer Formel verstanden werden, auf die sich die Behandlungsvorschrift erstreckt, die durch das Funktions- oder Operatorzeichen gegeben ist. Das Argument von $f(x)$ ist also x; in der Formel $\sin 2\pi nt + \cos \varphi$ treten die Argumente $2\pi nt$ und φ auf.

4.2 Formeln mit Summen und Differenzen

Da durch Konvention festliegt, daß Ausdrücke wie $1 + a/b + d$ oder $\cos b + 1$ immer als $1 + (a/b) + d$ und $(\cos b) + 1$ gelesen werden, ergibt sich für den Fall, daß Summen und Differenzen Bestandteile des Bruches oder Argumentes sind:

Regel 4b

> Zähler und Nenner von Brüchen mit schrägem Bruchstrich sowie Argumente sind einzuklammern, wenn sie aus einer Summe oder einer Differenz bestehen.

Beispiele:

$$\frac{1 + a}{b + d} = (1 + a)/(b + d);$$

$$\frac{k}{1 - x^2} + x = k/(1 - x^2) + x;$$

$$\frac{1 - R_0}{R_S} = (1 - R_0)/R_S \neq 1 - R_0/R_S;$$

$$(\cos b) + 1 = \cos b + 1 \neq \cos(b + 1).$$

Hat der Nenner eines Bruches mit schrägem Bruchstrich oder das Argument einer Funktion (oder eines Operators) ein Vorzeichen, so lockert dies die Bindung zu dem ihnen vorausgehenden Bruchstrich oder Funktions-(Operator-)zeichen so sehr, daß man Klammern setzen muß, also:

Regel 4c

> Nenner nach schrägem Bruchstrich und Argumente sind einzuklammern, wenn sie mit einem Vorzeichen beginnen.

Beispiele:

$$1 + \tan(-b) = \tan(-b) + 1 \text{ [nicht: } \tan - b + 1\text{]};$$

$$\frac{2n}{-3p} - n^2 = 2n/(-3p) - n^2 = -2n/3p - n^2.$$

5 Brechen (Teilen) von Formeln

Lange Gleichungen oder andere mathematische Ausdrücke müssen manchmal, wenn es sich wegen zu geringer Breite des Satzspiegels nicht umgehen läßt, in mehrere Zeilen zerlegt werden. Dabei soll der durch die Formel ausgedrückte Zusammenhang klar erkennbar bleiben. Hierfür gelten folgende Regeln:

Regel 5a

> Eine sich mit einem weiteren Gleichheitszeichen fortsetzende Gleichung wird vor diesem Gleichheitszeichen geteilt. Das weitere Gleichheitszeichen soll am Anfang der neuen Zeile unter dem entsprechenden vorangehenden Gleichheitszeichen stehen.

Regel 5b

> Lange mathematische Ausdrücke sollen vor einem Plus- oder Minuszeichen geteilt werden, jedoch möglichst nicht in einem Klammerausdruck. Das Plus- oder Minuszeichen soll am Anfang der neuen Zeile stehen, jedoch weiter rechts als das letzte vorangehende Gleichheitszeichen.

Beispiel:

$$\begin{aligned} S = U + V &= (a + bu)\,u^n + (c + du)\,u^m \\ &\quad + (a + bv)\,v^n + (c + dv)\,v^m \\ &= a(u^n + v^n) + c(u^m + v^m) \\ &\quad + b(u^{n+1} + v^{n+1}) \\ &\quad + d(u^{m+1} + v^{m+1}) \\ &= A + B \end{aligned}$$

Regel 5c

Muß ein Produkt geteilt werden, so soll der Multiplikationspunkt am Anfang der neuen Zeile stehen, jedoch weiter rechts als das letzte vorangehende Gleichheitszeichen. Besteht einer der Faktoren aus einer langen Summe oder Differenz, die über die Zeile hinausläuft, so kann notfalls auch nach Regel 5b verfahren werden. (Wegen „Zahlenwert mal Einheit" siehe Regel 5e.)

Regel 5d

Müssen Wurzeln geteilt werden, so schreibt man sie als Potenzen (gebrochene Exponenten) und teilt dann nach Regel 5b oder Regel 5c. Brüche schreibt man als Potenz (Nenner als Faktor mit negativem Exponenten) und behandelt sie dann nach Regel 5b oder Regel 5c.

Regel 5e

Zahlenwert und Einheit sowie die Faktoren einer abgeleiteten Einheit werden nicht getrennt.

Beispiel:

Falsch: ... 370
N/mm² ...
und ... 370 N/
mm² ...

Richtig: ... 370 N/mm²
oder
370 N/mm² ...

6 Formeln im Textzusammenhang

6.1 Formeln in der Zeile

Kurze Formeln, die in eine Zeile passen, schreibt man gern in den laufenden Text, wenn die Formulierung auf diese Weise einfacher oder kürzer wird und trotzdem übersichtlich bleibt; der Platzgewinn soll nur als zusätzlicher Vorteil gewertet werden.

Formeln, die mehrere Zeilen einnehmen, setzt man besser freistehend, weil sonst das Satzbild des fortlaufenden Textes wegen ungleichmäßigen Zeilenabstandes unruhig wirkt. Auch soll man solche Formeln, auf die in späteren Textstellen offen oder mittelbar Bezug genommen wird, freistehend setzen, damit der Leser sie beim Rückblättern leichter findet.

Auch bei Formeln im laufenden Text soll man die allgemeinen Richtlinien für eine klare Ausdrucks- und Schreibweise berücksichtigen. Hiergegen wird oft verstoßen, weil die beim Sprechen durch Betonung oder Pausen zusätzlich möglichen Differenzierungen dem Schreibenden noch unbewußt gegenwärtig, dem Lesenden aber unbekannt sind. Dies gilt vor allem für Bereichs- und Toleranzangaben. Man kann also ohne weiteres schreiben: „zwei bis drei Meter" – dies liest man noch als „(zwei bis drei) Meter" und nicht als „zwei (bis drei Meter)", sollte aber die Schreibweise „2 bis 3 m" vermeiden und stattdessen „2 m bis 3 m" schreiben.

6.2 Freistehende Formeln

Formeln, die Bestandteile eines Satzes sind, sollen, auch wenn sie frei stehen, hinsichtlich der Satzzeichen wie ein Satzteil (also ein Gebilde aus Wörtern) behandelt werden.

Beispiel:

In diesem Fall ist

$$s = k_\lambda \frac{\omega}{u} b;$$

der Strahlradius b, der Faktor k_λ und die Kreisfrequenz ω sind Konstanten.

6.3 Verbindung von Zeichen mit Wörtern

Ist eine Aufzählung von Zeichen mehrerer Formelgrößen mit einem Wort verbunden, so wird zwischen je zwei der Zeichen ein Komma gesetzt: x, y-Ebene; i, s-Diagramm. Zwischen Wörtern, die solche Größen bezeichnen, steht der Bindestrich: Weg-Zeit-Diagramm.

Bestehen eine oder mehrere der Formelgrößen aus mehreren Buchstaben, so empfiehlt es sich, der Deutlichkeit halber Klammern zu setzen.

Beispiel:

Die ($\ln f$, $1/T$)-Geraden des Relaxationsmaximums . . .

7 Integralzeichen

7.1 Zeichengröße

Die Integralzeichen sollen ihr Argument oder einen vor ihnen stehenden Faktor nach oben und unten etwas überragen, weil das die Übersichtlichkeit des Formelbildes merklich erhöht. Im laufenden Text dürfen die Integralzeichen bei einzeiligen Formeln (zur Vermeidung von vergrößertem Zeilendurchschuß) so hoch wie der Schriftkegel sein.

7.2 Anordnung der Grenzen

Die Grenzen bestimmter Integrale sollen in der Regel über und unter das Integralzeichen gesetzt werden, also so, wie es bei den Summations- und Produktzeichen gemacht wird. Die Übersicht wird oft gestört, wenn die Grenzen neben dem Integralzeichen stehen. Besteht eine Integralgrenze aus einem längeren Ausdruck, so ordnet man sie so an, daß die Verlängerung des Integralzeichens in die Mitte des Ausdrucks zeigt (nicht an seinen Anfang).

Beispiel:

$$V_{\text{Kugel}} = 8 \int\limits_{x=0}^{r} \int\limits_{y=0}^{\sqrt{r^2 - x^2}} \sqrt{r^2 - x^2 - y^2}\, \mathrm{d}y\, \mathrm{d}x = \frac{4\pi}{3} r^3$$

Komplizierte Formeln an den Integralgrenzen erschweren jedoch den Formelsatz erheblich. Nach Möglichkeit ist eine solche Formel durch einen Hilfsbuchstaben abzukürzen; dieser wird dann in der Nähe der Formel erläutert.

Beispiel:

$$V_{\text{Kugel}} = 8 \int\limits_{x=0}^{r} \int\limits_{y=0}^{s} \sqrt{r^2 - x^2 - y^2}\, \mathrm{d}y\, \mathrm{d}x = \frac{4\pi}{3} r^3;$$

hierin bedeutet $s = \sqrt{r^2 - x^2}$.

8 Indizes

Indizes (im Schriftgrad kleinere, tiefgestellte Zeichen) dienen vor allem der Unterscheidung von Größen, die dasselbe Formelzeichen haben. Liegen also nicht mehrere solcher Größen vor, so ist es im allgemeinen unnötig, einen Index zu verwenden.

8.1 Senkrechte und kursive Indizes

Regel 8a

Indizes können in vielen Fällen einheitlich senkrecht gesetzt werden. Wenn die als Index verwendeten Zeichen ihrer Bedeutung nach gekennzeichnet werden sollen, können sie in senkrechter oder kursiver Schrift entsprechend den Empfehlungen nach Tabelle 1 gesetzt werden.

Die Verwendung senkrechter und kursiver Indizes zeigen folgende Beispiele:

B e i s p i e l e f ü r s e n k r e c h t e I n d i z e s (Abkürzungen von Stoffnamen, Eigenschaften und dgl.):

α_{n}	(Normal-Eingriffswinkel)
σ_{Z}	(Zugspannung)
σ_{zul}	(zulässige Spannung)
V_{HCl}	(Volumen der Salzsäure)
p_{k}	(kritischer Druck)
v_{max}	(maximale Geschwindigkeit)

B e i s p i e l e f ü r k u r s i v e I n d i z e s (siehe Tabelle 1, Nr 1.2 und Nr 2):

k_n	mit $n = 1, 2, 3, \ldots$
w_x	$= \partial w / \partial x$
σ_z	(Zug- oder Druckspannung in der z-Richtung)
ΔT_S	(Temperatursteigerung ΔT bei konstanter Entropie S)

8.2 Stellung der Indizes

Indizes beziehen sich nur auf das Formelzeichen, an das sie angesetzt sind. Sind mehrere Indizes vorhanden, so gilt:

Regel 8b

Mehrere Indizes, die sich auf dasselbe Formelzeichen beziehen, stehen auf derselben Schriftlinie. Sie werden, wenn Unklarheiten entstehen können, durch Komma, durch einen Zwischenraum oder durch Klammern voneinander getrennt.

B e i s p i e l e :

$(p_{\mathrm{b}})_{\mathrm{ad}}$	(Druck p im Behälter bei adiabatem Zustandsverlauf)
$(\sigma_{\mathrm{Z}})_z = (\sigma_{\mathrm{Z}})_{\mathrm{max}}$	(Die Zugspannung σ_{Z} hat in der z-Richtung ihr Maximum)
$(A_{\mathrm{H}})_{\mathrm{erf}}$	(erforderliche Heizfläche)
$\varphi_{xy} = \partial^2 \varphi / \partial x \, \partial y$	
$a_{n,\, m-1}$	(Wert von a_{ik} bei $i = n$ und $k = m - 1$).

Regel 8c

Ein dreistufiger Ausdruck kann nur dann entstehen, wenn ein Index selber ein Formelzeichen mit einem Index ist, also selbständig mit seinem Index auf der Hauptzeile stehen könnte.

B e i s p i e l e :

B_{t_1}	(Momentanwert der Induktion B im Zeitpunkt t_1)
$V_{p_1,\, T_1}$	(Volumen V beim Druck p_1 und bei der Temperatur T_1).

Dreistufige Ausdrücke führen zu vergrößertem Zeilenabstand, erschweren die Setzarbeit und sind unübersichtlich. Mit einigem Geschick lassen sie sich meist vermeiden.

Regel 8d

Stehen an einem Formelzeichen außer einem Index noch hochgesetzte Zeichen (z. B. Exponenten), so sollen diese ü b e r den ersten Indexbuchstaben bzw. ü b e r die erste Indexziffer oder an eine Klammer gesetzt werden.

Das Satzbild wird sonst sehr unübersichtlich; außerdem besteht die Gefahr, daß der Exponent des Formelzeichens als Exponent des Index gelesen wird.

B e i s p i e l e :

μ_{B}^2	oder $(\mu_{\mathrm{B}})^2$	(aber nicht: μ_{B^2})
r_{ik}^2	oder $(r_{ik})^2$	(aber nicht: r_{ik^2})
Nu_{i}^*	oder $(Nu_{\mathrm{i}})^*$	(aber nicht: Nu_{i^*})
a_{m+n}^2	oder $(a_{m+n})^2$	(aber nicht: a_{m+n^2})
v_{max}^2	oder $(v_{\mathrm{max}})^2$	(aber nicht: v_{max^2})
$Ca^{2+}SO_4^{2-}$		(nicht: $Ca^{2+}SO_{4^{2-}}$).

Keinesfalls soll der Index h i n t e r dem hochgesetzten Zeichen stehen (also n i c h t : $p^k{}_i$, sondern: p_i^k).

A n m e r k u n g : Eine Ausnahme ist lediglich bei der Bezeichnung von Tensorkomponenten im Allgemeinen Tensorkalkül (Ricci-Kalkül) gegeben, wo $p^i{}_k$ und $p_k{}^i$ verschiedene Arten von sogenannten „gemischten Tensorkomponenten" bezeichnen, für die nur im Spezialfall symmetrischer Tensoren auch p_k^i geschrieben werden darf.

9 Atomphysikalische und chemische Angaben an den Symbolen der Elemente

Die Angaben an den Symbolen chemischer Elemente werden wie folgt angeordnet:

$${}^{A}_{Z}\mathrm{E}^{z}_{\nu}$$

- E Element
- z Ladung (z. B. 2+) oder angeregter Zustand (Stern*)
- A Nukleonenzahl (Massenzahl)
- ν Stöchiometrische Zahl
- Z Protonenzahl (Ordnungszahl, Kernladungszahl)

B e i s p i e l e :

${}^{63}_{30}Zn^{2+}$; U^*; H_2.

Die Protonenzahl kann in vielen Fällen weggelassen werden, da sie mit dem Elementensymbol eindeutig verknüpft ist.

Im Text kann man die Nukleonenzahl auch h i n t e r das Element schreiben (gleiche Zeile, gleiche Schriftgröße).

B e i s p i e l : U 235

10 Beschriftung von Bildern

Es bedeutet für den Leser einer Veröffentlichung eine merkliche Erschwerung, wenn er in Text und Bild, zwischen denen ja sein Blick ständig hin- und herwechselt, unterschiedliche Schriften findet, wenn also z. B. im Bild alles kursiv beschriftet ist, während im Text senkrechte Schrift verwendet wird. Deshalb sollen die in Tabelle 1 aufgeführten Empfehlungen auch beim Zeichnen von Vorlagen für Bilder (Druckplattenzeichnungen) beachtet werden.

Die Schriftzeichen der Bildbeschriftung dürfen nicht zu Verwechslungen führen (Beispiel: Der zu i gehörende Großbuchstabe soll stets als I, nie als J dargestellt werden).

(Über graphische Darstellungen in Koordinatensystemen siehe DIN 461.)

Formelschreibweise und Formelsatz

Form der Schriftzeichen

Beiblatt 1 zu DIN 1338

Writing and typesetting of formulae; shape of characters

Dieses Beiblatt enthält Informationen zu DIN 1338, jedoch keine zusätzlichen genormten Festlegungen.

1 Schriften

Als für den Formelsatz geeignete Schriften werden die Antiqua-Schriften der Gruppen I bis IV nach DIN 16518 und mit Einschränkungen die serifenlose Linear-Antiqua (Grotesk) der Gruppe VI nach DIN 16518 empfohlen. Es werden kursive und senkrechte Schriften benötigt.

Frakturschrift (Gruppe Xd nach DIN 16518) wird im Hinblick auf die internationale Lesbarkeit zunehmend vermieden. Für die Vektor-Darstellung werden zunehmend die Schriftzeichen der Grundschrift mit übergesetztem Pfeil verwendet.

Des weiteren werden griechische Schriften (kursiv und senkrecht) benötigt.

2 Schriftzeichen

Im Formelsatz sollen nur Schriftzeichen verwendet werden, die nicht zu Verwechslungen führen. Besonders streng gilt dies für einzeln stehende Buchstaben.

In den Abschnitten 2.1 und 2.2 wird auf einige Beispiele hingewiesen, die bei ungünstig gewählten Schriftschnitten zu Verwechslungen führen können.

2.1 Buchstaben

2.1.1 Antiqua-Schriften der Gruppen I bis IV (DIN 16518): Es reicht nicht aus, daß die Eins deutlich als Ziffer lesbar ist und daher nicht für den Buchstaben l gehalten werden kann; auch der Buchstabe l muß so geformt sein, daß er sich nicht als Eins lesen läßt. Eine Verwechslung tritt vor allem ein, wenn die Zeichen als Index stehen (siehe hierzu Abschnitt 2.1.6).

Der Konsonant J (Jot) soll so geformt sein, daß er nicht für den Vokal I gehalten wird.

2.1.2 Serifenlose Linear-Antiqua (Grotesk) (Gruppe VI nach DIN 16518): In dieser Schrift unterscheiden sich der Kleinbuchstabe l (l) und der Großbuchstabe I (I) in den meisten Fällen nicht voneinander; auch gibt es zu dieser Schriftart nicht viele passende griechische Schriften. Deshalb ist die serifenlose Linear-Antiqua für den anspruchsvollen Formelsatz nicht geeignet.

2.1.3 Kursive Schriften sollen im Vergleich zu den zugehörigen senkrechten deutlich geneigt sein und außer der Neigung noch Formunterschiede aufweisen.

2.1.4 Griechisch: Von den zwei Formen des Alpha (α und a) ist die Form a unbrauchbar, weil sie wie das lateinische kursive a aussieht.

Lateinisch v und griechisch Ny (ν) müssen sich deutlich voneinander unterscheiden, ebenso lateinisch x und griechisch Kappa ($\varkappa$). Da sich das griechische Ypsilon (υ) wohl kaum so darstellen läßt, daß es sich deutlich vom lateinischen Vau (v) unterscheidet, soll man es als Formelzeichen nicht verwenden.

Der kursive Kleinbuchstabe Delta δ (Formelzeichen) muß sich von dem Variationszeichen $\mathrm{\delta}$ (senkrechtes kleines Delta) deutlich unterscheiden.

Griechische Großbuchstaben, die wie die der Antiqua aussehen, sollen im Formelsatz überhaupt nicht verwendet werden.

Für den Großbuchstaben Delta werden folgende Schriftschnitte empfohlen:

senkrecht (Differenz-Operator): Δ

kursiv (Formelzeichen): $\mathit{\Delta}$

senkrecht, gleiche Strichstärke (Laplace-Operator): $\triangle$

2.1.5 Groß- und Kleinbuchstaben müssen sich deutlich voneinander unterscheiden lassen, und zwar auch dann, wenn sie einzeln stehen, sich nicht auf der Schriftlinie befinden oder als Index oder Exponent in kleiner Schrift gedruckt werden. Beispiele für leicht verwechselbare Buchstaben: c — C; p — P; s — S; v — V; x — X.

2.1.6 Kleine Schriften, wie sie für Exponenten und Indizes verwendet werden, müssen so geschnitten sein, daß keine Verwechslungen von q mit 9 sowie o (Kleinbuchstabe) mit O (Großbuchstabe) oder 0 (Null) oder ° (Gradzeichen) eintreten können.

2.2 Ziffern

Siehe hierzu auch Abschnitt 2.1.1.

Die springenden Mediävalziffern eignen sich nicht für den Satz von Formeln. Hier stört vor allem, daß die Null höher zu stehen scheint als die Ziffern 3, 4, 5, 7 und 9; sie sieht dann fast wie ein Gradzeichen aus, beispielsweise: 3o.

Fortsetzung Seite 2

Normenausschuß Einheiten und Formelgrößen (AEF) im DIN Deutsches Institut für Normung e. V.

2.3 Mathematische Zeichen

Form und Ausführung der mathematischen Zeichen und Operatoren gehen aus folgenden Normen hervor:

DIN 1302 Allgemeine mathematische Zeichen und Begriffe

DIN 4895 Teil 1 und Teil 2 Orthogonale Koordinatensysteme

DIN 5473 Zeichen und Begriffe der Mengenlehre; Mengen, Relationen, Funktionen

DIN 5474 Zeichen der mathematischen Logik

2.3.1 Strichdicke. Die folgenden Zeichen sollen gleichmäßige Dicke haben:

$- \quad + \quad \times \quad = \quad \neq \quad \approx \quad > \quad \geq \quad \gg \quad < \quad \leq \quad \ll \quad \infty \quad \parallel \quad \measuredangle \quad \perp \quad \triangle \quad \nabla$

Dagegen haben das Zeichen $\sim$ und die geschlängelte Linie in dem Zeichen $\cong$ sowie die runden und die geschweiften Klammern eine unterschiedliche Dicke.

Der schräge Bruchstrich darf nicht zu dünn sein, sonst trennt er die ihn einschließenden Formelteile nicht deutlich genug. Seine Länge ist diesen Formelteilen anzupassen.

2.3.2 Stand der Zeichen über der Schriftlinie. Der Multiplikationspunkt, der waagerechte Bruchstrich, das Minuszeichen und der waagerechte Strich des Pluszeichens sollen in gleicher Höhe stehen.

2.3.3 Breite der Zeichen. Die Zeichen

$- \quad + \quad = \quad \neq \quad \equiv \quad \not\equiv \quad \approx \quad \triangleq$

sollen in Breite (und Höhe) nicht den ganzen Kegel (das Geviert) der Schrift ausfüllen, sondern um 1 bis 2 Schriftgrade kleiner sein, da sie sonst zu groß wirken.

2.3.4 Das Wurzelzeichen soll so geschnitten sein, daß bei der dritten, vierten usw. Wurzel kein größerer Zeilenabstand nötig wird als bei der Quadratwurzel.

DK 003.3.054.08 : 001.816 : 655.2 Dezember 1983

Formelschreibweise und Formelsatz

Ausschluß in Formeln

Beiblatt 2 zu DIN 1338

Writing and typesetting of formulae; blank space in formulae

Ersatz für Ausgabe 05.68

Dieses Beiblatt enthält Informationen zu DIN 1338, jedoch keine zusätzlichen genormten Festlegungen.

1 Allgemeine Regel

Der unterschiedliche Ausschluß innerhalb von Formeln dient dazu, die Formeln durch eine Gliederung mit Hilfe des Ausschlusses (des Abstandes zwischen zwei Zeichen in der Zeile) übersichtlich und leichter lesbar zu machen: Je enger die rechnerische Bindung der Formelteile ist, desto näher beieinander sollen sie stehen, desto weniger Ausschluß wird also gesetzt. Infolgedessen stehen beispielsweise die Glieder von Produkten enger beieinander als die Glieder von Summen $(7{\cdot}6 + 4{\cdot}5)$, weil man ja die Produkte erst ausrechnen muß, ehe man sie addieren kann.

Ordnet man die verschiedenartigen mathematischen Ausdrücke so an, daß die rechnerische Bindung der Glieder vergleichsweise immer schwächer wird, so ergibt sich als allgemeine Regel nachstehende Reihenfolge vom Engen zum Weiten:

Bindung der Funktions- und Operatorzeichen an ihre Argumente,

Bindung der Glieder von Produkten und Quotienten aneinander,

Bindung der Glieder von Summen und Differenzen aneinander,

Bindung beider Seiten einer Gleichung.

Im Photosatz wird der Ausschluß zunehmend in mm angegeben. Beim Übergang zum metrischen System kann der Ausschluß in Moduln von 0,25 mm gewählt werden.

Beispiele für die Wahl des Ausschlusses:

$$k = x \cos\alpha + y \sin\alpha$$

6 6 3 2 5 5 3 2 Ausschlußmoduln

$$k \;=\; x\; \cos\; \alpha \;+\; y\; \sin\; \alpha$$

8 8 5 3 6 6 5 3 Ausschlußmoduln

Die Angaben in den Beispielen gelten für eine Schrifthöhe der Großbuchstaben von 10 Ausschlußmoduln (2,5 mm). Für andere Schrifthöhen sind die angegebenen Werte entsprechend zu verkleinern oder zu vergrößern, so daß die Gliederung der Formel erhalten bleibt.

Anmerkung: Im Bleisatz wird für Ausschluß und Durchschuß der Abstand z. B. durch Zwischenlegen dünner Bleche verwirklicht. Die Dicke dieser Bleche ist in Europa nach sogenannten typographischen Einheiten von 0,376 965 mm gestuft. Diese Einheit wurde in Fachkreisen „typographischer Punkt" oder „Didot-Punkt", kurz „Punkt" genannt. In den USA wird eine typographische Einheit von 0,351 mm benutzt und „point" genannt. Als Abkürzung wurde in der einschlägigen Literatur in beiden Fällen das Zeichen p verwendet.

2 Einfluß der Zeichengröße auf den Ausschluß

Die Zeichen $\int$, $\sum$, $\prod$, $\surd$, die Klammern und die senkrechten Striche (für Beträge, Determinanten usw.) sind häufig größer als der Kegel der Grundschrift. Trotzdem ist im allgemeinen neben diese Zeichen kein größerer Ausschluß zu setzen als in der Grundschrift.

Sind jedoch die Formelglieder neben diesen Zeichen ebenso groß wie diese oder größer, so ist oft größerer Ausschluß nötig.

3 Ausschluß bei hoch- und tiefgesetzten Formelteilen

Die hochgesetzten Formelteile – Exponenten, Zeichen für die Ableitung (y'), Winkeleinheiten usw. – und die tiefgesetzten Formelteile – Indizes, Bereichsangaben an Integralen, logarithmische Basen usw. – sind so hoch oder so tief zu setzen, daß sie zweifelsfrei als solche zu erkennen sind. Zwischen das Hauptzeichen und die hoch- oder tiefgesetzten Formelteile wird kein Ausschluß gesetzt. Hinter den hoch- oder tiefgesetzten Formelteilen kann der zu setzende Ausschluß (siehe Beispiele in Abschnitt 1) oft verringert werden, weil der freie Raum unter oder über den betreffenden Drucktypen teilweise den Ausschluß ersetzt.

4 Ausschluß zwischen nebeneinanderstehenden Formeln

Zwischen eine Formel und eine weitere Formel, die zu ihrer Erläuterung dient, setzt man einen Ausschluß von mindestens der doppelten Schrifthöhe, auch wenn vor der zweiten Formel einige überleitende Textwörter stehen:

$$\int f_m(z) \cdot f_n(z)\,\mathrm{d}z = 0 \qquad (m \neq n)$$

$$\arctan x = x - \frac{x^3}{3} + \frac{x^5}{5} - \ldots \qquad \text{für } -1 \leq x \leq +1$$

Formel und Satzzeichen trennt man durch einen Ausschluß, der Mißverständnisse ausschließt:

$$U_1 = U_0 - I R_1\,, \quad -U_2 = U_0 + \frac{U_1}{2}\;.$$

5 Ausschluß bei knappem Raum

Manchmal läßt sich ein Aufteilen der Formel auf mehrere Zeilen („Brechen") durch Verringern des Ausschlusses vermeiden. Aber auch dann muß die Übersichtlichkeit der Formel erhalten bleiben.

6 Ausschluß neben Formeln in der Textzeile

Im fortlaufenden Text sollen Formeln gegen den Text durch einen Zwischenraum von mindestens 6 Ausschlußmoduln abgegrenzt sein.

Frühere Ausgaben und Änderungen siehe Originalfassung der Norm

Normenausschuß Einheiten und Formelzeichen (AEF) im DIN Deutsches Institut für Normung e. V.

Inch – Millimeter

Grundlagen für die Umrechnung

DIN 4890

Inch — millimetre; fundamentals for conversion

Ersatz für DIN 4890 Blatt 1

1. Zweck

Diese Norm dient als Grundlage für die Umrechnungstabellen DIN 4892 und DIN 4893 und enthält die Beziehungen zwischen den Einheiten inch [1]), yard, foot und Millimeter. Sie enthält außerdem Hinweise auf die entsprechenden ausländischen Festlegungen.
Die Beziehungen zwischen milliinch, microinch, Millimeter und Mikrometer sind in DIN 4892 enthalten.

2. Beziehungen

2.1. Inch (Einheitenzeichen: in)

Beziehung:

1 in = 25,4 mm (genau). (1)

Anmerkung: Die British Standards Institution und die American Standards Association [2]) haben für den Gebrauch in der Industrie im Vereinigten Königreich Großbritannien und Nordirland (1930) und in den Vereinigten Staaten von Amerika (1933) als Umrechnungsbeziehung zwischen inch und Millimeter, unabhängig von den seinerzeit in diesen Ländern bestehenden gesetzlichen Festlegungen, die Beziehung (1) angenommen und ihren Normen zugrunde gelegt (siehe British Standard 350-1930: Conversion factors and tables (Neuausgaben: BS 350 Teil 1 (1959), BS 350 Teil 2 (1962), Supplement No 1 (1967)); American Standard B 48.1-1933: American Standard practice for inch — millimeter conversion for industrial use (bestätigt 1947)).

Die Beziehung (1), an der seitdem in der englischen und amerikanischen Normung festgehalten wurde, ist auch in die Empfehlung des Technischen Komitees 12 (Größen, Einheiten, Symbole, Umrechnungsfaktoren und Umrechnungstafeln) der International Organization for Standardization (ISO) übernommen worden (siehe ISO Recommendation R 31 Part I, 2nd Edition, 1965: Basic quantities and units of the SI and quantities and units of space and time).

2.2. Yard (Einheitenzeichen: yd)

Aus der Beziehung (1) und der Umrechnung 1 yd = 36 in folgt:

1 yd = 914,4 mm (genau). (2)

Anmerkung: Die metrologischen Staatsinstitute Australiens, des Vereinigten Königreiches, Kanadas, Neuseelands, Südafrikas und der Vereinigten Staaten haben gegenseitig vereinbart, in ihren Geschäftsbereichen ab 1. Juli 1959 bei allen Präzisionsmessungen für Wissenschaft und Technik die Beziehung (2) für ein vereinheitlichtes yard zugrunde zu legen (siehe National Physical Laboratory (UK): Nature 183 (1959) S. 80; National Bureau of Standards (USA): Nat. Bur. Stand. techn. News Bull. 43 (1959) S. 1).

2.3. Foot (Einheitenzeichen: ft)

Aus der Beziehung (1) und der Umrechnung 1 ft = 12 in = 1/3 yd folgt ferner:

1 ft = 304,8 mm (genau). (3)

---

1) Im Sprachgebrauch bisher auch Zoll genannt

2) Jetzt: American National Standards Institute (ANSI)

Ausschuß Normungstechnik (ANT) im Deutschen Normenausschuß (DNA)

DK 516 : 001.4 November 1977

Orthogonale Koordinatensysteme

Allgemeine Begriffe

DIN 4895 Teil 1

Orthogonal coordinate systems; general concepts

1 Allgemeines

Ein Koordinatensystem dient zur quantitativen Beschreibung der Lage von Punkten in einem Raum, z. B. in einem zweidimensionalen Raum (Ebene) oder in einem dreidimensionalen Raum. Diese Norm befaßt sich nur mit Koordinatensystemen in dreidimensionalen euklidischen Räumen und mit der Darstellung physikalischer Größen in solchen Koordinatensystemen.

2 Koordinatensysteme mit geraden Koordinatenlinien

2.1 In einem dreidimensionalen euklidischen Raum seien vier Punkte O, E_1, E_2, E_3 ausgezeichnet, die nicht in einer Ebene liegen. Dann bestimmen diese Punkte ein Koordinatensystem mit dem Ursprung O (Buchstabe O) und den Basisvektoren $\overrightarrow{OE_1}$, $\overrightarrow{OE_2}$, $\overrightarrow{OE_3}$.

Jedem Punkt P sind als Koordinaten die Zahlen ξ_1, ξ_2 und ξ_3 zugeordnet, für die

$$\overrightarrow{OP} = \xi_1\,\overrightarrow{OE_1} + \xi_2\,\overrightarrow{OE_2} + \xi_3\,\overrightarrow{OE_3}$$

ist. Die drei Koordinatenfunktionen $\langle P \mapsto \xi_1(P) \rangle$, $\langle P \mapsto \xi_2(P) \rangle$ und $\langle P \mapsto \xi_3(P) \rangle$, die jedem Punkt seine Koordinaten zuordnen, werden auch einfach mit ξ_1, ξ_2 und ξ_3 bezeichnet. Hierbei ist $\langle \mapsto \rangle$ der Funktionsbildungsoperator nach DIN 5474, Ausgabe September 1973, Nr 3.1.2.

Das Koordinatensystem ist die Zuordnung, die jedem Punkt P das Tripel $\langle \xi_1(P), \xi_2(P), \xi_3(P) \rangle$ seiner Koordinaten umkehrbar eindeutig zuordnet. Man kann es auch kurz als Koordinatensystem ξ_1, ξ_2, ξ_3 bezeichnen.

Die durch die drei Punktepaare (O, E_1), (O, E_2), (O, E_3) festgelegten drei Geraden nennt man Koordinatenachsen.

Die Koordinatenachsen sind orientiert (siehe DIN 1312, Ausgabe März 1972, Abschnitt 1.1), d. h. auf ihnen ist je ein Durchlaufsinn ausgezeichnet, nämlich vom Punkt O zum Punkt E_1 bzw. E_2 bzw. E_3. Der Durchlaufsinn wird meist durch einen Pfeil gekennzeichnet.

2.2 Das Koordinatensystem heißt orthogonal, wenn die Basisvektoren nach Abschnitt 2.1 aufeinander senkrecht stehen, so daß also die skalaren Produkte $\overrightarrow{OE_1} \cdot \overrightarrow{OE_2} = \overrightarrow{OE_2} \cdot \overrightarrow{OE_3} = \overrightarrow{OE_3} \cdot \overrightarrow{OE_1} = 0$ sind.

2.3 Das orthogonale Koordinatensystem heißt orthonormiert oder kartesisch, wenn die Basisvektoren den Betrag 1 haben (siehe Anmerkungen). Wenn man von einem orthogonalen System ausgeht und zu den normierten Basisvektoren übergeht:

$$\boldsymbol{e}_1 = \frac{\overrightarrow{OE_1}}{|\overrightarrow{OE_1}|}, \quad \boldsymbol{e}_2 = \frac{\overrightarrow{OE_2}}{|\overrightarrow{OE_2}|}, \quad \boldsymbol{e}_3 = \frac{\overrightarrow{OE_3}}{|\overrightarrow{OE_3}|},$$

so bestimmt der Punkt O mit den Basisvektoren $\boldsymbol{e}_1$, $\boldsymbol{e}_2$, $\boldsymbol{e}_3$ ein orthonormiertes Koordinatensystem. Wenn die Koordinaten in diesem System mit x_1, x_2, x_3 bezeichnet werden, so ist also

$$\overrightarrow{OP} = x_1\boldsymbol{e}_1 + x_2\boldsymbol{e}_2 + x_3\boldsymbol{e}_3.$$

Für die Koordinaten gilt:

$$x_1 = \xi_1\,|\overrightarrow{OE_1}|\,, \quad x_2 = \xi_2\,|\overrightarrow{OE_2}|\,, \quad x_3 = \xi_3\,|\overrightarrow{OE_3}|.$$

2.4 In Naturwissenschaft und Technik ist es üblich, als Koordinaten nicht Zahlen, sondern Größen zu verwenden. Die Koordinaten x_1, x_2, x_3, die auch mit x, y, z bezeichnet werden, haben dann die Dimension einer Länge (siehe Anmerkungen).

Die Basisvektoren erhalten keine physikalische Dimension. Sie können sowohl zur Darstellung von Ortsvektoren als auch von anderen Vektoren (z. B. Geschwindigkeiten, Kräfte, Feldstärken) verwendet werden (siehe Abschnitt 7).

Die kartesischen Koordinaten eines Punktes P im (x, y, z)-Raum sind auch gegeben durch die drei Abstände x, y, z zwischen den senkrechten Projektionen des Punktes P auf die drei Koordinatenachsen und dem gemeinsamen Ursprung O (siehe Bild 1).

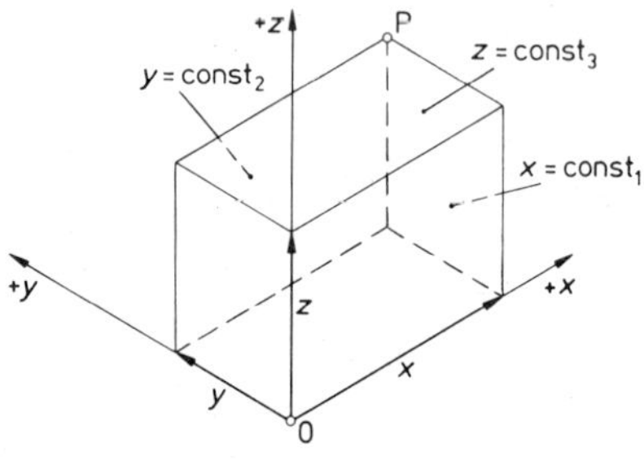

Bild 1.

Stimmt die Richtung vom Ursprung O zu der senkrechten Projektion des Punktes P auf eine der drei Koordinatenachsen mit deren Durchlaufsinn überein, so ist die betreffende Koordinate positiv. Ist die erwähnte Richtung dem Durchlaufsinn entgegengesetzt, ist die betreffende Koordinate negativ.

Fortsetzung Seite 2 bis 4

Normenausschuß Einheiten und Formelgrößen (AEF) im DIN Deutsches Institut für Normung e.V.

2.5 Koordinatenebenen sind die Ebenen, auf denen eine der Koordinaten konstant ist, also die Punktmengen $\{P \mid x(P) = \text{const}_1\}$, $\{P \mid y(P) = \text{const}_2\}$, $\{P \mid z(P) = \text{const}_3\}$ in der Ausdrucksweise nach DIN 5473, Ausgabe Juni 1976, Nr 1.4.

2.6 Koordinatenlinien sind die Schnittgeraden von aufeinander senkrechten Koordinatenebenen, d. h. die Geraden, auf denen jeweils zwei Koordinaten konstant sind.

Eine x-Linie ist eine Schnittgerade der Ebenen $y = \text{const}_2$ und $z = \text{const}_3$, also eine Punktmenge $\{P \mid y(P) = \text{const}_2 \wedge z(P) = \text{const}_3\}$.

Eine y-Linie ist eine Schnittgerade der Ebenen $x = \text{const}_1$ und $z = \text{const}_3$, also eine Punktmenge $\{P \mid x(P) = \text{const}_1 \wedge z(P) = \text{const}_3\}$.

Eine z-Linie ist eine Schnittgerade der Ebenen $x = \text{const}_1$ und $y = \text{const}_2$, also eine Punktmenge $\{P \mid x(P) = \text{const}_1 \wedge y(P) = \text{const}_2\}$.

Dabei ist $\wedge$ das Zeichen für Konjunktion (Sprechweise: und) nach DIN 5474, Ausgabe September 1973, Nr 1.1.2.

3 Koordinatensysteme mit gekrümmten Koordinatenlinien

3.1 Es seien x, y, z kartesische Koordinaten eines Punktes P im Raum und

$$x = x(u, v, w), \quad y = y(u, v, w), \quad z = z(u, v, w)$$

drei im Raumbereich der u, v, w eindeutige und stetig differenzierbare Funktionen. Durch jeden Punkt P des (u, v, w)-Raumes gehen dann und nur dann drei räumliche Schnittkurven je zweier Flächen aus den Flächenscharen $u = \text{const}_1$, $v = \text{const}_2$, $w = \text{const}_3$, wenn der Zusammenhang nach obigem Gleichungssystem zwischen dem (x, y, z)-Raum und dem (u, v, w)-Raum umkehrbar eindeutig ist, also durch eine bijektive Abbildung vermittelt wird.

Man nennt das Koordinatensystem u, v, w krummlinig, wenn mindestens eine dieser drei Schnittkurven (Koordinatenlinien, siehe auch Abschnitt 3.4) gekrümmt ist.

3.2 Das krummlinige Koordinatensystem u, v, w heißt dann orthogonal, wenn sich die drei erwähnten Schnittkurven oder deren Tangenten in jedem Punkt P des Raumes paarweise senkrecht schneiden.

Die krummlinigen orthogonalen Koordinaten eines Punktes werden bei Anwendungen in Naturwissenschaft und Technik mit u, v, w, sonst auch mit u_1, u_2, u_3 bezeichnet.

3.3 Koordinatenflächen sind die Flächen, auf denen eine der drei Koordinaten u, v, w konstant ist, also die Punktmengen $\{P \mid u(P) = \text{const}_1\}$, $\{P \mid v(P) = \text{const}_2\}$, $\{P \mid w(P) = \text{const}_3\}$.

Die Koordinatenflächen bilden ein aus drei einparametrigen Flächenscharen bestehendes dreifaches Flächensystem.

3.4 Koordinatenlinien sind die durch einen Punkt P gehenden Schnittkurven je zweier Koordinatenflächen.

Eine u-Linie ist eine Schnittlinie der Flächen $v = \text{const}_2$ und $w = \text{const}_3$, also eine Punktmenge $\{P \mid v(P) = \text{const}_2 \wedge w(P) = \text{const}_3\}$.

Eine v-Linie ist eine Schnittlinie der Flächen $u = \text{const}_1$ und $w = \text{const}_3$, also eine Punktmenge $\{P \mid u(P) = \text{const}_1 \wedge w(P) = \text{const}_3\}$.

Eine w-Linie ist eine Schnittlinie der Flächen $u = \text{const}_1$ und $v = \text{const}_2$, also eine Punktmenge $\{P \mid u(P) = \text{const}_1 \wedge v(P) = \text{const}_2\}$.

4 Spezielle krummlinige orthogonale Koordinatensysteme

Bei Anwendungen in Naturwissenschaft und Technik kommen außer dem kartesischen Koordinatensystem vielfach Zylinderkoordinatensysteme und Rotationskoordinatensysteme vor.

4.1 Zylinderkoordinatensysteme

Gebräuchliche Zylinderkoordinatensysteme sind solche, die man sich durch geradlinige Fortbewegung des Mittelpunktes einer ebenen Kurve zweiter Ordnung (Kegelschnitt) längs einer Koordinatenachse erzeugt denken kann. Das bekannteste Zylinderkoordinatensystem ist das Kreiszylinder-Koordinatensystem.

4.2 Rotationskoordinatensysteme

Gebräuchliche Rotationskoordinatensysteme sind solche, die man sich durch Rotation einer ebenen Kurve zweiter Ordnung (Kegelschnitt) um eine durch den Mittelpunkt gehende und in derselben Ebene liegende Koordinatenachse erzeugt denken kann. Das bekannteste Rotationskoordinatensystem ist das Kugelkoordinatensystem.

5 Beispiele

An den Beispielen des Kreiszylinder-Koordinatensystems und des Kugelkoordinatensystems werden die in Abschnitt 3 aufgeführten Zeichen, Begriffe und Zusammenhänge erläutert.

5.1 Kreiszylinder-Koordinatensystem (siehe Bild 2)

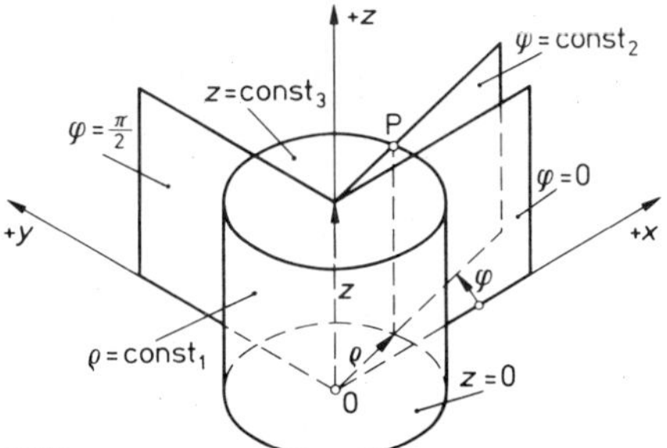

Bild 2.

Die krummlinigen orthogonalen Koordinaten sind:

$$u = \varrho, \quad v = \varphi, \quad w = z.$$

Der Wertebereich ist:

$$0 \leq \varrho < \infty, \quad 0 \leq \varphi < 2\pi, \quad -\infty < z < +\infty.$$

Der Zusammenhang mit den kartesischen Koordinaten x, y, z ist:

$$x = \varrho \cos \varphi, \quad y = \varrho \sin \varphi, \quad z = z.$$

Die drei Koordinatenflächen sind:

Kreiszylindermäntel	$\varrho = \text{const}_1$,
Halbebenen	$\varphi = \text{const}_2$,
Ebenen	$z = \text{const}_3$.

Die drei Koordinatenlinien als Schnittkurven je zweier Koordinatenflächen sind aus Tabelle 1 ersichtlich:

Tabelle 1.

sich schneidende Koordinatenflächen	Koordinatenlinie
ϱ = const$_1$, φ = const$_2$	Parallele zur z-Achse auf dem Mantel des Kreiszylinders ϱ = const$_1$ und auf der Halbebene φ = const$_2$
ϱ = const$_1$, z = const$_3$	Kreis vom Radius ϱ = const$_1$ in der Ebene z = const$_3$
φ = const$_2$, z = const$_3$	Gerade in der Ebene z = const$_3$ mit dem Winkel φ = const$_2$ gegen die x-Achse

5.2 Kugelkoordinatensystem (siehe Bild 3)

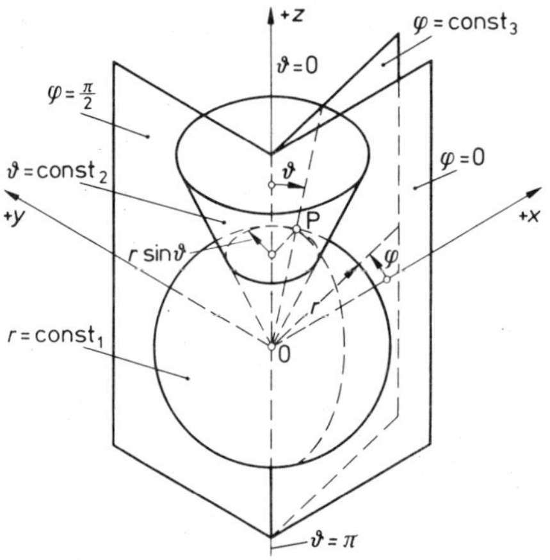

Bild 3.

Die krummlinigen orthogonalen Koordinaten sind:

$$u = r,\ v = \vartheta,\ w = \varphi.$$

Der Wertebereich ist:

$$0 \leq r < \infty,\ 0 \leq \vartheta \leq \pi,\ 0 \leq \varphi < 2\pi.$$

(siehe Anmerkungen).

Der Zusammenhang mit den kartesischen Koordinaten ist:

$$x = r \sin\vartheta \cos\varphi,\ y = r \sin\vartheta \sin\varphi,\ z = r \cos\vartheta.$$

Die drei Koordinatenflächen sind:

Kugeloberflächen r = const$_1$,
Kreiskegelmäntel ϑ = const$_2$,
Halbebenen φ = const$_3$.

Die drei Koordinatenlinien als Schnittkurven je zweier Koordinatenflächen sind aus Tabelle 2 ersichtlich:

Tabelle 2.

sich schneidende Koordinatenflächen	Koordinatenlinie
r = const$_1$, ϑ = const$_2$	Breitenkreis vom Radius $r \sin\vartheta$ auf der Kugeloberfläche vom Radius r = const$_1$
r = const$_1$, φ = const$_3$	Längenkreis auf der Kugeloberfläche vom Radius r = const$_1$ und auf der Halbebene φ = const$_3$
ϑ = const$_2$, φ = const$_3$	Schnittgerade des Kegelmantels ϑ = const$_2$ mit der Halbebene φ = const$_3$

6 Skalarfelder

Ist jedem Punkt eines Raumgebietes G ein Skalar Φ zugeordnet, so sagt man, es liegt in G ein Skalarfeld vor. Φ ist im allgemeinen vom Ort abhängig. Beispiele für Φ: Temperatur T, elektrisches Potential φ.

7 Vektorfelder

Ist jedem Punkt eines Raumgebietes G ein Vektor $\boldsymbol{A}$ zugeordnet, so sagt man, es liegt in G ein Vektorfeld vor. $\boldsymbol{A}$ ist im allgemeinen vom Ort abhängig. Beispiele für $\boldsymbol{A}$: Geschwindigkeit $\boldsymbol{v}$, elektrische Feldstärke $\boldsymbol{E}$.

7.1 Einsvektoren, Tangenteneinsvektoren

Ein Einsvektor ist ein Vektor vom Betrag 1. Bei einem geradlinigen Koordinatensystem sind die drei Einsvektoren in Richtung der drei Koordinatenachsen von Bedeutung.

Bei kartesischen Koordinaten (x, y, z) werden die drei im Durchlaufsinn der Koordinatenachsen x, y, z gerichteten Einsvektoren zweckmäßig mit $\boldsymbol{e}_x$, $\boldsymbol{e}_y$, $\boldsymbol{e}_z$ bezeichnet (siehe Bild 4), also den normierten Basisvektoren (siehe Abschnitt 2.3) gleichgesetzt.

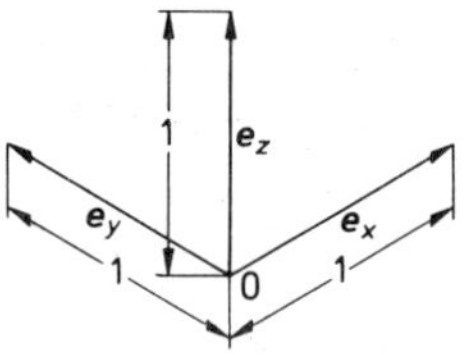

Bild 4.

Bezeichnet man die kartesischen Koordinaten mit x_1, x_2, x_3, so heißen die zugehörigen Einsvektoren $\boldsymbol{e}_1$, $\boldsymbol{e}_2$, $\boldsymbol{e}_3$. Früher war auch die Schreibweise i, j, k für diese Einsvektoren gebräuchlich.

Bei krummlinigen orthogonalen Koordinaten (u, v, w) sind die drei Einsvektoren, die man als Tangenten von einem Punkt P aus an die durch diesen gehenden drei orthogonalen Koordinatenlinien legen kann, von Bedeutung. Diese im Sinne zunehmender Werte der Koordinaten u, v, w gerichteten (normierten) Einsvektoren nennt man Tangenteneinsvektoren. Sie werden zweckmäßig mit $\boldsymbol{e}_u$, $\boldsymbol{e}_v$, $\boldsymbol{e}_w$ bezeichnet.

Bei orthonormierten Koordinaten bilden die drei Einsvektoren oder die drei Tangenteneinsvektoren ein gleichschenkliges Vektordreibein, bei dem jeder Einsvektor auf der von den beiden anderen gebildeten Ebene senkrecht steht.

7.2 Komponenten und Koordinaten eines Vektors

Orthogonale Komponenten eines Vektors $\boldsymbol{A}$ sind:

beim kartesischen Koordinatensystem die drei Vektoren $\boldsymbol{A}_x$, $\boldsymbol{A}_y$, $\boldsymbol{A}_z$, in die sich der Vektor $\boldsymbol{A}$ in Richtung der Einsvektoren $\boldsymbol{e}_x$, $\boldsymbol{e}_y$, $\boldsymbol{e}_z$ zerlegen läßt;

bei krummlinigen orthogonalen Koordinatensystemen die drei Vektoren $\boldsymbol{A}_u$, $\boldsymbol{A}_v$, $\boldsymbol{A}_w$, in die sich der Vektor $\boldsymbol{A}$ in Richtung der Tangenteneinsvektoren $\boldsymbol{e}_u$, $\boldsymbol{e}_v$, $\boldsymbol{e}_w$ zerlegen läßt.

Die Koordinaten eines Vektors $\boldsymbol{A}$ sind gleich den Beträgen der entsprechenden orthogonalen Komponenten, wenn diese die gleiche Orientierung haben wie

die Koordinatenachsen beim kartesischen Koordinatensystem

bzw. die Tangenteneinsvektoren bei krummlinigen orthogonalen Koordinatensystemen.

Sind die Richtungen von Komponente und Koordinatenachse bzw. Tangenteneinsvektor verschieden, so erhält die Koordinate das negative Vorzeichen.

Die Koordinaten eines Vektors $\boldsymbol{A}$ werden beim kartesischen Koordinatensystem mit A_x, A_y, A_z, bei krummlinigen orthogonalen Koordinatensystemen mit A_u, A_v, A_w bezeichnet. Es gilt

$$\boldsymbol{A}_x = A_x \boldsymbol{e}_x, \quad \boldsymbol{A}_y = A_y \boldsymbol{e}_y, \quad \boldsymbol{A}_z = A_z \boldsymbol{e}_z,$$

$$\boldsymbol{A}_u = A_u \boldsymbol{e}_u, \quad \boldsymbol{A}_v = A_v \boldsymbol{e}_v, \quad \boldsymbol{A}_w = A_w \boldsymbol{e}_w$$

und

orthogonale Vektorkomponenten

$$\boldsymbol{A} = A_x \boldsymbol{e}_x + A_y \boldsymbol{e}_y + A_z \boldsymbol{e}_z; \quad \boldsymbol{A} = A_u \boldsymbol{e}_u + A_v \boldsymbol{e}_v + A_w \boldsymbol{e}_w$$

Vektorkoordinaten

Bild 5 zeigt diese Zusammenhänge für das kartesische Koordinatensystem.

Die Einsvektoren $\boldsymbol{e}_x$, $\boldsymbol{e}_y$, $\boldsymbol{e}_z$ können dargestellt werden als die drei orthogonalen Komponenten eines Raumvektors $\boldsymbol{e}$ vom Betrag $\sqrt{3}$, der vom Koordinatenursprung in Richtung der räumlichen Diagonale eines Quaders von der Seitenlänge 1 verläuft.

Es gilt:

$$\boldsymbol{e} = 1\,\boldsymbol{e}_x + 1\,\boldsymbol{e}_y + 1\,\boldsymbol{e}_z.$$

Die Koordinatendarstellung der Einsvektoren lautet:

$$\boldsymbol{e}_x = (1, 0, 0),$$
$$\boldsymbol{e}_y = (0, 1, 0),$$
$$\boldsymbol{e}_z = (0, 0, 1).$$

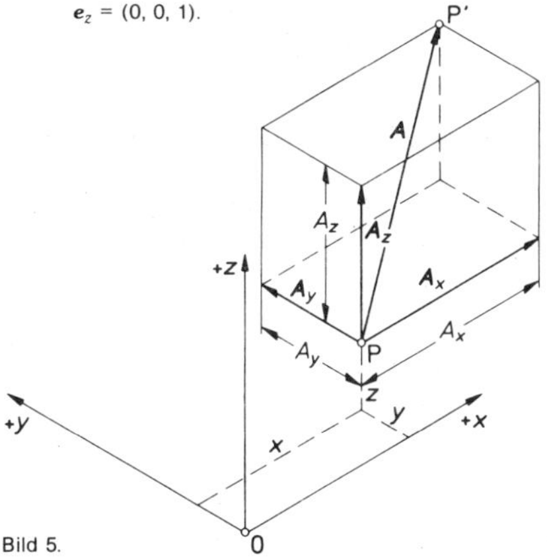

Bild 5.

8 Schraubsinn

Nach DIN 1312 ist jedem räumlichen Koordinatensystem ein Schraubsinn zugeordnet. Dieser ist beim kartesischen Koordinatensystem der Schraubsinn der drei orientierten Koordinatenachsen, bei krummlinigen orthogonalen Koordinatensystemen der Schraubsinn des Vektordreibeins ($\boldsymbol{e}_u$, $\boldsymbol{e}_v$, $\boldsymbol{e}_w$), siehe auch Abschnitt 7.1, letzter Absatz.

Man unterscheidet Rechtsschraubsinn und Linksschraubsinn, beide sind in DIN 1312 definiert. Ist der Rechtsschraubsinn zugeordnet, so heißt das System ein Rechtssystem, andernfalls ein Linkssystem. Sofern nicht für besondere Anwendungsgebiete, z. B. in der Astronomie und Geographie, Linkssysteme festgelegt sind, wird empfohlen, Rechtssysteme zu verwenden.

In Bild 1 bis Bild 5 wurden orthogonale Rechtssysteme zugrunde gelegt.

Anmerkungen

Zu 2.3

Die Benennung „kartesisch" oder „cartesisch" wird im Schrifttum auch in erweiterter Bedeutung für geradlinige schiefwinklige Koordinatensysteme verwendet. In dieser Norm wird die auf „orthogonal und normiert" eingeschränkte Bedeutung von „kartesisch" empfohlen.

Zu 2.4

In DIN 461 und in DIN 5478 wird beschrieben, wie man den Koordinaten, die die Dimension einer Länge haben, Größen anderer Art zuordnet und die Koordinaten dann in Werten dieser Größen beschriftet.

Zu 5.2

Bei den in Geographie und Astronomie verwendeten Kugelkoordinatensystemen sind für den Wertebereich von ϑ und φ (abweichend von den Angaben in Abschnitt 5.2) zum Teil andere Festlegungen getroffen, nämlich

$$-\frac{\pi}{2} \leq \vartheta \leq \frac{\pi}{2} \quad \text{statt} \quad 0 \leq \vartheta \leq \pi,$$

$$-\pi < \varphi \leq \pi \quad \text{statt} \quad 0 \leq \varphi < 2\pi.$$

In Geographie und Astronomie werden außerdem anstelle von ϑ und φ andere Formelzeichen für die Koordinaten verwendet.

DK 516 : 517.431 November 1977

Orthogonale Koordinatensysteme

Differentialoperatoren der Vektoranalysis

DIN 4895 Teil 2

Orthogonal coordinate systems; differential operators of vector analysis

1 Allgemeines

Als wichtiges Anwendungsgebiet der in DIN 4895 Teil 1 behandelten orthogonalen Koordinatensysteme werden im folgenden die Differentialoperatoren der Vektoranalysis in ihren orthogonalen Koordinaten dargestellt (siehe Anmerkungen). Bezüglich der verwendeten Begriffe und Zeichen wird auf DIN 4895 Teil 1 und auf DIN 1303 verwiesen.

2 Differentialoperatoren in kartesischen Koordinaten

(siehe Anmerkungen)

2.1 Gegeben sei, abhängig von den kartesischen Koordinaten x, y, z,

ein Skalarfeld $\Phi = \Phi(x, y, z)$ (1)

und ein Vektorfeld

$$\boldsymbol{A} = \boldsymbol{A}(x, y, z) = A_x \boldsymbol{e}_x + A_y \boldsymbol{e}_y + A_z \boldsymbol{e}_z. \qquad (2)$$

2.2 Der Gradient des Skalarfeldes Φ ist definiert durch den Vektor

$$\operatorname{grad} \Phi = \nabla \Phi = \frac{\partial \Phi}{\partial x} \boldsymbol{e}_x + \frac{\partial \Phi}{\partial y} \boldsymbol{e}_y + \frac{\partial \Phi}{\partial z} \boldsymbol{e}_z. \qquad (3)$$

2.3 Die Divergenz des Vektorfeldes $\boldsymbol{A}$ ist definiert durch den Skalar

$$\operatorname{div} \boldsymbol{A} = \nabla \boldsymbol{A} = \frac{\partial A_x}{\partial x} + \frac{\partial A_y}{\partial y} + \frac{\partial A_z}{\partial z}. \qquad (4)$$

2.4 Die Rotation (der Rotor) des Vektorfeldes $\boldsymbol{A}$ ist definiert durch den Vektor

$$\operatorname{rot} \boldsymbol{A} = \nabla \times \boldsymbol{A} = \begin{vmatrix} \boldsymbol{e}_x & \boldsymbol{e}_y & \boldsymbol{e}_z \\ \frac{\partial}{\partial x} & \frac{\partial}{\partial y} & \frac{\partial}{\partial z} \\ A_x & A_y & A_z \end{vmatrix}$$

$$\left.\begin{aligned} &= \left(\frac{\partial A_z}{\partial y} - \frac{\partial A_y}{\partial z}\right) \boldsymbol{e}_x \\ &+ \left(\frac{\partial A_x}{\partial z} - \frac{\partial A_z}{\partial x}\right) \boldsymbol{e}_y \\ &+ \left(\frac{\partial A_y}{\partial x} - \frac{\partial A_x}{\partial y}\right) \boldsymbol{e}_z \end{aligned}\right\} \qquad (5)$$

2.5 Der skalare Laplacesche Operator, angewendet auf das Skalarfeld Φ, ist definiert durch

$$\begin{aligned} \Delta \Phi &= \nabla \nabla \Phi = \operatorname{div} \operatorname{grad} \Phi \\ &= \frac{\partial^2 \Phi}{\partial x^2} + \frac{\partial^2 \Phi}{\partial y^2} + \frac{\partial^2 \Phi}{\partial z^2} \end{aligned} \qquad (6)$$

(siehe Anmerkungen).

2.6 Der vektorielle Laplacesche Operator, angewendet auf das Vektorfeld $\boldsymbol{A}$, ist definiert durch

$$\begin{aligned} \Delta \boldsymbol{A} &= \nabla \nabla \boldsymbol{A} = \operatorname{grad} \operatorname{div} \boldsymbol{A} - \operatorname{rot} \operatorname{rot} \boldsymbol{A} \\ &= \Delta A_x \boldsymbol{e}_x + \Delta A_y \boldsymbol{e}_y + \Delta A_z \boldsymbol{e}_z \end{aligned}$$

$$\left.\begin{aligned} &= \left(\frac{\partial^2 A_x}{\partial x^2} + \frac{\partial^2 A_x}{\partial y^2} + \frac{\partial^2 A_x}{\partial z^2}\right) \boldsymbol{e}_x \\ &+ \left(\frac{\partial^2 A_y}{\partial x^2} + \frac{\partial^2 A_y}{\partial y^2} + \frac{\partial^2 A_y}{\partial z^2}\right) \boldsymbol{e}_y \\ &+ \left(\frac{\partial^2 A_z}{\partial x^2} + \frac{\partial^2 A_z}{\partial y^2} + \frac{\partial^2 A_z}{\partial z^2}\right) \boldsymbol{e}_z \end{aligned}\right\} \qquad (7)$$

(siehe Anmerkungen).

3 Differentialoperatoren in krummlinigen orthogonalen Koordinaten

(siehe Anmerkungen)

3.1 Gegeben sei, abhängig von den krummlinigen orthogonalen Koordinaten u, v, w,

ein Skalarfeld $\Phi = \Phi(u, v, w)$ (8)

und ein Vektorfeld

$$\boldsymbol{A} = \boldsymbol{A}(u, v, w) = A_u \boldsymbol{e}_u + A_v \boldsymbol{e}_v + A_w \boldsymbol{e}_w. \qquad (9)$$

Die kartesischen Koordinaten x, y, z eines Punktes P im Raum seien im Sinne von DIN 4895 Teil 1, Abschnitt 3.1, drei im Raumbereich der krummlinigen orthogonalen Koordinaten u, v, w eindeutige und stetig differenzierbare Funktionen von u, v, w:

$$x = x(u, v, w),\ y = y(u, v, w),\ z = z(u, v, w). \qquad (10)$$

Fortsetzung Seite 2 und 3
Anmerkungen Seite 4

Normenausschuß Einheiten und Formelgrößen (AEF) im DIN Deutsches Institut für Normung e.V.

3.2 Bei den Differentialoperatoren in krummlinigen orthogonalen Koordinaten treten die wie folgt definierten Maßstabskoeffizienten auf

$$\left.\begin{aligned} g_u &= \left[\left(\frac{\partial x}{\partial u}\right)^2 + \left(\frac{\partial y}{\partial u}\right)^2 + \left(\frac{\partial z}{\partial u}\right)^2\right]^{1/2}, \\ g_v &= \left[\left(\frac{\partial x}{\partial v}\right)^2 + \left(\frac{\partial y}{\partial v}\right)^2 + \left(\frac{\partial z}{\partial v}\right)^2\right]^{1/2}, \\ g_w &= \left[\left(\frac{\partial x}{\partial w}\right)^2 + \left(\frac{\partial y}{\partial w}\right)^2 + \left(\frac{\partial z}{\partial w}\right)^2\right]^{1/2}, \\ g &= g_u\, g_v\, g_w\,. \end{aligned}\right\} \quad (11)$$

3.3 Der Gradient des Skalarfeldes Φ ist definiert durch den Vektor

$$\operatorname{grad}\Phi = \nabla\Phi = \frac{1}{g_u}\frac{\partial\Phi}{\partial u}\boldsymbol{e}_u + \frac{1}{g_v}\frac{\partial\Phi}{\partial v}\boldsymbol{e}_v + \frac{1}{g_w}\frac{\partial\Phi}{\partial w}\boldsymbol{e}_w. \quad (12)$$

3.4 Die Divergenz des Vektorfeldes $\boldsymbol{A}$ ist definiert durch den Skalar

$$\left.\begin{aligned} \operatorname{div}\boldsymbol{A} = \nabla\boldsymbol{A} = \frac{1}{g}\Big[&\frac{\partial}{\partial u}\left(\frac{g}{g_u}A_u\right) + \frac{\partial}{\partial v}\left(\frac{g}{g_v}A_v\right) \\ &+ \frac{\partial}{\partial w}\left(\frac{g}{g_w}A_w\right)\Big]. \end{aligned}\right\} \quad (13)$$

3.5 Die Rotation (der Rotor) des Vektorfeldes $\boldsymbol{A}$ ist definiert durch den Vektor

$$\operatorname{rot}\boldsymbol{A} = \nabla\times\boldsymbol{A} = \frac{1}{g}\begin{vmatrix} g_u\boldsymbol{e}_u & g_v\boldsymbol{e}_v & g_w\boldsymbol{e}_w \\ \dfrac{\partial}{\partial u} & \dfrac{\partial}{\partial v} & \dfrac{\partial}{\partial w} \\ g_u A_u & g_v A_v & g_w A_w \end{vmatrix}$$

$$\left.\begin{aligned} &= \frac{g_u}{g}\left(\frac{\partial(g_w A_w)}{\partial v} - \frac{\partial(g_v A_v)}{\partial w}\right)\boldsymbol{e}_u \\ &+ \frac{g_v}{g}\left(\frac{\partial(g_u A_u)}{\partial w} - \frac{\partial(g_w A_w)}{\partial u}\right)\boldsymbol{e}_v \\ &+ \frac{g_w}{g}\left(\frac{\partial(g_v A_v)}{\partial u} - \frac{\partial(g_u A_u)}{\partial v}\right)\boldsymbol{e}_w\,. \end{aligned}\right\} \quad (14)$$

3.6 Der skalare Laplacesche Operator, angewendet auf das Skalarfeld Φ, ist definiert durch

$$\triangle\Phi = \nabla\nabla\Phi = \operatorname{div}\operatorname{grad}\Phi$$

$$\left.\begin{aligned} &= \frac{1}{g}\Big[\frac{\partial}{\partial u}\left(\frac{g}{g_u^2}\frac{\partial\Phi}{\partial u}\right) + \frac{\partial}{\partial v}\left(\frac{g}{g_v^2}\frac{\partial\Phi}{\partial v}\right) \\ &\quad + \frac{\partial}{\partial w}\left(\frac{g}{g_w^2}\frac{\partial\Phi}{\partial w}\right)\Big] \end{aligned}\right\} \quad (15)$$

(siehe Anmerkungen).

3.7 Der vektorielle Laplacesche Operator, angewendet auf das Vektorfeld $\boldsymbol{A}$, ist definiert durch

$$\triangle\boldsymbol{A} = \nabla\nabla\boldsymbol{A} = \operatorname{grad}\operatorname{div}\boldsymbol{A} - \operatorname{rot}\operatorname{rot}\boldsymbol{A}$$

$$\left.\begin{aligned} &= \left(\frac{1}{g_u}\frac{\partial\Gamma}{\partial u} + \frac{g_u}{g}\begin{vmatrix} \dfrac{\partial}{\partial w} & \dfrac{\partial}{\partial v} \\ \Gamma_w & \Gamma_v \end{vmatrix}\right)\boldsymbol{e}_u \\ &+ \left(\frac{1}{g_v}\frac{\partial\Gamma}{\partial v} + \frac{g_v}{g}\begin{vmatrix} \dfrac{\partial}{\partial u} & \dfrac{\partial}{\partial w} \\ \Gamma_u & \Gamma_w \end{vmatrix}\right)\boldsymbol{e}_v \\ &+ \left(\frac{1}{g_w}\frac{\partial\Gamma}{\partial w} + \frac{g_w}{g}\begin{vmatrix} \dfrac{\partial}{\partial v} & \dfrac{\partial}{\partial u} \\ \Gamma_v & \Gamma_u \end{vmatrix}\right)\boldsymbol{e}_w\,. \end{aligned}\right\} \quad (16)$$

Hierbei ist

$$\left.\begin{aligned} \Gamma &= \frac{1}{g}\Big[\frac{\partial}{\partial u}\left(\frac{g}{g_u}A_u\right) + \frac{\partial}{\partial v}\left(\frac{g}{g_v}A_v\right) \\ &\quad + \frac{\partial}{\partial w}\left(\frac{g}{g_w}A_w\right)\Big], \\ \Gamma_u &= \frac{g_u^2}{g}\begin{vmatrix} \dfrac{\partial}{\partial v} & \dfrac{\partial}{\partial w} \\ g_v A_v & g_w A_w \end{vmatrix}, \\ \Gamma_v &= \frac{g_v^2}{g}\begin{vmatrix} \dfrac{\partial}{\partial w} & \dfrac{\partial}{\partial u} \\ g_w A_w & g_u A_u \end{vmatrix}, \\ \Gamma_w &= \frac{g_w^2}{g}\begin{vmatrix} \dfrac{\partial}{\partial u} & \dfrac{\partial}{\partial v} \\ g_u A_u & g_v A_v \end{vmatrix} \end{aligned}\right\} \quad (17)$$

(siehe Anmerkungen).

4 Beispiele

In Tabelle 1 sind als Beispiele die Differentialoperatoren in den drei gebräuchlichsten orthogonalen Koordinatensystemen angegeben (siehe Anmerkungen).

Tabelle 1. **Differentialoperatoren in kartesischen Koordinaten, Kreiszylinder- und Kugel-Koordinaten**

Nr.	1	2	3	4
1	Koord.-System	kartesisch	Kreiszylinder	Kugel
2	$u \quad v \quad w$	$x \quad y \quad z$	$\varrho \quad \varphi \quad z$	$r \quad \vartheta \quad \varphi$
3	$x \quad y \quad z$	$x \quad y \quad z$	$\varrho \cos\varphi \quad \varrho \sin\varphi \quad z$	$r \sin\vartheta \cos\varphi \quad r \sin\vartheta \sin\varphi \quad r \cos\vartheta$
4	$g_u \quad g_v \quad g_w \quad g$	1 1 1 1	$1 \quad \varrho \quad 1 \quad \varrho$	$1 \quad r \quad r \sin\vartheta \quad r^2 \sin\vartheta$
5	grad Φ	Gl. (3)	$\frac{\partial \Phi}{\partial \varrho} \boldsymbol{e}_\varrho + \frac{1}{\varrho} \frac{\partial \Phi}{\partial \varphi} \boldsymbol{e}_\varphi + \frac{\partial \Phi}{\partial z} \boldsymbol{e}_z$	$\frac{\partial \Phi}{\partial r} \boldsymbol{e}_r + \frac{1}{r} \frac{\partial \Phi}{\partial \vartheta} \boldsymbol{e}_\vartheta + \frac{1}{r \sin\vartheta} \frac{\partial \Phi}{\partial \varphi} \boldsymbol{e}_\varphi$
6	div $\boldsymbol{A}$	Gl. (4)	$\frac{\partial A_\varrho}{\partial \varrho} + \frac{A_\varrho}{\varrho} + \frac{1}{\varrho} \frac{\partial A_\varphi}{\partial \varphi} + \frac{\partial A_z}{\partial z}$	$\frac{\partial A_r}{\partial r} + \frac{2}{r} A_r + \frac{1}{r} \frac{\partial A_\vartheta}{\partial \vartheta} + \frac{\cot\vartheta}{r} A_\vartheta + \frac{1}{r \sin\vartheta} \frac{\partial A_\varphi}{\partial \varphi}$
7	rot $\boldsymbol{A}$	Gl. (5)	$\frac{1}{\varrho} \begin{vmatrix} \boldsymbol{e}_\varrho & \varrho \boldsymbol{e}_\varphi & \boldsymbol{e}_z \\ \frac{\partial}{\partial \varrho} & \frac{\partial}{\partial \varphi} & \frac{\partial}{\partial z} \\ A_\varrho & \varrho A_\varphi & A_z \end{vmatrix}$	$\frac{1}{r^2 \sin\vartheta} \begin{vmatrix} \boldsymbol{e}_r & r \boldsymbol{e}_\vartheta & (r \sin\vartheta) \boldsymbol{e}_\varphi \\ \frac{\partial}{\partial r} & \frac{\partial}{\partial \vartheta} & \frac{\partial}{\partial \varphi} \\ A_r & r A_\vartheta & (r \sin\vartheta) A_\varphi \end{vmatrix}$
8	$\Delta \Phi$	Gl. (6)	$\frac{\partial^2 \Phi}{\partial \varrho^2} + \frac{1}{\varrho} \frac{\partial \Phi}{\partial \varrho} + \frac{1}{\varrho^2} \frac{\partial^2 \Phi}{\partial \varphi^2} + \frac{\partial^2 \Phi}{\partial z^2}$	$\frac{\partial^2 \Phi}{\partial r^2} + \frac{2}{r} \frac{\partial \Phi}{\partial r} + \frac{1}{r^2} \frac{\partial^2 \Phi}{\partial \vartheta^2} + \frac{\cot\vartheta}{r^2} \frac{\partial \Phi}{\partial \vartheta} + \frac{1}{r^2 \sin^2\vartheta} \frac{\partial^2 \Phi}{\partial \varphi^2}$
9[1]	$\Delta \boldsymbol{A}$	Gl. (7)	$\left(\Delta A_\varrho - \frac{2}{\varrho^2} \frac{\partial A_\varphi}{\partial \varphi} - \frac{1}{\varrho^2} A_\varrho\right) \boldsymbol{e}_\varrho$ $+ \left(\Delta A_\varphi + \frac{2}{\varrho^2} \frac{\partial A_\varrho}{\partial \varphi} - \frac{1}{\varrho^2} A_\varphi\right) \boldsymbol{e}_\varphi$ $+ \Delta A_z \cdot \boldsymbol{e}_z$	$\left(\Delta A_r - \frac{2}{r^2} \frac{\partial A_\vartheta}{\partial \vartheta} - \frac{2 \cot\vartheta}{r^2} A_\vartheta - \frac{2}{r^2 \sin\vartheta} \frac{\partial A_\varphi}{\partial \varphi} - \frac{2}{r^2} A_r\right) \boldsymbol{e}_r$ $+ \left(\Delta A_\vartheta + \frac{2}{r^2} \frac{\partial A_r}{\partial \vartheta} - \frac{2 \cot\vartheta}{r^2 \sin\vartheta} \frac{\partial A_\varphi}{\partial \varphi} - \frac{1}{r^2 \sin^2\vartheta} A_\vartheta\right) \boldsymbol{e}_\vartheta$ $+ \left(\Delta A_\varphi + \frac{2}{r^2 \sin\vartheta} \frac{\partial A_r}{\partial \varphi} + \frac{2 \cot\vartheta}{r^2 \sin\vartheta} \frac{\partial A_\vartheta}{\partial \varphi} - \frac{1}{r^2 \sin^2\vartheta} A_\varphi\right) \boldsymbol{e}_\varphi$

[1]) Die in Zeile 9 stehenden skalaren Laplaceschen Operatoren ΔA_x, ΔA_y, ΔA_z (Spalte 2), ΔA_ϱ, ΔA_φ, ΔA_z (Spalte 3) und ΔA_r, ΔA_ϑ, ΔA_φ (Spalte 4) sind wie die Laplaceschen Operatoren $\Delta \Phi$ in Zeile 8 zu bilden, indem statt Φ jeweils A_x, A_y, A_z bzw. A_ϱ, A_φ, A_z bzw. A_r, A_ϑ, A_φ gesetzt wird.

Anmerkungen

Zu Abschnitt 1

Die in der vorliegenden Norm behandelten Differentialoperatoren grad Φ, div $\boldsymbol{A}$, rot $\boldsymbol{A}$, $\Delta\,\Phi$, $\Delta\,\boldsymbol{A}$ lassen sich nach den Sätzen von Stokes und Gauß anschaulich durch Oberflächen- und Volumenintegrale darstellen. Diese Integraldarstellungen sind nicht Gegenstand der vorliegenden Norm, da sie von Koordinaten unabhängig sind. Es ist beabsichtigt, diese Integraldarstellungen bei der Neubearbeitung von DIN 1303 zu berücksichtigen.

Zu Abschnitt 2, 3 und 4

Die Beziehungen für die Differentialoperatoren vereinfachen sich bei praktischen Anwendungen oft erheblich, da die Felder vielfach von einer oder sogar von zwei der drei Raumkoordinaten x, y, z oder u, v, w unabhängig sind.

Zu Abschnitt 3

Die Differentialoperatoren, geschrieben in speziellen krummlinigen orthogonalen Koordinaten, z. B. denen des Kreiszylinders, des elliptischen Zylinders, der Kugel oder des Rotationshyperboloids, um nur einige zu nennen, können bei bekannten Koordinatenfunktionen nach Gl. (10) mittels Gl. (11) bis (17) hergeleitet werden. Hierzu sind statt der mit u, v, w bezeichneten allgemeinen Koordinaten die dem speziellen Koordinatensystem jeweils angepaßten Koordinaten oder Variablen einzusetzen.

Zu Abschnitt 2.5; 2.6; 3.6; 3.7 und 4, Tabelle 1, Zeile 8 und 9

Bei der Untersuchung räumlicher (und ebener) Felder in Naturwissenschaft und Technik gilt es oft, die Potentialgleichung $\Delta\,\Phi = 0$ oder die skalare Wellengleichung $\Delta\,\Phi + \gamma^2\,\Phi = 0$ bzw. die vektorielle Wellengleichung $\Delta\,\boldsymbol{A} + \gamma^2 \boldsymbol{A} = 0$ zu lösen, wobei γ der komplexe Ausbreitungskoeffizient mit der SI-Einheit m^{-1} ist. Dabei empfiehlt es sich, ein der betreffenden Aufgabe angepaßtes spezielles Koordinatensystem zu wählen. Die Behandlung der erwähnten partiellen Differentialgleichungen mit der Methode der Partikularlösungen führt bei kartesischen Koordinaten auf elementare Funktionen (trigonometrische Funktionen und Exponentialfunktionen). Bei krummlinigen orthogonalen Koordinaten hängt das Feld mindestens von einer Raumkoordinate in komplizierterer Weise ab. Dabei treten höhere spezielle Funktionen auf. Dies können je nach dem gewählten Koordinatensystem z. B. Kreiszylinderfunktionen, Mathieufunktionen, Kugelfunktionen, konfluente hypergeometrische Funktionen oder andere sein. Hierzu wird auf das Fachschrifttum verwiesen.

DK 541.135-145 : 003.62 September 1973

Einfache Elektrolytlösungen

Formelzeichen

DIN 4896

Simple electrolyte solutions; symbols

Betrachtet wird der einfachste Fall einer Elektrolytlösung, nämlich ein flüssiges Zweistoffsystem, bestehend aus einem Nichtelektrolyten als Lösungsmittel (Komponente 1) und einem Elektrolyten (Komponente 2), der neben undissoziierten Elektrolytmolekülen (Teilchenart u) nur eine Kationensorte (Teilchenart +) und eine Anionensorte (Teilchenart —) enthält. Als Beispiel sei eine wäßrige Lösung von Calciumchlorid ($H_2O + CaCl_2$) angeführt, in der die beiden Ionenarten Ca^{2+} und Cl^- vorkommen und in der die Eigendissoziation von H_2O zu vernachlässigen ist.

Nr	Zeichen	Bedeutung	SI-Einheit[1])	Bemerkungen
1	T	thermodynamische Temperatur	K	siehe DIN 1345
2	R	molare oder universelle Gaskonstante	J/(mol K)	
3	n_1	Stoffmenge des Lösungsmittels	mol	
4	n_2	Stoffmenge des Elektrolyten	mol	
5	n_2^*, $n_{eq,2}$	Äquivalentmenge des Elektrolyten	mol	$n_2^* = \|z_i\| \nu_i n_2$ (siehe Nr 10 und 11)
6	M_1	stoffmengenbezogene (molare) Masse des Lösungsmittels	kg/mol	
7	b	Molalität des Elektrolyten	mol/kg	$b = \dfrac{n_2}{M_1 n_1}$; siehe Anmerkungen
8	c	(Stoffmengen-)Konzentration (Molarität) des Elektrolyten	mol/m³	$c = n_2/V$; V Volumen der Lösung; siehe Anmerkungen
9	c^*, c_{eq}	Äquivalentkonzentration (Normalität) des Elektrolyten	mol/m³	$c^* = n_2^*/V$; siehe Anmerkungen
10	ν_i	Zerfallszahl der Ionenart i (i bedeutet: +, —)	1	Beispiel: Für $CaCl_2$ in H_2O gilt $\nu_+ = 1$, $\nu_- = 2$
11	z_i	Ladungszahl der Ionenart i (i bedeutet: +, —)	1	Beispiel: Für $CaCl_2$ in H_2O gilt $z_+ = 2$, $z_- = -1$
12	α	Dissoziationsgrad des Elektrolyten	1	
13	b_j	Molalität der Teilchenart j (j bedeutet: u, +, —)	mol/kg	$b_+ = \nu_+ \alpha b$, $b_- = \nu_- \alpha b$, $b_u = (1-\alpha)\, b$

[1]) 1 steht für das Verhältnis zweier gleicher SI-Einheiten sowie für Zahlen.

Fortsetzung Seite 2 und 3
Anmerkungen Seite 3

Ausschuß für Einheiten und Formelgrößen (AEF) im Deutschen Normenausschuß (DNA)

Nr	Zeichen	Bedeutung	SI-Einheit[1])	Bemerkungen
14	I	Ionenstärke der Lösung	mol/kg	$I = \frac{1}{2} \sum_i z_i^2 b_i = \frac{1}{2}(z_+^2 \nu_+ + z_-^2 \nu_-)\alpha b$
15	μ_1	chemisches Potential des Lösungsmittels (in der Lösung)	J/mol	siehe DIN 5498; siehe Anmerkungen
16	$\mu_1^{\cdot}$	chemisches Potential des reinen flüssigen Lösungsmittels	J/mol	
17	μ_j	chemisches Potential der Teilchenart j (j bedeutet: u, +, −)	J/mol	Bei Dissoziationsgleichgewicht gilt: $\mu_u = \nu_+ \mu_+ + \nu_- \mu_-$; siehe Anmerkungen
18	$\mu_j^{\ominus}$	Standardwert des chemischen Potentials der Teilchenart j (j bedeutet: u, +, −) in der Molalitätsskale	J/mol	
19	μ_2	chemisches Potential des Elektrolyten	J/mol	$\mu_2 = \nu_+ \mu_+ + \nu_- \mu_-$; siehe Anmerkungen
20	$\mu_2^{\ominus}$	Standardwert des chemischen Potentials des Elektrolyten in der Molalitätsskale	J/mol	$\mu_2^{\ominus} = \nu_+ \mu_+^{\ominus} + \nu_- \mu_-^{\ominus}$
21	φ	osmotischer Koeffizient	1	$\varphi = \frac{\mu_1^{\cdot} - \mu_1}{(\nu_+ + \nu_-) R T M_1 b}$; siehe Anmerkungen
22	γ_j	Aktivitätskoeffizient der Teilchenart j (j bedeutet: u, +, −) in der Molalitätsskale	1	$\ln \frac{b_j \gamma_j}{b^{\dagger}} = \frac{\mu_j - \mu_j^{\ominus}}{R T}$ ($b^{\dagger} = 1$ mol/kg); siehe Anmerkungen
23	$\gamma_{\pm}$	mittlerer Ionenaktivitätskoeffizient in der Molalitätsskale	1	$(\nu_+ + \nu_-) \ln \gamma_{\pm} = \nu_+ \ln \gamma_+ + \nu_- \ln \gamma_-$
24	γ	konventioneller Aktivitätskoeffizient	1	$\gamma = \alpha \gamma_{\pm}$; $\ln \frac{\nu_{\pm} b \gamma}{b^{\dagger}} = \frac{\mu_2 - \mu_2^{\ominus}}{(\nu_+ + \nu_-) R T}$; $(\nu_+ + \nu_-) \ln \nu_{\pm} = \nu_+ \ln \nu_+ + \nu_- \ln \nu_-$; siehe Anmerkungen
25	K_m	Dissoziationskonstante des Elektrolyten in der Molalitätsskale	1	$\ln K_m = \frac{\mu_u^{\ominus} - \mu_2^{\ominus}}{R T}$ $K_m = \frac{(b_+ \gamma_+)^{\nu_+} (b_- \gamma_-)^{\nu_-}}{b_u \gamma_u (b^{\dagger})^{\nu_+ + \nu_- - 1}} = \left(\frac{b}{b^{\dagger}}\right)^{\nu_+ + \nu_- - 1} \frac{(\nu_{\pm} \gamma)^{\nu_+ + \nu_-}}{(1 - \alpha) \gamma_u}$
26	N_A, L	Avogadro-Konstante	mol^{-1}	
27	e	Elementarladung	C	

[1]) Siehe Seite 1.

Nr	Zeichen	Bedeutung	SI-Einheit[1])	Bemerkungen
28	F, q_F	Faraday-Konstante	C/mol	$F = N_A e$; siehe Anmerkungen
29	ψ	inneres elektrisches Potential der Lösung	V	
30	$\eta_i, \tilde{\mu}_i$	elektrochemisches Potential der Ionenart i (i bedeutet: +, −)	J/mol	$\eta_i = \mu_i + z_i F \psi$
31	u_i	Beweglichkeit der Ionenart i (i bedeutet: +, −)	$m^2/(V\ s)$	siehe Anmerkungen
32	λ_i	Ionenleitfähigkeit der Ionenart i (i bedeutet: +, −)	$S\ m^2/mol$	$\lambda_i = F u_i$
33	$\varkappa, \sigma$	Leitfähigkeit der Lösung	S/m	
34	Λ	Äquivalentleitfähigkeit	$S\ m^2/mol$	$\Lambda = \varkappa / c^*$; $\Lambda = \alpha(\lambda_+ + \lambda_-)$
35	t_i	Überführungszahl der Ionenart i (i bedeutet: +, −)	1	$t_+ + t_- = 1$

[1]) Siehe Seite 1.

Anmerkungen

Zu Nr 7, 8 und 9:

Das sonst übliche Zeichen m für die Molalität wird wegen der Gefahr der Verwechslung mit der Masse (Formelzeichen m) in dieser Norm nicht empfohlen. Es werden auch genannt:

eine Lösung der Molalität $b = x$ mol/kg: „x-molal",

eine Lösung der Molarität $c = y$ mol/dm³: „y-molar",

eine Lösung der Normalität

$c^* = z$ mol/dm³: „z-normal".

Zu Nr 15:

Anstelle des in dieser Norm benutzten „chemischen Potentials des Stoffes k" werden in der Physik oft die Größen μ_k/M_k (SI-Einheit J/kg) und μ_k/N_A (SI-Einheit J) mit demselben Namen und Formelzeichen benutzt. Hierin bedeutet M_k die stoffmengenbezogene (molare) Masse des Stoffes k. Der Stoff k ist eine beliebige Komponente oder eine beliebige Teilchenart der Elektrolytlösung.

Zu Nr 17 und 19:

Die Beziehung $\mu_2 = \nu_+ \mu_+ + \nu_- \mu_-$ gilt sowohl für vollständige als auch für unvollständige Dissoziation, während die Größe μ_u und damit die Gleichung $\mu_u = \nu_+ \mu_+ + \nu_- \mu_-$ nur bei unvollständiger Dissoziation (Dissoziationsgleichgewicht) sinnvoll sind.

Zu Nr 21 und 24:

In modernen Tabellenwerken werden stets der osmotische Koeffizient φ und der konventionelle Aktivitätskoeffizient γ in Abhängigkeit von der Molalität angegeben.

Zu Nr 22:

Das Zeichen $b^\dagger$ bedeutet den Einheitswert 1 mol/kg der Größe b, während ein Zeichen wie $\mu^\ominus$ (siehe Nr 18, 20 und 24) den konzentrationsunabhängigen Anteil des chemischen Potentials μ bezeichnet.

Zu Nr 28:

Wegen der Gefahr der Verwechslung mit der Freien Energie (Formelzeichen F) und der Wärme (Formelzeichen Q) können oft Faraday-Konstante und elektrische Ladung nicht mit F und Q bezeichnet werden. Für solche Fälle werden das Ausweichzeichen q für die elektrische Ladung und das Ausweichzeichen q_F für die Faraday-Konstante — analog zu N_A für die Avogadro-Konstante (siehe Nr 26) — empfohlen.

Zu Nr 31:

Die unter Nr 31 bis Nr 35 genannten Größen beziehen sich auf Elektrizitätsleitung in isotropen Medien bei räumlich konstanten Werten der Temperatur, des Druckes und der Zusammensetzung. Bedeutet v_i den Betrag der stationären Wanderungsgeschwindigkeit der Ionenart i (relativ zum Lösungsmittel) und E den Betrag der elektrischen Feldstärke, so gilt: $u_i = v_i/E$.

DK 510.2 : 001.4 : 003.62 Juli 1992

Logik und Mengenlehre

Zeichen und Begriffe

DIN 5473

Logic and set theory; symbols and concepts

Ersatz für Ausgabe 06.76 und DIN 5474/09.73

Inhalt

		Seite
1	Anwendungsbereich und Zweck	1
2	Festlegung des begrifflichen Rahmens	2
3	Logik	5
4	Klassen und Mengen	10
5	Standard-Zahlenmengen	13
6	Relationen	14
7	Funktionen	18
8	Strukturen	23
9	Kardinalzahlen	25
	Anmerkungen	27

1 Anwendungsbereich und Zweck

In dieser Norm werden Zeichen und Begriffe der Logik und Mengenlehre behandelt. Eingeschlossen sind dabei Zeichen und Begriffe, die Relationen und Funktionen betreffen. Der Zweck der Norm ist es, für Anwender in Schule, Hochschule, Wissenschaft und Technik einen in sich konsistenten Satz von Bezeichnungen und Festlegungen auszuwählen, um dadurch zur Vereinheitlichung beizutragen und die Kommunikation zu erleichtern.

Gegenstand der Norm sind in erster Linie die Zeichen und Begriffe. Die angegebenen Sprechweisen können nicht in jedem Fall wörtlich eingehalten werden, wenn man formale Ausdrücke verbalisieren will; ähnliche Ausdrucksweisen können ebenfalls annehmbar sein.

Die vorliegende Norm ist mit DIN 1302/08.80 verträglich und entspricht ISO 31-11:1978, Abschnitte 1 und 2, führt aber darüber hinaus.

Fortsetzung Seite 2 bis 29

Normenausschuß Einheiten und Formelgrößen (AEF) im DIN Deutsches Institut für Normung e.V.

2 Festlegung des begrifflichen Rahmens

Diese Norm enthält begriffliche Festlegungen sehr allgemeiner Art. Es ist deshalb erforderlich, den zugrundegelegten begrifflichen Rahmen näher zu beschreiben.

2.1 Individuen

Es werden gewisse Objekte vorausgesetzt, die als Individuen bezeichnet werden und über die man Aussagen machen möchte. Individuen treten als Elemente von Klassen auf, zwischen Individuen können Relationen bestehen, Individuen können Argumente und Werte von Funktionen sein. Dabei brauchen Individuen nicht (wie es vielleicht der Name vermuten läßt) unteilbar und ohne innere Struktur zu sein, vielmehr können sie durchaus aus anderen Objekten aufgebaut sein. Es ist ein Zweck der Mengenlehre, möglichst viele Objekte als Individuen verfügbar zu machen, darunter insbesondere mathematische Objekte wie Zahlen, Punkte, Räume verschiedener Art, interessierende Relationen und Funktionen u. ä.

Die Gesamtheit der Individuen ist in der Mengenlehre möglichst umfassend intendiert. Daneben ist es oft zweckmäßig, Individuen einer bestimmten Sorte auszuzeichnen, etwa Zahlen einer bestimmten Art, Punkte eines Raumes, bestimmte physikalische Objekte, Schüler in einem Klassenzimmer o.ä., die dann einen (speziellen) Individuenbereich einer gewissen Sorte bilden.

2.2 Klassen und Mengen

Neben Individuen betrachtet man Zusammenfassungen von Individuen, die man Klassen (von Individuen) nennt. Die in eine Klasse zusammengefaßten Individuen sind die Elemente der Klasse.

Von besonderem Interesse sind Mengen. Das sind spezielle Klassen, die selbst auch Individuen sind. Die Axiome der Mengenlehre machen Aussagen darüber, welche Klassen Mengen sind. Die Norm enthält entsprechende Hinweise. Die bekannten Zahlenbereiche (siehe Abschnitt 5) und viele andere mathematische Objekte sind Mengen. Aber es ist aus logischen Gründen nicht möglich, daß alle Klassen Mengen sind. So ist die Klasse aller Mengen selbst keine Menge, und auch die Klasse aller Individuen (Allklasse) ist keine Menge.

Es wird hier ein begrifflicher Rahmen benutzt, der neben Mengen auch andere Klassen enthält. Man kann auch einen engeren Rahmen wählen, in dem nur Mengen vorkommen. Das wird in einer unreflektierten Weise oft gemacht, ist aber weder zwingend noch besonders vorteilhaft. Man muß dann z. B. in Kauf nehmen, daß gewisse sprachliche Ausdrücke (die Klassen bezeichnen, die keine Mengen sind) bedeutungsleer werden.

2.3 Relationen und Funktionen

In der Mengenlehre zeigt man, daß man (geordnete) Paare von Individuen definieren kann, die auch wieder Individuen sind. Dann lassen sich Relationen und Funktionen als spezielle Klassen auffassen, und zwar Relationen als Klassen von Paaren und Funktionen als rechtseindeutige Relationen. Relationen und Funktionen können insbesondere Mengen sein, und bei den in der Praxis auftretenden Relationen und Funktionen ist das gewöhnlich der Fall.

2.4 Objektsprache und Metasprache

In der Logik unterscheidet man bei der Untersuchung eines logischen Systems zwischen der Objektsprache, die die formale Logiksprache des betreffenden logischen Systems ist und die das Objekt der logischen Untersuchung ist, und der Metasprache, in der diese Untersuchung erfolgt.

Die Objektsprache hat eine genau festgelegte Syntax, welche die wohlgeformten Ausdrücke der Sprache festlegt, und eine Semantik, die angibt, wie die Sprache zu interpretieren ist. Die in dieser Norm eingeführten sprachlichen Ausdrucksmittel konstituieren eine reichhaltige logische Sprache, die geeignet ist, mathematische Sachverhalte auszudrücken.

Als Metasprache, deren inhaltliches Verständnis vorausgesetzt werden muß, dient zunächst die natürliche Sprache, die man aber zugleich mit der Explikation der Objektsprache präzisiert und erweitert, indem man die objektsprachlichen Bezeichnungen in inhaltlicher Weise übernimmt.

Für die mathematische Praxis ist die Unterscheidung von Objektsprache und Metasprache nicht erforderlich und eine durchgängige Formalisierung gar nicht praktikabel. Es genügt, die objektsprachlichen formalen Ausdrücke bei Bedarf inhaltlich zu verwenden. Für eine systematische Explikation der Ausdrucksmittel ist jedoch eine Darstellung als formale logische Sprache zweckmäßig.

2.5 Variablen

In der Sprache verwendet man gebundene Variablen, um sich in allgemeiner Weise auf gewisse Objekte zu beziehen. Die Gesamtheit der Objekte, auf die sich eine Variable bezieht, bildet den Bereich der Variablen. In einer Interpretation der Sprache muß die Variable vereinbart sein, d. h. dieser Bereich muß festgelegt sein. Oft hat man eine einsortige Sprache, d. h. alle Variablen sind von derselben Sorte und haben bei Interpretationen jeweils denselben Bereich.

Die Bereiche von Individuenvariablen bestehen nur aus Individuen. Dabei redet man von universellen Individuenvariablen, wenn der Bereich die Allklasse ist, doch lassen sich auch Individuenvariablen spezieller Sorten einführen, deren Bereich jeweils aus den Individuen einer speziellen Sorte besteht. In dieser Norm stehen die Buchstaben x, y, z (bei Bedarf mit Unterscheidungsindizes) für Individuenvariablen, wobei darauf verzichtet wird, Voraussetzungen über die Bereiche genauer zu spezifizieren.

Wenn Variablen in einem Ausdruck frei vorkommen, so können sie - oft nur vorübergehend - mit einem Element aus ihrem Bereich belegt werden. Für eine Interpretation von Ausdrücken mit freien Variablen ist auch jeweils eine Belegung der freien Variablen erforderlich.

2.6 Konstanten

Konstanten sind Zeichen der Sprache, die für bestimmte Individuen, Klassen, Relationen oder Funktionen stehen. Eine Interpretation der Sprache legt diese Denotate für die Konstanten fest.

2.7 Formeln

Unter den Ausdrücken der Sprache gibt es insbesondere Formeln. Der Begriff "Formel" ist dabei im Sinne von "Aussageform" zu verstehen, d. h. es handelt sich um sprachliche Ausdrücke, die die Form einer Aussage haben, aber noch freie Variablen enthalten dürfen.

Man schreibt auch $\varphi(x_1,\ldots,x_n)$ für eine Formel φ, um Variablen $x_1,\ldots,x_n$ hervorzuheben, die in der Formel frei vorkommen können. Eine Interpretation muß dann auch eine Belegung dieser freien Variablen enthalten. Wenn keine freien Variablen vorkommen, so liegt eine Aussage vor. Dann reicht es für die Interpretation, daß für die gebundenen Variablen Bereiche und für die Konstantensymbole Denotate bereitgestellt werden.

Formeln drücken Behauptungen aus und werden durch Wahrheitswerte W oder F bewertet. Wenn eine Formel bei einer Interpretation durch den Wahrheitswert W bewertet wird, so sagt man auch, sie sei wahr oder erfüllt (in der Interpretation). In der Logik betrachtet man Formeln als syntaktische Objekte einer Metatheorie, die Syntax und Semantik umfaßt. Der normale inhaltliche Gebrauch der Sprache besteht darin, eine Formel hinzuschreiben und sie dadurch (als erfüllt) zu behaupten. Die gemeinte Interpretation ist dabei dem Kontext zu entnehmen. Oft sind mehrere Interpretationen gemeint, etwa daß die Behauptung für alle Belegungen der freien Variablen oder alle Interpretationen gemeint ist, oder es wird die Behauptung in Abhängigkeit von den Werten gewisser Variablen gesehen.

In dieser Norm stehen die Buchstaben φ, ψ, θ für Formeln (bei syntaktischer Betrachtung) bzw. Behauptungen (bei inhaltlicher Verwendung).

2.8 Terme

Unter den Ausdrücken der Sprache gibt es ferner Terme. Diese haben als semantische Werte Objekte und können als Namen dieser Objekte (relativ zu einer Interpretation) aufgefaßt werden. Man redet von Individuentermen, wenn diese Objekte Individuen sind, wie es z.B. bei den Individuenvariablen der Fall ist. Die Werte von Termen können auch Klassen von Individuen, Relationen zwischen Individuen und Funktionen von Individuen in Individuen sein. Entsprechend kann man solche Terme als Klassenterme, Relationsterme bzw. Funktionsterme bezeichnen.

In dieser Norm stehen a, b für Individuen, A, B für Klassen, Q, R für Relationen, f, g für Funktionen (bei inhaltlicher Verwendung) bzw. für Individuenterme, Klassenterme, Relationsterme, Funktionsterme (bei syntaktischer Betrachtung).

3 Logik

3.1 Junktoren

Junktoren sind syntaktisch dadurch charakterisiert, daß sie Formeln zu neuen Formeln verbinden. Semantisch ist ein Junktor durch eine Wahrheitstafel charakterisiert, die in der Definitionsspalte angegeben ist. Für die Wahrheitswerte wird hier W (wahr) und F (falsch) geschrieben. In der englischsprachigen Literatur findet man T (true) und F (false). Man schreibt auch 1 für W und 0 für F.

Zu Klammerregeln und weiteren Junktoren siehe Anmerkungen.

Nr	Zeichen/Verwendung	Sprechweise/Benennung	Definition	Bemerkungen
3.1.1	$\neg\varphi$	nicht φ Negation von φ	φ | $\neg\varphi$ W | F F | W	Die Negation einer Gleichung oder einer mit einem Relationszeichen gebildeten Formel wird oft durch Durchstreichen angegeben. Man schreibt: $a \neq b$ für $\neg(a=b)$, $a \notin A$ für $\neg(a \in A)$.
3.1.2	$\varphi \wedge \psi$	φ und ψ, Konjunktion von φ und ψ	φ | ψ | $\varphi \wedge \psi$ W | W | W F | W | F W | F | F F | F | F	
3.1.3	$\varphi \vee \psi$	φ oder ψ, Disjunktion von φ und ψ	φ | ψ | $\varphi \vee \psi$ W | W | W F | W | W W | F | W F | F | F	Es handelt sich um das einschließende Oder, bisweilen auch Und-oder genannt. Zum ausschließenden Entweder-oder siehe Anmerkungen. Als Merkhilfe: Das Zeichen $\vee$ erinnert an den ersten Buchstaben des lateinischen Wortes vel.

Nr	Zeichen/Verwendung	Sprechweise/Benennung	Definition	Bemerkungen
3.1.4	$\varphi \longrightarrow \psi$	Wenn φ, so ψ, Subjunktion von φ und ψ, φ subjungiert ψ, φ impliziert ψ	φ | ψ | $\varphi \longrightarrow \psi$ W | W | W F | W | W W | F | F F | F | W	Für $\varphi \longrightarrow \psi$ wird auch $\varphi \Longrightarrow \psi$ geschrieben. Man beachte, daß Subjunktion nicht dasselbe besagt wie logische Folgerung. Aus einer Formel folgt logisch eine Formel, wenn die damit gebildete Subjunktion allgemeingültig ist.
3.1.5	$\varphi \longleftrightarrow \psi$	φ genau dann, wenn ψ Äquijunktion von φ und ψ, φ äquivalent zu ψ	φ | ψ | $\varphi \longleftrightarrow \psi$ W | W | W F | W | F W | F | F F | F | W	Für $\varphi \longleftrightarrow \psi$ wird auch $\varphi \Longleftrightarrow \psi$ geschrieben. Man beachte, daß Äquijunktion nicht dasselbe besagt wie logische Äquivalenz. Zwei Formeln sind logisch äquivalent, wenn die damit gebildete Äquijunktion allgemeingültig ist.
3.1.6	$\top$	Verum	$\top$ W	Verum ist eine logische Aussagenkonstante und kann als nullstelliger Junktor betrachtet werden, der für sich allein eine Formel ist.
3.1.7	$\bot$	Falsum	$\bot$ F	Falsum ist eine logische Aussagenkonstante und kann als nullstelliger Junktor betrachtet werden, der für sich allein eine Formel ist.
3.1.8	$\bigwedge_{i=1}^{n} \varphi_i$	Konjunktion über φ_i von 1 bis n	$\bigwedge_{i=1}^{1} \varphi_i =_{\text{def}} \varphi_1$, $\bigwedge_{i=1}^{n+1} \varphi_i =_{\text{def}} (\bigwedge_{i=1}^{n} \varphi_i \wedge \varphi_{n+1})$	Man schreibt auch $\bigwedge(\varphi_1, \ldots, \varphi_n)$. Als Grenzfall der leeren Konjunktion setzt man: $\bigwedge_{i=1}^{0} \varphi_i =_{\text{def}} \top$.
3.1.9	$\bigvee_{i=1}^{n} \varphi_i$	Disjunktion über φ_i von 1 bis n	$\bigvee_{i=1}^{1} \varphi_i =_{\text{def}} \varphi_1$, $\bigvee_{i=1}^{n+1} \varphi_i =_{\text{def}} (\bigvee_{i=1}^{n} \varphi_i \vee \varphi_{n+1})$	Man schreibt auch $\bigvee(\varphi_1, \ldots, \varphi_n)$. Als Grenzfall der leeren Disjunktion setzt man: $\bigvee_{i=1}^{0} \varphi_i =_{\text{def}} \bot$.

3.2 Quantoren

Quantoren sind syntaktisch dadurch charakterisiert, daß sie aus einer Formel in Verbindung mit einer Variablen, die dabei gebunden wird, eine Formel bilden. Bei den relativierten Quantoren tritt noch ein Klassenterm hinzu, auf den relativiert wird.

Nr	Zeichen/Verwendung	Sprechweise/Benennung	Definition	Bemerkungen
3.2.1	$\forall x\, \varphi(x)$ relativierter Allquantor: $\forall x \in A\ \varphi(x)$	Für alle x (gilt) $\varphi(x)$ Für alle x aus A (gilt) $\varphi(x)$	Semantik entsprechend der Sprechweise $\forall x (x \in A \longrightarrow \varphi(x))$	Man benutzt auch mehrstellige Allquantoren und Existenzquantoren : $\forall x_1 x_2 \ldots x_n \varphi(x_1, \ldots, x_n)$ steht für $\forall x_1 \forall x_2 \ldots \forall x_n \varphi(x_1, \ldots, x_n)$ und $\exists x_1 x_2 \ldots x_n \varphi(x_1, \ldots, x_n)$ steht für $\exists x_1 \exists x_2 \ldots \exists x_n \varphi(x_1, \ldots, x_n)$. Ferner benutzt man mehrstellige relativierte Allquantoren und Existenzquantoren : $\forall x_1 \ldots x_n \in A\ \varphi(x_1, \ldots, x_n)$ steht für $\forall x_1 \in A \ldots \forall x_n \in A\ \varphi(x_1, \ldots, x_n)$ und $\exists x_1 \ldots x_n \in A\ \varphi(x_1, \ldots, x_n)$ steht für $\exists x_1 \in A \ldots \exists x_n \in A\ \varphi(x_1, \ldots, x_n)$. Die relativierte Form erspart die Vereinbarung des Bereichs für die Variablen. Man setzt dann automatisch voraus, daß der Bereich der Variablen die Klasse A umfaßt.
3.2.2	$\exists x\, \varphi(x)$ relativierter Existenzquantor: $\exists x \in A\ \varphi(x)$	Es gibt (wenigstens) ein x mit $\varphi(x)$ Es gibt (wenigstens) ein x aus A mit $\varphi(x)$	Semantik entsprechend der Sprechweise $\exists x (x \in A \wedge \varphi(x))$	
3.2.3	$\overset{1}{\exists} x\ \varphi(x)$ in relativierter Form: $\overset{1}{\exists} x \in A\ \varphi(x)$	Es gibt genau ein x mit $\varphi(x)$ Es gibt genau ein x aus A mit $\varphi(x)$	$\exists y\, \forall x\, (\varphi(x) \longleftrightarrow x = y)$ $\exists y \in A\, \forall x \in A (\varphi(x) \longleftrightarrow x = y)$	Man schreibt auch $\exists !\, x\, \varphi(x)$. Das Zeichen $\overset{1}{\exists}$ wird empfohlen, da es sich leicht verallgemeinern läßt. So sind z.B. $\exists^{n}$ (es gibt genau n), $\exists^{>n}$ (es gibt mehr als n), $\exists^{\leq n}$ (es gibt höchstens n) sofort verständlich.

3.3 Kennzeichnungsoperator

Der Kennzeichnungsoperator ist syntaktisch dadurch charakterisiert, daß er aus einer Formel in Verbindung mit einer Variablen, die dabei gebunden wird, einen Term bildet. Dabei wird vorausgesetzt, daß $\overset{1}{\exists} x\, \varphi(x)$ erfüllt ist.

Nr	Zeichen/Verwendung	Sprechweise/Benennung	Definition	Bemerkungen
3.3.1	$\iota x\, \varphi(x)$ in relativierter Form: $\iota x \in A\ \varphi(x)$	Das (eindeutig bestimmte) x mit $\varphi(x)$ Das (eindeutig bestimmte) x aus A mit $\varphi(x)$	Semantik entsprechend der Sprechweise $\iota x\,(x \in A \wedge \varphi(x))$	Es soll hier nicht festgelegt werden, wie zu verfahren ist, wenn $\neg \overset{1}{\exists} x\, \varphi(x)$ erfüllt ist.

3.4 Modaloperatoren

Es wird in Abschnitt 3.4 ein Rahmen von Zuständen (möglichen Welten) und eine Erreichbarkeitsrelation zwischen Zuständen vorausgesetzt. Für die Bewertung einer Formel wird jeweils ein Zustand (Ausgangszustand, aktueller Zustand) zugrundegelegt.

Nr	Zeichen/Verwendung	Sprechweise/Benennung	Definition	Bemerkungen
3.4.1	$\Box \varphi$	Es ist notwendig, daß φ	In allen erreichbaren Zuständen (möglichen Welten) ist φ erfüllt	
3.4.2	$\Diamond \varphi$	Es ist möglich, daß φ	Es gibt (wenigstens) einen erreichbaren Zustand (mögliche Welt), in dem φ erfüllt ist	
3.4.3	$[\alpha]\varphi$	Nach Ablauf von α gilt notwendigerweise φ	Wie in 3.4.1, wobei diejenigen Zustände erreichbar sind, zu denen das Programm α führt	Es wird in 3.4.3 und 3.4.4 vorausgesetzt, daß in der Sprache Ausdrücke für Programme vorhanden sind. Diese sind i. allg. indeterministisch, d. h. sie können von einem Ausgangszustand zu

Nr	Zeichen/Verwendung	Sprechweise/Benennung	Definition	Bemerkungen
3.4.4	$\langle\alpha\rangle\varphi$	Nach Ablauf von α gilt möglicherweise φ	Wie in 3.4.2, wobei diejenigen Zustände erreichbar sind, zu denen das Programm α führt	mehreren Endzuständen führen.

3.5 Metatheoretische Zeichen

Die folgenden Zeichen gehören nicht der Objektsprache an. Sie dienen dazu, Aussagen über diese Sprache zu machen.

Nr	Zeichen/Verwendung	Sprechweise/Benennung	Definition	Bemerkungen
3.5.1	$\mathcal{J} \models \varphi$	$\mathcal{J}$ erfüllt φ $\mathcal{J}$ ist Modell von φ	Die Interpretation $\mathcal{J}$ ordnet der Formel φ den Wahrheitswert W zu	Eine Interpretation $\mathcal{J}$ wird gegeben durch Bereiche für die gebundenen Variablen, durch Denotate für die Konstanten und durch eine Belegung, die den freien Variablen Werte aus ihrem Bereich zuweist. Die Bereiche und Konstantendenotate kann man zu einer Struktur zusammenfassen, wie es in Abschnitt 8 für den speziellen Fall, daß nur ein Bereich vorliegt, gemacht ist.
3.5.2	$\models \varphi$	φ ist allgemeingültig	Jede Interpretation erfüllt φ	
3.5.3	$\varphi_1, \ldots, \varphi_n \models \varphi$	Aus $\varphi_1, \ldots, \varphi_n$ folgt φ	Jede Interpretation, die $\varphi_1, \ldots, \varphi_n$ erfüllt, erfüllt auch φ	Man schreibt auch $\varphi_1, \ldots, \varphi_n \Vdash\!\!- \varphi$. Die Folgerung $\varphi_1, \ldots, \varphi_n \models \varphi$ ist gleichbedeutend mit der Allgemeingültigkeit der Subjunktion $\models (\varphi_1 \wedge \ldots \wedge \varphi_n \longrightarrow \varphi)$.

Nr	Zeichen/Verwendung	Sprechweise/Benennung	Definition	Bemerkungen
3.5.4	$\varphi_1, \ldots, \varphi_n \vdash \varphi$	Aus $\varphi_1, \ldots, \varphi_n$ ist φ ableitbar	Aus $\varphi_1, \ldots, \varphi_n$ als Annahmen ist φ mit den Regeln eines Beweiskalküls ableitbar	Der Ableitungskalkül muß angegeben werden oder aus dem Kontext hervorgehen.

4 Klassen und Mengen

Es stehen A, B für Klassen und a, b für Individuen (bei inhaltlicher Verwendung) bzw. für Klassenterme und Individuenterme (bei syntaktischer Betrachtung). Als Elemente von Klassen treten genau die Individuen auf, die man deshalb auch oft einfach als Elemente bezeichnet.

Nr	Zeichen/Verwendung	Sprechweise/Benennung	Definition	Bemerkungen
4.1	$a \in A$	a ist Element von A	Grundbegriff	Das Elementzeichen $\in$ ist ein stilisiertes kleines griechisches Epsilon.
4.2	$a \notin A$	a ist nicht Element von A	$\neg(a \in A)$	
4.3	$\{x \mid \varphi(x)\}$ in relativierter Form: $\{x \in A \mid \varphi(x)\}$	Klasse (Menge) aller x mit $\varphi(x)$ Klasse (Menge) aller x aus A mit $\varphi(x)$	Grundbegriff $\{x \mid x \in A \wedge \varphi(x)\}$	Man schreibt auch $\{x : \varphi(x)\}$. Der Klassenbildungsoperator $\{\ldots \mid \ldots\}$ macht aus einer Beschreibung $\varphi(x)$, welche Elemente eine Klasse hat, und einer Variablen x, die dabei gebunden wird, einen Namen der Klasse.
4.4	$\{a(x_1,..,x_n) \mid \varphi(x_1,..,x_n)\}$	Klasse (Menge) aller $a(x_1,..,x_n)$ mit $\varphi(x_1,..,x_n)$	$\{z \mid \exists x_1 \ldots \exists x_n (z = a(x_1,..,x_n) \wedge \varphi(x_1,..,x_n))\}$	Der allgemeine Klassenbildungsoperator benutzt an der Stelle der Variablen einen Term, der keine Variable ist. Die Variablen $x_1, \ldots, x_n$, über die sich

Nr	Zeichen/Verwendung	Sprechweise/Benennung	Definition	Bemerkungen
				die Klassenbildung erstreckt, sind dem Kontext zu entnehmen.
4.5	$\{a_1, \ldots, a_n\}$	Menge mit den Elementen $a_1, \ldots, a_n$	$\{x \mid x=a_1 \vee \ldots \vee x=a_n\}$	Für $n=1$ handelt es sich um eine Einermenge (Singleton), für $n=2$ und $a_1 \neq a_2$ um eine Zweiermenge.
4.6	$\emptyset$	leere Menge	$\{x \mid x \neq x\}$	Die leere Menge enthält keine Elemente. Zur Definition kann auch jede andere unerfüllbare Bedingung genommen werden.
4.7	$A \subseteq B$	A ist Teilklasse (Teilmenge) von B, A sub B	$\forall x\,(x \in A \longrightarrow x \in B)$	Man schreibt auch $A \subset B$, doch vermeide man Verwechslung mit der echten Inklusion Nr.4.8. Die Inklusionsbeziehung $\subseteq$ hat die Bedeutung von "enthalten **oder** gleich". Wenn B eine Menge ist, so auch A. $A \supseteq B$ ist gleichbedeutend mit $B \subseteq A$.
4.8	$A \subsetneqq B$	A ist echte Teilklasse (Teilmenge) von B, A echt sub B	$A \subseteq B \wedge A \neq B$	Man schreibt auch $A \subset B$, doch vermeide man Verwechslung mit der Inklusion Nr.4.7. Die echte Inklusionsbeziehung $\subsetneqq$ hat die Bedeutung von "enthalten **und** ungleich". $A \supsetneqq B$ ist gleichbedeutend mit $B \subsetneqq A$.
4.9	$A \cap B$	A geschnitten mit B, Durchschnitt von A und B	$\{x \mid x \in A \wedge x \in B\}$	$A \cap B$ enthält die A und B gemeinsamen Elemente und ist Menge, wenn A oder B Menge ist. Für die in Nr.4.9 bis Nr.4.12 eingeführten Schreibweisen werden keine Klammerregeln vorgeschlagen. Man muß also bei verschachtelter Verwendung Klammern setzen.

Nr	Zeichen/Verwendung	Sprechweise/Benennung	Definition	Bemerkungen
4.10	$A \cup B$	A vereinigt mit B, Vereinigung von A und B	$\{x \mid x \in A \vee x \in B\}$	$A \cup B$ enthält die Elemente von A und die Elemente von B und ist Menge, wenn A und B Mengen sind.
4.11	$A \setminus B$	A ohne B, Differenz von A und B, relatives Komplement von B bzgl. A	$\{x \mid x \in A \dot{\wedge} x \notin B\}$	Man schreibt auch $\complement_A B$. $A \setminus B$ enthält die nicht in B liegenden Elemente von A und ist Menge, wenn A Menge ist. Es ist nicht erforderlich, daß B eine Teilklasse von A ist.
4.12	$\setminus B$	(absolutes) Komplement von B	$\{x \mid x \notin B\}$	Man schreibt auch $\overline{B}$ und $\complement B$. Es werden oft die Schreibweisen des absoluten Komplements verwendet, um damit das relative Komplement bezüglich einer nicht genannten (aus dem Kontext ersichtlichen) Menge zu bezeichnen. $\setminus B$ enthält die nicht in B liegenden Individuen. Wenn B eine Menge ist, so ist das absolute Komplement $\setminus B$ keine Menge.
4.13	$\bigcap_{i \in I} A_i$ $\bigcap A$	Durchschnitt über die A_i mit $i \in I$ Durchschnitt über A	$\{x \mid \forall i \in I \; x \in A_i\}$ $\{x \mid \forall y \in A \; x \in y\}$	$\bigcap_{i \in I} A_i$ enthält die allen A_i (für $i \in I$) gemeinsamen Elemente und ist Menge, wenn wenigstens ein A_i Menge ist.
4.14	$\bigcup_{i \in I} A_i$ $\bigcup A$	Vereinigung über die A_i mit $i \in I$ Vereinigung über A	$\{x \mid \exists i \in I \; x \in A_i\}$ $\{x \mid \exists y \in A \; x \in y\}$	$\bigcup_{i \in I} A_i$ enthält die Elemente aller A_i (für $i \in I$) und ist Menge, wenn I und alle A_i Mengen sind.
4.15	$\mathcal{P}(A)$	Potenzklasse (Potenzmenge) von A	$\{x \mid x \subseteq A\}$	Wenn A eine Menge ist, so enthält $\mathcal{P}(A)$ genau alle Teilmengen von A und ist auch Menge.

5 Standard-Zahlenmengen

Die unten eingeführten Zeichen haben eine Standardbedeutung. Sie sollen nicht zur Bezeichnung anderer Mengen oder als Variablen verwendet werden.

Die Herausnahme der Null aus einer dieser Mengen wird durch das Hochzeichen * gekennzeichnet. So ist z. B. $\mathbb{N}^*$ die Menge der natürlichen Zahlen ausschließlich 0. Einschränkung auf die positiven Zahlen der Menge wird durch das Hochzeichen $^+$ gekennzeichnet. So ist z. B. $\mathbb{Q}^+$ die Menge der positiven rationalen Zahlen.

Nr	Zeichen/Verwendung	Sprechweise/Benennung	Definition	Bemerkungen
5.1	$\mathbb{N}$ oder **N**	Doppelstrich-N	Menge der nichtnegativen ganzen Zahlen. Menge der natürlichen Zahlen. Dieses sind die Kardinalzahlen der endlichen Mengen	$\mathbb{N}$ enthält die Zahl 0. Es ist auch üblich, die Menge der positiven ganzen Zahlen mit $\mathbb{N}$ zu bezeichnen und dann mit $\mathbb{N}_0$ die Menge der nichtnegativen ganzen Zahlen.
5.2	$\mathbb{Z}$ oder **Z**	Doppelstrich-Z	Menge der ganzen Zahlen	Hier handelt es sich genauer gesagt um ganzrationale Zahlen. In der Zahlentheorie definiert man auch ganzalgebraische Zahlen.
5.3	$\mathbb{Q}$ oder **Q**	Doppelstrich-Q	Menge der rationalen Zahlen	
5.4	$\mathbb{R}$ oder **R**	Doppelstrich-R	Menge der reellen Zahlen	
5.5	$\mathbb{C}$ oder **C**	Doppelstrich-C	Menge der komplexen Zahlen	

6 Relationen

Hier werden binäre, d. h. zweistellige Relationen betrachtet. Diese werden mit Klassen von geordneten Paaren identifiziert. (Bisweilen wird eine solche Klasse von Paaren als Graph der Relation bezeichnet und die Relation mit einem Tripel (A, B, R) mit $R \subseteq A \times B$ gleichgesetzt). Es stehen R, Q für Relationen (bei inhaltlicher Verwendung) bzw. für Relationsterme (bei syntaktischer Betrachtung).

Nr	Zeichen/Verwendung	Sprechweise/Benennung	Definition	Bemerkungen
6.1	(a, b) oder $\langle a, b \rangle$	(geordnetes) Paar von a und b	Charakteristische Eigenschaft: $(a_1, a_2) = (b_1, b_2) \longleftrightarrow a_1 = b_1 \wedge a_2 = b_2$	Es gibt verschiedene mengentheoretische Definitionen von Paaren. In der Definitionsspalte ist nur die Eigenschaft angegeben, die alle solchen Definitionen liefern müssen. Es ist x die erste und y die zweite Koordinate (auch Komponente) von (x, y). Um (bei Zahlen als Koordinaten) Verwechslungen mit dem Dezimalkomma zu vermeiden, wird auch ; oder | als Trennzeichen genommen. n-Tupel lassen sich als iterierte Paare einführen: $(a_1, \ldots, a_n, a_{n+1}) =_{\text{def}} ((a_1, \ldots, a_n), a_{n+1})$.
6.2	Rel(R)	R ist eine Relation	$\forall z \in R\ \exists x\, y\ z = (x, y)$	Eine Relation ist hiernach eine Klasse, die nur Paare als Elemente hat. n-stellige Relationen sind entsprechend Klassen von n-Tupeln.
6.3	$a R b$	a steht in der Relation R zu b, R trifft zu auf a, b	$(a, b) \in R$	Die Schreibweise mit dem Relationszeichen zwischen den Argumenttermen bezeichnet man als Infixschreibweise. Bei n-stelligen Relationen setzt man auch das Relationszeichen vor die Argumente und schreibt $Ra_1 \ldots a_n$ für $(a_1, \ldots, a_n) \in R$ (Präfixschreibweise). Bei nachgestelltem Relations-

Nr	Zeichen/Verwendung	Sprechweise/Benennung	Definition	Bemerkungen
				zeichen spricht man von Postfixschreibweise. Für die Negation $\neg aRb$ schreibt man auch mit Durchstreichung des Relationszeichens $a \not R b$.
6.4	$\{x, y \mid \varphi(x, y)\}$ in relativierter Form: $\{x \in A, y \in B \mid \varphi(x, y)\}$	Die Relation zwischen x, y mit $\varphi(x, y)$ Die Relation zwischen x aus A und y aus B mit $\varphi(x, y)$	$\{z \mid \exists x\, y\, (z = (x, y) \wedge \varphi(x, y))\}$ $\{z \mid \exists x \in A\, \exists y \in B (z = (x, y) \wedge \varphi(x, y))\}$	Der Relationsbildungsoperator $\{\ldots, \ldots \mid \ldots\}$ macht aus einer Beschreibung $\varphi(x, y)$, welche Individuen in der Relation stehen, und Variablen x, y, die dabei gebunden werden, einen Namen der Relation. Man schreibt auch mit Paarklammern $\{(x, y) \mid \varphi(x, y)\}$ im Sinne von Nr. 4.4.
6.5	$A \times B$	(kartesisches) Produkt von A und B, A Kreuz B	$\{x, y \mid x \in A \wedge y \in B\}$	$A \times B$ enthält als Elemente genau alle Paare mit erster Koordinate in A und zweiter Koordinate in B und ist Menge, wenn A und B Mengen sind. Man schreibt auch A^2 für $A \times A$ und A^n für die Klasse aller n-Tupel mit Koordinaten aus A. Siehe auch Nr. 7.13 und Nr. 7.14.
6.6	id_A	Identitätsrelation auf A	$\{x, y \mid x = y \wedge x \in A\}$	id_A enthält als Elemente genau alle Paare (x, x) mit $x \in A$ und ist eine Funktion. Der Index A wird auch weggelassen, wenn er ersichtlich ist.
6.7	R^{-1}	Umkehrrelation von R, inverse Relation zu R	$\{x, y \mid y R x\}$	R^{-1} enthält als Elemente genau die Paare (x, y) mit $(y, x) \in R$.
6.8	$\mathrm{D}(R)$	Vorbereich von R Definitionsbereich von R	$\{x \mid \exists y\, (x R y)\}$	Die Relation R kann insbesondere eine Funktion sein. In diesem Fall spricht man vom Definitionsbereich. Man schreibt auch $\mathrm{dom}(R)$ (engl. domain).

Nr	Zeichen/Verwendung	Sprechweise/Benennung	Definition	Bemerkungen
6.9	$\mathrm{W}(R)$	Nachbereich von R Wertebereich von R	$\{y \mid \exists x\,(x R y)\}$	Die Relation R kann insbesondere eine Funktion sein. In diesem Fall spricht man vom Wertebereich. Man schreibt auch ran (R) (engl. range).
6.10	$R \circ Q$	Relationenprodukt von R und Q, R verkettet mit Q R hintereinandergeschaltet mit Q	$\{x, y \mid \exists z\,(xRz \wedge zQy)\}$	Die Relationen R, Q können insbesondere auch Funktionen sein. Dann ist $R \circ Q$ auch eine Funktion. Bei Funktionen verwendet man oft eine andere Reihenfolge der Hintereinanderausführung (siehe Nr. 7.6).
6.11	$R[A]$	das R-Bild von A, Bildklasse von A unter R	$\{y \mid \exists x \in A\,(x R y)\}$	Man schreibt auch mit runden Klammern $R(A)$ oder einfach RA. Man vermeide Verwechslungen von Bildklasse und Funktionswert.
6.12		R ist reflexiv auf A	$\forall x \in A\; xRx$	Gleichwertige Definition: $\mathrm{id}_A \subseteq R$.
6.13		R ist symmetrisch	$\forall x y\,(xRy \longrightarrow yRx)$	Gleichwertige Definition: $R^{-1} \subseteq R$.
6.14		R ist transitiv	$\forall x y z\,(xRy \wedge yRz \longrightarrow xRz)$	Gleichwertige Definition: $R \circ R \subseteq R$.
6.15		R ist komparativ, R ist euklidisch	$\forall x y z\,(xRz \wedge yRz \longrightarrow xRy)$	Gleichwertige Definition: $R \circ R^{-1} \subseteq R$.
6.16		R ist antisymmetrisch, R ist identitiv	$\forall x y\,(xRy \wedge yRx \longrightarrow x = y)$	Gleichwertige Definition für $R \subseteq A \times A$: $R \cap R^{-1} \subseteq \mathrm{id}_A$.
6.17		R ist asymmetrisch	$\forall x y\, \neg(xRy \wedge yRx)$	Gleichwertige Definition: $R \cap R^{-1} = \emptyset$.

Nr	Zeichen/Verwendung	Sprechweise/Benennung	Definition	Bemerkungen
6.18		R ist konnex auf A	$\forall x\, y \in A\, (xRy \vee yRx)$	Gleichwertige Definition für $R \subseteq A \times A$: $R \cup R^{-1} = A \times A$.
6.19		R ist semikonnex auf A	$\forall x\, y \in A\, (xRy \vee yRx \vee x = y)$	Gleichwertige Definition für $R \subseteq A \times A$: $R \cup R^{-1} \cup \mathrm{id}_A = A \times A$.
6.20		R ist Äquivalenzrelation auf A	R ist reflexiv auf A, symmetrisch und transitiv	Beispiel: Wenn f eine Funktion ist, so ist $\{x, y \mid f(x) = f(y)\}$ eine Äquivalenzrelation auf dem Definitionsbereich von f. Äquivalenzrelationen werden oft durch Zeichen wie $\sim$, $\approx$, $\asymp$, $\equiv$ o. ä. bezeichnet.
6.21	a_R	Äquivalenzklasse von a unter R	$\{x \mid xRa\}$	Hierbei ist R eine Äquivalenzrelation auf A. Man sagt auch, daß a ein Repräsentant der Äquivalenzklasse a_R ist.
6.22	$A/_R$	Quotient von A nach R Klasse der Äquivalenzklassen	$\{x_R \mid x \in A\}$	Hierbei ist R eine Äquivalenzrelation auf A. Eine Teilklasse von A, die aus jeder Äquivalenzklasse genau ein Element enthält, wird als Repräsentantensystem der Äquivalenzklassen bezeichnet.

7 Funktionen

Hier werden einstellige Funktionen betrachtet. Diese werden mit rechtseindeutigen Relationen identifiziert. (Bisweilen wird eine solche Klasse von Paaren als Graph der Funktion bezeichnet und die Funktion mit einem Tripel (A, B, f) mit $f: A \dashrightarrow B$ gleichgesetzt). Es stehen f, g für Funktionen (bei inhaltlicher Verwendung) bzw. für Funktionsterme (bei syntaktischer Betrachtung).

Nr	Zeichen/Verwendung	Sprechweise/Benennung	Definition	Bemerkungen
7.1	Fkt(f)	f ist eine Funktion, f ist eine Abbildung	Rel$(f) \wedge \forall x y_1 y_2 (x f y_1 \wedge x f y_2 \longrightarrow y_1 = y_2)$	Wenn f eine Funktion ist und $(a, b) \in f$, so ist a ein Argument von f und b der zugehörige (eindeutig bestimmte) Funktionswert. n-stellige Funktionen sind Funktionen, deren Definitionsbereich eine Klasse von n-Tupeln ist. Bei der graphischen Darstellung einer einstelligen Funktion mit reellen Argumenten und Werten notiert man die Argumente auf der waagerechten und die Werte auf der senkrechten Achse, siehe Bild: 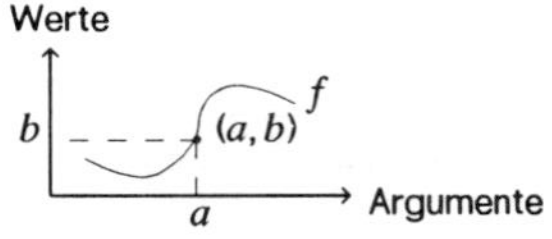
7.2	D(f)	Definitionsbereich von f	$\{x \mid \exists y\, (x f y)\}$	Es handelt sich im relationentheoretischen Sinne um den Vorbereich (siehe Nr. 6.8). Wenn D(f) eine Menge ist, so auch W(f).
7.3	W(f)	Wertebereich von f	$\{y \mid \exists x\, (x f y)\}$	Es handelt sich im relationentheoretischen Sinne um den Nachbereich (siehe Nr. 6.9).

Nr	Zeichen/Verwendung	Sprechweise/Benennung	Definition	Bemerkungen
7.4	$f(a)$ oder af	f angewendet auf a, f von a, oder a abgebildet mit f	$\iota y\,(afy)$	Es ist hierbei vorauszusetzen, daß f eine Funktion ist und $a \in \mathrm{D}(f)$, damit es genau ein y mit $(a,y) \in f$ gibt. Bei einer n-stelligen Funktion und dem Argument $(a_1, \ldots, a_n)$ schreibt man für den Funktionwert gewöhnlich $f(a_1, \ldots, a_n)$. Die Schreibweisen $f(a)$ bzw. $f(a_1, \ldots, a_n)$ sind Präfixschreibweisen. Bei nachgestelltem Funktionszeichen liegen Postfixschreibweisen vor. Bei zweistelligen Funktionen verwendet man auch eine Infixschreibweise (siehe Nr. 7.15).
7.5	$f\|A$	Einschränkung von f auf A	$f \cap (A \times \mathrm{W}(f))$	Oft wird $f\|A$ wieder mit f bezeichnet. Das kann jedoch zu Mißverständnissen führen.
7.6	fg	f nach g (angewendet), erst g, dann f (angewendet)	$g \circ f$	Es handelt sich um Hintereinanderanwendung, wobei f nach g, also erst g und dann f, auf Argumente angewendet werden. Wenn a aus dem Definitionsbereich dieser Funktion ist, so gelten $(fg)(a) = f(g(a))$ und $a(g \circ f) = (ag)f$. Mit der Präfixschreibweise für den Funktionswert empfiehlt sich die Schreibweise fg und die Sprechweise "f nach g". Mit der Postfixschreibweise für den Funktionswert empfiehlt sich die Schreibweise $g \circ f$ und die Sprechweise "erst g, dann f". Wenn die Werte von f und g Zahlen sind, so schreibt man fg auch für die punktweise ausgeführte Multiplikation $x \longmapsto f(x) \cdot g(x)$ und dann

Nr	Zeichen/Verwendung	Sprechweise/Benennung	Definition	Bemerkungen
				$f \circ g$ für die Hintereinanderanwendung "f nach g". Doch beachte man, daß das nicht mit der relationentheoretischen Verkettung übereinstimmt.
7.7	$f: A \longrightarrow B$	f ist Abbildung von A in B	$\mathrm{Fkt}(f) \wedge \mathrm{D}(f) = A \wedge \mathrm{W}(f) \subseteq B$	In Nummer 7.7 bis 7.11 läßt man auch die Angabe von f mit dem Doppelpunkt fort und schreibt f über den Pfeil: $A \xrightarrow{f} B$, $A \overset{f}{\twoheadrightarrow} B$, $A \overset{f}{\rightarrowtail} B$ usw.
7.8	$f: A \twoheadrightarrow B$	f ist Surjektion von A auf B, f ist Abbildung von A auf B	$\mathrm{Fkt}(f) \wedge \mathrm{D}(f) = A \wedge \mathrm{W}(f) = B$	Als Merkhilfe: Die doppelte Pfeilspitze weist auf die Besonderheit von B hin, nämlich daß jedes Element von B als Funktionswert auftritt. Man schreibt auch $f: A \xrightarrow{\text{auf}} B$.
7.9	$f: A \rightarrowtail B$	f ist Injektion von A in B, f ist umkehrbare Abbildung von A in B	$f: A \longrightarrow B \wedge \mathrm{Fkt}(f^{-1})$	Als Merkhilfe: Die Feder am linken Pfeilende weist auf die Besonderheit von A hin, nämlich daß verschiedene Elemente von A verschiedene Funktionswerte haben. Man schreibt auch $f: A \xrightarrow{1\text{-}1} B$. Wenn die Werte von f Zahlen sind, so schreibt man f^{-1} auch für die punktweise ausgeführte Reziprokenbildung $x \longmapsto f^{-1}(x)$. Man vermeide Verwechslungen mit der Umkehrrelation von f.
7.10	$f: A \rightarrowtail\!\!\!\twoheadrightarrow B$	f ist Bijektion von A auf B, f ist umkehrbare Abbildung von A auf B	$f: A \twoheadrightarrow B \wedge f: A \rightarrowtail B$	Man schreibt auch $f: A \xrightarrow[\text{auf}]{1\text{-}1} B$.

Nr	Zeichen/Verwendung	Sprechweise/Benennung	Definition	Bemerkungen
7.11	$f: A \dashrightarrow B$	f ist (partielle) Abbildung aus A in B	$\mathrm{Fkt}(f) \wedge \mathrm{D}(f) \subseteq A \wedge \mathrm{W}(f) \subseteq B$	Als Merkhilfe: Der unterbrochene Pfeilschaft weist darauf hin, daß es nicht zu jedem Element von A einen Funktionswert in B geben muß.
7.12	$x \longmapsto a(x)$ oder $\lambda x . a(x)$ in relativierter Form: $x \in A \longmapsto a(x) \in B$	Die Funktion, die x auf $a(x)$ abbildet Die Funktion, die x aus A auf $a(x)$ aus B abbildet	$\{x, y \mid y = a(x)\}$ $(x \longmapsto a(x)) \cap (A \times B)$	Der Funktionsbildungsoperator $\ldots \longmapsto \ldots$ macht aus einer Beschreibung $a(x)$ der Funktionswerte und einer Variablen x, die dabei gebunden wird, einen Namen der Funktion. Oft wird der definierende Term $a(x)$, der neben der Variablen x, über die sich die Funktionsbildung erstreckt, noch weitere Parameter enthalten kann, zur Bezeichnung der Funktion genommen. Das kann zu Mißverständnissen führen. Bei mehrstelligen Funktionen schreibt man $x_1, \ldots, x_n \longmapsto a(x_1, \ldots, x_n)$ bzw. $\lambda x_1 \ldots x_n . a(x_1, \ldots, x_n)$. Für $x \in A \longmapsto a(x)$ findet man auch $\langle a(x) \mid x \in A \rangle$ oder $(a(x))_{x \in A}$.
7.13	$\prod_{i \in I} A_i$	kartesisches Produkt über A_i mit $i \in I$	$\{z \mid \mathrm{Fkt}(z) \wedge \mathrm{D}(z) = I \wedge \forall i \in I\ z(i) \in A_i\}$	Bei endlicher Indexmenge $I = \{1, \ldots, n\}$ besteht eine bijektive Abbildung zwischen der Klasse von n-Tupeln $A_1 \times \ldots \times A_n$ und der Klasse der auf $\{1, \ldots, n\}$ definierten Funktionen mit dem i-ten Funktionswert in A_i. Man schreibt dann auch dafür $\prod_{i=1}^{n} A_i$. Siehe auch Nr. 6.5.
7.14	A^B	A hoch B	$\{z \mid z : B \longrightarrow A\}$	Es gilt $A^B = \prod_{i \in B} A_i$ (wobei $\forall i \in B\ A_i = A$ gilt).

Nr	Zeichen/Verwendung	Sprechweise/Benennung	Definition	Bemerkungen
				Um Verwechslungen mit Potenzen von Zahlen zu vermeiden, wird auch ${}^{B}A$ geschrieben.
7.15		f ist Verknüpfung (Operation) in A	$f: A \times A \longrightarrow A$	Es handelt sich um zweistellige Verknüpfungen. n-stellige Verknüpfungen sind entsprechend mit der Menge A^n als Definitionsbereich definiert. Eine partielle Abbildung von $A \times A$ in A wird auch als partielle Verknüpfung, eine Abbildung von $A \times B$ in A als äußere Verknüpfung auf A bezeichnet. Als Verknüpfungzeichen wählt man oft besondere Zeichen wie $+$, $\cdot$, $\sqcup$, $\sqcap$, $\circ$, $\bigcirc$ u. ä. und schreibt bei der Angabe des Funktionswertes das Funktionszeichen zwischen die Argumente (Infixschreibweise), z. B. $a+b$ statt $+(a,b)$, $a \bigcirc b$ statt $\bigcirc(a,b)$ u. ä.
7.16		$\bigcirc$ ist kommutativ	$\forall x\, y \in A \;\; x \bigcirc y = y \bigcirc x$	In Nr 7.16 bis Nr 7.18 ist $\bigcirc$ eine Verknüpfung auf A und e ein Element von A.
7.17		$\bigcirc$ ist assoziativ	$\forall x\, y\, z \in A$ $(x \bigcirc y) \bigcirc z = x \bigcirc (y \bigcirc z)$	
7.18		e ist neutrales Element für $\bigcirc$	$\forall x \in A \;\; x \bigcirc e = e \bigcirc x = x$	

8 Strukturen

Nr	Zeichen/Verwendung	Sprechweise/Benennung	Definition	Bemerkungen
8.1	$(A, c_i, \ldots, f_j, \ldots, R_k, \ldots)$	Struktur mit dem Träger A, den ausgezeichneten Elementen $c_i, \ldots$, Funktionen $f_j, \ldots$ und Relationen $R_k, \ldots$	Es gelten: $A \neq \emptyset$, $c_i \in A, \ldots$, $f_j : A^{n_j} \longrightarrow A, \ldots$, $R_k \subseteq A^{m_k}, \ldots$.	Der Träger wird auch als Individuenbereich oder Universum der Struktur bezeichnet. Die Angabe, von welcher Stellenzahl n_j bzw. m_k (mit $n_j \geq 1$, $m_k \geq 1$) die Funktionen $f_j, \ldots$ bzw. Relationen $R_k, \ldots$ sind, bezeichnet man als Signatur der Struktur. Siehe Anmerkungen.
8.2	$\mathcal{A} \subseteq \mathcal{B}$	$\mathcal{A}$ ist eine Substruktur von $\mathcal{B}$	Mit $\mathcal{A} = (A, c_i, \ldots, f_j, \ldots, R_k, \ldots)$, $\mathcal{B} = (B, d_i, \ldots, g_j, \ldots, Q_k, \ldots)$ gilt (für die i, j, k): $A \subseteq B$, $c_i = d_i$, $f_j = g_j \mid A^{n_j}$, $R_k = Q_k \cap A^{m_k}$.	Eine Substruktur $\mathcal{A}$ von $\mathcal{B}$ enthält die ausgezeichneten Elemente von $\mathcal{B}$, und die ausgezeichneten Funktionen und Relationen von $\mathcal{A}$ sind Einschränkungen der entsprechenden Funktionen bzw. Relationen von $\mathcal{B}$ auf den Träger von $\mathcal{A}$.
8.3	$h : \mathcal{A} \longrightarrow \mathcal{B}$	h ist ein Homomorphismus von $\mathcal{A}$ in $\mathcal{B}$	Mit $\mathcal{A}$, $\mathcal{B}$ wie in Nr. 8.2, gilt (für die i, j, k): (a) $h : A \longrightarrow B$, (b) $h(c_i) = d_i$, (c) $h(f_j(x_1, \ldots, x_{n_j}) = g_j(h(x_1), \ldots, h(x_{n_j}))$, (d) $(x_1, \ldots, x_{m_k}) \in R_k \longrightarrow (h(x_1), \ldots, h(x_{m_k})) \in Q_k$.	Die Bedingungen (a), (b), (c), (d) sind die Homomorphiebedingungen. Wenn in (d) der Äquijunktionspfeil $\longleftrightarrow$ statt des Subjunktionspfeiles $\longrightarrow$ gesetzt wird, so liegt ein starker Homomorphismus vor. Wenn die Struktur keine ausgezeichneten Relationen enthält, so ist jeder Homomorphismus stark.
8.4		h ist ein Epimorphismus von $\mathcal{A}$ auf $\mathcal{B}$	h ist Homomorphismus von $\mathcal{A}$ auf $\mathcal{B}$	

Nr	Zeichen/Verwendung	Sprechweise/Benennung	Definition	Bemerkungen
8.5		h ist ein Monomorphismus von $\mathcal{A}$ in $\mathcal{B}$	h ist starker injektiver Homomorphismus von $\mathcal{A}$ in $\mathcal{B}$	h ist dann ein Isomorphismus auf Bild(h).
8.6		h ist ein Isomorphismus von $\mathcal{A}$ auf $\mathcal{B}$	h ist Monomorphismus von $\mathcal{A}$ auf $\mathcal{B}$	
8.7		h ist ein Endomorphismus von $\mathcal{A}$	h ist Homomorphismus von $\mathcal{A}$ in $\mathcal{A}$	
8.8		h ist ein Automorphismus von $\mathcal{A}$	h ist Isomorphismus von $\mathcal{A}$ auf $\mathcal{A}$	Die Automorphismen von $\mathcal{A}$ bilden mit der Hintereinanderanwendung als Verknüpfung eine Gruppe, die Automorphismengruppe Aut$(\mathcal{A})$ von $\mathcal{A}$.
8.9		$\sim$ ist eine Kongruenzrelation auf $\mathcal{A}$	Mit $\mathcal{A}$ wie in Nr 8.1 gilt: (a) $\sim$ ist Äquivalenzrelation auf A (b) $x_1 \sim y_1 \wedge \ldots \wedge x_{n_j} \sim y_{n_j} \longrightarrow f_j(x_1, \ldots, x_{n_j}) \sim f_j(y_1, \ldots, y_{n_j})$ (c) $x_1 \sim y_1 \wedge \ldots \wedge x_{m_k} \sim y_{m_k} \longrightarrow ((x_1, \ldots, x_{m_k}) \in R_k \longleftrightarrow (y_1, \ldots, y_{m_k}) \in R_k)$	Bei gewissen speziellen Arten von Strukturen lassen sich die Kongruenzrelationen durch gewisse Substrukturen (Normalteiler, Ideale, Filter o.ä.) charakterisieren. Die Quotientenstruktur führt dann auch andere Bezeichnungen, wie z. B. Faktorgruppe, Restklassenring o. ä.
8.10	$\mathcal{A}/_{\sim}$	Quotientenstruktur von $\mathcal{A}$ nach der Kongruenzrelation $\sim$	Struktur, auf welche die kanonische Abbildung $x \longmapsto x_{\sim}$ ein starker Epimorphismus von $\mathcal{A}$ ist	Dabei ist $x_{\sim}$ die Äquivalenzklasse von x nach der Äquivalenzrelation $\sim$ (siehe Nr. 6.21). Der Träger der Quotientenstruktur besteht also aus den Äquivalenzklassen, und Funktionen und Relationen sind repräsentantenweise definiert.

Nr	Zeichen/Verwendung	Sprechweise/Benennung	Definition	Bemerkungen
8.11	Bild(h)	Bild von h	Die Substruktur von $\mathcal{B}$ mit dem Träger $h[A]$	Hierbei ist h als Homomorphismus von $\mathcal{A}$ in $\mathcal{B}$ vorausgesetzt. h ist ein Epimorphismus auf Bild(h).
8.12	Kern(h)	Kern von h	Die Kongruenzrelation $\{x, y \mid h(x) = h(y)\}$ auf $\mathcal{A}$	Hierbei ist h als starker Homomorphismus von $\mathcal{A}$ in $\mathcal{B}$ vorausgesetzt. Dann ist Bild(h) isomorph zur Quotientenstruktur $\mathcal{A}/_{\text{Kern}(h)}$. In speziellen Fällen werden auch die Substrukturen, die die Kongruenzrelation charakterisieren (Normalteiler, Ideale, Filter o. ä.), als Kern bezeichnet.

9 Kardinalzahlen

Nr	Zeichen/Verwendung	Sprechweise/Benennung	Definition	Bemerkungen
9.1	$A \sim B$	A ist gleichzahlig (gleichmächtig, äquivalent) zu B	$\exists z\,(z : A \rightarrowtail\!\!\twoheadrightarrow B)$	Die Gleichzahligkeit ist eine Äquivalenzrelation auf Mengen.
9.2	$\lvert A \rvert$	Kardinalzahl (Mächtigkeit, Anzahl) von A	charakteristische Eigenschaft: $\lvert A \rvert = \lvert B \rvert \longleftrightarrow A \sim B$	Man schreibt auch card(A), $\overset{=}{A}$ oder $\#(A)$. Es sind verschiedene mengentheoretische Definitionen von Kardinalzahlen möglich. In der Definitionsspalte ist die charakteristische Eigenschaft angegeben, die alle solchen Definitionen liefern müssen. Die Klasse der Kardinalzahlen ist keine Menge. Die endlichen Kardinalzahlen kann man mit den natürlichen Zahlen gleichsetzen.

Nr	Zeichen/Verwendung	Sprechweise/Benennung	Definition	Bemerkungen
9.3	$A \preceq B$	A ist nicht mächtiger als B	$\exists z\,(z : A \rightarrowtail B)$	
9.4	$\lvert A \rvert \leq \lvert B \rvert$	$\lvert A \rvert$ ist kleiner oder gleich $\lvert B \rvert$	$A \preceq B$	
9.5	$\lvert A \rvert + \lvert B \rvert$	Summe von $\lvert A \rvert$ und $\lvert B \rvert$, $\lvert A \rvert$ plus $\lvert B \rvert$	$\lvert A \cup B' \rvert$, wobei $B' \sim B$ und $A \cap B' = \emptyset$	
9.6	$\lvert A \rvert \cdot \lvert B \rvert$	Produkt von $\lvert A \rvert$ und $\lvert B \rvert$, $\lvert A \rvert$ mal $\lvert B \rvert$	$\lvert A \times B \rvert$	
9.7	$\lvert A \rvert^{\lvert B \rvert}$	Potenz von $\lvert A \rvert$ mit $\lvert B \rvert$, $\lvert A \rvert$ hoch $\lvert B \rvert$	$\lvert A^B \rvert$	
9.8	$\aleph_0$	Aleph Null	$\lvert \mathbb{N} \rvert$	$\aleph_0$ ist die kleinste unendliche Kardinalzahl, die Kardinalzahl der abzählbar unendlichen Mengen.
9.9	$\aleph_\alpha$	Aleph alpha	die α-te unendliche Kardinalzahl	Der Buchstabe α ist hier eine Variable für Ordinalzahlen. Die Funktion $\alpha \longmapsto \aleph_\alpha$ zählt die unendlichen Kardinalzahlen der Größe nach auf. Siehe Anmerkungen.

Anmerkungen

Zu 3.1

Weitere Junktoren

Die in der Norm angegebenen Junktoren werden in erster Linie zur Verwendung empfohlen. Die folgende Tabelle gibt weitere Junktoren an, zusammen mit Benennungen und Bezeichnungen:

Benennung		NAND	NOR, weder noch	Replikation, falls	Antivalenz, entweder oder, XOR
Zeichen		$\overline{\wedge}$	$\overline{\vee}$	$\longleftarrow$	$\not\leftrightarrow$
Formel		$(\varphi \overline{\wedge} \psi)$	$(\varphi \overline{\vee} \psi)$	$(\varphi \longleftarrow \psi)$	$(\varphi \not\leftrightarrow \psi)$
W	W	F	F	W	F
F	W	W	F	F	W
W	F	W	F	W	W
F	F	W	W	W	F

Die Zeichen $\overline{\wedge}$, $\overline{\vee}$, $\not\leftrightarrow$ werden in der Informatik für die Angabe von Schaltfunktionen verwendet (siehe DIN 44300 Teil 5/11.88 und DIN 66 000/11.85). Für NOR findet man in der Logik auch den Peirce-Pfeil $\downarrow$, der an ein durchgestrichenes $\vee$ erinnert, für NAND kann entsprechend $\uparrow$ verwendet werden.

Klammerregeln

Um deutlich zu machen, welche Teile eines sprachlichen Ausdrucks zusammengehören, kann man Klammern verwenden. Hier werden als Gliederungsklammern (die keine weitere Bedeutung tragen) ausschließlich runde Klammern (und) empfohlen, da andere Klammern oft zusätzlich eine spezifische Bedeutung haben. Gliederungsklammern dürfen entfallen, wenn auf Grund von Verabredungen klar ist, was zusammengehört. Es ist auch erlaubt, zusätzliche Klammern zu setzen, wenn das die Übersichtlichkeit des Ausdrucks erhöht.

Über die Bindungsstärke von Junktoren werden die folgenden Klammerregeln vorgeschlagen:

(a) $\neg$ bindet stärker als zweistellige Junktoren.

(b) $\wedge$, $\vee$ binden stärker als $\longrightarrow$, $\longleftrightarrow$, aber $\wedge$, $\vee$ unter sich sowie $\longrightarrow$, $\longleftrightarrow$ unter sich binden gleichstark.

(c) In mehrgliedrigen Konjunktionen und in mehrgliedrigen Disjunktionen mit Klammerung nach links können diese Klammern weggelassen werden.

(d) Außenklammern einer einzeln stehenden Formel können gesetzt oder weggelassen werden.

Beispiele:

(1) Wenn man eine Formel $\varphi \wedge \psi$ (gemäß (d) ohne Außenklammern) quantifiziert, so müssen Klammern (die dann keine Außenklammern sind) gesetzt werden. Es hat $\forall x\, \varphi \wedge \psi$ eine andere

Bedeutung als $\forall x(\varphi \wedge \psi)$.

(2) Gemäß Regel (c) ist $\bigwedge_{i=1}^{n} \varphi_i$ dasselbe wie $\varphi_1 \wedge \varphi_2 \wedge \ldots \wedge \varphi_n$.

(3) Die Formel $(((\varphi \wedge \psi) \wedge \theta) \longrightarrow (\theta \longrightarrow \varphi))$ kann als $\varphi \wedge \psi \wedge \theta \longrightarrow (\theta \longrightarrow \varphi)$ abgekürzt werden. Weitere Klammern können nicht weggelassen werden.

In mehrgliedrigen Konjunktionen und Disjunktionen können Klammern generell entfallen, wenn es nur auf logische Äquivalenz ankommt, da diese Junktoren bis auf logische Äquivalenz assoziativ sind.

Klammerfreie mehrgliedrige Schreibweisen werden aber nur für Konjunktion und Disjunktion empfohlen, da nur sie dabei der natürlichen Bedeutung entsprechen. So ist z. B. die Antivalenz $\not\leftrightarrow$ zwar bis auf logische Äquivalenz assoziativ, aber iterierte Antivalenz ist kein mehrstelliges Entweder-oder.

Zu 8.1

Man bezeichnet gelegentlich auch das Tupel aus den ausgezeichneten Elementen, Funktionen und Relationen als Struktur auf dem Träger und das Paar aus Träger und der Struktur in diesem Sinne als System.

Zur Bezeichnung von Strukturen nimmt man meist große Buchstaben einer besonderen Schriftart wie Skript, Fraktur oder Schreibschrift und für den Träger dann den entsprechenden großen Antiquabuchstaben.

Der hier betrachtete Strukturbegriff ist der einfachste, doch fallen sehr viele in der Mathematik vorkommende Arten von Strukturen darunter, z. B. Gruppen, Ringe, Körper, Verbände, Ordnungsstrukturen. Es treten aber auch Strukturen mit mehreren Trägermengen auf (z. B. Vektorräume, geometrische Strukturen), Strukturen mit partiellen Verknüpfungen sowie Strukturen mit ausgezeichneten Mengensystemen (z. B. topologische Strukturen). Für weitere Einzelheiten wird auf DIN 13 302/06.78 verwiesen.

Zu 9.9

Ordinalzahlen sind Invarianten von Wohlordnungen bezüglich Isomorphie (so wie Kardinalzahlen Invarianten von Mengen bezüglich Gleichzahligkeit sind). Dabei ist eine Wohlordnung auf einer Klasse A eine strikte lineare Ordnung auf A (d.h. eine Relation, die transitiv, asymmetrisch und semikonnex auf A ist), so daß die Vorgänger jedes Elementes eine Menge bilden und jede nichtleere Teilmenge von A ein kleinstes Element hat. Auf einer endlichen Menge ist jede strikte lineare Ordnung eine Wohlordnung, und die endlichen Ordinalzahlen kann man mit den endlichen Kardinalzahlen, d.h. mit den natürlichen Zahlen gleichsetzen.

Die Ordinalzahlen sind selbst wohlgeordnet, bilden aber keine Menge. Sie werden oft, wie auch natürliche Zahlen, als Indizes verwendet. Sie sind dafür in universeller Weise brauchbar, da sich die Elemente jeder Menge mit Ordinalzahlen durchindizieren lassen.

Zitierte Normen

DIN 1302	Allgemeine mathematische Zeichen und Begriffe
DIN 13 302	Mathematische Strukturen; Zeichen und Begriffe
DIN 44 300 Teil 5	Informationsverarbeitung; Begriffe, Aufbau digitaler Rechensysteme
DIN 66 000	Informationsverarbeitung: Mathematische Zeichen und Symbole der Schaltalgebra
ISO 31-11:1978	Mathematical signs and symbols for use in the physical sciences and technology

Weitere Unterlagen

BARWISE, Jon (Hrsg.) : Handbook of Mathematical Logic. Amsterdam: North-Holland Publ. Comp., 1977

EBBINGHAUS, Heinz-Dieter ; FLUM, Jörg ; THOMAS, Wolfgang: Einführung in die mathematische Logik. 2. Aufl. Darmstadt : Wissensch. Buchges., 1986

LEVY, Azriel: Basic Set Theory, Berlin : Springer Verlag, 1979

Frühere Ausgaben

DIN 5473 : 11.74, 06.76, DIN 5474 : 09.73

Änderungen

Gegenüber der Ausgabe Juni 1976 und DIN 5474/09.73 wurden folgende Änderungen vorgenommen:

a) DIN 5473 wurde mit DIN 5474 zusammengefaßt.

b) Als Quantoren werden nur noch die Zeichen $\forall$, $\exists$ empfohlen.

c) Die Zeichen $\bigwedge$, $\bigvee$ werden zur Darstellung iterierter Konjunktionen und Disjunktionen genommen.

d) Das Verkettungszeichen $\odot$ wurde durch $\circ$ ersetzt, das Verkettungszeichen $\circ$ wird durch Hintereinanderschreiben der Operanden dargestellt.

e) Die Modaloperatoren $\square$, $\diamond$ und $[\alpha]$, $\langle\alpha\rangle$ wurden aufgenommen.

f) Der Abschnitt über Strukturen ist wesentlich erweitert worden.

g) Der Inhalt wurde vollständig überarbeitet.

DK 511.136 : 001.4 : 003.62 Februar 1983

Prozent, Promille

Begriffe, Anwendung

DIN 5477

Per cent, parts per thousand; concepts, use

1 Begriffe

1.1 Bei der Angabe von Quotienten von Zahlen oder Größen gleicher Dimension einschließlich des Geldes ist es beschränkt zulässig (siehe Abschnitt 2), den Zahlenwert dieses Verhältnisses dadurch umzuformen, daß ein Faktor 10^{-2} oder 10^{-3} abgespalten und der Faktor 10^{-2} mit dem Zeichen % und der Faktor 10^{-3} mit dem Zeichen ‰ bezeichnet wird. Das Zeichen % wird „Prozent" oder „Hundertstel", das Zeichen ‰ wird „Promille" oder „Tausendstel" gesprochen. Die auch gebräuchlichen Sprechweisen „vom (oder von) Hundert" mit der abkürzenden Schreibweise „v. H." oder „vom (oder von) Tausend" werden nicht empfohlen.

Um Rechenfehlern, Mehrdeutigkeiten und Mißverständnissen vorzubeugen, wird auf die in den Abschnitten 2, 3 und 4 aufgeführten Beschränkungen hingewiesen.

Es gilt:

$$1\,\% = \frac{1}{100} = 0{,}01 = 10^{-2}$$

$$1\,‰ = \frac{1}{1000} = 0{,}001 = 10^{-3}$$

Beispiele:

$$\text{Steigung} = \frac{\text{Steigungshöhe}}{\text{Kartenlänge des Weges}} = \frac{9{,}5\,\text{m}}{1000\,\text{m}} = 0{,}095 = 9{,}5 \cdot 10^{-2} = 9{,}5\,\%$$

$$\text{Dehnung} = \frac{\text{Längenänderung}}{\text{ursprüngliche Länge}} = \frac{2\,\text{mm}}{0{,}8\,\text{m}} = \frac{2\,\text{mm}}{800\,\text{mm}} = 0{,}0025 = 2{,}5 \cdot 10^{-3} = 2{,}5\,‰$$

$$\text{Provisionssatz} = \frac{\text{Betrag der Provision}}{\text{Betrag des Umsatzes}} = 15 \cdot 10^{-2} = 0{,}15 = 15\,\%$$

Anmerkung: Um „bequeme Zahlenwerte" zu erhalten, ist es nicht in jedem Falle erforderlich, auf Prozent oder Promille auszuweichen. Das gleiche kann man oft auch durch geeignete Einheitenverhältnisse erreichen, z. B.:

$$\text{Dehnung} = \frac{\text{Längenänderung}}{\text{ursprüngliche Länge}} = \frac{2\,\text{mm}}{0{,}8\,\text{m}} = 2{,}5\,\text{mm/m}$$

1.2 Häufig wird der Wert eines Größenverhältnisses vorgegeben, ohne daß die Zahlenwerte von Zähler- und Nennergröße bekannt sind.

Beispiel:

Die Mehrwertsteuer beträgt 13 % des Nettopreises. Dagegen: Der Mehrwertsteuersatz ist 13 %.

$$\text{Mehrwertsteuersatz} = \frac{\text{Betrag der Mehrwertsteuer}}{\text{Betrag des Nettopreises}} = 0{,}13 = 13\,\%$$

Fortsetzung Seite 2 und 3

Normenausschuß Einheiten und Formelgrößen (AEF) im DIN Deutsches Institut für Normung e. V.

Wenn im Einzelfall der Wert der Nennergröße bekannt ist, errechnet sich die Zählergröße als Produkt Wert des Größenverhältnisses mal Nennergröße. Auch innerhalb dieses Produktes kann der Wert des Größenverhältnisses zunächst mit Hilfe des Zahlenfaktors % oder ‰ angegeben werden.

Beispiel:

Betrag der Mehrwertsteuer = 13 % · Betrag des Nettopreises
= 0,13 · Betrag des Nettopreises

Die Verwendung des Zahlenfaktors % bzw. ‰ in diesem Produkt wird sprachlich vereinfacht formuliert durch: „Die Zählergröße beträgt p Prozent (bzw. Promille) der Nennergröße".

2 Allgemeine Anwendung

2.1 Die Zahlenfaktoren % oder ‰ werden nur bei der Angabe von Verhältnissen (d. h. Quotienten aus zwei Zahlen oder aus zwei gleichdimensionalen Größen) angewendet, also insbesondere bei der Angabe von relativen und normierten Größen im Sinne von DIN 5490, Ausgabe April 1974, Abschnitte 3.1 und 4. Dabei muß das Größenverhältnis eindeutig angegeben sein, sei es durch Angabe der beiden ins Verhältnis gesetzten Größen oder durch einen besonderen Namen.

Beispiele:

Befinden sich unter 3000 Proben 21 fehlerhafte, so ist ihre relative Häufigkeit gleich $\frac{21}{3000} = 7 \cdot 10^{-3} = 7\,‰$

Ein Generator mit der Eingangsleistung 150 MW und der Ausgangsleistung 144 MW hat den Wirkungsgrad $\frac{144\,\text{MW}}{150\,\text{MW}} = 96 \cdot 10^{-2} = 96\,\%$.

Mit Hilfe des Zahlenfaktors % oder ‰ angebbare Größenverhältnisse sind auch die Anteile der Mischphasen (Lösungen und Stoffgemische), aber nicht ihre Massen- und Stoffmengenkonzentrationen und Molalitäten (siehe DIN 1310).

Die gleichzeitige Verwendung des Faktors % und einer Zehnerpotenz (z. B. $10^{-3}\,\%$) ist nur zulässig, wenn mehrere mit Hilfe des Faktors % angegebene Verhältnisse miteinander verglichen werden.

Anmerkung: Zur Unterscheidung der drei Anteilsarten bei der Zusammensetzung von Mischphasen sollen nicht mehr die früher üblichen Zeichen „Gew.-%", „Vol.-%" und „Mol-%" angewendet werden, sondern die Benennungen „Massenanteil w", „Volumenanteil φ" und „Stoffmengenanteil x" (siehe DIN 1310, Ausgabe Dezember 1979, Abschnitt 2).

2.2 Wie bei jeder Angabe von Größenverhältnissen muß auch bei Angaben mit Hilfe der Faktoren „Prozent" und „Promille" ersichtlich sein, welche Zählergröße und welche Nennergröße gemeint sind.

Beispiele:

Statt „Der Weg steigt um 9,5 %" sollte es besser heißen „Die Steigung des Weges beträgt 9,5 %", wenn „Steigung" ein eindeutig definiertes Verhältnis ist (siehe Abschnitt 1.1).

Wird die Überbelastung eines Triebwerkes mit 7 % angegeben, so muß sie auf eine ausgewiesene Nennergröße wie z. B. die Nennleistung bezogen werden.

2.3 Beim Rechnen mit Prozentangaben in Produkten oder in Summen wird empfohlen, zuerst die Prozentangaben in Dezimalzahlen umzurechnen.

Beispiel 1:

Der Wirkungsgrad η_U eines Umformers bestehend aus einem Asynchronmotor mit einem Wirkungsgrad $\eta_\text{M} = 84\,\%$ und einem Gleichstromgenerator mit einem Wirkungsgrad $\eta_\text{G} = 75\,\%$ ist zu berechnen:

$$\eta_\text{U} = \eta_\text{M} \cdot \eta_\text{G} = 0{,}84 \cdot 0{,}75 = 0{,}63 = 63\,\%.$$

Beispiel 2:

Berechnung der Flächendehnung $\Delta A/A$ einer Rechteckfläche, wenn die Dehnung der Längsseite 2,5 % und die der Breitseite 2,0 % beträgt:

$$\begin{aligned} A\left(1 + \frac{\Delta A}{A}\right) &= A + \Delta A = (l + \Delta l) \cdot (b + \Delta b) \\ &= l \cdot b \left(1 + \frac{\Delta l}{l}\right) \cdot \left(1 + \frac{\Delta b}{b}\right) = l \cdot b\,(1 + 0{,}025) \cdot (1 + 0{,}020) \\ &= A \cdot 1{,}025 \cdot 1{,}020 = A \cdot 1{,}0455 = A \cdot (1 + 0{,}0455) \end{aligned}$$

Damit: $\frac{\Delta A}{A} = 0{,}0455 = 4{,}55\,\%$, gerundet $\frac{\Delta A}{A} = 4{,}6\,\%$.

2.4 Bei Angaben der Differenz $V_2 - V_1$ zweier in % angegebener Verhältnisse V_1 und V_2 wird der Ausdruck „Prozentpunkt" statt „Prozent" benutzt. Damit wird die Differenz unterschieden von der relativen Differenz $(V_2 - V_1)/V_1$.

Beispiel:

Bei dieser Wahl hat die Partei A 46,4 % der gültigen Stimmen errungen. Das sind 2,1 %-Punkte mehr als bei der letzten Wahl, bei der sie nur 44,3 % der Stimmen erringen konnte. Ihr relativer Stimmengewinn beträgt 2,1 %/44,3 % = 4,7 %.

Es wird empfohlen, den Ausdruck „Prozentpunkt" zu vermeiden, indem man durch Text oder Formelzeichen die Differenz der Verhältnisse deutlich von der relativen Differenz unterscheidet, deren Bezugsgröße das Verhältnis V_1 ist.

3 Anwendung bei Zahlenangaben mit Unsicherheiten

3.1 Ein mit Unsicherheit ermitteltes Größenverhältnis, von dem nur die beiden ersten Ziffern hinter dem Dezimalkomma bekannt sind, darf nicht mit Hilfe des Faktors ‰ angegeben werden, weil dazu eine Null als dritte Ziffer rechts vom Komma angefügt werden müßte, diese aber eine nicht vorhandene Genauigkeit vortäuschen würde.

Beispiel:

Die Zahl 0,73 darf, falls sie unsicher ist, zwar „73 %" geschrieben werden, aber nicht „730 ‰".

Ist sogar nur die erste Ziffer hinter dem Dezimalkomma bekannt, darf die Verhältniszahl weder unter Verwendung des Faktors % noch des Faktors ‰ angegeben werden.

3.2 Relative Unsicherheiten von Größenwerten beliebiger Dimension sind unter der Bedingung des Abschnittes 3.1 mit Hilfe des Faktors % oder ‰ angebbare Größenverhältnisse.

Beispiel 1:

Die Massenangabe „(8,580 ± 0,004) kg = 8,580 · (1 ± 0,0005) kg" kann auch „8,580 · (1 ± 0,05 %) kg" oder „8,580 · (1 ± 0,5 ‰) kg" oder „8,580 kg · (1 ± 0,05 %)" geschrieben werden. Schreibweisen wie z. B. „8,580 kg ± 0,05 %" sind sinnlos, weil Masse und Zahl nicht addierbar sind.

Beispiel 2:

Bei der Angabe der relativen Feuchte werden leicht Fehler begangen, wenn nicht beachtet wird, daß ihre Schwankung in Prozenten der Prozente angegeben wird und, wie in Abschnitt 2.3 empfohlen, gerechnet wird:

$$\begin{aligned} 60\,\% \cdot (1 \pm 5\,\%) = 60\,\% \pm 60\,\% \cdot 5\,\% &= 60\,\% \pm 0{,}6 \cdot 0{,}05 \\ &= 60\,\% \pm 0{,}03 \\ &= 60\,\% \pm 3\,\% \end{aligned}$$

4 Anwendung bei normierten und relativen Größen

Eine Folge aus mehreren gleichartigen Größenwerten G_i ($i = 1, 2, 3, \ldots$) kann auf vier verschiedene Weisen durch Größenverhältnisse charakterisiert werden, nämlich (zur Nomenklatur siehe DIN 5490, Ausgabe April 1974, Abschnitte 3 und 4) durch:

die normierten Größenwerte G_i/G_0

oder

die normierten Differenzen $(G_i - G_{i-1})/G_0$,

worin G_0 ein hinsichtlich der ganzen Folge ausgezeichneter Bezugswert ist,

die relativen Größenwerte G_i/G_{i-1}

oder

die relativen Differenzen $(G_i - G_{i-1})/G_{i-1}$,

worin jeder Größenwert oder sein Zuwachs auf den unmittelbar vorangegangenen Größenwert G_{i-1} bezogen ist.

Alle vier Verhältnisarten können mit Hilfe des Faktors % oder ‰ angegeben werden.

Es wird empfohlen, vor den (wenn auch gebräuchlichen) relativen Differenzen die relativen Größenwerte zu bevorzugen, weil deren Produkt gleich dem Verhältnis aus dem letzten und dem ersten Größenwert der Folge ist.

Beispiel:

Ein für die maximale jährliche Energieabgabe W_0 = 7000 GWh ausgelegtes Kraftwerk habe abgegeben (dabei werden in der Wirtschaftsstatistik verwendete Namen für die Begriffe benutzt):

Berichtsjahr	abgegebene Energie	absolute Veränderung zum Vorjahr	Meßzahl zur Basis W_0	Veränderung der Meßzahl zur Basis W_0 zum Vorjahr	Kettenmeßzahl	relative Veränderung zum Vorjahr
i	W_i in GWh	$W_i - W_{i-1}$ in GWh	W_i/W_0 in %	$(W_i - W_{i-1})/W_0$ in %	W_i/W_{i-1} in %	$(W_i - W_{i-1})/W_{i-1}$ in %
1	4730	–	68	–	–	–
2	5980	+ 1250	85	+ 18	126	+ 26
3	6330	+ 350	90	+ 5	106	+ 6
4	6120	– 210	87	– 3	97	– 3
5	6700	+ 580	96	+ 8	109	+ 9

Die Summe 28 % aus allen Veränderungen der Meßzahl zur Basis W_0 zum Vorjahr ist bis auf Rundefehler gleich der auf W_0 bezogenen Differenz zwischen den Energieabgaben im letzten und im ersten Jahr: (6700 – 4730)/7000 ≈ 0,281. Das Produkt aus allen Kettenmeßzahlen ist bis auf Rundefehler gleich dem Verhältnis der Abgaben im letzten und im ersten Jahr: 6700/4730 ≈ 1,416. Die Summe 38 % aus allen relativen Veränderungen zum Vorjahr steht in keiner einfachen Beziehung zu den Abgaben im letzten und im ersten Jahr.

Zitierte Normen

DIN 1310 Zusammensetzung von Mischphasen (Gasgemische, Lösungen, Mischkristalle); Begriffe, Formelzeichen

DIN 5490 Gebrauch der Wörter bezogen, spezifisch, relativ, normiert und reduziert

DK 003.63:744.425 Oktober 1973

Maßstäbe in graphischen Darstellungen

DIN 5478

Scales in graphic representations

1. Geltungsbereich

Diese Norm legt die im Zusammenhang mit graphischen Darstellungen auftretenden Begriffe und die bevorzugt anzuwendenden Maßstäbe fest.
Graphische Darstellungen im Sinne dieser Norm sind Darstellungen von physikalischen Größen beliebiger Art durch geometrische Größen in Koordinatensystemen, Vektor- und Zeigerdiagrammen und Nomogrammen.

2. Grundbegriffe

2.1. Dinggröße

Die in einer graphischen Darstellung abzubildende Größe heißt Dinggröße D.

2.2. Bildgröße

Die in der graphischen Darstellung die Dinggröße abbildende geometrische Größe heißt Bildgröße B.

2.3. Maßstab, Zeichnungseinheit, Leiter

Je nachdem ob die Bildgröße der Dinggröße proportional oder ob sie eine beliebige Funktion derselben ist, sind der Maßstab (siehe Abschnitte 3.1 und 4.1) oder die Zeichnungseinheit (siehe Abschnitt 4.2) kennzeichnende Begriffe bei der skalenmäßigen Darstellung auf (geraden oder gekrümmten) Linien, die in diesem Zusammenhang Leitern genannt werden.

3. Bildgröße proportional zur Dinggröße

3.1. Maßstab

Sind Bild- und Dinggröße einander proportional, dann wird als Maßstab μ der Abbildung der konstante Quotient Bildgröße durch Dinggröße definiert

$$\mu = \frac{B}{D} = \frac{\{B\}\,[B]}{\{D\}\,[D]} = \{\mu\}\,\frac{[B]}{[D]}\,. \qquad (1)$$

3.2. Schranke für den Maßstab

Steht für eine gerade Leiter eine Zeichenlänge l zur Verfügung und soll eine Dinggröße im Intervall von D_1 bis D_2 dargestellt werden, dann ergibt sich für den Maßstab die Schranke

$$\mu \leqq \frac{l}{D_2 - D_1}\,. \qquad (2)$$

3.3. Angabe des Maßstabes

Je nach dem Zweck der Darstellung kann der Maßstab in verschiedener Weise angegeben werden:

3.3.1. In Form eines nach Abschnitt 3.1 gebildeten Quotienten, z. B.

$$\mu = 0{,}2\,\frac{\text{cm}}{\text{N}} = \frac{1\ \text{cm}}{5\ \text{N}}\,,$$

3.3.2. In Form einer Entsprechung, z. B.

$$1\ \text{cm} \mathrel{\hat=} 5\ \text{N}\,,$$
$$1\ \text{cm} \mathrel{\hat=} 100\ \text{kWh}\,.$$

3.4. Genormte Maßstäbe

3.4.1. Zur Erzielung einer guten Ablesbarkeit, insbesondere auch bei Verwendung von Millimeterpapier, soll der Zahlenwert $\{\mu\}$ des Maßstabes nicht beliebig gewählt, sondern den folgenden empfohlenen drei Reihen entnommen werden

$$\left.\begin{aligned}\{\mu\} &= 1\cdot 10^n\\ \{\mu\} &= 2\cdot 10^n\\ \{\mu\} &= 5\cdot 10^n\end{aligned}\right\} \quad n = \ldots, -2, -1, 0, +1, +2, \ldots$$

Beispiele:

$$\mu = \frac{1\ \text{cm}}{100\ \text{N}} = 1\cdot 10^{-2}\,\frac{\text{cm}}{\text{N}}, \qquad 1\ \text{cm} \mathrel{\hat=} 100\ \text{N}\,,$$

$$\mu = \frac{2\ \text{cm}}{10\ \text{kW}} = 2\cdot 10^{-1}\,\frac{\text{cm}}{\text{kW}}, \qquad 1\ \text{cm} \mathrel{\hat=} 5\ \text{kW}\,,$$

$$\mu = \frac{5\ \text{mm}}{1\ \text{m}} = 5\,\frac{\text{mm}}{\text{m}}, \qquad 1\ \text{mm} \mathrel{\hat=} 0{,}2\ \text{m}\,.$$

4. Bildgröße als beliebige Funktion der Dinggröße

4.1. Maßstab

Ist die Bildgröße B eine beliebige (vorzugsweise monotone) Funktion f der Dinggröße D, so hat im allgemeinen die Darstellung für jeden Wert der Dinggröße einen anderen Wert des Maßstabes μ. Es gilt allgemein

$$\mu = \frac{\mathrm{d}B}{\mathrm{d}D} \qquad (3)$$

und für einen speziellen Wert D_i der Dinggröße

$$\mu_\mathrm{i} = \left.\frac{\mathrm{d}B}{\mathrm{d}D}\right|_{D=D_\mathrm{i}} \qquad (3\,\mathrm{a})$$

Fortsetzung Seite 2 bis 4
Anmerkungen Seite 4

Ausschuß für Einheiten und Formelgrößen (AEF) im Deutschen Normenausschuß (DNA)

4.2. Zeichnungseinheit

Bei gewählter Abbildungsfunktion f kann bei Darstellung auf einer geraden Leiter für die Bildgröße die Beziehung

$$B = \xi f(D_{\mathrm{E}}) \tag{4}$$

angegeben werden, in der D_{E} die Zahlenwerte der Dinggröße D bedeuten, die sich bei Wahl einer Einheit E ergeben. In der graphischen Darstellung ist dann die Dinggröße gemäß dieser Einheit zu beziffern. Die Konstante ξ heißt Zeichnungseinheit; sie ist von derselben Größenart wie B.
Es wird empfohlen, die gewählte Abbildungsfunktion in der Darstellung anzugeben.
Beispiel:

Darstellung einer Kraft F auf einer geraden Leiter mit logarithmischer Teilung. Wird die Kraft in N angegeben und $\xi = 5$ cm gewählt, so ist

$$B = 5\ \mathrm{cm} \cdot \lg F_{\mathrm{N}}$$

und z. B.

$$B|_{F=10\,\mathrm{N}} = 5\ \mathrm{cm}\ ,$$

$$B|_{F=100\,\mathrm{N}} = 10\ \mathrm{cm}\ ,$$

siehe Bild 1.

4.3. Zusammenhang zwischen Maßstab und Zeichnungseinheit

Nach Abschnitt 4.1 und Abschnitt 4.2 ist

$$\mu_{\mathrm{i}} = \left(\frac{\mathrm{d}B}{\mathrm{d}D}\right)_{\mathrm{i}} = \xi \left(\frac{\mathrm{d}f(D_{\mathrm{E}})}{\mathrm{d}D}\right)_{\mathrm{i}} = \frac{\xi}{\mathrm{E}} \left(\frac{\mathrm{d}f(D_{\mathrm{E}})}{\mathrm{d}D_{\mathrm{E}}}\right)_{\mathrm{i}} . \tag{5}$$

Der Maßstab μ_{i} an der Stelle i der Leiter ist also gegeben durch das Produkt aus dem Differentialquotienten der mit dem Zahlenwert der Dinggröße gebildeten Abbildungsfunktion nach diesem Zahlenwert, multipliziert mit dem Quotienten aus der Zeichnungseinheit und der gewählten Einheit der Dinggröße.

Beispiel:

Im Beispiel zum Abschnitt 4.2 wird

$$\mu_{\mathrm{i}} = \frac{5\ \mathrm{cm}}{\mathrm{N}} \left(\frac{\mathrm{d}\lg F_{\mathrm{N}}}{\mathrm{d}F_{\mathrm{N}}}\right)_{\mathrm{i}} = \frac{5\ \mathrm{cm}}{\mathrm{N}} 0{,}434 \times$$

$$\times \left(\frac{\mathrm{d}\ln F_{\mathrm{N}}}{\mathrm{d}F_{\mathrm{N}}}\right)_{\mathrm{i}} = \frac{2{,}17\ \mathrm{cm}}{\mathrm{N}} \cdot \frac{1}{(F_{\mathrm{N}})_{\mathrm{i}}} .$$

An der Stelle $F = 1$ N ist also $\mu_1 = 2{,}17 \dfrac{\mathrm{cm}}{\mathrm{N}}$,

an der Stelle $F = 7$ N ist $\mu_7 = 0{,}31 \dfrac{\mathrm{cm}}{\mathrm{N}}$.

4.4. Schranke für die Zeichnungseinheit

Steht für eine gerade Leiter eine Zeichenlänge l zur Verfügung und soll eine Dinggröße im Intervall D_1 bis D_2 dargestellt werden, dann ergibt sich für die Zeichnungseinheit die Schranke

$$\xi \leqq \frac{l}{f(D_{2\mathrm{E}}) - f(D_{1\mathrm{E}})} . \tag{6}$$

4.5. Angabe der Zeichnungseinheit

Die Zeichnungseinheit wird mit Zahlenwert und Einheit angegeben; auf die Angabe eines Maßstabes wird im allgemeinen verzichtet, da er sich mit den Werten der Dinggröße ändert (siehe Beispiel im Abschnitt 4.3).

Beispiel:

Im Beispiel des Abschnittes 4.3 war $\xi = 5$ cm.

5. Leiterteilungen

5.1. Der Dinggrößenschritt s_{D} einer Leiter ist die Differenz der Werte der Dinggröße zwischen benachbarten Teilstrichen der Teilung.

Es wird empfohlen, nur folgende drei Teilungen zu verwenden:

Einerteilungen mit $s_{\mathrm{D}} = 1 \cdot 10^n\,[D]$

Zweierteilungen mit $s_{\mathrm{D}} = 2 \cdot 10^n\,[D]$

Fünferteilungen mit $s_{\mathrm{D}} = 5 \cdot 10^n\,[D]$

$$n = \ldots, -2, -1, 0, +1, +2, \ldots$$

In der Meßgerätetechnik wird der Dinggrößenschritt auch Skalenwert genannt, siehe DIN 1319 Blatt 2.

5.2. Der Bildgrößenschritt s_{B} ist die in der graphischen Darstellung zum Dinggrößenschritt gehörige Länge auf der Leiter. Zwischen Bildgrößenschritt und Dinggrößenschritt besteht für den Fall nach Abschnitt 3 die Beziehung

$$s_{\mathrm{B}} = \mu\, s_{\mathrm{D}} . \tag{7}$$

5.3. Die Grundteilung einer Leiter umfaßt alle Teilstriche der Teilung, ohne Rücksicht auf etwaige Hervorhebungen.

Einerteilungen sind zu bevorzugen.

Zweierteilungen sollen nur dort angewendet werden, wo die Fünferteilung zu grob und die Einerteilung zu fein, also der Bildgrößenschritt bei der Fünferteilung zu groß und bei der Einerteilung zu klein wäre.
In Fällen nichtlinearer Teilungen ist es manchmal zweckmäßig oder erforderlich, in einzelnen Abschnitten voneinander verschiedene Teilungen zu verwenden (z. B. Rechenschieber).

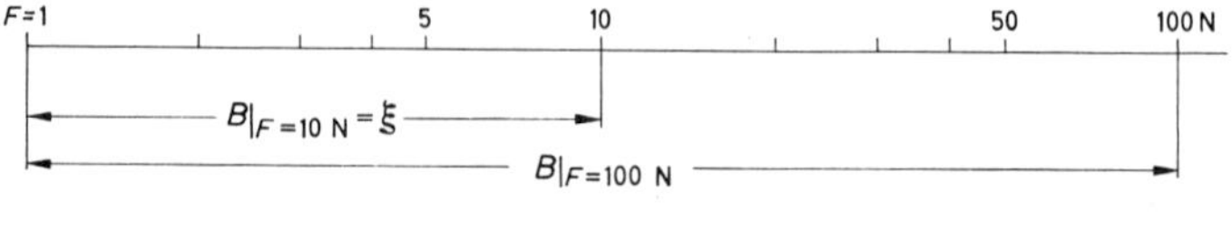

Bild 1.

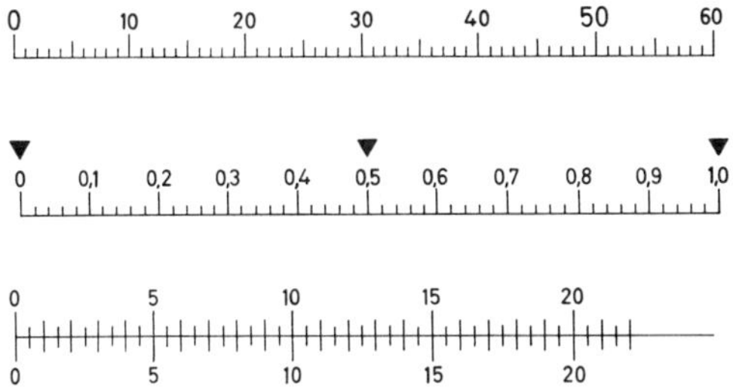

a) Einerteilung 1:5:10:50

b) Zweierteilung 0,02:0,1:0,5

c) Fünferteilung 0,5:1:5

Bild 2.

5.4. Oberteilungen entstehen durch Hervorheben von Teilstrichen der Grundteilung zum leichteren Ablesen.

5.4.1. Mittel zur Hervorhebung von Teilstrichen.

Die Teilstriche der Oberteilung können hervorgehoben werden durch:

a) besondere Ausführung der Teilstriche, wie größere Länge, andere Farbe, angesetzte Punkte oder andere Zeichen, nicht aber durch verschiedene Strichbreite

b) besondere Ausführung der Ziffern der Teilung, wie Größe, Strichbreite, Farbe, Lage zur Leiter usw.

5.4.2. Anordnung der Oberteilungen

Jeder Oberteilung kann eine weitere Oberteilung übergeordnet werden. Zweckmäßig verhalten sich dann die Dinggrößenschritte der Grundteilung zu den Dinggrößenschritten der 1., 2., 3., ... Oberteilung

so wie 1:5:10:50: ...	wenn die Grundteilung eine Einerteilung ist (siehe Beispiel a) in Bild 2),
so wie 2:10:50:100: ...	wenn die Grundteilung eine Zweierteilung ist (siehe Beispiel b) in Bild 2),
so wie 5:10:50:100: ...	wenn die Grundteilung eine Fünferteilung ist (siehe Beispiel c) in Bild 2).

Mindestens die letzte Oberteilung muß beziffert sein.

6. Benennung von Leiterskalen und Funktionspapieren

6.1. Leiterskalen

Die nach Abschnitt 4.2 gewählte Abbildungsfunktion $f(D)$ bestimmt die Skale auf der Bildgrößenleiter. Diese wird bevorzugt nach ihr benannt; so heißt z.B.

eine aus $f(D) = D_{\mathrm{E}}$	entstandene Skale: linear geteilte Skale, kurz lineare Skale,
eine aus $f(D) = D_{\mathrm{E}}^{n}$	entstandene Skale: Potenzskale (z. B. quadratische Skale für $n = 2$, kubische Skale für $n = 3$),
eine aus $f(D) = \log D_{\mathrm{E}}$	entstandene Skale: logarithmische Skale,
eine aus $f(D) = \dfrac{a D_{\mathrm{E}} + b}{c D_{\mathrm{E}} + d}$	entstandene Skale: projektive Skale.

6.2. Funktionspapier

Bei Darstellungen in einem zweidimensionalen Koordinatensystem (auf „Funktionspapier") sind für Angaben der Darstellungsart die Skalenbezeichnungen in der Reihenfolge Ordinate (y) — Abszisse (x) zu nennen. Derart hergestelltes Koordinatenpapier erhält somit beispielsweise bei Verwendung logarithmischer Skalen die Benennungen

y, log x-Papier, wenn es eine lineare Ordinatenskale und eine logarithmische Abszissenskale,

log y, x-Papier, wenn es eine logarithmische Ordinatenskale und eine lineare Abszissenskale,

log y, log x-Papier, wenn es eine logarithmische Ordinatenskale und eine logarithmische Abszissenskale

hat.

7. Funktionsleiter

Eine Funktionsleiter ist eine Leiter, auf der eine Dinggröße D abgebildet wird, die selbst wieder eine mathematische Funktion g einer weiteren Größe G ist, $D = g(G)$, wobei auf der Leiter nicht D, sondern G beziffert wird. Für diese Bezifferung gelten sinngemäß die Ausführungen des Abschnittes 5. Die (lineare) Bezifferung für D kann meist weggelassen werden. Es ist dann

$$B = \xi f(g(G)) \ . \qquad (8)$$

Beispiele:

a) für $\xi f = \mu$ oder $B = \mu D = \mu g(G)$ siehe Bild 3,

b) für $B = \xi f(D) = \xi f(g(G))$ siehe Bild 4.

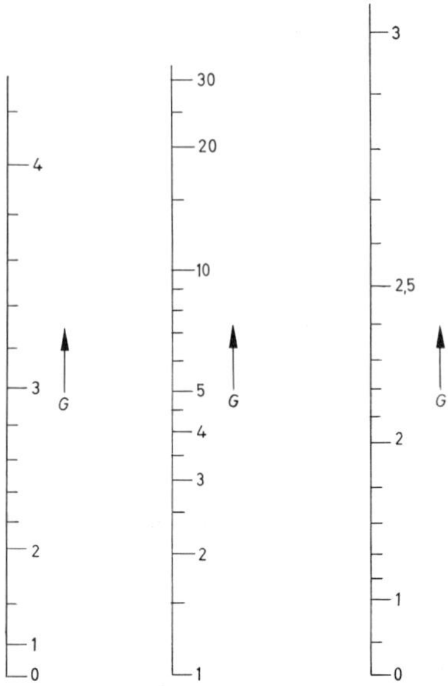

$D = G^2$ $\quad$ $D = \lg G$ $\quad$ $D = \sinh G$

$B = \mu D$ $\quad$ $B = \mu D$ $\quad$ $B = \mu D$

Bild 3.

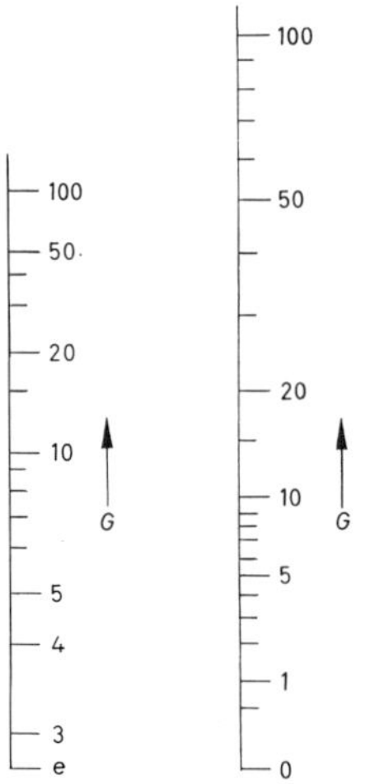

$B = \xi \lg \ln G$ $\quad$ $B = \xi \sin \frac{\sqrt{G}}{10}$

Bild 4.

Anmerkungen

Zu 1 Bei vektoriellen Größen ist der Richtungscharakter nicht berücksichtigt.

Zu 2.1 Entsprechend DIN 1313 wird der Zahlenwert der Dinggröße mit $\{D\}$ und ihre allgemeine Einheit mit $[D]$ bezeichnet.

Zu 2.2 Die Benennung Bildgröße ist nicht zu verwechseln mit entsprechenden Größen der Optik, wo Bildgrößen stets Längen sind.

Zu 3.1 Man erhält also die Bildgröße für eine graphische Darstellung, wenn man die Dinggröße mit dem gewählten Maßstab multipliziert.

Zu 3.3.1 Sind Bild- und Dinggröße Größen gleicher Art, z.B. beide Längen, dann empfiehlt es sich, die Einheiten nicht zu kürzen, also z.B. nicht $\mu = 0{,}05$, sondern $\mu = \frac{5\ \text{cm}}{1\ \text{m}} = \frac{1\ \text{cm}}{20\ \text{cm}}$ zu schreiben.

Zu 3.3.1 und **3.3.2** Bei Reproduktionen ist die Maßstabsangabe entsprechend der Verkleinerung oder der Vergrößerung der Darstellung richtigzustellen.

Zu 3.4 Bei Landkarten sind auch Maßstäbe mit $\{\mu\} = 2{,}5\cdot 10^n$ üblich. Sie können auch durch eine Reziprokzahl (z.B. 1:25000) angegeben werden. Bei technischen Zeichnungen ist nach DIN 823 auch der Maßstab 1:2,5 erlaubt. Er wird für graphische Darstellungen nicht empfohlen. Ebenso werden die manchmal auch benutzten Maßstäbe der Reihen $1{,}5\cdot 10^n$, $7{,}5\cdot 10^n$ und $8{,}5\cdot 10^n$ nicht empfohlen.

Zu 5.1 In sexagesimalen Zahlensystemen sind auch Dreierteilungen zulässig, z.B. bei der Darstellung von Winkeln $s_D = 3\cdot 10^\circ$.

Zu 5.2 Sind Bild- und Dinggröße einander nicht proportional, dann gilt die Beziehung $s_B = \mu s_D$ streng nur für verschwindend kleine Bildgrößenschritte.

Zu 5.4.1 Bei ungleich breiten Teilstrichen ist die Schätzung von Intervallbruchteilen erschwert. Nur in Ausnahmefällen, wo andere Mittel zur Hervorhebung nicht angewendet werden können, eine Hervorhebung aber wünschenswert ist, sind unterschiedliche Teilstrichbreiten zulässig. Das ist z.B. der Fall bei Millimeterpapier.

Zu 6.2 Die Verwendung der Benennung „doppeltlogarithmisches Papier“ für ein $\log y$, $\log x$-Papier soll vermieden werden, da sie zu Verwechslungen mit dem $\log \log y$, x-Papier oder dem y, $\log \log x$-Papier führen kann.

Zu 7 Funktionsleiter werden z.B. beim Rechenschieber und in der Nomographie verwendet.
Ist die Beziehung zwischen Bildgröße B und Dinggröße D eine lineare, dann entsprechen die Leitern mit $B = \mu g(G)$ den Ausführungen der Abschnitte 4 und 6.

DK 53"7" : 389 : 003.62 September 1982

Zeitabhängige Größen

Formelzeichen

DIN 5483 Teil 2

Time-dependent quantities; letter symbols

Ersatz für Ausgabe 06.82

Zusammenhang mit der von der International Electrotechnical Commission (IEC) herausgegebenen Publikation 27-1A (1976) siehe Erläuterungen.

Inhalt

	Seite
1 Formelzeichen für zeitabhängige Größen, Allgemeines	1
1.1 Arten der Zeitabhängigkeit	1
1.2 Formelzeichensystem	1
1.3 Besondere Werte und Anteile von zeitabhängigen Größen	1
1.4 Arten von Formelzeichen	1
1.5 Großbuchstaben und Kleinbuchstaben, Zeitabhängigkeit	1
1.6 Reihenfolge und Zuordnung von Indizes	3
1.7 Anwendungsbereich der Formelzeichen, erläutert durch Zeichnungen	3
2 Beispiele für zeitabhängige Größen	4
2.1 Periodisch zeitabhängige Größen	4
2.2 Übergangsgrößen	5
2.3 Zufallsgröße	5
Zitierte Normen und andere Unterlagen	6
Frühere Ausgaben	6
Änderungen	6
Erläuterungen	6

1 Formelzeichen für zeitabhängige Größen, Allgemeines

1.1 Arten der Zeitabhängigkeit

Zeitabhängige Größen können periodisch zeitabhängige Größen, Übergangsgrößen oder Zufallsgrößen sein. Eine zeitveränderliche Größe kann oft durch eine Kombination, z. B. eine Summe, ein Produkt, ein Polynom usw., von Anteilen dargestellt werden, die Funktionen, wie trigonometrische Funktionen, Exponentialfunktionen, stochastische Funktionen, Distributionen u. a. sind.

Im folgenden werden Nebenzeichen angegeben für die Unterscheidung der Anteile einer Kombination von Funktionen oder für besondere Werte (z. B. Augenblickswerte (Momentanwerte), Effektivwerte) komplizierter zeitabhängiger Größen (z. B. bei modulierten Schwingungen, Impulsfolgen).

Anmerkung 1: Nebenzeichen können rechts oder links tief- oder hochgestellt werden, oder sie können über oder unter dem Grundzeichen stehen. Zu den rechts tiefgestellten Nebenzeichen gehören insbesondere die Indizes.

1.2 Formelzeichensystem

Die Formelzeichen sind nach den Festlegungen von IEC-Publikation 27-1 (1971) und von DIN 1304 gebildet. Dabei wird ein Formelzeichensystem verwendet, das von lebenden Sprachen unabhängig ist. Wenige zusätzliche Indizes ergänzen die Angaben aus IEC-Publikation 27-1.

1.3 Besondere Werte und Anteile von zeitabhängigen Größen

Die Definitionen für besondere Werte oder Anteile einer zeitabhängigen Größe sind dem Internationalen Elektrotechnischen Wörterbuch (IEV), Teil 101, Hauptabschnitt 04, entnommen. Im folgenden werden keine Definitionen gebracht; die Bedeutung der Formelzeichen wird durch Bilder erläutert.

1.4 Arten von Formelzeichen

Zwei Arten von Formelzeichen werden hier festgelegt, die eine mit Sonderzeichen, die andere mit Nebenzeichen aus Schriftzeichen, wie sie sich auf üblichen Schreibmaschinen finden. Eine Kombination von Zeichen beider Arten ist möglich. Bei den meisten Beispielen in Tabelle 1 werden Zeichen nur einer Art verwendet.

1.5 Großbuchstaben und Kleinbuchstaben, Zeitabhängigkeit

Das Formelzeichen für eine zeitabhängige Größe schließt in sich die Abhängigkeit von der Zeit ein und gibt den Augenblickswert an. Wenn Groß- und Kleinbuchstaben verwendet werden, kennzeichnet der Kleinbuchstabe einen Augenblickswert, der Großbuchstabe einen Mittelwert.

Beispiel:

i	Augenblickswert eines zeitabhängigen elektrischen Stromes
I	Effektivwert dieses Stromes

Wenn ausdrücklich angegeben werden soll, daß der Augenblickswert gemeint ist, wird der Buchstabe t in runden Klammern beigefügt.

Beispiele:

$\Phi(t)$	Augenblickswert eines zeitabhängigen magnetischen Flusses
$p(t)$	Augenblickswert eines Druckes, z. B. eines Schalles

Zitierte Normen und Unterlagen, Frühere Ausgaben, Änderungen und Erläuterungen siehe Originalfassung der Norm

Fortsetzung Seite 2 bis 5

Normenausschuß Einheiten und Formelgrößen (AEF) im DIN Deutsches Institut für Normung e.V.
Deutsche Elektrotechnische Kommission im DIN und VDE (DKE)

202/16*

Tabelle 1. **Formelzeichen**[1])

Nr	Besonderer Wert der Größe ↓ / Kennzeichnung →	Fall 1 Groß- und Kleinbuchstaben	Fall 2 A nur Großbuchstaben	Fall 2 B nur Kleinbuchstaben	Bemerkungen
	Augenblickswerte				
1	Augenblickswert (allgemein)	x	$X, X(t)$	$x, x(t)$	
2	Betrag des Augenblickswertes	$\|x\|$	$\|X\|$	$\|x\|$	
3	Maximalwert	$x_{\mathrm{m}}, \hat{x}$	$X_{\mathrm{m}}, \hat{X}$	$x_{\mathrm{m}}, \hat{x}$	2)
4	Spitzenwert (größter Maximalwert)	$x_{\mathrm{mm}}, \hat{\hat{x}}$	$X_{\mathrm{mm}}, \hat{\hat{X}}$	$x_{\mathrm{mm}}, \hat{\hat{x}}$	2)
5	Minimalwert	$x_{\mathrm{min}}, \check{x}$	$X_{\mathrm{min}}, \check{X}$	$x_{\mathrm{min}}, \check{x}$	3)
6	Talwert (kleinster Minimalwert)	$x_{\mathrm{v}}, \check{\check{x}}$	$X_{\mathrm{v}}, \check{\check{X}}$	$x_{\mathrm{v}}, \check{\check{x}}$	3)
7	Schwingungsbreite, Schwankung (Spitze-Tal-Wert)	$x_{\mathrm{e}}, \underset{\smile}{\hat{x}}$	$X_{\mathrm{e}}, \underset{\smile}{\hat{X}}$	$x_{\mathrm{e}}, \underset{\smile}{\hat{x}}$	4)
	Mittelwerte				5)
8	arithmetischer (zeitlich linearer) Mittelwert	$\bar{X}, X_{\mathrm{ar}}$	$\bar{X}, \bar{X}_{\mathrm{ar}}$	$\bar{x}, \bar{x}_{\mathrm{ar}}$	6) 7) 8)
9	Effektivwert (quadratischer Mittelwert)	$X, X_{\mathrm{q}}, X_{\mathrm{eff}}$	$\tilde{\bar{X}}, \bar{X}_{\mathrm{q}}, X_{\mathrm{eff}}$	$\tilde{\bar{x}}, \bar{x}_{\mathrm{q}}, x_{\mathrm{eff}}$	7) 9) 10)
10	geometrischer (logarithmischer) Mittelwert	X_{g}	$\bar{X}_{\mathrm{g}}$	$\bar{x}_{\mathrm{g}}$	7)
11	harmonischer (inverser) Mittelwert	X_{h}	$\bar{X}_{\mathrm{h}}$	$\bar{x}_{\mathrm{h}}$	7)
12	Gleichrichtwert	$X_{\mathrm{r}}, \overline{\|x\|}$	$\bar{X}_{\mathrm{r}}, \overline{\|X\|}$	$\bar{x}_{\mathrm{r}}, \overline{\|x\|}$	7) 11)
	Anteile und Werte von Mischgrößen				
13	Gleichgröße, Gleichanteil	X_0, X_{-}			8) 12)
14	Wechselgröße, Wechselanteil	$x_{\mathrm{a}}, x_{\sim}$			12) 13)
15	langsam periodisch oder nicht periodisch zeitabhängiger Anteil	$x_{\mathrm{b}}, x_{\frown}$			12) 13)
16	Maximalwert des Wechselanteiles	$x_{\mathrm{a,\,m}}, \hat{x}_{\mathrm{a}}$			12)
17	Spitzenwert (größter Maximalwert) des Wechselanteiles	$x_{\mathrm{a,\,mm}}, \hat{\hat{x}}_{\mathrm{a}}$			12)
18	Gleichrichtwert des Wechselanteiles	$X_{\mathrm{a,r}}, \overline{\|x_{\mathrm{a}}\|}$			11) 12)
	Besondere Werte der n-ten Harmonischen einer Fourier-Reihe				
19	Augenblickswert	$x_{\mathrm{n}}, {}^{\mathrm{n}}x$			12) 14)
20	Amplitude	$x_{\mathrm{n,\,m}}, \hat{x}_{\mathrm{n}}, {}^{\mathrm{n}}x_{\mathrm{m}}, {}^{\mathrm{n}}\hat{x}$			12) 14)
21	Effektivwert (quadratischer Mittelwert)	$X_{\mathrm{n}}, {}^{\mathrm{n}}X, {}^{\mathrm{n}}X_{\mathrm{q}}$			12) 14)

Kennzeichnung gleitender Mittelwerte

Dem Formelzeichen kann (t) beigefügt werden.

Beispiele:

Mit Δt als Zeitintervall für den Integrationsprozeß ergibt sich:

als gleitender Mittelwert $\bar{X}(t) = \frac{1}{\Delta t} \int\limits_{t-\Delta t}^{t} x(u)\,\mathrm{d}u$,

als gleitender Effektivwert $X(t) = \sqrt{\frac{1}{\Delta t} \int\limits_{t-\Delta t}^{t} x^2(u)\,\mathrm{d}u}$.

[1]) bis [14]) siehe Seite 3

Wenn nur Großbuchstaben oder nur Kleinbuchstaben verwendet werden, so müssen Mittelwerte zusätzlich gekennzeichnet werden.

Beispiele:

$\overline{p}$ arithmetischer Mittelwert des Schalldruckes

$\tilde{\Phi}$ Effektivwert des magnetischen Flusses

Anmerkung 2: Im Gegensatz zu DIN 1304, Ausgabe Februar 1978, Nr 11.32, erste Zeile, soll der Buchstabe t als Index zur Kennzeichnung von Augenblickswerten nicht benutzt werden, da er als Kennzeichnung der partiellen Ableitung einer Funktion nach der Zeit t (siehe DIN 1302, Ausgabe August 1980, Anmerkung zu Nr 10.8) mißdeutet werden könnte.

1.6 Reihenfolge und Zuordnung von Indizes

Bei einem Formelzeichen X_{ABC} (siehe z. B. Bild 7) bedeutet:

A Art des Anteiles, z. B. Wechselanteil x_{a}, langsam veränderlicher Anteil x_{b},

B Kennzeichnung des Anteiles, z. B. durch Benummerung der langsam veränderlichen Anteile x_{b1}, x_{b2},

C besonderer Wert, z. B. $x_{\mathrm{b1,m}}$ Maximalwert bzw. $x_{\mathrm{b2,min}}$ Minimalwert der langsam veränderlichen Anteile.

Um ungewöhnlich viele Indizes zu vermeiden, kann man z. B. bei der Reihenentwicklung einer Größe am Formelzeichen links hochgestellte Nebenzeichen verwenden, die die Ordnungszahl der verschiedenen Glieder angeben.

Beispiel:

$$x_2 = {}^0X_2 + {}^1\hat{x}_2 \sin(\omega t + {}^1\alpha_2) + {}^2\hat{x}_2 \sin(2\,\omega t + {}^2\alpha_2) + \ldots$$

statt

$$x_2 = X_{20} + \hat{x}_{21} \sin(\omega t + \alpha_{21}) + \hat{x}_{22} \sin(2\,\omega t + \alpha_{22}) + \ldots$$

oder statt

$$x_2 = X_{2,0} + \hat{x}_{2,1} \sin(\omega t + \alpha_{2,1}) + \hat{x}_{2,2} \sin(2\,\omega t + \alpha_{2,2}) + \ldots$$

1.7 Anwendungsbereich der Formelzeichen, erläutert durch Zeichnungen

Einige Beispiele (siehe Abschnitt 2) von zeitabhängigen Größen zeigen den Anwendungsbereich der vorgeschlagenen Formelzeichen. Diese Beispiele sind nicht erschöpfend; andere Beispiele können analog gebildet werden.

Fußnoten zu Tabelle 1

[1]) Siehe Abschnitt 1.4.

[2]) Wenn x im betrachteten Zeitintervall bei periodisch zeitabhängigen Wechselgrößen nur einen Maximalwert hat, ist dies der Spitzenwert (größter Maximalwert); er kann durch x_{m} oder $\hat{x}$ gekennzeichnet werden. Wenn die periodisch zeitabhängige Wechselgröße mehrere Maximalwerte hat, kann der Spitzenwert (größter Maximalwert) durch x_{mm} oder $\hat{\hat{x}}$ gekennzeichnet werden (siehe Bild 3 oben).

[3]) Wenn x im betrachteten Zeitintervall bei periodisch zeitabhängigen Wechselgrößen nur einen Minimalwert hat, ist dies der Talwert (kleinster Minimalwert); er kann durch x_{min} oder $\check{x}$ gekennzeichnet werden. Wenn die periodisch zeitabhängige Wechselgröße mehrere Minimalwerte hat, kann der Talwert (kleinster Minimalwert) durch x_{v} oder $\check{\check{x}}$ gekennzeichnet werden (siehe Bild 3 oben).

[4]) e ist die Abkürzung des französischen oder englischen Wortes „excursion", abgeleitet aus dem lateinischen Wort „excursio" (Spielraum).

[5]) Wenn der Kleinbuchstabe x den Augenblickswert bedeutet, weist der entsprechende Großbuchstabe X auf eine Integration, d. h. auf eine Mittelwertbildung hin.

[6]) ar nach IEC-Publikation 27-1 (1971), Tabelle IV, Nr 0204, dort auch av (average) und moy (moyen) neben ar.
In IEC-Publikation 27-1 A (1976) sind die Indizes av und moy nicht ausdrücklich erwähnt.

[7]) Für periodisch zeitabhängige Größen gilt:

$$X_{\mathrm{ar}} = \frac{1}{T}\int_0^T x(t)\,\mathrm{d}t; \qquad X_{\mathrm{q}}^2 = \frac{1}{T}\int_0^T x^2(t)\,\mathrm{d}t; \qquad \log\frac{X_{\mathrm{g}}}{x_{\mathrm{ref}}} = \frac{1}{T}\int_0^T \log\left(\frac{x(t)}{x_{\mathrm{ref}}}\right)\mathrm{d}t$$

$$\frac{1}{X_{\mathrm{h}}} = \frac{1}{T}\int_0^T \frac{1}{x(t)}\,\mathrm{d}t; \qquad X_{\mathrm{r}} = \frac{1}{T}\int_0^T |x(t)|\,\mathrm{d}t.$$

[8]) Die Größen in Zeile Nr 8 und Nr 13 sind im Prinzip gleich, jedoch bezüglich der Betrachtungsweise zu unterscheiden.

[9]) q ist die Abkürzung des lateinischen Wortes „quadratus".

[10]) eff nach IEC-Publikation 27-1 (1971), Tabelle IV, Nr 0201, dort auch rms (root-mean-square) neben eff.
In IEC-Publikation 27-1 A (1976) sind die Indizes rms (root-mean-square) und eff nicht ausdrücklich erwähnt.

[11]) r ist die Abkürzung des englischen „rectified (value)" und des französischen „(valeur) redressée".

[12]) Indizes können sowohl am Großbuchstaben als auch am Kleinbuchstaben eines Formelzeichens angebracht werden. Bei den Formelzeichen für die Mischgrößen unter Nr 13 bis Nr 18 sowie für die besonderen Werte der n-ten Harmonischen einer Fourier-Reihe unter Nr 19 bis Nr 21 ist einfachheitshalber nur der Fall 1, Index am Großbuchstaben und am Kleinbuchstaben des Formelzeichens, berücksichtigt worden.

[13]) a und b sind nur als Beispiele gewählt.

[14]) Wenn mehrere Anteile eines Wertes oder langsam veränderliche zeitabhängige Anteile vorhanden sind, können sie folgendermaßen unterschieden werden:

$x_{\mathrm{a1}}, x_{\mathrm{a2}} \ldots x_{\mathrm{b1}}, x_{\mathrm{b2}} \ldots$

2 Beispiele für zeitabhängige Größen

2.1 Periodisch zeitabhängige Größen

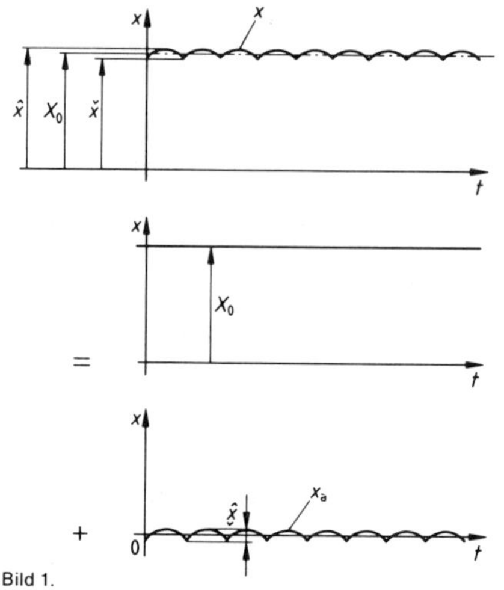

Bild 1.
Die Größe x besteht aus der Summe eines Gleichanteiles X_0 und eines Wechselanteiles x_a:

$$x = X_0 + x_a$$

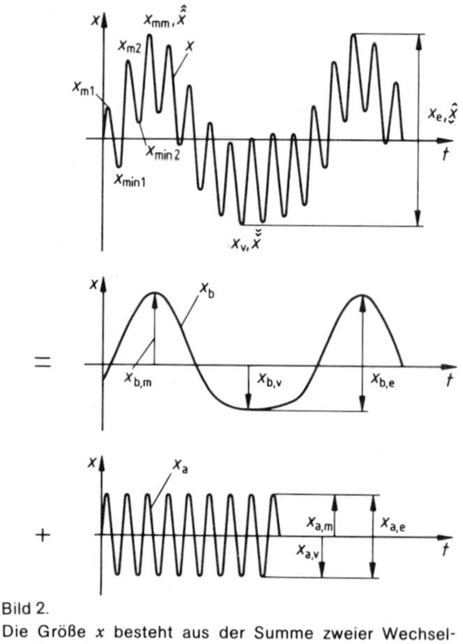

Bild 2.
Die Größe x besteht aus der Summe zweier Wechselanteile, eines langsam veränderlichen x_b und eines schneller veränderlichen x_a (in diesem Fall ist also der langsam veränderliche Anteil x_b auch ein Wechselanteil):

$$x = x_b + x_a$$

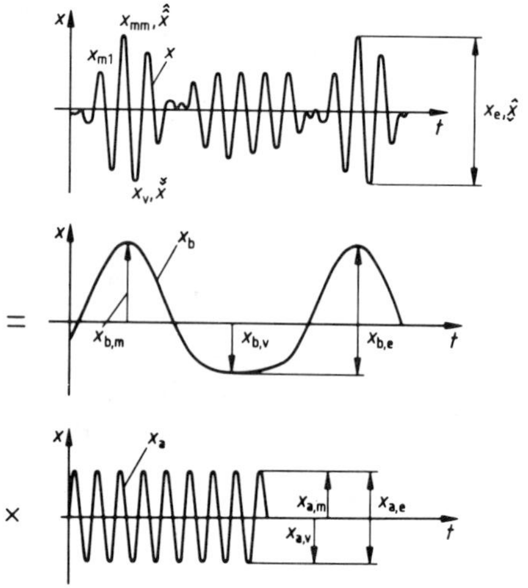

Bild 3.
Die Größe x besteht aus dem Produkt zweier Wechselanteile, eines langsam veränderlichen x_b und eines schneller veränderlichen x_a:

$$x = x_b\, x_a$$

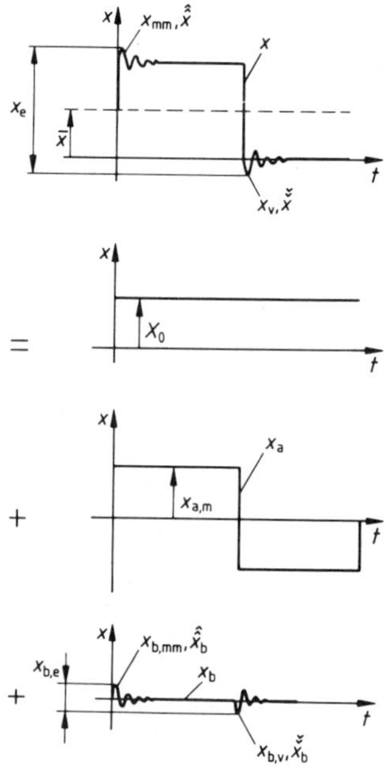

Bild 4.
Die Größe x besteht aus der Summe eines Gleichanteiles X_0 und zweier Wechselanteile x_a und x_b:

$$x = X_0 + x_a + x_b$$

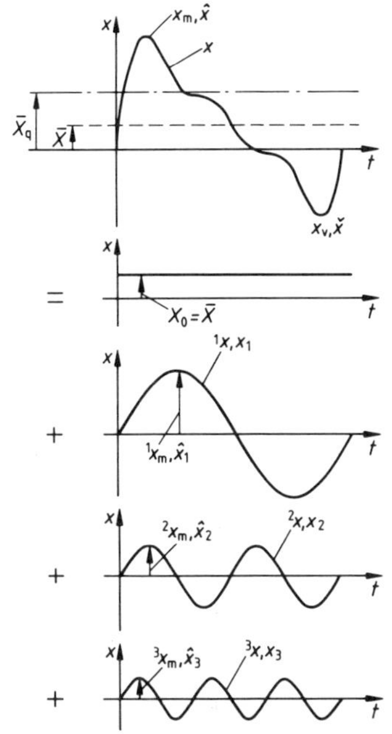

Bild 5.
Die Größe x besteht aus der arithmetischen Summe eines Gleichanteiles X_0 und eines Wechselanteiles, der seinerseits aus der Grundschwingung mit der Kennzeichnung ^1x oder x_1 und den beiden Oberschwingungen mit der Kennzeichnung ^2x oder x_2 und ^3x oder x_3 besteht:

$$x = X_0 + {^1x} + {^2x} + {^3x} \text{ oder } x = X_0 + x_1 + x_2 + x_3$$

2.2 Übergangsgrößen

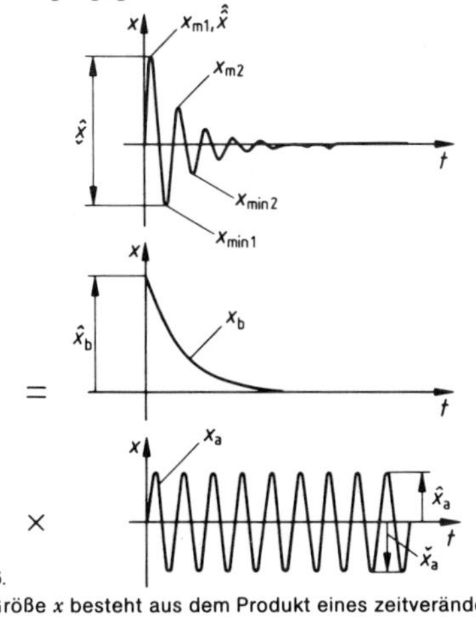

Bild 6.
Die Größe x besteht aus dem Produkt eines zeitveränderlichen Anteiles x_b und eines Wechselanteiles x_a (wie das Bild zeigt, ist x_b ein exponentiell mit der Zeit abklingender Anteil):

$$x = x_b\, x_a$$

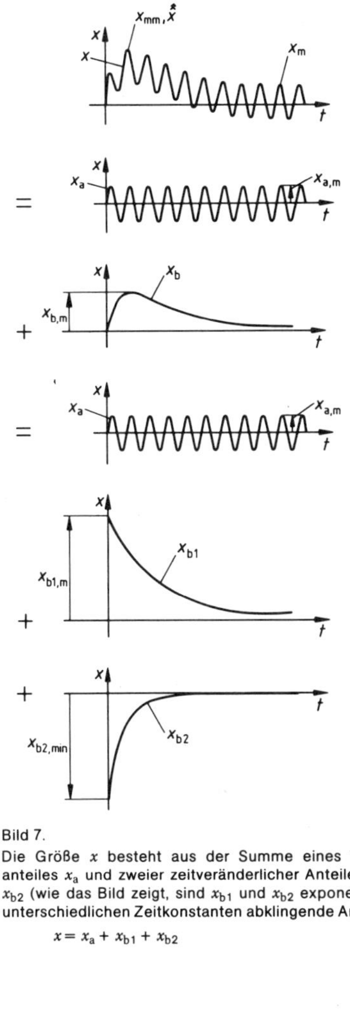

Bild 7.
Die Größe x besteht aus der Summe eines Wechselanteiles x_a und zweier zeitveränderlicher Anteile x_{b1} und x_{b2} (wie das Bild zeigt, sind x_{b1} und x_{b2} exponentiell mit unterschiedlichen Zeitkonstanten abklingende Anteile):

$$x = x_a + x_{b1} + x_{b2}$$

2.3 Zufallsgröße

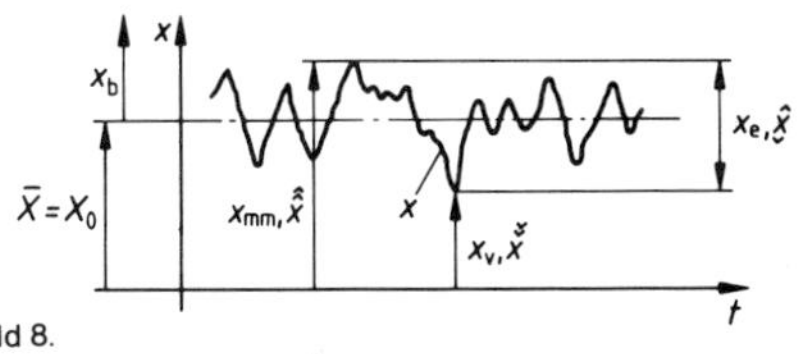

Bild 8.
Die Größe x besteht aus der Summe eines Gleichanteiles X_0 und eines Anteiles x_b einer Zufallsgröße:

$$x = X_0 + x_b$$

DK 517.44 : 001.4 : 003.62 Juli 1988

Fourier-, Laplace- und Z-Transformation

Zeichen und Begriffe

DIN 5487

Fourier-, Laplace- and Z-transformation; symbols and concepts

Ersatz für Ausgabe 11.67

In dieser Norm sind Zeichen und Begriffe für die Anwendung der Fourier-, Laplace- und Z-Transformation bei mathematischen naturwissenschaftlich-technischen Problemen angegeben. Die angegebenen Zeichen für Original- und Bildfunktionen und die Variablen dieser Funktionen sind nur Beispiele und durch diese Norm nicht festgelegt. Die Formelzeichen für die Anwendung in Naturwissenschaft und Technik sind nach Möglichkeit jeweils entsprechend der physikalischen Bedeutung (unter Berücksichtigung der entsprechenden Normen) zu wählen; siehe z. B. DIN 1304 Teil 1 (z. Z. Entwurf), DIN 1344, DIN 5483 Teil 1 und Teil 2. Über die Kennzeichnung der komplexen Größen siehe DIN 5483 Teil 3. Die in dieser Norm auftretenden Integrale und angegebenen Formeln werden ohne Angabe hinreichender Existenz- und Gültigkeitsvoraussetzungen notiert. Die imaginäre Einheit wird in dieser Norm mit j bezeichnet (siehe DIN 1302).

Nr	Zeichen	Bedeutung	Erklärung und Bemerkungen
1	**Funktionen bei der Fourier- und Laplace-Transformation**		
1.1	z. B. f oder entsprechend der physikalischen Bedeutung z. B. u usw.	Originalfunktion bei der Fourier- und Laplace-Transformation	reelle Funktion einer reellen Variablen Der Fall einer reellen Funktion steht im Vordergrund, doch sind auch komplexwertige Funktionen zulässig, da deren Real- und Imaginärteil ja reelle Funktionen sind.
1.2	z. B. F oder entsprechend der physikalischen Bedeutung z. B. U usw. Ausweichzeichen, z. B. $\check{f}$ oder entsprechend der physikalischen Bedeutung z. B. $\check{u}$ usw.	Bildfunktion bei der Fourier- und Laplace-Transformation, Fourier- und Laplace-Transformierte von z. B. f oder von z. B. u usw.	komplexe Funktion Die angeführte Kennzeichnung besteht in der Verwendung eines Kleinbuchstabens für die Originalfunktion, z. B. f, und des entsprechenden Großbuchstabens für die Bildfunktion, z. B. F. Diese Kennzeichnung kann nur angewendet werden, wenn hiergegen hinsichtlich der physikalischen Bedeutung keine Bedenken bestehen. Es sind auch noch andere Kennzeichnungen der Bildfunktion möglich; siehe die angegebenen Ausweichzeichen. lies z. B. „f-Häkchen" oder „f-Hatschek"

Fortsetzung Seite 2 bis 6

Normenausschuß Einheiten und Formelgrößen (AEF) im DIN Deutsches Institut für Normung e.V.

Nr	Zeichen	Bedeutung	Erklärung und Bemerkungen
2 Variablen			
2.1 Variablen der Original- und der Bildfunktion bei der Fourier-Transformation			
2.1.1	z. B. x oder entsprechend der physikalischen Bedeutung z. B. t (Zeit) usw.	Variable der Originalfunktion bei der Fourier-Transformation	reell
2.1.2	z. B. y oder entsprechend der physikalischen Bedeutung z. B. β (Phasenkoeffizient oder Kreisrepetenz), ω (Kreisfrequenz oder Pulsatanz) usw.	Variable der Bildfunktion bei der Fourier-Transformation	reell
2.2 Variablen der Original- und der Bildfunktion bei der Laplace-Transformation			
2.2.1	z. B. t oder entsprechend der physikalischen Bedeutung z. B. x (Weg) usw.	Variable der Originalfunktion bei der Laplace-Transformation	reell
2.2.2	z. B. $s = s' + \mathrm{j}\, s''$ oder entsprechend der physikalischen Bedeutung z. B. $p = \sigma + \mathrm{j}\,\omega$ (komplexer Anklingkoeffizient, siehe DIN 5483 Teil 1), $\gamma = \alpha + \mathrm{j}\,\beta$ (komplexer Ausbreitungskoeffizient, siehe DIN 1344) usw.	Variable der Bildfunktion bei der Laplace-Transformation	komplex
3 Transformationen			
3.1 Fourier-Transformation			
3.1.1	$\mathfrak{F}$	Fourier-Transformation	
3.1.2	z. B. $F = \mathfrak{F} f$ oder entsprechend der physikalischen Bedeutung z. B. $\check{u} = \mathfrak{F} u$ usw.	Fourier-Transformierte der Funktion f	$F(y) = \int\limits_{-\infty}^{\infty} \mathrm{e}^{-\mathrm{j} y x} f(x)\, \mathrm{d}x$ $\check{u}(\omega) = \int\limits_{-\infty}^{\infty} \mathrm{e}^{-\mathrm{j}\omega t} u(t)\, \mathrm{d}t$
3.1.3	z. B. $f = \mathfrak{F}^{-1} F$ oder entsprechend der physikalischen Bedeutung z. B. $u = \mathfrak{F}^{-1} \check{u}$ usw.	Originalfunktion der Fourier-Transformierten F	$f(x) = \frac{1}{2\pi} \int\limits_{-\infty}^{\infty} \mathrm{e}^{\mathrm{j} x y} F(y)\, \mathrm{d}y$ $u(t) = \frac{1}{2\pi} \int\limits_{-\infty}^{\infty} \mathrm{e}^{\mathrm{j} t \omega} \check{u}(\omega)\, \mathrm{d}\omega$
3.1.4	$f * g$	Faltung(sprodukt) der Funktionen f, g	$(f * g)(x) = \int\limits_{-\infty}^{\infty} f(\xi)\, g(x - \xi)\, \mathrm{d}\xi, \quad x \in \mathbb{R}$ Das rechts stehende Integral heißt (zweiseitiges) Faltungsintegral.Der Faltungssatz liefert: $\mathfrak{F}(f * g) = (\mathfrak{F} f)(\mathfrak{F} g)$

Nr	Zeichen	Bedeutung	Erklärung und Bemerkungen
3.2	**Laplace-Transformation**		
3.2.1	$\mathfrak{L}$ oder L	Laplace-Transformation	$\mathfrak{L}$ wird auch einseitige Laplace-Transformation genannt. Zur zweiseitigen Laplace-Transformation siehe Anmerkungen.
3.2.2	z.B. $F=\mathfrak{L}f$ oder $F=\mathrm{L}f$ oder entsprechend der physikalischen Bedeutung z.B. $\check{u}=\mathfrak{L}u$ usw.	Laplace-Transformierte der Funktion f	$F(s)=\int_0^\infty \mathrm{e}^{-st} f(t)\,\mathrm{d}t$ $\check{u}(p)=\int_0^\infty \mathrm{e}^{-pt} u(t)\,\mathrm{d}t$
3.2.3	z.B. $f=\mathfrak{L}^{-1}F$ oder $f=\mathrm{L}^{-1}F$ oder entsprechend der physikalischen Bedeutung z.B. $u=\mathfrak{L}^{-1}\check{u}$ usw.	Originalfunktion der Laplace-Transformierten F	$f(t)=\frac{1}{2\pi\mathrm{j}}\int_{s'-\mathrm{j}\infty}^{s'+\mathrm{j}\infty} \mathrm{e}^{ts} F(s)\,\mathrm{d}s$ $u(t)=\frac{1}{2\pi\mathrm{j}}\int_{\sigma-\mathrm{j}\infty}^{\sigma+\mathrm{j}\infty} \mathrm{e}^{tp}\check{u}(p)\,\mathrm{d}p$
3.2.4	$f*g$	Faltung(sprodukt) der Funktionen f, g	$(f*g)(x)=\int_0^x f(\xi)\,g(x-\xi)\,\mathrm{d}\xi,\quad x>0$ Das rechts stehende Integral heißt (einseitiges) Faltungsintegral. Der Faltungssatz liefert: $\mathfrak{L}(f*g)=(\mathfrak{L}f)(\mathfrak{L}g)$
3.3	**Z-Transformation**		
3.3.1	$\mathfrak{Z}$ oder Z	Z-Transformation	
3.3.2	z.B. $F=\mathfrak{Z}(f_n)$ oder $F=\mathrm{Z}(f_n)$	Z-Transformierte der Zahlenfolge (f_n)	$F(z)=\sum_{n=0}^{\infty} f_n z^{-n}$ siehe Anmerkungen
3.3.3	$(f_n)=\mathfrak{Z}^{-1}F$ oder $(f_n)=\mathrm{Z}^{-1}F$	Originalfolge der Z-Transformierten F	$f_n=\frac{1}{n!}\left[\frac{\mathrm{d}^n}{\mathrm{d}z^n}F\left(\frac{1}{z}\right)\right]_{z=0}=\frac{1}{2\pi\mathrm{j}}\oint_{\lvert z\rvert=R} z^{n-1}F(z)\,\mathrm{d}z$ $=\sum \mathrm{Res}\,(z^{n-1}F(z)),\quad n=0,1,2,\ldots,$ wobei R so groß sei, daß alle singulären Punkte von F in $\lvert z\rvert<R$ liegen
3.3.4	$(f_n)*(g_n)$	Faltung(sprodukt) der Folgen (f_n), (g_n)	$(f_n)*(g_n)=\left(\sum_{\nu=0}^{n} f_\nu g_{n-\nu}\right)$ Die Glieder dieser Folge sind die Koeffizienten der Cauchyschen Multiplikation der Reihen: $\sum_{n=0}^{\infty} f_n z^{-n},\quad \sum_{n=0}^{\infty} g_n z^{-n}$ Der Faltungssatz liefert: $\mathfrak{Z}(f_n)*(g_n)=(\mathfrak{Z}(f_n))(\mathfrak{Z}(g_n))$
4	**Korrespondenzzeichen**		
4.1	●——○	Korrespondenzzeichen: ... Bild von ...	F ●——○ f bedeutet bei der Fourier-Transformation $F=\mathfrak{F}f$, entsprechend bei der Laplace-Transformation $F=\mathfrak{L}f$
4.2	○——●	Korrespondenzzeichen: ... Original von ...	f ○——● F bedeutet bei der Fourier-Transformation $f=\mathfrak{F}^{-1}F$, entsprechend bei der Laplace-Transformation $f=\mathfrak{L}^{-1}F$

Nr	Zeichen	Bedeutung	Erklärung und Bemerkungen
5	**Sprung, Stoß, Wechselstoß; δ-Distribution**		
5.1	ε	Einheits-Sprungfunktion, Heaviside-Funktion	$\varepsilon(t)=\begin{cases}0, & t<0\\ 1, & t>0\end{cases}$ $\varepsilon(0)$ kann undefiniert bleiben, oder z. B. $\varepsilon(0)=\frac{1}{2}$ oder z. B. $\varepsilon(0)=0$
5.2	δ	δ-Distribution, Dirac-Distribution, idealer Einheitsstoß	Die Anwendung der Distribution δ auf eine Grundfunktion (Testfunktion) φ schreibt man oft (δ,φ), und es ist definiert: $(\delta,\varphi)=\varphi(0)$. Obwohl δ keine reguläre Distribution ist, findet man in der Literatur manchmal: $(\delta,\varphi)=\int_{-\infty}^{\infty}\delta(\tau)\varphi(\tau)\,\mathrm{d}\tau,\quad \int_{-\infty}^{t}\delta(\tau)\,\mathrm{d}\tau=\varepsilon(t)$. Jedoch gilt $\varepsilon'=\delta$, wobei ε' eine Ableitung von ε im Distributionensinn ist. Es werden ferner Distributionen $\delta(t-t_0)$ und $\delta(\lambda t)$ für $\lambda>0$ definiert durch: $(\delta(t-t_0),\varphi)=\varphi(t_0),\ (\delta(\lambda t),\varphi)=\frac{1}{\lambda}\varphi(0)$
5.3	δ'	Ableitung der δ-Distribution, idealer Einheitswechselstoß	Die Anwendung der Distribution δ' auf eine Grundfunktion (Testfunktion) φ ist: $(\delta',\varphi)=-(\delta,\varphi')=-\varphi'(0)$
5.4	$\mathfrak{L}f$	Laplace-Transformierte der Distribution f	$(\mathfrak{L}f)(s)=(f,\varphi)$ ist die Anwendung der Distribution f auf die Grundfunktion (Testfunktion) φ mit $\varphi(t)=\mathrm{e}^{-st}$ für $t>0$ und s fixiert. Dabei sei f derart, daß (f,φ) nicht von $\varphi(t)$ für $t<0$ abhängt. Danach ist z. B.: $\mathfrak{L}\,\delta=1$ $\mathfrak{L}\,\delta(t-t_0)=\mathrm{e}^{-t_0 s},\quad t_0>0$ $\mathfrak{L}\,\delta^{(n)}=s^n$, wobei $\delta^{(n)}$ die n-te Ableitung von δ ist.

Anmerkungen

Zu Nr 3

Da das Argument einer Abbildung oft in runden Klammern gesetzt wird, kann entsprechend geschrieben werden:

$$F=\mathfrak{F}(f),\quad f=\mathfrak{F}^{-1}(F);$$
$$F=\mathfrak{L}(f),\quad f=\mathfrak{L}^{-1}(F);$$
$$F=\mathfrak{Z}((f_n)),\quad (f_n)=\mathfrak{Z}^{-1}(F).$$

Die Fourier- und die Laplace-Transformation werden in der Literatur auch mit geschweiften Klammern geschrieben, z. B.:

$$F(y)=\mathfrak{F}\{f(x)\};\quad F(s)=\mathfrak{L}\{f(t)\}$$

Zu Nr 3.1 und 3.2

Für die Theorie der Fourier- und Laplace-Transformation ist das Lebesguesche Integral geeignet. Sonst wird häufig das Riemannsche Integral oder das Stieltjes-Integral zugrunde gelegt.

Zu Nr 3.1.1 und 3.2.1

Der Definitionsbereich der Fourier- und Laplace-Transformation heißt Originalraum, und der Wertebereich der Fourier- und Laplace-Transformation heißt Bildraum.

Zu Nr 3.1.2 und 3.1.3

Die Fourier-Transformation wird in der Literatur mit unterschiedlichen Normierungsfaktoren eingeführt. Anstelle der hier empfohlenen Anweisungen der Nr 3.1.2 und 3.1.3 findet man den Faktor $\frac{1}{2\pi}$ manchmal vor dem Integral in Nr 3.1.2, er fehlt dann vor dem Integral in Nr 3.1.3. Oder er ist z. B. so aufgeteilt, daß vor jedem der Integrale der Faktor $\frac{1}{\sqrt{2\pi}}$ steht.

Zu Nr 3.1.2 und 3.2.2

Die Fourier- und die Laplace-Transformation können auch mehrdimensional eingeführt werden, z. B.

$$F(\boldsymbol{y})=\int_{\mathbb{R}^n}\mathrm{e}^{-\mathrm{j}(\boldsymbol{x}\cdot\boldsymbol{y})}f(\boldsymbol{x})\,\mathrm{d}\boldsymbol{x}$$

mit $\boldsymbol{x}=(x_1,\dots,x_n)\in\mathbb{R}^n$, $\boldsymbol{y}=(y_1,\dots,y_n)\in\mathbb{R}^n$ und $\boldsymbol{x}\cdot\boldsymbol{y}$ als Skalarprodukt zwischen $\boldsymbol{x}$ und $\boldsymbol{y}$.

Wenn $f\colon\mathbb{R}\to\mathbb{R}$ eine Fourier-transformierbare Funktion ist, dann ist deren Restriktion auf $[0,\infty)$ auch Laplace-transformierbar, und wenn außerdem $f(x)=0$ für $x<0$ ist, dann gilt der Zusammenhang

$$(\mathfrak{F}f)(y)=(\mathfrak{L}f)(\mathrm{j}y).$$

Dabei ist $s=0+\mathrm{j}y$; d. h. s wird auf die imaginäre Achse eingeschränkt.

Zu Nr 3.1.3 und 3.2.3

Dabei gilt $(\mathfrak{F}^{-1}F)(x) = f(x)$, $x \in \mathbb{R}$ bzw. $(\mathfrak{L}^{-1}F)(t) = f(t)$, $t \in [0, \infty)$ bis auf eine Menge vom Lebesgueschen Maß Null.

Zu Nr 3.1.4 und 3.2.4

Wenn $f(x) = g(x) = 0$ für $x < 0$, dann geht die mit der Fourier-Transformation assoziierte (zweiseitige) Faltung in die mit der Laplace-Transformation verbundene (einseitige) Faltung über.

Zu Nr 3.2.1

a) Manchmal wird auch die zweiseitige Laplace-Transformation $\mathfrak{L}_{\text{II}}$ oder L_{II} verwendet. Die zweiseitige Laplace-Transformierte $F = \mathfrak{L}_{\text{II}} f$ oder $F = \text{L}_{\text{II}} f$ erhält man durch

$$F(s) = \int_{-\infty}^{\infty} \mathrm{e}^{-st} f(t)\,\mathrm{d}t.$$

b) Falls die in Nr 3.2.2 angegebene Transformation als einseitige Laplace-Transformation besonders gekennzeichnet werden soll, ist $\mathfrak{L}_{\text{I}}$ oder L_{I} zu schreiben.

c) Über die Variablensubstitution $z = \mathrm{e}^{-s}$ zeigen sich Beziehungen für diese Transformationen: Wenn man von einer Potenzreihe $\sum_{\nu=0}^{\infty} a_\nu z^\nu$ ausgeht und geeignet verallgemeinert, erhält man $(\mathfrak{L}_{\text{I}} f)(s)$; geht man von einer Laurentreihe $\sum_{\nu=-\infty}^{\infty} a_\nu z^\nu$ aus, dann erhält man entsprechend $(\mathfrak{L}_{\text{II}} f)(s)$; nimmt man ferner die Laurentreihe auf einem Kreisrand $|z| = \text{const.}$ (Fourierreihe), dann ergibt sich analog $(\mathfrak{F} f)(y)$.

d) Daher erwartet man z. B. Konvergenz bei $\mathfrak{L}_{\text{I}}$ in einer rechten Halbebene und bei $\mathfrak{L}_{\text{II}}$ in einem vertikalen Streifen der s-Ebene. Der Cauchyschen Multiplikation (man vergleiche die Erklärung und Bemerkungen zu Nr 3.3.4) zweier solcher Potenzreihen entspricht das (einseitige) Faltungsintegral bei $\mathfrak{L}_{\text{I}}$ bzw. zweier solcher Laurentreihen entspricht das (zweiseitige) Faltungsintegral bei $\mathfrak{L}_{\text{II}}$ und bei $\mathfrak{F}$. Dadurch entstehen auch die Faltungssätze.

e) Die Laplace-Transformation ist von K. W. Wagner 1916 im Anschluß an die Operatorenrechnung von Heaviside in etwas anderer Weise eingeführt worden, nämlich als

$$F(s) = s \int_{0}^{\infty} \mathrm{e}^{-st} f(t)\,\mathrm{d}t.$$

Diese Variante findet man in der Literatur unter dem Namen Laplace-Carson-Transformation.

Zu Nr 3.3.2

a) Daneben kann auch $F(z) = \sum_{\nu=-\infty}^{\infty} f_n z^{-n}$ zu gegebenen f_n, $n \in \mathbb{Z}$ gebildet werden. Im Zusammenhang mit der Z-Transformation wird dies selten eingeführt, und dann wird dieses F Laurent-Transformierte genannt, weil es eine Laurentreihe ist.

b) Wenn man z durch $\frac{1}{z}$ substituiert, ist $\mathfrak{Z}(f_n)$ eine Potenzreihe um den Ursprung, also die aus der Stochastik und Informationstheorie bekannte erzeugende Funktion der Folge (f_n). Siehe auch Anmerkung zu Nr 5.4.

Zu Nr 4.1 und 4.2

In der französischen Norm und französischen Literatur wird als Korrespondenzzeichen $\sqsubset$ eingeführt; es bedeutet:

$\sqsubset$: . . . Bild von . . . und

$\sqsupset$: . . . Original von . . .

Zu Nr 5.2

Die Beschreibung eines Stoßes der integrierten Stärke 1 kann man näherungsweise z. B. durch einen Rechtecksimpuls ansetzen:

$$I_h(\tau) = \begin{cases} \frac{1}{h}, & 0 < \tau < h \\ 0 & \text{sonst} \end{cases}$$

Dafür gilt:

(1) $\int_{-\infty}^{\infty} I_h(\tau)\,\mathrm{d}\tau = 1$

(2) $\int_{-\infty}^{\infty} I_h(\tau)\,\varphi(\tau)\,\mathrm{d}\tau = \varphi(\sigma)$ mit $0 \leq \sigma \leq h$ (φ stetig) sowie

(3) $\int_{-\infty}^{t} I_h(\tau)\,\mathrm{d}\tau = \begin{cases} 0, & t \leq 0 \\ \frac{1}{h} t, & 0 < t < h \\ 1, & t \geq h \end{cases}$

Man möchte $h \to 0$ durchführen:

$$\lim_{h \to 0} I_h(\tau) = \begin{cases} \infty, & \tau = 0 \\ 0 & \text{sonst} \end{cases}$$

Die so entstandene Funktion werde mit $\tilde{\delta}$ bezeichnet (zur Unterscheidung von der δ-Distribution). Durch eine Vertauschung des Grenzprozesses $h \to 0$ mit den Integralen in (1), (2) und (3), die hier aber nicht zulässig ist, würde entstehen

(1′) $\int_{-\infty}^{\infty} \tilde{\delta}(\tau)\,\mathrm{d}\tau = 1$

(2′) $\int_{-\infty}^{\infty} \tilde{\delta}(\tau)\,\varphi(\tau)\,\mathrm{d}\tau = \varphi(0)$

(3′) $\int_{-\infty}^{t} \tilde{\delta}(\tau)\,\mathrm{d}\tau = \varepsilon(t), \quad -\infty < t < \infty$

Die gefundene Funktion $\tilde{\delta}$ erfüllt keine dieser Gleichungen, und es wurde eine mathematische Begründung der δ-Distribution erforderlich.

Wie jede Distribution ist auch die δ-Distribution eine Abbildung, deren Definitionsbereich ein gewisser Raum von Grundfunktionen φ ist und deren Werte reelle Zahlen sind, die oft mit (δ, φ) bezeichnet werden. Diese Abbildung ist linear und hat eine gewisse Stetigkeitseigenschaft.

Reguläre Distributionen T werden erzeugt von und sind identifizierbar (fast überall) mit einer reellen (lokal integrierbaren) Funktion f, so daß gilt:

$$(T, \varphi) = \int_{-\infty}^{\infty} f(\tau)\,\varphi(\tau)\,\mathrm{d}\tau.$$

Dagegen ist δ eine singuläre Distribution, weil es kein f gibt, so daß gilt:

$$(\delta, \varphi) = \int_{-\infty}^{\infty} f(\tau)\,\varphi(\tau)\,\mathrm{d}\tau = \varphi(0)$$

(vergleiche Formel (2′); der Formel (3′) entspricht $\delta = \varepsilon'$).

Statt des oben verwendeten Rechteckimpulses I_h können auch glatte Funktionen angesetzt werden, z. B.

$$\hat{I}_\nu(\tau) = \frac{\nu}{\sqrt{\pi}}\,\mathrm{e}^{-\nu^2\tau^2}, \quad \nu = 1, 2, 3, \ldots$$

Zu Nr 5.4

Wegen $\mathfrak{L}\,\delta(t - t_0) = \mathrm{e}^{-t_0 s}$ entwickelt man:

$$\left(\mathfrak{L}\left(\sum_{n=0}^{\infty} f_n\,\delta(t-n)\right)\right)(s) = \sum_{n=0}^{\infty} f_n\,\mathrm{e}^{-ns} = (\mathfrak{Z}(f_n))(\mathrm{e}^s)$$

Die Z-Transformierte einer Zahlenfolge (f_n) ist also bis auf die Variablensubstitution $z = \mathrm{e}^s$ die Laplace-Transformierte der durch

$$\sum_{n=0}^{\infty} f_n\,\delta(t-n)$$

gebildeten Distribution.

Zitierte Normen

DIN 1302	Allgemeine mathematische Zeichen und Begriffe
DIN 1304 Teil 1	(z. Z. Entwurf) Formelzeichen; Allgemeine Formelzeichen
DIN 1344	Elektrische Nachrichtentechnik; Formelzeichen
DIN 5483 Teil 1	Zeitabhängige Größen; Benennungen der Zeitabhängigkeit
DIN 5483 Teil 2	Zeitabhängige Größen; Formelzeichen
DIN 5483 Teil 3	Zeitabhängige Größen; Komplexe Darstellung sinusförmig zeitabhängiger Größen

Weitere Unterlagen

[1] W. Ameling, Laplace-Transformation. Bertelsmann Universitätsverlag, 1975
[2] L. Berg, Einführung in die Operatorenrechnung. VEB Deutscher Verlag der Wissenschaften, 1965
[3] H. J. Dirschmid, Mathematische Grundlagen der Elektrotechnik. Vieweg, 1986
[4] G. Doetsch, Handbuch der Laplace-Transformation. Band I–III. Birkhäuser Verlag, 1950, 1955, 1956
[5] G. Doetsch, Einführung in Theorie und Anwendung der Laplace-Transformation. Birkhäuser Verlag, 1958
[6] G. Doetsch, Anleitung zum praktischen Gebrauch der Laplace- und der Z-Transformation. 4. Auflage, Oldenbourg, 1981
[7] P. Henrici, R. Jeltsch, Komplexe Analysis für Ingenieure. Band II, Birkhäuser, 1980
[8] J. G. Holbrook, Laplace-Transformation. Vieweg, 1981
[9] M. J. Lighthill, Einführung in die Theorie der Fourieranalysis und der verallgemeinerten Funktionen. Bibl. Institut, 1966
[10] J. Mikusinski, Operatorenrechnung. VEB Deutscher Verlag der Wissenschaften, 1957
[11] F. Stopp, Operatorenrechnung. Verlag Harri Deutsch, 1978
[12] W. Walter, Einführung in die Theorie der Distributionen. Bibliographisches Institut, 1974
[13] A. H. Zemanian, Generalized Integral Transformations. Interscience, 1968

Frühere Ausgaben

DIN 5487: 11.67

Änderungen

Gegenüber der Ausgabe November 1967 wurden folgende Änderungen vorgenommen:

a) Z-Transformation eingefügt;
b) Abschnitt über Sende- und Empfangsfunktion gestrichen;
c) Vollständig redaktionell durchgesehen, überarbeitet und zum Teil neu gegliedert.

Internationale Patentklassifikation

G 06 F 15/332

DK 537.8 : 621.316 September 1990

Richtungssinn und Vorzeichen in der Elektrotechnik
Regeln für elektrische und magnetische Kreise, Ersatzschaltbilder

DIN 5489

Directions and signs in electrical engineering; rules for electric and magnetic circuits, equivalent circuit diagrams

Ersatz für Ausgabe 11.68
und mit DIN 1324 Teil 1/05.88
Ersatz für DIN 1323/02.66

Inhalt

Seite

1 **Anwendungsbereich und Zweck** ... 1
2 **Einleitung** ... 1
3 **Vorzeichenregeln für Stromstärke und Spannung** ... 2
3.1 Richtungssinn für die Stromstärke ... 2
3.2 Richtungssinn für die Spannung ... 2
3.3 Bezugssinn und Bezugspfeile für Stromstärke und Spannung ... 2
3.4 Die Kirchhoff-Gesetze ... 2
4 **Elektrische Zweipole, Eintore** ... 2
4.1 Definition eines Zweipols, Einteilung der Zweipole ... 2
4.2 Bepfeilung an einem Zweipol ... 3
5 **Ideale homogene Zweipole** ... 3
5.1 Idealer ohmscher Zweipol ... 3
5.2 Idealer induktiver Zweipol ... 3
5.3 Idealer kapazitiver Zweipol ... 3
6 **Zweipolquellen** ... 3
6.1 Spannungsquelle ... 3
6.2 Stromquelle ... 3
7 **Lineare Zweipole in Wechselstromnetzen** ... 4
7.1 Komplexe Schreibweise; Impedanz, Admittanz; Reaktanz, Suszeptanz ... 4
7.2 Zweipolquellen ... 4
8 **Zweitore** ... 4
8.1 Bezugssinn für Stromstärke und Spannung an einem Zweitor ... 4
8.2 Kennzeichnung des Wicklungssinns beim Übertrager ... 5
8.3 Bezugssinn beim idealen Gyrator ... 5
9 **Magnetische Kreise und Netze** ... 5
9.1 Die Größen des magnetischen Kreises ... 5
9.2 Richtungssinn und Bepfeilung in magnetischen Kreisen und Netzen ... 6

1 Anwendungsbereich und Zweck

Zweck dieser Norm ist es, Vorzeichen- und Richtungsregeln festzulegen, die zur Berechnung der Stromstärken und Spannungen in elektrischen Stromkreisen und Netzen sowie zur Berechnung der entsprechenden Größen in magnetischen Kreisen dienen. Die Festlegung von Bezugssinnen durch Bezugspfeile bildet dabei eine Übereinkunft, die bei der Aufstellung der Netzgleichungen besondere Überlegungen über das Setzen von Vorzeichen entbehrlich macht.

Mit dieser Norm, die auch Ersatzschaltbilder für die häufig vorkommenden linearen Zweipole enthält, werden die bisherigen Normen DIN 1323 und DIN 5489 zusammengefaßt.

2 Einleitung

Ein Netz besteht aus einem System von Zweigen, die an Knoten miteinander verbunden sind. Die Zweige des Netzes sind Zweipole (Eintore). Sie haben zwei Pole (Klemmen). An den Knoten sind die Pole mehrerer Zweipole miteinander verbunden. Ein Netz besteht aus mindestens zwei Zweipolen. Einer oder mehrere davon wirken im allgemeinen als Quellen, die übrigen wirken als Verbraucher.

Als elektrisches Netz mit konzentrierten Elementen bezeichnet man Anordnungen, in denen für die Zustandsgröße Stromstärke I (Augenblickswert i) das erste Kirchhoff-Gesetz (Knotensatz siehe Abschnitt 3.4) und für die Zustandsgröße Spannung U (Augenblickswert u) das zweite Kirchhoff-Gesetz (Maschensatz siehe Abschnitt 3.4) gilt. Bei Verbraucher-Bepfeilung (siehe Abschnitt 4.2) und im Einklang mit den Maxwell-Feldgleichungen existieren zwischen den Zustandsgrößen eines jeden nicht resonanzfähigen, linearen und zeitinvarianten Zweipols (Definition eines Zweipols siehe Abschnitt 4.1) im allgemeinen als gewöhnliche Differentialgleichungen mit konstanten Koeffizienten nur die Verknüpfungen

$$u = R\,i + L\frac{\mathrm{d}i}{\mathrm{d}t} + u_s \qquad (1)$$

oder

$$i = G\,u + C\frac{\mathrm{d}u}{\mathrm{d}t} + i_s. \qquad (2)$$

Zweipole, die im allgemeinen resonanzfähig sind, entstehen durch Parallel- oder Serienkombination von Zweipolen nach Art der Gleichungen (1) und (2). Diese Gleichungen enthalten als Absolutglieder die Leerlauf-

Stichwortverzeichnis und Internationale Patentklassifikation siehe Originalfassung der Norm

Fortsetzung Seite 2 bis 7

Normenausschuß Einheiten und Formelgrößen (AEF) im DIN Deutsches Institut für Normung e.V.
Deutsche Elektrotechnische Kommission (DKE) im DIN und VDE

spannung u_s und den Kurzschlußstrom i_s, sowie den Widerstand R, den Leitwert G, die Induktivität L und die Kapazität C der entsprechenden Bauelemente.

Als magnetischer Kreis wird eine Einrichtung zur Führung des magnetischen Flusses auf vorgegebenen Wegen bezeichnet. In ihm ist der Zusammenhang zwischen dem magnetischen Fluß und der magnetischen Spannung oft nichtlinear.

3 Vorzeichenregeln für Stromstärke und Spannung

3.1 Richtungssinn für die Stromstärke

Als elektrischen Strom der Stromstärke i bezeichnet man die geordnete Bewegung elektrischer Ladungen durch eine Fläche. Als Richtungssinn der Stromstärke i ist diejenige Richtung definiert, in der sich die positiven Ladungen bewegen. Tritt dabei in der Zeitspanne $\mathrm{d}t$ die Ladung $\mathrm{d}Q$ durch die vorgegebene Fläche, z. B. den Querschnitt eines Leiters, so ist der Augenblickswert i der elektrischen Stromstärke definiert durch $i = \mathrm{d}Q/\mathrm{d}t$.

3.2 Richtungssinn für die Spannung

Wenn ein Ladungsträger der Ladung Q in einem elektrischen Feld von einem Anfangspunkt 1 zu einem Endpunkt 2 bewegt wird, so verrichten die Feldkräfte an dem Körper eine Arbeit W_{12}, die proportional zu Q ist. Den Quotienten W_{12}/Q, der im wirbelfreien Feld unabhängig vom Weg ist, nennt man die Spannung u zwischen den Punkten 1 und 2. Als Richtungssinn der Spannung u ist die Richtung von 1 nach 2 definiert, wenn das Feld an einer positiven Ladung positive Arbeit verrichtet, dem Feld also Energie entzogen wird.

3.3 Bezugssinn und Bezugspfeile für Stromstärke und Spannung

In einem Netz sind Richtungssinn von Stromstärke und Spannung in den einzelnen Zweigen zunächst unbekannt. Für die Netzwerkanalyse muß daher beiden Größen in jedem Netzzweig ein Bezugssinn zugeordnet werden. Dabei sind die Festlegungen des Bezugssinns für die Stromstärken und des Bezugssinns für die Spannungen in jedem Zweig willkürlich und jeweils voneinander unabhängig.

3.3.1 Bezugspfeile für die Stromstärke

In Schaltplänen und Netzgraphen wird der Bezugssinn des Stromes durch einen Bezugspfeil angegeben, der bevorzugt nach Bild 1 a) in die Linie gezeichnet wird, die den Stromleiter, bzw. den betreffenden Netzzweig darstellt. Ist dies unzweckmäßig, so darf der Pfeil nach Bild 1 b) neben die Linie gesetzt werden. Wird ausnahmsweise kein Bezugspfeil verwendet, dann sind Anfangs- und Endpunkt des Stromzweiges durch einen Doppelindex nach Bild 1 c) oder d), z. B. i_{12} zu markieren.

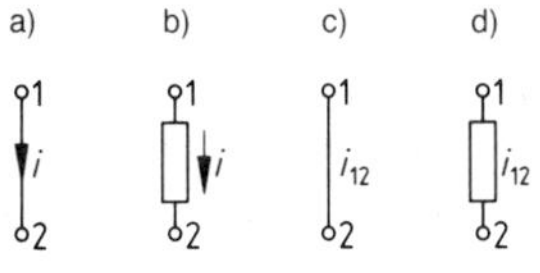

Bild 1.

3.3.2 Bezugspfeile für die Spannung

Bei Spannungen wird der Bezugssinn durch einen Bezugspfeil nach Bild 2 a) oder b) oder durch einen Doppelindex nach Bild 2 c) oder d), z. B. u_{12} dargestellt.

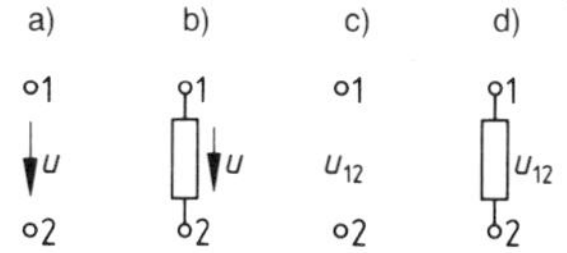

Bild 2.

3.4 Die Kirchhoff-Gesetze

Für die mit ihren Bezugspfeilen definierten Ströme und Spannungen werden die beiden Kirchhoff-Gesetze wie folgt angewendet:

Nach dem ersten Kirchhoff-Gesetz (Knotensatz) ist für jeden Knoten die Summe aller Stromstärken stets null. Die Stromstärken, deren Bezugspfeile zum Knoten hinweisen, sind mit dem einen Vorzeichen, diejenigen, deren Bezugspfeile vom Knoten wegweisen, mit dem anderen Vorzeichen in die Summe einzusetzen (siehe Bild 3 a)).

Nach dem zweiten Kirchhoff-Gesetz (Maschensatz) ist die Summe aller Teilspannungen entlang eines geschlossenen Weges, dessen Umlaufsinn willkürlich gewählt werden kann, stets null. Dabei sind alle Spannungen, deren Bezugssinn mit dem gewählten Umlaufsinn übereinstimmt, mit dem einen Vorzeichen, alle Spannungen, deren Bezugssinn gegen den Umlaufsinn gerichtet ist, mit dem anderen Vorzeichen in die Summe einzusetzen (siehe Bild 3 b)).

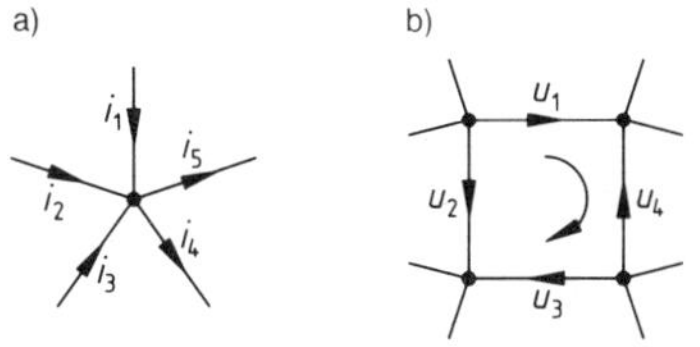

$i_1 + i_2 + i_3 - i_4 - i_5 = 0$ $\quad u_1 - u_4 + u_3 - u_2 = 0$

Bild 3.

4 Elektrische Zweipole, Eintore

4.1 Definition eines Zweipols, Einteilung der Zweipole

Ein elektrischer Zweipol ist ein Teil eines Stromkreises oder eines Netzes, der nur an zwei Punkten elektrisch zugänglich ist oder als zugänglich betrachtet wird. Die beiden zugänglichen Punkte heißen Pole (Klemmen). Die Eigenschaften des Zweipols werden definiert durch den Zusammenhang zwischen der Stärke des Stromes durch den Zweipol und der zugehörigen Spannung zwischen seinen Polen (siehe z. B. Gleichungen (1) und (2)).

4.1.1 Linearität und Zeitinvarianz eines Zweipols

Ein Zweipol, bei dem die Beziehung zwischen Stromstärke und Spannung durch eine lineare Gleichung oder eine lineare Differentialgleichung beschrieben wird, heißt linearer Zweipol, andernfalls nichtlinearer Zweipol. Sind die Koeffizienten in diesen Gleichungen zeitunabhängig, so bezeichnet man den Zweipol als zeitinvariant, andernfalls als zeitvariant. Nachfolgend wird stets Linearität und Zeitinvarianz vorausgesetzt.

4.1.2 Homogene Zweipole

Fehlt in den Gleichungen (1) und (2) das Absolutglied (u_s bzw. i_s), so nennt man den betreffenden Zweipol homogen. Homogene Zweipole werden zweckmäßig nach dem Wert der Koeffizienten R oder G in den Gleichungen (1) oder (2) klassifiziert.

Für $R > 0$ oder $G > 0$ ist der Zweipol dissipativ,
für $R = 0$ oder $G = 0$ ist der Zweipol reaktiv,
für $R < 0$ oder $G < 0$ ist der Zweipol generativ.

4.2 Bepfeilung an einem Zweipol

Bei Bezugspfeilen für Spannung und Stromstärke nach Bild 4a) spricht man von einer Verbraucher-Bepfeilung. Hier beschreibt ein positives Produkt von Spannung und Stromstärke eine in den Zweipol einfließende Energie. Wenn man dem Energiestrom, d.h. der Leistung P einen Bezugspfeil zuordnet, so zeigt dieser wie in Bild 4a) auf den Zweipol hin. Eine Bepfeilung von Spannung und Stromstärke nach Bild 4b) bezeichnet man als Erzeuger-Bepfeilung. Hier beschreibt ein positives Produkt von Spannung und Stromstärke eine vom Zweipol abgegebene Energie. Der Bezugspfeil für die Leistung P zeigt wie in Bild 4b) vom Zweipol weg. Bild 4c) zeigt eine vereinfachte Darstellung eines Zweipols, die für Netzgraphen zweckmäßig ist. In diesem Fall liegt eine Verbraucher-Bepfeilung vor.

a) b) c)

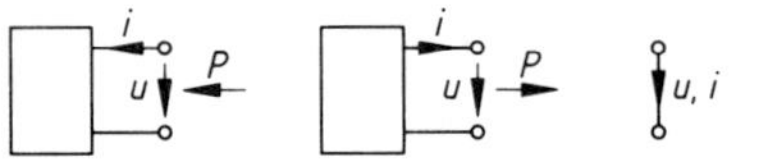

Bild 4.

5 Ideale homogene Zweipole

5.1 Idealer ohmscher Zweipol

Ein Zweipol, an dessen Polen die Spannung u in jedem Augenblick proportional der Stromstärke i ist, wird bei $R > 0$ idealer ohmscher Zweipol genannt. In Schaltplänen wird er durch das Schaltzeichen von Bild 5a) dargestellt und durch seinen Widerstand R gekennzeichnet. Bei Verbraucher-Bepfeilung gilt $u = R \cdot i$. Der Quotient $u/i = R$ wird als Widerstand (auch Resistanz) bezeichnet, sein Kehrwert $G = 1/R$ als Leitwert (auch Konduktanz).

In Schaltplänen wird der Leitwert durch dasselbe Schaltzeichen wie der entsprechende Widerstand dargestellt, jedoch mit der geänderten Beschriftung G statt R.

5.2 Idealer induktiver Zweipol

Ein Zweipol, bei dem Spannung und Stromstärke bei Verbraucher-Bepfeilung durch die Differentialgleichung $u = L \cdot \mathrm{d}i/\mathrm{d}t$ miteinander verknüpft sind, wird idealer induktiver Zweipol genannt. In Schaltplänen wird er durch eines der Schaltzeichen von Bild 5b) dargestellt und durch seine Induktivität L gekennzeichnet.

Anmerkung: Induktivität ist eine physikalische Größe, die eine Spule charakterisiert. Diese Benennung darf nicht zur Bezeichnung des Elementes selbst benutzt werden.

5.3 Idealer kapazitiver Zweipol

Ein Zweipol, bei dem Stromstärke und Spannung bei Verbraucher-Bepfeilung durch die Differentialgleichung $i = C \cdot \mathrm{d}u/\mathrm{d}t$ miteinander verknüpft sind, wird idealer kapazitiver Zweipol genannt. In Schaltplänen wird er durch das Schaltzeichen von Bild 5c) dargestellt und durch seine Kapazität C gekennzeichnet.

Anmerkung: Kapazität ist eine physikalische Größe, die einen Kondensator charakterisiert. Diese Benennung darf nicht zur Bezeichnung des Elementes selbst benutzt werden.

a) b) c)

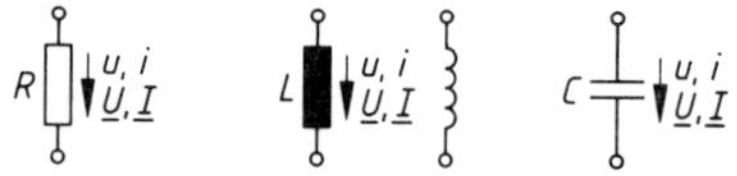

$u = Ri$ $\quad u = L\dfrac{\mathrm{d}i}{\mathrm{d}t}$ $\quad i = C\dfrac{\mathrm{d}u}{\mathrm{d}t}$

$\underline{U} = R\underline{I}$ $\quad \underline{U} = \mathrm{j}\omega L\underline{I}$ $\quad \underline{I} = \mathrm{j}\omega C\underline{U}$

Bild 5.

6 Zweipolquellen

Ein Zweipol, der in der Lage ist, über ganze Perioden gemittelt elektrische Energie abzugeben, wird als Zweipolquelle, kurz als Quelle bezeichnet.

6.1 Spannungsquelle

Ist für eine Zweipolquelle, beschrieben durch Kombinationen von Gleichung (1) und (2), bei $i_s = 0$ mindestens einer der Koeffizienten R, L, G oder C ungleich null, so liegt eine Spannungsquelle mit Innenwiderstand und der Leerlaufspannung u_s vor.

6.1.1 Unabhängige Spannungsquelle

Wird bei einer Spannungsquelle die Leerlaufspannung u_s nicht von einer anderen Zustandsgröße beeinflußt, so bezeichnet man sie als unabhängig. Verschwinden in den Gleichungen (1) und (2) bei $i_s = 0$ die Koeffizienten R, L, G und C, so spricht man von einer idealen unabhängigen Spannungsquelle. In Schaltplänen wird sie durch das Schaltzeichen von Bild 6a) dargestellt.

6.1.2 Gesteuerte Spannungsquelle

Die Leerlaufspannung u_s einer Spannungsquelle kann der Spannung oder Stromstärke an anderer Stelle des Netzes proportional sein. Im ersten Fall spricht man von einer spannungsgesteuerten, im zweiten von einer stromgesteuerten Spannungsquelle. In Schaltplänen wird sie für den Idealfall entsprechend Bild 6b) bzw. c) dargestellt.

a) b) c)

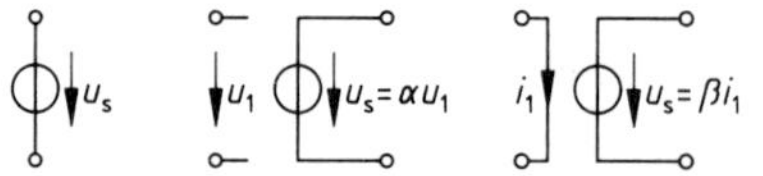

Bild 6.[1])

6.2 Stromquelle

Ist in Kombinationen von Gleichung (1) und (2) bei $u_s = 0$ mindestens einer der Koeffizienten R, L, G oder C ungleich null, so wird eine Stromquelle mit Innenleitwert und der Kurzschlußstromstärke i_s beschrieben.

6.2.1 Unabhängige Stromquelle

Wird bei einer Stromquelle die Kurzschlußstromstärke i_s nicht von einer anderen Zustandsgröße beeinflußt, so bezeichnet man sie als unabhängig. Verschwinden in

[1]) α, β, γ und δ sind zunächst nicht näher benannte Steuerungsparameter der Dimension 1 (α, δ), der Dimension eines Widerstandes (β) bzw. der Dimension eines Leitwertes (γ).

den Gleichungen (1) und (2) bei $u_s = 0$ die Koeffizienten R, L, G und C, so spricht man von einer idealen unabhängigen Stromquelle. In Schaltplänen wird sie durch das Schaltzeichen von Bild 7 a) dargestellt.

6.2.2 Gesteuerte Stromquelle

Die Kurzschlußstromstärke i_s einer Stromquelle kann der Spannung oder Stromstärke an anderer Stelle des Netzes proportional sein. Im ersten Fall spricht man von einer spannungsgesteuerten, im zweiten von einer stromgesteuerten Stromquelle. In Schaltplänen wird sie für den Idealfall entsprechend Bild 7b) bzw. c) dargestellt.

a) b) c)

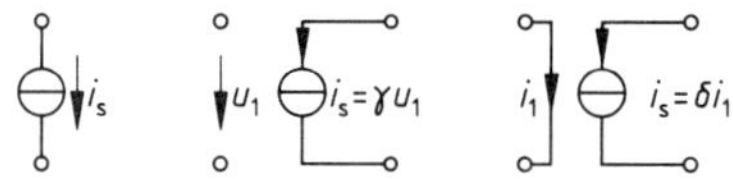

Bild 7.[1])

7 Lineare Zweipole in Wechselstromnetzen

7.1 Komplexe Schreibweise; Impedanz, Admittanz; Reaktanz, Suszeptanz

In linearen Netzen, die mit Quellen für zeitlich sinusförmige Wechselspannungen und Wechselströme gespeist werden, ist es üblich, die sinusförmigen Spannungen und Stromstärken durch ihre komplexen Amplituden $\underline{\hat{u}}$, $\underline{\hat{\imath}}$ oder komplexen Effektivwerte $\underline{U}$, $\underline{I}$ zu kennzeichnen. Mit den Augenblickswerten der zugehörigen Zeitfunktion sind sie über die Gleichungen

$$u = \mathrm{Re}\,(\underline{\hat{u}}\,\mathrm{e}^{\mathrm{j}\omega t}) = \mathrm{Re}\,(\sqrt{2}\,\underline{U}\,\mathrm{e}^{\mathrm{j}\omega t}) \qquad (3)$$

$$i = \mathrm{Re}\,(\underline{\hat{\imath}}\,\mathrm{e}^{\mathrm{j}\omega t}) = \mathrm{Re}\,(\sqrt{2}\,\underline{I}\,\mathrm{e}^{\mathrm{j}\omega t}) \qquad (4)$$

verknüpft. Dabei ist ω die Kreisfrequenz (auch Pulsatanz). Die komplexen Amplituden oder Effektivwerte erhalten den gleichen Bezugspfeil wie die zugehörigen Augenblickswerte (siehe Bild 5).

Für Zweipole, gebildet aus einer beliebigen Zusammenschaltung von idealen ohmschen Zweipolen, idealen induktiven Zweipolen und idealen kapazitiven Zweipolen, werden die zugehörigen Zustandsgrößen bei Verbraucher-Bepfeilung über die Gleichung

$$\underline{U} = \underline{Z}\,\underline{I} \qquad (5)$$

oder die Gleichung

$$\underline{I} = \underline{Y}\,\underline{U} \qquad (6)$$

verknüpft.

In Gleichung (5) wird $\underline{Z}$ die Impedanz, in Gleichung (6) wird $\underline{Y}$ die Admittanz des Zweipols genannt. $\underline{Z}$ und $\underline{Y}$ sind im allgemeinen Funktionen der Kreisfrequenz. Wenn der Zweipol nur aus idealen Induktivitäten und idealen Kapazitäten aufgebaut ist, verschwindet der jeweilige Realteil von $\underline{Z}$ bzw. $\underline{Y}$ für alle ω. Eine solche imaginäre Impedanz bzw. Admittanz wird als Reaktanz bzw. Suszeptanz bezeichnet. Ein Zweipol mit einer komplexen Impedanz oder Admittanz wird durch das gleiche Schaltzeichen gekennzeichnet wie ein ohmscher Zweipol, unterschieden nur durch die Beschriftung $\underline{Z}$ oder $\underline{Y}$ statt R (siehe z. B. Bild 8 und 9).

[1]) Siehe Seite 3

7.2 Zweipolquellen

Der allgemeine Zusammenhang zwischen den Zustandsgrößen einer Zweipolquelle läßt sich bei Erzeuger-Bepfeilung nach der Gleichung

$$\underline{U} = \underline{U}_s - \underline{Z}\,\underline{I} \qquad (7)$$

oder der Gleichung

$$\underline{I} = \underline{I}_s - \underline{Y}\,\underline{U} \qquad (8)$$

darstellen.

Hierbei ist $\underline{Z}$ die Innenimpedanz, $\underline{Y}$ die Innenadmittanz der Quelle. Wenn beide Gleichungen denselben Sachverhalt beschreiben sollen, so muß $\underline{Y} \cdot \underline{Z} = 1$ und $\underline{I}_s = \underline{Y} \cdot \underline{U}_s$ gesetzt werden. In den Grenzfällen $\underline{Z} = 0$ oder $\underline{Y} = 0$ ist nur eine der beiden Formen benutzbar. Die durch die Gleichungen (7) und (8) gegebenen Beziehungen zwischen $\underline{U}$ und $\underline{I}$ können durch Ersatzschaltbilder dargestellt werden.

Aus Gleichung (7) ergibt sich die Ersatz-Spannungsquelle. Sie enthält die Symbole für eine ideale Spannungsquelle und eine Impedanz $\underline{Z}$. Die Ersatz-Spannungsquelle ist in Bild 8a) mit Erzeuger-Bepfeilung, in Bild 8b) mit Verbraucher-Bepfeilung dargestellt.

Aus Gleichung (8) ergibt sich die Ersatz-Stromquelle. Sie enthält die Symbole für eine ideale Stromquelle und eine Admittanz $\underline{Y}$. Die Ersatz-Stromquelle ist in Bild 9a) mit Erzeuger-Bepfeilung, in Bild 9b) mit Verbraucher-Bepfeilung dargestellt.

a) b)

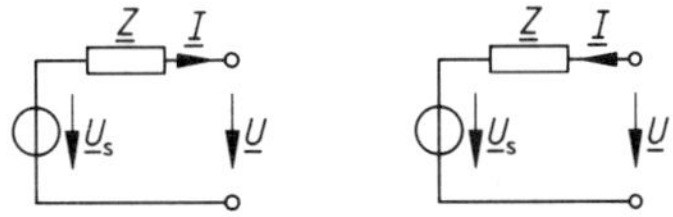

$\underline{U} = \underline{U}_s - \underline{Z}\,\underline{I}$ $\qquad$ $\underline{U} = \underline{U}_s + \underline{Z}\,\underline{I}$

Bild 8.

a) b)

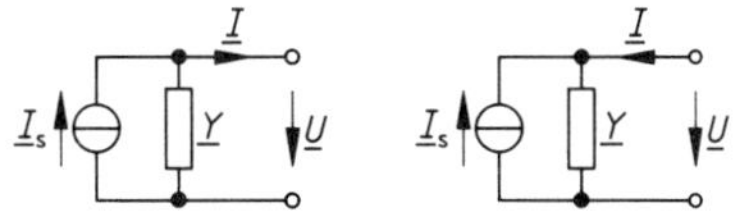

$\underline{I} = \underline{I}_s - \underline{Y}\,\underline{U}$ $\qquad$ $\underline{I} = -\underline{I}_s + \underline{Y}\,\underline{U}$

Bild 9.

8 Zweitore

8.1 Bezugssinn für Stromstärke und Spannung an einem Zweitor

Bei Zweitoren (Torbedingung siehe DIN 4899) wird die Verbraucher-Bepfeilung (symmetrische Bepfeilung) nach Bild 10a) bevorzugt. Für die Kettenschaltung von Zweitoren ist jedoch oft die Ketten-Bepfeilung (unsymmetrische Bepfeilung) nach Bild 10b) zweckmäßiger.

a) b)

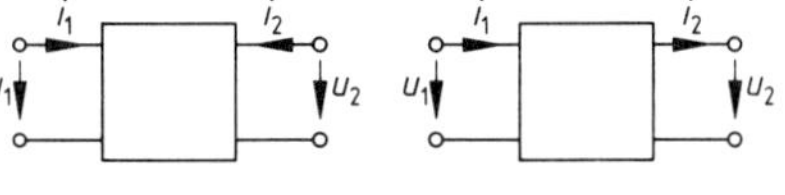

Bild 10.

8.2 Kennzeichnung des Wicklungssinns beim Übertrager

Als idealen Übertrager mit der Spannungsübersetzung t_U bezeichnet man ein Zweitor, für das bei Verbraucher-Bepfeilung in jedem Augenblick

$$u_1 = u_2\, t_U \tag{9}$$

und

$$i_1 = i_2 / t_U \tag{10}$$

gilt.

Ein idealer Übertrager entsteht aus dem Grenzfall zweier ausschließlich magnetisch und streuungsfrei gekoppelter idealer induktiver Zweipole, deren Induktivitäten L_1 und L_2 gegen Unendlich gehen. Haben die zugehörigen idealen Spulen die Windungszahlen N_1 und N_2, dann gilt $t_U = \pm N_1 / N_2 = \pm n$ (n = Windungszahlverhältnis). Das positive Vorzeichen gilt bei gleichem Wicklungssinn beider Spulen, das negative bei entgegengesetztem. Im Schaltzeichen für den Übertrager nach Bild 11 a) und b) wird zur Kennzeichnung des Wicklungssinns der Anfang jeder Spule durch einen Punkt an einem der beiden Enden des zugehörigen Schaltzeichens festgelegt. Bei der ersten Spule kann das beliebig erfolgen, bei der zweiten muß es so geschehen, daß beim Verbinden des Endes der ersten Spule mit dem Anfang der zweiten der Wicklungssinn fortlaufend wird. Die Vereinbarungen über die Kennzeichnung des Wicklungssinns für das Zusammenwirken zweier oder mehrerer induktiver Zweipole gelten unabhängig von der Strom-Bepfeilung.

a) b)

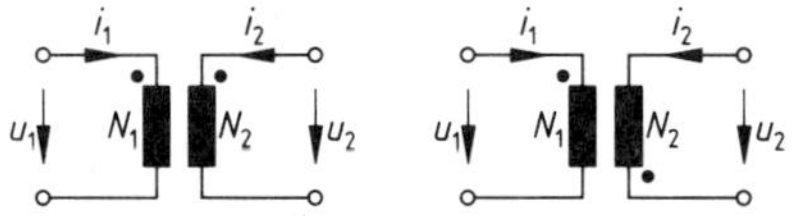

$u_1 = \dfrac{N_1}{N_2}\, u_2$ $\qquad$ $u_1 = -\dfrac{N_1}{N_2}\, u_2$

Bild 11.

Durch die getroffene Vereinbarung über die Kennzeichnung des Wicklungssinns wird auch das Vorzeichen festgelegt, mit dem eine gegenseitige Induktivität L_{12} bei der Analyse einer Schaltung einzusetzen ist. Es gilt die Regel: Weist der Bezugssinn jeder Stromstärke auf den jeweiligen Wicklungspunkt hin oder von ihm weg, so erhalten Induktivität und gegenseitige Induktivität das gleiche Vorzeichen, sonst verschiedenes (siehe als Anwendungsbeispiel Bild 12).

a) b)

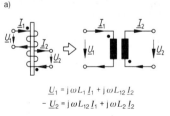

a)

$$\underline{U}_1 = \mathrm{j}\,\omega L_1\, \underline{I}_1 + \mathrm{j}\,\omega L_{12}\, \underline{I}_2$$
$$-\underline{U}_2 = \mathrm{j}\,\omega L_{12}\, \underline{I}_1 + \mathrm{j}\,\omega L_2\, \underline{I}_2$$

b)

$$\underline{U}_1 = \mathrm{j}\,\omega L_1\, \underline{I}_1 - \mathrm{j}\,\omega L_{12}\, \underline{I}_2$$
$$-\underline{U}_2 = -\mathrm{j}\,\omega L_{12}\, \underline{I}_1 + \mathrm{j}\,\omega L_2\, \underline{I}_2$$

Bild 12.

8.3 Bezugssinn beim idealen Gyrator

Als idealen Gyrator bezeichnet man ein Zweitor, für das bei Verbraucher-Bepfeilung in jedem Augenblick

$$u_1 = -R\, i_2 \tag{11}$$

und

$$u_2 = R\, i_1 \tag{12}$$

gilt. Dabei kann der Gyrationskoeffizient R beiderlei Vorzeichen haben. Im Schaltzeichen für den Gyrator nach Bild 13 a) und b) kennzeichnet man das Vorzeichen von R analog der Orientierung des Wicklungssinns beim Übertrager ebenfalls mit zwei Punkten.

a) b)

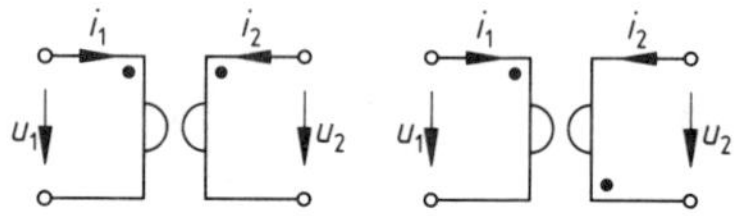

$R > 0$ $\qquad$ $R < 0$

$u_1 = -R\, i_2 \quad u_2 = R\, i_1$ $\qquad$ $u_1 = |R|\, i_2 \quad u_2 = -|R|\, i_1$

Bild 13.

9 Magnetische Kreise und Netze

9.1 Die Größen des magnetischen Kreises

Entsprechend der Aufteilung eines elektrischen Stromkreises in einzelne Zweipole läßt sich ein magnetischer Kreis im allgemeinen in mehrere Abschnitte aus jeweils einem Material und mit einheitlicher Querschnittsfläche aufteilen. In jedem Abschnitt rechnet man mit mittleren, gleichmäßig über die Querschnittsfläche verteilten Beträgen der magnetischen Feldstärke H und der magnetischen Flußdichte B, wobei Streuflüsse unberücksichtigt bleiben. Längs jedes Abschnittes der Länge l ist dann die magnetische Spannung $V_\mathrm{m} = H \cdot l$. Wird der magnetische Fluß im Kreis durch eine stromführende Wicklung erregt, so ergibt deren elektrische Durchflutung Θ die magnetische Umlaufspannung. Für einen Erregerstrom der Stärke i, der N Windungen durchfließt, ergibt sich für einen Kreis aus k Abschnitten

$$\Theta = i\,N = \sum_{j=1}^{k} V_{\mathrm{m}\,j} = \sum_{j=1}^{k} H_j\, l_j . \tag{13}$$

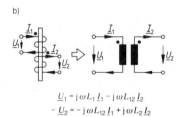

In jedem Abschnitt gilt für den mittleren Betrag der magnetischen Flußdichte B_j senkrecht zur wirksamen Querschnittsfläche mit dem Flächeninhalt A_j angenähert

$$B_j = \mu_j H_j . \tag{14}$$

Für den magnetischen Fluß, der in einem Kreis ohne Verzweigungen in allen Abschnitten gleich ist, gilt

$$\Phi = B_j A_j = \frac{V_{\mathrm{m}j}}{R_{\mathrm{m}j}} \tag{15}$$

Für einen Abschnitt der Permeabilität μ_j wird die Größe

$$R_{\mathrm{m}j} = \frac{l_j}{\mu_j A_j} = \frac{H_j l_j}{B_j A_j} = \frac{V_{\mathrm{m}j}}{\Phi} \tag{16}$$

als magnetischer Widerstand oder Reluktanz, ihr Kehrwert $\Lambda_j = 1/R_{\mathrm{m}j}$ als magnetischer Leitwert oder Permeanz bezeichnet.

Bei ferromagnetischen Stoffen ist die Permeabilität nicht konstant, der Zusammenhang zwischen der Flußdichte und der Feldstärke muß dann der Magnetisierungskurve entnommen werden.

9.2 Richtungssinn und Bepfeilung in magnetischen Kreisen und Netzen

Der Richtungssinn des magnetischen Flusses Φ und der magnetischen Spannung V_m wird übereinstimmend mit der Richtung der magnetischen Flußdichte $\vec{B}$ bzw. der magnetischen Feldstärke $\vec{H}$ senkrecht zur Querschnittsfläche festgelegt. Wird der Fluß durch eine stromführende Erregerwicklung hervorgerufen, dann ist $\vec{H}$ und damit auch der Richtungssinn von V_m mit der Stromrichtung im Sinne einer Rechtsschraube verkettet.

Wegen der Analogie zu elektrischen Stromkreisen und Netzen ist es oft zweckmäßig, eine elektrische Ersatzschaltung des magnetischen Kreises oder des magnetischen Netzes zu benutzen. Wie bei der Analyse elektrischer Netze sind dabei allen magnetischen Flüssen und allen magnetischen Spannungen Bezugssinne, gekennzeichnet durch Bezugspfeile, zuzuordnen. Die Analogien zwischen elektrischen und magnetischen Kreisen und Netzen sind in der Tabelle 1 zusammengefaßt.

Bei nichtlinearem Zusammenhang zwischen B und H erfordert die Analyse eines magnetischen Kreises bzw. eines magnetischen Netzes die Auflösung einer nichtlinearen Gleichung bzw. eines nichtlinearen Gleichungssystems.

Tabelle 1. **Analogien**

Elektrischer Kreis			Magnetischer Kreis		
Benennung	Formelzeichen, Zusammenhänge	Si-Einheit	Benennung	Formelzeichen, Zusammenhänge	Si-Einheit
Spannung	U	V	magnetische Spannung	V_m	A
Stromstärke	I	A	magnetischer Fluß	Φ	Wb
Widerstand, Resistanz	$R = \frac{l}{\kappa A}$	Ω	magnetischer Widerstand, Reluktanz	$R_\mathrm{m} = \frac{l}{\mu A}$	H^{-1}
elektrischer Leitwert, Konduktanz	$G = \frac{1}{R}$	S	magnetischer Leitwert, Permeanz	$\Lambda = \frac{1}{R_\mathrm{m}}$	H
elektrische Leitfähigkeit, Konduktivität	κ	S/m	Permeabilität	μ	H/m
Ohm-Gesetz	$U = I R$			$V_\mathrm{m} = \Phi R_\mathrm{m}$	
Maschensatz	$\sum U = 0$			$\sum V_\mathrm{m} = N I$	
Knotensatz	$\sum I = 0$			$\sum \Phi = 0$	

Weitere Normen

DIN 1324 Teil 1	Elektromagnetisches Feld; Zustandsgrößen
DIN 1324 Teil 2	Elektromagnetisches Feld; Materialgrößen
DIN 1324 Teil 3	Elektromagnetisches Feld; Elektromagnetische Wellen
DIN 4899	Lineare elektrische Mehrtore
DIN 5483 Teil 2	Zeitabhängige Größen; Formelzeichen
DIN 5483 Teil 3	Zeitabhängige Größen; Komplexe Darstellung sinusförmig zeitabhängiger Größen
DIN 13322 Teil 1	Elektrische Netze; Begriffe für die Topologie elektrischer Netze und Graphentheorie
DIN 13322 Teil 2	Elektrische Netze; Algebraisierung der Topologie und Grundlagen der Berechnung elektrischer Netze
DIN 40110	Wechselstromgrößen
DIN 40148 Teil 1	Übertragungssysteme und Zweipole; Begriffe und Größen
DIN IEC 50 Teil 131	Internationales Elektrotechnisches Wörterbuch; Teil 131: Elektrische Stromkreise und magnetische Kreise
IEC 375	Conventions concerning electric and magnetic circuits

Frühere Ausgaben

DIN 1323: 04.26, 08.58, 01.61, 02.66
DIN 5489: 11.68

Änderungen

Gegenüber der Ausgabe November 1968 und DIN 1323/02.66 wurden folgende Änderungen vorgenommen:

a) Inhalt vollständig überarbeitet.

b) Aufnahme der Festlegungen bezüglich der Begriffe elektrische Spannung, elektrische Quelle und elektrischer Zweipol aus DIN 1323/02.66.

c) Aufnahme von Festlegungen bezüglich Stromstärke, Linearität und Zeitinvarianz, gesteuerter Quellen, Zweitore, idealer Gyratoren und magnetischer Netze.

d) Aufnahme einer Klassifizierung von Zweitoren.

DK 53 : 51 : 003.62 : 001.4 Januar 1993

Spezielle Funktionen der mathematischen Physik
Zeichen und Begriffe

DIN 13 301

Special functions of mathematical physics; Symbols and concepts

In dieser Norm werden Zeichen und Begriffe von speziellen Funktionen der mathematischen Physik – im folgenden kurz spezielle Funktionen genannt – aufgeführt, die häufig in Physik und Technik Anwendung finden.

Die Abschnitte 2 bis 4 enthalten Funktionen, die im Zusammenhang mit speziellen Funktionen als notwendige Grundlage benötigt werden, aber über die bekannten (elementaren) Funktionen wie Exponential-, Logarithmus-, Hyperbelfunktionen und trigonometrische Funktionen hinausgehen. Natürlich haben diese Funktionen – etwa Riemannsche Zetafunktion oder die elliptischen Funktionen – auch für sich selbst Bedeutung.

Die Funktionen aus den Abschnitten 5 bis 7 und 9 bis 11 sind Lösungen von homogenen linearen Differentialgleichungen zweiter Ordnung, die bei der Separation von partiellen Differentialgleichungen entstehen, z. B. der Laplace-Gleichung in verschiedenen orthogonalen Koordinatensystemen.

Die Abschnitte 5 bis 7 und die Nummern 9.1 bis 9.6 umfassen die hypergeometrischen Funktionen mit ihren Grenzfällen und konfluenten Formen, die man auch zu den einfachen speziellen Funktionen rechnet. Für diese gelten Rekursionsformeln und Differenzen-Differentialgleichungen mit Koeffizienten, die aus rationalen Funktionen der Parameter gebildet werden. Ferner können sie durch Integrale mittels elementarer Funktionen wie Potenzfunktion, Exponentialfunktion, sin, cos usw. dargestellt werden.

Keine dieser Eigenschaften bleibt gültig für die Sphäroidfunktionen, die Mathieu-Funktionen sowie die Lamé-Polynome, wodurch deren Beschreibung und Theorie komplizierter wird. Man rechnet sie auch zu den höheren speziellen Funktionen. Aus diesen werden die Funktionen in den Nummern 9.7 bis 9.12 und in den Abschnitten 10 und 11 herausgegriffen, weil sie eingehend untersucht sind und in Anwendungen auftreten.

Die vorliegende Norm entspricht mit Ausnahme von Nr 3.2 und 7.2 der Internationalen Norm ISO 31/11 : 1978, Abschnitt 11, führt aber darüber hinaus.

Bezüglich der Standardmengen von Zahlen und der Zeichen der Mengenlehre siehe DIN 5473. Man beachte $0 \in \mathbb{N}$. Die Menge der von 0 verschiedenen natürlichen Zahlen wird mit $\mathbb{N}^*$ bezeichnet. Außer in Nr 4.7 ist n immer eine natürliche Zahl, im Zusammenhang mit Summationen gelegentlich eine ganze Zahl.

Bezüglich der Variablen wird vereinbart:

$x, y \in \mathbb{R}, z = x + \mathrm{i}y \in \mathbb{C}, w \in \mathbb{C}$.

Soweit es praktikabel ist, wird zwischen Funktion und Funktionswert unterschieden. Siehe DIN 1302/08.80, Anmerkungen zu Nr 10.2 und 10.3.

Inhalt

		Seite
1	Allgemeines	2
2	Gammafunktion und verwandte Funktionen	3
3	Exponentialintegral und verwandte Funktionen, Fehlerfunktion, Fresnelsche Integrale, Riemannsche Zetafunktion	4
4	Elliptische Integrale, elliptische Funktionen und verwandte Funktionen	6
5	Zylinderfunktionen und verwandte Funktionen	8
6	Hypergeometrische und verwandte Funktionen	10
7	Orthogonale Polynome und verwandte Funktionen	10
8	Orthogonalitätseigenschaft und erzeugende Funktion der orthogonalen Polynome im reellen Fall	13
9	Kugelfunktionen und Sphäroidfunktionen	14
10	Mathieu-Funktionen	15
11	Lamé-Polynome	19
	Anmerkungen	20

Fortsetzung Seite 2 bis 24

Normenausschuß Einheiten und Formelgrößen (AEF) im DIN Deutsches Institut für Normung e.V.

1 Allgemeines

In diesem Abschnitt werden einige Zeichen eingeführt, die in der Theorie der speziellen Funktionen gebraucht werden, aber in DIN 1302 nicht oder abweichend erklärt sind.

Tabelle 1

Nr	Zeichen	Benennung	Definition	Bemerkungen
1.1	**C**	Eulersche Konstante, oft auch Euler-Mascheronische Konstante genannt	$\lim\limits_{n \to \infty} \left(1 + \frac{1}{2} + \frac{1}{3} + \ldots + \frac{1}{n} - \ln n\right)$ $= 0{,}577\,215\,664\,901\,532\ldots$	In der englischsprachigen Literatur wird zumeist γ anstelle **C** benutzt, während in der deutschsprachigen Literatur gelegentlich $\gamma = e^{\mathbf{C}}$ verwendet wird.
1.2	**G**	Catalansche Konstante	$\sum\limits_{n=0}^{\infty} \frac{(-1)^n}{(2n+1)^2} = 0{,}915\,965\,594\,177\,219\ldots$	Es gilt $2\,\mathbf{G} = \int_0^{\frac{\pi}{2}} \frac{x}{\sin x}\,dx = \int_0^1 \mathbf{K}(k)\,dk$ Siehe Nr 4.4
1.3	B_n	Bernoullische Zahlen	$\frac{z}{e^z - 1} = \sum\limits_{n=0}^{\infty} B_n \frac{z^n}{n!}$	$B_{2n} \neq 0$, $B_{2n+1} = 0$ mit Ausnahme von $B_1 = -\frac{1}{2}$. Gelegentlich werden die Bernoullischen Zahlen auch anders definiert.
1.4	E_n	Eulersche Zahlen	$\frac{1}{\cosh z} = \sum\limits_{n=0}^{\infty} E_n \frac{z^n}{n!}$	$E_{2n} \neq 0$, $E_{2n+1} = 0$. Gelegentlich werden die Eulerschen Zahlen auch anders definiert.
1.5	$(a)_n$	Pochhammer-Symbol, gelegentlich auch Faktorielle genannt	$a(a+1) \cdot \ldots \cdot (a+n-1)$ für $n \geq 1$ 1 für $n = 0$ mit $a \in \mathbb{C}$	Dieses Symbol kollidiert mit dem Symbol $(x)_s$ aus DIN 1302/08.80, Nr 3.9, welches dort im Sinne von Nr 1.6 erklärt ist. Siehe Anmerkungen zu Nr 2.1
1.6	$a^{(n)}$	Faktorielle (verallgemeinerte Potenz) n-ter Ordnung	$a(a-1) \cdot \ldots \cdot (a-n+1)$ für $n \geq 1$ 1 für $n = 0$ mit $a \in \mathbb{C}$	Die Funktion $x^{(n)}$ spielt in der Differenzenrechnung eine große Rolle. Mit $\Delta y(x) = y(x+1) - y(x)$ gilt $\Delta x^{(n)} = (x+1)^{(n)} - x^{(n)} = n\,x^{(n-1)}$. Die Analogie zur Ableitung der Potenzfunktion ist nicht zu übersehen. Ergänzend definiert man für $a \in \mathbb{C} \setminus \{0, -1, -2, \ldots\}$, $n \geq 1$, $a^{(-n)} = \frac{1}{a(a+1) \cdot \ldots \cdot (a+n-1)}$
1.7	$\fint_a^b f(x)\,dx$	Cauchyscher Hauptwert	$\lim\limits_{\delta \to +0} \left(\int_a^{c-\delta} f(x)\,dx + \int_{c+\delta}^b f(x)\,dx\right)$ mit $a < c < b$	Auch in Gebrauch sind die Bezeichnungen HW $\int_a^b f(x)\,dx$, $\oint_a^b f(x)\,dx$, vp $\int_a^b f(x)\,dx$.

(fortgesetzt)

Tabelle 1 (abgeschlossen)

Nr	Zeichen	Benennung	Definition	Bemerkungen
1.8	$\displaystyle -\!\!\!\!\!\!\int_{-\infty}^{\infty} f(x)\mathrm{d}x$	Cauchyscher Hauptwert	$\displaystyle \lim_{a \to \infty} \int_{-a}^{a} f(x)\mathrm{d}x$	Auch in Gebrauch sind die Bezeichnungen $\mathrm{HW} \int_{-\infty}^{\infty} f(x)\mathrm{d}x$, $\oint_{-\infty}^{\infty} f(x)\mathrm{d}x$, $\mathrm{vp} \int_{-\infty}^{\infty} f(x)\mathrm{d}x$.

2 Gammafunktion und verwandte Funktionen

Die Integrationswege sind aus Konvergenz- und Eindeutigkeitsgründen geeignet zu wählen. Für alle verzweigten Funktionen ist der Hauptwert zu nehmen. Zu Einzelheiten wird auf die Literatur verwiesen.

Tabelle 2

Nr	Zeichen	Benennung	Definition	Bemerkungen
2.1	$\Gamma(z)$	Gammafunktion Eulersches Integral 2. Art	$\int_0^{\infty} \mathrm{e}^{-t}\, t^{z-1}\, \mathrm{d}t$ Re $z > 0$	Γ ist eine in $\mathbb{C}$ meromorphe Funktion mit einfachen Polen in 0 und den negativen ganzen Zahlen. Es gilt $\Gamma(z) = \sum_{n=0}^{\infty} \frac{(-1)^n}{n!} \frac{1}{z+n} + \int_1^{\infty} \mathrm{e}^{-t}\, t^{z-1}\, \mathrm{d}t$ Siehe Anmerkungen.
2.2	$\Gamma(a, z)$	unvollständige Gammafunktion	$\int_z^{\infty} \mathrm{e}^{-t}\, t^{a-1}\, \mathrm{d}t$ $a \in \mathbb{C}$	$\gamma(a, z) = \Gamma(a) - \Gamma(a, z)$ Die unvollständige Gammafunktion $\Gamma(a, z)$ hängt für spezielle feste Werte von a und variables z mit vielen Funktionen des Abschnitts 3 eng zusammen.
2.3	$\gamma(a, z)$		$\int_0^{z} \mathrm{e}^{-t}\, t^{a-1}\, \mathrm{d}t$ $a \in \mathbb{C}$ Re $a > 0$	
2.4	$\Psi(z)$	Psifunktion	$\frac{\Gamma'(z)}{\Gamma(z)} = \frac{\mathrm{d}}{\mathrm{d}z} \ln \Gamma(z)$	Gelegentlich wird $\Psi(z)$ auch für die logarithmische Ableitung von $z!$ verwendet.
2.5	$\mathrm{B}(z, w)$	Betafunktion Eulersches Integral 1. Art	$\int_0^{1} t^{z-1}\, (1-t)^{w-1}\, \mathrm{d}t$ Re $z > 0$, Re $w > 0$	$\mathrm{B}(z, w) = \frac{\Gamma(z)\, \Gamma(w)}{\Gamma(z+w)}$

3 Exponentialintegral und verwandte Funktionen, Fehlerfunktion, Fresnelsche Integrale, Riemannsche Zetafunktion

Die Integrationswege sind aus Konvergenz- und Eindeutigkeitsgründen geeignet zu wählen. Für alle verzweigten Funktionen ist der Hauptwert zu nehmen. Zu Einzelheiten wird auf die Literatur verwiesen.

Tabelle 3

Nr	Zeichen	Benennung	Definition	Bemerkungen
3.1	$\mathrm{E}_1(z)$	Exponentialintegral	$\int_z^{\infty} \frac{\mathrm{e}^{-t}}{t}\,\mathrm{d}t$	E_1 ist eine in der längs $(-\infty, 0]$ aufgeschnittenen komplexen Ebene holomorphe Funktion. $\mathrm{E}_1(z) = -\mathbf{C} - \ln z - \sum_{k=1}^{\infty} \frac{(-z)^k}{k \cdot k!}$ Für $\mathrm{Re}\, z > 0$ gilt die Darstellung $\mathrm{E}_1(z) = \int_1^{\infty} \frac{\mathrm{e}^{-zt}}{t}\,\mathrm{d}t$, welche für $n \in \mathbb{N}^*$ die Verallgemeinerung $\mathrm{E}_n(z) = \int_1^{\infty} \frac{\mathrm{e}^{-zt}}{t^n}\,\mathrm{d}t$ zuläßt.
3.2	$\mathrm{Ei}(z)$	Exponentialintegral	$\int_{\infty}^{z} \frac{\mathrm{e}^{t}}{t}\,\mathrm{d}t$	Ei ist eine in der längs $[0, \infty)$ aufgeschnittenen komplexen Ebene holomorphe Funktion. $\mathrm{Ei}(z) = \mathbf{C} + \ln(-z) + \sum_{k=1}^{\infty} \frac{z^k}{k \cdot k!} = -\mathrm{E}_1(-z)$ $\mathrm{Ei}(z)$ ist in ISO 31/11:1978, Abschnitt 11 im Sinne von Nr 3.1 definiert, aber der Gebrauch von $\mathrm{Ei}(z)$ in der Literatur ist durchweg der im Sinne von Nr 3.2. Siehe Anmerkungen.
3.3	$\mathrm{li}(z)$	Integrallogarithmus	$\int_0^{z} \frac{\mathrm{d}t}{\ln t}$	li ist eine in der längs $(-\infty, 0]$ und $[1, \infty)$ aufgeschnittenen komplexen Ebene holomorphe Funktion. $\mathrm{li}(z) = \mathrm{Ei}(\ln z) = \mathbf{C} + \ln(-\ln z) + \sum_{k=1}^{\infty} \frac{(\ln z)^k}{k \cdot k!}$ Siehe Anmerkungen.
3.4	$\mathrm{Si}(z)$	Integralsinus	$\int_0^{z} \frac{\sin t}{t}\,\mathrm{d}t$	Si ist eine ganze Funktion. $\lim_{x \to \infty} \mathrm{Si}(x) = \frac{\pi}{2}$
3.5	$\mathrm{si}(z)$	komplementärer Integralsinus	$-\int_z^{\infty} \frac{\sin t}{t}\,\mathrm{d}t$	$\mathrm{si}(z) = -\frac{\pi}{2} + \mathrm{Si}(z)$ Der in der Nachrichtentechnik anzutreffende Gebrauch, $\frac{\sin x}{x}$ mit $\mathrm{si}(x)$ zu bezeichnen, kollidiert mit der Festlegung in der Definitionsspalte. Dagegen wäre es korrekt, $\mathrm{Si}'(x)$ für $\frac{\sin x}{x}$ zu schreiben.

(fortgesetzt)

Tabelle 3 (abgeschlossen)

Nr	Zeichen	Benennung	Definition	Bemerkungen
3.6	$\mathrm{Ci}(z)$	Integralcosinus	$-\int_z^\infty \frac{\cos t}{t}\,\mathrm{d}t$	Ci ist eine in der längs $(-\infty, 0]$ aufgeschnittenen komplexen Ebene holomorphe Funktion. $\mathrm{Ci}(z) = \mathbf{C} + \ln z + \sum_{k=1}^{\infty} \frac{(-1)^k z^{2k}}{2k \cdot (2k)!}$
3.7	$\mathrm{Shi}(z)$	hyperbolischer Integralsinus	$\int_0^z \frac{\sinh t}{t}\,\mathrm{d}t$	Shi ist eine ganze Funktion.
3.8	$\mathrm{Chi}(z)$	hyperbolischer Integralcosinus	$-\int_z^\infty \frac{\cosh t}{t}\,\mathrm{d}t$	Chi ist eine in der längs $(-\infty, 0]$ aufgeschnittenen komplexen Ebene holomorphe Funktion. $\mathrm{Chi}(z) = \mathbf{C} + \ln z + \sum_{k=1}^{\infty} \frac{z^{2k}}{2k \cdot (2k)!}$
3.9	$\Phi(x)$	Verteilungsfunktion der Normalverteilung (Gauß-Verteilung)	$\frac{1}{\sqrt{2\pi}} \int_{-\infty}^{x} \mathrm{e}^{-\frac{1}{2}t^2}\,\mathrm{d}t$	$\Phi'(x) = \varphi(x) = \frac{1}{\sqrt{2\pi}}\,\mathrm{e}^{-\frac{1}{2}x^2}$; siehe DIN 13303 Teil 1/05.82, Nr 2.3.2.
3.10	$\mathrm{erf}(z)$	Fehlerfunktion	$\frac{2}{\sqrt{\pi}} \int_0^z \mathrm{e}^{-t^2}\,\mathrm{d}t$	erf ist eine ganze Funktion. $\lim_{x \to \infty} \mathrm{erf}(x) = 1$ Anstelle erf ist auch die Bezeichnung Erf in Gebrauch.
3.11	$\mathrm{erfc}(z)$	komplementäre Fehlerfunktion	$\frac{2}{\sqrt{\pi}} \int_z^\infty \mathrm{e}^{-t^2}\,\mathrm{d}t$	$\mathrm{erfc}(z) = 1 - \mathrm{erf}(z)$ Anstelle erfc ist auch die Bezeichnung Erfc in Gebrauch.
3.12	$\mathrm{S}(z)$	Fresnelsche Integrale	$\int_0^z \sin\left(\frac{\pi}{2} t^2\right)\mathrm{d}t$	S und C sind ganze Funktionen.
3.13	$\mathrm{C}(z)$		$\int_0^z \cos\left(\frac{\pi}{2} t^2\right)\mathrm{d}t$	$\lim_{x \to \infty} \mathrm{S}(x) = \lim_{x \to \infty} \mathrm{C}(x) = \frac{1}{2}$
3.14	$\zeta(z)$	Riemannsche Zetafunktion	$\sum_{n=1}^{\infty} \frac{1}{n^z}$ $\mathrm{Re}\, z > 1$	Die Riemannsche Zetafunktion läßt sich zu einer in der ganzen komplexen Ebene meromorphen Funktion mit dem einzigen Pol $z = 1$ analytisch fortsetzen. Siehe Anmerkungen. Dasselbe Symbol wird auch für die Weierstraßsche Zetafunktion verwendet. Siehe Nr 4.18.

4 Elliptische Integrale, elliptische Funktionen und verwandte Funktionen

Unter einer elliptischen Funktion versteht man eine doppeltperiodische meromorphe Funktion. Die in den Nummern 4.9, 4.10, 4.11 und 4.17 definierten Funktionen sind elliptische Funktionen.

Bei allen Zeichen in diesem Abschnitt findet man auch eine andere Reihenfolge von Parametern und Variablen. Oft werden die Parameter, wenn sie aus dem Kontext ersichtlich sind, weggelassen, und man geht zu einer Kurzschreibweise über, die nur eine Variable enthält. Zur Verwendung der Kurzschreibweise siehe Anmerkungen zu den Nummern 4.8 bis 4.16.

Tabelle 4

Nr	Zeichen	Benennung	Definition	Bemerkungen
4.1	k	Modul der elliptischen Integrale	$0 < k < 1$	Siehe Anmerkungen.
4.2	k'	komplementärer Modul der elliptischen Integrale	$\sqrt{1-k^2}$	
4.3	$\mathrm{F}(k, \varphi)$	elliptisches Integral 1. Gattung in der Legendreschen Normalform	$\int_0^\varphi \frac{\mathrm{d}t}{\sqrt{1-k^2 \sin^2 t}}$	In Nr 4.3, 4.5 und 4.7 ist φ eine reelle Variable.
4.4	$\mathbf{K}(k)$	vollständiges elliptisches Integral 1. Gattung in der Legendreschen Normalform	$\mathrm{F}\left(k, \frac{\pi}{2}\right)$	Oft auch nur mit **K** bezeichnet. $\mathbf{K}' = \mathbf{K}(k')$
4.5	$\mathrm{E}(k, \varphi)$	elliptisches Integral 2. Gattung in der Legendreschen Normalform	$\int_0^\varphi \sqrt{1-k^2 \sin^2 t}\, \mathrm{d}t$	
4.6	$\mathbf{E}(k)$	vollständiges elliptisches Integral 2. Gattung in der Legendreschen Normalform	$\mathrm{E}\left(k, \frac{\pi}{2}\right)$	Oft auch nur mit **E** bezeichnet. $\mathbf{E}' = \mathbf{E}(k')$
4.7	$\Pi(k, n, \varphi)$	elliptisches Integral 3. Gattung in der Legendreschen Normalform	$\int_0^\varphi \frac{\mathrm{d}t}{(1+n \sin^2 t)\sqrt{1-k^2 \sin^2 t}}$ $n \in \mathbb{C}$	Für $\varphi = \frac{\pi}{2}$ erhält man das vollständige elliptische Integral 3. Gattung in der Legendreschen Normalform, für das kein eigenes Zeichen in Gebrauch ist. Siehe Anmerkungen.
4.8	$\mathrm{am}(k, z)$, kurz $\mathrm{am}\, z$	Amplitude von z	$\varphi = \mathrm{am}\, z$ ist die Umkehrung von $z = \mathrm{F}(k, \varphi)$	Siehe Anmerkungen.

(fortgesetzt)

Tabelle 4 (fortgesetzt)

Nr	Zeichen	Benennung	Definition	Bemerkungen
4.9	$\mathrm{sn}(k, z)$, kurz $\mathrm{sn}\, z$	Sinus amplitudinis	$\sin \mathrm{am}\, z$	Die drei Funktionen sn, cn, dn heißen Jacobische elliptische Funktionen. Sie haben die primitiven Perioden $4\mathbf{K}$ und $2\mathrm{i}\mathbf{K}'$, $4\mathbf{K}$ und $2\mathbf{K}+2\mathrm{i}\mathbf{K}'$ bzw. $2\mathbf{K}$ und $4\mathrm{i}\mathbf{K}'$. Siehe Anmerkungen.
4.10	$\mathrm{cn}(k, z)$, kurz $\mathrm{cn}\, z$	Cosinus amplitudinis	$\cos \mathrm{am}\, z$	
4.11	$\mathrm{dn}(k, z)$, kurz $\mathrm{dn}\, z$	Delta amplitudinis	$\sqrt{1-k^2 \mathrm{sn}^2 z}$ mit $\mathrm{dn}\, 0 = 1$	
4.12	$\mathrm{zn}(k, z)$, kurz $\mathrm{zn}\, z$	Jacobische Zetafunktion	$\int_0^z \mathrm{dn}^2 t\, \mathrm{d}t - \frac{\mathbf{E}}{\mathbf{K}} z$	Sie hat die primitive Periode $2\mathbf{K}$. Siehe Anmerkungen.
4.13	$\vartheta_1(\tau, z)$, kurz $\vartheta_1(z)$	Jacobische Thetafunktionen	$2 \sum_{n=0}^{\infty} (-1)^n q^{\left(n+\frac{1}{2}\right)^2} \sin (2n+1)\pi z$ $= \mathrm{i} \sum_{n=-\infty}^{\infty} (-1)^{n+1} q^{\left(n+\frac{1}{2}\right)^2} \mathrm{e}^{(2n+1)\pi \mathrm{i} z}$	In Nr 4.13 bis 4.16 ist $q = \mathrm{e}^{\mathrm{i}\pi\tau}$ und $\lvert q \rvert < 1$. In den Anwendungen ist τ meist rein imaginär, also q reell und positiv. Anstelle ϑ_4 findet man gelegentlich auch das Zeichen ϑ_0 oder einfach ϑ. Siehe Anmerkungen.
4.14	$\vartheta_2(\tau, z)$, kurz $\vartheta_2(z)$		$2 \sum_{n=0}^{\infty} q^{\left(n+\frac{1}{2}\right)^2} \cos (2n+1)\pi z$ $= \sum_{n=-\infty}^{\infty} q^{\left(n+\frac{1}{2}\right)^2} \mathrm{e}^{(2n+1)\pi \mathrm{i} z}$	
4.15	$\vartheta_3(\tau, z)$, kurz $\vartheta_3(z)$		$1 + 2 \sum_{n=1}^{\infty} q^{n^2} \cos 2n\pi z$ $= \sum_{n=-\infty}^{\infty} q^{n^2} \mathrm{e}^{2n\pi \mathrm{i} z}$	
4.16	$\vartheta_4(\tau, z)$, kurz $\vartheta_4(z)$		$1 + 2 \sum_{n=1}^{\infty} (-1)^n q^{n^2} \cos 2n\pi z$ $= \sum_{n=-\infty}^{\infty} (-1)^n q^{n^2} \mathrm{e}^{2n\pi \mathrm{i} z}$	

Tabelle 4 (abgeschlossen)

Nr	Zeichen	Benennung	Definition	Bemerkungen
4.17	$\wp(z)$	Weierstraßsche $\wp$-Funktion	$\frac{1}{z^2} + \sum_{m,n}' \left(\frac{1}{(z-\Omega)^2} - \frac{1}{\Omega^2} \right)$ mit $\Omega = 2m\omega + 2n\omega'$ und $m, n \in \mathbb{Z}$ sowie $\operatorname{Im} \frac{\omega'}{\omega} > 0$	$\sum_{m,n}'$ bedeutet $\sum_{\substack{m,n \in \mathbb{Z} \\ (m,n) \neq (0,0)}}$ Der Strich am Summenzeichen bedeutet hier und in Nr 4.18, daß der Wert $m = n = 0$ bei der Summation ausgelassen wird. Die Weierstraßsche $\wp$-Funktion – oft kurz $\wp$-Funktion genannt – ist eine elliptische Funktion. Will man die Abhängigkeit der $\wp$-Funktion von den Halbperioden ω, ω' deutlich machen, so schreibt man üblicherweise $\wp(z \mid \omega, \omega')$. Entsprechendes gilt für $\zeta(z)$ und $\sigma(z)$. Siehe Anmerkungen.
4.18	$\zeta(z)$	Weierstraßsche Zetafunktion	$\frac{1}{z} + \sum_{m,n}' \left(\frac{1}{z-\Omega} + \frac{1}{\Omega} + \frac{z}{\Omega^2} \right)$ mit $\Omega = 2m\omega + 2n\omega'$ und $m, n \in \mathbb{Z}$ sowie $\operatorname{Im} \frac{\omega'}{\omega} > 0$	$\zeta'(z) = -\wp(z)$ $\sum'$ wie in Nr 4.17 erklärt Siehe Anmerkungen. Dasselbe Symbol wird auch für die Riemannsche Zetafunktion verwendet. Siehe Nr 3.14
4.19	$\sigma(z)$	Weierstraßsche Sigmafunktion	$\frac{\sigma'(z)}{\sigma(z)} = \zeta(z)$ mit $\sigma(0) = 0$	Siehe Anmerkungen.

5 Zylinderfunktionen und verwandte Funktionen

Tabelle 5

Nr	Zeichen	Benennung	Definition	Bemerkungen
5.1	$J_\nu(z)$	Bessel-Funktionen Zylinderfunktionen 1. Art	$\sum_{k=0}^{\infty} \frac{(-1)^k}{k!\,\Gamma(\nu+k+1)} \left(\frac{z}{2}\right)^{\nu+2k}$ $\nu \in \mathbb{C}$	J_ν ist Lösung der Besselschen Differentialgleichung $z^2 w'' + z w' + (z^2 - \nu^2) w = 0$. Gleiches gilt für die Funktionen in Nr 5.2 und Nr 5.3.
5.2	$N_\nu(z)$	Neumann-Funktionen Zylinderfunktionen 2. Art	$\frac{J_\nu(z) \cos \nu\pi - J_{-\nu}(z)}{\sin \nu\pi}$ $\nu \in \mathbb{C} \setminus \mathbb{Z}$	Anstelle N_ν ist auch die Bezeichnung Y_ν in Gebrauch. Für $\nu = n$ siehe Anmerkungen.
5.3	$H_\nu^{(1)}(z)$ $H_\nu^{(2)}(z)$	Hankelfunktionen 1. und 2. Art Zylinderfunktionen 3. Art	$J_\nu(z) + i\,N_\nu(z)$ $J_\nu(z) - i\,N_\nu(z)$ $\nu \in \mathbb{C}$	Siehe Anmerkungen.

(Fortgesetzt)

Tabelle 5 (abgeschlossen)

Nr	Zeichen	Benennung	Definition	Bemerkungen
5.4	$\mathrm{I}_\nu(z)$ $\mathrm{K}_\nu(z)$	modifizierte Zylinderfunktionen	$\mathrm{e}^{-\nu\frac{\pi}{2}\mathrm{i}}\,\mathrm{J}_\nu\left(\mathrm{e}^{\frac{\pi}{2}\mathrm{i}}\cdot z\right)$ $\quad \nu\in\mathbb{C}$ $\frac{\pi}{2}\,\mathrm{i}\,\mathrm{e}^{\nu\frac{\pi}{2}\mathrm{i}}\,\mathrm{H}_\nu^{(1)}\left(\mathrm{e}^{\frac{\pi}{2}\mathrm{i}}\cdot z\right)$ $\quad \nu\in\mathbb{C}$ $= -\frac{\pi}{2}\,\mathrm{i}\,\mathrm{e}^{-\nu\frac{\pi}{2}\mathrm{i}}\,\mathrm{H}_\nu^{(2)}\left(\mathrm{e}^{-\frac{\pi}{2}\mathrm{i}}\cdot z\right)$	$\mathrm{I}_\nu(z)=\sum_{k=0}^{\infty}\frac{1}{k!\,\Gamma(\nu+k+1)}\left(\frac{z}{2}\right)^{\nu+2k}$ $\quad \nu\in\mathbb{C}$ $\mathrm{K}_\nu(z)=\frac{\pi}{2}\,\frac{\mathrm{I}_{-\nu}(z)-\mathrm{I}_\nu(z)}{\sin\nu\pi}$ $\quad \nu\in\mathbb{C}\setminus\mathbb{Z}$ Siehe Anmerkungen, insbesondere zum Fall $\nu = n$.
5.5	$\mathrm{ber}_\nu(z)$ $\mathrm{bei}_\nu(z)$	Kelvin-Funktionen	$\mathrm{ber}_\nu(z)\pm\mathrm{i}\,\mathrm{bei}_\nu(z)=\mathrm{J}_\nu\left(\mathrm{e}^{\pm\frac{3}{4}\pi\mathrm{i}}\cdot z\right)$	Gelegentlich werden diese Funktionen auch Thomson-Funktionen genannt. Im Fall $\nu = 0$ schreibt man kürzer ber(z) her(z) ker(z) bei(z), hei(z), kei(z) Siehe Anmerkungen.
	$\mathrm{her}_\nu(z)$ $\mathrm{hei}_\nu(z)$		$\mathrm{her}_\nu(z)\pm\mathrm{i}\,\mathrm{hei}_\nu(z)=\mathrm{H}_\nu^{(1,2)}\left(\mathrm{e}^{\pm\frac{3}{4}\pi\mathrm{i}}\cdot z\right)$	
	$\mathrm{ker}_\nu(z)$ $\mathrm{kei}_\nu(z)$		$\mathrm{ker}_\nu(z)\pm\mathrm{i}\,\mathrm{kei}_\nu(z)=\mathrm{e}^{\mp\nu\frac{\pi}{2}\mathrm{i}}\,\mathrm{K}_\nu\left(\mathrm{e}^{\pm\frac{\pi}{4}\mathrm{i}}\cdot z\right)$	
5.6	$\mathrm{j}_l(z)$	sphärische Bessel-Funktionen sphärische Zylinderfunktionen 1. Art	$\sqrt{\frac{\pi}{2z}}\,\mathrm{J}_{l+\frac{1}{2}}(z)$ $\quad l\in\mathbb{N}$	$\mathrm{j}_l(z)=z^l\left(-\frac{1}{z}\frac{\mathrm{d}}{\mathrm{d}z}\right)^l\frac{\sin z}{z}$
5.7	$\mathrm{n}_l(z)$	sphärische Neumann-Funktionen sphärische Zylinderfunktionen 2. Art	$\sqrt{\frac{\pi}{2z}}\,\mathrm{N}_{l+\frac{1}{2}}(z)$ $\quad l\in\mathbb{N}$	$\mathrm{n}_l(z)=-z^l\left(-\frac{1}{z}\frac{\mathrm{d}}{\mathrm{d}z}\right)^l\frac{\cos z}{z}$ Anstelle n_l ist auch das Zeichen y_l in Gebrauch.
5.8	$\mathrm{h}_l^{(1)}(z)$ $\mathrm{h}_l^{(2)}(z)$	sphärische Hankel-Funktionen 1. und 2. Art **oder** sphärische Zylinderfunktionen 3. Art	$\mathrm{j}_l(z)+\mathrm{i}\,\mathrm{n}_l(z)=\sqrt{\frac{\pi}{2z}}\,\mathrm{H}_{l+\frac{1}{2}}^{(1)}(z)$ $\quad l\in\mathbb{N}$ $\mathrm{j}_l(z)-\mathrm{i}\,\mathrm{n}_l(z)=\sqrt{\frac{\pi}{2z}}\,\mathrm{H}_{l+\frac{1}{2}}^{(2)}(z)$	Die sphärischen Zylinderfunktionen genügen der Differentialgleichung $z^2 w'' + 2zw' + (z^2 - l(l+1))\,w = 0.$ Siehe Anmerkungen.
5.9	Ai (z) Bi (z)	Airy-Funktionen	$\frac{1}{3}\sqrt{z}\left(\mathrm{I}_{-\frac{1}{3}}\left(\frac{2}{3}z^{\frac{3}{2}}\right)-\mathrm{I}_{\frac{1}{3}}\left(\frac{2}{3}z^{\frac{3}{2}}\right)\right)$ $=\frac{1}{\pi}\sqrt{\frac{z}{3}}\,\mathrm{K}_{\frac{1}{3}}\left(\frac{2}{3}z^{\frac{3}{2}}\right)$ $\sqrt{\frac{z}{3}}\left(\mathrm{I}_{-\frac{1}{3}}\left(\frac{2}{3}z^{\frac{3}{2}}\right)+\mathrm{I}_{\frac{1}{3}}\left(\frac{2}{3}z^{\frac{3}{2}}\right)\right)$	Die Airy-Funktionen sind ganze Funktionen und bilden ein Fundamentalsystem für die Differentialgleichung $w'' - zw = 0$. Für $z = x \geq 0$ gilt $\mathrm{Ai}(x)=\frac{1}{\pi}\int_0^\infty\cos\left(\frac{t^3}{3}+tx\right)\mathrm{d}t=\frac{1}{2\pi}\int_{-\infty}^{\infty}\mathrm{e}^{\mathrm{i}\left(\frac{1}{3}t^3+tx\right)}\,\mathrm{d}t$

6 Hypergeometrische und verwandte Funktionen

Viele bekannte Funktionen sind Spezialfälle der hypergeometrischen oder der konfluenten hypergeometrischen Funktion.

Tabelle 6

Nr	Zeichen	Benennung	Definition	Bemerkungen
6.1	${}_pF_q(a_1, \ldots, a_p; b_1, \ldots, b_q; z)$	verallgemeinerte Hypergeometrische Funktion	$\sum_{k=0}^{\infty} \frac{(a_1)_k \cdot \ldots \cdot (a_p)_k}{(b_1)_k \cdot \ldots \cdot (b_q)_k} \frac{z^k}{k!}$ $a_1, \ldots, a_p, b_1, \ldots, b_q \in \mathbb{C}$	Die in Spalte 4 stehende Reihe heißt verallgemeinerte hypergeometrische Reihe. Sie konvergiert für $p \leq q + 1$. Entsprechendes gilt für Nr 6.2 und Nr 6.3. Anstelle ${}_pF_q(a_1, \ldots, a_p; b_1, \ldots, b_q; z)$ ist auch die Schreibweise ${}_pF_q\begin{pmatrix} a_1, \ldots, a_p & z \\ b_1, \ldots, b_q & \end{pmatrix}$ in Gebrauch.
6.2	$F(a, b; c; z)$	hypergeometrische Funktion	$\sum_{k=0}^{\infty} \frac{(a)_k (b)_k}{(c)_k} \frac{z^k}{k!} = {}_2F_1(a, b; c; z)$	Diese Funktionen genügen der hypergeometrischen (oder auch Gaußschen) Differentialgleichung $z(1-z)\,w'' + (c - (a+b+1)\,z)\,w' - a\,b\,w = 0$.
6.3	$F(a; c; z)$	Kummersche Funktion konfluente hypergeometrische Funktion	$\sum_{k=0}^{\infty} \frac{(a)_k}{(c)_k} \frac{z^k}{k!} = {}_1F_1(a; c; z)$	Diese Funktionen genügen der Kummerschen Differentialgleichung $z\,w'' + (c - z)\,w' - a\,w = 0$. Anstelle F ist hier auch Φ in Gebrauch.
6.4	$P\begin{pmatrix} z_1 & z_2 & z_3 & \\ \alpha_1 & \alpha_2 & \alpha_3 & z \\ \alpha_1' & \alpha_2' & \alpha_3' & \end{pmatrix}$	Riemannsches P-Symbol	Lösungsgesamtheit der Riemannschen Differentialgleichung	Siehe Anmerkungen.

7 Orthogonale Polynome und verwandte Funktionen

Die orthogonalen Polynome können auf sehr verschiedene Weise definiert werden. In dieser Norm werden sie in Anlehnung an die internationale Norm zum Teil durch eine Rodrigues-Formel definiert. Alle lassen sich aber auch mit Hilfe einer erzeugenden Funktion definieren. Zur erzeugenden Funktion und zur Orthogonalitätseigenschaft siehe Abschnitt 8.

Tabelle 7

Nr	Zeichen	Benennung	Definition	Bemerkungen
7.1	$P_n(z)$	Legendre-Polynome	$\frac{1}{2^n\, n!} \frac{d^n}{dz^n} \left((z^2 - 1)^n\right)$ $\quad n \in \mathbb{N}$	P_n genügt der Legendreschen Differentialgleichung $(1 - z^2)\,w'' - 2\,z\,w' + n\,(n+1)\,w = 0$. Siehe Abschnitt 9. Siehe Anmerkungen.
7.2	$P_n^m(z)$	zugeordnete Legendre-Funktionen, auch zugeordnete Legendre-Funktionen 1. Art genannt	$(-1)^m\,(1 - z^2)^{\frac{m}{2}} \frac{d^m}{dz^m} P_n(z)$ $\quad m, n \in \mathbb{N},\ m \leq n$	P_n^m genügt der Differentialgleichung $(1 - z^2)\,w'' - 2\,z\,w' + \left(n(n+1) - \frac{m^2}{1 - z^2}\right) w = 0$. Siehe Abschnitt 9. Siehe Anmerkungen. Gelegentlich wird P_n^m auch ohne den Faktor $(-1)^m$ definiert, wie es die Internationale Norm ISO 31/11 : 1978, Abschnitt 11, vorsieht. Der Faktor $(-1)^m$ ergibt sich aber notwendigerweise aus der Theorie der allgemeinen Kugelfunktionen. Siehe Nr 9.3 und Anmerkungen zu Nr 9.1 bis Nr 9.6.

(fortgesetzt)

Tabelle 7 (fortgesetzt)

Nr	Zeichen	Benennung	Definition	Bemerkungen
7.3	$Y_n^m(\vartheta, \varphi)$	Kugelflächenfunktionen	$\left(\frac{2n+1}{4\pi} \frac{(n-\lvert m\rvert)!}{(n+\lvert m\rvert)!}\right)^{\frac{1}{2}} P_n^{\lvert m\rvert} (\cos \vartheta)\, e^{i m \varphi}$ $m \in \mathbb{Z}$ und $\lvert m\rvert \leq n$	In der Definition für Y_n^m muß der Faktor $(-1)^m$ hinzugefügt werden, wenn man P_n^m wie in ISO 31/11:1978, Abschnitt 11, definiert.
7.4	$P_n^{(\alpha, \beta)}(z)$	Jacobi-Polynome hypergeometrische Polynome	$\frac{(-1)^n}{2^n n!} (1-z)^{-\alpha} (1+z)^{-\beta} \frac{d^n}{dz^n} \left((1-z)^{\alpha+n} (1+z)^{\beta+n}\right)$ Re $\alpha > -1$, Re $\beta > -1$ und $n \in \mathbb{N}$	$P_n^{(\alpha,\beta)}$ genügt der Differentialgleichung $(1-z^2)\, w'' + \left(\beta - \alpha - (\alpha + \beta + 2)\, z\right) w' + n\, (n + \alpha + \beta + 1)\, w = 0.$ $P_n^{(0,0)} = P_n$ Siehe Anmerkungen.
7.5	$C_n^{\nu}(z)$	Gegenbauer-Polynome ultrasphärische Polynome	$\frac{(2\nu)_n}{\left(\nu + \frac{1}{2}\right)_n} P_n^{\left(\nu - \frac{1}{2}, \nu - \frac{1}{2}\right)}(z)$ $n \in \mathbb{N}$ Re $\nu > -\frac{1}{2}$	C_n^{ν} ist, von konstanten Faktoren abgesehen, ein Spezialfall von $P_n^{(\alpha,\beta)}$ für $\alpha = \beta = \nu - \frac{1}{2}$, insbesondere ist $C_n^{\frac{1}{2}} = P_n$.
7.6	$T_n(z)$	Tschebyscheff-Polynome 1. Art	$\cos (n \operatorname{Arccos} z)$ $n \in \mathbb{N}$	$T_n(z) = \frac{2^{2n}(n!)^2}{(2n)!} P_n^{\left(-\frac{1}{2}, -\frac{1}{2}\right)}(z) = \frac{n}{2} \lim_{\nu \to n} \left(\Gamma(\nu)\, C_n^{\nu}(z)\right)$ $n \in \mathbb{N}^*$ T_n genügt der Tschebyscheffschen Differentialgleichung $(1-z^2)\, w'' - z\, w' + n^2\, w = 0.$ $T_n(z)$ wird gelegentlich durch $2^{1-n} \cos (n \operatorname{Arccos} z)$ festgelegt. Siehe Anmerkungen.
7.7	$U_n(z)$	Tschebyscheff-Polynome 2. Art	$\frac{\sin\left((n+1) \operatorname{Arccos} z\right)}{\sin (\operatorname{Arccos} z)}$ $n \in \mathbb{N}$	$U_n(z) = C_n^1(z) = (n+1)\, F\left(-n, n+1; \frac{3}{2}; \frac{1-z}{2}\right)$ U_n genügt der Differentialgleichung $(1-z^2)\, w'' - 3\, z\, w' + n\, (n+2)\, w = 0.$ Siehe Anmerkungen.
7.8	$H_n(z)$	Hermite-Polynome	$(-1)^n\, e^{z^2} \frac{d^n}{dz^n} (e^{-z^2})$ $n \in \mathbb{N}$	H_n genügt der Hermiteschen Differentialgleichung $w'' - 2\, z\, w' + 2\, n\, w = 0.$ Siehe Anmerkungen.
7.9	$L_n(z)$	Laguerre-Polynome	$e^z \frac{d^n}{dz^n} (z^n e^{-z})$ $n \in \mathbb{N}$	L_n genügt der Laguerreschen Differentialgleichung $z\, w'' + (1-z)\, w' + n\, w = 0.$ Die Laguerre-Polynome werden häufig auch durch $\frac{1}{n!} e^z \frac{d^n}{dz^n} (z^n e^{-z})$ festgelegt.

(fortgesetzt)

Tabelle 7 (abgeschlossen)

Nr	Zeichen	Benennung	Definition	Bemerkungen
7.10	$L_n^m(z)$	zugeordnete Laguerre-Polynome	$\frac{d^m}{dz^m} L_n(z)$ $\quad m, n \in \mathbb{N}, m \leq n$	L_n^m ist ein Polynom $(n-m)$-ten Grades und genügt der Differentialgleichung $z w'' + (m + 1 - z) w' + (n - m) w = 0.$ $L_n^0 = L_n.$
7.11	$L_n^{(\alpha)}(z)$	verallgemeinerte Laguerre-Polynome	$e^z z^{-\alpha} \frac{d^n}{dz^n} (z^{\alpha+n} e^{-z})$ $\quad n \in \mathbb{N}$, Re $\alpha > -1$	$L_n^{(\alpha)}$ ist ein Polynom n-ten Grades und genügt der Differentialgleichung $z w'' + (\alpha + 1 - z) w' + n w = 0.$ $L_n^{(0)} = L_n.$

8 Orthogonalitätseigenschaft und erzeugende Funktion der orthogonalen Polynome im reellen Fall

Ist φ_n das in der zweiten Spalte angegebene Polynom und w die zugehörige Gewichtsfunktion, so gilt $(\varphi_k, \varphi_n) = 0$ für $k \neq n$ und $(\varphi_n, \varphi_n) = \|\varphi_n\|^2 > 0$. Dabei ist das Skalarprodukt $(\varphi_k, \varphi_n) = \int_a^b w(x)\, \varphi_k(x)\, \varphi_n(x)\, dx$. In der fünften Spalte wird das Normierungsintegral $\|\varphi_n\|^2$ angegeben, in der sechsten Spalte die Darstellung der Polynome φ_n durch eine erzeugende Funktion g.

Tabelle 8

Nr	$\varphi_n(x)$	(a, b)	$w(x)$	$\|\varphi_n\|^2$	$g(x, t)$
8.1	$P_n(x)$	$(-1, 1)$	1	$\frac{2}{2n+1}$	$\frac{1}{\sqrt{1 - 2xt + t^2}} = \sum_{n=0}^{\infty} P_n(x)\, t^n$
8.2	$P_n^m(x)$	$(-1, 1)$	1	$\frac{2}{2n+1} \frac{(n+m)!}{(n-m)!}$	$\frac{(2m)!\,(1-x)^{\frac{m}{2}} (-t)^m}{2^m m!\,(1 - 2xt + t^2)^{m+\frac{1}{2}}} = \sum_{n=m}^{\infty} P_n^m(x)\, t^n$

(fortgesetzt)

Tabelle 8 (abgeschlossen)

Nr	$\varphi_n(x)$	(a, b)	$w(x)$	$\Vert\varphi_n\Vert^2$	$g(x, t)$
8.3	$\mathrm{H}_n(x)$	$(-\infty, \infty)$	e^{-x^2}	$\sqrt{\pi}\, 2^n n!$	$\mathrm{e}^{2xt-t^2} = \sum\limits_{n=0}^{\infty} \frac{\mathrm{H}_n(x)}{n!} t^n$
8.4	$\mathrm{L}_n(x)$	$(0, \infty)$	e^{-x}	$(n!)^2$	$\frac{\mathrm{e}^{-\frac{xt}{1-t}}}{1-t} = \sum\limits_{n=0}^{\infty} \frac{\mathrm{L}_n(x)}{n!} t^n$
8.5	$\mathrm{L}_n^m(x)$	$(0, \infty)$	$x^m\, \mathrm{e}^{-x}$	$\frac{(n!)^3}{(n-m)!}$	$\frac{(-t)^m}{(1-t)^{m+1}}\, \mathrm{e}^{-\frac{xt}{1-t}} = \sum\limits_{n=m}^{\infty} \frac{\mathrm{L}_n^m(x)}{n!} t^n$
8.6	$\mathrm{L}_n^{(\alpha)}(x)$	$(0, \infty)$	$x^\alpha\, \mathrm{e}^{-x}$ $\alpha > -1$	$n!\, \Gamma(n+\alpha+1)$	$\frac{\mathrm{e}^{-\frac{xt}{1-t}}}{(1-t)^{\alpha+1}} = \sum\limits_{n=0}^{\infty} \frac{\mathrm{L}_n^{(\alpha)}(x)}{n!} t^n$
8.7	$\mathrm{P}_n^{(\alpha,\beta)}(x)$	$(-1, 1)$	$(1-x)^\alpha\, (1+x)^\beta$ $\alpha, \beta > -1$	$\frac{2^{\alpha+\beta+1}\, \Gamma(n+\alpha+1)\, \Gamma(n+\beta+1)}{n!\, (2n+\alpha+\beta+1)\, \Gamma(n+\alpha+\beta+1)}$	$\frac{2^{\alpha+\beta}}{\sqrt{1-2xt+t^2}\, (1-t+\sqrt{1-2xt+t^2})^\alpha\, (1+t+\sqrt{1-2xt+t^2})^\beta}$ $= \sum\limits_{n=0}^{\infty} \mathrm{P}_n^{(\alpha,\beta)}(x)\, t^n$
8.8	$\mathrm{C}_n^\nu(x)$	$(-1, 1)$	$(1-x^2)^{\nu-\frac{1}{2}}$ $\nu > -\frac{1}{2}$	$\frac{\sqrt{\pi}\, (2\nu)_n\, \Gamma\left(\nu+\frac{1}{2}\right)}{n!\, (n+\nu)\, \Gamma(\nu)}$	$\frac{1}{(1-2xt+t^2)^\nu} = \sum\limits_{n=0}^{\infty} \mathrm{C}_n^\nu(x)\, t^n$
8.9	$\mathrm{T}_n(x)$	$(-1, 1)$	$\frac{1}{\sqrt{1-x^2}}$	π $n = 0$ $\frac{\pi}{2}$ $n > 0$	$\frac{1-xt}{1-2xt+t^2} = \sum\limits_{n=0}^{\infty} \mathrm{T}_n(x) t^n$
8.10	$\mathrm{U}_n(x)$	$(-1, 1)$	$\sqrt{1-x^2}$	$\frac{\pi}{2}$	$\frac{1}{1-2xt+t^2} = \sum\limits_{n=0}^{\infty} \mathrm{U}_n(x) t^n$

9 Kugelfunktionen und Sphäroidfunktionen

Lösungen der Legendreschen Differentialgleichung $(1 - z^2)\, w'' - 2\, z\, w' + \left(\nu(\nu + 1) - \frac{\mu^2}{1 - z^2}\right) w = 0$ mit $(\nu, \mu) \in \mathbb{C}^2$ werden Kugelfunktionen zu (ν, μ) genannt.

Lösungen der Sphäroiddifferentialgleichung $(1 - z^2)\, w'' - 2\, z\, w' + \left(\lambda + \gamma^2 (1 - z^2) - \frac{\mu^2}{1 - z^2}\right) w = 0$ mit $(\lambda, \mu, \gamma) \in \mathbb{C}^3$ werden Sphäroidfunktionen zu (λ, μ, γ) genannt. Eine spezielle Benennung der Funktionen Nr 9.8 bis Nr 9.12 ist nicht üblich.

Tabelle 9

Nr	Zeichen	Benennung	Definition	Bemerkungen
9.1	$\mathfrak{P}_\nu(z)$	Legendre-Funktionen 1. Art	$\mathrm{F}\left(-\nu, \nu + 1; 1; \frac{1 - z}{2}\right)$	$\mathfrak{P}_\nu$ ist Kugelfunktion zu $(\nu, 0)$, die für $\nu \in \mathbb{R}$ und $z = x \in \mathbb{R}$, $x > -1$ reell ist. Für $\nu = n \in \mathbb{N}$ ist $\mathfrak{P}_n = \mathrm{P}_n$ n-tes Legendre-Polynom. Siehe Nr 7.1.
9.2	$\mathfrak{P}_\nu^\mu(z)$	zugeordnete Legendre-Funktionen 1. Art	$\frac{1}{\Gamma(1 - \mu)} \left(\frac{z + 1}{z - 1}\right)^{\frac{\mu}{2}} \mathrm{F}\left(-\nu, \nu + 1; 1 - \mu; \frac{1 - z}{2}\right)$	Für $z = x \in \mathbb{R}$, $x > 1$ und $(\nu, \mu) \in \mathbb{R}^2$ ist $\mathfrak{P}_\nu^\mu(x)$ reell. Es gilt $\mathfrak{P}_\nu^0 = \mathfrak{P}_\nu$. Siehe Anmerkungen.
9.3	$\mathrm{P}_\nu^\mu(x)$		$\mathrm{e}^{\mathrm{i}\frac{\pi}{2}\mu}\, \mathfrak{P}_\nu^\mu(x + \mathrm{i}0) = \mathrm{e}^{-\mathrm{i}\frac{\pi}{2}\mu}\, \mathfrak{P}_\nu^\mu(x - \mathrm{i}0)$, $-1 < x < 1$	Für $(\nu, \mu) \in \mathbb{R}^2$ ist $\mathrm{P}_\nu^\mu(x)$ reell. Man schreibt auch $\mathrm{P}_\nu^0 = \mathrm{P}_\nu$. Siehe Nr 9.1. Siehe Anmerkungen.
9.4	$\mathfrak{Q}_\nu(z)$	Legendre-Funktionen 2. Art	$\frac{\sqrt{\pi}\, \Gamma(\nu + 1)}{2^{\nu + 1}\, \Gamma\left(\nu + \frac{3}{2}\right)}\, z^{-\nu - 1}\, \mathrm{F}\left(\frac{\nu + 1}{2}, \frac{\nu + 2}{2}; \nu + \frac{3}{2}; \frac{1}{z^2}\right)$	$\mathfrak{Q}_\nu$ ist Kugelfunktion zu $(\nu, 0)$, die für $\nu \in \mathbb{R}$ und $z = x \in \mathbb{R}$, $x > 1$ reell ist.
9.5	$\mathfrak{Q}_\nu^\mu(z)$	zugeordnete Legendre-Funktionen 2. Art	$\frac{\mathrm{e}^{\mathrm{i}\pi\mu} \sqrt{\pi}\, \Gamma(\nu + \mu + 1)}{2^{\nu + 1}\, \Gamma\left(\nu + \frac{3}{2}\right)} (z^2 - 1)^{\frac{\mu}{2}}\, z^{-\nu - \mu - 1}$ $\cdot\, \mathrm{F}\left(\frac{\nu + \mu + 1}{2}, \frac{\nu + \mu + 2}{2}; \nu + \frac{3}{2}; \frac{1}{z^2}\right)$	Es gilt $\mathfrak{Q}_\nu^0 = \mathfrak{Q}_\nu$. Siehe Anmerkungen.
9.6	$\mathrm{Q}_\nu^\mu(x)$		$\frac{1}{2}\, \mathrm{e}^{-\mathrm{i}\pi\mu} \left(\mathrm{e}^{-\mathrm{i}\frac{\pi}{2}\mu}\, \mathfrak{Q}_\nu^\mu(x + \mathrm{i}0) + \mathrm{e}^{\mathrm{i}\frac{\pi}{2}\mu}\, \mathfrak{Q}_\nu^\mu(x - \mathrm{i}0)\right)$ $-1 < x < 1$	Für $(\nu, \mu) \in \mathbb{R}^2$ ist $\mathrm{Q}_\nu^\mu(x)$ reell. Man schreibt auch $\mathrm{Q}_\nu^0 = \mathrm{Q}_\nu$. Siehe Anmerkungen.
9.7	$\lambda_\nu^\mu(\gamma^2)$		Eigenwerte λ bei gegebenem μ und γ, zu denen es nichttriviale Sphäroidfunktionen w mit dem Umlaufsverhalten $w(z\, \mathrm{e}^{\mathrm{i}\pi}) = \mathrm{e}^{\mathrm{i}\nu\pi}\, w(z)$ für $\nu \in \mathbb{C}$ mit $\nu - \frac{1}{2} \notin \mathbb{Z}$ gibt	Festlegung: $\lambda_\nu^\mu(0) = \nu\, (\nu + 1)$

(fortgesetzt)

Tabelle 9 (abgeschlossen)

Nr	Zeichen	Benennung	Definition	Bemerkungen
9.8	$\mathrm{Qs}_\nu^\mu(z; \gamma^2)$		normierte Sphäroidfunktionen zu $(\lambda_\nu^\mu(\gamma^2), \mu, \gamma)$ mit dem Umlaufsverhalten $\mathrm{Qs}_\nu^\mu(z\, \mathrm{e}^{\mathrm{i}\pi}; \gamma^2) = \mathrm{e}^{-\mathrm{i}(\nu+1)\pi}\, \mathrm{Qs}_\nu^\mu(z; \gamma^2)$	Festlegung: $\mathrm{Qs}_\nu^\mu(z; 0) = \mathfrak{Q}_\nu^\mu(z)$ Normierung durch Kurvenintegral um [−1,1]: $\frac{1}{2\pi\mathrm{i}} \oint \mathrm{Qs}_\nu^\mu(z; \gamma^2)\, \mathrm{Qs}_{-\nu-1}^{\mu}(z; \gamma^2)\, \mathrm{d}z$ $= \frac{\cos\nu\pi}{2\nu+1} \frac{\Gamma(\mu-\nu)}{\Gamma(\mu+\nu+1)} \mathrm{e}^{-2\pi\mathrm{i}\mu}$ Siehe Anmerkungen.
9.9	$\mathrm{qs}_\nu^\mu(x; \gamma^2)$		$\frac{1}{2} \mathrm{e}^{-\mathrm{i}\mu\pi} \left(\mathrm{e}^{-\mathrm{i}\mu\frac{\pi}{2}} \mathrm{Qs}_\nu^\mu(x + \mathrm{i}0; \gamma^2) + \mathrm{e}^{\mathrm{i}\mu\frac{\pi}{2}} \mathrm{Qs}_\nu^\mu(x - \mathrm{i}0; \gamma^2)\right)$ $-1 < x < 1$	Siehe Nr. 9.6
9.10	$\mathrm{Ps}_\nu^\mu(z; \gamma^2)$		$\frac{\mathrm{e}^{-\mathrm{i}\mu\pi}\, \Gamma(\nu-\mu+1) \sin(\pi(\nu+\mu))}{\pi \cos(\nu\pi)\, \Gamma(\nu+\mu+1)} (\mathrm{Qs}_\nu^\mu(z; \gamma^2) - \mathrm{Qs}_{-\nu-1}^{\mu}(z; \gamma^2))$	Festlegung: $\mathrm{Ps}_\nu^\mu(z; 0) = \mathfrak{P}_\nu^\mu(z)$ Siehe Anmerkungen.
9.11	$\mathrm{ps}_\nu^\mu(x; \gamma^2)$		$\mathrm{e}^{\mathrm{i}\mu\frac{\pi}{2}} \mathrm{Ps}_\nu^\mu(x + \mathrm{i}0; \gamma^2)$ $-1 < x < 1$	Siehe Nr 9.3
9.12	$\mathrm{S}_\nu^{\mu(j)}(z; \gamma)$		Sphäroidfunktionen zu $(\lambda_\nu^\mu(\gamma^2), \mu, \gamma)$ mit dem asymptotischen Verhalten $\mathrm{S}_\nu^{\mu(j)}(z; \gamma) \sim \psi_\nu^{(j)}(\gamma z)$ für $z \to \infty$ $j = 1, 2, 3, 4$	$\psi_\nu^{(j)}(z) = \sqrt{\frac{\pi}{2z}}\, \mathrm{Z}_{\nu+\frac{1}{2}}^{(j)}(z)$ $\mathrm{Z}_\nu^{(1)} = \mathrm{J}_\nu$ $\mathrm{Z}_\nu^{(2)} = \mathrm{N}_\nu$ $\mathrm{Z}_\nu^{(3)} = \mathrm{H}_\nu^{(1)}$ $\mathrm{Z}_\nu^{(4)} = \mathrm{H}_\nu^{(2)}$ Siehe Anmerkungen.

10 Mathieu-Funktionen

Tabelle 10

Nr	Zeichen	Benennung	Definition	Bemerkungen
10.1	λ, h^2		Parameter der Mathieuschen Differentialgleichung $w'' + (\lambda - 2h^2 \cos 2z)\, w = 0$ $\lambda, h \in \mathbb{C}$	Statt (λ, h^2) findet man auch die Zeichen (a, q) und (h, θ).

(fortgesetzt)

Tabelle 10 (fortgesetzt)

Nr	Zeichen	Benennung	Definition	Bemerkungen
10.2.1	$\lambda_\nu(h^2)$		Eigenwerte λ bei gegebenem h^2, zu denen die Mathieusche Differentialgleichung Floquetsche Lösungen zum charakteristischen Exponenten $\nu \in \mathbb{C} \setminus \mathbb{Z}$ besitzt.	Floquetsche Lösungen zum charakteristischen Exponenten ν sind nichttriviale Lösungen w der Mathieuschen Differentialgleichung mit $w(z+\pi) = e^{i\nu\pi}\, w(z)$. Zur Vereinheitlichung wird noch $\lambda_n(h^2) = \begin{cases} a_n(h^2) & n \in \mathbb{N} \\ b_{-n}(h^2) & -n \in \mathbb{N}^* \end{cases}$ gesetzt. Dann gilt die Festlegung $\lambda_\nu(0) = \nu^2$ $\quad \nu \in \mathbb{C}$ Siehe Anmerkungen.
10.2.2	$a_n(h^2)$		Eigenwerte λ bei gegebenem h^2, zu denen die Mathieusche Differentialgleichung periodische gerade Lösungen besitzt. $n \in \mathbb{N}$	
10.2.3	$b_n(h^2)$		Eigenwerte λ bei gegebenem h^2, zu denen die Mathieusche Differentialgleichung periodische ungerade Lösungen besitzt. $n \in \mathbb{N}^*$	
10.3.1	$\mathrm{me}_\nu(z;\, h^2)$	Mathieu-Funktionen	normierte Floquetsche Lösungen der Mathieuschen Differentialgleichung zum Parameterpaar $(\lambda_\nu(h^2),\, h^2)$ $\quad \nu \in \mathbb{C} \setminus \mathbb{Z}$	Normierung: $\frac{1}{\pi}\int_0^\pi \mathrm{me}_\nu(z;\, h^2)\, \mathrm{me}_\nu(-z;\, h^2)\, dz = 1$ Festlegung: $\mathrm{me}_\nu(z;\, 0) = e^{i\nu z}$ Siehe Anmerkungen.
10.3.2	$\mathrm{ce}_n(z;\, h^2)$	(gerade) Mathieu-Funktionen 1. Art	normierte periodische gerade Lösung der Mathieuschen Differentialgleichung zum Parameterpaar $(a_n(h^2),\, h^2)$ $\quad n \in \mathbb{N}$	Orthonormierung: $\frac{2}{\pi}\int_0^\pi \mathrm{ce}_n(z;\, h^2)\, \mathrm{ce}_m(z;\, h^2)\, dz = \delta_{nm}$ Festlegung: $\mathrm{ce}_0(z;\, 0) = \frac{1}{\sqrt{2}};\ \mathrm{ce}_n(z;\, 0) = \cos nz$ $\quad n \in \mathbb{N}^*$ Siehe Anmerkungen.
10.3.3	$\mathrm{se}_n(z;\, h^2)$	(ungerade) Mathieu-Funktionen 1. Art	normierte periodische ungerade Lösung der Mathieuschen Differentialgleichung zum Parameterpaar $(b_n(h^2),\, h^2)$ $\quad n \in \mathbb{N}^*$	Orthonormierung: $\frac{2}{\pi}\int_0^\pi \mathrm{se}_n(z;\, h^2)\, \mathrm{se}_m(z;\, h^2)\, dz = \delta_{nm}$ Festlegung: $\mathrm{se}_n(z;\, 0) = \sin nz$ Siehe Anmerkungen.
10.4.1	$c_{2r}^\nu(h^2)$	Fourier-Koeffizienten von me_ν	$\frac{1}{\pi}\int_0^\pi \mathrm{me}_\nu(z;\, h^2)\, e^{-i(\nu+2r)z}\, dz$ $\quad r \in \mathbb{Z},\ \nu \in \mathbb{C} \setminus \mathbb{Z}$	$\mathrm{me}_\nu(z;\, h^2) = \sum_{r=-\infty}^{\infty} c_{2r}^\nu(h^2)\, e^{i(\nu+2r)z}$

(fortgesetzt)

Tabelle 10 (fortgesetzt)

Nr	Zeichen	Benennung	Definition	Bemerkungen
10.4.2	$\mathrm{A}_r^n(h^2)$	Fourier-Koeffizienten von ce_n	$\frac{2}{\pi}\int_0^\pi \mathrm{ce}_n(z;h^2)\cos rz\,\mathrm{d}z$ $\quad n, r \in \mathbb{N}$	$\mathrm{ce}_{2n}(z;h^2) = \sum_{r=0}^{\infty} \mathrm{A}_{2r}^{2n}(h^2)\cos 2rz$ $\mathrm{ce}_{2n+1}(z;h^2) = \sum_{r=0}^{\infty} \mathrm{A}_{2r+1}^{2n+1}(h^2)\cos(2r+1)z$
10.4.3	$\mathrm{B}_r^n(h^2)$	Fourier-Koeffizienten von se_n	$\frac{2}{\pi}\int_0^\pi \mathrm{se}_n(z;h^2)\sin rz\,\mathrm{d}z$ $\quad n, r \in \mathbb{N}^*$	$\mathrm{se}_{2n+1}(z;h^2) = \sum_{r=0}^{\infty} \mathrm{B}_{2r+1}^{2n+1}(h^2)\sin(2r+1)z$ $\mathrm{se}_{2n+2}(z;h^2) = \sum_{r=0}^{\infty} \mathrm{B}_{2r+2}^{2n+2}(h^2)\sin(2r+2)z$
10.5.1	$\mathrm{fe}_n(z;h^2)$	(ungerade) Mathieu-Funktionen 2. Art	ungerade Lösung der Mathieuschen Differentialgleichung zu $(a_n(h^2), h^2)$ von der Form $\mathrm{C}_n(h^2)\cdot z\cdot \mathrm{ce}_n(z;h^2) + \mathrm{f}_n(z;h^2)$ $\quad n \in \mathbb{N}$	f_n ist ungerade Funktion mit gleicher Periode wie ce_n und der Festlegung $\mathrm{f}_n(z;h^2) = \sin nz + O(h^2)$. $\mathrm{fe}_0(z;0) = z;\ \mathrm{fe}_n(z;0) = \sin nz$ $\quad n \in \mathbb{N}^*$. Siehe Anmerkungen.
10.5.2	$\mathrm{ge}_n(z;h^2)$	(gerade) Mathieu-Funktionen 2. Art	gerade Lösung der Mathieuschen Differentialgleichung zu $(b_n(h^2), h^2)$ von der Form $\mathrm{S}_n(h^2)\cdot z\cdot \mathrm{se}_n(z;h^2) + \mathrm{g}_n(z;h^2)$ $\quad n \in \mathbb{N}^*$	g_n ist gerade Funktion mit gleicher Periode wie se_n und der Festlegung $\mathrm{g}_n(z;h^2) = \cos nz + O(h^2)$. $\mathrm{ge}_n(z;0) = \cos nz$ Siehe Anmerkungen.
10.6.1	$\mathrm{Me}_\nu(z;h^2)$	modifizierte Mathieu-Funktionen 1. Art	$\mathrm{me}_\nu(-\mathrm{i}\,z;h^2)$ $\quad \nu \in \mathbb{C}\setminus\mathbb{Z}$	Diese Funktionen sind Lösungen der modifizierten Mathieuschen Differentialgleichung $w'' - (\lambda - 2h^2\cosh 2z)\,w = 0$ jeweils für $\lambda = \begin{cases}\lambda_\nu(h^2) & \nu \in \mathbb{C}\setminus\mathbb{Z}\\ a_n(h^2) & n \in \mathbb{N}\\ b_n(h^2) & n \in \mathbb{N}^*\end{cases}$ Siehe Anmerkungen.
10.6.2	$\mathrm{Ce}_n(z;h^2)$		$\mathrm{ce}_n(\mathrm{i}\,z;h^2)$ $\quad n \in \mathbb{N}$	
10.6.3	$\mathrm{Se}_n(z;h^2)$		$-\mathrm{i}\,\mathrm{se}_n(\mathrm{i}\,z;h^2)$ $\quad n \in \mathbb{N}^*$	
10.7.1	$\mathrm{Fe}_n(z;h^2)$	modifizierte Mathieu-Funktionen 2. Art	$-\mathrm{i}\,\mathrm{fe}_n(\mathrm{i}\,z;h^2)$ $\quad n \in \mathbb{N}$	Lösungen der modifizierten Mathieuschen Differentialgleichung jeweils für $\lambda = \begin{cases}a_n(h^2)\\ b_n(h^2)\end{cases}$
10.7.2	$\mathrm{Ge}_n(z;h^2)$		$\mathrm{ge}_n(\mathrm{i}\,z;h^2)$ $\quad n \in \mathbb{N}^*$	

(fortgesetzt)

Tabelle 10 (abgeschlossen)

Nr	Zeichen	Benennung	Definition	Bemerkungen
10.8.1	$\mathrm{M}_\nu^{(j)}(z;\,h)$	modifizierte Mathieu-Funktionen	Lösungen der modifizierten Mathieuschen Differentialgleichung zu $\lambda = \lambda_\nu(h^2)$ für $\nu \in \mathbb{C}$ mit dem asymptotischen Verhalten $\mathrm{Z}_\nu^{(j)}(2\,h\cosh z)\cdot\left(1 + O\left(\frac{1}{\cosh z}\right)\right)$ $\quad j = 1, 2, 3, 4$ für $\mathrm{Re}\, z \to \infty$.	$\mathrm{Z}_\nu^{(1)} = \mathrm{J}_\nu$ $\mathrm{Z}_\nu^{(2)} = \mathrm{N}_\nu$ $\mathrm{Z}_\nu^{(3)} = \mathrm{H}_\nu^{(1)}$ $\mathrm{Z}_\nu^{(4)} = \mathrm{H}_\nu^{(2)}$ Siehe Nr 5.1, 5.2, 5.3 und 9.12. Siehe Anmerkungen.
10.8.2	$\mathrm{Mc}_n^{(j)}(z;\,h)$		$\mathrm{M}_n^{(j)}(z;\,h)$ $\quad j = 1, 2, 3, 4;\quad n \in \mathbb{N}$	
10.8.3	$\mathrm{Ms}_n^{(j)}(z;\,h)$		$(-1)^n\,\mathrm{M}_{-n}^{(j)}(z;\,h)$ $\quad j = 1, 2, 3, 4;\quad n \in \mathbb{N}^*$	
10.9.1	$\mathrm{Fey}_{2n}(z;\,h)$ $\mathrm{Fey}_{2n+1}(z;\,h)$	modifizierte Mathieu-Funktionen 3. Art	$\frac{(-1)^n\,\mathrm{ce}_{2n}(0;\,h^2)\,\mathrm{ce}_{2n}\left(\frac{\pi}{2};\,h^2\right)}{\mathrm{A}_0^{2n}(h^2)}\,\mathrm{Mc}_{2n}^{(2)}(z;\,h)$ $\quad n \in \mathbb{N}$ $\frac{(-1)^{n+1}\,\mathrm{ce}_{2n+1}(0;\,h^2)\,\mathrm{ce}'_{2n+1}\left(\frac{\pi}{2};\,h^2\right)}{h\,\mathrm{A}_1^{2n+1}(h^2)}\,\mathrm{Mc}_{2n+1}^{(2)}(z;\,h)$ $\quad n \in \mathbb{N}$	Siehe Nr. 10.8.1
10.9.2	$\mathrm{Gey}_{2n}(z;\,h)$ $\mathrm{Gey}_{2n+1}(z;\,h)$		$\frac{(-1)^n\,\mathrm{se}'_{2n}(0;\,h^2)\,\mathrm{se}'_{2n}\left(\frac{\pi}{2};\,h^2\right)}{h^2\,\mathrm{B}_2^{2n}(h^2)}\,\mathrm{Ms}_{2n}^{(2)}(z;\,h)$ $\quad n \in \mathbb{N}^*$ $\frac{(-1)^n\,\mathrm{se}'_{2n+1}(0;\,h^2)\,\mathrm{se}_{2n+1}\left(\frac{\pi}{2};\,h^2\right)}{h\,\mathrm{B}_1^{2n+1}(h^2)}\,\mathrm{Ms}_{2n+1}^{(2)}(z;\,h)$ $\quad n \in \mathbb{N}$	
10.9.3	$\mathrm{Fek}_{2n}(z;\,h)$ $\mathrm{Fek}_{2n+1}(z;\,h)$		$-\frac{1}{2\mathrm{i}}\left(\mathrm{Ce}_{2n}(z;\,h^2) + \mathrm{i}\,\mathrm{Fey}_{2n}(z;\,h)\right)$ $\quad n \in \mathbb{N}$ $-\frac{1}{2}\left(\mathrm{Ce}_{2n+1}(z;\,h^2) + \mathrm{i}\,\mathrm{Fey}_{2n+1}(z;\,h)\right)$ $\quad n \in \mathbb{N}$	
10.9.4	$\mathrm{Gek}_{2n}(z;\,h)$ $\mathrm{Gek}_{2n+1}(z;\,h)$		$-\frac{1}{2\mathrm{i}}\left(\mathrm{Se}_{2n}(z;\,h^2) + \mathrm{i}\,\mathrm{Gey}_{2n}(z;\,h)\right)$ $\quad n \in \mathbb{N}^*$ $-\frac{1}{2}\left(\mathrm{Se}_{2n+1}(z;\,h^2) + \mathrm{i}\,\mathrm{Gey}_{2n+1}(z;\,h)\right)$ $\quad n \in \mathbb{N}$	

11 Lamé-Polynome

Lösungen der Laméschen Differentialgleichung $w'' - (h - \nu(\nu + 1)k^2 \operatorname{sn}(k, z))\, w = 0$ mit $(h, \nu) \in \mathbb{C}^2$, $k \in (0,1)$ und $\operatorname{sn}(k, z)$ aus Nr 4.9 werden Lamé-Funktionen genannt. Für $\nu = n \in \mathbb{N}$ existieren genau $2n+1$ verschiedene Parameterwerte h, zu denen es Lamé-Funktionen der Form $\operatorname{cn}^r z \operatorname{dn}^s z \operatorname{sn}^t z \operatorname{F}_N(\operatorname{sn}^2 z)$ mit Polynomen F_N vom Grade $N = \frac{1}{2}(n - r - s - t) \in \mathbb{N}$ bei $r, s, t \in \{0,1\}$ gibt.

Sie werden Lamé-Polynome genannt. Legt man den höchsten Koeffizienten von F_N zu 1 fest, so werden jeweils für $m, N \in \mathbb{N}$ mit $m \leq N$ die Funktionen wie folgt bezeichnet:

Tabelle 11

Nr	Zeichen	Benennung	Definition		Bemerkungen
11.1	$\operatorname{Ec}_{2N}^{2m}(z)$	(gerade) Lamé-Polynome	$\operatorname{F}_N(\operatorname{sn}^2 z)$	$n = 2N$	Andere Bezeichnungen: $\operatorname{uE}_{2N}^{m}(z)$
	$\operatorname{Ec}_{2N+1}^{2m}(z)$		$\operatorname{dn} z \operatorname{F}_N(\operatorname{sn}^2 z)$	$n = 2N + 1$	$\operatorname{dE}_{2N+1}^{m}(z)$
	$\operatorname{Ec}_{2N+1}^{2m+1}(z)$		$\operatorname{cn} z \operatorname{F}_N(\operatorname{sn}^2 z)$	$n = 2N + 1$	$\operatorname{cE}_{2N+1}^{m}(z)$
	$\operatorname{Ec}_{2N+2}^{2m+1}(z)$		$\operatorname{cn} z \operatorname{dn} z \operatorname{F}_N(\operatorname{sn}^2 z)$	$n = 2N + 2$	$\operatorname{cdE}_{2N+2}^{m}(z)$ Siehe Anmerkungen.
11.2	$\operatorname{Es}_{2N+1}^{2m+1}(z)$	(ungerade) Lamé-Polynome	$\operatorname{sn} z \operatorname{F}_N(\operatorname{sn}^2 z)$	$n = 2N + 1$	Andere Bezeichnungen: $\operatorname{sE}_{2N+1}^{m}(z)$
	$\operatorname{Es}_{2N+2}^{2m+1}(z)$		$\operatorname{sn} z \operatorname{dn} z \operatorname{F}_N(\operatorname{sn}^2 z)$	$n = 2N + 2$	$\operatorname{sdE}_{2N+2}^{m}(z)$
	$\operatorname{Es}_{2N+2}^{2m+2}(z)$		$\operatorname{sn} z \operatorname{cn} z \operatorname{F}_N(\operatorname{sn}^2 z)$	$n = 2N + 2$	$\operatorname{scE}_{2N+2}^{m}(z)$
	$\operatorname{Es}_{2N+3}^{2m+2}(z)$		$\operatorname{sn} z \operatorname{cn} z \operatorname{dn} z \operatorname{F}_N(\operatorname{sn}^2 z)$	$n = 2N + 3$	$\operatorname{scdE}_{2N+3}^{m}(z)$ Siehe Anmerkungen.

Anmerkungen

Zu Nr 2.1

Die Gammafunktion erfüllt die Funktionalgleichung $\Gamma(z+1) = z\,\Gamma(z)$, und es gilt

$$\Gamma(n+1) = n!, \quad (a)_n = \frac{\Gamma(a+n)}{\Gamma(a)}.$$

Die reziproke Gammafunktion hat die Produktdarstellung

$$\frac{1}{\Gamma(z)} = z\,\mathrm{e}^{\mathbf{C}z} \prod_{n=1}^{\infty} \left(\left(1+\frac{z}{n}\right)\mathrm{e}^{-\frac{z}{n}}\right).$$

In der Literatur finden sich noch folgende Schreibweisen:

$z! = \Gamma(z+1)$ oder $\Pi(z) = \Gamma(z+1)$

und gelegentlich die abkürzenden Schreibweisen

$$(2n)!! = 2 \cdot 4 \cdot 6 \cdot \ldots \cdot (2n-2)(2n) = 2^n n!$$

$$(2n-1)!! = 1 \cdot 3 \cdot 5 \cdot \ldots \cdot (2n-3)(2n-1) = \frac{2^n}{\sqrt{\pi}}\,\Gamma\left(n+\frac{1}{2}\right).$$

In der Zahlentheorie wird für Primzahlen p die abkürzende Schreibweise

$$p!! = 2 \cdot 3 \cdot 5 \cdot 7 \cdot 11 \cdot 13 \cdot \ldots \cdot p$$

benutzt und Primzahlfakultät genannt.

Zu Nr 3.2

Für reelles $z = x$ wird $\mathrm{Ei}(x)$ für $x < 0$ als $\int_{-\infty}^{x} \frac{\mathrm{e}^t}{t}\,\mathrm{d}t$ benutzt, für $x > 0$ als Cauchyscher Hauptwert $⨍_{-\infty}^{x} \frac{\mathrm{e}^t}{t}\,\mathrm{d}t$ und dann mit $\mathrm{Ei}^*(x)$, $\overline{\mathrm{Ei}}(x)$ oder auch mit $\mathrm{Ei}_1(x)$ bezeichnet. $\mathrm{Ei}_1(x)$ nennt man das modifizierte Exponentialintegral.

Es gilt für $x > 0$

$$\mathrm{Ei}_1(x) = \frac{1}{2}(\mathrm{Ei}(x+\mathrm{i}0) + \mathrm{Ei}(x-\mathrm{i}0)) = \mathbf{C} + \ln x + \sum_{k=1}^{\infty} \frac{x^k}{k \cdot k!} = ⨍_{-\infty}^{x} \frac{\mathrm{e}^t}{t}\,\mathrm{d}t.$$

Manchmal werden für diese Funktion der Name und das Zeichen des Exponentialintegrals beibehalten.

Zu Nr 3.3

$$\mathrm{li}_1(x) = \frac{1}{2}(\mathrm{li}(x+\mathrm{i}0) + \mathrm{li}(x-\mathrm{i}0)) = \ln(\ln x) + \sum_{k=1}^{\infty} \frac{(\ln x)^k}{k \cdot k!} = ⨍_{0}^{x} \frac{\mathrm{d}t}{\ln t}$$

mit $x > 1$ heißt modifizierter Integrallogarithmus. Er spielt insbesondere in der Zahlentheorie eine große Rolle. Manchmal werden für diese Funktion der Name und das Zeichen des Integrallogarithmus beibehalten.

Zu Nr 3.14

Die Riemannsche Zetafunktion ist die wichtigste Funktion der analytischen Zahlentheorie, wo meist $s = \sigma + \mathrm{i}\,t$ anstatt $z = x + \mathrm{i}\,y$ geschrieben wird. Die Bedeutung dieser Funktion in der Theorie der Primzahlen ergibt sich daraus, daß sie außer der als Definition verwendeten Summendarstellung (Spalte 4) auch eine Produktdarstellung

$$\zeta(z) = \prod_{p} (1 - p^{-z})^{-1} \qquad \mathrm{Re}\, z > 1,$$

erstreckt über alle Primzahlen p, hat. Diese Darstellung geht auf Euler zurück.

Zu Nr 4.1

Die Werte $k = 0$, $k = 1$ und auch alle anderen Werte $k \in \mathbb{C}$ sind vom mathematischen Standpunkt aus zulässig, wenn auch für die Anwendungen nicht von Interesse.

Zu Nr 4.7

Hier ist der Buchstabe n üblich, obwohl damit eine beliebige komplexe Zahl gemeint ist.

Zu Nr 4.8 bis 4.12

Die hier auch aufgeführten Kurzschreibweisen sind vereinfachende Schreibweisen und insofern unvollständig, als der Parameter k im Zeichen nicht erscheint. Werden die Funktionen nur in Abhängigkeit von z unter Festhaltung des Moduls k betrachtet, so wird die Kurzschreibweise bevorzugt.

Zu Nr 4.13 bis Nr 4.16

Auch hier wird, falls es auf die Abhängigkeit von τ nicht ankommt, τ also festgehalten wird, die Kurzschreibweise bevorzugt.

Zu Nr 4.17

Die $\wp$-Funktion ist eine elliptische Funktion der komplexen Veränderlichen z und hat die beiden primitiven Perioden 2ω und $2\omega'$, wobei o.B.d.A. $|\omega| \leq |\omega'|$ vorausgesetzt werden kann. Sie genügt der Differentialgleichung

$$(w')^2 = 4w^3 - g_2 w - g_3.$$

Die hierin auftretenden Konstanten

$$g_2 = 60 \sum_{m,n}{}' \frac{1}{\Omega^4}, \quad g_3 = 140 \sum_{m,n}{}' \frac{1}{\Omega^6}$$

mit Ω aus Nr 4.17 heißen die Invarianten der $\wp$-Funktion. Soll die Abhängigkeit der $\wp$-Funktion von den Invarianten g_2, g_3 zum Ausdruck gebracht werden, so schreibt man üblicherweise $\wp(z; g_2, g_3)$.

Entsprechend schreibt man $\zeta(z; g_2, g_3)$ und $\sigma(z; g_2, g_3)$.

Weiter gilt mit $\omega_1 = \omega$, $\omega_2 = \omega + \omega'$, $\omega_3 = \omega'$

$\wp(\omega_1) = e_1$, $\wp(\omega_2) = e_2$, $\wp(\omega_3) = e_3$ und

$\wp'(\omega_1) = \wp'(\omega_2) = \wp'(\omega_3) = 0$,

so daß man die Differentialgleichung der $\wp$-Funktion auch in der Form

$$(w')^2 = 4(w - e_1)(w - e_2)(w - e_3)$$

schreiben kann.

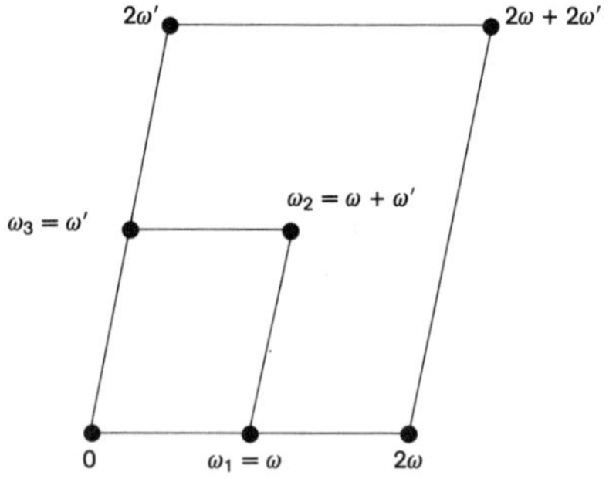

Zu Nr 4.18

Hier haben sich die folgenden Zeichen eingebürgert:

$\eta = \zeta(\omega)$, $\eta' = \zeta(\omega')$ und $\eta_1 = \zeta(\omega_1)$, $\eta_2 = \zeta(\omega_2)$, $\eta_3 = \zeta(\omega_3)$.

Mit ihnen gilt

$$\zeta(z + 2m\omega + 2n\omega') = \zeta(z) + 2m\eta + 2n\eta'$$

und die Legendresche Relation

$$\eta\omega' - \eta'\omega = \frac{1}{2}\pi\mathrm{i}.$$

Ihr entspricht im Rahmen der Jacobischen elliptischen Funktionen die Beziehung

$$\mathbf{EK}' + \mathbf{E}'\mathbf{K} - \mathbf{KK}' = \frac{\pi}{2}$$

Zu Nr 4.19

In der Theorie der elliptischen Funktionen spielen noch die Weierstraßschen Nebensigmafunktionen eine Rolle, die üblicherweise mit $\sigma_1(z)$, $\sigma_2(z)$, $\sigma_3(z)$ bezeichnet werden.

Zu Nr 5.2

Nur im Fall $\nu \in \mathbb{C} \setminus \mathbb{Z}$ bilden J_ν und $\mathrm{J}_{-\nu}$ bzw. J_ν und N_ν ein Fundamentalsystem für die Besselsche Differentialgleichung. Im Fall $\nu = n \in \mathbb{N}$ gilt $\mathrm{J}_{-n}(z) = (-1)^n \mathrm{J}_n(z)$. Dann bilden J_n und N_n mit $\mathrm{N}_n(z) = \lim\limits_{\nu \to n} \dfrac{\mathrm{J}_\nu(z) \cos \nu\pi - \mathrm{J}_{-\nu}(z)}{\sin \nu\pi}$ ein Fundamentalsystem für die Besselsche Differentialgleichung.

Die J_n lassen sich auch mit Hilfe einer erzeugenden Funktion definieren:

$$\mathrm{e}^{\frac{z}{2}\left(t-\frac{1}{t}\right)} = \sum_{n=-\infty}^{\infty} \mathrm{J}_n(z) t^n \qquad t \neq 0.$$

Auch für die Bessel-Funktionen J_n gibt es unter Benutzung ihrer positiven Nullstellen $j_{n,k}$ eine Orthogonalitätseigenschaft. Es gilt für festes $n \in \mathbb{N}$

$$\int_0^1 x\, \mathrm{J}_n(j_{n,l}\,x)\, \mathrm{J}_n(j_{n,k}\,x)\, \mathrm{d}x = \begin{cases} 0 & l \neq k \\ \frac{1}{2}\,(\mathrm{J}'_n(j_{n,k}))^2 & l = k \end{cases}$$

Zu Nr 5.3

$\mathrm{H}_\nu^{(1)}$ bildet zusammen mit $\mathrm{H}_\nu^{(2)}$ ein Fundamentalsystem für die Besselsche Differentialgleichung.

Zu Nr 5.4 und 5.5

In den Anwendungen spielen vielfach die längs einer bestimmten Nullpunktsgeraden (Arc z = const) genommenen Werte der Zylinderfunktionen eine Rolle. Dann werden die Zylinderfunktionen dadurch abgeändert, daß durch die Drehung des Koordinatensystems die reelle Achse in die betreffende Nullpunktsgerade überführt wird. Die beiden wichtigsten Fälle entsprechen den Drehungen um 90° und um 135°. In diesen Fällen sind für die entstehenden Funktionen besondere Zeichen üblich. Die Drehung um 90° führt auf die Funktionen I_ν und K_ν, die Drehung um 135° auf die Kelvin-Funktionen.

Die Funktionen I_ν und K_ν sind so definiert, daß sie für $z = x > 0$ und $\nu \in \mathbb{R}$ reelle Werte annehmen. I_ν und $\mathrm{I}_{-\nu}$ bzw. I_ν und K_ν bilden im Fall $\nu \in \mathbb{C} \setminus \mathbb{Z}$ ein Fundamentalsystem für die Differentialgleichung $z^2 w'' + z w' - (z^2 + \nu^2)\, w = 0$. Im Fall $\nu = n \in \mathbb{N}$ gilt $\mathrm{I}_{-n} = \mathrm{I}_n$. Dann bilden I_n und K_n mit $\mathrm{K}_n(z) = \lim\limits_{\nu \to n} \mathrm{K}_\nu(z)$ ein Fundamentalsystem für diese Differentialgleichung.

Die Kelvin-Funktionen sind so definiert, daß sie für $z = x > 0$ und $\nu \in \mathbb{R}$ reelle Werte annehmen. Sie sind nicht unabhängig voneinander, sondern es gilt

$$\mathrm{ker}_\nu(z) = -\frac{\pi}{2}\,\mathrm{hei}_\nu(z), \qquad \mathrm{kei}_\nu(z) = \frac{\pi}{2}\,\mathrm{her}_\nu(z).$$

Zu Nr 5.6

Für die modifizierten sphärischen Zylinderfunktionen wird entsprechend Nr 5.4 die Bezeichnung i_l und k_l empfohlen.

Zu Nr 6.4

Das Riemannsche P-Symbol stellt die Lösungsgesamtheit der Riemannschen Differentialgleichung (siehe am Fuß der Seite 21) dar, einer Differentialgleichung mit genau drei Stellen der Bestimmtheit z_1, z_2 und z_3, wobei

$$\alpha_1 + \alpha'_1 + \alpha_2 + \alpha'_2 + \alpha_3 + \alpha'_3 = 1$$

sein muß. Die hypergeometrische Differentialgleichung in Nr 6.2 ist ein Spezialfall der Riemannschen Differentialgleichung mit Stellen der Bestimmtheit 0, 1, ∞.

Zu Nr 7.1

Die Legendresche Differentialgleichung

$$(1 - z^2)\, w'' - 2z\, w' + n(n+1)\, w = 0$$

läßt sich durch die ganze lineare Transformation $z = 1 - 2\zeta$ in die hypergeometrische Differentialgleichung – siehe Nr 6.2 – überführen und besitzt daher drei Stellen der Bestimmtheit, nämlich $z_1 = -1$, $z_2 = 1$ und $z_3 = \infty$. Die eine Lösung der Legendreschen Differentialgleichung ist das Legendre-Polynom P_n, welches bei $z_1 = -1$ und $z_2 = 1$ holomorph ist und die Darstellung

$$\mathrm{P}_n(z) = \mathrm{F}\left(-n, n+1; 1; \frac{1-z}{2}\right)$$

besitzt. Diese Lösung heißt auch Legendre-Funktion 1. Art und ist für $z = x \in \mathbb{R}$ reell.

Die neben P_n existierende linear unabhängige Lösung der Legendreschen Differentialgleichung heißt Legendre-Funktion 2. Art und enthält Logarithmen. Sie kann daher nicht mehr für alle $z = x \in \mathbb{R}$ reell sein. Die im Intervall $(-1,1)$ reelle Legendre-Funktion 2. Art wird mit Q_n bezeichnet und läßt sich durch

$$\mathrm{Q}_n(z) = \frac{1}{2}\,\mathrm{P}_n(z) \ln \frac{1+z}{1-z} - \mathrm{W}_{n-1}(z)$$

darstellen mit

$$\mathrm{W}_{n-1}(z) = \sum_{k=1}^{n} \frac{1}{k}\,\mathrm{P}_{k-1}(z)\,\mathrm{P}_{n-k}(z).$$

Für den Logarithmus ist der Hauptwert zu nehmen.

Zu Nr 7.2

Die Definition von P_n^m ist so getroffen, daß $\mathrm{P}_n^m(z)$ reell ist für $z = x \in [-1,1]$.

Auch P_n^m besitzt eine Darstellung durch die hypergeometrische Funktion:

$$\mathrm{P}_n^m(z) = \frac{(-1)^m\,(n+m)!}{2^m m!\,(n-m)!}\,(1-z^2)^{\frac{m}{2}}\,\mathrm{F}\left(m-n, m+n+1; m+1; \frac{1-z}{2}\right)$$

Für die zugeordnete Legendre-Funktion 2. Art erhält man für die im Intervall $(-1,1)$ reell werdende Lösung der Differentialgleichung die Darstellung

$$\mathrm{Q}_n^m(z) = (-1)^m (1-z^2)^{\frac{m}{2}} \frac{\mathrm{d}^m}{\mathrm{d}z^m}\,\mathrm{Q}_n(z)$$

mit dem Q_n aus den Anmerkungen zu Nr 7.1.

Zu Nr 6.4:

$$w'' + \left(\frac{1-\alpha_1-\alpha'_1}{z-z_1} + \frac{1-\alpha_2-\alpha'_2}{z-z_2} + \frac{1-\alpha_3-\alpha'_3}{z-z_3}\right) w'$$

$$+ \frac{\dfrac{\alpha_1\alpha'_1(z_1-z_2)(z_1-z_3)}{z-z_1} + \dfrac{\alpha_2\alpha'_2(z_2-z_1)(z_2-z_3)}{z-z_2} + \dfrac{\alpha_3\alpha'_3(z_3-z_1)(z_3-z_2)}{z-z_3}}{(z-z_1)(z-z_2)(z-z_3)}\, w = 0$$

Zu Nr 7.4

Die Jacobi-Polynome werden gelegentlich auf das Intervall [0,1] bezogen und dann mit G_n bezeichnet. Es gilt dann

$$G_n(p, q; z) = \frac{n!\,\Gamma(n+p)}{\Gamma(2n+p)}\, P_n^{(p-q,\, q-1)}(2z-1)$$

Zu Nr 7.6 und 7.7

Die normgerechte Transliteration des Namens Чебышев ist Čebyšev. In der englischsprachigen Literatur findet man auch die Schreibweise Chebyshev.

Die Funktionen sin (n Arccos z) heißen Tschebyscheff-Funktionen 2. Art. Sie sind keine Polynome, sondern es gilt

$$\sin(n \operatorname{Arccos} z) = \frac{1}{n}\sqrt{1-z^2}\,\frac{\mathrm{d}}{\mathrm{d}z}\, T_n(z).$$

Sie bilden zusammen mit cos (n Arccos z) ein Fundamentalsystem für die Tschebyscheffsche Differentialgleichung. Gelegentlich werden die Funktionen sin (n Arccos z) auch mit $U_n(z)$ bezeichnet.

Zu Nr 7.8

Die Polynome He_n mit $He_n(z) = (-1)^n e^{\frac{1}{2}z^2} \frac{\mathrm{d}^n}{\mathrm{d}z^n}\left(e^{-\frac{1}{2}z^2}\right)$ werden auch Hermite-Polynome genannt. Sie genügen der Differentialgleichung $w'' - z w' + n w = 0$ und hängen mit den Polynomen H_n wie folgt zusammen:

$$He_n(z) = 2^{-\frac{n}{2}}\, H_n\left(\frac{z}{\sqrt{2}}\right)$$

Zu Nr 9.1 bis 9.6

Die Legendresche Differentialgleichung

$$(1-z^2)\,w'' - 2z\,w' + \left(\nu(\nu+1) - \frac{\mu^2}{1-z^2}\right) w = 0$$

läßt sich als Spezialfall einer Riemannschen Differentialgleichung mit den Stellen der Bestimmtheit $-1, 1$ und ∞ – siehe Anmerkungen zu Nr 6.4 – durch die Transformation

$$\zeta = \frac{1-z}{2},\quad \tilde{w}(\zeta) = \left(\frac{z+1}{z-1}\right)^{-\frac{\mu}{2}} w(z)$$

bzw.

$$\zeta = \frac{1}{z^2},\quad \tilde{w}(\zeta) = (z^2-1)^{-\frac{\mu}{2}}\, z^{\nu+\mu+1}\, w(z)$$

in die hypergeometrische Differentialgleichung für $\tilde{w}$ überführen – siehe Nr 6.2.

Dadurch entstehen die Kugelfunktionen $\mathfrak{P}_\nu^\mu$ und $\mathfrak{Q}_\nu^\mu$, welche auch durch ihr Umlaufsverhalten

$$\mathfrak{P}_\nu^\mu(1 + (z-1)\,e^{2\pi i}) = e^{-i\pi\mu}\, \mathfrak{P}_\nu^\mu(z) \quad \text{um } z = 1 \quad \text{und}$$

$$\mathfrak{Q}_\nu^\mu(z\, e^{\pi i}) = e^{-i\pi(\nu+1)}\, \mathfrak{Q}_\nu^\mu(z) \quad \text{um } z = \infty$$

ausgezeichnet sind. Sie bilden für $-\nu-\mu \notin \mathbb{N}^*$ und $\mu-\nu \notin \mathbb{N}^*$ ein Fundamentalsystem für die Legendresche Differentialgleichung. Dieses ist insbesondere für die Funktionen P_n^m und Q_n^m bei $n \in \mathbb{N}$ und $m \in \mathbb{Z}$ mit $|m| \le n$ der Fall.

Für $\mu = m \in \mathbb{N}$ gilt der Zusammenhang

$$\mathfrak{P}_\nu^m(z) = (z^2-1)^{\frac{m}{2}} \frac{\mathrm{d}^m}{\mathrm{d}z^m}\, \mathfrak{P}_\nu(z),\quad P_\nu^m(x) = (-1)^m (1-x^2)^{\frac{m}{2}} \frac{\mathrm{d}^m}{\mathrm{d}x^m}\, P_\nu(x)$$

$$\mathfrak{Q}_\nu^m(z) = (z^2-1)^{\frac{m}{2}} \frac{\mathrm{d}^m}{\mathrm{d}z^m}\, \mathfrak{Q}_\nu(z),\quad Q_\nu^m(x) = (-1)^m (1-x^2)^{\frac{m}{2}} \frac{\mathrm{d}^m}{\mathrm{d}x^m}\, Q_\nu(x).$$

Speziell gilt mit Polynomen g_{nm}

$$Q_n^m(x) = P_n^m(x)\, \frac{1}{2} \ln \frac{1+x}{1-x} + (1-x^2)^{-\frac{m}{2}}\, g_{nm}(x).$$

Siehe Anmerkungen zu Nr. 7.1.

Andere Zeichen sind P_ν^μ, Q_ν^μ für $\mathfrak{P}_\nu^\mu$, $\mathfrak{Q}_\nu^\mu$.

Zu Nr 9.7

Die Eigenwerte $\lambda_\nu^\mu(\gamma^2)$ können aus einer Gleichung

$\sin \nu\pi = f(\lambda, \mu^2, \gamma^2)$

mit ganzer Funktion f gewonnen werden.

Es gilt

$\lambda_\nu^{-\mu}(\gamma^2) = \lambda_\nu^\mu(\gamma^2) = \lambda_{-\nu-1}^\mu(\gamma^2) = \lambda_{-\nu-1}^{-\mu}(\gamma^2).$

Die in den Anwendungen wichtigsten Parameterwerte sind $\nu = n \in \mathbb{N}$, $\mu = m \in \mathbb{N}$ mit $m \le n$. In diesem Fall sind die Eigenwerte $\lambda_n^m(\gamma^2)$ auch durch die Existenz von bei $z = \pm 1$ stetigen Sphäroidfunktionen ausgezeichnet.

Ein weiteres benutztes Zeichen für λ_n^m ist Λ_{nm}.

Zu Nr 9.8 und 9.10

Die Sphäroidfunktionen $Qs_\nu^\mu(z;\gamma^2)$ bzw. $Ps_\nu^\mu(z;\gamma^2)$ gehen – entsprechend dem Übergang der Sphäroiddifferentialgleichung in die Legendresche Differentialgleichung für $\gamma^2 \to 0$ – aus den Legendre-Funktionen $\mathfrak{Q}_\nu^\mu$ bzw. $\mathfrak{P}_\nu^\mu$ (bei $\gamma^2 = 0$) hervor. Sie haben jeweils das gleiche Umlaufsverhalten – siehe Anmerkungen zu Nr 9.1 bis 9.6 – und bilden ein Fundamentalsystem für die Sphäroiddifferentialgleichung. Es gelten die Entwicklungen

$$Qs_\nu^\mu(z;\gamma^2) = \sum_{r=-\infty}^{\infty} (-1)^r\, a_{\nu,2r}^\mu(\gamma^2)\, \mathfrak{Q}_{\nu+2r}^\mu(z),$$

$$Ps_\nu^\mu(z;\gamma^2) = \sum_{r=-\infty}^{\infty} (-1)^r\, a_{\nu,2r}^\mu(\gamma^2)\, \mathfrak{P}_{\nu+2r}^\mu(z),$$

$$qs_\nu^\mu(z;\gamma^2) = \sum_{r=-\infty}^{\infty} (-1)^r\, a_{\nu,2r}^\mu(\gamma^2)\, Q_{\nu+2r}^\mu(z),$$

$$ps_\nu^\mu(z;\gamma^2) = \sum_{r=-\infty}^{\infty} (-1)^r\, a_{\nu,2r}^\mu(\gamma^2)\, P_{\nu+2r}^\mu(z)$$

mit denselben Koeffizienten $a_{\nu,2r}^\mu(\gamma^2)$, die einer dreigliedrigen Rekursionsformel genügen.

Für $m, n \in \mathbb{N}$ mit $m \le n$ wird

$$\int_{-1}^{1} (ps_n^m(z;\gamma^2))^2\, \mathrm{d}z = \frac{2}{2n+1}\, \frac{(n+m)!}{(n-m)!}$$

wie bei den zugeordneten Legendre-Funktionen. Siehe Abschnitt 8.

Ein anderes Zeichen für Ps_{l+m}^m ist S_{ml}.

Zu Nr 9.12

In ∞ besitzt die Sphäroiddifferentialgleichung für $\gamma^2 \neq 0$ eine Stelle der Unbestimmtheit. Deshalb treten die Sphäroidfunktionen mit dem angegebenen asymptotischen Verhalten für $z \to \infty$ auf. Für diese Funktionen gilt

$$S_\nu^{\mu(j)}(z;\gamma) = \frac{(z^2-1)^{-\frac{\mu}{2}} z^\mu}{A_\nu^\mu(\gamma^2)} \sum_{r=-\infty}^{\infty} a_{\nu,2r}^\mu(\gamma^2)\, \psi_{\nu+2r}^{(j)}(\gamma z) \quad (j = 1, 2, 3, 4)$$

mit $A_\nu^\mu(\gamma^2) = \sum_{r=-\infty}^{\infty} (-1)^r\, a_{\nu,2r}^\mu(\gamma^2)$ und den gleichen Koeffizienten $a_{\nu,2r}^\mu(\gamma^2)$ wie bei den Reihen in den Anmerkungen zu Nr 9.8 und 9.10.

Je zwei der Funktionen bilden ein Fundamentalsystem für die Sphäroiddifferentialgleichung.

Andere Zeichen sind $R_{m,l}^{(j)}$ für $S_{m+l}^{m(j)}$ bzw.

$je_{m,n}$, $ne_{m,n}$, $he_{m,n}^{(1)}$, $he_{m,n}^{(2)}$ für $S_n^{m(j)}$. $(j = 1, 2, 3, 4)$

Zu Nr 10.2.1, 10.2.2. und 10.2.3

Bezeichnet w_1, w_2 das Fundamentalsystem für die Mathieusche Differentialgleichung mit $w_1(0) = w'_2(0) = 1$, $w'_1(0) = w_2(0) = 0$, so sind die $\lambda_\nu(h^2)$ für $\nu \in \mathbb{C} \setminus \mathbb{Z}$ Lösungen der Gleichung

$$\cos \nu\pi = w_1(\pi; \lambda, h^2).$$

Die Eigenwerte $a_n(h^2)$ und $b_n(h^2)$ lassen sich aus dem Randeigenwertproblem

$$w'(0) = w'(\pi) = 0 \text{ bzw. } w(0) = w(\pi) = 0$$

gewinnen. Dabei entstehen vier Typen von Eigenlösungen der Mathieuschen Differentialgleichung:

a) π-periodische, gerade

b) 2π-periodische, gerade

c) 2π-periodische, ungerade

d) π-periodische, ungerade

Diese entsprechen den Parameterpaaren (λ, h^2) mit

a) $w'_1\left(\frac{\pi}{2}; \lambda, h^2\right) = 0$, d.h. $\lambda = a_{2n}(h^2)$

b) $w_1\left(\frac{\pi}{2}; \lambda, h^2\right) = 0$, d.h. $\lambda = a_{2n+1}(h^2)$

c) $w'_2\left(\frac{\pi}{2}; \lambda, h^2\right) = 0$, d.h. $\lambda = a_{2n+1}(h^2)$

d) $w_2\left(\frac{\pi}{2}; \lambda, h^2\right) = 0$, d.h. $\lambda = a_{2n+2}(h^2)$.

Zu Nr 10.3.1

me_ν und $\mathrm{me}_{-\nu}$ bilden für $\nu \in \mathbb{C} \setminus \mathbb{Z}$ ein Fundamentalsystem für die Mathieusche Differentialgleichung zu $(\lambda_\nu(h^2), h^2)$.

Zu Nr 10.3.2 und 10.3.3

$\delta_{mn} = \begin{cases} 0 \text{ für } m \neq n \\ 1 \text{ für } m = n \end{cases}$ Kronecker-Symbol, siehe DIN 1303/03.87, Nr 10.2

Zu Nr 10.5.1

ce_n und fe_n bilden ein Fundamentalsystem für die Mathieusche Differentialgleichung zu $(a_n(h^2), h^2)$.

Zu Nr 10.5.2

se_n und ge_n bilden ein Fundamentalsystem für die Mathieusche Differentialgleichung zu $(b_n(h^2), h^2)$.

Zu Nr 10.6.1

Die modifizierte Mathieusche Differentialgleichung transformiert sich mit $z \to \mathrm{i}z$ aus der Mathieuschen Differentialgleichung. Entsprechendes gilt für die Fundamentalsysteme.

Zu Nr 10.8.1

Je zwei Funktionen $\mathrm{M}_\nu^{(j)}$ bilden ein Fundamentalsystem für die modifizierte Mathieusche Differentialgleichung.

Zu Nr 11.1 und 11.2

In 11.1 und 11.2 steht F_N jeweils für ein gewisses Polynom vom Grade N mit höchstem Koeffizienten 1. In jeder Zeile ist ein anderes Polynom gemeint, doch sind unterschiedliche Bezeichnungen nicht üblich. Der Umgang mit Lamé-Polynomen setzt eine Vertrautheit mit der Theorie voraus, durch die Mißverständnisse vermieden werden.

Zitierte Normen

DIN 1302	Allgemeine mathematische Zeichen und Begriffe
DIN 1303	Vektoren, Matrizen, Tensoren; Zeichen und Begriffe
DIN 5473	Logik und Mengenlehre
DIN 13303 Teil 1	Stochastik; Wahrscheinlichkeitstheorie, Gemeinsame Grundbegriffe der mathematischen und der beschreibenden Statistik; Begriffe und Zeichen
ISO 31/11 : 1978	en: Mathematical signs and symbols for use in the physical sciences and technology de: Mathematische Zeichen und Symbole für den Gebrauch in Physik und Technik

Weitere Unterlagen

Handbücher und Formelsammlungen

Abramowitz/Stegun: Handbook of Mathematical Functions. 9. printing. New York: Dover Publications, 1972

Erdélyi/Magnus/Oberhettinger/Tricomi: Higher transcendental functions I, II, III. 1. Auflage. New York, Toronto, London: McGraw-Hill Book Company, Inc. 1953, 1955, 1955.

Gradstein/Ryshik: Summen-, Produkt- und Integraltafel II. 1. Auflage. Frankfurt/M.: Verlag Harri Deutsch, 1981. Erstellt auf der Grundlage der 5. russischen Auflage.

Jahnke/Emde/Lösch: Tafeln höherer Funktionen. 7. Auflage. Stuttgart: Teubner Verlagsgesellschaft, 1966

Lebedew, N. N.: Spezielle Funktionen und ihre Anwendung. 1. Auflage. Mannheim, Wien, Zürich: Bibliographisches Institut, 1973

Magnus/Oberhettinger/Soni: Formulas and Theorems for the Special Functions of Mathematical Physics. 3. Auflage. Berlin, Heidelberg, New York: Springer Verlag, 1966

Meixner, J.: Spezielle Funktionen der mathematischen Physik; in Handbuch der Physik I. 1. Auflage. Berlin, Göttingen, Heidelberg: Springer Verlag, 1956

Moon/Spencer: Field Theory Handbook; Including Coordinate Systems, Differential Equations and Their Solutions. 3. printing. Berlin, Heidelberg, New York: Springer Verlag, 1988

Prudnikow/Brychkov/Marichev: Integrals and Series II, Special Functions. 1. Auflage. New York: Gordon and Breach, 1986

Sauer/Szabó: Mathematische Hilfsmittel des Ingenieurs I, Teil B: Spezielle Funktionen. 1. Auflage. Berlin, Heidelberg, New York: Springer Verlag, 1967

Lehrbücher

Courant/Hilbert: Methoden der mathematischen Physik I, II. 3. bzw. 2. Auflage. Berlin, Heidelberg, New York: Springer Verlag, 1968

Rainville, E. D.: Special Functions. 1. Auflage. New York: Chelsea Publishing Company, 1960

Schäfke, F. W.: Einführung in die Theorie der speziellen Funktionen der mathematischen Physik. 1. Auflage. Berlin, Göttingen, Heidelberg: Springer Verlag, 1963

Whittaker/Watson: A course of modern analysis. Nachdruck der 4. Auflage 1927. Cambridge: University Press, 1988

Spezialliteratur

Arscott, F. M.: Periodic Differential Equations. An introduction to Mathieu, Lamé and allied functions. 1. Auflage. Oxford: Pergamon Press, 1964

Buchholz, H.: Die konfluente hypergeometrische Funktion. 1. Auflage. Berlin, Göttingen, Heidelberg: Springer Verlag, 1953

Erdélyi, A.: Asymptotic expansions. 1. Auflage. New York: Dover Publications, Inc., 1956

Flammer, C.: Spheroidal wave functions, 1. Auflage. Stanford: University Press, 1957

Hobson, E. W.: The theory of spherical and ellipsoidal harmonics. 1. Auflage. Cambridge: University Press, 1931

Jvić, A.: The Riemann Zeta-Function: The Theory of the Riemann Zeta-Function with Applications. 1. Auflage. New York: Wiley, 1985

Klein, F.: Vorlesungen über die hypergeometrische Funktion. Nachdruck der Ausgabe von 1933. Berlin, Heidelberg, New York: Springer Verlag, 1981

Lösch/Schoblik: Die Fakultät und verwandte Funktionen. 1. Auflage. Leipzig: Teubner Verlagsgesellschaft, 1951

Mac Lachlan, N. W.: Theory and application of Mathieu functions. 2. Auflage. New York: Dover Publications, Inc., 1964

Meixner/Schäfke: Mathieusche Funktionen und Sphäroidfunktionen. 1. Auflage. Berlin, Göttingen, Heidelberg: Springer Verlag, 1954

Robin, L.: Fonctions sphériques de Legendre et fonctions sphéroidales I, II, III. 1. Auflage. Paris: Gauthiers-Villars, 1957, 1958, 1959

Szegö, G.: Orthogonal Polynomials. 4. ed., 2nd print. Providence: American Mathematical Society, 1978

Tricomi, F. G.: Vorlesungen über Orthogonalreihen. 2. Auflage. Berlin, Göttingen, Heidelberg: Springer Verlag, 1970

Tricomi/Krafft: Elliptische Funktionen. 1. Auflage. Leipzig: Akademische Verlagsgesellschaft Geest & Portig, 1948

Truesdell, C.: A unified theory of special functions. 1. Auflage. Annals of mathematical studies 18. Princeton: University Press, 1948

Watson, G. N.: A treatise on the Theory of Bessel functions. 7. Nachdruck der 2. Auflage 1944. Cambridge: University Press, 1966

Internationale Patentklassifikation

G 01
G 06 15/353

DK 51 : 001.4 : 003.62 Juni 1978

Mathematische Strukturen

Zeichen und Begriffe

DIN 13 302

Mathematical structures; signs, symbols and concepts

Inhalt

		Seite
1	Verknüpfungen und Relationen	2
2	Strukturen mit genau einer Trägermenge	6
3	Halbgruppen und Gruppen	9
4	Ringe und Körper	12
5	Verbände	14
6	Ordnungsstrukturen	16
7	Moduln und Vektorräume	19
8	Geometrische Strukturen	22
9	Topologische Strukturen	24
10	Kategorien	28

In dieser Norm werden verschiedene Arten von mathematischen Strukturen besprochen. Die Norm fußt auf den Normen DIN 5474 „Zeichen der mathematischen Logik" und DIN 5473 „Zeichen und Begriffe der Mengenlehre; Mengen, Relationen, Funktionen", auf die verwiesen wird. Aus Gründen der besseren Lesbarkeit sind einige Begriffe aus DIN 5473 wiederholt worden.

In Abschnitt 1 werden Verknüpfungen und Relationen betrachtet, die für Strukturen eine konstituierende Rolle spielen. Die einfachsten Strukturen sind diejenigen mit einer Trägermenge (Individuenbereich). In Abschnitt 2 werden die wichtigsten Begriffe eingeführt, die sich hierfür bilden lassen. Zu diesen Strukturen zählen Halbgruppen und Gruppen (siehe Abschnitt 3), Ringe und Körper (siehe Abschnitt 4), Verbände (siehe Abschnitt 5) und Ordnungsstrukturen (siehe Abschnitt 6). Zu den Strukturen mit mehreren Trägermengen (Individuenbereichen) gehören Moduln und Vektorräume (siehe Abschnitt 7) und geometrische Strukturen (siehe Abschnitt 8). Die bis dahin betrachteten Strukturen sind dadurch charakterisiert, daß auf den Trägermengen gewisse Verknüpfungen, Relationen oder Elemente ausgezeichnet sind. Demgegenüber ist bei topologischen Strukturen (siehe Abschnitt 9) ein System von Mengen ausgezeichnet. In Abschnitt 10 werden Kategorien eingeführt, die Strukturen mit partiellen Verknüpfungen sind.

Die Tabellen sind folgendermaßen aufgebaut: Spalte 2 zeigt die in dieser Norm empfohlenen Zeichen. Spalte 3 zeigt ihre typische Verwendung. Spalte 4 gibt eine mögliche Sprechweise an, die aber nicht in jedem Falle wörtlich einzuhalten ist; ähnliche Ausdrucksweisen können ebenfalls völlig akzeptierbar sein. Spalte 5 enthält die Definition für die formalen Ausdrücke in Spalte 3 oder in Spalte 2. Die Spalten 2 und 3 sind oft leer, wenn für einen Begriff keine formale Bezeichnung eingeführt, sondern nur eine verbale Formulierung des Begriffs in Spalte 4 gegeben wird, die dann durch Spalte 5 definiert wird. In Spalte 5 wird oft eine mehr formale Definition gegeben, wobei auch logische und mengentheoretische Zeichen aus DIN 5474 und DIN 5473 verwendet werden. Um das Verständnis zu erleichtern, wird bisweilen in Spalte 6 eine verbale Erläuterung gegeben. Diese Spalte dient auch dazu, Beispiele, Hinweise und Zusätze zu geben.

Fortsetzung Seite 2 bis 29

Normenausschuß Einheiten und Formelgrößen (AEF) im DIN Deutsches Institut für Normung e.V.

1 Verknüpfungen und Relationen

Verknüpfungen, auch Operationen genannt, sind besondere Funktionen und schon in DIN 5473, Ausgabe Juni 1976, Nr 3.20 festgelegt worden. Zum Begriff der Funktion siehe DIN 5473, Ausgabe Juni 1976, Nr 3.1, und zum Begriff der Relation siehe DIN 5473, Ausgabe Juni 1976, Nr 2.4.
In diesem Abschnitt sei A eine nichtleere Menge, und x, y, z seien Elemente von A.

1	2	3	4	5	6
Nr	Zeichen	Verwendung	Sprechweise	Definition	Bemerkungen
1.1			n-stellige Verknüpfung von $A_1 \times \ldots \times A_n$ nach A	Funktion mit Definitionsbereich $A_1 \times \ldots \times A_n$ und Wertebereich sub A	Es handelt sich also um eine Funktion, die genau für alle n-Tupel $\langle x_1, \ldots, x_n \rangle$ mit $x_i \in A_i$ $(i = 1, \ldots, n)$ definiert ist und deren Werte in A liegen. Auch bei partiellen Funktionen aus $A_1 \times \ldots \times A_n$ in A redet man von partiellen Verknüpfungen. Eine nicht-partielle Verknüpfung kann im Gegensatz hierzu als totale Verknüpfung bezeichnet werden.
1.2			n-stellige Verknüpfung auf A	Funktion mit Definitionsbereich A^n und Wertebereich sub A	Eine solche Verknüpfung wird auch als interne Verknüpfung auf A bezeichnet, während man Verknüpfungen nach Nr 1.1, bei denen nicht alle Mengen $A_1, \ldots, A_n$ gleich A sind, als externe bezeichnet. Beispiele: Addition und Multiplikation von Zahlen sind interne zweistellige Verknüpfungen auf $\mathbb{C}$. Die Beschränkungen auf die Standardmengen $\mathbb{N}$, $\mathbb{Z}$, $\mathbb{Q}$, $\mathbb{R}$ sind darauf zweistellige interne Verknüpfungen. Man beachte, daß die Skalarmultiplikation von Vektoren in dieser Terminologie eine externe, das Vektorprodukt eine interne Verknüpfung ist.
1.3	$\top$	$(x \top y)$	x $\top$-verknüpft mit y	der Funktionswert von $\top$ an der Stelle $\langle x, y \rangle$	Im folgenden seien $\top$ (mögliche Lesart: Trick) und $\perp$ (mögliche Lesart: Track) beliebige zweistellige Verknüpfungen auf A, die natürlich auch mit spezielleren Verknüpfungen übereinstimmen können. Als Verknüpfungszeichen nimmt man auch oft $\circ$, $\square$, $\star$ (allgemein) oder $+$, $\cdot$, $\cap$, $\cup$ (in spezieller Bedeutung). Zur Einsparung von Klammern sind jeweils besondere Konventionen erforderlich, doch vereinbart man generell, daß $\cdot$ stärker bindet als $+$. Der Malpunkt wird oft weggelassen, Außenklammern eines einzelnen Verknüpfungsterms ebenfalls.
1.4			x, y sind $\top$-vertauschbar	$x \top y = y \top x$	Wenn klar ist, welche Verknüpfung gemeint ist, so läßt man hier und in folgenden Fällen den Zusatz „$\top$-" weg.
1.5			$\top$ ist kommutativ	$\bigwedge x \bigwedge y \, (x \top y = y \top x)$	Eine zweistellige Verknüpfung ist genau dann kommutativ, wenn je zwei Argumente vertauschbar sind.

1	2	3	4	5	6
Nr	Zeichen	Verwendung	Sprechweise	Definition	Bemerkungen
1.6			$\top$ ist assoziativ	$\bigwedge x \bigwedge y \bigwedge z\,(x \top (y \top z) = (x \top y) \top z)$	Hierbei ist $\top$ als interne Verknüpfung vorausgesetzt. Man redet auch bei gewissen externen Verknüpfungen von Assoziativität, wenn auf beiden Seiten der Gleichung verschiedene Verknüpfungen gemeint sind, die jedoch mit demselben Symbol notiert werden. Beispiel (x, y Skalare, $\vec{x}$ Vektor): $x \cdot (y \cdot \vec{x}) = (x \cdot y) \cdot \vec{x}$.
1.7			e ist $\top$-neutrales Element	$\bigwedge x\,(x \top e = e \top x = x)$	Eine Verknüpfung hat höchstens ein neutrales Element. Wenn für $\top$ das Pluszeichen + steht, so schreibt man 0 für das neutrale Element (Nullelement), wenn für $\top$ der Malpunkt · steht, so kann man 1 für das neutrale Element schreiben (Einselement).
1.8			y ist $\top$-invers zu x	$y \top x = x \top y = e$	Hierbei ist e das neutrale Element für $\top$. Für assoziatives $\top$ hat jedes x höchstens ein $\top$-Inverses. Wenn für $\top$ das Pluszeichen + steht, so schreibt man $-x$ (Negatives von x), wenn für $\top$ der Malpunkt · steht, so schreibt man x^{-1} oder $\frac{1}{x}$ (Reziprokes von x) für das Inverse von x.
1.9			x ist $\top$-invertierbar	$\bigvee y\,(x \top y = y \top x = e)$	Ein Element ist $\top$-invertierbar, wenn es ein Inverses hat. Die Zahl 0 ist nicht bezüglich der Multiplikation invertierbar.
1.10			x ist $\top$-idempotent	$x \top x = x$	
1.11			x ist $\top$-involutorisch	$x \top x = e \wedge x \neq e$	Hierbei ist e das $\top$-neutrale Element. Ein involutorisches Element ist sein eigenes Inverses.
1.12			x ist $\top$-linksregulär	$\bigwedge y \bigwedge z\,(x \top y = x \top z \rightarrow y = z)$	Entsprechend sind rechtsreguläre Elemente definiert.
1.13			$\top$ ist rechtsdistributiv bezüglich $\perp$	$\bigwedge x \bigwedge y \bigwedge z\,(x \top (y \perp z) = (x \top y) \perp (x \top z))$	Entsprechend ist Linksdistributivität definiert. $\top$ ist distributiv bezüglich $\perp$, wenn $\top$ linksdistributiv und rechtsdistributiv bezüglich $\perp$ ist. Wenn $\top$ kommutativ ist, so stimmen Linksdistributivität und Rechtsdistributivität überein. Man redet auch bei gewissen externen Verknüpfungen von Distributivität, wenn auf beiden Seiten der Gleichung verschiedene Verknüpfungen gemeint sind, die jedoch mit demselben Symbol notiert werden. Beispiel (x, y Skalare, $\vec{x}$ Vektor): $(x + y) \cdot \vec{x} = x \cdot \vec{x} + y \cdot \vec{x}$.

1	2	3	4	5	6
Nr	Zeichen	Verwendung	Sprechweise	Definition	Bemerkungen
1.14	T	$\mathop{\mathrm{T}}\limits_{i=1}^{n} x_i$	τ-Verknüpfung der x_i über i von 1 bis n	rekursive Definition: $\mathop{\mathrm{T}}\limits_{i=1}^{1} x_i = x_1$ $\mathop{\mathrm{T}}\limits_{i=1}^{n+1} x_i = (\mathop{\mathrm{T}}\limits_{i=1}^{n} x_i)\ \tau\ x_{n+1}$	τ sei dabei eine interne zweistellige Verknüpfung. $\mathop{\mathrm{T}}\limits_{i=1}^{n}$ ist die iterierte τ-Verknüpfung. Für $n = 3$ ist z. B. $\mathop{\mathrm{T}}\limits_{i=1}^{3} x_i = (x_1\ \tau\ x_2)\ \tau\ x_3.$ Wenn es ein neutrales Element e für τ gibt, so setzt man $\mathop{\mathrm{T}}\limits_{i=1}^{0} x_i = e$ (leere τ-Verknüpfung). Für T ist i. allg. die große Ausführung des Zeichens τ zu nehmen. Doch nimmt man $\sum$ (Summenzeichen), wenn für τ das Pluszeichen +, und $\prod$ (Produktzeichen), wenn für τ der Malpunkt · steht. Die Vorschrift für den Laufindex kann u. U. auch anders lauten, etwa „$i \in I$" (falls τ kommutativ und assoziativ und I endlich ist): $\mathop{\mathrm{T}}\limits_{i \in I} x_i,$ sie kann aus satztechnischen Gründen rechts oben und unten an das Verknüpfungszeichen angehängt oder in Klammern hinter den Ausdruck geschrieben werden: $\mathrm{T}_{i=1}^{n} x_i, \quad \mathrm{T}\ x_i\ (i = 1, \ldots, n),$ oder durch den Index i am Verknüpfungszeichen bloß angedeutet erscheinen: $\mathrm{T}_i\ x_i.$ Man beachte, daß der hier eingeführte Begriff genauer als τ-Verknüpfung „von rechts" oder „mit Klammerung nach links" zu bezeichnen ist. Ein analoger Begriff „von links" könnte auch eingeführt werden, der zu entsprechend modifizierten Begriffen in Nr 1.15 und Nr 1.16 führen würde.

1	2	3	4	5	6
Nr	Zeichen	Verwendung	Sprechweise	Definition	Bemerkungen
1.15			n-te $\mathbf{\tau}$-Iterierte von x	$\overset{n}{\underset{i=1}{\mathrm{T}}}\, x$	Es handelt sich um die n-fache $\mathbf{\tau}$-Verknüpfung des Elementes x mit sich selbst. Wenn für $\mathbf{\tau}$ das Pluszeichen + steht, so schreibt man nx (n-faches von x), wenn für $\mathbf{\tau}$ der Malpunkt · steht, so schreibt man x^n (n-te Potenz von x).
1.16			$\mathbf{\tau}$-Ordnung von x	die kleinste positive Zahl n (wenn es ein solches n gibt), so daß die n-te $\mathbf{\tau}$-Iterierte von x gleich dem neutralen Element e ist	Bei der Addition redet man von der additiven, bei der Multiplikation von der multiplikativen Ordnung. Man sagt, die Ordnung sei unendlich, wenn alle n-ten $\mathbf{\tau}$-Iterierten ($n > 0$) vom neutralen Element verschieden sind.
1.17		$\mathbf{\tau}\,(X_1, \ldots, X_n)$	$\mathbf{\tau}$-Verknüpfung der Komplexe $X_1, \ldots, X_n$	$\{\mathbf{\tau}\,(x_1, \ldots, x_n) \mid x_1 \in X_1 \wedge \ldots \wedge x_n \in X_n\}$	Hierbei sei $\mathbf{\tau}$ Verknüpfung von $A_1 \times \ldots \times A_n$ nach A und $X_1 \subseteq A_1, \ldots, X_n \subseteq A_n$. Die Mengen X_i werden in diesem Zusammenhang auch als Komplexe bezeichnet. Wenn einer der Komplexe einelementig ist, etwa $X_i = \{x_i\}$, so schreibt man in dem Symbol x_i für $\{x_i\}$.
1.18			X ist $\mathbf{\tau}$-stabil	$\mathbf{\tau}\,(X, \ldots, X) \subseteq X$	Hierbei ist $\mathbf{\tau}$ eine interne n-stellige Verknüpfung auf A und $X \subseteq A$. Man sagt auch, X sei unter $\mathbf{\tau}$ abgeschlossen. Auch bei gewissen externen Verknüpfungen redet man von stabilen Komplexen. Wenn z. B. $\mathbf{\tau} : A \times B \to B$ und $X \subseteq B$, so ist X $\mathbf{\tau}$-stabil, wenn $A\,\mathbf{\tau}\,X \subseteq X$.
1.19			R ist reflexiv auf A	$\bigwedge x\; xRx$	In den folgenden Nummern ist R als zweistellige Relation auf A vorausgesetzt, d. h. $R \subseteq A^2$.
1.20			R ist symmetrisch	$\bigwedge x \bigwedge y\; (x\,Ry \to y\,Rx)$	
1.21			R ist transitiv	$\bigwedge x \bigwedge y \bigwedge z\; (x\,Ry \wedge y\,Rz \to x\,Rz)$	
1.22			R ist komparativ	$\bigwedge x \bigwedge y \bigwedge z\; (x\,Rz \wedge y\,Rz \to x\,Ry)$	
1.23			R ist identitiv R ist antisymmetrisch	$\bigwedge x \bigwedge y\; (x\,Ry \wedge y\,Rx \to x = y)$	
1.24			R ist asymmetrisch	$\bigwedge x \bigwedge y\; (x\,Ry \to \neg\, y\,Rx)$	

1	2	3	4	5	6
Nr	Zeichen	Verwendung	Sprechweise	Definition	Bemerkungen
1.25			R ist antireflexiv	$\bigwedge x \neg x R x$	
1.26			R ist konnex auf A	$\bigwedge x \bigwedge y \ (xRy \vee yRx \vee x = y)$	
1.27			R ist Äquivalenzrelation auf A	R ist eine Relation auf A, die reflexiv auf A, symmetrisch und transitiv ist	Beispiel: Wenn f Funktion ist, so ist $\{x, y \mid f(x) = f(y)\}$ eine Äquivalenzrelation auf dem Definitionsbereich von f, die Faserung vermöge f. Äquivalenzrelationen werden oft durch Zeichen wie $\sim, \equiv, \simeq$ o. ä. bezeichnet.
1.28		x_R	Äquivalenzklasse von x nach R	$\{y \mid y R x\}$	In Nr 1.28 und Nr 1.29 ist R eine Äquivalenzrelation auf A. Für x_R werden auch oft andere, nicht systematische Bezeichnungen ad hoc eingeführt. Beispiel für Äquivalenzklassen: Wenn f eine Funktion ist und R die Faserung vermöge f ist (siehe voriges Beispiel), so ist $x_R = \{y \mid f(y) = f(x)\}$, die Faser von x oder über $f(x)$ vermöge der Funktion f.
1.29	/	$A/_R$	Quotient der Menge A nach der Äquivalenzrelation R, Äquivalenzklassenmenge	$\{x_R \mid x \in A\}$	$A/_R$ ist eine Partition von A. Jede Partition $\mathscr{M}$ von A liefert eine Äquivalenzrelation auf A: $\{x, y \mid (\bigvee M \in \mathscr{M})\ (x, y \in M)\}$

2 Strukturen mit genau einer Trägermenge

Derartige Strukturen sind gegeben durch eine Trägermenge und gewisse ausgezeichnete Verknüpfungen, Relationen oder Elemente. Diese Daten faßt man zu einem Tupel zusammen. Strukturen können mit großen Skript- oder Frakturbuchstaben bezeichnet werden, die zugehörigen Trägermengen werden dann mit den entsprechenden großen Antiquabuchstaben bezeichnet. Im folgenden seien

$$\mathscr{A} = \langle A, O_1, \ldots, O_k \rangle,$$
$$\mathscr{B} = \langle B, Q_1, \ldots, Q_k \rangle$$

Strukturen, d. h. A, B seien nichtleere Mengen (die Trägermengen oder Individuenbereiche von $\mathscr{A}$, $\mathscr{B}$), und für jedes i mit $1 \leq i \leq k$ sei entweder O_i n_i-stellige Verknüpfung auf A und Q_i n_i-stellige Verknüpfung auf B (d. h. $O_i : A^{n_i} \rightarrow A$ und $Q_i : B^{n_i} \rightarrow B$), oder O_i sei n_i-stellige Relation auf A und Q_i sei n_i-stellige Relation auf B (d. h. $O_i \subseteq A^{n_i}$ und $Q_i \subseteq B^{n_i}$), oder O_i sei Element von A und Q_i sei Element von B (d. h. $O_i \in A$ und $Q_i \in B$). Statt „Struktur" benutzt man auch die Wörter „Algebra", „Relationensystem", „Gebilde". Eine Angabe, von welcher Art (d. h. Verknüpfung, Relation oder Element) die O_i sind, bezeichnet man als Signatur der Struktur. So sind z. B. Verbände (siehe Abschnitt 5) von der Signatur „Menge mit zwei zweistelligen Verknüpfungen". Die oben eingeführten Strukturen $\mathscr{A}$, $\mathscr{B}$ sind von derselben Signatur.

Von O_i und Q_i (mit demselben Index i, die also in $\langle A, O_1, \ldots, O_k \rangle$ und $\langle B, Q_1, \ldots, Q_k \rangle$ an derselben Stelle stehen) sagt man, daß es einander entsprechende Verknüpfungen, Relationen oder Elemente sind.

Als Elemente einer Struktur bezeichnet man die Elemente ihrer Trägermenge, die Kardinalzahl einer Struktur ist die Kardinalzahl ihrer Trägermenge. Im folgenden seien $x, y, z, \ldots$ Elemente von $\mathscr{A}$.

1	2	3	4	5	6
Nr	Zeichen	Verwendung	Sprechweise	Definition	Bemerkungen
2.1	$\subseteq$	$\mathcal{A} \subseteq \mathcal{B}$	$\mathcal{A}$ ist Substruktur (Unterstruktur) von $\mathcal{B}$, $\mathcal{B}$ ist Erweiterung (Oberstruktur) von $\mathcal{A}$	$A \subseteq B$, und für $i = 1, \ldots, k$ ist O_i die Einschränkung von Q_i auf A	Das heißt: Wenn O_i n_i-stellige Verknüpfung ist, so ist $O_i = Q_i \mid A^{n_i} = Q_i \cap (A^{n_i+1})$, wenn O_i n_i-stellige Relation ist, so ist $O_i = Q_i \cap A^{n_i}$, wenn O_i Element von A ist, so ist $O_i = Q_i$. Man beachte, daß gefordert wird, daß (im Falle von Verknüpfungen) die Einschränkung von Q_i auf A eine Verknüpfung auf A ist. Das bedeutet, daß A Q_i-stabil ist.
2.2	$: \longrightarrow$	$h: \mathcal{A} \longrightarrow \mathcal{B}$	h ist Homomorphismus von $\mathcal{A}$ in $\mathcal{B}$	es gelten (a), (b), (c) und (d): (a) $h: A \longrightarrow B$, (b) wenn O_i n_i-stellige Verknüpfung ist, so gilt: $h(O_i(x_1, \ldots, x_{n_i})) = Q_i(h(x_1), \ldots, h(x_{n_i}))$, (c) wenn O_i n_i-stellige Relation ist, so gilt: $O_i(x_1 \ldots x_{n_i}) \longrightarrow Q_i(h(x_1) \ldots h(x_{n_i}))$. (d) wenn O_i Element von A ist, so gilt: $h(O_i) = Q_i$	Die Bedingungen (a), (b), (c), (d) sind die Homomorphiebedingungen. Wenn in (c) $\longleftrightarrow$ statt $\longrightarrow$ gesetzt wird, so redet man von einem starken Homomorphismus. Wenn unter den ausgezeichneten Objekten $O_1, \ldots, O_n$ von $\mathcal{A}$ keine Relationen sind, so wird Bedingung (c) leer, und jeder Homomorphismus ist stark. Oft bezeichnet man im Hinblick auf eine kategorientheoretische Behandlung die Tripel $\langle \mathcal{A}, h, \mathcal{B} \rangle$ als Homomorphismen (oder Morphismen) mit Quelle $\mathcal{A}$ und Ziel $\mathcal{B}$.
2.3			h ist Epimorphismus von $\mathcal{A}$ auf $\mathcal{B}$	h ist Homomorphismus von $\mathcal{A}$ auf $\mathcal{B}$	
2.4			h ist Monomorphismus von $\mathcal{A}$ in $\mathcal{B}$	h ist starker injektiver Homomorphismus von $\mathcal{A}$ in $\mathcal{B}$	h ist dann ein Isomorphismus auf das Bild von h (siehe Nr 2.13).
2.5			h ist Isomorphismus von $\mathcal{A}$ auf $\mathcal{B}$	h ist Monomorphismus von $\mathcal{A}$ auf $\mathcal{B}$	
2.6			h ist Endomorphismus von $\mathcal{A}$	h ist Homomorphismus von $\mathcal{A}$ in $\mathcal{A}$	
2.7			h ist Automorphismus von $\mathcal{A}$	h ist Isomorphismus von $\mathcal{A}$ auf $\mathcal{A}$	Die Automorphismen von $\mathcal{A}$ bilden mit der Hintereinanderausführung als Verknüpfung eine Gruppe, die Automorphismengruppe Aut ($\mathcal{A}$) von $\mathcal{A}$.
2.8			h ist Automorphismus von $\mathcal{A}$ bezüglich C	$C \subseteq A$, und h ist Automorphismus von $\mathcal{A}$ und $h(x) = x$ für alle x aus C	h läßt dann auch die von C erzeugte Unterstruktur elementweise fest.
2.9			C erzeugt $\mathcal{B}$	es sei $C \subseteq A$; $\mathcal{B}$ ist die kleinste Substruktur von $\mathcal{A}$, deren Trägermenge C als Teilmenge enthält	$\mathcal{B}$ ist durch die Teilmenge C von A eindeutig bestimmt und wird auch mit $\langle C \rangle$ bezeichnet. Falls in $\mathcal{A}$ keine Verknüpfungen vorkommen und C die ausgezeichneten Elemente von $\mathcal{A}$ enthält, so hat $\mathcal{B}$ die Trägermenge C.

202/19*

1	2	3	4	5	6
Nr	Zeichen	Verwendung	Sprechweise	Definition	Bemerkungen
2.10			C erzeugt $\mathscr{B}$ in der Klasse $\mathscr{K}$ von Strukturen	es sei $C \subseteq A$, $\mathscr{A} \in \mathscr{K}$; $\mathscr{B}$ ist die kleinste Substruktur von $\mathscr{A}$ aus $\mathscr{K}$, deren Trägermenge C enthält	Hierbei wird $\mathscr{K}$ als eine Klasse von Strukturen vorausgesetzt, die gegen Isomorphismen und Durchschnitte abgeschlossen ist. $\mathscr{B}$ ist dann eindeutig bestimmt und wird auch mit $\langle C \rangle_{\mathscr{K}}$ bezeichnet.
2.11			~ ist Kongruenzrelation auf $\mathscr{A}$	es gelten (a), (b), (c): (a) ~ ist Äquivalenzrelation auf A, (b) wenn O_i n_i-stellige Verknüpfung ist, so gilt: $x_1 \sim y_1 \wedge \ldots \wedge x_{n_i} \sim y_{n_i} \rightarrow$ $O_i(x_1, \ldots, x_{n_i}) \sim O_i(y_1, \ldots, y_{n_i})$, (c) wenn O_i n_i-stellige Relation ist, so gilt: $x_1 \sim y_1 \wedge \ldots \wedge x_{n_i} \sim y_{n_i} \rightarrow$ $(O_i(x_1 \ldots x_{n_i}) \leftrightarrow O_i(y_1 \ldots y_{n_i}))$	
2.12	/	$\mathscr{A}_{/\sim}$	Quotientenstruktur von $\mathscr{A}$ nach ~	hierbei sei ~ eine Kongruenzrelation auf $\mathscr{A}$; $\mathscr{A}_{/\sim}$ hat die Menge $A_{/\sim}$ der Äquivalenzklassen nach ~ als Trägermenge. Verknüpfungen und Relationen sind repräsentantenweise definiert, d. h. die kanonische Abbildung $\langle x \mapsto x_{\sim} \rangle$, die jedes Element von $\mathscr{A}$ auf seine Äquivalenzklasse abbildet, ist ein starker Epimorphismus von $\mathscr{A}$ auf $\mathscr{A}_{/\sim}$	Bei speziellen Arten von Strukturen lassen sich Kongruenzrelationen auch durch gewisse Substrukturen (Normalteiler, Ideale, Filter) charakterisieren. Die Quotientenstruktur führt dann auch wohl andere Bezeichnungen, wie z. B. Faktorgruppe, Restklassenring, o. ä. (siehe Nr 3.30, 4.11, 9.22).
2.13	Bild	Bild (h)	Bild von h	h sei Homomorphismus von $\mathscr{A}$ in $\mathscr{B}$; Bild (h) ist die Substruktur von $\mathscr{B}$ mit der Trägermenge $\{h(x) \mid x \in A\}$	Wenn h ein Homomorphismus von $\mathscr{A}$ in $\mathscr{B}$ ist, so ist h ein Epimorphismus von $\mathscr{A}$ auf Bild (h).
2.14	Kern	Kern (h)	Kern von h	h sei starker Homomorphismus von $\mathscr{A}$ in $\mathscr{B}$; Kern (h) ist eine Kongruenzrelation auf $\mathscr{A}$, und zwar $\{x, y \mid h(x) = h(y)\}$, die Faserung vermöge h	Wenn h starker Homomorphismus von $\mathscr{A}$ in $\mathscr{B}$ ist, so ist Bild (h) isomorph zu $\mathscr{A}_{/\text{Kern}(h)}$. Bei speziellen Arten von Strukturen läßt sich der Kern oft durch gewisse Substrukturen oder Teilmengen (Normalteiler, Ideale, Filter) charakterisieren. Man bezeichnet dann auch diese als Kern (siehe Nr 3.29, 4.10, 7.8).

Bemerkungen: Die hier für Strukturen mit genau einer Trägermenge eingeführten Begriffe treten in ähnlicher Weise auch bei anderen Arten von Strukturen auf. Diese Begriffe sollen in den anderen Fällen jedoch nicht erneut definiert werden.

In den Abschnitten 3 bis 6 werden spezielle Strukturen mit genau einer Trägermenge besprochen. Dabei kommen in Abschnitt 3 bis Abschnitt 5 Strukturen vor, in denen Verknüpfungen ausgezeichnet sind, in Abschnitt 6 Strukturen mit einer ausgezeichneten Relation. Gemischte Strukturen, in denen sowohl Verknüpfungen als auch Relationen ausgezeichnet sind, treten auch auf (z. B. geordnete Gruppen, geordnete Ringe), werden hier aber nicht besprochen.

3 Halbgruppen und Gruppen

In diesem Abschnitt sei G eine nichtleere Menge, und x, y, z seien Elemente und X, Y seien Teilmengen von G.

1	2	3	4	5	6
Nr	Zeichen	Verwendung	Sprechweise	Definition	Bemerkungen
3.1			$\langle G, \cdot \rangle$ ist Halbgruppe	$\langle G, \cdot \rangle$ ist Struktur mit einer assoziativen internen zweistelligen Verknüpfung	Die Halbgruppe $\langle G, \cdot \rangle$ wird auch einfach mit G bezeichnet, wenn klar ist, was die Halbgruppenverknüpfung ist. Eine Halbgruppe wird, vornehmlich dann, wenn sie ein neutrales Element hat, auch als Monoid bezeichnet. Der Multiplikationspunkt wird in Verknüpfungstermen gewöhnlich weggelassen, wenn kein Mißverständnis möglich ist.
3.2			reguläre Halbgruppe	Halbgruppe, in der alle Elemente regulär sind	Es gilt also $\bigwedge x \bigwedge y \bigwedge z\ ((xy = xz \longrightarrow y = z) \wedge (yx = zx \longrightarrow y = z))$. Zu jeder kommutativen regulären Halbgruppe G gibt es eine bis auf Isomorphie bezüglich G eindeutig bestimmte kleinste kommutative Obergruppe, ihre Quotientengruppe.
3.3			$\langle G, \cdot \rangle$ ist Gruppe	$\langle G, \cdot \rangle$ ist Halbgruppe mit neutralem Element, in der jedes Element ein Inverses hat	Das neutrale Element wird auch mit e oder 1 bezeichnet (Einselement), das Inverse von x mit x^{-1}. Wenn klar ist, was die Gruppenverknüpfung ist, so wird auch einfach die Trägermenge G als Gruppe bezeichnet.
3.4			abelsche Gruppe, kommutative Gruppe	Gruppe, deren Gruppenverknüpfung kommutativ ist	Die Gruppenverknüpfung wird dann auch oft mit + bezeichnet (additive Schreibweise), das neutrale Element mit 0 (Nullelement), das Inverse von x mit $-x$ (Negatives).
3.5			triviale Gruppe	Gruppe, die nur aus dem neutralen Element besteht	
3.6			zyklische Gruppe	Gruppe, die in der Klasse aller Gruppen von einem Element (d. h. einer einelementigen Menge) erzeugt wird	
3.7			Untergruppe	Unterstruktur, die auch Gruppe ist	Eine Menge U ist Trägermenge einer Untergruppe von $\langle G, \cdot \rangle$, wenn $\emptyset \neq U \subseteq G \wedge \bigwedge x \bigwedge y\ (x, y \in U \longrightarrow xy^{-1} \in U)$. Wenn klar ist, daß als Verknüpfung auf U die Einschränkung der Verknüpfung von $\langle G, \cdot \rangle$ zu nehmen ist, so wird auch die Trägermenge U als Untergruppe bezeichnet.
3.8			Ordnung einer Gruppe	Anzahl der Gruppenelemente (Kardinalzahl der Trägermenge)	

1	2	3	4	5	6
Nr	Zeichen	Verwendung	Sprechweise	Definition	Bemerkungen
3.9			Ordnung eines Elementes	Ordnung der von diesem Element erzeugten zyklischen Untergruppe	Es handelt sich auch um die Ordnung im Sinne von Nr 1.16.
3.10			innerer Automorphismus	eine Abbildung $\langle x \longmapsto y^{-1}xy \rangle$	Die anderen Automorphismen heißen äußere Automorphismen.
3.11			konjugierte Elemente	Elemente x, z, die durch einen inneren Automorphismus auseinander hervorgehen	x, z sind konjugiert, wenn es ein y gibt mit $z = y^{-1}xy$.
3.12			konjugierte Komplexe	Komplexe, die durch einen inneren Automorphismus auseinander hervorgehen	X, Y sind konjugiert, wenn es ein y gibt mit $Y = y^{-1}Xy$. (Hierbei und in Nr 3.13 und Nr 3.15 ist die Komplexmultiplikation verwendet worden, siehe Nr 1.17)
3.13			Nebenklassen nach einer Untergruppe U	Linksnebenklassen sind die Komplexe xU, Rechtsnebenklassen die Komplexe Ux	Die Linksnebenklassen nach U bilden eine Partition von G, ebenso die Rechtsnebenklassen. Die Anzahl der Linksnebenklassen ist gleich der der Rechtsnebenklassen.
3.14	[:]	$[G : U]$	Index der Untergruppe U	Anzahl der Linksnebenklassen	Der Index ist ein Teiler der Gruppenordnung.
3.15	$\trianglelefteq$ oder $\triangleleft$	$U \trianglelefteq G$ oder $U \triangleleft G$	U ist Normalteiler von G	U ist Untergruppe und wird von allen inneren Automorphismen auf sich abgebildet	Ein Normalteiler wird auch als invariante Untergruppe bezeichnet. U ist Normalteiler genau dann, wenn stets $y^{-1}\,Uy = U$ ist. Das ist genau dann der Fall, wenn die Linksnebenklassen mit den Rechtsnebenklassen übereinstimmen.
3.16			charakteristische Untergruppe	eine Untergruppe, die bei allen Automorphismen auf sich abgebildet wird	
3.17			vollinvariante Untergruppe	eine Untergruppe, die bei allen Endomorphismen der Gruppe auf sich abgebildet wird	
3.18	$Z(\ )$	$Z(G)$	Zentrum von G	$\{x \mid \bigwedge y\; xy = yx\}$	Das Zentrum von G ist eine abelsche Untergruppe.
3.19			einfache Gruppe	Nichttriviale Gruppe, die nur die triviale Gruppe und sich selbst als Normalteiler hat	
3.20	[,]	$[x, y]$	Kommutator von x und y	$x^{-1}y^{-1}\,xy$	Elemente sind genau dann vertauschbar, wenn ihr Kommutator das Einselement ist.
3.21		G'	Kommutatorgruppe von G	die von den Kommutatoren erzeugte Untergruppe	Die Kommutatorgruppe ist ein Normalteiler, die Faktorgruppe (siehe Nr 3.30) ist abelsch.

1	2	3	4	5	6
Nr	Zeichen	Verwendung	Sprechweise	Definition	Bemerkungen
3.22			Permutationsgruppe	Gruppe von Bijektionen einer Menge auf sich (Permutationen) mit dem Hintereinanderausführen als Gruppenverknüpfung	
3.23	$\mathscr{S}_n$		symmetrische Gruppe vom Grade n	Gruppe aller Permutationen einer Menge aus n Elementen, hier der Menge $\{1, 2, \ldots, n\}$	
3.24	$\mathscr{A}_n$		alternierende Gruppe vom Grade n	Normalteiler vom Index 2 in $\mathscr{S}_n$	$\mathscr{A}_n$ besteht aus den sogenannten geraden Permutationen.
3.25	$(\ldots)$	$(n_1 \ldots n_k)$	Zyklus $n_1, \ldots, n_k$	die Permutation von $\{1, 2, \ldots, n\}$, die n_1 in n_2, n_2 in $n_3, \ldots, n_k$ in n_1 überführt	Dabei ist vorausgesetzt, daß $n_1, \ldots, n_k$ paarweise verschieden und aus $\{1, 2, \ldots, n\}$ sind. Man beachte, daß beim Produkt von Zyklen $(n_1 \ldots n_k) \cdot (m_1 \ldots m_l)$ die linksnotierte Permutation zuerst auszuführen ist.
3.26			Transposition	zweigliedriger Zyklus (n_1, n_2)	
3.27	$\prod$	$\prod\limits_{i \in I} G_i$	direktes Produkt der G_i mit $i \in I$	Gruppe, die als Trägermenge alle Abbildungen f von I in $\bigcup\limits_{i \in I} G_i$ hat mit $(\bigwedge i \in I)\, f(i) \in G_i$ (sogenannte I-Tupel), wobei die Verknüpfung komponentenweise definiert ist	
3.28	$\sum$	$\sum\limits_{i \in I} G_i$	direkte Summe der G_i mit $i \in I$	$\sum\limits_{i \in I} G_i$ ist diejenige Untergruppe von $\prod\limits_{i \in I} G_i$, die aus allen f besteht, für die $f(i)$ nur für endlich viele Indizes i aus I vom Einselement von G_i verschieden ist	Dieser Begriff wird oft nur für abelsche Gruppen verwendet.
3.29	Kern	Kern (h)	Kern von h	$\{x \in G \mid h(x) = e\}$	Hierbei ist h ein Homomorphismus von G in eine Gruppe H. Kern (h) ist ein Normalteiler von G. Die Abweichung von Nr 2.14 wird dadurch gerechtfertigt, daß Normalteiler und Kongruenzrelationen sich umkehrbar eindeutig entsprechen: Wenn $\sim$ Kongruenzrelation auf G ist, so ist $\{x \in G \mid x \sim e\}$ Normalteiler; wenn N Normalteiler ist, so ist $\{x, y \mid xy^{-1} \in N\}$ Kongruenzrelation auf G.
3.30	$/$	$G_{/N}$	Faktorgruppe von G nach N	Quotientenstruktur im Sinne von Nr 2.12 nach der Kongruenzrelation $\{x, y \mid xy^{-1} \in N\}$	Hierbei ist N ein Normalteiler von G.

4 Ringe und Körper

In diesem Abschnitt sei R eine nichtleere Menge, und x, y, z seien Elemente von R.

1	2	3	4	5	6
Nr	Zeichen	Verwendung	Sprechweise	Definition	Bemerkungen
4.1			$\langle R, +, \cdot \rangle$ ist Ring	$\langle R, + \rangle$ ist abelsche Gruppe (die additive Gruppe des Ringes) und $\langle R, \cdot \rangle$ ist Halbgruppe und $\cdot$ ist distributiv bezüglich $+$	Der Ring $\langle R, +, \cdot \rangle$ wird auch einfach mit R bezeichnet, wenn klar ist, was die Verknüpfungen sind. Bezüglich $+$ und $\cdot$ befolgt man die Vereinbarungen aus Nr 1.3, insbesondere ist 0 das Nullelement des Ringes, und $-x$ ist das Negative von x.
4.2			kommutativer Ring	Ring, für den die Ringmultiplikation kommutativ ist	
4.3			unitärer Ring	Ring mit neutralem Element 1 (Einselement) für die Ringmultiplikation und $1 \neq 0$	Ein unitärer Ring hat mehr als nur ein Element, er ist kein Nullring.
4.4			nullteilerfreier Ring	Ring, in dem die Menge $R \setminus \{0\}$ multiplikativ abgeschlossen ist	Ein Ring ist nullteilerfrei, wenn eine (und damit jede) der beiden äquivalenten Bedingungen gilt: $\bigwedge x \bigwedge y \, (xy = 0 \rightarrow x = 0 \vee y = 0)$, $\bigwedge x \bigwedge y \, (x \neq 0 \wedge y \neq 0 \rightarrow xy \neq 0)$.
4.5			Integritätsbereich	kommutativer, nullteilerfreier und unitärer Ring	Jeder Integritätsbereich hat einen bis auf Isomorphie eindeutig bestimmten kleinsten kommutativen Oberkörper, seinen Quotientenkörper.
4.6			Körper	Ring, in dem die Menge $R \setminus \{0\}$ bezüglich der Multiplikation eine Gruppe ist (die multiplikative Gruppe des Körpers)	Ein Körper hat ein Einselement, und jedes von 0 verschiedene Element hat ein Inverses bezüglich der Multiplikation. Körper werden auch Divisionsringe genannt, damit man das Wort „Körper“ dann für die kommutativen Körper verwenden kann. Das Wort „Schiefkörper“ sollte nur verwendet werden, wenn auch wirklich nicht vertauschbare Körperelemente vorliegen.
4.7			Linksideal	eine Untergruppe I der additiven Gruppe $\langle R, + \rangle$ mit der zusätzlichen Eigenschaft $R \cdot I \subseteq I$	Ein Linksideal ist eine nichtleere Menge I von Ringelementen, für die gilt: $\bigwedge x \bigwedge y \, ((x, y \in I \rightarrow x - y \in I) \wedge (x \in R \wedge y \in I \rightarrow xy \in I))$.
4.8			Rechtsideal	eine Untergruppe von $\langle R, + \rangle$ mit der Eigenschaft $I \cdot R \subseteq I$	
4.9			(zweiseitiges) Ideal	I ist ein zweiseitiges Ideal (auch Ideal schlechthin), wenn I Linksideal und Rechtsideal ist	In kommutativen Ringen fallen die Begriffe Linksideal, Rechtsideal und zweiseitiges Ideal zusammen.

1	2	3	4	5	6
Nr	Zeichen	Verwendung	Sprechweise	Definition	Bemerkungen
4.10	Kern	Kern (h)	Kern von h	$\{x \in R_1 \mid h(x) = 0\}$	Hierbei ist h ein Homomorphismus eines Ringes R_1 in einen Ring R_2. Kern (h) ist ein zweiseitiges Ideal von R_1. Die Abweichung von Nr 2.14 wird dadurch gerechtfertigt, daß zweiseitige Ideale und Kongruenzrelationen sich umkehrbar eindeutig entsprechen: Wenn $\sim$ Kongruenzrelation auf dem Ring R ist, so ist $\{x \in R \mid x \sim 0\}$ zweiseitiges Ideal, und wenn I zweiseitiges Ideal in R ist, so ist $\{x, y \mid x - y \in I\}$ Kongruenzrelation.
4.11	/	R/I	Restklassenring von R nach I, R nach I	Quotientenstruktur im Sinne von Nr 2.12 nach der Kongruenzrelation $\{x, y \mid x - y \in I\}$	Hierbei ist I ein zweiseitiges Ideal von R.
4.12	char	char (R)	Charakteristik von R	die Ordnung des Einselementes in der Gruppe $\langle R, + \rangle$, wenn diese Ordnung endlich ist, 0, wenn diese Ordnung unendlich ist	Hierbei ist R als unitärer Ring vorausgesetzt. Die Charakteristik eines nullteilerfreien Ringes ist 0 oder eine Primzahl.
4.13			Erzeugendensystem eines Ideals I	Menge von Ringelementen derart, daß I das kleinste diese Menge enthaltende zweiseitige Ideal ist	
4.14	$(,\ldots,)$	$(a_1, \ldots, a_n)$	das von $a_1, \ldots, a_n$ aufgespannte Ideal	von $\{a_1, \ldots, a_n\}$ erzeugtes Ideal	
4.15			Hauptideal	von einem Element erzeugtes Ideal	Das Hauptideal (0) heißt auch Nullideal, das Hauptideal (1) heißt Einheitsideal.
4.16			Hauptidealring	Integritätsbereich, in dem jedes Ideal Hauptideal ist	
4.17			Primideal	Ideal I derart, daß R/I nullteilerfrei ist	Hier ist R als kommutativer Ring vorausgesetzt. I ist Primideal, wenn gilt: $\bigwedge x \bigwedge y\, (xy \in I \rightarrow x \in I \vee y \in I)$
4.18			maximales Ideal	Ideal I derart, daß R/I Körper ist	Hier ist R als kommutativer und unitärer Ring vorausgesetzt. Ein maximales Ideal ist ein Ideal, das keine von R verschiedenen Oberideale hat. Jedes maximale Ideal ist Primideal.

1	2	3	4	5	6
Nr	Zeichen	Verwendung	Sprechweise	Definition	Bemerkungen
4.19			algebraisches Element über K	Element α eines Oberkörpers L von K, das einer Gleichung $\alpha^n + a_1 \alpha^{n-1} + \ldots + a_{n-1} \alpha + a_n = 0$ mit $a_1, \ldots, a_n \in K$ genügt	Hierbei und in den folgenden Nummern sind K, L als kommutative Körper vorausgesetzt.
4.20			transzendentes Element über K	Element x eines Oberkörpers L von K, das nicht algebraisch über K ist	Ein transzendentes Element wird auch als Unbestimmte über K bezeichnet.
4.21	[:]	$[L : K]$	Grad des Körpers L über K	Dimension von L als Vektorraum über K	Hierbei sei K ein Unterkörper von L.
4.22	[ ]	$K[x]$	Polynomring in x über K	kleinster Oberring von K, der x enthält	Hierbei und in Nr 4.2 ist x als transzendentes Element eines Erweiterungskörpers L von K angenommen. Wenn K unendlich ist, so entsprechen diese „algebraischen" Polynome in x, d. h. die Elemente von $K[x]$, umkehrbar eindeutig den Funktionen $\langle x \longmapsto \sum_{i=0}^{n} a_i x^i \rangle$ (mit $a_i \in K$).
4.23	( )	$K(x)$	Körper der rationalen Funktionen in x über K	Quotientenkörper von $K[x]$	Wenn K unendlich ist, so entsprechen diese „algebraischen" rationalen Funktionen in x, d. h. die Elemente von $K(x)$, umkehrbar eindeutig den Funktionen $\langle x \longmapsto (\sum_{i=0}^{n} a_i x^i)(\sum_{j=0}^{m} b_j x^j)^{-1} \rangle$ (mit $a_i, b_j \in K$, $b_m \neq 0$, Zähler- und Nennerpolynom teilerfremd).

5 Verbände

In diesem Abschnitt sei A eine nichtleere Menge, und x, y, z seien Elemente von A.

1	2	3	4	5	6
5.1			$\langle A, \sqcap, \sqcup \rangle$ ist ein Verband	$\langle A, \sqcap, \sqcup \rangle$ ist eine Struktur mit zweistelligen internen Verknüpfungen $\sqcap$, $\sqcup$, die kommutativ und assoziativ sind und für die gilt: $x \sqcap (x \sqcup y) = x$, $x \sqcup (x \sqcap y) = x$	Diese beiden Axiome heißen Verschmelzungsgesetze. Für Verbandsdurchschnitt $\sqcap$ und Verbandsvereinigung $\sqcup$ schreibt man auch $\cap$, $\cup$ und benutzt Sprechweisen wie bei den mengentheoretischen Operationen $\cap$, $\cup$.
5.2			modularer Verband	es gilt außerdem: $x \sqcup (y \sqcap (x \sqcup z)) = (x \sqcup y) \sqcap (x \sqcup z)$	Unter Benutzung der Verbandshalbordnung nach Nr 6.6 kann man gleichwertig schreiben: $x \leq y \rightarrow x \sqcup (z \sqcap y) = (x \sqcup z) \sqcap y$.

1	2	3	4	5	6
Nr	Zeichen	Verwendung	Sprechweise	Definition	Bemerkungen
5.3			distributiver Verband	Verband derart, daß $\sqcap$ bezüglich $\sqcup$ und $\sqcup$ bezüglich $\sqcap$ distributiv ist	In einem Verband zieht eines der beiden Distributivgesetze das andere nach sich.
5.4			Boolescher Verband	Struktur $\langle A, \sqcap, \sqcup, - \rangle$, derart, daß $\langle A, \sqcap, \sqcup \rangle$ distributiver Verband ist und $-$ eine einstellige Verknüpfung auf A ist mit: $(x \sqcap -x) \sqcup y = y$, $(x \sqcup -x) \sqcap y = y$	Die Verknüpfung $-$ ist die Komplementbildung. Ein Boolescher Verband wird auch Boolesche Algebra genannt. Meist setzt man noch voraus, daß A mehr als nur ein Element hat.
5.5			Boolescher Ring eines Booleschen Verbandes	der Ring $\langle A, +, \cdot \rangle$ mit: $x + y = (x \sqcap -y) \sqcup (-x \sqcap y)$, $x \cdot y = x \sqcap y$	Die Booleschen Ringe sind gerade die unitären Ringe, in denen alle Elemente idempotent (bezüglich der Multiplikation) sind.
5.6	$\leq$	$x \leq y$	x unter oder gleich y, x kleiner oder gleich y	$x \sqcap y = x$	Das Definiens $x \sqcup y = y$ leistet dasselbe. $\langle A, \leq \rangle$ ist eine Halbordnung (siehe Nr 6.1). Viele in der Verbandstheorie auftretende Begriffe sind ordnungstheoretischer Natur und deshalb in Abschnitt 6 erklärt.
5.7			Ideal	nichtleere Teilmenge I von A mit: $x, y \in I \rightarrow x \sqcup y \in I$, $x \leq y \in I \rightarrow x \in I$	In Booleschen Verbänden lassen sich die Kerne von Homomorphismen durch Ideale und auch durch Filter charakterisieren.
5.8			Filter	nichtleere Teilmenge F von A mit: $x, y \in F \rightarrow x \sqcap y \in F$, $y \in F \wedge y \leq x \rightarrow x \in F$	Ein Filter F heißt eigentlich, wenn $F \neq A$.
5.9			maximales Ideal	von A verschiedenes Ideal, das kein von A verschiedenes Oberideal hat	In Nr 5.9, 5.10, 5.11 ist A als Boolescher Verband vorausgesetzt. Andere Bezeichnung: Primideal. Es gilt: $x \in I \vee -x \in I$, $x \sqcap y \in I \leftrightarrow x \in I \vee y \in I$.
5.10			maximaler Filter	von A verschiedener Filter, der keinen von A verschiedenen echten Oberfilter hat	Andere Bezeichnung: Primfilter, Ultrafilter. Es gilt: $x \in F \vee -x \in F$, $x \sqcup y \in F \leftrightarrow x \in F \vee y \in F$.
5.11	$S()$	$S(A)$	Stone-Raum von A	die Menge der Primfilter von A, wobei eine Menge von Primfiltern offen ist, wenn sie die Menge der primen Oberfilter eines Filters ist	Der Stone-Raum eines Booleschen Verbandes ist ein kompakter, total unzusammenhängender Hausdorffraum (siehe Nr 9.26). Ein solcher Raum heißt auch Boolescher Raum.

6 Ordnungsstrukturen

In diesem Abschnitt sei A eine nichtleere Menge, x, y, z seien Elemente von A, und X, Y seien Teilmengen von A.

1	2	3	4	5	6
Nr	Zeichen	Verwendung	Sprechweise	Definition	Bemerkungen
6.1			$\langle A, \leq \rangle$ ist Halbordnung	$\langle A, \leq \rangle$ ist eine Struktur mit einer zweistelligen Relation, die reflexiv auf A, transitiv und identitiv ist	Die Halbordnungsaxiome sind: $\bigwedge x\; x \leq x$, $\bigwedge x \bigwedge y \bigwedge z\, (x \leq y \leq z \rightarrow x \leq z)$, $\bigwedge x \bigwedge y\, (x \leq y \leq x \rightarrow x = y)$. Oft bezeichnet man auch die Relation $\leq$ als eine Halbordnung auf A. Genauer sollte man $\langle A, \leq \rangle$ als Halbordnungsstruktur und $\leq$ als Halbordnungsrelation bezeichnen. Diese Norm verwendet die einfachere Sprechweise. Man benutzt Zeichen wie $\leq, \geq, \sqsubseteq, \sqsupseteq, \preccurlyeq, \succcurlyeq$, um Halbordnungsrelationen zu bezeichnen. Strukturen mit einer reflexiven und transitiven Relation werden auch als Prähalbordnungen bezeichnet. Eine solche führt in natürlicher Weise zu einer Äquivalenzrelation und einer Halbordnung der Äquivalenzklassen.
6.2			$\langle A, \leq \rangle$ ist Ordnung	$\langle A, \leq \rangle$ ist Halbordnung, die auch konnex ist	Das Zusatzaxiom lautet: $\bigwedge x \bigwedge y\, (x \leq y \vee y \leq x)$. Man sagt auch lineare Ordnung, totale Ordnung.
6.3			$\langle A, < \rangle$ ist strikte Halbordnung	$\langle A, < \rangle$ ist eine Struktur mit einer zweistelligen Relation, die transitiv und asymmetrisch ist	Die Axiome einer strikten Halbordnung sind: $\bigwedge x \bigwedge y \bigwedge z\, (x < y < z \rightarrow x < z)$, $\bigwedge x \bigwedge y\, (x < y \rightarrow \neg\, y < x)$. Man benutzt Zeichen wie $<, >, \sqsubset, \sqsupset, \prec, \succ$, um strikte Halbordnungsrelationen zu bezeichnen.
6.4			$\langle A, < \rangle$ ist strikte Ordnung	$\langle A, < \rangle$ ist strikte Halbordnung, die auch konnex ist	Das Zusatzaxiom lautet: $\bigwedge x \bigwedge y\, (x < y \vee y < x \vee x = y)$. Man sagt auch strikte lineare oder strikte totale Ordnung.
6.5	$<$	$x < y$	x ist kleiner als y	$x \leq y \wedge x \neq y$	Diese Definition wählt man, um $<$ zu erhalten, wenn $\leq$ gegeben ist. Wenn $\langle A, \leq \rangle$ Halbordnung oder Ordnung ist, so ist $\langle A, < \rangle$ strikte Halbordnung bzw. strikte Ordnung.
6.6	$\leq$	$x \leq y$	x ist kleiner oder gleich y, x ist höchstens gleich y	$x < y \vee x = y$	Diese Definition wählt man, um $\leq$ zu erhalten, wenn $<$ gegeben ist. Wenn $\langle A, < \rangle$ strikte Halbordnung oder strikte Ordnung ist, so ist $\langle A, \leq \rangle$ Halbordnung bzw. Ordnung.

1	2	3	4	5	6
Nr	Zeichen	Verwendung	Sprechweise	Definition	Bemerkungen
6.7	$>$	$x > y$	x ist größer als y	$y < x$	Wenn $\langle A, <\rangle$ eine strikte Halbordnung oder strikte Ordnung ist, so ist auch $\langle A, >\rangle$ eine strikte Halbordnung bzw. strikte Ordnung (inverse Ordnung).
6.8	$\geq$	$x \geq y$	x ist größer oder gleich y, x ist mindestens gleich y	$y \leq x$	Wenn $\langle A, \leq\rangle$ eine Halbordnung oder Ordnung ist, so ist auch $\langle A, \geq\rangle$ eine Halbordnung bzw. Ordnung (inverse Ordnung).
6.9			x ist minimales Element für $\leq$	$\neg \bigvee y\; y < x$	
6.10			x ist maximales Element für $\leq$	$\neg \bigvee y\; x < y$	
6.11			x ist kleinstes Element für $\leq$	$\bigwedge y\; x \leq y$	
6.12			x ist größtes Element für $\leq$	$\bigwedge y\; y \leq x$	Eine Halbordnung kann mehrere minimale (maximale) Elemente haben, jedoch höchstens ein kleinstes (größtes) Element.
6.13			x ist obere Schranke von X	$(\bigwedge y \in X)\; y \leq x$	
6.14			x ist untere Schranke von X	$(\bigwedge y \in X)\; x \leq y$	
6.15	min	min X	Minimum von X	$(\iota\, x \in X)\; (\bigwedge y \in X)\; x \leq y$	min X ist das kleinste Element von X. Eine Menge X hat höchstens ein Minimum.
6.16	max	max X	Maximum von X	$(\iota\, x \in X)\; (\bigwedge y \in X)\; y \leq x$	max X ist das größte Element von X. Eine Menge X hat höchstens ein Maximum.
6.17	sup	sup X	Supremum von X	$\min \{x \mid (\bigwedge y \in X)\; y \leq x\}$	Das Supremum ist die kleinste obere Schranke. Eine Menge X hat höchstens ein Supremum. Wenn X ein Maximum hat, so ist dieses auch Supremum.
6.18	inf	inf X	Infimum von X	$\max \{x \mid (\bigwedge y \in X)\; x \leq y\}$	Das Infimum ist die größte untere Schranke. Eine Menge X hat höchstens ein Infimum. Wenn X ein Minimum hat, so ist dieses auch Infimum. Supremum und Infimum heißen auch obere bzw. untere Grenze.
6.19			Verbandshalbordnung	eine Halbordnung $\langle A, \leq\rangle$ ist Verbandshalbordnung, wenn alle Zweiermengen $\{x, y\}$ Suprema und Infima haben	Ist $\langle A, \leq\rangle$ Verbandshalbordnung und setzt man $x \sqcap y = \inf \{x, y\}$, $x \sqcup y = \sup \{x, y\}$, so ist $\langle A, \sqcap, \sqcup\rangle$ ein Verband. Umgekehrt erhält man aus einem Verband gemäß Nr 5.6 eine Verbandshalbordnung.

1	2	3	4	5	6
Nr	Zeichen	Verwendung	Sprechweise	Definition	Bemerkungen
6.20			x, y sind vergleichbar	$x \leq y \vee y \leq x$	In Ordnungen sind je zwei Elemente vergleichbar.
6.21	$\parallel$	$x \parallel y$	x, y sind unvergleichbar	$\neg\, x \leq y \wedge \neg\, y \leq x$	In geometrischen Kontexten vermeide man Verwechslungen mit der Parallelität.
6.22			X ist Kette	$(\bigwedge x \in X)\ (\bigwedge y \in X)$ $(x \leq y \vee y \leq x)$	Eine Kette ist eine Teilmenge X einer Halbordnung, in der je zwei Elemente vergleichbar sind.
6.23			X ist Antikette	$(\bigwedge x \in X)\ (\bigwedge y \in X)$ $(x \neq y \rightarrow x \parallel y)$	Eine Antikette ist eine Menge, in der je zwei verschiedene Elemente unvergleichbar sind.
6.24			x ist oberer Nachbar von y, y ist unterer Nachbar von x	$y < x \wedge \neg \bigvee z\ (y < z < x)$	Man sagt auch, x und y seien (unmittelbar) benachbart, x sei (unmittelbarer) Nachfolger von y und y (unmittelbarer) Vorgänger von x.
6.25			x ist Atom	x ist oberer Nachbar des kleinsten Elementes	
6.26			x ist Antiatom	x ist unterer Nachbar des größten Elementes	
6.27			dichte Halbordnung	$\bigwedge x \bigwedge y\ (x < y \rightarrow \bigvee z\ (x < z < y))$	Eine Halbordnung ist dicht, wenn es keine benachbarten Elemente gibt.
6.28			X ist confinal	$\bigwedge x\ (\bigvee y \in X)\ x \leq y$	
6.29			X ist coinitial	$\bigwedge x\ (\bigvee y \in X)\ y \leq x$	
6.30	$<$	$X < Y$	X liegt ganz vor Y	$(\bigwedge x \in X)\ (\bigwedge y \in Y)\ x < y$	
6.31			X ist ein Stück	$(\bigwedge x \in X)\ (\bigwedge z \in X)$ $\bigwedge y\ (x \leq y \leq z \rightarrow y \in X)$	Ein confinales Stück heißt Endstück, ein coinitiales Stück heißt Anfangsstück.
6.32		$[x, \rightarrow)$	abgeschlossenes Intervall ab x	$\{y \mid x \leq y\}$	Im Falle $A = \mathbb{R}$ schreibt man auch $[x, \infty)$.
6.33		$(\leftarrow, x]$	abgeschlossenes Intervall bis x	$\{y \mid y \leq x\}$	Im Falle $A = \mathbb{R}$ schreibt man auch $(-\infty, x]$.
6.34		$(x, \rightarrow)$	offenes Intervall ab x	$\{y \mid x < y\}$	Im Falle $A = \mathbb{R}$ schreibt man auch (x, ∞).
6.35		$(\leftarrow, x)$	offenes Intervall bis x	$\{y \mid y < x\}$	Im Falle $A = \mathbb{R}$ schreibt man auch $(-\infty, x)$.
6.36		$[x, y]$	abgeschlossenes Intervall von x bis y	$\{z \mid x \leq z \leq y\}$	Ein solches Intervall wird auch Segment von x bis y genannt.

1	2	3	4	5	6
Nr	Zeichen	Verwendung	Sprechweise	Definition	Bemerkungen
6.37		$[x, y)$	links abgeschlossenes Intervall von x bis y	$\{z \mid x \leq z < y\}$	
6.38		$(x, y]$	rechts abgeschlossenes Intervall von x bis y	$\{z \mid x < z \leq y\}$	
6.39		(x, y)	offenes Intervall von x bis y	$\{z \mid x < z < y\}$	
6.40			X, Y ist Schnitt	X, Y sind nichtleer und disjunkt, ihre Vereinigung ist A und $X < Y$	In Nr 6.40 bis 6.43 ist $\langle A, \leq \rangle$ eine Ordnung und X, Y ein Schnitt.
6.41			X, Y ist Sprung	X hat ein größtes und Y ein kleinstes Element	
6.42			X, Y ist Lücke	X hat kein größtes und Y hat kein kleinstes Element	
6.43			X, Y ist Stetigkeitsstelle	X hat ein größtes und Y kein kleinstes Element oder X hat kein größtes und Y hat ein kleinstes Element	
6.44			vollständige Ordnung	Ordnung ohne Lücken	In einer vollständigen dichten Ordnung ist jeder Schnitt eine Stetigkeitsstelle.
6.45			Wohlordnung	Ordnung, in der jede nichtleere Menge ein Minimum hat	
6.46			f ist monoton	$\bigwedge x \bigwedge y\, (x \leq y \rightarrow f(x) \leq f(y))$	Hierbei und in Nr 6.47 sind $\langle A, \leq \rangle$ und $\langle B, \leq \rangle$ Halbordnungen, und f ist Abbildung von A in B. Man sagt auch, f sei schwach monoton.
6.47			f ist streng monoton	$\bigwedge x \bigwedge y\, (x < y \rightarrow f(x) < f(y))$	Man sagt auch, f sei echt monoton oder stark monoton.

7 Moduln und Vektorräume

In diesem Abschnitt seien R, A nichtleere Mengen, α, β, γ Elemente von R, x, y, z Elemente von A und X Teilmenge von A.

1	2	3	4	5	6
7.1			R-Linksmodul	$\langle R, +, \cdot \rangle$ ist ein Ring und $\langle A, + \rangle$ eine abelsche Gruppe, und $\cdot$ ist eine (externe) Verknüpfung von $R \times A$ nach A, so daß für alle $\alpha, \beta \in R$, $x, y \in A$ gilt: $(\alpha + \beta) \cdot x = \alpha \cdot x + \beta \cdot x$, $\alpha \cdot (x + y) = \alpha \cdot x + \alpha \cdot y$, $(\alpha \cdot \beta) \cdot x = \alpha \cdot (\beta \cdot x)$	Es handelt sich um eine Struktur mit zwei Individuenbereichen R, A und Verknüpfungen $+$, $\cdot$ (auf R), $+$ (auf A), $\cdot$ (von $R \times A$ nach A), die teilweise mit denselben Symbolen bezeichnet werden. Die Elemente von R heißen Operatoren oder Skalare, die von A auch Vektoren. Der Nullskalar und der Nullvektor werden beide mit 0 bezeichnet.

1	2	3	4	5	6
Nr	Zeichen	Verwendung	Sprechweise	Definition	Bemerkungen
7.2			R-Rechtsmodul	Ring $\langle R, +, \cdot \rangle$ und abelsche Gruppe $\langle A, + \rangle$ mit externer Verknüpfung von $A \times R$ nach A, für die gilt: $x \cdot (\alpha + \beta) = x \cdot \alpha + x \cdot \beta$, $(x + y) \cdot \alpha = x \cdot \alpha + y \cdot \alpha$, $x \cdot (\alpha \cdot \beta) = (x \cdot \alpha) \cdot \beta$	Der Multiplikationspunkt wird weggelassen, wenn kein Mißverständnis möglich ist.
7.3			zweiseitiger R-Modul	Struktur, die sowohl R-Rechtsmodul als auch R-Linksmodul für einen kommutativen Ring R ist mit $\alpha \cdot x = x \cdot \alpha$	Man sagt auch einfach R-Modul. Jede abelsche Gruppe ist ein $\mathbb{Z}$-Modul mit der Vielfachenbildung (siehe Nr 1.15) als externer Verknüpfung.
7.4			R-Untermodul	Unterstruktur, die auch R-Modul ist	Der Skalarbereich des Untermoduls ist derselbe wie bei dem Obermodul, der Vektorbereich ist eine Teilmenge des Vektorbereiches des Obermoduls, und die Verknüpfungen sind die Einschränkungen der Verknüpfungen des Obermoduls. Der Untermodul ist also bereits durch den Vektorbereich bestimmt, der auch Trägermenge des Untermoduls heißt oder kurz selbst als Untermodul bezeichnet wird.
7.5			unitärer R-Modul	der Ring R ist unitär, und es gilt $1x = x1 = x$	
7.6			Vektorraum über K	unitärer K-Modul über einem Körper K	Man redet natürlich auch von Rechtsvektorräumen, Linksvektorräumen, zweiseitigen Vektorräumen. Im letzten Fall muß K kommutativ sein, und man läßt dann auch den Zusatz „zweiseitig" weg.
7.7			lineare Abbildung	A_1, A_2 seien zwei R-Linksmoduln und $h : A_1 \longrightarrow A_2$. h ist lineare Abbildung, wenn gilt: $h(x + y) = h(x) + h(y)$, $h(\alpha \cdot x) = \alpha \cdot h(x)$	Bei R-Rechtsmoduln lautet die letzte Bedingung: $h(x \cdot \alpha) = h(x) \cdot \alpha$. Man beachte, daß beide Moduln A_1, A_2 denselben Skalarbereich haben. Die Skalare werden durch h nicht verändert. Lineare Abbildungen werden auch Modulhomomorphismen genannt. Sie entsprechen den Homomorphismen von Abschnitt 2.
7.8	Kern	Kern (h)	Kern von h	$\{x \in A_1 \mid h(x) = 0\}$	Hierbei sei h eine lineare Abbildung des Moduls A_1 in den Modul A_2. Kern (h) ist Trägermenge eines Untermoduls.
7.9			Linearform eines R-Linksmoduls	lineare Abbildung eines R-Linksmoduls A in R	Hierbei wird R als R-Linksmodul über sich selbst aufgefaßt. Entsprechendes gilt für Linearformen eines R-Rechtsmoduls.

1	2	3	4	5	6
Nr	Zeichen	Verwendung	Sprechweise	Definition	Bemerkungen
7.10	$\star$	$A^\star$	dualer R-Modul von A	A sei R-Linksmodul. $A^\star$ ist ein R-Rechtsmodul, dessen Trägermenge aus allen Linearformen auf A besteht, wobei für Linearformen ω_1, ω_2 $\omega_1 + \omega_2$ die Linearform mit $(\omega_1 + \omega_2)(x) = \omega_1(x) + \omega_2(x)$ ist und $\omega_1 \cdot \alpha$ die Linearform mit $(\omega_1 \cdot \alpha)(x) = \alpha \cdot \omega_1(x)$ ist	Wenn A ein zweiseitiger endlich-dimensionaler Vektorraum über K ist, so auch $A^\star$.
7.11			Linearkombination aus X	$\sum_{i \in I} \alpha_i x_i + \sum_{j \in J} n_j y_j$, wobei $x_i \in X$, $y_j \in X$, $\alpha_i \in R$, $n_j \in \mathbb{Z}$ und $\alpha_i \neq 0$ nur für endlich viele i und $n_j \neq 0$ nur für endlich viele j	Für unitäre Moduln können die Vielfachenglieder $\sum_{j \in J} n_j y_j$ fehlen. Es ist hier nur der Fall eines R-Linksmoduls behandelt. Die Definition für R-Rechtsmoduln ist entsprechend.
7.12	$\langle\,\rangle$	$\langle X \rangle$	von X aufgespannter Untermodul	kleinster X enthaltender Untermodul	$\langle X \rangle$ besteht aus allen Linearkombinationen aus X.
7.13			x ist linear abhängig von X	x ist Linearkombination aus X	
7.14			X ist linear unabhängig	jedes $x \in X$ ist nicht von $X \setminus \{x\}$ linear abhängig	In Vektorräumen ist X genau dann linear unabhängig, wenn aus $\sum_{i \in I} \alpha_i x_i = 0$ mit $x_i \in X$, $x_i \neq x_j$ für $i \neq j$ stets folgt $\alpha_i = 0$ für alle $i \in I$.
7.15			X ist Basis eines Vektorraumes A	X ist linear unabhängig und X spannt A auf, d. h. $\langle X \rangle = A$	Alle Basen eines Vektorraumes haben dieselbe Kardinalzahl.
7.16	dim	dim A	Dimension des Vektorraumes A	Kardinalzahl einer Basis von A	Hierbei ist A als Vektorraum vorausgesetzt. Dieser Dimensionsbegriff stimmt nicht mit dem Begriff der Dimension einer physikalischen Größe in bezug auf ein System von Basisgrößen überein.
7.17			R-Linksalgebra	ein R-Linksmodul, für den auch eine bezüglich + distributive Multiplikation von $A \times A$ nach A der Vektoren mit $\alpha(xy) = (\alpha x)y = x(\alpha y)$ erklärt ist	Entsprechend sind R-Rechtsalgebren und (zweiseitige) R-Algebren erklärt.

1	2	3	4	5	6
Nr	Zeichen	Verwendung	Sprechweise	Definition	Bemerkungen
7.18			Bilinearform auf A	Verknüpfung f von $A \times A$ nach K mit $f(x + x', y) = f(x, y) + f(x', y)$, $f(x, y + y') = f(x, y) + f(x, y')$, $f(\alpha x, y) = f(x, \alpha y) = \alpha f(x, y)$	Hierbei ist A ein Vektorraum über dem kommutativen Körper K.
7.19			innere Multiplikation	eine fest gewählte Bilinearform, die als Produkt geschrieben wird, mit: $x \cdot x \geq 0$, $x \cdot x = 0 \longleftrightarrow x = 0$, $x \cdot y = \overline{y \cdot x}$	Hierbei ist A als Vektorraum über $\mathbb{R}$ oder über $\mathbb{C}$ vorausgesetzt. Für reelle Räume gilt natürlich $x \cdot y = y \cdot x$. Die innere Multiplikation ist eine Verknüpfung von $A \times A$ nach K. Der Multiplikationspunkt sollte nicht weggelassen werden.
7.20			euklidischer Vektorraum	Vektorraum über $\mathbb{R}$ mit innerem Produkt	In Nr 7.21 bis Nr 7.24 werde ein euklidischer Vektorraum vorausgesetzt.
7.21	$\mid\ \mid$	$\mid x \mid$	Betrag von x	$\sqrt{x \cdot x}$	Man schreibt auch $\Vert x \Vert$ statt $\mid x \mid$. Man beachte $\mid x \mid \geq 0$.
7.22	$\perp$	$x \perp y$	x ist orthogonal zu y	$x \cdot y = 0$	
7.23	$\perp$	$X^{\perp}$	Orthokomplement von X	$\{x \mid (\bigwedge y \in X)\ x \perp y\}$	$X^{\perp}$ ist ein Unterraum von A und wird auch der zu X total senkrechte Unterraum genannt.
7.24	$\sphericalangle$	$\sphericalangle(x, y)$	Winkel zwischen x und y	$\operatorname{Arccos} \dfrac{x \cdot y}{\mid x \mid \mid y \mid}$	Für den Arccos ist der Hauptwert zu nehmen, so daß der Winkel zwischen 0 und π liegt. Die Vektoren x, y müssen beide vom Nullvektor verschieden sein.

8 Geometrische Strukturen

Es gibt zahlreiche verschiedenartige geometrische Strukturen. Gewisse Begriffe treten bald als Grundbegriffe, bald als definierte Begriffe auf. Geraden können als Grundbegriff oder als Punktmengen auftreten, Orthogonalität kann als Grundbegriff oder mittels einer Bilinearform oder einer Polarität definiert vorkommen. Viele Strukturen tauchen in einer affinen und einer projektiven Version auf. Diese Vielfalt kann hier nicht dargestellt werden. Hier wird deshalb nur eine Art geometrischer Strukturen (affiner Punktraum, unter Rückgriff auf Vektorräume) betrachtet.

Für das folgende seien drei nichtleere Mengen gegeben: R (die Elemente, Variablen dafür $P, Q, \ldots$, werden Punkte genannt), V (die Elemente, Variablen dafür $x, y, \ldots$, werden Vektoren genannt), K (die Elemente, Variablen dafür $\alpha, \beta, \ldots$, werden Skalare genannt).

8.1			R ist affiner Punktraum zu dem Vektorraum V	V ist Vektorraum über dem Körper K und $\longrightarrow$ ist eine Verknüpfung von $R \times R$ nach V mit: (a) Zu jedem $P \in R$ und $x \in V$ gibt es genau ein $Q \in R$ mit $x = \overrightarrow{PQ}$, (b) $\overrightarrow{P_1P_2} + \overrightarrow{P_2P_3} = \overrightarrow{P_1P_3}$	

1	2	3	4	5	6
Nr	Zeichen	Verwendung	Sprechweise	Definition	Bemerkungen
8.2	$\longrightarrow$	$\overrightarrow{PQ}$	Vektor P, Q, Verbindungsvektor von P nach Q	das Ergebnis der Verknüpfung $\longrightarrow$ aus Nr 8.1 für das Argument $\langle P, Q\rangle$	
8.3	+	$P + x$	P plus x, x von P abgetragen	der eindeutig bestimmte Punkt Q mit $x = \overrightarrow{PQ}$	+ ist damit auch eine Verknüpfung von $R \times V$ nach R. Es gilt $\overrightarrow{P\,(P + x)} = x$, $P + \overrightarrow{PQ} = Q$.
8.4			Ortsvektor von P bezüglich O	der Vektor $\overrightarrow{OP}$, wobei O Ursprung (Bezugspunkt, Anfangspunkt) genannt wird	Für jeden Ursprung O ist die Abbildung $\langle P \longmapsto \overrightarrow{OP}\rangle$ eine Bijektion von R nach V. Deshalb werden oft Punkte und Vektoren identifiziert.
8.5			affiner Unterraum von R	eine Punktmenge $\{P + x \mid x \in U\}$ mit einem Unterraum U des Vektorraumes V	Man sagt auch, daß der affine Unterraum aus P durch Abtragen von U entsteht. Unter Benutzung der Komplexaddition (Nr 1.17) kann man auch $P + U$ schreiben.
8.6			Raum der Verbindungsvektoren in L, Vektorraum von L	die Vektormenge $\{\overrightarrow{PQ} \mid P, Q \in L\}$, wobei L als affiner Unterraum von R vorausgesetzt ist	Dieses ist ein Untervektorraum von V, und L entsteht aus jedem seiner Punkte durch Abtragen aller Verbindungsvektoren in L.
8.7	dim	dim L	Dimension des affinen Unterraumes L	Dimension des gemäß Nr 8.6 zugehörigen Vektorraumes von L	Dieser Dimensionsbegriff stimmt nicht mit dem Begriff der Dimension einer physikalischen Größe in bezug auf ein System von Basisgrößen überein.
8.8			Gerade	affiner Unterraum der Dimension 1	Als Variablen für Geraden dienen g, h, . . .
8.9			Ebene	affiner Unterraum der Dimension 2	
8.10			Hyperebene	affiner Unterraum der Dimension $n - 1$	Hierbei ist der Raum R als n-dimensional vorausgesetzt. Im allgemeinen müßte man den Begriff der Codimension einführen. Eine Hyperebene ist dann ein Unterraum der Codimension 1.
8.11			L_1 und L_2 schneiden sich	$L_1 \cap L_2 \neq \emptyset \wedge L_1 \setminus L_2 \neq \emptyset$ $\wedge\, L_2 \setminus L_1 \neq \emptyset$	Im folgenden seien L, L_1, L_2 affine Unterräume von R.
8.12	$\parallel$	$L_1 \parallel L_2$	L_1 ist parallel zu L_2	der Vektorraum von L_1 ist Teilmenge des Vektorraums von L_2 oder umgekehrt	Die Parallelitätsrelation ist symmetrisch und reflexiv. Wenn sie auf Unterräume gleicher Dimension eingeschränkt wird, so ist sie auch transitiv und somit Äquivalenzrelation.

1	2	3	4	5	6
Nr	Zeichen	Verwendung	Sprechweise	Definition	Bemerkungen
8.13	$\perp$	$L_1 \perp L_2$	L_1 ist orthogonal zu L_2	weder L_1 noch L_2 sind einpunktig oder der ganze Raum, und für alle $Q_1, Q_2 \in L_2$, $P_1, P_2 \in L_1$ gilt: $\overrightarrow{P_1 P_2} \perp \overrightarrow{Q_1 Q_2}$	Wenn (wobei wieder Trivialfälle auszuschließen sind) es zu jedem Verbindungsvektor in L_1 einen Verbindungsvektor in $L_1 \cap L_2$ gibt, so daß die Summe dieser Vektoren zu L_2 orthogonal ist, so ist L_1 schwach orthogonal zu L_2. Ebenen des dreidimensionalen Raumes können nur schwach orthogonal sein.
8.14			von X aufgespannter affiner Unterraum	affiner Unterraum, der von jedem seiner Punkte durch Abtragen des Vektorraumes entsteht, der von $\{\overrightarrow{PQ} \mid P, Q \in X\}$ aufgespannt wird	Hierbei ist X eine nichtleere Teilmenge von R.
8.15	d	$d(P, Q)$	Abstand (Distanz) von P und Q	$\mid\overrightarrow{PQ}\mid$	Hierbei ist V als euklidischer Vektorraum vorausgesetzt, ebenso in Nr 8.13, 8.17. $\langle R, d\rangle$ ist ein metrischer Raum im Sinne von Nr 9.32.
8.16			affine Abbildung	Abbildung f von R in R, zu der es Punkte O, O' und eine lineare Abbildung h von V in V gibt, so daß für jeden Punkt P gilt: $f(P) = O' + h(\overrightarrow{OP})$	Die verschiedenen Arten affiner Abbildungen sollen hier nicht klassifiziert werden. Affine Abbildungen eines Raumes auf einen anderen Raum sind entsprechend definiert.
8.17			Isometrie, Kongruenzabbildung	Abbildung, die Abstände erhält	Eine solche Abbildung ist stets affin. Die verschiedenen Arten von Isometrien sollen hier nicht klassifiziert werden. Man kann ferner definieren, wann Isometrien orientierungserhaltend sind. Diese heißen dann Bewegungen.

9 Topologische Strukturen

Im folgenden sei A eine nichtleere Menge; $x, y, \ldots$ seien Elemente von A; $X, Y, \ldots$ seien Teilmengen von A, und $\mathscr{M}, \mathscr{N}, \mathscr{T}$ seien Mengensysteme auf A, d. h. Mengen von Teilmengen von A. A wird auch als Raum, seine Elemente werden als Punkte bezeichnet.

1	2	3	4	5	6
9.1			$\langle A, \mathscr{T}\rangle$ ist topologischer Raum	es gilt $A \in \mathscr{T}$ und für alle $X, Y, \mathscr{N}$: $X, Y \in \mathscr{T} \rightarrow X \cap Y \in \mathscr{T}$, $\mathscr{N} \subseteq \mathscr{T} \rightarrow \bigcup \mathscr{N} \in \mathscr{T}$	Ein topologischer Raum $\langle A, \mathscr{T}\rangle$, oft auch nur mit A bezeichnet, ist eine Struktur zweiter Stufe, d. h. sie ist durch ein System von Mengen $\mathscr{T}$ bestimmt. $\mathscr{T}$ heißt die Topologie des Raumes.
9.2			X ist offen	$X \in \mathscr{T}$	Die Mengen aus $\mathscr{T}$ heißen offen. Die leere Menge $\emptyset$ und der gesamte Raum A sind offen. Ferner ist der Durchschnitt von zwei (und damit endlich vielen) und die Vereinigung von beliebig vielen offenen Mengen offen.

1	2	3	4	5	6
Nr	Zeichen	Verwendung	Sprechweise	Definition	Bemerkungen
9.3			X ist abgeschlossen	$A \setminus X$ ist offen	Die leere Menge $\emptyset$ und der gesamte Raum A sind abgeschlossen. Ferner ist die Vereinigung von zwei und der Durchschnitt von beliebig vielen abgeschlossenen Mengen abgeschlossen. Man beachte, daß $\emptyset$, A sowohl offen als auch abgeschlossen sind.
9.4	$\circ$	X°	offener Kern von X	$\bigcup \{Y \mid Y \subseteq X \wedge Y$ ist offen$\}$	X° ist die größte in X enthaltene offene Menge. X ist genau dann offen, wenn $X^\circ = X$. Es gilt: $A^\circ = A$, $X^{\circ\circ} = X^\circ$, $X^\circ \subseteq X$, $(X \cap Y)^\circ = X^\circ \cap Y^\circ$.
9.5	$-$	X^-	abgeschlossene Hülle von X	$\bigcap \{Y \mid X \subseteq Y \wedge Y$ ist abgeschlossen$\}$	X^-, auch $\overline{X}$ geschrieben, ist die kleinste X umfassende abgeschlossene Menge. X ist genau dann abgeschlossen, wenn $X = X^-$. Es gilt: $\emptyset^- = \emptyset$, $X^{--} = X^-$, $X \subseteq X^-$, $(X \cup Y)^- = X^- \cup Y^-$.
9.6			X ist Umgebung von x	es gibt eine offene Menge Y mit $x \in Y \subseteq X$	
9.7	$\mathscr{U}$	$\mathscr{U}(x)$	das Umgebungssystem von x	$\{X \mid X$ ist Umgebung von $x\}$	Für Umgebungen gilt: $U \in \mathscr{U}(x) \rightarrow x \in U$, $U \in \mathscr{U}(x) \wedge U \subseteq V \rightarrow V \in \mathscr{U}(x)$, $U_1, U_2 \in \mathscr{U}(x) \rightarrow U_1 \cap U_2 \in \mathscr{U}(x)$, $A \in \mathscr{U}(x)$, $U \in \mathscr{U}(x) \rightarrow (\bigvee V \in \mathscr{U}(x)) (\bigwedge y \in V)\, U \in \mathscr{U}(y)$. Jeder der in Nr 9.3, 9.4, 9.5, 9.7 genannten Begriffe könnte ebensogut wie der Begriff der offenen Menge als topologischer Grundbegriff genommen werden, wobei die in Spalte 6 genannten Eigenschaften als Axiome zu nehmen wären.
9.8			X ist Umgebung der Menge Y	es gibt eine offene Menge Z mit $Y \subseteq Z \subseteq X$	
9.9			T_0-Raum	Raum, in dem von je zwei verschiedenen Punkten einer eine Umgebung hat, die den anderen nicht enthält	
9.10			T_1-Raum	Raum, in dem von je zwei verschiedenen Punkten jeder eine Umgebung hat, die den anderen nicht enthält	Ein Raum ist genau dann ein T_1-Raum, wenn die einpunktigen Mengen abgeschlossen sind.

1	2	3	4	5	6
Nr	Zeichen	Verwendung	Sprechweise	Definition	Bemerkungen
9.11			T_2-Raum, Hausdorff-Raum	Raum, in dem je zwei verschiedene Punkte disjunkte Umgebungen haben	
9.12			T_3-Raum, regulärer Raum	T_1-Raum, in dem jede abgeschlossene Menge und nicht darin enthaltener Punkt disjunkte Umgebungen haben	
9.13			T_4-Raum normaler Raum	T_1-Raum, in dem je zwei disjunkte abgeschlossene Mengen disjunkte Umgebungen haben	
9.14			Basis der Topologie	System von offenen Mengen derart, daß jede offene Menge Vereinigung von Basismengen ist	Ein Raum erfüllt das zweite Abzählbarkeitsaxiom, wenn er eine abzählbare Basis hat.
9.15			Basis eines Umgebungssystems $\mathscr{U}(x)$	System von Umgebungen von x derart, daß jede Umgebung von x Vereinigung von Basisumgebungen ist	Ein Raum erfüllt das erste Abzählbarkeitsaxiom, wenn alle Umgebungssysteme $\mathscr{U}(x)$ abzählbare Basen haben.
9.16			f ist stetig in x	zu jeder Umgebung U von $f(x)$ gibt es eine Umgebung V von x mit $f\,V \subseteq U$	Hierbei und in Nr 9.17, 9.18, 9.19 ist f eine Abbildung eines topologischen Raumes A_1 in einen topologischen Raum A_2.
9.17			f ist stetig	f ist an jeder Stelle von A_1 stetig	Gleichwertige Definition: Das Urbild jeder offenen Menge ist offen.
9.18			f ist offen	das Bild jeder offenen Menge ist offen	
9.19			f ist Homöomorphismus von A_1 auf A_2	f ist stetige Bijektion von A_1 auf A_2 mit stetiger Umkehrung	Die Homöomorphismen entsprechen den Isomorphismen von Abschnitt 2.
9.20			A ist kompakt	jede offene Überdeckung von A enthält eine endliche Teilüberdeckung	Eine offene Überdeckung von A ist ein System $\mathscr{N}$ offener Mengen mit $\bigcup \mathscr{N} = A$.
9.21			auf X induzierte Topologie	das Mengensystem $\{X \cap Z \mid Z \in \mathscr{T}\}$ auf X	Hierbei ist X eine nichtleere Teilmenge des topologischen Raumes A mit der Topologie $\mathscr{T}$. X ist mit der induzierten Topologie ein topologischer Raum.
9.22			Quotiententopologie auf $X_{/\sim}$	das Mengensystem $\{Z \mid Z \subseteq A_{/\sim} \wedge \bigcup Z \in \mathscr{T}\}$ auf $A_{/\sim}$	Hierbei ist $\langle A, \mathscr{T}\rangle$ ein topologischer Raum und $\sim$ eine Äquivalenzrelation auf A. $A_{/\sim}$ ist mit der Quotiententopologie ein topologischer Raum. (Quotientenraum).

1	2	3	4	5	6
Nr	Zeichen	Verwendung	Sprechweise	Definition	Bemerkungen
9.23			Produkttopologie auf $\prod_{i \in I} A_i$	die Topologie mit der Basis $\{\prod_{i \in I} X_i \mid X_i \in \mathcal{T}_i$ und $X_i = A_i$ bis auf endlich viele $i\}$	Hierbei sind: $\langle A_i, \mathcal{T}_i \rangle$ für $i \in I$ topologische Räume, $\prod_{i \in I} A_i$ ist mit der Produkttopologie ein topologischer Raum (Produktraum).
9.24			Raum A ist zusammenhängend	es gibt keine nichtleeren offenen Mengen X, Y mit $X \cup Y = A$ und $X \cap Y = \emptyset$	
9.25			Menge X ist zusammenhängend	X ist als Raum mit der induzierten Topologie zusammenhängend	Die Teilmenge X des Raumes A ist zusammenhängend, wenn es keine offenen Mengen Y, Z gibt mit $Y \cup Z \supseteq X, Y \cap X \neq \emptyset, Z \cap X \neq \emptyset, X \cap Y \cap Z = \emptyset$.
9.26			Zusammenhangskomponente	maximale zusammenhängende Teilmenge	In einem T_1-Raum sind die Zusammenhangskomponenten abgeschlossen. Wenn es nur endlich viele sind, so sind sie auch offen. Wenn alle Zusammenhangskomponenten einpunktig sind, so heißt der Raum total unzusammenhängend.
9.27			x ist innerer Punkt von X	es gibt eine Umgebung U von x mit $U \subseteq X$	X° ist die Menge der inneren Punkte von X.
9.28			x ist Berührpunkt von X	jede Umgebung von x trifft X	X^{-} ist die Menge der Berührpunkte von X.
9.29			x ist Häufungspunkt von X	jede Umgebung von x enthält einen von x verschiedenen Punkt von X	Die Menge der Häufungspunkte von X wird mit X' bezeichnet.
9.30			x ist Randpunkt von X	jede Umgebung von x trifft X und trifft $A \setminus X$	
9.31			x ist isolierter Punkt von X	es gibt eine Umgebung U von x mit $U \cap X = \{x\}$	
9.32			$\langle A, d \rangle$ ist metrischer Raum	A ist eine nichtleere Menge und d eine externe Verknüpfung von $A \times A$ nach $\mathbb{R}$ mit: $d(x, y) \geq 0$, $d(x, y) = 0 \longleftrightarrow x = y$, $d(x, y) = d(y, x)$, $d(x, z) \leq d(x, y) + d(y, z)$	Ein metrischer Raum ist eine Struktur mit einem Individuenbereich A, in die aber auch noch der Bereich $\mathbb{R}$ involviert ist. d ist die Distanzfunktion. Das letzte Axiom heißt Dreiecksungleichung.

1	2	3	4	5	6
Nr	Zeichen	Verwendung	Sprechweise	Definition	Bemerkungen
9.33	$U(\ )$	$U_\varepsilon(x)$	ε-Umgebung von x	$\{y \mid d(x, y) < \varepsilon\}$	ε ist hier eine positive reelle Zahl. Wenn man X als offen definiert, wenn gilt: $(\bigwedge x \in X)\ (\bigvee \varepsilon > 0)\ U_\varepsilon(x) \subseteq X$, so ist A mit diesem Mengensystem ein topologischer Raum.
9.34			isometrische Abbildung	Bijektion zwischen zwei metrischen Räumen, die alle Abstände erhält	Eine isometrische Abbildung ist ein Homöomorphismus für die zugehörigen topologischen Räume.

10 Kategorien

Eine Kategorie ist eine Struktur mit zwei Individuenbereichen, dem Bereich der Objekte und dem der Morphismen. Im folgenden seien $x, y, \ldots$ Objekte und $f, g, \ldots$ Morphismen. Auf den Morphismen ist eine partielle zweistellige Verknüpfung $\circ$ gegeben (Komposition von Morphismen). Sie ist in folgendem Sinne assoziativ: Existieren $f \circ g$ und $(f \circ g) \circ h$, so auch $g \circ h$ und $f \circ (g \circ h)$, und es ist $(f \circ g) \circ h = f \circ (g \circ h)$. Ferner sind zwei Abbildungen von Morphismen in Objekte gegeben (Quelle und Ziel). Die Komposition von Morphismen $f \circ g$ ist genau dann definiert, wenn die Quelle von f gleich dem Ziel von g ist. Ferner gibt es zu jedem Objekt x einen Morphismus 1_x, so daß $f \circ 1_x = f$ für alle f mit Quelle x und $1_x \circ f = f$ für alle f mit Ziel x, die Einheit zu x.

Bei den Standardbeispielen sind die Objekte Strukturen gemäß den Abschnitten 2 bis 9, und die Morphismen entsprechen stukturverträglichen Abbildungen (Homomorphismen, stetige Abbildungen o. ä.). Genauer gesagt sind Morphismen Tripel aus zwei Strukturen und strukturverträglichen Abbildungen zwischen ihnen, siehe Bemerkungen zu Nr 2.2. Die Bereiche der Objekte und Morphismen sind oft keine Mengen, sondern eigentliche Klassen.

10.1	$\circ$	$(f \circ g)$ oder (fg)	f nach g	Grundbegriff, s. o.	Außenklammern eines einzeln stehenden Termes $(f \circ g)$ werden wie üblich weggelassen.
10.2		$Q(x)$	Quelle von x	Grundbegriff, s. o.	
10.3		$Z(x)$	Ziel von x	Grundbegriff, s. o.	
10.4	1_x		Einheit von x	Grundbegriff, s. o.	Objekte und ihre Einheiten entsprechen einander eindeutig.
10.5	$[\,,]$	$[x, y]$	Klasse der Morphismen von x nach y	Klasse der Morphismen mit Quelle x und Ziel y	
10.6	$: \longrightarrow$	$f: x \longrightarrow y$	f ist Morphismus von x nach y	$f \in [x, y]$	
10.7			f ist Endomorphismus von x	$f \in [x, x]$	
10.8			f ist Isomorphismus von x nach y	$f \in [x, y]$, und es gibt einen Morphismus $g \in [y, x]$ mit $fg = 1_y$, $gf = 1_x$	g ist dann durch f eindeutig bestimmt.
10.9	$^{-1}$	f^{-1}	inverser Morphismus zu f	wenn f Isomorphismus ist, das eindeutig bestimmte g gemäß Nr 10.8	

1	2	3	4	5	6
Nr	Zeichen	Verwendung	Sprechweise	Definition	Bemerkungen
10.10			f ist Automorphismus von x	f ist Isomorphismus von x nach x	
10.11			T ist kovarianter Funktor von $\mathscr{C}$ nach $\mathscr{D}$	$\mathscr{C}$, $\mathscr{D}$ sind Kategorien und T eine Abbildung der Objekte von $\mathscr{C}$ auf die Objekte von $\mathscr{D}$ und der Morphismen von $\mathscr{C}$ auf die Morphismen von $\mathscr{D}$ mit: wenn $f: x \longrightarrow y$ in $\mathscr{C}$, so $T(f): T(x) \longrightarrow T(y)$ in $\mathscr{D}$, $T(1_x) = 1_{T(x)}$, $T(fg) = T(f)\,T(g)$, wenn Quelle von f = Ziel von g	Kontravariante Funktoren T sind genauso definiert, nur ist $T(fg) = T(g)\,T(f)$.
10.12			τ ist natürliche Transformation von S nach T	Zuordnung, die jedem Objekt x von $\mathscr{C}$ einen Morphismus $\tau_x : S(x) \longrightarrow T(x)$ zuordnet, so daß $T(f)\,\tau_x = \tau_y S(f)$ für jedes $f: x \longrightarrow y$ in $\mathscr{C}$	Hierbei seien $\mathscr{C}$, $\mathscr{D}$ Kategorien und S, R kovariante Funktoren von $\mathscr{C}$ nach $\mathscr{D}$.

DK 519.2 : 31 : 001.4 : 003.62 Mai 1982

Stochastik
Wahrscheinlichkeitstheorie, Gemeinsame Grundbegriffe der mathematischen und der beschreibenden Statistik
Begriffe und Zeichen

DIN 13 303 Teil 1

Stochastics; probability theory, common fundamental concepts of mathematical and of descriptive statistics; concepts, signs and symbols

Inhalt

	Seite
Vorbemerkung	2
1 Gemeinsame Grundbegriffe der Wahrscheinlichkeitstheorie, der mathematischen und der beschreibenden Statistik	3
1.1 Zufallsvariable	3
1.2 Funktionen von n-Tupeln von Zufallsvariablen	7
1.3 Häufigkeiten und Besetzungszahlen	10
2 Wahrscheinlichkeit	11
2.1 Grundbegriff Wahrscheinlichkeitsverteilung	11
2.2 Spezielle diskrete Wahrscheinlichkeitsverteilungen	14
2.3 Spezielle Dichten und Verteilungsfunktionen in $\mathbb{R}$	15
2.4 Verteilung spezieller Zufallsvariablen	16
3 Parameter	18
3.1 Spezielle Funktionalparameter von Zufallsvariablen und ihren Verteilungen	18
3.2 Arten von Funktionalparametern	20
3.3 Scharparameter	20
4 Stochastische Abhängigkeit und Unabhängigkeit	21
4.1 Stochastische Unabhängigkeit	21
4.2 Bedingte Wahrscheinlichkeiten, Dichten und Verteilungsfunktionen	22
4.3 Bedingte Erwartungswerte	24
Erläuterungen	26
Stichwortverzeichnis	26

Zitierte Normen, Erläuterungen und Stichwortverzeichnis siehe Originalfassung der Norm

Fortsetzung Seite 2 bis 24

Normenausschuß Einheiten und Formelgrößen (AEF) im DIN Deutsches Institut für Normung e.V.
Ausschuß Qualitätssicherung und angewandte Statistik (AQS) im DIN

Die Normen DIN 13 303 Teil 1 und Teil 2 dienen dazu, die Begriffe und Zeichen der Stochastik zu normen, und zwar im vorliegenden Teil 1 die Begriffe und Zeichen der Wahrscheinlichkeitstheorie einschließlich der gemeinsamen Grundbegriffe der mathematischen und der beschreibenden Statistik. Teil 2 über mathematische Statistik liegt z. Z. als Entwurf vor. Ergänzend hierzu behandeln die Normen DIN 55 350 Teil 21, Teil 22, Teil 23 (z. Z. Entwurf) und Teil 24 (z. Z. Entwurf) die Begriffe der Statistik aus der Sicht der praktischen Anwendung, wobei dort auf eine strenge mathematische Darstellungsweise im allgemeinen verzichtet wird.

Bezüglich der verwendeten mathematischen Zeichen und Begriffe gelten DIN 1302 und die dort zitierten weiteren Normen mathematischen Inhalts, insbesondere DIN 5473.

Als Zeichen für die Teilmengenrelation (siehe DIN 5473, Ausgabe Juni 1976, Nr 1.6) wird in der Stochastik $\subset$ benutzt, das Komplement von A (siehe DIN 5473, Ausgabe Juni 1976, Nr 1.11) wird mit $\bar{A}$ oder A^c bezeichnet. Ferner wird beim Mengenbildungsoperator (siehe DIN 5473, Ausgabe Juni 1976, Nr 1.4) statt $\{x \mid \varphi\}$ in dieser Norm $\{x : \varphi\}$ geschrieben, um Verwechslungen mit der Bezeichnung für bedingte Wahrscheinlichkeiten zu vermeiden. Es ist in der Stochastik üblich, diese Schreibweise noch weiter zu kürzen:

Statt $\{\omega : X(\omega) \leq x\}$ wird $\{X(\omega) \leq x\}$ oder $\{X \leq x\}$,
statt $\{\omega : X(\omega) \in A\}$ wird kurz $\{X \in A\}$,
statt $\{\omega : X(\omega) = x$ und $Y(\omega) = y\}$ wird kurz $\{X = x,\ Y = y\}$

geschrieben. Ferner wird in der Stochastik oft eine disjunkte Vereinigung gebraucht, die mit dem Summenzeichen geschrieben wird. Wenn $A_i \cap A_j = \emptyset$ für $i \neq j$, so schreibt man $\sum_{i=1}^{\infty} A_i$ für $\bigcup_{i=1}^{\infty} A_i$, ebenso $A + B$ für $A \cup B$, wenn $A \cap B = \emptyset$; entsprechend werden $\sum_{i=1}^{n} A_i$ und $\sum_{i \in I} A_i$ definiert.

Es wurde versucht, eine gemeinsame Sprache für alle Statistiker, und zwar für Mathematiker und für Anwender, zu finden.

Die Anmerkung 1 zu 1.1.13 empfiehlt, den Begriff der Stichprobe nur für die reale Entnahme von Stichproben zu verwenden. Ebenso sollten die Begriffe Gesamtheit und (Auswahl-)Einheit nur im Zusammenhang mit der realen Stichprobenentnahme verwendet werden. Zum Begriff der Einheit im statistischen Sinne, der Gesamtheit und der Stichprobe siehe auch DIN 55350 Teil 14 (z. Z. Entwurf).

Insbesondere wird zwischen den Parametern einer theoretischen Wahrscheinlichkeitsverteilung und den Kennwerten der (bei der Stichprobenentnahme) ermittelten Meßreihen unterschieden (siehe Anmerkungen 1 und 3 zu 1.2 sowie zu 3.1). Zum Begriff des Kennwertes siehe auch DIN 55302 Teil 1.

Für die bei der Ermittlung von Daten in realen Experimenten zu verwendenden Begriffe Messen, Zählen, Prüfen, Meßgröße, Meßwert, Meßreihe, Meßergebnis (siehe Anmerkung zu 1.1) siehe DIN 1319 Teil 1 und DIN 1319 Teil 3.

Für die Begriffe „qualitatives Merkmal“ und „Merkmalswert“ siehe DIN 55350 Teil 12.

Für den in der Definition der Zufallsgröße (siehe Nr 1.1.6 und Anmerkung zu 1.1.6) verwendeten Begriff „(physikalische) Größe“ siehe DIN 1313.

Die internationale Terminologie wurde berücksichtigt, insbesondere die von der International Organization for Standardization (ISO) herausgegebene Internationale Norm ISO 3534 „Statistics – Vocabulary and Symbols“. Abweichungen von den Zeichen dieser Norm werden in den Anmerkungen erläutert.

Die Abschnitte dieser Norm sind in der Regel so in Tabellenform aufgebaut, daß die mathematisch weniger anspruchsvollen Begriffe vor den nur dem Spezialisten verständlichen Begriffen erscheinen, soweit dies die Systematik der Abschnitte zuläßt. In diesem Sinne erscheint in Abschnitt 1.1 eine eigene Spalte „Definition für endliche oder abzählbar unendliche Ergebnismengen“, um die Definition nicht mit maßtheoretischen Details zu belasten. Die Namen der Begriffe erscheinen in den meisten Abschnitten vor den Zeichen für diese, da die Normung der Namen für die Verständigung im Bereich der Stochastik, insbesondere Statistik, grundlegend ist. In den Abschnitten 1.2, 3.1, 4.2 und 4.3 erscheinen die Zeichen vor den Namen der Begriffe, da dort die Normung der Zeichen größere Bedeutung hat. Bei den Zeichen wird deutlich gesagt, wann diese durch die vorliegende Norm empfohlen werden, z. B. im Kopf von Spalte 2 in Abschnitt 3.1 und im Vortext von Abschnitt 4.2. Wenn die verwendeten Zeichen nicht ausdrücklich empfohlen werden, können diese durch andere Zeichen ersetzt werden. Darauf wird durch Fußnoten gelegentlich hingewiesen, z. B. in den Abschnitten 1.1 und 2.1.

1 Gemeinsame Grundbegriffe der Wahrscheinlichkeitstheorie, der mathematischen und der beschreibenden Statistik

1.1 Zufallsvariable

Siehe Anmerkung zu 1.1 für die Anwendung der in Spalte 2 festgelegten Begriffe in der beschreibenden Statistik (im Sinne der Beschreibung von in realen Experimenten erhobenen Daten). Zur Bedeutung der Spalte 5 siehe Anmerkung zu Spalte 5 von 1.1.

1	2	3	4	5	6
			Definition		
Nr	Name	Zeichen [1]	für endliche oder abzählbar unendliche Ergebnismengen	Zusatzvoraussetzungen für überabzählbare Ergebnismengen	Bemerkung
1.1.1	Ergebnis	ω	Grundbegriff (mit der Bedeutung: mögliches Ergebnis bei dem durchzuführenden, zu beschreibenden Experiment)		Zur Wahl des Wortes „Ergebnis" siehe Anmerkung zu 1.1.1.
1.1.2	Ergebnismenge	Ω	Menge aller möglichen Ergebnisse		„Stichprobenraum" wird in der Literatur oft anstelle der hier empfohlenen Benennung „Ergebnismenge" verwendet.
1.1.3	Meßraum	$(\Omega, \mathscr{A})$	ein Paar aus einer nicht leeren Menge Ω und einer Menge $\mathscr{A}$ von Teilmengen von Ω, wobei $\mathscr{A}$ die Menge aller Teilmengen von Ω ist oder mindestens eine σ-Algebra	$\mathscr{A}$ ist eine σ-Algebra in Ω.	Zum Begriff des Maßraumes siehe Nr 2.1.2, Spalte 6. Eine σ-Algebra $\mathscr{A}$ in Ω ist eine nicht leere Menge von Teilmengen von Ω mit: $\emptyset \in \mathscr{A}$; $\Omega \in \mathscr{A}$; wenn $A \in \mathscr{A}$, so $\bar{A} \in \mathscr{A}$; wenn $A_i \in \mathscr{A}$, so $\bigcup_{i=1}^{\infty} A_i \in \mathscr{A}$.
1.1.4	Ereignis	A auch $B, C, \ldots$	Teilmenge von Ω aus $\mathscr{A}$		
1.1.5	Zufallsvariable, $\mathscr{X}$-wertige Zufallsvariable	X auch $Y, Z, \ldots$	eine Funktion mit dem Definitionsbereich Ω, deren Werte einer Menge $\mathscr{X}$ angehören	eine Funktion $\langle \omega \to X(\omega) \rangle$ mit $X: (\Omega, \mathscr{A}) \to (\mathscr{X}, \mathscr{B})$, d. h. für alle $B \in \mathscr{B}$ gilt: $\{\omega : X(\omega) \in B\} \in \mathscr{A}$, wobei $(\Omega, \mathscr{A})$, $(\mathscr{X}, \mathscr{B})$ Meßräume sind	Zum Gebrauch des Wortes „Zufallsvariable" im Vergleich zu „Zufallsgröße" usw. siehe Anmerkung 1 zu 1.1.5 und Anmerkung zu 1.1.6. Zur Bezeichnung des „Bild"-Meßraumes $(\mathscr{X}, \mathscr{B})$ siehe Anmerkung 2 zu 1.1.5.
1.1.5.1	diskrete Zufallsvariable		jede Zufallsvariable	Es gibt eine endliche oder abzählbar unendliche Menge $T' \in \mathscr{B}$ mit $P\{X \in T'\} = 1$.	Für die Definition des Wahrscheinlichkeitsmaßes P siehe Nr 2.1.1.

[1] Die in dieser Spalte verwendeten Zeichen (mit Ausnahme des Zeichens I für Indikatoren) können durch andere Zeichen ersetzt werden, insbesondere wenn diese informativer sind, z. B. ω durch $(x_1, \ldots, x_n)$, wenn das Ergebnis aus den Meßwerten $x_1, \ldots, x_n$ besteht.

Fortsetzung des Abschnittes 1.1

1	2	3	4	5	6
Nr	Name	Zeichen [1]	Definition: für endliche oder abzählbar unendliche Ergebnismengen	Definition: Zusatzvoraussetzungen für überabzählbare Ergebnismengen	Bemerkung
1.1.5.2	ganzzahlige Zufallsvariable		Zufallsvariable, deren Werte ganze Zahlen sind	Für alle $k \in \mathbb{Z}$ gilt $\{\omega : X(\omega) = k\} \in \mathscr{A}$.	
1.1.5.3	reellwertige Zufallsvariable		Zufallsvariable, deren Werte reelle Zahlen sind	Für alle $x \in \mathbb{R}$ gilt $\{\omega : X(\omega) \leq x\} \in \mathscr{A}$.	
1.1.6	Zufallsgröße		Zufallsvariable, deren Werte Werte einer Größe sind		Bezüglich des Begriffs einer (physikalischen) Größe siehe DIN 1313. Siehe Anmerkung zu 1.1.6.
1.1.7	Zufallsvektor	$(X_1, \ldots, X_n)$ auch $\mathbf{X}$, X	n-Tupel von Zufallsgrößen $X_1, \ldots, X_n$		
1.1.8	Zufallsfolge	$(X_n)_{n \in \mathbb{N}}$ auch $X_{\mathbb{N}}$	Folge von Zufallsvariablen $X_0, X_1, \ldots$		Anstelle von $\mathbb{N}$ sind auch andere endliche oder abzählbar unendliche Indexmengen zulässig, z.B. $\mathbb{Z}$ für die Folge $\ldots X_{-1}, X_0, X_1, \ldots$
1.1.9	Zufallsfunktion		Zufallsvariable, deren Werte Funktionen $\langle t \mapsto X_t \rangle$ sind		Zum Begriff des stochastischen Prozesses siehe Anmerkung zu 1.1.9.
1.1.10	Indikator des Ereignisses A	I_A	diejenige Zufallsvariable, die für $\omega \in A$ den Wert 1 und sonst den Wert 0 annimmt		Die außerhalb der Stochastik übliche Bezeichnung „charakteristische Funktion der Menge A" ist wegen Nr 3.1.17 nicht zulässig. Siehe auch Anmerkung zu 1.1.10.
1.1.11	Zufallsziffern		ermittelter Wert einer Folge von über den Ziffern 0, 1, ..., 9 gleichverteilten stochastisch unabhängigen Zufallsvariablen		Zum Gebrauch der Worte „ermittelter Wert" siehe Beschreibung B in der Anmerkung zu 1.1. Für die Definition der Gleichverteilung und der stochastischen Unabhängigkeit siehe Nr 2.2.1 und Nr 4.1.2.2. Bei anderen Ziffernmengen ist diese anzugeben. Zu Pseudozufallsziffern und -zahlen siehe Anmerkungen zu 1.1.11 und 1.1.12.

[1]) Siehe Seite 3

Fortsetzung des Abschnitts 1.1

1	2	3	4	5	6
Nr	Name	Zeichen [1])	Definition: für endliche oder abzählbar unendliche Ergebnismengen	Definition: Zusatzvoraussetzungen für überabzählbare Ergebnismengen	Bemerkung
1.1.12	(rechteckverteilte) Zufallszahl			ermittelter Wert einer Folge von über dem Intervall (0, 1) rechteckverteilten stochastisch unabhängigen Zufallsvariablen	Für die Definition der Rechteckverteilung siehe Nr 2.3.1. Bei anders verteilten Zufallszahlen ist die Verteilung anzugeben.
1.1.13	Zufallsstichprobe		ermittelter Wert (Realisation) einer über einer endlichen Menge von möglichen Stichproben gleichverteilten Zufallsvariable		Zufallsstichprobe soll nicht im Sinne eines n-Tupels von Zufallsvariablen benutzt werden. Siehe Anmerkung 2 zu 1.1.13.
1.1.14	zentrierte Zufallsvariable		reellwertige Zufallsvariable X mit $\mathrm{E}X = 0$, falls $\mathrm{E}\,X$ existiert		Für die Definition des Erwartungswertes $\mathrm{E}X$, des Medians von X und der Varianz $\mathrm{Var}\,X$ siehe Nr 3.1.3, Nr 3.1.1.1 und Nr 3.1.4.
1.1.14.1	an einem Median zentrierte Zufallsvariable		reellwertige Zufallsvariable mit 0 als Median		
1.1.15	standardisierte Zufallsvariable		reellwertige Zufallsvariable X mit $\mathrm{E}X = 0$ und $\mathrm{Var}\,X = 1$		

[1]) Siehe Seite 3

Anmerkungen

Zu 1.1

Mit den in Abschnitt 1.1 genannten Begriffen der Stochastik können auf zwei Weisen die Daten beschrieben werden, die in einem realen Experiment ermittelt werden sollen. Reale Experimente sind z. B.:

a) Messen,
b) Zählen,
c) Prüfen,
d) Bestimmung eines qualitativen Merkmals,
e) Bestimmung des Ablaufes eines Prozesses.

Zur Definition der Begriffe a) bis c) siehe DIN 1319 Teil 1, zu d) siehe DIN 55 350 Teil 12.

Beschreibung A

Bei der einmaligen Durchführung eines realen Experimentes wird in den genannten Fällen a) bis e) als Ergebnis ermittelt:

a) ein Meßwert,
b) eine Zahl,
c) eine Feststellung,
d) ein Merkmalswert (definiert als Ausprägung des Merkmals),
e) ein Pfad durch die Menge aller möglichen Zustände.

Bei der n-maligen Durchführung des gleichen realen Experimentes ist dann das Ergebnis ein n-Tupel $\omega = (x_1, \ldots, x_n)$ a) von Meßwerten, b) von Zahlen usw.

Braucht man wie in Abschnitt 1.3 einen Oberbegriff für die soeben Meßwerte, Zahlen, Merkmalswerte usw. genannten Komponenten $x_1, \ldots, x_n$ des Ergebnisses ω, so kann man von den Einzelergebnissen $x_1, \ldots, x_n$ sprechen und von der Menge $\mathcal{X}$ aller möglichen Einzelergebnisse. Beachte $\Omega = \mathcal{X}^n$.

Bei mehrstufigen Experimenten ist das Ergebnis eine endliche oder unendliche Folge $\omega = (x_1, x_2, \ldots)$ a) von Meßwerten, b) von Zahlen usw., wobei die Meßwerte $x_1, x_2, \ldots$ in der 1., 2., ... Stufe des Experimentes gemessen werden. Dabei können die einzelnen Stufen verschiedenartige reale Experimente sein.

Beschreibung B

Bei der einmaligen Durchführung eines realen Experimentes wird ein Wert einer Zufallsvariablen ermittelt, und zwar genauer in den oben im ersten Absatz dieser Anmerkung genannten Fällen a) bis e):

a) ein Wert einer Zufallsgröße, nämlich der Meßwert einer Meßgröße,
b) ein Wert einer Zufallsvariablen, nämlich eine Zahl,
c) ein Wert einer Zufallsvariablen, deren Werte Feststellungen sind,
d) ein Wert einer Zufallsvariablen, deren Werte Ausprägungen eines Merkmals sind,
e) ein Wert einer Zufallsfunktion, nämlich eine Funktion $\langle t \mapsto x_t \rangle$.

Dabei werden die möglichen Ergebnisse und die Ergebnismenge Ω in der Regel nicht angegeben.

Bei der n-maligen Durchführung des gleichen Experimentes wird der Wert eines n-Tupels von Zufallsvariablen ermittelt, deren Werte in den n einzelnen Experimenten ermittelt werden.

Bei mehrstufigen Experimenten wird der Wert einer Zufallsfolge (X_n) ermittelt. Dabei wird der Wert der ersten Zufallsvariablen X_1 in der 1. Stufe, der Wert von X_2 in der 2. Stufe usw. ermittelt.

Die Beschreibung A ist begrifflich einfacher als die Beschreibung B und wird daher u. a. im Schulunterricht bei der Einführung in die Wahrscheinlichkeitsrechnung unter Verwendung der Beispiele a), b) und d) benutzt. Erst bei der Berechnung des Mittelwertes, der empirischen Standardabweichung usw. treten Funktionen des Ergebnisses auf, für die die unten in Spalte 2 des Abschnitts 1.2 empfohlenen Zeichen auch im Falle der Beschreibung A zu verwenden sind.

Die Beschreibung B hat den Vorteil, bei allen Größen zwischen der Zufallsgröße und ihrem ermittelten Wert zu unterscheiden, und zwar unabhängig davon, ob es sich um die unmittelbar zu messenden Werte von Größen handelt oder um Werte, die erst aus den ermittelten Werten unmittelbar meßbarer Größen zu berechnen sind.

Zu Spalte 5 von 1.1

Zusatzvoraussetzungen für überabzählbare Ergebnismengen sind aus einem innermathematischen Grund notwendig: Es gibt keine nicht trivialen Wahrscheinlichkeitsmaße $A \to P(A)$, so daß $P(A)$ für alle $A \subset \mathbb{R}$ so definiert werden kann, daß die in Nr 2.1.1 genannten Eigenschaften a) bis c) erfüllt sind.

Zu 1.1.1

Das Wort „Ergebnis" wurde trotz der Verwechslungsgefahr mit anderen Bedeutungen dieses Wortes gewählt: a) Ergebnis im Sinne von Ergebnis einer Rechnung, b) das aus den statistischen Daten zu berechnende Ergebnis (siehe z. B. DIN 55 303 Teil 2, Entwurf Mai 1978, Formblatt A, A′, ...), c) Ergebnis als Kurzform für Meßergebnis im Sinne von DIN 1319 Teil 1.

Alle anderen in der Wahrscheinlichkeitstheorie und deren Anwendungen benutzten Wörter sind bereits anders definiert (Stichprobe im Sinne der Entnahme einer realen Probe, Ausfall im Sinne des Ausfallens einer Maschine, Ausgang im Sinne der Begriffspaare Eingangs- und Ausgangsgrößen (siehe z. B. DIN 40 148 Teil 1 und DIN 40 146 Teil 1)). Das Wort „Resultat" ist sprachlich ein Synonym für Ergebnis.

Zu 1.1.5

1 Das Wort „Variable" in „Zufallsvariable" ist als Leerstelle für genauer spezifizierte Begriffe anzusehen. Dementsprechend wird empfohlen, das Wort Variable in Zufallsvariable durch die Namen dieser Begriffe wie Größe, Vektor, Funktion, Folge, Matrix usw. zu ersetzen, siehe z. B. Nr 1.1.6 bis Nr 1.1.9. Ausnahmen von der Regel sind die in Nr 1.1.11 bis Nr 1.1.13 definierten Begriffe der Zufallsziffern, Zufallszahl und Zufallsstichprobe, die sich auf einen Wert einer entsprechenden Zufallsvariablen beziehen.

2 In Abhängigkeit von der Struktur des „Bild"-Meßraumes werden in der Literatur verschiedene Bezeichnungen verwendet, z. B. $(\Omega', \mathscr{A}')$, wenn keine Struktur vorausgesetzt wird $(\mathscr{X}, \mathscr{B})$, wenn $\mathscr{X}$ ein topologischer Raum (siehe DIN 13 302, Ausgabe Juni 1978, Nr 9.1) ist und $\mathscr{B}$ die kleinste σ-Algebra ist, die alle offenen Mengen enthält. Da der letztgenannte Fall sehr häufig ist und $(\mathscr{X}, \mathscr{B})$ sich deutlich von $(\Omega, \mathscr{A})$ typographisch unterscheidet, wird in dieser Norm die Bezeichnung $(\mathscr{X}, \mathscr{B})$ verwendet.

Zu 1.1.6

In der Wahrscheinlichkeitstheorie und mathematischen Statistik werden zur Zeit die Doppelwörter „Zufallsvariable" und „Zufallsgröße" oft als Synonyme behandelt. Es wird jedoch vornehmlich empfohlen, das Wort Zufallsgröße nur dann zu verwenden, wenn die Werte der Zufallsgröße Werte einer (physikalischen) Größe sind.

Zu 1.1.9

Der Name „Zufallsfunktion" für die Abbildungen $\langle \omega \to \langle t \to X_t(\omega)\rangle \,|\, T\rangle$ wurde aus den aus der Anmerkung 1 zu 1.1.5 ersichtlichen systematischen Gründen hier angegeben. Weit verbreitet ist die Benennung „stochastischer Prozeß", wobei die angegebene Abbildung meist in der Gestalt einer Familie von Zufallsvariablen $(X_t)_{t \in T}$ angegeben wird, kurz X_T, ganz ausführlich $\langle \omega \to (X_t(\omega))_{t \in T}\rangle$. Die mit dem Gebiet der stochastischen Prozesse mit nicht abzählbarem Definitionsbereich T zusammenhängenden Begriffe, Benennungen und Bezeichnungsweisen werden in dieser Norm nicht behandelt.

Zu 1.1.10

Die Funktion $\langle \omega \to I_A(\omega)\rangle$ wird in der Literatur auch Indikatorfunktion genannt.

Zu 1.1.11 und 1.1.12

Pseudozufallsziffern oder -zahlen werden mit einem algebraischen Algorithmus erzeugt und wie Zufallsziffern oder -zahlen verwendet.

Zu 1.1.13

1 Die Bezeichnung „Stichprobe" sollte nur für die Entnahme realer Stichproben, etwa aus einer Menge Schrauben, benutzt werden. Daran anschließend wird in der Literatur die Meßreihe der Meßwerte der Länge der Schrauben aus der realen Stichprobe auch als Stichprobe bezeichnet.

2 Ein n-Tupel von Zufallsvariablen ist u. a. als Modell für die folgenden zwei begrifflich zu unterscheidenden Situationen der Stichprobenentnahme aus einer Gesamtheit von (Auswahl-)Einheiten geeignet.

a) An n systematisch oder
b) an n zufällig ausgewählten Einheiten wird dieselbe Größe gemessen (z. B. eine Reaktionszeit), deren n Meßwerte die ermittelten Werte von n Zufallsgrößen sind.

In beiden Fällen ist der ermittelte Wert des n-Tupels von Zufallsvariablen in der Regel keine Zufallsstichprobe im Sinne von Nr 1.1.13. Im Fall b) wird in der Literatur jedoch auch von Zufallsstichproben gesprochen.

1.2 Funktionen von n-Tupeln von Zufallsvariablen

Es liege die Realisation $(x_1, \ldots, x_n)$ eines n-Tupels $(X_1, \ldots, X_n)$ von Zufallsvariablen vor. Anstelle von Realisation sind auch andere Benennungen für $(x_1, \ldots, x_n)$ üblich: Meßreihe (siehe DIN 1319 Teil 3), die aus den ermittelten Werten $x_1, \ldots, x_n$ besteht; Stichprobe (siehe Anmerkung 1 zu 1.1.13), die aus den einzelnen Stichprobenwerten $x_1, \ldots, x_n$ besteht. Zur Wahl der kleinen und großen lateinischen Buchstaben siehe Anmerkung 2 zu 1.2. Zum Begriff des Kennwertes siehe Anmerkung 1 zu 1.2.

Voraussetzung für die Anwendung der Nr 1.2.1 bis Nr 1.2.7 ist, daß die Werte der Zufallsvariablen (linear) geordnet werden können. Voraussetzung für die Anwendung der Nr 1.2.4 (soweit dort eine Summe von x-Werten auftritt), der Nr 1.2.5 und ab Nr 1.2.8 ist, daß Zufallsvariablen vorliegen, bei denen insbesondere die vorkommenden Additionen und Subtraktionen sinnvoll sind.

1	2	3	4	5	6	7
Nr	empfohlenes Zeichen	Verwendung als Zeichen für		Name	Definition	Bemerkung
		die ermittelten Werte	entsprechende Zufallsvariablen			
1.2.1	( )	$x_{(1)}, \ldots, x_{(n)}$ auch: $x_{(1)n}, \ldots, x_{(n)n}$	$X_{(1)}, \ldots, X_{(n)}$ auch: $X_{(1)n}, \ldots, X_{(n)n}$	Ordnungsstatistik	das geordnete n-Tupel der ermittelten Werte $x_{(1)} \leq x_{(2)} \leq \ldots \leq x_{(n)}$	
1.2.2	r oder s bzw. R oder S	$r_1, \ldots, r_n$ auch: $r_{1,n}, \ldots, r_{n,n}$	$R_1, \ldots, R_n$ auch: $R_{1,n}, \ldots, R_{n,n}$	Rangzahlen	Sind alle Werte der Zufallsvariablen verschieden, so gilt: $r_i = k$, wenn $x_i = x_{(k)}$	Sind nicht alle Werte der Zufallsvariablen verschieden, so gibt es verschiedene Definitionen.
1.2.3	$F, G, H, \ldots$	$\langle x \mapsto F_n(x) \rangle$ Statt F_n auch $F_{n,x}$	$\langle x \mapsto F_n(x) \rangle$ Statt F_n auch $F_{n,X}$	(empirische) Verteilungsfunktion	$F_n(x) = \frac{1}{n}$ card $\{j : x_j \leq x\}$	Zum Gebrauch des Wortes „empirisch" siehe Anmerkung 3 zu 1.2
1.2.4	~	$\tilde{x}$	$\tilde{X}$	(empirischer) Median	für n ungerade: $\tilde{x} = x_{((n+1)/2)}$; für n gerade: $\tilde{x} = \frac{1}{2}(x_{(n/2)} + x_{((n/2)+1)})$, in diesem Fall sind auch andere Definitionen zulässig (und bei Ordinalskalenwerten[2]) sogar notwendig), solange gilt: $x_{(n/2)} \leq \tilde{x} \leq x_{((n/2)+1)}$	Empirische p-Quantile und deren Funktionen werden entsprechend den in Nr 3.1.1 definierten theoretischen p-Quantilen definiert, indem man anstelle der Wahrscheinlichkeitsverteilung P die Häufigkeitsverteilung h_n benutzt.
1.2.5.1 1.2.5.2				Spannweite Quasispannweite	$x_{(n)} - x_{(1)}$ $x_{(n-i)} - x_{(i+1)}$ mit $i = 1, 2, \ldots$	
1.2.6	$r_{S;}$	$r_{S;xy}$	$r_{S;XY}$ oder R	Spearmanscher Rangkorrelationskoeffizient	$r_{S;xy} = 1 - \frac{6}{n^3 - n} \sum_{i=1}^{n} (r_i - s_i)^2$	Gewöhnlicher Korrelationskoeffizient (siehe Nr 1.2.13) r_{rs} für die Rangzahlen $r_1, \ldots, r_n$ und $s_1, \ldots, s_n$ der Werte $(x_1, \ldots, x_n)$ bzw. $(y_1, \ldots, y_n)$ der n-Tupel von Zufallsvariablen.

2) Siehe z. B. DIN 53804 Teil 3.

Fortsetzung des Abschnitts 1.2

1	2	3	4	5	6	7
Nr	empfohlenes Zeichen	Verwendung als Zeichen für die ermittelten Werte	Verwendung als Zeichen für entsprechende Zufallsvariablen	Name	Definition	Bemerkung
1.2.7	$r_{K;}$	$r_{K;xy}$	$r_{K;xy}$ oder T	Kendallscher Rangkorrelationskoeffizient	$r_{K;xy} = \frac{1}{\binom{n}{2}} \sum_{i<j} \operatorname{sgn}(x_i - x_j) \cdot \operatorname{sgn}(y_i - y_j)$	$\operatorname{sgn}(x_i - x_j) =_{\text{def}} \begin{cases} 1, \text{ wenn } x_i > x_j \\ 0, \text{ wenn } x_i = x_j \\ -1, \text{ wenn } x_i < x_j \end{cases}$
1.2.8	–	$\bar{x}$	$\bar{X}$	Mittelwert, arithmetisches Mittel	$\bar{x} = \frac{1}{n}(x_1 + \ldots + x_n)$	Siehe auch Nr 1.2.17.
1.2.9	$m'_r(c)$ m'_r für $m'_r(0)$ m_r für $m'_r(\bar{x})$			(empirisches) Moment der Ordnung r bzgl. c	$m'_r(c) = \frac{1}{n} \sum_{i=1}^{n} (x_i - c)^r$	Im Fall $c = 0$ läßt man den Zusatz „bzgl. 0" weg. Im Fall $c = \bar{x}$ spricht man vom zentralen Moment.
1.2.9.1	m_2			(empirisches) zweites zentrales Moment	$m_2 = \frac{1}{n} \sum_{i=1}^{n} (x_i - \bar{x})^2$	
1.2.10	s^2	s^2 oder s_x^2	s^2 oder s_X^2	(empirische) Varianz	$s_x^2 = \frac{1}{n-1} \sum_{i=1}^{n} (x_i - \bar{x})^2$	Siehe Anmerkung zu 1.2.10 und 1.2.12. Es sind auch andere Indizierungen von s^2 zulässig.
1.2.10.1	s	s oder s_x	s oder s_X	(empirische) Standardabweichung	$s_x = \sqrt{s_x^2}$	Für eine Verwendung des Zeichens **S** siehe Nr 2.4.10.
1.2.11	v	v oder v_x	v oder v_X	(empirischer) Variationskoeffizient	$v_x = \frac{s_x}{\bar{x}}$ mit $x_i \geq 0$	
1.2.12	s	s_{xy}	s_{XY}	(empirische) Kovarianz	$s_{xy} = \frac{1}{n-1} \sum_{i=1}^{n} (x_i - \bar{x})(y_i - \bar{y})$	Siehe Anmerkung zu 1.2.10 und 1.2.12.
1.2.12.1				(empirische) Kovarianzmatrix	(s_{ij}) mit $s_{ii} = s_{x_i}^2$ und $s_{ij} = s_{x_i x_j}$	Es liegen die Realisationen $\mathbf{x}_1, \ldots, \mathbf{x}_n$ von n Zufallsvektoren $\mathbf{X}_1, \mathbf{X}_2, \ldots, \mathbf{X}_n$ mit $\mathbf{x}_i = (x_{i1}, \ldots, x_{im})'$ vor.
1.2.13	r	r_{xy}	r_{XY}	(empirischer) Korrelationskoeffizient	$r_{xy} = \frac{s_{xy}}{s_x s_y}$	
1.2.14	b	b_{yx}	b_{YX}	(empirischer) Regressionskoeffizient von y auf x	$b_{yx} = \frac{s_{xy}}{s_x^2} = \frac{r_{xy} s_y}{s_x}$	$y = a_{yx} + b_{yx} x$ ist die Gleichung der empirischen Regressionsgeraden von y auf x. Vertauschung von x mit y liefert die Regressionsgerade von x auf y.
1.2.15	a	a_{yx}	a_{YX}	(empirische) Regressionskonstante von y auf x	$a_{yx} = \bar{y} - b_{yx}\bar{x}$	

Fortsetzung des Abschnitts 1.2

1	2	3	4	5	6	7
Nr	empfohlenes Zeichen	Verwendung als Zeichen für		Name	Definition	Bemerkung
		die ermittelten Werte	entsprechende Zufallsvariablen			
1.2.16	.	$x_{i.k.}$	$X_{i.k.}$		$x_{i.k.} = \sum_{j=1}^{J} \sum_{l=1}^{L} x_{ijkl}$	Die in Nr 1.2.16 empfohlene Punktbezeichnung für Summen und die in Nr 1.2.17 empfohlene Punktbezeichnung mit Kopfstrich für arithmetische Mittel dient der Vereinheitlichung derselben in den Bereichen der Varianzanalyse und Kontingenztafeln, siehe Beispiel zu Abschnitt 1.3.
1.2.17	$\bar{.}$	$\bar{x}_{ij.l}$ (nicht: $x_{ij.l}$)	$\bar{X}_{ij.l}$		$\bar{x}_{ij.l} = \frac{1}{K} x_{ij.l} = \frac{1}{K} \sum_{k=1}^{K} x_{ijkl}$ $\bar{}$ bedeutet Mittelung über alle punktierten Indizes.	
1.2.18	SQ			Quadratsummen (z. B. der Varianzanalyse)	z. B.: $SQ_b = J \sum_{i=1}^{I} (\bar{x}_{i.} - \bar{x}_{..})^2$	(x_{ij}) ist eine (I, J)-Matrix.

Anmerkungen

Zu 1.2

1 Die in einem realen Experiment ermittelten Werte der in Nr 1.2.4 bis Nr 1.2.15 aufgeführten Funktionen werden auch Kennwerte der Stichprobe (siehe z. B. DIN 55302 Teil 1) genannt.

Wird die Stichprobe aus einer realen Gesamtheit von möglichen Auswahleinheiten gezogen, so sind die Kennwerte der Stichprobe von den entsprechenden Kennwerten der Gesamtheit zu unterscheiden.

Der Begriff des Kennwertes einer Gesamtheit fällt unter den Oberbegriff des Parameters einer Verteilung, siehe dazu Abschnitt 3.

2 **Zur Wahl der Zeichen in Spalte 3 und 4:** Als Zeichen für Zufallsvariablen werden in der Regel große lateinische Buchstaben verwendet. Der entsprechende kleine lateinische Buchstabe bezeichnet dann den ermittelten Wert (die Realisation) dieser Zufallsvariablen. Werden Zufallsvariablen wie in Nr 1.2.6 und Nr 1.2.7 sowie Nr 1.2.9 bis Nr 1.2.15 abweichend von dieser Regel mit kleinen lateinischen Buchstaben bezeichnet, so wird empfohlen, diese Regel auf die Indizes anzuwenden.

3 **Zum Gebrauch des Wortes „empirisch":** Das Adjektiv „empirisch" bei Median, Standardabweichung, Verteilungsfunktion usw. dient zur Unterscheidung solcher aus dem ermittelten Wert (der Realisation) eines n-Tupels von Zufallsvariablen zu berechnenden Kennwerte im Gegensatz zu den entsprechenden Parametern der Wahrscheinlichkeitsverteilung einer Zufallsvariablen in Abschnitt 3.1 bzw. Nr 2.1.3 und Nr 4.3. Diese Unterscheidung kann man durch Hinzufügen des Adjektivs „theoretisch" zum Parameternamen hervorheben: theoretische Varianz im Gegensatz zur empirischen Varianz. Das Adjektiv „empirisch" kann weggelassen werden, wenn keine Verwechslungsgefahr mit dem gleichgenannten Parameter besteht oder durch andere Adjektive oder Zusätze die Verwechslungsgefahr ausgeschlossen wird, z. B. die gemessene Standardabweichung, der Median der Meßreihe usw.

Zu 1.2.10 und 1.2.12

Der Normierungsfaktor $1/(n-1)$ wurde gewählt, damit gilt:

$$\mathrm{E}\, s_X^2 = \mathrm{Var}\, X_i = \sigma_{X_i}^2 \text{ für } i = 1, \ldots, n$$

$$\mathrm{E}\, s_{XY} = \mathrm{Cov}\,(X_i, Y_i)$$

wenn $X_1, \ldots, X_n$ stochastisch unabhängig sind und gleiche Erwartungswerte und Varianzen besitzen bzw. $(X_1, Y_1), \ldots, (X_n, Y_n)$ stochastisch unabhängig sind und gleichen Erwartungswert und Kovarianzmatrix besitzen. Sind die in den beiden Fällen genannten Voraussetzungen nicht näherungsweise erfüllt, so werden dem Problem angemessene Normierungsfaktoren gewählt, die jeweils explizit angegeben werden sollten. Um Verwechslungen auszuschließen, empfiehlt es sich, dann ein anderes Zeichen anstelle von s bzw. s^2 zu wählen, siehe insbesondere Nr 1.2.9.1.

1.3 Häufigkeiten und Besetzungszahlen

Es liegen n Einzelergebnisse $x_1, \ldots, x_n$ aus der Menge $\mathcal{X}$ aller möglichen Einzelergebnisse vor. (Siehe dazu die Beschreibung A in der Anmerkung zu 1.1; im Falle der Verwendung der Beschreibung B sind $x_1, \ldots, x_n$ die Realisationen von n Zufallsvariablen $X_1, \ldots, X_n$ mit $x_i \in \mathcal{X}$.) In Spalte 3 und 4 werden die Zeichen für die ermittelten Werte der relativen bzw. absoluten Häufigkeiten angegeben, dagegen in Spalte 2 nur die Bezeichnung für den Fall relativer Häufigkeiten. Als Zeichen für die entsprechenden Zufallsvariablen können die entsprechenden lateinischen Großbuchstaben verwendet werden, z. B. $H_n(x)$ statt $h_n(x)$ und $K_n(x)$ statt $k_n(x)$. Im Fall absoluter Häufigkeiten ist das Wort absolut zu ergänzen, oder man spricht von der Besetzungszahl anstelle von absoluter Häufigkeit, insbesondere wenn $\mathcal{X}$ eine Menge von Zuständen ist (siehe Beispiel unten). Im Fall relativer Häufigkeiten kann das Wort relativ zu den Namen hinzugefügt werden.

1	2	3	4	5	6	7
Nr	Name für den Fall relativer Häufigkeiten	Zeichen		Definition		Bemerkung
		relativ	absolut	absolut	relativ	
1.3.1	Häufigkeit des möglichen Einzelergebnisses x	$h_n(x)$	$k_n(x)$, $k(x)$ auch k_x	Anzahl aller j mit $x_j = x$ unter $x_1, \ldots, x_n$	$h_n(x) = \frac{1}{n} k_n(x)$	Sind die möglichen Einzelergebnisse numerierte Merkmalswerte, so spricht man von der Häufigkeit $h_n(x)$ des Merkmalswertes Nr x.
1.3.2	Häufigkeit des Ereignisses A	$h_n(A)$	$k_n(A)$	Anzahl aller j mit $x_j \in A$ unter $x_1, \ldots, x_n$	$h_n(A) = \frac{1}{n} k_n(A)$	Beachte $A \subset \mathcal{X}$.
1.3.3	Häufigkeitsfunktion	h_n	k_n	$\langle x \to k_n(x) \rangle$	$\langle x \to h_n(x) \rangle$	Der Definitionsbereich $\mathcal{X}$ von h_n wird als endlich oder abzählbar unendlich vorausgesetzt.
1.3.4	Häufigkeitsverteilung	h_n	k_n	$\langle A \to k_n(A) \rangle$	$\langle A \to h_n(A) \rangle$	Beachte $A \subset \mathcal{X}$.

Beispiel:

Besetzungszahlen von Kontingenztafeln

Die Besetzungszahl k_{ij} der i-ten Zeile und j-ten Spalte der $r \times s$-Kontingenztafel ist die absolute Häufigkeit des Nummernpaares (i, j), wobei i die Nummer des Wertes des 1. Merkmals und j die Nummer des Wertes des 2. Merkmals ist, wenn an n Untersuchungseinheiten die Werte zweier Merkmale bestimmt werden.

Nr des Wertes des 1. Merkmals	Nr des Wertes des 2. Merkmals				Zeilensumme
	1	2	...	s	
1	k_{11}	k_{12}	...	k_{1s}	$k_{1.}$
2	k_{21}	k_{22}	...	k_{2s}	$k_{2.}$
...	...	...	...	...	...
r	k_{r1}	k_{r2}	...	k_{rs}	$k_{r.}$
Spaltensumme	$k_{.1}$	$k_{.2}$	...	$k_{.s}$	$k_{..} = n$

202/21*

2 Wahrscheinlichkeit

2.1 Grundbegriff Wahrscheinlichkeitsverteilung

Einerseits ist der grundlegende Begriff der Wahrscheinlichkeitstheorie das Wahrscheinlichkeitsmaß in Nr 2.1.1, für den die Benennung Wahrscheinlichkeitsverteilung empfohlen wird, andererseits ist es oft zweckmäßig, die Wahrscheinlichkeitsmaße indirekt anzugeben, z. B. durch

- seine Wahrscheinlichkeitsfunktion, siehe Nr 2.1.4.1 (Beispiel: Binomialverteilung, siehe Nr 2.2.2),
- seine Wahrscheinlichkeitsdichte, siehe Nr 2.1.4.2 (Beispiel: Normalverteilung, siehe Nr 2.3.2),
- seine Verteilungsfunktion, siehe Nr 2.1.3 (Beispiel: Extremwertverteilungen, siehe Nr 2.3.7 bis Nr 2.3.9),
- die Wahrscheinlichkeitsverteilung einer Zufallsvariablen, siehe Nr 2.1.5 (Beispiel: Chiquadratverteilung, siehe Nr 2.4.3),
- seine erzeugende Funktion, siehe Nr 3.1.16, oder seine Fourier-Transformierte, siehe Nr 3.1.17.

Da dadurch das Wahrscheinlichkeitsmaß eindeutig bestimmt ist, ist es zulässig, auch bei einer solchen indirekten Angabe des Wahrscheinlichkeitsmaßes von einer Darstellung der Wahrscheinlichkeitsverteilung der Ergebnisse bzw. Zufallsvariablen zu sprechen, z. B. von der Wahrscheinlichkeitsfunktion der Binomialverteilung, der Dichte der Normalverteilung, usw. Bezüglich der Anwendung der in diesem Abschnitt festgelegten Begriffe siehe Anmerkung zu 2.1. Zur Kennzeichnung von Parametern siehe Anmerkung zu Spalte 3 von 2.1.

1	2	3	4	5
Nr	Name	Zeichen [3)]	Definition	Bemerkung
2.1.1	Wahrscheinlichkeitsverteilung, auch Wahrscheinlichkeitsmaß	P	Funktion P auf der Menge $\mathscr{A}$ aller Ereignisse eines Meßraumes $(\Omega, \mathscr{A})$, so daß a) $P(\Omega) = 1$ b) $P(A) \geq 0$ c) $P\left(\sum_{i=1}^{\infty} A_i\right) = \sum_{i=1}^{\infty} P(A_i)$	Ein Maß μ ist eine Mengenfunktion $\langle A \to \mu(A)\rangle \mid \mathscr{A}$ mit Eigenschaften b) bis c) und $\mu(\emptyset) = 0$. Aus den angegebenen Bedingungen folgt: $P(A \cup B) = P(A) + P(B)$ für $A \cap B = \emptyset$ Zum Zeichen $\sum A_i$ siehe Vorbemerkungen
2.1.1.1	Wahrscheinlichkeit von A	$P(A)$		Zur Bezeichnung von Wahrscheinlichkeiten wie $P\{X \leq x\}$ siehe Anmerkung zu 2.1.1.1.
2.1.1.2	Träger einer Wahrscheinlichkeitsverteilung		eine Menge $T \subset \Omega$ mit $P(T) = 1$	
2.1.1.3	diskrete Wahrscheinlichkeitsverteilung		Funktion P auf der Menge aller Teilmengen von Ω, so daß $P(A) = \sum_{\omega \in A} P\{\omega\}$ für alle $A \subset \Omega$ mit a) $P\{\omega\} \geq 0$ b) $\sum_{\omega \in \Omega} P\{\omega\} = 1$ (Bei nicht abzählbaren Mengen A bzw. Ω gilt $P\{\omega\} > 0$ für höchstens abzählbar viele ω. Nur diese $P\{\omega\}$ sind zu summieren.)	Eine diskrete Wahrscheinlichkeitsverteilung hat einen endlichen oder abzählbar unendlichen Träger mit $\{\omega\} \in \mathscr{A}$. Die Funktion $\langle \omega \to P\{\omega\}\rangle$ heißt Wahrscheinlichkeitsfunktion (siehe Nr 2.1.4.1).
2.1.1.3.1	Wahrscheinlichkeit von ω	$P\{\omega\}$, $f(\omega)$		Siehe Anmerkung zu 2.1.1.3.1 und 2.1.7 zur Bezeichnung diskreter Wahrscheinlichkeiten.

3) Werden mehrere Wahrscheinlichkeitsverteilungen betrachtet, so kann man durch Indizes (siehe Anmerkung zu Spalte 3) oder Wahl anderer Buchstaben unterscheiden, z. B. $P, Q, \ldots; f, g, \ldots; F, G, \ldots$

Fortsetzung des Abschnitts 2.1

1	2	3	4	5
Nr	Name	Zeichen 3)	Definition	Bemerkung
2.1.2	Wahrscheinlichkeitsraum	$(\Omega, \mathscr{A}, P)$	Meßraum $(\Omega, \mathscr{A})$ mit einer Wahrscheinlichkeitsverteilung P auf $\mathscr{A}$	$(\Omega, \mathscr{A}, \mu)$ heißt Maßraum, wenn μ nur ein Maß ist.
2.1.3	Verteilungsfunktion im $\mathbb{R}^1$	F	Funktion F auf $\mathbb{R}^1$ in $[0,1]$ mit $F(x) = P((-\infty, x))$ für eine Wahrscheinlichkeitsverteilung im $\mathbb{R}^1$	
2.1.4	(Wahrscheinlichkeits-)Dichte	f	Eine Funktion f auf Ω mit $f(\omega) \geq 0$ heißt die Dichte einer Wahrscheinlichkeitsverteilung P, wenn die in Nr 2.1.4.1 bis Nr 2.1.4.3 jeweils genannten Bedingungen erfüllt sind:	
2.1.4.1	Wahrscheinlichkeitsfunktion (nicht diskrete Wahrscheinlichkeitsverteilung)		$f(\omega) = P\{\omega\}$ für alle $\omega \in \Omega$ und P diskret	Dies ist eine Dichte bzgl. des Zählmaßes.
2.1.4.2	(gewöhnliche) Dichte im $\mathbb{R}^1$		$P((a, b)) = \int_a^b f(x)\,\mathrm{d}x$ für alle a, b mit $-\infty \leq a < b \leq +\infty$ und $\Omega = \mathbb{R}^1$	Die Funktion $\langle x \mapsto \int_{-\infty}^{x} f(t)\,\mathrm{d}t \rangle$ ist die zugehörige Verteilungsfunktion im $\mathbb{R}^1$. Bei Dichten im $\mathbb{R}^n$ verwendet man entsprechend n-dimensionale Integrale.
2.1.4.3	Dichte bzgl. eines Maßes μ, auch μ-Dichte		$P(A) = \int_A f(\omega)\,\mu(\mathrm{d}\omega)$ für alle $A \in \mathscr{A}$	
2.1.5	Wahrscheinlichkeitsverteilung (der Zufallsvariablen X)	P_X	Wahrscheinlichkeitsverteilung P_X auf der σ-Algebra $\mathscr{B}$ in $\mathscr{X}$ gemäß Nr 1.1.5 mit $P_X(B) = P\{X \in B\}$ für alle $B \in \mathscr{B}$	Wird die (gemeinsame) Wahrscheinlichkeitsverteilung $P_{X,Y,Z}$ mehrerer Zufallsvariablen X, Y, Z betrachtet, so werden die Wahrscheinlichkeitsverteilungen von einem Teil dieser Zufallsvariablen (z. B. P_Y, $P_{X,Y}$) Randverteilungen genannt.
2.1.6	Verteilungsfunktion (der reellwertigen Zufallsvariablen X)	F_X	Funktion F_X auf $\mathbb{R}^1$ mit $F_X(x) = P\{X \leq x\}$ für alle $x \in \mathbb{R}^1$	(Gemeinsame) Verteilungsfunktion von X, Y: $F_{X,Y}(x, y) = P\{X \leq x, Y \leq y\}$
2.1.7	Dichte (der Zufallsvariablen X), im diskreten Fall Wahrscheinlichkeitsfunktion	f_X	entsprechend Nr 2.1.4.1 und Nr 2.1.4.2 mit P_X und f_X anstelle von P und f	Zur Bezeichnung der Werte der Wahrscheinlichkeitsfunktion siehe Anmerkung zu 2.1.1.3.1 und 2.1.7.
2.1.8	X ist verteilt wie Y	$X \overset{\mathrm{L}}{\sim} Y$	Die Zufallsvariablen X und Y besitzen dieselbe Wahrscheinlichkeitsverteilung, d. h. es gilt: $P_X = P_Y$	L ist eine Abkürzung für engl. „law".

3) Siehe Seite 11

Anmerkungen

Zu 2.1

Entsprechend den beiden in der Anmerkung zu 1.1 genannten Beschreibungen von Daten aus realen Experimenten stehen in der Wahrscheinlichkeitstheorie zwei Modelle zur Verfügung, die wir hier mit Wahrscheinlichkeitsfunktionen formulieren:

Modell A

In einem durchzuführenden Experiment soll ein Ergebnis ω aus der Ergebnismenge Ω ermittelt werden. ω ist verteilt nach $\langle \omega \rightarrow f(\omega) \rangle$. Der Wert y einer Funktion $\langle \omega \rightarrow Y(\omega) \rangle$ ist verteilt nach der Wahrscheinlichkeitsfunktion $\langle y \rightarrow f_Y(y) \rangle$.

Beispiel:

Bei der n-maligen stochastisch unabhängigen Durchführung eines Bernoulli-Experimentes mit der Erfolgswahrscheinlichkeit p (oft kurz Folge von Bernoulli-Experimenten genannt) wird ein n-Tupel $\omega = (x_1, \ldots, x_n)$ mit $x_i \in \{0,1\}$ gemessen. Dabei ist $f(\omega) = p^k q^{n-k}$ mit $k = x_1 + \ldots + x_n$ und $q = 1 - p$. Die Verteilung der Summe der Meßwerte $Y(\omega) = x_1 + \ldots + x_n = k$ ist die Binomialverteilung (siehe Nr 2.2.2 und Anmerkungen dazu):

$$f_Y(k) = b_{n;\,p}(k)$$

Modell B

In einem durchzuführenden Experiment soll ein Wert x einer Zufallsvariablen X ermittelt werden. X ist verteilt nach $\langle x \rightarrow f_X(x) \rangle$.

Zu Spalte 3 von 2.1

Die Abhängigkeit von einem Parameter ϑ wird so gekennzeichnet: $P_\vartheta, f_\vartheta, F_\vartheta, P_{\vartheta;\,X}, f_{\vartheta;\,X}, F_{\vartheta;\,X}$. Bei Dichten, Wahrscheinlichkeitsfunktionen und Verteilungsfunktionen können die Funktionsterme auch so bezeichnet werden: $f(\omega;\vartheta)$, $F(x;\vartheta)$, $f_X(x;\vartheta)$, $F_X(x;\vartheta)$.

Zu 2.1.1.1

Bei der Wahrscheinlichkeit von Ereignissen A, die in geschweiften Klammern angegeben werden, wird empfohlen, die runden Klammern in $P(A)$ wegzulassen (siehe dazu auch die Vorbemerkungen), z. B.:

$P\{\omega\}$ statt $P(\{\omega\})$

$P\{X \leq x\}$ statt $P(\{X \leq x\})$.

In $P(\{X \leq x\} \cup \{Y \leq y\})$ müssen dagegen die runden Klammern gesetzt werden.

Zu 2.1.1.3.1 und 2.1.7

Bei diskreten Wahrscheinlichkeitsverteilungen stehen mehrere Bezeichnungen für die Wahrscheinlichkeiten von Ergebnissen und die bedingten Wahrscheinlichkeiten (siehe Abschnitt 4.2) zur Verfügung:

– als Wert einer Wahrscheinlichkeitsfunktion (siehe Nr 2.1.4.1) (z. B. kann die Funktion $\langle \omega \rightarrow f(\omega) \rangle$ mit $\sum_{\omega \in \Omega} f(\omega) = 1$ und $f(\omega) \geq 0$ als Dichte bezüglich des Zählmaßes $\langle A \rightarrow \text{card } A \rangle$ gedeutet werden).
– als Wert der betreffenden Wahrscheinlichkeitsverteilung
– mit Hilfe der Kurzschreibweise $\{X = x\}$ für $\{\omega : X(\omega) = x\}$ von Ereignissen.

Nr der Fundstellen (z.T. sinngemäß)	gleichwertige Terme
2.1.4.1, 2.1.1.3.1	$f(\omega) = P\{\omega\}$
2.1.7, 2.1.5, Anmerkung zu 2.1.1.1	$f_X(x) = P_X\{x\} = P\{X = x\}$
4.2.1	$f(\omega \mid A) = P(\{\omega\} \mid A)$
4.2.2, Anmerkung zu 4.2.1	$f_{Y \mid X}(y \mid A) = P_{Y \mid X}(\{y\} \mid A) = P(Y = y \mid X \in A)$
4.2.3, Anmerkung zu 4.2.1	$f_{Y \mid X}(y \mid x) = P_{Y \mid X}(\{y\} \mid x) = P(Y = y \mid X = x)$

Von den jeweils genannten zwei oder drei Termen kann jeder zur Bezeichnung der betreffenden Wahrscheinlichkeiten bzw. bedingten Wahrscheinlichkeiten verwendet werden. In dieser Norm wird die erstgenannte Bezeichnungsweise bevorzugt, um den Charakter der Wahrscheinlichkeitsfunktion als spezielle Dichte hervorzuheben.

Dadurch können sonst getrennt zu formulierende Aussagen über diskrete Wahrscheinlichkeiten bzw. über gewöhnliche Dichten in einer Aussage formuliert werden (siehe z. B. Nr 4.1.2.1, Spalte 3).

Weitere spezielle Bezeichnungen sind:

a) Im Fall $\Omega \subset \mathbb{N}$ werden die Ergebnisse oft mit $i, k, \ldots$ bezeichnet und die Wahrscheinlichkeiten $P\{i\}$ mit p_i neben $f(i)$. Dabei sollte die Funktion $\langle i \rightarrow p_i \rangle$ **nicht** kurz mit p nach DIN 5473 bezeichnet werden, wenn Verwechslungsgefahr mit der Erfolgswahrscheinlichkeit p der Binomialverteilung usw. (siehe Nr 2.2.2) besteht.

b) Im Fall $\Omega \subset \mathbb{N}^2$ werden die Ergebnisse oft mit (i, j) bezeichnet und ihre Wahrscheinlichkeiten mit p_{ij}. Wenn Verwechslungsgefahr mit den genauso bezeichneten Übergangswahrscheinlichkeiten bei Markovketten besteht (siehe Beispiel zu Nr 4.2.1), wird die allgemeine Bezeichnung $f(i, j)$ empfohlen.

Beispiel:

Besetzungswahrscheinlichkeiten von Kontingenztafeln

Nr des Wertes des 1. Merkmals	Nr des Wertes des 2. Merkmals				Zeilensumme
	1	2	...	s	
1	p_{11}	p_{12}	...	p_{1s}	$p_{1.}$
2	p_{21}	p_{22}	...	p_{2s}	$p_{2.}$
...	...	...	...	...	...
r	p_{r1}	p_{r2}	...	p_{rs}	$p_{r.}$
Spalten-Summe	$p_{.1}$	$p_{.2}$	...	$p_{.s}$	1

2.2 Spezielle diskrete Wahrscheinlichkeitsverteilungen

(Beachte $\mathbb{N} = \{0, 1, 2, \ldots\}$ und $\mathbb{N}^* = \{1, 2, \ldots\}$ nach DIN 1302.)

Für eine Aufzählung von Zeichen für einige Wahrscheinlichkeitsverteilungen, die in dieser Norm empfohlen oder in der Literatur benutzt werden, siehe Anmerkung 3 zu 2.4.

1	2	3	4	5	6	7
Nr	Name	Träger T	Wahrscheinlichkeitsfunktion	Parameter	Deutung der möglichen Ergebnisse	Deutung der Parameter
2.2.1	(diskrete) Gleichverteilung (siehe Anmerkung zu 2.2.1)	T mit card $T = n$	$\omega \mapsto \frac{1}{n}$	$n \in \mathbb{N}^*$		n Anzahl der „möglichen" Ergebnisse
2.2.2	Binomialverteilung (siehe Anmerkung zu 2.2.2)	$\{0, 1, \ldots, n\}$	$k \mapsto \binom{n}{k} p^k q^{n-k}$	$n \in \mathbb{N}^*$ p mit $0 \leq p \leq 1$ $q = 1 - p$	k Anzahl der Erfolge bei n unabhängigen Bernoulli-Experimenten (siehe Anmerkung zu 2.1, Beispiel im Modell A)	p Erfolgswahrscheinlichkeit in einem Bernoulli-Experiment
2.2.3	hypergeometrische Verteilung	$\{0, 1, \ldots, n\}$	$k \mapsto \binom{n}{k} \frac{(K)_k (N-K)_{n-k}}{(N)_n}$ (siehe Anmerkung zu 2.2.3)	$n \in \mathbb{N}^*$ $N \in \mathbb{N}^*$ mit $n \leq N$ $K \in \mathbb{N}$ mit $K \leq N$	k Anzahl der Erfolge bei der Ziehung von n Kugeln aus einer Urne mit K Erfolgskugeln und $N - K$ anderen Kugeln ohne Zurücklegen	
2.2.4	negative Binomialverteilung	$\mathbb{N}$	$k \mapsto \binom{r+k-1}{k} p^r q^k$	$r > 0$ p mit $0 < p \leq 1$ $q = 1 - p$	für $r \in \mathbb{N}^*$: k Anzahl der Fehlschläge vor dem Eintritt des r-ten Erfolgs bei unabhängigen Bernoulli-Experimenten	p Erfolgswahrscheinlichkeit r Anzahl der Erfolge
2.2.4.1	geometrische Verteilung	$\mathbb{N}$	$k \mapsto p\, q^k$	wie Nr 2.2.4 mit $r = 1$		
2.2.5	Poisson-Verteilung	$\mathbb{N}$	$k \mapsto \frac{1}{k!} \lambda^k e^{-\lambda}$	$\lambda > 0$		λ ist der Erwartungswert (siehe Nr 3.1.3) der Poisson-Verteilung
2.2.6	Multinomialverteilung	$\{(k_1, \ldots, k_s)$: $k_1 + \ldots + k_s = n$ und $k_i \in \mathbb{N}\}$	$(k_1, \ldots, k_s) \mapsto \frac{n!}{k_1! \ldots k_s!} p_1^{k_1} \ldots p_s^{k_s}$	$p_i \geq 0$ $p_1 + \ldots + p_s = 1$	k_i absolute Häufigkeit des möglichen Ergebnisses $i \in \{1, \ldots, s\}$ bei n-maliger unabhängiger Durchführung eines Experimentes mit der Wahrscheinlichkeitsfunktion $\langle i \mapsto p_i \rangle$	p_i Wahrscheinlichkeit des möglichen Ergebnisses $i \in \{1, \ldots, s\}$ bei der einmaligen Durchführung des Experimentes mit $\Omega = \{1, \ldots, s\}$

Anmerkungen

Zu 2.2.1

Es gibt auch andere Gleichverteilungen, z. B. auf einem Intervall (siehe Nr 2.3.1) oder auf der Oberfläche einer Kugel.

Zu 2.2.2

1 Als Zeichen für die Terme der Binomialverteilung wird $b_{n;p}(k) = \binom{n}{k} p^k q^{n-k}$ empfohlen. Die Indizes n oder p können weggelassen werden. Siehe auch Anmerkung 3 zu 2.4.

2 Im Fall $n = 1$ wird die Binomialverteilung oft Bernoulli-Verteilung genannt.

Zu 2.2.3

Der die hypergeometrische Verteilung definierende Term wird hier mit der fallenden Fakultät von x mit k Faktoren angegeben (siehe DIN 1302):

$$(x)_k = \begin{cases} x(x-1)\ldots(x-k+1) & \text{für } k > 0 \\ 1 & \text{für } k = 0 \end{cases}$$

Die hypergeometrische Verteilung kann auch durch jeden der beiden folgenden Terme definiert werden:

$$\frac{\binom{n}{k}\binom{N-n}{K-k}}{\binom{N}{K}} = \frac{\binom{K}{k}\binom{N-K}{n-k}}{\binom{N}{n}}$$

Beim ersten muß zusätzlich $k \leq K$ vorausgesetzt werden.

2.3 Spezielle Dichten und Verteilungsfunktionen in $\mathbb{R}$

Für eine Aufzählung von Zeichen für einige Wahrscheinlichkeitsverteilungen, die in dieser Form empfohlen oder in der Literatur benutzt werden, siehe Anmerkung 3 zu 2.4.

1	2	3	4	5	6
Nr	Name	Träger	Dichte auf dem Träger	Verteilungsfunktion auf dem Träger	Parameter
2.3.1	Rechteckverteilung im Intervall (a, b), auch Gleichverteilung (siehe Anmerkung zu 2.2.1)	(a, b)	$x \mapsto \frac{1}{b-a}$	$x \mapsto \frac{x-a}{b-a}$	$-\infty < a < b < +\infty$
2.3.2	Normalverteilung (Gauß-Verteilung), mit Erwartungswert μ und Standardabweichung σ (Varianz σ^2) (siehe Anmerkung zu 2.3.2)	$\mathbb{R}$	$x \mapsto \frac{1}{\sigma}\,\varphi\left(\frac{x-\mu}{\sigma}\right)$ mit $\varphi(x) = \frac{1}{\sqrt{2\pi}} \exp\left(-\frac{1}{2}x^2\right)$	$x \mapsto \Phi\left(\frac{x-\mu}{\sigma}\right)$	$\mu \in \mathbb{R}, \sigma > 0$ Für den Fall $\sigma = 0$ siehe Nr 2.4.1.
2.3.2.1	logarithmische Normalverteilung	$\mathbb{R}^+$	$x \mapsto \frac{1}{\sigma x}\,\varphi\left(\frac{\ln x-\mu}{\sigma}\right)$	$x \mapsto \Phi\left(\frac{\ln x-\mu}{\sigma}\right)$	
2.3.3	Exponentialverteilung	$\mathbb{R}^+$	$x \mapsto \alpha\, e^{-\alpha x}$	$x \mapsto 1 - e^{-\alpha x}$	$\alpha > 0$
2.3.4	Gammaverteilung	$\mathbb{R}^+$	$x \mapsto \frac{1}{\Gamma(\nu)}\,\alpha^\nu x^{\nu-1}\, e^{-\alpha x}$	$x \mapsto \frac{\Gamma_{\alpha x}(\nu)}{\Gamma(\nu)}$	$\alpha > 0,\ \nu > 0$
2.3.5	Betaverteilung	(a, b)	$x \mapsto \frac{\Gamma(\mu+\nu)\,(b-x)^{\mu-1}\,(x-a)^{\nu-1}}{\Gamma(\mu)\,\Gamma(\nu)\,(b-a)^{\mu+\nu-1}}$	$x \mapsto I_y(\nu, \mu)$ mit $y = \frac{x-a}{b-a}$	$\mu > 0,\ \nu > 0$ $-\infty < a < b < +\infty$
2.3.5.1	Arcussinusverteilung	(a, b)	$x \mapsto \frac{1}{\pi\sqrt{(x-a)\,(b-x)}}$	$x \mapsto \frac{2}{\pi}\,\mathrm{Arcsin}\sqrt{\frac{x-a}{b-a}}$	$-\infty < a < b < +\infty$
2.3.6	Cauchy-Verteilung	$\mathbb{R}$	$x \mapsto \frac{1}{\pi}\,\frac{\lambda}{\lambda^2 + (x-\mu)^2}$	$x \mapsto \frac{1}{2} + \frac{1}{\pi}\,\mathrm{Arctan}\,\frac{x-\mu}{\lambda}$	$\lambda > 0,\ \mu \in \mathbb{R}$
2.3.7	Gumbel-Verteilung, Extremwertverteilung vom Typ I	$\mathbb{R}$	$x \mapsto \frac{1}{b}\exp\left(-\frac{x-a}{b}\right)\exp\left(-\exp\left(-\frac{x-a}{b}\right)\right)$	$x \mapsto \exp\left(-\exp\left(-\frac{x-a}{b}\right)\right)$	$a \in \mathbb{R},\ b > 0$
2.3.8	Fréchet-Verteilung, Extremwertverteilung vom Typ II	(a, ∞)	$x \mapsto \frac{\alpha}{b}\left(\frac{x-a}{b}\right)^{-\alpha-1}\exp\left(-\left(\frac{x-a}{b}\right)^{-\alpha}\right)$	$x \mapsto \exp\left(-\left(\frac{x-a}{b}\right)^{-\alpha}\right)$	$a \in \mathbb{R},\ b > 0$ $\alpha > 0$
2.3.9	Weibull-Verteilung, Extremwertverteilung vom Typ III	(a, ∞)	$x \mapsto \frac{\alpha}{b}\left(\frac{x-a}{b}\right)^{\alpha-1}\exp\left(-\left(\frac{x-a}{b}\right)^{\alpha}\right)$	$x \mapsto 1 - \exp\left(-\left(\frac{x-a}{b}\right)^{\alpha}\right)$	$a \in \mathbb{R},\ b > 0$ $\alpha > 0$

Anmerkung zu 2.3.2

Die Verteilungsfunktion der Standardnormalverteilung wird entsprechend ihrer Dichte φ häufig mit Φ bezeichnet, mit U aus Nr 2.4.2 stehen auch die Bezeichnungen f_U bzw. F_U zur Verfügung. Auf die Verwechslungsgefahr mit der in Nr 3.1.17 definierten Fourier-Transformierten (charakteristische Funktion) φ_X wird hingewiesen.

2.4 Verteilung spezieller Zufallsvariablen

Zur Bezeichnung der ermittelten Werte siehe Anmerkung 1 zu 2.4, zur Bezeichnung der unteren p-Quantile Anmerkung 4 zu 2.4.
Für eine Aufzählung von Zeichen für einige Wahrscheinlichkeitsverteilungen, die in dieser Norm empfohlen oder in der Literatur benutzt werden, siehe Anmerkung 3 zu 2.4.

1	2	3	4	5
Nr	Schreibweise [4])	Sprechweise	Charakterisierung	unteres p-Quantil (siehe Nr 3.1.1)
2.4.1	X nach $N(\mu, \sigma^2)$ verteilt	X normalverteilt mit Erwartungswert μ und Varianz σ^2	X hat die Dichte der Normalverteilung mit Erwartungswert μ und Standardabweichung $\sigma > 0$ (siehe Nr 2.3.2). Für $\sigma = 0$ gilt: $P\{X = \mu\} = 1$	
2.4.2	U	U standardnormalverteilt	U nach $N(0,1)$ verteilt	u_p
2.4.3	X verteilt [5]) wie χ_n^2	X verteilt wie ein (zentrales) Chiquadrat mit n Freiheitsgraden	X verteilt wie $\chi_n^2 = U_1^2 + U_2^2 + \ldots + U_n^2$ mit stochastisch unabhängigen $N(0,1)$ verteilten $U_1, \ldots, U_n$	$\chi^2_{n;\,p}$
2.4.4	X verteilt [5]) wie $\chi^2_{n,\,\delta}$	X verteilt wie ein nichtzentrales Chiquadrat mit n Freiheitsgraden und Nichtzentralitätsparameter δ	X verteilt wie $\chi^2_{n,\,\delta} = Y_1^2 + \ldots + Y_n^2$ mit stochastisch unabhängigen $N(\mu_i, 1)$ verteilten $Y_1, \ldots, Y_n$ und $\delta^2 = \mu_1^2 + \ldots + \mu_n^2$ und $\delta \geq 0$	$\chi^2_{n,\,\delta;\,p}$
2.4.5	X verteilt [5]) wie t_n	X verteilt wie ein (zentrales) t mit n Freiheitsgraden	X verteilt wie $\dfrac{U}{\sqrt{\chi_n^2/n}}$ mit U und χ_n^2 stochastisch unabhängig	$t_{n;\,p}$
2.4.6	X verteilt [5]) wie $t_{n,\,\delta}$	X verteilt wie ein nichtzentrales t mit n Freiheitsgraden und Nichtzentralitätsparameter δ	X verteilt wie $\dfrac{U+\delta}{\sqrt{\chi_n^2/n}}$ mit U und χ_n^2 stochastisch unabhängig mit $\delta \in \mathbb{R}$	$t_{n,\,\delta;\,p}$
2.4.7	X verteilt [5]) wie $F_{n,\,m}$	X verteilt wie ein (zentrales) F mit n und m Freiheitsgraden	$X = \dfrac{Y/n}{Z/m}$ mit Y und Z stochastisch unabhängig und mit Y und Z verteilt wie χ_n^2 bzw. χ_m^2	$F_{n,\,m;\,p}$
2.4.8	X verteilt [5]) wie $F_{n,\,m,\,\delta}$	X verteilt wie ein nichtzentrales F mit n und m Freiheitsgraden und Nichtzentralitätsparameter δ	$X = \dfrac{Y/n}{Z/m}$ mit Y und Z stochastisch unabhängig und mit Y und Z verteilt wie $\chi^2_{n,\,\delta}$ bzw. χ_m^2 mit $\delta \geq 0$	$F_{n,\,m,\,\delta;\,p}$

4) Siehe Anmerkung 2 zu 2.4.
5) X verteilt wie t_n usw. kann nach Nr 2.1.8 kurz $X \sim t_n$ geschrieben werden.

Fortsetzung des Abschnitts 2.4

1	2	3	4	5
Nr	Schreibweise	Sprechweise	Charakterisierung	unteres p-Quantil (siehe Nr 3.1.1)
2.4.9	$\boldsymbol{X}$ nach $N_n(\boldsymbol{\mu}, \boldsymbol{\Sigma})$ verteilt	$\boldsymbol{X}$ n-dimensional normalverteilt mit Erwartungswertsvektor $\boldsymbol{\mu}$ und Kovarianzmatrix $\boldsymbol{\Sigma}$	Für $\boldsymbol{X} = (X_1, \ldots, X_n)'$ mit $\boldsymbol{\mu} = (\mu_1, \ldots, \mu_n)'$ und $\boldsymbol{\Sigma}$ gilt: $\alpha_1 X_1 + \ldots + \alpha_n X_n$ verteilt nach $N(\alpha_1 \mu_1 + \ldots + \alpha_n \mu_n, \sigma^2)$ mit $\sigma^2 = (\alpha_1, \ldots, \alpha_n)\, \boldsymbol{\Sigma}\, (\alpha_1, \ldots, \alpha_n)'$ für alle $(\alpha_1, \ldots, \alpha_n) \in \mathbb{R}^n$. Für die Dichte von $N_2\left(\begin{pmatrix}\mu_1\\ \mu_2\end{pmatrix}, \begin{pmatrix}\sigma_1^2 & \varrho\sigma_1\sigma_2\\ \varrho\sigma_1\sigma_2 & \sigma_2^2\end{pmatrix}\right)$ mit $\sigma_1^2 \sigma_2^2 (1-\varrho^2) \neq 0$ siehe Anmerkung zu 2.4.9	
2.4.10	$\boldsymbol{S}$ nach $W_m(n, \boldsymbol{\Sigma}, \boldsymbol{M})$ verteilt	$\boldsymbol{S}$ nichtzentral Wishart-verteilt mit n Freiheitsgraden, Kovarianzmatrix $\boldsymbol{\Sigma}$ und Nichtzentralitätsmatrix $\boldsymbol{M} = (\mu_{ij})$	$\boldsymbol{S}$ verteilt wie $\begin{pmatrix}X_{11} & \ldots X_{1n}\\ X_{m1} & \ldots X_{mn}\end{pmatrix} \begin{pmatrix}X_{11} \ldots X_{m1}\\ X_{1n} \ldots X_{mn}\end{pmatrix}$ mit $X_j = (X_{1j}, \ldots, X_{mj})'$ verteilt nach $N_m((\mu_{1j}, \ldots, \mu_{mj})', \boldsymbol{\Sigma})$ und $X_1, \ldots, X_n$ stochastisch unabhängig	

Anmerkungen

Zu 2.4

1 Die Zeichen u; χ_n^2; $\chi_{n,\delta}^2$; t_n; $t_{n,\delta}$; $F_{n,m}$; $F_{n,m,\delta}$ können auch für ermittelte Werte dieser Zufallsgrößen verwendet werden (bei entsprechenden Verteilungsannahmen über das real durchgeführte Experiment).

2 Man sagt: „X ist verteilt nach $N(\mu, \sigma^2)$", weil $N(\mu, \sigma^2)$ eine Wahrscheinlichkeitsverteilung bezeichnet. Dagegen sagt man: „X verteilt wie χ_n^2", weil χ_n^2 eine Zufallsvariable bezeichnet.

3 In der mathematischen Statistik werden außer den hier in Nr 2.4.1, Nr 2.4.9, Nr 2.4.10 genormten Zeichen $N(\mu, \sigma^2)$, $N_n(\boldsymbol{\mu}, \boldsymbol{\Sigma})$, $W_m(n, \boldsymbol{\Sigma}, \boldsymbol{M})$ noch u. a. die Zeichen $\mathfrak{B}(n, p)$ für die Binomialverteilung in Nr 2.2.2, $\mathfrak{H}(N, n, K)$ für die Hypergeometrische Verteilung in Nr 2.2.3, $\mathfrak{P}(\lambda)$ für die Poisson-Verteilung in Nr 2.2.5, $\mathfrak{M}(n, p_1, \ldots, p_s)$ für die Multinomialverteilung in Nr 2.2.6 und $\mathfrak{R}(a, b)$ für die Rechteckverteilung in Nr 2.3.1, $\mathfrak{E}(\alpha)$ für Exponentialverteilung in Nr 2.3.3, $\Gamma(\alpha, \nu)$ für Gammaverteilung in Nr 2.3.4, $B(\nu, \mu)$ für Betaverteilung in Nr 2.3.5 verwendet.

4 Anstelle von χ_n^2, t_n, $F_{n,m}$; $\chi_{n;p}^2$, $t_{n;p}$, $F_{n,m,p}$ empfiehlt ISO 3534 die Zeichen $\chi^2(\nu)$, $t(\nu)$, $F(\nu_1, \nu_2)$; $\chi_p^2(\nu)$, $t_p(\nu)$, $F_p(\nu_1, \nu_2)$. Die hier empfohlenen Zeichen sind einerseits weit verbreitet, andererseits bestehen sie aus weniger Schriftzeichen. Ferner wird durch den vorliegenden Normtext kein Zeichen für die Anzahl der Freiheitsgrade genormt, während ISO 3534 das Zeichen ν empfiehlt. Es ist deshalb zulässig, in einer speziellen Anwendungsnorm die Anzahl der Freiheitsgrade z. B. mit f zu bezeichnen.

Zu 2.4.9

Die Dichte der 2-dimensionalen Normalverteilung mit Erwartungswerten μ_1, μ_2, Standardabweichungen σ_1, σ_2 mit $\sigma_1 > 0$, $\sigma_2 > 0$ und Korrelationskoeffizient ϱ mit $|\varrho| < 1$ ist gegeben durch:

$$(x_1, x_2) \mapsto \frac{1}{2\pi\sigma_1\sigma_2\sqrt{1-\varrho^2}} \exp\left(-\frac{1}{2(1-\varrho^2)}\left(\frac{(x_1-\mu_1)^2}{\sigma_1^2} + \frac{(x_2-\mu_2)^2}{\sigma_2^2} - 2\varrho\,\frac{(x_1-\mu_1)(x_2-\mu_2)}{\sigma_1\sigma_2}\right)\right)$$

3 Parameter

3.1 Spezielle Funktionalparameter von Zufallsvariablen und ihren Verteilungen

In Spalte 4 erscheinen die Definitionen p-Quantil von X, Erwartungswert von $X, \ldots$ Es wird empfohlen, ausführlich p-Quantil bzgl. P_X, Erwartungswert von $P_X, \ldots$ oder ähnlich zu sprechen, wenn nicht aus dem Zusammenhang die zugrunde liegende Wahrscheinlichkeitsverteilung klar ist. Ebenso ist es zulässig, vom p-Quantil, Erwartungswert, ... einer speziellen Verteilung zu sprechen, z. B. von der Varianz npq der Binomialverteilung. Zur Bezeichnung der Funktionalparameter mit griechischen Buchstaben siehe Anmerkung zu 3.1.

Voraussetzung für die Anwendung der Nr 3.1.1 bis Nr 3.1.2.2 ist, daß die Werte der Zufallsvariablen (linear) geordnet werden können. Voraussetzung für die Anwendung der Nr 3.1.2 bis Nr 3.1.17 ist, daß Zufallsvariablen vorliegen, bei denen insbesondere die vorkommenden Additionen und Subtraktionen sinnvoll sind.

1	2	3	4	5	6	7
Nr	empfohlenes Zeichen[6)]	Verwendung	Name	Definition	weitere Zeichen	Bemerkungen
3.1.1		x_p	p-Quantil von X	Ein $x_p \in \mathbb{R}$ mit $P\{X < x_p\} \leq p$ und $p \leq P\{X \leq x_p\}$		Bei Tafelwerken achte man darauf, ob die $(1-p)$-Quantile als „obere" p-Quantile oder ähnlich bezeichnet sind.
3.1.1.1		$x_{1/2}$	Median von X	0,5-Quantil		
3.1.1.2.1		$x_{1/4}$	unteres Quartil von X	0,25-Quantil		
3.1.1.2.2		$x_{3/4}$	oberes Quartil von X	0,75-Quantil		
3.1.1.3.1		$x_{0,1}$	unteres Dezil von X	0,1-Quantil		
3.1.1.3.2		$x_{0,9}$	oberes Dezil von X	0,9-Quantil		
3.1.2.1			Quartilabstand von X	$x_{3/4} - x_{1/4}$		auch Quartilspannweite genannt
3.1.2.2			Dezilabstand von X	$x_{0,9} - x_{0,1}$		
3.1.3	E	E X oder E (X)	Erwartungswert von X	Im diskreten Fall: $\mathrm{E}\,X = \sum_{\omega} X(\omega)\, f(\omega)$ $= \sum_{x} x\, P_X\{x\}$ allgemein: $\mathrm{E}\,X = \int X(\omega)\, f(\omega)\, \mu(\mathrm{d}\omega)$ $= \int x\, P_X(\mathrm{d}x)$	μ oder μ_X	Der Erwartungswert existiert, wenn E $\lvert X \rvert < \infty$. Existiert der Erwartungswert nicht, so schreibt man E $X = \infty$, wenn E min $(0, X) > -\infty$. Siehe Anmerkung zu 3.1.3 über Klammerregeln.
3.1.4	Var auch V	Var (X) auch $V(X)$	Varianz von X, zweites zentrales Moment	$\mathrm{Var}(X) = \mathrm{E}\,(X - \mathrm{E}\,X)^2$	σ^2 oder σ_X^2	Spezialfall $r = 2$ von Nr 3.1.12. Siehe Anmerkung zu 3.1.3 über Klammerregeln.
3.1.5	σ	$\sigma(X)$	Standardabweichung von X	$\sigma = \sqrt{\mathrm{Var}(X)}$	σ oder σ_X	

6) Siehe Anmerkung zu Spalte 2 von 3.1.

Fortsetzung von Abschnitt 3.1

1	2	3	4	5	6	7
Nr	empfohlenes Zeichen 6)	Verwendung	Name	Definition	weitere Zeichen	Bemerkungen
3.1.6			Variationskoeffizient von X	wird nur für $X(\omega) \geq 0$ definiert: $\frac{\sigma}{\mu} = \frac{\sqrt{\mathrm{Var}(X)}}{\mathrm{E}\,X}$		
3.1.7	Cov	$\mathrm{Cov}(X, Y)$	Kovarianz von X und Y	$\mathrm{Cov}(X, Y) = \mathrm{E}(X - \mathrm{E}\,X)\,(Y - \mathrm{E}\,Y)$		Siehe Anmerkung zu 3.1.3.
3.1.8	ϱ	$\varrho(X, Y)$	Korrelationskoeffizient von X und Y	$\varrho(X, Y) = \frac{\mathrm{Cov}(X, Y)}{\sqrt{\mathrm{Var}(X)\,\mathrm{Var}(Y)}}$	ϱ_{XY}	
3.1.9			Kovarianzmatrix des Zufallsvektors $(X_1, X_2, \ldots, X_n)$	$(\mathrm{E}(X_i - \mathrm{E}\,X_i)\,(X_j - \mathrm{E}\,X_j))$	Σ, (σ_{ij})	Bei Verwendung des Zeichens Σ gilt $\mathrm{Var}(X_i) = \sigma_{ii}$ und $\mathrm{Cov}(X_i, X_j) = \sigma_{ij}$
3.1.10			Moment der Ordnung r bzgl. c von X	$\mu_r'(c) = \mathrm{E}(X - c)^r$ mit $r \geq 0$	$\mu_r'(c)$ μ_r' für $\mu_r'(0)$	Im Fall $c = 0$ läßt man den Zusatz „bzgl. 0" weg. Statt „der Ordnung r" auch „r-tes Moment".
3.1.11			absolutes Moment der Ordnung r bzgl. c von X	$\gamma_r(c) = \mathrm{E}\,\|X - c\|^r$	$\gamma_r(c)$ γ_r für $\gamma_r(0)$	Wenn $\gamma_r < \infty$ für ein $r \geq 0$, so sagt man, X (bzw. P_X) besitzt Momente mindestens der Ordnung r.
3.1.12			zentrales Moment der Ordnung r von X	$\mathrm{E}(X - \mathrm{E}\,X)^r$	μ_r	Setze $c = \mathrm{E}\,X$ in Nr 3.1.10. Beachte, daß nach Nr 3.1.3 μ_r auch $\mathrm{E}\,X_r$ bedeuten kann.
3.1.13			faktorielles Moment k-ter Ordnung von X	$\mathrm{E}\,(X)_k$	$\mu_{(k)}$	Beachte $(X)_k = X(X-1)\ldots(X-k+1)$. Siehe Anmerkung zu 3.1.3.
3.1.14			Moment der Ordnungen i und k von X und Y	$\mathrm{E}\,X^i\,Y^k$	μ_{ik}	Siehe Anmerkung zu 3.1.3. Analog sind die absoluten, zentralen, ... Momente der Ordnungen i und k von X und Y definiert.
3.1.15			(linearer) Regressionskoeffizient von Y auf X	$\beta_{YX} = \frac{\mathrm{Cov}(X, Y)}{\mathrm{Var}\,X} = \frac{\varrho(X, Y)\,\sigma(Y)}{\sigma(X)}$	β_{YX}	Siehe Anmerkung zu 4.3.2.
3.1.16			erzeugende Funktion von X	$\langle t \to \mathrm{E}\,t^X \rangle$	G	X nicht-negativ ganzzahlig
3.1.17			Fourier-Transformierte von X, auch charakteristische Funktion von X	$\langle t \to \mathrm{E}\,e^{itX} \rangle \mid \mathbb{R}^1$	φ_X	i ist die imaginäre Einheit.

6) Siehe Anmerkung zu Spalte 2 von 3.1.

Anmerkungen

Zu 3.1

Als Zeichen für die Funktionalparameter von Zufallsvariablen und ihren Verteilungen sollen kleine griechische Buchstaben verwendet werden, während für die entsprechenden Kennwerte von Meßreihen, d.h. ermittelten Werte von n Zufallsvariablen (siehe Abschnitt 1.2), kleine lateinische Buchstaben verwendet werden sollen.

Beispiel:	theoretisch	empirisch
zweites zentrales Moment	μ_2	m_2
Varianz	σ^2	s^2
Kovarianzmatrix	$(\sigma_{ij}), \Sigma$	(s_{ij})
Korrelationskoeffizient	ϱ_{XY}	r_{xy}
Regressionskoeffizient	β_{XY}	b_{xy}
Moment der Ordnung r bzgl. 0	μ'_r	m'_r

Die Zeichen x_p und $\bar{x}_p$ für das theoretische bzw. empirische p-Quantil (x_p nach ISO 3534) sind die auffälligste Ausnahme von der obigen Regel. x_p ist dabei als Zeichen für einen speziellen Wert der Zufallsvariablen X gewählt. Weitere Ausnahmen sind: die Erfolgswahrscheinlichkeit p und die (relative) Häufigkeit $h = h_n(1)$, der Parameter λ für die Poisson-Verteilung und die absolute Häufigkeit k.

Zu Spalte 2 von 3.1

Die Abhängigkeit von einem Parameter ϑ wird so gekennzeichnet: E_ϑ, Var_ϑ, Cov_ϑ, ϱ_ϑ, $\varphi_{\vartheta;X}$.

Zu 3.1.3

Der Erwartungswert E wirkt als Operator auf den nachfolgenden Term einschließlich Produkten von Termen, aber nicht auf Summen von Termen. Soll der Erwartungswert E X mit einer Zufallsvariablen Y multipliziert werden, so schreibe man $Y E X$ anstelle von $(E X) Y$. Kann man nicht mit der Kenntnis dieser Regeln rechnen, so setze man Klammern. Die im ersten Satz genannte Regel wurde in dieser Norm in folgenden Nummern angewendet, dabei ist die ausführlichere Schreibweise teilweise angegeben:

Nr 3.1.4 $E(X - E X)^2 = E((X - E X)^2)$

Nr 3.1.7 $E(X - E X)(Y - E Y) = E((X - E X)(Y - E Y))$

Nr 3.1.9 wie Nr 3.1.7

Nr 3.1.10 bis Nr 3.1.12 entsprechend Nr 3.1.4

Nr 3.1.13 $E(X)_k = E((X)_k)$

Nr 3.1.14 $E X^i Y^k = E(X^i Y^k)$

Nr 3.1.16 $E t^X = E(t^X)$

Nr 3.1.17 $E e^{itX} = E(e^{itX})$

3.2 Arten von Funktionalparametern

1	2	3
Nr	Name	Beispiele
3.2.1	Lageparameter	Median, Erwartungswert, wahrscheinlichster Wert, Maximum der Dichte
3.2.2	Streuungsparameter	Quartilabstand, Dezilabstand, Standardabweichung
3.2.3	Formparameter	
3.2.3.1	Wölbungsparameter	Kurtosis $\frac{\mu_4}{\sigma^4}$, Exzeß $\frac{\mu_4}{\sigma^4} - 3$
3.2.3.2	Asymmetrieparameter	Die Schiefen $\frac{\mu_3}{\sigma^3}$ und $\frac{\mu - x_{1/2}}{\sigma}$
3.2.4	Abhängigkeitsparameter	Korrelationskoeffizient, Regressionskoeffizient

3.3 Scharparameter

Ist eine Wahrscheinlichkeitsverteilung $\langle A \rightarrow P_\vartheta(A) \rangle$ von einer Variablen ϑ abhängig, so wird ϑ ein **Scharparameter** (oft kurz Parameter) der Verteilung genannt.

Beispiele von (Schar-)Parametern spezieller Wahrscheinlichkeitsverteilungen findet man in Abschnitt 2.2, Spalte 5, und in Abschnitt 2.3, Spalte 6, sowie in Abschnitt 2.4, Spalte 3. Die Namen für zwei typische Beispiele werden hier angegeben.

1	2	3
Nr	Name	Definition
3.3.1	Verschiebungsparameter	Ein **Verschiebungsparameter** μ liegt vor, wenn gilt: $F_\mu(x) = F_0(x - \mu)$
3.3.2	Skalenparameter	Ein **Skalenparameter** λ liegt vor, wenn gilt: $F_\lambda(x) = F_1\left(\frac{x}{\lambda}\right)$

4 Stochastische Abhängigkeit und Unabhängigkeit

4.1 Stochastische Unabhängigkeit

1	2	3	4
Nr	Es heißen voneinander stochastisch unabhängig	wenn	Bemerkung
4.1.1.1	die Ereignisse A, B	$P(A \cap B) = P(A)\, P(B)$	
4.1.1.2	die Ereignisse $A_1, A_2, \ldots, A_n$	$P\left(\bigcap_{i \in I} A_i\right) = \prod_{i \in I} P(A_i)$ für alle $I \subset \{1, 2, \ldots, n\}$ mit card $I \geq 2$	Die Ereignisse $A_1, A_2, \ldots, A_n$ heißen paarweise stochastisch unabhängig, wenn gilt: $P(A_i \cap A_j) = P(A_i)\, P(A_j)$ für $i \neq j$. Dies bedeutet jedoch nicht Unabhängigkeit der Ereignisse.
4.1.2.1	die Zufallsvariablen X, Y	a) im Fall von Wahrscheinlichkeitsfunktionen und (gewöhnlichen) Dichten gilt: die Funktion $\langle (x, y) \mapsto f_X(x)\, f_Y(y) \rangle$ gibt die Wahrscheinlichkeitsfunktion bzw. die Dichte $\langle (x, y) \mapsto f_{X,Y}(x, y) \rangle$ an b) allgemein gilt: $P\{X \in B_1, Y \in B_2\} = P\{X \in B_1\}\, P\{X \in B_2\}$ für alle $B_1 \in \mathscr{B}_1$ und $B_2 \in \mathscr{B}_2$, wobei $X: (\Omega, \mathscr{A}) \to (\mathscr{X}, \mathscr{B}_1)$ und $Y: (\Omega, \mathscr{A}) \to (\mathscr{Y}, \mathscr{B}_2)$	Liegen die Verteilungsfunktionen $\langle x \mapsto F_X(x) \rangle$ und $\langle y \mapsto F_Y(y) \rangle$ vor, so sind X und Y stochastisch unabhängig, wenn $F_{X,Y}(x, y) = F_X(x)\, F_Y(y)$. Sind f_X und f_Y Dichten bzgl. der Maße μ über $(\mathscr{X}, \mathscr{B}_1)$ bzw. ν über $(\mathscr{Y}, \mathscr{B}_2)$, so ist $\langle (x, y) \mapsto f_X(x)\, f_Y(y) \rangle$ eine Dichte bzgl. des Produktmaßes $\mu \times \nu$ über $(\mathscr{X} \times \mathscr{Y}, \mathscr{B}_1 \times \mathscr{B}_2)$ mit $(\mu \times \nu)(A_1 \times A_2) = \mu(A_1)\, \nu(A_2)$, wobei $\mathscr{B}_1 \times \mathscr{B}_2$ die kleinste σ-Algebra ist, die alle Mengen $A \times B$ mit $A \in \mathscr{B}_1$ und $B \in \mathscr{B}_2$ enthält.
4.1.2.2	die Zufallsvariablen $X_1, X_2, \ldots, X_n$	a) im Fall von Wahrscheinlichkeitsfunktionen und (gewöhnlichen) Dichten gilt: die Funktion $\langle (x_1, x_2, \ldots, x_n) \mapsto f_{X_1}(x_1)\, f_{X_2}(x_2) \ldots f_{X_n}(x_n) \rangle$ gibt die Wahrscheinlichkeitsfunktion bzw. die Dichte $\langle (x_1, x_2, \ldots, x_n) \mapsto f_{X_1, X_2, \ldots, X_n}(x_1, x_2, \ldots, x_n) \rangle$ an b) allgemein gilt: $P\{X_1 \in B_1, \ldots, X_n \in B_n\} = \prod_{i=1}^{n} P\{X_i \in \mathscr{B}_i\}$ für alle $B_1 \in \mathscr{B}_1, \ldots, B_n \in \mathscr{B}_n$, wobei $X_i : (\Omega, \mathscr{A}) \to (\mathscr{X}_i, \mathscr{B}_i)$	
4.1.3	die σ-Algebren $\mathscr{C}_1, \mathscr{C}_2, \ldots, \mathscr{C}_n$	$P(C_1 \cap C_2 \cap \ldots \cap C_n) = P(C_1)\, P(C_2) \ldots P(C_n)$ für alle $C_1 \in \mathscr{C}_1, C_2 \in \mathscr{C}_2, \ldots, C_n \in \mathscr{C}_n$	

4.2 Bedingte Wahrscheinlichkeiten, Dichten und Verteilungsfunktionen

Es wird empfohlen, die Zeichen (|) für bedingte Wahrscheinlichkeiten und bedingte Dichten wie in den angegebenen Beispielen in den Spalten 2 und 3 zu verwenden. Für die entsprechende Verwendung bei bedingten Verteilungsfunktionen siehe Anmerkung zu 4.2, für die entsprechende Verwendung bei bedingten Erwartungswerten siehe Abschnitt 4.3. Die Terme $P(B \mid A)$ usw. für die bedingten Wahrscheinlichkeiten der Nr 4.2.1 bis Nr 4.2.4 in Spalte 2 sind nur dann durch Spalte 4 eindeutig definiert, wenn die Wahrscheinlichkeit der Bedingung A oder $\{X = x\}$ positiv ist. In diesem Fall sind die bedingten Wahrscheinlichkeitsverteilungen $\langle B \to P(B \mid A)\rangle$, $\langle B \to P_{Y \mid X}(B \mid A)\rangle$, $\langle B \to P_{Y \mid X}(B \mid x)\rangle$ und $\langle B \to P(B \mid X = x)\rangle$ eindeutig definiert. Andernfalls kann man unter gewissen Regularitätsvoraussetzungen die Funktionen $\langle x \to P(B \mid X = x)\rangle$ so wählen, daß $\langle B \to P(B \mid X = x)\rangle$ für fast alle x eine bedingte Wahrscheinlichkeitsverteilung ist. Dasselbe gilt für die Terme der bedingten Verteilungsfunktionen in der Anmerkung zu 4.2. Für die Existenz der bedingten Dichten in Spalte 3 sind weitere Voraussetzungen notwendig.

1	2	3	4
Nr	Verwendung der Zeichen (|) mit der Sprechweise bedingte Wahrscheinlichkeit des Ereignisses B, gegeben . . .	bedingte Wahrscheinlichkeit[7]) des Ergebnisses ω (bzw. y), gegeben . . . oder bedingte Dichte des Ergebnisses ω (bzw. y), gegeben . . .	Charakterisierung
4.2.1	$P(B \mid A)$	$f(\omega \mid A)$	$P(A \cap B) = P(B \mid A)\, P(A)$ (Siehe Anmerkung und Beispiel zu 4.2.1.)
4.2.2	$P_{Y \mid X}(B \mid A)$	$f_{Y \mid X}(y \mid A)$	$P_{Y \mid X}(B \mid A) = P(Y \in B \mid X \in A)$
4.2.3	$P_{Y \mid X}(B \mid x)$	$f_{Y \mid X}(y \mid x)$	Zu Spalte 2: $P_{Y \mid X}(B \mid x) =_{\text{def}} P(Y \in B \mid X = x)$ (Siehe Nr 4.2.4.) Zu Spalte 3: Eine Funktion $\langle (x, y) \to f_{Y \mid X}(y \mid x)\rangle$, so daß die Funktion $\langle (x, y) \to f_{Y \mid X}(y \mid x)\, f_X(x)\rangle$ die Wahrscheinlichkeiten bzw. die (gewöhnliche) Dichte $\langle (x, y) \to f_{X, Y}(x, y)\rangle$ angibt. Siehe Anmerkungen und Beispiel zu 4.2.3.
4.2.4	$P(B \mid X = x)$	$f(\omega \mid X = x)$	Eine Funktion mit $\langle x \to P(B \mid X = x)\rangle$ mit $P(\{X \in A\} \cap B) = \int_A P(B \mid X = x)\, P_X(\mathrm{d}x)$ für alle $A \in \mathscr{B}$, wobei diese Funktion im Sinne der Maßtheorie $\mathscr{B}$-meßbar ist. (Beachte $\{X \in A\} = \{\omega : X(\omega) \in A\}$)
4.2.5	$P(B \mid X)$		Eine Zufallsvariable $\langle \omega \to P(B \mid X)(\omega)\rangle$ mit $P(\{X \in A\} \cap B) = \int_{X \in A} P(B \mid X)(\omega)\, P(\mathrm{d}\omega)$ für alle $A \in \mathscr{B}$, wobei diese Zufallsvariable bzgl. der von X erzeugten σ-Algebra im Sinne der Maßtheorie meßbar ist.
4.2.6	$P(B \mid \mathscr{C})$		Eine $\mathscr{C}$-meßbare Zufallsvariable $\langle \omega \to P(B \mid \mathscr{C})(\omega)\rangle$ mit $P(B \cap C) = \int_C P(B \mid \mathscr{C})(\omega)\, P(\mathrm{d}\omega)$ für alle $C \in \mathscr{C}$.

[7]) Siehe Anmerkung zu 2.1.1.3.1 und 2.1.7.

Anmerkungen

Zu 4.2

Die den bedingten Wahrscheinlichkeiten in Spalte 2 bzw. den bedingten Dichten in Spalte 3 entsprechenden bedingten Verteilungsfunktionen werden mit $F(y|A)$, $F_{Y|X}(y|A)$, $F_{Y|X}(y|x)$, $F(y|X=x)$ usw. bezeichnet.

Zu 4.2.1

Werden die Ereignisse A und/oder B in $P(B|A)$ in geschweiften Klammern ohne die Abstraktionsvariable ω (siehe Vorbemerkungen) angegeben, so ist es zulässig, die geschweiften Klammern wegzulassen, z. B.

$P(Y \in B | X \in A)$ statt $P(\{Y \supset B\} \,|\, \{X \in A\})$
$P(Y \in B | A)$ statt $P(\{Y \in B\} \,|\, A)$
$P(B | X = x)$ statt $P(B \,|\, \{X = x\})$

Es wird darauf hingewiesen, daß die in Nr 4.2.1 und Nr 4.2.4 angegebenen Charakterisierungen von $P(B|X=x)$ miteinander verträglich sind. Nr 4.2.4 wird nur im Fall $P\{X=x\}=0$ benötigt.

Beispiel zu 4.2.1

1 Eine Folge von Zufallsvariablen X_0, X_1, X_2, ... heißt eine **Markovkette** erster Ordnung, wenn die bedingten Wahrscheinlichkeiten $\langle x \rightarrow P(X_{n+1}=x | X_0=x_0, \ldots, X_n=x_n)\rangle$ von X_{n+1} nur von x_n abhängen:

$\langle x \rightarrow P(X_2 = x | X_0 = x_0, X_1 = x_1)\rangle$
hängt nicht von x_0 ab,

$\langle x \rightarrow P(X_3 = x | X_0 = x_0, X_1 = x_1, X_2 = x_2)\rangle$
hängt nicht von x_0, x_1 ab.

2 $P(X_{n+1} = x_{n+1} | X_n = x_n)$ bedeutet die **Übergangswahrscheinlichkeit** von dem „Zustand" x_n zur „Zeit" n zum „Zustand" x_{n+1} zur „Zeit" $n+1$.

3 Eine Markovkette besitzt **stationäre Übergangswahrscheinlichkeiten**, wenn für alle $n \geq 1$:

$$P(X_{n+1}=j | X_n = i) = P(X_1 = j | X_0 = i)$$

4 Die **Matrix der stationären Übergangswahrscheinlichkeiten** ist die Matrix (p_{ij}) mit:

$$p_{ij} = P(X_1 = j | X_0 = i)$$

5 Das **Tupel der Anfangswahrscheinlichkeiten** ist das Tupel (p_i) mit:

$$p_i = P(X_0 = i)$$

Zu 4.2.3

1 Unter gewissen Regularitätsvoraussetzungen gilt:

$$f_{Y|X}(y|x) = \frac{f_{X,Y}(x,y)}{f_X(x)}$$

2 Sind f_X und $\langle y \rightarrow f_{Y|X}(y|x)\rangle$ Dichten bezüglich der Maße μ und ν, so ist $\langle (x,y) \rightarrow f_{Y|X}(y|x)\, f_X(x)\rangle$ eine Dichte bzgl. des Produktmaßes $\mu \times \nu$ (siehe Nr 4.1.2.1, Spalte 4).

Beispiel zu 4.2.3

$f_{X,Y}(x,y)$ sei die in Anmerkung zu 2.4.9 (mit x_1, x_2 anstelle von x, y) angegebene Dichte der 2-dimensionalen Normalverteilung. Dann ist die bedingte Dichte der Normalverteilung von y, gegeben x:

$$f_{Y|X}(y|x) = \frac{1}{\sigma_2 \sqrt{2\pi\,(1-\varrho^2)}} \exp \left(- \frac{(y-\mu_2-\varrho(\sigma_2/\sigma_1)(x-\mu_1))^2}{2\sigma_2^2(1-\varrho^2)} \right)$$

4.3 Bedingte Erwartungswerte

Für den Begriff des Erwartungswertes E X siehe Nr 3.1.3.

1	2	3	4
Nr	Verwendung der Zeichen (|) mit der Sprechweise: bedingter Erwartungswert der Zufallsvariable Y, gegeben …	Charakterisierung oder Definition	Bemerkung
4.3.1	$\mathrm{E}\,(Y\mid A)$	$\mathrm{E}\; YI_A = \mathrm{E}\,(Y\mid A)\; P(A)$	Im diskreten Falle gilt: $\mathrm{E}\,(Y\mid A) = \sum\limits_{\omega} Y(\omega)\, f(\omega\mid A)$
4.3.2	$\mathrm{E}\,(Y\mid X = x)$	$\mathrm{E}\; YI_{\{X \in A\}} = \int\limits_A \mathrm{E}(Y\mid X = x)\; P_X(\mathrm{d}x)$ für alle $A \in \mathscr{B}$	Die Funktion $\langle x \to \mathrm{E}\,(Y\mid X = x)\rangle$ ist $\mathscr{B}$-meßbar. Unter gewissen Regularitätsvoraussetzungen gilt: $\mathrm{E}\,(Y\mid X = x) = \int y f_{Y\mid X}(y\mid x)\,\mathrm{d}y$ Die Funktion $\langle x \to \mathrm{E}\,(Y\mid X = x)\rangle$ heißt Regressionsfunktion von Y auf X. Ist X reellwertig, so stellt man diese als Regressionskurve (z. B. -gerade) dar. Ist $X = (X_1, X_2)$ ein Paar reellwertiger Zufallsvariablen, so stellt man die Regressionsfunktion als Regressionsfläche (z. B. -ebene) dar. Siehe Anmerkung zu 4.3.2.
4.3.3	$\mathrm{E}\,(Y\mid X)$	$\mathrm{E}\; YI_{\{X \in A\}} = \int\limits_{X \in A} \mathrm{E}\,(Y\mid X)\,(\omega)\; P(\mathrm{d}\omega)$ für alle $A \in \mathscr{B}$	$\mathrm{E}\,(Y\mid X)$ ist eine Zufallsvariable, die bzgl. der von X erzeugten σ-Algebra meßbar ist.
4.3.4	$\mathrm{E}\,(Y\mid \mathscr{C})$	$\mathrm{E}\; YI_C = \int\limits_C \mathrm{E}\,(Y\mid \mathscr{C})\,(\omega)\; P(\mathrm{d}\omega)$ für alle $C \in \mathscr{C}$	$\mathrm{E}\,(Y\mid \mathscr{C})$ ist eine $\mathscr{C}$-meßbare Zufallsvariable, $\mathscr{C}$ eine Teil-σ-Algebra von $\mathscr{A}$.

Anmerkung zu 4.3.2

Wenn die Regressionskurve eine Gerade oder die Regressionsfläche eine Ebene ist, spricht man von „linearer Regression". Im ersten Fall ist der „lineare Regressionskoeffizient von Y auf X" der Koeffizient von x in der Gleichung der Regressionsgeraden (siehe Nr 3.1.15).

Im zweiten Fall ist der „partielle Regressionskoeffizient von Y auf x_1" der Koeffizient von x_1 in der Gleichung der Regressionsebene.

Im Sinne der Anmerkung zu 3.1 handelt es sich bei den hier erwähnten Begriffen um theoretische Begriffe im Gegensatz zu den entsprechenden empirischen Begriffen, siehe Nr 1.2.14 zum Begriff der empirischen Regressionsgeraden.

DK 519.2 : 31 : 001.4 : 003.62

November 1982

Stochastik

Mathematische Statistik

Begriffe und Zeichen

DIN 13 303 Teil 2

Stochastics; mathematical statistics; concepts, signs and symbols

Inhalt

	Seite
Vorbemerkung	1
1 Grundbegriffe der mathematischen Statistik	2
2 Statistische Tests	4
3 Punktschätzer	7
4 Bereichsschätzer	9
Zitierte Normen	11
Erläuterungen	11
Stichwortverzeichnis	11

Die Normen DIN 13 303 Teil 1 und Teil 2 dienen dazu, die Begriffe und Zeichen der Stochastik zu normen, und zwar im vorliegenden Teil 2 die Begriffe und Zeichen der mathematischen Statistik. Dieser Teil fußt auf DIN 13 303 Teil 1.

Ergänzend hierzu behandeln die Normen DIN 55 350 Teil 21 bis Teil 24 die Begriffe der Statistik aus der Sicht der praktischen Anwendung, wobei dort auf eine strenge mathematische Darstellungsweise im allgemeinen verzichtet wird.

Bezüglich der verwendeten mathematischen Zeichen und Begriffe gelten DIN 1302 und die dort zitierten weiteren Normen mathematischen Inhalts, insbesondere DIN 5473.

Internationale Patentklassifikation

G 06 G 7/52
G 06 F 15/36

Zitierte Normen, Erläuterungen und Stichwortverzeichnis siehe Originalfassung der Norm

Fortsetzung Seite 2 bis 10

Normenausschuß Einheiten und Formelgrößen (AEF) im DIN Deutsches Institut für Normung e.V.
Ausschuß Qualitätssicherung und angewandte Statistik (AQS) im DIN

1 Grundbegriffe der mathematischen Statistik

Vor Beginn der statistischen Untersuchung legt man im Sinne der beiden in der Anmerkung zu Abschnitt 1.1 von DIN 13 303 Teil 1 (Ausgabe Mai 1982) angegebenen Beschreibungen fest:

- die Ergebnismenge, aus der ein Ergebnis ermittelt werden soll, oder
- die Zufallsvariablen, von denen je ein Wert (eine Realisation) ermittelt werden soll.

Bei beiden Beschreibungen kennt man im allgemeinen nicht die dem Experiment wirklich zugrunde liegende wahre Wahrscheinlichkeitsverteilung (siehe Nr 1.1). Dabei ist die Grundannahme, daß die wahre Wahrscheinlichkeitsverteilung zur Menge der zugelassenen Wahrscheinlichkeitsverteilungen (siehe Nr 1.2) gehört.

1	2	3	4	5
Nr	Name	Zeichen	Definition	Bemerkung
1.1	wahre Wahrscheinlichkeitsverteilung		Grundbegriff (mit der Bedeutung: die dem Experiment wirklich zugrunde liegende, im allgemeinen unbekannte Wahrscheinlichkeitsverteilung)	Für die wahre Wahrscheinlichkeitsverteilung werden dieselben Zeichen wie für die zugelassenen Wahrscheinlichkeitsverteilungen (siehe Nr 1.2) verwendet: P_ϑ, wenn eine Familie von zugelassenen Wahrscheinlichkeitsverteilungen vorliegt, sonst P.
1.1.1	wahrer Parameterwert		Parameterwert der wahren Wahrscheinlichkeitsverteilung	Der wahre Parameterwert ist im allgemeinen Element einer ein- oder mehrdimensionalen Parametermenge oder einer anderen Indexmenge, z. B. einer Menge von Verteilungsfunktionen. Als Zeichen für den wahren Parameterwert wird oft dasselbe Zeichen wie für den Parameter als Variable benutzt, in dieser Norm meistens ϑ. Zum Begriff des Parameters siehe DIN 13 303 Teil 1.
1.2	Menge der zugelassenen Wahrscheinlichkeitsverteilungen	$\mathscr{P}$	Grundbegriff (mit der Bedeutung: Aufgrund einer geeigneten Planung des Experimentes und/oder theoretischer Überlegungen sowie aus dem Vorwissen wird festgestellt, welche Wahrscheinlichkeitsverteilungen als zugelassen anzusehen sind.)	Man beachte, daß zwar in der Regel die Menge der zugelassenen Wahrscheinlichkeitsverteilungen (und darunter natürlich die wahre Wahrscheinlichkeitsverteilung) interessiert, daß dieselbe Menge aber auf verschiedene Weise parametrisiert, d. h. als Wertebereich einer Familie dargestellt werden kann. Zum Begriff des Modells siehe Anmerkung zu 1.2 und 1.2.1.
1.2.1	Familie der zugelassenen Wahrscheinlichkeitsverteilungen		eine Abbildung, die jedem ϑ aus einer Parametermenge (Indexmenge) Θ eine Wahrscheinlichkeitsverteilung P_ϑ zuordnet, wobei $\mathscr{P} = \{P_\vartheta : \vartheta \in \Theta\}$	Die Familie der zugelassenen Wahrscheinlichkeitsverteilungen wird oft wie die Menge der zugelassenen Wahrscheinlichkeitsverteilungen bezeichnet, obwohl sie davon begrifflich verschieden ist.
1.2.2	Menge der zugelassenen Parameterwerte	Θ	Parametermenge (Indexmenge) der Familie der zugelassenen Wahrscheinlichkeitsverteilungen	Auch Parameterraum genannt

1	2	3	4	5
Nr	Name	Zeichen	Definition	Bemerkung
1.3	suffiziente Funktion (für den Parameter ϑ der Familie P_ϑ mit $\vartheta \in \Theta$)		allgemein: eine Funktion t der möglichen Werte einer Zufallsvariablen X, zu der es Funktionen $g_\vartheta: W(t) \to \mathbb{R}_+$ und $h: \Omega \to \mathbb{R}_+$ gibt, so daß $< \omega \to g_\vartheta(t(X(\omega)))\, h(\omega) >$ die Wahrscheinlichkeiten oder eine Dichte $< \omega \to f_\vartheta(\omega) >$ der Wahrscheinlichkeitsverteilung P_ϑ für alle $\vartheta \in \Theta$ angibt. Dabei hängt h nicht von ϑ ab. speziell: für den Fall, daß die Werte $x_1, \ldots, x_n$ von n Zufallsvariablen $X_1, \ldots, X_n$ ermittelt werden, eine Funktion $< x_1, \ldots, x_n \to t(x_1, \ldots, x_n) >$, zu der es Funktionen $g_\vartheta: W(t) \to \mathbb{R}_+$ und $h: \mathscr{X}^n \to \mathbb{R}_+$ gibt, so daß $< x_1, \ldots, x_n \to g_\vartheta(t(x_1, \ldots, x_n))\, h(x_1, \ldots, x_n) >$ die Wahrscheinlichkeiten oder eine Dichte $< x_1, \ldots, x_n \to f_{\vartheta;\, X_1, \ldots, X_n}(x_1, \ldots, x_n) >$ der Wahrscheinlichkeitsverteilung P_ϑ für alle $\vartheta \in \Theta$ angibt. Dabei hängt h nicht von ϑ ab.	$T = t(X)$ bzw. $T = t(X_1, \ldots, X_n)$ sind suffiziente Zufallsvariable. Zur Erläuterung des Begriffs suffiziente Zufallsvariable (auch erschöpfend genannt) siehe Anmerkung zu 1.3.

Anmerkung zu 1.2 und 1.2.1: Anstelle des Begriffs der Familie der zugelassenen Wahrscheinlichkeitsverteilungen wird auch der Begriff des stochastischen Modells gebraucht. Modelle werden nicht nur durch die Angabe von Wahrscheinlichkeitsverteilungen, sondern auch durch die Angabe von Gleichungen für Zufallsvariable formuliert. Ein Spezialfall ist das lineare Modell: die Grundannahme, daß die zu messenden Zufallsgrößen Linearkombinationen von unbekannten Parametern und Zufallsgrößen sind, z. B.

$$X_{ij} = \mu + \xi_i + \varepsilon_{ij},$$

wobei beim Modell mit Zufallskomponenten ξ_i und ε_{ij}, beim Modell mit systematischen Komponenten nur ε_{ij} Zufallsgrößen sind (siehe z. B. DIN 53 803 Teil 1).

Siehe auch das in Nr 3.3 Spalte 4 b vorkommende lineare Modell

$$\mathrm{E}_\vartheta X = C'\vartheta + c.$$

Man beachte: In einem vorgegebenen realen Experiment ist die Wahl der Menge $\mathscr{P}$ der zugelassenen Wahrscheinlichkeitsverteilungen oder der Parametermenge Θ der Familie der zugelassenen Wahrscheinlichkeitsverteilungen oder allgemein des stochastischen Modells nicht eindeutig festgelegt. Dementsprechend hängen die im folgenden zu behandelnden statistischen Verfahren außer von der Fragestellung auch noch von dieser Wahl ab.

Anmerkung zu 1.3: Eine suffiziente Zufallsvariable T (z. B. suffiziente Prüfvariable (siehe Nr 2.7.2) oder suffizienter Schätzer (siehe Nr 3.1.2)) enthält alle Information über den unbekannten wahren Parameterwert ϑ der unbekannten wahren Wahrscheinlichkeitsverteilung P_ϑ, die man aus den zu ermittelnden Daten entnehmen kann. Sind z. B. $X_1, \ldots, X_n$ stochastisch unabhängig $N(\mu, \sigma^2)$ verteilt, so gilt:

$(\bar{X}, s_X^2)$	suffizient für (μ, σ^2), wenn μ und σ^2 unbekannt,
$\bar{X}$	suffizient für μ, wenn nur μ unbekannt,
$\frac{1}{n}\sum_{i=1}^{n}(X_i - \mu)^2$	suffizient für σ^2, wenn nur σ^2 unbekannt.

2 Statistische Tests

Die Definitionen der in dieser Tabelle genormten Begriffe und Zeichen nehmen auf eine Familie von zugelassenen Wahrscheinlichkeitsverteilungen P_ϑ mit $\vartheta \in \Theta$ Bezug. Diese Definitionen gelten auch für nichtparametrische Tests, wenn man ϑ und Θ geeignet interpretiert (z. B. ϑ als Verteilungsfunktion und Θ als Menge von Verteilungsfunktionen).

1	2	3	4	5
Nr	Name	Zeichen	Definition	Bemerkung
2.1	(statistischer) Test		(statistisches) Verfahren, um zwischen einer Nullhypothese H_0 und einer Alternativhypothese H_1 zu entscheiden (siehe Nr 2.3)	Man beachte, daß aufgrund einer problembezogenen Arbeitshypothese ein statistischer Test oft so geplant wird, daß die Alternativhypothese der Arbeitshypothese entspricht. Ist die Arbeitshypothese z. B. „es liegt eine Wirkung vor", so soll das Gegenteil „es liegt keine Wirkung vor (Wirkung gleich Null)", d. h. die Nullhypothese, mit Hilfe des statistischen Tests verworfen werden.
2.1.1	(statistische) Hypothese		eine Aussage über den wahren Parameterwert (oder die wahre Wahrscheinlichkeitsverteilung)	
2.1.2	Nullhypothese (auch kurz: Hypothese)	H_0	eine Hypothese (mit der in der Bemerkung angegebenen Bedeutung), z. B. die Aussage $\vartheta \in \Theta_0$, also $H_0: \vartheta \in \Theta_0$	Siehe Anmerkung und Beispiele zu 2.1. Für randomisierten Test siehe Nr 2.8.
2.1.3	Alternativhypothese (auch kurz: Alternative)	H_1	die Negation der Nullhypothese über den wahren Parameterwert (oder die wahre Wahrscheinlichkeitsverteilung), z. B. die Aussage $\vartheta \in \Theta_1$ mit $\Theta_1 = \Theta \setminus \Theta_0$, also $H_1: \vartheta \in \Theta_1$ Die Negation wird bezüglich der Menge der zugelassenen Parameterwerte (oder der zugelassenen Wahrscheinlichkeitsverteilungen) gebildet.	Die Negation ist bezüglich der Menge der zugelassenen Wahrscheinlichkeitsverteilungen zu bilden, wenn zu einem $\vartheta \in \Theta \setminus \Theta_0$ eine Wahrscheinlichkeitsverteilung gehört, die auch zu einem Parameter der Hypothese gehört.
2.2.1	einfache Hypothese		Die Hypothese legt die Wahrscheinlichkeitsverteilung eindeutig fest: $H_0: \vartheta = \vartheta_0$	Beispiel für die Parameter (μ, σ^2) der Normalverteilung: $H_0: \mu = \mu_0, \sigma > 0$
2.2.2	zusammengesetzte Hypothese		Es liegt keine einfache Hypothese vor.	
2.3	kritischer Bereich (des Tests)		eine Teilmenge K der Ergebnismenge Ω (siehe dazu z. B. Nr 2.7.4)	Fällt das Ergebnis in den kritischen Bereich, so wird die Nullhypothese verworfen und die Alternativhypothese akzeptiert, andernfalls wird die Nullhypothese nicht verworfen, aber damit die Nullhypothese nicht von vornherein angenommen. Siehe Beispiele zu 2.1.
2.4.1	Operations-Charakteristik		$< \vartheta \mapsto P_\vartheta(\bar{K}) > \mid \Theta$	Wahrscheinlichkeit, die Nullhypothese nicht zu verwerfen.
2.4.2	Gütefunktion		$< \vartheta \mapsto P_\vartheta(K) > \mid \Theta$	Wahrscheinlichkeit, die Nullhypothese zu verwerfen. Die Funktionswerte der Operations-Charakteristik und der Gütefunktion werden für Parameterwerte, die zur Nullhypothese gehören, anders interpretiert als für zur Alternativhypothese gehörige und dementsprechend auch anders benannt. (Siehe Nr 2.5 und Nr 2.6, insbesondere die Bemerkung in Nr 2.6.2). Zur Wahl eines Zeichens für die Gütefunktion siehe Anmerkung zu 2.4.2.

Fortsetzung der Tabelle

1	2	3	4	5
Nr	Name	Zeichen	Definition	Bemerkung
2.5	Fehler erster Art			Die Nullhypothese wird verworfen, obwohl sie richtig ist.
2.5.1	Wahrscheinlichkeit des Fehlers erster Art		$< \vartheta \to P_\vartheta(K) > \mid \Theta_0$	Diese Funktion ist ein Teil der Gütefunktion (siehe Nr 2.4.2), d. h. die Einschränkung der Gütefunktion auf Θ_0.
2.5.2	Signifikanzniveau (des Tests)	α	Ist K der kritische Bereich des Tests, so gilt: $P_\vartheta(K) \leq \alpha$ für alle $\vartheta \in \Theta_0$	Eine obere Schranke für die Wahrscheinlichkeit des Fehlers erster Art. Will man das Signifikanzniveau α vom erreichbaren Signifikanzniveau in Nr 2.5.2.1 unterscheiden, so spricht man etwa vom geforderten oder vereinbarten Signifikanzniveau oder ähnlich.
2.5.2.1	erreichbares Signifikanzniveau		$\sup\limits_{\vartheta \in \Theta_0} P_\vartheta(K)$	Kleinste obere Schranke für die Wahrscheinlichkeit des Fehlers erster Art
2.5.3	kritisches Niveau		Liegt eine Familie $\{K_\alpha : \alpha \in (0,1)\}$ von kritischen Bereichen K_α zum erreichbaren Signifikanzniveau α mit $K_{\alpha_1} \subset K_{\alpha_2}$ für $\alpha_1 < \alpha_2$ vor, so ist $\inf\{\alpha : \omega \in K_\alpha\}$ bei gegebenem ω das kritische Niveau zum Ergebnis ω.	Die Verwendung des kritischen Niveaus anstelle eines festen Signifikanzniveaus (siehe Nr 2.5.2) im Schrifttum hat den Vorteil, daß dem Anwender der Testergebnisse die Wahl seines Signifikanzniveaus freigestellt wird. Das kritische Niveau ist jedoch keine Wahrscheinlichkeit im Gegensatz zum Signifikanzniveau, das eine Häufigkeitsinterpretation zuläßt. Bei den Anwendungen sollte stets – auch bei der Angabe eines kritischen Niveaus – ein Test zu vorgegebenem Signifikanzniveau durchgeführt werden: Die Nullhypothese wird verworfen, wenn das kritische Niveau kleiner als das Signifikanzniveau ist.
2.6	Fehler zweiter Art			Die Nullhypothese wird nicht verworfen, obwohl sie falsch ist.
2.6.1	Wahrscheinlichkeit des Fehlers zweiter Art	β	$< \vartheta \to P_\vartheta(\bar{K}) > \mid \Theta_1$	Diese Funktion ist ein Teil der Operations-Charakteristik (siehe Nr 2.4.1), d. h. die Einschränkung der Operations-Charakteristik auf Θ_1. Für den Funktionswert $\beta(\vartheta)$ wird oft kurz β geschrieben. Siehe Anmerkung zu 2.4.2.
2.6.2		$1-\beta$	$< \vartheta \to P_\vartheta(K) > \mid \Theta_1$	Diese Funktion gibt die Wahrscheinlichkeit an, den Fehler zweiter Art nicht zu machen, und ist ein Teil der Gütefunktion (siehe Nr 2.4.2), d. h. die Einschränkung der Gütefunktion auf Θ_1; sie heißt auch manchmal Schärfefunktion oder Machtfunktion.
2.6.2.1	Schärfe		Funktionswert $P_\vartheta(K)$ der Gütefunktion für $\vartheta \in \Theta_1$	
2.7.1	Prüffunktion		eine reellwertige Funktion der möglichen Werte von ermittelbaren Zufallsvariablen (*engl.: test statistic*)	Z. B. eine reellwertige Funktion $< x_1, \ldots, x_n \to t(x_1, \ldots, x_n) >$, wenn die Werte $x_1, \ldots, x_n$ der Zufallsvariablen $X_1, \ldots, X_n$ ermittelt werden.

Fortsetzung der Tabelle

1	2	3	4	5
Nr	Name	Zeichen	Definition	Bemerkung
2.7.2	Prüfvariable		eine aus ermittelbaren Zufallsvariablen bestimmte reellwertige Zufallsvariable	Im Beispiel von Nr 2.7.1 die Zufallsvariable $<\omega \rightarrow t\,(X_1\,(\omega), \ldots, X_n\,(\omega))>$, kurz mit $T = t\,(X_1, \ldots, X_n)$ bezeichnet. Zur Unterscheidung zwischen Prüffunktion und Prüfvariable siehe Anmerkung zu 3.1 unten.
2.7.3	Prüfwert		der ermittelte Wert der Prüffunktion bzw. der Prüfvariablen	Im Beispiel von Nr 2.7.1 und Nr 2.7.2 die Zahl $t\,(x_1, \ldots, x_n)$, wenn die Werte $x_1, \ldots, x_n$ ermittelt werden.
2.7.4	kritischer Wert (der Prüffunktion bzw. Prüfvariablen zum Signifikanzniveau α)		die größte Zahl t_α oder die kleinste Zahl $t_{1-\alpha}$ mit der Eigenschaft, daß $\{T < t_\alpha\}$ oder $\{T > t_{1-\alpha}\}$ kritischer Bereich eines Tests zum Signifikanzniveau α ist	t_α ist hier das größte α-Quantil (siehe DIN 13 303 Teil 1) und $t_{1-\alpha}$ das kleinste $(1-\alpha)$-Quantil der Prüfvariablen T im Falle einer einfachen Nullhypothese $H_0: \vartheta = \vartheta_0$. Siehe Beispiele zu 2.1. Entsprechend heißen zwei Zahlen t_{α_1} und $t_{1-\alpha_2}$ kritische Werte, wenn $\{T < t_{\alpha_1}\} \cup \{T > t_{1-\alpha_2}\}$ ein kritischer Bereich zum Signifikanzniveau $\alpha_1 + \alpha_2$ ist. Für kritische Bereiche der Form $\{T \leq t'_\alpha\}$ oder $\{T \geq t'_{1-\alpha}\}$ siehe Anmerkung zu 2.7.4.
2.8	randomisierter Test	φ	$\varphi: \Omega \rightarrow [0,1]$	$\varphi\,(\omega)$ bedeutet die Wahrscheinlichkeit, die Nullhypothese H_0 abzulehnen, wenn das Ergebnis ω ermittelt wird. Siehe dazu Anmerkung zu 2.8.

Beispiele zu 2.1:

a) Für einen einseitigen Test: Zu prüfen ist die einseitige Nullhypothese $H_0: p \leq p_0$ über die Erfolgswahrscheinlichkeit p einer Binomialverteilung (siehe DIN 13 303 Teil 1) gegen die einseitige Alternativhypothese $H_1: p > p_0$. Der kritische Bereich zum Signifikanzniveau α ist $K = \{k: k > k_{1-\alpha}\}$, wobei

$$\sum_{k=k_{1-\alpha}+1}^{n} b_{n;\,p}\,(k) \leq \alpha \text{ für alle } p \leq p_0$$

und

$$\alpha < \sum_{k=k_{1-\alpha}}^{n} b_{n;\,p_0}\,(k)$$

gilt, $k_{1-\alpha}$ ist der kritische Wert im Sinne von Nr 2.7.4. Die erste der beiden Ungleichungen besagt, daß K der kritische Bereich eines Tests zum Signifikanzniveau α sein soll, die zweite, daß das erreichbare Signifikanzniveau maximal sein soll.

b) Für einen zweiseitigen Test: Für $X_1, \ldots, X_n$ stochastisch unabhängig $N\,(\mu, \sigma^2)$-verteilt (siehe DIN 13 303 Teil 1) mit bekanntem σ^2 ist die Nullhypothese $H_0: \mu = \mu_0$ gegen die Alternativhypothese $H_1: \mu \neq \mu_0$ zu prüfen. Der kritische Bereich zum erreichten Signifikanzniveau α hat die Gestalt:

$$K = \{(x_1, \ldots, x_n): \sqrt{n}\,|\,\bar{x} - \mu_0\,|/\sigma > u_{1-\alpha/2}\}$$

Dabei ist $u_{1-\alpha/2}$ das $(1-\alpha/2)$-Quantil der Standardnormalverteilung (siehe DIN 13 303 Teil 1). Betrachtet man die Prüffunktion

$$<x_1, \ldots, x_n \rightarrow \sqrt{n}\,|\bar{x} - \mu_0|/\sigma>,$$

so ist $u_{1-\alpha/2}$ der kritische Wert; betrachtet man

$$<x_1, \ldots, x_n \rightarrow \sqrt{n}\,(\bar{x} - \mu_0)/\sigma>$$

als Prüffunktion, so sind $-u_{1-\alpha/2}$ und $u_{1-\alpha/2}$ die beiden kritischen Werte.

c) Für ein nichtparametrisches Testproblem:
$H_0: X_1, \ldots, X_n$ stochastisch unabhängig Bernoulli-verteilt mit gleicher Erfolgswahrscheinlichkeit p.
$H_1: X_1, \ldots, X_n$ nicht stochastisch unabhängig.

Anmerkung zu 2.1: Manchmal ist es sinnvoll, auch dann von Nullhypothese und Alternativhypothese eines (statistischen) Tests zu sprechen, wenn es einen dritten Teilbereich von Θ gibt, z. B.: $p_0 < p < p_1$ zwischen $H_0: p \leq p_0$ und $H_1: p \geq p_1$. Liegt der wahre Parameterwert p im dritten Teilbereich, so wird es hier als gleichgültig angesehen, ob die Hypothese verworfen wird oder nicht.

Anmerkung zu 2.4.2: In ISO 3534-1977 und in Nr 2.6.1 dieser Norm ist das Zeichen β für die Wahrscheinlichkeit des Fehlers zweiter Art (type II risk) genormt. Andererseits wird im Widerspruch dazu das Zeichen $\beta\,(\vartheta)$ für die Funktionswerte der Gütefunktion in der theoretischen Literatur benutzt, d.h. für die Wahrscheinlichkeit, den Fehler zweiter Art nicht zu machen; falls ϑ zur Alternative gehört. Meist kann man ohne spezielles Zeichen für die Gütefunktion auskommen, indem man wie in Spalte 4 von Nr 2.4.2 das Zeichen $P_\vartheta\,(K)$ (bei randomisierten Tests $E_\vartheta\,\varphi$, siehe Nr 2.8) für den Funktionswert benutzt. Gelegentlich wird das Zeichen g verwendet.

Anmerkung zu 2.7.4: Wählt man $\{T \leq t'_\alpha\}$ oder $\{T \geq t'_{1-\alpha}\}$ als kritischen Bereich, wie dies bei einigen tabellierten Tests (insbesondere nichtparametrischen) üblich ist, gibt es keinen einfachen allgemeingültigen Zusammenhang zwischen t'_α und dem Quantil t_α. Ferner sind dann die dazu „dualen" Konfidenzintervalle offen und nicht, wie üblich, abgeschlossen.

Anmerkung zu 2.8: $\varphi\,(\omega)$ bedeutet die Wahrscheinlichkeit, die Nullhypothese H_0 zu verwerfen:
- wenn $\varphi\,(\omega) = 1$, wird H_0 verworfen,
- wenn $\varphi\,(\omega) = 0$, wird H_0 nicht verworfen,
- wenn $0 < \varphi\,(\omega) < 1$, wird zusätzlich ein Bernoulli-Experiment mit der Wahrscheinlichkeit $\varphi\,(\omega)$ für die Verwerfung von H_0 und $1 - \varphi\,(\omega)$ dafür, daß H_0 nicht verworfen wird, durchgeführt.

3 Punktschätzer

Im einfachsten Anwendungsfall liegt die Realisation $(x_1, \ldots, x_n)$ eines n-Tupels $(X_1, \ldots, X_n)$ von (reellen) Zufallsvariablen vor, aus denen z. B. mit den in DIN 13 303 Teil 1 angegebenen Funktionen wie $\tilde{x}$ (Median), $\bar{x}$, s^2 usw. Schätzwerte $\hat{\vartheta}(x_1, \ldots, x_n)$ für den unbekannten wahren Parameterwert ϑ oder eine Funktion desselben berechnet werden sollen. Die Definitionen zu diesem Fall sind in Spalte 4b angegeben. In Spalte 4a erscheint die allgemeine Definition ohne Bezug auf die jeweils unmittelbar zu messenden Zufallsvariablen (die z. B. auch in Form von Matrizen oder einer zufälligen Anzahl von Zufallsvariablen vorliegen können). Dies vereinfacht z. T. die Definitionen erheblich, wie ein Vergleich mit Spalte 4b zeigt.

Nach DIN 13 303 Teil 1 bedeutet $E_\vartheta X$ und $\mathrm{Var}_\vartheta X$ den Erwartungswert und die Varianz der reellen Zufallsvariable X bezüglich der Wahrscheinlichkeitsverteilung P_ϑ, die von dem Parameter ϑ abhängt.

1	2	3	4a	4b	5
			Definition		
Nr	Name	Zeichen	allgemein	für den Fall, daß die Werte $x_1, \ldots, x_n$ von n Zufallsvariablen $X_1, \ldots, X_n$ ermittelt werden	Bemerkung
3.1.1	Schätzfunktion		eine Funktion der möglichen Werte von Zufallsvariablen (mit der Bedeutung: für alle ermittelten Werte dieser Zufallsvariablen kann der daraus ermittelte Wert der Funktion als Schätzwert für den unbekannten wahren Parameterwert ϑ verwendet werden)	eine Funktion $< x_1, \ldots, x_n \to \hat{\vartheta}(x_1, \ldots, x_n) >$ (mit der Bedeutung: für jedes mögliche n-Tupel von ermittelten Werten kann $\hat{\vartheta}(x_1, \ldots, x_n)$ als Schätzwert für den unbekannten wahren Parameterwert ϑ verwendet werden)	
3.1.2	Schätzer	$\hat{\vartheta}$ oder T	Zufallsvariable, deren ermittelter Wert als Schätzwert für den unbekannten wahren Parameterwert ϑ verwendet werden kann	die Zufallsvariable $< \omega \to \hat{\vartheta}(X_1(\omega), \ldots, X_n(\omega)) >$, die mit $\hat{\vartheta} = \hat{\vartheta}(X_1, \ldots, X_n)$ bezeichnet wird	Zur Unterscheidung zwischen Schätzfunktion und Schätzer siehe Anmerkung zu 3.1
3.1.3	Schätzwert		der ermittelte Wert $\hat{\vartheta}(X(\omega))$ des Schätzers für den unbekannten wahren Parameterwert ϑ	der ermittelte Wert $\hat{\vartheta}(x_1, \ldots, x_n) = \hat{\vartheta}(X_1(\omega), \ldots, X_n(\omega))$ der Schätzfunktion für den unbekannten wahren Parameterwert ϑ, in Spalte 4a kurz mit $\hat{\vartheta}(X(\omega))$ bezeichnet	
3.2	Maximumlikelihood-Schätzer, kurz ML-Schätzer		Schätzer $\hat{\vartheta}$, bei dem für alle $\omega \in \Omega$ die Wahrscheinlichkeit oder Dichte $f_\vartheta(\omega)$ maximal an der Stelle $\vartheta = \hat{\vartheta}(X(\omega))$ ist	Schätzer mit der Schätzfunktion $< x_1, \ldots, x_n \to \hat{\vartheta}(x_1, \ldots, x_n) >$, so daß für alle $(x_1, \ldots, x_n) \in \mathcal{X}^n$ gilt: Die Wahrscheinlichkeit oder Dichte $f_{\vartheta;\, X_1, \ldots, X_n}(x_1, \ldots, x_n)$ ist maximal an der Stelle $\vartheta = \hat{\vartheta}(x_1, \ldots, x_n)$.	Siehe Anmerkung zu 3.2.
3.3	Schätzer nach der Methode der kleinsten Quadrate, kurz LS-Schätzer			Schätzer $\hat{\vartheta} = \hat{\vartheta}(X_1, \ldots, X_n)$, so daß $(X - C'\vartheta - c)'(X - C'\vartheta - c)$ minimal für $\vartheta = \hat{\vartheta}$ ist. Dabei ist $X = (X_1, \ldots, X_n)'$ und $\vartheta \in \mathbb{R}^p$ sowie $E_\vartheta X = C'\vartheta + c$. Ferner ist C eine bekannte (p, n)-Matrix und c eine bekannte $(n, 1)$-Matrix.	Nach DIN 5486 bezeichnet A' die transponierte Matrix A.

Fortsetzung der Tabelle

1	2	3	4a	4b	5
			Definition		
Nr	Name	Zeichen	allgemein	für den Fall, daß die Werte $x_1, \ldots, x_n$ von n Zufallsvariablen $X_1, \ldots, X_n$ ermittelt werden	Bemerkung
3.4	mediantreuer Schätzer		ϑ ist ein Median der Wahrscheinlichkeitsverteilung des Schätzers $\hat{\vartheta}$ für alle $\vartheta \in \Theta$.	$P_\vartheta(\hat{\vartheta}(X_1, \ldots, X_n) < \vartheta) \leq \frac{1}{2} \leq P_\vartheta(\hat{\vartheta}(X_1, \ldots, X_n) \leq \vartheta)$ für alle $\vartheta \in \Theta$	
3.5	erwartungstreuer Schätzer		$E_\vartheta \hat{\vartheta} = \vartheta$ für alle $\vartheta \in \Theta$	$E_\vartheta \hat{\vartheta}(X_1, \ldots, X_n) = \vartheta$ für alle $\vartheta \in \Theta$	
3.5.1	erwartungstreuer Schätzer mit minimaler Varianz		ein erwartungstreuer Schätzer $\hat{\vartheta}$, so daß für jeden erwartungstreuen Schätzer T für ϑ, dessen Varianz existiert, gilt: $\mathrm{Var}_\vartheta T \geq \mathrm{Var}_\vartheta \hat{\vartheta}$ für alle $\vartheta \in \Theta$		
3.5.2	asymptotisch erwartungstreue Schätzerfolge		unendliche Folge von Schätzern $\hat{\vartheta}_n$ mit $\lim_{n\to\infty} E_\vartheta \hat{\vartheta}_n = \vartheta$ für $\vartheta \in \Theta$	wie Spalte 4a mit $\hat{\vartheta}_n = \hat{\vartheta}_n(X_1, \ldots, X_n)$	Zum Sprachgebrauch „asymptotisch erwartungstreuer Schätzer" siehe sinngemäß Nr 3.6, Spalte 5.
3.6	konsistente Schätzerfolge		unendliche Folge von Schätzern $\hat{\vartheta}_n$ mit $\lim_{n\to\infty} P_\vartheta(\lvert\hat{\vartheta}_n - \vartheta\rvert > \varepsilon) = 0$ für alle $\varepsilon > 0$ und für alle $\vartheta \in \Theta$	wie Spalte 4a mit $\hat{\vartheta}_n = \hat{\vartheta}_n(X_1, \ldots, X_n)$	Man nennt bei einer konsistenten Schätzerfolge mit Gliedern gleicher Bauart gelegentlich das einzelne Glied einen konsistenten Schätzer, z. B. $\bar{X}$ ist ein konsistenter Schätzer von EX.

Anmerkung zu 3.1: In den Anwendungen wird nicht immer zwischen den drei Begriffen Schätzfunktion, Schätzer und Schätzwert (ebenso zwischen Prüffunktion, Prüfvariable und Prüfwert in Nr 2.7) unterschieden. Wenn z. B. in DIN 1319 Teil 3 vom Mittelwert $\bar{x}$ der Meßreihe $x_1, \ldots, x_n$ gesprochen wird, so kann gemeint sein:

- die Schätzfunktion $\langle x_1, \ldots, x_n \to \bar{x} \rangle$ für μ
- der Schätzer $\bar{X}$ für μ, wenn davon gesprochen wird, daß $x_1, \ldots, x_n$ Realisierungen von Zufallsgrößen sind und die Wahrscheinlichkeitsverteilung von $\bar{X}$ betrachtet wird
- der Schätzwert $\bar{x} = 200{,}05$ mm

Dieses Beispiel zeigt, daß man in den Anwendungen oft nur die Unterscheidung zwischen Schätzfunktion und Schätzwert benötigt, während man die Unterscheidung zwischen Schätzfunktion und Schätzer erst benutzt, wenn man die Wahrscheinlichkeitsverteilung des Schätzers betrachtet.

Anmerkung zu 3.2: In der Praxis wird ein n-Tupel $(x_1, \ldots, x_n)$ ermittelt und der Schätzwert $\hat{\vartheta}(x_1, \ldots, x_n)$ numerisch durch die Lösung der Gleichung

$$f_{\vartheta;\, X_1, \ldots, X_n}(x_1, \ldots, x_n) = \max$$

für $\vartheta = \hat{\vartheta}(x_1, \ldots, x_n)$ berechnet (es sei denn, man kann für den Term $\hat{\vartheta}(x_1, \ldots, x_n)$ eine explizite Formel zur Berechnung angeben).

4 Bereichsschätzer

Es werden drei Arten von Bereichsschätzern angegeben, wobei die zu ermittelnden Bereiche oft Intervalle sind: Konfidenzintervalle und -bereiche in Nr 4.1 bis Nr 4.5 sowie Prognose- und Anteilsintervalle in Nr 4.6 und Nr 4.7. (Letztere wurden früher statistische Toleranzintervalle genannt.) Die Benennung Konfidenz ... erscheint vorrangig vor Vertrauens ... in Anlehnung an das englische *confidence* ...

1	2	3	4
Nr	Name	Definition	Bemerkung
4.1	Konfidenzintervallschätzer (Vertrauensintervallschätzer) $[T_0, T_1]$ (für den unbekannten wahren Parameterwert τ zum Konfidenzniveau (Vertrauensniveau) $1-\alpha$) kurz: Konfidenzschätzer	Intervall $[T_0, T_1]$ mit den reellwertigen Zufallsvariablen T_0, T_1 als Intervallgrenzen, für die gilt: $P_{(\tau,\nu)}\{T_0 \leq \tau \leq T_1\} \geq 1-\alpha$ für alle $(\tau,\nu) \in \Theta$	Werden die Werte t_0, t_1 der beiden Zufallsvariablen T_0, T_1 ermittelt, so behauptet man: $t_0 \leq \tau \leq t_1$, wobei dies Konfidenzintervall mit einem Konfidenzintervallschätzer ermittelt wurde, der in wenigstens $(1-\alpha) \cdot 100\,\%$ aller Fälle eine richtige Aussage erwarten läßt. Der Parameter $\vartheta = (\tau, \nu)$ besteht hier aus einem Paar, wobei $\tau \in \mathbb{R}$ und ν in einer beliebigen Parametermenge liegt. Siehe Beispiele zu 4.1.
4.1.1	Konfidenzintervall (Vertrauensintervall)	ermitteltes Intervall $[t_0, t_1]$ (Realisation) des Konfidenzintervallschätzers	
4.1.2	Konfidenzniveau (Vertrauensniveau)	siehe Nr 4.1 oder Nr 4.4	Will man das Konfidenzniveau vom erreichbaren Konfidenzniveau in Nr 4.1.3 unterscheiden, so spricht man etwa vom geforderten oder vereinbarten Konfidenzniveau.
4.1.3	erreichbares Konfidenzniveau (Vertrauensniveau)	das Supremum bezüglich aller $\vartheta \in \Theta$ der Wahrscheinlichkeiten der in Nr 4.1, Nr 4.3 und Nr 4.4 angegebenen Ereignisse	Siehe Beispiele zu 4.1 und 4.3.
4.2	untere und obere Konfidenzgrenze (Vertrauensgrenze)	die ermittelten Werte t_0 und t_1 aus Nr 4.1.1 bzw. Nr 4.3	
4.3	einseitiges Konfidenzintervall (Vertrauensintervall)	Beim einseitigen Konfidenzintervall wird im Gegensatz zu den in Nr 4.1.1 definierten zweiseitigen Konfidenzintervallen nur eine untere Konfidenzgrenze t_0 oder nur eine obere Grenze t_1 angegeben.	Siehe Beispiele zu 4.3.
4.4	Konfidenzbereichsschätzer (Vertrauensbereichsschätzer) $C(X)$ (für den unbekannten wahren Parameterwert ϑ zum Konfidenzniveau $1-\alpha$), kurz: Konfidenzschätzer	zufällige Menge $C(X)$ mit $P_\vartheta\{\vartheta \in C(X)\} \geq 1-\alpha$ für alle $\vartheta \in \Theta$	Ein Beispiel für Konfidenzbereiche sind Konfidenzellipsoide. Wird der Wert x der Zufallsvariablen (des Zufallsvektors) X ermittelt, so behauptet man: $\vartheta \in C(x)$, wobei dieser Konfidenzbereich mit einem Konfidenzbereichsschätzer ermittelt wurde, der in wenigstens $(1-\alpha) \cdot 100\,\%$ aller Fälle eine richtige Aussage erwarten läßt.
4.4.1	Konfidenzbereich (Vertrauensbereich)	der ermittelte Bereich $C(x)$ (Realisation) des Konfidenzbereichsschätzers	

Fortsetzung der Tabelle

1	2	3	4
Nr	Name	Definition	Bemerkung
4.5	Überdeckungswahrscheinlichkeit (für ϑ')	$P_\vartheta \{\vartheta' \in C(X)\}$	Hier wird nur ein Name für den Funktionswert empfohlen. Die in der Literatur vorkommende Bezeichnung Kennfunktion für $< \vartheta, \vartheta' \to P_\vartheta \{\vartheta' \in C(X)\} >$ wird nicht empfohlen, da „Kenn..." (z. B. Kennwert) in sehr vielen Zusammenhängen verwendet wird.
4.6	Prognoseintervallschätzer $[T_0, T_1]$ (für eine Zufallsvariable Y mit (Prognose-)wahrscheinlichkeit $1-\delta$) kurz: Prognoseschätzer	Zufallsintervall $[T_0, T_1]$, von dem Y funktional unabhängig ist und für das gilt: $P_\vartheta \{T_0 \leq Y \leq T_1\} \geq 1-\delta$ für alle $\vartheta \in \Theta$	Werden die Werte t_0, t_1 der beiden Zufallsvariablen T_0, T_1 ermittelt, so behauptet man vor der Messung von Y: $t_0 \leq Y \leq t_1$, wobei dieses Prognoseintervall mit einem Prognoseintervallschätzer ermittelt wurde, der in wenigstens $(1-\delta) \cdot 100$ % aller Fälle eine richtige Aussage erwarten läßt. Siehe Beispiel zu 4.6.
4.6.1	Prognoseintervall	ermitteltes Intervall $[t_0, t_1]$, (Realisation) des Prognoseintervallschätzers	
4.7	Anteilsintervallschätzer $[T_0, T_1]$ (mit einem Mindestanteil $1-\gamma$ an der Verteilung einer Zufallsvariable Y zum Konfidenzniveau $1-\alpha$)	$P_\vartheta \{P_{\vartheta;\,Y}([T_0, T_1]) \geq 1-\gamma\} \geq 1-\alpha$ für alle $\vartheta \in \Theta$	Der Name Toleranzintervall soll nicht verwendet werden, weil in der Technik ein Toleranzintervall die technisch vertretbaren Werte der Zufallsvariable Y angibt. Werden die Werte t_0, t_1 der beiden Zufallsvariablen T_0, T_1 ermittelt, so behauptet man: Mindestens der Anteil $1-\gamma$ an der Verteilung der Zufallsvariable Y liegt im Intervall $[t_0, t_1]$, wobei dies Anteilsintervall mit einem Anteilsintervallschätzer ermittelt wurde, der in wenigstens $(1-\alpha) \cdot 100$ % aller Fälle eine richtige Aussage erwarten läßt. Siehe Beispiel zu 4.7.
4.7.1	Anteilsintervall (nicht: Toleranzintervall)	ermitteltes Intervall $[t_0, t_1]$ (Realisation) des Anteilsintervallschätzers	

Beispiele zu 4.1 und 4.3:

Es seien $X_1, \ldots, X_n$ stochastisch unabhängige (reelle) Zufallsvariable mit demselben unbekannten Median $x_{1/2}$.

Es seien

$$x_{(1)} \leq \ldots \leq x_{(r)} \leq \ldots \leq x_{(s)} \leq \ldots \leq x_{(n)}$$

die der Größe nach geordneten ermittelten Werte. Dabei sei r die größte Zahl mit

$$\sum_{k=0}^{r-1} b_{n;\,0,5}(k) \leq \alpha/2$$

und $s = n - r + 1$. (Für den Term $b_{n,p}(k)$ der Binomialverteilung mit $p = 0{,}5$ siehe DIN 13303 Teil 1.)

Dann ist

$$x_{(r)} \leq x_{1/2}$$

ein nach unten einseitig begrenztes Konfidenzintervall für $x_{1/2}$ zum vorgegebenen Konfidenzniveau $1-\alpha/2$ und

$$x_{1/2} \leq x_{(s)}$$

ein nach oben einseitig begrenztes Konfidenzintervall für $x_{1/2}$ zum vorgegebenen Konfidenzniveau $1-\alpha/2$ sowie

$$x_{(r)} \leq x_{1/2} \leq x_{(s)}$$

ein (zweiseitig begrenztes) Konfidenzintervall für $x_{1/2}$ zum vorgegebenen Konfidenzniveau $1-\alpha$, wobei das Konfidenzniveau $1-\alpha$ in der Regel nicht erreichbar ist.

Beispiele zu 4.1, 4.6 und 4.7:

Es seien $x_1, \ldots, x_n$ die ermittelten Werte von n stochastisch unabhängigen, $N(\mu, \sigma^2)$-verteilten Zufallsvariablen $X_1, \ldots, X_n$, wobei μ und σ^2 unbekannt sind.

Zu 4.1

Dann ist

$$\bar{x} - \frac{t_{n-1;\,1-\alpha/2}}{\sqrt{n}}\, s \leq \mu \leq \bar{x} + \frac{t_{n-1;\,1-\alpha/2}}{\sqrt{n}}\, s$$

ein (zweiseitig begrenztes) Konfidenzintervall für den wahren Parameterwert μ zum Konfidenzniveau $1-\alpha$; das Konfidenzintervall hängt nicht von dem Parameter σ^2 ab. Dabei ist $t_{n-1;\,1-\alpha/2}$ das $(1-\alpha/2)$-Quantil von t_{n-1} (siehe DIN 13303 Teil 1).

Zu 4.6

Weiter seien $Y_1, \ldots, Y_m$ stochastisch unabhängige, $N(\mu, \sigma^2)$-verteilte Zufallsvariablen, die auch von $X_1, \ldots, X_n$ stochastisch unabhängig sind. Dann ist

$$\bar{x} - t_{n-1;\,1-\delta/2}\, s \sqrt{\frac{1}{n} + \frac{1}{m}} \leq \bar{Y}$$

$$\leq \bar{x} + t_{n-1;\,1-\delta/2}\, s \sqrt{\frac{1}{n} + \frac{1}{m}}$$

ein Prognoseintervall für $\bar{Y}$ mit Prognosewahrscheinlichkeit $1-\delta$.

Zu 4.7

Weiter sei Y eine $N(\mu, \sigma^2)$-verteilte Zufallsvariable, die von $X_1, \ldots, X_n$ stochastisch unabhängig ist. Hier sei σ bekannt. Dann ist

$$\bar{x} - l\,\sigma \leq Y \leq \bar{x} + l\,\sigma$$

ein Anteilsintervall mit einem Mindestanteil $1-\gamma$ an der $N(\mu, \sigma^2)$-Verteilung zum Konfidenzniveau $1-\alpha$, wenn l die Lösung dieser Gleichung ist:

$$\Phi((u_{1-\alpha/2}/\sqrt{n}) + l) - \Phi((u_{1-\alpha/2}/\sqrt{n}) - l) = 1-\gamma.$$

Dabei bezeichnet Φ die Verteilungsfunktion und $u_{1-\alpha/2}$ das $(1-\alpha/2)$-Quantil der Standardnormalverteilung $N(0,1)$ (siehe DIN 13303 Teil 1).

DK 003.62.05(083.3)
: 681.327.54'1 : 681.327.69'1

März 1982

Darstellung von Formelzeichen auf Einzeilendruckern und Datensichtgeräten

DIN 13 304

Representation of letter symbols with singleline printers and display units

1 Anwendungsbereich und Zweck

Diese Norm gibt Regeln für die Darstellung von Formelzeichen bei Verwendung von Geräten, die einen beschränkten Schriftzeichenvorrat haben und die Zeichen in hoch- und tiefgesetzter Lage nicht wiedergeben können (z. B. Einzeilendrucker, Fernschreiber und Datensichtgeräte). Dabei ist an eine Darstellung in Tabellen, Listen und ähnlichen Aufstellungen gedacht, nicht aber an eine Darstellung von umfangreichen mathematischen Formeln (ausgenommen die vier Grundrechenarten) und nicht an eine Darstellung innerhalb von Programmiersprachen.

Es wird angenommen, daß außer dem Leerzeichen folgende Schriftzeichen verfügbar sind:

- nur die lateinischen Großbuchstaben A bis Z **oder** nur die lateinischen Kleinbuchstaben a bis z
- die Ziffern 0 bis 9
- mindestens die Sonderzeichen

Pluszeichen	+
Minuszeichen	–
Gleichheitszeichen	=
Punkt auf der Linie	.
Schrägstrich	/
Klammer auf	(
Klammer zu	)
Komma	,

Diese Norm gilt nicht für Einheitenzeichen, hierfür siehe DIN 66 030, basierend auf ISO 2955.

2 Formelzeichen

Die allgemeinen Formelzeichen sind in DIN 1304 genormt[1]).

Formelzeichen bestehen aus dem Grundzeichen, das erforderlichenfalls durch Nebenzeichen ergänzt ist.

2.1 Grundzeichen

Als Grundzeichen werden lateinische und griechische Großbuchstaben und Kleinbuchstaben verwendet.

Regeln und Beispiele für die Darstellung der Groß- bzw. Kleinbuchstaben enthält Tabelle 1.

Anmerkung 1: Die Verdopplung eines Buchstabens zur Kennzeichnung von Großbuchstaben kann theoretisch zu Mehrdeutigkeiten führen. In dem eng begrenzten Rahmen der Formelzeichen ist aber mit Mißverständnissen nicht zu rechnen, abgesehen davon, daß die Formelzeichen selbst bereits in vielen Fällen mit mehrfacher Bedeutung belegt sind.

Die Darstellung aller griechischen Buchstaben enthält Tabelle 2.

Anmerkung 2: Um Verwechslungen zu vermeiden, wird in Beiblatt 1 zu DIN 1338 empfohlen, bei der Festlegung von Formelzeichen diejenigen griechischen Buchstaben nicht zu verwenden, deren Schriftbild mit einem lateinischen Buchstaben übereinstimmt.

2.2 Nebenzeichen

Als Nebenzeichen gelten hoch- und tiefgesetzte Zeichen. Dies können Buchstaben, Ziffern und Sonderzeichen sein. Nebenzeichen können rechts oder links vom Grundzeichen stehen, Sonderzeichen auch über oder unter dem Grundzeichen.

Nebenzeichen, sofern es sich um Buchstaben handelt, werden wie Grundzeichen gebildet. Römische Ziffern werden mit lateinischen Buchstaben dargestellt. Im Schriftzeichenvorrat nicht vorhandene Sonderzeichen sind im Klartext anzugeben (Beispiele siehe Tabelle 1 sowie DIN 1302, Ausgabe August 1980, Spalte „Sprechweise").

Regeln und Beispiele für die Darstellung der Lage von Nebenzeichen enthält Tabelle 3. Dabei liegt folgendes Prinzip zugrunde:

Die Darstellung der Nebenzeichen folgt in Klammern unmittelbar hinter der Darstellung des Grundzeichens. Hat ein Grundzeichen mehrere Nebenzeichen, so werden deren Darstellungen innerhalb der Klammern durch Komma voneinander abgegrenzt (siehe Beispiel 7.1). Zur Darstellung eines Nebenzeichens, einschließlich seiner Lage, werden ohne Zwischenraum aneinandergereiht:

Lagezeichen (nach Tabelle 3), Gleichheitszeichen, Darstellung des Nebenzeichens (nach Tabelle 1). Bei Mehrfachindizes auf einer Zeile werden die Darstellungen der einzelnen Indizes durch Zwischenraum getrennt, falls im Index selbst keine andere Trennung vorgesehen ist (siehe Tabelle 3, Beispiele 3.3 und 3.4). Summen werden mit Hilfe des Pluszeichens, Differenzen mit Hilfe des Minuszeichens, Produkte mit Hilfe des Punktes auf der Linie, Quotienten mit Hilfe des Schrägstriches dargestellt (siehe Tabelle 3, Beispiele 1.3 bis 1.6).

[1]) Wegen der Formelzeichen von Sondergebieten siehe „Weitere Normen".

Zitierte Normen, Weitere Normen und Internationale Patentklassifikation siehe Originalfassung der Norm

Fortsetzung Seite 2 und 3

Normenausschuß Einheiten und Formelgrößen (AEF) im DIN Deutsches Institut für Normung e.V.
Normenausschuß Informationsverarbeitung (NI) im DIN

Tabelle 1. **Darstellung von Formelzeichen**

Zeichen	Beispiel	Darstellung durch Einzeilendrucker oder Datensichtgerät Beispiele bei Verwendung von Kleinbuchstaben	 Großbuchstaben	 Regeln für das Bilden
1. Grundzeichen lateinische Kleinbuchstaben	a	a	A	Einzelbuchstabe
lateinische Großbuchstaben	B	bb	BB	Verdoppelung des Buchstabens
Umlaute	$\ddot{u}$ $\ddot{U}$	ue uue	UE UUE	Grundvokal und e Verdoppelung des Grundvokals und e
griechische Kleinbuchstaben	γ	gam	GAM	die ersten drei Buchstaben des Namens nach Tabelle 2, Spalte 1
griechische Großbuchstaben	Δ	ddel	DDEL	Verdoppelung des ersten Buchstabens des Namens nach Tabelle 2, Spalte 1, und der zweite und dritte Buchstabe
2. Nebenzeichen lateinische Klein- und Großbuchstaben, Umlaute, griechische Klein- und Großbuchstaben				wie unter Grundzeichen
römische Ziffern	XII	xii	XII	Verwendung von lateinischen Buchstaben
Sonderzeichen wie in Abschnitt 1	+	+	+	
nicht vorhandene Sonderzeichen	^ → – ′ ~ ˇ · [2] *	dach pfeil quer strich tilde haken punkt stern	DACH PFEIL QUER STRICH TILDE HAKEN PUNKT STERN	im Klartext wiedergeben

[2]) Gilt nicht für den Multiplikationspunkt.

Tabelle 2. **Darstellung griechischer Buchstaben**

Buchstabe	Griechischer Kleinbuchstabe			Griechischer Großbuchstabe		
	Schrift-zeichen	Darstellung mit lateinischen		Schrift-zeichen	Darstellung mit lateinischen	
		Kleinbuchstaben	Großbuchstaben		Kleinbuchstaben	Großbuchstaben
1	2	3	4	5	6	7
Alpha	α	alp	ALP	A	aalp	AALP
Beta	β	bet	BET	B	bbet	BBET
Gamma	γ	gam	GAM	Γ	ggam	GGAM
Delta	δ	del	DEL	Δ	ddel	DDEL
Epsilon	ε	eps	EPS	E	eeps	EEPS
Zeta	ζ	zet	ZET	Z	zzet	ZZET
Eta	η	eta	ETA	H	eeta	EETA
Theta	ϑ	the	THE	Θ	tthe	TTHE
Iota	ι	iot	IOT	I	iiot	IIOT
Kappa	$\varkappa$	kap	KAP	K	kkap	KKAP
Lambda	λ	lam	LAM	Λ	llam	LLAM
My	μ	my	MY	M	mmy	MMY
Ny	ν	ny	NY	N	nny	NNY
Xi	ξ	xi	XI	Ξ	xxi	XXI
Omikron	o	omi	OMI	O	oomi	OOMI
Pi	π	pi	PI	Π	ppi	PPI
Rho	ρ	rho	RHO	P	rrho	RRHO
Sigma	σ	sig	SIG	Σ	ssig	SSIG
Tau	τ	tau	TAU	T	ttau	TTAU
Ypsilon	υ	yps	YPS	Υ	yyps	YYPS
Phi	φ	phi	PHI	Φ	pphi	PPHI
Chi	χ	chi	CHI	X	cchi	CCHI
Psi	ψ	psi	PSI	Ψ	ppsi	PPSI
Omega	ω	ome	OME	Ω	oome	OOME

Tabelle 3. **Darstellung der Lage von Nebenzeichen**

Nr	Lage des Nebenzeichens	Lagezeichen	Beispiel Nr	Beispiele	Darstellung mit Kleinbuchstaben3)
1	Hochzeichen rechts z. B. Exponenten	xp	1.1 1.2 1.3 1.4 1.5 1.6 1.7 1.8	a^x n^+ x^{a+b} $x^{(a-b)\cdot c}$ $x^{a\cdot b}$ $x^{a/b}$ f'' $\sqrt{a} = a^{1/2}$	a (xp = x) n (xp = +) x (xp = a + b) x (xp = (a − b) . c) x (xp = a . b) x (xp = a/b) f (xp = doppelstrich) a (xp = 1/2)
2	Hochzeichen links	lxp	2.1	$^{63}\mathrm{Zn}$	zzn (lxp = 63)
3	Tiefzeichen rechts z. B. Indizes	ind	3.1 3.2 3.3 3.4 3.5 3.6	X_1 Ψ_{m} $L_{1\sigma}$ $L_{1,2}$ $w_{\mathrm{H_2}}$ $n_{\mathrm{H_2O}}$	xx (ind = 1) ppsi (ind = m) ll (ind = 1 sig) ll (ind = 1,2) w (ind = hh (ind = 2)) n (ind = hh (ind = 2)oo)
4	Tiefzeichen links	lind	4.1	${}_b a$	a (lind = b)
5	Überzeichen	sup	5.1 5.2	$\hat{\imath}$ $\vec{A}$	i (sup = dach) aa (sup = pfeil)
6	Unterzeichen	inf	6.1	$\underline{U}$	uu (inf = quer)
7	Kombinationen		7.1	$^{63}_{30}\mathrm{Zn}^{2+}$	zzn (lxp = 63, lind = 30, xp = 2+)

3) Darstellung mit Großbuchstaben entsprechend

DK 527 : 001.4 : 003.62 März 1994

Navigation

Begriffe, Abkürzungen, Formelzeichen, graphische Symbole

DIN 13 312

Navigation; concepts, abbreviations, letter symbols, graphical symbols

Ersatz für Ausgabe 12.83

Diese Norm wurde in Zusammenarbeit mit dem Bundesamt für Seeschiffahrt und Hydrographie (BSH), Hamburg, dem Deutschen Wetterdienst, Seewetteramt Hamburg, der Deutschen Gesellschaft für Ortung und Navigation e.V. (DGON), Düsseldorf, dem Marineunterstützungskommando, Abt. Betrieb und Technik, Wilhelmshaven, der Verkehrsfliegerschule der Deutschen Lufthansa AG, Bremen, und Dozenten der nautischen Lehranstalten in der Bundesrepublik Deutschland aufgestellt.

Inhalt

Seite

1 Anwendungsbereich ... 2

2 Zweck ... 2

3 Besondere Einheiten in der Navigation ... 2
3.1 Längeneinheit ... 2
3.2 Geschwindigkeitseinheit ... 2
3.3 Winkeleinheit ... 2

4 Bezugsrichtungen, Kurse, Peilungen, Beschickungen ... 3
4.1 Bezugsrichtungen ... 3
4.2 Kurse ... 3
4.3 Peilungen ... 5
4.4 Beschickungen ... 6

5 Einfluß von Wind und Strom in der Seefahrt ... 9
5.1 Vektoren der Luft- und Wasserströmung sowie der Schiffsbewegung ... 9
5.2 Beträge von Geschwindigkeiten ... 10
5.3 Richtungen ... 10
5.4 Distanzen ... 11

6 Winddreiecke in der Luftfahrt ... 11
6.1 Beträge von Geschwindigkeiten, Richtungen ... 11
6.2 Winkel ... 11
6.3 Distanzen ... 12
6.4 Komponenten am Winddreieck ... 12
6.5 Eckpunkte des Winddreiecks ... 12
6.6 Graphische Symbole im Winddreieck ... 12

7 Geographische Koordinaten, Orte, Distanzen und Linien; graphische Symbole ... 13
7.1 Geographische Koordinaten eines Ortes, Distanzen ... 13
7.2 Orte und Linien auf der Erdkugel und in Navigationskarten ... 15
7.3 Graphische Symbole für Standlinien und Positionen ... 17

8 Für die Reise bedeutsame Begriffe ... 18
8.1 Orte auf der Erdoberfläche ... 18
8.2 Distanzen ... 18
8.3 Kurse ... 18
8.4 Versetzungen ... 18
8.5 Wegpunktnavigation ... 19

Seite

9 Zeitbegriffe ... 20
9.1 Allgemein gebräuchliche Zeitbegriffe ... 20
9.2 Für die Navigation gebräuchliche weitere Zeitbegriffe ... 21
9.3 Angabe und Schreibweise von Zeitpunkten und Zeitspannen ... 22

10 Astronomische Navigation ... 23
10.1 Himmelskoordinaten; Punkte, Linien und Winkel an der Himmelskugel ... 23
10.2 Astronomische Höhenbeobachtungen ... 27
10.3 Graphische Symbole und Abkürzungen für Gestirne, Sextantablesungen und Kimmabstände ... 29
10.4 Schreibweise von Breiten und Längen, Deklinationen und Stundenwinkeln sowie von Höhen und Azimuten ... 30

11 Radarzeichnen, Plotten in der Seefahrt ... 31
11.1 Zeichen der durch Echoanzeigen erfaßten Objekte ... 31
11.2 Zeitangaben im Radarbild ... 31
11.3 Kurse und Geschwindigkeiten im Radarbild ... 31
11.4 Graphische Symbole für Objektbewegungen in der zeichnerischen Auswertung des Radarbildes ... 32
11.5 Kleinster Abstand (Passierabstand) ... 32

12 Kompaßlehre ... 33
12.1 Kreiselkompaß ... 33
12.2 Richtunghaltender Kreisel ... 33
12.3 Magnetkompaß ... 34

13 Gezeiten ... 35
13.1 Allgemeine Begriffe ... 35
13.2 Tiefenangaben ... 35
13.3 Mondphasen und Alter der Gezeit ... 35
13.4 Gezeitenhöhen und -zeiten ... 36

14 Besondere Benennungen und Abkürzungen für den Navigationsflugplan ... 37
14.1 Masse ... 37
14.2 Kraftstoffmenge ... 37
14.3 Flughöhe ... 37
14.4 Flugzeit ... 38
14.5 Weitere Benennungen für die Flugplanung ... 38

Zitierte Normen und andere Unterlagen ... 39

Stichwortverzeichnis ... 40

Stichwortverzeichnis und Internationale Patentklassifikation siehe Originalfassung der Norm

Fortsetzung Seite 2 bis 39

Normenausschuß Einheiten und Formelgrößen (AEF) im DIN Deutsches Institut für Normung e.V.
Normenstelle Schiffs- und Meerestechnik (NSMT) im DIN
Normenstelle Luftfahrt (NL) im DIN

1 Anwendungsbereich

Diese Norm ist für die Navigation in der See- und Luftfahrt anzuwenden. Sie kann auch für die Navigation in der Raumfahrt und im Landverkehr angewendet werden.

Unter Navigation werden Maßnahmen zur Fahrzeugführung verstanden – Beobachtungen, Messungen und Auswertungsmethoden –, mit deren Hilfe ermittelt wird,

a) wo sich das Fahrzeug befindet,
b) wohin das Fahrzeug gelangen würde, wenn keine seine Bewegung verändernden Maßnahmen ergriffen werden, und
c) was zu tun ist, um ein gewünschtes Ziel sicher zu erreichen, gegebenenfalls auf einem vorgegebenen Weg.

2 Zweck

Die Norm enthält Begriffe, Abkürzungen und graphische Symbole, die in der See- und Luftfahrt angewendet werden, für ausgewählte physikalische Größen auch Formelzeichen.

Abkürzungen sind in der Navigation üblich und dienen der vereinfachten Darstellung der Begriffe. Sie sollen durch diese Norm vereinheitlicht werden.

Da Abkürzungen meistens aus mehreren Buchstaben bestehen, sind sie nur in wenigen Fällen auch als Formelzeichen geeignet. Ist eine Abkürzung für eine Größenbenennung mit dem Formelzeichen identisch, wird nur dieses angegeben. Im übrigen werden Formelzeichen neben den Abkürzungen dort aufgeführt, wo sie für mathematische Ausdrücke benötigt werden.

Für die Seefahrt werden deutsche und englische Benennungen und Abkürzungen aufgeführt. Gegenstand der Norm sind hier nur die der deutschen Sprache entnommenen Benennungen und Abkürzungen.

ANMERKUNG: Die (kursiv gesetzten) englischen Benennungen und Abkürzungen für die Seefahrt dienen nur der Information. Sie sind englischen und amerikanischen Navigationslehrbüchern und dem Hydrographic Dictionary der International Hydrographic Organization (IHO) entnommen.

Die für die Luftfahrt geltenden Benennungen und Abkürzungen werden englisch und, soweit vorhanden, deutsch aufgeführt. In der Verkehrsluftfahrt werden nur englische Benennungen und Abkürzungen verwendet.

3 Besondere Einheiten in der Navigation

Nr	Benennung	Einheiten-zeichen	Definition, Bemerkungen
3.1	**Längeneinheit** Seemeile *(international) nautical mile*	 sm NM	$1\ \text{sm} = 1852\ \text{m}$ Die Seemeile ist keine gesetzliche Einheit, in der See- und Luftfahrt wegen internationaler Vereinbarungen aber zugelassen (Gesetz über Einheiten im Meßwesen vom 22. Febr. 1985).
3.2	**Geschwindigkeitseinheit** Knoten *knot, knots*	 kn kt, kts	$1\ \text{kn} = 1\ \text{kt} = 1\ \frac{\text{sm}}{\text{h}} = 1852\ \frac{\text{m}}{\text{h}}$ Der Knoten ist keine gesetzliche Einheit, in der See- und Luftfahrt wegen internationaler Vereinbarungen aber zugelassen (Gesetz über Einheiten im Meßwesen vom 22. Febr. 1985).
3.3	**Winkeleinheit** Grad *degree* Minute *minute*	 ° ° ′ ′	$1° = \frac{\pi}{180}\ \text{rad}$ $1' = \frac{1°}{60}$ Siehe DIN 1301 Teil 1 und DIN 1315 Es wird empfohlen, in der Navigation Winkel in Grad und dezimal unterteilten Minuten anzugeben (siehe Nr 10.4).

4 Bezugsrichtungen, Kurse, Peilungen, Beschickungen

Nr	Seefahrt Benennung	Seefahrt Ab-kürzung	Seefahrt Formel-zeichen	Luftfahrt Benennung	Luftfahrt Ab-kürzung	Luftfahrt Formel-zeichen	Definition, Bemerkungen
4.1	**Bezugsrichtungen**						
4.1.1	Nordrichtungen						Nordrichtungen sind horizontale Bezugsrichtungen.
4.1.1.1	rechtweisend Nord *true north*	rwN *TN*		True North rechtweisend Nord	TN rwN		Geographische Nordrichtung
4.1.1.2	mißweisend Nord *magnetic north*	mwN *MN*		Magnetic North mißweisend Nord	MN mwN		Richtung der Horizontalkomponente des erdmagnetischen Feldes
4.1.1.3	Magnetkompaß-Nord *compass north*	MgN *CN*		Compass North Kompaß-Nord	CN KN		In die Horizontalebene projizierte Richtung des Strahls vom Mittelpunkt der Kompaßrosenteilung zu ihrem Nordpunkt
4.1.1.4	Kreiselkompaß-Nord *gyro north*	KrN *GyN*					In die Horizontalebene projizierte, vom richtungsuchenden Kreiselsystem eingenommene Nordrichtung
4.1.1.5	Gitter-Nord *grid north*	GiN *GN*		Grid North Gitter-Nord	GN GiN		In der Projektionsebene: Richtung der Gitterlinien parallel zum Bezugsmeridian mit dessen nördlicher Orientierung
4.1.2	Rechtvorausrichtung *dead ahead*	rv					In die Horizontalebene projizierte, nach vorn orientierte Richtung der Fahrzeuglängsachse
4.2	**Kurse** Kurs ist ein in der Horizontalebene gemessener Winkel. Er wird von einer der unter Nr 4.1.1 angegebenen Bezugsrichtungen aus im Uhrzeigerdrehsinn von 000° bis 360° gezählt und in ganzen Graden dreistellig geschrieben (z. B. 075°).						
4.2.1	rechtweisender Kurs *true course* [1]) *true heading* [1])	rwK *TC* *TH*	α_{rw}	True Heading rechtweisender Steuerkurs	TH rwSK		Winkel zwischen rechtweisend Nord (True North) und der Rechtvorausrichtung des Fahrzeugs
4.2.2	mißweisender Kurs *magnetic course*	mwK *MC*	α_{mw}, z'	Magnetic Heading mißweisender Steuerkurs	MH mwSK		Winkel zwischen mißweisend Nord (Magnetic North) und der Rechtvorausrichtung des Fahrzeugs
4.2.3	Magnetkompaßkurs *compass course*	MgK *CC*	α_{Mg}, z	Compass Heading Kompaßkurs	CH KK		Winkel zwischen Magnetkompaß-Nord (Compass North) und der Rechtvorausrichtung des Fahrzeugs
4.2.3.1	Steuerkompaßkurs *steering compass course*	STK					Magnetkompaßkurs am Steuerkompaß

[1]) In der Seefahrt bedeutet **„course“** (C) den Soll-Kurs, **„heading“** (H) den jeweils augenblicklich anliegenden Kurs (Ist-Kurs).

Nr	Seefahrt			Luftfahrt			Definition, Bemerkungen
	Benennung	Abkürzung	Formelzeichen	Benennung	Abkürzung	Formelzeichen	
4.2.3.2	Regelkompaßkurs *standard compass course*	RgK					Magnetkompaßkurs am Regelkompaß
4.2.3.3	Peilkompaßkurs *bearing compass course*	PlK					Magnetkompaßkurs am Peilkompaß
4.2.4	Kreiselkompaßkurs *gyro course*	KrK	α_{Kr}				Winkel zwischen Kreiselkompaß-Nord und der Rechtvorausrichtung des Fahrzeugs
4.2.5				Grid Heading Gittersteuerkurs	GH GSK		Winkel zwischen Grid North und der Rechtvorausrichtung des Fahrzeugs
4.2.6	Kurs durchs Wasser gekoppelt: *course to steer* beobachtet: *course steered*	KdW *CTW*	α_{Wa}				Winkel zwischen rechtweisend Nord und der Richtung des Weges durchs Wasser (siehe Nr 5.3.7)
4.2.7	Kurs über Grund *course over ground*	KüG *COG*	α_G				Winkel zwischen rechtweisend Nord und der Richtung des Weges über Grund (siehe Nr 5.3.9)
4.2.7.1	Koppelkurs über Grund *course to make good, course of advance*	$KüG_k$ *COA*	α_k				Winkel zwischen rechtweisend Nord und der beabsichtigten Richtung des Weges über Grund
4.2.7.2	Kartenkurs *track*	KaK *TR*		True Course Kartenkurs	TC rwKaK		Winkel zwischen rechtweisend Nord (True North) und der der Navigationskarte entnehmbaren beabsichtigten Richtung des Weges über Grund
4.2.7.3	beobachteter Kurs über Grund *course made good, true track*	$KüG_b$ *CMG* *TT*	α_b	True Track rechtweisender Kurs über Grund	TT rwKüG		Winkel zwischen rechtweisend Nord (True North) und der ermittelten Richtung des Weges über Grund
4.2.8				Magnetic Course geplanter mißweisender Kurs	MC mwKaK		Winkel zwischen Magnetic North und der beabsichtigten Richtung des Weges über Grund
4.2.9				Magnetic Track mißweisender Kurs über Grund	MT mwKüG		Winkel zwischen Magnetic North und der ermittelten Richtung des Weges über Grund
4.2.10				Grid Course geplanter Gitterkurs	GC GKaK		Winkel zwischen Grid North und der beabsichtigten Richtung des Weges über Grund

Nr	Seefahrt			Luftfahrt			Definition, Bemerkungen
	Benennung	Ab-kürzung	Formel-zeichen	Benennung	Ab-kürzung	Formel-zeichen	
4.2.11				Grid Track Gitterkurs über Grund	GT GKüG		Winkel zwischen Grid North und der ermittelten Richtung des Weges über Grund
4.3	**Peilungen** Peilung ist ein in der Horizontalebene gemessener Winkel. Er wird von einer der in Abschnitt 4.1 angegebenen Bezugsrichtungen aus im Uhrzeigerdrehsinn von 000° bis 360° gezählt und dreistellig geschrieben. Er wird auch noch halb- oder viertelkreisig gezählt (siehe Nr 10.4.3).						
4.3.1	Optische Peilungen						
4.3.1.1	rechtweisende Peilung *true bearing*	rwP					Winkel zwischen rechtweisend Nord und der in die Horizontalebene projizierten Richtung zum Objekt
4.3.1.2	mißweisende Peilung *magnetic bearing*	mwP					Winkel zwischen mißweisend Nord und der in die Horizontalebene projizierten Richtung zum Objekt
4.3.1.3	Magnetkompaßpeilung *compass bearing*	MgP					Winkel zwischen Magnetkompaß-Nord und der in die Horizontalebene projizierten Richtung zum Objekt
4.3.1.4	Kreiselkompaßpeilung *gyro bearing*	KrP					Winkel zwischen Kreiselkompaß-Nord und der in die Horizontalebene projizierten Richtung zum Objekt
4.3.1.5	Seitenpeilung *relative bearing*	SP					Winkel zwischen der Rechtvorausrichtung des Fahrzeugs und der in die Horizontalebene projizierten Richtung zum Objekt; mit dem Zusatz Steuerbord (Stb) oder Backbord (Bb) ist halbkreisige Zählung (000° bis 180°) zulässig.
4.3.2	Funkpeilungen						
4.3.2.1	abgelesene Funkseitenpeilung *relative radio bearing*		q				Winkel zwischen der Rechtvorausrichtung des Fahrzeugs und der vom Funkpeiler angezeigten Richtung, aus der die Funkwelle einzufallen scheint
4.3.2.2	beschickte Funkseitenpeilung *corrected relative radio bearing*		p	Relative Bearing Funkseitenpeilung	RB	p	Winkel zwischen der Rechtvorausrichtung des Fahrzeugs und der Richtung, aus der die Funkwelle einfällt: $p = q + f$ (f siehe Nr 4.4.11).
4.3.2.3	abgelesene Kreisel-Funkpeilung *gyro radio bearing*	KrFuP					Summe aus KrK und abgelesener Funkseitenpeilung

ANMERKUNG: Wird am Fahrzeug gepeilt, so handelt es sich um eine Eigenpeilung (bearing to station), peilt eine Station das Fahrzeug, so handelt es sich um eine Fremdpeilung (bearing from station).

Schreibweise: Im Bordbetrieb sowie in handschriftlichen Aufzeichnungen kann statt P das graphische Symbol ↗, bei Funkpeilungen das graphische Symbol ↯ verwendet werden.

Nr	Seefahrt Benennung	Seefahrt Abkürzung	Seefahrt Formelzeichen	Luftfahrt Benennung	Luftfahrt Abkürzung	Luftfahrt Formelzeichen	Definition, Bemerkungen
4.3.2.4	rechtweisende Funkpeilung [2] *true radio bearing*	rwFuP		True Bearing rechtweisende Funkpeilung	TB P		Winkel zwischen rechtweisend Nord (True North) und der Richtung, aus der die Funkwelle einfällt
4.3.2.5				Magnetic Bearing mißweisende Funkpeilung	MB mwP		Winkel zwischen Magnetic North und der Richtung, aus der die Funkwelle einfällt
4.3.2.6				Compass Bearing Kompaßpeilung	CB KP		Winkel zwischen Compass North und der Richtung, aus der die Funkwelle einfällt
4.3.2.7				Grid Bearing Gitterpeilung	GB GP		Winkel zwischen Grid North und der Richtung, aus der die Funkwelle einfällt
4.3.2.8	Radar-Seitenpeilung *relative radar bearing*	RaSP		Relative Radar Bearing Radar-Seitenpeilung	RRB RaSP		Winkel zwischen Vorausanzeige und Peilstrahl auf dem Bildschirm des Radargerätes; halbkreisige Zählung (000° bis 180°) mit dem Zusatz Steuerbord (Stb) oder Backbord (Bb) ist zulässig.
4.3.2.9	Radar-Kreiselpeilung *radar bearing*	RaKrP					Winkel zwischen Kreiselkompaß-Nordanzeige und Peilstrahl auf dem Bildschirm des Radargerätes

4.4 Beschickungen

Beschickungen sind Korrekturen, um die die jeweils gemessenen Werte berichtigt werden müssen, um erfaßbare systematische Abweichungen auszuschalten. Die Vorzeichen der Beschickungen sind so anzugeben, daß die Summe aus Meßwert und Beschickung den richtigen Wert ergibt (siehe DIN 1319 Teil 3).

Nr	Seefahrt Benennung	Seefahrt Abkürzung	Seefahrt Formelzeichen	Luftfahrt Benennung	Luftfahrt Abkürzung	Luftfahrt Formelzeichen	Definition, Bemerkungen
4.4.1	Mißweisung [3] *variation*	Mw *Var*		Variation Mißweisung	Var Mw		Winkel zwischen rechtweisend Nord (True North) und mißweisend Nord (Magnetic North), ausgehend von rechtweisend Nord nach Osten mit der Benennung E (Vorzeichen plus), nach Westen mit der Benennung W (Vorzeichen minus)
4.4.2	Magnetkompaßablenkung Magnetkompaßdeviation *deviation*	Abl *Dev*	δ_{Mg}	Deviation Deviation	Dev Dev	δ_{Mg}	Winkel zwischen mißweisend Nord (Magnetic North) und Magnetkompaß-Nord (Compass North), ausgehend von mißweisend Nord nach Osten mit der Benennung E (Vorzeichen plus), nach Westen mit der Benennung W (Vorzeichen minus)

2) Auch Funkazimut (FuAz) genannt

3) In der Geophysik Deklination (D) genannt (siehe DIN 1304 Teil 2/09.89, Nr 7.2.6)

ANMERKUNG: Wird am Fahrzeug gepeilt, so handelt es sich um eine Eigenpeilung (bearing to station), peilt eine Station das Fahrzeug, so handelt es sich um eine Fremdpeilung (bearing from station).

Schreibweise: Im Bordbetrieb sowie in handschriftlichen Aufzeichnungen kann statt P das graphische Symbol ↗, bei Funkpeilungen das graphische Symbol ↯ verwendet werden.

Nr	Seefahrt			Luftfahrt			Definition, Bemerkungen
	Benennung	Ab-kürzung	Formel-zeichen	Benennung	Ab-kürzung	Formel-zeichen	
4.4.3	Kreisel-R	KrR					Berichtigung des jeweils beobachteten Anzeigefehlers des Kreiselkompasses, die Fahrtfehlerberichtigung ausgenommen; Kreisel-R ist Kreiselkompaßfehlweisung abzüglich Fahrtfehlerberichtigung.
4.4.4	Kreisel-A	KrA					Berichtigung des konstanten Anteils des Anzeigefehlers des Kreiselkompasses; Mittelwert des Kreisel-R
4.4.5	Fahrtfehlerberichtigung Kreiselkompaßdeviation *speed error (correction)*	Ff	δ_{Kr}				Berichtigung des breiten-, richtungs- und geschwindigkeitsabhängigen Anteils des Anzeigefehlers des Kreiselkompasses
4.4.6	Fehlweisung	Fw					Winkel zwischen rechtweisend Nord und Magnetkompaß-Nord bzw. Kreiselkompaß-Nord, ausgehend von rechtweisend Nord nach Osten mit Vorzeichen plus, nach Westen mit Vorzeichen minus
4.4.6.1	Magnetkompaßfehlweisung *compass error (correction)*	MgFw *CE*					Summe aus Magnetkompaßablenkung und Mißweisung
4.4.6.2	Kreiselkompaßfehlweisung *gyro error (correction)*	KrFw *GE*					Summe aus Kreisel-A, Fahrtfehlerberichtigung (soweit nicht schon vom System berücksichtigt) und weiteren von System und Umwelt abhängigen Ablenkungen; Summe aus Kreisel-R und Fahrtfehlerberichtigung
4.4.7				Grivation	GV		Winkel zwischen Grid North und Magnetic North, ausgehend von Grid North nach Osten mit der Benennung E (Vorzeichen plus), nach Westen mit der Benennung W (Vorzeichen minus)
4.4.8	Beschickung für Wind *leeway correction*	BW	β_{Wi}				Winkel zwischen der Rechtvorausrichtung des Fahrzeugs und der tatsächlichen oder beabsichtigten Bewegungsrichtung des Fahrzeugs durchs Wasser ANMERKUNG: Kurs durchs Wasser (siehe Nr 4.2.6) ist Summe aus rechtweisendem Kurs (siehe Nr 4.2.1) und Beschickung für Wind: $\alpha_{Wa} = \alpha_{rw} + \beta_{Wi}$.
4.4.9	Beschickung für Strom *correction for current*	BS	β_{St}				Winkel zwischen der Bewegungsrichtung des Fahrzeugs durchs Wasser und der tatsächlichen oder beabsichtigten Bewegungsrichtung des Fahrzeugs über Grund ANMERKUNG: Kurs über Grund (siehe Nr 4.2.7) ist Summe aus Kurs durchs Wasser (siehe Nr 4.2.6) und Beschickung für Strom: $\alpha_G = \alpha_{Wa} + \beta_{St}$.

Nr	Seefahrt			Luftfahrt			Definition, Bemerkungen
	Benennung	Abkürzung	Formelzeichen	Benennung	Abkürzung	Formelzeichen	
4.4.10	Beschickung für Wind und Strom *leeway and current correction angle*	BWS	β				Winkel zwischen der Rechtvorausrichtung des Fahrzeugs und der tatsächlichen oder beabsichtigten Bewegungsrichtung des Fahrzeugs über Grund; Summe aus Beschickung für Wind und Beschickung für Strom: $\beta = \beta_{Wi} + \beta_{St}$. ANMERKUNG: Kurs über Grund (siehe Nr 4.2.7) ist Summe aus rechtweisendem Kurs (siehe Nr 4.2.1) und Beschickung für Wind und Strom: $\alpha_G = \alpha_{rw} + \beta$.
4.4.11	Funkbeschickung Funkdeviation *radio deviation*		f				Winkel zwischen der Richtung, aus der die Funkwelle einfällt, und der Richtung, aus der sie einzufallen scheint
4.4.12	Loxodrombeschickung *conversion angle*		u	Conversion Angle Loxodrombeschickung	CA	u	Winkel zwischen Großkreis und Loxodrome, die zwei Punkte auf der Erdoberfläche verbinden

5 Einfluß von Wind und Strom in der Seefahrt

Als Wind wird die Bewegung von Luft, als Strom die Bewegung von Wasser bezeichnet.

Die Richtungswinkel werden von rwN aus im Uhrzeigerdrehsinn von 000° bis 360° gezählt und in ganzen Graden dreistellig geschrieben.

Als Windrichtung wird diejenige Richtung bezeichnet, aus der der Wind kommt. Die Richtung der Luftströmung ist dieser Richtung entgegengesetzt. In dieser Norm gibt der Vektor $\boldsymbol{u}$ die Strömungsgeschwindigkeit des Windes nach Richtung und Betrag an. Zum Beispiel wird ein Ostwind (Windrichtung 090°) der Geschwindigkeit $20\frac{\mathrm{m}}{\mathrm{s}}$ angegeben durch den Vektor $\boldsymbol{u}$ seiner Strömungsgeschwindigkeit in Richtung 270° mit dem Betrag $20\frac{\mathrm{m}}{\mathrm{s}}$.

Als Stromrichtung wird diejenige Richtung bezeichnet, in die der Strom setzt.

Schiffe werden nicht nur vom Strom, sondern auch vom Wind versetzt. Die Richtung der Versetzung durch Windeinfluß entspricht etwa der Richtung, in die der Wind weht; sie kann hiervon jedoch bei Segelschiffen und bei Schiffen mit hohen Bordwänden und Decksaufbauten erheblich abweichen.

In Stromaufgaben werden im voraus Soll-Kurs und Geschwindigkeit des Schiffes unter Berücksichtigung des zu erwartenden Stromes ermittelt, oder es wird nachträglich der durchschnittliche Strom während einer bestimmten Fahrzeit mittels des tatsächlich erreichten Standorts bestimmt.

Sofern bei Stromaufgaben zwischen einer im voraus angenommenen Größe und einer nach einer bestimmten Fahrzeit durch Beobachtung ermittelten gleichartigen Größe unterschieden werden muß, sind die Abkürzung und das Formelzeichen dieser Größe mit dem Index k (für gekoppelt) oder b (für beobachtet) zu versehen.

Nr	Benennung	Abkürzung	Formelzeichen	Definition, Bemerkungen
5.1	**Vektoren der Luft- und Wasserströmung sowie der Schiffsbewegung** (siehe auch Bild 1)			
5.1.1	Wind über Grund (wahrer Wind)		$\boldsymbol{u}_{\mathrm{G}}$	Vektor der Luftströmungsgeschwindigkeit über Grund
5.1.2	Fahrtwind		$\boldsymbol{u}_{\mathrm{F}}$	Vektor der durch die Geschwindigkeit des Schiffes über Grund (siehe Nr 5.1.9) entstehenden Luftströmung: $\boldsymbol{u}_{\mathrm{F}} \approx -\boldsymbol{v}_{\mathrm{G}}$. Der Fahrtwind kann am Ort der Messung von der Form des Schiffes und seiner Aufbauten beeinflußt werden.
5.1.3	Wind an Bord (scheinbarer Wind)		$\boldsymbol{u}_{\mathrm{B}}$	Vektor der an Bord eines fahrenden Schiffes meßbaren Geschwindigkeit der Luftströmung: $\boldsymbol{u}_{\mathrm{B}} \approx \boldsymbol{u}_{\mathrm{G}} + \boldsymbol{u}_{\mathrm{F}}$. Siehe Bemerkung zu Nr 5.1.2
5.1.4	Wind über dem Wasser		$\boldsymbol{u}_{\mathrm{Wa}}$	Vektor der Luftströmungsgeschwindigkeit relativ zum Wasser: $\boldsymbol{u}_{\mathrm{Wa}} = \boldsymbol{u}_{\mathrm{G}} - \boldsymbol{v}_{\mathrm{St}}$ ($\boldsymbol{v}_{\mathrm{St}}$ siehe Nr 5.1.8).
5.1.5	Eigengeschwindigkeit des Schiffes		$\boldsymbol{v}_{\mathrm{E}}$	Vektor der Geschwindigkeit des Schiffes aufgrund des eigenen Antriebs (Maschine oder Segel) in Rechtvorausrichtung ohne Berücksichtigung der nicht beeinflußbaren Wirkungen von Wind, Seegang und Strom
5.1.6	Versetzungsgeschwindigkeit durch Wind		$\boldsymbol{v}_{\mathrm{Wi}}$	Vektor der nicht beeinflußbaren Versetzungsgeschwindigkeit des Schiffes durch Windwirkung
5.1.7	Geschwindigkeit des Schiffes durchs Wasser *velocity through the water*		$\boldsymbol{v}_{\mathrm{Wa}}$	Vektor der unter Berücksichtigung des Schiffsantriebs und des Windes ermittelten Geschwindigkeit des Schiffes relativ zum Wasser: $\boldsymbol{v}_{\mathrm{Wa}} = \boldsymbol{v}_{\mathrm{E}} + \boldsymbol{v}_{\mathrm{Wi}}$.
5.1.8	Stromgeschwindigkeit *velocity of the current*		$\boldsymbol{v}_{\mathrm{St}}$	Aus Unterlagen ermittelter Erwartungswert für den Vektor der Stromgeschwindigkeit oder nachträglich ermittelter Wert dieses Vektors während einer bestimmten Fahrzeit
5.1.9	Geschwindigkeit des Schiffes über Grund *velocity over the ground*		$\boldsymbol{v}_{\mathrm{G}}$	Im voraus bestimmter oder nach einer bestimmten Fahrzeit ermittelter Vektor der Geschwindigkeit des Schiffes bezüglich des Meeresgrundes: $\boldsymbol{v}_{\mathrm{G}} = \boldsymbol{v}_{\mathrm{Wa}} + \boldsymbol{v}_{\mathrm{St}}$.

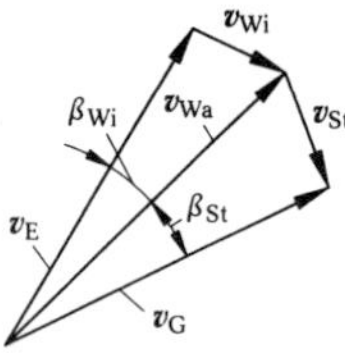

β_{Wi}: siehe Nr 4.4.8
β_{St}: siehe Nr 4.4.9

Bild 1: Wind- und Stromversetzung

Nr	Benennung	Abkürzung	Formelzeichen	Definition, Bemerkungen
5.2	**Beträge von Geschwindigkeiten**			
5.2.1	Windgeschwindigkeit über Grund (wahre Windgeschwindigkeit)		u_G	Betrag von $\boldsymbol{u}_G$
5.2.2	Fahrtwindgeschwindigkeit		u_F	Betrag von $\boldsymbol{u}_F$
5.2.3	Windgeschwindigkeit an Bord (scheinbare Windgeschwindigkeit)		u_B	Betrag von $\boldsymbol{u}_B$
5.2.4	Windgeschwindigkeit über dem Wasser		u_{Wa}	Betrag von $\boldsymbol{u}_{Wa}$
5.2.5	Eigengeschwindigkeitsbetrag		v_E	Betrag von $\boldsymbol{v}_E$
5.2.6	Winddrift (Betrag der Versetzungsgeschwindigkeit durch Wind)		v_{Wi}	Betrag von $\boldsymbol{v}_{Wi}$
5.2.7	Fahrt durchs Wasser *speed through the water*	FdW *STW*	v_{Wa}	Betrag von $\boldsymbol{v}_{Wa}$
5.2.8	Betrag der Stromgeschwindigkeit *drift*	StG	v_{St}	Betrag von $\boldsymbol{v}_{St}$
5.2.9	Fahrt über Grund gekoppelt: *speed of advance* beobachtet: *speed over the ground*	FüG *SOA* *SOG*	v_G	Betrag von $\boldsymbol{v}_G$
5.3	**Richtungen** (ausgedrückt durch den Winkel gegen rechtweisend Nord, siehe Nr 4.1.1.1)			
5.3.1	Strömungsrichtung des Windes (wahre Luftströmungsrichtung)		γ_{Wi}	Richtung von $\boldsymbol{u}_G$
5.3.2	Strömungsrichtung des Fahrtwindes		γ_F	Richtung von $\boldsymbol{u}_F$: $\gamma_F \approx \alpha_G + 180°$ (α_G siehe Nr 5.3.9).
5.3.3	Strömungsrichtung des Windes an Bord (scheinbare Luftströmungsrichtung)		γ_B	Richtung von $\boldsymbol{u}_B$
5.3.4	Strömungsrichtung des Windes über dem Wasser		γ_{Wa}	Richtung von $\boldsymbol{u}_{Wa}$
5.3.5	Eigenrichtung	rwK	α_{rw}	Richtung von $\boldsymbol{v}_E$; identisch mit dem rechtweisenden Kurs (siehe Nr 4.2.1)
5.3.6	Windset (Versetzungsrichtung durch Wind)	WiS	α_{WS}	Richtung von $\boldsymbol{v}_{Wi}$
5.3.7	Bewegungsrichtung durchs Wasser	KdW	α_{Wa}	Richtung von $\boldsymbol{v}_{Wa}$; identisch mit Kurs durchs Wasser (siehe Nr 4.2.6)
5.3.8	Stromrichtung *set*	StR	α_{St}	Richtung von $\boldsymbol{v}_{St}$; Richtung, in die der Strom setzt
5.3.9	Bewegungsrichtung über Grund	KüG	α_G	Richtung von $\boldsymbol{v}_G$; identisch mit Kurs über Grund (siehe Nr 4.2.7)

Nr	Benennung	Abkürzung	Formelzeichen	Definition, Bemerkungen
5.4 Distanzen				
5.4.1	Distanz durchs Wasser gekoppelt: *distance to steam* beobachtet: *distance steamed*	DdW	d_W	Vom Schiff relativ zum Wasser zurückzulegende oder zurückgelegte Strecke
5.4.2	Betrag der Stromversetzung *drift distance*	DSt	d_{St}	Distanz vom Loggeort bis zum Koppelort bzw. bis zum beobachteten Ort (siehe Nr 7.2.1 bis 7.2.3)
5.4.3	Distanz über Grund gekoppelt: *distance to make good* beobachtet: *distance made good*	DüG	d_G	Vom Schiff über Grund zurückzulegende oder zurückgelegte Distanz

6 Winddreiecke in der Luftfahrt

Mit Hilfe der Winddreiecke wird entweder der Einfluß des Windes auf die Richtung und Geschwindigkeit über Grund bestimmt oder die Windrichtung und -stärke.

Nr	Benennung	Abkürzung	Formelzeichen	Definition, Bemerkungen
6.1 Beträge von Geschwindigkeiten, Richtungen (Siehe auch ISO 1151 Teil 1 und Teil 2)				
6.1.1	True Air Speed wahre Eigengeschwindigkeit	TAS	v_E	Betrag der Eigengeschwindigkeit des Flugzeugs relativ zur Luft
6.1.2	Ground Speed Grundgeschwindigkeit	GS	v_G	Betrag der Geschwindigkeit des Flugzeugs über Grund
6.1.3	True Air Speed effective	TAS_{eff}		Betrag der Komponente der Eigengeschwindigkeit in Richtung der Fortbewegung des Flugzeugs über Grund
6.1.4	Wind Speed Windgeschwindigkeit		v_{Wi}	Betrag der Windgeschwindigkeit
6.1.5	Wind Direction Windrichtung			Winkel zwischen True North und der Richtung, aus der der Wind kommt; von True North aus im Uhrzeigerdrehsinn von 000° bis 360° angegeben (Vektor der Luftströmungsgeschwindigkeit siehe Nr 6.6.3)
6.2 Winkel				
6.2.1	Wind Correction Angle Luvwinkel	WCA L		Winkel zwischen der Richtung des beabsichtigten Weges über Grund und der Vorausrichtung der Flugzeuglängsachse; von der Richtung des beabsichtigten Weges über Grund aus nach rechts mit dem Vorzeichen plus, nach links mit dem Vorzeichen minus
6.2.2	Drift Angle Abtrift	DA D	α_{Wi}	Winkel zwischen der Vorausrichtung der Flugzeuglängsachse und der tatsächlichen Richtung des Weges über Grund; von der Vorausrichtung aus nach rechts mit dem Zusatzzeichen R, nach links mit dem Zusatzzeichen L
6.2.3	Drift Additional zusätzliche Abtrift	D_a D_z	α_z	Winkel zwischen der Richtung des beabsichtigten Weges über Grund und der Richtung des tatsächlichen Weges über Grund; von der Richtung des beabsichtigten Weges über Grund aus nach rechts mit dem Zusatzzeichen R, nach links mit dem Zusatzzeichen L

Nr	Benennung	Abkürzung	Formelzeichen	Definition, Bemerkungen
6.2.4	Wind Angle Windwinkel	ww		Winkel zwischen der Richtung des beabsichtigten Weges über Grund oder des tatsächlichen Weges über Grund und der Richtung, aus der der Wind kommt; von der Richtung des beabsichtigten oder tatsächlichen Weges über Grund ausgehend nach rechts oder links bis maximal 180° zählend
6.2.5	Relative Wind Angle Windeinfallwinkel	we		Winkel zwischen der Vorausrichtung der Flugzeuglängsachse und der Richtung, aus der der Wind kommt; von der Vorausrichtung aus nach links und rechts bis maximal 180° zählend
6.3	**Distanzen**			
6.3.1	Ground Distance Distanz über Grund		d_G	Distanz über Grund; Angabe in Nautical Miles (NM)
6.3.2	Still Air Distance Distanz in der Luft		d_L	Distanz relativ zur Luft; zur Unterscheidung gegenüber Nr 6.3.1 in Nautical Air Miles (NAM) angegeben: 1 NAM = 1 NM.
6.4	**Komponenten am Winddreieck**			
6.4.1	Cross Wind Component Querwindkomponente	CWC QWKp		Senkrecht zur Richtung des Weges über Grund stehende Komponente des Windes
6.4.2	Head Wind Component Gegenwindkomponente	HWC GWKp		Längs des Weges über Grund stehende Komponente des Windes bis zu einem Windwinkel von maximal 90°
6.4.3	Tail Wind Component Rückenwindkomponente	TWC RWKp		Längs des Weges über Grund stehende Komponente des Windes bei einem Windwinkel zwischen 90° und 180°
6.4.4	Equivalent Wind Component äquivalente Windkomponente	EWC		Differenz zwischen Ground Speed und True Air Speed
6.5	**Eckpunkte des Winddreiecks**			
6.5.1	Air Position Windstillepunkt			Position des Flugzeugs relativ zur umgebenden Luft nach einer bestimmten Flugzeit (graphisches Symbol siehe Nr 7.3.2)
6.5.2	Dead Reckoning Position Koppelort	DR-Pos O_k		Voraussichtliche Position des Flugzeugs über Grund nach einer bestimmten Flugzeit unter Berücksichtigung des angenommenen Windes (siehe Nr 7.2.2, graphisches Symbol siehe Nr 7.3.4)
6.5.3	Fix beobachteter Ort, Standort	Fix		Ermittelte Position des Flugzeugs über Grund (graphisches Symbol siehe Nr 7.3.3)

6.6 Graphische Symbole im Winddreieck

Nr	Graphisches Symbol	DIN 30 600 Reg.-Nr	Bedeutung
6.6.1		05806 A	Dreieckseite True Heading – True Air Speed (siehe Nr 4.2.1 und 6.1.1)
6.6.2		05807 A	Dreieckseite True Course – Ground Speed bzw. True Track – Ground Speed (siehe Nr 4.2.7.2 bzw. Nr 4.2.7.3 und Nr 6.1.2)
6.6.3		05808 A	Dreieckseite Wind Direction – Wind Speed (siehe Nr 6.1.4 und Nr 6.1.5) ANMERKUNG: Die Pfeilspitzen weisen in die Richtung der Luftströmung.

7 Geographische Koordinaten, Orte, Distanzen und Linien[4]; graphische Symbole

Nr	Seefahrt			Luftfahrt			Definition, Bemerkungen
	Benennung	Abkürzung	Formelzeichen	Benennung	Abkürzung	Formelzeichen	
7.1	**Geographische Koordinaten eines Ortes, Distanzen**						
7.1.1	geographische Breite[4] *latitude*	*Lat*	φ	Latitude geographische Breite	Lat	φ	Winkel, den die Normale durch den betrachteten Punkt auf der Bezugsfläche (z. B. Erdkugel) mit der Äquatorebene bildet; Zählung polwärts von 00° bis 90°, für die Nordhalbkugel mit dem Zusatzzeichen N oder mit Vorzeichen plus, für die Südhalbkugel mit dem Zusatzzeichen S oder mit Vorzeichen minus (siehe DIN V 18 709 Teil 1/08.82 Nr 4.6.1.1)
7.1.2	geographische Länge[4] *longitude*	*Lon*	λ	Longitude geographische Länge	Lon	λ	Winkel, den die Meridianebene durch den betrachteten Punkt auf der Bezugsfläche (z. B. Erdkugel) mit der Ebene des Nullmeridians bildet; Zählung halbkreisig vom Nullmeridian ($\lambda = 000°$) nach Osten mit dem Zusatzzeichen E oder mit Vorzeichen plus, nach Westen entsprechend mit dem Zusatzzeichen W oder mit Vorzeichen minus (siehe DIN V 18 709 Teil 1/08.82 Nr 4.6.1.2) Bei besonderen Anwendungen wird die geographische Länge auch vollkreisig vom Nullmeridian positiv nach Westen gezählt.
7.1.3	geodätische Breite (ellipsoidische Breite) *geodetic latitude*		φ, B	Geodetic Latitude geodätische Breite		φ B	Winkel, den die Ellipsoidnormale durch den betrachteten Punkt auf dem Ellipsoid mit der Ebene des geodätischen Äquators bildet; Zählung wie bei Nr 7.1.1 (nach DIN V 18 709 Teil 1/08.82 Nr 4.6.1.4)
7.1.4	geodätische Länge (ellipsoidische Länge) *geodetic longitude*		λ, L	Geodetic Longitude geodätische Länge		λ L	Winkel, den die Meridianebene durch den betrachteten Punkt auf dem Ellipsoid mit der Ebene des Nullmeridians auf dem Ellipsoid bildet; Zählung wie bei Nr 7.1.2; unter Meridianebene eines Ortes versteht man hier die Ebene durch die Ellipsoidnormale und die Rotationsachse des Ellipsoids (geodätische Meridianebene) (nach DIN V 18 709 Teil 1/08.82 Nr 4.6.1.5).
7.1.5	geozentrische Breite *geocentric latitude*		φ_c	Geocentric Latitude geozentrische Breite		φ_c	Winkel am Mittelpunkt eines Referenzellipsoids zwischen der Äquatorebene und der Verbindungslinie vom Mittelpunkt des Referenzellipsoids zum betrachteten Punkt auf dem Ellipsoid

[4]) Bei manchen Navigationsproblemen muß, je nach verwendetem Bezugssystem, zwischen geodätischen, geozentrischen und astronomischen Koordinaten unterschieden werden (siehe DIN 1304 Teil 2). Wenn eine derartige Unterscheidung nicht notwendig ist, spricht man von geographischer Breite und Länge und bezieht sich auf eine Kugel mit einem Großkreisumfang von 21 600 sm.

Nr	Seefahrt Benennung	Seefahrt Abkürzung	Seefahrt Formelzeichen	Luftfahrt Benennung	Luftfahrt Abkürzung	Luftfahrt Formelzeichen	Definition, Bemerkungen
7.1.6	geozentrische Länge *geocentric longitude*		λ_c	Geocentric Longitude geozentrische Länge		λ_c	Wie unter Nr 7.1.4
7.1.7	astronomische Breite *astronomic latitude*		φ_a	Astronomic Latitude astronomische Breite		φ_a	Winkel, den die Lotrichtung durch den betrachteten Punkt mit einer Normalebene zur Rotationsachse der Erde bildet; Zählung wie bei Nr 7.1.1 (nach DIN V 18 709 Teil 1/08.82 Nr 4.6.1.7; dort wird das Formelzeichen Φ benutzt)
7.1.8	astronomische Länge *astronomic longitude*		λ_a	Astronomic Longitude astronomische Länge		λ_a	Winkel, den die Meridianebene durch den betrachteten Punkt mit der Ebene des Nullmeridians bildet; Zählung wie bei Nr 7.1.2; unter Meridianebene eines Ortes versteht man hier die Ebene durch die Lotrichtung und eine Gerade parallel zur Rotationsachse der Erde (astronomische Meridianebene) (nach DIN V 18 709 Teil 1/08.82 Nr 4.6.1.8; dort wird das Formelzeichen Λ benutzt)
7.1.9	Breitenunterschied *difference of latitude*	*DLat*	$\Delta\varphi$	Difference of Latitude Breitenunterschied	DLat	$\Delta\varphi$	Differenz der geographischen Breiten zweier Orte (Winkel)
7.1.10	Breitendistanz *distance of latitude*		b	Distance of Latitude Breitendistanz		b	Distanz auf einem Meridian zwischen den Breitenparallelen zweier Orte
7.1.11	Längenunterschied *difference of longitude*	*DLon*	$\Delta\lambda$	Difference of Longitude Längenunterschied	DLon	$\Delta\lambda$	Differenz der geographischen Längen zweier Orte (Winkel)
7.1.12	Äquatormeridiandistanz *distance of longitude on equator*		l	Distance of Longitude on Equator Äquatormeridiandistanz		l	Distanz zwischen zwei Meridianen auf dem Äquator
7.1.13	Mittelbreite *mean latitude*	*Lm*	φ_m	Mean Latitude Mittelbreite	Lm	φ_m	Mittelwert der geographischen Breiten zweier Orte
7.1.14	Abweitung *departure*		a	Departure Abweitung		a	Distanz zwischen zwei Meridianen auf einem Breitenparallel bzw. auf der Loxodrome zwischen zwei Orten gutgemachte Distanz in östlicher oder westlicher Richtung
7.1.15	vergrößerte Breite *meridional parts*	*MPLat*	Φ				Verhältnis des Abstandes eines Breitenparallels vom Äquator in der Mercatorkarte zum Meridionalteil; als Meridionalteil gilt der Abstand zweier Meridiane mit einem Längenunterschied $\Delta\lambda = 1'$ in der Mercatorkarte.

Nr	Seefahrt			Luftfahrt			Definition, Bemerkungen
	Benennung	Abkürzung	Formelzeichen	Benennung	Abkürzung	Formelzeichen	
7.1.16	vergrößerter Breitenunterschied *meridional difference*	 *MDLat*	$\Delta \Phi$				Differenz der vergrößerten Breiten zweier Orte
7.1.17	Meridianabstandsverhältnis		l^*				Verhältnis des Abstandes zweier Meridiane in der Mercatorkarte zum Meridionalteil (siehe Nr 7.1.15)
7.2	**Orte und Linien auf der Erdkugel und in Navigationskarten**						
7.2.1	Loggeort *dead reckoning position*	O_l					Von einem bekannten Ort ausgehend, durch Zeichnung oder Rechnung unter Berücksichtigung aller vorhersehbaren Einflüsse, jedoch den Strom ausgenommen, ermittelter Ort des Fahrzeugs
7.2.2	Koppelort *estimated position*	O_k		Dead Reckoning Position Koppelort	DR-Pos O_k		Von einem bekannten Ort ausgehend, durch Zeichnung oder Rechnung unter Berücksichtigung aller vorhersehbaren Einflüsse (für die Seefahrt den Strom eingeschlossen) ermittelter Ort des Fahrzeugs; früher Besteckort genannt (graphisches Symbol siehe Nr 7.3.4)
7.2.3	beobachteter Ort *fix*	O_b		Fix beobachteter Ort, Standort	Fix O_b		Mit Hilfe eines Ortsbestimmungsverfahrens ermittelter Ort des Fahrzeugs (graphisches Symbol siehe Nr 7.3.3)
7.2.4	Bezugsort, Referenzort *assumed position*	O_r		Assumed Position	AP		Angenommener Ort bei speziellen Auswertungsverfahren
7.2.5	Leitpunkt, Referenzpunkt *computed point*	Lt		Computed Point Leitpunkt	 Lt		Punkt zur Konstruktion einer Standlinie (siehe Nr 7.2.12)
7.2.6	Nordpol *north pole*	P_N		North Pole Nordpol	P_N		Geographischer Nordpol
7.2.7	Südpol *south pole*	P_S		South Pole Südpol	P_S		Geographischer Südpol
7.2.8	Äquator *equator*	EQ		Equator Äquator	EQ		Erdäquator
7.2.9	Großkreis *great circle*	GK		Great Circle Großkreis	 GK		Kreis auf der Kugel, dessen Mittelpunkt der Kugelmittelpunkt ist; kürzeste Verbindungslinie zweier Punkte auf der Erdoberfläche, auch Orthodrome genannt

Nr	Seefahrt			Luftfahrt			Definition, Bemerkungen
	Benennung	Abkürzung	Formelzeichen	Benennung	Abkürzung	Formelzeichen	
7.2.10	Loxodrome *rhumb line*	Lox		Rhumb Line Loxodrome	RhL Lox		Kurve auf der Erdoberfläche, die alle Meridiane unter gleichem Winkel schneidet, und jeder Meridian; auch Kursgleiche genannt
7.2.11	Kurslinie *course line*	*CL*		Course Line Kurslinie			In die Navigationskarte eingetragene Linie, welche die beabsichtigte Bewegung des Fahrzeugs über Grund darstellt
7.2.12	Standlinie (allgemein) *line of position*	*LOP*		Line of Position Standlinie	LOP		Geometrischer Ort für alle Punkte, auf denen eine für die Ortsbestimmung gemessene Größe gleich ist
7.2.13	versegelte Standlinie *transferred line of position*			Transferred Line of Position versegelte Standlinie			In Richtung der Kurslinie um die zurückgelegte Distanz parallel verschobene Standlinie
7.2.14	Höhengleiche *line of equal altitudes*	*LOEA*					Standlinie für gleiche Höhen, zur gleichen Zeit am gleichen Gestirn beobachtet (siehe Nr 10.1.3.1)
7.2.15	Azimutgleiche *line of equal bearings*	AzGl		Line of Equal Bearings Azimutgleiche	LEB AzGl		Standlinie für gleiches Azimut eines bestimmten Objektes (siehe Nr 4.3.2.4 und 10.1.3.2); für Objekte, die sich relativ zur Erdoberfläche bewegen, wird Gleichzeitigkeit der Beobachtungen vorausgesetzt.
7.2.16				Convergence of Meridians Meridiankonvergenz	Conv Kvg		Sphärischer Winkel, der von zwei Meridianen auf einer bestimmten geographischen Breite eingeschlossen wird
7.2.17				Map Convergence Kartenkonvergenz	MapConv		Winkel, der von zwei Kartenmeridianen eingeschlossen wird

7.3 Graphische Symbole für Standlinien und Positionen

HINWEIS:
Bei Positionen ist die zugehörige Uhrzeit vierstellig anzugeben (z. B. 0715 für 7.15 Uhr)

Nr	Seefahrt			Luftfahrt			Bemerkungen
	Graphisches Symbol	DIN 30 600 Reg.-Nr	Bedeutung	Graphisches Symbol	DIN 30 600 Reg.-Nr	Bedeutung	
7.3.1		05816 A	Standlinie		05816 A	Line of Position Standlinie	Siehe Nr 7.2.12 Die Pfeilspitzen geben die Richtung vom oder zum Peilobjekt an. Sie können auch entfallen.
7.3.2					05809 A	Air Position Windstillepunkt	Siehe Nr 6.5.1
7.3.3		05811 A	beobachteter Ort senkrechter Strich: Länge waagerechter Strich: Breite		05810 A	Fix beobachteter Ort, Standort	Siehe Nr 6.5.3 und Nr 7.2.3
		05812 A	Standlinienkreuz				Siehe Hinweis zu Nr 7.3.1
		05813 A	Funkstandlinienkreuz				Die Pfeile weisen vom Sender weg.
7.3.4		05814 A	Koppelort zur Kurslinie senkrechter Strich		05815 A	Dead Reckoning Position Koppelort	Siehe Nr 6.5.2 und Nr 7.2.2
		05815 A	Koppelort allgemein				

8 Für die Reise bedeutsame Begriffe

Nr	Seefahrt			Luftfahrt			Definition, Bemerkungen
	Benennung	Abkürzung	Formelzeichen	Benennung	Abkürzung	Formelzeichen	
8.1	**Orte auf der Erdoberfläche**						
8.1.1	Abfahrtsort *starting point*	A		Point of Departure Abflugsort	A		Abfahrts- bzw. Abflugsort der Reise oder eines Reiseabschnitts
8.1.2	Bestimmungsort *destination*	B		Destination Bestimmungsort	B		Bestimmungsort der Reise oder eines Reiseabschnitts
8.1.3	Scheitelpunkt *vertex*	S		Vertex of Great Circle Scheitelpunkt	S		Polnächster Punkt eines Großkreises
8.2	**Distanzen**						
8.2.1	Großkreisdistanz *great circle distance*		d, d_{GK} D	Great Circle Distance Großkreisdistanz		d d_{GK}	Entfernung zweier Orte auf einem Großkreis; auch orthodromische Distanz
8.2.2	loxodromische Distanz *rhumb line distance*		d, d_{Lox}	Rhumb Line Distance loxodromische Distanz		d d_{Lox}	Entfernung zweier Orte auf einer Loxodrome
8.3	**Kurse**						
	Siehe hierzu die Einleitung zum Abschnitt 4.2.						
8.3.1	Großkreisanfangskurs *initial great circle course*	AK	5)	Initial Great Circle Course Großkreisanfangskurs	AK	5)	Winkel bei A zwischen rechtweisend Nord (True North) und dem nach B gerichteten Großkreis
8.3.2	Großkreisendkurs *final great circle course*	EK	5)	Final Great Circle Course Großkreisendkurs	EK	5)	Winkel bei B zwischen rechtweisend Nord (True North) und dem von A aus über B hinausführenden Großkreis
8.3.3	loxodromischer Kurs *rhumb line course*		α_{Lox}	Rhumb Line Course loxodromischer Kurs		α_{Lox}	Winkel zwischen rechtweisend Nord (True North) und der Loxodrome von A nach B (siehe Nr 7.2.10)
8.4	**Versetzungen**						
8.4.1	Stromversetzung	StV	$\boldsymbol{d}_{\mathrm{St}}$				Vektor vom Loggeort zum beobachteten Ort (siehe Nr 7.2.1 und Nr 7.2.3 sowie Nr 5.3.8 und Nr 5.4.2)
8.4.2	Besteckversetzung *fix adjustment*						Vektor vom Koppelort zum beobachteten Ort (siehe Nr 7.2.2 und Nr 7.2.3)

5) Für die Innenwinkel des terrestrisch-sphärischen Grunddreiecks werden die Formelzeichen α (bei A) und β (bei B) verwendet.

Nr	Seefahrt Benennung	Seefahrt Abkürzung	Seefahrt Formelzeichen	Luftfahrt Benennung	Luftfahrt Abkürzung	Luftfahrt Formelzeichen	Definition, Bemerkungen
8.4.2.1	Besteckversetzung in Polarkoordinaten *vector adjustment*	BV	$\boldsymbol{d}_{BP}$				Vektor vom Koppelort zum beobachteten Ort, Richtung bezogen auf rwN
8.4.2.2	Besteckversetzung in kartesischen Koordinaten *relative adjustment*	BV_K	$\boldsymbol{d}_{BK}$				Vektor vom Koppelort zum beobachteten Ort, Richtung bezogen auf die durch die Kurslinie (siehe Nr 7.2.11) vorgegebene und die zu dieser senkrechten Richtung (Beispiel: +1,9 sm; 2,4 sm Bb)
8.5	**Wegpunktnavigation** Einem Rechner werden die geographischen Koordinaten von Orten eingegeben, die angesteuert werden sollen. Die vom Rechner angezeigten Navigationsdaten beziehen sich auf diese Wegpunkte und die Verbindungslinien (Großkreise oder Loxodrome) zwischen diesen.						
8.5.1	Wegpunkt *way point*	WPT		Way Point Wegpunkt	WPT		Geographische Koordinaten eines anzusteuernden bzw. zu überfliegenden Punktes; eine Folge numerischer Wegpunkte bestimmt die Großkreisbögen (in der Seefahrt auch loxodromische Kurse und Distanzen) und legt damit für den Navigationsrechner den beabsichtigten Reiseweg fest.
8.5.2	Bahn *route*			Route Leg Bahn			Bahnabschnitt zwischen zwei Wegpunkten
8.5.3				FROM TO Display Flugabschnitt	FROM TO		Z. B. FROM 3 – 4 TO bedeutet, daß sich alle Werte an den Kontroll- und Anzeigegeräten auf den Wegabschnitt von WPT 3 nach WPT 4 beziehen. Für die analogen Anzeigegeräte gilt bei TO-Anzeige, daß sich die Werte auf den voraus-, bei FROM-Anzeige auf den zurückliegenden WPT beziehen.
8.5.4				Desired Track Soll-Kurs	DSRTK		Der der erreichten Länge entsprechende TC (siehe Nr 4.2.7.2) des zwei Wegpunkte verbindenden Großkreises
8.5.5				Track Angle Error Kursabweichung	TKE		Ständig berechneter augenblicklicher Winkelunterschied zwischen Soll- und Ist-Kurs; Abweichung nach links: L, Abweichung nach rechts: R
8.5.6	Bahnabweichung *cross track distance*	XTD		Cross Track Distance Bahnabweichung	XTK		Ständig berechnete Distanz des Fahrzeugs von der Soll-Kurslinie; Angabe der Abweichung wie unter Nr 8.5.5

9 Zeitbegriffe

Nr	Seefahrt			Luftfahrt			Definition, Bemerkungen
	Benennung	Ab-kürzung	Formel-zeichen	Benennung	Ab-kürzung	Formel-zeichen	
9.1	**Allgemein gebräuchliche Zeitbegriffe**						
9.1.1	modifiziertes Julianisches Datum *modified Julian date*	MJD		Modified Julian Date modifiziertes Julianisches Datum	MJD		Datierung nach fortlaufenden Tagesnummern und Dezimalbruchteilen des Tages, gezählt ab 17. November 1858, 0 Uhr Weltzeit (UT); das Prinzip wird auf Datierungen in internationaler Atomzeit (TAI), koordinierter Weltzeit (UTC) und Weltzeit eins (UT1) angewandt. Durch Hinzufügen von 2 400 000,5 Tagen zum modifizierten Julianischen Datum erhält man das Julianische Datum (JD).
9.1.2	Internationale Atomzeit *international atomic time*	TAI		International Atomic Time internationale Atomzeit	TAI		Vom Internationalen Büro für die Zeit (BIH) aus den Anzeigen von Atomuhren in verschiedenen Staaten berechnete Zeitskala; das Skalenmaß ist die Sekunde (siehe DIN 1301 Teil 1) bezogen auf Meereshöhe.
9.1.3	koordinierte Weltzeit *coordinated universal time*	UTC		Coordinated Universal Time koordinierte Weltzeit	UTC		Grundlage der Zeitsignalaussendungen und der gesetzlichen Zeit; die Skala der koordinierten Weltzeit weicht von der Skala der internationalen Atomzeit nur in der Sekundenzählung ab. Diese wird bei Bedarf durch das Einfügen einer Schaltsekunde derart geändert, daß eine näherungsweise Übereinstimmung mit der Skala der Weltzeit eins erhalten bleibt. Die Toleranz beträgt 0,9 s.
9.1.4	DUT1	DUT1		DUT1	DUT1		An der koordinierten Weltzeit (UTC) vorzunehmende Korrektion zur auf 0,1 s gerundeten Ermittlung der Weltzeit eins (UT1)
9.1.5	Weltzeit eins *universal time one*	UT1		Universal Time One Weltzeit eins	UT1		Mittlere Sonnenzeit des momentanen Nullmeridians, gezählt von Mitternacht; abhängig von der ungleichförmigen Winkelgeschwindigkeit der Erde um ihre Achse; Zeitargument in Jahrbüchern für die astronomische Navigation; die Weltzeit eins ist näherungsweise die Summe aus der koordinierten Weltzeit und DUT1. Ist keine Spezifikation möglich, wird die Bezeichnung Weltzeit (UT) verwendet.
9.1.6	gesetzliche Zeit *standard time*	GZ		Standard Time gesetzliche Zeit	ST		Für ein bestimmtes Gebiet geltende einheitliche Zeit; sie ist möglicherweise von der Jahreszeit abhängig.

Nr	Seefahrt			Luftfahrt			Definition, Bemerkungen
	Benennung	Abkürzung	Formelzeichen	Benennung	Abkürzung	Formelzeichen	
9.2	**Für die Navigation gebräuchliche weitere Zeitbegriffe**						
9.2.1	wahre Ortszeit *local apparent time*	WOZ *LAT*		Local Apparent Time wahre Ortszeit	LAT WOZ		Zeitwinkel der wahren Sonne (1 h ≙ 15°), gezählt von 0 Uhr bis 24 Uhr, beginnend mit dem Durchgang der Sonne durch den unteren Meridian
9.2.2	mittlere Ortszeit *local mean time*	MOZ *LMT*		Local Mean Time mittlere Ortszeit	LMT MOZ		Zeitwinkel der mittleren Sonne (1 h ≙ 15°) gezählt von 0 Uhr bis 24 Uhr, beginnend mit dem Durchgang der mittleren Sonne durch den unteren Meridian
9.2.3	Zeitgleichung *equation of time*		e	Equation of Time Zeitgleichung		e	Differenz zwischen wahrer Ortszeit und mittlerer Ortszeit (bzw. Local Apparent Time und Local Mean Time) im Sinne wahre Ortszeit abzüglich mittlerer Ortszeit
9.2.4	Zonenzeit *zonal time*	ZZ *ZT*		Zonal Time Zonenzeit	ZT ZZ		Koordinierte Weltzeit (UTC) zuzüglich oder abzüglich eines ganzzahligen Vielfachen einer Stunde; die Zonenzeiten entsprechen näherungsweise den mittleren Ortszeiten der Meridiane, deren geographische Längen durch 15 ohne Rest teilbar sind; sie gelten jeweils für 7,5° Längenunterschied nach Ost und nach West.
9.2.5	Bordzeit *ship's time*	BZ					An Bord eines Schiffes geltende Uhrzeit
9.2.6	Chronometerablesung *chronometer reading*	Chr *C*					Die am Chronometer abgelesene Zeit
9.2.7	Chronometerstand-berichtigung *chronometer error correction*	Std *CE*					Zeitspanne, um die die Chronometerablesung berichtigt werden muß, damit die koordinierte Weltzeit (UTC) erhalten wird
9.2.8	Chronometergang-berichtigung *chronometer rate correction*	Gg					Zeitliche Änderung der Chronometerstandberichtigung; positiv, wenn das Chronometer verliert, negativ, wenn es gewinnt
9.2.9	Länge in Zeit *longitude in time*	λiZ		Longitude in Time Länge in Zeit	λ in t λ in Z		Zeitspanne: Geographische Länge, geteilt durch die Winkelgeschwindigkeit 15°/h
9.2.10	Zeitunterschied *zone description*	ZU *ZD*					Zeitunterschied zwischen Zonenzeit und koordinierter Weltzeit im Sinne Zonenzeit abzüglich koordinierter Weltzeit
9.2.11	Meridiandurchgangszeit *meridian passage*	T *MP*		Meridian Passage Meridiandurchgangszeit	MP		Durchgangszeit eines Gestirns durch den Greenwicher Stundenkreis (siehe Nr 10.1.2.8); Angabe in Weltzeit eins (UT1)

9.3 Angabe und Schreibweise von Zeitpunkten und Zeitspannen

9.3.1 Zeitpunkte

Die Uhrzeit eines Tages läuft von 0 Uhr (Tagesbeginn) bis 24 Uhr (Tagesende). Sie wird im allgemeinen wie folgt angegeben:

BEISPIELE:

auf Minuten genau 7.05 Uhr
auf Sekunden genau 7.05.15 Uhr

Als abgekürzte Schreibweisen eines Zeitpunktes (z. B. auf Seekarten oder beim Radarzeichnen) sind zulässig:

- die vierstellige Schreibweise bei einem auf Minuten genauen Zeitpunkt; Beispiel: 07:05 oder 0705
- die sechsstellige Schreibweise bei einem auf Sekunden genauen Zeitpunkt; Beispiel: 07:05:15 oder 070515

Bei Angabe der gesetzlichen Zeit oder der Bordzeit eines Schiffes bedarf es keines weiteren Zusatzes. Ist dabei die Angabe der betreffenden Zeitzone erforderlich, so ist der dieser Zeitzone entsprechende Kennbuchstabe der Zeitangabe oder die besondere Benennung der gesetzlichen Zeit (siehe Nr 9.1.6) hinzuzufügen.

Liste der Kennbuchstaben und der besonderen Benennungen der Zeitzonen

Zeitunterschied in Stunden (siehe Nr 9.2.10)	0	+1	+2	+3	+4	+5	+6	+7	+8	+9	+10	+11	+12
Kennbuchstabe	Z	A	B	C	D	E	F	G	H	I	K	L	M
Besondere Benennung	UTC	MEZ								JSZ			

Zeitunterschied in Stunden	-1	-2	-3	-4	-5	-6	-7	-8	-9	-10	-11	-12
Kennbuchstabe	N	O	P	Q	R	S	T	U	V	W	X	Y
Besondere Benennung				AST	EST	CST	MST	PST				

MEZ: Mitteleuropäische Zeit
JST: Japanese Standard Time
AST: Atlantic Standard Time
EST: Eastern Standard Time
CST: Central Standard Time
MST: Mountain Standard Time
PST: Pacific Standard Time

BEISPIEL:

07.05 Uhr MEZ oder 0705 A

Handelt es sich um eine andere Zeit, z. B. um die mittlere Ortszeit (MOZ), so ist dies hinter der Zeitangabe hinzuzufügen.

BEISPIEL:

7.05 Uhr MOZ oder 07:05 MOZ

Bei Angabe des Zeitpunktes in UTC (siehe Nr 9.1.3) ist bei der abgekürzten Schreibweise der Buchstabe z hinzuzufügen.

BEISPIEL:

07:05z oder 0705z

Das Datum wird nach DIN EN 28601 in abfallender Schreibweise angegeben.

BEISPIEL:

1991-10-15 für 15. Oktober 1991

9.3.2 Zeitspannen

Beispiele zur Angabe von Zeitspannen:

allgemein	3 h 12 min 45 s
abgekürzt	03:12:45
auf Minuten genau	03:12 h
auf Sekunden genau	12:45 min

10 Astronomische Navigation

In der astronomischen Navigation bezeichnet man als Himmelskugel eine fiktive Kugelfläche mit sehr großem Radius, auf die man sich die Gestirne vom Erdmittelpunkt aus projiziert vorstellt.

Nr	Seefahrt			Luftfahrt			Definition, Bemerkungen
	Benennung	Ab-kürzung	Formel-zeichen	Benennung	Ab-kürzung	Formel-zeichen	
10.1	**Himmelskoordinaten; Punkte, Linien und Winkel an der Himmelskugel**						
10.1.1	Punkte der Himmelskugel						
10.1.1.1	Zenit *zenith*	Ze		Zenith Zenit	Z		Schnittpunkt der nach oben verlängerten Lotlinie des Beobachters mit der Himmelskugel
10.1.1.2	Nadir *nadir*	Na		Nadir Nadir	Na		Schnittpunkt der nach unten verlängerten Lotlinie des Beobachters mit der Himmelskugel
10.1.1.3	Himmelspole *celestial poles*			Celestial Poles Himmelspole			Schnittpunkte der Erdachse mit der Himmelskugel
10.1.1.3.1	Himmelsnordpol *celestial north pole*	P_N		Celestial North Pole Himmelsnordpol	P_N		Himmelspol im Zenit des Erdnordpols
10.1.1.3.2	Himmelssüdpol *celestial south pole*	P_S		Celestial South Pole Himmelssüdpol	P_S		Himmelspol im Zenit des Erdsüdpols
10.1.1.3.3	oberer Pol *elevated pole*	P		Elevated Pole oberer Pol	P		Himmelspol oberhalb des wahren Horizonts
10.1.1.3.4	unterer Pol *depressed pole*	P′		Depressed Pole unterer Pol	P′		Himmelspol unterhalb des wahren Horizonts
10.1.1.4	Hauptpunkte auf dem wahren Horizont *cardinal points*						
10.1.1.4.1	Nordpunkt *North*	N		North Nordpunkt	N		Punkt in rechtweisender Peilung 000°
10.1.1.4.2	Ostpunkt *East*	E		East Ostpunkt	E		Punkt in rechtweisender Peilung 090°
10.1.1.4.3	Südpunkt *South*	S		South Südpunkt	S		Punkt in rechtweisender Peilung 180°
10.1.1.4.4	Westpunkt *West*	W		West Westpunkt	W		Punkt in rechtweisender Peilung 270°
10.1.1.5	Frühlingspunkt *Aries*	♈		Aries, Vernal Equinox Frühlingspunkt	♈		Schnittpunkt der nordwärts aufsteigenden scheinbaren Sonnenbahn (Ekliptik) mit dem Himmelsäquator

Nr	Seefahrt			Luftfahrt			Definition, Bemerkungen
	Benennung	Abkürzung	Formelzeichen	Benennung	Abkürzung	Formelzeichen	
10.1.1.6	Herbstpunkt *autumnal equinox, Libra*	♎		Autumnal Equinox Herbstpunkt	♎		Schnittpunkt der südwärts absinkenden scheinbaren Sonnenbahn (Ekliptik) mit dem Himmelsäquator
10.1.2	Groß- und Nebenkreise *great and small circles*						
10.1.2.1	wahrer Horizont *celestial horizon*			Celestial Horizon wahrer Horizont			Großkreis der Himmelskugel, dessen Ebene senkrecht zum Lot des Beobachters durch den Erdmittelpunkt geht
10.1.2.2	Höhenparallel *parallel of altitude*			Parallel of Altitude Höhenparallel			Kreis der Himmelskugel parallel zum wahren Horizont
10.1.2.3	Vertikalkreis *vertical circle*			Vertical Circle Vertikalkreis			Halber Großkreis senkrecht zum wahren Horizont, vom Zenit zum Nadir
10.1.2.4	Erster Vertikal *prime vertical*			Prime Vertical Erster Vertikal			Großkreis senkrecht zum wahren Horizont durch Ost- und Westpunkt
10.1.2.5	Himmelsäquator *celestial equator*			Celestial Equator Himmelsäquator			Großkreis der Himmelskugel, dessen Ebene senkrecht zur Erdachse steht
10.1.2.6	Deklinationsparallel *parallel of declination*			Parallel of Declination Deklinationsparallel			Kreis der Himmelskugel parallel zum Himmelsäquator
10.1.2.7	Stundenkreis *hour circle*			Hour Circle Stundenkreis			Halber Großkreis senkrecht zum Himmelsäquator, vom oberen Pol zum unteren Pol Sonderfall: Sechs-Uhr-Kreis; Stundenkreis durch den Ostpunkt (siehe Nr 10.1.1.4.2)
10.1.2.8	Greenwicher Stundenkreis *Greenwich hour circle*			Greenwich Hour Circle Greenwicher Stundenkreis			Projektion des Nullmeridians auf die Himmelskugel
10.1.2.9	Himmelsmeridian *celestial meridian*			Celestial Meridian Himmelsmeridian			Großkreis der Himmelskugel durch die Himmelspole, Zenit und Nadir
10.1.2.9.1	oberer Meridian *upper branch*	oM		Upper Branch oberer Meridian			Stundenkreis durch den Zenit des Beobachters
10.1.2.9.2	unterer Meridian *lower branch*	uM		Lower Branch unterer Meridian			Stundenkreis durch den Nadir des Beobachters
10.1.2.9.3	Nordmeridian *north meridian*	NM		North Meridian Nordmeridian			Vertikalkreis durch den Nordpunkt (siehe Nr 10.1.2.3 und Nr 10.1.1.4.1)
10.1.2.9.4	Südmeridian *south meridian*	SM		South Meridian Südmeridian			Vertikalkreis durch den Südpunkt (siehe Nr 10.1.2.3 und Nr 10.1.1.4.3)

Nr	Seefahrt Benennung	Seefahrt Abkürzung	Seefahrt Formelzeichen	Luftfahrt Benennung	Luftfahrt Abkürzung	Luftfahrt Formelzeichen	Definition, Bemerkungen
10.1.3	Winkel und Bogen an der Himmelskugel						
10.1.3.1	wahre Höhe *true altitude*		h	Altitude wahre Höhe		h	Mittelpunktswinkel eines Vertikalkreises vom wahren Horizont zu einem Höhenparallel
10.1.3.2	Azimut *azimuth*	Az *Zn*	α_{Az}	Azimuth Azimut	Zn Az		Winkel am Zenit zwischen dem Nordmeridian und einem Vertikalkreis, gezählt vom Nordmeridian aus über E, S und W nach N von 000° bis 360°, auch halbkreisig gezählt (Halbkreisazimut, azimuth angle, Z)
10.1.3.3	Deklination *declination*	*Dec*	δ	Declination Deklination	Dec	δ	Mittelpunktswinkel eines Stundenkreises vom Himmelsäquator zu einem Deklinationsparallel, gezählt von 00° bis 90°, nördlich des Himmelsäquators mit dem Zusatzzeichen N oder mit dem Vorzeichen plus, südlich entsprechend mit dem Zusatzzeichen S oder mit dem Vorzeichen minus; auch Abweichung genannt
10.1.3.4	Ortsstundenwinkel *local hour angle*	*LHA*	t	Local Hour Angle Ortsstundenwinkel	LHA	t	Winkel am oberen Pol zwischen dem oberen Meridian und einem Stundenkreis, gezählt vom oberen Meridian im Sinne der scheinbaren Drehung der Himmelskugel von 000° bis 360°
10.1.3.4.1	östlicher Stundenwinkel *meridian angle (East)*		t_{E}				Halbkreisiger Ortsstundenwinkel, gezählt vom oberen Meridian von 000° bis 180° nach Osten: $t_{\mathrm{E}} = 360° - t$.
10.1.3.4.2	westlicher Stundenwinkel *meridian angle (West)*		t_{W}				Halbkreisiger Ortsstundenwinkel, gezählt vom oberen Meridian von 000° bis 180° nach Westen: $t_{\mathrm{W}} = t$.
10.1.3.4.3	Ortsstundenwinkel des Frühlingspunktes *local hour angle of Aries*		$t_{♈}$	Local Hour Angle of Aries Ortsstundenwinkel des Frühlingspunktes	LHA ♈	$t_{♈}$	Winkel am oberen Pol zwischen dem oberen Meridian und dem Stundenkreis des Frühlingspunktes, gezählt vom oberen Meridian von 000° bis 360° im Richtungssinn wie Nr 10.1.3.4
10.1.3.5	Greenwicher Stundenwinkel *Greenwich hour angle*	Grt *GHA*	t_{Gr}	Greenwich Hour Angle Greenwicher Stundenwinkel	GHA	t_{Gr}	Winkel am oberen Pol zwischen dem Greenwicher Stundenkreis und einem Stundenkreis, gezählt vom Greenwicher Stundenkreis von 000° bis 360° im Richtungssinn wie Nr 10.1.3.4
10.1.3.5.1	Greenwicher Stundenwinkel des Frühlingspunktes *Greenwich hour angle of Aries*	Grt ♈ *GHA* ♈	$t_{\mathrm{Gr}♈}$	Greenwich Hour Angle of Aries Greenwicher Stundenwinkel des Frühlingspunktes	GHA ♈	$t_{\mathrm{Gr}♈}$	Winkel am oberen Pol zwischen dem Greenwicher Stundenkreis und dem Stundenkreis des Frühlingspunktes, gezählt vom Greenwicher Stundenkreis von 000° bis 360° im Richtungssinn wie Nr 10.1.3.4

Nr	Seefahrt			Luftfahrt			Definition, Bemerkungen
	Benennung	Abkürzung	Formelzeichen	Benennung	Abkürzung	Formelzeichen	
10.1.3.6	Sternwinkel *sidereal hour angle*	*SHA*	β	Sidereal Hour Angle Sternwinkel	SHA	β	Winkel am oberen Pol zwischen dem Stundenkreis durch den Frühlingspunkt und dem Stundenkreis durch ein Gestirn [6]), gezählt vom Stundenkreis durch den Frühlingspunkt von 000° bis 360° im Richtungssinn wie Nr 10.1.3.4
10.1.3.7	Rektaszension *right ascension*		α	Right Ascension Rektaszension	RA	α	$\alpha = 360° - \beta$. Die Rektaszension wird auch „Gerade Aufsteigung" genannt.
10.1.3.8	Zeitwinkel		τ				Winkel am oberen Pol zwischen dem unteren Meridian und dem Stundenkreis eines Gestirns, gezählt vom unteren Meridian von 000° bis 360° im Richtungssinn wie Nr 10.1.3.4
10.1.3.9	parallaktischer Winkel *parallactic angle*		q	Parallactic Angle parallaktischer Winkel		q	Winkel am Gestirn zwischen dem Vertikalkreis in Richtung zum Zenit und dem Stundenkreis in Richtung zum oberen Pol
10.1.3.10	Zenitdistanz *zenith distance*		z	Zenith Distance (Co-Altitude) Zenitdistanz		z	$z = 90° - h$ (siehe Nr 10.1.3.1).
10.1.3.10.1	Meridianzenitdistanz *meridian zenith distance*		z_0				$z_0 = 90° - h_0 = \|\varphi - \delta\|$ (siehe Nr 7.1.1, Nr 10.1.3.3 und Nr 10.1.3.11).
10.1.3.11	Meridianhöhe *culmination*		h_0				Höhe eines Gestirns beim Durchgang durch den oberen Meridian
10.1.3.12	Poldistanz *polar distance*		p	Polar Distance Poldistanz		p	Mittelpunktswinkel eines Stundenkreises vom oberen Pol bis zum Gestirn
10.1.3.13	Zuwachs *increment*	Zw *Inc*		Increment Zuwachs	Inc Zw		Im Nautischen Jahrbuch angegebener Schaltwert für die Minuten und Sekunden des Beobachtungszeitpunktes; er ist dem Stundenwert des Greenwicher Stundenwinkels hinzuzufügen.
10.1.3.14	Unterschied *difference*	Unt	d	Difference Unterschied		d	Bei Deklinationen: Im Nautischen Jahrbuch angegebener Unterschied zweier Deklinationen bei aufeinanderfolgenden Stunden Bei Stundenwinkeln: Im Nautischen Jahrbuch angegebener Unterschied zwischen dem aus den Tagesseiten hervorgehenden Zuwachs für eine Stunde und dem der Schalttafel zugrundeliegenden mittleren Zuwachs für eine Stunde

[6]) Die Kennzeichnung eines bestimmten Gestirns erfolgt durch Hinzufügung des betreffenden graphischen Symbols nach Abschnitt 10.3 als Index des Formelzeichens oder durch Anhängen an die Abkürzung; Beispiele: $t_{\odot}$, Grt♀, β_{*19}

Nr	Seefahrt			Luftfahrt			Definition, Bemerkungen
	Benennung	Abkürzung	Formelzeichen	Benennung	Abkürzung	Formelzeichen	
10.1.3.15	Verbesserung *correction*	Vb *corr*		Correction Verbesserung		c	Mit dem Unterschied zur Minute des Beobachtungszeitpunktes ermittelter Berichtigungswert für die Deklination bzw. für den Stundenwinkel eines Gestirns
10.2	**Astronomische Höhenbeobachtungen**						
10.2.1	Kimm *visible horizon*			Visible Horizon Kimm			Die vom Beobachter zu sehende Grenzlinie zwischen Erdoberfläche und Luft
10.2.2	Kimmabstand *sextant altitude*	Ka					Winkel am Auge des Beobachters zwischen den Lichtstrahlen Gestirn – Auge und Kimm – Auge (graphische Symbole siehe Nr 10.3.4)
10.2.3	Sextantablesung über der Kimm *sextant altitude above the visible horizon*	*hs*					Mit dem Sextanten gemessener Winkel zwischen dem Gestirn und der Kimm (graphische Symbole siehe Nr 10.3.2)
10.2.4	Sextantablesung über dem künstlichen Horizont *sextant altitude above the artificial horizon*						Mit dem Sextanten gemessener Winkel zwischen dem Gestirn und seinem Spiegelbild im künstlichen Horizont (graphische Symbole siehe Nr 10.3.3)
10.2.5				Sextant Altitude Sextantablesung	Sext Alt		Mit dem Sextanten gemessener Winkel zwischen dem Gestirn und einem künstlichen Horizont
10.2.6	Indexberichtigung *index correction*	Ib *IC*		Index Correction Indexberichtigung	IC Ib		Berichtigung des Unterschiedes zwischen der Nullmarke des Sextanten und dem tatsächlichen Nullwert der Sextantanzeige
10.2.7	scheinbarer Horizont *sensible horizon*			Sensible Horizon scheinbarer Horizont			Kreis der Himmelskugel, dessen Ebene senkrecht zum Lot durch das Auge des Beobachters geht
10.2.8	künstlicher Horizont *artificial horizon*			Artificial Horizon künstlicher Horizont			Hilfsmittel zur Darstellung des scheinbaren Horizontes
10.2.9	Höhe über dem scheinbaren Horizont		h'				Winkel am Auge des Beobachters zwischen der Ebene des scheinbaren Horizontes und dem Höhenparallel des Gestirns
10.2.10	Höhenparallaxe *parallax in altitude*	*P in A*	P	Parallax in Altitude	P in A		Winkel am Gestirn zwischen den geraden Verbindungslinien zum Beobachtungsort und zum Erdmittelpunkt: $P = P_0 \cos h'$.

Nr	Seefahrt			Luftfahrt			Definition, Bemerkungen
	Benennung	Ab-kürzung	Formel-zeichen	Benennung	Ab-kürzung	Formel-zeichen	
10.2.11	Horizontparallaxe *parallax in horizon*	HP *HP*	P_0	Parallax in Horizon Horizontparallaxe	P in H		Spezialfall der Höhenparallaxe, wenn sich das Gestirn im scheinbaren Horizont befindet ($h' = 0$)
10.2.12	Refraktion *refraction*		R	Refraction Refraktion		R	Astronomische Strahlenbrechung; Winkel am Auge des Beobachters zwischen der geraden Linie Gestirn – Auge und dem Lichtstrahl Gestirn – Auge
10.2.13	Kimmtiefe *dip of horizon*	Kt *D*	k	Dip of Horizon	Dip		Winkel am Auge des Beobachters zwischen der Ebene des scheinbaren Horizontes und dem Lichtstrahl Kimm – Auge
10.2.14	Augeshöhe *observer's height of eye*	Ah	h_A				Augeshöhe eines Beobachters über der Wasser- bzw. Erdoberfläche
10.2.15	scheinbare Höhe *apparent altitude*		h_s				Winkel am Auge des Beobachters zwischen der Ebene des scheinbaren Horizontes und dem Lichtstrahl Gestirn – Auge ($h_s = h' + R$)
10.2.16	scheinbarer Gestirnsradius *apparent semi diameter*	 *SD*	r	Semi Diameter scheinbarer Gestirnsradius	SD		Winkel, unter dem der Radius des Gestirns dem Beobachter erscheint
10.2.17	Gesamtbeschickung *total correction*	Gb *sum*	Σ				Algebraische Summe der Einzelberichtigungen an den Kimmabstand (siehe Nr 10.2.2), um die beobachtete Höhe (siehe Nr 10.2.19) zu erhalten: $\Sigma = -k - R + P \pm r$ (plus, wenn der Gestirnsunterrand, minus, wenn der Gestirnsoberrand beobachtet wird).
10.2.18				Depression	Dep		Winkel am Auge des Beobachters zwischen dem Lichtstrahl vom Oberrand der Sonne in der Kimm und der Verbindungsgeraden zum Mittelpunkt der Sonne im wahren Horizont
10.2.19	beobachtete Höhe *observed altitude*	 *Ho*	h_b	Observed Altitude beobachtete Höhe	Ho		Wahre Höhe eines Gestirns aus der Beobachtung
10.2.20	berechnete Höhe *computed altitude*	 *Hc*	h_r	Computed Altitude berechnete Höhe	Hc	h_r	Wahre Höhe eines Gestirns nach Berechnung
10.2.21	astronomische Höhendifferenz *altitude intercept*	 *a*	Δh	Altitude Intercept astronomische Höhendifferenz		Δh	$\Delta h = h_b - h_r$.

10.3 Graphische Symbole und Abkürzungen für Gestirne, Sextantablesungen und Kimmabstände

Nr	Graphisches Symbol	Benennung des Gestirns	Abkürzung	
			Seefahrt	Luftfahrt
10.3.1 Graphische Symbole und Abkürzungen für Gestirne [7])				
10.3.1.1	☉	Sonne	SO	
10.3.1.2	☾	Mond	MO	
10.3.1.3	*	Fixstern, mit Angabe seines Namens oder seiner Nummer im Nautischen Jahrbuch	FI	
10.3.1.4	♀	Venus	VE	V
10.3.1.5	♁	Erde	ER	
10.3.1.6	♂	Mars	MA	M
10.3.1.7	♃	Jupiter	JU	J
10.3.1.8	♄	Saturn	SA	S
10.3.1.9		Planet (allgemein)	PL	

[7]) Grundsätzlich in Verbindung mit anderen Zeichenelementen oder als Index von Formelzeichen

Nr	Graphisches Symbol	DIN 30 600 Reg.-Nr	Bedeutung
10.3.2 Graphische Symbole für Sextantablesungen über der Kimm (siehe Nr 10.2.3) in der Seefahrt			
10.3.2.1	$\overset{=}{\odot}$	05819 A	Winkelmessung zwischen Gestirnsoberrand und der Kimm (Beispiel: Sonne)
10.3.2.2	$\underset{=}{☾}$	05820 A	Winkelmessung zwischen Gestirnsunterrand und der Kimm (Beispiel: Mond)
10.3.2.3	=♄= =*=	05822 A	Winkelmessung zwischen Gestirnsmittelpunkt und der Kimm (Beispiele: Saturn, Fixstern)
10.3.3 Graphische Symbole für Sextantablesungen über dem künstlichen Horizont (siehe Nr 10.2.4)			
10.3.3.1	$\overset{\backslash\!=\!/}{\odot}$	05823 A	Winkelmessung zwischen Gestirnsoberrand und dessen Spiegelbild (Beispiel: Sonne)
10.3.3.2	$\underset{\backslash\!=\!/}{☾}$	05824 A	Winkelmessung zwischen Gestirnsunterrand und dessen Spiegelbild (Beispiel: Mond)
10.3.3.3	\=♂=/ \=*=/	05829 A 05825 A	Winkelmessung zwischen Gestirnsmittelpunkt und dessen Spiegelbild (Beispiele: Mars, Fixstern)
10.3.4 Graphische Symbole für Kimmabstände (siehe Nr 10.2.2)			
10.3.4.1	$\overline{\odot}$	05827 A	Kimmabstand des Gestirnsoberrandes (Beispiel: Sonne)
10.3.4.2	$\underline{☾}$	05828 A	Kimmabstand des Gestirnsunterrandes (Beispiel: Mond)
10.3.4.3	–♂– –*–	05829 A 05830 A	Kimmabstand des Gestirnsmittelpunktes (Beispiele: Mars, Fixstern)

10.4 Schreibweise von Breiten und Längen, Deklinationen und Stundenwinkeln sowie von Höhen und Azimuten

10.4.1 Geographische Breiten und Längen

Gradzahlen von geographischen Breiten sind zweistellig zu schreiben.

Gradzahlen von geographischen Längen sind dreistellig zu schreiben.

Minutenzahlen sind bei der Angabe von Breiten und Längen zweistellig zu schreiben. Bei Bedarf sind bei Minutenzahlen bis zu drei Dezimalstellen hinter dem Komma aufzuführen.

Breiten werden viertelkreisig, von 00° bis 90°, gezählt.

Längen werden halbkreisig, von 000° bis 180°, gezählt.

Das Zusatzzeichen N, S, E oder W ist hinter dem Zahlenwert anzugeben.

BEISPIELE:

φ = 08°03′S
λ = 008°03,2′E

10.4.2 Deklinationen und Stundenwinkel

Gradzahlen von Deklinationen sind zweistellig zu schreiben.

Gradzahlen von Stundenwinkeln sind dreistellig zu schreiben.

Minutenzahlen sind bei der Angabe von Deklinationen oder Stundenwinkeln zweistellig zu schreiben. Bei Bedarf ist bei Minutenzahlen eine Dezimalstelle hinter dem Komma aufzuführen.

Deklinationen werden viertelkreisig von 00° bis 90° gezählt.

Stundenwinkel werden vollkreisig von 000° bis 360° oder halbkreisig von 000° bis 180° gezählt (siehe Nr 10.1.3.4.1 und Nr 10.1.3.4.2).

Das Zusatzzeichen N oder S für die Deklination ist hinter dem Zahlenwert anzugeben. Wird der Stundenwinkel halbkreisig gezählt, so wird das Zusatzzeichen (E oder W) als Index am Formelzeichen geschrieben.

BEISPIELE:

δ = 20°25,7′N
t_{Gr} = 098°35,1′
t_{E} = 012°31,5′

10.4.3 Höhen und Azimute

Gradzahlen von Höhen sind zweistellig zu schreiben.

Gradzahlen von Azimuten sind bei voll- und bei halbkreisiger Zählung dreistellig, bei viertelkreisiger Zählung zweistellig zu schreiben.

Minutenzahlen sind bei der Angabe von Höhen und Azimuten zweistellig zu schreiben. Bei Bedarf ist bei Grad- oder Minutenzahlen eine Dezimalstelle hinter dem Komma aufzuführen.

Höhen werden viertelkreisig von 00° bis 90°, negative Höhen von 00° bis −90° gezählt.

Azimute werden vollkreisig von 000° bis 360°, halbkreisig von 000° bis 180° oder viertelkreisig von 00° bis 90° gezählt. Bei halb- oder viertelkreisiger Zählweise werden Azimute von N oder von S aus gezählt. Die Schreibweise des Zusatzzeichens ist den aufgeführten Beispielen zu entnehmen.

BEISPIELE:

Höhen: h = 62°15,5′
Negative Höhe (Höhe eines Gestirns unter dem wahren Horizont): h = −05°24,5′

Azimute: vollkreisig: α_{Az} = 350°; α_{Az} = 234,5°
halbkreisig: α_{Az} = N 125,5° W = S 054,5° W
viertelkreisig: α_{Az} = S 54,5° W
Es gilt: α_{Az} = 234,5° = N 125,5° W = S 054,5° W = S 54,5° W

11 Radarzeichnen, Plotten in der Seefahrt

Die zeichnerische oder rechnerische Auswertung von Radarbeobachtungen wird als Radarzeichnen oder Plotten bezeichnet.

Nr	Zeichen	Bedeutung
11.1	**Zeichen der durch Echoanzeigen erfaßten Objekte** Die durch Echoanzeigen erfaßten Objekte werden mit großen Buchstaben bezeichnet.	
11.1.1	A	Bezeichnung der Anzeige des eigenen Schiffes
11.1.2	B, C, D, ...	Bezeichnung der Anzeigen anderer Objekte (Gegner)
11.2	**Zeitangaben im Radarbild** Zeitpunkte im Radarbild werden grundsätzlich vierstellig (z. B. 0813 für 08.13 Uhr) angegeben, jedoch kann bei der Markierung fortlaufender Objektbewegungen die Stundenangabe entfallen.	
11.3	**Kurse und Geschwindigkeiten im Radarbild**	
11.3.1	**Kurse und Kursdifferenzen**	
11.3.1.1	KA	Kurs des eigenen Schiffes; Winkel zwischen der Nordrichtung, gegebenenfalls unter Beifügung des Zusatzes rwN oder KrN bzw. MgN des eigenen Schiffes (siehe Nr 4.1.1), und der Bewegungsrichtung des eigenen Schiffes
11.3.1.2	KB, KC, KD, ...	Gegnerkurse; Winkel zwischen der Nordrichtung, gegebenenfalls unter Beifügung des Zusatzes rwN oder KrN bzw. MgN des eigenen Schiffes, und der durch Auswertung ermittelten wirklichen Bewegungsrichtung des Gegners B, C, D, ...
11.3.1.3	KB − KA, KC − KA, KD − KA, ...	Kursdifferenzen; Winkel zwischen der Bewegungsrichtung des eigenen Schiffes A (KA) und der durch Auswertung ermittelten Bewegungsrichtung des Gegners B (KB), C (KC), D (KD), ...
11.3.2	**Kurse und Kursdifferenzen der relativen Bewegung** Unter der relativen Bewegung eines Schiffes B versteht man die Bewegung von B in dem vom Radarbild vorgegebenen Bezugssystem, in dem das eigene Schiff A ruht.	
11.3.2.1	KB_r, KC_r, KD_r, ...	Kurse der relativen Bewegung von B, C, D, ...; Winkel zwischen der Nordrichtung, gegebenenfalls unter Beifügung des Zusatzes rwN oder KrN bzw. MgN des eigenen Schiffes (siehe Nr 4.1.1), und der durch Auswertung ermittelten Richtung der relativen Bewegung von B, C, D, ...
11.3.2.2	$KB_r - KA$, $KC_r - KA$, $KD_r - KA$, ...	Winkel zwischen der Bewegungsrichtung des eigenen Schiffes A (KA) und der durch Auswertung ermittelten Richtung der relativen Bewegung von B (KB_r), C (KC_r), D (KD_r), ...
11.3.3	**Geschwindigkeiten**	
11.3.3.1	vA	Geschwindigkeit des eigenen Schiffes
11.3.3.2	vB, vC, vD, ...	Durch Auswertung ermittelte wirkliche Geschwindigkeiten der Gegner B, C, D, ...
11.3.4	**Geschwindigkeiten der relativen Bewegung** Zum Begriff „relative Bewegung" siehe Nr 11.3.2	
11.3.4.1	vB_r, vC_r, vD_r, ...	Durch Auswertung ermittelte Geschwindigkeiten der relativen Bewegung von B, C, D, ...

Nr	Graphisches Symbol	DIN 30 600 Reg.-Nr	Bedeutung
11.4	**Graphische Symbole für Objektbewegungen in der zeichnerischen Auswertung des Radarbildes**		
11.4.1		05806 A	Eigene Bewegung
11.4.2		05807 A	Bewegung von B, C, D, ...
11.4.3		05831 A	Relative Bewegung von B, C, D, ...

Nr	Benennung	Abkürzung	Definition, Bemerkungen
11.5	**Kleinster Abstand (Passierabstand)**		
11.5.1	Kleinster Passierabstand *closest point of approach*	CPA *CPA*	Voraussichtliche oder tatsächliche kleinste Entfernung des Gegners vom eigenen Schiff
11.5.2	Zeitspanne bis zum Erreichen des CPA *time to closest point of approach*	TCPA *TCPA*	Wie Benennung
11.5.3	Zeitpunkt des kleinsten Abstandes *time of closest point of approach*	TCA *TCA*	Zeitpunkt, zu dem die kleinste Entfernung des Gegners vom eigenen Schiff erreicht wird oder wurde
11.5.4	Peilung zum Gegner im Augenblick des kleinsten Abstandes	PCPA	Winkel zwischen der Nordrichtung (gegebenenfalls unter Beifügung des Zusatzes rwN oder KrN bzw. MgN des eigenen Schiffes) und dem Peilstrahl zum Gegner im Augenblick des kleinsten Abstandes
11.5.5	Seitenpeilung zum Gegner im Augenblick des kleinsten Abstandes	SPCPA	Winkel zwischen der Vorausanzeige des Radargerätes und dem Peilstrahl zum Gegner im Augenblick des kleinsten Abstandes; halbkreisige Zählung (000° bis 180°) mit dem Zusatz Steuerbord (Stb) oder Backbord (Bb) ist zulässig.

12 Kompaßlehre

Nr	Seefahrt			Luftfahrt			Definition, Bemerkungen
	Benennung	Ab-kürzung	Formel-zeichen	Benennung	Ab-kürzung	Formel-zeichen	
12.1	**Kreiselkompaß**						
12.1.1	Winkelgeschwindigkeit des Kreisels		ω_{Kr}				
12.1.2	Winkelgeschwindigkeit der Präzession		ω_P				
12.1.3	Winkelgeschwindigkeit der Erdrotation		ω_E				
12.1.4	Kreiseldrall		L				Siehe DIN 1304 Teil 1/03.89, Nr 3.19
12.1.5	Kreiselmoment		M_{Kr}				$\boldsymbol{M}_{Kr} = \boldsymbol{L} \times \boldsymbol{\omega}_P$
12.1.6	Stabilitätsmoment		M_{St}				
12.1.7	Gewichtskraft der Kreiselkugel		F_G				Siehe DIN 1304 Teil 1/03.89, Nr 3.12
12.1.8	Auftriebskraft der Kreiselkugel		F_A				
12.1.9	metazentrische Höhe der Kreiselkugel		h_M				Abstand zwischen Formschwerpunkt und Gewichtsschwerpunkt der Kreiselkugel
12.2	**Richtunghaltender Kreisel**						
12.2.1				Real Precession	RP		Tatsächliches Auswandern der Kreiselachse, bedingt durch Reibungseinflüsse, Unwucht u. a.; Angabe in °/h
12.2.2				Apparent Precession			Scheinbares Auswandern der Kreiselachse in der Horizontalen gegenüber der Meridianrichtung; Angabe in °/h
12.2.3				Earth Rate Precession	ERP		Scheinbares Auswandern der Kreiselachse aufgrund der Erddrehung; Angabe in °/h Übliche Näherung: (15°/h) · sin φ_m
12.2.4				Earth Transport Precession	ETP		Scheinbares Auswandern der Kreiselachse aufgrund der Fahrzeugbewegung; Angabe in °/h Übliche Näherung: $\frac{\Delta\lambda}{\Delta t} \cdot \sin \varphi_m$
12.2.5				Rate Correction	RC		Winkelgeschwindigkeit (in °/h), mit der die Kreiselachse bzw. ihre Anzeige zur Korrektur der Präzession beaufschlagt werden kann; positiv, wenn Kreiselachse bzw. Anzeige zur Korrektur nach links, negativ, wenn Kreiselachse bzw. Korrektur nach rechts gedreht wird

Nr	Benennung	Ab-kürzung	Formel-zeichen	Definition, Bemerkungen
12.3	**Magnetkompaß** (gültig für See- und Luftfahrt)			
12.3.1	magnetisches Moment		m	Siehe DIN 1304 Teil 1/03.89, elektromagnetisches Moment, Nr 4.33
12.3.2	magnetische Polstärke		p	Quotient: Magnetisches Moment durch Abstand der Pole eines magnetischen Dipols; nur als fiktive Größe zu verwenden
12.3.3	magnetische Flußdichte am Kompaßort		B	Siehe DIN 1304 Teil 1/03.89, Nr 4.23 Am Kompaßort ist $\boldsymbol{B} = \boldsymbol{T} + \boldsymbol{F}$. T siehe Nr 12.3.4, F siehe Nr 12.3.6
12.3.4	Flußdichte des erdmagnetischen Feldes am Kompaßort		T	Zur Vermeidung von Verwechslungen gegenüber Nr 12.3.3 und Nr 12.3.6 ist das Formelzeichen T zu wählen; $\boldsymbol{T} = \boldsymbol{H} + \boldsymbol{Z}$. H siehe Nr 12.3.4.1, Z siehe Nr 12.3.4.2
12.3.4.1	Horizontalkomponente der Flußdichte des erdmagnetischen Feldes am Kompaßort		B_{xy}, H	Nach DIN 1304 Teil 2/09.89, Nr 7.2.5; gegebenenfalls Komponentendarstellung $\boldsymbol{B}_{xy} = \boldsymbol{B}_x + \boldsymbol{B}_y$ $\boldsymbol{B}_x$: Nordkomponente, $\boldsymbol{B}_y$: Ostkomponente } der Flußdichte des erdmagnetischen Feldes am Kompaßort
12.3.4.2	Vertikalkomponente der Flußdichte des erdmagnetischen Feldes am Kompaßort		B_z, Z	Positiv in Nadirrichtung (nach DIN 1304 Teil 2/09.89, Nr 7.2.4)
12.3.5	Inklination		I	Nach DIN 1304 Teil 2/09.89, Nr 7.2.7, $\tan I = \frac{B_z}{B_{xy}}$.
12.3.6	Flußdichte des durch den Fahrzeugkörper verursachten magnetischen Störfeldes am Kompaßort		F	$\boldsymbol{F} = \boldsymbol{S} + \boldsymbol{R}$. S siehe Nr 12.3.6.1 R siehe Nr 12.3.6.2
12.3.6.1	Horizontalkomponente von F		S	$\boldsymbol{S} = \boldsymbol{P} + \boldsymbol{Q}$. P siehe Nr 12.3.6.3 Q siehe Nr 12.3.6.4
12.3.6.2	Vertikalkomponente von F		R	Positiv in Nadirrichtung
12.3.6.3	Komponente von S in Richtung der Fahrzeuglängsachse		P	Positiv in Rechtvorausrichtung
12.3.6.4	Komponente von S senkrecht zur Richtung der Fahrzeuglängsachse		Q	Positiv nach Stb
12.3.7	Ablenkungskoeffizienten		A, B, C, D, E	Koeffizienten eines trigonometrischen Polynoms zur mathematischen Darstellung der Ablenkung eines Magnetkompasses; Angabe in Grad $\delta_{\mathrm{Mg}} = A + B \sin \alpha_{\mathrm{Mg}} + C \cos \alpha_{\mathrm{Mg}} + D \sin 2\alpha_{\mathrm{Mg}} + E \cos 2\alpha_{\mathrm{Mg}}$ (siehe Nr 4.4.2 und Nr 4.2.3) Die Koeffizienten D und E werden in der Luftfahrt nicht berücksichtigt.
12.3.8	Krängungsfaktor		K	Größenverhältnis; der durch Krängung verursachte Anteil der Magnetkompaßablenkung (siehe Nr 4.4.2) ist $\delta_{\mathrm{K}} = -K\, i \cos \alpha_{\mathrm{Mg}}$ (i Krängungswinkel) (nur für die Seefahrt).

13 Gezeiten

Nr	Benennung	Ab-kürzung	Definition, Bemerkungen
13.1	**Allgemeine Begriffe**		
13.1.1	Gezeiten *tides*		Wasserstandsänderungen, die bei den Bahnbewegungen von Erde, Mond und Sonne durch das Zusammenwirken von Massenanziehung und Fliehkraft in Verbindung mit der Erdrotation entstehen; die Gezeiten am Ort heißen Gezeit; siehe DIN 4049 Teil 1 (Tide, Gezeit).
13.1.2	Tide *tide*		Teil der Gezeit, der sich aus der Flut und der nachfolgenden Ebbe zusammensetzt, der also von einem Niedrigwasser bis zum folgenden Niedrigwasser reicht; siehe DIN 4049 Teil 1
13.1.3	Hochwasser *high water*		Eintritt des höchsten Wasserstandes beim Übergang vom Steigen zum Fallen
13.1.4	Niedrigwasser *low water*		Eintritt des niedrigsten Wasserstandes beim Übergang vom Fallen zum Steigen
13.1.5	Flut *rising tide*		Steigen des Wassers von einem Niedrigwasser bis zum folgenden Hochwasser; siehe DIN 4049 Teil 1
13.1.6	Ebbe *falling tide*		Fallen des Wassers von einem Hochwasser bis zum folgenden Niedrigwasser; siehe DIN 4049 Teil 1
13.1.7	Wasserstand		Abstand der Wasseroberfläche von einer festen Marke; das Vorzeichen ist positiv, wenn die Wasseroberfläche oberhalb dieser Marke liegt; siehe DIN 4049 Teil 1.
13.2	**Tiefenangaben**		
13.2.1	Wassertiefe *depth of water*	WT	Abstand zwischen Wasserspiegel und Grund; siehe DIN 4049 Teil 1. Bei Bestimmung mittels Echolot: Summe aus Tiefe des Echolotwandlers und Echolotung
13.2.2	Tiefe des Echolotwandlers *transducer depth*	T_{El}	Abstand des Echolotwandlers von der Wasseroberfläche
13.2.3	Echolotung *depth below transducer*	EL	Abstand zwischen Echolotwandler und Grund
13.2.4	Kartennull, Seekartennull *chart datum*	KN	Bezugsfläche für die Tiefenangaben einer Seekarte; siehe DIN 4054
13.2.5	Kartentiefe *charted depth*	KT	Auf Kartennull bezogene Wassertiefe; Kartentiefe ist Wassertiefe abzüglich Höhe der Gezeit (siehe Nr 13.4.1).
13.3	**Mondphasen und Alter der Gezeit**		
13.3.1	Vollmond *full moon*	VM	
13.3.2	Neumond *new moon*	NM	
13.3.3	erstes Viertel *first quarter*	EV	
13.3.4	letztes Viertel *last quarter*	LV	
13.3.5	Springzeit *springs*	SpZ	Zeit (Tag und Uhrzeit), zu der die halbmonatliche Ungleichheit [8]) der Hochwasserhöhen (siehe Nr 13.4.2) ihren größten Wert annimmt
13.3.6	Nippzeit *neaps*	NpZ	Zeit (Tag und Uhrzeit), zu der die halbmonatliche Ungleichheit [8]) der Hochwasserhöhen ihren kleinsten Wert annimmt

[8]) Halbmonatliche Ungleichheit siehe DIN 18 709 Teil 3

Nr	Benennung	Abkürzung	Definition, Bemerkungen
13.3.7	Mittzeit	MtZ	Eine zwischen Spring- und Nippzeit liegende Zeitspanne; sie beginnt zwei Tage nach Springzeit und dauert drei Tage.
13.3.8	Springverspätung *age of phase inequality* oder *age of tide*	SpV	Zeitunterschied zwischen Voll- bzw. Neumond und der nächsten Springzeit
13.4	**Gezeitenhöhen und -zeiten**		
13.4.1	Höhe der Gezeit *height of the tide*	H	Auf das örtliche Kartennull bezogener Wasserstand
13.4.2	Hochwasserhöhe *high water height*	HWH	Höhe der Gezeit bei Hochwasser; siehe DIN 4049 Teil 1, Tidehochwasser, Tidehochwasserstand (Thw)
13.4.3	Hochwasserzeit *time of high water*	HWZ	Zeit (Tag und Uhrzeit), zu der das Hochwasser eintritt; siehe DIN 4049 Teil 1, Tidehochwasserzeit
13.4.4	Niedrigwasserhöhe *low water height*	NWH	Höhe der Gezeit bei Niedrigwasser; siehe DIN 4049 Teil 1, Tideniedrigwasser, Tideniedrigwasserstand (Tnw)
13.4.5	Niedrigwasserzeit *time of low water*	NWZ	Zeit (Tag und Uhrzeit), zu der das Niedrigwasser eintritt; siehe DIN 4049 Teil 1, Tideniedrigwasserzeit
13.4.6	Steigdauer *duration of rise*	SD	Zeitspanne zwischen einer Niedrigwasserzeit und der folgenden Hochwasserzeit; siehe DIN 4049 Teil 1, Flutdauer (T_F)
13.4.7	Falldauer *duration of fall*	FD	Zeitspanne zwischen einer Hochwasserzeit und der folgenden Niedrigwasserzeit; siehe DIN 4049 Teil 1, Ebbedauer (T_E)
13.4.8	Tidenstieg *rise of the tide*	TS	Unterschied zwischen einer Niedrigwasserhöhe und der folgenden Hochwasserhöhe; siehe DIN 4049 Teil 1, Tidestieg
13.4.9	Tidenfall *fall of the tide*	TF	Unterschied zwischen einer Hochwasserhöhe und der folgenden Niedrigwasserhöhe; siehe DIN 4049 Teil 1, Tidefall
13.4.10	Tidenhub *range of the tide*	TH	Arithmetischer Mittelwert aus Tidenstieg und Tidenfall einer Tide; siehe DIN 4049 Teil 1, Tidehub (Thb)
13.4.11	Höhenunterschied der Gezeiten *height difference at secondary port*	HUG	Unterschied zwischen Hochwasserhöhe bzw. Niedrigwasserhöhe am Anschlußort und Hochwasserhöhe bzw. Niedrigwasserhöhe am Bezugsort
13.4.12	Zeitunterschied der Gezeiten *time difference at secondary port*	ZUG	Unterschied zwischen Hochwasserzeit bzw. Niedrigwasserzeit am Anschlußort und Hochwasserzeit bzw. Niedrigwasserzeit am Bezugsort

14 Besondere Benennungen und Abkürzungen für den Navigationsflugplan

Der Navigationsflugplan dient der Ermittlung der voraussichtlichen Flugdauer zum Zielflughafen unter vorgegebenen technischen und meteorologischen Bedingungen. Die hierauf beruhende Berechnung des erforderlichen Kraftstoffs ist ein Teil dieses Navigationsflugplans.

Nr	Benennung	Abkürzung	Definition, Bemerkungen
14.1	**Masse** (siehe DIN 9020 Teil 2)		
14.1.1	Maximum Allowable Take Off Weight	MALTOW	Höchstzulässige Startmasse
14.1.2	Take Off Weight	TOW	Startmasse
14.1.3	Estimated Take Off Weight	ESTTOW	Voraussichtliche Startmasse
14.1.4	Maximum Allowable Landing Weight	MALLW	Höchstzulässige Landemasse
14.1.5	Estimated Landing Weight	ESTLW	Voraussichtliche Landemasse
14.1.6	Zero Fuel Weight	ZFW	Betriebsstoffleermasse; Masse des betriebsklaren Flugzeugs einschließlich Fracht, Passagiere und Besatzung, ohne Kraftstoff
14.1.7	Estimated Zero Fuel Weight	ESTZFW	Voraussichtliches Zero Fuel Weight (siehe Nr 14.1.6)
14.1.8	Dry Operating Weight	DOW	Betriebsleermasse; Masse des betriebsklaren Flugzeugs einschließlich Besatzung, ohne Fracht, Passagiere und Kraftstoff
14.2	**Kraftstoffmenge** (siehe DIN 9020 Teil 2)		
14.2.1	Allowable Take Off Fuel	ALLTOF	Höchstzulässige Kraftstoffmenge
14.2.2	Minimum Take Off Fuel	MINTOF	Mindestkraftstoffmenge für die Durchführung eines Fluges
14.2.3	Take Off Fuel	TOF	Kraftstoffmenge am Start
14.2.4	Trip	TRIP	Flugdauer und für diese erforderliche Kraftstoffmenge für einen Flug vom Abflug- zum Zielflughafen
14.2.5	Contingency	CONT	Zusätzliche Flugdauer und für diese erforderliche Kraftstoffmenge für unvorhergesehene Abweichungen auf dem Weg zum Zielflughafen
14.2.6	Alternate	ALTN	Flugdauer und für diese erforderliche Kraftstoffmenge für den Flug zum Ausweichflughafen
14.2.7	Holding	HOLD	Flugdauer und für diese erforderliche Kraftstoffmenge für den Warteflug
14.2.8	Taxi Fuel		Kraftstoffmenge für Bewegungen des Flugzeugs am Boden
14.2.9	Extra		Zusätzliche Kraftstoffmenge zum Minimum Take Off Fuel (siehe Nr 14.2.2) und hieraus berechnete Flugdauer
14.2.10	Block Fuel		Gesamte Kraftstoffmenge (Summe aus Take Off Fuel und Taxi Fuel; siehe Nr 14.2.3 und Nr 14.2.8)
14.2.11	Fuel Flow	FF	Verbrauchte Kraftstoffmenge dividiert durch die Flugdauer
14.2.12	Average Fuel Flow	AVGEFF	Durchschnittlich verbrauchte Kraftstoffmenge dividiert durch die Flugdauer
14.2.13	Howgozit		Kraftstoffverbrauchskurve
14.3	**Flughöhe**		
14.3.1	Altitude	ALT	Höhe über Normalnull
14.3.2	Height	HGT	Höhe über Grund
14.3.3	Flight Level	FL	Flugfläche (Flughöhen gleichen Luftdrucks)

Nr	Benennung	Ab-kürzung	Definition, Bemerkungen
14.3.4	Minimum Cruising Level	MCL	Niedrigste für einen Reiseflug zugelassene Flugfläche
14.3.5	Minimum Safe Enroute Altitude	MEA	Mindestsicherheitsflughöhe im Reiseflug auf Flugverkehrsstrecken
14.3.6	Minimum Obstruction Clearance Altitude	MOCA	Mindestflughöhe über Hindernissen
14.3.7	Minimum Safe Altitude	MSA	Mindestflughöhe aus Sicherheitsgründen
14.3.8	Minimum Grid Altitude	MGA	Aus Sicherheitsgründen erforderliche Mindestflughöhe in einem definierten Planquadrat
14.4 Flugzeit			
14.4.1	Climb Additionals	CLADD	Zuschläge für den Steigflug (Flugdauer und Kraftstoffmenge)
14.4.2	Descent Additionals	DESCADD	Zuschläge für den Sinkflug (Flugdauer und Kraftstoffmenge)
14.4.3	Approach Additionals	APPRADD	Zuschläge für den Landeflug
14.4.4	Estimated Time Over	ETO	Voraussichtliche Ankunftszeit über einem Way Point (siehe Nr 8.5.1)
14.4.5	Actual Time Over	ATO	Zeitpunkt des Überfliegens eines Way Points (siehe Nr 8.5.1)
14.4.6	Flight Plan Time Over	PLNTO	Aus der Abflugzeit berechneter voraussichtlicher Zeitpunkt des Überfliegens eines Way Points
14.4.7	Estimated Time of Arrival	ETA	Voraussichtliche Ankunftszeit am Zielflughafen
14.4.8	Actual Time of Arrival	ATA	Ankunftszeit am Zielflughafen
14.4.9	Interim Time/Distance	INT	Zeitspanne oder Distanz zwischen zwei Way Points
14.4.10	Accumulated Time/Distance	ACC	Gesamtzeitspanne oder -distanz bis zu den einzelnen Way Points
14.5 Weitere Benennungen für die Flugplanung			
14.5.1	Minimum Time Track Flugweg des geringsten Zeitbedarfs	MTT	Weg des geringsten Zeitbedarfs unter Berücksichtigung des Windes
14.5.2	Ground Isochrone Bodenisochrone		Linie gleicher Dead Reckoning Positions (siehe Nr 7.2.2)
14.5.3	Air Isochrone Windstillisochrone		Linie gleicher Air Positions (siehe Nr 6.5.1)
14.5.4	Endurance Höchstflugdauer	END	Zeitäquivalent zum Take Off Fuel
14.5.5	Remaining Endurance verbleibende Flugdauer	REMEND	Verbleibende Flugdauer nach einer bestimmten Flugzeit
14.5.6	Safe Endurance sichere Flugdauer	SAFEEND	Nach Ablauf der Safe Endurance befindet sich noch eine Kraftstoffmenge an Bord, die einen Flug zu einem Ausweichflughafen (Alternate) und ein dort eventuell erforderliches Warteverfahren (Holding) ermöglicht.
14.5.7	Point of Equal Times Punkt gleicher Zeiten	PET	Ort C auf der Verbindungsstrecke der Orte A und B, von dem aus A und B in gleicher Flugdauer erreicht werden
14.5.8	Point of Safe Return sicherer Umkehrpunkt	PSR	Ort, von dem aus ein Flugzeug noch umkehren kann, so daß es bei Ankunft am Abflugort noch eine Mindestkraftstoffmenge für Alternate und Holding an Bord hat
14.5.9	Curve of Equal Time Points Kurve gleicher Flugdauern		Linie, von deren Punkten aus zwei gegebene Orte in jeweils gleichen Flugdauern erreicht werden
14.5.10	Way Point Wegpunkt	WPT	Anzufliegender Punkt, der auf der Flugstrecke im Flugplan einzutragen ist bzw. für die Programmierung des Bordrechners benötigt wird (siehe Nr 8.5.1)
14.5.11	Reporting Point Meldepunkt	RPTPT	Vorgegebener Punkt für die Abgabe von Standortmeldungen

Zitierte Normen und andere Unterlagen

DIN 1301 Teil 1	Einheiten; Einheitennamen, Einheitenzeichen
DIN 1304 Teil 1	Formelzeichen; Allgemeine Formelzeichen
DIN 1304 Teil 2	Formelzeichen; Formelzeichen für Meteorologie und Geophysik
DIN 1315	Winkel; Begriffe, Einheiten
DIN 1319 Teil 3	Grundbegriffe der Meßtechnik; Begriffe für die Meßunsicherheit und für die Beurteilung von Meßgeräten und Meßeinrichtungen
DIN 4049 Teil 1	Hydrologie; Begriffe, quantitativ
DIN 4054	Verkehrswasserbau; Begriffe
DIN 9020 Teil 2	Luft- und Raumfahrt; Masseaufteilung für Luftfahrzeuge schwerer als Luft, Massehauptgruppen und Massebegriffe, Definitionen
DIN V 18 709 Teil 1	Begriffe, Kurzzeichen und Formelzeichen im Vermessungswesen; Allgemeines
DIN 18 709 Teil 3	Begriffe, Kurzzeichen und Formelzeichen im Vermessungswesen; Seevermessung
DIN 30 600	Graphische Symbole; Registrierung, Bezeichnung
DIN EN 28 601	Datenelemente und Austauschformate; Informationsaustausch; Darstellung von Datum und Uhrzeit; (ISO 8601, 1. Ausgabe 1988, und Technical Corrigendum 1 : 1991); Deutsche Fassung EN 28 601 : 1992
ISO 1151-1 : 1988	Terms and symbols for flight dynamics; Part 1: Aircraft motion relative to the air
ISO 1151-2 : 1985	Terms and symbols for flight dynamics; Part 2: Motions of the aircraft and the atmosphere relative to the earth

Gesetz über Einheiten im Meßwesen, Bundesgesetzblatt I, Jahrgang 1985, Seite 409

Hydrographic dictionary *)

Frühere Ausgaben

DIN 13 312: 12.83

Änderungen

Gegenüber der Ausgabe Dezember 1983 wurden folgende Änderungen vorgenommen:

a) Wegfall der Begriffe Gyro North, Gyro Heading, Gyro Bearing, Gyro Deviation, Pressure Line of Position und Grid Transport Precession.

b) Wegfall der Symbole für Versegelte Standlinie und für Pressure Line of Position.

c) Einführung der dezimalen Unterteilung der Winkelminuten.

d) Berücksichtigung des Einflusses des Windes mit Vektorgrößen in der Seefahrt.

e) Aufnahme der Angabe von Zeitpunkten und Zeitspannen nach ISO 8601 mit Unterscheidung nach Zeitpunkten und Zeitspannen.

---

*) Bezugsquelle: International Hydrographic Organization, Monaco

DK 621.316.1.011.7 : 515.1 : 519.17 : 001.4 April 1988

Elektrische Netze

Begriffe für die Topologie elektrischer Netze und Graphentheorie

DIN 13 322 Teil 1

Electrical networks; concepts related to topology of electrical networks and theory of graphs

1 Anwendungsbereich und Zweck

Bei der Berechnung elektrischer Netze besteht eine Teilaufgabe darin, die Verknüpfung von Netzzweigen in Knotenpunkten zu beschreiben. Aufgaben dieser Art, in denen geometrische Größen (Winkel und Längen) und elektrische Größen (Impedanzen, Ströme, Spannungen) noch außer acht gelassen werden, löst die Graphentheorie.

Je nachdem, ob Ladungsflüsse, Energieflüsse oder Signalflüsse durch Graphen beschrieben werden, spricht man von Kirchhoff-Graphen, Leistungsgraphen oder Signalflußgraphen.

Es wird ferner zwischen systemtheoretischen und technologischen Graphen unterschieden. Systemtheoretische Graphen dienen zur Erklärung der Funktionsweise eines elektrischen Netzes, während technologische Graphen die technologische Realisierung in der Ebene oder im Raum darstellen. Im letzteren Fall ist meist auch die Hinzunahme geometrischer Aspekte erforderlich.

Die vorliegende Norm behandelt die Topologie elektrischer Netze und die Graphentheorie. Es werden die Begriffe der Graphentheorie definiert, soweit sie zur Berechnung elektrischer Netze erforderlich sind. Hierzu werden die Zeichen und Begriffe der Mengenlehre (siehe DIN 5473) benutzt. Es werden nur endliche Graphen betrachtet. Die Festlegungen des Internationalen Elektrotechnischen Wörterbuches über elektrische Stromkreise und magnetische Kreise (siehe DIN IEC 50 Teil 131) wurden beachtet.

Die Algebraisierung der Topologie und die Grundlagen der Berechnung elektrischer Netze werden in DIN 13 322 Teil 2 behandelt.

2 Grundbegriffe

Von dem geometrischen Bild eines elektrischen Netzes läßt sich der Graph des Netzes abstrahieren, der nur noch die Verbindung der Bauelemente untereinander beschreibt.

Ein Graph besteht aus Knoten und Zweigen sowie einer Vorschrift, die jedem Zweig genau ein Knotenpaar zuordnet. Die Zweige werden auch „Kanten" (edges), die Knoten auch „Ecken" (vertices) genannt. Knoten kann man sich geometrisch als Punkte im Raum vorstellen. Zweige sind Linien, die diese Punkte verbinden.

2.1 Gerichteter Graph

Ein gerichteter Graph $\vec{X}$ (siehe Bild 1) ist definiert durch die elementfremden Mengen V und $\vec{E}$ sowie eine Inzidenz-Abbildung, die jedem Element von $\vec{E}$ genau ein geordnetes Paar von Elementen aus V zuweist[1]). Man schreibt $\vec{X} = (V, \vec{E})$, und es ist

a) $V = V(\vec{X})$ die Menge der Knoten, der einzelne Knoten ist dann $v_i \in V$;

b) $\vec{E} = \vec{E}(\vec{X})$ die Menge der Zweige, der einzelne Zweig ist dann $\vec{e}_j = \langle v_i, v_k \rangle \in \vec{E}(\vec{X})$, hierbei ist $\langle v_i, v_k \rangle$ ein geordnetes Knotenpaar.

Gerichtete Graphen sind nützlich zur Berechnung elektrischer Netze. Die (willkürlich wählbaren) Richtungen der Zweige dienen gleichzeitig als Bezugspfeile von Zweigstrom und -spannung.

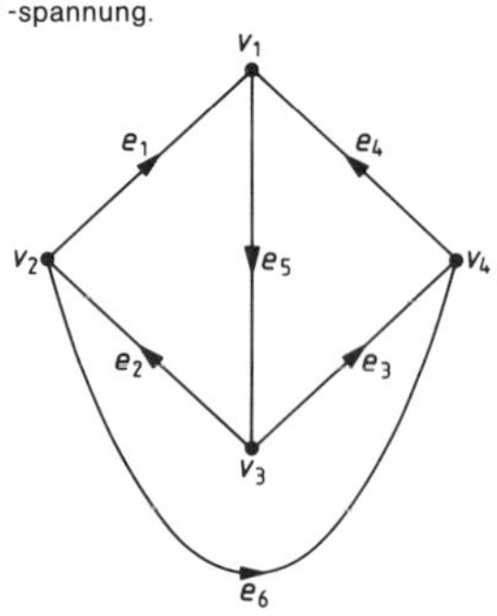

Bild 1. Gerichteter Graph einer Wheatstone-Brücke mit der Zweigzahl $e = 6$ und der Knotenzahl $v = 4$. Es ist z. B.: $\vec{e}_2 = \langle v_3, v_2 \rangle$

1) Vorwiegend in mathematischer Literatur wird die Inzidenzabbildung i in die Definition des gerichteten Graphen $\vec{X}$ eingeschlossen. Man schreibt dann $\vec{X} = (V, \vec{E}, i)$. Parallelzweige werden über die Inzidenzabbildung erfaßt.

Stichwortverzeichnis siehe Originalfassung der Norm

Fortsetzung Seite 2 bis 6

Normenausschuß Einheiten und Formelgrößen (AEF) im DIN Deutsches Institut für Normung e.V.
Deutsche Elektrotechnische Kommission im DIN und VDE (DKE)

2.2 Ungerichteter Graph

Viele grundsätzliche Betrachtungen können auch an ungerichteten Graphen durchgeführt werden. Ein **ungerichteter Graph** X ist definiert durch die elementfremden Mengen V und E sowie eine Inzidenz-Abbildung [1]). Man schreibt $X=(V,E)$, und es gelten sinngemäß die Aussagen von Abschnitt 2.1, wenn man die Zweigorientierung fortläßt; $[v_i, v_k]$ ist ein **ungeordnetes Knotenpaar**.

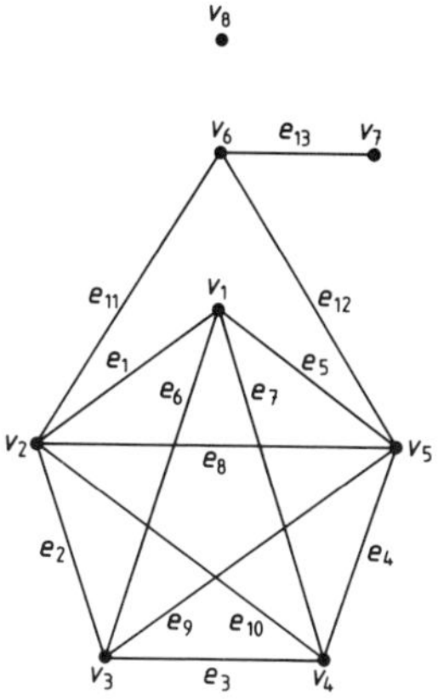

Bild 2. Ungerichteter Graph mit der Zweigzahl $e=13$ und der Knotenzahl $v=8$, z.B. ist $e_9=[v_3, v_5]$, $d_2=d(v_2)=5$, v_7 ist ein Endknoten, v_8 ein isolierter Knoten.

Wenn nichts Gegenteiliges gesagt wird, wird im folgenden unter „Graph" ein ungerichteter Graph verstanden.

2.3 Knotenzahl und Zweigzahl

Die Anzahl der Knoten eines Graphen, die **Knotenzahl** v, ist die Mächtigkeit der Menge der Knoten: $v=|V|$.

Die Anzahl der Zweige eines Graphen, die **Zweigzahl** e, ist die Mächtigkeit der Menge der Zweige: $e=|E|$.

Anmerkung: Da nur endliche Graphen betrachtet werden, sind v und e natürliche Zahlen.

2.4 Knotengrad

Die Anzahl der Zweige, die am Knoten v_i inzidieren, heißt **Knotengrad** d_i. Es ist:

$$d_i=d(v_i)$$

Knoten mit Knotengrad $d_i=0$ heißen **isolierte Knoten**; Knoten mit Knotengrad $d_i=1$ heißen **Endknoten**.

Anmerkung: Das Wort „Grad" bezeichnet hier eine natürliche Zahl und wird nicht im Sinne von DIN 5485 für ein Größenverhältnis benutzt.

3 Relationen und Operationen an Graphen

Die Anwendung der bekannten Operationen der Mengenlehre auf Graphen $X_k=(V_k, E_k)$ führt zu den folgenden Definitionen.

3.1 Teilgraph

Ein Graph X_1 heißt **Teilgraph** von X_2, geschrieben $X_1 \subseteq X_2$, wenn $E_1 \subseteq E_2$ und V_1 alle Knoten von V_2 enthält, die mit Zweigen von E_1 inzidieren, siehe Bild 3.

[1]) siehe Seite 1

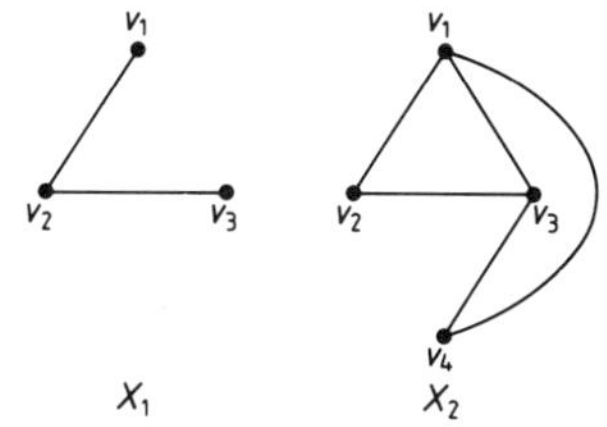

Bild 3. Graphen X_1 und X_2; X_1 ist Teilgraph von X_2

3.2 Untergraph

Ein Graph X_1 heißt **Untergraph** von X_2, geschrieben $X_1 \subseteq X_2$, wenn $V_1 \subseteq V_2$ und E_1 sämtliche Zweige von E_2 enthält, die beiderseits mit Knoten von V_1 inzidieren, siehe Bild 4.

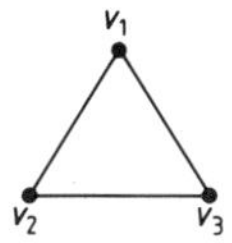

Bild 4. Untergraph von X_2

3.3 Differenzgraph

Der **Differenzgraph** $X_3=X_2 \setminus X_1$ eines Graphen X_2 und seines Teilgraphen X_1 ist der Teilgraph von X_2 mit der Zweigmenge $E_3=E_2 \setminus E_1$, siehe Bild 5.

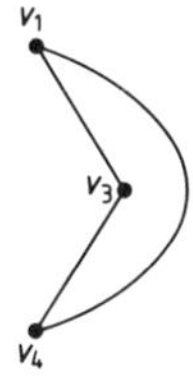

Bild 5. Differenzgraph $X_3=X_2 \setminus X_1$

3.4 Komplementärer Graph

Der Differenzgraph zwischen dem Gesamtgraphen X und einem seiner Teilgraphen X_k heißt **komplementärer Graph** zu X_k.

3.5 Vereinigung

Die **Vereinigung** zweier Graphen X_4 und X_5 (siehe Bild 6) ist der Graph

$$X_\cup=(V_4 \cup V_5, E_4 \cup E_5)=X_4 \cup X_5,$$

siehe Bild 7.

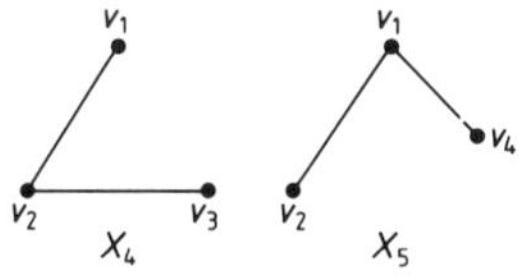

Bild 6. Graphen X_4 und X_5

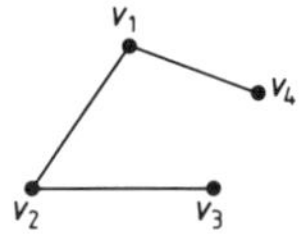

Bild 7. Vereinigungsgraph $X_\cup=X_4 \cup X_5$

3.6 Durchschnitt

Der Durchschnitt zweier Graphen X_4 und X_5 (siehe Bild 6) ist der Graph

$$X_\cap = (V_4 \cap V_5, E_4 \cap E_5) = X_4 \cap X_5,$$

siehe Bild 8.

Bild 8. Durchschnittsgraph $X_\cap = X_4 \cap X_5$

3.7 Leerer Graph

Für den leeren Graphen $X_\emptyset = (V_\emptyset, E_\emptyset)$ gilt $V_\emptyset = \emptyset$ und $E_\emptyset = \emptyset$.

4 Graphentheoretische Begriffe

4.1 Zweigfolgen

4.1.1 Eine Zweigfolge der Länge j in einem Graphen $X = (V, E)$ ist eine Folge $e_1, e_2, \dots, e_j$ von Zweigen $[v_1, v_2]$, $[v_2, v_3], \dots, [v_j, v_{j+1}]$; v_1, v_{j+1} sind die Endknoten der Zweigfolge. Man unterscheidet verschiedene Arten von Zweigfolgen.

4.1.2 Bei einem Weg (Pfad) sind alle Knoten v_i verschieden; der Weg ist eine offene Zweigfolge, siehe Bild 9.

Bild 9. Weg, $e = v - 1$

4.1.3 Bei einer Masche (Schleife, Kreis) sind die Knoten $v_1, v_2, \dots, v_j$ verschieden, jedoch ist der letzte Knoten $v_{j+1} = v_1$. Die Masche ist also eine geschlossene Zweigfolge, siehe Bild 10.

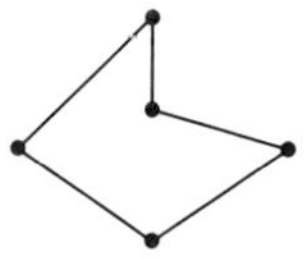

Bild 10. Masche, $e = v$

4.1.4 Besteht eine Masche nur aus einem Zweig und einem Knoten, dann heißt sie Schlinge. Dieser Zweig stellt eine Verbindung eines Knotens zu sich selbst her, siehe Bild 11.

Anmerkung: Kirchhoff-Graphen und Leistungsgraphen sind schlingenfrei.

Bild 11. Schlinge

4.1.5 Bilden zwei Zweige eine Masche, so spricht man von Parallelzweigen. Es gibt auch Graphen mit mehreren Parallelzweigen, siehe Bild 12. Um Parallelzweige in der Definition des Graphen erfassen zu können, sind Zusatzmerkmale erforderlich [1]), z. B.

$$e_j = ([v_j, v_k], 1);\quad e_{j+1} = ([v_j, v_k], 2), \dots$$

[1]) siehe Seite 1

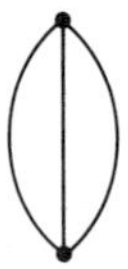

Bild 12. Parallelzweige

4.2 Schlichter Graph

Ein schlichter (einfacher) Graph ist ein Graph ohne Schlingen und Parallelzweige.

Im folgenden werden nur schlichte Graphen behandelt.

4.3 Zusammenhängender Graph

Ein Graph $X = (V, E)$ heißt zusammenhängender Graph, wenn je zwei Knoten v_i, v_k durch einen Weg verbunden sind.

4.4 Komponente

Ein Graph X muß nicht notwendig zusammenhängend sein. Er kann aus mehreren untereinander separierten zusammenhängenden Untergraphen bestehen. Diese Untergraphen heißen Komponenten $X_1, X_2, \dots, X_n$. Es ist dann

$$X = X_1 \cup X_2 \cup \dots \cup X_n \text{ mit } X_i \cap X_k = X_\emptyset \text{ für } i, k = 1, 2, \dots, n;\ i \neq k,$$

siehe Bild 13.

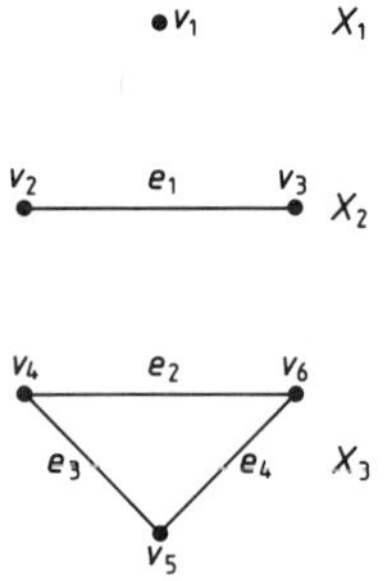

Bild 13. Komponenten eines Graphen

$$X = X_1 \cup X_2 \cup X_3$$
$$X_1 \cap X_2 = X_\emptyset;$$
$$X_2 \cap X_3 = X_\emptyset$$

4.5 Trennmenge

Eine Zweigmenge heißt Trennmenge eines Graphen X, wenn sich nach ihrer Wegnahme die Anzahl der Komponenten von X um eins erhöht. Dabei wird vorausgesetzt, daß keine echte Untermenge der Zweige dasselbe leistet.

Eine Trennmenge von X ist stets eine Trennmenge nur einer seiner Komponenten.

Anmerkung: Zählt man die mit den Zweigen inzidenten Knoten auch zur Trennmenge, bildet sie einen Teilgraph.

4.6 Brücke

Eine Brücke nennt man eine Trennmenge, die nur aus einem einzigen Zweig besteht, siehe Bild 14. In einem zusammenhängenden Graphen $X = (V, E)$ müssen dann zwei elementfremde Teilknotenmengen V_j und V_k existieren derart, daß jeder Weg von $v_x \in V_j$ nach $v_y \in V_k$ über diese Brücke führen muß.

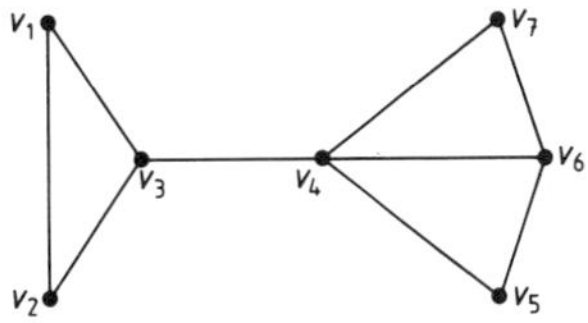

Bild 14. Graph mit Brücke $\lfloor v_3, v_4 \rfloor$

4.7 Artikulationspunkt

Ein Knoten v_k heißt Artikulationspunkt (Gelenk), wenn sich nach Wegnahme von v_k und aller damit inzidenten Zweige die Anzahl der Komponenten erhöht, siehe Bild 15. Die Endknoten von Brücken sind gleichzeitig auch Artikulationspunkte.

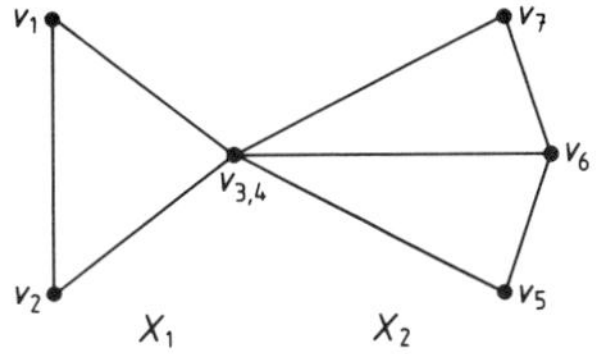

Bild 15. Graph X mit Artikulationspunkt $v_{3,4}$; X ist separabel, seine Blöcke sind X_1 und X_2 mit:

$V_1 = \{v_1, v_2, v_{3,4}\}$
$V_2 = \{v_{3,4}, v_5, v_6, v_7\}$

Der Artikulationspunkt ist der Durchschnitt $V_1 \cap V_2$.

4.8 Separabler Graph

Ein separabler Graph ist ein Graph mit einem oder mehreren Artikulationspunkten.

4.9 Block

Durch die Artikulationspunkte wird der Graph in Blöcke (Glieder) aufgeteilt. Die Blöcke sind Untergraphen, die ausschließlich in den Artikulationspunkten „zusammengeheftet" sind, siehe Bild 15. Somit werden Blöcke durch elementfremde (disjunkte) Teilmengen von Zweigen gekennzeichnet. Die Zweige verschiedener Blöcke inzidieren niemals mit derselben Masche.

4.10 Baum (vollständiger Baum, spannender Baum)

Ein Baum in einem zusammenhängenden Graphen $X = (V, E)$ ist ein ebenfalls zusammenhängender Teilgraph $X_B = (V_B, E_B) \subseteq X$ mit folgenden Eigenschaften:

a) X_B ist maschenlos und
b) $V_B = V$,

siehe Bild 16.

Aus beiden Eigenschaften folgt die Anzahl der Baumzweige:

$$| E_B | = | V | - 1 = v - 1 = r$$

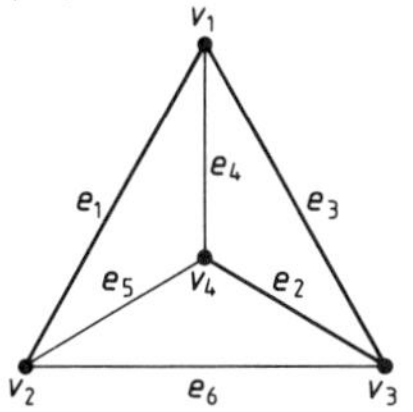

Bild 16. Zusammenhängender Graph; Baum dick, Cobaum dünn

Anmerkung 1: In jedem zusammenhängenden Graphen gibt es mindestens einen Baum.

Anmerkung 2: Bei der Berechnung von Zweipolnetzen (siehe DIN 13322 Teil 2) wählt man vorzugsweise Zweige mit einer Impedanz kleinen Betrages als Baumzweige.

4.11 Bäume in einem nicht zusammenhängenden Graphen (Wald, Gerüst), Rang

Besteht der Graph X aus p Komponenten, so existiert ein Wald (Gerüst) als Teilgraph $X_B \subseteq X$, der sich aus Bäumen dieser p Komponenten zusammensetzt, siehe Bild 17. In diesem Fall ist die Anzahl der Baumzweige:

$$| E_B | = | V | - p = v - p = r.$$

Hierbei heißt r der Rang des Graphen X.

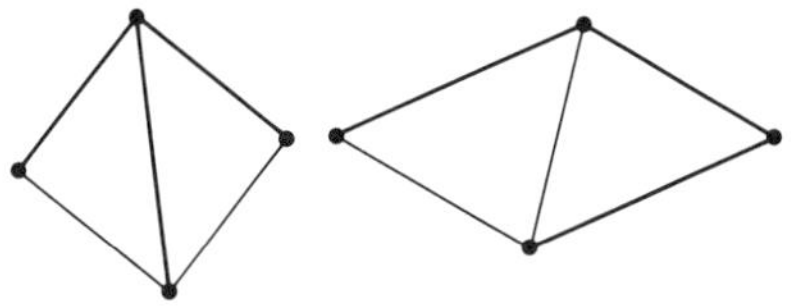

Bild 17. Nicht zusammenhängender Graph; die Bäume beider Komponenten bilden einen Wald (Gerüst)

4.12 Teilbaum

Ein Teilbaum ist ein Teilgraph eines Baumes. Ein isolierter Knoten wird auch als Teilbaum betrachtet.

4.13 Cobaum (Baumkomplement)

Die in einem Baum oder Wald X_B eines Graphen X nicht enthaltenen Zweige bilden (zusammen mit ihren Knoten) den Cobaum (Baumkomplement) X_{CB}, der definiert ist durch $X_{CB} = X \setminus X_B$, siehe Bild 16.

Die Zweige des Cobaumes werden Verbindungszweige (Saiten) genannt.

4.14 Fundamentalmasche

Zu jedem Verbindungszweig $e_j = [v_i, v_k] \in E_{CB}$ existiert genau eine Fundamentalmasche, die ausschließlich über Zweige des zugrundegelegten Baumes X_B auf einem eindeutig definierten Weg geschlossen werden kann, siehe Bild 18. Diese Eigenschaft bildet die Grundlage der Fundamentalmaschenanalyse zur Berechnung elektrischer Netze, siehe DIN 13322 Teil 2, Ausgabe 04.88, Abschnitt 7.4.

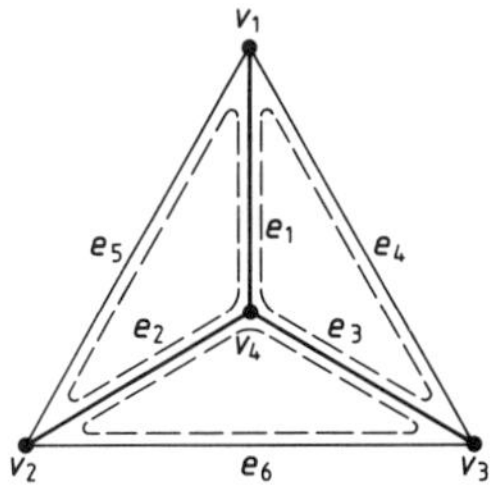

Bild 18. Fundamentalmaschen eines Graphen mit der Zweigzahl $e = 6$ und der Knotenzahl $v = 4$; die zyklomatische Zahl ist:

$m = e - v + 1 = 3$

4.15 Zyklomatische Zahl

Die Anzahl der Verbindungszweige wird zyklomatische Zahl m genannt. Sie ist identisch mit der Anzahl der linear unabhängigen Fundamentalmaschen.

In einem Graphen mit p Komponenten gilt für die zyklomatische Zahl:

$$m = |E_{CB}| = |E| - |E_B| = e - r.$$

4.16 Fundamentaltrennmenge

In jeder Komponente X_l eines Graphen X existiert zu jedem Baumzweig genau eine Fundamentaltrennmenge, die diesen Baumzweig und sonst nur Verbindungszweige enthält, siehe Bild 19. Diese Eigenschaft bildet die Grundlage der Fundamentaltrennmengenanalyse zur Berechnung elektrischer Netze, siehe DIN 13322 Teil 2, Ausgabe 04.88, Abschnitt 7.3.

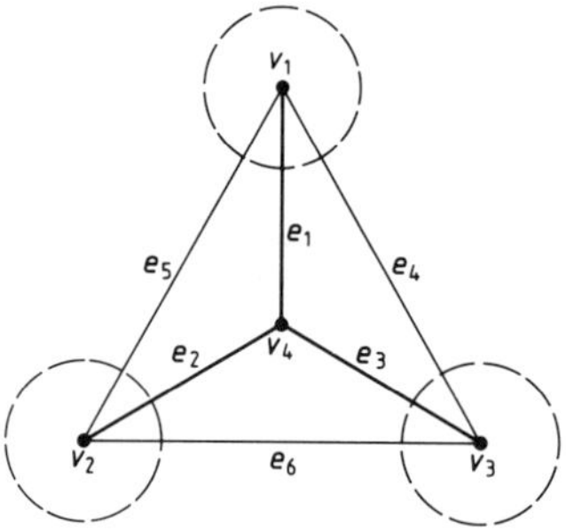

Bild 19. Fundamentaltrennmengen eines Graphen mit der Zweigzahl $e = 6$ und der Knotenzahl $v = 4$; $r = v - 1 = 3$

Durch die Herausnahme eines Baumzweiges zerfällt der Baum in zwei Teilbäume. Die Knotenmengen V_i und V_k dieser beiden Teilbäume definieren die Fundamentaltrennmenge X_j; ihre Konstruktion innerhalb einer Komponente X_l stützt sich auf den ausgewählten Baumzweig

$$e_j = [v_i, v_k] \in E(X_B) \subseteq E(X_l).$$

Durch die Herausnahme dieses Baumzweiges entsteht der Graph

$$X_B \setminus (\emptyset, \{e_j\}),$$

der aus zwei Teilbäumen $X_{Bi} \cup X_{Bk}$ besteht. X_i ist nun der Untergraph von X_l zur Knotenmenge V_i von X_{Bi} und entsprechend X_k zur Knotenmenge V_k von X_{Bk}. Dann ist $X_j = X_l \setminus (X_i \cup X_k)$ die Fundamentaltrennmenge von X bezüglich des Baumzweiges e_j von X_B.

4.17 Anzahl der Fundamentaltrennmengen

Da zu jedem Baumzweig genau eine Fundamentaltrennmenge existiert, ist die Anzahl der (linear unabhängigen) Fundamentaltrennmengen eines Graphen $X = (V, E)$ mit p Komponenten gegeben durch den Rang r von X, siehe Bild 19.

5 Geometrische Graphen

Bereits die Darstellung von Graphen durch Punkte (Knoten) und Linien (Zweige) im dreidimensionalen euklidischen Raum (R^3) gehört streng genommen nicht mehr zur Graphentheorie.

Wichtige und vor allem auch technologische Fragen im Bereich elektrischer Netze erfordern jedoch die Klärung einiger geometrischer Aspekte im Bereich der Graphen.

5.1 Graph im R^3

Jeder Graph läßt sich im R^n, $n \geq 3$ darstellen, wobei eine Darstellung bereits im R^3 möglich ist. Er wird dann geometrischer Graph im R^3 genannt. Im R^2 hingegen ist ein Graph – ohne Überkreuzungen – nur bedingt darstellbar.

5.2 Ebener Graph, planarer (plättbarer) Graph

Ein im R^2 ohne Überkreuzung dargestellter Graph heißt ebener Graph, siehe Bild 20. Damit ein Graph als ebener Graph darstellbar ist, muß er planar (plättbar) sein, siehe Bild 21. Zum Auffinden einer Realisierung im R^2 existieren Planarisierungsalgorithmen. Das Ergebnis ist dann ein ebener Graph (Satz von Kuratowski).

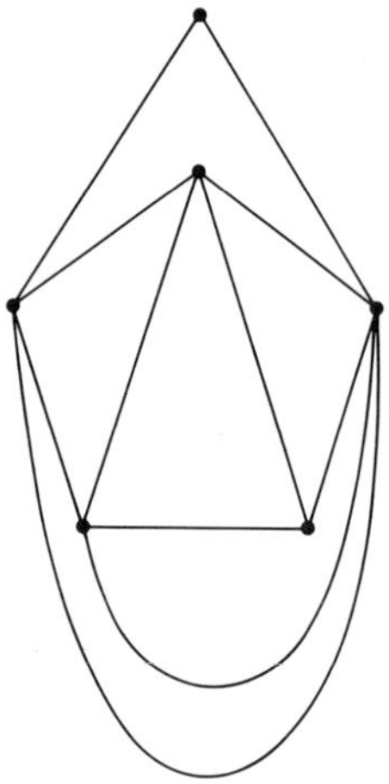

Bild 20. Ebener Graph

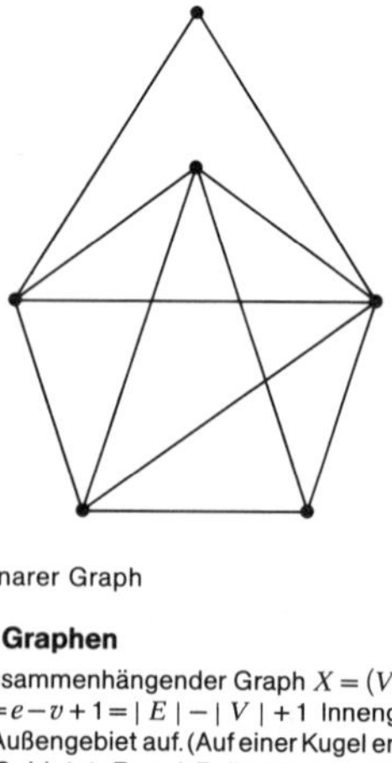

Bild 21. Planarer Graph

5.3 Duale Graphen

Ein ebener zusammenhängender Graph $X = (V, E)$ teilt eine Ebene in $m = e - v + 1 = |E| - |V| + 1$ Innengebiete (Fenster) und ein Außengebiet auf. (Auf einer Kugel entstehen hierdurch $m + 1$ Gebiete). Es sei F die Menge der Gebiete.

Bei ebenen Graphen ist es zweckmäßig, diese Menge zur Charakterisierung hinzuzunehmen und $X=(V, E, F)$ zu schreiben. Zu X existiert ein gleichfalls ebener Graph X', der durch folgende Zuordnung gekennzeichnet ist:

$$V \leftrightarrow F'$$
$$E \leftrightarrow E'$$
$$F \leftrightarrow V'$$

Der Graph $X'=(V', E', F')$ ist der zu X duale Graph, siehe Bild 22, und man schreibt:

$$X=(V, E, F) \overset{\text{dual}}{\Leftrightarrow} X'=(V', E', F')$$

Anmerkung: X' wird folgendermaßen konstruiert: Nachdem X in der Ebene dargestellt ist, zeichnet man in jedes Gebiet (innen wie außen) je einen Knoten (V'). Jeder Zweig aus E' kreuzt genau einen Zweig aus E und verbindet auf diese Weise je ein Knotenpaar von V'. Bei gerichteten Graphen stehen die Orientierungen aller sich kreuzenden Zweigpaare in einem eindeutigen Richtungssinn zueinander.

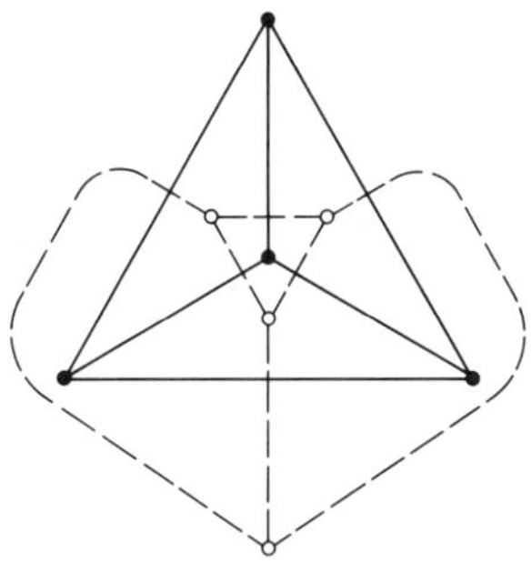

Bild 22. Zueinander duale Graphen

Zitierte Normen

DIN 5473	Zeichen und Begriffe der Mengenlehre; Mengen, Relationen, Funktionen
DIN 5485	Benennungsgrundsätze für physikalische Größen; Wortzusammensetzungen mit Eigenschafts- und Grundwörtern
DIN 13 322 Teil 2	Elektrische Netze; Algebraisierung der Topologie und Grundlagen der Berechnung elektrischer Netze
DIN IEC 50 Teil 131	Internationales Elektrotechnisches Wörterbuch; Teil 131: Elektrische Stromkreise und magnetische Kreise

Internationale Patentklassifikation

H 03 H
H 02 J

DK 621.316.1.011.7 : 515.14 : 003.62 April 1988

Elektrische Netze

Algebraisierung der Topologie und Grundlagen der Berechnung elektrischer Netze

DIN 13 322 Teil 2

Electrical networks; algebraification of topology and fundamentals of electrical network calculation

1 Anwendungsbereich und Zweck

Während in DIN 13 322 Teil 1 Grundbegriffe der Topologie elektrischer Netze und der Graphentheorie zusammengestellt sind, werden in der vorliegenden Norm die entsprechenden algebraischen Darstellungen wiedergegeben. Grundsätzlich können viele Ergebnisse der Topologie der Netze rein algebraisch beschrieben und bewiesen werden.

In dieser Norm wird ein Verbraucher-Bezugspfeilsystem zugrundegelegt. Somit ist $UI > 0$, falls durch einen positiven Ohmschen Widerstand Gleichstrom fließt; bei Wechselstrom ergibt sich in der Darstellung der komplexen Rechnung $\mathrm{Re}(UI^*) > 0$.

Zur Berechnung elektrischer Netze werden im wesentlichen drei Methoden verwendet: Trennmengenanalyse (speziell: Knotenanalyse), Maschenanalyse (speziell: Fenstermaschenanalyse), Zustandsanalyse.

Dabei werden für lineare Zweipolnetze nur die Kirchhoffschen Gesetze (Knoten- und Maschenregel) und eine lineare Strom-Spannungs-Beziehung (z.B. Ohmsches Gesetz) benutzt.

Trennmengen- und Maschenanalyse sind zueinander dual. Die Fenstermaschenanalyse ist nur bei Netzen mit planaren Graphen (siehe DIN 13 322 Teil 1, Ausgabe 04.88, Abschnitt 5.2) anwendbar.

Zur Durchführung der Analysen empfiehlt es sich, die Netztopologie zu algebraisieren. Dazu dienen Inzidenzmatrizen gerichteter Graphen. Ihre Zweigorientierung ist bei dem gewählten Verbraucher-Bezugspfeilsystem identisch mit der Bezugsrichtung von Zweigstrom und -spannung. Es werden nur zusammenhängende Graphen betrachtet, da untereinander separierte Teilnetze für sich analysiert werden können.

2 Formelzeichen

Über die in DIN 1303 und in DIN 5487 empfohlene Schreibweise von Vektoren und Matrizen bzw. Laplace-Transformierten hinaus werden in dieser Norm grundsätzlich folgende Schreibweisen verwendet:

a) Vektoren und Matrizen sind halbfett gesetzt; Kleinbuchstaben für Vektoren, Großbuchstaben für Matrizen.

b) $\boldsymbol{f}_k$ Vektor mit den Zeitfunktionen $f_1, f_2, \ldots, f_k$ als Koordinaten

c) $\check{\boldsymbol{f}}_k$ Vektor mit den Laplace-Transformierten $F_1, F_2, \ldots, F_k$ als Koordinaten

d) $\boldsymbol{A}_m^n$ (lies: A m n) rechteckige Teilmatrix von $\boldsymbol{A}$ mit m Zeilen und n Spalten

$\boldsymbol{A}^z$ Teilmatrix aus allen Zeilen und z Spalten von $\boldsymbol{A}$

$\boldsymbol{A}_r$ r-reihige (quadratische) Teilmatrix von $\boldsymbol{A}$; „Teilmatrix" schließt hier die „Gesamtmatrix" ein.

e) $\boldsymbol{a}_{\mu\bullet}$ Zeile μ, $\boldsymbol{a}_{\bullet\nu}$ Spalte ν der Matrix $\boldsymbol{A} = \boldsymbol{A}_m^n$

f) $\boldsymbol{B}_\mathrm{R}^\mathrm{C}$ (lies: B R C) diejenige Teilmatrix einer fundamentalen Maschen-Zweig-Inzidenzmatrix, die die Inzidenzen der Fundamentalmaschen aller Widerstände in Verbindungszweigen mit allen Kondensatoren in Baumzweigen beschreibt (siehe Abschnitt 8 über Zustandsanalyse).

$\left(\boldsymbol{B}_\mathrm{R}^\mathrm{C}\right)^\mathrm{T} = \boldsymbol{B}_\mathrm{C}^\mathrm{R}$ Transponierte von $\boldsymbol{B}_\mathrm{R}^\mathrm{C}$

3 Inzidenzmatrizen zur Trennmengenanalyse

3.1 Knoten-Zweig-Inzidenzmatrix

3.1.1 Die Knoten-Zweig-Inzidenzmatrix $\boldsymbol{A}$ eines schlingenfreien gerichteten Graphen besteht aus $r(=v-1)$ Zeilen und e Spalten. Das Element $a_{\varrho\varepsilon}$ in der Zeile ϱ und der Spalte ε ist:

$$a_{\varrho\varepsilon} = \begin{cases} +1, & \text{falls der Zweig } e_\varepsilon \text{ mit dem Knoten } v_\varrho \text{ inzidiert und von ihm weg gerichtet ist} \\ -1, & \text{falls der Zweig } e_\varepsilon \text{ mit dem Knoten } v_\varrho \text{ inzidiert und auf ihn zu gerichtet ist} \\ 0, & \text{falls der Zweig } e_\varepsilon \text{ nicht mit dem Knoten } v_\varrho \text{ inzidiert.} \end{cases}$$

Eine vorteilhafte Knotenbenummerung ordnet einem beliebig ausgewählten Bezugsknoten die Nummer 0 zu und benummert die Knoten mit steigendem Abstand vom Bezugsknoten. In Übereinstimmung damit ergibt sich eine geeignete Zweigbenummerung, indem ein am Knoten v_ϱ inzidenter Zweig die Nummer ϱ bekommt, falls er mit einem Knoten geringeren Abstandes inzidiert. Die restlichen $e-r$ Zweige werden danach ebenfalls entsprechend dem Abstand ihrer Knoten vom Bezugsknoten benummert. Die Zweige orientiert man vorzugsweise in Richtung fallender Knotennummern.

Stichwortverzeichnis siehe Originalfassung der Norm

Fortsetzung Seite 2 bis 9

Normenausschuß Einheiten und Formelgrößen (AEF) im DIN Deutsches Institut für Normung e.V.
Deutsche Elektrotechnische Kommission im DIN und VDE (DKE)

Beispiel 1:

Geordnete Knoten-Zweig-Inzidenzmatrix:

$A =$ (Baum: Zweige 1 bis 5 (r); Cobaum: Zweige 6 bis 11 ($e-r$); Zeilen: r)

Zweignummern	1	2	3	4	5	6	7	8	9	10	11
Knotennummern 1	+1	0	0	−1	0	−1	0	0	0	0	0
2	0	+1	0	0	−1	+1	−1	0	0	0	0
3	0	0	+1	0	0	0	+1	−1	−1	0	0
4	0	0	0	+1	0	0	0	0	0	−1	−1
5	0	0	0	0	+1	0	0	+1	+1	+1	+1

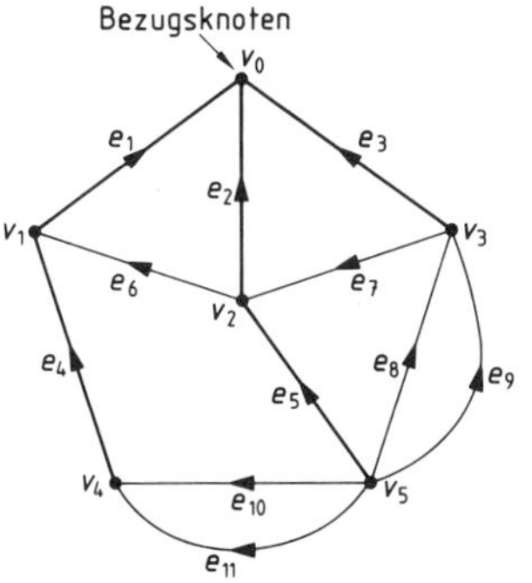

Bild 1. Graph zum Beispiel 1; Baumzweige dick, Verbindungszweige dünn

3.1.2 Addiert man alle Spaltenvektoren von Zweigen eines Weges (siehe DIN 13 322 Teil 1, Ausgabe 04.88, Abschnitt 4.1.2), bei denen Zweigorientierung und Wegrichtung übereinstimmen, und subtrahiert alle Spaltenvektoren der restlichen Wegzweige, dann verbleiben im Summenvektor nur die Inzidenzelemente der Endknoten. Fallen beide Endknoten zusammen, d. h. bildet der Weg eine Masche, resultiert als Summe der Nullvektor.

Beispiel 2: (Masche der Zweige e_1, e_2, e_6 in Bild 1)

$$\boldsymbol{a}_{\bullet 1} - \boldsymbol{a}_{\bullet 2} + \boldsymbol{a}_{\bullet 6} = (0\,0\,0\,0\,0)^{\mathrm{T}}$$

Beispiel 3: (Weg der Zweige e_4, e_6, e_{10} in Bild 1)

$$\boldsymbol{a}_{\bullet 4} - \boldsymbol{a}_{\bullet 6} + \boldsymbol{a}_{\bullet 10} = (0\,-1\,0\,0\,1)^{\mathrm{T}}$$

3.2 Trennmengen-Zweig-Inzidenzmatrix

Die Trennmengen-Zweig-Inzidenzmatrix $\boldsymbol{C}$ eines schlingenfreien gerichteten Graphen besteht aus $r(=v-1)$ Zeilen und e Spalten. Das Element $c_{\varrho\varepsilon}$ in der Zeile ϱ und der Spalte ε ist:

$c_{\varrho\varepsilon} =$
- $+1$, falls der Zweig e_ε zur Trennmenge mit der Nummer ϱ gehört und beide Orientierungen übereinstimmen
- -1, falls der Zweig e_ε zur Trennmenge mit der Nummer ϱ gehört und beide Orientierungen entgegengesetzt sind
- 0, falls der Zweig e_ε nicht zur Trennmenge mit der Nummer ϱ gehört.

Spezielle Trennmengen bestehen aus denjenigen Zweigen, die jeweils mit einem Knoten inzidieren. Läßt man dabei die Trennmenge des Bezugsknotens unberücksichtigt und orientiert die anderen r Knoten-Trennmengen nach außen, d. h. von ihrem Knoten weg, dann ist $\boldsymbol{C}$ mit $\boldsymbol{A}$ identisch.

Die zu einem Baum gehörenden Fundamentaltrennmengen sind untereinander linear unabhängig. Jeder der r Baumzweige gehört zu genau einer Trennmenge, die außer dem Baumzweig nur noch Verbindungszweige enthält. Man wählt zweckmäßig übereinstimmende Benummerung und Orientierung für die Trennmenge und ihren Baumzweig. Damit erscheint die Trennmengen-Zweig-Inzidenzmatrix in ihrer Fundamentalform:

$$\boldsymbol{C}_{\mathrm{f}} = \left(\boldsymbol{1}_r \,\vdots\, \boldsymbol{C}_r^m\right) \tag{1}$$

Beispiel 4:

Fundamentale Trennmengen-Zweig-Inzidenzmatrix

$\boldsymbol{C}_{\mathrm{f}} =$ (Baum: Zweige 1 bis 5 (r); Cobaum: Zweige 6 bis 11 ($e-r=m$); Zeilen: r)

Zweignummern	1	2	3	4	5	6	7	8	9	10	11
Trennmengen-Nr 1	+1	0	0	0	0	−1	0	0	0	−1	−1
2	0	+1	0	0	0	+1	−1	+1	+1	+1	+1
3	0	0	+1	0	0	0	+1	−1	−1	0	0
4	0	0	0	+1	0	0	0	0	0	−1	−1
5	0	0	0	0	+1	0	0	+1	+1	+1	+1

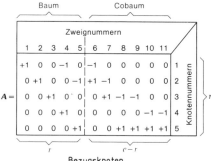

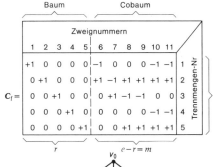

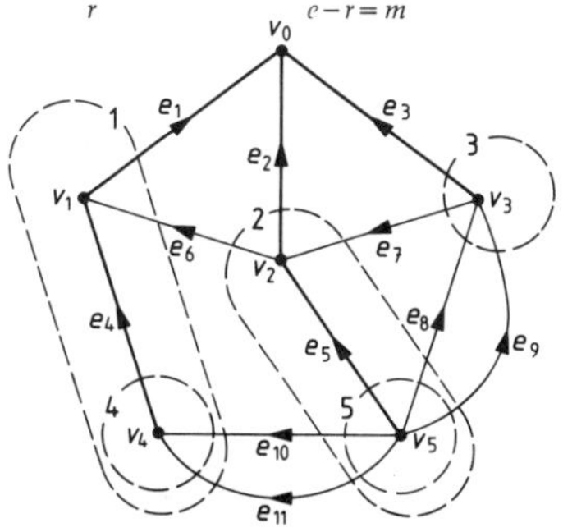

Bild 2. Graph zum Beispiel 4; Baumzweige dick; Verbindungszweige dünn; Trennmengen durch Strichelung gekennzeichnet

4 Inzidenzmatrix zur Maschenanalyse

Die Maschen-Zweig-Inzidenzmatrix $\boldsymbol{B}$ eines schlingenfreien gerichteten Graphen besteht aus $m = e - r$ Zeilen und e Spalten. Das Element $b_{\mu\varepsilon}$ in der Zeile μ und der Spalte ε ist:

$b_{\mu\varepsilon} =$
- $+1$, falls der Zweig e_ε zur Masche mit der Nummer μ gehört und beide Orientierungen übereinstimmen
- -1, falls der Zweig e_ε zur Masche mit der Nummer μ gehört und beide Orientierungen entgegengesetzt sind
- 0, falls der Zweig e_ε nicht zur Masche mit der Nummer μ gehört.

Bei ebenen Graphen verlaufen spezielle Maschen entlang der Innengebiete (Fenster) und im Außengebiet. Ohne die Außenmasche sind die Fenstermaschen untereinander linear unabhängig.

Die zu einem Baum gehörenden Fundamentalmaschen sind untereinander linear unabhängig. Jeder der m Verbindungszweige gehört zu genau einer Masche, die allein über Baumzweige geschlossen wird. Zweckmäßig benummert man die Maschen in gleicher Reihenfolge wie ihre Verbindungszweige und übernimmt deren Richtung als Maschenorientierung. Damit erscheint die Maschen-Zweig-Inzidenzmatrix in ihrer Fundamentalform:

$$\boldsymbol{B}_\mathrm{f} = \left(\boldsymbol{B}^r_m \,\vdots\, \boldsymbol{1}_m\right) \tag{2}$$

Beispiel 5:

Maschen-Zweig-Inzidenzmatrix

Baum ($e - m = r$) | Cobaum (m)

$\boldsymbol{B}_\mathrm{f} =$

Zweignummern: 1	2	3	4	5	6	7	8	9	10	11	Maschennummern (m)
+1	−1	0	0	0	+1	0	0	0	0	0	1
0	+1	−1	0	0	0	+1	0	0	0	0	2
0	−1	+1	0	−1	0	0	+1	0	0	0	3
0	−1	+1	0	−1	0	0	0	+1	0	0	4
+1	−1	0	+1	−1	0	0	0	0	+1	0	5
+1	−1	0	+1	−1	0	0	0	0	0	+1	6

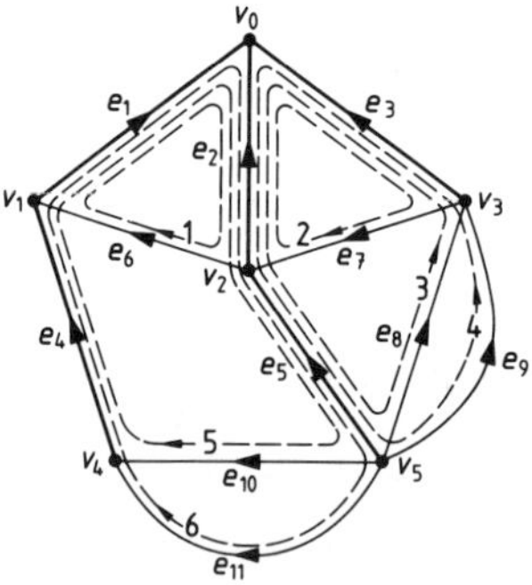

Bild 3. Graph zum Beispiel 5; Baumzweige dick, Verbindungszweige dünn; Maschen gestrichelt

5 Eigenschaften der Inzidenzmatrizen

5.1 Orthogonalität

Aus Abschnitt 3.1.2 resultiert

$$\boldsymbol{A}\,\boldsymbol{B}^\mathrm{T} = \boldsymbol{0} \tag{3a}$$

und allgemeiner

$$\boldsymbol{B}\,\boldsymbol{C}^\mathrm{T} = \boldsymbol{0}, \tag{3b}$$

d.h. jede Masche hat mit jeder Trennmenge eine gerade Anzahl von Zweigen gemeinsam; bei der einen Hälfte der Zweige stimmen Maschen- und Trennmengenorientierung überein, während sie bei der anderen Hälfte entgegengesetzt sind. Maschen-Zweig- und Trennmengen-Zweig-Inzidenzmatrix sind orthogonal zueinander. Die m Zeilenvektoren von $\boldsymbol{B}$ dienen als Basisvektoren des m-dimensionalen Maschenraumes, die r Zeilenvektoren von $\boldsymbol{C}\,(\boldsymbol{A})$ als Basisvektoren des r-dimensionalen Trennmengenraumes.

Beide Räume sind orthogonale und komplementäre Unterräume des $e\,(= m + r)$-dimensionalen linearen Zweigraumes eines Graphen.

5.2 Beziehungen unter den Inzidenzmatrizen, Wegmatrix

Da jede Inzidenzmatrix die Topologie eines Graphen beschreibt, kann man alle Inzidenzmatrizen aus einer Knoten-Zweig-Inzidenzmatrix $\boldsymbol{A}$ ableiten. Mit der Partition

$$\boldsymbol{A} = \left(\boldsymbol{P}_r^{-1} \,\vdots\, \boldsymbol{A}^m_r\right) \tag{4}$$

und Rang $\boldsymbol{A}$ = Rang $\boldsymbol{P}_r = r$ (5)

gewinnt man eine fundamentale Trennmengen-Zweig-Inzidenzmatrix:

$$\boldsymbol{C}_\mathrm{f} = \boldsymbol{P}_r \boldsymbol{A} \tag{6}$$

D.h. es ist:

$$\boldsymbol{C}^m_r = \boldsymbol{P}_r \boldsymbol{A}^m_r \tag{7}$$

Wegen der Orthogonalität von $\boldsymbol{B}_\mathrm{f}$ und $\boldsymbol{C}_\mathrm{f}$ besteht bei Bezug auf denselben Baum die Beziehung:

$$\boldsymbol{B}^r_m = -\left(\boldsymbol{C}^m_r\right)^\mathrm{T} \tag{8}$$

Zu den Baumzweigen von $\boldsymbol{P}_r^{-1}$ ist $\boldsymbol{P}_r$ die Wegmatrix und kann deshalb direkt dem gerichteten Graphen entnommen werden. Die quadratische Wegmatrix hat die Ordnung r, ihre Zeilen entsprechen den Baumzweigen und ihre Spalten den gerichteten Wegen innerhalb des Baumes von jedem Knoten zum Bezugsknoten von $\boldsymbol{A}$.

Das Element p_{ij} von $\boldsymbol{P}_r$ ist:

$p_{ij} =$
- + 1, falls der Baumzweig e_i innerhalb des Weges vom Knoten v_j zum Bezugsknoten liegt und Zweigorientierung mit Wegrichtung übereinstimmt
- − 1, falls der Baumzweig e_i innerhalb des Weges vom Knoten v_j zum Bezugsknoten liegt und die Zweigorientierung entgegengesetzt zur Wegrichtung verläuft
- 0, falls der Baumzweig e_i nicht mit dem Weg vom Knoten v_j zum Bezugsknoten inzidiert.

Die von null verschiedenen Elemente in jeweils einer Zeile von $\boldsymbol{P}_r$ sind gleich. Mit der in Abschnitt 3.1 vorgeschlagenen Zweigorientierung enthält $\boldsymbol{P}_r$ nur die Zahlen 0 bzw. 1.

Beispiel 6:

Aus Bild 1 ermittelt man folgende Wegmatrix:

$\boldsymbol{P}_r =$

Knotennummer = Wegnummer: 1	2	3	4	5	Baumzweig-Nr
1	0	0	1	0	1
0	1	0	0	1	2
0	0	1	0	0	3
0	0	0	1	0	4
0	0	0	0	1	5

6 Grundlagen der Berechnung von linearen Zweipolnetzen

Aufgabe der Netzanalyse ist die Bestimmung jedes Zweigstromes und jeder Zweigspannung in Abhängigkeit der das Netz anregenden Quellenströme oder Quellenspannungen.

6.1 Lineare Zweipolnetze

Lineare Zweipolnetze sind zusammenhängend und bestehen hier nur aus solchen konzentrierten, untereinander nicht gekoppelten Zweipolen (Eintoren), an denen Strom und Spannung linear miteinander verknüpft sind. Zur Berechnung dieser Netze reicht die Kenntnis der Kirchhoffschen Gesetze und der linearen Strom-Spannungs-Beziehung (z. B. Ohmsches Gesetz) aus.

6.2 Kirchhoffsche Gleichungen und ihre Lösungen

Faßt man alle Zweigströme $i_\varepsilon(t)$ zum Spaltenvektor $\boldsymbol{i}$ zusammen, dann folgen aus den Kirchhoffschen Knotenregeln die homogenen Kirchhoffschen Knoten- bzw. Trennmengengleichungen:

$$\boldsymbol{A}\,\boldsymbol{i} = \boldsymbol{0} \tag{9a}$$

bzw.

$$\boldsymbol{C}\,\boldsymbol{i} = \boldsymbol{0} \tag{9b}$$

Entsprechend ergeben sich mit dem Spaltenvektor $\boldsymbol{u}$ der Zweigspannungen $u_\varepsilon(t)$ aus den Kirchhoffschen Maschenregeln die homogenen Kirchhoffschen Maschengleichungen:

$$\boldsymbol{B}\,\boldsymbol{u} = \boldsymbol{0} \tag{10}$$

Die Lösung der Kirchhoffschen Trennmengengleichungen lautet:

$$\boldsymbol{i} = \boldsymbol{B}^{\mathrm{T}}\,\boldsymbol{i}_m \tag{11}$$

Falls eine fundamentale Maschen-Zweig-Inzidenzmatrix benutzt wird, erkennt man in den Koordinaten von $\boldsymbol{i}_m$ die Verbindungszweigströme des Netzes, die somit alle Baumzweigströme bestimmen.

Die Lösung der Kirchhoffschen Maschengleichungen lautet:

$$\boldsymbol{u} = \boldsymbol{A}^{\mathrm{T}}\,\boldsymbol{u}_r \tag{12a}$$

bzw.

$$\boldsymbol{u} = \boldsymbol{C}^{\mathrm{T}}\,\boldsymbol{u}_r \tag{12b}$$

Falls eine fundamentale Trennmengen-Zweig-Inzidenzmatrix benutzt wird, erkennt man in den Koordinaten von $\boldsymbol{u}_r$ die Baumzweigspannungen des Netzes, die somit alle Verbindungszweigspannungen bestimmen. Bei Verwendung der Knoten-Zweig-Inzidenzmatrix treten die auf den Bezugsknoten bezogenen Knotenspannungen als Koordinaten von $\boldsymbol{u}_r$ auf.

Wegen der Orthogonalität (siehe Gleichungen 3a und 3b) der Inzidenzmatrizen folgt aus den Gleichungen 11 und 12 das Tellegensche Theorem:

$$\boldsymbol{i}^{\mathrm{T}}(t_1)\,\boldsymbol{u}(t_2) = 0 \tag{13}$$

Unter der Voraussetzung unveränderter Netztopologie ist jede mit den Kirchhoffschen Trennmengengleichungen verträgliche Stromverteilung orthogonal zu jeder mit den Kirchhoffschen Maschengleichungen konsistenten Spannungsverteilung. Dabei ist der zwischen Zweigstrom und -spannung bestehende Zusammenhang (linear/nichtlinear) unbedeutend; er darf zum Zeitpunkt t_1 durchaus anders lauten als zum Zeitpunkt t_2. Bei spezieller Wahl $t_1 = t_2 = t$ besagt Gleichung 13, daß sich die in allen Zweigen verbrauchten Augenblicksleistungen zu null summieren.

6.3 Eindeutige Lösbarkeit eines linearen Zweipolnetzes

In einem eindeutig lösbaren linearen Zweipolnetz existiert bei einer gewissen Quellenverteilung – wenn auch nicht bei jeder Frequenz – für jeden Zweigstrom und für jede Zweigspannung eine Lösung und sie ist eindeutig bestimmbar. Ein lineares Zweipolnetz ist genau dann eindeutig lösbar, wenn im Graphen des Netzes ein Baum gefunden werden kann, so daß

- alle Quellenspannungen Baumzweigspannungen und
- alle Quellenströme Verbindungszweigströme

sind.

7 Analyse eines linearen Zweipolnetzes im Frequenzbereich

7.1 Allgemeines

Algebraische Gleichungen zur Berechnung von Strömen und Spannungen in linearen Zweipolnetzen treten dann auf, wenn als Unbekannte nicht die zeitlichen Verläufe von Strömen und Spannungen, sondern ihre (einseitigen) Laplace-Transformierten benutzt werden. Für diese Größen gelten ebenfalls die Kirchhoffschen Gleichungen. Die Analyse wird für ein Zeitintervall durchgeführt, in dem die linearen Strom-Spannungs-Beziehungen als zeitinvariant unterstellt werden dürfen.

Dazu sind für die energiespeichernden Elemente Kondensator bzw. Spule als Startwerte Spannungen bzw. Ströme kurz vor dem betrachteten Zeitintervall zu berücksichtigen. Dies geschieht mittels Ersatzschaltungen im Frequenzbereich für den idealen Kondensator und für die ideale Spule (siehe Bild 4). Hierbei ist angenommen, daß die Analyse mit dem (willkürlich wählbaren) Zeitnullpunkt beginnt.

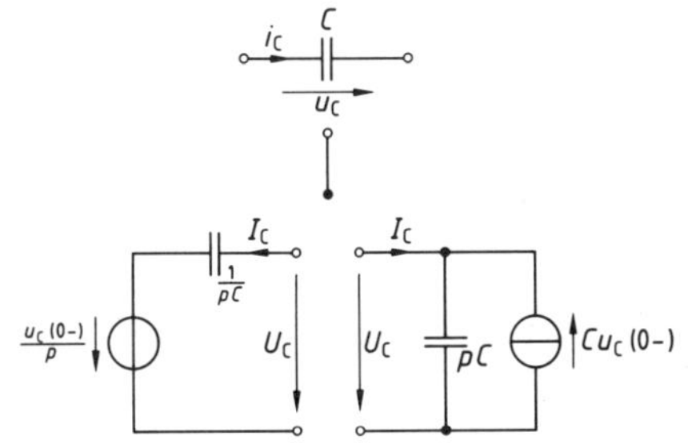

Ersatzspannungsquelle oder Ersatzstromquelle

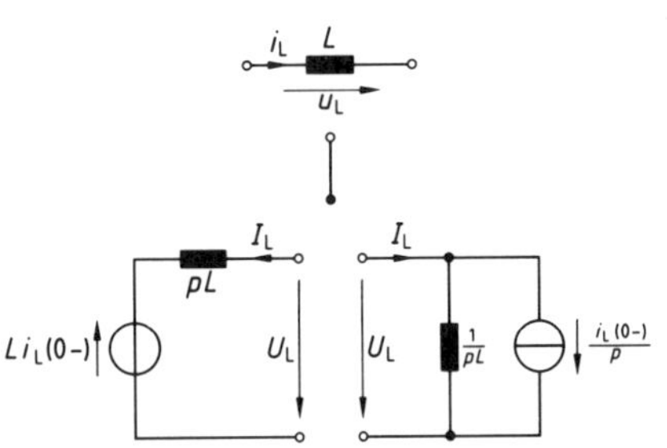

Ersatzspannungsquelle oder Ersatzstromquelle

Bild 4. Ersatzschaltungen für den idealen Kondensator und die ideale Spule im Frequenzbereich

Die verschiedenen Schaltungen können zu einer allgemeinen Ersatzschaltung für jeden Zweig des Zweipolnetzes zusammengefaßt werden (siehe Bild 5). Es gelten damit die zueinander dualen Strom-Spannungs-Beziehungen des Netzzweiges e_ε entsprechend der Spalte ε jeder Inzidenzmatrix.

$$I_\varepsilon = y_\varepsilon (U_\varepsilon - U_{0\varepsilon}) + I_{0\varepsilon} \qquad (14)$$

$$U_\varepsilon = z_\varepsilon (I_\varepsilon - I_{0\varepsilon}) + U_{0\varepsilon} \qquad (15)$$

mit $y_\varepsilon z_\varepsilon \doteq 1$, für $\varepsilon = 1, 2, \ldots, e$

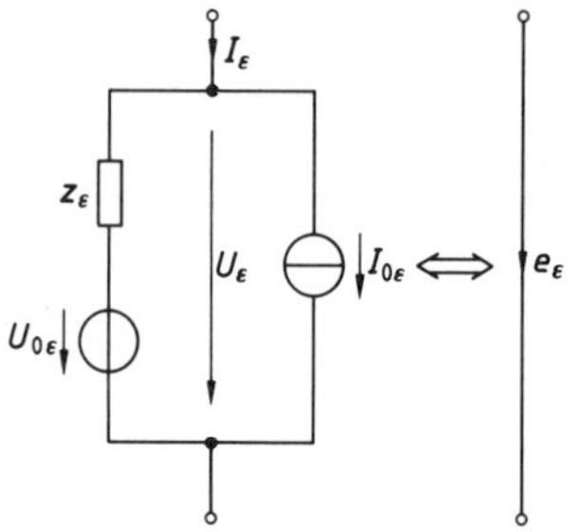

Bild 5. Netzzweig und seine Darstellung im Graphen

Diese Ersatzschaltung enthält $I_{0\varepsilon} = 0$ oder $U_{0\varepsilon} = 0$ als Sonderfälle.

Faßt man alle Laplace-Transformierten der Zweigströme zum Spaltenvektor $\breve{\boldsymbol{i}}$ sowie alle Laplace-Transformierten der Zweigspannungen zum Spaltenvektor $\breve{\boldsymbol{u}}$ zusammen und verfährt entsprechend mit den Quellenströmen ($\breve{\boldsymbol{i}}_0$) bzw. den Quellenspannungen ($\breve{\boldsymbol{u}}_0$), dann erhält man die Strom-Spannungs-Beziehungen sämtlicher Netzzweige in der Form

$$\breve{\boldsymbol{i}} = \boldsymbol{Y}(\breve{\boldsymbol{u}} - \breve{\boldsymbol{u}}_0) + \breve{\boldsymbol{i}}_0 \qquad (16\,a)$$

bzw. $$\breve{\boldsymbol{u}} = \boldsymbol{Z}(\breve{\boldsymbol{i}} - \breve{\boldsymbol{i}}_0) + \breve{\boldsymbol{u}}_0 \qquad (16\,b)$$

mit $\boldsymbol{YZ} = \boldsymbol{1}_e$ und $\boldsymbol{Z} = \mathrm{diag}\,(z_1, z_2, \ldots, z_e)$ als Diagonalmatrix der Zweigimpedanzen.

7.2 Knotenanalyse

7.2.1 Gleichungssystem der Knotenanalyse

Setzt man die Gleichungen (9 a), (12 a) und (16 a) ineinander ein, dann erscheint das Gleichungssystem der Knotenanalyse

$$\boldsymbol{A\,Y\,A}^{\mathrm{T}}\,\breve{\boldsymbol{u}}_r = \boldsymbol{A\,Y}\breve{\boldsymbol{u}}_0 - \boldsymbol{A}\,\breve{\boldsymbol{i}}_0\,, \qquad (17)$$

das die unbekannten auf den Bezugsknoten bezogenen Knotenspannungen $\breve{\boldsymbol{u}}_r$ durch die das Netz anregenden Quellen festlegt. Die Knoten-Leitwertmatrix

$$\boldsymbol{Y}_r = \boldsymbol{A\,Y\,A}^{\mathrm{T}} \qquad (18)$$

bleibt auch dann regulär, wenn einige der Zweigadmittanzen y_ε gleich null sind. Die Auflösung des Gleichungssystems ist solange sichergestellt, wie sich noch ein einziger Baum finden läßt, dessen Zweigadmittanzen sämtlich ungleich null sind.

7.2.2 Strukturregel einer Knoten-Leitwertmatrix

Für die Elemente y_{ij} einer Knoten-Leitwertmatrix gilt:

a) Das Hauptdiagonalelement y_{ii} ist gleich der Summe der Admittanzen, die am Knoten v_i inzidieren.

b) Außerhalb der Hauptdiagonalen ($i \neq j$) ist das Element y_{ij} gleich der negativen Summe aller Admittanzen, die den Knoten v_i direkt mit dem Knoten v_j verbinden.

7.3 Trennmengenanalyse

7.3.1 Gleichungssystem der Trennmengenanalyse in Fundamentalform

Setzt man die Gleichungen (9 b), (12 b) und (16 a) ineinander ein, dann erscheint das Gleichungssystem der Trennmengenanalyse in der Fundamentalform

$$\boldsymbol{C}_{\mathrm{f}}\,\boldsymbol{Y}\,\boldsymbol{C}_{\mathrm{f}}^{\mathrm{T}}\,\breve{\boldsymbol{u}}_r = \boldsymbol{C}_{\mathrm{f}}\,\boldsymbol{Y}\breve{\boldsymbol{u}}_0 - \boldsymbol{C}_{\mathrm{f}}\,\breve{\boldsymbol{i}}_0\,, \qquad (19)$$

das die unbekannten Baumzweigspannungen $\breve{\boldsymbol{u}}_r$ durch die das Netz anregenden Quellen festlegt.

Die fundamentale Trennmengen-Leitwertmatrix

$$\boldsymbol{Y}_{r\mathrm{f}} = \boldsymbol{C}_{\mathrm{f}}\,\boldsymbol{Y}\,\boldsymbol{C}_{\mathrm{f}}^{\mathrm{T}} \qquad (20)$$

ist genau dann regulär, wenn dies auch für eine Knoten-Leitwertmatrix des Netzes gilt.

7.3.2 Strukturregel einer fundamentalen Trennmengen-Leitwertmatrix

Für die Elemente y_{ij} einer fundamentalen Trennmengen-Leitwertmatrix gilt:

a) Das Hauptdiagonalelement y_{ii} ist gleich der Summe der Admittanzen in der Fundamentaltrennmenge mit der Nummer i.

b) Außerhalb der Hauptdiagonalen ($i \neq j$) ist das Element y_{ij} gleich der Summe der Admittanzen aller Verbindungszweige, die den Trennmengen mit den Nummern i und j gemeinsam sind. Das Vorzeichen der Summe ist positiv, wenn die Orientierungen beider Trennmengen an einem beliebig herausgegriffenen gemeinsamen Verbindungszweig übereinstimmen, andernfalls negativ.

7.4 Maschenanalyse

7.4.1 Gleichungssystem der Maschenanalyse in Fundamentalform

Setzt man die Gleichungen (10), (11) und (16 b) ineinander ein, dann erscheint das Gleichungssystem der Maschenanalyse in der Fundamentalform

$$\boldsymbol{B}_{\mathrm{f}}\,\boldsymbol{Z}\boldsymbol{B}_{\mathrm{f}}^{\mathrm{T}}\,\breve{\boldsymbol{i}}_m = \boldsymbol{B}_{\mathrm{f}}\,\boldsymbol{Z}\,\breve{\boldsymbol{i}}_0 - \boldsymbol{B}_{\mathrm{f}}\,\breve{\boldsymbol{u}}_0\,, \qquad (21)$$

das die unbekannten Verbindungszweigströme $\breve{\boldsymbol{i}}_m$ durch die das Netz anregenden Quellen festlegt. Die fundamentale Maschen-Widerstandsmatrix

$$\boldsymbol{Z}_{m\mathrm{f}} = \boldsymbol{B}_{\mathrm{f}}\,\boldsymbol{Z}\boldsymbol{B}_{\mathrm{f}}^{\mathrm{T}} \qquad (22)$$

bleibt auch dann regulär, wenn einige der Zweigimpedanzen z_ε gleich null sind. Die Auflösung des Gleichungssystems ist solange sichergestellt, wie sich noch ein einziger Cobaum finden läßt, dessen Zweigimpedanzen sämtlich ungleich null sind.

7.4.2 Strukturregel einer fundamentalen Maschen-Widerstandsmatrix

Für die Elemente z_{ij} einer fundamentalen Maschen-Widerstandsmatrix gilt:

a) Das Hauptdiagonalelement z_{ii} ist gleich der Summe der Impedanzen in der Fundamentalmasche mit der Nummer i.

b) Außerhalb der Hauptdiagonalen ($i \neq j$) ist das Element z_{ij} gleich der Summe der Impedanzen aller Baumzweige, die den Maschen mit den Nummern i und j gemeinsam sind. Das Vorzeichen der Summe ist positiv, wenn die Orientierungen beider Maschen an einem beliebig herausgegriffenen gemeinsamen Baumzweig übereinstimmen, andernfalls negativ.

8 Analyse eines linearen Zweipolnetzes im Zeitbereich, Zustandsanalyse

8.1 Allgemeines

Zeitvariante lineare Strom-Spannungs-Beziehungen können auf natürliche Weise bei einer Analyse im Zeitbereich berücksichtigt werden. Dabei entsteht ein System von gewöhnlichen linearen inhomogenen Differentialgleichungen (DGL) erster Ordnung mit zeitveränderlichen Parametern. Die Koeffizientenmatrix dieses DGL-Systems ist regulär; seine unbekannten Variablen sind die Zustandsgrößen (Zustandsvariablen) des Netzes. Sie stellen die minimal notwendige Information zur vollständigen Bestimmung jeder zukünftigen Strom- und Spannungsverteilung dar und beschreiben direkt die Energie voneinander unabhängiger Energiespeicher.

Als Zustandsvariablen erscheinen die Ladungen (oder Spannungen) einiger Kondensatoren und die Flüsse (oder Ströme) einiger Spulen.

Das Aufstellen des DGL-Systems, d. s. die Zustandsgleichungen, ist Grundaufgabe der Zustandsanalyse. Zur Lösung kann man von einem vollständigen DGL-System des vorliegenden Netzes ausgehen und dieses sukzessive durch Elimination von abhängigen Variablen in die Zustandsgleichungen überführen. Der Eliminationsprozeß kann so gesteuert werden, daß als Zustandsvariablen ausschließlich solche Größen auftreten, die auch im ursprünglichen DGL-System erscheinen.

Zur Wahrung der Konsistenz werden die Zustandsgleichungen hier jedoch über topologische Betrachtungen gewonnen.

8.2 Netzgraph zur Zustandsanalyse

Grundsätzlich wird für jedes ideale Bauelement eines Zweipolnetzes – Kondensator, Spule, Widerstand, Quelle – ein Zweig im Graphen des Netzes gezeichnet. Dabei entstehen Knoten vom Knotengrad 2 (siehe DIN 13 322 Teil 1, Ausgabe 04.88, Abschnitt 2.4); einige von ihnen können vorteilhaft dadurch eliminiert werden, indem ideale Quellen zusammen mit jeweils einem der anderen Bauelemente in Form einer der beiden möglichen Ersatzquellen einen Zweig bilden. Ideale Quellen können somit in jedem der vier Zweigtypen vorhanden sein; Quellenzweige enthalten nur ideale Quellen.

8.3 Normaler Baum

Die Zustandsvariablen werden über einen normalen Baum ausgewählt. Ein solcher Baum enthält

- alle Spannungsquellenzweige,
- die maximal mögliche Anzahl von Kondensatorzweigen,
- die minimal notwendige Anzahl von Spulenzweigen,
- keine Stromquellenzweige.

Zur Erfüllung dieser Kriterien ergänzen Widerstandszweige geeignet den Baum oder seinen Cobaum.

Kondensatorzweige erscheinen nur dann im Cobaum, wenn sie nur zusammen mit Spannungsquellen- oder anderen Kondensatorzweigen in einer Masche liegen. Dual dazu treten Spulenzweige im Baum auf, wenn sie nur mit Stromquellen- oder anderen Spulenzweigen eine Trennmenge bilden.

Indiziert man Kondensator-, Widerstands- und Spulenzweige

im Baum mit C, G, Γ
im Cobaum mit S, R, L

sowie die idealen Spannungsquellen mit E und die idealen Stromquellen mit J, verwendet untere Indizes für Cobaumzweige und obere Indizes für Baumzweige, dann lautet die fundamentale Maschen-Zweig-Inzidenzmatrix $\boldsymbol{B}_\mathrm{f}$ des normalen Baumes:

$$\boldsymbol{B}_\mathrm{f} = \left(\begin{array}{cccc:cccc} \boldsymbol{B}_\mathrm{S}^\mathrm{E} & \boldsymbol{B}_\mathrm{S}^\mathrm{C} & \mathbf{0} & \mathbf{0} & \mathbf{1}_\mathrm{S} & \mathbf{0} & \mathbf{0} & \mathbf{0} \\ \boldsymbol{B}_\mathrm{R}^\mathrm{E} & \boldsymbol{B}_\mathrm{R}^\mathrm{C} & \boldsymbol{B}_\mathrm{R}^\mathrm{G} & \mathbf{0} & \mathbf{0} & \mathbf{1}_\mathrm{R} & \mathbf{0} & \mathbf{0} \\ \boldsymbol{B}_\mathrm{L}^\mathrm{E} & \boldsymbol{B}_\mathrm{L}^\mathrm{C} & \boldsymbol{B}_\mathrm{L}^\mathrm{G} & \boldsymbol{B}_\mathrm{L}^\Gamma & \mathbf{0} & \mathbf{0} & \mathbf{1}_\mathrm{L} & \mathbf{0} \\ \boldsymbol{B}_\mathrm{J}^\mathrm{E} & \boldsymbol{B}_\mathrm{J}^\mathrm{C} & \boldsymbol{B}_\mathrm{J}^\mathrm{G} & \boldsymbol{B}_\mathrm{J}^\Gamma & \mathbf{0} & \mathbf{0} & \mathbf{0} & \mathbf{1}_\mathrm{J} \end{array}\right) \quad (23)$$

In der zu $\boldsymbol{B}_\mathrm{f}$ gehörenden fundamentalen Trennmengen-Zweig-Inzidenzmatrix treten die transponierten Teilmatrizen auf (siehe Abschnitt 5).

8.4 Lineare zeitvariante Strom-Spannungs-Beziehungen

Der Zusammenhang zwischen Zweigstrom und -spannung lautet für

Kondensatorzweige:

$$\begin{pmatrix} \boldsymbol{i}_\mathrm{C} \\ \boldsymbol{i}_\mathrm{S} \end{pmatrix} = \frac{\mathrm{d}}{\mathrm{d}t} \begin{pmatrix} \boldsymbol{C}_\mathrm{C} & \mathbf{0} \\ \mathbf{0} & \boldsymbol{C}_\mathrm{S} \end{pmatrix} \begin{pmatrix} \boldsymbol{u}_\mathrm{C} \\ \boldsymbol{u}_\mathrm{S} \end{pmatrix} + \begin{pmatrix} \boldsymbol{i}_\mathrm{0C} \\ -\dfrac{\mathrm{d}}{\mathrm{d}t}(\boldsymbol{C}_\mathrm{S}\, \boldsymbol{u}_\mathrm{0S}) \end{pmatrix} \quad (24)$$

Widerstandszweige:

$$\begin{pmatrix} \boldsymbol{i}_\mathrm{G} \\ \boldsymbol{u}_\mathrm{R} \end{pmatrix} = \begin{pmatrix} \boldsymbol{G} & \mathbf{0} \\ \mathbf{0} & \boldsymbol{R} \end{pmatrix} \begin{pmatrix} \boldsymbol{u}_\mathrm{G} \\ \boldsymbol{i}_\mathrm{R} \end{pmatrix} + \begin{pmatrix} \boldsymbol{i}_\mathrm{0G} \\ \boldsymbol{u}_\mathrm{0R} \end{pmatrix} \quad (25)$$

Spulenzweige:

$$\begin{pmatrix} \boldsymbol{u}_\Gamma \\ \boldsymbol{u}_\mathrm{L} \end{pmatrix} = \frac{\mathrm{d}}{\mathrm{d}t} \begin{pmatrix} \boldsymbol{L}_\Gamma & \mathbf{0} \\ \mathbf{0} & \boldsymbol{L}_\mathrm{L} \end{pmatrix} \begin{pmatrix} \boldsymbol{i}_\Gamma \\ \boldsymbol{i}_\mathrm{L} \end{pmatrix} + \begin{pmatrix} -\dfrac{\mathrm{d}}{\mathrm{d}t}(\boldsymbol{L}_\Gamma\, \boldsymbol{i}_{0\Gamma}) \\ \boldsymbol{u}_\mathrm{0L} \end{pmatrix} \quad (26)$$

und Quellenzweige:

$$\begin{pmatrix} \boldsymbol{u}_\mathrm{E} \\ \boldsymbol{i}_\mathrm{J} \end{pmatrix} = \begin{pmatrix} \boldsymbol{u}_\mathrm{0E} \\ \boldsymbol{i}_\mathrm{0J} \end{pmatrix} \quad (27)$$

Sind alle Elemente der Matrizen $\boldsymbol{C}_\mathrm{C}$, $\boldsymbol{C}_\mathrm{S}$, $\boldsymbol{G}$, $\boldsymbol{R}$, $\boldsymbol{L}_\Gamma$ und $\boldsymbol{L}_\mathrm{L}$ zeitlich konstant, dann ist das lineare Netz zeitinvariant.

Abgesehen von den idealen Quellen werden die Strom-Spannungs-Beziehungen als Ersatzstromquellen in Baumzweigen und als Ersatzspannungsquellen in Verbindungszweigen dargestellt. Abkürzend setzt man auch:

$$\boldsymbol{C}_\mathrm{S}\, \boldsymbol{u}_\mathrm{0S} = \boldsymbol{q}_\mathrm{0S} \quad (28)$$

bzw. $$\boldsymbol{L}_\Gamma\, \boldsymbol{i}_{0\Gamma} = \boldsymbol{\varphi}_{0\Gamma} \quad (29)$$

8.5 Aufstellen der homogenen Zustandsgleichungen

Die das Netz anregenden Quellen sind abgeschaltet:

$$\boldsymbol{u}_0 = \mathbf{0} \text{ und } \boldsymbol{i}_0 = \mathbf{0} \quad (30)$$

8.5.1 Teilnetze aus Kondensatoren bzw. aus Spulen

8.5.1.1 Trennmengen-Kondensatormatrix $\boldsymbol{C}_\mathrm{Cf}$

Ein nur aus Kondensatoren bestehendes Teilnetz erhält man, wenn man alle Widerstände und Spulen aus dem Netz entfernt, indem man

- alle (G, Γ)-Baumzweige kurzschließt und
- alle (R, L)-Verbindungszweige leerlaufen läßt.

Die (fundamentale) Trennmengen-Kondensatormatrix $\boldsymbol{C}_\mathrm{Cf}$ des allein aus Kondensatoren bestehenden Restnetzes erhält man bezüglich des normalen Baumes dann mit der Strukturregel des Abschnitts 7.3.2. Für $\boldsymbol{i}_\mathrm{S} = \mathbf{0}$ gilt:

$$\frac{\mathrm{d}}{\mathrm{d}t}\left(\begin{pmatrix} \mathbf{1}_\mathrm{C} & -\boldsymbol{B}_\mathrm{C}^\mathrm{S} \end{pmatrix} \begin{pmatrix} \boldsymbol{C}_\mathrm{C} & \mathbf{0} \\ \mathbf{0} & \boldsymbol{C}_\mathrm{S} \end{pmatrix} \begin{pmatrix} \mathbf{1}_\mathrm{C} \\ -\boldsymbol{B}_\mathrm{S}^\mathrm{C} \end{pmatrix} \boldsymbol{u}_\mathrm{C} \right)$$

$$= \frac{\mathrm{d}}{\mathrm{d}t}(\boldsymbol{C}_\mathrm{Cf}\, \boldsymbol{u}_\mathrm{C}) = \frac{\mathrm{d}}{\mathrm{d}t} \boldsymbol{q}_\mathrm{C} = \boldsymbol{i}_\mathrm{C} \quad (31)$$

Die Matrix $\boldsymbol{C}_\mathrm{Cf}$ ist positiv definit.

8.5.1.2 Maschen-Spulenmatrix $\boldsymbol{L}_{\mathrm{Lf}}$

Ein nur aus Spulen bestehendes Teilnetz erhält man, wenn man alle Widerstände und Kondensatoren aus dem Netz entfernt, indem man

- alle (C, G)-Baumzweige kurzschließt und
- alle (S, R)-Verbindungszweige leerlaufen läßt.

Die (fundamentale) Maschen-Spulenmatrix $\boldsymbol{L}_{\mathrm{Lf}}$ des allein aus Spulen bestehenden Restnetzes erhält man bezüglich des normalen Baumes dann mit der Strukturregel des Abschnittes 7.4.2. Für $\boldsymbol{u}_{\Gamma} = \boldsymbol{0}$ gilt:

$$\frac{\mathrm{d}}{\mathrm{d}t}\left(\begin{pmatrix}\boldsymbol{B}_{\mathrm{L}}^{\Gamma} & \boldsymbol{1}_{\mathrm{L}}\end{pmatrix}\begin{pmatrix}\boldsymbol{L}_{\Gamma} & \boldsymbol{0}\\ \boldsymbol{0} & \boldsymbol{L}_{\mathrm{L}}\end{pmatrix}\begin{pmatrix}\boldsymbol{B}_{\Gamma}^{\mathrm{L}}\\ \boldsymbol{1}_{\mathrm{L}}\end{pmatrix}\boldsymbol{i}_{\mathrm{L}}\right) = \frac{\mathrm{d}}{\mathrm{d}t}(\boldsymbol{L}_{\mathrm{Lf}}\,\boldsymbol{i}_{\mathrm{L}}) = \frac{\mathrm{d}}{\mathrm{d}t}\boldsymbol{\varphi}_{\mathrm{L}} = \boldsymbol{u}_{\mathrm{L}} \qquad (32)$$

Die Matrix $\boldsymbol{L}_{\mathrm{Lf}}$ ist positiv definit und kann bei Auftreten von Zweigkopplungen (durch Gegeninduktivitäten) semidefinit werden. In diesem Falle reduzieren die Zweigkopplungen die topologischen Freiheitsgrade (siehe Abschnitt 9).

8.5.2 Teilnetz aus Widerständen

8.5.2.1 Allgemeines

Das nur aus Widerständen bestehende Teilnetz wird als Mehrtor aufgefaßt und hat die Klemmenpaare der Reaktanzelemente als Tore, die sich in äußere und innere Tore aufteilen. Die inneren Torströme bzw. -spannungen sind von den äußeren abhängig. Die äußeren Klemmenpaare werden von den Knotenpaaren der Kondensatoren in Baumzweigen und der Spulen in Verbindungszweigen gebildet (siehe Bild 6).

8.5.2.2 Trennmengen-Leitwert-, Maschen-Widerstands- und Hybridmatrix des Widerstands-Mehrtores

Schließt man alle Kondensatortore kurz ($\boldsymbol{u}_{\mathrm{C}} = \boldsymbol{0}$) und läßt alle Spulentore leerlaufen ($\boldsymbol{i}_{\mathrm{L}} = \boldsymbol{0}$), dann erhält man ein Widerstandsnetz. Mit Hilfe der in den Abschnitten 7.3.2 und 7.4.2 genannten Strukturregeln stellt man hierfür die (fundamentale) Trennmengen-Leitwertmatrix $\boldsymbol{G}_{\mathrm{Gf}}$ sowie die (fundamentale) Maschen-Widerstandsmatrix $\boldsymbol{R}_{\mathrm{Rf}}$ bezüglich des normalen Baumes auf.

Die Hybridmatrix der äußeren Tore des Widerstands-Mehrtores entsteht in der Form:

$$\begin{pmatrix}-\boldsymbol{i}_{\mathrm{C}}\\ \boldsymbol{u}_{\mathrm{L}}\end{pmatrix} = \begin{pmatrix}\boldsymbol{G}_{\mathrm{C}} & \boldsymbol{H}\\ -\boldsymbol{H}^{\mathrm{T}} & \boldsymbol{R}_{\mathrm{L}}\end{pmatrix}\begin{pmatrix}\boldsymbol{u}_{\mathrm{C}}\\ -\boldsymbol{i}_{\mathrm{L}}\end{pmatrix} \qquad (33)$$

8.5.3 Homogene Zustandsgleichungen

Aus den Gleichungen (31), (32) und (33) resultiert:

$$\frac{\mathrm{d}}{\mathrm{d}t}\begin{pmatrix}\boldsymbol{q}_{\mathrm{C}}\\ \boldsymbol{\varphi}_{\mathrm{L}}\end{pmatrix} = \begin{pmatrix}-\boldsymbol{G}_{\mathrm{C}} & \boldsymbol{H}\\ -\boldsymbol{H}^{\mathrm{T}} & -\boldsymbol{R}_{\mathrm{L}}\end{pmatrix}\begin{pmatrix}\boldsymbol{C}_{\mathrm{Cf}}^{-1} & \boldsymbol{0}\\ \boldsymbol{0} & \boldsymbol{L}_{\mathrm{Lf}}^{-1}\end{pmatrix}\begin{pmatrix}\boldsymbol{q}_{\mathrm{C}}\\ \boldsymbol{\varphi}_{\mathrm{L}}\end{pmatrix} \qquad (34\,\mathrm{a})$$

bzw. im Sonderfall der Zeitinvarianz

$$\frac{\mathrm{d}}{\mathrm{d}t}\begin{pmatrix}\boldsymbol{u}_{\mathrm{C}}\\ \boldsymbol{i}_{\mathrm{L}}\end{pmatrix} = \begin{pmatrix}\boldsymbol{C}_{\mathrm{Cf}}^{-1} & \boldsymbol{0}\\ \boldsymbol{0} & \boldsymbol{L}_{\mathrm{Lf}}^{-1}\end{pmatrix}\begin{pmatrix}-\boldsymbol{G}_{\mathrm{C}} & \boldsymbol{H}\\ -\boldsymbol{H}^{\mathrm{T}} & -\boldsymbol{R}_{\mathrm{L}}\end{pmatrix}\begin{pmatrix}\boldsymbol{u}_{\mathrm{C}}\\ \boldsymbol{i}_{\mathrm{L}}\end{pmatrix} \qquad (34\,\mathrm{b})$$

Der Rang der Koeffizientenmatrix dieses DGL-Systems ist gleich der Anzahl der von null verschiedenen Eigenfrequenzen des Netzes. Er liegt um

- die Anzahl der Trennmengen mit nur Kondensator- oder Stromquellenzweigen und um
- die Anzahl der Maschen mit nur Spulen- oder Spannungsquellenzweigen

unter der Ordnung der Koeffizientenmatrix. In diesem Fall sind die unbekannten Variablen des DGL-Systems untereinander linear abhängig. Erst die anschließende Elimination der verbliebenen abhängigen Variablen führt auf ein DGL-System mit regulärer Koeffizientenmatrix und somit auf die Zustandsgleichungen.

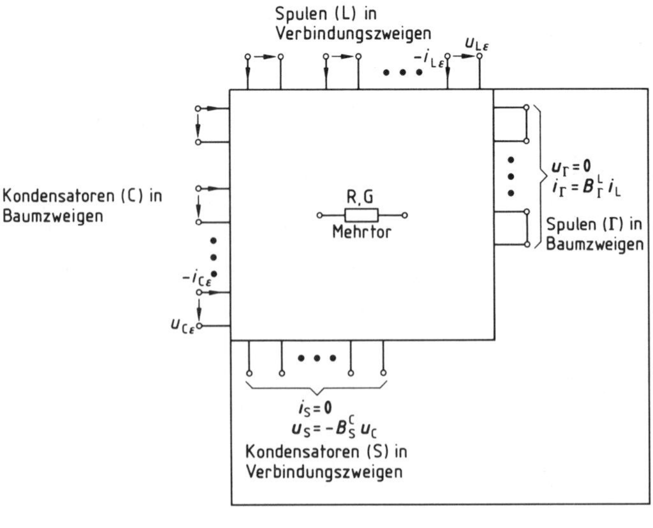

Bild 6. Widerstands-Mehrtor

8.6 Wirkung der Quellen

Die Wirkung der das Netz anregenden Quellen wird den homogenen Gleichungen überlagert. Der inhomogene Teil des DGL-Systems (Gleichung 34 a) lautet:

$$\left(\begin{array}{c|c|c|c|c|c} -\mathbf{1}_{\mathrm{C}} & \boldsymbol{B}_{\mathrm{C}}^{\mathrm{R}} \boldsymbol{R}_{\mathrm{Rf}}^{-1} \boldsymbol{B}_{\mathrm{R}}^{\mathrm{G}} \boldsymbol{G}^{-1} & -\left(\boldsymbol{B}_{\mathrm{C}}^{\mathrm{R}} \boldsymbol{R}_{\mathrm{Rf}}^{-1} \boldsymbol{B}_{\mathrm{R}}^{\mathrm{G}} \boldsymbol{G}^{-1}\right) \boldsymbol{B}_{\mathrm{G}}^{\mathrm{J}} + \boldsymbol{B}_{\mathrm{C}}^{\mathrm{J}} & -\left(\boldsymbol{B}_{\mathrm{C}}^{\mathrm{R}} \boldsymbol{R}_{\mathrm{Rf}}^{-1}\right) \boldsymbol{B}_{\mathrm{R}}^{\mathrm{E}} & -\boldsymbol{B}_{\mathrm{C}}^{\mathrm{R}} \boldsymbol{R}_{\mathrm{Rf}}^{-1} & \mathbf{0} \\ \hline \mathbf{0} & \boldsymbol{B}_{\mathrm{L}}^{\mathrm{G}} \boldsymbol{G}_{\mathrm{Gf}}^{-1} & -\left(\boldsymbol{B}_{\mathrm{L}}^{\mathrm{G}} \boldsymbol{G}_{\mathrm{Gf}}^{-1}\right) \boldsymbol{B}_{\mathrm{G}}^{\mathrm{J}} & \left(\boldsymbol{B}_{\mathrm{L}}^{\mathrm{G}} \boldsymbol{G}_{\mathrm{Gf}}^{-1} \boldsymbol{B}_{\mathrm{G}}^{\mathrm{R}} \boldsymbol{R}^{-1}\right) \boldsymbol{B}_{\mathrm{R}}^{\mathrm{E}} - \boldsymbol{B}_{\mathrm{L}}^{\mathrm{E}} & \boldsymbol{B}_{\mathrm{L}}^{\mathrm{G}} \boldsymbol{G}_{\mathrm{Gf}}^{-1} \boldsymbol{B}_{\mathrm{G}}^{\mathrm{R}} \boldsymbol{R}^{-1} & -\mathbf{1}_{\mathrm{L}} \end{array}\right) \begin{pmatrix} \boldsymbol{i}_{0\mathrm{C}} \\ \boldsymbol{i}_{0\mathrm{G}} \\ \boldsymbol{i}_{0\mathrm{J}} \\ \boldsymbol{u}_{0\mathrm{E}} \\ \boldsymbol{u}_{0\mathrm{R}} \\ \boldsymbol{u}_{0\mathrm{L}} \end{pmatrix}$$

$$+ \frac{\mathrm{d}}{\mathrm{d}t} \left(\begin{array}{c|c|c|c} -\boldsymbol{B}_{\mathrm{C}}^{\mathrm{S}} & \mathbf{0} & -\boldsymbol{B}_{\mathrm{C}}^{\mathrm{S}} \boldsymbol{C}_{\mathrm{S}} \boldsymbol{B}_{\mathrm{S}}^{\mathrm{E}} & \mathbf{0} \\ \hline \mathbf{0} & -\boldsymbol{B}_{\mathrm{L}}^{\Gamma} \boldsymbol{L}_{\Gamma} \boldsymbol{B}_{\Gamma}^{\mathrm{J}} & \mathbf{0} & \boldsymbol{B}_{\mathrm{L}}^{\Gamma} \end{array}\right) \begin{pmatrix} \boldsymbol{q}_{0\mathrm{S}} \\ \boldsymbol{i}_{0\mathrm{J}} \\ \boldsymbol{u}_{0\mathrm{E}} \\ \boldsymbol{\varphi}_{0\Gamma} \end{pmatrix} \tag{35}$$

9 Ideale Übertrager

9.1 Allgemeines

Ideale Übertrager stellen Kopplungen unter den Netzzweigen her und schränken so die topologischen Freiheitsgrade für Zweigströme und -spannungen ein. Ein lineares Zweipolnetz mit idealem Übertrager kann wie ein Zweipolnetz ohne Zweigkopplungen nach den Abschnitten 7 oder 8 analysiert werden, allerdings mit neuen verallgemeinerten Inzidenzmatrizen.

Die n Tore des Übertragers sind in a Paralleltore und b Serientore unterteilt. Torströme und -spannungen unterliegen bei reellen Übersetzungsverhältnissen $n_{\alpha\beta}$ den Bedingungen:

$$\left(\begin{array}{c|c} \mathbf{1}_a & \boldsymbol{N} \end{array}\right) \boldsymbol{i}_n = \mathbf{0} \tag{36}$$

$$\left(\begin{array}{c|c} -\boldsymbol{N}^{\mathrm{T}} & \mathbf{1}_b \end{array}\right) \boldsymbol{u}_n = \mathbf{0} \tag{37}$$

In dieser Fundamentalform erkennt man eine Verallgemeinerung der (topologischen) Kirchhoffschen Gleichungen.

Verträglichkeit mit den topologischen Bedingungen wird durch eine Reduktion der Anzahl der linear unabhängigen Spannungen bzw. Ströme erzielt:

$$\boldsymbol{i}_m = \boldsymbol{P}^{\mathrm{T}} \boldsymbol{i}_{\overline{m}} \tag{38}$$

bzw. $\boldsymbol{u}_r = \boldsymbol{Q}^{\mathrm{T}} \boldsymbol{u}_{\overline{r}}$ (39)

Die Anzahlen $\overline{m}$ und $\overline{r}$ der verbleibenden linear unabhängigen Ströme bzw. Spannungen sind bei einem eindeutig lösbaren Netz (siehe Abschnitt 9.2) durch

$$\overline{m} = m - a \tag{40}$$

und $\overline{r} = r - b$ (41)

festgelegt.

Jedem Übertragertor entspricht genau ein Zweig im Graphen des Netzes.

Falls sich alle Übertragertore als Baumzweige wählen lassen, wird:

$$\boldsymbol{Q} = \left(\begin{array}{c|c|c} \mathbf{1}_{r-n} & \mathbf{0} & \mathbf{0} \\ \hline \mathbf{0} & \mathbf{1}_a & \boldsymbol{N} \end{array}\right) \tag{42}$$

Falls sich alle Übertragertore als Verbindungszweige wählen lassen, wird:

$$\boldsymbol{P} = \left(\begin{array}{c|c|c} \mathbf{1}_{m-n} & \mathbf{0} & \mathbf{0} \\ \hline \mathbf{0} & -\boldsymbol{N}^{\mathrm{T}} & \mathbf{1}_b \end{array}\right) \tag{43}$$

Den z Zweipolzweigen ist in der Trennmengen-Zweig-Inzidenzmatrix die Teilmatrix $\boldsymbol{C}^z$ und in der Maschen-Zweig-Inzidenzmatrix die Teilmatrix $\boldsymbol{B}^z$ zugeordnet. Mit der Einführung der verallgemeinerten Trennmengen-Zweig-Inzidenzmatrix

$$\boldsymbol{K} = \boldsymbol{Q}\,\boldsymbol{C}^z \tag{44}$$

und der verallgemeinerten Maschen-Zweig-Inzidenzmatrix

$$\boldsymbol{M} = \boldsymbol{P}\,\boldsymbol{B}^z \tag{45}$$

lauten für das restliche Zweipolnetz mit den Strömen $\boldsymbol{i}_z$ und den Spannungen $\boldsymbol{u}_z$ die verallgemeinerten Trennmengengleichungen:

$$\boldsymbol{K}\boldsymbol{i}_z = \boldsymbol{0} \tag{46}$$

und die verallgemeinerten Maschengleichungen:

$$\boldsymbol{M}\boldsymbol{u}_z = \boldsymbol{0} \tag{47}$$

Ihre Lösungen sind:

$$\boldsymbol{i}_z = \boldsymbol{M}^{\mathrm{T}}\, \boldsymbol{i}_{\overline{m}} \tag{48}$$

bzw. $$\boldsymbol{u}_z = \boldsymbol{K}^{\mathrm{T}}\, \boldsymbol{u}_{\overline{r}} \tag{49}$$

Zwischen $\boldsymbol{K}$ und $\boldsymbol{M}$ besteht Orthogonalität

$$\boldsymbol{K}\boldsymbol{M}^{\mathrm{T}} = \boldsymbol{0}, \tag{50}$$

womit die Zweipolströme und -spannungen für sich dem Tellegenschen Theorem

$$\boldsymbol{i}_z^{\mathrm{T}}(t_1)\, \boldsymbol{u}_z(t_2) = 0 \tag{51}$$

gehorchen.

9.2 Eindeutige Lösbarkeit eines linearen Zweipolnetzes mit idealem Übertrager

Ein lineares Zweipolnetz mit idealem n-Tor-Übertrager ist – wenn auch nicht für jedes Übersetzungsverhältnis – genau dann eindeutig lösbar, wenn im Graphen des Netzes ein Baum gefunden werden kann, so daß über die in Abschnitt 6.3 genannte Quellenverteilung hinaus

– genau a Übertragertore im Cobaum und
– genau b Übertragertore im Baum

auftreten.

Zitierte Normen

DIN 1303	Vektoren, Matrizen, Tensoren; Zeichen und Begriffe
DIN 5487	Fourier-Transformation und Laplace-Transformation; Formelzeichen
DIN 13 322 Teil 1	Elektrische Netze; Begriffe für die Topologie elektrischer Netze und Graphentheorie

Weitere Unterlagen

H. D. Fischer: „On the unique solvability of RLCT-networks". Circuit Theory and Applications, vol. 3 (1975), 391–394

Internationale Patentklassifikation

H 02 J

DK 536.7 : 531.3 : 541.1 : 003.62 : 53.081 August 1978

Thermodynamik und Kinetik chemischer Reaktionen

Formelzeichen, Einheiten

DIN 13 345

Thermodynamics and kinetics of chemical reactions; symbols, units

Betrachtet wird eine chemische Reaktion in einer einzelnen isotropen Mischphase ohne Elektrisierung und Magnetisierung. Die Phase kann gasförmig, flüssig oder fest sein. Es wird der Einfachheit halber vorausgesetzt, daß die Phase geschlossen (an ihren Begrenzungen stoffundurchlässig) ist und daß sich nur eine einzige Elementarreaktion abspielt. Die Begriffe dieser Norm können sinngemäß auf offene Phasen (Phasen mit stoffdurchlässigen Begrenzungen), auf mehrere gleichzeitig ablaufende Reaktionen, auf Heterogenreaktionen (chemische Reaktionen mit Beteiligung mehrerer Phasen) sowie auf Reaktionen in kontinuierlichen Systemen verallgemeinert werden.

Nr	Formelzeichen	Bedeutung	SI-Einheit [1])	Bemerkungen
1	R	(universelle) Gaskonstante	J/(mol · K)	siehe DIN 1345
2	T	Temperatur, thermodynamische Temperatur	K	siehe DIN 1345
3	p	Druck	Pa	
4	V	Volumen	m^3	
5	n_i	Stoffmenge der Stoffportion i	mol	siehe DIN 1345
6	c_i	Stoffmengenkonzentration des Stoffes i	mol/m^3	$c_i = n_i/V$ Im folgenden wird nur c_i zur Kennzeichnung der Zusammensetzung der Mischphase benutzt.
7	ν_i	stöchiometrische Zahl für den Stoff i in einer chemischen Reaktion	1	Die Beträge der stöchiometrischen Zahlen definieren den Umsatz in chemischen Reaktionssymbolen, z. B.: $\lvert\nu_1\rvert B_1 + \lvert\nu_2\rvert B_2 + \ldots + \lvert\nu_l\rvert B_l \rightleftharpoons \lvert\nu_{l+1}\rvert B_{l+1} + \ldots + \lvert\nu_m\rvert B_m$ Darin bedeuten die B_i die chemischen Symbole der reagierenden Stoffe. Die stöchiometrische Zahl ν_i ist positiv bzw. negativ, wenn das Symbol des Stoffes i rechts bzw. links vom Doppelpfeil steht.

[1]) 1 steht für das Verhältnis zweier gleicher SI-Einheiten sowie für eine Zahl.

Fortsetzung Seite 2 bis 4

Normenausschuß Einheiten und Formelgrößen (AEF) im DIN Deutsches Institut für Normung e.V.
Arbeitsausschuß Chemische Terminologie (AChT) im DIN

Nr	Formelzeichen	Bedeutung	SI-Einheit [1])	Bemerkungen
8	ξ	Umsatzvariable	mol	$\mathrm{d}\xi = \mathrm{d}n_i/\nu_i$
9	ω	Umsatzgeschwindigkeit, Umsatzrate	mol/s	$\omega = \mathrm{d}\xi/\mathrm{d}t$; t ist die Zeit.
10	r	Reaktionsgeschwindigkeit, Reaktionsrate	$\mathrm{mol/(m^3 \cdot s)}$	$r = \omega/V$ Für V = const gilt (siehe Nr 6, 8 und 9): $r = (1/\nu_i)\,\mathrm{d}c_i/\mathrm{d}t$ Bei Gleichgewicht gilt: $\omega = 0$, $r = 0$.
11	μ_i	chemisches Potential des Stoffes i	J/mol	siehe DIN 1345
12	$\mu_i^{\square}$	Standardwert des chemischen Potentials des Stoffes i	J/mol	$\mu_i^{\square}$ ist der konzentrationsunabhängige Term im expliziten Ausdruck für μ_i; siehe Anmerkungen. Das Zeichen $^{\square}$ wird „Karo" gesprochen.
13	y_i	Aktivitätskoeffizient des Stoffes i	1	$\ln \dfrac{c_i\,y_i}{c^{\dagger}} = \dfrac{\mu_i - \mu_i^{\square}}{RT}$ ($c^{\dagger} = 1\ \mathrm{mol/dm^3}$); siehe Anmerkungen.
14	A	Affinität der chemischen Reaktion	J/mol	$A = -\sum_i \nu_i\,\mu_i$; siehe Anmerkungen. Bei Gleichgewicht gilt: $A = 0$.
15	$A^{\square}$	Standardwert der Affinität	J/mol	$A^{\square} = -\sum_i \nu_i\,\mu_i^{\square}$; siehe Anmerkungen.
16	K_c	Gleichgewichtskonstante	1	$RT \ln K_c = A^{\square}$ $K_c = \prod_i (\bar{c}_i\,\bar{y}_i/c^{\dagger})^{\nu_i}$ $\bar{c}_i$ bzw. $\bar{y}_i$ ist der Gleichgewichtswert von c_i bzw. y_i; siehe Anmerkungen.
17	u_r	differentielle molare Reaktionsenergie	J/mol	$u_r = \sum_i \nu_i\,U_i$ U_i ist die partielle molare innere Energie des Stoffes i; siehe DIN 1345. Für ideale Gasgemische gilt: $\mathrm{d}\ln K_c/\mathrm{d}T = u_r/(RT^2)$.
18	h_r	differentielle molare Reaktionsenthalpie	J/mol	$h_r = \sum_i \nu_i\,H_i = u_r + p \sum_i \nu_i\,V_i$ H_i bzw. V_i ist die partielle molare Enthalpie bzw. das partielle molare Volumen des Stoffes i; siehe DIN 1345. Für ideal verdünnte Lösungen gilt: $(\partial \ln K_c/\partial T)_p = h_r/(RT^2) - \nu\alpha_V$ mit $\nu = \sum_i \nu_i$ α_V ist der Volumenausdehnungskoeffizient des reinen Lösungsmittels; siehe Anmerkungen.
19	$h_r^{\square}$	Standardwert der differentiellen molaren Reaktionsenthalpie	J/mol	Für beliebige Mischphasen gilt: $(\partial \ln K_c/\partial T)_p = h_r^{\square}/(RT^2) = h_r^{\infty}/(RT^2) - \nu\alpha_V$ h_r^{∞} ist der Grenzwert von h_r bei unendlicher Verdünnung (bei kondensierten Phasen) bzw. Grenzwert von h_r bei verschwindendem Druck (bei Gasen). Bei Gasen bedeutet α_V den Volumenausdehnungskoeffizienten bei verschwindendem Druck, d. h. die Größe $1/T$; hier gilt infolgedessen: $\mathrm{d}\ln K_c/\mathrm{d}T = u_r^{\circ}/(RT^2)$, worin u_r° der Grenzwert von u_r bei verschwindendem Druck ist. Bei idealen Gasgemischen fällt u_r° mit u_r zusammen. Siehe Anmerkungen.

[1]) Siehe Seite 1

Nr	Formelzeichen	Bedeutung	SI-Einheit [1])	Bemerkungen
20	$\Delta_r H$	(integrale) Reaktionsenthalpie	J	$\Delta_r H = \int h_r \, d\xi$ (T = const, p = const); siehe Anmerkungen.
21	ν', ν''	Ordnung der Hinreaktion (Reaktion von links nach rechts) bzw. Rückreaktion (Reaktion von rechts nach links)	1	$\nu' = -\sum_j \nu_j; \quad \nu'' = \sum_k \nu_k$ ν_j (ν_k) ist die stöchiometrische Zahl für den Stoff j (k) auf der linken (rechten) Seite des Doppelpfeiles. Es gilt: $\nu = \sum_i \nu_i = \nu'' - \nu'$; siehe Anmerkungen.
22	k	Geschwindigkeitskonstante, Reaktionskoeffizient	mol/(m³ · s)	
	k', k''	Geschwindigkeitskonstante der Hinreaktion bzw. Rückreaktion	mol/(m³ · s)	$r = k' \prod_j (c_j/c^\dagger)^{-\nu_j} - k'' \prod_k (c_k/c^\dagger)^{\nu_k}$; $k'/k'' = K_c \prod_i \bar{y}_i^{-\nu_i}$. Es gilt für ideale Gasgemische und ideal verdünnte Lösungen: $k'/k'' = K_c$; siehe Anmerkungen.
23	E_a	molare Aktivierungsenergie	J/mol	
	E'_a	molare Aktivierungsenergie der Hinreaktion	J/mol	$\left(\frac{\partial \ln \{k'\}}{\partial T}\right)_p = \frac{E'_a}{RT^2}$
	E''_a	molare Aktivierungsenergie der Rückreaktion	J/mol	$\left(\frac{\partial \ln \{k''\}}{\partial T}\right)_p = \frac{E''_a}{RT^2}$ $\{k\}$ ist der Zahlenwert von k in irgendeiner zulässigen Einheit; siehe Anmerkungen. Es gilt für ideale Gasgemische: $E'_a - E''_a = u_r$, für ideal verdünnte Lösungen: $E'_a - E''_a = h_r - \nu RT^2 \alpha_V$.

[1]) Siehe Seite 1

Anmerkungen

Zu Nr 12, 13, 15 und 16:

Es gibt auch Standardwerte, Aktivitätskoeffizienten und Gleichgewichtskonstanten, die auf anderen Zusammensetzungsgrößen beruhen, z. B. auf dem Partialdruck, dem Molenbruch und der Molalität (siehe DIN 4896). Die Stoffmengenkonzentration wurde hier in Hinblick auf die fast ausschließliche Verwendung dieser Zusammensetzungsgröße in der Reaktionskinetik gewählt. Bei Gasgemischen hängen $\mu_i^\square$, $A^\square$ und K_c nur von T, sonst von T und p ab. Die Aktivitätskoeffizienten y_i sind im allgemeinen Funktionen der Temperatur, des Druckes und der Zusammensetzung. Bei idealen Gasgemischen und ideal verdünnten Lösungen gilt: $y_i = 1$.

Das hier mehrfach auftretende Zeichen $c_i/c^\dagger = \{c_i\}$ bedeutet den Zahlenwert der Stoffmengenkonzentration c_i in der Einheit mol/dm³. Infolgedessen bedeutet y_i eigentlich den Zahlenwert des Aktivitätskoeffizienten in der Einheit dm³/mol. Würde y_i als Größe mit der Einheit dm³/mol definiert sein, so wäre unter Nr 16 der Nenner $c^\dagger$ unnötig, und auch so hätte K_c die Dimension 1.

Der Ausdruck $c_i y_i / c^\dagger$ (Dimension 1) wird auch als Aktivität a_i bezeichnet.

Zu Nr 14:

In der Literatur wird anstelle von A fast stets $-\Delta G$ geschrieben. Dieser Brauch ist nicht zu empfehlen, weil die Größe $-\Delta G$ oder besser $-\Delta_r G$ (siehe Nr 20) mit der Größe A nicht identisch ist. Es gilt vielmehr:

$$-\Delta_r G = \int A \, d\xi \; (T = \text{const}, \; p = \text{const}).$$

Die Größe $\Delta_r G$ (SI-Einheit J) kann als Freie Reaktionsenthalpie bezeichnet werden.

Zu Nr 18, 19 und 20:

Auf vollkommen analoge Weise können Größen wie differentielle Reaktionsentropie, integrale Reaktionsenergie, integrale Reaktionsentropie und deren Standardwerte eingeführt werden. Ein Standardwert ist stets der konzentrationsunabhängige Anteil der betreffenden Größe.

Zu Nr 21:

In dieser Norm wird nur eine einzige Elementarreaktion betrachtet. Bei Auftreten von mehreren Elementarreaktionen (Elementarreaktionen beschreiben immer den Reaktionsmechanismus) muß man von diesen die Bruttoreaktionen unterscheiden, die meßbare Umsätze beschreiben. Man bezeichnet dann ν' bzw. ν'' nur bei einer Bruttoreaktion als Reaktionsordnung, bei einer Elementarreaktion dagegen als Molekularität. Man spricht also bei einer Bruttoreaktion von einer Reaktion erster, zweiter, dritter ... Ordnung, bei einer Elementarreaktion hingegen von einer unimolekularen, bimolekularen, trimolekularen ... Reaktion. Die Zahl der Elementarreaktionen übertrifft meist erheblich die Zahl der Bruttoreaktionen.

Zu Nr 22:

Bei Gefahr einer Verwechslung der Geschwindigkeitskonstanten k mit der Boltzmann-Konstanten k (siehe DIN 1345) wird empfohlen, die Boltzmann-Konstante mit k_B zu bezeichnen.

Die sonst übliche Schreibweise

$$r = k^* \prod_j c_j^{-\nu_j} - k^{**} \prod_k c_k^{\nu_k}$$

führt zu verschiedenen Dimensionen der „Geschwindigkeitskonstanten“ k^* und k^{**} bei verschiedenen Reaktionsordnungen und damit zu einer Reihe von Komplikationen in allgemeinen Formeln.

Die Geschwindigkeitskonstanten k' und k'' hängen bei idealen Gasgemischen nur von T ab. Bei ideal verdünnten Lösungen sind k' und k'' Funktionen von T und p. Bei allen anderen Gemischen hängen k' und k'' auch von der Zusammensetzung ab, so daß hier der Name „Geschwindigkeitskonstante“ für k' oder k'' nicht mehr zutreffend ist. Man findet für beliebige Mischphasen:

$$r = \lambda\left(\varkappa' \prod_j a_j^{-\nu_j} - \varkappa'' \prod_k a_k^{\nu_k}\right) = \lambda\left[\varkappa' \prod_j (c_j y_j/c^\dagger)^{-\nu_j} - \varkappa'' \prod_k (c_k y_k/c^\dagger)^{\nu_k}\right] \quad (1)$$

mit

$$\lim_{x \to 0} \lambda = 1, \quad \lim_{x \to 0} y_i = 1 \quad (x \text{ bedeutet } c \text{ oder } p).$$

Darin sind $\varkappa'$ und $\varkappa''$ (SI-Einheit mol/(m^3 · s)) wahre Geschwindigkeitskonstanten (wahre Reaktionskoeffizienten), die nur von T und p (bei Gasen nur von T) abhängen. λ (Dimension 1) ist eine Funktion der Temperatur, des Druckes und der Zusammensetzung, die bei hinreichend hoher Verdünnung ($c \to 0$) oder bei hinreichend kleinem Druck ($p \to 0$) den Wert 1 annimmt. Für das Gleichgewicht ($r = 0$) findet man (siehe Nr 16):

$$\varkappa'/\varkappa'' = K_c \quad (2)$$

Bei idealen Gasgemischen und ideal verdünnten Lösungen gilt: $\lambda = 1$, $\varkappa' = k'$, $\varkappa'' = k''$. Der Ansatz (1) ist also eine Verallgemeinerung des klassischen reaktionskinetischen Ansatzes (siehe Nr 22).

In der Theorie des Übergangszustandes (transition-state theory) wird λ gleich dem reziproken Wert des Aktivitätskoeffizienten des aktivierten Komplexes.

Zu Nr 23:

Es gibt außer E_a noch andere Größen, die molare Aktivierungsenergie oder ähnlich heißen und deren Bedeutung mit der molekularkinetischen Interpretation der Reaktionsgeschwindigkeit zusammenhängt. Unsere Definition von E_a betrifft nur meßbare Größen und gilt für alle Typen von chemischen Reaktionen. Nur die Größe E_a/L (SI-Einheit J; L Avogadro-Konstante) wird mit Recht einfach Aktivierungsenergie genannt. Die Größe E_a wird genauer als experimentelle molare Aktivierungsenergie oder als molare Arrhenius-Aktivierungsenergie bezeichnet.

Die Formeln unter Nr 23 sind zunächst nur auf ideale Gasgemische und ideal verdünnte Lösungen anwendbar. Bei idealen Gasgemischen entfällt die Abhängigkeit der Größen k' und k'' vom Druck p.

Für Reaktionen in beliebigen Gemischen, bei denen die Gleichungen (1) und (2) gelten, verallgemeinert man die Definitionen der molaren Aktivierungsenergien E'_a und E''_a wie folgt:

$$E'_a = RT^2 (\partial \ln \{\varkappa'\}/\partial T)_p, \quad E''_a = RT^2 (\partial \ln \{\varkappa''\}/\partial T)_p, \quad (3)$$

worin $\{\varkappa\}$ den Zahlenwert von $\varkappa$ in irgendeiner zulässigen Einheit bedeutet. Aus den Gleichungen (2) und (3) ergibt sich mit der unter Nr 19 angegebenen Beziehung:

$$E'_a - E''_a = h_r^\square \quad (4)$$

Die Gleichungen (3) und (4) verallgemeinern die unter Nr 23 angegebenen Beziehungen auf Reaktionen in beliebigen Mischphasen.

Weitere Normen

DIN 1310 Zusammensetzung von Mischphasen (Gasgemische, Lösungen, Mischkristalle); Grundbegriffe

DIN 1345 Thermodynamik; Formelzeichen, Einheiten

DIN 4896 Einfache Elektrolytlösungen; Formelzeichen

DK 62-52/-53 : 003.62 Mai 1993

Leittechnik

Regelungstechnik und Steuerungstechnik

Formelzeichen

DIN 19 221

Control technology; letter symbols

Ersatz für Ausgabe 02.81

Diese Norm stellt die sachlich übereinstimmende Übernahme des Kapitels XI „Automatic control science and technology" der Publikation IEC 27-2A der Internationalen Elektrotechnischen Kommission (IEC), Ausgabe 1975, dar. IEC 27-2A ist die erste Ergänzung der Publikation IEC 27-2 „Letter symbols to be used in electrical technology, part 2: Telecommunications and electronics", Ausgabe 1972.

In den Abschnitten 3 und 4 dieser Norm werden – soweit vorhanden – einheitlich die im deutschen Sprachraum gebräuchlichen Ausweichzeichen verwendet.

IEC 27-2 wurde vom Europäischen Komitee für elektrotechnische Normung (CENELEC) zum Harmonisierungsdokument (HD) 245.2 S1 erklärt.

1 Anwendungsbereich

1.1 Diese Norm legt einen zusammenhängenden Satz von Formelzeichen für wesentliche Größen und die sie darstellenden Signale der Regelungstechnik und Steuerungstechnik fest. Die Signale und Größen können von beliebiger physikalischer Art sein, allein ihre Funktion im Sinne der Regelung und Steuerung charakterisiert sie.

1.2 Die Tabelle der Formelzeichen in Abschnitt 2 wird durch Wirkungspläne für typische Anwendungen in Abschnitt 3 ergänzt. Jedes der Formelzeichen aus Abschnitt 2 kann durch Zeichen und Indizes nach IEC 27-1 ergänzt werden. Abschnitt 4 gibt die Schreibweise für mathematische Konzepte der Regelungstechnik und Steuerungstechnik an.

1.3 Die Benennungen der Größen und Signale, ihre Definitionen, ihre 7stelligen Referenznummern und die Benennungen der Übertragungsglieder basieren auf der gegenwärtigen*) Überarbeitung von Kapitel 351 des IEV (früher Kapitel 37), die 5stelligen Referenznummern beziehen sich auf das mehrsprachige IFAC-Wörterbuch (International Federation of Automatic Control, Multilingual Dictionary, Ausgabe 1967).

*) Das „gegenwärtig" bezieht sich auf die Ausgabe 1975. Inzwischen liegt ein Überarbeitungsentwurf IEC 1/65(IEV 351)(Sec)1267/135 von 10.91 vor.

Fortsetzung Seite 2 bis 4

Deutsche Elektrotechnische Kommission im DIN und VDE (DKE)
Normenausschuß Einheiten und Formelgrößen (AEF) im DIN Deutsches Institut für Normung e.V.

2 Formelzeichen

Nr	Referenznummern Vocabulary No	Benennung Name of quantity	$\perp$	$\top$	Bemerkungen Remarks
1101	351-02-02 (20055)	Eingangsgröße input variable	u		Eingangsvektor $u = (u_1, u_2, \ldots u_p)$ input vector
1102	351-02-06 (21050)	Führungsgröße reference input variable	w		für die Regelungseinrichtung und Steuerungseinrichtung for the controlling system
1103	351-02-07 (20095)	Störgröße disturbance	v	z	
1104	351-02-11 (21055)	Regeldifferenz error signal; error actuating variable	e		$e = w\text{-}x$
1105	351-02-05 (20090)	Stellgröße correcting variable; manipulating variable	m	y	
1106	351-02-04 (20075)	Regelgröße controlled variable	y	x	
1107	(20085)	Aufgabengröße final controlled variable	q	x_A	
1108	351-02-10 (21065)	Rückführgröße feedback or return signal	f	r	
1109	(55035)	Zustandsgröße internal state variable	x_j		mit arabischen Ziffern als Indices für die Komponenten $j = 1, 2, 3, \ldots, n$ with arabic numeral subscripts for components
1110	(50060)	Bildvariable complex (angular) frequency	p, s		$p = \sigma + j\omega = -\delta + j\omega$
1111		diskrete Bildvariable discrete complex frequency	z		in der $\mathfrak{Z}$-Transformation in the Z-transform
1112	351-04-11 (51010)	Übertragungsfunktion transfer function	G, H	F	eine Funktion von p oder s. In der Nachrichtentechnik wird H benutzt. a function of p. In telecommunication, H is used

Bei Mehrgrößensystemen sind die gleichen Formelzeichen für die Vektoren zu verwenden (siehe Nr 1101).
Vorzugszeichen (Chief symbol) $\top$ Ausweichzeichen (Reserve symbol)

ANMERKUNG 1: In den im folgenden dargestellten Wirkungsplänen und Formeln werden einheitlich statt der Hauptzeichen die im deutschen Sprachraum gebräuchlichen Ausweichzeichen verwendet.

ANMERKUNG 2: Die englischen Benennungen wurden aus IEC 27-2A übernommen, sie werden in vielen Fällen in der überarbeiteten Fassung des IEV-Kapitels 351 anders lauten.

3 Wirkungspläne

3.1 Steuerung, offener Wirkungsablauf, Steuerkette

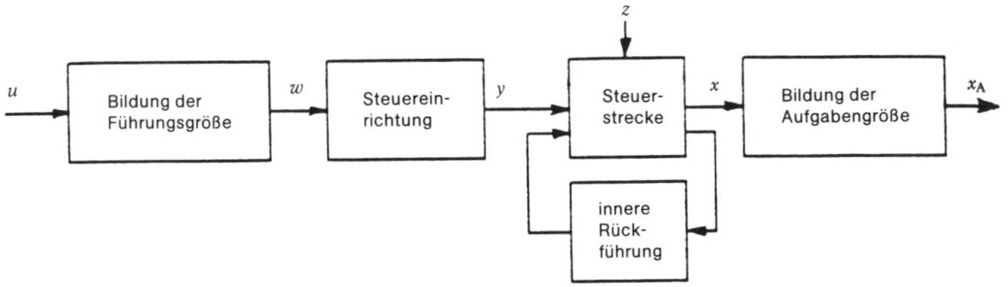

3.2 Regelung, geschlossener Wirkungsablauf, Regelkreis

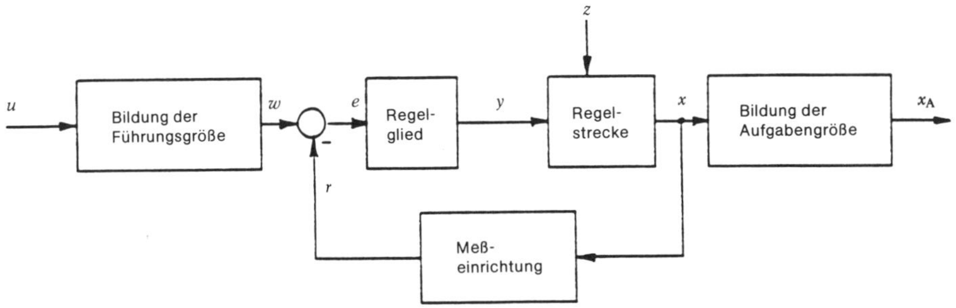

3.3 Systemdarstellung in der Theorie der Zustandsgrößen

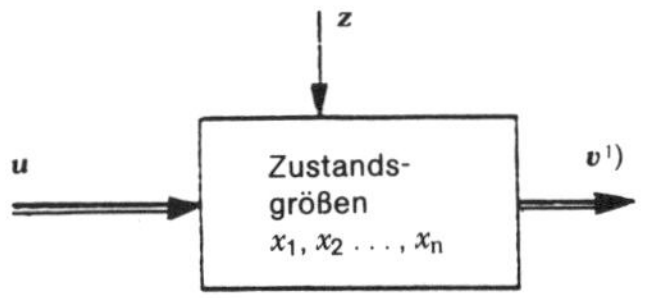

4 Schreibweise einiger mathematischer Darstellungen

4.1 In vielen Fällen kann ein System der Regelungstechnik und Steuerungstechnik nach einem mathematischen Gesetz idealisiert beschrieben werden, das die Ausgangsgröße v[1]) mit der Eingangsgröße u durch die folgende Gleichung verknüpft:

$$v(t) = K_P\,u(t) + K_I \int_0^t u(\tau)\mathrm{d}\tau + K_D\,\mathrm{d}u/\mathrm{d}t \qquad (1)$$

Hierin bedeuten:

K_P Proportionalbeiwert

K_I Integrierbeiwert

K_D Differenzierbeiwert

Die Buchstaben P, I, D als Indizes kennzeichnen drei Hauptarten der dem System eigentümlichen Wirkungen.

4.2 In der Theorie der Zustandsgrößen gelten bei einem linearen System folgende Gleichungen:

$$\mathbf{dx/dt} = \mathbf{A} \cdot \mathbf{x} + \mathbf{B} \cdot \mathbf{u} + \mathbf{E} \cdot \mathbf{z} \qquad (2)$$

$$\mathbf{v} = \mathbf{C} \cdot \mathbf{x} + \mathbf{D} \cdot \mathbf{u} + \mathbf{F} \cdot \mathbf{z} \qquad (3)$$

ANMERKUNG: Vektoren und Matrizen sind durch Fettdruck gekennzeichnet. Die Auswahl der Formelzeichen für die Matrizen ist nicht Gegenstand dieser Norm.

---

[1]) Für die Ausgangsgröße ist kein Formelzeichen festgelegt. Um bei der Verwendung der Ausweichzeichen Widersprüche zu vermeiden, wird für Ausgangsgröße und Ausgangsvektor hier, wie in DIN 19 226 Teil 2 und IEV 351-02-03, das Formelzeichen „v" verwendet.

Zitierte Normen

DIN 19 226 Teil 2	(z. Z. Entwurf) Regelungstechnik und Steuerungstechnik; Begriffe, Übertragungsverhalten dynamischer Systeme
IEC 50(351)(1975)	International Electrotechnical Vocabulary; Automatic control

Weitere Normen

DIN 1304 Teil 1	Formelzeichen; Allgemeine Formelzeichen
DIN 1304 Teil 6	Formelzeichen; Formelzeichen für die elektrische Nachrichtentechnik

Frühere Ausgaben

DIN 19 221: 02.81

Änderungen

Gegenüber der Ausgabe Februar 1981 wurden folgende Änderungen vorgenommen:

a) Sachlich übereinstimmende Übernahme des Kapitel XI der Publikation IEC 27-2A als Harmonisierungsdokument.

b) Titel geändert.

Erläuterungen

Diese Norm wurde erarbeitet vom UK 921.1 „Begriffe der Leittechnik" der Deutschen Elektrotechnischen Kommission im DIN und VDE (DKE) in Abstimmung mit dem GK 112 der DKE und dem AEF.

In DIN 19 226 Teil 2 (Verhalten dynamischer Systeme) wurde für die allgemeine Eingangsgröße das Formelzeichen u und für die allgemeine Ausgangsgröße das Formelzeichen v verwendet, um von x_e und x_a freizukommen. Das Formelzeichen v anstelle von y hat gegenüber der aus dem Angelsächsischen übernommenen Schreibweise den Vorteil, daß Verwechslungen mit dem bei uns seit vielen Jahren weitverbreitet eingeführten Formelzeichen y für die Stellgröße ausgeschlossen sind. Mit den Formelzeichen u und v ist zudem die in DIN 19 226 Teil 2 für das Übertragungsverhalten festgelegte Begriffsbestimmung von Eingangs- und Ausgangsgrößen verbunden. Die Eingangsgrößen sind als vom Übertragungsverhalten unabhängige Größen, die Ausgangsgrößen als allein von den Eingangsgrößen und dem Übertragungsverhalten abhängige Größen festgelegt.

Formelzeichen der Regelungstechnik und Steuerungstechnik waren bisher nicht Gegenstand deutscher Normen; sie dienten nur zur eindeutigen Bezeichnung von Größen, die in den Begriffsbestimmungen vorkommen. Die verwendeten Formelzeichen haben aber wegen ihrer klaren und eindeutigen Zuordnung weiteste Verbreitung gefunden. Die bei der Bearbeitung von Aufgaben der Regelungs- und Steuerungstechnik notwendige Verständigung zwischen den beteiligten Vertretern verschiedener Disziplinen wird durch einheitliche Bezeichnung wesentlicher Größen in Beschreibungen und Wirkungsplänen sehr erleichtert, wenn am Formelzeichen bereits Art und Funktion der mit ihm bezeichneten Größe zu erkennen ist. Ohne Not sollte dies bewährte Prinzip nicht durchbrochen werden wie durch die Benutzung desselben Formelzeichens y für Ausgangsgröße und Stellgröße!

Im internationalen Verkehr hat sich das Auftreten uneinheitlicher Formelzeichen auch in anderen Fällen sehr störend bemerkbar gemacht. Das IEC TC 25 hat sich deswegen im Jahre 1967 der Aufgabe angenommen, Vereinbarungen für einheitliche Formelzeichen zu treffen und hierzu eine Working Group 4 mit Vertretern aus mehreren Ländern, darunter auch Deutschland, gegründet.

Diese Publikation sieht Formelzeichen für 12 wichtige Größen der Regelungs- und Steuerungstechnik vor, die als sogenannte „chief symbols" vorwiegend das angelsächsische System verwenden und bei 6 Größen die davon abweichenden Formelzeichen des Deutschen Systems als sogenannte „reserve symbols" zulassen. Damit sind die Voraussetzungen gegeben, die in Deutschland schon seit langer Zeit gebräuchlichen Formelzeichen auch im internationalen Verkehr weiter zu benutzen, wobei die mit der Publikation IEC 27-2A gegebene Zuordnung Mißverständnisse ausschließt.

Die Verwendung der in dieser Norm aufgeführten Ausweichzeichen bietet außer der Harmonisierung mit IEC noch den Vorteil, daß die allgemeine Ausgangsgröße gegenüber der Regelgröße im Formelzeichen unterschieden ist und mit y als Formelzeichen für Stellgröße das Formelzeichen m für Meßgröße am Beobachter frei bleibt.

Internationale Patentklassifikation

G 09 F 007/00
B 42 D 015/00
G 05 D 029/00

DK 658.562 : 31 : 519.2 : 001.4 Mai 1982

Begriffe der Qualitätssicherung und Statistik
Begriffe der Statistik
Zufallsgrößen und Wahrscheinlichkeitsverteilungen

DIN 55 350 Teil 21

Concepts of quality assurance and statistics; concepts of statistics; random variables and probability distributions

Für die Richtigkeit der fremdsprachigen Benennungen kann das DIN trotz aufgewendeter Sorgfalt keine Gewähr übernehmen.

1 Zweck und Anwendungsbereich

Diese Norm dient wie alle Teile von DIN 55 350 dazu, Benennungen und Definitionen der in der Qualitätssicherung und Statistik verwendeten Begriffe zu vereinheitlichen.

Die Teile von DIN 55 350 sollen nach Möglichkeit alle an der Normung interessierten Anwendungsbereiche berücksichtigen. Sie dürfen deshalb ihre Definitionen nicht so eng fassen, daß sie nur für spezielle Bereiche gelten (Technik, Landwirtschaft, Medizin u. a.).

Die internationale Terminologie wurde berücksichtigt, insbesondere die von der International Organization for Standardization (ISO) herausgegebene Internationale Norm ISO 3534 „Statistics – Vocabulary and Symbols" und das von der European Organization for Quality Control (EOQC) herausgegebene „Glossary of Terms, used in Quality Control".

Die Normen DIN 55 350 Teil 21 bis Teil 24 behandeln die Begriffe der Statistik aus der Sicht der praktischen Anwendung, wobei auf eine strenge mathematische Darstellungsweise im allgemeinen verzichtet wird. In mathematischer Strenge werden die Begriffe und Zeichen der Statistik in DIN 13 303 Teil 1 und Teil 2 *) genormt, und zwar im Teil 1 die Begriffe der Wahrscheinlichkeitstheorie einschließlich der gemeinsamen Grundbegriffe der mathematischen und der beschreibenden Statistik, im Teil 2 *) die Begriffe und Zeichen der mathematischen Statistik.

2 Begriffe

Die in Klammern angegebenen Nummern sind Hinweise auf die Nummern der in dieser Norm enthaltenen Begriffe.

*) Z. Z. Entwurf

Stichwortverzeichnis siehe Originalfassung der Norm

Fortsetzung Seite 2 bis 8

Ausschuß Qualitätssicherung und angewandte Statistik (AQS) im DIN Deutsches Institut für Normung e. V.
Normenausschuß Einheiten und Formelgrößen (AEF) im DIN

Nr	Benennung	Definition
1	**Begriffe zu Zufallsgrößen**	
1.1	Zufallsvariable random variable, variate variable aléatoire	Hier Grundbegriff mit der Bedeutung: Der Wert einer Zufallsvariablen, z. B. ein Merkmalswert, wird bei der einmaligen Durchführung eines Versuchs ermittelt. Anmerkung 1: Mathematische Definition siehe DIN 13303 Teil 1. Anmerkung 2: Je nach Art des Versuchs (Experiment, Beobachtung) sind die möglichen Werte der Zufallsvariablen ein einzelner Wert einer Größe (beim Messen), eine Zahl (beim Zählen), eine Ausprägung (bei der Bestimmung eines qualitativen Merkmals) usw. oder auch Paare, Tripel, Quadrupel, n-Tupel solcher Werte. Anmerkung 3: Eine Zufallsvariable, die nur abzählbar viele (endlich viele oder abzählbar unendlich viele) Werte annehmen kann, heißt „diskrete Zufallsvariable". Eine Zufallsvariable, die überabzählbar viele Werte annehmen kann, heißt „kontinuierliche Zufallsvariable". Ist die Verteilungsfunktion (2.4) einer kontinuierlichen Zufallsvariablen absolut stetig, so heißt die Zufallsvariable „stetige Zufallsvariable".
1.2	Zufallsgröße	Zufallsvariable, deren Werte Werte einer Größe sind. Anmerkung: Die Benennung „Größe" wird hier als Synonym für „quantitatives Merkmal" (siehe DIN 55350 Teil 12) verstanden. Sie schließt also neben dem Begriff der „physikalischen Größe" im Sinne von DIN 1313 einschließlich der Anzahl beispielsweise auch den Geldwert ein.
1.3	Zufallsvektor random vector vecteur aléatoire	Vektor, dessen Komponenten Zufallsgrößen sind. Anmerkung 1: Der Zufallsvektor mit den k Komponenten $X_1, X_2, \ldots, X_k$ heißt diskret, wenn alle Zufallsgrößen $X_1, X_2, \ldots, X_k$ diskrete Zufallsgrößen sind; er heißt stetig, wenn alle Zufallsgrößen $X_1, X_2, \ldots, X_k$ stetige Zufallsgrößen sind. Anmerkung 2: Sind nicht alle Komponenten Zufallsgrößen, so spricht man von einem n-Tupel (Paar, Tripel, ...) von Zufallsvariablen.
1.4	Funktion von Zufallsgrößen [1]) function of variates fonction des variables aléatoires	Zuordnungsanweisung f, die jedem Wertetupel $(x_1, x_2, \ldots, x_k)$ der k Zufallsgrößen $X_1, X_2, \ldots, X_k$ einen Wert y einer Zufallsgröße Y zuordnet. Anmerkung 1: Man schreibt $Y = f(X_1, X_2, \ldots, X_k)$. Anmerkung 2: Die Funktion einer einzigen Zufallsgröße ($k = 1$) wird oft als transformierte Zufallsgröße bezeichnet. Es gibt lineare Transformationen ($Y = aX + b$) und nichtlineare Transformationen (z. B. $Y = aX^2$).
1.4.1	Zentrierte Zufallsgröße centred variate variable aléatoire centrée	Zufallsgröße mit dem Erwartungswert (3.1) Null. Anmerkung 1: Hat eine Zufallsgröße X den Erwartungswert μ, so entsteht die zugehörige zentrierte Zufallsgröße Y durch die lineare Transformation $Y = X - \mu$. Anmerkung 2: Zentrierte Zufallsgrößen heißen in der Technik „Unsymmetriegrößen", wenn ihre Werte die Abweichungen von einer geforderten Symmetrie sind. Anmerkung 3: Falls ein Erwartungswert nicht existiert, werden Zufallsgrößen auch an anderen Lageparametern zentriert, z. B. spricht man von einer an einem Median zentrierten Zufallsgröße.
1.4.2	Standardisierte Zufallsgröße standardized variate variable aléatoire réduite	Zufallsgröße mit dem Erwartungswert (3.1) Null und der Standardabweichung (4.2) Eins. Anmerkung 1: Hat eine Zufallsgröße X den Erwartungswert μ und die Standardabweichung σ, so entsteht die zugehörige standardisierte Zufallsgröße Y durch die lineare Transformation $Y = (X - \mu)/\sigma$. Anmerkung 2: Die Verteilung der standardisierten Zufallsgröße heißt „standardisierte Verteilung". Anmerkung 3: Der Begriff „standardisierte Zufallsgröße" kann verallgemeinert werden im Sinne einer „reduzierten Zufallsgröße". Diese ist definiert durch eine lineare Transformation $(X - a)/b$ mit einem Bezugswert a und einer Maßstabskonstanten b.

[1]) Gilt entsprechend auch für Zufallsvariable.

Nr	Benennung	Definition
2	**Begriffe zu Wahrscheinlichkeitsverteilungen** [2]	
2.1	Wahrscheinlichkeitsverteilung probability distribution distribution des probabilités	Eine Funktion, welche die Wahrscheinlichkeit angibt, mit der eine Zufallsvariable Werte in gegebenen Bereichen annimmt. Anmerkung 1: Die Wahrscheinlichkeit für den Gesamtbereich der Werte der Zufallsvariablen hat den Wert Eins. Anmerkung 2: Wahrscheinlichkeitsverteilungen können auf verschiedene Weise dargestellt werden (2.4, 2.6, 2.7); siehe auch DIN 13303 Teil 1. Anmerkung 3: Handelt es sich bei der Zufallsvariablen um eine einzelne Zufallsgröße, dann spricht man von einer eindimensionalen oder univariaten Wahrscheinlichkeitsverteilung. Handelt es sich um einen Zufallsvektor mit zwei Komponenten, spricht man von einer zweidimensionalen oder bivariaten Wahrscheinlichkeitsverteilung, bei mehr als zwei Komponenten von einer mehrdimensionalen oder multivariaten Wahrscheinlichkeitsverteilung.
2.2	Randverteilung [1] [3] marginal distribution distribution marginale	Wahrscheinlichkeitsverteilung (2.1) einer Teilmenge von $k_1 < k$ Zufallsgrößen zu einer Wahrscheinlichkeitsverteilung von k Zufallsgrößen. Anmerkung 1: Beispielsweise gibt es bei einer Verteilung von 3 Zufallsgrößen X, Y und Z drei Randverteilungen von zwei Zufallsgrößen, nämlich die von (X, Y), (X, Z) und (Y, Z), sowie drei Randverteilungen einer Zufallsgröße, nämlich die von X, Y und Z. Anmerkung 2: Bei einer eindimensionalen Randverteilung wird der Erwartungswert als „Randerwartungswert", die Varianz als „Randvarianz" bezeichnet.
2.3	Bedingte Verteilung [1] [3] conditional distribution distribution conditionelle	Wahrscheinlichkeitsverteilung (2.1) einer Teilmenge von $k_1 < k$ Zufallsgrößen zu einer Wahrscheinlichkeitsverteilung von k Zufallsgrößen bei gegebenen Werten der anderen $k - k_1$ Zufallsgrößen. Anmerkung 1: Beispielsweise gibt es bei einer Verteilung von zwei Zufallsgrößen X und Y bedingte Verteilungen von X und bedingte Verteilungen von Y. Eine durch $Y = y$ bedingte Verteilung von X wird bezeichnet als „Verteilung von X unter der Bedingung $Y = y$", eine durch $X = x$ bedingte Verteilung von Y als „Verteilung von Y unter der Bedingung $X = x$". Anmerkung 2: Bei einer eindimensionalen bedingten Verteilung werden der Erwartungswert als „bedingter Erwartungswert" und die Varianz als „bedingte Varianz" bezeichnet. Anmerkung 3: Weitergehende Definitionen siehe DIN 13303 Teil 1.
2.4	Verteilungsfunktion [1] distribution function fonction de répartition	Funktion, welche für jedes x die Wahrscheinlichkeit angibt, daß die Zufallsgröße X kleiner oder gleich x ist. Anmerkung: Bezeichnung der Verteilungsfunktion: $F(x)$, $G(x)$.
2.5	Quantil quantile quantile	Wert, für den die Verteilungsfunktion (2.4) einen vorgegebenen Wert p annimmt oder bei dem sie von einem Wert unter p auf einen Wert über p springt. Anmerkung 1: Es kann vorkommen, daß die Verteilungsfunktion überall im Bereich zwischen zwei Werten den Wert p annimmt. In diesem Fall kann irgendein Wert x in diesem Bereich als Quantil betrachtet werden. Anmerkung 2: Der Median ist das Quantil für $p = 0{,}5$. Anmerkung 3: Die Quartile sind die Quantile für $p = 0{,}25$ und $p = 0{,}75$. Zusammen mit dem Median unterteilen sie eine Verteilung in 4 gleiche Anteile. Anmerkung 4: Perzentile sind Quantile, bei denen $100 \cdot p$ eine ganze Zahl ist. Anmerkung 5: Quantile werden auch zur Abgrenzung von Zufallsstreubereichen verwendet. Anmerkung 6: Ein Quantil zum vorgegebenen Wert p wird auch als „p-Quantil" bezeichnet. Anmerkung 7: Früher auch „Fraktil".

[1] Siehe Seite 2
[2] Falls Verwechslungsgefahr besteht, ist der Begriffsbenennung dieser Norm die Benennung der Zufallsgröße hinzuzufügen (Beispiel siehe Fußnote 3).
[3] Zu dieser Begriffsbenennung existiert eine entsprechende Begriffsbenennung in DIN 55350 Teil 23 über die Begriffe der beschreibenden Statistik. Wenn Verwechslungsgefahr besteht, ist der Begriffsbenennung dieser Norm „der Wahrscheinlichkeitsverteilung" oder „theoretisch" hinzuzufügen. Beispielsweise heißt es dann „Varianz der Wahrscheinlichkeitsverteilung des Durchmessers" oder „theoretische Varianz des Durchmessers" (siehe Erläuterungen).

Nr	Benennung	Definition
2.6	Wahrscheinlichkeitsdichte probability density densité de probabilité	Erste Ableitung der Verteilungsfunktion (2.4), falls sie existiert. Anmerkung 1: Bezeichnung der Wahrscheinlichkeitsdichte: $f(x)$, $g(x)$ $f(x) = \frac{\mathrm{d}F(x)}{\mathrm{d}x}$ Anmerkung 2: Die Bezeichnung der graphischen Darstellung einer Wahrscheinlichkeitsdichte als „Wahrscheinlichkeitsverteilung" wird nicht empfohlen.
2.7	Wahrscheinlichkeitsfunktion [1]) probability function fonction de probabilité	Funktion, die jedem Wert, den eine diskrete Zufallsgröße annehmen kann, eine Wahrscheinlichkeit zuordnet. Anmerkung: Die graphische Darstellung der Wahrscheinlichkeitsfunktion ist ein Stabdiagramm.
2.8	Parameter parameter parametre	Größe zur Kennzeichnung einer Wahrscheinlichkeitsverteilung (2.1).
2.8.1	Scharparameter	Größe in der Formel der Verteilungsfunktion (2.4), der Wahrscheinlichkeitsdichte (2.6) oder der Wahrscheinlichkeitsfunktion (2.7). Anmerkung: Ein Scharparameter kann gleichzeitig Funktionalparameter (2.8.2) sein.
2.8.2	Funktionalparameter	Größe, die eine bestimmte Eigenschaft einer Wahrscheinlichkeitsverteilung (2.1) charakterisiert. Anmerkung 1: Insbesondere gibt es Lageparameter (3), Streuungsparameter (4), Formparameter (5) und Parameter des Zusammenhangs von Zufallsgrößen (7.2, 7.3). Anmerkung 2: Ein Funktionalparameter kann gleichzeitig Scharparameter (2.8.1) sein.
3	**Lageparameter** [2])	
3.1	Erwartungswert expectation espérance mathématique	a) Für eine diskrete Zufallsgröße X, die die Werte x_i mit den Wahrscheinlichkeiten p_i annimmt, ist der Erwartungswert durch $E(X) = \sum x_i \cdot p_i$ definiert, wobei die Summierung über alle x_i zu erstrecken ist, die von X angenommen werden können. b) Für eine stetige Zufallsgröße X mit der Wahrscheinlichkeitsdichte $f(x)$ ist der Erwartungswert durch $E(X) = \int x f(x)\,\mathrm{d}x$ definiert, wobei die Integration über den Gesamtbereich der Werte von X zu erstrecken ist. Anmerkung 1: Anstelle der Bezeichnung $E(X)$ wird auch μ benutzt. Anmerkung 2: Früher auch „Mittelwert (der Grundgesamtheit)".
3.2	Median [3]) median mediane	Das Quantil (2.5) für $p = 0{,}5$. Anmerkung: Früher auch „Zentralwert".
3.3	Modalwert [3]) mode mode	Wert(e) einer Zufallsgröße, der (die) beim Maximum der Wahrscheinlichkeitsdichte einer stetigen Zufallsgröße oder beim Maximum der Wahrscheinlichkeitsfunktion einer diskreten Zufallsgröße liegt (liegen). Anmerkung 1: Tritt nur ein einziger Modalwert in der Wahrscheinlichkeitsverteilung auf, spricht man von einer „unimodalen" („eingipfligen") Verteilung, andernfalls von einer „multimodalen" („mehrgipfligen") Verteilung. „Bimodal" („zweigipflig") heißt die Wahrscheinlichkeitsverteilung, falls sie zwei Modalwerte besitzt. Anmerkung 2: Den Modalwert einer unimodalen Verteilung bezeichnet man auch als „häufigster Wert".

[1]) Siehe Seite 2

[2]) und [3]) siehe Seite 3

Nr	Benennung	Definition
4 Streuungsparameter 2)		
4.1	Varianz 3) variance variance	Erwartungswert (3.1) des Quadrats der zentrierten Zufallsgröße (1.4.1). Anmerkung 1: Bezeichnung der Varianz: $V(X)$, Var (X) oder σ^2. Anmerkung 2: a) Für eine diskrete Zufallsgröße X, die die Werte x_i mit den Wahrscheinlichkeiten p_i annimmt und den Erwartungswert μ hat, gilt $V(X) = E\,[(X-\mu)^2] = \sum (x_i - \mu)^2\, p_i$, wobei die Summierung über alle x_i zu erstrecken ist, die von X angenommen werden können. b) Für eine stetige Zufallsgröße X mit der Wahrscheinlichkeitsdichte $f(x)$ und dem Erwartungswert μ gilt $V(X) = E\,[(X-\mu)^2] = \int (x-\mu)^2 f(x)\,\mathrm{d}x$, wobei die Integration über den Gesamtbereich der Werte von X zu erstrecken ist.
4.2	Standardabweichung 3) standard deviation écart-type	Positive Quadratwurzel aus der Varianz. Anmerkung: Die Standardabweichung ist das gebräuchlichste Maß für die Streuung einer Verteilung.
4.3	Variationskoeffizient 3) coefficient of variation coefficient de variation	Verhältnis der Standardabweichung zum Betrag des Erwartungswertes (3.1). Anmerkung 1: Der Variationskoeffizient wird häufig in Prozent ausgedrückt. Anmerkung 2: Ist der Erwartungswert Null, dann ist die Angabe eines Variationskoeffizienten sinnlos. Anmerkung 3: Der Variationskoeffizient wird auch „relative Standardabweichung" genannt. Mit dieser Benennung entfällt allerdings die Möglichkeit, die auf andere Bezugsgrößen, beispielsweise die auf einen vorgegebenen Wert oder Bereich bezogene Standardabweichung ebenfalls als „relative Standardabweichung" zu bezeichnen.
5 Formparameter 2)		
5.1	Schiefe 3) skewness dissymétrie	Erwartungswert (3.1) der dritten Potenz der standardisierten Zufallsgröße (1.4.2): $E\left[\left(\frac{X-\mu}{\sigma}\right)^3\right]$
5.2	Kurtosis 3) kurtosis curtosis	Erwartungswert (3.1) der vierten Potenz der standardisierten Zufallsgröße (1.4.2): $E\left[\left(\frac{X-\mu}{\sigma}\right)^4\right]$ Anmerkung: Die Wölbung einer vorliegenden Verteilung wird durch Vergleich ihrer Kurtosis mit der Kurtosis einer Normalverteilung beurteilt. Die Kurtosis der Normalverteilung hat den Zahlenwert 3.
5.3	Exzeß 3) excess excès	Kurtosis (5.2) minus drei.
6 Momente 2)		
6.1	Moment 3) 4) der Ordnung q moment of order q moment d'ordre q	Erwartungswert (3.1) der q-ten Potenz der Zufallsgröße X: $E\,(X^q)$ Anmerkung: Das Moment der Ordnung 1 ist der Erwartungswert (3.1).

2) und 3) siehe Seite 3

4) Werden in den Definitionen der Momente die Zufallsgrößen X, Y, $(X-a)$, $(Y-b)$, $[X-E(X)]$, $[Y-E(Y)]$ durch ihre Beträge $|X|$, $|Y|$, $|X-a|$, $|Y-b|$, $|X-E(X)|$, $|Y-E(Y)|$ ersetzt, dann sind dadurch die entsprechenden Betragsmomente (in der mathematischen Statistik auch „absolute Momente" genannt) definiert. Das Betragsmoment ist im allgemeinen vom Absolutwert des entsprechenden Momentes verschieden.

Nr	Benennung	Definition
6.2	Moment [3] [4] der Ordnung q bezüglich a moment of order q about an origin a moment d'ordre q par rapport à une origine a	Erwartungswert (3.1) der q-ten Potenz der Zufallsgröße $(X-a)$: $E\,[(X-a)^q]$.
6.3	Zentrales Moment [3] [4] der Ordnung q central moment of order q moment centré d'ordre q	Erwartungswert (3.1) der q-ten Potenz der zentrierten Zufallsgröße (1.4.1): $E\,[(X-\mu)^q]$. Anmerkung: Das zentrale Moment der Ordnung 2 ist die Varianz (4.1).
6.4	Moment [3] [4] der Ordnungen q_1 und q_2 joint moment of orders q_1 and q_2 moment d'ordres q_1 et q_2	Erwartungswert (3.1) des Produkts aus der q_1-ten Potenz der einen Zufallsgröße X und der q_2-ten Potenz der anderen Zufallsgröße Y: $E\,[X^{q_1}\,Y^{q_2}]$. Anmerkung: Das Moment der Ordnungen 1 und 0 ist der Erwartungswert der Randverteilung von X, das Moment der Ordnungen 0 und 1 der Erwartungswert der Randverteilung von Y.
6.5	Moment [3] [4] der Ordnungen q_1 und q_2 bezüglich a, b joint moment of orders q_1 and q_2 about an origin a, b moment d'ordres q_1 et q_2 par rapport à une origine a, b	Erwartungswert (3.1) des Produkts aus der q_1-ten Potenz der Zufallsgröße $(X-a)$ und der q_2-ten Potenz der Zufallsgröße $(Y-b)$: $E\,[(X-a)^{q_1}\cdot(Y-b)^{q_2}]$
6.6	Zentrales Moment [3] [4] der Ordnungen q_1 und q_2 joint central moment of orders q_1 and q_2 moment centré d'ordres q_1 et q_2	Erwartungswert (3.1) des Produkts aus der q_1-ten Potenz der zentrierten Zufallsgröße $[X-E(X)]$ mit der q_2-ten Potenz der zentrierten Zufallsgröße $[Y-E(Y)]$: $E\,([X-E(X)]^{q_1}\cdot[Y-E(Y)]^{q_2})$ Anmerkung: Das zentrale Moment der Ordnungen 2 und 0 ist die Varianz der Randverteilung von X, das zentrale Moment der Ordnungen 0 und 2 die Varianz der Randverteilung von Y. Das zentrale Moment der Ordnungen 1 und 1 ist die Kovarianz (7.2).
7	**Begriffe der Korrelation und Regression** [2]	
7.1	Korrelation [1] [3] correlation corrélation	Allgemeine Bezeichnung für den stochastischen Zusammenhang zwischen zwei oder mehreren Zufallsgrößen. Anmerkung: Im engeren Sinn wird mit „Korrelation" der lineare stochastische Zusammenhang bezeichnet.
7.2	Kovarianz [3] covariance covariance	Zentrales Moment der Ordnungen 1 und 1 (6.6) der beiden Zufallsgrößen X und Y $E\,([X-E(X)]\cdot[Y-E(Y)])$.
7.3	Korrelationskoeffizient [3] coefficient of corrèlation coefficient de corrélation	Quotient aus der Kovarianz (7.2) zweier Zufallsgrößen und dem Produkt ihrer Standardabweichungen. Anmerkung 1: Bezeichnung des Korrelationskoeffizienten: ϱ. Anmerkung 2: Der Korrelationskoeffizient ist ein Maß für den linearen stochastischen Zusammenhang zweier Zufallsgrößen. Es gilt $-1 \leq \varrho \leq 1$. Für $\varrho = \pm 1$ besteht zwischen den Zufallsgrößen X und Y der lineare Zusammenhang $Y = aX + b$ mit $a < 0$ für $\varrho = -1$ und $a > 0$ für $\varrho = 1$. Falls X und Y unabhängig sind (vgl. DIN 13303 Teil 1), gilt $\varrho = 0$; die Umkehrung gilt nicht. Falls $\varrho = 0$ ist, bezeichnet man X und Y als unkorreliert.
7.4	Regressionsfunktion regression equation équitation de regression	Funktion, die – den Erwartungswert (3.1) einer Zufallsgröße in Abhängigkeit vom Wert einer anderen oder den Werten mehrerer anderer nichtzufälligen Größen oder – den bedingten Erwartungswert (2.3, Anmerkung 2) einer Zufallsgröße in Abhängigkeit vom Wert einer anderen oder von den Werten mehrerer anderer Zufallsgrößen bestimmt.

[1] Siehe Seite 2 [2] Siehe Seite 3 [3] Siehe Seite 3 [4] Siehe Seite 5

Nr	Benennung	Definition
7.4.1	Regressionskurve [3]) regression curve courbe de régression	Kurve, die – den Erwartungswert (3.1) einer Zufallsgröße Y in Abhängigkeit von den Werten x einer nichtzufälligen Größe oder – den bedingten Erwartungswert (2.3, Anmerkung 2) einer Zufallsgröße Y in Abhängigkeit von den Werten x einer Zufallsgröße X darstellt. Anmerkung: Wenn die Regressionskurve eine Gerade ist, spricht man von „linearer Regression". In diesem Fall ist der „lineare Regressionskoeffizient von Y bezüglich x" der Koeffizient von x (Steigung) in der Gleichung der Regressionsgeraden.
7.4.2	Regressionsfläche [3]) regression surface surface de régression	Fläche, die – den Erwartungswert (3.1) einer Zufallsgröße Z in Abhängigkeit von den Werten x und y von zwei nichtzufälligen Größen oder – den bedingten Erwartungswert (2.3, Anmerkung 2) einer Zufallsgröße Z in Abhängigkeit von den Werten x und y von zwei Zufallsgrößen X und Y darstellt. Anmerkung 1: Wenn die Regressionsfläche eine Ebene ist, spricht man von „linearer Regression". In diesem Fall ist der „partielle Regressionskoeffizient von Z bezüglich x" der Koeffizient von x in der Gleichung der Regressionsebene. Entsprechendes gilt für Z bezüglich y. Anmerkung 2: Die Definition kann auf mehr als drei Zufallsgrößen ausgedehnt werden.

[3]) Siehe Seite 3

Zitierte Normen und andere Unterlagen

DIN 1313	Physikalische Größen und Gleichungen; Begriffe, Schreibweisen
DIN 13303 Teil 1	Stochastik; Wahrscheinlichkeitstheorie; Gemeinsame Grundbegriffe der mathematischen und der beschreibenden Statistik; Begriffe und Zeichen
DIN 13303 Teil 2	(z. Z. Entwurf) Stochastik; Mathematische Statistik; Begriffe und Zeichen
DIN 55350 Teil 11	Begriffe der Qualitätssicherung und Statistik; Begriffe der Qualitätssicherung; Grundbegriffe
DIN 55350 Teil 12	Begriffe der Qualitätssicherung und Statistik; Begriffe der Qualitätssicherung; Merkmalsbezogene Begriffe
DIN 55350 Teil 13	Begriffe der Qualitätssicherung und Statistik; Begriffe der Qualitätssicherung; Genauigkeitsbegriffe
DIN 55350 Teil 14	(z. Z. Entwurf) Begriffe der Qualitätssicherung und Statistik; Begriffe der Qualitätssicherung; Begriffe der Probenahme
DIN 55350 Teil 22	Begriffe der Qualitätssicherung und Statistik; Begriffe der Statistik; Spezielle Wahrscheinlichkeitsverteilungen
DIN 55350 Teil 23	Begriffe der Qualitätssicherung und Statistik; Begriffe der Statistik; Beschreibende Statistik
DIN 55350 Teil 24	Begriffe der Qualitätssicherung und Statistik; Begriffe der Statistik; Schließende Statistik
ISO 3534	Statistics – Vocabulary and Symbols

Glossary of Terms, used in Quality Control, European Organization for Quality Control – EOQC
(Bezugsnachweis: Deutsche Gesellschaft für Qualität, Kurhessenstraße 95, 6000 Frankfurt 50)

Erläuterungen

Die folgenden Begriffsbenennungen werden sowohl in der vorliegenden Norm als auch in DIN 55350 Teil 23 benutzt:

Benennung	DIN 55350 Teil 21 Nr	DIN 55350 Teil 23 Nr
Randverteilung	2.2	2.14
bedingte Verteilung	2.3	2.15
Median	3.2	4.3
Modalwert	3.3	4.5
Varianz	4.1	5.3
Standardabweichung	4.2	5.4
Variationskoeffizient	4.3	5.5
Schiefe	5.1	6.1
Kurtosis	5.2	6.2
Moment der Ordnung q	6.1	7.1
Moment der Ordnung q bezüglich a	6.2	7.2
Zentrales Moment der Ordnung q	6.3	7.3
Moment der Ordnungen q_1 und q_2	6.4	7.4
Moment der Ordnungen q_1 und q_2 bezüglich a, b	6.5	7.5
Zentrales Moment der Ordnungen q_1 und q_2	6.6	7.6
Korrelation	7.1	(8)
Kovarianz	7.2	8.1
Korrelationskoeffizient	7.3	8.2
Regressionskurve	7.4.1	8.3
Regressionsfläche	7.4.2	8.4

Wie in entsprechenden Fußnoten ausgeführt, ist, wenn Verwechslungsgefahr besteht, ein Zusatz anzubringen:

– Im Fall der Begriffe zu Zufallsgrößen und Wahrscheinlichkeiten (DIN 55350 Teil 21) ist der jeweiligen Begriffsbenennung der Zusatz „der Wahrscheinlichkeitsverteilung“ oder „theoretisch“ hinzuzufügen, z. B. „Varianz der Wahrscheinlichkeitsverteilung des Durchmessers“ oder „theoretische Varianz des Durchmessers“.

– Im Fall der Begriffe der beschreibenden Statistik (DIN 55350 Teil 23) ist der jeweiligen Begriffsbenennung der Zusatz „Stichprobe“ oder „empirisch“ hinzuzufügen, z. B. „Varianz der Stichprobe des Durchmessers“ oder „empirische Varianz des Durchmessers“.

DK 658.562 : 519.2 : 001.4 Februar 1987

Begriffe der Qualitätssicherung und Statistik

Begriffe der Statistik
Spezielle Wahrscheinlichkeitsverteilungen

DIN 55 350 Teil 22

Concepts of quality assurance and statistics; concepts of statistics; special probability distributions

Ersatz für Ausgabe 05.82

Für die Richtigkeit der fremdsprachigen Benennungen kann das DIN trotz aufgewendeter Sorgfalt keine Gewähr übernehmen.

1 Zweck und Anwendungsbereich

Diese Norm dient wie alle Teile von DIN 55 350 dazu, Benennungen und Definitionen der in der Qualitätssicherung und Statistik verwendeten Begriffe zu vereinheitlichen.

Die Teile von DIN 55 350 sollen nach Möglichkeit alle an der Normung interessierten Anwendungsbereiche berücksichtigen. Sie dürfen deshalb ihre Definitionen nicht so eng fassen, daß sie nur für spezielle Bereiche gelten (Technik, Landwirtschaft, Medizin u. a.). Die internationale Terminologie wurde berücksichtigt, insbesondere die von der International Organization for Standardization (ISO) herausgegebene Internationale Norm ISO 3534 „Statistics – Vocabulary and Symbols" und das von der European Organization for Quality Control (EOQC) herausgegebene „Glossary of Terms, used in Quality Control".

Die Normen DIN 55 350 Teil 21 bis Teil 24 behandeln die Begriffe der Statistik aus der Sicht der praktischen Anwendung, wobei auf eine strenge mathematische Darstellungsweise im allgemeinen verzichtet wird. In mathematischer Strenge werden die Begriffe und Zeichen der Statistik in DIN 13 303 Teil 1 und Teil 2 genormt, und zwar im Teil 1 die Begriffe der Wahrscheinlichkeitstheorie einschließlich der gemeinsamen Grundbegriffe der mathematischen und der beschreibenden Statistik, im Teil 2 die Begriffe und Zeichen der mathematischen Statistik.

2 Begriffe

Die in Klammern angegebenen Nummern sind Hinweise auf die Nummern der in dieser Norm enthaltenen Begriffe.

Zu den benutzten Grundbegriffen siehe auch DIN 55 350 Teil 21.

---

*) Z. Z. Entwurf

Stichwortverzeichnis, Zitierte Normen und andere Unterlagen, Frühere Ausgaben, Änderungen sowie Internationale Patentklassifikation siehe Originalfassung der Norm

Fortsetzung Seite 2 bis 7

Ausschuß Qualitätssicherung und angewandte Statistik (AQS) im DIN Deutsches Institut für Normung e. V.
Normenausschuß Einheiten und Formelgrößen (AEF) im DIN

Nr	Benennung	Definition
1 Eindimensionale stetige Wahrscheinlichkeitsverteilungen		
1.1	Normalverteilung normal distribution distribution normale	Wahrscheinlichkeitsverteilung einer stetigen Zufallsgröße X mit der Wahrscheinlichkeitsdichte $g(x) = g(x; \mu, \sigma^2) = \frac{1}{\sigma\sqrt{2\pi}} \exp\left[-\frac{1}{2}\left(\frac{x-\mu}{\sigma}\right)^2\right]; \quad -\infty < x < \infty.$ Parameter: μ, $\sigma > 0$. Anmerkung 1: μ ist der Erwartungswert und σ die Standardabweichung der Normalverteilung. Anmerkung 2: Auch „Gauß-Verteilung".
1.1.1	Standardisierte Normalverteilung standardized normal distribution distribution normale réduite	Wahrscheinlichkeitsverteilung einer stetigen Zufallsgröße U mit der Wahrscheinlichkeitsdichte $\varphi(u) = \frac{1}{\sqrt{2\pi}} \exp\left(-\frac{u^2}{2}\right); \quad -\infty < u < \infty.$ Anmerkung 1: Die standardisiert normalverteilte Zufallsgröße zu einer normalverteilten Zufallsgröße X mit den Parametern μ und σ ist $U = \frac{X-\mu}{\sigma}.$ Anmerkung 2: Die Verteilungsfunktion der standardisierten Normalverteilung wird mit $\Phi(u)$ bezeichnet.
1.2	χ^2-Verteilung[2] (Chiquadrat-Verteilung) chi-squared distribution distribution de χ^2	Wahrscheinlichkeitsverteilung der Summe der Quadrate von f unabhängigen [1]) standardisiert normalverteilten Zufallsgrößen mit der Wahrscheinlichkeitsdichte $g(\chi^2) = g(\chi^2; f) = K(f)\,(\chi^2)^{\frac{f}{2}-1} \exp\left(-\frac{\chi^2}{2}\right); \quad \chi^2 \geq 0$ mit $K(f) = \frac{1}{2^{f/2}\,\Gamma(f/2)}$ Parameter: $f = 1, 2, 3, \ldots$ Anmerkung 1: Die Anzahl f dieser Zufallsgrößen ist die Zahl der Freiheitsgrade der χ^2-verteilten Zufallsgröße. $\chi^2 = \chi_f^2 = \sum_{i=1}^{f} U_i^2.$ Anmerkung 2: Γ ist die vollständige Gammafunktion (1.7). Anmerkung 3: Die Zufallsgröße $\chi^2/2$ ist gammaverteilt (1.7) mit dem Parameter $m = f/2$. Anmerkung 4: Für $f = 1$ ergibt sich die Verteilung des Quadrats einer standardisiert normalverteilten Zufallsgröße (1.1.1).
1.3	t-Verteilung[2] t-distribution distribution de t	Wahrscheinlichkeitsverteilung des Quotienten zweier unabhängiger[1]) Zufallsgrößen, wobei die Zählergröße eine standardisiert normalverteilte Zufallsgröße und die Nennergröße die positive Wurzel aus dem Quotienten einer χ^2-verteilten Zufallsgröße und ihrer Zahl f von Freiheitsgraden ist, mit der Wahrscheinlichkeitsdichte $g(t) = g(t; f) = K(f)\,\frac{1}{(1 + t^2/f)^{(f+1)/2}}; \quad -\infty < t < \infty$ mit $K(f) = \frac{1}{\sqrt{\pi f}}\,\frac{\Gamma[(f+1)/2]}{\Gamma(f/2)}$ Parameter: $f = 1, 2, 3, \ldots$

[1]) Für den Begriff der stochastischen Unabhängigkeit von Zufallsvariablen siehe DIN 13303 Teil 1, Ausgabe Mai 1982, Nr 4.1.2.2.

[2]) Die in Nr 1.2, 1.3 und 1.4 definierten Verteilungen werden zentrale Verteilungen genannt im Gegensatz zu den entsprechenden nichtzentralen Verteilungen, siehe DIN 13303 Teil 1, Ausgabe Mai 1982, Nr 2.4.4, 2.4.6 und 2.4.8.

Nr	Benennung	Definition
1.3	(Fortsetzung)	Anmerkung 1: Die Zahl der Freiheitsgrade von χ^2 ist die Zahl f der Freiheitsgrade der t-verteilten Zufallsgröße. $$t = t_f = \frac{U}{\sqrt{\chi^2/f}}$$ Anmerkung 2: Γ ist die vollständige Gammafunktion (1.7). Anmerkung 3: Auch „Student-Verteilung". Anmerkung 4: Für $f \to \infty$ geht die t-Verteilung in die standardisierte Normalverteilung (1.1.1) über.
1.4	F-Verteilung [2] F-distribution distribution de F	Wahrscheinlichkeitsverteilung des Quotienten zweier unabhängiger[1] χ^2-verteilter Zufallsgrößen, von denen jede durch ihre Zahl von Freiheitsgraden dividiert ist, mit der Wahrscheinlichkeitsdichte $$g(F) = g(F; f_1, f_2) = K(f_1, f_2)\frac{F^{\frac{f_1-2}{2}}}{(f_1 \cdot F + f_2)^{\frac{f_1+f_2}{2}}}; \quad F \geq 0$$ mit $$K(f_1, f_2) = \frac{\Gamma\left(\frac{f_1+f_2}{2}\right)}{\Gamma\left(\frac{f_1}{2}\right)\Gamma\left(\frac{f_2}{2}\right)} f_1^{f_1/2} f_2^{f_2/2}$$ Parameter: $f_1 = 1, 2, 3, \ldots; f_2 = 1, 2, 3, \ldots$ Anmerkung 1: Die Zahlen der Freiheitsgrade der χ^2-verteilten Zufallsgröße des Zählers f_1 und des Nenners f_2 sind, in dieser Reihenfolge, die Zahlen der Freiheitsgrade der F-verteilten Zufallsgröße $$F = F_{f_1, f_2} = \frac{\chi_1^2/f_1}{\chi_2^2/f_2}.$$ Anmerkung 2: Γ ist die vollständige Gammafunktion (1.7). Anmerkung 3: Auch „Fisher-Verteilung". Anmerkung 4: Für $f_1 = 1, f_2 = f$ ist die F-Verteilung die Verteilung des Quadrats einer t-verteilten Zufallsgröße (1.3). Für $f_1 = f, f_2 \to \infty$ geht die F-Verteilung in die Verteilung von χ^2/f (vgl. 1.2) über.
1.5	Lognormalverteilung log-normal distribution distribution log-normale	Wahrscheinlichkeitsverteilung einer stetigen Zufallsgröße X, die Werte zwischen a und ∞ annehmen kann, mit der Wahrscheinlichkeitsdichte $$g(x) = g(x; a, \mu, \sigma^2) = \frac{1}{(x-a)\,\sigma\sqrt{2\pi}} \exp\left[-\frac{1}{2}\left(\frac{\ln(x-a)-\mu}{\sigma}\right)^2\right]; \quad x \geq a$$ Parameter: $a, \mu, \sigma > 0$. Anmerkung 1: Auch „logarithmische Normalverteilung". Anmerkung 2: μ und σ sind Erwartungswert und Standardabweichung von $\ln(X-a)$. Anmerkung 3: Die Zufallsgröße $\ln(X-a)$ ist normalverteilt (1.1). Anmerkung 4: Anstelle von $\ln = \log_e$ wird oft $\lg = \log_{10}$ benutzt. Dann ist $$g(x) = \frac{0{,}4343}{(x-a)\,\sigma\sqrt{2\pi}} \exp\left[-\frac{1}{2}\left(\frac{\lg(x-a)-\mu}{\sigma}\right)^2\right],$$ wobei μ und σ Erwartungswert und Standardabweichung von $\lg(X-a)$ sind.

[1]) Siehe Seite 2
[2]) Siehe Seite 2

Nr	Benennung	Definition
1.6	Exponentialverteilung exponential distribution distribution exponentielle	Wahrscheinlichkeitsverteilung einer stetigen Zufallsgröße X, die Werte zwischen 0 und ∞ annehmen kann, mit der Wahrscheinlichkeitsdichte $g(x) = g(x; \lambda) = \lambda \mathrm{e}^{-\lambda x}; \quad x \geq 0.$ Parameter: $\lambda > 0$. Anmerkung: Die Wahrscheinlichkeitsverteilung kann verallgemeinert werden, indem $g(x)$ durch $\frac{1}{b} g((x-a)/b)$ (mit $x \geq a$ und $b > 0$) ersetzt wird.
1.7	Gammaverteilung gamma distribution distribution gamma	Wahrscheinlichkeitsverteilung einer stetigen Zufallsgröße X, die Werte zwischen 0 und ∞ annehmen kann, mit der Wahrscheinlichkeitsdichte $g(x) = g(x; m) = \frac{\mathrm{e}^{-x} x^{m-1}}{\Gamma(m)}; \quad x \geq 0.$ Parameter: $m > 0$. Anmerkung 1: $\Gamma(m) = \int_0^\infty \mathrm{e}^{-x} x^{m-1} \, \mathrm{d}x$ ist die vollständige Gammafunktion. Wenn $m > 0$ ganzzahlig ist, gilt $\Gamma(m) = (m-1)!$ Anmerkung 2: m ist ein Formparameter. Anmerkung 3: Für $m = 1$ wird die Gammaverteilung zur Exponentialverteilung (1.6) mit $\lambda = 1$. Anmerkung 4: Ist m ganzzahlig, dann heißt die Verteilung auch Erlang-Verteilung der Ordnung m. Anmerkung 5: Für $m \to \infty$ geht die Gammaverteilung in die Normalverteilung (1.1) über. Anmerkung 6: Ist X gammaverteilt mit $m = \frac{1}{2}, 1, \frac{3}{2}, \ldots$, dann folgt $2X$ der χ^2-Verteilung mit $f = 2m$ Freiheitsgraden. Anmerkung 7: Die Wahrscheinlichkeitsverteilung kann verallgemeinert werden, indem $g(x)$ durch $\frac{1}{b} g((x-a)/b)$ (mit $x \geq a$ und $b > 0$) ersetzt wird.
1.8	Betaverteilung beta distribution distribution beta	Wahrscheinlichkeitsverteilung einer stetigen Zufallsgröße X, die Werte zwischen 0 und 1 annehmen kann, mit der Wahrscheinlichkeitsdichte $g(x) = g(x; m_1, m_2)$ $= \frac{\Gamma(m_1 + m_2)}{\Gamma(m_1)\,\Gamma(m_2)} \cdot x^{m_1 - 1} \cdot (1-x)^{m_2 - 1}; \quad 0 \leq x \leq 1$ Parameter: $m_1 > 0$, $m_2 > 0$. Anmerkung 1: Γ ist die vollständige Gammafunktion (1.7). Anmerkung 2: m_1 und m_2 sind Formparameter. Anmerkung 3: Für $m_1 = m_2 = 1$ wird die Betaverteilung zur Gleichverteilung (1.8.1). Anmerkung 4: Ist X betaverteilt mit $a = \frac{1}{2}, 1, \frac{3}{2}, \ldots; b = \frac{1}{2}, 1, \frac{3}{2}, \ldots$, dann folgt $\frac{X}{1-X} \cdot \frac{b}{a}$ der F-Verteilung mit $f_1 = 2a$ und $f_2 = 2b$ Freiheitsgraden. Anmerkung 5: Die Wahrscheinlichkeitsverteilung kann verallgemeinert werden, indem $g(x)$ durch $\frac{1}{b-a} g((x-a)/(b-a))$ (mit $a \leq x \leq b$) ersetzt wird.
1.8.1	Gleichverteilung uniform distribution distribution uniforme	Wahrscheinlichkeitsverteilung einer stetigen Zufallsgröße X, die Werte zwischen 0 und 1 annehmen kann, mit der Wahrscheinlichkeitsdichte $g(x) = 1; \quad 0 \leq x \leq 1.$ Anmerkung 1: Auch „Rechteckverteilung". Anmerkung 2: Siehe Anmerkung 5 zu 1.8.

Nr	Benennung	Definition
1.9	Gumbel-Verteilung, Extremwertverteilung vom Typ I Gumbel distribution, type I extreme value distribution distribution de Gumbel, distribution des valeurs extrêmes du type I	Wahrscheinlichkeitsverteilung einer stetigen Zufallsgröße X mit der Verteilungsfunktion $G(x) = G(x; a, b) = \exp(-e^{-y})$ und der Wahrscheinlichkeitsdichte $g(x) = g(x; a, b) = \frac{1}{b} e^{-y} \exp(-e^{-y}); \quad -\infty < x < \infty,$ wobei $y = (x - a)/b$ Parameter: a, $b > 0$. Anmerkung 1: Ist X Gumbel-verteilt, dann ist e^{-X} Weibull-verteilt (1.11). Anmerkung 2: Die Benennung „Doppelte Exponentialverteilung" soll nicht verwendet werden.
1.10	Fréchet-Verteilung, Extremwertverteilung vom Typ II Fréchet distribution, type II extreme value distribution distribution de Fréchet, distribution des valeurs extrêmes du type II	Wahrscheinlichkeitsverteilung einer stetigen Zufallsgröße X mit der Verteilungsfunktion $G(x) = G(x; a, b, k) = \exp(-y^{-k})$ und der Wahrscheinlichkeitsdichte $g(x) = g(x; a, b, k) = \frac{k}{b} y^{-k-1} \exp(-y^{-k}); \quad x \geq a,$ wobei $y = (x - a)/b$ Parameter: a, $b > 0$, $k > 0$. Anmerkung: k ist ein Formparameter.
1.11	Weibull-Verteilung, Extremwertverteilung vom Typ III Weibull distribution, type III extreme value distribution distribution de Weibull, distribution des valeurs extrêmes du type III	Wahrscheinlichkeitsverteilung einer stetigen Zufallsgröße X mit der Verteilungsfunktion $G(x) = G(x; a, b, k) = 1 - \exp(-y^{k})$ und der Wahrscheinlichkeitsdichte $g(x) = g(x; a, b, k) = \frac{k}{b} y^{k-1} \exp(-y^{k}); \quad x \geq a,$ wobei $y = (x - a)/b$ Parameter: a, $b > 0$, $k > 0$. Anmerkung 1: k ist ein Formparameter. Anmerkung 2: Für $k = 1$ wird die Weibull-Verteilung zur Exponentialverteilung (1.6). Anmerkung 3: Für $k = 2$ ergibt sich die Rayleigh-Verteilung. Anmerkung 4: Ist X Weibull-verteilt, dann ist $-\ln(X - a)$ Gumbel-verteilt (1.9).
2	**Eindimensionale diskrete Wahrscheinlichkeitsverteilungen**	
2.1	Binomialverteilung binomial distribution distribution binomiale	Wahrscheinlichkeitsverteilung einer diskreten Zufallsgröße X, welche die Werte $x = 0, 1, 2, \ldots, n$ mit den Wahrscheinlichkeiten $P(X = x) = P(X = x; n, p) = \binom{n}{x} p^{x} (1 - p)^{n-x}$ mit $\binom{n}{x} = \frac{n!}{x!\,(n - x)!}$ annimmt. Parameter: $0 < p < 1$; $n = 1, 2, 3, \ldots$ Anmerkung 1: Bei Anwendung in der Stichprobentheorie ist n der Stichprobenumfang, p der Anteil der Merkmalträger in der Grundgesamtheit und x die Anzahl der Merkmalträger in der Stichprobe. Anmerkung 2: Für $n \to \infty$ geht die Binomialverteilung in die Normalverteilung (1.1) über. Näherungsweise gilt für $np\,(1 - p) > 9$ $P(X \leq x) = G(x) \approx \Phi\left(\frac{x + 0{,}5 - np}{\sqrt{np\,(1 - p)}}\right),$ wobei Φ die Verteilungsfunktion der standardisierten Normalverteilung (1.1.1) ist. Anmerkung 3: Für $n \to \infty$, $p \to 0$, $np = \text{konst.} = \mu$ geht die Binomialverteilung in die Poisson-Verteilung (2.3) mit dem Parameter μ über.

Nr	Benennung	Definition
2.2	Negative Binomialverteilung negative binomial distribution distribution binomiale négative	Wahrscheinlichkeitsverteilung einer diskreten Zufallsgröße X, welche die Werte $x = 0, 1, 2, \ldots$ mit den Wahrscheinlichkeiten $P(X = x) = P(X = x; c, p) = \frac{c(c+1)\ldots(c+x-1)}{x!} p^c (1-p)^x$ annimmt. Parameter: $c > 0$, $0 < p < 1$. Anmerkung 1: Die Benennung „negative Binomialverteilung" hat den Grund, daß sich die aufeinanderfolgenden Wahrscheinlichkeiten für $x = 0, 1, 2, \ldots$ durch Entwicklung des Binoms $1 = p^c [1 - (1-p)]^{-c}$ mit negativem Exponenten $-c$ nach positiven ganzzahligen Potenzen von $1 - p$ ergeben. Anmerkung 2: Ist c ganzzahlig, dann heißt die Verteilung auch Pascal-Verteilung, für $c = 1$ geometrische Verteilung. Anmerkung 3: Für $c \to \infty$, $p \to 1$, $c(1-p)/p =$ konst. $= \mu$ geht die negative Binomialverteilung in die Poisson-Verteilung (2.3) mit dem Parameter μ über.
2.3	Poisson-Verteilung Poisson distribution distribution de Poisson	Wahrscheinlichkeitsverteilung einer diskreten Zufallsgröße X, welche die Werte $x = 0, 1, 2, \ldots$ mit den Wahrscheinlichkeiten $P(X = x) = P(X = x; \mu) = \frac{\mu^x}{x!} e^{-\mu}$ annimmt. Parameter: $\mu > 0$. Anmerkung 1: Erwartungswert und Varianz der Poisson-Verteilung sind beide gleich μ. Anmerkung 2: Für $\mu \to \infty$ geht die Poisson-Verteilung in die Normalverteilung (1.1) über. Näherungsweise gilt für $\mu > 9$. $P(X \leq x) = G(x) \approx \Phi\left(\frac{x + 0{,}5 - \mu}{\sqrt{\mu}}\right)$, wobei Φ die Verteilungsfunktion der standardisierten Normalverteilung (1.1.1) ist.
2.4	Hypergeometrische Verteilung hypergeometric distribution distribution hypergéométrique	Wahrscheinlichkeitsverteilung einer diskreten Zufallsgröße X, welche die Werte $x = 0, 1, 2, \ldots$ unter der Voraussetzung, daß drei gegebene ganze Zahlen N, n und d, die positiv oder Null sein können, in allen Feldern der folgenden Tabelle positive ganze Zahlen oder Null ergeben, $\begin{array}{\|c\|c\|c\|} \hline N & d & N-d \\ \hline n & x & n-x \\ \hline N-n & d-x & N-n-d+x \\ \hline \end{array}$ mit den Wahrscheinlichkeiten $P(X = x) = P(X = x; N, n, d) = \frac{\binom{d}{x}\binom{N-d}{n-x}}{\binom{N}{n}} = \frac{n!\,(N-n)!\,d!\,(N-d)!}{N!\,x!\,(n-x)!\,(d-x)!\,(N-n-d+x)!}$ annimmt. Parameter: N, n, d. Anmerkung 1: Bei Anwendung in der Stichprobentheorie ist N der Umfang der Grundgesamtheit, n der Stichprobenumfang, d die Anzahl der Merkmalträger in der Grundgesamtheit und x die Anzahl der Merkmalträger in der Stichprobe. Anmerkung 2: Für $N \to \infty$, $d \to \infty$, $d/N =$ konst. $= p$ geht die hypergeometrische Verteilung in die Binomialverteilung (2.1) mit den Parametern n und p über. Näherungsweise sind die Wahrscheinlichkeitsfunktionen $g(x) = P(X = x)$ der beiden Verteilungen gleich, wenn $n/N < 0{,}1$ ist.

Nr	Benennung	Definition
3	**Mehrdimensionale stetige Wahrscheinlichkeitsverteilungen**	
3.1	Zweidimensionale Normalverteilung bivariate normal distribution distribution normale à deux variables	Wahrscheinlichkeitsverteilung zweier stetiger Zufallsgrößen X und Y mit der Wahrscheinlichkeitsdichte $$g(x,y) = g(x,y;\mu_X,\mu_Y,\sigma_X,\sigma_Y,\varrho) = \frac{1}{2\pi\,\sigma_X\,\sigma_Y\sqrt{1-\varrho^2}}\exp\left\{-\frac{1}{2(1-\varrho^2)}\left[\left(\frac{x-\mu_X}{\sigma_X}\right)^2 - 2\varrho\left(\frac{x-\mu_X}{\sigma_X}\right)\left(\frac{y-\mu_Y}{\sigma_Y}\right)+\left(\frac{y-\mu_Y}{\sigma_Y}\right)^2\right]\right\};$$ $-\infty < x < \infty$; $-\infty < y < \infty$ Parameter: $\mu_X, \mu_Y, \sigma_X > 0, \sigma_Y > 0, -1 \leq \varrho \leq 1$. Anmerkung 1: μ_X und μ_Y sind die Erwartungswerte und σ_X und σ_Y die Standardabweichungen der Randverteilungen von X und Y, die Normalverteilungen sind; ϱ ist der Korrelationskoeffizient von X und Y. Anmerkung 2: Eine Erweiterung auf mehr als zwei Zufallsgrößen ist möglich, siehe dazu DIN 13303 Teil 1, Ausgabe Mai 1982, Nr 2.4.9. Anmerkung 3: Auch „bivariate Normalverteilung".
3.1.1	Standardisierte zweidimensionale Normalverteilung standardised bivariate norma! distribution distribution normale reduite à deux variables	Wahrscheinlichkeitsverteilung eines Paares von standardisiert normalverteilten Zufallsgrößen U und V mit der Wahrscheinlichkeitsdichte $$g(u,v) = g(u,v;\varrho) = \frac{1}{2\pi\sqrt{1-\varrho^2}}\exp\left[-\frac{1}{2(1-\varrho^2)}(u^2 - 2\varrho uv + v^2)\right]$$ $-\infty < u < \infty$; $-\infty < v < \infty$ Parameter: $-1 \leq \varrho \leq 1$. Anmerkung 1: Die standardisierten Zufallsgrößen zu den normalverteilten Zufallsgrößen (X, Y) mit den Parametern (μ_X, σ_X) und (μ_Y, σ_Y) sind $$U = \frac{X-\mu_X}{\sigma_X} \text{ und } V = \frac{Y-\mu_Y}{\sigma_Y}$$ Anmerkung 2: ϱ ist der Korrelationskoeffizient von X und Y und gleichermaßen der Korrelationskoeffizient von U und V. Anmerkung 3: Eine Erweiterung auf mehr als zwei Zufallsgrößen ist möglich, siehe dazu DIN 13303 Teil 1, Ausgabe Mai 1982, Nr 2.4.9.
4	**Mehrdimensionale diskrete Wahrscheinlichkeitsverteilungen**	
4.1	Multinomialverteilung multinomial distribution distribution multinomiale	Wahrscheinlichkeitsverteilung von k diskreten Zufallsgrößen $X_1, X_2, \ldots, X_k$, welche die ganzzahligen Werte $x_1, x_2, \ldots, x_k$, die jeweils zwischen Null und n liegen, unter der Bedingung $x_1 + x_2 + \ldots + x_k = n$ mit der Wahrscheinlichkeit $$P(X_1 = x_1, X_2 = x_2, \ldots, X_k = x_k) = P(X_1 = x_1, X_2 = x_2, \ldots, X_k = x_k; n, p_1, p_2, \ldots, p_k) = \frac{n!}{x_1!\,x_2!\ldots x_k!}\,p_1^{x_1}\,p_2^{x_2}\ldots p_k^{x_k}$$ annehmen. Parameter: $n, p_i \geq 0$ $(i = 1, 2, \ldots, k)$; $\sum_{i=1}^{k} p_i = 1$. Anmerkung: Für $k = 2$ ergibt sich wegen $x_1 + x_2 = n$ und $p_1 + p_2 = 1$ mit den Bezeichnungen $X_1 = X$, $X_2 = n - X$, $x_1 = x$, $x_2 = n - x$, $p_1 = p$, $p_2 = 1 - p$ $$P(X = x) = \frac{n!}{x!\,(n-x)!}\,p^x\,(1-p)^{n-x},$$ also die Binomialverteilung (2.1).

DK 658.562 : 31 : 519.2 : 001.4 April 1983

Begriffe der Qualitätssicherung und Statistik
Begriffe der Statistik
Beschreibende Statistik

DIN 55 350 Teil 23

Concepts of quality assurance and statistics; concepts of statistics; descriptive statistics

Ersatz für Ausgabe 11.82

Für die Richtigkeit der fremdsprachlichen Benennungen kann das DIN trotz aufgewendeter Sorgfalt keine Gewähr übernehmen.

1 Zweck und Anwendungsbereich

Diese Norm dient wie alle Teile von DIN 55 350 dazu, Benennungen und Definitionen der in der Qualitätssicherung und Statistik verwendeten Begriffe zu vereinheitlichen.

Die Teile von DIN 55 350 sollen nach Möglichkeit alle an der Normung interessierten Anwendungsbereiche berücksichtigen. Sie dürfen deshalb ihre Definitionen nicht so eng fassen, daß sie nur für spezielle Bereiche gelten (Technik, Landwirtschaft, Medizin u. a.). Die internationale Terminologie wurde berücksichtigt, insbesondere die von der International Organization for Standardization (ISO) herausgegebene Internationale Norm ISO 3534 „Statistics – Vocabulary and Symbols" und das von der European Organization for Quality Control (EOQC) herausgegebene „Glossary of Terms, used in Quality Control".

Die Normen DIN 55 350 Teil 21 bis Teil 24 behandeln die Begriffe der Statistik aus der Sicht der praktischen Anwendung, wobei auf eine strenge mathematische Darstellungsweise im allgemeinen verzichtet wird. Ergänzend dienen die Normen DIN 13 303 Teil 1 und Teil 2 dazu, die Begriffe und Zeichen der Statistik in mathematischer Strenge zu normen, und zwar im Teil 1 die Begriffe der Wahrscheinlichkeitstheorie einschließlich der gemeinsamen Grundbegriffe der mathematischen und der beschreibenden Statistik, im Teil 2 *) die Begriffe und Zeichen der mathematischen Statistik.

2 Begriffe

Die in Klammern angegebenen Nummern sind Hinweise auf die Nummern der in dieser Norm enthaltenen Begriffe.

Im folgenden wird davon ausgegangen, daß n Beobachtungswerte $x_1, x_2, \ldots, x_n$ eines Merkmals X oder n beobachtete Wertepaare $(x_1, y_1), (x_2, y_2), \ldots, (x_n, y_n)$ zweier Merkmale X und Y oder n beobachtete Wertetripel $(x_1, y_1, z_1), (x_2, y_2, z_2), \ldots, (x_n, y_n, z_n)$ dreier Merkmale X, Y und Z usw. vorliegen.

Stichwortverzeichnis siehe Originalfassung der Norm

Fortsetzung Seite 2 bis 9

Ausschuß Qualitätssicherung und angewandte Statistik (AQS) im DIN Deutsches Institut für Normung e.V.
Normenausschuß Einheiten und Formelgrößen (AEF) im DIN

Nr	Benennung	Definition
1 Klassenbildung, Klassierung		
1.1	Klassenbildung classification classification	Aufteilung des Wertebereiches eines Merkmals in Teilbereiche (Klassen), die einander ausschließen und den Wertebereich vollständig ausfüllen. Anmerkung 1: Auch „Klassifizierung". Anmerkung 2: Bei quantitativen Merkmalen (DIN 55 350 Teil 12) werden in der Regel nur Intervalle als Teilbereiche (Klassen) verwendet. Anmerkung 3: Kann sinngemäß auf mehrere Merkmale erweitert werden.
1.2	Klasse class classe	Bei einer Klassenbildung (1.1) entstehender Teilbereich.
1.3	Klassengrenze class limit limit de classe	Wert der oberen oder der unteren Grenze einer Klasse eines quantitativen Merkmals. Anmerkung: Es ist festzulegen, welche der beiden Klassengrenzen als noch zu der Klasse gehörend anzusehen ist.
1.4	Klassenmitte class midpoint centre de classe	Arithmetischer Mittelwert (4.1) der Klassengrenzen einer Klasse.
1.5	Klassenbreite class width intervalle de classe	Obere Klassengrenze minus untere Klassengrenze. Anmerkung: Auch „Klassenweite".
1.6	Klassierung grouping classement	Einordnung von Beobachtungswerten (DIN 55 350 Teil 12) in die Klassen.
2 Häufigkeit, Häufigkeitsverteilung		
2.1	Absolute Häufigkeit absolute frequency éffectif	Anzahl der Beobachtungswerte (DIN 55 350 Teil 12), die gleich einem vorgegebenen Wert sind oder zu einer Menge von vorgegebenen Werten gehören. Anmerkung 1: Die Menge der vorgegebenen Werte kann beispielsweise eine Klasse (1.2) sein. Anmerkung 2: Bei Klassierung (1.6) auch „Besetzungszahl".
2.2	Absolute Häufigkeitssumme cumulative absolute frequency éffectif cumulée	Anzahl der Beobachtungswerte, die einen vorgegebenen Wert nicht überschreiten. Anmerkung 1: Auch „kumulierte absolute Häufigkeit". Anmerkung 2: Ist der vorgegebene Wert eine Klassengrenze (1.3), auch „Summierte Besetzungszahl".
2.3	Relative Häufigkeit relative frequency fréquence	Absolute Häufigkeit (2.1) dividiert durch die Gesamtzahl der Beobachtungswerte. Anmerkung: Wenn Verwechslung mit der absoluten Häufigkeit ausgeschlossen ist, kurz auch „Häufigkeit".
2.4	Relative Häufigkeitssumme cumulative relative frequency fréquence cumulée	Absolute Häufigkeitssumme (2.2) dividiert durch die Gesamtzahl der Beobachtungswerte. Anmerkung 1: Auch „kumulierte relative Häufigkeit". Anmerkung 2: Wenn Verwechslung mit der absoluten Häufigkeitssumme ausgeschlossen ist, oft auch „Häufigkeitssumme" oder „kumulierte Häufigkeit".
2.5	Häufigkeitsdichte frequency density fréquence densité	Absolute oder relative Häufigkeit dividiert durch die Klassenbreite (1.5). Anmerkung: Korrekt: „mittlere Häufigkeitsdichte".
2.6	Häufigkeitsdichtefunktion frequency density function fonction de fréquence densité	Funktion, die jedem Merkmalswert die Häufigkeitsdichte (2.5) der Klasse zuordnet, zu der er gehört.

Nr	Benennung	Definition
2.7	Empirische Verteilungsfunktion empirical distribution function fonction de distribution empirique	Funktion, die jedem Merkmalswert die relative Häufigkeit (2.3) von Beobachtungswerten zuordnet, die kleiner oder gleich diesem Merkmalswert sind. Anmerkung 1: Die empirische Verteilungsfunktion ordnet jedem Merkmalswert die relative Häufigkeitssumme (2.4) zu. Anmerkung 2: Früher auch „Häufigkeitssummenverteilung".
2.8	Häufigkeitsverteilung frequency distribution distribution de fréquence	Allgemeine Bezeichnung für den Zusammenhang zwischen den Beobachtungswerten und den absoluten oder relativen Häufigkeiten bzw. Häufigkeitssummen ihres Auftretens. Anmerkung 1: Die Häufigkeitsverteilung für ein, zwei oder mehrere Merkmale heißt eindimensionale oder univariate, zweidimensionale oder bivariate oder mehrdimensionale oder multivariate Häufigkeitsverteilung. Anmerkung 2: Siehe Anmerkung zu 4.5.
2.9	Histogramm histogram histogramme	Graphische Darstellung der Häufigkeitsdichtefunktion (2.6). Anmerkung: Im Histogramm sind die Flächen der Rechtecke, die über den Klassen errichtet werden, proportional sowohl den absoluten als auch den relativen Häufigkeiten.
2.10	Stabdiagramm bar diagram diagramme en bâtons	Graphische Darstellung der Häufigkeitsverteilung (2.8) eines diskreten Merkmals, bei der die Länge von senkrechten Strecken, die über den Merkmalswerten errichtet werden, proportional sowohl den absoluten als auch den relativen Häufigkeiten sind.
2.11	Häufigkeitssummenkurve cumulative frequency curve courbe des fréquences cumulées	Graphische Darstellung der empirischen Verteilungsfunktion (2.7).
2.11.1	Häufigkeitssummenpolygon cumulative frequency polygon polygone des fréquences cumulées	Häufigkeitssummenkurve (2.11) klassierter (1.6) Beobachtungswerte. Anmerkung: Das Häufigkeitssummenpolygon ist demnach der Polygonzug, der entsteht, indem für jede Klasse ein Punkt mit der oberen Klassengrenze als Abszisse und der zugeordneten Häufigkeitssumme als Ordinate gezeichnet und die benachbarten Punkte durch Strecken verbunden werden.
2.11.2	Häufigkeitssummentreppe	Häufigkeitssummenkurve (2.11) nichtklassierter Beobachtungswerte. Anmerkung: Es ergibt sich eine treppenartige Darstellung.
2.12	Zweiwegtafel two-way table tableau à double entrée	Numerische Darstellung der Häufigkeitsverteilung von zwei Merkmalen bei Klassenbildung (1.1) oder von zwei diskreten Merkmalen. Anmerkung: Ordnet man den k Klassenmitten x_i; $i = 1, \ldots, k$ des Merkmals X die Zeilen und den l Klassenmitten y_j; $j = 1, \ldots, l$ des Merkmals Y die Spalten der Zweiwegtafel zu, dann bezeichnet n_{ij} die Anzahl der beobachteten Wertepaare in der Klasse mit den Klassenmitten x_i und y_j und es gilt $\sum_{i=1}^{k} \sum_{j=1}^{l} n_{ij} = n$. Bei diskreten Merkmalen X und Y treten an die Stelle der Klassenmitten die Merkmalswerte.

X \ Y	y_1	$y_2 \cdots$	$y_j \cdots$	y_l
x_1	n_{11}	$n_{12} \cdots$	$n_{1j} \cdots$	n_{1l}
x_2	n_{21}	$n_{22} \cdots$	$n_{2j} \cdots$	n_{2l}
.	.	.	.	.
.	.	.	.	.
x_i	n_{i1}	$n_{i2} \cdots$	$n_{ij} \cdots$	n_{il}
.	.	.	.	.
.	.	.	.	.
x_k	n_{k1}	$n_{k2} \cdots$	$n_{kj} \cdots$	n_{kl}

Nr	Benennung	Definition
2.13	Kontingenztafel contingency table tableau de contingence	Zweiwegtafel (2.12) im Fall zweier qualitativer Merkmale (DIN 55350 Teil 12). Anmerkung: Die Benennung Kontingenztafel gilt auch bei mehr als zwei qualitativen Merkmalen.

Nr	Benennung	Definition
2.14	Randverteilung [1]) marginal distribution distribution marginale	Häufigkeitsverteilung (2.8) einer Teilmenge von $k_1 < k$ Merkmalen zu einer (mehrdimensionalen) Häufigkeitsverteilung von k Merkmalen. Anmerkung: Beispielsweise gibt es bei einer zweidimensionalen Häufigkeitsverteilung ($k = 2$) von zwei Merkmalen X und Y die (eindimensionale) Randverteilung von X und die (eindimensionale) Randverteilung von Y. Bei einer dreidimensionalen Häufigkeitsverteilung ($k = 3$) von drei Merkmalen X, Y und Z gibt es drei zweidimensionale Randverteilungen ($k_1 = 2$), nämlich die von (X, Y), (X, Z) und (Y, Z) und drei eindimensionale Randverteilungen ($k_1 = 1$), nämlich die von X, Y und Z.
2.15	Bedingte Verteilung [1]) conditional distribution distribution conditionelle	Häufigkeitsverteilung (2.8) einer Teilmenge von $k_1 < k$ Merkmalen zu einer (mehrdimensionalen) Häufigkeitsverteilung von k Merkmalen bei gegebenen Werten der anderen $k - k_1$ Merkmale. Anmerkung 1: Beispielsweise gibt es bei einer zweidimensionalen Häufigkeitsverteilung ($k = 2$) von zwei Merkmalen X und Y (eindimensionale) bedingte Häufigkeitsverteilungen von X und (eindimensionale) bedingte Häufigkeitsverteilungen von Y. Eine durch $Y = y$ bedingte Häufigkeitsverteilung von X wird bezeichnet als „Häufigkeitsverteilung von X unter der Bedingung $Y = y$", eine durch $X = x$ bedingte Häufigkeitsverteilung von Y als „Häufigkeitsverteilung von Y unter der Bedingung $X = x$". Bei einer dreidimensionalen Häufigkeitsverteilung ($k = 3$) von drei Merkmalen X, Y und Z gibt es zweidimensionale bedingte Häufigkeitsverteilungen ($k_1 = 2$), nämlich von (X, Y) unter der Bedingung $Z = z$, von (X, Z) unter der Bedingung $Y = y$ und von (Y, Z) unter der Bedingung $X = x$, und eindimensionale bedingte Häufigkeitsverteilungen ($k_1 = 1$), nämlich von X unter der Bedingung $(Y = y, Z = z)$, von Y unter der Bedingung $(X = x, Z = z)$ und von Z unter der Bedingung $(X = x, Y = y)$. Anmerkung 2: Ein bedingender Wert kann auch ein Wert sein, der eine Klasse kennzeichnet.
3	**Kenngrößen, Kennwerte und transformierte Beobachtungswerte einer Häufigkeitsverteilung**	
3.1	Kenngröße statistic statistique	Funktion der Beobachtungswerte, die eine Eigenschaft der Häufigkeitsverteilung (2.8) charakterisiert. Anmerkung 1: Insbesondere gibt es Kenngrößen der Lage, der Streuung und der Form von eindimensionalen Häufigkeitsverteilungen und des Zusammenhangs zwischen den Merkmalen mehrdimensionaler Häufigkeitsverteilungen. Anmerkung 2: Eine Kenngröße kann gleichzeitig Schätzfunktion und damit der Kennwert (3.1.1) Schätzwert (DIN 55350 Teil 24) für den entsprechenden Parameter der Wahrscheinlichkeitsverteilung (DIN 55350 Teil 21) sein.
3.1.1	Kennwert	Wert der Kenngröße (3.1). Anmerkung: Entsprechend Anmerkung 1 von 3.1 gibt es Kennwerte der Lage (4), der Streuung (5) und der Form (6) von eindimensionalen Häufigkeitsverteilungen und des Zusammenhangs zwischen den Merkmalen mehrdimensionaler Häufigkeitsverteilungen.
3.2	Ranggröße order statistic statistique d'ordre	Kenngröße (3.1), deren Funktionswerte die Rangwerte (3.2.1) sind. Anmerkung 1: Ein Beispiel für eine Ranggröße ist der Median (4.3). Anmerkung 2: In DIN 13303 Teil 1 wird die Ranggröße Ordnungsstatistik genannt.
3.2.1	Rangwert	Wert einer Ranggröße (3.2) für eine vorgegebene Rangzahl (3.2.2).
3.2.2	Rangzahl rank rang	Nummer eines Beobachtungswertes in der nach aufsteigendem Zahlenwert geordneten Folge von Beobachtungswerten. Anmerkung: In Sonderfällen können die Beobachtungswerte auch nach absteigendem Zahlenwert geordnet werden.
3.3	Zentrierter Beobachtungswert	Beobachtungswert minus arithmetischer Mittelwert (4.1).
3.4	Standardisierter Beobachtungswert	Zentrierter Beobachtungswert (3.3) dividiert durch die Standardabweichung (5.4).

[1]) Zu dieser Begriffsbenennung existiert eine entsprechende Begriffsbenennung in DIN 55350 Teil 21 über die Begriffe zu Zufallsgrößen und Wahrscheinlichkeitsverteilungen. Wenn Verwechslungsgefahr besteht, ist der Begriffsbenennung dieser Norm der Zusatz „Stichprobe" oder „empirisch" hinzuzufügen. Beispielsweise heißt es dann „Varianz der Stichprobe des Durchmessers" oder „empirische Varianz des Durchmessers" (siehe Erläuterungen).

Nr	Benennung	Definition
4	**Kennwerte der Lage einer Häufigkeitsverteilung**	
4.1	Arithmetischer Mittelwert arithmetic mean moyenne arithmétique	Summe der Beobachtungswerte dividiert durch Anzahl der Beobachtungswerte: $\bar{x} = \frac{1}{n} \sum_{i=1}^{n} x_i$ Anmerkung 1: Wenn kein Mißverständnis möglich, auch „Mittelwert". Früher auch „Durchschnitt". Anmerkung 2: Der arithmetische Mittelwert ist das Moment der Ordnung $q = 1$ (7.1).
4.2	Gewichteter Mittelwert (arithmetic) weighted average moyenne (arithmétique) pondérée	Summe der Produkte aus Beobachtungswerten und ihrem Gewicht dividiert durch die Summe der Gewichte, wobei das Gewicht eine jeweils dem Beobachtungswert zugeordnete nicht negative Zahl ist: $\frac{\sum_{i=1}^{n} g_i x_i}{\sum_{i=1}^{n} g_i}$ wobei $g_i \geq 0$ das dem Beobachtungswert x_i zugeordnete Gewicht ist. Anmerkung: Früher auch „gewichteter Durchschnitt".
4.3	Median [1]) median médiane	Unter den n nach aufsteigendem oder absteigendem Zahlenwert geordneten und mit „1" bis „n" numerierten Beobachtungswerten bei ungeradem n der Beobachtungswert mit der Rangzahl $(n + 1)/2$, bei geradem n ein Wert zwischen den Beobachtungswerten mit den Rangzahlen $n/2$ und $(n/2) + 1$. Anmerkung 1: Bei geradem n wird der Median üblicherweise als arithmetischer Mittelwert (4.1) der beiden Beobachtungswerte mit den Rangzahlen (3.2.2) $n/2$ und $(n/2) + 1$ definiert, falls dieser Wert Merkmalswert ist. Anmerkung 2: Früher auch „Zentralwert".
4.4	Geometrischer Mittelwert geometric mean moyenne géométrique	n-te Wurzel aus dem Produkt von n positiven Beobachtungswerten: $\sqrt[n]{x_1 \cdot x_2 \cdot \ldots \cdot x_n}$.
4.5	Modalwert [1]) mode mode	Merkmalswert, zu dem ein Maximum der absoluten (2.1) oder relativen Häufigkeit (2.3) oder der Häufigkeitsdichte (2.5) gehört. Anmerkung: Tritt nur ein einziger Modalwert in der Häufigkeitsverteilung auf, spricht man von einer „unimodalen" („eingipfligen") Verteilung, andernfalls von einer „multimodalen" („mehrgipfligen") Verteilung. „Bimodal" („zweigipflig") heißt die Häufigkeitsverteilung, falls sie zwei Modalwerte besitzt.
4.5.1	Häufigster Wert	Modalwert einer unimodalen Häufigkeitsverteilung.
4.6	Spannenmitte mid-range milieu de l'étendue	Arithmetischer Mittelwert (4.1) aus größtem und kleinstem Beobachtungswert.
5	**Kennwerte der Streuung einer Häufigkeitsverteilung**	
5.1	Spannweite range étendue	Größter minus kleinster Beobachtungswert.
5.2	Mittlerer Abweichungsbetrag mean deviation écart moyen	Arithmetischer Mittelwert (4.1) der Beträge der Abweichungen (DIN 55350 Teil 12) der Beobachtungswerte von einem Bezugswert. Anmerkung 1: Im allgemeinen wird als Bezugswert der arithmetische Mittelwert (4.1) der Beobachtungswerte gewählt, obwohl die mittlere Abweichung dann ihr Minimum annimmt, wenn der Median Bezugswert ist. Anmerkung 2: Der mittlere Abweichungsbetrag ist das Betragsmoment der Ordnung $q = 1$ bezüglich a (7.2) mit a = Bezugswert [2]). Anmerkung 3: Früher mißverständlich „Mittlere Abweichung".

[1]) Siehe Seite 4 [2]) Siehe Seite 6

Nr	Benennung	Definition
5.3	Varianz [1]) variance variance	Summe der quadrierten Abweichungen der Beobachtungswerte von ihrem arithmetischen Mittelwert (4.1) dividiert durch die um 1 verminderte Anzahl der Beobachtungswerte: $s^2 = \frac{1}{n-1} \sum_{i=1}^{n} (x_i - \bar{x})^2$ Anmerkung 1: Falls ein Rechengerät zur Verfügung steht, das mindestens die doppelte Stellenzahl aufweist wie die der Beobachtungswerte, wird für die numerische Berechnung folgende Formel empfohlen: $s^2 = \frac{1}{n-1} \left[\sum_{i=1}^{n} x_i^2 - \frac{1}{n} \left(\sum_{i=1}^{n} x_i \right)^2 \right]$ Anderenfalls ersetze man in der Formel x_i durch $x_i - a$, wobei a so gewählt wird, daß die Differenzen $x_i - a$ möglichst wenige Stellen aufweisen (siehe DIN 55302 Teil 1). Anmerkung 2: Die Varianz ist zu unterscheiden vom zentralen Moment der Ordnung $q = 2$ (7.3).
5.4	Standardabweichung [1]) standard deviation écart-type	Positive Quadratwurzel aus der Varianz (5.3): $s = \sqrt{s^2}$
5.5	Variationskoeffizient [1]) coefficient of variation coéfficient de variation	Standardabweichung (5.4) dividiert durch den Betrag des arithmetischen Mittelwerts (4.1): $v = \frac{s}{\lvert\bar{x}\rvert}$ Anmerkung 1: Der Variationskoeffizient wird häufig in Prozent angegeben. Anmerkung 2: Die Benennung „relative Standardabweichung" sollte vermieden werden.
6	**Kennwerte der Form einer Häufigkeitsverteilung**	
6.1	Schiefe [1]) skewness dissymétrie	Arithmetischer Mittelwert (4.1) der dritten Potenz der standardisierten Beobachtungswerte (3.4): $\frac{1}{n} \sum_{i=1}^{n} \left(\frac{x_i - \bar{x}}{s} \right)^3$
6.2	Kurtosis [1]) kurtosis curtosis	Arithmetischer Mittelwert (4.1) der vierten Potenz der standardisierten Beobachtungswerte (3.4): $\frac{1}{n} \sum_{i=1}^{n} \left(\frac{x_i - \bar{x}}{s} \right)^4$
6.3	Exzeß [1]) excess excès	Kurtosis (6.2) minus drei.
7	**Momente von Häufigkeitsverteilungen**	
7.1	Moment [1]) [2]) der Ordnung q moment of order q about zero moment d'ordre q par rapport à zero	Arithmetischer Mittelwert (4.1) der q-ten Potenz der Beobachtungswerte bei einer eindimensionalen Häufigkeitsverteilung (2.8): $\frac{1}{n} \sum_{i=1}^{n} x_i^q$ Anmerkung: Das Moment der Ordnung $q = 1$ ist der arithmetische Mittelwert (4.1).
7.2	Moment [1]) [2]) der Ordnung q bezüglich a moment of order q about a moment d'ordre q par rapport à l'origine a	Arithmetischer Mittelwert (4.1) der q-ten Potenz der Abweichungen der Beobachtungswerte vom Bezugswert a bei einer eindimensionalen Häufigkeitsverteilung (2.8): $\frac{1}{n} \sum_{i=1}^{n} (x_i - a)^q$

[1]) Siehe Seite 4

[2]) Werden in den Definitionen der Momente die Beobachtungswerte x_i, y_j bzw. die Abweichungen $(x_i - a)$, $(x_i - \bar{x})$, $(y_j - b)$, $(y_j - \bar{y})$ durch ihre Beträge $\lvert x_i\rvert$, $\lvert y_j\rvert$, $\lvert x_i - a\rvert$, $\lvert x_i - \bar{x}\rvert$, $\lvert y_j - b\rvert$, $\lvert y_j - \bar{y}\rvert$ ersetzt, dann sind dadurch die entsprechenden Betragsmomente (in der mathematischen Statistik auch „absolute Momente" genannt) definiert. Das Betragsmoment ist im allgemeinen vom Betrag des entsprechenden Moments (7.1 bis 7.6) verschieden.

Nr	Benennung	Definition
7.3	Zentrales Moment [1] [2] der Ordnung q centred moment of order q moment centré d'ordre q	Arithmetischer Mittelwert (4.1) der q-ten Potenz der zentrierten Beobachtungswerte (3.3) bei einer eindimensionalen Häufigkeitsverteilung (2.8): $\frac{1}{n}\sum_{i=1}^{n}(x_i-\bar{x})^q$ Anmerkung: Das zentrale Moment der Ordnung $q = 1$ ist Null. Das zentrale Moment der Ordnung $q=2$ ist die Varianz (5.3) der Beobachtungswerte multipliziert mit dem Faktor $(n-1)/n$.
7.4	Moment [1] [2] der Ordnungen q_1 und q_2 joint moment of orders q_1 and q_2 moment d'ordres q_1 et q_2	Arithmetischer Mittelwert (4.1) der Produkte der q_1-ten Potenz der Beobachtungswerte des einen Merkmals mit der q_2-ten Potenz der Beobachtungswerte des anderen Merkmals bei einer zweidimensionalen Häufigkeitsverteilung (2.8): $\frac{1}{n}\sum_{i=1}^{n}x_i^{q_1}\,y_i^{q_2}$ Anmerkung: Das Moment der Ordnungen $q_1 = 1$ und $q_2 = 0$ ist der arithmetische Mittelwert der Randverteilung (2.14) des Merkmals X, das Moment der Ordnungen $q_1 = 0$ und $q_2 = 1$ der arithmetische Mittelwert der Randverteilung des Merkmals Y.
7.5	Moment [1] [2] der Ordnungen q_1 und q_2 bezüglich a, b joint moment of orders q_1 and q_2 about a, b moment d'ordres q_1 et q_2 par rapport à l'origine a, b	Arithmetischer Mittelwert (4.1) der Produkte der q_1-ten Potenz der Abweichungen der Beobachtungswerte des einen Merkmals vom Bezugswert a mit der q_2-ten Potenz der Abweichungen der Beobachtungswerte des anderen Merkmals vom Bezugswert b bei einer zweidimensionalen Häufigkeitsverteilung (2.8): $\frac{1}{n}\sum_{i=1}^{n}(x_i-a)^{q_1}(y_i-b)^{q_2}$
7.6	Zentrales Moment [1] [2] der Ordnungen q_1 und q_2 joint centred moment of orders q_1 and q_2 moment centré d'ordres q_1 et q_2	Arithmetischer Mittelwert (4.1) der Produkte der q_1-ten Potenz der zentrierten Beobachtungswerte (3.3) des einen Merkmals und der q_2-ten Potenz der zentrierten Beobachtungswerte des anderen Merkmals bei einer zweidimensionalen Häufigkeitsverteilung (2.8): $\frac{1}{n}\sum_{i=1}^{n}(x_i-\bar{x})^{q_1}(y_i-\bar{y})^{q_2}$ Anmerkung: Das zentrale Moment der Ordnungen $q_1 = 2$ und $q_2 = 0$ ist die Varianz (5.3) der Randverteilung (2.14) des Merkmals X multipliziert mit dem Faktor $(n-1)/n$. Das zentrale Moment der Ordnungen $q_1 = 0$ und $q_2 = 2$ ist die Varianz der Randverteilung des Merkmals Y multipliziert mit dem Faktor $(n-1)/n$. Das zentrale Moment der Ordnungen $q_1=1$ und $q_2=1$ ist die Kovarianz (8.1) multipliziert mit dem Faktor $(n-1)/n$.
8	**Begriffe zur Korrelation und Regression**	
8.1	Kovarianz [1] covariance covariance	Zentrales Moment der Ordnungen $q_1=1$ und $q_2=1$ (7.6) der beiden Merkmale bei einer zweidimensionalen Häufigkeitsverteilung (2.8) multipliziert mit dem Faktor $n/(n-1)$: $s_{xy}=\frac{1}{n-1}\sum_{i=1}^{n}(x_i-\bar{x})\,(y_i-\bar{y})$ $\bar{x}$ Mittelwert des Merkmals X $\bar{y}$ Mittelwert des Merkmals Y
8.2	Korrelationskoeffizient [1] coefficient of correlation coéfficient de corrélation	Kovarianz (8.1) dividiert durch das Produkt der Standardabweichungen (5.4) beider Merkmale: $r=\frac{s_{xy}}{s_x\,s_y}=\frac{\sum_{i=1}^{n}(x_i-\bar{x})\,(y_i-\bar{y})}{\sqrt{\sum_{i=1}^{n}(x_i-\bar{x})^2\,\sum_{i=1}^{n}(y_i-\bar{y})^2}}$ $\bar{x}$ Mittelwert des Merkmals X $\bar{y}$ Mittelwert des Merkmals Y s_x Standardabweichung des Merkmals X s_y Standardabweichung des Merkmals Y s_{xy} Kovarianz (8.1) der Merkmale X und Y Anmerkung: Der Korrelationskoeffizient ist ein Maß für den linearen Zusammenhang zwischen den beiden Merkmalen bei einer zweidimensionalen Häufigkeitsverteilung. Sein Wert liegt zwischen −1 und +1. Ist er einer dieser Grenzen gleich, dann besteht eine lineare Beziehung $Y=aX+b$ zwischen den beiden Merkmalen.

[1]) Siehe Seite 4 [2]) Siehe Seite 6

Nr	Benennung	Definition
8.3	Regressionskurve [1]) regression curve courbe de régression	Im Falle von zwei Merkmalen X und Y die Kurve, die zu jedem Wert x des Merkmals X einen mittleren Wert $y(x)$ des Merkmals Y angibt. Anmerkung: Die Regression wird als linear bezeichnet, wenn die Regressionskurve durch eine Gerade angenähert werden kann. In diesem Fall ist der „lineare Regressionskoeffizient von Y bezüglich x" der Koeffizient von x (Steigung) in der Gleichung $y = y(x)$ der Regressionsgeraden, welche die empirische Regressionskurve annähert.
8.4	Regressionsfläche [1]) regression surface surface de régression	Im Falle von drei Merkmalen X, Y, Z die Fläche, die zu jedem Wertepaar (x, y) der Merkmale X, Y einen mittleren Wert $z(x, y)$ des Merkmals Z angibt. Anmerkung 1: Die Regression wird als linear bezeichnet, wenn die Regressionsfläche durch eine Ebene angenähert werden kann. In diesem Fall ist der „partielle Regressionskoeffizient von Z bezüglich x" der Koeffizient von x in der Gleichung der Regressionsebene, welche die empirische Regressionsfläche annähert; sinngemäß für y. Anmerkung 2: Die Definition kann auf mehr als drei Merkmale ausgedehnt werden.

[1]) Siehe Seite 4

Zitierte Normen und andere Unterlagen

DIN 13303 Teil 1 Stochastik; Wahrscheinlichkeitstheorie; Gemeinsame Grundbegriffe der mathematischen und der beschreibenden Statistik; Begriffe und Zeichen

DIN 13303 Teil 2 Stochastik; Mathematische Statistik; Begriffe und Zeichen

DIN 55302 Teil 1 Statistische Auswertungsverfahren, Häufigkeitsverteilung, Mittelwert und Streuung, Grundbegriffe und allgemeine Rechenverfahren

DIN 55350 Teil 11 Begriffe der Qualitätssicherung und Statistik; Begriffe der Qualitätssicherung; Grundbegriffe

DIN 55350 Teil 12 Begriffe der Qualitätssicherung und Statistik; Begriffe der Qualitätssicherung; Merkmalsbezogene Begriffe

DIN 55350 Teil 13 Begriffe der Qualitätssicherung und Statistik; Begriffe der Qualitätssicherung; Genauigkeitsbegriffe

DIN 55350 Teil 14 (z.Z. Entwurf) Begriffe der Qualitätssicherung und Statistik; Begriffe der Qualitätssicherung; Begriffe der Probenahme

DIN 55350 Teil 21 Begriffe der Qualitätssicherung und Statistik; Begriffe der Statistik; Zufallsgrößen und Wahrscheinlichkeitsverteilungen

DIN 55350 Teil 22 Begriffe der Qualitätssicherung und Statistik; Begriffe der Statistik; Spezielle Wahrscheinlichkeitsverteilungen

DIN 55350 Teil 24 Begriffe der Qualitätssicherung und Statistik; Begriffe der Statistik; Schließende Statistik

ISO 3534 Statistics – Vocabulary and Symbols

Glossary of Terms, used in the Management of Quality, European Organization for Quality Control – EOQC (Bezugsnachweis: Deutsche Gesellschaft für Qualität, Kurhessenstraße 95, 6000 Frankfurt 50)

Frühere Ausgabe

DIN 55350 Teil 23: 11.82

Änderungen

Gegenüber der Ausgabe November 1982 wurden folgende Änderungen vorgenommen:

a) Der Abschnitt 2, zweiter Absatz, wurde ergänzt durch: „oder n beobachtete Wertetripel (x_1, y_1, z_1), (x_2, y_2, z_2), ..., (x_n, y_n, z_n) dreier Merkmale X, Y und Z usw. vorliegen".

b) Der Titel von Abschnitt 8 wurde von „Begriffe zur Korrelation und Regression im Fall von zwei Merkmalen" in „Begriffe zur Korrelation und Regression" geändert.

c) Im Abschnitt 8.2 wurde die Formel korrigiert.

d) Im Abschnitt Erläuterungen wurde in der Tabelle „Exzeß" hinzugefügt.

Erläuterungen

Die folgenden Begriffsbenennungen werden sowohl in DIN 55 350 Teil 21, Ausgabe Mai 1982, als auch in der vorliegenden Norm benutzt:

Benennung	DIN 55 350 Teil 21 Nr	DIN 55 350 Teil 23 Nr
Randverteilung	2.2	2.14
bedingte Verteilung	2.3	2.15
Median	3.2	4.3
Modalwert	3.3	4.5
Varianz	4.1	5.3
Standardabweichung	4.2	5.4
Variationskoeffizient	4.3	5.5
Schiefe	5.1	6.1
Kurtosis	5.2	6.2
Exzeß	5.3	6.3
Moment der Ordnung q	6.1	7.1
Moment der Ordnung q bezüglich a	6.2	7.2
Zentrales Moment der Ordnung q	6.3	7.3
Moment der Ordnungen q_1 und q_2	6.4	7.4
Moment der Ordnungen q_1 und q_2 bezüglich a, b	6.5	7.5
Zentrales Moment der Ordnungen q_1 und q_2	6.6	7.6
Korrelation	7.1	(8)
Kovarianz	7.2	8.1
Korrelationskoeffizient	7.3	8.2
Regressionskurve	7.4.1	8.3
Regressionsfläche	7.4.2	8.4

Wie in den entsprechenden Fußnoten ausgeführt, ist, wenn Verwechslungsgefahr besteht, ein Zusatz anzubringen:

- Im Fall der Begriffe zu Zufallsgrößen und Wahrscheinlichkeiten (DIN 55 350 Teil 21) ist der jeweiligen Begriffsbenennung der Zusatz „der Wahrscheinlichkeitsverteilung" oder „theoretisch" hinzuzufügen, z. B. „Varianz der Wahrscheinlichkeitsverteilung des Durchmessers" oder „theoretische Varianz des Durchmessers".
- Im Fall der Begriffe der beschreibenden Statistik (DIN 55 350 Teil 23) ist der jeweiligen Begriffsbenennung der Zusatz „Stichprobe" oder „empirisch" hinzuzufügen, z. B. „Varianz der Stichprobe des Durchmessers" oder „empirische Varianz des Durchmessers".

DK 658.562 : 31 : 519.2 : 001.4 November 1982

Begriffe der Qualitätssicherung und Statistik
Begriffe der Statistik
Schließende Statistik

DIN 55 350 Teil 24

Concepts of quality assurance and statistics; concepts of statistics; analytical statistics

Für die Richtigkeit der fremdsprachigen Benennungen kann das DIN trotz aufgewendeter Sorgfalt keine Gewähr übernehmen.

1 Zweck und Anwendungsbereich

Diese Norm dient wie alle Teile von DIN 55 350 dazu, Benennungen und Definitionen der in der Qualitätssicherung und Statistik verwendeten Begriffe zu vereinheitlichen.

Die Teile von DIN 55 350 sollen nach Möglichkeit alle an der Normung interessierten Anwendungsbereiche berücksichtigen. Sie dürfen deshalb ihre Definitionen nicht so eng fassen, daß sie nur für spezielle Bereiche gelten (Technik, Landwirtschaft, Medizin u. a.). Die internationale Terminologie wurde berücksichtigt, insbesondere die von der International Organization for Standardization (ISO) herausgegebene Internationale Norm ISO 3534 „Statistics – Vocabulary and Symbols" und das von der European Organization for Quality Control (EOQC) herausgegebene „Glossary of Terms, used in Quality Control".

Die Normen DIN 55 350 Teil 21 bis Teil 24 behandeln die Begriffe der Statistik aus der Sicht der praktischen Anwendung, wobei auf eine strenge mathematische Darstellungsweise im allgemeinen verzichtet wird. In mathematischer Strenge werden die Begriffe und Zeichen der Statistik in DIN 13 303 Teil 1 und Teil 2 genormt, und zwar im Teil 1 die Begriffe der Wahrscheinlichkeitstheorie einschließlich der gemeinsamen Grundbegriffe der mathematischen und der beschreibenden Statistik, im Teil 2 die Begriffe und Zeichen der mathematischen Statistik.

2 Begriffe

Die in Klammern angegebenen Nummern sind Hinweise auf die Nummern der in dieser Norm enthaltenen Begriffe.

Zu den benutzten Grundbegriffen siehe auch DIN 55 350 Teil 21.

Zum Begriff der stochastischen Unabhängigkeit von Zufallsvariablen siehe DIN 13 303 Teil 1.

Im folgenden wird davon ausgegangen, daß als Stichprobenergebnis

a) n Beobachtungswerte $x_1, x_2, \ldots, x_n$ eines Merkmals X als Realisierungen von n unabhängigen identisch verteilten Zufallsvariablen $X_1, X_2, \ldots, X_n$ vorliegen und Aussagen über die Wahrscheinlichkeitsverteilung der X_i gemacht werden sollen oder

b) n beobachtete Wertepaare $(x_1, y_1), (x_2, y_2), \ldots, (x_n, y_n)$ zweier Merkmale X, Y als Realisierungen von n unabhängigen identisch verteilten Zufallsvektoren $(X_1, Y_1), (X_2, Y_2), \ldots, (X_n, Y_n)$ vorliegen und Aussagen über die Wahrscheinlichkeitsverteilung der (X_i, Y_i) gemacht werden sollen; sinngemäß auch für Wertetripel (x_i, y_i, z_i) usw.

Stichwortverzeichnis siehe Originalfassung der Norm Fortsetzung Seite 2 bis 6

Ausschuß Qualitätssicherung und angewandte Statistik (AQS) im DIN Deutsches Institut für Normung e. V.
Normenausschuß Einheiten und Formelgrößen (AEF) im DIN

Nr	Benennung	Definition
1	**Statistische Schätzung**	
1.1	Schätzung estimation estimation	Verfahren, das angewendet wird, um aus Stichprobenergebnissen Schätzwerte oder Schätzbereiche für die Parameter der Wahrscheinlichkeitsverteilung (siehe DIN 55 350 Teil 21) zu bestimmen, die als Modell für die Grundgesamtheit (siehe DIN 55 350 Teil 14, z. Z. Entwurf) gewählt wurde, aus der die Stichprobe stammt. Anmerkung 1: Im weiteren Sinne spricht man auch von der Schätzung von Wahrscheinlichkeiten und Verteilungsfunktionen. Anmerkung 2: Bei der Punktschätzung ist das Schätzergebnis ein Schätzwert (1.2.1), bei der Bereichsschätzung ein Schätzbereich (2.2, 2.3).
1.2	Schätzfunktion estimator estimateur	Kenngröße (siehe DIN 55 350 Teil 23) zur Schätzung (1.1) eines Parameters einer Wahrscheinlichkeitsverteilung.
1.2.1	Schätzwert estimate valeur estimée	Wert der Schätzfunktion.
1.3	Gesamtschätzabweichung total estimation error erreur totale d'éstimation	Schätzwert minus wahrer Wert des geschätzten Parameters. Anmerkung: Die Gesamtschätzabweichung setzt sich zusammen aus der systematischen Abweichung der Schätzfunktion (1.4) und den zufälligen Abweichungen. Einfluß auf die Gesamtschätzabweichung haben – die Stichprobenabweichung (1.3.1), – die Abweichung durch Runden (siehe DIN 1333 Teil 2), – die Abweichung durch Klassierung (siehe DIN 55 350 Teil 23) der Beobachtungswerte und – andere Abweichungen.
1.3.1	Stichprobenabweichung sampling error erreur d'échantillonage	Anteil der Gesamtschätzabweichung, der auf die Zufälligkeit der Stichprobe zurückzuführen ist.
1.4	Systematische Abweichung der Schätzfunktion bias of estimator biais d'un estimateur	Erwartungswert (siehe DIN 55 350 Teil 21) der Schätzfunktion (1.2) minus wahrer Wert des geschätzten Parameters.
1.4.1	Erwartungstreue Schätzfunktion unbiased estimator estimateur sans biais	Schätzfunktion, deren Erwartungswert (siehe DIN 55 350 Teil 21) gleich dem wahren Wert des geschätzten Parameters ist. Anmerkung: Der arithmetische Mittelwert ist eine erwartungstreue Schätzfunktion für den Erwartungswert der Wahrscheinlichkeitsverteilung, die Stichprobenvarianz (siehe DIN 55 350 Teil 23) eine erwartungstreue Schätzfunktion für deren Varianz. Hingegen ist die Stichprobenstandardabweichung keine erwartungstreue Schätzfunktion für die Standardabweichung der Wahrscheinlichkeitsverteilung.
2	**Schätzbereiche**	
2.1	Vertrauensniveau confidence level niveau de confiance	Mindestwert $1-\alpha$ der Wahrscheinlichkeit, der für die Berechnung eines Vertrauensbereichs (2.2) oder eines statistischen Anteilsbereichs (2.3) vorgegeben ist. Anmerkung: Auch „Konfidenzniveau".
2.2	Vertrauensbereich confidence interval intervalle de confiance	Aus Stichprobenergebnissen berechneter Schätzbereich, der den wahren Wert ϑ des zu schätzenden Parameters auf dem vorgegebenen Vertrauensniveau $1-\alpha$ einschließt. Anmerkung 1: Die Grenzen V_1 und V_2 des Vertrauensbereichs sind Funktionen der Beobachtungswerte der Stichprobe, für die $P(V_1 \leq \vartheta \leq V_2) \geq 1-\alpha$ gilt. Sie sind also Zufallsgrößen und weisen daher im allgemeinen für jede Stichprobe andere Werte auf. Die aus einer längeren Folge von Stichproben errechneten Vertrauensbereiche schließen den wahren Wert ϑ mit einer relativen Häufigkeit ein, die annähernd gleich oder größer als $1-\alpha$ ist. Anmerkung 2: Anzugeben ist, welche Wahrscheinlichkeitsverteilung als Modell vorausgesetzt wurde.

Nr	Benennung	Definition
2.2	(Fortsetzung)	Anmerkung 3: Sind beide Grenzen nach Anmerkung 1 als Zufallsgrößen definiert, dann spricht man von einem „zweiseitig abgegrenzten Vertrauensbereich". Ist eine der Grenzen keine Zufallsgröße, sondern stellt sie den kleinst- oder größtmöglichen endlichen oder unendlichen Wert von ϑ dar, dann spricht man von einem „einseitig abgegrenzten Vertrauensbereich". Anmerkung 4: Auch „Konfidenzbereich" oder „Konfidenzintervall".
2.2.1	Vertrauensgrenze confidence limit limite de confiance	Obere oder untere Grenze des Vertrauensbereichs. Anmerkung: Auch „Konfidenzgrenze".
2.3	Statistischer Anteilsbereich statistical tolerance interval intervalle statistique de dispersion	Aus Stichprobenergebnissen berechneter Schätzbereich, der mindestens einen festgelegten Anteil $1-\gamma$ der Wahrscheinlichkeitsverteilung auf dem vorgegebenen Vertrauensniveau $1-\alpha$ einschließt. Anmerkung 1: Die Grenzen A_1 und A_2 des statistischen Anteilsbereichs sind Funktionen der Beobachtungswerte der Stichprobe. Sie sind also Zufallsgrößen und weisen daher im allgemeinen für jede Stichprobe andere Werte auf. Die aus einer längeren Folge von Stichproben errechneten statistischen Anteilsbereiche schließen mit einer relativen Häufigkeit, die annähernd gleich oder größer als $1-\alpha$ ist, Anteile der Grundgesamtheit ein, die den festgelegten Anteil mindestens erreichen, d. h. die relative Häufigkeit von statistischen Anteilsbereichen, für die $P(A_1 \leq X \leq A_2) \geq 1-\gamma$ gilt, ist annähernd gleich oder größer als $1-\alpha$. Anmerkung 2: Anzugeben ist, welche Wahrscheinlichkeitsverteilung als Modell vorausgesetzt wurde. Anmerkung 3: Sind beide Grenzen nach Anmerkung 1 als Zufallsgrößen definiert, dann spricht man von einem „zweiseitig abgegrenzten statistischen Anteilsbereich". Ist eine der beiden Grenzen keine Zufallsgröße, sondern stellt sie den kleinst- oder größtmöglichen endlichen oder unendlichen Wert der betrachteten Zufallsgröße dar, dann spricht man von einem „einseitig abgegrenzten statistischen Anteilsbereich".
2.3.1	Anteilsgrenze statistical tolerance limit limite statistique de dispersion	Obere oder untere Grenze des statistischen Anteilsbereichs.
3 Testverfahren		
3.1	Nullhypothese null hypothesis hypothèse nulle	Aussage, durch die aus einer Menge von zugelassenen Wahrscheinlichkeitsverteilungen eine Teilmenge ausgewählt wird. Anmerkung 1: Bezeichnung H_0. Anmerkung 2: Die Teilmenge wird möglichst so ausgewählt, daß die Aussage nicht mit der zu prüfenden Vermutung vereinbar ist. Einzelheiten dazu in Anmerkung 1 zu 3.5, Beispiele in Anmerkung 3 zu 3.2. Anmerkung 3: Auch kurz „Hypothese" (siehe Anmerkung 4 zu 3.2).
3.2	Alternativhypothese alternative hypothesis hypothèse alternative	Aussage, durch die aus einer Menge von zugelassenen Wahrscheinlichkeitsverteilungen alle diejenigen ausgewählt werden, die nicht zur Nullhypothese gehören. Anmerkung 1: Bezeichnung H_1. Anmerkung 2: Die Alternativhypothese ist demnach eine Aussage, die der Nullhypothese entgegensteht. Einzelheiten dazu in Anmerkung 1 zu 3.5. Anmerkung 3: Beispiele Beispiel 1: Zugelassen sind alle stetigen Wahrscheinlichkeitsverteilungen, bei denen die Zufallsgröße Werte zwischen $-\infty$ und ∞ annehmen kann. Vermutung: Die wahre Wahrscheinlichkeitsverteilung ist keine Normalverteilung. Nullhypothese: Diese Wahrscheinlichkeitsverteilung ist eine Normalverteilung. Alternativhypothese: Diese Wahrscheinlichkeitsverteilung ist keine Normalverteilung. Beispiel 2: Zugelassen sind alle Normalverteilungen. Vermutung: Der Erwartungswert μ der wahren Normalverteilung ist größer als ein vorgegebener Wert μ_0. Nullhypothese H_0: $\mu \leq \mu_0$ Alternativhypothese H_1: $\mu > \mu_0$ Beispiel 3: Zugelassen sind alle Normalverteilungen mit übereinstimmender bekannter Standardabweichung σ. Vermutung: Die wahre

Nr	Benennung	Definition
3.2	(Fortsetzung)	Normalverteilung hat einen mit einem vorgegebenen Wert μ_0 nicht übereinstimmenden Erwartungswert μ. Nullhypothese H$_0$: $\mu = \mu_0$ Alternativhypothese H$_1$: $\mu \neq \mu_0$ Beispiel 4: Zugelassen sind alle zwischen Null und Eins liegenden Anteile p_1 und p_2 fehlerhafter Einheiten in zwei Losen 1 und 2. Vermutung: Die Anteile sind unterschiedlich. Nullhypothese H$_0$: $p_1 = p_2$ Alternativhypothese H$_1$: $p_1 \neq p_2$ Anmerkung 4: Auch kurz „Alternative" (siehe Anmerkung 3 zu 3.1). Früher „Gegenhypothese".
3.3	Einfache Hypothese simple hypothesis hypothèse simple	Null- oder Alternativhypothese, wobei die ausgewählte Teilmenge nur aus einer einzigen Wahrscheinlichkeitsverteilung besteht. Anmerkung: Siehe Anmerkung zu 3.4.
3.4	Zusammengesetzte Hypothese composite hypothesis hypothèse composite	Null- oder Alternativhypothese, wobei die Teilmenge aus mehr als einer Wahrscheinlichkeitsverteilung besteht. Anmerkung: In den Beispielen 3 und 4 von Anmerkung 3 zu 3.2 ist die Nullhypothese eine einfache, die Alternativhypothese eine zusammengesetzte Hypothese. In den Beispielen 1 und 2 von Anmerkung 3 zu 3.2 sind sowohl Null- als auch Alternativhypothese zusammengesetzte Hypothesen.
3.5	Statistischer Test statistical test, significance test test statistique, test de signification	Unter definierten Voraussetzungen geltendes Verfahren, um mit Hilfe von Stichprobenergebnissen zu entscheiden, ob die wahre Wahrscheinlichkeitsverteilung zur Nullhypothese oder zur Alternativhypothese gehört. Anmerkung 1: Vor Durchführung eines statistischen Tests wird zunächst unter Berücksichtigung aller Informationen die Menge der zugelassenen Wahrscheinlichkeitsverteilungen festgelegt. Dann werden die Wahrscheinlichkeitsverteilungen, die aufgrund der zu prüfenden Vermutung wahr sein können, als Alternativhypothese ausgewählt. Schließlich wird als Alternative dazu die Nullhypothese formuliert. In vielen Fällen läßt sich die Menge der zugelassenen Wahrscheinlichkeitsverteilungen und demzufolge auch Nullhypothese und Alternativhypothese durch die Angabe der zugehörigen Werte von Parametern festlegen. Liegt beispielsweise eine stetige Zufallsgröße vor, die Werte zwischen $-\infty$ und ∞ annehmen kann, und hat man die Vermutung, daß die wahre Wahrscheinlichkeitsverteilung keine Normalverteilung ist, dann wird man die Hypothesen gemäß Beispiel 1 von Anmerkung 3 zu 3.2 formulieren. Folgt die Zufallsgröße einer Normalverteilung mit bekanntem σ und vermutet man, daß deren Erwartungswert μ von einem vorgegebenen Wert μ_0 abweicht, dann wird man die Hypothesen gemäß Beispiel 3 von Anmerkung 3 zu 3.2 formulieren. Anmerkung 2: Da die Entscheidung mit Hilfe von Stichprobenergebnissen getroffen wird, kann sie fehlerhaft sein; vergleiche 3.11 und 3.12. Anmerkung 3: Wenn die Voraussetzungen für die Anwendung des statistischen Tests nicht erfüllt sind, ergibt sich ein Fehler im Ansatz. Anmerkung 4: Auch „Signifikanztest".
3.6	Prüfgröße test statistic statistique à tester	Kenngrößen (siehe DIN 55 350 Teil 23), mit deren Werten entschieden wird, ob die wahre Wahrscheinlichkeitsverteilung zur Nullhypothese gehört oder nicht. Anmerkung: In DIN 13 303 Teil 2 „Prüffunktion" genannt. Auch „Testgröße".
3.6.1	Prüfwert test value valeur du statistique à tester	Wert der Prüfgröße. Anmerkung: Auch „Testwert".
3.7	Verteilungsfreier Test distribution free test test non paramétrique	Statistischer Test, bei dem die Verteilungsfunktion der Prüfgröße nicht von den Verteilungsfunktionen aus der Menge der Wahrscheinlichkeitsverteilungen unter der Nullhypothese abhängt. Anmerkung: Auch „Nichtparametrischer Test".
3.8	Verteilungsgebundener Test parametric test test paramétrique	Statistischer Test, bei dem die Verteilungsfunktion der Prüfgröße von einer der Verteilungsfunktionen aus der Menge der Wahrscheinlichkeitsverteilungen unter der Nullhypothese abhängt. Anmerkung: Auch „Parametrischer Test".

Nr	Benennung	Definition
3.9	Kritischer Bereich critical region région critique	Teilmenge von Prüfwerten (der Menge der möglichen Prüfwerte), die zum Verwerfen der Nullhypothese führen.
3.9.1	Kritischer Wert critical value valeur critique	Grenze des kritischen Bereichs. Anmerkung 1: Besteht der kritische Bereich aus der Menge der Prüfwerte, die entweder nur größer sind als der kritische Wert oder nur kleiner sind als der kritische Wert, dann heißt der Test „Einseitiger Test". Besteht der kritische Bereich aus der Menge der Prüfwerte, die kleiner als ein kritischer Wert K_1 oder größer als ein kritischer Wert K_2 sind, dann heißt der Test „Zweiseitiger Test". Ob ein Test einseitig oder zweiseitig ist, hängt von der Alternativhypothese ab. In Beispiel 2 von Anmerkung 3 zu 3.2 ist der Test einseitig, in den Beispielen 3 und 4 von Anmerkung 3 zu 3.2 ist der Test zweiseitig. Im Fall, daß die Prüfgröße positive und negative Werte annehmen kann, ist auf das Vorzeichen des Prüfwertes und des kritischen Wertes zu achten. Anmerkung 2: Früher auch „Schwellenwert".
3.10	Signifikantes Testergebnis significant test result résultat significatif du test	Ergebnis eines statistischen Tests, bei dem der Prüfwert in den kritischen Bereich fällt. Anmerkung: Ist dies der Fall, wird die Nullhypothese verworfen.
3.11	Fehler 1. Art error of the first kind erreur de première espèce	Verwerfen der Nullhypothese, obwohl die wahre Wahrscheinlichkeitsverteilung zur Nullhypothese gehört.
3.11.1	Wahrscheinlichkeit des Fehlers 1. Art type I risk risque de première espèce	Wahrscheinlichkeit, die Nullhypothese zu verwerfen, falls die wahre Wahrscheinlichkeitsverteilung zur Nullhypothese gehört.
3.11.2	Signifikanzniveau significance level niveau de signification	Höchstwert für die Wahrscheinlichkeit des Fehlers 1. Art, der für die Durchführung eines statistischen Tests vorgegeben ist. Anmerkung 1: Bezeichnung α. Anmerkung 2: Bei Annahme-Stichprobenprüfungen wird das Signifikanzniveau „Lieferantenrisiko" genannt.
3.12	Fehler 2. Art error of the second kind erreur de seconde espèce	Nichtverwerfen der Nullhypothese, obwohl die wahre Wahrscheinlichkeitsverteilung zur Alternativhypothese gehört.
3.12.1	Wahrscheinlichkeit des Fehlers 2. Art type II risk risque de seconde espèce	Wahrscheinlichkeit, die Nullhypothese nicht zu verwerfen, falls die wahre Wahrscheinlichkeitsverteilung zur Alternativhypothese gehört. Anmerkung 1: Bezeichnung β. Anmerkung 2: Bei Annahme-Stichprobenprüfungen wird die Wahrscheinlichkeit des Fehlers 2. Art „Abnehmerrisiko" genannt.
3.12.2	Schärfe power puissance	Eins minus Wahrscheinlichkeit des Fehlers 2. Art. Anmerkung 1: Bezeichnung $1-\beta$. Anmerkung 2: Auch „Testschärfe". Anmerkung 3: Früher auch „Macht eines Tests".
3.13	Gütefunktion power function fonction de puissance	Die Wahrscheinlichkeit für das Verwerfen der Nullhypothese als Funktion eines Parameters, sofern sich die zugelassenen Wahrscheinlichkeitsverteilungen durch den Parameter erfassen lassen. Anmerkung 1: In Beispiel 3 von Anmerkung 3 zu 3.2 lassen sich die zugelassenen Wahrscheinlichkeitsverteilungen durch den Parameter μ erfassen. Die Gütefunktion des Tests ist in diesem Fall also die Wahrscheinlichkeit des Verwerfens der Nullhypothese (H_0: $\mu = \mu_0$) als Funktion von μ. Anmerkung 2: Auch „Machtfunktion".
3.13.1	Operationscharakteristik operating characteristic courbe d'efficacité	Eins minus Gütefunktion.

Zitierte Normen und andere Unterlagen

DIN 1333 Teil 2	Zahlenangaben; Runden
DIN 13 303 Teil 1	Stochastik; Wahrscheinlichkeitstheorie, Gemeinsame Grundbegriffe der mathematischen und beschreibenden Statistik; Begriffe und Zeichen
DIN 13 303 Teil 2	Stochastik; Mathematische Statistik, Begriffe und Zeichen
DIN 55 350 Teil 11	Begriffe der Qualitätssicherung und Statistik; Begriffe der Qualitätssicherung; Grundbegriffe
DIN 55 350 Teil 12	Begriffe der Qualitätssicherung und Statistik; Begriffe der Qualitätssicherung; Merkmalsbezogene Begriffe
DIN 55 350 Teil 13	Begriffe der Qualitätssicherung und Statistik; Begriffe der Qualitätssicherung; Genauigkeitsbegriffe
DIN 55 350 Teil 14	(z. Z. Entwurf) Begriffe der Qualitätssicherung und Statistik; Begriffe der Qualitätssicherung; Begriffe der Probenahme
DIN 55 350 Teil 21	Begriffe der Qualitätssicherung und Statistik; Begriffe der Statistik; Zufallsgrößen und Wahrscheinlichkeitsverteilungen
DIN 55 350 Teil 22	Begriffe der Qualitätssicherung und Statistik; Begriffe der Statistik; Spezielle Wahrscheinlichkeitsverteilungen
DIN 55 350 Teil 23	Begriffe der Qualitätssicherung und Statistik; Begriffe der Statistik; Beschreibende Statistik
ISO 3534	Statistics – Vocabulary and Symbols

Glossary of Terms, used in the Management of Quality, European Organization for Quality Control – EOQC
(Bezugsnachweis: Deutsche Gesellschaft für Qualität, Kurhessenstraße 95, 6000 Frankfurt 50)

Verzeichnis der im DIN-Taschenbuch 22 (7. Aufl., 1990) abgedruckten Normen (nach Sachgebieten geordnet)

DIN	Ausg.	Titel	Seite
		Einheiten	
1301 T 1	12.85	Einheiten; Einheitennamen, Einheitenzeichen	1
1301 T 1 Bbl 1	04.82	Einheiten; Einheitenähnliche Namen und Zeichen	7
1301 T 2	02.78	Einheiten; Allgemein angewendete Teile und Vielfache	9
1301 T 3	10.79	Einheiten; Umrechnungen für nicht mehr anzuwendende Einheiten	20
66 030	11.80	Informationsverarbeitung; Darstellung von Einheitennamen in Systemen mit beschränktem Schriftzeichenvorrat	338
		Allgemeine Begriffe und Benennungen	
1313	04.78	Physikalische Größen und Gleichungen; Begriffe, Schreibweisen	51
4898	11.75	Gebrauch der Wörter dual, invers, reziprok, äquivalent, komplementär	159
5479	05.78	Übersetzung bei physikalischen Größen; Begriffe, Formelzeichen	190
5485	08.86	Benennungsgrundsätze für physikalische Größen; Wortzusammensetzungen mit Eigenschafts- und Grundwörtern	214
5493	10.82	Logarithmierte Größenverhältnisse; Maße, Pegel in Neper und Dezibel	229
5493 Bbl 1	10.82	Logarithmierte Größenverhältnisse; Hinweiszeichen auf Bezugsgrößen und Meßbedingungen	233
40 200	10.81	Nennwert, Grenzwert, Bemessungswert, Bemessungsdaten; Begriffe	328
		Raum und Zeit	
1315	08.82	Winkel; Begriffe, Einheiten	61
1355 T 1	03.75	Zeit; Kalender, Wochennumerierung, Tagesdatum, Uhrzeit	150
5483 T 1	06.83	Zeitabhängige Größen; Benennungen der Zeitabhängigkeit	192
5483 T 3	06.84	Zeitabhängige Größen; Komplexe Darstellung sinusförmig, zeitabhängiger Größen	206
		Mechanik und Rheologie	
1305	01.88	Masse, Wägewert, Kraft, Gewichtskraft, Gewicht, Last; Begriffe	25
1306	06.84	Dichte; Begriffe, Angaben	27
1314	02.77	Druck; Grundbegriffe, Einheiten	57
1342 T 1	10.83	Viskosität; Rheologische Begriffe	129
1342 T 2	02.86	Viskosität; Newtonsche Flüssigkeiten	139
13 316	09.80	Mechanik ideal elastischer Körper; Begriffe, Größen, Formelzeichen	245

DIN	Ausg.	Titel	Seite
13 317	01.83	Mechanik starrer Körper; Begriffe, Größen, Formelzeichen	254
13 342	06.76	Nicht-newtonsche Flüssigkeiten; Begriffe, Stoffgesetze	270
		Schwingungslehre und Akustik	
1311 T 1	02.74	Schwingungslehre; Kinematische Begriffe	32
1311 T 2	12.74	Schwingungslehre; Einfache Schwinger	37
1311 T 3	12.74	Schwingungslehre; Schwingungssysteme mit endlich vielen Freiheitsgraden	42
1311 T 4	02.74	Schwingungslehre; Schwingende Kontinua, Wellen	46
1320	10.69	Akustik; Grundbegriffe	103
13 320	06.79	Akustik; Spektren und Übertragungskurven, Begriffe, Darstellung	258
		Strahlungsphysik und Lichttechnik	
1349 T 1	06.72	Durchgang optischer Strahlung durch Medien; Optisch klare Stoffe, Größen, Formelzeichen und Einheiten	143
1349 T 2	04.75	Durchgang optischer Strahlung durch Medien; Optisch trübe Stoffe, Begriffe	148
5031 T 1	03.82	Strahlungsphysik im optischen Bereich und Lichttechnik; Größen, Formelzeichen und Einheiten der Strahlungsphysik	167
5031 T 3	03.82	Strahlungsphysik im optischen Bereich und Lichttechnik; Größen, Formelzeichen und Einheiten der Lichttechnik	173
5031 T 7	01.84	Strahlungsphysik im optischen Bereich und Lichttechnik; Benennung der Wellenlängenbereiche	184
5031 T 8	03.82	Strahlungsphysik im optischen Bereich und Lichttechnik; Strahlungsphysikalische Begriffe und Konstanten	186
5496 T 2	07.77	Temperaturstrahlung; Volumenstrahler	237
		Thermodynamik und physikalische Chemie	
1310	02.84	Zusammensetzung von Mischphasen (Gasgemische, Lösungen, Mischkristalle); Begriffe, Formelzeichen	29
1341	10.86	Wärmeübertragung; Begriffe, Kenngrößen	126
1343	01.90	Referenzzustand, Normzustand, Normvolumen; Begriffe und Werte	142
5491	09.70	Stoffübertragung; Diffusion und Stoffübergang, Grundbegriffe, Größen, Formelzeichen, Kenngrößen	227
5499	01.72	Brennwert und Heizwert; Begriffe	240
13 310	08.82	Grenzflächenspannung bei Fluiden; Begriffe, Größen, Formelzeichen, Einheiten	243
13 346	10.79	Temperatur, Temperaturdifferenz; Grundbegriffe, Einheiten	277
32 625	12.89	Größen und Einheiten in der Chemie; Stoffmenge und davon abgeleitete Größen, Begriffe und Definitionen	278

DIN	Ausg.	Titel	Seite
		Elektrotechnik und Nachrichtenübertragung	
1324 T 1	05.88	Elektromagnetisches Feld; Zustandsgrößen	109
1324 T 2	05.88	Elektromagnetisches Feld; Materialgrößen	115
1324 T 3	05.88	Elektromagnetisches Feld; Elektromagnetische Wellen	122
4899	09.78	Lineare elektrische Mehrtore	160
5489	11.68	Vorzeichen- und Richtungsregeln für elektrische Netze	224
13 321	09.80	Elektrische Energietechnik; Komponenten in Drehstromnetzen, Begriffe, Größen, Formelzeichen	261
40 108	05.78	Elektrische Energietechnik; Stromsysteme, Begriffe, Größen, Formelzeichen	288
40 110	10.75	Wechselstromgrößen	297
40 146 T 1	12.73	Begriffe der Nachrichtenübertragung; Grundbegriffe	306
40 146 T 2	10.82	Begriffe der Nachrichtenübertragung; Nutzpegel, Störpegel, Dynamik, Signal-Stör-Pegelabstand	310
40 146 T 3	10.78	Begriffe der Nachrichtenübertragung; Meß- und Prüfsignale	315
40 148 T 1	11.78	Übertragungssysteme und Zweitore; Begriffe und Größen	318
40 148 T 2	01.84	Übertragungssysteme und Zweitore; Symmetrieeigenschaften von linearen Zweitoren	321
40 148 T 3	11.71	Übertragungssysteme und Vierpole; Spezielle Dämpfungsmaße	324
		Meßtechnik	
1319 T 1	06.85	Grundbegriffe der Meßtechnik; Allgemeine Grundbegriffe	64
1319 T 2	01.80	Grundbegriffe der Meßtechnik; Begriffe für die Anwendung von Meßgeräten	69
1319 T 3	08.83	Grundbegriffe der Meßtechnik; Begriffe für die Meßunsicherheit und für die Beurteilung von Meßgeräten und Meßeinrichtungen	74
1319 T 4	12.85	Grundbegriffe der Meßtechnik; Behandlung von Unsicherheiten bei der Auswertung von Messungen	86
2257 T 1	11.82	Begriffe der Längenprüftechnik; Einheiten, Tätigkeiten, Prüfmittel, Meßtechnische Begriffe	153
55 350 T 13	07.87	Begriffe der Qualitätssicherung und Statistik; Begriffe zur Genauigkeit von Ermittlungsverfahren und Ermittlungsergebnissen	331

Stichwortverzeichnis

Die hinter den Stichwörtern stehenden Angaben umfassen einen oder mehrere Nummernblöcke, die durch Semikolon getrennt sind. Die einzelnen Nummernblöcke sind wie folgt aufgebaut: Die erste Nummer ist die DIN-Nummer (ohne die Buchstaben DIN) der abgedruckten Norm; die folgenden Nummern kennzeichnen den Abschnitt, gegebenenfalls die Tabelle (sofern nicht eindeutig einem Abschnitt zugeordnet) und gegebenenfalls die Nummer in dieser Tabelle. Auf Anmerkungen wird nur gesondert verwiesen, wenn diese nicht unmittelbar im Normtext stehen.

Es bedeuten: A Anhang, Anm Anmerkung, Bbl Beiblatt, Nr Nummer, Tab Tabelle.

Zusätze in Klammern gehören meist nicht zum Stichwort selbst, sondern geben Erläuterungen zur Fundstelle.

Abbildung 5473, 7.1, 7.7, 7.8
–, affine 13 302, 8.16
–, isometrische 13 302, 9.34
–, lineare 1303, 5.1, 5.3; 13 302, 7.7
–, monotone 13 302, 6.46, 6.47
–, partielle 5473, 7.11
–, umkehrbare 5473, 7.9, 7.10
Abbildungsfunktion 5478, 4.3
abbrechend 1333, 9.1.3
abelsche Gruppe 13 302, 3.4
Abfahrtsort 13 312, 8.1.1
Abflugsort 13 312, 8.1.1
Abflußgeschwindigkeit 1304 T 2, 2.37
abgebildet 5473, 7.4
Abgelesene Funkseitenpeilung 13 312, 4.3.2.1
– Kreisel-Funkpeilung 13 312, 4.3.2.3
abgeschlossen 13 302, 9.3
abgeschlossene Hülle 13 302, 9.5
abgeschlossenes Intervall 1302, 5.11; 13 302, 6.32, 6.33, 6.36 bis 6.38
Abhängigkeit, stochastische 13 303 T 1, 4
Abhängigkeitsparameter 13 303 T 1, 3.2.4
Abklingkoeffizient 1304 T 1, 2.10; 1304 T 6, 1.27; 1332, 1.27
Abklingzeit 1304 T 1, 2.3; 1332, 1.28;
ableitbar 5473, 3.5.4
Ableitung (mathematischer Begriff) 1302, 10
– der δ-Distribution 5487, 5.3
Ablenkung, Magnetkompaß- 13 312, 4.4.2
Ablenkungskoeffizienten 13 312, 12.3.7
Abnehmerrisiko 55 350 T 24, 3.12.1
Abplattung, geometrische 1304 T 2, 6.5
–, Schwere- 1304 T 2, 6.34
abrunden 1333, 4.1, 4.5.2
absolut 1304 T 1, 10.6
absolute Feuchte 1304 T 2, 2.14
– Häufigkeit 13 303 T 1, 1.3; 55 350 T 23, 2.1
– Häufigkeitssumme 55 350 T 23, 2.2
– Vorticity 1304 T 2, 1.42
absoluter Druck 1304 T 1, 3.22
absolutes Komplement 5473, 4.12
– Moment 13 303 T 1, 3.1.11; 55 350 T 21, Fußnote 3; 55 350 T 23, Fußnote 1
absorbiert 1304 T 1, 10.6
Absorption, Ozon- 1304 T 2, 3.6.8
–, Wasserdampf- 1304 T 2, 3.6.7
Absorptionsfläche, äquivalente 1332, 2.34
Absorptionsgrad 1304 T 1, 7.28
– der Erdoberfläche, kurzwelliger 1304 T 2, 3.8.3
– – –, langwelliger 1304 T 2, 3.8.5
Absorptionskoeffizient 1304 T 2, 3.6.2
Abstand 1302, 8.18; 1304 T 1, 1.11; 1304 T 3, 1.1; 1304 T 6, 7.1.4; 13 302, 8.15
– Quellpunkt – Aufpunkt 1304 T 2, 6.11
– vom Erdschwerpunkt 1304 T 2, 6.10
– von der momentanen Erdrotationsachse 1304 T 2, 6.9
–, mittlerer geometrischer 1304 T 3, 1.2
Abszissenachse 461, 2.1
Abtrift 13 312, 6.2.2
–, zusätzliche 13 312, 6.2.3
Abweichung 1304 T 1, 10.11
– durch Klassierung 55 350 T 24, 1.3
– durch Runden 55 350 T 24, 1.3
Abweichungen 55 350 T 24, 1.3
Abweitung 13 312, 7.1.14
Achshöhe der Maschine 1304 T 7, 1.28
Addition siehe Summe
additiv 1304 T 1, 10.6
adjungierte Matrix 1303, 4.24
Admittanz 1304 T 1, 4.44; 5489, 7.1
–, Innen- 5489, 7.2
–, komplexe 1304 T 1, 4.44
Admittanz-Übersetzungsverhältnis 1304 T 6, 4.8
Admittanzbelag, Quer- 1304 T 6, 4.2
Admittanzmatrix 1304 T 6, 2.7
– bei Mehrtoren 1304 T 6, 3.2
Advektion, Temperatur- 1304 T 2, 1.1
–, Vorticity- 1304 T 2, 1.2
ähnlich 1303, 4.33
Äquator 13 312, 7.2.8
Äquatormeridiandistanz 13 312, 7.1.12
Äquatorradius des Erdellipsoides 1304 T 2, 6.2
Äquijunktion 5473, 3.1.5

äquivalent 1303, 4.31; 1304 T 1, 10.12; 1304 T 7, 7.13; 5473, 9.1
Äquivalentdosis 1304 T 1, 8.34
Äquivalentdosisleistung 1304 T 1, 8.35
Äquivalentdosisrate 1304 T 1, 8.35
äquivalente Absorptionsfläche 1332, 2.34
– Bürstenbreite 1304 T 7, 1.38
– Eisenlänge 1304 T 7, 1.7
– isotrope Strahlungsleistung 1304 T 6, 6.10
– Leitschichtdicke 1304 T 1, 4.59
– Polbedeckung 1304 T 7, 6.22
– Rohrrauheit 1304 T 5, 1.3
– Strahlungsleistung bezogen auf den Halbwellendipol 1304 T 6, 6.11
– Windkomponente 13 312, 6.4.4
äquivalenter Luftspalt 1304 T 7, 1.24
– Polbogen 1304 T 7, 1.31
Äquivalentkonzentration 4896, 9
Äquivalentleitfähigkeit 4896, 34
Äquivalentmenge 4896, 5
Äquivalenttemperatur 1304 T 2, 2.2
–, potentielle 1304 T 2, 2.4
Äquivalenzklasse 13 302, 1.28; 5473, 6.21
Äquivalenzklassenmenge 13 302, 1.29
Äquivalenzrelation 5473, 6.20; 13 302, 1.27
Aerosolextinktion 1304 T 2, 3.6.6
Aerosolteilchen 1304 T 2, 4.4, 4.5, 4.6
äußeres Produkt 1303, 7.2, 7.4, 7.6
affine Abbildung 13 302, 8.16
affiner Punktraum 13 302, 8.1
– Unterraum 13 302, 8.5, 8.14
Affinität 13 345, 14, 15
– einer chemischen Reaktion 1304 T 1, 6.9
Ageostrophischer Wind 1304 T 2, 1.30
Airy-Funktionen 13 301, 5.9
Aktivierungsenergie, molare 13 345, 23
Aktivierungstemperatur 1304 T 2, 2.25
Aktivität einer radioaktiven Substanz 1304 T 1, 8.16
–, spezifische 1304 T 1, 8.17
Aktivitätskoeffizient 4896, 22, 24; 13 345, 13
aktuelle Evapotranspiration 1304 T 2, 2.36
– Verdunstungsrate 1304 T 2, 2.34
Akustik 1332
akustisch 1304 T 1, 10.6
akustische Impedanz 1332, 2.23
Akzeptanzwinkel 1304 T 6, 8.23
Albedo 1304 T 2, 3.8.2
Aleph alpha 5473, 9.9
– Null 5473, 9.8
algebraisches Element 13 302, 4.19
– Komplement 1303, 4.17
allgemeine Zahl 1304 T 1, 10.25
allgemeingültig 5473, 3.5.2
Allquantor, relativierter 5473, 3.2.1
Alter der Gezeit 13 312, 13.3
alternativ 1304 T 1, 10.6
Alternative 13 301 T 2, 2.1.3, Anm zu 2.1; 55 350 T 24, 3.2
Alternativhypothese 13 303 T 2, 2.1.3, Anm zu 2.1; 55 350 T 24, 3.2
alternierend 1304 T 1, 10.6
alternierende Gruppe 13 302, 3.24
– Linearform 1303, 5.9
Aluminium 1304 T 7, 7.25
ambient 1304 T 1, 10.6
Amplitude 1304 T 1, 10.6; 5483 T 2, Tab 1 Nr 20; 13 301, 4.8
–, komplexe 5489, 7.1
Anfang 1304 T 1, 10.27
Anfangs-Kurzschlußwechselstrom 1304 T 7, 5.5
Anfangsgröße 1304 T 3, 4.3
Anfangskurs, Großkreis- 13 312, 8.3.1
Anfangswahrscheinlichkeit 13 303 T 1, 4.2.1
Anfangswert 1304 T 1, 10.19
Anfangszustand 1304 T 1, 10.2
angewendet 5473, 7.4
Ångström 1304 T 2, 3.6.11
Anker 1304 T 7, 7.1
Anker-Zeitkonstante 1304 T 7, 5.9
Ankerdurchmesser 1304 T 7, 1.8
Anklingkoeffizient 1304 T 1, 2.11; 1304 T 6, 1.26
–, komplexer 1304 T 1, 2.12; 1304 T 6, 1.25
Anlagerungskoeffizient 1304 T 2, 4.12
Anlauf- 1304 T 1, 10.7; 1304 T 3, 7.4
Anlaufdauer, Nenn- 1304 T 7, 3.1
Anoden 1304 T 8, 2.4
anodisch 1304 T 1, 10.6
Anomalie, Bouguer- 1304 T 2, 6.49
–, Freiluft- 1304 T 2, 6.48
–, Höhen- 1304 T 2, 6.45
–, Schwere- 1304 T 2, 6.47
–, topographisch isostatische 1304 T 2, 6.50
Anrufrate 1304 T 6, 12.6
Ansprechwert 1304 T 3, 7.2
Anteilsgrenze 55 350 T 24, 2.3.1
Anteilsintervall 13 303 T 2, 4.7.1
Anteilsintervallschätzer 13 303 T 2, 4.7
Antenne 1304 T 6, Abschnitt 2.6
Antennen-Eingangsimpedanz 1304 T 6, 6.12
Antennenfläche, effektive 1304 T 6, 6.20
Antennengewinn 1304 T 6, 6.16
– bezogen auf Halbwellendipol 1304 T 6, 6.18
– – auf isotropen Strahler 1304 T 6, 6.17
Antennenhöhe, wirksame 1304 T 6, 6.25
Antennenrauschtemperatur 1304 T 6, 6.28
Antiatom 13 302, 6.26
Antikette 13 302, 6.23
antireflexive Relation 13 302, 1.25
antisymmetrisch 5473, 6.16
antisymmetrische Relation 13 302, 1.23
Anzahl 5473, 9.2
– der Kommutatorsegmente 1304 T 7, 6.5
– der Kühlschlitze 1304 T 7, 6.11
– der Nuten je Pol und Strang 1304 T 7, 6.10
Anzahl der parallelen Zweige 1304 T 7, 6.2
– der Phasen 1304 T 1, 4.63; 1304 T 8, 1.14

Anzahl der Spulenseiten je Nut und Schicht 1304 T 7, 6.6
– der Stränge 1304 T 1, 4.63
– der Teilchen 1304 T 1, 6.3
Anzahldichte aller Aerosolteilchen 1304 T 2, 4.6
– der Großionen 1304 T 2, 4.4
– der Kleinionen 1304 T 2, 4.3
– ungeladener Aerosolteilchen 1304 T 2, 4.5
Anzug- 1304 T 1, 10.7; 1304 T 3, 7.4
Apertur, numerische, eines Lichtwellenleiters 1304 T 6, 8.13
Arbeit 1304 T 1, 3.46, 4.48
–, massenbezogene 1304 T 1, 3.51
–, spezifische 1304 T 1, 3.51
Arbeitsgrad 1304 T 1, 3.55
Arbeitshypothese 13 303 T 2, 2.1
Arbeitsverhältnis 1304 T 1, 3.55
Arcus 1302, 4.6
Arcuscosinus 1302, 13.10
Arcuscotangens 1302, 13.12
Arcussinus 1302, 13.9
Arcussinusverteilung 13 303 T 1, 2.3.5.1
Arcustangens 1302, 13.11
Areahyperbelcosinus 1302, 13.14
Areahyperbelcotangens 1302, 13.16
Areahyperbelsinus 1302, 13.13
Areahyperbeltangens 1302, 13.15
arithmetische Relation 1302, 2
– Verknüpfung 1302, 2
arithmetischer Mittelwert 1304 T 7, 7.12; 5483 T 2, Tab 1 Nr 8; 13 303 T 1, 1.2.8; 55 350 T 23, 4.1, 7.4
arithmetisches Mittel 1304 T 8, 2.13; 5483 T 2, Tab 1 Nr 8; 13 303 T 1, 1.2.8
Artikulationspunkt 13 322 T 1, 4.7
assoziativ 5473, 7.17
assoziative Verknüpfung 13 302, 1.6
assoziiert 1302, 6.3
astronomische Breite 1304 T 2, 6.15; 13 312, 7.1.7
– Höhendifferenz 13 312, 10.2.21
– Länge 1304 T 2, 6.16; 13 312, 7.1.8
– Navigation 13 312, 10
– Sonnenscheindauer 1304 T 2, 3.5.2
– Zenitdistanz 1304 T 2, 6.24
astronomisches Azimut 1304 T 2, 6.22
Asymmetrieparameter 13 303 T 1, 3.2.3.2
asymmetrisch 5473, 6.17
asymmetrische Relation 13 302, 1.24
asymptotisch gleich 1302, 9.8
asynchron 1304 T 1, 10.6
Asynchronmaschine 1304 T 3, 5.2
Asynchronmotor 1304 T 3, 5.1
Atmosphäre, Höhe 1304 T 2, 1.47
–, Masse 1304 T 2, 6.27
–, Transmissionsgrad 1304 T 2, 3.8.1
Atmosphärendruck 1304 T 1, 3.23
atmosphärische Druckdifferenz 1304 T 1, 3.24
– Elektrizität 1304 T 2, Abschnitt 2.4
Atom 13 302, 6.25
atomar 1304 T 1, 10.6
Atommasse 1304 T 1, 8.4
–, relative 1304 T 1, 6.1
atomphysikalische Angaben 1338, 9
Atomzeit, internationale 13 312, 9.1.2
Aufgabengröße 19 221, 1107
Aufhängehöhe 1304 T 3, 1.4
aufrunden 1333, 4.1, 4.5.3
Auftrieb 1304 T 5, 5.4
Auftriebsbeiwert 1304 T 5, 4.1
Auftriebskraft der Kreiselkugel 13 312, 12.1.8
–, statische 1304 T 5, 3.1
augenblicklich 1304 T 1, 10.19
Augenblickswert 1304 T 1, 10.33; 5483 T 2, 1.5, Tab 1 Nr 1, Tab 1 Nr 19; 5489, 2, 7.1
Augeshöhe 13 312, 10.2.14
Ausbreitung längs Wellenleitern 1304 T 6, Abschnitt 2.5
– von Bodenwellen 1304 T 6, 7.1
–, ionosphärische 1304 T 6, 7.3
–, troposphärische 1304 T 6, 7.2
Ausbreitungsgeschwindigkeit 1304 T 1, 2.24
Ausbreitungsgröße 1304 T 6, 5.1
Ausbreitungskoeffizient 1304 T 1, 2.22; 1304 T 6, 1.15; 1332, 2.12
– für einen bestimmten Mode 1304 T 6, 5.1.5
Ausbreitungskonstante 1332, 2.12
Ausbreitungsmaß 1304 T 6, 1.12; 1332, 2.15
Ausgang 1304 T 1, 10.3, 10.12
Ausgangsimpedanz 1304 T 6, 2.2
Ausgangsleistung 1304 T 7, 5.32
Auslenkung 1304 T 1, 1.12
Auslösetemperatur 1304 T 2, 2.26
Ausschalt- 1304 T 3, 7.3
Ausschaltwert 1304 T 3, 7.3
Ausschlag 1304 T 1, 1.12; 1332, 1.2
Ausschluß 1338, 2; Bbl 2 zu 1338
Ausschlußmodul Bbl 2 zu 1338, 1
Ausstrahlung 1304 T 2, 3.2.3
–, effektive 1304 T 2, 3.3.2
–, Netto- 1304 T 2, 3.3.2
–, spezifische 1304 T 1, 7.7, 7.26; 1304 T 2, 3.2
Austastsignal 1304 T 6, 10.1
Austauschkoeffizient 1304 T 2, 1.55
Ausweichzeichen 1304 T 1, Abschnitt 3; 1304 T 6, Abschnitt 1
außen 1304 T 1, 10.6, 10.12
Außendurchmesser des Rotors 1304 T 7, 1.11
– des Stators 1304 T 7, 1.9
Außenleiter in einem Drehstromnetz 1304 T 3, 5.9
Außenpunkte 1304 T 3, 6.9
Automorphismus 5473, 8.8; 13 302, 2.7, 2.8, 3.10, 10.10
Avogadro-Konstante 1304 T 1, 6.12; 4896, 26
axial 1304 T 1, 10.6
axiale Bürstenbreite 1304 T 7, 1.37
Azimut 1304 T 2, 3.4.3; 13 312, 10.1.3.2, 10.4.3

Azimut, astronomisches 1304 T 2, 6.22
–, geodätisches 1304 T 2, 6.23
Azimutgleiche 13 312, 7.2.15

Bahn 13 312, 8.5.2
Bahnabweichung 13 312, 8.5.6
Bandbreite 1304 T 6, 1.31
Basis 1303, 2.1; 1304 T 1, 10.8; 1333, 10.1.3; 13 302, 7.15, 9.14, 9.15
–, duale 1303, 2.5
–, induzierte 1303, 8.1, 8.2, 8.3
–, Orthogonal- 1303, 2.2
–, Orthonormal- 1303, 2.3
Basisband-Übertragungsfunktion eines Lichtwellenleiters 1304 T 6, 8.21
Basispotenz 1333, 10.1.13
Basisvektor 4895 T 1, 2.1
Baum 13 322 T 1, 4.10
Baumkomplement 13 322 T 1, 4.13
Bedeckung, äquivalente Pol- 1304 T 7, 6.22
bedingte Dichte 13 303 T 1, 4.2
– Varianz 55 350 T 21, 2.3
– Verteilung 55 350 T 21, 2.3; 55 350 T 23, 2.15
– Verteilungsfunktion 13 303 T 1, 4.2
– Wahrscheinlichkeit 13 303 T 1, 4.2
bedingter Erwartungswert 13 303 T 1, 4.3; 55 350 T 21, 2.3
Beiwert, Auftriebs- 1304 T 5, 4.1
–, Differenzier- 19 221, 4.1
–, Integrier- 19 221, 4.1
–, Momenten- 1304 T 5, 4.3
–, Proportional- 19 221, 4.1
–, Quertriebs- 1304 T 5, 4.1
–, Widerstands- 1304 T 5, 4.2
Belag 1304 T 3, 4.1
Beleuchtungsstärke 1304 T 1, 7.15
Belichtung 1304 T 1, 7.16
Bemessungswert 1304 T 1, 10.30; 1304 T 7, 7.14
beobachtete Höhe 13 312, 10.2.19
beobachteter Kurs über Grund 13 312, 4.2.7.3
– Ort 13 312, 6.5.3, 7.2.3, 7.3.3
Bepfeilung 5489, 4.2
–, Erzeuger- 5489, 4.2
–, Ketten- 5489, 8.1
–, Verbraucher- 5489, 4.2
berechnet 1304 T 1, 10.10
berechnete Höhe 13 312, 10.2.20
Bereich, kritischer (Stochastik) 13 303 T 2, 2.3
Bereichsschätzer 13 303 T 2, 4
Bereichsschätzung 55 350 T 24, 1.1
Bernoulli-Verteilung 13 303 T 1, 2.2.2
Bernoullische Zahlen 13 301, 1.3
Berührpunkt 13 302, 9.28
beschickte Funkseitenpeilung 13 312, 4.3.2.2
Beschickung für Strom 13 312, 4.4.9
– für Wind 13 312, 4.4.8
– – – und Strom 13 312, 4.4.10
Beschickungen 13 312, 4.4
Beschleunigung 1304 T 1, 2.25; 1332, 1.4
beschreibende Statistik 13 303 T 1
Beschriftung (Diagramm) 461, 5.2; (Bild) 1338, 10
Besetzungszahl 13 303 T 1, 1.3; 55 350 T 23, 2.1
Bessel-Funktionen 13 301, 5.1
–, sphärische 13 301, 5.6
Besteckversetzung 13 312, 8.4.2
– in kartesischen Koordinaten 13 312, 8.4.2.2
– in Polarkoordinaten 13 312, 8.4.2.1
Bestimmungsort 13 312, 8.1.2
Bestrahlung 1304 T 1, 7.9
Bestrahlungsstärke 1304 T 1, 7.8; 1304 T 2, 3.1
Betafunktion 13 301, 2.5
Betaverteilung 13 303 T 1, 2.3.5; 55 350 T 22, 1.8
Betrag (Augenblickswert) 5483 T 2, 1 Nr 2; (mathematischer Begriff) 1302, 3.12, 4.5; 13 302, 7.21
– (eines Vektors) 1303, 1.11
– der Admittanz 1304 T 1, 4.45
– der Impedanz 1304 T 1, 4.43
– der Stromgeschwindigkeit 13 312, 5.2.8
– der Stromversetzung 13 312, 5.4.2
– der Versetzungsgeschwindigkeit durch Wind 13 312, 5.2.6
Beträge von Geschwindigkeiten (Seefahrt) 13 312, 5.2
– – –, Richtungen (Luftfahrt) 13 312, 6.1
Betragsmoment 55 350 T 21, Fußnote 3; 55 350 T 23, Fußnote 1
Betrieb 1304 T 3, 7.5
Betriebsdämpfungsmaß 1304 T 6, 4.9
Betriebskettenmatrix 1304 T 6, 2.13
– bei Mehrtoren mit Torzahlsymmetrie 1304 T 6, 3.5
Betriebszustand 1304 T 3, 7.1
Beurteilung 1304 T 1, 10.30
Beweglichkeit 4896, 31
Bewegungsgröße 1304 T 1, 3.17
Bewegungsrichtung durchs Wasser 13 312, 5.3.7
– über Grund 13 312, 5.3.9
Bewertungsfaktor 1304 T 1, 8.33
Bewertungskurve A 1304 T 1, 10.7
bezogen 1304 T 1, 10.47
bezogene Größe 1304 T 1, Abschnitt 4
Bezugs-Kreisfrequenz 1304 T 7, 2.2
Bezugserde 1304 T 3, 6.2
Bezugsort 13 312, 7.2.4
Bezugspfeil 5489, 3.3.1, 3.3.2; 13 322 T 1, 2.1
Bezugsrichtungen 13 312, 4.1
Bezugssinn 1312, Anm zu 1.1; 5489, 3.3, 3.3.1, 3.3.2
Bezugsstoff 1304 T 1, 10.9
Bezugswert 1333, 5.4
–, fester 1304 T 1, 10.1; 1304 T 5, 5.1
Bi-Kovektor 1303, 7.11
Biegemoment 1304 T 1, 3.16
Biegung 1304 T 1, 10.8, 10.14

Bijektion 5473, 7.10
Bild 13 302, 2.13; 5473, 6.11, 8.11
Bildfunktion 5487, 1.2
Bildgröße 5478, 2.2, 3, 4
Bildgrößenschritt 5478, 5.2
Bildklasse 5473, 6.11
Bildvariable 19 221, 1110
–, diskrete 19 221, 1111
bilineares Produkt 1303, 1.22
Bilinearform (Vektorraum) 13 302, 7.18
–, natürliche 1303, 1.26
bimodale Verteilung 55 350 T 23, 4.5
– Wahrscheinlichkeitsverteilung 55 350 T 21, 3.3
binärer Logarithmus 1302, 12.6
Binomialverteilung 13 303 T 1, 2.2.2, 2.2.4; 55 350 T 22, 2.1
Bitfehlerwahrscheinlichkeit 1304 T 6, 9.9
Bitperiode 1304 T 6, 9.1
Bitrate 1304 T 6, 9.2
bivariate Häufigkeitsverteilung 55 350 T 23, 2.8
– Normalverteilung 55 350 T 22, 3.1
– Wahrscheinlichkeitsverteilung 55 350 T 21, 2.1
Bivektor 1303, 7.8
–, Ergänzung eines 1303, 7.13
Blind- 1304 T 1, 10.8, 10.29; 1304 T 3, 7.6
Blindleistung 1304 T 1, 4.50; 1304 T 3, 2.9
–, induktive 1304 T 3, 2.11
–, kapazitive 1304 T 3, 2.10
Blindleitwert 1304 T 1, 4.41
Blindwiderstand 1304 T 1, 4.40, 10.39
–, induktiver 1304 T 3, 2.6
–, kapazitiver 1304 T 3, 2.5
Block 1333, 3; 13 322 T 1, 4.9
Blockfehlerwahrscheinlichkeit 1304 T 6, 9.10
Bodenisochrone 13 312, 14.5.2
Bodenwärmestromdichte 1304 T 2, 1.4
Bogen, äquivalenter Pol- 1304 T 7, 1.31
Bohr-Radius 1304 T 1, 8.7
Boltzmann-Konstante 1304 T 1, 6.15
Boolescher Ring 13 302, 5.5
– Verband 13 302, 5.4
Bordzeit 13 312, 9.2.5
Bouguer-Anomalie 1304 T 2, 6.49
Bowenverhältnis 1304 T 2, 1.7
Brechen von Formeln 1338, 5
Brechungsgrad 1304 T 3, 3.1
Brechwert 1304 T 1, 7.22; 1304 T 6, 7.2.1
–, modifizierter 1304 T 6, 7.2.3
Brechzahl 1304 T 1, 7.21; 1304 T 6, 7.2.1, 8.6
–, modifizierte 1304 T 6, 7.2.2
Brechzahldifferenz, relative 1304 T 6, 8.25
Breite 1304 T 1, 1.7
–, äquivalente Bürsten- 1304 T 7, 1.38
–, astronomische 1304 T 2, 6.15; 13 312, 7.1.7
–, axiale Bürsten- 1304 T 7, 1.37
–, geodätische 1304 T 2, 6.17; 13 312, 7.1.3
–, geographische 13 312, 7.1.1
Breite, geomagnetische 1304 T 2, 7.3.1
–, geozentrische 13 312, 7.1.5
–, Polschaft- 1304 T 7, 1.30
–, Polschuh- 1304 T 7, 1.29
–, Rotornut- 1304 T 7, 1.33
–, Rotorzahn- 1304 T 7, 1.35
–, Statornut- 1304 T 7, 1.32
–, Statorzahn- 1304 T 7, 1.34
–, tangentiale Bürsten- 1304 T 7, 1.36
–, vergrößerte 13 312, 7.1.15
Breitendistanz 13 312, 7.1.10
Breitenunterschied 13 312, 7.1.9
–, vergrößerter 13 312, 7.1.16
Brennweite 1304 T 1, 7.20
Brennwert, massenbezogener 1304 T 1, 5.30
–, spezifischer 1304 T 1, 5.30
Bruchstrich 1338, 4.1
Brücke 13 322 T 1, 4.6
Buchstabe Bbl 1 zu 1338, 2.1
Bündelleiter 1304 T 3, 1.10
Bündelungsgrad 1332, 2.27
Bürstenbreite, äquivalente 1304 T 7, 1.38
–, axiale 1304 T 7, 1.37
–, tangentiale 1304 T 7, 1.36
Bürstenhöhe 1304 T 7, 1.21
Bürstenüberdeckung 1304 T 7, 6.23

Carter-Faktor 1304 T 7, 6.32
– der Rotornutung 1304 T 7, 6.31
– der Statornutung 1304 T 7, 6.30
Catalansche Konstante 13 301, 1.2
Cauchy-Verteilung 13 303 T 1, 2.3.6
Cauchyscher Hauptwert 13 301, 1.7, 1.8
Celsius-Temperatur 1304 T 1, 5.3
Charakteristik 13 302, 4.12
charakteristisch 1304 T 1, 10.10; 1304 T 6, 13.1
charakteristische Funktion 13 303 T 1, 3.1.17
– Gleichung 1303, 4.37
– Untergruppe 13 302, 3.16
charakteristischer Parameter eines Lichtwellenleiters 1304 T 6, 8.14
charakteristisches Polynom 1303, 4.37
chemisch 1304 T 1, 10.10
chemische Angaben (Formelsatz) 1338, 9
chemisches Potential 4896, 15 bis 20; 13 345, 11
– – eines Stoffes B 1304 T 1, 6.10
– Reaktionssymbol 13 345, 7
Chiquadrat 13 303 T 1, 2.4.3, 2.4.4
Chiquadratverteilung 55 350 T 22, 1.2
Chrominanzsignal 1304 T 6, 10.3
Chronometerablesung 13 312, 9.2.6
Chronometergangberichtigung 13 312, 9.2.8
Chronometerstandberichtigung 13 312, 9.2.7
Cobaum 13 322 T 1, 4.13
coinitial 13 302, 6.30
confinal 13 302, 6.28
Coriolisparameter 1304 T 2, 1.8
Cosinus 1302, 13.2
– amplitudinis 13 301, 4.10

Cosinus, hyperbolischer Integral- 13 301, 3.8
–, Integral- 13 301, 3.6
Cotangens 1302, 13.4
CPA 13 312, 11.5.1
–, Zeispanne bis zum Erreichen 13 312, 11.5.2
Cumuluskondensationsniveau 1304 T 2, 2.29

δ-**D**istribution 5487, 5.2
Dämpfung 1304 T 1, 10.11
Dämpfungsbelag 1304 T 1, 2.20
Dämpfungsfaktor 1304 T 6, 1.10
Dämpfungsgrad 1304 T 1, 2.13; 1332, 1.31
Dämpfungskoeffizient 1304 T 1, 2.20; 1304 T 6, 1.16; 1332, 2.13;
– für einen bestimmten Mode 1304 T 6, 5.1.6
Dämpfungskonstante 1332, 2.13
Dämpfungsmaß 1304 T 6, 1.13; 1332, 2.16
–, komplexes 1304 T 6, 1.12
Darstellung (Formelzeichen bei beschränktem Zeichenvorrat) 13 304
–, graphische 461
Datum 13 312, 9.3.1
Dauer 1304 T 1, 2.1
Dauer- 1304 T 3, 7.7
Dauerkurzschlußstrom 1304 T 7, 5.4
Dauerwert 1304 T 3, 7.7
Deckenspannung der Erregerstromquelle, Nenn- 1304 T 7, 5.18
definit, nichtnegativ 1303, 4.30
–, positiv 1303, 4.30
Definitionsbereich 5473, 6.8, 7.2
definitionsgemäß gleich 1302, 2.3
Defokussierungsfaktor 1304 T 6, 7.1.10
Deformationsgeschwindigkeitstensor 1304 T 5, 2.9
Dehnung 1304 T 1, 3.27; 1304 T 5, 5.5; 1332, 1.15
dekadischer Logarithmus 1302, 12.5
Deklination 1304 T 2, 3.4.2, 7.2.6; 13 312, 4.4.1 Fußnote, 10.1.3.3, 10.4.2
– der natürlichen (oder der remanenten) magnetischen Polarisation bzw. der entsprechenden Magnetisierung 1304 T 2, 7.1.7
–, geomagnetische 1304 T 2, 7.3.3
Deklinationsparallel 13 312, 10.1.2.6
Dekrement, logarithmisches 1332, 1.29
Delta 1302, 10.10; siehe auch Laplacescher Operator
– amplitudinis 13 301, 4.11
demoduliert 1304 T 1, 10.11
Determinante 1303, 4.15
Deviation 1304 T 1, 10.11
–, Funk- 13 312, 4.4.11
–, Kreiselkompaß- 13 312, 4.4.5
–, Magnetkompaß- 13 312, 4.4.2
Dezil 13 303 T 1, 3.1.1.3.1, 3.1.1.3.2
Dezilabstand 13 303 T 1, 3.1.2.2
Dezimalbruch 1333, 3
–, abbrechender 1333, 3.1.1, 3.1.2, 9.1.3
–, mit den dienlichen Ziffern 1333, 3.1.7, 9.2
Dezimalbruch, periodischer 1333, 3.1.6, 9.1.4, 9.2.2
Dezimalschreibweise 1333, 3.1.1, 8.1, 10.1.10
Dezimalstelle 1333, 10.1.16
Dezimalsystem 1333, 8.1
Diagonalisierung 1303, 4.10
Diagonalmatrix 1303, 4.9
Diagramm 461, 1
Diagrammfläche 461, 4.1
Dichte 1304 T 1, 3.4; 1332, 1.22; 13 303 T 1, 2.1.4, 2.1.7, 2.3
– der Luft 1304 T 2, 1.17
dichte Halbordnung 13 302, 6.27
Dichte trockener Luft 1304 T 2, 2.19
–, bedingte 13 303 T 1, 4.2
–, relative 1304 T 1, 3.5
–, Schnee- 1304 T 2, 2.39
Dicke 1304 T 1, 1.10
– der Isolation 1304 T 7, 1.39
Dielektrizitätskonstante 1304 T 1, 4.13
Dielektrizitätszahl 1304 T 1, 4.15
dienliche Ziffern 1333, 3.1.3, 3.1.6, 3.1.7, 9.2
Differentialoperator 4895 T 2
Differentiation 1302, 10
differentiell 1304 T 1, 10.11
differentielle molare Reaktionsenergie 13 345, 17
– – Reaktionsenthalpie 13 345, 18, 19
differentieller Widerstand in Vorwärtsrichtung 1304 T 8, 1.17
Differenz 1302, 2.9, 10.10; 1304 T 1, 10.44; 1338, 4.2; 5473, 4.11
–, Druck- 1304 T 7, 4.9
–, Regel- 19 221, 1104
Differenzgraph 13 322 T 1, 3.3
differenzierbar 1302, 10.1, 10.6
Differenzierbeiwert 19 221, 4.1
diffus 1304 T 1, 10.11
diffuse Sonnenstrahlung 1304 T 2, 3.1.4
Diffusion 1304 T 5, 5.5
Diffusionskoeffizient, turbulenter 1304 T 2, 1.54
Digital-Übertragungstechnik 1304 T 6, Abschnitt 2.9
Digitperiode 1304 T 6, 9.3
Digitrate 1304 T 6, 9.4
Dimension (Vektorraum) 13 302, 7.16, 8.7
Dinggröße 5478, 2.1, 3, 4
Dinggrößenschritt 5478, 5.1
Dipolmoment, elektrisches 1304 T 1, 4.8
Dirac-Distribution 5487, 5.2
direkt 1304 T 1, 10.11
direkte Sonnenstrahlung 1304 T 2, 3.1.1
– Summe 13 302, 3.28
direktes Produkt 13 302, 3.27
Direktionsmoment 1304 T 1, 3.33; 1332, 1.37
Disjunktion 5473, 3.1.3, 3.1.9
diskrete Bildvariable 19 221, 1111
– Wahrscheinlichkeitsverteilung 13 303 T 1, 2.1.1.3, 2.2; 55 350 T 22, 2.4

direkte Zufallsvariable 13 303 T 1, 1.1.5.1; 55 350 T 21, 1.1
diskreter Zufallsvektor 55 350 T 21, 1.3
dissipativer Zweipol 5489, 4.1.2
Dissoziationsgrad 4896, 12
Dissoziationskonstante 4896, 25
Distanz 1302, 8.17; 13 302, 8.15
– durchs Wasser 13 312, 5.4.1
– in der Luft 13 312, 6.3.2
– über Grund 13 312, 5.4.3, 6.3.1
–, Großkreis- 13 312, 8.2.1
–, loxodromische 13 312, 8.2.2
Distanzen 13 312, 6.3, 7.1, 8.2
distributiver Verband 13 302, 5.3
Divergenz 4895 T 2, 2.3, 3.4
Divergenzfaktor 1304 T 6, 7.1.10
divergenzfreies Niveau, Höhe 1304 T 2, 1.46
Division siehe Quotient
Doppelerdkurzschluß 1304 T 3, 7.15
Doppelpunkt 1302, Anm zu 2.11
doppelte Exponentialverteilung 55 350 T 22, 1.9
Doppelzeichen 1333, 3.3
Drall 1304 T 1, 3.19
Drehbeschleunigung 1304 T 1, 2.16
Drehbewegung 1312, 6
Drehgeschwindigkeit 1304 T 1, 2.15
Drehimpuls 1304 T 1, 3.19
Drehmoment 1304 T 1, 3.14
– bei festgebremstem Rotor 1304 T 7, 3.6
–, elektromagnetisches 1304 T 7, 3.3
Drehsinn 1312, 1.2, 6
drehsinnabhängiges Vorzeichen 1312, 7.2
Drehsteife 1332, 1.37
Drehstoß 1304 T 1, 3.20
Drehstromgenerator 1304 T 3, 5.7
Drehstrommotor 1304 T 3, 5.14
Drehung 1312, 6
Drehwinkel 1304 T 1, 1.4; 1304 T 7, 6.25; 1312, 7.2.2
Drehzahl 1304 T 1, 2.14
drei 1304 T 1, 10.4
Dreieck 1302, 8.18
Dreierblockgliederung 1333, 3, 3.1.1, 3.1.2, 3.1.6
Drillmoment 1304 T 1, 3.15
Drillung 1304 T 1, 3.32
Drosselspule 1304 T 3, 5.3
Druck 1304 T 1, 3.21, 10.28; 13 345, 3
–, absoluter 1304 T 1, 3.22
–, konstanter 1304 T 1, 10.28
–, statischer 1332, 2.2
Druckänderung, individuelle zeitbezogene 1304 T 2, 1.49
Druckdifferenz 1304 T 7, 4.9
–, atmosphärische 1304 T 1, 3.24
Druckgefälle in Hauptströmungsrichtung 1304 T 5, 3.4
Druckspannung 1304 T 1, 3.25
Druckverlustzahl 1304 T 5, 4.6
duale Basis 1303, 2.5
dualer R-Modul 13 302, 7.10
Dualraum 1303, 1.24
Dualschreibweise 1333, 8.2
Dualstelle 1333, 10.1.16
Dualsytem 1333, 8.2
Dunstextinktion 1304 T 2, 3.6.6
durch 1302, 2.11
Durchbiegung 1304 T 1, 1.13
Durchflutung, elektrische 1304 T 1, 4.19; 5489, 9.1
Durchgang 1304 T 1, 10.33
Durchhang 1304 T 1, 1.13; 1304 T 3, 1.6
–, mittlerer 1304 T 3, 1.7
Durchlaßspannung 1304 T 8, 1.38
Durchlaßstrom 1304 T 8, 1.39
Durchlaufsinn 1312, 1.1, 3, 6.2
durchlaufsinnabhängiges Vorzeichen 1312, 7.1
Durchmesser 1304 T 1, 1.14
– des Ankers 1304 T 7, 1.8
–, Außen- des Rotors 1304 T 7, 1.11
–, – des Stators 1304 T 7, 1.9
–, hydraulischer 1304 T 5, 1.2
–, Innen- des Rotors 1304 T 7, 1.12
–, – des Stators 1304 T 7, 1.10
–, Kommutator- 1304 T 7, 1.13
Durchschnitt 5473, 4.9, 4.13; 55 350 T 23, 4.1
– zweier Graphen 13 322 T 1, 3.6
DUT1 13 312, 9.1.4
dynamisch 1304 T 1, 10.11
dynamische Viskosität 1304 T 1, 3.40

Ebbe 13 312, 13.1.6
Ebene 13 302, 8.9
–, orientierte 1312, 1.2
ebener Winkel 1304 T 1, 1.4
Echoanzeigen 13 312, 11.1
Echodämpfungsmaß 1304 T 6, 4.10
Echolotung 13 312, 13.2.3
Echolotwandler 13 312, 13.2.2
Ecke 13 322 T 1, 2
effektiv 1304 T 1, 10.12; 1304 T 7, 7.23
effektive Antennenfläche 1304 T 6, 6.20
– Ausstrahlung 1304 T 2, 3.3.2
effektiver Erdradius 1304 T 6, 7.1.9
– Luftspalt 1304 T 7, 1.25
Effektivwert 5483 T 2, Tab 1 Nr 9, Tab 1 Nr 21
–, gleitender 5483 T 2, Tab 1
–, komplexer 5489, 7.1
Eigenfrequenz 1304 T 1, 2.5, 2.6
Eigengeschwindigkeit des Schiffes 13 312, 5.1.5
Eigengeschwindigkeit, wahre 13 312, 6.1.1
Eigengeschwindigkeitsbetrag 13 312, 5.2.5
Eigenkreisfrequenz 1304 T 1, 2.9
Eigenrichtung 13 312, 5.3.5
eindimensionale bedingte Häufigkeitsverteilung 55 350 T 23, 2.15
– diskrete Wahrscheinlichkeitsverteilung 55 350 T 22, 2
– Häufigkeitsverteilung 55 350 T 23, 2.8

eindimensionale Randverteilung 55 350 T 23, 2.14
– stetige Wahrscheinlichkeitsverteilung 55 350 T 22, 1
– Wahrscheinlichkeitsverteilung 55 350 T 21, 2.1
Eindringtiefe 1304 T 1, 4.59
Einerteilung 5478, 5.1
einfache Elektrolytlösung 4896
– Gruppe 13 302, 3.19
– Hypothese 13 303 T 2, 2.2.1; 55 350 T 24, 3.3
Einfallswinkel 1304 T 2, 5.10
Einfügung (Index) 1304 T 6, 13.5
Eingang 1304 T 1, 10.2, 10.19
Eingangsgröße 19 221, 1101
Eingangsimpedanz 1304 T 6, 2.1
Eingangsleistung 1304 T 6, 6.5; 1304 T 7, 5.33
eingipflige Verteilung 55 350 T 23, 4.5
– Wahrscheinlichkeitsverteilung 55 350 T 21, 3.3
Einheit (Kategorie) 13 302, 10.4; (Zahlentheorie) 1302, 6.2
–, imaginäre 1302, 4.1
Einheiten, besondere 13 312, 3
Einheitenprodukt 1338, 2.3
Einheitenzeichen 1304 T 1, Abschnitt 3; 1338, Tab 1 Nr 4
Einheits-Sprungfunktion 5487, 5.1
Einheitsmatrix 1303, 4.11
Einheitsstoß, idealer 5487, 5.2
Einheitsvektor 1303, 1.12
Einheitswechselstoß, idealer 5487, 5.3
einpoliger Kurzschluß 1304 T 3, 7.12
eins 1304 T 1, 10.2
Eins (Zahl) 1302, 3.2
Einschalt- 1304 T 3, 7.8
Einschaltwert 1304 T 3, 7.8
Einschränkung 5473, 7.5
einseitig abgegrenzter statistischer Anteilsbereich 55 350 T 24, 2.3
– – Vertrauensbereich 55 350 T 24, 2.2
einseitiger Test 55 350 T 24, 3.9.1
einseitiges Konfidenzintervall 13 303 T 2, 4.3
Einselement 1302, Anm zu 3.2; 13 302, 1.7
Einsvektor 4895 T 1, 7.1
– in Richtung der Flächennormalen 1304 T 5, 1.4
–, normal zur Stromlinie 1304 T 2, 1.22
–, tangential in Richtung der Stromlinie 1304 T 2, 1.21
Einzelwahrscheinlichkeit 1304 T 6, 11.13
einziffrig 1333, 9.1.1
Eisen 1304 T 7, 7.26
Eisenfüllfaktor 1304 T 7, 6.29
Eisenlänge 1304 T 7, 1.2
–, äquivalente 1304 T 7, 1.7
–, reine 1304 T 7, 1.3
elastisch 1304 T 1, 10.12
elastische Güte 1304 T 2, 5.11
– Verschiebung 1304 T 2, 5.1
Elastizitätsmodul 1304 T 1, 3.34; 1332, 1.17
elektrisch 1304 T 1, 10.12
elektrische Durchflutung 1304 T 1, 4.19; 5489, 9.1
– Feldkonstante 1304 T 1, 4.14
– Feldstärke 1304 T 1, 4.11
– Flußdichte 1304 T 1, 4.6
– Impedanz 1332, 3.5
– Kapazität 1304 T 1, 4.12
– Ladung 1304 T 1, 4.1
– Leistung 1332, 3.6; siehe auch Leistung
– Leitfähigkeit 1304 T 1, 4.39; 4896, 33
– Luftleitfähigkeit 1304 T 2, 4.9
– Polarisation 1304 T 1, 4.7
– Potentialdifferenz 1304 T 1, 4.10
– Spannung 1304 T 1, 4.10
– Stromdichte 1304 T 1, 4.18; 1304 T 2, 4.2
– Stromstärke 1304 T 1, 4.17
– Suszeptibilität 1304 T 1, 4.16
elektrischer Fluß 1304 T 1, 4.5
– Leitwert 1304 T 1, 4.37
– Strom 5489, 3.1
– Wandlerkoeffizient 1332, 3.4
– Widerstand 1304 T 1, 4.36
– Widerstand, spezifischer 1304 T 1, 4.38
elektrisches Dipolmoment 1304 T 1, 4.8
– Potential 1304 T 1, 4.9
Elektrizität, atmosphärische 1304 T 2, Abschnitt 2.4
Elektrizitätsmenge 1304 T 1, 4.1
elektroakustischer Leistungsübertragungsfaktor 1332, 3.2
– Übertragungsfaktor 1332, 3.1
elektroakustisches Übertragungsmaß 1332, 3.3
elektrochemisches Potential 4896, 30
Elektrolytlösung 4896
elektromagnetische Leistungsdichte 1304 T 1, 4.52
elektromagnetisches Drehmoment 1304 T 7, 3.3
– Moment 1304 T 1, 4.33
Elektronendichte 1304 T 6, 7.3.2
Element 5473, 4.1
– (Struktur) 13 302
–, konzentriertes 5489, 2
–, neutrales 5473, 7.18
Elementarladung 1304 T 1, 4.2; 4896, 27
ellipsoidische Breite 13 312, 7.1.3
– Höhe 1304 T 2, 6.7
– Länge 13 312, 7.1.4
elliptische Funktionen 13 301, 4
– Integrale 13 301, 4
Emissionsgrad 1304 T 1, 7.26
– der Erdoberfläche, halbräumlicher 1304 T 2, 3.8.6
Empfang 1304 T 1, 10.30
Empfangsleistung 1304 T 6, 6.3
Empfindlichkeit 1332, 3.2
empirisch 55 350 T 23, Fußnote 1
empirische Kovarianz 13 303 T 1, 1.2.12

empirische Kovarianzmatrix 13 303 T 1, 1.2.12.1
- Regressionsfläche 55 350 T 23, 8.4
- Regressionskonstante 13 303 T 1, 1.2.15
- Regressionskurve 55 350 T 23, 8.3
- Standardabweichung 13 303 T 1, 1.2.10.1
- Varianz 13 303 T 1, 1.2.10; 55 350 T 23, Fußnote 1
- Verteilungsfunktion 13 303 T 1, 1.2.3; 55 350 T 23, 2.7
empirischer Korrelationskoeffizient 13 303 T 1, 1.2.13
- Median 13 303 T 1, 1.2.4
- Regressionskoeffizient 13 303 T 1, 1.2.14
- Variationskoeffizient 13 303 T 1, 1.2.11
empirisches Moment 13 303 T 1, 1.2.9
- Quantil 13 303 T 1, 1.2.4
Ende 1304 T 1, 10.14
Enderate 1304 T 6, 12.7
Endknoten 13 322 T 1, 2.4
Endkurs, Großkreis- 13 312, 8.3.2
Endomorphismus 5473, 8.7; 13 302, 2.6, 10.7
Endzustand 1304 T 1, 10.3
energetisch 1304 T 1, 10.12
Energie 1304 T 1, 3.47, 4.48
–, innere 1304 T 1, 5.28, 5.29
–, kinetische 1304 T 1, 3.49; 1332, 1.32
–, potentielle 1304 T 1, 3.48; 1332, 1.33
–, volumenbezogene 1304 T 1, 3.50
Energiedichte 1304 T 1, 3.50
Energiedosis 1304 T 1, 8.30
Energiedosisleistung 1304 T 1, 8.31
Energiedosisrate 1304 T 1, 8.31
Energiefluenz 1304 T 1, 8.25
Energieflußdichte 1304 T 1, 8.26
Energiestrom(-stärke) 1304 T 5, 3.15
Energiestromdichte 1304 T 1, 4.52
Energieübertragungsvermögen, lineares 1304 T 1, 8.32
Energieverhältnis 1304 T 1, 3.55
Enstrophie 1304 T 2, 1.45
Entfernung 1304 T 6, 7.1.4
Enthalpie 1304 T 1, 5.26
–, massenbezogene 1304 T 1, 5.27
–, spezifische 1304 T 1, 5.27
Entrainmentkoeffizient 1304 T 2, 2.24
Entropie 1304 T 1, 5.24; 1304 T 6, 11.2
–, massenbezogene 1304 T 1, 5.25
–, spezifische 1304 T 1, 5.25
Entscheidungsgehalt 1304 T 6, 11.1
entspricht 1302, 1.4
Epimorphismus 5473, 8.4; 13 302, 2.3
Epizentralentfernung 1304 T 2, 5.9.2
Epizentralwinkel 1304 T 2, 5.9.1
Erdbodentemperatur 1304 T 2, 2.10
Erde 1304 T 1, 10.13; 1304 T 3, 6.3; 13 312, 10.3.1.5
Erdellipsoid 1304 T 2, 6.2, 6.3, 6.4
Erdfehlerfaktor 1304 T 3, 3.8
Erdleitfähigkeit 1304 T 6, 7.1.6
erdmagnetisches Feld 1304 T 2, 7.2; 13 312, 12.3.4
Erdmagnetismus 1304 T 2, Abschnitt 2.7
Erdradius, effektiver 1304 T 6, 7.1.9
–, mittlerer 1304 T 2, 6.1
–, tatsächlicher 1304 T 6, 7.1.7
Erdrotation, mittlere Winkelgeschwindigkeit 1304 T 2, 6.42
–, Winkelgeschwindigkeit 13 312, 12.1.3
Erdrotationsachse 1304 T 2, 6.9
Erdschluß 1304 T 1, 10.13; 1304 T 3, 7.9
Erdschlußstrom, kapazitiver 1304 T 3, 2.2
Erdschwerpunkt 1304 T 2, 6.10
Erdstromtiefe 1304 T 3, 1.8
Ereignis 13 303 T 1, 1.1.4
erfüllt 5473, 3.5.1
Ergänzung eines Bivektors 1303, 7.13
Ergebnis 13 303 T 1, 1.1.1
Ergebnismenge 13 303 T 1, 1.1.2
Ergebniswert 1333, 6
Erhebungswinkel 1304 T 6, 7.1.5
Erlang-Verteilung 55 350 T 22, 1.7
Erregerstrom 5489, 9.1
Erregerstromquelle, Nenndeckenspannung der 1304 T 7, 5.18
Erregersystem 1304 T 7, 7.3
Erregung 1304 T 1, 10.14; 1304 T 7, 7.2
erreichbares Konfidenzniveau 13 303 T 2, 4.1.3
- Signifikanzniveau 13 303 T 2, 2.5.2.1
Ersatz-Spannugsquelle 5489, 7.2
Ersatz-Stromquelle 5489, 7.2
Ersatzschaltbild 5489, 7.2
Ersatzwiderstand 1304 T 8, 1.18
Ersatzzeichen 1304 T 6, Abschnitt 1
erste Plancksche Strahlungskonstante 1304 T 1, 7.24
erster Vertikal 13 312, 10.1.2.4
erstes Kirchhoff-Gesetz 5489, 2, 3.4
- Viertel 13 312, 13.3.3
erwartungstreue Schätzfunktion 55 350 T 24, 1.4.1
erwartungstreuer Schätzer 13 303 T 2, 3.5
Erwartungswert 13 303 T 1, 3.1.3; 55 350 T 21, 3.1, 6.1
- der Randverteilung 55 350 T 21, 2.2, 6.4
–, bedingter 13 303 T 1, 4.3
Erweiterung 13 302, 2.1
erzeugen 13 302, 2.9
erzeugende Funktion 13 303 T 1, 3.1.16
Erzeugendensystem 13 302, 4.13
Erzeuger-Bepfeilung 5489, 4.2
euklidisch 5473, 6.15
euklidische Norm 1303, 4.36
euklidischer Vektorraum 1303, 1.9; 13 302, 7.20
Euler-Mascheronische Konstante 13 301, 1.1
Euler-Zahl 1304 T 5, 4.8
Eulersche Konstante 13 301, 1.1
- Zahlen 13 301, 1.4

Eulersches Integral 2. Art 13 301, 2.1
Evapotranspiration, aktuelle 1304 T 2, 2.36
–, potentielle 1304 T 2, 2.35
Existenzquantor, relativierter 5473, 3.2.2
Exponent 1302, 3.5; 1333, 10.2.5; 13 304, Tab 3
– der Gradationskennlinie 1304 T 6, 10.21
Exponentialfunktion 1302, 12.1
Exponentialintegral 13 301, 3.1, 3.2
Exponentialverteilung 13 303 T 1, 2.3.3; 55 350 T 22, 1.6
extern 1304 T 1, 10.12
externe Verknüpfung 13 302, 1.2
Extinktion 1304 T 2, 3.6.6, 3.6.9
Extinktionskoeffizient 1304 T 2, 3.6.3
extraterrestrische Sonnenstrahlung bei aktuellem Sonnenabstand 1304 T 2, 3.1.2
– – – mittlerem Sonnenabstand 1304 T 2, 3.1.3
Extremwertverteilung 13 303 T 1, 2.3.7 bis 2.3.9
– vom Typ I 55 350 T 22, 1.9
– – – II 55 350 T 22, 1.10
– – – III 55 350 T 22, 1.11
Exzeß 13 303 T 1, 3.2.3.1; 55 350 T 21, 5.3; 55 350 T 23, 6.3

F, nichtzentrales 13 303 T 1, 2.4.8
–, zentrales 13 303 T 1, 2.4.7
F-Verteilung 55 350 T 22, 1.4
Fahrt durchs Wasser 13 312, 5.2.7
– über Grund 13 312, 5.2.9
Fahrtfehlerberichtigung 13 312, 4.4.5
Fahrtwind 13 312, 5.1.2
–, Strömungsrichtung 13 312, 5.3.2
Fahrtwindgeschwindigkeit 13 312, 5.2.2
Faktor zur Berechnung des Stoßkurzschlußstromes 1304 T 3, 3.9
–, Carter- 1304 T 7, 6.32
–, – der Rotornutung 1304 T 7, 6.31
–, – der Statornutung 1304 T 7, 6.30
–, Eisenfüll- 1304 T 7, 6.29
–, Gesamtstreu- 1304 T 7, 6.14
–, Induktivitäts- bei Stromverdrängung 1304 T 7, 6.34
–, Nutfüll- 1304 T 7, 6.28
–, Rotor-Streu- 1304 T 7, 6.16
–, Schrägungs- 1304 T 7, 6.20
–, Sehnungs- 1304 T 7, 6.19
–, Stapel- 1304 T 7, 6.29
–, Stator-Streu- 1304 T 7, 6.15
–, Wicklungs- 1304 T 7, 6.17
–, Widerstands- bei Stromverdrängung 1304 T 7, 6.33
–, Zonen- 1304 T 7, 6.18
Faktorgruppe 13 302, 3.30
Faktorielle 13 301, 1.5, 1.6
faktorielles Moment 13 303 T 1, 3.1.13
Fakultät 1302, 3.8
Fallbeschleunigung 1304 T 1, 2.26
Falldauer 13 312, 13.4.7
Falsum 5473, 3.1.7
Faltungsprodukt 5487, 3.1.4, 3.2.4, 3.3.4
Familie der zugelassenen Wahrscheinlichkeitsverteilungen 13 303 T 2, 1.2.1
Faraday-Konstante 1304 T 1, 6.13; 4896, 28
Farbdifferenzsignal breitbandig bei analoger NTSC-Codierung 1304 T 6, 10.7
– proportional B-Y bei analoger PAL-Codierung 1304 T 6, 10.14
– – – bei digitaler Codierung 1304 T 6, 10.4
– – R-Y bei analoger PAL-Codierung 1304 T 6, 10.15
– – – bei digitaler Codierung 1304 T 6, 10.5
– schmalbandig bei analoger NTSC-Codierung 1304 T 6, 10.8
Farbträgerfrequenz 1304 T 6, 10.20
Farbwertsignal Blau 1304 T 6, 10.2
– Grün 1304 T 6, 10.6
– Rot 1304 T 6, 10.9
Fehler erster Art 13 303 T 2, 2.5; 55 350 T 24, 3.11
– im Ansatz 55 350 T 24, 3.5
– zweiter Art 13 303 T 2, 2.6; 55 350 T 24, 3.12
Fehlerfunktion 13 301, 3.10
–, komplementäre 13 301, 3.11
Fehlerstelle 1304 T 3, 6.4
Fehlweisung 13 312, 4.4.6
Feld 1304 T 1, 10.14; 1304 T 7, 7.2
Feldadmittanz 1304 T 6, 5.3.4
– für einen Wellenleiter 1304 T 6, 5.5
– im leeren Raum 1304 T 6, 5.4.4
– – – –, normierte 1304 T 6, 5.4.6
– im unbegrenzten leeren Raum 1304 T 6, 5.4
– – – Stoff 1304 T 6, 5.3
– normierte 1304 T 6, 5.3.6
Feldimpedanz 1304 T 6, 5.3.3; 1332, 2.20
– für einen Wellenleiter 1304 T 6, 5.5
– im leeren Raum 1304 T 6, 5.4.3
– – – –, normierte 1304 T 6, 5.4.5„
– im unbegrenzten leeren Raum 1304 T 6, 5.4
– – – Stoff 1304 T 6, 5.3
–, normierte 1304 T 6, 5.3.5
Feldkonstante, elektrische 1304 T 1, 4.14
–, magnetische 1304 T 1, 4.28
Feldradius bei einmodigen Wellenleitern 1304 T 6, 8.15
Feldstärke, elektrische 1304 T 1, 4.11
–, magnetische 1304 T 1, 4.21; 5489, 9.2
Feldstärkepegel 1304 T 6, 7.1.1
Feldwellenadmittanz 1304 T 6, 5.3.2
Feldwellenimpedanz 1304 T 6, 5.3.1
Feldwellenleitwert des leeren Raumes 1304 T 6, 5.4.2
Feldwellenwiderstand des leeren Raumes 1304 T 6, 5.4.1
Fernnebensprech-(Index) 1304 T 6, 13.9
Fernsehtechnik 1304 T 6, Abschnitt 2.10
fest 1304 T 1, 10.32
fester Bezugswert 1304 T 1, 10.1; 1304 T 5, 5.1
Festkommadarstellung 1333, 10.2.4
Festkommaschreibweise 1333, 10.2.4

Festkörper 1304 T 5, 5.8
feucht 1304 T 1, 10.17, 10.37
Feuchte 1304 T 2, Abschnitt 2.2
– bei Sättigung, spezifische 1304 T 2, 2.18
–, absolute 1304 T 2, 2.14
–, relative 1304 T 2, 2.15
–, spezifische 1304 T 2, 2.16
feuchtpotentielle Temperatur 1304 T 2, 2.5
Feuersichtweite 1304 T 2, 3.7.3
fiktiver Radius eines Bündelleiters 1304 T 3, 1.10
Filter 13 302, 5.8, 5.10
Fischer-Verteilung 55 350 T 22, 1.4
Fixstern 13 312, 10.3.1.3
Fläche 1304 T 1, 1.16; 1332, 1.5
–, nichtorientierbare 1312, Anm zu 1.2
–, strahlende, einer Lichtquelle 1304 T 6, 8.10
flächenbezogene Größe 1304 T 1, Abschnitt 4.2
– Masse 1304 T 1, 3.3
Flächeninhalt 1304 T 1, 1.16; 1312, 7.2.1
Flächenintegral (Vorzeichen) 1312, 7.1.2
Flächenladungsdichte 1304 T 1, 4.3
Flächenleitwert 1304 T 6, 5.5.10
Flächenmoment 1. Grades 1304 T 1, 3.43
– 2. Grades 1304 T 1, 3.45
–, magnetisches 1304 T 1, 4.33, 8.9
Flächennormale, Einsvektor in Richtung der 1304 T 5, 1.4
Flächenträgheitsmoment 1304 T 1, 3.45; 1332, 1.34
Flächenwiderstand 1304 T 6, 5.5.9
Flächenwirkungsgrad 1304 T 6, 6.21
Fleckradius bei einmodigen Wellenleitern 1304 T 6, 8.15
Fluenz 1304 T 1, 8.23
Flugabschnitt 13 312, 8.5.3
Flugdauer, sichere 13 312, 14.5.6
–, verbleibende 13 312, 14.5.5
Flugdauern, Kurve gleicher 13 312, 14.5.9
Flughöhe 13 312, 14.3
Flugweg des geringsten Zeitbedarfs 13 312, 14.5.1
Flugzeit 13 312, 14.4
Fluid 1304 T 5, 5.6
flüssig 1304 T 1, 10.22
Fluß, elektrischer 1304 T 1, 4.5
–, magnetischer 1304 T 1, 4.22
–, verketteter 1304 T 7, 5.1
Flußdichte 1304 T 1, 8.24
– des durch den Fahrzeugkörper verursachten magnetischen Störfeldes am Kompaßort 13 312, 12.3.6
– des erdmagnetischen Feldes am Kompaßort 13 312, 12.3.4
–, elektrische 1304 T 1, 4.6
–, gesamte 1304 T 2, 7.2.1
–, Horizontalkomponente 1304 T 2, 7.2.5
Flußdichte, magnetische 1304 T 1, 4.23; 5489, 9.1, 9.2; 13 312, 12.3.3
–, Nordkomponente 1304 T 2, 7.2.2
–, Ostkomponente 1304 T 2, 7.2.3
–, Vertikalkomponente 1304 T 2, 7.2.4
Flußimpedanz 1332, 2.23
Flut 13 312, 13.1.5
Folge 1302, 9.1
folgt 5473, 3.5.3
Foot (Umrechnung) 4890, 2.3
Form der Erde 1304 T 2, Abschnitt 2.6
Format 1333, 10.2
Formel (Schreibweise) 1338
Formelsatz; Formelschreibweise 1338; Bbl 1 zu 1338; Bbl 2 zu 1338
Formfaktor 1304 T 1, 4.62
Formparameter 13 303 T 1, 3.2.3; 55 350 T 21, 5, 2.8.2
Fourier-Koeffizienten 13 301, 10.4.1 bis 10.4.3
Fourier-Transformation 5487, 3.1
Fourier-Transformierte 5487, 3.1.2; 13 303 T 1, 3.1.17
Fraktil 55 350 T 21, 2.5
Fréchet-Verteilung 13 303 T 1, 2.3.8; 55 350 T 22, 1.10
Freiheitsgrad 13 303 T 1, 2.4; 55 350 T 22, 1.2, 1.3, 1.4
Freileitung 1304 T 3, 5.8
Freiluftanomalie 1304 T 2, 6.48
Freiraumdämpfungsmaß 1304 T 6, 7.4.4
Freiraumfeldstärke 1304 T 6, 7.1.2
Freiraumfeldstärkepegel 1304 T 6, 7.1.3
freistehende Formel 1338, 6.2
Frequenz 1304 T 1, 2.4; 1304 T 6, 5.1; 1332, 1.9
–, Kreis- 5489, 7.1
–, kritische 1304 T 6, 7.3.5
–, optische 1304 T 6, 8.4
Frequenzabweichung, momentane 1304 T 6, 1.35
Frequenzhub 1304 T 6, 1.34
Fresnelsche Integrale 13 301, 3.12, 3.13
Frontgeschwindigkeit 1304 T 2, 1.31
Froude-Zahl 1304 T 2, 1.53; 1304 T 5, 4.9
Frühlingspunkt 13 312, 10.1.1.5
–, Greenwicher Stundenwinkel 13 312, 10.1.3.5.1
–, Ortsstundenwinkel 13 312, 10.1.3.4.3
fühlbare Wärmestromdichte 1304 T 2, 1.5
Führungsgröße 19 221, 1102
Füllfaktor, Eisen- 1304 T 7, 6.29
–, Nut- 1304 T 7, 6.28
Füllzeichen 1333, 3, 3.1.2
Fünferteilung 5478, 5.1
fundamentale Maschen-Widerstandsmatrix Z_{mf} 13 322 T 2, 7.4.1
– Trennmengen-Leitwertmatrix Y_{rf} 13 322 T 2, 7.3.1
Fundamentalmasche 13 322 T 1, 4.14
Fundamentaltrennmenge 13 322 T 1, 4.16
Funkazimut 13 312, 4.3.2.4 Fußnote

Funkbeschickung 13 312, 4.4.11
Funkdeviation 13 312, 4.4.11
Funkfelddämpfungsmaß 1304 T 6, 7.4.2
–, ideales 1304 T 6, 7.4.3
Funkpeilung, Kreisel-, abgelesene 13 312, 4.3.2.3
–, mißweisende 13 312, 4.3.2.5
–, rechtweisende 13 312, 4.3.2.4
Funkpeilungen 13 312, 4.3.2
Funkseitenpeilung 13 312, 4.3.2.2
–, abgelesene 13 312, 4.3.2.1
–, beschickte 13 312, 4.3.2.2
Funkstandlinien 13 312, 7.3.3
Funktion 5473, 7.1
– von Zufallsgrößen 55 350 T 21, 1.4
–, Beta- 13 301, 2.5
–, charakteristische 13 303 T 1, 3.1.17
–, Fehler- 13 301, 3.10
–, Gamma- 13 301, 2.1
–, Heaviside- 5487, 5.1
–, hypergeometrische 13 301, 6.2
–, Jacobische Zeta- 13 301, 4.12
–, konfluente hypergeometrische 13 301, 6.3
–, Kummersche 13 301, 6.3
–, Original- 5487, 1.1, 3.1.3, 3.2.3
–, Psi- 13 301, 2.4
–, Riemannsche Zeta- 13 301, 3.14
–, suffiziente 13 303 T 2, 1.3
–, trigonometrische 1302, 13
–, Übertragungs- 19 221, 1112
–, unvollständige Gamma- 13 301, 2.2, 2.3
–, verallgemeinerte hypergeometrische 13 301, 6.1
–, Weierstraßsche P- 13 301, 4.17
–, – Sigma- 13 301, 4.19
–, – Zeta- 13 301, 4.18
Funktionalparameter 13 303 T 1, 3.1, 3.2; 55 350 T 21, 2.8.2
Funktionen, Airy- 13 301, 5.9
–, Bessel- 13 301, 5.1
–, elliptische 13 301, 4
–, Jacobische Theta- 13 301, 4.13 bis 4.16
–, Kelvin- 13 301, 5.5
–, Kugel- 13 301, 9
–, Kugelflächen- 13 301, 7.3
–, Legendre- 13 301, 9.1, 9.4
–, Mathieu- 13 301, 10
–, Neumann- 13 301, 5.2
–, Sphäroid- 13 301, 9
–, Zylinder- 13 301, 5
Funktionsleiter 5478, 7
Funktionspapier 5478, 6.2
Funktionszeichen (Formelsatz) 1338, Tab 1 Nr 3
Funktor 13 302, 10.11
Funkwellenausbreitung 1304 T 6, Abschnitt 2.7

Gammafunktion 13 301, 2.1
–, unvollständige 13 301, 2.2, 2.3
Gammaverteilung 13 303 T 1, 2.3.4; 55 350 T 22, 1.7
Gangberichtigung, Chronometer- 13 312, 9.2.8
ganzalgebraisch; ganze algebraische Zahl 1302, 6.1
ganze Zahl 1302, 5.1 bis 5.3
ganzzahlige Zufallsvariable 13 303 T 1, 1.1.5.2
ganzzahliger Teil 1333, 10.1.11
gasförmig 1304 T 1, 10.15
Gaskonstante eines Stoffes B, individuelle 1304 T 1, 5.32
–, universelle 1304 T 1, 6.14
–, – (molare, stoffmengenbezogene) 4896, 2; 13 345, 1
Gauß-Verteilung 13 301, 3.9; 13 303 T 1, 2.3.2; 55 350 T 22, 1.1
gebräuchlich 1304 T 1, 10.34
gebrochener Teil 1333, 10.1.12
Gefälle, Geschwindigkeits- 1304 T 5, 2.7
gefordertes Konfidenzniveau 13 303 T 2, 4.1.2
–, Signifikanzniveau 13 303 T 2, 2.5.2
Gegenbauer-Polynome 13 301, 7.5
gegendrehend 1304 T 1, 10.3
Gegenhypothese 55 350 T 24, 3.2
gegenseitige Induktivität 1304 T 1, 4.26; 5489, 8.2
gegensinnig parallel 1302, 8.8
Gegenstrahlung 1304 T 2, 3.2.2
Gegenwindkomponente 13 312, 6.4.2
Gelenk 13 322 T 1, 4.7
gemessen 1304 T 1, 10.24
gemischte Brüche 1333, 3.1.10
gemischter Tensor 1303, 6.5
Genauwert 323 T 1
generativer Zweipol 5489, 4.1.2
Generator 1304 T 1, 10.16; 1304 T 3, 5.4
genormt 1304 T 1, 10.32
geodätische Breite 1304 T 2, 6.16; 13 312, 7.1.3
– Länge 1304 T 2, 6.17; 13 312, 7.1.4
– Zenitdistanz 1304 T 2, 6.25
geodätisches Azimut 1304 T 2, 6.23
geographische Breite 13 312, 7.1.1, 10.4.1
– Koordinaten eines Ortes 13 312, 7.1
– Länge 13 312, 7.1.2, 10.4.1
Geoid 1304 T 2, 6.35
Geoidhöhe 1304 T 2, 6.46
Geoidundulation 1304 T 2, 6.46
geomagnetische Breite 1304 T 2, 7.3.1
– Deklination 1304 T 2, 7.3.3
– Koordinaten 1304 T 2, 7.3
– Länge 1304 T 2, 7.3.2
Geometrie 1302, 8
geometrische Abplattung 1304 T 2, 6.5
– Orientierung 1312
– Struktur 13 302, 8
– Verteilung 13 303 T 1, 2.2.4.1; 55 350 T 22, 2.2

geometrischer Mittelwert 5483 T 2, Tab 1 Nr 10; 55 350 T 23, 4.4
– Winkel 1312, 7.2.3
Geopotential 1304 T 2, 6.35
geopotentielle Kote 1304 T 2, 6.39
– Tendenz 1304 T 2, 1.44
geordnetes Knotenpaar 13 322 T 1, 2.1
– Paar 5473, 6.1
geostrophischer Wind 1304 T 2, 1.26
geozentrische Breite 13 312, 7.1.5
– Gravitationskonstante 1304 T 2, 6.41
– Länge 13 312, 7.1.6
geplanter Gitterkurs 13 312, 4.2.10
– mißweisender Kurs 13 312, 4.2.8
Gerade 1302, 8.1; 13 302, 8.8
gerade Lamé-Polynome 13 301, 11.1
– Mathieu-Funktionen 13 301, 10.3.2, 10.5.2
Gerade, orientierte 1302, 8.5; 1312, 1.1
Gerade-Zahl-Regel 1333, 4.5.1 Anm 2 u 3
Geräusch 1304 T 6, 1.4
Gerüst 13 322 T 1, 4.11
gerundete Zahlen 1333, 3.1.3, 4, 10.2
Gesamtbeschickung 13 312, 10.2.17
gesamte Flußdichte 1304 T 2, 7.2.1
– relative induktive Gleichspannungsänderung 1304 T 8, 1.30
– – ohmsche Gleichspannungsänderung 1304 T 8, 1.29
Gesamtextinktion 1304 T 2, 3.6.9
Gesamtleistungsfaktor 1304 T 8, 1.31
Gesamtmasse der Erde 1304 T 2, 6.26
Gesamtschätzabweichung 55 350 T 24, 1.3
Gesamtstrahlungsbilanz 1304 T 2, 3.3.3
Gesamtstreufaktor 1304 T 7, 6.14
Gesamtzahl der Leiter 1304 T 7, 6.7
geschnitten 5473, 4.9
Geschwindigkeit 1304 T 1, 2.23; 1332, 1.3
– der Kompressionswellen 1304 T 2, 5.6
– der Scherungswellen 1304 T 2, 5.7
– des ageostrophischen Windes 1304 T 2, 1.30
– des geostrophischen Windes 1304 T 2, 1.26
– des Gradientwindes 1304 T 2, 1.25
– des isallobarischen Windes 1304 T 2, 1.29
– des Schiffes durchs Wasser 13 312, 5.1.7
– – – über Grund 13 312, 5.1.9
– des thermischen Windes 1304 T 2, 1.28
– des zyklostrophischen Windes 1304 T 2, 1.27
–, Abfluß- 1304 T 2, 2.37
–, Front- 1304 T 2, 1.31
–, Gruppen- 1304 T 2, 5.4
–, Hauptstrom- 1304 T 5, 2.4
–, Laval- 1304 T 5, 2.6
–, Phasen- 1304 T 2, 5.5
–, Rossby- 1304 T 2, 1.10
–, Scher- 1304 T 5, 2.7
–, Schubspannungs- 1304 T 2, 1.33
–, Schwankungs- 1304 T 5, 2.5
Geschwindigkeit, Signal- 1304 T 2, 5.3
–, Zirkulations- 1304 T 2, 1.40
–, Zonal- 1304 T 2, 1.24
Geschwindigkeiten, Beträge von 13 312, 5.2, 6.1
Geschwindigkeitseinheit 13 312, 3.2
Geschwindigkeitsgefälle 1304 T 5, 2.7
Geschwindigkeitskonstante 13 345, 22
Geschwindigkeitspotential 1304 T 2, 1.38; 1304 T 5, 2.13
–, komplexes 1304 T 5, 2.15
Geschwindigkeitsvektoren 13 312, 5.1
gesetzliche Zeit 13 312, 9.1.6
Gesteinsmagnetismus 1304 T 2, 7.1
gesteuerte Spannungsquelle 5489, 6.1.2
– Stromquelle 5489, 6.2.2
Gestirnradius, scheinbarer 13 312, 10.2.16
gestürzte Matrix 1303, 4.7
Gewicht 1304 T 1, 3.1, 10.16
gewichteter Durchschnitt 55 350 T 23, 4.2
– Mittelwert 55 350 T 23, 4.2
Gewichtskraft 1304 T 1, 3.12
– der Kreiselkugel 13 312, 12.1.7
Gezeit, Alter 13 312, 13.3
–, Höhe 13 312, 13.4.1
Gezeiten 13 312, 13.1.1
–, Höhenunterschied 13 312, 13.4.11
–, Zeitunterschied 13 312, 13.4.12
Gitter- 1304 T 1, 10.15; 1304 T 8, 2.6
Gitter-Nord 13 312, 4.1.1.5
Gitterkurs über Grund 13 312, 4.2.11
–, geplanter 13 312, 4.2.10
Gitterpeilung 13 312, 4.3.2.7
Gittersteuerkurs 13 312, 4.2.5
glatt 1304 T 1, 10.22
gleich 1302, 2.1
Gleich- 1304 T 8, 2.2
Gleichanteil 1304 T 7, 7.7; 1304 T 8, 2.3; 5483 T 2, Tab 1 Nr 13
gleichartige Tensoren 1303, 6.2
Gleichgewichtskonstante 13 345, 16
Gleichgröße 5483 T 2, Tab 1 Nr 13
gleichmächtig 5473, 9.1
Gleichrichtwert 1304 T 1, 10.30; 5483 T 2, Tab 1 Nr 12, Tab 1 Nr 18
gleichsinnig parallel 1302, 8.7
Gleichspannungsänderung, gesamte relative induktive 1304 T 8, 1.30
–, – – ohmsche 1304 T 8, 1.29
(Gleich-)Strom, kontinuierlicher 1304 T 8, 1.9
Gleichstromgenerator 1304 T 3, 5.5
Gleichstrommotor 1304 T 3, 5.12
Gleichung, charakteristische 1303, 4.37
Gleichungssystem der Knotenanalyse 13 322 T 2, 7.2.1
– der Maschenanalyse 13 322 T 2, 7.4.1
– der Trennmengenanalyse 13 322 T 2, 73.1
Gleichverteilung 13 303 T 1, 2.2.1; 55 350 T 22, 1.8.1
Gleichwert 1304 T 7, 7.7

gleichzahlig 5473, 9.1
gleichzeitig 1304 T 1, 10.32
gleitender Effektivwert 5483 T 2, 1 Tab 1
– Mittelwert 5483 T 2, 1 Tab 1
Gleitkommadarstellung 1333, 10.2.5
Gleitkommaschreibweise 1333, 3.1.3, 10.2.5
Gleitkommazahl 1333, 4.5.1 Anm 3
Gleitzahl 1304 T 5, 4.4
Glied 13 322 T 1, 4.9
Gliederung 1333, 3
globale Sonnenstrahlung 1304 T 2, 3.1.5
Globalstrahlung 1304 T 2, 3.1.5
Grad 13 312, 3.3
graphische Symbole 13 312, 7.3, 10.3, 11.4
Grad des Körpers 13 302, 4.22
Gradient 4895 T 2, 2.2, 3.3
Gradientwind 1304 T 2, 1.25
Graph, dualer 13 322 T 1, 5.3
–, ebener 13 322 T 1, 5.2
–, einfacher 13 322 T 1, 4.2
–, geometrischer 13 322 T 1, 5
–, gerichteter 13 322 T 1, 2.1
–, komplementärer 13 322 T 1, 3.4
–, leerer 13 322 T 1, 3.7
–, planarer 13 322 T 1, 5.2
–, plättbarer 13 322 T 1, 5.2
–, schlichter 13 322 T 1, 4.2
–, separabler 13 322 T 1, 4.8
–, ungerichteter 13 322 T 1, 2.2
–, zusammenhängender 13 322 T 1, 4.3
graphische Darstellung 461; 5478
Gravitation 1304 T 1, 10.15
Gravitationskonstante 1304 T 1, 3.13; 1304 T 2, 6.40
–, geozentrische 1304 T 2, 6.41
–, terrestrische 1304 T 2, 6.41
Gravitationskraft 1304 T 1, 3.13
Greenwicher Stundenkreis 13 312, 10.1.2.8
– Stundenwinkel 13 312, 10.1.3.5
– – des Frühlingspunktes 13 312, 10.1.3.5.1
Grenzabweichungen 1333, 5.3
–, relative 1333, 5.4
Grenzflächenspannung 1304 T 1, 3.42
Grenzfrequenz 1304 T 6, 1.30
– eines Mode 1304 T 6, 5.1.1
Grenzwellenlänge bei einmodigen Lichtwellenleitern 1304 T 6, 8.16
– eines Mode 1304 T 6, 5.1.2
Grenzwert 1302, 9.1; 1304 T 1, 10.22; 1333, 5, 5.1, 5.2, 5.3
–, oberer 1304 T 1, 10.22
–, unterer 1304 T 1, 10.22
griechischer Buchstabe (Darstellung bei beschränktem Zeichenvorrat) 13 304, Tab 1, Tab 2
Größe, Aufgaben- 19 221, 1107
–, bezogene 1304 T 1, Abschnitt 4
–, Eingangs- 19 221, 1101
–, flächenbezogene 1304 T 1, Abschnitt 4.2
Größe, Führungs- 19 221, 1102
–, komplexe 1304 T 1, Abschnitt 2
–, längenbezogene 1304 T 1, Abschnitt 4.2
–, massenbezogene 1304 T 1, Abschnitt 4.4
–, nachherige 1304 T 3, 4.5
– Regel- 19 221, 1106
–, relative 1304 T 1, Abschnitt 4.5; 5477, 4
–, Rückführ- 19 221, 1108
–, Stell- 19 221, 1105
–, Stör- 19 221, 1103
–, subtransiente 1304 T 3, 4.3
–, transiente 1304 T 3, 4.2
–, volumenbezogene 1304 T 1, Abschnitt 4.2
–, vorherige 1304 T 3, 4.4
–, zeitabhängige 5483 T 2
–, zeitbezogene 1304 T 1, Abschnitt 4.3
–, Zustands- 19 221, 1109
Größenangabe (graphische Darstellung) 461, 4.3
größer als 1302, 2.6; 13 302, 6.7
– oder gleich 1302, 2.7; 13 302, 6.8
größte ganze Zahl 1302, 3.13
größtes Element 13 302, 6.12
groß gegen 1302, 1.3
Großbuchstabe (Darstellung bei beschränktem Zeichenvorrat) 13 304, Tab 1; (Formelsatz) Bbl 1 zu 1338, 2.1.5
Großkreis 13 312, 7.2.9
Großkreisanfangskurs 13 312, 8.3.1
Großkreisdistanz 13 312, 8.2.1
Großkreisendkurs 13 312, 8.3.2
Grund, Bewegungsrichtung über 13 312, 5.3.9
–, Distanz über 13 312, 5.4.3, 6.3.1
–, Fahrt über 13 312, 5.2.9
–, Geschwindigkeit des Schiffes über 13 312, 5.1.9
–, Gitterkurs über 13 312, 4.2.11
–, Kurs über 13 312, 4.2.7
Grundgeschwindigkeit 13 312, 6.1.2
Grundreihe 323 T 1, 1
Grundschwingungsgehalt 1304 T 1, 4.60
Grundteilung 5478, 5.3
Grundwert des Nebensprechdämpfungsmaßes 1304 T 6, 4.12
Grundzahl 1333, 10.1.3
Grundzeichen 1304 T 1, Abschnitt 2, Abschnitt 3; 13 304, 2.1, Tab 1
Gruppe 13 302, 3
Gruppenbrechzahl eines optischen Mediums 1304 T 6, 8.6
Gruppengeschwindigkeit 1304 T 2, 5.4; 1304 T 6, 1.21
– im optischen Medium 1304 T 6, 8.7
Gruppenlaufzeit 1304 T 6, 1.19
– im optischen Medium 1304 T 6, 8.8
Güte 1332, 1.31
Gütefunktion 13 303 T 2, 2.4.2; 55 350 T 24, 3.13
Gumbel-Verteilung 13 303 T 1, 2.3.7; 55 350 T 22, 1.9

Gyrationskoeffizient 5489, 8.3
Gyrator, idealer 5489, 8.3
gyromagnetischer Koeffizient 1304 T 1, 8.10

Häufigkeit 13 303 T 1, 1.3; 55 350 T 23, 2.3
Häufigkeitsdichte 55 350 T 23, 2.5
Häufigkeitsdichtefunktion 55 350 T 23, 2.6
Häufigkeitsfunktion 13 303 T 1, 1.3.3
Häufigkeitssumme 55 350 T 23, 2.4
Häufigkeitssummenkurve 55 350 T 23, 2.11
Häufigkeitssummenpolygon 55 350 T 23, 2.11.1
Häufigkeitssummentreppe 55 350 T 23, 2.11.2
Häufigkeitssummenverteilung 55 350 T 23, 2.7
Häufigkeitsverteilung 13 303 T 1, 1.3.4; 55 350 T 23, 2.8
häufigster Wert 55 350 T 21, 3.3; 55 350 T 23, 4.5.1
Häufungspunkt 13 302, 9.29
Halbbreite 1304 T 2, 1.15
Halbgerade 1302, 8.9
Halbgruppe 13 302, 3
Halbmesser 1304 T 1, 1.11
Halbordnung 13 302, 6.1, 6.3, 6.27
halbräumlicher Emissionsgrad der Erdoberfläche 1304 T 2, 3.8.6
Halbwertbreite 1304 T 1, 8.13
Halbwertsbreite 1304 T 6, 6.24
Halbwertszeit 1304 T 1, 8.15
Hamming-Distanz 1304 T 6, 9.11
Hankelfunktionen 13 301, 5.3
–, sphärische 13 301, 5.8
Harmonische (Fourier-Reihe) 5483 T 2, 1 Tab 1
–, Ordnungszahl einer 1304 T 7, 6.27
harmonischer Mittelwert 5483 T 2, Tab 1 Nr 11
Haupt- 1304 T 1, 10.17
Hauptideal 13 302, 4.15
Hauptidealring 13 302, 4.16
Hauptpunkte auf dem wahren Horizont 13 312, 10.1.1.4
Hauptstromgeschwindigkeit, turbulente 1304 T 5, 2.4
Hauptträgheitsmoment der Erde 1304 T 2, 6.28
Hauptwert 323 T 1
– (trigonometrische Funktion) 1302, Anm zu 13.9
–, Cauchyscher 13 301, 1.7, 1.8
Hausdorff-Raum 13 302, 9.11
Heaviside-Funktion 5487, 5.1
Hebungskondensationsniveau 1304 T 2, 2.28
Heizwert, massenbezogener 1304 T 1, 5.31
–, oberer 1304 T 1, 5.30
–, spezifischer 1304 T 1, 5.31
–, unterer 1304 T 1, 5.31
hemisphärisch 1304 T 1, 10.17
Herbstpunkt 13 312, 10.1.1.6
Herdtiefe 1304 T 2, 5.8
Hermite-Polynome 13 301, 7.8
hermitesch 1303, 4.25
hermitesches inneres Produkt 1303, 1.18
– Skalarprodukt 1303, 1.18
Himmelpole 13 312, 10.1.1.3
Himmelsäquator 13 312, 10.1.2.5
Himmelskoordinaten 13 312, 10.1
Himmelsmeridian 13 312, 10.1.2.9
Himmelsnordpol 13 312, 10.1.1.3.1
Himmelsstrahlung 1304 T 2, 3.1.4
Himmelssüdpol 13 312, 10.1.1.3.2
hintereinandergeschaltet 5473, 6.10
Histogramm 55 350 T 23, 2.9
hoch 1302, 3.5, 12.3; 5473, 7.14
Hochwasser 13 312, 13.1.3
Hochwasserhöhe 13 312, 13.4.2
Hochwasserzeit 13 312, 13.4.3
Hochzeichen 1304 T 1, Abschnitt 2; 13 304, Tab 3
höchste (maximale) Spannung zwischen den Leitern im Drehstromnetz 1304 T 3, 2.3
höchstens gleich 1302, 2.5; 13 302, 6.6
Höchstflugdauer 13 312, 14.5.4
Höhe 1304 T 1, 1.8; 13 312, 10.4.3
– der Antenne über Erde 1304 T 6, 6.26
– der Gezeit 13 312, 13.4.1
– der homogenen Atmosphäre 1304 T 2, 1.47
– der 0-°C-Isothermenfläche 1304 T 2, 2.23
– des divergenzfreien Niveaus 1304 T 2, 1.46
– über dem Meeresspiegel 1304 T 1, 1.9
– – – scheinbaren Horizont 13 312, 10.2.9
– über Grund 1304 T 2, 1.34
– über Normal-Null 1304 T 1, 1.9
–, Achs- 1304 T 7, 1.28
–, beobachtete 13 312, 10.2.19
–, berechnete 13 312, 10.2.20
–, Bürsten- 1304 T 7, 1.21
–, ellipsoidische 1304 T 2, 6.7
–, Mischungs- 1304 T 2, 1.35
–, mittlere, über der Erdoberfläche 1304 T 3, 1.5
–, Niederschlags- 1304 T 2, 2.30
–, Normal- 1304 T 2, 6.8
–, orthometrische 1304 T 2, 6.6
–, Pol- 1304 T 7, 1.14
–, Polschaft 1304 T 7, 1.16
–, Polschuh- 1304 T 7, 1.15
–, Rauhigkeits- 1304 T 2, 1.36
–, Rotorjoch 1304 T 7, 1.18
–, Rotorzahn- 1304 T 7, 1.27
–, scheinbare 13 312, 10.2.15
–, Schnee- 1304 T 2, 2.38
–, Statorjoch 1304 T 7, 1.17
–, Statorzahn 1304 T 7, 1.26
–, wahre 13 312, 10.1.3.1
Höhenanomalie 1304 T 2, 6.45
Höhendifferenz, astronomische 13 312, 10.2.21
Höhengleiche 13 312, 7.2.14
Höhenparallaxe 13 312, 10.2.10
Höhenparallel 13 312, 10.1.2.2

Unterschied der Gezeiten 13 312, 13.4.11
Höhenwinkel 1304 T 2, 3.4.4
Homöomorphismus 13 302, 9.19
homogene Atmosphäre, Höhe 1304 T 2, 1.47
homogener Zweipol 5489, 4.1.2
Homomorphismus 5473, 8.3; 13 302, 2.2
–, Vektorraum- 1303, 5.1
Horizont, künstlicher 13 312, 10.2.8
–, scheinbarer 13 312, 10.2.7
–, wahrer 13 312, 10.1.2.1
Horizontalfrequenz 1304 T 6, 10.18
Horizontalintensität 1304 T 2, 7.2.5
Horizontalkomponente der Flußdichte 1304 T 2, 7.2.5
Horizontparallaxe 13 312, 10.2.11
Hüllenintegral 1302, 11.6
Hybridmatrix 1304 T 6, 2.8
hydraulisch 1304 T 1, 10.17
hydraulischer Durchmesser 1304 T 5, 1.2
hygroskopisch 1304 T 1, 10.17
Hyperbelcosinus 1302, 13.6
Hyperbelcotangens 1302, 13.8
Hyperbelfunktion 1302, 13
Hyperbelsinus 1302, 13.5
Hyperbeltangens 1302, 13.7
hyperbolischer Integralcosinus 13 301, 3.8
– Integralsinus 13 301, 3.7
Hyperebene 13 302, 8.10
hypergeometrische Funktion 13 301, 6.1, 6.2, 6.3
– Polynome 13 301, 7.4
– Verteilung 13 303 T 1, 2.2.3; 55 350 T 22, 2.4
Hypothese 13 303 T 2, 2.1.1, 2.1.2, 2.2.1, 2.2.2; 55 350 T 24, 3.1
Hysterese 1304 T 1, 10.18; 1304 T 7, 7.9

Ideal 13 302, 4.9, 4.18, 5.7, 5.9
– 1304 T 5, 5.7; 1304 T 8, 2.7
ideale unabhängige Spannungsquelle 5489, 6.1.1
– – Stromquelle 5489, 6.2.1
idealer Einheitsstoß 5487, 5.2
– Einheitswechselstoß 5487, 5.3
– Gyrator 5489, 8.3
– induktiver Zweipol 5489, 5.2
– kapazitiver Zweipol 5489, 5.3
– ohmscher Zweipol 5489, 5.1
– Übertrager 5489, 8.2
ideales Funkfelddämpfungsmaß 1304 T 6, 7.4.3
ideell 1304 T 1, 10.19; 1304 T 7, 7.13
idempotentes Element 13 302, 1.10
Identifizierung, kanonische 1303, 1.25, 1.27
Identität 1302, Anm zu 2.1
Identitätsrelation 5473, 6.6
identitiv 5473, 6.16
identitive Relation 13 302, 1.23
image (Index) 1304 T 6, 13.2
imaginäre Einheit 1302, 4.1
Imaginärteil (mathematischer Begriff) 1302, 4.3
Impedanz 1304 T 1, 4.42; 5489, 7.1
–, akustische 1332, 2.23
–, elektrische 1332, 3.5
–, Innen- 5489, 7.2
–, komplexe 1304 T 1, 4.42
–, mechanische 1332, 1.26
Impedanz-Übersetzungsverhältnis 1304 T 6, 4.7
Impedanzbelag, Längs- 1304 T 6, 4.1
Impedanzmatrix 1304 T 6, 2.6
– bei Mehrtoren 1304 T 6, 3.1
Impedanzwinkel 1304 T 3, 2.14
Impuls 1304 T 1, 3.17, 3.18; 1304 T 5, 3.13
Impulsstrom(-stärke) 1304 T 5, 3.14
Impulszahl 1304 T 8, 1.16
in großem Abstand von einer Wand oder einem Hindernis 1304 T 5, 5.2
in Reihe geschaltet 1304 T 7, 7.21
in Serie geschaltet 1304 T 7, 7.21
Inch (Umrechnung) 4890, 2.1
Index 1304 T 6, Abschnitt 2.13; 1338, 8; 13 302, 3.14; 13 304, Tab 3
Indexberichtigung 13 312, 10.2.6
Indikator 13 303 T 1, 1.1.10
Indikatorfunktion 13 303 T 1, 1.1.10
indirekt 1304 T 1, 10.19
– (spezielle) Gaskonstante eines Stoffes B 1304 T 1, 5.32
– zeitbezogene Druckänderung 1304 T 2, 1.49
Individuenbereich 5473, 8.1
Indizes 1304 T 1, Abschnitt 2, Abschnitt 3.10; 5483 T 2, 1.6
Induktion, magnetische 1304 T 1, 4.23
induktive Blindleistung 1304 T 3, 2.11
induktiver Blindwiderstand 1304 T 3, 2.6
– Widerstand 1304 T 1, 10.39
Induktivität 1304 T 1, 4.25; 5489, 2, 5.2
–, gegenseitige 1304 T 1, 4.26; 5489, 8.2
Induktivitätsbelag, Längs- 1304 T 6, 4.4
Induktivitätsfaktor bei Stromverdrängung 1304 T 7, 6.34
induziert 1304 T 1, 10.19
induzierte (magnetische) Polarisation 1304 T 2, 7.1.2
– Basis 1303, 8.1, 8.2, 8.3
– Magnetisierung 1304 T 2, 7.1.5
– Topologie 13 302, 9.21
Infimum 13 302, 6.18
Informationsbelag, mittlerer 1304 T 6, 11.7
Informationsfluß, mittlerer 1304 T 6, 11.8
Informationsgehalt 1304 T 6, 11.3
Informationstheorie 1304 T 6, Abschnitt 2.11
Injektion 5473, 7.9
Inklination 1304 T 2, 7.2.7; 13 312, 12.3.5
– der natürlichen (oder der remanenten) magnetischen Polarisation bzw. der entsprechenden Magnetisierung 1304 T 2, 7.1.8

innen 1304 T 1, 10.19
Innenadmittanz 5489, 7.2
Innendurchmesser des Rotors 1304 T 7, 1.12
– des Stators 1304 T 7, 1.10
Innenimpedanz 5489, 7.2
innere Energie 1304 T 1, 5.28
– –, massenbezogene 1304 T 1, 5.29
– –, spezifische 1304 T 1, 5.29
– Multiplikation 13 302, 7.19
innerer Automorphismus 13 302, 3.10
– Punkt 13 302, 9.27
inneres elektrisches Potential 4896, 29
– Produkt 1303, 1.10
– –, hermitesches 1303, 1.18
Integral 1302, 11.5, 11.9
–, Eulersches, 1. Art 13 301, 2.5
–, –, 2. Art 13 301, 2.1
–, Exponential- 13 301, 3.1, 3.2
Integralcosinus 13 301, 3.6
–, hyperbolischer 13 301, 3.8
integrale Reaktionsenthalpie 13 345, 20
Integrale, elliptische 13 301, 4
–, Fresnelsche 13 301, 3.12, 3.13
Integrallogarithmus 13 301, 3.3
Integralsinus 13 301, 3.4
–, hyperbolischer 13 301, 3.7
–, komplementärer 13 301, 3.5
Integralzeichen 1338, 7
Integration 1302, 11
integrierbar 1302, 11.4
Integrierbeiwert 19 221, 4.1
Integritätsbereich 13 302, Nr 4.5
internationale Atomzeit 13 312, 9.1.2
interne Verknüpfung 13 302, 1.2
Intervall 1302, 5; 13 302, 1.2
Intrittfallmoment (synchrones) 1304 T 7, 3.9
invers 1304 T 1, 10.3
inverse Kettenmatrix 1304 T 6, 2.11
– Matrix 1303, 4.18
– Relation 5473, 6.7
Inverse, Moore-Penrose- 1303, 4.29
–, verallgemeinerte 1303, 4.28
inverser Mittelwert 5483 T 2, Tab 1 Nr 11
– Morphismus 13 302, 10.9
inverses Element 13 302, 1.8
Inversreaktanz 1304 T 7, 5.26
Inverswiderstand 1304 T 7, 5.29
invertierbares Element 13 302, 1.9
involutorisches Element 13 302, 1.11
Ionen 1304 T 2, 4.3, 4.4
Ionenaktivitätskoeffizient 4896, 23
Ionenbeweglichkeit 1304 T 2, 4.8
Ionendichte 1304 T 6, 7.3.1
Ionendosis 1304 T 1, 8.38
Ionendosisleistung 1304 T 1, 8.39
Ionendosisrate 1304 T 1, 8.39
Ionenleitfähigkeit 4896, 32
Ionenstärke 4896, 14
Ionisierungsrate 1304 T 2, 4.7
ionosphärische Ausbreitung 1304 T 6, 7.3
Irrtum 1304 T 1, 10.12
isallobarischer Wind 1304 T 2, 1.29
Isentropenexponent 1304 T 1, 5.23
isentropische Kompressibilität 1304 T 1, 3.38
isobar 1304 T 1, 10.28
isochor 1304 T 1, 10.36
Isolation 1304 T 7, 7.11
Isolationsdicke, Kommutator 1304 T 7, 1.39
isoliert 1304 T 1, 10.19
isolierter Knoten 13 322 T 1, 2.4
– Punkt 13 302, 9.31
Isometrie 13 302, 8.17
isometrische Abbildung 13 302, 9.34
Isomorphismus 5473, 8.6; 13 302, 2.5, 10.8
Isothermenfläche 1304 T 2, 2.23
isothermische Kompressibilität 1304 T 1, 3.37
Istwert 1304 T 3, 7.10
iterativ (Index) 1304 T 6, 13.3
iterierte Verknüpfung 13 302, 1.14, 1.15

Jacobi-Polynome 13 301, 7.4
Jacobische Thetafunktionen 13 301, 4.13 bis 4.16
Jacobische Zetafunktion 13 301, 4.12
Jochhöhe, Rotor- 1304 T 7, 1.18
–, Stator- 1304 T 7, 1.17
Julianisches Datum, modifiziertes 13 312, 9.1.1
Junktor 5473, 3.1
Jupiter 13 312, 10.3.1.7

Kabel 1304 T 3, 5.8
kalkuliert 1304 T 1, 10.10
Kanalkapazität 1304 T 6, 11.11
kanonische Identifizierung 1303, 1.25, 1.27
Kante 13 322 T 1, 2
Kapazität 5489, 2, 5.3
–, elektrische 1304 T 1, 4.12
Kapazitätsbelag, Quer- 1304 T 6, 4.6
kapazitive Blindleistung 1304 T 3, 2.10
kapazitiver Blindwiderstand 1304 T 3, 2.5
– Erdschlußstrom 1304 T 3, 2.2
– Ladestrom 1304 T 3, 2.1
Kardinalzahl 5473, 9.2
Kármán-Zahl 1304 T 2, 1.50
Kartenkonvergenz 13 312, 7.2.17
Kartenkurs 13 312, 4.2.7.2
Kartennull 13 312, 13.2.4
Kartentiefe 13 312, 13.2.5
kartesische Koordinaten der Strömungsgeschwindigkeit 1304 T 5, 2.2
– – einer vektoriellen oder tensoriellen Größe 1304 T 5, 5.17
kartesisches Koordinatensystem (Begriff) 4895 T 1, 2.3
– Produkt 5473, 6.5, 7.13
Kategorie 13 302, 10
Kathoden 1304 T 8, 2.5
kathodisch 1304 T 1, 10.20
Kehrwert der Kurzschluß-Stromübersetzung rückwärts, negativer 1304 T 6, 2.11.4
– – – vorwärts, negativer 1304 T 6, 2.10.4

Kehrwert der Kurzschluß-Transadmittanz rückwärts 1304 T 6, 2.11.2
– – – vorwärts, negativer 1304 T 6, 2.10.2
– der Leerlauf-Spannungsübersetzung rückwärts 1304 T 6, 2.11.1
– – – vorwärts 1304 T 6, 2.10.1
– der Leerlauf-Transimpedanz rückwärts, negativer 1304 T 6, 2.11.3
– – – vorwärts 1304 T 6, 2.10.3
– der Spannungsübersetzung vorwärts 1304 T 6, 3.3.1
– der Stromübersetzung vorwärts, negativer 1304 T 6, 3.3.4
– der Transadmittanz vorwärts, negativer 1304 T 6, 3.3.2
– der Transimpedanz vorwärts 1304 T 6, 3.3.3
Kellfaktor 1304 T 6, 10.22
Kelvin-Funktionen 13 301, 5.5
Kendallscher Rangkorrelationskoeffizient 13 303 T 1, 1.2.7
Kennfrequenz 1304 T 1, 2.5
Kenngröße 55 350 T 23, 3.1
Kennkreisfrequenz 1304 T 1, 2.8
Kennwert 55 350 T 23, 3.1.1
– der Form einer Häufigkeitsverteilung 55 350 T 23, 6, 3.1.1
– der Lagen einer Häufigkeitsverteilung 55 350 T 23, 4, 3.1.1
– der Streuung einer Häufigkeitsverteilung 55 350 T 23, 5, 3.1
Kennzeichnungsoperator 5473, 3.3
Kerma 1304 T 1, 8.36
Kermaleistung 1304 T 1, 8.37
Kermarate 1304 T 1, 8.37
Kern 5473, 8.12
– (mathematische Struktur) 13 302, 2.14, 3.29, 4.10, 7.8, 9.4
Kernladungszahl 1304 T 1, 8.1
Kernradius eines Lichtwellenleiters 1304 T 6, 8.12
Kette 13 302, 6.22
– (Index) 1304 T 6, 13.3
Ketten-Bepfeilung 5489, 8.1
Kettenimpedanz 1304 T 6, 2.5
Kettenmatrix 1304 T 6, 2.10
– bei Mehrtoren mit Torzahlsymmetrie 1304 T 6, 3.3
–, inverse 1304 T 6, 2.11
Kettenschaltung 5489, 8.1
Kimm 13 312, 10.2.1
Kimmabstand 13 312, 10.2.2; 10.3.4
Kimmtiefe 13 312, 10.2.13
kinematische Viskosität 1304 T 1, 3.41
Kinetik chemischer Reaktionen 13 345
kinetisch 1304 T 1, 10.20
kinetische Energie 1304 T 1, 3.49; 1332, 1.32
kinetischer Druck 1304 T 5, 3.5
Kippmoment 1304 T 7, 3.8
–, Synchron- 1304 T 7, 3.10
Kirchhoff-Gesetz, erstes 5489, 2, 3.4
Kirchhoff-Gesetz, zweites 5489, 2, 3.4
Klammer (Formelsatz) 1302, Anm zu 2.8; 1338, 4
Klasse 5473, 4; 13 302, 10.5; 55 350 T 23, 1.2
– der Äquivalenzklassen 5473, 6.22
–, Potenz- 5473, 4.15
–, Teil- 5473, 4.7
Klassenbildung 55 350 T 23, 1.1
Klassenbreite 55 350 T 23, 1.5
Klassengrenze 55 350 T 23, 1.3
Klassenmitte 55 350 T 23, 1.4
Klassenweite 55 350 T 23, 1.5
Klassierung 55 350 T 23, 1.6
Klassifizierung 55 350 T 23, 1.1
klein gegen 1302, 1.2
Kleinbuchstabe (Darstellung bei beschränktem Zeichenvorrat) 13 304, Tab 1 (Formelsatz) Bbl 1 zu 1338, 2.1.5
kleiner als 1302, 2.4; 13 302, 6.5
– oder gleich 1302, 2.5; 13 302, 5.6, 6.6
Kleinster Abstand, Peilung zum Gegner 13 312, 11.5.4
– –, Seitenpeilung zum Gegner 13 312, 11.5.5
– –, Zeitspanne bis zum Erreichen 13 312, 11.5.2
– –, Zeitpunkt 13 312, 11.5.3
kleinster Passierabstand 13 312, 11.5.1
kleinstes Element 13 302, 6.11
Klemme 1304 T 3, 6.5; 5489, 2, 4.1
Klirrfaktor 1304 T 1, 4.61; 1304 T 6, 1.38
Knoten 5489, 2; 13 312, 3.2; 13 322 T 1, 2
Knoten-Leitwertmatrix Y_r 13 322 T 2, 7.2.1
Knoten-Zweig-Inzidenzmatrix A 13 322 T 2, 3.1
Knotengleichungen 13 322 T 2, 6.2
Knotengrad 13 322 T 1, 2.4
Knotensatz 5489, 2, 3.4
Knotenzahl 13 322 T 1, 2.3
Koeffizient, Gyrations- 5489, 8.3
–, gyromagnetischer 1304 T 1, 8.10
–, osmotischer 4896, 21
–, Wärmeübergangs- 1304 T 7, 4.6
Koeffizienten, Fourier- 13 301, 10.4.1 bis 10.4.3
Körper 1304 T 5, 5.8; 13 302, 4
koerzitiv 1304 T 1, 10.10
Kofaktor 1303, 4.17
Kombination 1302, 7.1, 7.2
Kombinatorik 1302, 7
Komma 1333, 3
kommutativ 5473, 7.16
kommutative Gruppe 13 302, 3.4
– Verknüpfung 13 302, 1.5
kommutativer Ring 13 302, 4.2
Kommutator 1304 T 1, 10.21
– (mathematische Struktur) 13 302, 3.20
–, Dicke der Isolation 1304 T 7, 1.39
Kommutator-Segmentteilung 1304 T 7, 1.44
Kommutatordurchmesser 1304 T 7, 1.13
Kommutatorgruppe 13 302, 3.21
Kommutatorschritt 1304 T 7, 6.13

Kommutatorsegmente, Anzahl der 1304 T 7, 6.5
Kommutierungszahl 1304 T 8, 1.15
kompakt 13 302, 9.20
komparativ 5473, 6.15
komparative Relation 13 302, 1.22
Kompaß-Nord 13 312, 4.1.1.3
Kompaßkurs 13 312, 4.2.3
Kompaßpeilung 13 312, 4.3.2.6
Komplement, absolutes 5473, 4.12
–, algebraisches 1303, 4.17
–, relatives 5473, 4.11
komplementäre Fehlerfunktion 13 301, 3.11
komplementärer Integralsinus 13 301, 3.5
komplex 1304 T 6, Abschnitt 1; 13 302, 1.17, 3.12
komplexe Admittanz 1304 T 1, 4.44
– Amplitude 5489, 7.1
– Größe 1304 T 1, Abschnitt 2
– Impedanz 1304 T 1, 4.42
– Kreisfrequenz 1304 T 6, 1.25
– Richtcharakteristik 1304 T 6, 6.22
– Zahl 1302, 4, 5.8
komplexer Anklingkoeffizient 1304 T 1, 2.12; 1304 T 6, 1.25
– Effektivwert 5489, 7.1
komplexes Dämpfungsmaß 1304 T 6, 1.12
– Element 13 302, 1.17
– Geschwindigkeitspotential 1304 T 5, 2.15
Komponente 13 322 T 1, 4.4
– (Geschwindigkeit) 1312, Anm zu 7.1.3; 4895 T 1, 7.2
Kompressibilität, isentropische 1304 T 1, 3.38
–, isothermische 1304 T 1, 3.37
Kompressionsmodul 1304 T 1, 3.36; 1332, 1.19
Kompressionswellen, Geschwindigkeit 1304 T 2, 5.6
Kondensation 1304 T 2, 2.28, 2.29
Konduktanz 1304 T 1, 4.37; 5489, 5.1
Konduktivität 1304 T 1, 4.39
Konfidenzbereich 13 303 T 2, 4.4.1; 55 350 T 24, 2.2
Konfidenzbereichsschätzer 13 303 T 2, 4.4
Konfidenzellipsoid 13 303 T 2, 4.4
Konfidenzgrenze 13 303 T 2, 4.2; 55 350 T 24, 2.2.1
Konfidenzintervall 13 303 T 2, 4.1.1, 4.3; 55 350 T 24, 2.2
Konfidenzintervallschätzer 13 303 T 2, 4.1
Konfidenzniveau 13 303 T 2, 4.1.2, 4.1.3; 55 350 T 24, 2.1
Konfidenzschätzer 13 303 T 2, 4.1
konfluente hypergeometrische Funktion 13 301, 6.3
kongruent 1302, 6.6, 8.20; 1303, 4.32
Kongruenzabbildung 13 302, 8.17
Kongruenzrelation 5473, 8.9; 13 302, 2.11
konjugiert-komplexe Zahl 1302, 4.4
konjugiert-komplexer Vektor 1303, 1.20
konjugierte Matrix 1303, 4.23
konjugierter Komplex 13 302, 3.12
konjugiertes Element 13 302, 3.11
Konjugierung, Vektorraum mit 1303, 1.19
Konjunktion 5473, 3.1.2, 3.1.8
konnex 5473, 6.18
konnexe Relation 13 302, 1.26
konsistente Schätzerfolge 13 303 T 2, 3.6
Konstante 1333, 3.1.8
–, Catalansche 13 301, 1.2
–, Euler-Mascheronische 13 301, 1.1
–, Eulersche 13 301, 1.1
konstanter Druck 1304 T 1, 10.28
konstantes Volumen 1304 T 1, 10.36
Kontingenztafel 13 303 T 1, 1.3; 55 350 T 23, 2.13
kontinuierliche Zufallsvariable 55 350 T 21, 1.1
kontinuierlicher (Gleich-)Strom 1304 T 8, 1.9
kontragrediente Matrix 1303, 4.19
kontravariante Koordinaten des Maßtensors 1303, 2.14
– – des Metriktensors 1303, 2.14
kontravarianter Funktor 13 302, 10.11
– Tensor 1303, 6.3
Konvektion 1304 T 1, 10.10
konventionell richtiger Wert 1333, 7
konventioneller Aktivitätskoeffizient 4896, 24
konzentriertes Element 5489, 2
Koordinate (orthogonales Koordinatensystem) 4895 T 1, 2.1, 2.4
– (Vektor) 1312, 7.1.3, Anm zu 7.1.3; 4895 T 1, 7.2
– in Nadirrichtung 1304 T 2, 6.14
– in Nordrichtung 1304 T 2, 6.12
– in Ostrichtung 1304 T 2, 6.13
Koordinaten 1304 T 1, 1.1, 1.2, 1.3
– des Deformationsgeschwindigkeitstensors 1304 T 5, 2.10
– des Rotationsgeschwindigkeitstensors 1304 T 5, 2.12
– des Spannungstensors 1304 T 5, 3.7
– des Tensors der Reibungsspannungen 1304 T 5, 3.10
– eines Kovektors 1303, 8.6
– eines Tensors 1303, 8.4
– eines Vektors 1303, 2.6, 8.5
–, geomagnetische 1304 T 2, 7.3
–, kartesische der Strömungsgeschwindigkeit 1304 T 5, 2.2
–, – einer vektoriellen oder tensoriellen Größe 1304 T 5, 5.17
–, kontravariante des Maßtensors 1303, 2.14
–, kovariante des Maßtensors 1303, 2.13
–, Kugel- einer vektoriellen oder tensoriellen Größe 1304 T 5, 5.19
–, Zylinder- 1304 T 5, 1.1, 5.18
Koordinatenachse (Begriff) 4895 T 1, 2.1; (graphische Darstellung) 461, 2.1
Koordinatenebene 4895 T 1, 2.5
Koordinatenfläche 4895 T 1, 3.3

Koordinatenfunktion 4895 T 1, 2.1
Koordinatenlinie 4895 T 1, 2.6, 3.4
Koordinatennetz 461, 4.1
Koordinatensystem 461; 1312, 5; 4895 T 1; 4895 T 2
Koordinatentransformation 1303, 2.9
Koordinierte Weltzeit 13 312, 9.1.3
Koppelkurs über Grund 13 312, 4.2.7.1
Koppelort 13 312, 6.5.2, 7.2.2, 7.3.4
Kopplungsgrad 1304 T 1, 4.65
Korrektur 1304 T 1, 10.10
Korrelation 55 350 T 21, 7.1; 55 350 T 23, 8
Korrelationskoeffizient 13 303 T 1, 1.2.13, 3.1.8; 55 350 T 21, 7.3; 55 350 T 23, 8.2
korrigiert 1304 T 1, 10.10
kovariante Koordinaten des Maßtensors 1303, 2.13
– – des Metriktensors 1303, 2.13
kovarianter Funktor 13 302, 10.11
– Tensor 1303, 6.4
Kovarianz 13 303 T 1, 1.2.12, 3.1.7; 55 350 T 21, 7.2, 6.6; 55 350 T 23, 8.1, 7.6
Kovarianzmatrix 13 303 T 1, 1.2.12.1, 3.1.9
Kovektor 1303, 1.23, 7.5
–, Bi- 1303, 7.11
–, Koordinaten eines 1303, 8.6
–, Mono- 1303, 7.10
–, Tri- 1303, 7.12
Kraft 1304 T 1, 3.11; 1332, 1.12
Kraft-Spannungs-Wandlerkoeffizient 1332, 3.4
Kraft-Strom-Wandlerkoeffizient 1332, 3.4
Kraftdichte 1304 T 5, 3.3
Kraftmoment 1304 T 1, 3.14
Kraftstoffmenge 13 312, 14.2
Kraftstoß 1304 T 1, 3.18
Krängungsfaktor 13 312, 12.3.8
Kreis 1302, 8.19; 13 322 T 1, 4.1.3
–, magnetischer 5489, 9.1
Kreisel, richtunghaltender 13 312, 12.2
–, Winkelgeschwindigkeit 13 312, 12.1.1
Kreisel-A 13 312, 4.4.4
Kreisel-Funkpeilung, abgelesene 13 312, 4.3.2.3
Kreisel-R 13 312, 4.4.3
Kreiseldrall 13 312, 12.1.4
Kreiselkompaß 13 312, 12.1
Kreiselkompaß-Nord 13 312, 4.1.1.4
Kreiselkompaßdeviation 13 312, 4.4.5
Kreiselkompaßfehlweisung 13 312, 4.4.6.2
Kreiselkompaßkurs 13 312, 4.2.4
Kreiselkompaßpeilung 13 312, 4.3.1.4
Kreiselkugel, Auftriebskraft 13 312, 12.1.8
–, Gewichtskraft 13 312, 12.1.7
–, metazentrische Höhe 13 312, 12.1.9
Kreiselmoment 13 312, 12.1.5
Kreiselpeilung, Radar- 13 312, 4.3.2.9
Kreisfrequenz 1304 T 1, 2.7; 1332, 1.10; 5489, 7.1
Kreisfrequenz, Bezugs- 1304 T 7, 2.2
–, komplexe 1304 T 6, 1.25
–, Rotor- 1304 T 7, 2.4
Kreisfrequenz, Stator- 1304 T 7, 2.3
Kreisrepetenz 1304 T 1, 2.19
Kreiswellenzahl 1304 T 1, 2.19; 1332, 2.18
– im Medium mit der Brechzahl n 1304 T 6, 8.5
Kreiszylinder-Koordinatensystem (Begriff) 4895 T 1, 5.1
Kreuz (Multiplikation) 1338, 3.2
kritisch 1304 T 1, 10.10; 1304 T 5, 5.3
kritische Frequenz 1304 T 6, 7.3.5
– Wellenlänge 1304 T 2, 1.11
kritischer Bereich 13 303 T 2, 2.3; 55 350 T 24, 3.9
– 13 303 T 2, 2.7.4; 55 350 T 24, 3.9.1
kritisches Niveau 13 303 T 2, 2.5.3
Kronecker-Symbol 1303, 10.2
–, verallgemeinertes 1303, 10.1
Krümmungsfaktor 1304 T 6, 7.1.8
Krümmungsradius des Rotationsellipsoides 1304 T 2, 6.4
krummliniges Koordinatensystem 4895 T 1, 3, 4
Kühlmitteltemperatur 1304 T 7, 4.5
Kühlschlitz, Länge eines 1304 T 7, 1.4
Kühlschlitze, Anzahl der 1304 T 7, 6.11
künstlicher Horizont 13 312, 10.2.8
Kugelflächenfunktionen 13 301, 7.3
Kugelfunktionen 13 301, 9
Kugelkoordinaten einer vektoriellen oder tensoriellen Größe 1304 T 5, 5.19
Kugelkoordinatensystem (Begriff) 4895 T 1, 5.2
Kummersche Funktion 13 301, 6.3
kumulierte absolute Häufigkeit 55 350 T 23, 2.2
kumulierte Häufigkeit 55 350 T 23, 2.4
– relative Häufigkeit 55 350 T 23, 2.4
Kupfer 1304 T 7, 7.24
Kupplungsmoment 1304 T 7, 3.4
Kurs durchs Wasser 13 312, 4.2.6
– über Grund 13 312, 4.2.7
– – –, beobachteter 13 312, 4.2.7.3
– – –, mißweisender 13 312, 4.2.9
– – –, rechtweisender 13 312, 4.2.7.3
–, geplanter mißweisender 13 312, 4.2.8
–, Gittersteuer- 13 312, 4.2.5
–, Karten- 13 312, 4.2.7.2
–, Kompaß- 13 312, 4.2.3
–, Kreiselkompaß- 13 312, 4.2.4
–, loxodromischer 13 312, 8.3.3
–, Magnetkompaß- 13 312, 4.2.3
–, mißweisender 13 312, 4.2.2
–, Peilkompaß- 13 312, 4.2.3.3
–, rechtweisender 13 312, 4.2.1
–, Regelkompaß- 13 312, 4.2.3.2
–, Soll- 13 312, 8.5.4
–, Steuerkompaß- 13 312, 4.2.3.1
Kursabweichung 13 312, 8.5.5
Kurse 13 312, 4.2, 8.3, 11.3.1
kursive Schrift 1338, 1
Kurslinie 13 312, 7.2.11

Kurtosis 13 303 T 1, 3.2.3.1; 55 350 T 21, 5.2; 55 350 T 23, 6.2
Kurve gleicher Flugdauern 13 312, 14.5.9
Kurvenlänge 1304 T 1, 1.15
Kurvenschar 461, 2.2
Kurzschluß 1304 T 1, 10.20; 1304 T 3, 7.11
–, einpoliger 1304 T 3, 7.12
–, zweipoliger 1304 T 3, 7.13
–, zweipoliger, mit Erdberührung 1304 T 3, 7.14
Kurzschluß-Stromübersetzung rückwärts 1304 T 6, 2.9.2
– vorwärts 1304 T 6, 2.8.3
Kurzschluß-Transadmittanz rückwärts 1304 T 6, 2.7.2
– vorwärts 1304 T 6, 2.7.3
Kurzschluß-Zeitkonstante, Subtransient- der Längsachse 1304 T 7, 5.13
–, – der Querachse 1304 T 7, 5.17
–, Transient- der Längsachse 1304 T 7, 5.11
–, – der Querachse 1304 T 7, 5.15
Kurzschlußadmittanz am Tor i 1304 T 6, 3.2.2
– – – 1 1304 T 6, 2.7.1
– – – 2 1304 T 6, 2.7.4
Kurzschlußimpedanz am Tor 1 1304 T 6, 2.8.1
– – – 2 1304 T 6, 2.9.4
Kurzschlußstelle 1304 T 3, 6.4
Kurzschlußstrom 5489, 2, 6.2
–, Dauer 1304 T 7, 5.4
–, Stoß 1304 T 7, 5.6
–, subtransienter 1304 T 7, 5.8
–, transienter 1304 T 7, 5.7
Kurzschlußwechselstrom, Anfangs- 1304 T 7, 5.5
kurzwellige Strahlungsbilanz 1304 T 2, 3.3.1
kurzwelliger (solarer) Absorptionsgrad der Erdoberfläche 1304 T 2, 3.8.3
– – Reflexionsgrad der Erdoberfläche 1304 T 2, 3.8.2

Ladestrom, kapazitiver 1304 T 3, 2.1
Ladung eines Protons 1304 T 1, 4.2
–, elektrische 1304 T 1, 4.1
–, volumenbezogene 1304 T 1, 4.4
Ladungsbedeckung 1304 T 1, 4.3
Ladungsdichte 1304 T 1, 4.4
Ladungszahl 4896, 11
– eines Ions 1304 T 1, 6.4
Länge 1304 T 1, 1.6
– der großen Halbachse der Meridianellipse 1304 T 2, 6.2
– der kleinen Halbachse der Meridianellipse 1304 T 2, 6.3
– – – – des Rotationsellipsoides 1304 T 2, 6.3
– des gesamten Blechpakets 1304 T 7, 1.1
– eines Kühlschlitzes 1304 T 7, 1.4
– eines Lichtwellenleiters 1304 T 6, 8.11
– in Zeit 13 312, 9.2.9
–, äquivalente Eisen 1304 T 7, 1.7
–, astronomische 1304 T 2, 6.16; 13 312, 7.1.8
Länge, Eisen 1304 T 7, 1.2
–, geodätische 1304 T 2, 6.18
–, – (ellipsoidische) 13 312, 7.1.4
–, geographische 13 312, 7.1.2
–, geomagnetische 1304 T 2, 7.3.2
–, geozentrische 13 312, 7.1.6
–, Luftspalt- 1304 T 7, 1.22
–, mittlere halbe Windungs- 1304 T 7, 1.5
–, – Wickelkopf 1304 T 7, 1.6
Längenänderung, relative 1304 T 1, 3.27
Längenausdehnungskoeffizient 1304 T 1, 5.4
längenbezogene Größe 1304 T 1, Abschnitt 4.2
– Masse 1304 T 1, 3.2
Längeneinheit 13 312, 3.1
längenspezifischer Strömungswiderstand 1332, 2.21
Längenunterschied 13 312, 7.1.11
längs- 1304 T 1, 10.11, 10.22
Längs-Impedanzbelag 1304 T 6, 4.1
Längs-Induktivitätsbelag 1304 T 6, 4.4
Längs-Widerstandsbelag 1304 T 6, 4.3
Längsachse 1304 T 7, 7.4
Längsreaktanz, Subtransient 1304 T 7, 5.21
–, Synchron 1304 T 7, 5.19
–, Transient 1304 T 7, 5.20
Läufer 1304 T 1, 10.30
Lageparameter 13 303 T 1, 3.2.1; 55 350 T 21, 3, 2.8.2
Laguerre-Polynome 13 301, 7.9
–, verallgemeinerte 13 301, 7.11
–, zugeordnete 13 301, 7.10
Lamé-Polynome 13 301, 11
Lamésche Konstanten 1304 T 2, 5.2
laminar 1304 T 1, 10.22
langwelliger (terrestrischer) Absorptionsgrad der Erdoberfläche 1304 T 2, 3.8.5
– – Reflexionsgrad der Erdoberfläche 1304 T 2, 3.8.4
Laplace-Transformation 5487, 3.2
Laplace-Transformierte 5487, 3.2.2, 5.4
Laplacescher Operator 4895 T 2, 2.5, 2.6, 3.6, 3.7
Last 1304 T 1, 10.23
Lastwinkel 1304 T 7, 6.26
latente Wärmestromdichte 1304 T 2, 1.6
Lautheit 1304 T 1, 9.8; 1322, 2.38
Lautstärkepegel 1304 T 1, 9.7; 1332, 2.37
Laval- 1304 T 5, 5.9
Laval-Geschwindigkeit 1304 T 5, 2.6
Lebensdauer, mittlere 1304 T 1, 8.12
leere Menge 5473, 4.6
leerer Raum 1304 T 1, 10.1
Leerlauf- 1304 T 1, 10.1; 1304 T 3, 7.16; 1304 T 8, 2.1
Leerlauf-Kurzschluß-Verhältnis 1304 T 7, 5.31
Leerlauf-Spannungsübersetzung rückwärts 1304 T 6, 2.8.2
–, vorwärts 1304 T 6, 2.9.3
Leerlauf-Transimpedanz rückwärts 1304 T 6, 2.6.2

Leerlauf-Transimpedanz, vorwärts 1304 T 6, 2.6.3
Leerlauf-Zeitkonstante, Subtransient- der Längsachse 1304 T 7, 5.12
–, – der Querachse 1304 T 7, 5.16
–, Transient- der Längsachse 1304 T 7, 5.10
–, – der Querachse 1304 T 7, 5.14
Leerlaufadmittanz am Tor 1 1304 T 6, 2.9.1
– – – 2 1304 T 6, 2.8.4
Leerlaufimpedanz am Tor 1 1304 T 6, 2.6.1
– – – 2 1304 T 6, 2.6.4
– – – i 1304 T 6, 3.1.2
Leerlaufspannung 5489, 2, 6.1
Leerstelle 1333, 3, 3.1.2
Leerzeichen 1333, 10.2.4
Legendre-Funktionen 13 301, 9.1, 9.4
Legendre-Funktionen, zugeordnete 13 301, 9.2, 9.3, 9.5, 9.6
Legendre-Polynome 13 301, 7.1
Legendresche Normalform 13 301, 4.4 bis 4.7
Leistung 1304 T 1, 3.52; 1332, 1.39, 3.6
– der Quantisierungsverzerrung 1304 T 6, 9.6
–, Ausgangs- 1304 T 7, 5.32
–, Eingangs- 1304 T 7, 5.33
–, Luftspalt- 1304 T 7, 5.3
–, natürliche 1304 T 3, 2.8
–, relative Schein bei festgebremstem Rotor 1304 T 7, 6.35
–, Verlust- 1304 T 7, 4.1
–, volumenbezogene 1304 T 1, 3.53
Leistungsdichte 1304 T 1, 3.53
–, elektromagnetische 1304 T 1, 4.52
Leistungsfaktor 1304 T 1, 4.57
Leistungskoeffizient eines Netzes 1304 T 3, 2.13
Leistungsübertragungsfaktor 1332, 3.2
Leistungsverhältnis 1304 T 1, 3.54
leitend 1304 T 1, 10.22
Leiter 1304 T 3, 5.8
– (graphische Darstellung) 5478, 2.3, 5
– in einem Drehstromnetz 1304 T 3, 5.9
–, Gesamtzahl der 1304 T 7, 6.7
Leiterabstand 1304 T 3, 1.1
Leiterhöhe über der Erdoberfläche 1304 T 3, 1.3
Leiterskale 5478, 6
Leiterteilung 5478, 5
Leiterzahl je Nut 1304 T 7, 6.8
Leitfähigkeit, elektrische 1304 T 1, 4.39; 4896, 33
Leitpunkt 13 312, 7.2.5
Leitschichtdicke 1304 T 1, 4.59
Leittechnik 19 221
Leitung 1304 T 3, 5.8
Leitungsadmittanz 1304 T 6, 5.2, 5.2.4
–, normierte 1304 T 6, 5.2.6
Leitungsdigitrate 1304 T 6, 9.5
Leitungsimpedanz 1304 T 6, 5.2, 5.2.3
–, normierte 1304 T 6, 5.2.5
Leitungswellenadmittanz 1304 T 6, 5.2.2
Leitungswellenimpedanz 1304 T 6, 5.2.1
Leitungswinkel 1304 T 3, 2.16
Leitwert 5489, 2, 5.1
–, elektrischer 1304 T 1, 4.37
–, magnetischer 1304 T 1, 4.35
–, magnetischer 5489, 9.1
–, thermischer 1304 T 1, 5.12
Leitwertsbelag, Quer- 1304 T 6, 4.5
letztes Viertel 13 312, 13.3.4
Leuchtdichte 1304 T 1, 7.13
Lichtausbeute 1304 T 1, 7.17
Lichtausstrahlung, spezifische 1304 T 1, 7.14
Lichtgeschwindigkeit im leeren Raum 1304 T 1, 7.19
– im Medium mit der Brechzahl n 1304 T 6, 8.3
Lichtmenge 1304 T 1, 7.12
Lichtstärke 1304 T 1, 7.10
Lichtstrom 1304 T 1, 7.11
Lichtwellenlänge im leeren Raum 1304 T 6, 8.1
– im Medium mit der Brechzahl n 1304 T 6, 8.2
Lieferantenrisiko 55 350 T 24, 3.11.2
liegendes Kreuz 1338, 3.2
Limes 1302, 9.1, 9.3
linear 1304 T 1, 10.22
– abhängig 13 302, 7.13
– unabhängig 13 302, 7.14
lineare Abbildung 1303, 5.1, 5.3; 13 302, 7.7
– –, Matrix der 1303, 5.2
– Regression 13 303 T 1, 4.3.2; 55 350 T 21, 7.4.1; 55 350 T 23, 8.3, 8.4
– Skale 5478, 6.1
– Teilung 461, 4.5
– Transformation 55 350 T 21, 1.4
linearer Raum 1303, 1.1
– Regressionskoeffizient 13 303 T 1, 3.1.15; 55 350 T 23, 8.3
– – von Y bezüglich x 55 350 T 21, 7
– Zweipol 5489, 4.1.1
lineares Energieübertragungsvermögen 1304 T 1, 8.32
– Modell 13 303 T 2, Anm zu 1.2 und 1.2.1
– n-Tor 1304 T 6, Abschnitt 2.3
– Zweipolnetz 13 322 T 2, 6.1
– Zweitor 1304 T 6, Abschnitt 2.2
Linearform 1303, 5.7, 5.8; 13 302, 7.9
–, alternierende 1303, 5.9
Linearkombination 13 302, 7.11
Linienbreite 461, 5.1
Linke 1304 T 2, 3.6.10
Links-Schraubsinn 1312, 1.3
Linksalgebra 13 302, 7.17
linksdistributives Element 13 302, 1.13
Linksdrehung 1312, 6.2
Linksideal 13 302, 4.7
Linksmodul 13 302, 7.1
linksreguläres Element 13 302, 1.12
Linkssystem 1312, 5, Anm zu 5.2; 4895 T 1, 8
Löschwinkel 1304 T 8, 1.42

202/30*

Lösemittel 1304 T 5, 5.12
logarithmische Normalverteilung 13 303 T 1, 2.3.2.1; 55 350 T 22, 1.5
– Skale 5478, 6.1
– Teilung 461, 4.6
logarithmischer Mittelwert 5483 T 2, Tab 1 Nr 10
logarithmisches Dekrement 1332, 1.29
Logarithmus 1302, 12
–, Integral- 13 301, 3.3
Loggeort 13 312, 7.2.1
Logik 5473, 3
Lognormalverteilung 55 350 T 22, 1.5
lokal 1304 T 1, 10.22
longitudinal 1304 T 1, 10.22
Lotabweichung 1304 T 2, 6.19
Lotabweichungskomponente in Nordrichtung 1304 T 2, 6.20
– in Ostrichtung 1304 T 2, 6.21
Loxodrombeschickung 13 312, 4.4.12
Loxodrome 13 312, 7.2.10
loxodromische Distanz 13 312, 8.2.2
loxodromischer Kurs 13 312, 8.3.3
LS-Schätzer 13 303 T 2, 3.3
Lücke 13 302, 6.42
Lüftung 1304 T 1, 10.35
Luft, Distanz in der 13 312, 6.3.2
Luft- 1304 T 1, 10.23; 1304 T 7, 7.30
Luftdruck 1304 T 2, 1.16
Luftleitfähigkeit, elektrische 1304 T 2, 4.9
Luftmasse, relative optische 1304 T 2, 3.6.14
Luftspalt 1304 T 1, 10.42; 1304 T 7, 1.22
– an der engsten Stelle 1304 T 7, 1.23
–, äquivalenter 1304 T 7, 1.24
–, effektiver 1304 T 7, 1.25
Luftspaltlänge 1304 T 7, 1.22
Luftspaltleistung 1304 T 7, 5.3
Luftspaltmoment 1304 T 7, 3.3
Luftströmungsrichtung, scheinbare 13 312, 5.3.3
–, wahre 13 312, 5.3.1
Luminanzsignal 1304 T 6, 10.16
Luvwinkel 13 312, 6.2.1

Mach-Zahl 1304 T 5, 4.7
Machtfunktion 13 303 T 2, 2.6.2; 55 350 T 24, 3.13
Mächtigkeit 5473, 9.2
magnetisch 1304 T 1, 10.24
magnetische Feldkonstante 1304 T 1, 4.28
– Feldstärke 1304 T 1, 4.21; 5489, 9.2
– Flußdichte 1304 T 1, 4.23; 5489, 9.1, 9.2; 13 312, 12.3.3
magnetische Induktion 1304 T 1, 4.23
– Polarisation 1304 T 1, 4.32
– –, Deklination 1304 T 2, 7.1.7
– –, induzierte 1304 T 2, 7.1.2
– –, Inklination 1304 T 2, 7.1.8
– –, natürliche 1304 T 2, 7.1.3
– –, remanente 1304 T 2, 7.1.1
– Polstärke 13 312, 12.3.2
magnetische Spannung 1304 T 1, 4.20; 5489, 9.1
– Suszeptibilität 1304 T 1, 4.30
– Umlaufspannung 5489, 9.1
magnetischer Fluß 1304 T 1, 4.22
– Kreis 5489, 2, 9.1
– Leitwert 1304 T 1, 4.35; 5489, 9.1
– Wandlerkoeffizient 1332, 3.4
– Widerstand 1304 T 1, 4.34; 5489, 9.1
magnetisches Flächenmoment 1304 T 1, 4.33
– – eines Teilchens 1304 T 1, 8.9
– Moment 13 312, 12.3.1
– Störfeld 13 312, 12.3.6
– Vektorpotential 1304 T 1, 4.2
Magnetisierung 1304 T 1, 4.31
–, Deklination 1304 T 2, 7.1.7
–, induzierte 1304 T 2, 7.1.5
–, Inklination 1304 T 2, 7.1.8
–, natürliche 1304 T 2, 7.1.6
–, remanente 1304 T 2, 7.1.4
Magnetkompaß 13 312, 12.3
Magnetkompaß-Nord 13 312, 4.1.1.3
Magnetkompaßablenkung 13 312, 4.4.2
Magnetkompaßdeviation 13 312, 4.4.2
Magnetkompaßfehlweisung 13 312, 4.4.6.1
Magnetkompaßkurs 13 312, 4.2.3
Magnetkompaßpeilung 13 312, 4.3.1.3
mal 1302, 2.10
Mantisse 1333, 10.2.5
Markovkette 13 303 T 1, 4.2.1
Mars 13 312, 10.3.1.6
Masche 13 322 T 1, 4.1.3
Maschen-Spulenmatrix L_{Lf} 13 322 T 2, 8.5.1.2
Maschen-Zweig-Inzidenzmatrix B 13 322 T 2, 4
–, fundamentale B_f 13 322 T 2, 4
Maschengleichungen 13 322 T 2, 6.2
Maschensatz 5489, 2, 3.4
Maschine 1304 T 3, 5.15
Masse 1304 T 1, 3.1; 1332, 1.21; 13 312, 14.1
– betreffend, die 1304 T 1, 10.24
– der Erdatmosphäre 1304 T 2, 6.27
– der Erde 1304 T 2, 6.26
–, flächenbezogene 1304 T 1, 3.3
–, längenbezogene 1304 T 1, 3.2
–, molare (stoffmengenbezogene) 4896, 6
–, stoffmengenbezogene 1304 T 1, 6.8
–, volumenbezogene 1304 T 1, 3.4
Massenbedeckung 1304 T 1, 3.3
Massenbehang 1304 T 1, 3.2
Massenbelag 1304 T 1, 3.2
massenbezogene Aktivität einer radioaktiven Substanz 1304 T 1, 8.17
– Arbeit 1304 T 1, 3.51
– Enthalpie 1304 T 1, 5.27
– Entropie 1304 T 1, 5.25
– Größe 1304 T 1, Abschnitt 4.4
– innere Energie 1304 T 1, 5.29
– Wärmekapazität 1304 T 1, 5.19
massenbezogener Brennwert 1304 T 1, 5.30
– Heizwert 1304 T 1, 5.31

massenbezogenes Volumen 1304 T 1, 3.6
Massendichte 1304 T 1, 3.4
Massendurchsatz 1304 T 1, 3.7
Massenmoment 2. Grades 1304 T 1, 3.9; 1332, 1.35
Massenstrom 1304 T 1, 3.7; 1304 T 5, 3.12
Massenstromdichte 1304 T 1, 3.8
Massenträgheitsmoment 1304 T 1, 3.9; 1332, 1.35
Massenzahl 1304 T 1, 8.3
Maß 13 303 T 1, 2.1.1
Maßraum 13 303 T 1, 2.1.2
Maßstab 5478
Maßstabskoeffizient 4895 T 2, 3.2
Materialdispersionsparameter 1304 T 6, 8.24
mathematische Begriffe (allgemein) 1302; (Stochastik) 13 303 T 1; 13 303 T 2; (Strukturen) 13 302
– Physik, spezielle Funktionen 13 301
– Statistik 13 303 T 1; 13 303 T 2
– Struktur 13 302
– Zeichen (allgemein) 1302; (Formelsatz) Bbl 1 zu 1338, 2.3; (Stochastik) 13 303 T 1; 13 303 T 2; (Strukturen) 13 302
Mathieu-Funktionen 13 301, 10
Matrix 1303, 4.1, 4.2, 4.4
– der linearen Abbildung 1303, 5.2
–, adjungierte 1303, 4.24
–, Einheits- 1303, 4.11
–, gestürzte 1303, 4.7
–, inverse 1303, 4.18
–, konjugierte 1303, 4.23
–, kontragrediente 1303, 4.19
–, reguläre 1303, 4.16
–, transjugierte 1303, 4.24
–, transponierte 1303, 4.7
maximal 1304 T 1, 10.24; 1304 T 8, 2.10
maximaler Filter 13 302, 5.10
maximales Element 13 302, 6.10
– Ideal 13 302, 4.18, 5.9
Maximalwert 5483 T 2, Tab 1 Nr 3, Tab 1 Nr 16, Tab 1 Nr 17
Maximum 13 302, 6.16
Mechanik 1304 T 2, Abschnitt 2.5
–; mechanische Größen 1332, 1
mechanisch 1304 T 1, 10.24
mechanische Impedanz 1332, 1.26
– Leistung 1332, 1.39; siehe auch Leistung
– Resistanz 1332, 1.25
– Schallstrahlungsimpedanz 1332, 2.24
– Winkelgeschwindigkeit 1304 T 7, 2.5
mechanisches Rotorverlustmoment 1304 T 7, 3.5
medial 1304 T 1, 10.24
Median 13 303 T 1, 1.2.4, 3.1.1.1; 55 350 T 21, 3.2, 2.5; 55 350 T 23, 4.3, 3.2
mediantreuer Schätzer 13 303 T 2, 3.4
mehrdimensionale diskrete Wahrscheinlichkeitsverteilung 55 350 T 22, 4
mehrdimensionale Häufigkeitsverteilung 55 350 T 23, 2.8
– stetige Wahrscheinlichkeitsverteilung 55 350 T 22, 3
– – 55 350 T 21, 2.1
Mehrfachindizes 5483 T 2, 1.6
mehrgipflige Verteilung 55 350 T 23, 4.5
– Wahrscheinlichkeitsverteilung 55 350 T 21, 3.3
Meldepunkt 13 312, 14.5.11
Menge 5473, 4
– der zugelassenen Parameterwerte 13 303 T 2, 1.2.2
– – – Wahrscheinlichkeitsverteilungen 13 303 T 2, 1.2
– von Zahlen 1302, 5
–, leere 5473, 4.6
–, Potenz- 5473, 4.15
–, Teil- 5473, 4.7
Mengenlehre 5473
Meridian, Nord- 13 312, 10.1.2.9.3
–, oberer 13 312, 10.1.2.9.1
–, Süd- 13 312, 10.1.2.9.4
–, unterer 13 312, 10.1.2.9.2
Meridianabstandsverhältnis 13 312, 7.1.11
Meridiandurchgangszeit 13 312, 9.2.11
Meridianellipse, große Halbachse 1304 T 2, 6.2
–, kleine Halbachse 1304 T 2, 6.3
Meridianhöhe 13 312, 10.1.3.11
Meridiankonvergenz 13 312, 7.2.16
Meridianzenitdistanz 13 312, 10.1.3.10.1
Meßpunkt 461, 4.11
Meßraum 13 303 T 1, 1.1.3
metazentrische Höhe der Kreiselkugel 13 312, 12.1.9
Meteorologie, allgemeine 1304 T 2, Abschnitt 2.1
meteorologische Sichtweite 1304 T 2, 3.7.2
metrischer Raum 13 302, 9.32
mindestens gleich 1302, 2.7; 13 302, 6.8
minimal 1304 T 1, 10.24
minimales Element 13 302, 6.9
Minimalwert 5483 T 2, Tab 1 Nr 5, Tab 1 Nr 6
Minimum 13 302, 6.15
minus 1302, 2.9
Minus-Plus-Zeichen 1333, 3.3.1, 3.3.2
Minuszeichen 1333, 3.2.1
Minute (Winkel) 13 312, 3.3
Mischgröße 1304 T 7, 7.8; 5483 T 2, Tab 1
Mischungshöhe 1304 T 2, 1.35
Mischungsverhältnis (der feuchten Luft) 1304 T 2, 2.17
mißweisend Nord 13 312, 4.1.1.2
mißweisende Funkpeilung 13 312, 4.3.2.5
– Peilung 13 312, 4.3.1.2
mißweisender Kurs 13 312, 4.2.2
– – über Grund 13 312, 4.2.9
– –, geplanter 13 312, 4.2.8
– Steuerkurs 13 312, 4.2.2
Mißweisung 13 312, 4.4.1

mitdrehend 1304 T 1, 10.2
Mitführung 1304 T 1, 10.10
Mitreaktanz 1304 T 7, 5.25
mittel 1304 T 1, 10.24
Mittelbreite 13 312, 7.1.13
Mittelleiter im Gleichstrom-Dreileiternetz 1304 T 3, 5.10
Mittelwert 1304 T 8, 2.13; 55 350 T 23, 4.1
– (der Grundgesamtheit) 55 350 T 21, 3.1
– der Vorwärtsspannung 1304 T 8, 1.5, 1.6
– des Vorwärtsstroms 1304 T 8, 1.7, 1.8
–, arithmetischer 1304 T 7, 7.12; 5483 T 2, Tab 1 Nr 8; 13 303 T 1, 1.2.8
–, geometrischer 5483 T 2, Tab 1 Nr 10
–, gleitender 5483 T 2, 1 Tab 1
–, harmonischer 5483 T 2, Tab 1 Nr 11
–, inverser 5483 T 2, Tab 1 Nr 11
–, linearer 1304 T 7, 7.12; 5483 T 2, Tab 1 Nr 8; 13 303 T 1, 1.2.8
–, logarithmischer 5483 T 2, Tab 1 Nr 10
–, quadratischer 5483 T 2, Tab 1 Nr 9, Tab 1 Nr 21
mittlere Abweichung 55 350 T 23, 5.2
– Häufigkeitsdichte 55 350 T 23, 2.5
– halbe Windungslänge 1304 T 7, 1.5
– Höhe über der Erdoberfläche 1304 T 3, 1.5
– Lebensdauer 1304 T 1, 8.12
– Ortszeit 13 312, 9.2.2
– Strahlstärke 1304 T 6, 6.2
– Strömungsgeschwindigkeit 1304 T 5, 2.3
– Warteschlangenlänge 1304 T 6, 12.3
– Westkomponente der Windgeschwindigkeit auf einem Breitenparallel 1304 T 2, 1.24
– Wickelkopflänge 1304 T 7, 1.6
– Winkelgeschwindigkeit der Erdrotation 1304 T 2, 6.42
mittlerer Abweichungsbetrag 55 350 T 23, 5.2
– Durchhang eines Leiters 1304 T 3, 1.7
– Erdradius 1304 T 2, 6.1
– geometrischer Abstand 1304 T 3, 1.2
– Informationsbelag 1304 T 6, 11.7
– Informationsfluß 1304 T 6, 11.8
– Ionenaktivitätskoeffizient 4896, 23
– Transinformationsbelag 1304 T 6, 11.9
– Transinformationsfluß 1304 T 6, 11.10
– Transinformationsgehalt 1304 T 6, 11.6
Mittzeit 13 312, 13.3.7
Mitwiderstand 1304 T 7, 5.28
ML-Schätzer 13 303 T 2, 3.2
Modaloperator 5473, 3.4
Modalwert 55 350 T 21, 3.3; 55 350 T 23, 4.5
Modell 5473, 3.5.1; 13 303 T 2, Anm zu 1.2 und 1.2.1
modifizierte Brechzahl 1304 T 6, 7.2.2
– Mathieu-Funktionen 13 301, 10.6.1 bis 10.9.4
– Zylinderfunktionen 13 301, 5.4
modifizierter Brechwert 1304 T 6, 7.2.3
modifiziertes Julianisches Datum 13 312, 9.1.1
Modul 13 302, 7
– der elliptischen Integrale 13 301, 4.1
modularer Verband 13 302, 5.2
Modulationsgrad 1304 T 6, 1.32
Modulationsindex 1304 T 6, 1.33
moduliert 1304 T 1, 10.24
möglich 5473, 3.4.2, 3.4.4
mögliche Sonnenscheindauer 1304 T 2, 3.5.3
Molalität 1304 T 1, 6.16; 4896, 7, 13
Molalitätsskale 4896, 18, 20
molar 1304 T 1, 10.24
molare (universelle) Gaskonstante 4896, 2; 13 345, 1
– Aktivierungsenergie 13 345, 23
– Masse 4896, 6
Molarität 1304 T 1, 6.7; 4896, 8
Molekülmasse, relative 1304 T 1, 6.2
Molekülstreuung 1304 T 2, 3.6.5
Molodenski 1304 T 2, 6.8
Moment 1304 T 5, 5.10; 55 350 T 23, 7
– (Stochastik) 13 303 T 1, 1.2.9, 3.1
– der Ordnung q 55 350 T 21, 6.1; 55 350 T 23, 7.1
– der Ordnung q bezüglich a 55 350 T 21, 6.2; 55 350 T 23, 7.2
– der Ordnungen q_1 und q_2 55 350 T 21, 6.4; 55 350 T 23, 7.4
– – – q_1 und q_2 bezüglich a, b 55 350 T 21, 6.5; 55 350 T 23, 7.5
– einer Kraft 1332, 1.36; siehe auch Drehmoment
–, elektromagnetisches 1304 T 1, 4.3
–, Intrittfall- 1304 T 7, 3.9
–, Kipp- 1304 T 7, 3.8
–, Kupplungs- 1304 T 7, 3.4
–, Luftspalt 1304 T 7, 3.3
–, magnetisches 13 312, 12.3.1
–, mechanisches Rotorverlust 1304 T 7, 3.5
–, Sattel- 1304 T 7, 3.7
–, Synchron-Kipp- 1304 T 7, 3.10
momentane Frequenzabweichung 1304 T 6, 1.35
– Phasenabweichung 1304 T 6, 1.37
Momente 55 350 T 21, 6
Momentenbeiwert 1304 T 5, 4.3
Mond 13 312, 10.3.1.2
Mondphasen 13 312, 13.3
Monin-Obuchow-Länge 1304 T 2, 1.37
Mono-Kovektor 1303, 7.10
Monomorphismus 5473, 8.5; 13 302, 2.4
monotone Abbildung 13 302, 6.46, 6.47
Monovektor 1303, 7.7
Montgomery-Stromfunktion 1304 T 2, 1.39
Moore-Penrose-Inverse 1303, 4.29
Morphismus 13 302, 2, 10
Motor 1304 T 3, 5.11
multimodale Verteilung 55 350 T 23, 4.5
– Wahrscheinlichkeitsverteilung 55 350 T 21, 3.3
Multinomialverteilung 13 303 T 1, 2.2.6; 55 350 T 22, 4.1

Multiplikation siehe Produkt
–, innere 13 302, 7.19
Multiplikationspunkt 1338, 3.1
Multiplikationszeichen 1338, 3
multivariate Häufigkeitsverteilung
55 350 T 23, 2.8
– Wahrscheinlichkeitsverteilung 55 350 T 21, 2.1

n-Tor, lineares 1304 T 6, Abschnitt 2.3
n-Tupel 55 350 T 21, 1.1, 1.3
nach 5473, 7.6
Nachbar 13 302, 6.24
Nachgiebigkeit 1332, 1.24
Nachhallzeit 1332, 2.35
nachherige Größe 1304 T 3, 4.5
Nachrichtentechnik, optische 1304 T 6, Abschnitt 2.8
Nachrichtenverkehrstheorie 1304 T 6, Abschnitt 2.12
Nachtsichtweite 1304 T 2, 3.7.3
Nadir 13 312, 10.1.1.2
Nahbereich 5473, 6.9
Nahnebensprech-(Index) 1304 T 6, 13.8
natürliche (magnetische) Polarisation 1304 T 2, 7.1.3
– Bilinearform 1303, 1.26
– Leistung 1304 T 3, 2.8
– Magnetisierung 1304 T 2, 7.1.6
– Transformation 13 302, 10.12
– Zahl 1302, Anm zu 5.1 bis 5.8; 1333, 3.1.1, 9.1.2
natürlicher Logarithmus 1302, 12.2
Navigationsflugplan 13 312, 14
Nebenklasse 13 302, 3.13
Nebensprech-(Index) 1304 T 6, 13.7
Nebensprechdämpfungsmaß 1304 T 6, 4.11
Nebenwert (trigonometrische Funktion) 1302, Anm zu 13.10
Nebenzeichen 1304 T 1, Abschnitt 2; 5483 T 2, 1.1; 13 304, 2.3, Tab 1, Tab 3
Negation 5473, 3.1.1
negative Binomialverteilung 13 303 T 1, 2.2.4; 55 350 T 22, 2.2
– Drehung 1312, 6.2
– Zahlen 1333, 3.2
negativer Kehrwert der Kurzschluß-Stromübersetzung rückwärts 1304 T 6, 2.11.4
– – – – vorwärts 1304 T 6, 2.10.4
– – der Kurzschluß-Transadmittanz vorwärts 1304 T 6, 2.10.2
– – der Leerlauf-Transimpedanz rückwärts 1304 T 6, 2.11.3– – der Stromübersetzung vorwärts 1304 T 6, 3.3.4
– – der Transadmittanz vorwärts 1304 T 6, 3.3.2
Nenn-Anlaufdauer 1304 T 7, 3.1
Nenndeckenspannung der Erregerstromquelle 1304 T 7, 5.18
Nennspannung zwischen den Leitern im Drehstromnetz 1304 T 3, 2.4
Nennwert 1304 T 1, 10.25; 1304 T 7, 7.15; 1333, 5.4
Nettoausstrahlung 1304 T 2, 3.3.2
Netz 1304 T 3, 5.16; 1304 T 8, 2.8; 5489, 2
Netzwerk 1304 T 3, 5.16
Neumann-Funktionen 13 301, 5.2
–, sphärische 13 301, 5.7
Neumond 13 312, 13.3.2
neutrales Element 5473, 7.18; 13 302, 1.7
Neutralleiter 1304 T 3, 5.17
– mit Schutzfunktion 1304 T 3, 5.19
Neutronenzahl 1304 T 1, 8.2
Neutronenzahldichte 1304 T 1, 8.20
nicht 5473, 3.1.1
– Element 5473, 4.2
nichtlineare Teilung 461, 4.6
– Transformation 55 350 T 21, 1.4
nichtlinearer Zweipol 5489, 4.1.1
nichtnegativ definit 1303, 4.30
nichtorientierbare Fläche 1312, Anm zu 1.2
nichtparametrischer Test 55 350 T 24, 3.7
nichtzentral Wishart-verteilt 13 303 T 1, 2.4.10
nichtzentrale Verteilung 55 350 T 22, Fußnote 2
nichtzentrales Chiquadrat 13 303 T 1, 2.4.4
– F 13 303 T 1, 2.4.8
– t 13 303 T 1, 2.4.6
Niederschlagsdauer 1304 T 2, 2.27
Niederschlagshöhe 1304 T 2, 2.30
Niederschlagsintensität 1304 T 2, 2.31
niedrig 1304 T 1, 10.19
Niedrigwasser 13 312, 13.1.4
Niedrigwasserhöhe 13 312, 13.4.4
Niedrigwasserzeit 13 312, 13.4.5
Nippzeit 13 312, 13.3.6
Niveau, kritisches (Statistik) 13 303 T 2, 2.5.3
Niveaubreite 1304 T 1, 8.13
nominal 1304 T 1, 10.25
Nomogramm 461, 1
Nord, Gitter- 13 312, 4.1.1.5
–, Kompaß- 13 312, 4.1.1.3
–, Kreiselkompaß- 13 312, 4.1.1.4
–, Magnetkompaß- 13 312, 4.1.1.3
–, mißweisend 13 312, 4.1.1.2
–, rechtweisend 13 312, 4.1.1.1
Nordkomponente der Flußdichte 1304 T 2, 7.2.2
Nordmeridian 13 312, 10.1.2.9.3
Nordpol 13 312, 7.2.6
–, Himmels- 13 312, 10.1.1.3.1
Nordpunkt 13 312, 10.1.1.4.1
Nordrichtungen 13 312, 4.1.1
Norm 1303, 4.36
–, euklidische 1303, 4.36
–, unitäre 1303, 4.36
normal 1304 T 1, 10.26
normale Schwerefeldstärke 1304 T 2, 6.30
normaler Baum 13 322 T 2, 8.3
– Raum 13 302, 9.13
Normalhöhe (nach Molodenski) 1304 T 2, 6.8
Normalität 4896, 9

Normalkraft 1304 T 1, 3.39
Normalschwere 1304 T 2, 6.30
– auf dem Niveauellipsoid 1304 T 2, 6.31
– – – – am Äquator 1304 T 2, 6.32
– – – – am Pol 1304 T 2, 6.33
Normalschwerepotential 1304 T 2, 6.36
Normalspannung 1304 T 1, 3.25; 1332, 1.3
Normalteiler 13 302, 3.15
normalverteilt 13 303 T 1, 2.4.1, 2.4.9
Normalverteilung 13 301, 3.9; 13 303 T 1, 2.3.2; 55 350 T 22, 1.1
Normfallbeschleunigung 1304 T 1, 2.26
normierte Feldadmittanz 1304 T 6, 5.3.6
– – im leeren Raum 1304 T 6, 5.4.6
– Feldimpedanz 1304 T 6, 5.3.5
– – im leeren Raum 1304 T 6, 5.4.5
– Größe 5477, 4
– Leitungsadmittanz 1304 T 6, 5.2.6
– Leitungsimpedanz 1304 T 6, 5.2.5
– Wellenlänge 1304 T 6, 5.1.4
– Wellenleiter-Feldadmittanz 1304 T 6, 5.5.6
– Wellenleiter-Feldimpedanz 1304 T 6, 5.5.5
normierter Vektor 1303, 1.12
Normsichtweite 1304 T 2, 3.7.1
Normzahl 323 T 1
Normzahlreihe 323 T 1
Normzustand nach DIN 1343 1304 T 1, 10.25
notwendig 5473, 3.4.1, 3.4.3
Nukleonenzahl 1304 T 1, 8.3
null 1304 T 1, 10.1
Null (Zahl) 1302, 3.1
–, führende 1333, Tab 3 Fußnote 2
Nullelement 1302, Anm zu 3.1; 13 302, 1.7
Nullhypothese 13 303 T 2, 2.1.2, Anm zu 2.1; 55 350 T 24, 3.1
Nullmatrix 1303, 4.8
Nullpunkt 461, 4.2, 4.9
Nullreaktanz 1304 T 7, 5.27
nullteilerfreier Ring 13 302, 4.4
Nullvektor 1303, 1.4
Nullwiderstand 1304 T 7, 5.30
numerische Apertur eines Lichtwellenleiters 1304 T 6, 8.13
Nut 1304 T 7, 7.17
–, Leiterzahl je 1304 T 7, 6.8
Nutbreite, Rotor- 1304 T 7, 1.33
–, Stator- 1304 T 7, 1.32
Nuten, Anzahl der 1304 T 7, 6.10
Nutenzahl 1304 T 7, 6.4
Nutfüllfaktor 1304 T 7, 6.28
Nutteilung, Rotor- 1304 T 7, 1.43
–, Stator- 1304 T 7, 1.42
Nuttiefe, Rotor- 1304 T 7, 1.20
–, Stator- 1304 T 7, 1.19
Nutzungsgrad 1304 T 1, 3.55

oben 1304 T 1, 10.27, 10.32
obere Schranke 13 302, 6.13
oberer 1304 T 1, 10.27
– Grenzwert 1304 T 1, 10.22
– Heizwert 1304 T 1, 5.30
oberer Meridian 13 312, 10.1.2.9.1
– Nachbar 13 302, 6.24
– Pol 13 312, 10.1.1.3.3
oberes Dezil 13 303 T 1, 3.1.1.3.2
oberes Quantil 13 303 T 1, 3.1.1
– Quartil 13 303 T 1, 3.1.1.2.2
Oberfläche 1304 T 1, 1.16
Oberflächenspannung 1304 T 1, 3.42
Oberschwingungsgehalt 1304 T 1, 4.61
Oberspannungsseite 1304 T 3, 6.7
Oberstruktur 13 302, 2.1
Obersumme 1302, 11.2
Oberteilung 5478, 5.4
Objektbewegungen 13 312, 11.4
Öl 1304 T 7, 7.27
örtlich 1304 T 1, 10.22
östlicher Stundenwinkel 13 312, 10.1.3.4.1
offen (topologische Struktur) 13 302, 9.2, 9.18
offener Kern 13 302, 9.4
offenes Intervall 1302, 5.9; 13 302, 6.34, 6.35, 6.39
ohmscher Widerstand 1304 T 1, 10.31
ohne 5473, 4.11
– Dämpfung 1304 T 1, 10.1
Oktave 1304 T 1, 10.27
Operation 5473, 7.15; 13 302, 1
Operations-Charakteristik 13 303 T 2, 2.4.1
Operationscharakteristik 55 350 T 24, 3.13.1
Operator, Laplacescher 4895 T 2, 2.5, 2.6, 3.6, 3.7
Operatorzeichen 1338, Tab 1 Nr 3
optisch 1304 T 1, 10.27
optische Dicke 1304 T 2, 3.6.4
– –, schräge 1304 T 2, 3.6.13
– Frequenz 1304 T 6, 8.4
– Luftmasse, relative 1304 T 2, 3.6.14
– Nachrichtentechnik 1304 T 6, Abschnitt 2.8
– Peilungen 13 312, 4.3.1
Ordinatenachse 461, 2.1
Ordnung (chemische Reaktion) 13 345, 21; (mathematische Struktur) 13 302, 1.16, 3.8, 3.9, 6.2, 6.4, 6.44
Ordnungsstatistik 13 303 T 1, 1.2.1; 55 350 T 23, 3.2
Ordnungsstruktur 13 302, 6
Ordnungszahl einer Harmonischen 1304 T 7, 6.27
– einer Teilschwingung 1304 T 8, 2.11
– eines Elementes 1304 T 1, 8.1
orientierte Ebene 1312, 1.2
– Gerade 1302, 8.5; 1312, 1.1
orientierter Raum 1312, 1.3
– Winkel 1302, 8.12
Orientierung, geometrische 1312
orientierungsabhängiges Vorzeichen 1312, 7
Originalfunktion 5487, 1.1, 3.1.3, 3.2.3,
Ort, beobachteter 13 312, 6.5.3, 7.2.3, 7.3.3
Orte auf der Erdoberfläche 13 312, 8.1
orthogonal 1302, 8.3; 1303, 1.14; 13 302, 7.22, 8.13
Orthogonalbasis 1303, 2.2

orthogonale Polynome 13 301, 7
orthogonaler Radius 1304 T 2, 1.20
orthogonales Koordinatensystem 4895 T 1; 4895 T 2
Orthokomplement 13 302, 7.23
orthometrische Höhe 1304 T 2, 6.6
Orthonormalbasis 1303, 2.3
orthonormiertes Koordinatensystem 4895 T 1, 2.3
Ortskoordinate 1332, 1.1
Ortsstundenwinkel 13 312, 10.1.3.4
– des Frühlingspunktes 13 312, 10.1.3.4.3
Ortsvektor 13 302, 8.4
Ortszeit, mittlere 13 312, 9.2.2
–, wahre 13 312, 9.2.1
osmotischer Koeffizient 4896, 21
Ostkomponente der Flußdichte 1304 T 2, 7.2.3
Ostpunkt 13 312, 10.1.1.4.2
Ozonabsorption 1304 T 2, 3.6.8

P-Funktion, Weierstraßsche 13 301, 4.17
p-Quantil 55 350 T 21, 2.5
P-Symbol, Riemannsches 13 301, 6.4
Paar 55 350 T 21, 1.1, 1.3
–, geordnetes 5473, 6.1
parallaktischer Winkel 13 312, 10.1.3.9
parallel 1302, 8.4; 1304 T 1, 10.28; 13 302, 8.12
– geschaltet 1304 T 7, 7.22
Parallel-Reihen-Matrix 1304 T 6, 2.9
parallele Zweige, Anzahl der 1304 T 7, 6.2
Paralleltor 13 322 T 2, 9.1
Parallelzweig 13 322 T 1, 4.1.5
Parameter 55 350 T 21, 2.8
–, charakteristischer, eines Lichtwellenleiters 1304 T 6, 8.14
Parameterraum 13 303 T 2, 1.2.2
Parameterwert 13 303 T 2, 1.1.1, 1.2.2
parametrischer Test 55 350 T 24, 3.8
Partialdruck des Wasserdampfes 1304 T 2, 2.11
partielle Abbildung 5473, 7.11
– Ableitung 1302, 10.7 bis 10.9
– Verknüpfung 13 302, 1.1
partieller Regressionskoeffizient 13 303 T 1, 4.3.2; 55 350 T 23, 8.4
– – von Z bezüglich x 55 350 T 21, 7.4.2
Pascal-Verteilung 55 350 T 22, 2.2
Passierabstand, kleinster 13 312, 11.5.1
Pause 1304 T 1, 10.29
Pegel, Signal- 1304 T 6, 1.3
Peilkompaßkurs 13 312, 4.2.3.3
Peilung zum Gegner im Augenblick des kleinsten Abstandes 13 312, 11.5.4
–, Gitter- 13 312, 4.3.2.7
–, Kompaß- 13 312, 4.3.2.6
–, Kreiselkompaß- 13 312, 4.3.1.4
–, Magnetkompaß- 13 312, 4.3.1.3
–, mißweisende 13 312, 4.3.1.2
–, rechtweisende 13 312, 4.3.1.1
–, Seiten- 13 312, 4.3.1.5
Peilungen 13 312, 4.3
–, optische 13 312, 4.3.1
PEN-Leiter 1304 T 3, 5.19
Periode 1333, 3.1.6, 9.1.4, 9.2.2, 10.1.9
Periodendauer 1304 T 1, 2.2; 1332, 1.8
Periodenfrequenz 1304 T 1, 2.4
periodisch zeitabhängige Größe 5483 T 2, 2.1
periodische Spitzensperrspannung in Durchlaßrichtung 1304 T 8, 1.34, 1.35
– – in Sperrichtung 1304 T 8, 1.23, 1.24
periodischer Dezimalbruch 1333, 3.1.6, 9.1.4, 9.2.2
Permeabilität 1304 T 1, 4.27, 4.28; 5489, 9.1
–, relative 1304 T 1, 4.29
Permeabilitäts-Verlustwinkel 1304 T 1, 4.56
Permeabilitätszahl 1304 T 1, 4.29
Permeanz 1304 T 1, 4.35; 5489, 9.1
Permittivität 1304 T 1, 4.13, 4.14
–, relative 1304 T 1, 4.15
Permittivitäts-Verlustwinkel 1304 T 1, 4.55
Permittivitätszahl 1304 T 1, 4.15
Permutation 1302, 7.4 bis 7.6
Permutationsgruppe 13 302, 3.22
Perzentil 55 350 T 21, 2.5
Pfad 13 322 T 1, 4.1.2
Phase 1304 T 1, 10.28
Phasen, Anzahl der 1304 T 1, 4.63; 1304 T 8, 1.14
Phasenabweichung, momentane 1304 T 6, 1.37
Phasenbelag 1304 T 1, 2.21
Phasengeschwindigkeit 1304 T 2, 5.5; 1304 T 6, 1.20
Phasenhub 1304 T 6, 1.36
Phasenkoeffizient 1304 T 1, 2.21; 1304 T 6, 1.17; 1332, 1.14
– für einen bestimmten Mode 1304 T 6, 5.1.7
Phasenkonstante 1332, 2.14
Phasenlaufzeit 1304 T 6, 1.18
Phasenmaß 1304 T 6, 1.14; 1332, 2.17
Phasenverschiebungswinkel 1304 T 1, 4.54; 1304 T 7, 6.24
Phasenwinkel 1304 T 1, 4.53
photometrisches Strahlungsäquivalent 1304 T 1, 7.18
Physik, spezielle Funktionen der mathematischen 13 301
Pi 1302, 3.3
Planck-Konstante 1304 T 1, 8.6
Plancksche Strahlungskonstante, erste 1304 T 1, 7.24
– –, zweite 1304T 1, 7.25
Plancksches Wirkungsquantum 1304 T 1, 8.6
Planet (allgemein) 13 312, 10.3.1.9
plastisch 1304 T 1, 10.28
Plotten 13 312, 11
plus (allgemein) 1302, 2.8; (geometrische Struktur) 13 302, 8.3
Plus-Minus-Summe 1333, 3.3.2
Plus-Minus-Vorzeichen 1333, 3.3.1

Plus-Minus-Zeichen 1333, 3.3.1
Pochhammer-Symbol 13 301, 1.5
Poisson-Verteilung 13 303 T 1, 2.2.5; 55 350 T 22, 2.3
Poisson-Zahl 1304 T 1, 3.29; 1332, 1.20
Pol 5489, 2, 4.1
–, oberer 13 312, 10.1.1.3.3
–, unterer 13 312, 10.1.1.3.4
polar 1304 T 1, 10.28
Polarisation, elektrische 1304 T 1, 4.7
–, induzierte 1304 T 2, 7.1.2
–, magnetische 1304 T 1, 4.32; 1304 T 2, 7.1.1 bis 7.1.3, 7.1.7, 7.1.8
–, remanente 1304 T 2, 7.1.1
Polbedeckung, äquivalente 1304 T 7, 6.22
Polbogen, äquivalenter 1304 T 7, 1.31
Poldistanz 13 312, 10.1.3.12
Polhöhe 1304 T 7, 1.14
Polpaarzahl 1304 T 7, 6.1
Polradwinkel 1304 T 3, 2.15
– einer Synchronmaschine bei Belastung 1304 T 7, 6.26
Polschaftbreite 1304 T 7, 1.30
Polschafthöhe 1304 T 7, 1.16
Polschuhbreite 1304 T 7, 1.29
Polschuhhöhe 1304 T 7, 1.15
Polstärke, magnetische 13 312, 12.3.2
Polteilung 1304 T 7, 1.41
Polynom, charakteristisches 1303, 4.37
Polynome, Gegenbauer- 13 301, 7.5
–, Hermite- 13 301, 7.8
–, hypergeometrische 13 301, 7.4
–, Jacobi- 13 301, 7.4
–, Laguerre- 13 301, 7.9
–, Legendre 13 301, 7.1
–, orthogonale 13 301, 7
–, Tschebyscheff- 13 301, 7.6, 7.7
–, ultrasphärische 13 301, 7.5
Polynomring 13 302, 4.22
Porosität 1332, 2.22
positiv definit 1303, 4.30
– reell 1333, 9.2.1
– semidefinit 1303, 4.30
positive Drehung 1312, 6.1, 6.2
– Zahlen 1333, 3.1
Potential der Massenanziehung 1304 T 2, 6.37
– der Schallschnelle 1332, 2.7
– der Zentrifugalbeschleunigung 1304 T 2, 6.38
–, chemisches 1304 T 1, 6.10; 4896, 15 bis 20; 13 345, 11, 12
–, elektrisches 1304 T 1, 4.9
–, elektrochemisches 4896, 30
–, Geo- 1304 T 2, 6.35
–, Geschwindigkeits- 1304 T 2, 1.38
–, inneres elektrisches 4896, 29
–, Normalschwere- 1304 T 2, 6.36
–, Schwere- 1304 T 2, 6.35
–, Stör- 1304 T 2, 6.43
Potentialgradient 1304 T 2, 4.1
potentiell 1304 T 1, 10.28
potentielle Äquivalenttemperatur 1304 T 2, 2.4
– Energie 1304 T 1, 3.48; 1304 T 2, 1.3; 1332, 1.33
– Evapotranspiration 1304 T 2, 2.35
– Temperatur 1304 T 2, 2.3
– Verdunstungsrate 1304 T 2, 2.33
– Vorticity 1304 T 2, 1.43
Potenz 1302, 3.5, 12.3
Potenzklasse 5473, 4.15
Potenzmenge 5473, 4.15
Potenzskale 5478, 6.1
Poynting-Vektor 1304 T 1, 4.52
Präzession, Winkelgeschwindigkeit 13 312, 12.1.2
primär 1304 T 1, 10.2
Primärspannung am Transformator 1304 T 8, 1.27
Primärstrom des Transformators 1304 T 8, 1.12
Primideal 13 302, 4.17
Produkt 1302, 2.10, 2.13; 1304 T 1, 10.45; 13 302, 3.27
– mit Basispotenz 1333, 10.1.13
– mit Zehnerpotenz 1333, 3.1.3, 10.1.13
–, äußeres 1303, 7.2, 7.4, 7.6
–, bilineares 1303, 1.22
Produkt, inneres 1303, 1.10
–, kartesisches 5473, 6.5, 7.13
–, Relationen- 5473, 6.10
–, Skalar- 1303, 1.10
–, Spat- 1303, 1.16
–, Tensor- 1303, 6.9, 6.10
–, Vektor- 1303, 1.15
–, vektorielles 1312, 4.1
Produkttopologie 13 302, 9.23
Profilparameter bei Potenzprofilen 1304 T 6, 8.22
Prognoseintervall 13 303 T 2, 4.6.1
Prognoseintervallschätzer 13 303 T 2, 4.6
Prognoseschätzer 13 303 T 2, 4.6
projektive Skale 5478, 6.1
Promille 1333, 3.1.5, 5.4; 5477
proportional 1302, 2.14
Proportionalbeiwert 19 221, 4.1
Protonenzahl 1304 T 1, 8.1
Prozent 1333, 3.1.5, 5.4; 5477
Prozeß, stochastischer 13 303 T 1, 1.1.9
Prüffunktion 13 303 T 2, 2.7.1; 55 350 T 24, 3.6
Prüfgröße 55 350 T 24, 3.6
Prüfvariable 13 303 T 2, 2.7.2
Prüfwert 13 303 T 2, 2.7.3; 55 350 T 24, 3.6.1
pseudopotentielle Temperatur 1304 T 2, 2.6
Psifunktion 13 301, 2.4
psophometrisch (Index) 1304 T 6, 13.4
Psychrometerkoeffizient 1304 T 2, 2.20
Puls 1304 T 1, 10.28
Pulsatanz 1304 T 1, 2.7; 5489, 7.1
Punkt 1302, 8.15; 1333, 3
– des kleinsten Abstandes 13 312, 11.5.3

Punkt gleicher Zeiten 13 312, 14.5.7
–, innerer 13 302, 9.27
–, isolierter 13 302, 9.31
–, typographischer Bbl 2 zu 1338, 1
Punktraum, affiner 13 302, 8.1
Punktschätzer 13 303 T 2, 3
Punktschätzung 55 350 T 24, 1.1

quadratischer Mittelwert 5483 T 2, Tab 1 Nr 9, Tab 1 Nr 21
Quadratwurzel 1302, 3.6
Quadrupel 55 350 T 21, 1.1, 1.3
qualitative Darstellung 461, 3
Quantil 13 303 T 1, 1.2.4, 3.1.1; 55 350 T 21, 2.5
Quantisierungsverzerrung, Leistung der 1304 T 6, 9.6
quantitative Darstellung 461, 4
Quartil 13 303 T 1, 3.1.1.2; 55 350 T 21, 2.5
Quartilabstand 13 303 T 1, 3.1.2.1
Quartilspannweite 13 303 T 1, 3.1.2.1
Quasigeoidundulation 1304 T 2, 6.45
Quasispannweite 13 303 T 1, 1.2.5.2
Quelle 5489, 2, 6; 13 302, 10.2
–, Spannungs- 5489, 6.1
–, Strom- 5489, 6.2
Quellpunkt 1304 T 2, 6.11
quer 1304 T 1, 10.29, 10.33
Quer-Admittanzbelag 1304 T 6, 4.2
Quer-Kapazitätsbelag 1304 T 6, 4.6
Quer-Leitwertsbelag 1304 T 6, 4.5
Querachse 1304 T 7, 7.5
Queranteil 1304 T 5, 5.11
Querdehnung 1304 T 1, 3.28
Querkraft 1304 T 5, 3.2
Querreaktanz, Subtransient- 1304 T 7, 5.24
–, Synchron- 1304 T 7, 5.22
–, Transient- 1304 T 7, 5.23
Querschnitt 1304 T 1, 1.17; 1304 T 3, 1.11
Querschnittsfläche 1304 T 1, 1.17; 1304 T 3, 1.11
Quertriebsbeiwert 1304 T 5, 4.1
Querwindkomponente 13 312, 6.4.1
Quotient 1302, 2.11; 1333, 3.1.9, 3.1.10; 5473, 6.22
Quotientenstruktur 5473, 8.10; 13 302, 2.12
Quotiententopologie 13 302, 9.22

Radar-Kreiselpeilung 13 312, 4.3.2.9
Radar-Seitenpeilung 13 312, 4.3.2.8
Radarzeichnen 13 312, 11
radial 1304 T 1, 10.30
Radius 1304 T 1, 1.11
– der Stromlinie am Aufpunkt 1304 T 2, 1.18
– der Trajektorie am Aufpunkt 1304 T 2, 1.19
– eines Einzelleiters 1304 T 3, 1.9
– eines Teilleiters 1304 T 3, 1.9
–, fiktiver, eines Bündelleiters 1304 T 3, 1.10
–, orthogonaler 1304 T 2, 1.20
Randerwartungswert 55 350 T 21, 2.2
Randintegral 1302, 11.6
randomisierter Test 13 303 T 2, 2.8
Randpunkt 13 302, 9.30
Randvarianz 55 350 T 21, 2.2
Randverteilung 55 350 T 21, 2.2; 55 350 T 23, 2.14
Rang 1303, 4.34; 13 322 T 1, 4.11
Ranggröße 55 350 T 23, 3.2
Rangkorrelationskoeffizient 13 303 T 1, 1.2.6, 1.2.7
Rangwert 55 350 T 23, 3.2.1
Rangzahl 13 303 T 1, 1.2.2; 55 350 T 23, 3.2.2
rated 1304 T 1, 10.30
rating 1304 T 1, 10.30
rationale Zahl (Menge) 1302, 5.4
Rauhigkeitshöhe 1304 T 2, 1.36
Raum (mathematische Struktur) 13 302, 9
–, orientierter 1312, 1.3
Raumbestrahlungsstärke 1304 T 1, 7.4
Rauminhalt 1304 T 1, 1.18; 1312, 7.3.1
Raumladungsdichte 1304 T 1, 4.4
Raumwinkel 1304 T 1, 1.5; 1312, 7.3.2
Rauschen 1304 T 6, 1.4
Rauschleistung 1304 T 6, 1.6
Rauschleistungsdichte 1304 T 6, 1.5
Rauschtemperatur 1304 T 6, 1.8
Rauschzahl 1304 T 6, 1.7
Rayleigh-Streuung 1304 T 2, 3.6.5
Rayleigh-Verteilung 55 350 T 22, 1.11
Reaktanz 1304 T 1, 4.40; 5489, 7.1
–, Invers- 1304 T 7, 5.26
–, Mit- 1304 T 7, 5.25
–, Null- 1304 T 7, 5.27
–, Subtransient-Längs- 1304 T 7, 5.21
–, Subtransient-Quer- 1304 T 7, 5.24
–, Synchron-Längs- 1304 T 7, 5.19
–, Synchron-Quer- 1304 T 7, 5.22
–, Transient-Längs- 1304 T 7, 5.20
–, Transient-Quer- 1304 T 7, 5.23
Reaktionsenergie 1304 T 1, 8.18
–, differentielle molare 13 345, 17
Reaktionsenthalpie, differentielle molare 13 345, 18, 19
–, integrale 13 345, 20
Reaktionsgeschwindigkeit 13 345, 10
Reaktionskoeffizient 13 345, 22
Reaktionsrate 13 345, 10
Reaktionssymbol 13 345, 7
reaktiver Zweipol 5489, 4.1.2
Realteil (mathematischer Begriff) 1302, 4.2
rechteckverteilte Zufallszahl 13 303 T 1, 1.1.12
Rechteckverteilung 13 303 T 1, 2.3.1; 55 350 T 22, 1.8.1
Rechts-Schraubsinn 1312, 1.3
Rechtsalgebra 13 302, 7.17
rechtsdistributives Element 13 302, 1.13
Rechtsdrehung 1312, 6.1, 6.2
Rechtsideal 13 302, 4.8
Rechtsmodul 13 302, 7.2
rechtsreguläres Element 13 302, 1.12
Rechtssystem 1312, 5, Anm zu 5.2; 4895 T 1, 8

Rechtvorausrichtung 13 312, 4.1.2
rechtweisend Nord 13 312, 4.1.1.1
rechtweisende Funkpeilung 13 312, 4.3.2.4
– Peilung 13 312, 4.3.1.1
rechtweisender Kurs 13 312, 4.2.1
– – über Grund 13 312, 4.2.7.3
– Steuerkurs 13 312, 4.2.1
rechtwinklige Koordinate; siehe auch orthogonales Koordinatensystem
Reduktionsgrad (Reduktionsfaktor) 1304 T 3, 3.3
Redundanz 1304 T 6, 11.4
–, relative 1304 T 6, 11.5
reduziert 1304 T 1, 10.30
reduzierte Zufallsgröße 55 350 T 21, 1.4.2
reelle Zahl 1302, 5.7
reellwertige Zufallsvariable 13 303 T 1, 1.1.5.3
Referenz 1304 T 1, 10.30
Referenzfrequenz 1304 T 6, 1.28
Referenzort 13 312, 7.2.4
Referenzpunkt 13 312, 7.2.5
Referenztemperatur 1304 T 6, 1.7
Reflektanz 1304 T 6, 1.23
– am Tor i bei Abschluß aller anderen Tore mit ihren Bezugsimpedanzen 1304 T 6, 3.4.2
– – – 1 bei Abschluß mit der Bezugsimpedanz 1304 T 6, 2.12.1
– – – 2 bei Abschluß mit der Bezugsimpedanz 1304 T 6, 2.12.4
Reflexion 1304 T 1, 10.30; 1304 T 6, 13.11
Reflexionsfaktor 1304 T 6, 1.23
– am Tor i bei Abschluß aller anderen Tore mit ihren Bezugsimpedanzen 1304 T 6, 3.4.2
– – – 1 bei Abschluß mit der Bezugsimpedanz 1304 T 6, 2.12.1
– – – 2 bei Abschluß mit der Bezugsimpedanz 1304 T 6, 2.12.4
Reflexionsgrad 1304 T 1, 7.27; 1304 T 3, 3.4
– der Erdoberfläche, langwelliger 1304 T 2, 3.8.4
– – –, kurzwelliger 1304 T 2, 3.8.2
reflexiv 5473, 6.12
reflexive Relation 13 302, 1.19
Reflexstrahlung 1304 T 2, 3.2.1
Refraktion 13 312, 10.2.12
Regeldifferenz 19 221, 1104
Regelgröße 19 221, 1106
Regelkompaßkurs 13 312, 4.2.3.2
Regelungstechnik 19 221
Regression 55 350 T 21, 7; 55 350 T 23, 8
–, lineare 13 303 T 1, 4.3.2
Regressionsebene 55 350 T 23, 8.4
Regressionsfläche 55 350 T 21, 7.4.2; 55 350 T 23, 8.4
Regressionsfunktion 13 303 T 1, 4.3.2; 55 350 T 21, 7.4
Regressionsgerade 55 350 T 23, 8.4
Regressionskoeffizient 13 303 T 1, 1.2.14, 3.1.15, 4.3.2; 55 350 T 23, 8.3, 8.4
Regressionskonstante 13 303 T 1, 1.2.15
Regressionskurve 13 303 T 1, 4.3.2; 55 350 T 21, 7.4.1; 55 350 T 23, 8.3
reguläre Halbgruppe 13 302, 3.2
– Matrix 1303, 4.16
regulärer Raum 13 302, 9.12
Reibung 1304 T 1, 10.31
reibungsfrei 1304 T 5, 5.7
Reibungskraft 1304 T 1, 3.39
Reibungsspannungen, Tensor der 1304 T 5, 3.9
–, Vektor der 1304 T 5, 3.11
Reibungszahl 1304 T 1, 3.39
Reihe 1304 T 1, 10.32
– (mathematischer Begriff) 1302, 9.2;
Reihen-Parallel-Matrix 1304 T 6, 2.8
reine Eisenlänge 1304 T 7, 1.3
Rekombinationskoeffizient 1304 T 2, 4.11; 1304 T 6, 7.3.4
Rektaszension 13 312, 10.1.3.7
Relation 5473, 6; 13 302, 1
–, arithmetische 1302, 2
–, Kongruenz- 5473, 8.9
Relationenprodukt 5473, 6.10
relativ 1304 T 1, 10.30
relative Atommasse eines Nuklids oder eines Elementes 1304 T 1, 6.1
– Bewegung 13 312, 11.3.2
– Brechzahldifferenz 1304 T 6, 8.25
– Dichte 1304 T 1, 3.5
– Feuchte 1304 T 2, 2.15
– Grenzabweichungen 1333, 5.4
– Größe 1304 T 1, Abschnitt 4.5; 5477, 4
– Häufigkeit 13 303 T 1, 1.3; 55 350 T 23, 2.3
– Häufigkeitssumme 55 350 T 23, 2.4
– Längenänderung 1304 T 1, 3.27
– Molekülmasse eines Stoffes 1304 T 1, 6.2
– optische Luftmasse 1304 T 2, 3.6.14
– Permeabilität 1304 T 1, 4.29
– Permittivität 1304 T 1, 4.15
– Redundanz 1304 T 6, 11.5
– Scheinleistung bei festgebremstem Rotor 1304 T 7, 6.35
– Sonnenscheindauer, bezogen auf S_0 1304 T 2, 3.5.4
– –, – auf $(S_0)'$ 1304 T 2, 3.5.5
– Standardabweichung 55 350 T 21, 4.3; 55 350 T 23, 5.5
– Volumenänderung 1304 T 1, 3.30
relativer Strom bei festgebremstem Rotor 1304 T 7, 6.36
relatives Komplement 5473, 4.11
– Schwächungsmaß der Atmosphäre bei schrägem Strahlungsdurchgang 1304 T 2, 3.6.14
relativierter Allquantor 5473, 3.2.1
– Existenzquantor 5473, 3.2.2
Relaxationszeit 1332, 1.28
Reluktanz 1304 T 1, 4.34; 5489, 9.1
remanente (magnetische) Polarisation 1304 T 2, 7.1.1

remanente Magnetisierung 1304 T 2, 7.1.4
Remanenz 1304 T 1, 10.30
Remittanz 1304 T 6, 2.7.2
Repetenz 1304 T 1, 2.18
Repetition 1302, 7.1
Resistanz 1304 T 1, 4.36; 5489, 5.1
–, mechanische 1332, 1.25
Resistivität 1304 T 1, 4.38
Resonanz 1304 T 1, 10.30
Resonanzenergie 1304 T 1, 8.19
Resonanzfrequenz 1304 T 6, 1.29
Rest 1304 T 1, 10.30
Restklassenring 13 302, 4.11
resultierend 1304 T 1, 10.30
reversibel 1304 T 1, 10.30
Reynolds-Zahl 1304 T 2, 1.52; 1304 T 5, 4.10
Richardson-Zahl 1304 T 2, 1.51
Richtcharakteristik 1304 T 6, 6.23
Richtcharakteristik, komplexe 1304 T 6, 6.22
Richtfaktor 1304 T 6, 6.13
– bezogen auf Halbwellendipol 1304 T 6, 6.15
– – auf isotropen Strahler 1304 T 6, 6.14
Richtfunkverbindung 1304 T 6, 7.4
Richtungen 13 312, 5.3, 6.1
richtunghaltender Kreisel 13 312, 12.2
Richtungsfaktor 1332, 2.25
Richtungsmaß 1332, 2.26
Richtungssinn 1312, Anm zu 1.1; 5489, 3.1, 3.2
Riemannsche Zetafunktion 13 301, 3.14
Riemannsches P-Symbol 13 301, 6.4
Ring 13 302, 4
römische Ziffer 13 304, Tab 1
Rohrrauheit, äquivalente 1304 T 5, 1.3
Rohrwiderstandszahl 1304 T 5, 4.5
Rossbygeschwindigkeit 1304 T 2, 1.10
Rossbyparameter 1304 T 2, 1.9
Rotation 1304 T 1, 10.30
Rotationsellipsoid, kleine Halbachse 1304 T 2, 6.3
Rotationsgeschwindigkeitstensor 1304 T 5, 2.11
Rotationskoordinatensystem 4895 T 1, 4.2
Rotor 1304 T 1, 10.30; 1304 T 7, 7.16
Rotor-Kreisfrequenz 1304 T 7, 2.4
Rotor-Stellungswinkel 1304 T 7, 6.25
Rotor-Streufaktor 1304 T 7, 6.16
Rotor; Rotation 1312, 4.3; 4895 T 2, 2.4, 3.5
Rotorjochhöhe 1304 T 7, 1.18
Rotornutbreite 1304 T 7, 1.33
Rotornutteilung 1304 T 7, 1.43
Rotornuttiefe 1304 T 7, 1.20
Rotornutung, Carter-Faktor der 1304 T 7, 6.31
Rotorverlustmoment, mechanisches 1304 T 7, 3.5
Rotorzahnbreite 1304 T 7, 1.35
Rotorzahnhöhe 1304 T 7, 1.27
Ruck 1304 T 1, 2.27
Rückenwindkomponente 13 312, 6.4.3
Rückflußdämpfungsmaß 1304 T 6, 4.10
Rückführgröße 19 221, 1108
Rückstellmoment, winkelbezogenes 1304 T 1, 3.33
Ruhe 1304 T 1, 10.29
Ruhemasse des Elektrons 1304 T 1, 8.5
Ruhezustand 1304 T 5, 5.1
Rundeabweichung 1333, 10.2.3
Rundefehler 1333, 10.2.3
Runden 1333, 4, 4.5.1
– von der Null weg 1333, 4.5.5
– zur Null hin 1333, 4.5.4
–, Ab- 1333, 4.5.2
–, Auf- 1333, 4.5.3
Runderegel 1333, 4.4, 4.5
Rundestelle 1333, 4.2, 6.1, 10.2.1
Rundestellenwert 1333, 10.2.1
Rundeverfahren 1333, 4.1
Rundwert 323 T 1
Rundwertreihe 323 T 1, 3
Rydberg-Konstante 1304 T 1, 8.8

Sättigung 1304 T 1, 10.32
Sättigungsdampfdruck des Wasserdampfes über Eis 1304 T 2, 2.13
– – – – Wasser 1304 T 2, 2.12
Säulenwiderstand 1304 T 2, 4.10
Saite 13 322 T 1, 4.13
Sattelmoment 1304 T 7, 3.7
Saturn 13 312, 10.3.1.8
Schärfe 13 303 T 2, 2.6.2.1; 55 350 T 24, 3.12.2
Schärfefunktion 13 303, 2.6.2
Scharparameter 13 303 T 1, 3.3; 55 350 T 21, 2.8.1, 2.8.2
Schätzbereiche 55 350 T 24, 2
Schätzer 13 303 T 2, 3.1.2, 3.2 bis 3.5
Schätzerfolge 13 303 T 2, 3.5.2, 3.6
Schätzfunktion 13 303 T 2, 3.1.1; 55 350 T 23, 3.1; 55 350 T 24, 1.2
Schätzung 55 350 T 24, 1.1
– von Wahrscheinlichkeiten und Verteilungsfunktionen 55 350 T 24, 1.1
Schätzwert 13 303 T 2, 3.1.3; 55 350 T 23, 3.1; 55 350 T 24, 1.2.1
Schall- 1304 T 1, 10.6
Schallabsorptionsgrad 1332, 2.30
Schalldämm-Maß 1332, 2.33
Schalldissipationsgrad 1332, 2.31
Schalldruck 1304 T 1, 9.1; 1332, 2.1
Schalldruckpegel 1304 T 1, 9.5
Schalleistung 1304 T 1, 9.3; 1332, 2.9
Schalleistungspegel 1304 T 1, 9.6
Schallenergiedichte 1332, 2.11
Schallfeld 1332, 2
Schallfluß 1332, 2.5
Schallgeschwindigkeit 1304 T 1, 9.2; 1332, 2.8
Schallimpedanz, spezifische 1332, 2.20
Schallintensität 1304 T 1, 9.4; 1332, 2.10
Schallpegel 1332, 2.36
Schallreflexionsfaktor 1332, 2.28
Schallreflexionsgrad 1332, 2.29
Schallschnelle 1332, 2.4
Schallstrahlungsdruck 1332, 2.3

Schallstrahlungsimpedanz 1332, 2.24
Schalltransmissionsgrad 1332, 2.32
Schein- 1304 T 1, 10.32
scheinbare Höhe 13 312, 10.2.15
– Luftströmungsrichtung 13 312, 5.3.3
– Windgeschwindigkeit 13 312, 5.2.3
scheinbarer Gestirnsradius 13 312, 10.2.16
– Horizont 13 312, 10.2.7
– Wind 13 312, 5.1.3
Scheinleistung 1304 T 1, 4.51; 1304 T 3, 2.12
–, relative bei festgebremstem Rotor 1304 T 7, 6.35
Scheinleitwert 1304 T 1, 4.45
Scheinwiderstand 1304 T 1, 4.43
Scheitelpunkt 13 312, 8.1.3
Schergeschwindigkeit 1304 T 5, 2.7
Scherung 1304 T 1, 3.31; 1304 T 5, 5.12
Scherungswellen, Geschwindigkeit 1304 T 2, 5.7
Schichtdicke 1304 T 1, 1.10
Schiebung 1304 T 1, 3.31
Schiefe 13 303 T 1, 3.2.3.2; 55 350 T 21, 5.1; 55 350 T 23, 6.1
schiefhermitesch 1303, 4.26
Schiffsbewegung, Vektoren 13 312, 5.1
Schleife 13 322 T 1, 4.1.3
Schleusenspannung 1304 T 8, 1.4
Schlinge 13 322 T 1, 4.1.4
Schlupf 1304 T 7, 2.6
Schneedichte 1304 T 2, 2.39
Schneehöhe 1304 T 2, 2.38
Schnelle 1332, 1.3
Schnellepotential 1332, 2.7
Schnitt 13 302, 6.40
Schnittpunkt 1302, 8.15
schräge optische Dicke 1304 T 2, 3.6.13
– Schrift 461, 5.3
schräger Bruchstrich 1338, 4.1
Schrägungsfaktor 1304 T 7, 6.20
Schranke 13 302, 6.13, 6.14
Schraubsinn 1312, 1.3; 4895 T 1, 8
schraubsinnabhängiges Vorzeichen 1312, 7.3
Schreibstelle 1333, 10.1.15
Schrift (Formelsatz) 1338, 1; Bbl 1 zu 1338, 1; (graphische Darstellung) 461, 5.3
Schriftzeichen Bbl 1 zu 1338, 2
Schritt, Kommutator- 1304 T 7, 6.13
–, Wicklungs- 1304 T 7, 6.12
Schrittgeschwindigkeit 1304 T 6, 9.5
Schubmodul 1304 T 1, 3.35; 1332, 1.18
Schubspannung 1304 T 1, 3.26; 1332, 1.14
Schubspannungsbeiwert 1304 T 2, 1.32
Schubspannungsgeschwindigkeit 1304 T 2, 1.33
Schüepp 1304 T 2, 3.6.12
Schutzleiter 1304 T 3, 5.18
Schwächungskoeffizient 1304 T 1, 8.29; 1304 T 2, 3.6.3
Schwächungsmaß 1304 T 2, 3.6.4
Schwächungsmaß der Atmosphäre bei schrägem Strahlungsdurchgang 1304 T 2, 3.6.13
– – – bezüglich Dunstextinktion (Aerosolextinktion) 1304 T 2, 3.6.6
– – – – Gesamtextinktion 1304 T 2, 3.6.9
– – – – Ozonabsorption 1304 T 2, 3.6.8
– – – – Rayleigh-Streuung (Molekülstreuung) 1304 T 2, 3.6.5
– – – – Wasserdampfabsorption 1304 T 2, 3.6.7
–, relatives 1304 T 2, 3.6.14
Schwankung 5483 T 2, Tab 1 Nr 7
Schwankungsgeschwindigkeit, turbulente 1304 T 5, 2.5
Schwellenwert 55 350 T 24, 3.9.1
Schwere 1304 T 2, 6.29
Schwereabplattung 1304 T 2, 6.34
Schwereanomalie 1304 T 2, 6.47
Schwerefeld der Erde 1304 T 2, 6
Schwerefeldstärke 1304 T 2, 6.29
–, normale 1304 T 2, 6.30
Schwerepotential 1304 T 2, 6.35
Schwerestörung 1304 T 2, 6.44
Schwingungsbreite 5483 T 2, Tab 1 Nr 7
Schwingungsdauer 1304 T 1, 2.2
Sechs-Uhr-Kreis 13 312, 10.1.2.7
Seekartennull 13 312, 13.2.4
Seemeile 13 312, 3.1
Segmentteilung, Kommutator- 1304 T 7, 1.44
Sehnungsfaktor 1304 T 7, 6.19
Seismik 1304 T 2, Abschnitt 2.5
Seitenpeilung 13 312, 4.3.1.5
– zum Gegner im Augenblick des kleinsten Abstandes 13 312, 11.5.5
–, Radar- 13 312, 4.3.2.8
sekundär 1304 T 1, 10.3
Sekundärspannung am Transformator 1304 T 8, 1.28
Sekundärstrom des Transformators 1304 T 8, 1.13
selbstadjungiert 1303, 4.25
Selbstinduktivität 1304 T 1, 4.25
semidefinit, positiv 1303, 4.30
semikonnex 5473, 6.19
Sendung 1304 T 1, 10.33
Senkrecht-Grenzfrequenz 1304 T 6, 7.3.5
senkrechte Schrift (Formelsatz) 1338, 1; (graphische Darstellung) 461, 5.3
Serie 1304 T 1, 10.32
Serientor 13 322 T 2, 9.1
Setzen von Klammern 1338, 4
Sextantablesung 13 312, 10.2.5
– über dem künstlichen Horizont 13 312, 10.2.4, 10.3.3
– – der Kimm 13 312, 10.2.3, 10.3.2
Shunt 1304 T 7, 7.22
sichere Flugdauer 13 312, 14.5.6
sicherer Umkehrpunkt 13 312, 14.5.8
sichtbar 1304 T 1, 10.35

Sichtweite 1304 T 2, 3.7
–, Feuer- 1304 T 2, 3.73
–, meteorologische 1304 T 2, 3.7.2
–, Nacht- 1304 T 2, 3.7.3
–, Norm- 1304 T 2, 3.7.1
Sigma-Algebra 13 303 T 1, 1.1.3
Sigmafunktion, Weierstraßsche 13 301, 4.19
Signal 1304 T 1, 10.32; 1304 T 6, 1.1
Signal-Kreisfrequenz im Basisband 1304 T 6, 8.20
Signalenergie je Bit 1304 T 6, 9.8
Signalfrequenz im Basisband 1304 T 6, 8.19
Signalgeschwindigkeit 1304 T 2, 5.3
Signalleistung 1304 T 6, 1.2
Signalpegel 1304 T 6, 1.3
significand 1333, 10.2.5
signifikante Stelle 1333, 10.2.2
signifikantes Testergebnis 55 350 T 24, 3.10
Signifikanzniveau 13 303 T 2, 2.5.2; 55 350 T 24, 3.11.2
Signifikanztest 55 350 T 24, 3.5
Signum 1302, 3.11
simultan 1304 T 1, 10.32
Sinus 1302, 13.1
– amplitudinis 13 301, 4.9
–, hyperbolischer Integral- 13 301, 3.7
–, Integral- 13 301, 3.4
–, komplementärer Integral- 13 301, 3.5
sinusförmig 1304 T 1, 10.32
skalarer Laplacescher Operator 4895 T 2, 2.5, 3.6
Skalarfeld 4895 T 1, 6; 4895 T 2, 2.1
Skalarprodukt 1303, 1.10
–, hermitesches 1303, 1.18
Skale 461, 4.2; 5478, 6.1
Skalenparameter 13 303 T 1, 3.3.2
solare Strahlungsbilanz 1304 T 2, 3.3.1
solarer Absorptionsgrad der Erdoberfläche 1304 T 2, 3.8.3
– Reflexionsgrad der Erdoberfläche 1304 T 2, 3.8.2
Solarkonstante 1304 T 2, 3.1.3
Soll-Kurs 13 312, 8.5.4
Sollwert 1333, 5.2
Sommerfeld-Feinstruktur-Konstante 1304 T 1, 8.11
Sonderzeichen (Darstellung bei beschränktem Zeichenvorrat) 13 304, Tab 1
Sonne 13 312, 10.3.1.1
–, Winkelgrößen 1304 T 2, 3.4
Sonnenscheindauer 1304 T 2, 3.5
–, astronomische 1304 T 2, 3.5.2
–, mögliche 1304 T 2, 3.5.3
–, relative, bezogen auf S_0 1304 T 2, 3.5.4
–, –, – – $(S_0)'$ 1304 T 2, 3.5.5
–, tatsächliche 1304 T 2, 3.5.1
Sonnenstrahlung, diffuse 1304 T 2, 3.1.4
–, direkte 1304 T 2, 3.1.1
–, extraterrestrische, bei aktuellem Sonnenabstand 1304 T 2, 3.1.2
Sonnenstrahlung, extraterrestrische, bei mittlerem Sonnenabstand 1304 T 2, 3.1.3
–, globale 1304 T 2, 3.1.5
–, von der Erdoberfläche reflektierte globale 1304 T 2, 3.2.1
Spalt, Luft- 1304 T 7, 1.22
Spaltenvektor 1303, 4.5
spannender Baum 13 322 T 1, 4.10
Spannenmitte 55 350 T 23, 4.6
Spannung auf der Netzseite des Transformators, verkettete 1304 T 8, 1.19
– – – Ventilseite des Transformators 1304 T 8, 1.20
–, elektrische 1304 T 1, 4.10
–, höchste (maximale), zwischen den Leitern im Drehstromnetz 1304 T 3, 2.3
–, magnetische 1304 T 1, 4.20; 5489, 9.1
spannungsgesteuerte Spannungsquelle 5489, 6.1.2
– Stromquelle 5489, 6.2.2
Spannungskoeffizient 1304 T 1, 5.6
Spannungsquelle 5489, 6.1
–, Ersatz- 5489, 7.2
–, ideale unabhängige 5489, 6.1.1
–, spannungsgesteuerte 5489, 6.1.2
–, stromgesteuerte 5489, 6.1.2
Spannungstensor 1304 T 5, 3.6
–, Koordinaten des 1304 T 5, 3.7
Spannungsübersetzung 5489, 8.2
Spannungsvektor 1304 T 5, 3.8
Spannweite 13 303 T 1, 1.2.5.1; 55 350 T 23, 5.1
Spatprodukt 1303, 1.16; 1312, 4.2
Spearmanscher Rangkorrelationskoeffizient 13 303 T 1, 1.2.6
spezielle Funktionen der mathematischen Physik 13 301
spezifisch 1304 T 1, Abschnitt 4.4
spezifische (massenbezogene) Aktivität einer radioaktiven Substanz 1304 T 1, 8.17
– Arbeit 1304 T 1, 3.51
– Ausstrahlung 1304 T 1, 7.7, 7.26; 1304 T 2, 3.2
– Enthalpie 1304 T 1, 5.27
– Entropie 1304 T 1, 5.25
– Feuchte 1304 T 2, 2.16
– – bei Sättigung 1304 T 2, 2.18
– innere Energie 1304 T 1, 5.29
– Lichtausstrahlung 1304 T 1, 7.14
– potentielle Energie, verfügbarer Anteil 1304 T 2, 1.3
– Schallimpedanz 1332, 2.20
– Sublimationswärme des Eises 1304 T 2, 2.22
– Verdampfungswärme des Wassers 1304 T 2, 2.21
– Wärmekapazität 1304 T 1, 5.19, 5.20, 5.21
– Wärmekapazitäten, Verhältnis der 1304 T 1, 5.22
spezifischer Brennwert 1304 T 1, 5.30
– elektrischer Widerstand 1304 T 1, 4.38

spezifischer Heizwert 1304 T 1, 5.31
– Wärmewiderstand 1304 T 1, 5.13
spezifisches Volumen 1304 T 1, 3.6
sphärisch 1304 T 1, 10.32
sphärische Besselfunktionen 13 301, 5.6
– Hankelfunktionen 13 301, 5.8
– Neumann-Funktionen 13 301, 5.7
Sphäroidfunktionen 13 301, 9
Spitze-Tal-Wert 5483 T 2, Tab 1 Nr 7
Spitzen-Arbeits-Rückwärtsspannung 1304 T 8, 1.21, 1.22
Spitzen-Arbeits-Sperrspannung 1304 T 8, 1.32, 1.33
Spitzensperrspannung, periodische, in Durchlaßrichtung 1304 T 8, 1.34, 1.35
–, –, in Sperrichtung 1304 T 8, 1.23, 1.24
Spitzenwert 5483 T 2, Tab 1 Nr 4, Tab 1 Nr 17
Sprechweise von Zahlen 1333, Tab 2 Fußnote 1
Springverspätung 13 312, 13.3.8
Springzeit 13 312, 13.3.5
Sprung 5487, 5; 13 302, 6.41
Sprungfunktion, Einheits- 5487, 5.1
Spulenseiten, Anzahl der 1304 T 7, 6.6
Spulenweite in Nutenschritten 1304 T 7, 6.12
Spur 1303, 4.35
Stabdiagramm 55 350 T 21, 2.7; 55 350 T 23, 2.10
stabiler Komplex 13 302, 1.18
Stabilitätslänge 1304 T 2, 1.37
Stabilitätsmoment 13 312, 12.1.6
Stabilitätsparameter 1304 T 2, 1.48
Ständer 1304 T 1, 10.32
Stammfunktion 1302, 11.7
Standard-Zahlenmengen 5473, 5
Standardabweichung 13 303 T 1, 1.2.10.1, 3.1.5; 55 350 T 21, 4.2; 55 350 T 23, 5.4
standardisiert 1304 T 1, 10.32
standardisierte Normalverteilung 55 350 T 22, 1.1.1
– Verteilung 55 350 T 21, 1.4.2
– Zufallsgröße 55 350 T 21, 1.4.2
– Zufallsvariable 13 303 T 1, 1.1.15
– zweidimensionale Normalverteilung 55 350 T 22, 3.1.1
standardisierter Beobachtungswert 55 350 T 23, 3.4
standardnormalverteilt 13 303 T 1, 2.4.2
Standardwert der Affinität 13 345, 15
– der differentiellen molaren Reaktionsenthalpie 13 345, 19
– des chemischen Potentials 4896, 18; 13 345, 12
Standberichtigung, Chronometer- 13 312, 9.2.7
Standlinie 13 312, 7.2.12, 7.3.1
–, versegelte 13 312, 7.2.13
Standlinienkreuz 13 312, 7.3.3
Standort 13 312, 6.5.3, 7.2.3, 7.3.3
Standorte von Anlagen und Anlageteilen 1304 T 3, 6.1
Stapelfaktor 1304 T 7, 6.29
stationär 1304 T 1, 10.32
stationäre Übergangswahrscheinlichkeit 13 303 T 1, 4.2.1
– Wellenlänge 1304 T 2, 1.14
statisch 1304 T 1, 10.32
statische Auftriebskraft 1304 T 5, 3.1
statischer Druck 1332, 2.2
Statistik 13 303 T 1; 13 303 T 2
statistische Hypothese 13 303 T 2, 2.1.1
– Schätzung 55 350 T 24, 1
statistischer Anteilsbereich 55 350 T 24, 2.3
– Test 13 303 T 2, 2; 55 350 T 24, 3.5
Stator 1304 T 1, 10.32; 1304 T 7, 7.18
Stator-Kreisfrequenz 1304 T 7, 2.3
Stator-Streufaktor 1304 T 7, 6.15
Statorjochhöhe 1304 T 7, 1.17
Statornutbreite 1304 T 7, 1.32
Statornutteilung 1304 T 7, 1.42
Statornuttiefe 1304 T 7, 1.19
Statornutung, Carter-Faktor der 1304 T 7, 6.30
Statorzahnbreite 1304 T 7, 1.34
Statorzahnhöhe 1304 T 7, 1.26
Staudruck 1304 T 5, 3.5
Stefan-Boltzmann-Konstante 1304 T 1, 7.23
Stehwellenverhältnis 1304 T 6, 1.22
Steife; Steifigkeit 1332, 1.23
Steigdauer 13 312, 13.4.6
Steilheit der Dispersionskurve eines Lichtwellenleiters bei λ_0 1304 T 6, 8.18
Stelle 1333, 10.1.14, 10.1.15, 10.1.16
– nach dem Komma 1333, 10.1.16
– von hinten 1333, 10.1.16
– vor dem Komma 1333, 10.1.16
stellengerecht 1333, 3
Stellentafel 1333, 10.1.6
Stellenwert 1333, 10.1.5
Stellenwertdarstellung 1333, 10.1.6
Stellenwertsystem 1333, 10.1.7
Stellgröße 19 221, 1105
Stellungswinkel, Rotor- 1304 T 7, 6.25
Sternpunkt, z.B. im Drehstromnetz 1304 T 3, 6.6
Sternwinkel 13 312, 10.1.3.6
stetige Wahrscheinlichkeitsverteilung 55 350 T 22, 1, 3
– Zufallsvariable 55 350 T 21, 1.1
stetiger Zufallsvektor 55 350 T 21, 1.3
Stetigkeit 1302, 9; 13 302, 9.16, 9.17
Stetigkeitsstelle 13 302, 6.43
Steuerkompaßkurs 13 312, 4.2.3.1
Steuerkurs, mißweisender 13 312, 4.2.2
–, rechtweisender 13 312, 4.2.1
Steuerungstechnik 19 221
Stichprobe 13 303 T 1, 1.1.13; 55 350 T 23, Fußnote 1
Stichprobenabweichung 55 350 T 24, 1.3.1
Stichprobenraum 13 303 T 1, 1.1.2
Stochastik 13 303 T 1; 13 303 T 2
stochastische Abhängigkeit 13 303 T 1, 4

stochastische Unabhängigkeit 13 303 T 1, 4.1; 55 350 T 22, Fußnote 1
stochastischer Prozeß 13 303 T 1, 1.1.9
stochastisches Modell 13 303 T 2, Anm zu 1.2 und 1.2.1
stöchiometrische Zahl 13 345, 7
– – eines Stoffes B in einer chemischen Reaktion 1304 T 1, 6.11
Störgröße 19 221, 1103
Störleistung 1304 T 6, 1.6
Störpotential 1304 T 2, 6.43
Störsignal 1304 T 6, 1.4
Stoffmenge 1304 T 1, 6.5; 4896, 3; 13 345, 5
stoffmengenbezogen 1304 T 1, 10.24
stoffmengenbezogene (molare, universelle) Gaskonstante 4896, 2; 13 345, 1
– (molare) Masse eines Stoffes B 1304 T 1, 6.8
– Masse 4896, 6
Stoffmengenkonzentration 4896, 8; 13 345, 6
– eines Stoffes B 1304 T 1, 6.7
Stoffmengenstrom 1304 T 1, 6.6
Stone-Raum 13 302, 5.11
Stoß 5487, 5
Stoß- 1304 T 3, 7.17
Stoßfrequenz 1304 T 6, 7.3.3
Stoßkurzschlußstrom 1304 T 3, 3.8; 1304 T 7, 5.6
Stoßspitzenspannung 1304 T 8, 1.25, 1.26
Stoß-Spitzensperrspannung 1304 T 8, 1.36, 1.37
Stränge, Anzahl der 1304 T 1, 4.63
Strahl 1302, 8.9, 8.10
Strahldichte 1304 T 1, 7.6
– einer Lichtquelle 1304 T 6, 8.9
strahlende Fläche einer Lichtquelle 1304 T 6, 8.10
Strahlstärke 1304 T 1, 7.5; 1304 T 6, 6.1
–, mittlere 1304 T 6, 6.2
Strahlung 1304 T 1, 10.30; 1304 T 2, Abschnitt 2.3
Strahlungsäquivalent, photometrisches 1304 T 1, 7.18
Strahlungsbilanz, Gesamt- 1304 T 2, 3.3.3
–, kurzwellige 1304 T 2, 3.3.1
–, solare 1304 T 2, 3.3.1
Strahlungsbilanzen 1304 T 2, 3.3
Strahlungsenergie 1304 T 1, 7.1
–, volumenbezogene 1304 T 1, 7.2
Strahlungsenergiedichte 1304 T 1, 7.2
Strahlungsfluß 1304 T 1, 7.3
Strahlungsflußdichte 1304 T 1, 7.4
Strahlungskonstante, Plancksche 1304 T 1, 7.24, 7.25
Strahlungsleistung 1304 T 1, 7.3; 1304 T 6, 6.4
–, äquivalente isotrope 1304 T 6, 6.10
–, –, bezogen auf den Halbwellendipol 1304 T 6, 6.11
Strahlungsmenge 1304 T 1, 7.1
Strahlungswiderstand 1304 T 6, 6.7
Strahlungswirkungsgrad 1304 T 6, 6.9
Strecke 1302, 8.16
streng monotone Abbildung 13 302, 6.47
Streufaktor, Gesamt- 1304 T 7, 6.14
–, Rotor- 1304 T 7, 6.16
–, Stator- 1304 T 7, 6.15
Streukoeffizient 1304 T 2, 3.6.1
Streumatrix 1304 T 6, 2.12
– bei Mehrtoren 1304 T 6, 3.4
Streuung 1304 T 1, 10.43; 55 350 T 21, 4.2
–, Rayleigh- 1304 T 2, 3.6.5
Streuungsparameter 13 303 T 1, 3.2.2; 55 350 T 21, 4, 2.8.2
Streuvariable 1304 T 6, 3.4.1
strikte Halbordnung 13 302, 6.3
– Ordnung 13 302, 6.4
Strömungsgeschwindigkeit 1304 T 5, 2.1
–, mittlere 1304 T 5, 2.3
Strömungsrichtung des Fahrtwindes 13 312, 5.3.2
– des Windes 13 312, 5.3.1
– – – an Bord 13 312, 5.3.3
– – – über dem Wasser 13 312, 5.3.4
Strömungswiderstand 1304 T 7, 4.10
–, längenspezifischer 1332, 2.21
Strom, Beschickung für 13 312, 4.4.9
–, Dauerkurzschluß- 1304 T 7, 5.4
–, Energie- 1304 T 5, 3.15
–, Erreger- 5489, 9.1
–, Impuls- 1304 T 5, 3.14
–, Massen- 1304 T 5, 3.12
–, relativer bei festgebremstem Rotor 1304 T 7, 6.36
–, Stoßkurzschluß- 1304 T 7, 5.6
–, subtransienter Kurzschluß- 1304 T 7, 5.8
–, transienter Kurzschluß- 1304 T 7, 5.7
–, Volumen- 1304 T 5, 2.17; 1304 T 7, 4.8
–, Wärme- 1304 T 7, 4.2
– auf der Netzseite des Transformators 1304 T 8, 1.10
– auf der Ventilseite des Transformators 1304 T 8, 1.11
Strombelag 1304 T 7, 5.2
Stromdichte, elektrische 1304 T 1, 4.18; 1304 T 2, 4.2
Stromfunktion (für ebene Strömung) 1304 T 5, 2.14
–, Montgomery- 1304 T 2, 1.39
Stromgeschwindigkeit 13 312, 5.1.8
–, Betrag 13 312, 5.2.8
stromgesteuerte Spannungsquelle 5489, 6.1.2
– Stromquelle 5489, 6.2.2
Stromlinie, Einsvektor normal 1304 T 2, 1.22
–, – tangential 1304 T 2, 1.21
–, Radius am Aufpunkt 1304 T 2, 1.18
Stromlinien, Wellenlänge 1304 T 2, 1.12
Stromquelle 5489, 6.2
–, Ersatz- 5489, 7.2
–, ideale unabhängige 5489, 6.2.1
–, spannungsgesteuerte 5489, 6.2.2
–, stromgesteuerte 5489, 6.2.2

Stromrichtung 13 312, 5.3.8
Stromstärke, elektrische 1304 T 1, 4.17
Stromverdrängung, Induktivitätsfaktor bei 1304 T 7, 6.34
–, Widerstandsfaktor bei 1304 T 7, 6.33
Stromversetzung 13 312, 8.4.1
–, Betrag 13 312, 5.4.2
Stromverzögerungswinkel 1304 T 8, 1.40
Strouhal-Zahl 1304 T 5, 4.11
Struktur 5473, 8.1
–, mathematische 13 302
Student-Verteilung 55 350 T 22, 1.3
Stück 13 302, 6.31
Stundenkreis 13 312, 10.1.2.7
–, Greenwicher 13 312, 10.1.2.8
Stundenwinkel 1304 T 2, 3.4.1; 13 312, 10.4.2
–, Greenwicher 13 312, 10.1.3.5
–, Orts- 13 312, 10.1.3.4
–, östlicher 13 312, 10.1.3.4.1
–, westlicher 13 312, 10.1.3.4.2
Subjunktion 5473, 3.1.4
Sublimationswärme des Eises, spezifische 1304 T 2, 2.22
Substruktur 5473, 8.2; 13 302, 2.1
Subtransient-Kurzschluß-Zeitkonstante der Längsachse 1304 T 7, 5.13
– der Querachse 1304 T 7, 5.17
Subtransient-Längsreaktanz 1304 T 7, 5.21
Subtransient-Leerlauf-Zeitkonstante der Längsachse 1304 T 7, 5.12
– der Querachse 1304 T 7, 5.16
Subtransient-Querreaktanz 1304 T 7, 5.24
subtransiente Größe 1304 T 3, 4.3
subtransienter Kurzschlußstrom 1304 T 7, 5.8
Südmeridian 13 312, 10.1.2.9.4
Südpol 13 312, 7.2.7
–, Himmels- 13 312, 10.1.1.3.2
Südpunkt 13 312, 10.1.1.4.3
suffiziente Funktion 13 303 T 2, 1.3
– Prüfvariable 13 303 T 2, Anm zu 1.3
– Zufallsvariable 13 303 T 2, 1.3
suffizienter Schätzer 13 303 T 2, Anm zu 1.3
Summe 1302, 2.8, 2.12; 1304 T 1, 10.46; 1338, 4.2; 13 302, 3.28
summierte Besetzungszahl 55 350 T 23, 2.2
Supremum 13 302, 6.17
Surjektion 5473, 7.8
Suszeptanz 1304 T 1, 4.41; 5489, 7.1
Suszeptibilität, elektrische 1304 T 1, 4.16
–, magnetische 1304 T 1, 4.30
Symbol, Pochhammer- 13 301, 1.5
–, Riemannsches P- 13 301, 6.4
Symbole chemischer Elemente 1338, Tab 1 Nr 5
symmetrisch 5473, 6.13
symmetrische Gruppe 13 302, 3.23
– Relation 13 302, 1.20
synchron 1304 T 1, 10.32
Synchron-Kippmoment 1304 T 7, 3.10
Synchron-Längsreaktanz 1304 T 7, 5.19
Synchron-Querreaktanz 1304 T 7, 5.22
Synchrongenerator 1304 T 3, 5.20
Synchronmaschine 1304 T 3, 5.22
Synchronmotor 1304 T 3, 5.21
Synchronsignal 1304 T 6, 10.10
Synentropie 1304 T 6, 11.6
System- 1304 T 1, 10.32
systematische Abweichung der Schätzfunktion 55 350 T 24, 1.3, 1.4
Systemdämpfungsmaß 1304 T 6, 7.4.1

t, nichtzentrales 13 303 T 1, 2.4.6
t, zentrales 13 303 T 1, 2.4.5
t-Verteilung 55 350 T 22, 1.3
Taktfrequenz 1304 T 6, 9.12
Talwert 5483 T 2, Tab 1 Nr 6
Tangens 1302, 13.3
Tangenteneinsvektor 4895 T 1, 7.1
tangential 1304 T 1, 10.33
tangentiale Bürstenbreite 1304 T 7, 1.36
tatsächliche Sonnenscheindauer 1304 T 2, 3.5.1
tatsächlicher Erdradius 1304 T 6, 7.1.7
Taupunkttemperatur 1304 T 2, 2.7
Teilbaum 13 322 T 1, 4.12
Teilbilddauer 1304 T 6, 10.13
Teilbildfrequenz 1304 T 6, 10.19
Teilbildperiode 1304 T 6, 10.13
Teilchen, Anzahl der 1304 T 1, 6.3
Teilchenfluenz 1304 T 1, 8.23
Teilchenflußdichte 1304 T 1, 8.24
Teilchenstrom 1304 T 1, 8.27
Teilchenstromdichte 1304 T 1, 8.28
Teilchenzahl 1304 T 1, 6.3
Teilchenzahldichte 1304 T 1, 8.20
Teilen von Formeln 1338, 5
Teilgraph 13 322 T 1, 3.1
Teilklasse 5473, 4.7
–, echte 5473, 4.8
Teilmenge 5473, 4.7
–, echte 5473, 4.8
Teilschwingung, Ordnungszahl einer 1304 T 8, 2.11
Teilstrich 5478, 5.4.1
teilt 1302, 6.4
Teilung 1304 T 7, 1.40
– (graphische Darstellung) 461, 4.1, 4.5, 4.6, 4.10
–, Kommutator-Segment- 1304 T 7, 1.44
–, Pol- 1304 T 7, 1.41
–, Rotornut- 1304 T 7, 1.43
–, Statornut- 1304 T 7, 1.42
Tellegensches Theorem 13 322 T 2, 6.2
Temperatur 1304 T 1, 5.1; 4896, 1; 13 345, 2
– des feuchten Thermometers 1304 T 2, 2.9
– des trockenen Thermometers 1304 T 2, 2.8
–, Äquivalent- 1304 T 2, 2.2
–, Aktivierungs- 1304 T 2, 2.25
–, Auslöse- 1304 T 2, 2.26
–, Erdboden- 1304 T 2, 2.10
–, feuchtpotentielle 1304 T 2, 2.5
–, Kühlmittel- 1304 T 7, 4.5

Temperatur, potentielle 1304 T 2, 2.3
–, – Äquivalent- 1304 T 2, 2.4
–, pseudopotentielle 1304 T 2, 2.6
–, Taupunkt- 1304 T 2, 2.7
–, thermodynamische 1304 T 1, 5.1
–, Über- 1304 T 7, 4.3
–, Umgebungs- 1304 T 7, 4.4
–, virtuelle 1304 T 2, 2.1
Temperaturadvektion 1304 T 2, 1.1
Temperaturdifferenz 1304 T 1, 5.2
Temperaturleitfähigkeit 1304 T 1, 5.17
Temperaturstrahlung der Atmosphäre 1304 T 2, 3.2.2
– der Erdoberfläche 1304 T 2, 3.2.3
Tensor 1303, 6.1
– der Reibungsspannungen 1304 T 5, 3.9
–, gemischter 1303, 6.5
–, gleichartiger 1303, 6.2
–, kontravarianter 1303, 6.3
–, Koordinaten eines 1303, 8.4
–, kovarianter 1303, 6.4
–, Spannungs- 1304 T 5, 3.6
–, zerfallender 1303, 6.11
Tensorprodukt 1303, 6.9, 6.10
terrestrische Gravitationskonstante 1304 T 2, 6.41
terrestrischer Absorptionsgrad der Erdoberfläche 1304 T 2, 3.8.5
– Reflexionsgrad der Erdoberfläche 1304 T 2, 3.8.4
tertiär 1304 T 1, 10.4
Terz 1304 T 1, 10.33
Test, statistischer 13 303 T 2, 2
Testgröße 55 350 T 24, 3.6
Testschärfe 55 350 T 24, 3.12.2
Testverfahren 55 350 T 24, 3
Testwert 55 350 T 24, 3.6.1
theoretisch 55 350 T 21, Fußnote 3
theoretische Varianz 55 350 T 21, Fußnote 3
– Wirkfläche 1304 T 6, 6.19
thermisch 1304 T 1, 10.33
thermischer Längenausdehnungskoeffizient 1304 T 1, 5.4
– Leitwert 1304 T 1, 5.12
– Spannungskoeffizient 1304 T 1, 5.6
– Volumenausdehnungskoeffizient 1304 T 1, 5.5
– Widerstand 1304 T 1, 5.11
– Wind 1304 T 2, 1.28
Thermodynamik 1304 T 2, Abschnitt 2.2
– chemischer Reaktionen 13 345
thermodynamische Temperatur 1304 T 1, 5.1; 4896, 1; 13 345, 2
Thetafunktionen, Jacobische 13 301, 4.13 bis 4.16
Tide 13 312, 13.1.2
Tidenfall 13 312, 13.4.9
Tidenhub 13 312, 13.4.10
Tidenstieg 13 312, 13.4.8
Tiefe 1304 T 1, 1.8
Tiefe des Echolotwandlers 13 312, 13.2.2
–, Rotornut- 1304 T 7, 1.20
–, Statornut- 1304 T 7, 1.19
Tiefzeichen 1304 T 1, Abschnitt 2; 13 304, Tab 3
Toleranzbereich 1333, 5
Toleranzen 1333, 5, 5.1
Toleranzintervall 13 303 T 2, 4.7.1
topographisch isostatische Anomalie 1304 T 2, 6.50
topologische Struktur 13 302, 9
topologischer Raum 13 302, 9.1
Torsion 1304 T 1, 10.33
Torsionsmoment 1304 T 1, 3.15
Torsionswinkel 1304 T 1, 3.32, 3.33
total 1304 T 1, 10.33
totale Verknüpfung 13 302, 1.2
Totalintensität 1304 T 2, 7.2.1
Trägerleistung 1304 T 6, 9.7
Trägermenge 13 302, 2
Trägervektor 1302, 8.2, 8.6, 8.10
Trägheits-Zeitkonstante 1304 T 7, 3.2
Trägheitsmoment 1304 T 1, 3.9
Trägheitsradius 1304 T 1, 3.10
Trajektorie, Radius am Aufpunkt 1304 T 2, 1.19
Trajektorien, Wellenlänge 1304 T 2, 1.13
Transadmittanz von Tor j nach Tor i 1304 T 6, 3.2.1
Transformation der Basen 1303, 2.10
– der Koordinaten 1303, 8.7, 8.8, 8.9
–, Fourier- 5487, 3.1
–, Koordinaten- 1303, 2.9, 2.11, 2.12
–, Laplace- 5487, 3.2
–, natürliche 13 302, 10.2
–, Z- 5487, 3.3
Transformator 1304 T 3, 5.23
transformiert 1304 T 3, 7.18
transformierte Zufallsgröße 55 350 T 21, 1.4
Transformierte, Fourier- 5487, 3.1.2
–, Laplace- 5487, 3.2.2, 5.4
–, Z- 5487, 3.3.2
transformierter Beobachtungswert 55 350 T 23, 3
transient 1304 T 1, 10.33
Transient-Kurzschluß-Zeitkonstante der Längsachse 1304 T 7, 5.11
– der Querachse 1304 T 7, 5.15
Transient-Längsreaktanz 1304 T 7, 5.20
Transient-Leerlauf-Zeitkonstante der Längsachse 1304 T 7, 5.10
– der Querachse 1304 T 7, 5.14
Transient-Querreaktanz 1304 T 7, 5.23
transiente Größe 1304 T 3, 4.2
transienter Kurzschlußstrom 1304 T 7, 5.7
Transimpedanz 1304 T 6, 2.4
– von Tor j nach Tor i 1304 T 6, 3.1.1
Transinformationsbelag, mittlerer 1304 T 6, 11.9
Transinformationsfluß, mittlerer 1304 T 6, 11.10

202/31*

Transinformationsgehalt, mittlerer 1304 T 6, 11.6
transitiv 5473, 6.14
transitive Relation 13 302, 1.21
transjugierte Matrix 1303, 4.24
Transmission 1304 T 1, 10.33
Transmissionsfaktor 1304 T 6, 1.24
Transmissionsgrad 1304 T 1, 7.29; 1304 T 3, 3.1
– der Atmosphäre 1304 T 2, 3.8.1
Transmittanz 1304 T 6, 2.7.3
transponierte Matrix 1303, 4.7
Transposition 13 302, 3.26
transversal 1304 T 1, 10.33
transzendentes Element 13 302, 4.20
Trennmenge 13 322 T 1, 4.5
Trennmengen-Kondensatormatrix C_{Cf} 13 322 T 2, 8.5.1.1
Trennmengen-Zweig-Inzidenzmatrix C 13 322 T 2, 3.2
–, fundamentale C_f 13 322 T 2, 3.2
Trennmengengleichungen 13 322 T 2, 6.2
Trennzeichen 1333, 3, 3.1.2
Tri-Kovektor 1303, 7.12
triefend naß 1304 T 1, 10.24
trigonometrische Funktion 1302, 13
Tripel 55 350 T 21, 1.1, 1.3
Trivektor 1303, 7.9
triviale Gruppe 13 302, 3.5
trocken 1304 T 1, 10.32, 10.38
troposphärische Ausbreitung 1304 T 6, 7.2
Trübungsfaktor nach Linke 1304 T 2, 3.6.10
Trübungskoeffizient nach Ångström 1304 T 2, 3.6.11
– nach Schüepp 1304 T 2, 3.6.12
Trübungsmaße 1304 T 2, 3.6
Tschebyscheff-Polynome 13 301, 7.6, 7.7
Tupel 55 350 T 21, 1.1, 1.3
turbulent 1304 T 1, 10.33
turbulente Hauptstromgeschwindigkeit 1304 T 5, 2.4
– Schwankungsgeschwindigkeit 1304 T 5, 2.5
turbulenter Diffusionskoeffizient 1304 T 2, 1.54
typographischer Punkt Bbl 2 zu 1338, 1

über 1302, 3.10
Über- 1304 T 3, 7.20
Überdeckung, Bürsten- 1304 T 7, 6.23
Überdeckungswahrscheinlichkeit 13 303 T 2, 4.5
Überdruck 1304 T 1, 3.24
Überführungszahl 4896, 35
Übergangsgröße 1304 T 3, 4.2; 5483 T 2, 2.2
Übergangswahrscheinlichkeit (Stochastik) 13 303 T 1, 4.2.1
Überschiebung 1303, 6.13
überschreitend 1304 T 1, 10.12
Übersetzung 1304 T 3, 3.6
Übersetzung, Spannungs- 5489, 8.2
Übersetzungsverhältnis 1304 T 7, 6.21
Überspannungsfaktor 1304 T 3, 3.2
Übersprech-(Index) 1304 T 6, 13.7
Übertemperatur 1304 T 7, 4.3
Übertrager, idealer 5489, 8.2
Übertragung (Index) 1304 T 6, 13.10
– von Signalen über Leitungen 1304 T 6, Abschnitt 2.4
Übertragungsfaktor 1332, 3.1;
– rückwärts vom Tor 2 zum Tor 1 1304 T 6, 2.12.2
– vom Tor j zum Tor i bei Abschluß aller Tore i $\neq$ j mit der jeweiligen Bezugsimpedanz 1304 T 6, 3.4.3
– vorwärts vom Tor 1 zum Tor 2 1304 T 6, 2.12.3
Übertragungsfunktion 1304 T 6, 1.9; 19 221, 1112
Übertragungsmaß 1304 T 6, 1.12; 1332, 3.3
Überzeichen 1304 T 1, Abschnitt 2; 13 304, Tab 3
ultrasphärische Polynome 13 301, 7.5
Umdrehungsfrequenz 1304 T 1, 2.14
umgebend 1304 T 1, 10.6
Umgebung 13 302, 9.6, 9.8, 9.33
Umgebungssystem 13 302, 9.7
Umgebungstemperatur 1304 T 7, 4.4
umkehrbar 1304 T 1, 10.30
Umkehrpunkt, sicherer 13 312, 14.5.8
Umkehrrelation 5473, 6.7
Umlaufsinn 1312, 1.1
Umlaut (Darstellung bei beschränktem Zeichenvorrat) 13 304, Tab 1
Umrechnung Inch, Yard, Foot in Millimeter 4890
Umsatzgeschwindigkeit; Umsatzrate 13 345, 9
Umsatzvariable 13 345, 8
Umwandlung 1303, 8.10
Unabhängigkeit, stochastische 13 303 T 1, 4
unbestimmtes Integral 1302, 11.9
und so weiter 1302, 1.5
unendlich 1302, 3.15; 1304 T 1, 10.5
ungefähr gleich 1302, 1.1
ungeordnetes Knotenpaar 13 322 T 1, 2.2
ungerade Lamé-Polynome 13 301, 11.2
– Mathieu-Funktionen 13 301, 10.3.3, 10.5.1
ungestörter Betrieb 1304 T 3, 7.5
– Zustand bei Anströmgrößen 1304 T 5, 5.2
ungleich 1302, 2.2
unimodale Verteilung 55 350 T 23, 4.5
– Wahrscheinlichkeitsverteilung 55 350 T 21, 3.3
unitär 1303, 4.27
unitäre Norm 1303, 4.36
unitärer R-Modul 13 302, 7.5
– Ring 13 302, 4.3
– Vektorraum 1303, 1.17
univariate Häufigkeitsverteilung 55 350 T 23, 2.8
– Wahrscheinlichkeitsverteilung 55 350 T 21, 2.1
universelle (molare, stoffmengenbezogene) Gaskonstante 4896, 2; 13 345, 1

universelle Gaskonstante 1304 T 1, 6.14
Universum der Struktur 5473, 8.1
Unsicherheit 1333, 5.1, 6
Unsymmetriegröße 55 350 T 21, 1.4.1
unten 1304 T 1, 10.19, 10.34
unter 1302, 3.9
– oder gleich 13 302, 5.6
Unterbrechung 1304 T 3, 7.19
unterbrechungsfreie (Gleich-)Spannung, Idealwert bei Leerlauf und bei einem Verzögerungswinkel α 1304 T 8, 1.3
– –, – – – und bei null Grad Verzögerungswinkel 1304 T 8, 1.2
– (nicht lückende) Spannung 1304 T 8, 1.1
unterbrochene Teilung 461, 4.10
unterdrückter Nullpunkt 461, 4.9
untere Schranke 13 302, 6.14
unterer 1304 T 1, 10.34
– Grenzwert 1304 T 1, 10.22
– Heizwert 1304 T 1, 5.31
– Meridian 13 312, 10.1.2.9.2
– Nachbar 13 302, 6.24
– Pol 13 312, 10.1.1.3.4
unteres Dezil 13 303 T 1, 3.1.1.3.1
– Quartil 13 303 T 1, 3.1.1.2.1
Untergraph 13 322 T 1, 3.2
Untergruppe 13 302, 3.7, 3.16, 3.17
Untermodul 13 302, 7.4
Unterraum 13 302, 8.5, 8.14
Unterschied 13 312, 10.1.3.14
Unterspannungsseite 1304 T 3, 6.8
Unterstruktur 13 302, 2.1
Untersumme 1302, 11.3
Unterzeichen 1304 T 1, Abschnitt 2; 13 304, Tab 3
unvergleichbares Element 13 302, 6.21
unvollständige Gammafunktion 13 301, 2.2, 2.3
Ursprung 1304 T 1, 10.27; 4895 T 1, 2.1

variabel 1304 T 1, 10.35
Variable, Bild- 19 221, 1110
Varianz 13 303 T 1, 1.2.10, 3.1.4; 55 350 T 21, 4.1, 6.3; 55 350 T 23, 5.3, 7.3, 7.6
– der Randverteilung 55 350 T 21, 6.6
Variation 1302, 7.2, 7.4
Variationskoeffizient 13 303 T 1, 1.2.11, 3.1.6; 55 350 T 21, 4.3; 55 350 T 23, 5.5
Vektor 1303, 1, 7.1; 1304 T 6, Abschnitt 1; 13 302, 8.2
– der Reibungsspannungen 1304 T 5, 3.11
–, Bi- 1303, 7.8
–, Einheits- 1303, 1.12
–, Ko- 1303, 1.23, 7.5
–, konjugiert-komplexer 1303, 1.20
–, Koordinaten eines 1303, 2.6, 8.5
–, Mono- 1303, 7.7
–, normierter 1303, 1.12
–, Spalten- 1303, 4.5
–, Spannungs- 1304 T 5, 3.8
–, Tri- 1303, 7.9
Vektor, Wirbel- 1304 T 5, 2.8
–, Zeilen- 1303, 4.6
Vektoranalysis 4895 T 2
Vektoren der Luft- und Wasserströmung sowie der Schiffsbewegung 13 312, 5.1
Vektorfeld 4895 T 1, 7; 4895 T 2, 2.1
vektorieller Laplacescher Operator 4895 T 2, 2.6, 3.7
vektorielles Produkt; Vektorprodukt 1312, 4.1
Vektorpotential, magnetisches 1304 T 1, 4.24
Vektorprodukt 1303, 1.15
Vektorraum 1303, 1.1; 13 302, 7
– mit Konjugierung 1303, 1.19
–, euklidischer 1303, 1.9
–, unitärer 1303, 1.17
Vektorraumhomomorphismus 1303, 5.1
Ventilation 1304 T 1, 10.35; 1304 T 7, 7.28
Ventilseite 1304 T 8, 2.9
Venus 13 312, 10.3.1.4
verallgemeinerte hypergeometrische Funktion 13 301, 6.1
– Inverse 1303, 4.28
– Inzidenzmatrix 13 322 T 2, 9.1
– Laguerre-Polynome 13 301, 7.11
– Maschen-Zweig-Inzidenzmatrix M 13 322 T 2, 9.1
– Trennmengen-Zweig-Inzidenzmatrix K 13 322 T 2, 9.1
verallgemeinertes Kronecker-Symbol 1303, 10.1
veränderlich 1304 T 1, 10.35
Verband 13 302, 5
Verbandshalbordnung 13 302, 6.19
Verbesserung 13 312, 10.1.3.15
Verbindungsgerade 1302, 8.14
Verbindungsvektor 13 302, 8.2
Verbindungszweig 13 322 T 1, 4.13
verbleibende Flugdauer 13 312, 14.5.5
Verbraucher 5489, 2
Verbraucher-Bepfeilung 5489, 4.2
Verdampfungswärme des Wassers, spezifische 1304 T 2, 2.21
Verdrehung 1304 T 1, 10.11
Verdunstungsrate 1304 T 2, 2.32
–, aktuelle 1304 T 2, 2.34
–, potentielle 1304 T 2, 2.33
vereinbartes Konfidenzniveau 13 303 T 2, 4.1.2
– Signifikanzniveau 13 303 T 2, 2.5.2
vereinigt 5473, 4.10
Vereinigung 5473, 4.10, 4.14
– zweier Graphen 13 322 T 1, 3.5
verfügbarer Anteil der spezifischen potentiellen Energie 1304 T 2, 1.3
vergleichbares Element 13 302, 6.20
vergrößerte Breite 13 312, 7.1.15
vergrößerter Breitenunterschied 13 312, 7.1.16
Verhältnis der spezifischen Wärmekapazitäten 1304 T 1, 5.22; 1332, 1.38
–, Leerlauf-Kurzschluß- 1304 T 7, 5.31

–, Übersetzungs- 1304 T 7, 6.21
Verjüngung 1303, 6.12, 9.5
Verkehrsangebot 1304 T 6, 12.1
Verkehrsbelastung 1304 T 6, 12.2
verkettet 5473, 6.10
verkettete Spannung auf der Netzseite des Transformators 1304 T 8, 1.19
verketteter Fluß 1304 T 7, 5.1
verknüpftes Element 13 302, 1.3
Verknüpfung 5473, 7.15; 13 302, 1
–, arithmetische 1302, 2
Verlust 1304 T 1, 10.35; 1304 T 5, 5.13; 1304 T 7, 7.20
Verlustfaktor 1304 T 1, 4.58; 1332, 1.16
Verlustleistung 1304 T 6, 6.6; 1304 T 7, 4.1
Verlustmoment, mechanisches Rotor- 1304 T 7, 3.5
Verlustwahrscheinlichkeit 1304 T 6, 12.4
Verlustwiderstand 1304 T 6, 6.8
Verlustwinkel 1304 T 1, 4.55, 4.56
Verschiebung 1304 T 1, 1.12
–, elastische 1304 T 2, 5.1
Verschiebungsparameter 13 303 T 1, 3.3.1
Verschiebungsvolumen 1332, 2.6
Verschiebungswinkel der Spannung gegenüber dem Strom 1304 T 7, 6.24
versegelte Standlinie 13 312, 7.2.13
Versetzungen 13 312, 8.4
Versetzungsgeschwindigkeit durch Wind 13 312, 5.1.6
– – –, Betrag 13 312, 5.2.6
Versetzungsrichtung durch Wind 13 312, 5.3.6
Verstärkungsmaß 1304 T 6, 1.11
Verstimmungsgrad (bei Kompensation des Erdschlußstromes) 1304 T 3, 3.7
vertauschbare Verknüpfung 13 302, 1.4
Verteilung 13 303 T 1, 2
verteilungsfreier Test 55 350 T 24, 3.7
Verteilungsfunktion 13 303 T 1, 1.2.3, 2.1.3, 2.1.6, 2.3; 55 350 T 21, 2.4
– der Normalverteilung 13 301, 3.9
–, bedingte 13 303 T 1, 4.2
verteilungsgebundener Test 55 350 T 24, 3.8
Vertikal, erster 13 312, 10.1.2.4
Vertikalfrequenz 1304 T 6, 10.19
Vertikalkomponente der Flußdichte 1304 T 2, 7.2.4
Vertikalkreis 13 312, 10.1.2.3
Vertrauensbereich 13 303 T 2, 4.4.1; 55 350 T 24, 2.2
Vertrauensbereichsschätzer 13 303 T 2, 4.4
Vertrauensgrenze 13 303 T 2, 4.2; 55 350 T 24, 2.2.1
Vertrauensintervall 13 303 T 2, 4.1.1, 4.3
Vertrauensniveau 13 303 T 2, 4.1.2, 4.1.3; 55 350 T 24, 2.1
Verum 5473, 3.1.6
Verwindung 1304 T 1, 3.32
Verzerrung 1304 T 1, 10.11
Viertel, erstes 13 312, 13.3.3
Viertel, letztes 13 312, 13.3.4
virtuell 1304 T 1, 10.35
virtuelle Temperatur 1304 T 2, 2.1
Viskosität, dynamische 1304 T 1, 3.40
–, kinematische 1304 T 1, 3.41
visuell 1304 T 1, 10.35
Vollbilddauer 1304 T 6, 10.11
Vollbildfrequenz 1304 T 6, 10.17
Vollbildperiode 1304 T 6, 10.11
vollinvariante Untergruppe 13 302, 3.17
Vollmond 13 312, 13.3.1
vollständige Ordnung 13 302, 6.44
vollständiger Baum 13 322 T 1, 4.10
Volumen 1304 T 1, 1.18; 1332, 1.6; 1345, 1 Nr 10; 13 345, 4
–, konstantes 1304 T 1, 10.36
–, massenbezogenes 1304 T 1, 3.6
–, spezifisches 1304 T 1, 3.6
Volumenänderung, relative 1304 T 1, 3.30
Volumenausdehnungskoeffizient 1304 T 1, 5.5
volumenbezogene Energie 1304 T 1, 3.50
– Größe 1304 T 1, Abschnitt 4.2
– Ladung 1304 T 1, 4.4
– Leistung 1304 T 1, 3.53
– Masse 1304 T 1, 3.4
– Strahlungsenergie 1304 T 1, 7.2
– Wärme 1304 T 1, 5.8
Volumendilatation 1304 T 1, 3.30
Volumendurchfluß 1304 T 1, 2.28
Volumenstrom 1304 T 1, 2.28; 1304 T 5, 2.17; 1304 T 7, 4.8
Vor-Rück-Verhältnis 1304 T 6, 6.27
Voreilwinkel 1304 T 8, 1.41
Vorbereich 5473, 6.8
Vorgabewert 1333, 5, 5.1
vorherige Größe 1304 T 3, 4.4
Vorsatzzeichen (Formelsatz) 1338, Tab 1 Nr 4
Vorticity 1304 T 2, 1.41
–, absolute 1304 T 2, 1.42
–, potentielle 1304 T 2, 1.43
Vorticityadvektion 1304 T 2, 1.2
vorübergehend 1304 T 1, 10.33
Vorwärtsspannung, Mittelwert der 1304 T 8, 1.5, 1.6
Vorwärtsstrom, Mittelwert des 1304 T 8, 1.7, 1.8
Vorzeichen 1303, 10.3; 1333, 3.2.1, 3.3.1, 10.1.6, 10.1.8
–, orientierungsabhängiges 1312, 7
Vorzugszeichen 1304 T 1, Abschnitt 3; 1304 T 6, Abschnitt 1

Wärme 1304 T 1, 5.7, 10.33
–, volumenbezogene 1304 T 1, 5.8
Wärmedichte 1304 T 1, 5.8
Wärmedurchgangskoeffizient 1304 T 1, 5.16
Wärmekapazität 1304 T 1, 5.18
–, massenbezogene 1304 T 1, 5.19
–, spezifische 1304 T 1, 5.19, 5.20, 5.21

Wärmeleitfähigkeit 1304 T 1, 5.14; 1304 T 7, 4.7
Wärmeleitwert 1304 T 1, 5.12
Wärmemenge 1304 T 1, 5.7
Wärmestrahlung der Atmosphäre 1304 T 2, 3.2.2
– der Erdoberfläche 1304 T 2, 3.2.3
Wärmestrom 1304 T 1, 5.9; 1304 T 7, 4.2
Wärmestromdichte 1304 T 1, 5.10
–, Boden- 1304 T 2, 1.4
–, fühlbare 1304 T 2, 1.5
–, latente 1304 T 2, 1.6
Wärmeübergangskoeffizient 1304 T 1, 5.15; 1304 T 7, 4.6
Wärmewiderstand 1304 T 1, 5.11
–, spezifischer 1304 T 1, 5.13
wahlweise 1304 T 1, 10.6
wahre Eigengeschwindigkeit 13 312, 6.1.1
– Höhe 13 312, 10.1.3.1
– Luftströmungsrichtung 13 312, 5.3.1
– Ortszeit 13 312, 9.2.1
– Wahrscheinlichkeitsverteilung 13 303 T 2, 1.1
– Windgeschwindigkeit 13 312, 5.2.1
wahrer Horizont 13 312, 10.1.2.1
– Parameterwert 13 303 T 2, 1.1.1
Wahrscheinlichkeit 13 303 T 1, 2
– des Fehlers 1. Art 55 350 T 24, 3.11.1
– des Fehlers 2. Art 55 350 T 24, 3.12.1
–, bedingte 13 303 T 1, 4.2
Wahrscheinlichkeitsdichte 13 303 T 1, 2.1.4; 55 350 T 21, 2.6
Wahrscheinlichkeitsfunktion 13 303 T 1, 2.1.4.1, 2.1.7; 55 350 T 21, 2.7
Wahrscheinlichkeitsmaß 13 303 T 1, 2.1.1
Wahrscheinlichkeitsraum 13 303 T 1, 2.1.2
Wahrscheinlichkeitstheorie 13 303 T 1
Wahrscheinlichkeitsverteilung 13 303 T 1, 2.1, 2.2; 13 303 T 2, 1.1, 1.2; 55 350 T 21, 2.1, 2.6, Fußnote 3
Wald 13 322 T 1, 4.11
Wand 1304 T 5, 5.15
Wandadmittanz 1304 T 6, 5.5.8
Wandimpedanz 1304 T 6, 5.5.7
Wandlerkoeffizient 1332, 3.4
Warteschlangenlänge, mittlere 1304 T 6, 12.3
Wartewahrscheinlichkeit 1304 T 6, 12.5
Wasser 1304 T 1, 10.37; 1304 T 5, 5.15; 1304 T 7, 7.29
–, Bewegungsrichtung durchs 13 312, 5.3.7
–, Distanz durchs 13 312, 5.4.1
–, Fahrt durchs 13 312, 5.2.7
–, Geschwindigkeit des Schiffes durchs 13 312, 5.1.7
–, Kurs durchs 13 312, 4.2.6
Wasserdampf, Partialdruck 1304 T 2, 2.11
–, Sättigungsdampfdruck über Eis 1304 T 2, 2.13
–, – – Wasser 1304 T 2, 2.12
Wasserdampfabsorption 1304 T 2, 3.6.7
Wasserstand 13 312, 13.1.7
Wasserstoff 1304 T 7, 7.31
Wasserströmung, Vektoren 13 312, 5.1
Wassertiefe 13 312, 13.2.1
Weber-Zahl 1304 T 5, 4.12
Wechselanteil 5483 T 2, Tab 1 Nr 14
Wechselgröße 1304 T 7, 7.6; 5483 T 2, Tab 1 Nr 14
wechselnd 1304 T 1, 10.6
Wechselstoß 5487, 5
Wechselstrom, Anfangs-Kurzschluß- 1304 T 7, 5.5
Wechselstromgenerator 1304 T 3, 5.6
Wechselstrommotor 1304 T 3, 5.13
Wechselwirkung (Index) 1304 T 6, 13.12
Weg 13 322 T 1, 4.12
Wegintegral 1312, 7.1.1
Weglänge 1304 T 1, 1.15
Wegmatrix P_r 13 322 T 2, 5.2
Wegpunkt 13 312, 8.5.1, 14.5.10
Weibull-Verteilung 13 303 T 1, 2.3.9; 55 350 T 22, 1.11
Weierstraßsche P-Funktion 13 301, 4.17
– Sigmafunktion 13 301, 4.19
Weierstraßsche Zetafunktion 13 301, 4.18
Welle (Index) 1304 T 6, 13.1
Wellengröße 1304 T 6, 3.4.1
Wellenimpedanz 1304 T 6, 2.3
Wellenlänge 1304 T 1, 2.17; 1304 T 6, 5.1; 1332, 2.19
– bei minimaler Gruppengeschwindigkeit 1304 T 6, 8.17
– für einen bestimmten Mode 1304 T 6, 5.1.3
– von Stromlinien 1304 T 2, 1.12
– von Trajektorien 1304 T 2, 1.13
–, kritische 1304 T 2, 1.11
–, normierte 1304 T 6, 5.1.4
–, stationäre 1304 T 2, 1.14
Wellenleiter-Feldadmittanz 1304 T 6, 5.5.4
–, normierte 1304 T 6, 5.5.6
Wellenleiter-Feldimpedanz 1304 T 6, 5.5.3
–, normierte 1304 T 6, 5.5.5
Wellenleiter-Feldwellenadmittanz 1304 T 6, 5.5.2
Wellenleiter-Feldwellenimpedanz 1304 T 6, 5.5.1
Wellenwiderstand 1304 T 1, 4.46
– des leeren Raumes 1304 T 1, 4.47
Wellenzahl 1304 T 1, 2.18
Welligkeit 1304 T 8, 2.12
Welligkeitsfaktor 1304 T 6, 1.22
Weltzeit eins 13 312, 9.1.5
–, koordinierte 13 312, 9.1.3
Wert, konventionell richtiger 1333, 7
–, kritischer (Statistik) 13 303 T 2, 2.7.4
Wertebereich 5473, 6.9, 7.3
Wertigkeit eines Stoffes B 1304 T 1, 6.4
westlicher Stundenwinkel 13 312, 10.1.3.4.2
Westpunkt 13 312, 10.1.1.4.4
Wickelkopf 1304 T 7, 7.19
Wickelkopflänge, mittlere 1304 T 7, 1.6
Wicklungsfaktor 1304 T 7, 6.17

Wicklungsschritt 1304 T 7, 6.12
Wicklungssinn 1312, Anm zu 6
Widerstand 1304 T 5, 5.16; 5489, 2, 5.1
– in Vorwärtsrichtung, differentieller 1304 T 8, 1.17
–, elektrischer 1304 T 1, 4.36
–, induktiver 1304 T 1, 10.39
–, Invers- 1304 T 7, 5.29
–, magnetischer 1304 T 1, 4.34; 5489, 9.1
–, Mit- 1304 T 7, 5.28
–, Null- 1304 T 7, 5.30
–, ohmscher 1304 T 1, 10.31
–, Säulen- 1304 T 2, 4.10
–, spezifischer elektrischer 1304 T 1, 4.38
–, Strömungs- 1304 T 7, 4.10
–, thermischer 1304 T 1, 5.11
Widerstandsbeiwert 1304 T 5, 4.2
Widerstandsbelag, Längs- 1304 T 6, 4.3
Widerstandsfaktor bei Stromverdrängung 1304 T 7, 6.33
Widerstandsmoment 1304 T 1, 3.44
Wiedervereinigungskoeffizient 1304 T 2, 4.11
Wind an Bord 13 312, 5.1.3
– über dem Wasser 13 312, 5.1.4
– über Grund 13 312, 5.1.1
– und Strom, Beschickung für 13 312, 4.4.10
–, ageostrophischer 1304 T 2, 1.30
–, Beschickung für 13 312, 4.4.8
–, geostrophischer 1304 T 2, 1.26
–, Gradient- 1304 T 2, 1.25
–, isallobarischer 1304 T 2, 1.29
–, scheinbarer 13 312, 5.1.3
–, Strömungsrichtung 13 312, 5.3.1
–, – an Bord 13 312, 5.3.3
–, – über dem Wasser 13 312, 5.3.4
–, thermischer 1304 T 2, 1.28
Wind, Versetzungsrichtung durch 13 312, 5.3.6
–, zyklostrophischer 1304 T 2, 1.27
Winddreiecke 13 312, 6
Winddrift 13 312, 5.2.6
Windeinfallwinkel 13 312, 6.2.5
Windgeschwindigkeit 1304 T 2, 1.23; 13 312, 6.1.4
– an Bord 13 312, 5.2.3
– über dem Wasser 13 312, 5.2.4
– über Grund 13 312, 5.2.1
–, mittlere Westkomponente auf einem Breitenparallel 1304 T 2, 1.24
–, scheinbare 13 312, 5.2.3
–, wahre 13 312, 5.2.1
Windkomponente, äquivalente 13 312, 6.4.4
Windrichtung 13 312, 5, 6.1.5
Windset 13 312, 5.3.6
Windstillepunkt 13 312, 6.5.1, 7.3.1.1
Windstillisochrone 13 312, 14.5.3
Windungslänge, mittlere halbe 1304 T 7, 1.5
Windungssinn 1312, Anm zu 6
Windungszahl 1304 T 1, 4.64
– in Reihe 1304 T 7, 6.3
Windungszahl je Spule in Reihe 1304 T 7, 6.9
Windungszahlverhältnis 1304 T 3, 3.5
Windwinkel 13 312, 6.2.4
Winkel 1302, 8.11, 8.12; 1303, 1.13; 1312, 7.2.3; 13 302, 7.24; 13 312, 6.2
– der Impedanz 1304 T 1, 4.54
–, ebener 1304 T 1, 1.4
–, Last- 1304 T 7, 6.26
–, Polrad- einer Synchronmaschine bei Belastung 1304 T 7, 6.26
–, Rotor-Stellungs- 1304 T 7, 6.25
Winkelangabe 461, 4.2.3
Winkelbeschleunigung 1304 T 1, 2.16
winkelbezogenes Rückstellmoment 1304 T 1, 3.33
Winkeleinheit 13 312, 3.3
Winkelfeld 1302, 8.13
Winkelfrequenz 1304 T 1, 2.7
Winkelgeschwindigkeit 1304 T 1, 2.15; 1332, 1.11
– der Erdrotation 13 312, 12.1.3
– – –, mittlere 1304 T 2, 6.42
– der Präzession 13 312, 12.1.2
– des Kreisels 13 312, 12.1.1
–, mechanische 1304 T 7, 2.5
Winkelgrößen der Sonne 1304 T 2, 3.4
Wirbel 1304 T 1, 10.37
Wirbelgröße 1304 T 2, 1.41
wirbelnd 1304 T 1, 10.33
Wirbelstrom 1304 T 7, 7.10
Wirbelvektor 1304 T 5, 2.8
Wirk- 1304 T 1, 10.28, 10.37; 1304 T 3, 7.21
Wirkfläche 1304 T 6, 6.20
–, theoretische 1304 T 6, 6.19
Wirkleistung 1304 T 1, 4.49; 1304 T 3, 2.7; 1304 T 1, 4.37
wirksame Antennenhöhe 1304 T 6, 6.25
Wirkungsgrad 1304 T 1, 3.54; 1332, 3.7
Wirkungsquantum, Plancksches 1304 T 1, 8.6
Wirkungsquerschnitt 1304 T 1, 8.21
Wirkungsquerschnittsdichte 1304 T 1, 8.22
Wirkwiderstand 1304 T 1, 4.36
Wishart-verteilt 13 303 T 1, 2.4.10
Wölbung 55 350 T 21, 5.3
Wölbungsparameter 13 303 T 1, 3.2.3.1
Wohlordnung 13 302, 6.45
Wolkenphysik 1304 T 2, Abschnitt 2.2
Wort 1333, 9.1.4
Wuchskoeffizient 1304 T 1, 2.11; 1304 T 6, 1.26
Wurzel 1302, 3.6, 3.7

Yard (Umrechnung) 4890, 2.2

Z-Transformation 5487, 3.3
Z-Transformierte 5487, 3.3.2
Zahl (Formelsatz) 1338, Tab 1 Nr 1
–, allgemeine 1304 T 1, 10.25
–, besondere 1302, 3
–, Druckverlust- 1304 T 5, 4.6
–, Euler- 1304 T 5, 4.8
–, Froude- 1304 T 5, 4.9

Zahl, Gesamt- der Leiter 1304 T 7, 6.7
–, Gleit- 1304 T 5, 4.4
–, komplexe 1302, 4, 5.8
–, Leiter- je Nut 1304 T 7, 6.8
–, Mach- 1304 T 5, 4.7
–, natürliche 1302, Anm zu 5.1 bis 5.8; 1333, 3.1.1
–, negative 1333, 3.2
–, Nuten- 1304 T 7, 6.4
–, Ordnungs- einer Harmonischen 1304 T 7, 6.27
–, Polpaar- 1304 T 7, 6.1
–, positive 1333, 3.1
–, rationale (Menge) 1302, 5.4
–, reelle 1302, 5.7
Zahl, Reynolds- 1304 T 5, 4.10
–, Rohrwiderstands- 1304 T 5, 4.5
–, stöchiometrische 13 345, 7
–, Strouhal- 1304 T 5, 4.11
–, Weber- 1304 T 5, 4.12
–, Windungs- 1304 T 7, 6.3
–, – je Spule in Reihe 1304 T 7, 6.9
Zahlen, Bernoullische 13 301, 1.3
–, Eulersche 13 301, 1.4
Zahlenangabe 1333
– (Prozentangabe) 5477, 3
Zahlenfaktoren % und ‰ 1333, 3.1.5
Zahlenmenge 1302, 5
–, Standard- 5473, 5
Zahlenschreibweise zur Basis b 1333, 8, 10.1.8, 10.1.9
Zahlentheorie 1302, 6
Zahlenwert 1333, 10.1.2
Zahlenwertangabe 461, 4.4
Zahlsymbol 1333, 10.1.1
Zahlsystem 1333, 8
Zahlwort 1333, 3.1.4
Zahnbreite, Rotor- 1304 T 7, 1.35
–, Stator- 1304 T 7, 1.34
Zahnhöhe, Rotor- 1304 T 7, 1.27
–, Stator- 1304 T 7, 1.26
Zehnerpotenz 1333, 3.1.3
Zehnersystem 1333, 8
Zeichen 1304 T 1, 10.32; 1333, 10.1.1
Zeichnungseinheit 5478, 2.3, 4
Zeilendauer 1304 T 6, 10.12
Zeilenfrequenz 1304 T 6, 10.18
Zeilenperiode 1304 T 6, 10.12
Zeilenvektor 1303, 4.6
Zeit 1304 T 1, 2.1; 1332, 1.7
–, gesetzliche 13 312, 9.1.6
–, Länge in 13 312, 9.2.9
zeitabhängige Größe 5483 T 2
Zeitabhängigkeit 1304 T 1, 10.33
Zeitangabe 461, 4.2.4
Zeitangaben 13 312, 9.3
– im Radarbild 13 312, 11.2
zeitbezogene Größe 1304 T 1, Abschnitt 4.3
Zeitgleichung 13 312, 9.2.3
zeitinvarianter Zweipol 5489, 4.1.1
Zeitkonstante 1304 T 1, 2.3; 1304 T 7, 2.1
Zeitkonstante, Anker- 1304 T 7, 5.9
–, Subtransient-Kurzschluß- der Längsachse 1304 T 7, 5.13
–, – der Querachse 1304 T 7, 5.17
–, Subtransient-Leerlauf- der Längsachse 1304 T 7, 5.12
–, – der Querachse 1304 T 7, 5.16
–, Trägheits- 1304 T 7, 3.2
–, Transient-Kurzschluß- der Längsachse 1304 T 7, 5.11
–, – der Querachse 1304 T 7, 5.15
–, Transient-Leerlauf- der Querachse 1304 T 7, 5.14
–, – der Längsachse 1304 T 7, 5.10
zeitlich linearer Mittelwert 5483 T 2, Tab 1 Nr 8
Zeitpunkt des kleinsten Abstandes 13 312, 11.5.3
Zeitpunkte 13 312, 9.3.1
Zeitspanne 1304 T 1, 2.1
– bis zum Erreichen des CPA 13 312, 11.5.2
Zeitspannen 13 312, 9.3.2
Zeitunterschied 13 312, 9.2.10
– der Gezeiten 13 312, 13.4.12
zeitvarianter Zweipol 5489, 4.1.1
Zeitwinkel 13 312, 10.1.3.8
Zeitzonen 13 312, 9.3.1
Zenit 13 312, 10.1.1.1
Zenitdistanz 13 312, 10.1.3.10
–, astronomische 1304 T 2, 6.24
–, geodätische 1304 T 2, 6.25
Zenitwinkel 1304 T 2, 3.4.5
zentrale Verteilung 55 350 T 22, Fußnote 2
zentrales Chiquadrat 13 303 T 1, 2.4.3
– F 13 303 T 1, 2.4.7
– Moment 13 303 T 1, 1.2.9.1, 3.1.12
– – der Ordnung q 55 350 T 21, 6.3; 55 350 T 23, 7.3
– – der Ordnungen q_1 und q_2 55 350 T 21, 6.6; 55 350 T 23, 7.6
– t 13 303 T 1, 2.4.5
Zentralwert 55 350 T 21, 3.2; 55 350 T 23, 4.3
zentrierte Zufallsgröße 55 350 T 21, 1.4.1
– Zufallsvariable 13 303 T 1, 1.1.14
zentrierter Beobachtungswert 55 350 T 23, 3.3
Zentrifugalbeschleunigung, Potential 1304 T 2, 6.38
Zentrum 13 302, 3.18
zerfallender Tensor 1303, 6.11
Zerfallskonstante 1304 T 1, 8.14
Zerfallszahl 4896, 10
Zerlegung 1302, 11.1
Zerstreuung 1304 T 1, 10.11
Zetafunktion, Jacobische 13 301, 4.12
–, Riemannsche 13 301, 3.14
–, Weierstraßsche 13 301, 4.18
Ziel 13 302, 10.3
Ziffer (Formelsatz) Bbl 1 zu 1338, 2.2
– des b-Systems 1333, 10.1.4, 8
– mit führender Null 1333, Tab 3 Fußnote 2

Ziffer, römische 13 304, Tab 1
Ziffern, dienliche 1333, 3.1.7, 3.1.3, 3.1.6, 9.2
Zirkulation 1304 T 5, 2.16
Zirkulationsgeschwindigkeit 1304 T 2, 1.40
Zonalgeschwindigkeit 1304 T 2, 1.24
Zonenfaktor 1304 T 7, 6.18
Zonenzeit 13 312, 9.2.4
Zufallsfolge 13 303 T 1, 1.1.8
Zufallsfunktion 13 303 T 1, 1.1.9
Zufallsgröße 5483 T 2, 2.3; 13 303 T 1, 1.1.6; 55 350 T 21, 1.2
Zufallsstichprobe 13 303 T 1, 1.1.13
Zufallsvariable 13 303 T 1, 1.1; 55 350 T 21, 1.1
–, suffiziente 13 303 T 2, 1.3
Zufallsvektor 13 303 T 1, 1.1.7; 55 350 T 21, 1.3
Zufallszahl 13 303 T 1, 1.1.12
Zufallsziffer 13 303 T 1, 1.1.11
Zug 1304 T 1, 10.33
zugeordnete Laguerre-Polynome 13 301, 7.10
– Legendre-Funktionen 13 301, 9.2, 9.3, 9.5, 9.6
Zugspannung 1304 T 1, 3.25
zulässig 1304 T 1, 10.40
zusätzliche Abtrift 13 312, 6.2.3
zusammengesetzt (Index) 1304 T 6, 13.6
zusammengesetzte Hypothese 13 303 T 2, 2.2.2; 55 350 T 24, 3.4
zusammenhängende Menge 13 302, 9.25
zusammenhängender Raum 13 302, 9.24
Zusammenhangskomponente 13 302, 9.26
Zusatz 1304 T 1, 10.41
Zustandsanalyse 13 322 T 2, 8
Zustandsgleichungen 13 322 T 2, 8
Zustandsgröße 13 322 T 2, 8; 19 221, 1109
Zustandsvariable 13 322 T 2, 8
Zuwachs 13 312, 10.1.3.13
zwei 1304 T 1, 10.3
zweidimensionale Häufigkeitsverteilung 55 350 T 23, 2.8
– Verteilung 55 350 T 22, 3.1
zweidimensionale Wahrscheinlichkeitsverteilung 55 350 T 21, 2.1
Zweierteilung 5478, 5.1
Zweig 5489, 2; 13 322 T 1, 2
Zweigfolge 13 322 T 1, 4.1, 4.1.1
zweigipflige Verteilung 55 350 T 23, 4.5
– Wahrscheinlichkeitsverteilung 55 350 T 21, 3.3
Zweigzahl 13 322 T 1, 2.3
Zweipol 5489, 2, 4.1
–, dissipativer 5489, 4.1.2
–, generativer 5489, 4.1.2
–, homogener 5489, 4.1.2
–, idealer induktiver 5489, 5.2
–, – kapazitiver 5489, 5.3
–, – ohmscher 5489, 5.1
–, linearer 5489, 4.1.1
–, nichtlinearer 5489, 4.1.1
–, reaktiver 5489, 4.1.2
–, zeitinvarianter 5489, 4.1.1
–, zeitvarianter 5489, 4.1.1
zweipoliger Kurzschluß 1304 T 3, 7.13
– – mit Erdberührung 1304 T 3, 7.14
Zweipolquelle 5489, 6, 7.2
zweiseitig abgegrenzter statistischer Anteilsbereich 55 350 T 24, 2.3
– – Vertrauensbereich 55 350 T 24, 2.2
zweiseitiger R-Modul 13 302, 7.3
– Test 55 350 T 24, 3.9.1
zweiseitiges Ideal 13 302, 4.9
zweite Plancksche Strahlungskonstante 1304 T 1, 7.25
zweites Kirchhoff-Gesetz 5489, 2, 3.4
Zweitor, lineares 1304 T 6, Abschnitt 2.2
Zweiwegtafel 55 350 T 23, 2.12
Zwischenraum 1333, 3, 10.1.16
zyklische Gruppe 13 302, 3.6
zyklomatische Zahl 13 322 T 1, 4.15
zyklostrophischer Wind 1304 T 2, 1.27
Zyklus 13 302, 3.25
Zylinderfunktionen 13 301, 5
Zylinderkoordinaten 1304 T 5, 1.1, 5.18
Zylinderkoordinatensystem 4895 T 1, 4.1

Für Notizen

Für Notizen